江苏大剧院舞台演出工艺与智慧剧场设计

蔡建清　帅仁俊　主编

东南大学出版社
SOUTHEAST UNIVERSITY PRESS
·南京·

内容提要

总结了江苏大剧院舞台演出工艺、智慧剧场的建设实践经验，以江苏大剧院歌剧厅、音乐厅、戏剧厅、综艺厅为例，从剧场、舞台、舞台工艺配置、舞台机械、舞台灯光、舞台音响的特性和控制要求等基础知识入手，全面、详细地介绍了歌剧厅、音乐厅、戏剧厅、综艺厅舞台机械、舞台灯光、舞台音响、建筑声学、智慧大剧院、互联网＋的系统设计、系统构架和主要功能。

本书是全面介绍现代演艺剧场建设的一本全新著作，为我国文化产业大发展和促进中外文化交流具有引领意义；为从事舞台机械、舞台灯光、扩声工程、剧场智能弱电工程的设计、制造、安装人员提供借鉴和参考，也是演职技术人员的良师益友和系统培训的参考书。

图书在版编目(CIP)数据

江苏大剧院舞台演出工艺与智慧剧场设计/蔡建清，帅仁俊主编. —南京：东南大学出版社，2019.1
ISBN 978-7-5641-8134-5

Ⅰ.①江… Ⅱ.①蔡…②帅… Ⅲ.①剧院—建筑设计—江苏 Ⅳ.①TU242.2

中国版本图书馆 CIP 数据核字(2018)第 266243 号

出版发行： 东南大学出版社
社　　址： 南京市四牌楼 2 号　　**邮编：** 210096
出 版 人： 江建中
网　　址： http://www.seupress.com
电子邮箱： press@seupress.com
经　　销： 全国各地新华书店
印　　刷： 虎彩印艺股份有限公司
开　　本： 787 mm×1092 mm　1/16
印　　张： 36.5
字　　数： 911 千字
版　　次： 2019 年 1 月第 1 版
印　　次： 2019 年 1 月第 1 次印刷
书　　号： ISBN 978-7-5641-8134-5
定　　价： 218.00 元

审编委员会

序

水是大自然最美的恩赐,它滋养了万物,孕育了文明。江苏大剧院以长江水文化为主题,融合了一整套成熟的设计理念和建造策略,将建筑与水巧妙地融合在一起:长江之畔,四颗“水珠”似的建筑诗意地栖息在“荷叶”状高架平台之上,形成了一组柔和壮美的现代艺术建筑群。

江苏大剧院的设计理念聚集于强烈的粘连性、综合性和连续性,在满足基本功能的前提下,赋予每个相互邻接的演艺场馆和室外景观以特性,将四颗“水珠”粘接完整后放置在公共开放空间之中,使其与建筑空间更好地交融配合,展现了江水文脉和历史沉淀的简洁而又现代的建筑形态,真正实现空间的多变性、顺畅感和韵律感。

作为文化类特殊的公用建筑,江苏大剧院在满足观众欣赏和享受歌剧、戏剧、音乐表演的同时,又要承担起大型会议、文化沙龙、文艺展示等综合性功能。在建设过程中,江苏大剧院采用了大量的新材料、新工艺和新技术,创造了多个国内首创,集成了智慧剧院、节能剧院、绿色剧院等理念,是一个真正意义上的高科技、智能化、生态化的工程。建成后的江苏大剧院承载着古都金陵深厚的文化底蕴,不仅能为观众、演员提供一个美观、舒适、安全的环境,也能为管理者提供一个高效、低碳、环保的智能系统,更是实现了建筑艺术与自然环境的水乳交融,不愧业界赋予的“水韵大剧院”美誉。

中国工程院院士

2018年12月10日

序

江苏大剧院在我国改革开放40周年的前夕，正式投入运行，为我国文化事业、文化产业蓬勃发展，文化基础设施不断完善，群众文化生活日益丰富多彩，文化软实力和影响力大幅提升做出了贡献，为文化繁荣发展注入了生机活力。

江苏大剧院是一座世界一流水平的大型文化设施，它位于万里长江之畔，犹如四颗水珠似的建筑，诗意地栖息在“荷叶”状高架平台上，形成了一组柔和壮观的现代艺术建筑群，它是虎踞龙蟠的古都南京的标志性建筑。

江苏大剧院从筹备到建成正处于从模拟时代向数字化进而向智能化、网络化、系统化发展的时期，新理念、新技术层出不穷、日新月异。江苏大剧院的主要演出场馆采用最有技术含量的集成一体化的声系统，声场的控制，信号的传输，动态的系统控制和检测，产生了美妙的声效果。灯光控制系统采用以光纤为主干的网络进行远距离传输和控制，采用最先进的数字技术，保障演出灯光控制万无一失。舞台机械的控制采用国际上具有最高级别的安全性的专用控制系统，保证了系统的安全可靠性。江苏大剧院还引入了先进的智能化管理系统，为演出和管理提供了一个全新的理念和水平。

江苏大剧院采用了当今世界上最新的理念和技术，在高科技突飞猛进的潮流中，是一个阶段性的总结和实践，又是开创未来的新起点。

我向来赞赏一个项目、一个工程，特别是像江苏大剧院这样的工程，完工以后，及时收集整理资料、总结经验公布于世，或发表或出版。对自身是工程的总结、经验的积累、知识的提升、问题的反思，对他人提供了设计理念实施、先进技术应用的借鉴和参考，成果共享，对文化产业的发展是一个贡献。

本书是江苏大剧院建设的总结，有一定的实用价值和示范、引领作用。相信本书的出版对我国现代演出剧场的建设具有一定的现实意义。

2018年11月26日

前　言

江苏大剧院是继中国国家大剧院之后、国内新建的最大的现代化大剧院，也是目前全球最大的剧院综合体。

江苏大剧院总建筑面积29.5万m^2，包括2 280座的歌剧厅、1 001座的戏剧厅、1 500座的音乐厅和2 711座的综艺厅，780座的国际会议厅、380座的多功能厅以及附属配套设施。

2012年12月26日江苏大剧院奠基，在江苏省委、省领导和南京市领导的关怀和支持下，两万多建设者经过4年多的努力奋战，终于在2017年8月5日投入运营。

江苏大剧院6个主要演出场馆的功能定位不同，场地环境的差异也很大。也就是说6个场馆的演艺工程设计、设备安装和系统调试，具有各类演出场所不同需求的代表性。

大剧院在吸收国外先进设计理念和技术的同时，还凝聚了各路特聘专家和来自全国各地参建单位精英们的宝贵经验。为了与新时期文化产业大发展的建设者们共享这些先进技术和建设经验，特编写本书。

全书共十章：第一章：数字扩声工程设计；第二章：舞台灯光工程设计；第三章：舞台机械设计；第四章：歌剧厅演出工艺设计；第五章：音乐厅演出工艺设计；第六章：戏剧厅演出工艺设计；第七章：综艺厅演出工艺设计；第八章：共享大厅和多功能厅演出工艺设计；第九章：剧场建筑声学设计；第十章：智慧大剧院系统设计。

本书是全面介绍现代演艺剧场建设的一本全新的经典著作，为我国文化产业大发展和促进中外文化交流具有引领意义；为从事舞台机械、舞台灯光、扩声工程、剧场智能弱电工程的设计、制造、安装人员提供借鉴和参考，也是演职技术人员的良师益友和系统培训的参考书。

本书编写过程中，得到了董滨生高级工程师、费晓路高级工程师、熊克明高级工程师、方建国一级灯光师、陆以良教授级高工、谢咏冰教授、张飞碧教授、赵其昌教授等著名学者专家的帮助和指导。

负责工程项目设计和施工的单位：上海永加电子有限公司、浙江大丰实业股份有限公司、广州市锐丰建声灯光音响器材工程安装有限公司、江苏锐丰智能科技股份有限公司、杭州亿达时灯光设备有限公司、广州励丰文化科技股份有限公司、北京北方安恒利数码技术有限公司、北京仁歌视听科技有限公司、马歇尔戴声学公司、上海派今实业有限公司、德国昆克剧院工程咨询(北京)有限公司、中建电子信息技术有限公司、江苏鑫瑞德系统集成工程有限公司、北京泰豪智能工程有限公司、浙江亚卫通科技有限公司、上海华东建筑设计研究院有限公司等,他们提供了来自一线的实战经验、成功案例的写作素材和资料,此外,江苏省土木建筑学会智能建筑与智慧城市的专家提供了很多的技术咨询,在此一并表示诚挚的感谢!

笔者借此机会,向为我国演艺行业做出贡献的广大老师、企业家及所有从业人员致敬!并有幸见证我国文化行业大发展的光辉历程。

由于笔者水平有限,编写过程中可能的不足或不当之处,敬请同行和广大读者不吝赐教和指正。

编　者

2018年10月

目　　录

第一章　数字扩声工程设计

1.1　扩声工程分类

由于各类扩声工程所处的声学环境及使用功能的不同，它们对系统的声学特性指标、功能要求也不尽相同。比如：专业文艺演出系统和会议扩声系统对传声器、扬声器、功放和调音台等设备的技术指标、安装方式、声音特性、设置方式等的要求各不相同。因此，不同用途的扩声系统，有着不同的系统设计要求。

1.1.1　专业文艺演出扩声系统

专业文艺演出场所的建筑、电器、声学、装饰、机械的设计都比较规范，扩声系统也不例外，系统的功能定位基本围绕各种类型的文艺演出形式来确定，其中包括与演出配套的舞台监督、视频、内通系统等。这类场所对系统的声学特性指标要求较高，系统功能必须符合文艺演出的需求。

1.1.2　娱乐场所扩声系统

娱乐场所的商业性质决定了扩声系统需要具备一些"特色"的亮点，虽然有些是非技术方面的内容。

娱乐场所的建筑环境差异性较大，业主对建筑空间的规划、装饰形式及风格的确定存在一定的随意性，经常还忽略建筑声学的设计。

扩声系统应围绕演绎和娱乐功能设计，设计人员必须对演艺和娱乐的形式、内容，包括对建设单位以至于普通消费者都要进行比较深入的了解。对主要设备的性能、特别是在耐用性、高声压、方便性等方面有较高要求。

1.1.3　多功能扩声系统

多功能扩声系统是为多功能厅堂服务的扩声系统。这类厅堂既要考虑会议报告功能，又要考虑有文艺演出的功能。

多功能厅堂因为系统功能多，系统设计很难"面面俱到"，通常都以"一业为主、兼顾多方"的折中方法来满足各方需求。例如：多功能扩声系统多数是以会议、报告为主，文艺演出为辅。这样就可确定采用 1.2 s 左右较小的厅堂混响时间，确保会议功能的声音清晰度。

当然，很多专业文艺演出场所还有更细的系统功能划分，此时的多功能是指能满足歌剧、戏剧、歌舞、交响乐等多种文艺演出节目的多功能扩声系统。

1.1.4　会议扩声系统

会议扩声系统是随着时代发展，社会交流频繁、提高会议效率而逐渐形成的一个专业系统。与其他扩声系统的区别是：

会议系统除了声音清晰的基本功能外，还要具有发言控制管理、音视频采集、切换、同声传译、投票表决、视像自动跟踪、会议录播等功能，这些已经不同于其他扩声系统的需求了。

1.1.5 公共广播系统

公共广播系统是一种以语言、背景音乐广播为主的特殊扩声系统。特点是：应用广泛、服务区域大、连续工作时间长、与紧急广播和消防报警系统联动的一种定电压远距离传输的特殊广播系统。

现今的公共广播系统已具备了可寻址的区域广播；播放节目数字存储，定时或程序播放；操作时间记录管理；多区域不同节目播放；可以多点设置系统控制管理；信号输入/输出矩阵路由等新功能。

1.1.6 体育场馆扩声系统

体育场馆扩声系统是一种电声系统与特大声场环境存在很大矛盾的扩声系统。特点是：巨大的赛场和看台空间，有回声，无法进行建声设计，混响时间极长，声学传输环境比较复杂，扩声功率大，声音清晰度处理较难。其扬声器布置方式、扩声区域的声压级、均匀度等技术指标需要严格的设计。

1.2 剧院扩声系统设计思想与理念

舞台艺术可以概括为视觉形象和听觉形象(或称作空间艺术和时间艺术)，从观众的角度就是常说的“看”和“听”两个方面。所以，观众厅的设计首先应满足观众能看得好、听得好，这些是最基本的功能要求。剧院扩声系统是为听觉形象服务的，就观众厅最终的扩声效果而言，声音重放的还原度要高、逼真、自然以及良好的声像定位(或声像的一致性)。总之，要最大限度地、最准确地体现出完整的舞台艺术表现力。

扩声系统设计要充分体现出方案的远瞻性、先进性、科学性、安全可靠性、实用性和时代的特征，对有些剧院还要充分注意到与“国际接轨”的使用需要。要依据剧院的使用功能定位，给出具有针对性的系统设计，体现出不同的风格与特点。使之所建立的扩声系统，为表演艺术提供一个功能齐全、设备完善、现代化的使用手段。

扩声系统的“个性化”设计。所谓扩声系统的“个性化”设计是说要依据剧场的使用功能定位、观众厅的建筑体型、室内装饰为扩声预留的条件以及观众厅建筑声学环境等因素，给出具有针对性的系统设计来满足不同表演艺术形式的使用需要。

1.3 剧场扩声系统建设的特点

扩声要求越来越高：随着人们欣赏水平的逐步提高以及国家及相关行业标准、规范的逐步完善，当前剧院类扩声系统的最终效果要求也越来越高，主要体现在响度大、动态范围宽、音色一致性及声场均匀度好、主观试听音质优美等方面。

使用功能越来越多：根据目前我国的实际国情以及文艺演出类型和曲目方面的实际特点，当前新建或改建的剧院中，只具备单一使用功能的剧场(如纯歌剧院、纯戏剧院等)非常非常少，大都需要建成多功能的综合性剧场，可满足戏剧、舞剧、歌剧、话剧、综合性文艺演出、会议等多种使用功能的需要，当然，根据各项目建设立项目标，这些剧场剧院可以重点侧重于其中某一使用功能。

可靠性要求越来越高：目前新建的剧场剧院，大都会作为当地的重点工程项目，标志性意义非常浓重，经常会举办当地最重要的演出活动、会议活动或大型集会等。因此，其扩声子系统的可靠性要求也越来越高，系统及设备热备份、信号远程传输、功放及无线话筒等设备的远程监控等功能逐渐应用于各类新建系统当中。

兼顾自用及出租的需要：根据目前我国演出市场的现状，相关剧场剧院基本不可能实现单一剧目长时间的驻场演出，因此，为保证剧院剧场的正常运转，大量剧场存在着出租使用的现象，这就要求相关扩声系统需具备相当的灵活性、便利性及易于操作性，以便于在本剧场出租时易于满足临时外部系统接入和其他外部操作人员的使用。

系统先进性的体现：扩声系统作为剧院中的重要组成部分，同样需要在本领域范围内具有一定的标志性，如采用相对先进的技术等。因此，根据目前音频扩声技术的发展现状，有别于此前的纯模拟系统，大量的数字控制处理系统以及数字网络传输系统出现在新建的系统当中。

对舞台及演员听觉效果的重视：随着国内演出水平的日益提高、演出经验的不断增加，舞台演员自身听觉效果的重要性亦逐渐被大家认知并越来越受到重视，良好的舞台返送监听系统已越来越多地被采用，以进一步提高演出人员的信心和表演激情。

1.4　正确理解扩声系统声学特性指标

任何扩声系统都应该以最终的还音效果为主要目的。虽然目前有关的扩声特性测量方法及声学特性指标还不能完全体现最终听觉效果的好坏，但其仍然是判断一个扩声系统成败的重要手段之一。

根据相关技术及需求的不断发展，针对扩声系统的声学特性测量方法、声学特性指标等国家及行业标准也经历了一定的演变，主要包括如下三个阶段：

1.《厅堂扩声系统设计声学特性指标》(GYJ 25—1986)：由当时的国家广播电影电视部主编制定并于 1986 年发布实施的行业标准。此后，一直成为我国厅堂扩声系统建设的重要指导依据，该文件中将厅堂扩声系统的使用功能划分为音乐扩声、语言和音乐兼用的扩声以及语言扩声三大类。其音乐扩声系统一级的具体扩声特性指标要求如下：

表 1-1　音乐扩声系统声学特性(一级)

等级	最大声压级(空场稳态准峰值声压级)(dB)	传输频率特性	传声增益(dB)	声场不均匀度(dB)	总噪声级
一级	100 Hz～6.3 kHz 范围内平均声压级≥103 dB	以 100 Hz～6.3 kHz 的平均声压级为 0 dB，在此频带范围内允许≤±4 dB，50～100 Hz 和 6 300～10 000 Hz的允许范围详见规范	100 Hz～6.3 kHz 的平均值 ≥−4 dB(戏剧演出) ≥−8 dB(音乐演出)	100 Hz：≤10 dB 1 kHz 和 6.3 kHz：≤8 dB	≤NR25

2.《演出场所扩声系统的声学特性指标》(WH/T 18—2003)，由中华人民共和国文化

部主编制定并于2003年发布实施的行业标准，对当时我国相关系统的建设起到了一定的指导作用。该文件首先将演出场所分为室内演出及室外演出两类；其次对扩声系统的使用功能进行了一定的细化，主要分为音乐/歌剧扩声系统、歌舞剧扩声系统、戏剧/戏曲及话剧/曲艺扩声系统、现代音乐/摇滚乐扩声系统四大类。总体来看，其技术指标要求较之于上述《厅堂扩声系统设计声学特性指标》(GYJ 25—1986)有了较大的提高，《演出场所扩声系统的声学特性指标》中，音乐及歌舞剧扩声系统室内一级的主要具体指标要求如下：

表1-2　音乐及歌舞剧扩声系统的主要指标(室内一级)

等级	最大声压级(空场稳态准峰值声压级，(dB)	传输频率特性	传声增益(dB)	声场不均匀度(dB)	总噪声级
室内一级	80 Hz～8 kHz范围内平均声压级≥109 dB	以80 Hz～8 kHz的平均声压级为0 dB，在此频带范围内允许≤±4 dB，40～80 Hz和8 000～16 000 Hz的允许范围+4～−12 dB	80 Hz～8 kHz的平均值≥−6 dB	100 Hz：≤10 dB 1 000 Hz、 6.3 kHz：≤6 dB	≤NR25

3.《厅堂扩声系统设计规范》(GB 50371—2006)，2006年由国家广播电影电视部主编制定并由中华人民共和国建设部发布实施的国家标准。在上述《厅堂扩声系统设计声学特性指标》(GYJ 25—1986)的基础上进行了修改及扩充编制，因此，基本可视为《厅堂扩声系统设计声学特性指标》的替代文件，从而在今后指导我国相关扩声系统的建设。该文件中，将扩声系统的使用功能划分为文艺演出类扩声系统、多用途类扩声系统以及会议类扩声系统三大类。其文艺演出类扩声系统一级的主要具体指标要求如下：

表1-3　文艺演出类扩声系统的声学特性指标(一级)

等级	最大声压级	传输频率特性	传声增益(dB)	声场不均匀度(dB)	早后期声能比(可选)(dB)	总噪声级
一级	额定通带内≥106 dB	以80 Hz～8 kHz的平均声压级为0 dB，在此频带范围内允许≤±4 dB，40～80 Hz和8 000～16 000 Hz的允许范围+4～−10 dB	100 Hz～8 kHz的平均值≥−8 dB	100 Hz：≤10 dB 1 000 Hz：≤6 dB 8 000 Hz：≤8 dB	500 Hz～2 kHz内1/1倍频带分析的平均值大于或等于3 dB	≤NR20

从上述列表对比不难看出，几十年来，扩声系统的声学特性指标还是产生了较大变化。但是，不管这些技术特性指标如何演变，对上述音频扩声系统的扩声特性指标都应加以正确理解。

➢ “扩声系统声学特性指标”是必要的，但非充分的；是技术层面对相应扩声系统不完全的要求，而不是舞台演出艺术对扩声系统的要求。优秀的剧院音频扩声系统的设计实施应对技术和艺术层面整体考虑，实现音频工程技术与声音艺术美学的良好对接。

➢ 在对剧场剧院扩声系统进行设计时，要根据其最终使用功能，充分考虑自然声与电声的关系。对于专业性古典类的演出功能(如传统音乐会、古典歌剧等),应以自然声为主,电声为辅,切不可使电声喧宾夺主。

➢ 工程设计人员对达到相关的扩声特性指标要有足够的重视度,2～3 个分贝的差别看似简单,但切不可掉以轻心,实际工程建设中往往需要花费很大力气才能实现。严格且合乎规范的实际测量往往会暴露很多问题。

1.5　剧场扩声系统的主要功能

作为一专多能的多功能剧院,其音质设计相当重要,音质设计虽属建筑声学设计范畴,这些指标包括响度、清晰度、混响时间、环绕感、亲切感等。但是,随着电声技术的迅速发展,通过一套优良的扩声系统将声源信号尽可能不失真地在每一个座位处还原,并改进特定听音区的主观听觉感受都已成为现实。扩声系统可以使得歌词清晰可靠、音乐有上佳的明晰度和细腻感、整体有适当的混响感、歌唱声与乐队声都有足够的响度和平衡感。具体来说,剧院中扩声系统的主要作用有:

- 改进语言清晰度和音乐明晰度;
- 扩展动态范围(声源功率不足时);
- 改进一场演出中不同位置(对白、歌声和器乐声)之间的声平衡(正确地操作扩声系统);
- 应具有良好的声还原特性(使用电声时应感觉不到有"电声"的存在);
- 根据艺术创作要求对人声和乐器声进行修饰或产生特定的效果;
- 在无乐队伴奏时重放歌舞剧的伴奏音乐;
- 可将部分节目信号存储和预设程序以简化技术操作;
- 可对现场节目进行拾音、记录以及为广播或电视转播提供现场音频信号。

1.6　扩声系统设计与建声

扩声属于应用声学的范畴,无论是室内或是室外扩声都不能脱离使用扩声所处的声学环境(或声场)。就室内扩声而言,人们往往通过建声、电声设计来控制和改善房间的音质。提到扩声系统,不少人常常把传声器—调音台—功放—扬声器这样一套扩声设备混同于扩声系统,这是不确切的。扩声系统的基本特点是声源与最后扩声用的扬声器系统处于同一声场之内,简单来说经过放大了的信号由扬声器系统辐射的声音会反馈到传声器,存在有声反馈。因而严格来说扩声系统包括:声源至传声器所处的声学环境,传声器至扬声器系统这套扩声设备,以及扬声器系统和听众区的声学环境(即扩声声场)三个部分,如图 1-1。

观众厅扩声系统设计,首先要考虑的是与扩声系统设计密切相关的剧场的建筑形式、建声设计、容积率、舞台装置和设施以及表演艺术的形式与要求等。在充分了解了这些基本条件和要求之后进而才是扩声系统设备的选型与配置。在以往的工作中,人们常常把注意力集中在"硬件"配置上,对扩声系统中的声学问题以及舞台艺术对扩声的要求等没有给予应有的重视,因而所提出的系统设计方案往往针对性不强,也达不到预期的使用效果。

观众厅扩声的最终效果是建声与电声综合效果的体现,它是在建声的基础上完成扩声

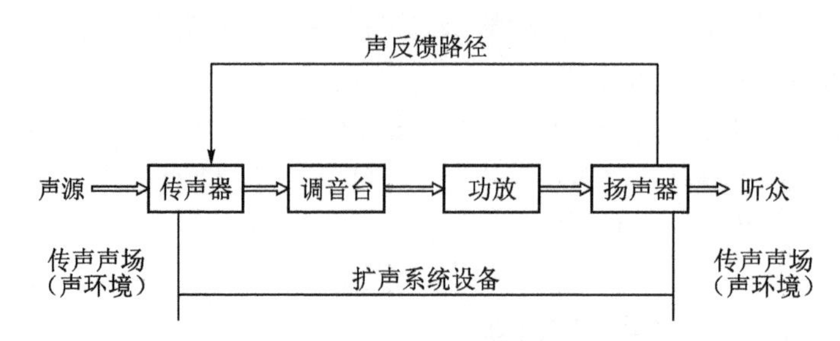

图 1-1　扩声系统图

声场的分析与设计计算工作，所以说扩声系统设计的根本问题是声学问题。扩声系统设计首先应从扩声声场入手，亦即扬声器系统的布局（空间位置）、产品选择（含组合）以及功放的功率等，可以借助计算机辅助设计声学软件对多种方案进行分析与比较，由此给出扩声系统声学特性的相关数据，获取一个均匀的和最小声干涉的扩声声场。在此基础上，最后才是扩声系统的构成和设备（或器材）的配置。

如果从扩声系统声学特性指标来测评一个扩声声场，主要有最大声压级、传输频率特性、声场不均匀度和传声增益等。如果从听感来评价一个扩声声场，主要有语言清晰度和音乐的明晰度以及声音"诸多属性"重放的音质效果等。很显然，无论是客观测试还是主观听感评价，扩声声场的"品质"与室内的建声特性密切相关。以"传输频率特性"为例，传输频率特性是衡量具有良好听感的重要参量之一。为此，20 世纪 70 年代中期，发明了中高频恒定指向性号筒供扩声使用，这对于改善扩声传输频率特性很有帮助。就观众厅某一座位点的传输频率特性可通过系统的均衡、延时等手段进行调整来获得一个满意的结果，由于扩声声场声干涉的存在，我们不可能完成对观众座席所有位置进行逐一的调整。所以说，从扩声声场入手进行仔细地研究和比对，才能给出一个准确和完美的扩声系统设计。

无论是室内或是室外扩声其扩声声场都或多或少存在声干涉，这是不可避免的。扩声声场声干涉的存在，会影响到扩声的语言清晰度和音乐的明晰度，有损于扩声重放的音质效果。

现代扩声设计已不再"满足"于一般意义上的扩声声压级和声场不均匀度等，而十分注重扩声声场的声干涉问题，在设计中应力图把声干涉减到最小，获取一个"干净"的扩声声场，这是现代扩声设计的重点。采用高品质有源扬声器、线阵列扬声器系统和新一代同轴扬声器系统能有效地解决声干涉的问题，这一点在江苏大剧院歌剧厅、综艺厅的应用得到了很好的验证。

1.7　扩声工程设计

1.7.1　声场设计

扩声系统设计追求的目标是以最简洁的系统结构、可靠的工作模式、简易的操作维护，达到最好的扩声效果。绝不是设备的堆积，联通开响就完事的简单劳动。

扩声系统设计需要解决的主要问题包括：声场设计（音质控制、声像定位、语言清晰度、声场均匀性等）、系统配置和音质评价。扩声系统设计通常从声场设计开始，逐步向前推进。

1. 声场设计原则

根据建筑工程图纸和系统用途，首先确立扬声器系统的供声方式。目前常用的扬声器的安装布置方式有：集中式、分区式、分散式、集中加分散式。无论采用哪种安装布置方式，都应遵守以下原则：

(1) 根据厅堂用途确定适宜的混响时间；根据 EASE 模拟的结果给出合理的建议；

(2) 根据国家标准确定声压级数据，选择相应的扬声器产品；

(3) 扬声器系统应能均匀覆盖全部观众区；

(4) 扬声器布置应有利于提高声音清晰度；

(5) 视听方向一致，声音听感自然；

(6) 有利于提高传声增益；

(7) 最大声压级应能满足总技术条件要求；

(8) 各扬声器发出的声音到达观众区的时间差应小于 5～30 ms；

(9) 便于安装、调试和维护。

2. 确定供声方式

根据建筑物的功能、体型、空间高度和观众数量等因素，可选择：集中供声、分区供声或分散供声方案。

(1) 集中供声

主扩扬声器系统是集中安装在一个固定位置上的供声系统，如图 1-2 所示。

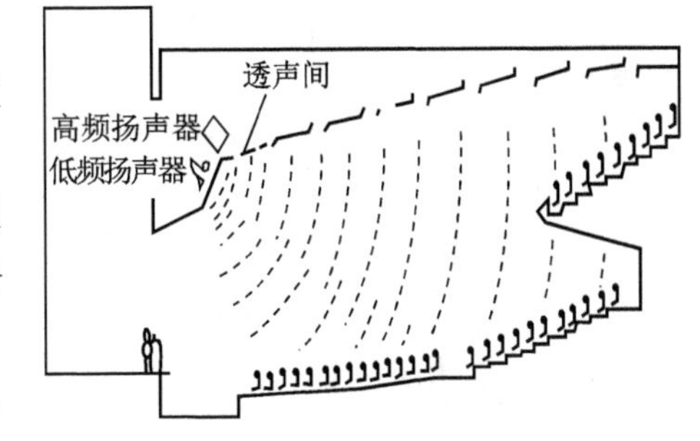

图 1-2 集中供声

镜框式舞台的剧场或多功能厅堂，扬声器组通常安装在舞台台口上方马桥内的左、右两侧(三路系统为左、中、右三组安装)。

➢ 优点：听感自然，声音清晰，视听方向一致，立体声定位感好，扬声器间的声波干扰小。

➢ 缺点：声源的传播衰减大，声场不易均匀。

为克服前区观众的“头顶感”声像，根据哈斯效应原理，可在台口两侧或台唇部位布置若干小功率辅助扬声器，解决前区观众的声像一致问题。

(2) 分区供声

大型体育场或较长厅堂及大型室外广场的扩声系统，集中供声难以保证服务区的声场均匀度，而且过远的声波传播距离，传播损耗很大，需要更大功率扬声器和更大的功率驱动，还会影响声音清晰度的提高。

为此，可以采用图 1-3 所示的若干扬声器组分别覆盖对应听众区的分区供声方式。

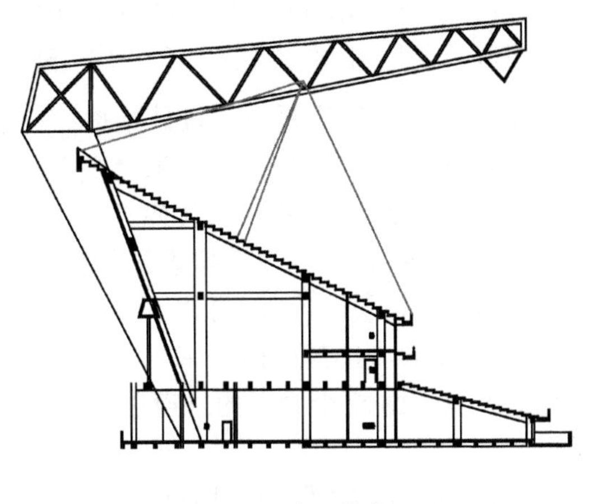

图 1-3 分区供声

➢ 优点：声场覆盖均匀，覆盖区声音清晰，节省声功率。

➢ 缺点：无立体声听感；视听一致感

觉差；相邻分区的听众由于两组声源的时间差产生声波干涉，会降低该区域的声音清晰度，也容易出现回声现象。

(3) 分散供声

为能更好地解决空间高度低、混响时间长、狭长区域等场所声场覆盖的均匀度问题，减少混响声对清晰度的影响，宜采用小功率高密度布置的扬声器系统，增强直达声，提高声音清晰度。这种供声系统称为分散式供声。常用于隧道、地铁、会议室和公共广播系统。

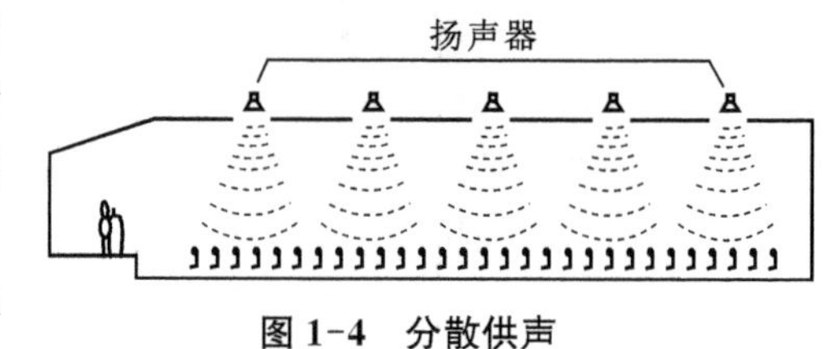

图 1-4　分散供声

分散式供声有两种形式：一种是以小功率(3～5 W)天花板扬声器(俗称吸顶扬声器)为供声单元的系统。另一种为以小功率声柱(15～60 W)为供声单元的系统。

吸顶式扬声器，多为 5～6 英寸中频扬声器、具有 60°～90°的圆锥覆盖角。一般用于天花板不高于 6 m 的商场公共广播系统，如图 1-4 所示。

➢ 优点：扬声器与听众之间的距离近，声音的传播衰减小，声场覆盖均匀，有较高的直达声/混响声之比，在混响时间较长的条件下也能获得较高的声音清晰度，并且不容易发生回声。

➢ 缺点：视听方向不一致、无立体声听感，频响特性较窄，适用于语音广播和背景音乐广播系统。

分散供声的传输线路通常采用 70 V 或 100 V 定电压传输，以高电压低电流方式减少传输功率损耗。

3. 声场设计步骤

(1) 确定扬声器组的配置状态和安装位置

根据场地用途和声场覆盖要求，选择适当的扬声器型号规格及组合配置状态。根据选定扬声器组的技术特性和安装位置，核算服务区内的最大声压级和声压不均匀度能否满足总技术条件要求。

(2) 计算观众区各位置的直达声和混响声场的声压级；计算系统清晰度和语言可懂度指标。

在进行混响声场计算之前，首先要确定房间各界面的吸声系数和混响时间 T_{60}，然后计算直达声与混响声的比率。如果计算的结果没有满足可懂度指标，则需修改房间的吸声系数。

1.7.2　EASE 电声工程模拟设计软件

随着计算机技术的发展，根据经典公式对厅堂进行声场设计的繁杂计算工作，已被 EASE 计算机辅助设计软件所代替。

采用 EASE 电声工程模拟设计软件(Electro Acoustic Simulator for Engineers)4.0 以上版本进行声场设计计算，可以直观看到扩声系统预期的声学特性效果图，了解厅堂的吸声情况、提供混响时间的频率响应曲线、辅音清晰度损失率的分布图、快速语言传递指数的分布曲线图、7 个频段的总声压级分布曲线、扬声器选型、摆放位置、角度及其他相关数据。

EASE 电声工程模拟设计软件是专业扩声工程设计的重要和必要组成部分。对系统设计达到事半功倍的效果，对于工程施工也具有指导意义。

1. EASE 4.0 版的主要功能

(1) 计算和显示听众区域不同频率的直达声声场声压级的分布曲线；

(2) 计算和显示扬声器覆盖区的直达声声线以及多次反射声的声线分布；

(3) 计算和显示混响时间与频率的关系；

(4) 计算和显示听众席某一测试点处的加权或不加权的频率响应曲线；

(5) 显示辅音损失率(Alcon%)的计算结果；

(6) 显示快速语言传递指数(RASTI)的计算结果；

(7) 计算和显示某特定时间内的直达声与混响声之和；

(8) 显示 C7 直达声与混响声的声能比、C50 语言清晰度(明晰度)、C80 音乐清澈度(透明度)的计算结果；

(9) 显示扬声器在－3 dB/－6 dB/－9 dB 覆盖角的声线图；

(10) 在 EASE 3.0 及其后续版本中，还可以在厅堂不同的座位处进行设计效果的预听，可以给人直观的听觉感受。

注：混响时间：表示声源停止发声后，声压级衰减 60 dB 所需要的时间，单位为 s。

声线图：声音的传播路线，声线图可以表现声音在空间的传播情况及其分布情况，是反映空间声场变化的重要手段。

2. EASE 模拟设计主要工作步骤

(1) 建模(三维声学模型)

根据建筑工程平面图、立面图，利用 EASE 计算机辅助设计软件对厅堂进行三维建模，同时，调用数据库内的吸声材料参数，设定模型内部各个面的吸声系数，以满足房间最佳混响时间要求。

(2) 选择扬声器

根据厅堂结构和设计经验决定选用哪种技术参数和指向性的扬声器、使用数量、布置在哪里等，在 EASE 的扬声器数据库中，存放有世界各著名扬声器厂家生产的各种扬声器型号及其参数，设计者可以根据需要选用。

(3) 确定扬声器的瞄向

在房间模型中按照扬声器的声学中心布置扬声器，并对选用的扬声器进行瞄准，调整扬声器高度和方向角度等，使其满足声学要求。

(4) 计算和显示声场设计结果

用 EASE 软件计算和显示声场设计结果。它会告诉你所选择和安放的扬声器将会给出怎样的声音效果。

1.7.3 剧场扩声系统的典型设计

数字扩声工程已广泛用于大中型剧场、体育场馆、会议中心、广场文艺演出和数字录音系统等各个领域。不同用途的扩声系统都有各自的特征和要求。下面将分别介绍它们的组成和基本配置。

1. 剧场类数字扩声系统的功能

剧场类数字扩声系统除满足扩声功能外，还应提供远程监控和数字网络传输等功能。利用远程监控功能，保证分布于各处的设备始终处于受控状态。数字网络传输，解决了长距离传输对信号质量的影响，减少了传输网络投资(一根数字电缆支持几十甚至上百路的信号传输),实现所有技术点位信号资源共享和对第三方设备的兼容。

2. 主扩声扬声器系统声场设计

大、中型剧院通常采用左、中、右三声道+超低频扬声器组成3.1声道立体声扩声系统,较小规模剧院按照左、右双声道+超低频扬声器组成2.1声道立体声扩声系统。

在声场设计上,中央声道独立覆盖全场,左右声道有各自独立覆盖全场或覆盖相应区域两种设计方案,主要差异在观众席感受立体声听感区域的大小,前者大、后者小。

在扬声器系统安装方式上,国外众多知名剧院都采用明装方式,国内习惯上还是以暗藏为主。中央声道扬声器系统暗藏于舞台上方声桥的中央;左右声道扬声器系统可暗藏在声桥左右两侧或暗藏在舞台两侧八字墙内。现在新建或改建的剧院,左右声道扬声器系统基本上都暗藏于镜框式舞台两侧的八字墙内,有利于扩大观众席立体声听感的区域,使声像过渡更加自然。超低音扬声器可安装在声桥内或安装于两侧八字墙内,通过天花或者地面反射把声音能量传送至观众席。

主扩声扬声器系统采用三分频和四分频两种系统结构。高档剧院通常采用四分频扬声器系统。并以外置分频为主,声音调校更精细,更易平衡声音能量。

(1) 观众席区扬声器组

声桥扬声器:通常安装于舞台台框上部的声桥预留安装位内。为弥补中区观众听觉上的中空现象,除左右扬声器组外,通常还要布置一组中置扬声器,三组扬声器原则上均需要覆盖所有观众席。这样,亦可同时满足目前剧场扩声中经常采用的空间成像(Space Image System,SIS)的需要。

台框两侧扬声器:通常安装于舞台左右台框两侧的预留安装位内。原则上需覆盖所有观众席。主要目的用于拉低声桥上扬声器的声像位置,同时兼顾观众席两侧边缘及侧楼座前部区域的补声。

台唇扬声器:安装于舞台前部台唇位置,针对观众席前排(1～3排)中央区域进行补声,并拉低声像位置。由于该扬声器组需要在声桥扬声器组及台框两侧扬声器组的基础上拉低前排观众的听觉声像,因此,台唇扬声器组的声压级不能过小,以免被上述两组主扬声器屏蔽。

其他辅助补声扬声器:根据剧场的建筑结构布置,通常针对上层观众席对下层观众席的遮挡部分及主扬声器覆盖较差的两侧观众席区域。

观众厅效果声扬声器:主要包括侧环绕、后环绕及天空效果扬声器组,分别固定安装于观众席侧墙、后墙及观众厅顶部。通常需要注意与主扬声器系统在声压级方面的匹配,过大浪费,过小则达不到目的。

舞台效果声扬声器:配合演出剧目需要、烘托表演环境气氛、体现舞台场景效果而布置的扬声器组。位置虽然位于主舞台后部,但主要功能仍是为观众席服务。因此需较大声压级和较窄的指向角,以便其能从舞台内部重放效果至观众席区域。

(2) 舞台区扬声器组

主监听扬声器:也叫Side-Fill扬声器,通常固定安装于舞台内部假台口两侧位置,为舞台主监听扬声器,需均匀覆盖整个舞台。

侧舞台及后舞台监听扬声器:通常在侧舞台及后舞台相关位置固定安装,满足侧舞台及后舞台的监听需要。

流动监听扬声器：根据需要流动摆放，建议配置能实现不低于 4 通道返送扩声的扬声器数量，且需注意其指向角的配置。

无线耳机返送监听系统：无线形式的流动返送监听系统，虽然采用小型耳塞式耳机进行还音，但其主要目的同样是为舞台演员提供监听服务，因此归入舞台区扬声器组内。其优点是监听效果更好，且不易引起啸叫，缺点是价格较贵，而且每位使用者需单独配置，因此大都用于主要演员。

上述罗列即为比较周全的剧场、剧院扬声器布局覆盖方式。虽然不同剧场之间的声场覆盖方式有着非常多的共同之处，但上述扬声器布局绝不是一成不变的，设计者应从建筑结构、使用功能、投资预算、扬声器选型等多方面予以综合考虑，寻找一个最适合本项目的声场覆盖方式。

3. 剧场类数字扩声系统的基本配置和选型

剧场类数字扩声系统的典型配置：除上面的扬声器系统外，还包括音源、数字调音台、周边处理设备、传输网络、网络功放和舞台监督等基本设备。

(1) 为了适应市场运营需求，现代剧场基本上都按照一专多用的要求，系统性能和操作控制方式应满足多用途使用要求，扩声系统的转场速度要快。

(2) 配置多功能使用的扬声器系统，适应不同使用功能下的扩声需求。有些高要求的演出场所，除设有传统的观众席扩声扬声器系统、舞台扩声扬声器系统、舞台返送扬声器系统、台唇扬声器系统和补声扬声器系统外，还设置分布于观众席四周、天花以及舞台等区域的效果声扬声器系统或预留接口，以满足现代艺术创造的需求。

对扩声控制室、功放机房和舞台技术用房等多个技术用房的信号传输实行有效管理。技术用房之间的信号传输电缆数量多，传输距离一般都在几十米，建筑规模大的剧院甚至可达一二百米。

(3) 调音台是系统的控制核心，为确保系统安全可靠运行，一般设置主调音台和备份调音台各一套。

(4) 预留第三方设备交互信号接口，以便剧场能兼容过场和驻场两种演出形式。

(5) 剧场类数字扩声系统的数字化范围，除传声器和扬声器系统为模拟产品外，其他设备均选用性能可靠、技术先进的数字智能产品。

(6) 从传声器的音频输出端至扬声器系统的输入端，全部应采用数字化的传输路径和设备，中间只有一次 A/D、D/A 转换。

(7) 在设备选型上更注重人机对话界面的直观性和友好性；内置 DSP 资源的处理能力、量化精度、浮点运算；前后级设备之间的纠错和容错设计；关键的环节和传输路径设置及主备冗余等。

(8) 设备选型

① 音源

与模拟剧场扩声系统的配置方式相同，但音源播放和存储设备尽可能选用数字式设备。

② 调音台

I/O 接口箱：至少 2 个，这些接口箱按需放置于舞台、技术用房(音控室、功放机房、现场调音位)、电视转播车机位等，分别与上述点位的音频设备交互信号。各接口箱的输入/输出接口的数量和制式视实际需要而定。接口箱与调音台之间采用光纤或同轴电缆作为传输介质，具体视传输距离而定。

操作界面：大中型数字调音台的操作界面均可扩展，由于数字调音台具有翻页和平移功能，因此其实际通道处理能力是模拟调音台的几倍，操作控制也非常便捷。

③ 周边处理设备

周边处理设备包括效果器、用于单个传声器音色处理的均衡器、压限器和用于扬声器系统的数字音频处理器等。尽管数字调音台已有内置均衡器、压限器等音频处理装置，最终是否还需配置另外的周边设备，需视数字调音台内置的DSP处理能力来确定。

扬声器系统的数字音频处理器应结合投资预算和系统结构等因素来确定数字音频处理器的选型和使用数量。目前应用于剧院的数字音频处理产品主要有两种类型：

a. 高档数字音频处理器。这类产品的特征是音质好、音频处理功能强大、内置DSP资源可动态分配、物理输入/输出接口可按需转换、支持主备无缝切换、提供远程监控、接口制式丰富等。在剧场扩声系统中使用这种设备，可构造最为合理的音频处理结构、最佳的内置DSP资源和标准化的通信接口，不同品牌设备之间可直接交互信号，但价格比较昂贵。在国内众多的重点剧院中，如：中国国家大剧院、上海大剧院改建工程、江苏广电中心演播剧院等都选用这些设备作为扩声系统的音频处理器。

b. 经济型数字音频处理器。这类产品的特点是音频处理资源分配固定、物理输入/输出接口的数量和设置固定、有些品牌还带有远程监控和数字传输接口。

④ 功率放大器

新建剧场流行使用DSP处理网络功放，其优势是内置DSP可直接对单个扬声器进行音色处理，解决了数字音频处理器在数字扩声系统中安全可靠性的“瓶颈”问题。在实况数字扩声系统中应用这种设备，一旦系统中的数字音频处理器发生故障，扩声系统还能实现扬声器系统的基本处理，提供较为理想的扩声音质；单台功放设备发生故障，只影响由其驱动的扬声器，对其他扬声器系统没有丝毫影响。因此在增加投资不大的基础上，可明显提高系统的安全可靠性。

功率放大器必须满足剧场扩声系统对动态范围和安全可靠性指标的要求，应按以下原则配置：

a. 支持远程监控功能，监视功放的工作状态，包括阻抗、温度、削波、输入/输出信号电平、增益和哑音控制等。

b. 应具有足够的输出功率和功率储备。功放与扬声器的功率配比，按照1.5～2倍的功率储备设计，即功放的额定输出功率是其负载扬声器功率的1.5～2倍。

c. 扬声器负载的数量。为能精确调节每个扬声器的声场覆盖和确保扩声系统高可靠运行，每一功放通道驱动的主扩扬声器负载数量一般为1个，最多不超过2个；驱动其他辅助通道扬声器时，每一功放通道的扬声器负载数量不超过4～6个。

⑤ 扬声器系统

按照扬声器系统的功能，分为主扩扬声器、降低声像扬声器、舞台监听扬声器、舞台扩声扬声器、台唇扬声器、补声扬声器、音控室监听扬声器和效果扬声器等。

主扩扬声器有水平扬声器组合和垂直线阵列扬声器系统两类可选。新建剧院中，中央声道为满足全场宽覆盖要求，基本以水平扬声器组合为主；垂直线阵列扬声器系统可有效控制垂直方向覆盖区域，避免声波溢出投射到天花板。因此常用于左右声道。

根据多年的剧场应用经验，笔者认为水平扬声器组合对声音细腻感的表现力较好；垂直线阵列扬声器在表现气势和动态范围方面具有无可比拟的优势。

例如我们刚建成的江苏大剧院歌剧厅，使用功能以歌剧为主并兼做通用。观众厅容积约 20 900 m^3，可容纳观众 2 260 人，含池座和三层楼座。由于歌剧院观众厅的容积较大、观众座席多，为了适应演出的使用需要剧场配备了完整的扩声系统。剧院为满足室内建筑与装饰风格，扬声器系统的布局采用了典型的分散方式供声，扩声扬声器全部采用德国 d&b J8 系统的线阵列扬声器产品。扬声器分布位置：舞台口上方、观众厅侧墙、池座和楼座后区的补声等部位。所有的扬声器采用暗装方式。经中国艺术科技研究所测试，声场的稳态声场不均匀度，频率 100 Hz 为 9.94 dB，频率 1 000 Hz 为 4.11 dB，频率 8 kHz 为 5.17 dB，现场试听的感受是扩声声场均匀、声音清晰、自然，给人一种温暖的包围感。

音控室监听扬声器系统，采用 LCR 三声道系统，以提供与现场情况相似的监听效果。有些监听要求高的剧院，还会增加 1 个超低音声道。

4. 信号传输网络

音频信号属于连续变化的不规则信号(模拟信号)，这种信号在传输、存储和变换过程中常会产生下列问题：

(1) 信号经长距离有线或者无线传输后，使信噪比变坏和失真加大。

(2) 音频信号存储载体的信号动态范围只有 40～50 dB，远低于节目源的最大信号动态范围(120 dB)。

(3) 在信号编辑和变换中(节目编辑、转录和延时效果处理等)随着变换次数的增加，音质会迅速恶化。

(4) 大型音频扩声系统后期的维护管理工作量大，且效率低。

数字化音频信号具有以下优点：

(1) 数字编码信号的振幅变化仅为 0 和 1 两个状态，其变化范围最多为 20 dB，因此非常适宜于各种媒体的存储。音频信号的动态范围仅取决于采样频率和量化的字节数，很容易实现大于 90 dB 的动态范围，目前做得最好的模拟系统，其动态范围不超过 75 dB。

(2) 数字音频信号的信息量包含在脉冲序列的变化中，而不是编码脉冲的幅度宽，虽然数字音频信号传输时也会有噪声叠加在它上面，但通过对编码脉冲的削波/限幅可完全去除噪声，因此数字音频信号的信噪比极高，声音纯真清晰。

(3) 数字音频信号可以进行反复录制、编辑和变换，而不会加大音频信号的失真。

(4) 数字信号便于加工处理和控制，因此在周边设备中获得了广泛的应用。

(5) 数字化远程通信，可以非常方便地在控制室实现对远程扬声器、功放等设备的监控。

基于 FDDI(光纤分布式数据接口)的数字传输网络，使用 TDM(时分多路复用)式传输，由于光速(3×10^8 m/s)非常快，数据在网络中的传输时间非常快，可忽略不计，信号的传输延时仅为 A/D、D/A 的转换时间，而这个时间是固定的。对于音频信号，固定的延时使信号产生整齐的相位滞后，对电信号处理和声音还原不会造成新的相位失真。

剧场数字扩声系统基本上都设有数字和模拟两套信号传输系统。数字信号传输系统一般直接建立于数字调音台的基础上，以使用多模光纤和铜类传输接口为主；传输距离超过 2 km时，则改用单模光纤，数字调音台的通信接口也调整为单模式。剧场内一般信号传输距离都不超过 2 km，很少使用单模光纤传输系统。

两套传输网络覆盖所有的调音位和技术用房，包括电视转播车、录音棚等，至于网络中的具体信号通道数量、信号接口制式视不同剧院的使用需求而定。通过这套网络，技术用房之间可实现信号资源共享，方便外来设备接入。

5. 监控网络

通过监控网络可对数字调音台、功放和数字音频处理设备实施远程监控和调整。

6. 内部通信系统

内部通信系统包含有线/无线通话系统和视频摄像/显示系统两部分，是舞台监督和艺术导演现场指挥的必备设施。

1）内部通话系统

内部通话系统简称内通系统，一般采用四线和两线制的有线语音通信系统。舞台监督控制台（安装内通系统主机和视频显示屏）设在舞台区，在化妆室、候场区及有关技术用房内设有内通系统墙面或桌面通话站和接入流动通信工具的插接座；主要通信工具为便携式腰包机、无线对讲机、墙面通话站、催场广播系统。图 1-5 是内部通话系统原理图。

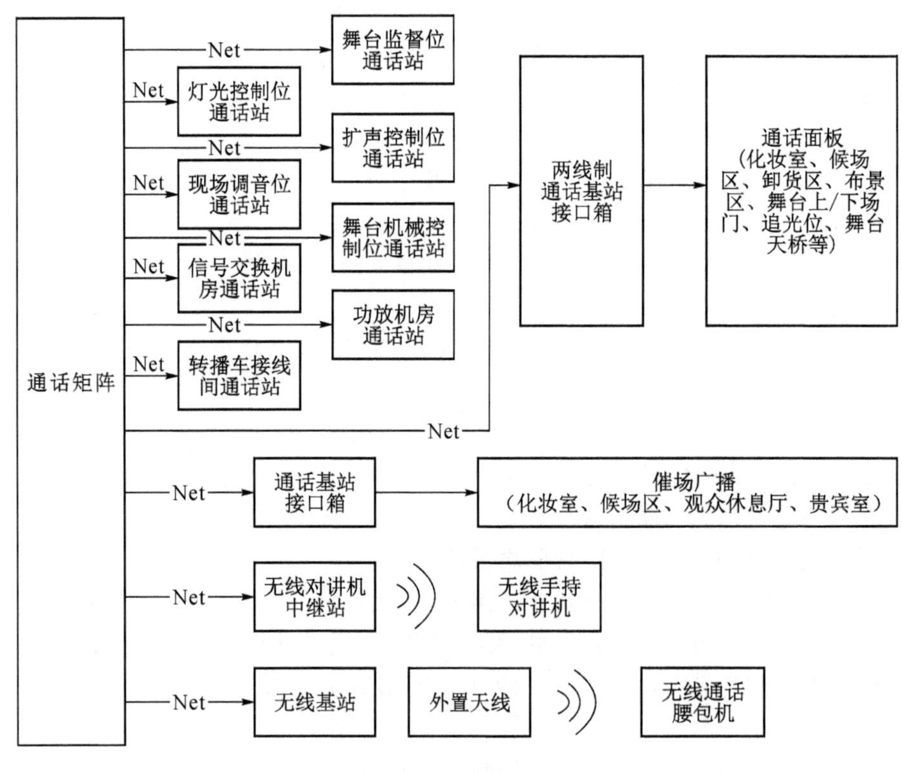

图 1-5　内部通话系统原理图

2）视频摄像/显示系统

（1）摄像系统

在观众厅后墙、台口两侧、乐池内设有带云台摄像机，摄取演出或会议画面；观众入口大厅、候演区和演员跑场通道设有带云台摄像机；主舞台内、台仓内位置设有带云台摄像机摄取演出期间大幕关闭后低照度情况下画面，供演出技术用房、后台演员监看，也可以供会议录像使用;扩声控制室和舞台监督位均设摄像机控制键盘,并可单独控制。

为满足电视节目录制,在观众厅前区两侧、中区、楼座处设置专业摄像机信号插座(其中观众席前区座椅后墙板预留的专业摄像机信号插座,要保证座椅降到地坪高度后可使用),为适应不同机型需求,每个摄像机信号插座设多路信号接口(包括专业摄像机复合光线插座和 HD-SDI 插座),所有插座内的光缆及扩声系统音频信号全部引至转播车库旁控制室内的电视转播信号综合插座,供电视转播期间电视转播车信号连接使用。

(2) 显示系统

为方便舞台监督、导演、演员、贵宾在演出或会议期间及时了解舞台、观众厅的情况,在舞台监督位、化妆区、扩声/灯光控制室、贵宾室配置了相应数量和规格的视频监视器。

考虑到部分摄像头和显示器距离控制室较远,因此采用光纤矩阵切换视频信号,全部视频信号格式统一后再进行分配处理。

摄像机信号经光纤矩阵切换后,送至化妆区各显示器,扩声/灯光控制室,配置高清显示器,多画面显示各摄像头图像。

1.8 流动演出数字扩声系统

1.8.1 流动演出扩声系统的特征

① 转场速度快,包括系统搭建、调试和设备搬运等。

② 操作直观、方便快捷。

③ 支持离线编辑功能;可把预编程序下传至数字音频设备,以适应流动演出准备阶段时间短的使用特征。

④ 系统设备能在恶劣环境下长时间连续运行,可靠性和安全性要求更高。系统设备必须坚固、轻便、便于拆装和搬运、耐运输震动冲击和防雨防潮。

⑤ 应能方便地与视频显示系统、舞台灯光系统协同工作;提供远程监控和网络传输等功能。

1.8.2 系统组成

流动演出实况数字扩声系统由音源、数字调音台、数字音频处理器、数字处理功放和扬声器系统等设备组成。近几年来,随着流动演出市场的日渐活跃,各专业扬声器生产厂大力开发各种规格的防雨有源线阵列扬声器系统,使流动演出系统的结构更为简洁,拆装和系统调试更为简便。使用内置 DSP 处理功能强大的数字调音台的流动扩声系统,甚至取消了数字音频处理器环节,直接由数字调音台兼顾数字音频处理功能。

1.8.3 系统配置

(1) 音源部分的配置和选用要求基本与剧院扩声系统相同。

(2) 调音台,以体积小、重量轻的中小型数字调音台为主。

① I/O 接口箱。一般为 2 个。传声器多的系统,可使用数量更多的接口箱。信号处理规模特别小的演出系统,可不配置接口箱,直接使用数字调音台自带的物理输入/输出接口。

② 操作界面的物理规模。综合系统的信号处理需求、数字调音台的信号处理能力以及符合人体工程学的操作控制等因素,确定操作界面。2008 年第 29 届北京夏季奥运会开幕式扩声

系统，使用1台具有40个物理推子的SoundCraft Vi6数字调音台作为系统控制核心。

③ 数字音频处理器

选型时侧重于音频处理功能，同时也要注重操作控制的直观性和便捷性。内置音频处理参数的调整，既可通过电脑调整，也可通过操控机器面板上的热键实现，以使流动系统在最短时间内进行系统特性的微调。提供自动均衡功能，为系统提供简单、快速的调试方法。

④ 功率放大器

功放配置原则与剧场类数字扩声系统相同。

⑤ 扬声器系统

按照功能，主要分为主扩扬声器、降低声像扬声器和舞台监听扬声器。在特别大的流动演出空间，还会增加补声扬声器，分布在观众席区域，以保证所有观众席都有足够的直达声覆盖，感受到良好的声音效果。如在上海八万人体育场举办的“阿依达”，除了在舞台左右两侧吊挂垂直线阵列扬声器系统作为主扩声外，在中后区观众席按需布置补声扬声器系统。

主扩扬声器采用有源扬声器，可使流动演出系统结构更为简洁，便于搬运和快速搭建。有源扬声器系统已把数字音频处理功能纳入其中，内置了厂家专为此扬声器编写的音频处理参数。因此，不需细致的调试，即可获得非常不错的声音效果。在搭建流动演出系统时，只要稍微调整数字音频处理器的参数设置，即可完成系统调试。典型品牌有JBL、Meyersound、L-Acoustics等。

大型流动演出，以使用大中型垂直线阵列扬声器为主；在中小型流动演出中，以使用中小型垂直线阵列扬声器为主。图1-6是大型流动演出扩声系统的基本配置图。

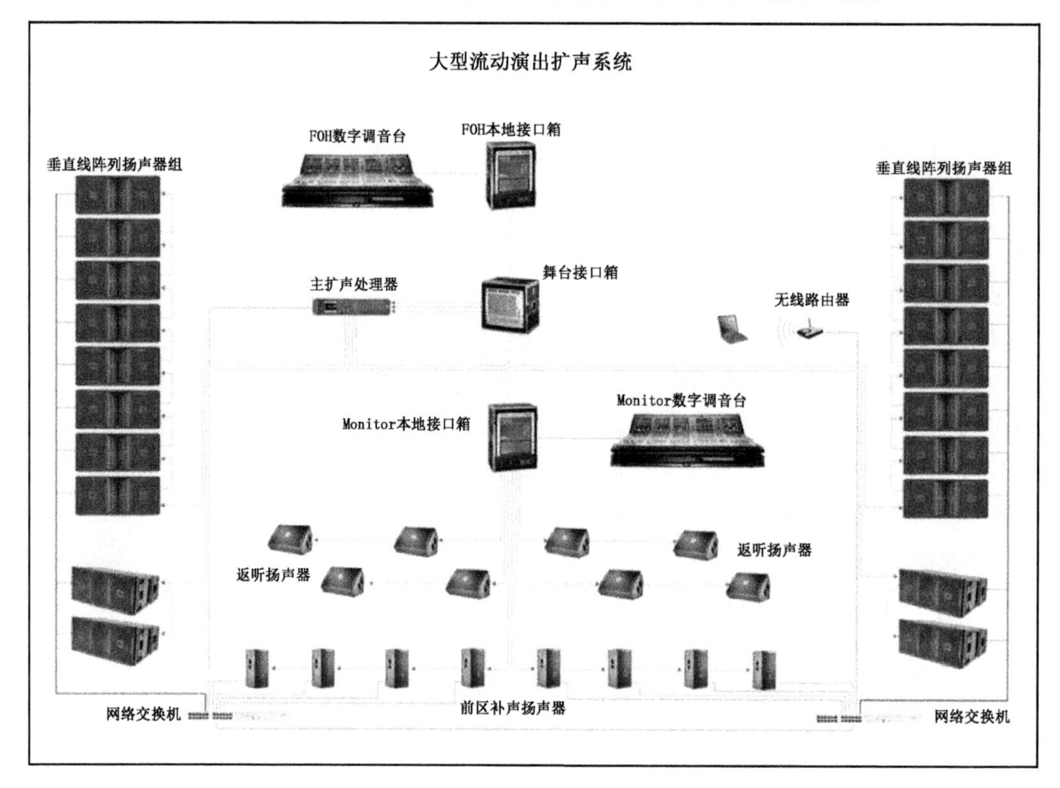

图1-6　大型流动演出扩声系统基本配置图

第二章　舞台灯光工程设计

舞台灯光的设计应首先满足各类舞台节目演出的需求，舞台灯光是舞台美术造型手段之一。运用舞台灯光设备和控制技术手段，以光的明暗、色彩、投射方向和光束运动等控制手段及其动态组合来引导观众视线，增强舞台表演的艺术效果，渲染表演气氛、突出中心人物，创造舞台空间感、时间感，塑造舞台表演的艺术形象，并提供必要的灯光效果，创造舞台气氛，调节和传递演员与观众间的情绪感染和交流，总体上讲，舞台灯光的主要功能至少应包括：

① 引导观众视线，使舞台画面更清晰：引导观众的视线到达特定位置，让观众形成一个特殊的视觉效果，为场景提供更大的深度，展现层次感。

② 加强舞台表演的效果：符合剧情需要，使背景显得自然，对剧情发展起到衬托、暗示和诱导作用、调节气氛（演员、观众）。

③ 照明演出，使观众看清演员表演和景物形象。

④ 塑造人物形象，烘托情感和展现舞台幻觉。

⑤ 创造剧中需要的空间环境。

⑥ 渲染剧中气氛。

⑦ 显示时空转换，突出戏剧矛盾冲突和加强舞台节奏，丰富艺术感染力；有时也配合舞台特技。

各式各样的舞台专业灯具的配套运用和编程控制，都基于我们现在探讨的舞台灯光工程设计的内容。图 2-1 是某一剧目的舞台灯光设计。

图 2-1　舞台灯光系统用来增强舞台表演的艺术效果

2.1 舞台灯光系统设计原则和工艺设计要求

舞台灯光系统设计应遵循舞台表演艺术的规律和特殊使用要求进行配置，其目的在于将各种表演艺术再现过程所需的灯光工艺设备，按系统工程要求进行设计配置，使舞台灯光系统能准确、圆满地为舞台艺术表演服务。

舞台照明设计应具备多种造型手段，适应不同风格的演出。根据剧本、导演的要求及舞台美术的总体设想进行艺术构思，绘制布光设计图。

2.1.1 舞台照明设计原则

(1) 创造完全的舞台布光自由空间，适应各种演出布光要求。

(2) 为使该系统能够持续运行，适当加大储备和扩展空间。

(3) 系统的抗干扰能力和安全性作为重要设计指标。

(4) 在满足演出需要的情况下，尽量使用高效节能的冷光源新型灯具。

(5) 以太网和 DMX512 数字信号网络技术被引入系统设计的各个环节。

2.1.2 舞台照明工程工艺设计要求

(1) 系统工艺设计和设备配置具有综合剧场的使用功能，在 2 h 内可轮换不同剧种的灯光操作方案。

(2) 系统允许使用全部配置的各种类型灯具和其他补充设备。

(3) 整个系统在不中断主电力供应的前提下，灯光主控台可进行持续诊断检查。

(4) 全部灯光设备应符合舞台背景噪声的技术要求，即空场状态下，所有灯光设备开启时的噪声应不高于 NR25，测试点离灯光设备的距离为 1 m；效果器材的噪声不大于 30 dB。

(5) 系统应预留足够的扩展能力，如电力容量、硅柜容量、网络容量等。

2.2 舞台表演区的照度要求

1) 多功能厅演出舞台的照度指标

(1) 主要表演区的垂直照度不低于 1 200 lx (离台面 1 m 高测试)。

(2) 显色指数：Ra>90。

(3) 色温：常规灯具 3 200 K±150 K ，特效灯具 4 700～5 600 K。

(4) 综艺演出应能体现绚丽多彩、动静相宜的舞台照明，朴实的舞台场景。

2) 会议照明舞台的照度指标

(1) 舞台的垂直照度不低于 550 lx(离台面 1 m 高测试)。

(2) 显色指数：Ra>90。

(3) 色温：常规灯具 3 200 K±150 K。

(4) 会议照明应能充分体现庄重、大方的会议场景，满足电视摄像的光照要求。

2.3 剧场各区域的照度要求

按《剧场建筑设计规范》(JGJ 57—2016)，剧场各区域的照度标准如表 2-1 所示。

表 2-1　剧场各区域的照度标准

序号	房间名称	照度(lx)	序号	房间名称	照度(lx)
1	楼梯走廊	15～20	12	理发室(头部化妆)	100～300
2	前厅、休息厅	75～200	13	排练室	100～200
3	小卖部、存衣间	50～100	14	布景仓库	15～30
4	厕所、卫生间	50～100	15	布景道具制作间	100～200
5	接待室	75～150	16	绘景间	150～300
6	行政管理房间	75～150	17	灯控室、调光柜室	75～150
7	观众厅	75～150	18	声控室、功放室	75～150
8	化妆间	50～100	19	电视转播室	75～150
9	服装间	75～150	20	消防控制室	75～150
10	道具室	75～150	21	水、暖、电、通机房	20～50
11	候场室	75～150	22	抢妆室	75～150

2.4　舞台灯光系统的基本配置

舞台灯光系统由灯光控制系统(包括数字调光台、电脑灯调光台、换色器控制台和文件服务器、数字调光器(硅箱/硅柜)等)、网络传输系统(包括传输线路、网络编/解码器、线路放大器和网络交换机(或 HUB)等)和各种舞台灯具三部分组成,如图 2-2 所示。

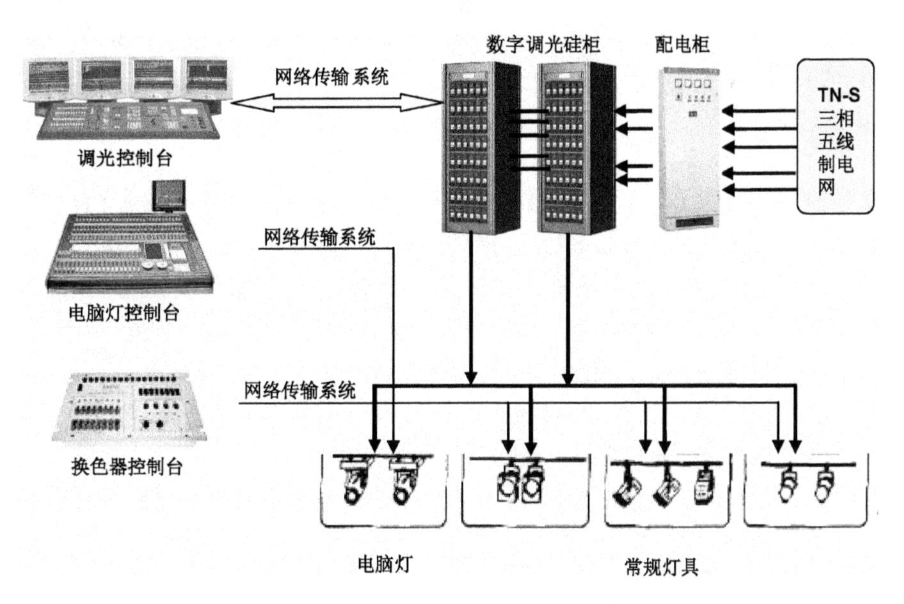

图 2-2　舞台灯光系统的基本配置

为简化灯光师操作,对舞台灯光系统提出了“统一管理,集中控制”的管理理念,就是需要把系统中功能各异的数字灯光设备(如控制台、调光硅箱、数字换色器、电脑灯、各种常规灯具等)通过网络传输系统全部连接在一起,实施集中控制,由灯光师来集中操作控制。

为了更好地配合演出排练，便于灯光“统一管理，集中控制”的管理理念，通常把剧院的工作灯系统和观众厅灯光系统由灯光师统筹控制。

2.5 舞台灯光控制系统

舞台灯光控制系统由调光控制台、传输网络和调光器组成。职责是按灯光设计师的场景设计方案对各灯具实施明、暗、强、弱、色彩、图案变化，及指挥相关灯具作上、下、左、右、旋转的动作指令，通过传输网络正确无误地发送出去，再由调光器来完成执行各种控制命令，控制对象是舞台灯具设备(如电脑灯、激光灯、频闪灯、常规灯、数字烟机、泡泡机、雪花机等)。

2.5.1 数字调光台

现代演出的舞台灯光系统既要实时发送大量调光控制命令，又要传送电脑灯、换色器和效果灯光器材的许多动态指挥命令，这些灯具的控制问题几乎已成为舞台灯光行业的新问题。为解决各种单灯调节需要的数以千计的灯光控制通道问题，需要采用数字传输网络和集中控制平台——数字调光控制台。调光控制台有模拟调光台和数字调光台两类。

1) 模拟调光台和数字调光台

(1) 模拟调光台

使用模拟调光技术，每个通道输出的控制信号为 0～10 V。模拟调光台设计简单，价格便宜，易学易用，但是控制通道(光路)较少，控制功能简单，调光曲线不够精细，为 20 世纪 70 年代末到 90 年代中期的主流产品。

现代演出的舞台照明系统的快速发展，通常需有成百上千甚至更多的调光或控制通道(光路)，模拟调光系统已经无法满足控制数量、编程和通信传输，在 20 世纪 90 年代中期逐步被数字调光台替代。

(2) 数字调光台

数字调光台采用数字多路通信原理，把调光控制信号按 DMX512 协议实行数字编码后，便可在一对通信线路上同时传送 512 路调光数据信号，解决了现代专业演出灯光系统的调光控制问题。

数字调光台具有模拟调光台无法比拟的许多优秀性能，例如：调光功能、编组功能、集控功能、自动备份功能、数据存储功能、精细的调光曲线、多路传输功能等。数字调光台已成为舞台灯光系统实现集中控制、统一管理的关键设备。

数字调光台常见的有 12 路、36 路、48 路、96 路、108 路、216 路、512 路、1024 路、2048 路和 4096 路等各种规格，适用于各类规模剧场的不同用途。

全数字调光系统的基本概念有：DMX512 数字信号传输协议，数字触发器，数字调光台，数字信号解码处理器。

① DMX512 数字信号传输协议：以帧为单位，每帧数据由同步头和 512 个字节组成。按串行方式进行数据发送和接送，数据传输速率为 250 kB/s。

正确理解 DMX512 协议及其电气特点是应用全数字调光系统的基础，DMX512 信号的同步头告诉接收设备：后面有 512 个字节(byte)的串行数据发送过来，请做好接收准备工作。对于调光系统。每一个字节数据表示调光亮度值。用二位十六进制数表示(从 OOH-FFH)，其中 OOH 表示 100%，第一个字节表示第一路亮度值。第二个字节表示第二路亮度值……第512个字节表示第512路亮度值。对于电脑灯，这512个数据表示另外一种含义。电脑灯型号不同，其数据组合方式也不同。

DMX512信号的另外一个重要特性是信号差分输入工作模式。如果干扰信号同时加在正信号线和负信号线上，由于采用信号差分输入。输出端能滤除这个类干扰信号，有效地提高系统的抗干扰能力。

② 数字触发器：有两种工作方式，一为触发导通方式；一为触发关闭方式。触发关闭方式对电力系统的谐波干扰要比触发导通方式低。这是近年来国外研究出来的较为先进的触发方式。

③ 数字调光台：电脑处理系统通过输入接口将推杆信息（如分控杆、集控杆、总控杆等）。按键信息（如记录场、集控、效果等）收集起来进行处理。处理结果通过输出接口转化为DMX512信号分别输出到相应的DMX信号输出口上，同时在显示器上显示出相应内容。

④ 数字信号解码处理器：将512个串行数据接收并存入计算机的RAM存储缓冲区中。在时序节拍的控制下，数字信号解码器中的计算机根据电网的同步信号及RAM存储缓冲的调节亮度数据，输出触发脉冲控制晶闸管进行调光输出。

2）数字调光台分类

根据调光台的容量可分为小型、中型和大型三类。

（1）小型数字调光台

一般把控制通道在108及以下光路的调光台称为小型调光台。通过调光台与调光器（俗称调光硅箱或调光硅柜）配接，按照用途要求，配接不同光路的灯具。

小型调光台受光路数量少的限制，在灯具数量较多时，不能实现对所有灯具进行独立的精细调光，对不同光路的灯具只能接受调光台同一光路的控制。

小型调光台的手控推杆（分区调光推杆）较多，一般有48个，甚至达96个；场景集控推杆较少，一般为24个。集控推杆的扩充通过集控分页来实现。由于手动推杆对灯具的直接控制很直观，所以常把小型数字调光台当作数字化的模拟调光台，更适合于一些非专业灯光人员操作使用。

小型调光台体积较小，重量较轻，可多台（一般不大于2台）连接组成一个较大的灯光控制系统。最适合于以基础照明为主、场景变化不多的灯光控制场所，如新闻演播室、专题节目演播室、大型会议厅和礼堂、宴会厅、大型会展中心、娱乐会所等。除了固定安装使用外，还适合流动演出使用。

图2-3是一款36路小型数字调光台控制面板。采用DMX512数字编码标准，可控制DMX512数字格式的调光设备。主要技术功能：

① 具有36个调光控制光路；通过软配接最多可控制54个可控硅调光回路；

② 记忆99个场景；9组灯光效果，最多可同时运行3组灯光效果；

③ 0.1～9.9 s可调的走灯效果；

④ 36个灯光分推杆；

⑤ 可用20个集控杆控制预置灯光场景；

⑥ A/B场预置，关机数据保持；

⑦ 使用DMX512地址对连接的灯具实行单独控制，预设地址是1～36。

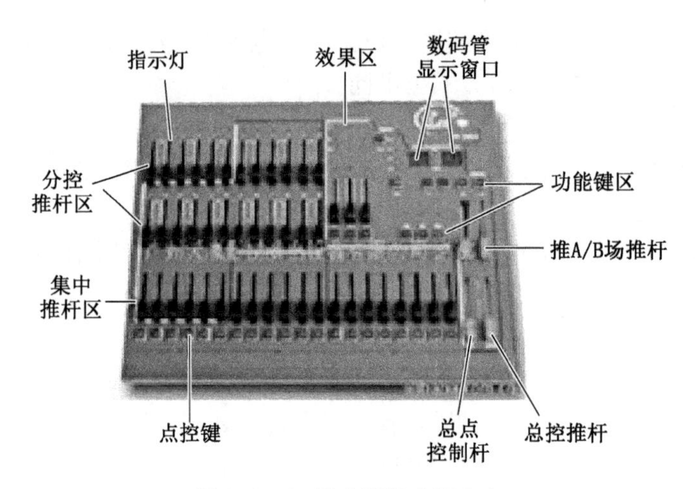

图 2-3　36 路小型数字调光台

小型调光台产品系列较多，如英国 Strand(斯全德)公司的 Strand 48/96；美国 ETC 公司的 Express 24/48；比利时 ADB 公司的 ACNtor 等。表 2-2 是它们的主要性能对比。

表 2-2　小型调光台主要特性比较

特性名称	Strand 48/96	ETC Express24/48	ADB ACNtor	Zero88 Sirius
产地	英国	美国	比利时	英国
光路	50/100	96/192	96	48
DMX 输出	1024	1024	512	512
手控推杆	24/48　48/96	24/48　48/96	24/48	48
集控	24	24	12	6
集控分页	4	10	20	20
联合推杆	100	4	1	2
处理器	奔腾	英特尔	西门子	单片机
资料储存	有(软盘)	有(软盘)	有(磁卡)	无
跟踪备份	有(310)	有(LPC)	无	无
手提遥控	2	1	1	0
远程视频跟踪	有	有	无	无
DMX 多点遥控	有	无	无	无
资料服务	有	无	无	无
中心/颜色预置	有(500)	无	无	无
数字转换器	有	有	无	无
DMX 属性种类	99	30	0	0
光路属性	500	0	0	0
固定资料库	99	99	0	0

（续表）

特性名称	Strand 48/96	ETC Express24/48	ADB ACNtor	Zero88 Sirius
16 bit DMX	有	有	无	无
16 bit 编程	有	无	无	无
配接表	1	2	1	1
调光曲线	99	32	0	0
效果	300×99 步	100×99 步	9×9 步	9 步
同步效果	12	2	9	1
视频显示	1	1	1	0
远程遥控点	按需分布	2	0	0

（2）中型数字调光台

控制通道在 216 和 512 光路的调光台称为中型调光台（见图 2-4）。调光台的调光回路总数通常应超过调光器（硅箱或硅柜）的控制回路数，以便实现调光台与调光器（硅箱或硅柜）一对一的配接方式，使在灯光控制的编程、控制及每一回路的精细调节上具有最大的灵活性。这是每个调光师最理想的配置方案。

图 2-4　Strand 300 中型调光台

中型调光台已取消了手动推杆，所有灯光控制信息都要预先通过现场调节、编程，存储到调光台。现场演出时是以组控、集控、效果控制、场景控制为基本元素，重演编程设计。通过集控、场控，重演推杆编程程序，按灯光设计师的构思对现场灯光实现连续控制。

中型调光台应用非常广泛，主要用于中、小型演播厅、歌舞剧院、多功能厅、流动演出、大型夜总会、大型迪厅及大型建筑物的户外照明等。

产品系列较多，如英国 Strand（斯全德）公司的 Strand 400/600；美国 ETC 公司的 Insight；以色列的 Compulite Spark 等。表 2-4 是它们的主要性能对比。

表 2-3　中型调光台主要特性比较

特性名称	Strand 400/600	ETC Insight	Compulite Spark	Zero88 Sirius500
产地	英国	美国	以色列	英国
光路	400/600	512	240/512	512
DMX 输出	1 024/1 536（网络）	1 536	512	512
集控	120	108	24	20
集控分页	4	10	20	20
联合推杆	100	4	2	4
处理器	奔腾	英特尔	英特尔	单片机
资料储存	有（软盘）	有（软盘）	有（软盘）	有

（续表）

特性名称	Strand 400/600	ETC Insight	Compulite Spark	Zero88 Sirius500
跟踪备份	有(310)	有(LPC)	无	无
手提遥控	2	1	1	0
远程视频跟踪	有	有	无	无
DMX 多点遥控	有	无	无	无
资料服务	有	无	无	无
动态控制	鼠标多功能控制	触摸板	3 编码器、追踪球	编码器
中心/颜色预置	有(500)	无	有	有(250)
数字转换器	有	有	无	无
DMX 属性种类	99	30	0	0
光路属性	500	0	0	0
固定资料库	99	99	有	0
16 bit DMX	有	有	无	0
16 bit 编程	有	无	无	无
配接表	1	2	2	1
调光曲线	99	32	0	0
效果	300×99 步	100×99 步	100 步	9 步
同步效果	12	2	2	1
视频显示	2	2	1	1
远程遥控点	按需分布	2	0	0

(3) 大型数字调光台

大型调光台为 1024 控制通道以上，调光台的可控容量已不再是调光师担心的问题。大型调光台采用最先进的电子技术和电脑科技，融入了许多舞台灯光设计的丰富经验和先进的设计理念，代表了当今调光技术的最高水平。

一台大型调光台控制着成百上千只灯具，要配合演出做出场景的连续变化，复杂编程的任务，都需通过大型调光台来实现。这要求大型调光台有非常灵活简单的编程方法和简单的程序修改方法，因为每一次变动都可能涉及相应灯光参数的变化，需要尽量减少灯光师的编程工作量。大型调光台的现场调光，通过集控推杆、场景重演推杆进行。

大型调光台有光路属性设定、16 bit 量化分辨率的 DMX512 输出，有专用的编码器进行调节控制，并对不同智能灯具的控制建立资料库，可以方便地对智能灯具进行配接。

大型调光台主要用于大型演播厅、大型歌剧院和大型综合文艺晚会。主要常用品牌有英国 Strand 550 系列；美国 ETC Obsession；比利时 ADB Pheonix 10(见图 2-5)等。表 2-4 是它们的主要性能对比。

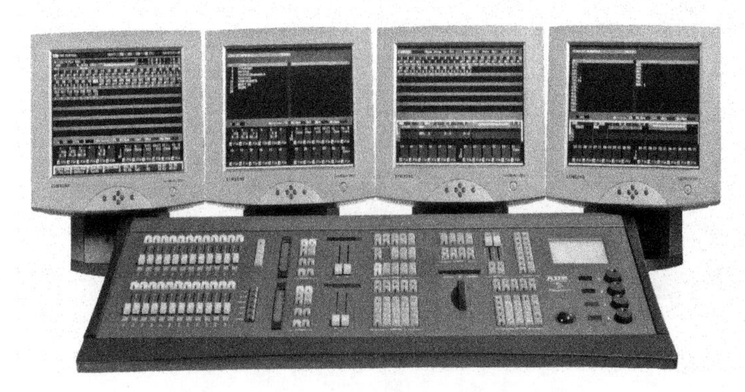

图 2-5　ADB Pheonix 10 大型调光台

表 2-4　大型调光台主要特性比较

特性名称	Strand 550i	ETC Obsession	ADB Pheonix 10
产地	英国	美国	比利时
光路	3 000	3 000	2048
DMX 输出	8192(网络)	3072	2048
集控	54	48	24
集控分页	6	2	2
联合推杆	200	126	2
处理器	奔腾	奔腾	奔腾
多联控制台	5	2	0
资料储存	有(软盘)	有(软盘)	有(软盘)
跟踪备份	有	有	有
手提遥控	4	8	2
远程视频跟踪	有	有	无
DMX 多点遥控	有	无	无
资料服务	有	无	无
动态控制	4 编码器、追踪球	6 编码器、触摸板	多属性控制
中心/颜色预置	有(500)	无	有
数字转换器	有	有	无
DMX 属性种类	99	36	99
光路属性	2 000	0	999
固定资料库	99	99	999
16 bit DMX	有	有	无
配接表	2	2	2
调光曲线	99	32	10
效果	600×99 步	100×99 步	99×99 步
区域视频点	≤4	2	≤4
视频远程遥控点	12	2	0

2.5.2 电脑灯控制台

电脑灯的控制系统通常由若干台电脑灯和配套的电脑灯控制台组合而成。它们之间通过一根多芯控制缆(XLR)串联连接,如图 2-6 所示。

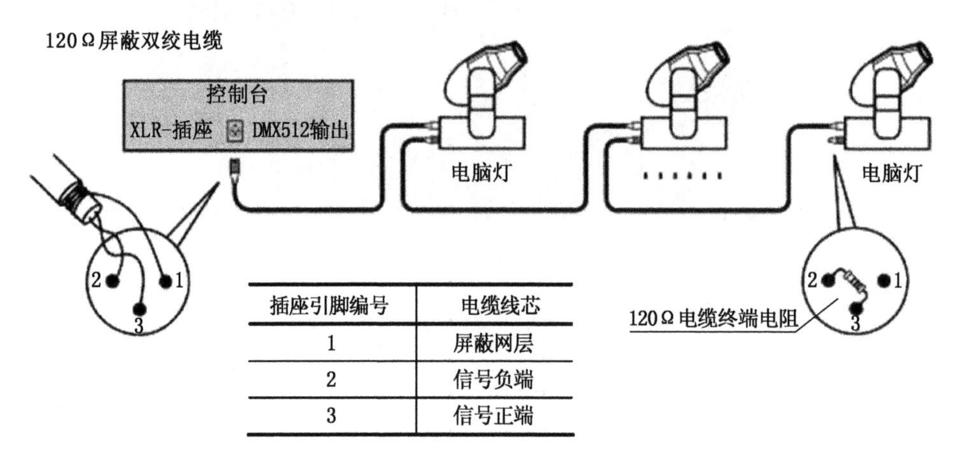

插座引脚编号	电缆线芯
1	屏蔽网层
2	信号负端
3	信号正端

图 2-6 电脑灯控制台与灯具连接图

由电脑控制台统一操作,工作人员只需在控制台前编程,来控制所有电脑灯的动作。电脑灯内部装有一至两个单片微处理器(又称单片机)。单片微处理器是将 CPU 和少量 RAM、ROM,及 I/O 口集成在一块硅片上制成的。单片微处理器发出信号,通过驱动电路使机内各个微型步进电机运动,从而带动各个颜色轮、图案片、镜头、反射镜运动,从而产生各种色彩和造型的光束及其在空间的运动。

电脑灯控制台要让某个电脑灯做某个动作,首先要找到这台电脑灯。控制台要识别出同一路 DMX 信号中的某一台电脑灯,就必须通过查找地址码来解决。因此,每一台电脑灯在使用前必须设置地址码。

由于一条 DMX 信号线路最多只能控制 512 个通道,因此,在设计电脑灯控制系统时,必须要考虑到一条 DMX 控制线连接的所有电脑灯的通道数之和最多不能大于 512 个通道。否则就必须增加 DMX 信号线路数量来解决。

按理说,常规灯具调光和电脑灯控制都可以在同一台调光控制台上通过 DMX512 编码技术来完成。从数字调光台的功能来说,应能控制整个舞台或演播厅的演出灯光、创造出整体的气氛和效果。

但是,在大型演出中,调光控制台的软件编制更多考虑的是单路灯光布光的方便性,演出中按现场进程调出一个个灯光场景,并以手动操纵为主,间隔时间较长,重复较少。而电脑灯控制中大量使用自动、快速、循环的效果,布光方式和演出要求都与常规灯具的调光控制方式大为不同。为了方便编排和控制,两者在调光控制台台面上的按键功能、布置和显示要求都不一样。因此,除了中小型、流动型的调光控制台外,大型演出的电脑灯控制台与调光控制台以分开操作控制为主。

MA Lighting 公司旗舰型控制台是全规格的 grandMA2 full-size。该控制台可控制各种类型的灯光设备,如常规型灯具、移动灯、LED 灯、视频及媒体数字灯。配备了最尖端的技术及一些特殊的工具(如键盘抽屉或多点触摸式指令屏幕),全规格的 grandMA2 在各种照明领域都能够应付自如。对于所有调光通道及外接设备，它可以通过各不相同的多种模式，实现直观、快速的控制。此外，新开发的推杆侧翼又为系统加上了多达 60 个的程序执行推杆，可以进行几乎无限数量的翻页。

图 2-7 MA Lighting 公司的 grandMA2 full-size 电脑灯控制台

另外，grandMA2 全规格控制台还能读取“系列 1”—演出文件(showfile)，并能够以特殊的“系列 1”—模式运行。这意味着与“系列 1”—会话(session)实现完全兼容。该新系列中所有的指令键在布局位置上同以往的也完全相同，这样更便于操作。grandMA2 还提供了高度灵活、便捷的编程方式，包含了在数量上近乎无限的预置、场景、翻页、序列和效果。

主要技术特性如下：

✧ 连接了 MA“网络处理单元”(NPU)，每个会话(session)可对 65 536 个控制参数加以实时控制(可达 256DMX 口 universe)。

✧ 内置 8 192 个 HTP/LTP—控制参数(6DMX 输出)。

✧ 3 个内置 TFT 宽屏式触摸屏(15.4 英寸 WXGA)。

✧ 2 个外接 TFT 屏幕(UXGA，可以是触摸屏)。

✧ 1 个内置指令屏幕，多点触摸式(9 英寸 SVGA)。

✧ 30 个电动程序执行推杆。

✧ 内置键盘抽屉。

✧ 内置不间断电源(UPS)。

✧ 2 个 EtherCON 连接接口。

✧ 5 个 USB 2.0 连接接口。

✧ 电动式显示器板。

✧ 2 个电动 A/B 场切换推杆，100 mm。

✧ 独立背光且可调光的静音型按键。

图 2-8 是 ETC EOS Ti8192 输出数字网络综合控制台，主备控制台性能完全相同可以互为备份。

图 2-8 ETC EOS Ti 灯光控制台

ETC EOS Ti 灯光控制台专供演出时常规灯、电脑灯、效果器材、机械转臂等的控制。具有 DMX512、以太网接口和调光柜信息的反馈接口等，能支持 ACN 格式(国际娱乐界新一代基于网络数据的传输标准)。控制台含 20 组电位器的控制面板，方便基层剧团人员的操作习惯，增加嵌入控制台的 Capture 3D 灯光设计软件，使控制台集设计、管理、演出控制于一身。

主要技术特性如下：

➢ 所有的控制台设备全部符合 ACN 协议。

➢ 选择设计和操作、电脑灯和常规灯控制于一体的 ETC EOS 系列 EOS Ti 灯光控制台。

➢ 所选控制设备能导入其他厂家控制设备存储的演出信息。

➢ 控制系统具有多机控制同步运行,多机冗余备份功能,达到多机备份的无缝衔接。

➢ 可配置不同的操作模式的控制面板,满足不同操作习惯的灯光师使用,可连接多个面板。

图 2-9　控制台界面

➢ 4 096 个输出或者电脑灯参数控制。

➢ 16 000 个控制光路。

➢ 12 个独立用户。

➢ 分区控制。

➢ 10 000 个场。

➢ 999 个场清单。

➢ 一对电动主重演推杆,200 个重演推杆。

➢ 10 个 100 mm 电动推杆可翻 30 个推杆页,可配置成单控、集控、重演杆和总控,可以扩展至 300 个推杆。

➢ 4×1 000 模板(亮度、焦点、颜色、光束)。

➢ 1 000 个预置,全功能样板。

➢ 1 000 个群组。

➢ 1 000 个动态效果(相对、绝对值或步骤)。

➢ 1 000 个宏。

➢ 1 000 个快拍。

➢ 1 000 种曲线变化。

➢ 10 条预编程可编辑的灯光曲线。

➢ 内置 2 个 17.3 英寸 LCD 多点触摸屏可折叠和一个电脑灯属性触摸屏,支持 3 个外置 DVI/SVGA 显示屏，最小分辨率 1 280×1 024。

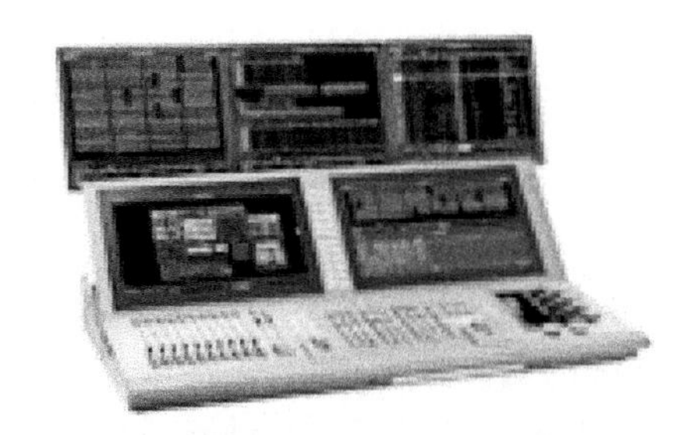

图 2-10　控制台外形

➢ 内置 SSD 硬盘。

➢ 11 个 USB 端口，可使用闪存记忆盘、键盘，可连接打印机、调制解调器或其他的扩展装置。

➢ 2 个 POE 的以太网接口。

➢ 支持中文显示和操作系统，支持中、英、法、德、意等多种语言。

➢ 内置第三代网络技术，兼容 DMX/RDM/厂家协议/ACN。

➢ 用户可根据需要将设备扩容、升级。

➢ 所有记录目标可提取清单列表。

➢ 可以连接有线或无线便携遥控器，用来控制调光器等。

➢ 允许全程跟踪备份，多路数据合并，远程监控，文件共享。

➢ 数据可在硬盘和可移动磁盘(U 盘或软盘)上存档。

➢ 支持多种文件格式导入：Obsession、Safari、Emphasis、Strand 500/300，Expression、Express & ASCII、Congo。

➢ 支持 MIDI，SMPTE 时间码输入，MIDI 转接和输出。

➢ 可配置高精度通道列表，便于灵活操作。

➢ 用户可配置光路可视化系统。

➢ 无鼠标导航显示。

➢ 包含各种电脑灯灯库，可在线升级，也可根据资料手动输入灯库保存，电脑灯的控制参数可以在屏幕上显示。

➢ 用户可将不同的操作界面分别置于不同的显示器，最快捷地选取需要的界面，读取当前信息或进行指令修改。直接显示所有需要的信息，如光路、重演、指令、参数(动态显示)、系统等。

➢ 电动推杆：当切换推杆页时，电动推杆响应控制台操作数据，达到数值，避免误操作！10 个电动推杆便于翻页时自动回复到设定的位置，用于集控、重放推杆、总控等功能。

➢ 电脑灯控制区，电脑灯控制区配置了转轮，针对每个参数都有相对应的按键与转轮，可进行控制选择操作或修改参数数值操作，在粗调后也可进行微调，考虑到用户操作时需要快速选取参数的同时达到所需要的精确度和精细度。

➢ 5×10 参数模块为电脑灯操作提供了直接通道。参数存储在参数模块上即有显示，使用时选取对应光路即可提取，快捷准确达到用户效果。自定义两种参数显示方式，5×10

或者 2×20，可自定义的样板标签易于用户辨识。

➢ 触摸屏操作功能区(电脑灯效果)。

➢ 所见即所得：丰富而经典、方便又自由的色彩选择，无论是换色器的色纸编号还是常规灯的 CMY 混色均可在屏幕直接选取。

2.5.3 换色器控制台

换色器是装在舞台常规灯具上、用来变换灯光颜色的附加装置。灯具换色器的设计和应用，大大简化了舞台灯具的数量，减轻了灯光师的劳动强度，节约了投资，是舞台配置必不可少的器材。数字换色器不仅换色速度可调、色纸定位精度高，而且同步效果好。

数字换色器采用光电传感器与换色器传动齿轮计数装置输出的脉冲信号进行编码取样。将色纸运动的取样信号与预置设定的定位数据信号进行比较，当两者信号完全吻合时，即发出停止信号，停止伺服电机转动，完成色纸定位。这种闭环锁定定位控制系统的定位精度极高。数字换色器采用 DMX512 控制协议传送换色器地址码和换色控制命令。可用一根信号电缆在较长的距离内同时控制成百上千个换色器，非常适合大型晚会及用量较大的舞台演出。

每台换色器具有起始地址码设置开关，比较高级的换色器还设有功能开关，可进行自检和复位，根据使用需要还可选择速度快慢，一般常用速度在 1.5～3 s 内可调，最慢速度可延长至 20 s。在脱离换色器控制台后还具备自动变换颜色的功能。图 2-11 是数字换色器控制台、分配器与换色器连接图。

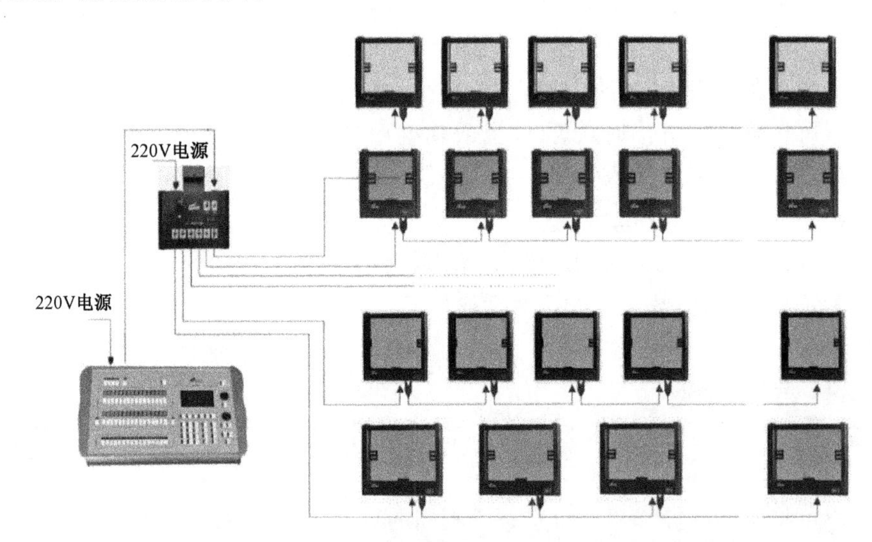

图 2-11　NDS512-16 换色器控制台、分配器与换色器连接图

NDS512-16 数字换色器控制台的主要技术特性：

(1) 具有五种输出模式，可任意编组、编场、编色，按键次数少，编程效率高。

(2) 分组延时输出，可在任何输出状态下单独调号，精确控制到每一个灯，给灯光设计人员提供了很大的创作空间。

(3) 大容量内存，具有 USB 的外存接口，可直接操作外存，同类型控制台只需插入闪存盘即可操作，不破坏原有的存储内容。

(4) 可控制换色器复位、开关风扇和工作指示灯以适应环境要求。

(5) 信号通过高速光电隔离输出，稳定准确，抗干扰能力极强。

(6) 额定编组：16 组，最大编组：256 组(16 组/页×16 页)。

(7) 编址范围：256 个独立通道。

(8) 可控换色数量：8～11 色。

(9) 调速范围：高、中、低三档调速或连续无级调速。

(10) 记忆场数：128 场景(内存)。

(11) 外存场数：USB 闪存盘，每盘存 128 场。

(12) 输出模式：直接＋预备＋记忆＋循环＋延时。

(13) 最大传输距离：≤1 200 m。

(14) 驱动数量：星形连接：≤128 个电源信号分配器；树形连接：不限制数量。

2.5.4　调光器

调光器(Dimmer)是指在控制信号作用下，实现灯光光亮渐变的装置，是一种采用双向晶闸管(可控硅)的调光设备。调光器通过调节灯具的供电电压/电流，对灯光实施明暗调节，是常规灯具(如 PAR 灯、回光灯、成像灯)亮度的控制设备，输出电压可在 0～220 V 之间调节。

采用 DMX512 控制协议或以太网数字控制系统的数字调光控制台，通过一根传输电缆与调光器(硅箱或硅柜)连接，可控制舞台上大量灯具的亮度。多台硅箱可以串联在一起运行，一条 512 信号线可以串联 512 个调光回路。图 2-12 是调光台-硅箱-舞台灯具连接图。

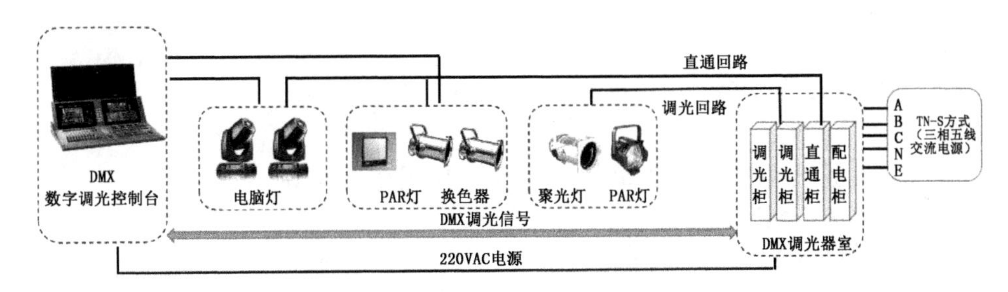

图 2-12　调光台-硅箱-舞台灯具连接图

按调光器输入控制信号的特性可分为模拟硅箱(柜)和数字硅箱(柜)两类：

模拟硅箱接受的是模拟调光控制台(或模拟控制面板)发送来的 0～10 V 之间变化的模拟控制信号，硅箱的每一路输出对应各路控制信号，硅箱的输出电压随控制信号电压的改变而在 0～220 V 之间变化。最大缺点是调光台与模拟硅箱之间的传输线路复杂(每一调光回路需一对线缆)；抗干扰性能差，现已基本淘汰。

数字硅箱是指可以接受 DMX512 数字控制信号的硅箱。控制信号由模拟信号变成了 DMX512 数字信号。优势在于可方便地远距离传输控制信号，传输线路简单(一根电缆最多可传输 512 条光路的数字控制信号)，抗干扰性能好，可以直接使用数字调光控制台来编写调光程序，容易控制，还可以把传统灯具和现代电脑灯结合在一起，由一台数字调光控制台统一控制，方便灯光师的控制使用。

1) 数字硅箱的特点

数字硅箱除了可方便地远距离传输、传输线路简单、抗干扰性能好，可以直接使用数字调光控制台来编写调光程序，省去人工手动调光的麻烦等优点外，还具有：

(1) 可向调光控制台报告,显示硅箱的运行状态

为使灯光系统的操作人员实时掌握硅箱的运行情况,全数字硅箱通过反馈把它的温度、电流、电压、空气开关状态、负载、风机状态等参数在调光控制台的显示屏上显示。

(2) 灵活的过零触发方式

过零触发(交流电源正负交变的零电平点称为过零点)使得灯光师的灯控安排调整极为灵活,大大提高了布光效率。电脑效果灯、烟机等可以接在任一个灯位上,只要将该灯位设为过零触发方式即可,非常方便。

(3) 输出预热功能

大功率灯具的热惯性较大,需要预热一段时间才能进行调光,输出预热功能就非常适用。

(4) 调光精度高、范围大

数字调光硅箱的调光精度可达 1 024 级以上,调光范围大可达(1%～100%)。有些演出如戏剧、话剧需要细腻的灯光变化效果,对调光系统要求有高精度、大范围的调光手段来达到艺术创作效果。

(5) 调光输出一致性好

数字调光硅箱把触发脉冲的时序参数存储在单片机的内存,在同步信号的作用下,不需要对起始出光点和调光范围进行调整,只需调用该时序参数,进行自动计算后发出移相触发命令,使用非常方便。

2) 数字硅箱主要性能

图 2-13 所示为调光柜——美国 ETC/ESR3AFN-48 Sensor3。

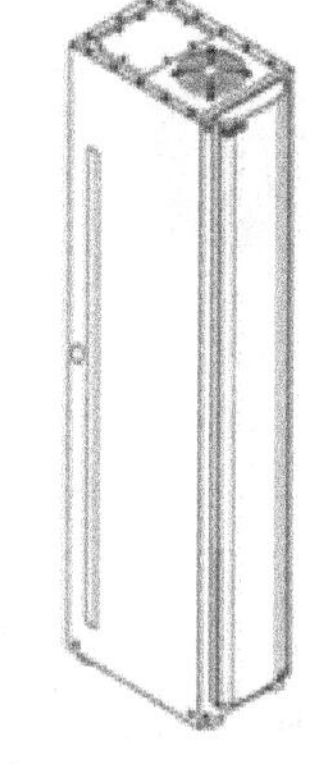

图 2-13 调光柜—美国 ETC/ESR3AFN-48 Sensor3

Sensor3 调光系统可以为娱乐事业的灯光应用提供最佳密度、专业功能和卓越可靠性。

应用:专业娱乐场所、制作演播室、音乐厅和表演厅、主题娱乐与建筑安装、多用途会议和展览场所。

主要技术特性:

- 高密度调光器。
- 48 模块机柜。
- 坚固的工业结构。
- 适应性强的模块化设计。
- SCCR 额定电流 22～46 kA, 230 V,具体情况取决于模块。
- 双电子处理器。
- 机柜内置高级配置编辑功能。
- 内存可以存储多达 64 个备份预设。
- 直接连接以太网控制信号输入(Net3™, sACN)。
- 2 个 DMX512-A 输入。
- 具备诊断报告的标准系统和机柜监控。
- 可选性高级模块支持独立电路报告和错误消息报告。

Sensor® 3 控制电子模块(CEM3)是 ETC 的全新电源控制平台。CEM3 根据优先级管理以

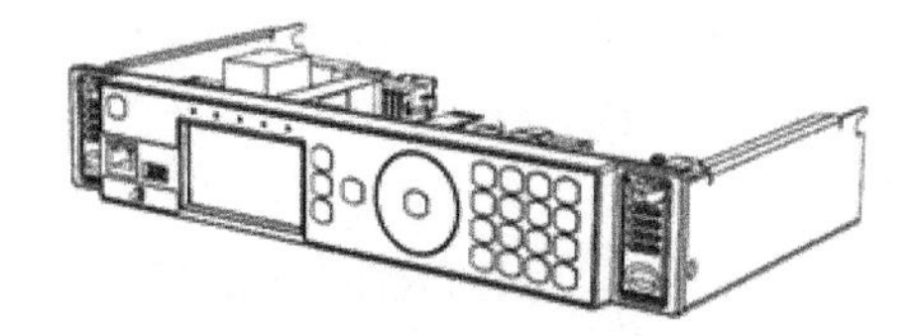
图 2-14　Sensor® 3 控制电子模块(CEM3)

太网、DMX 和预设控制,实现超平稳 16 位元调光、继电器快速启动以及应急照明系统即时支援。用户可在直观面板上直接存取或在调光控制台上远程存取能耗、系统状态和快速更改电路设置。

➢ Net3 上行链路——使用控制模块正面的以太网插口连接 Net3 照明网络。

➢ USB QuickLoad——备份系统设置和升级软件。

➢ 控制界面——易于阅读的系统显示器为用户展示相关系统信息。

➢ 实时超控——用于预设、设置亮度和调光器检查。

➢ 本地菜单——存取设置功能,在控制处理器上进行直接控制。

➢ 备份场景——具有可编程调光延时和优先级的 64 个预设可进行控制、堆积或实时控制故障转移源,以确保展示场景永远不会变黑。

➢ 连接控制台——向实时控制台提供系统和机柜反馈是一种标准配置。

➢ 快速设置向导——一步构建简单系统。

➢ 高级功能(AF)——添加调光器特定报告。

➢ ETC Dimmer Doubling™—— 增加可单独控制的灯具,而无需添加额外电路(仅在 60 Hz 时支持)。

➢ 通用控制电子模块。

➢ 直接连接以太网,用于调光器电平、反馈和系统控制。

➢ UL、cUL 认证及 CE 标识。

控制功能:

➢ 8 线 20 字符图形 LCD,用于系统配置、实时控制和状态显示。

➢ 全数字键盘,快速存取调光器。

➢ 设置、关于和实时控制快捷按钮。

➢ 5 个 LED 状态指示器:电源、网络活动、DMX-A、DMX-B 和 Panic。

➢ 64 个用户可编程预设。

➢ 单一 Panic 电路,支持灵活编程(2011 年春)。

➢ 新更换的 CEM3 自动加载机柜配置。

➢ 配置备份保存在 U 盘或网络上。

➢ 调节调光器输出,以维持±1 V 的恒定功率。

➢ 单个输出比例电压设置,用于负载布线补偿。

➢ 可选择的触发模式:正常(正相、反相、双重调光器、正弦波和荧光灯)。

➢ 控制模式:调光、开关、闩锁、保持打开和保持关闭。

➢ 可选择的调光器输出曲线:线性、修改线性、正方形、修改正方形和 Sensor 2.0 以及 5 个自定义曲线。

➢ 16 位调光分辨率(每 1/2 周期超过 30 000 步的分辨率)。

➢ 可选择的数据丢失行为。

➢ 所有采用 CEM3 模块的 Sensor 机柜都包括基本系统诊断报告。

➢ 标准机柜反馈包括：DMX 输出状态、机柜电源状态和机柜温度。

➢ 高级功能(AF)提供调光器特定状态和负载反馈(需要 AF 调光器机柜和 AF 调光器模块)。

3) 混合模块 ETR15AF、ETR25AF

高可靠性调光器现在可以与远程激活式机械继电器和 ThruPower 旁路结合，为设计完全灵活的电力系统奠定了坚实的基础，从而可以满足未来的照明需求。借助 Sensor3 三合一 ThruPower 模块，可根据各个电路自由搭配调光、切换或手动旁路控制，无需更换 Sensor 电力系统中的硬件。本地超越控制可完全绕过控制系统，从而保证不知情的控制操作员不会调节智能光源。在旁路模式中，集成继电器可以省去抗流圈和 SSR 供电柜，从而为关键电源和照明设备提供清洁能源。

ThruPower AF 模块支持通过任意 ACN 控制系统远程获取特定电路的设置和负载反馈。ETR15AF-3kW、ETR25AF-5kW。

主要技术特性：

➢ 机械闭锁继电器。

➢ 通过控制系统激活/取消激活继电器。

➢ 机载手动 ThruPower 控制开关提供本地最高级别控制权，提供从断路器到灯具的可靠全交流电压。

➢ 所有操作模式均具备电压、电流和温度传感器功能。

➢ 配备备用保险丝的液压电磁式断路器。

➢ ThruPower 继电器模块为双密度。

➢ 每个电路有两个紧接的 SCR。

➢ 400 μs 上升时间环形过滤器。

➢ 压铸铝机壳。

➢ 液压电磁式断路器可以消除烦人的跳闸问题。

➢ EN60898 C 型标准跳闸曲线(C6A、C10A、C15A 和 C25A 断路器已集成至可移动式模块中)。

➢ 模块化组件额定值：22 000 或 46 000A Icn(TUV 测试装置)。

➢ CE 认证。

➢ 每个电路有两个紧接的 SCR。

➢ 每个电路都有一个 LED 控制指示灯和一个 LED 输出指示灯。

➢ 控制组件和电源组件之间存在 4 000 V 隔离电压。

➢ 机械控制气隙继电器。

➢ 机载按键可完成本地继电器和调光切换。

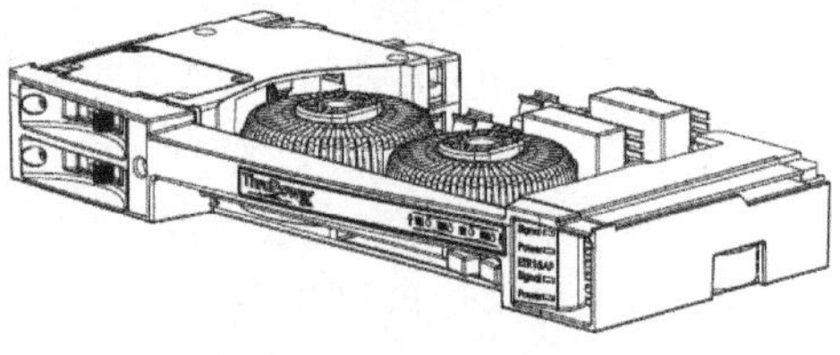

图 2-15　调直混合模块

2.5.5　正弦波调光器

可控硅调光器是一种常用的调光设备，调光速度快，变化多。可控硅器件是一种功率半导体器件，可分为单向可控硅(SCR)、双向可控硅(TRAIC)。它具有容量大、功率高、控制特性好、寿命长、体积小等优点。舞台灯光控制设备大都采用可控硅器件作为功率控制器件。

但是,可控硅调光也带来了一系列问题,其中最主要的是谐波干扰,在应用中不得不采用笨重的电源滤波器加以解决。

可控硅调光器是通过调节正弦波交流输入的导通角的大小来控制正弦波周期内的输出能量,从而达到调光效果。很明显,它是切割 50 Hz 的正弦波交流电的导通角来改变输出能量,在这种电路上,电流从截止到导通不是在正弦波的过零点慢慢上升,而是在某个角度下突然上升,这一急剧上升的电流将使输出电压/电流波形产生极大的畸变,形成大量的高次谐波,如图 2-16 所示。

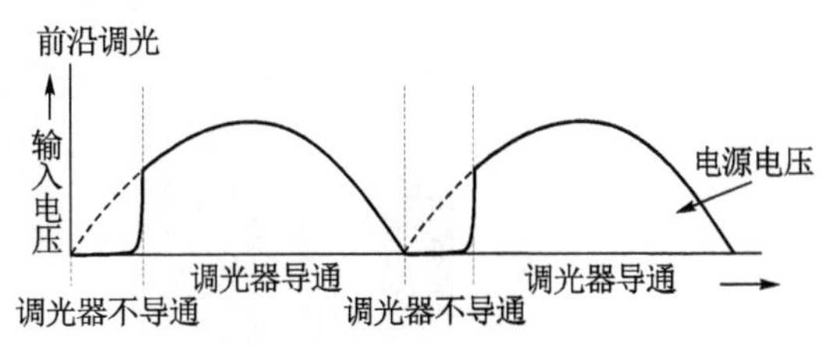

图 2-16 可控硅调光器输出波形

正弦波调光器采用 IGBT (insulated gate bipolar transistor)绝缘栅双极型大功率晶体管替代大功率可控硅晶闸管,将正弦交流输入电压变成输出可调的无谐波的正弦交流电压。其优点在于干扰小、噪声低、效率高,从根本上解决了可控硅调光器的高次谐波干扰问题。

IGBT 是 MOSFET(场效应晶体管)与双极晶体管的复合器件,是一种电压控制型器件。它既有 MOSFET 的易驱动特点,又具有功率晶体管的电压、电流容量大等优点。其频率特性介于 MOSFET 与功率晶体管之间,可正常工作于数十千赫频率范围内,故在较高频率的大、中功率应用中占据了主导地位。但是 IGBT 的瞬间过流能力没有可控硅好,高速开关过程中的发热问题较难解决,需要重点考虑。

图 2-17 是可控硅调光器与正弦波调光器输出波形的对比图,从中我们可以看到:可控硅调光器实际上不存在调节输出电压的过程,而是在调整一个正弦波周期内的能量输出时间,即调整可控硅导通角大小的工作过程,输出电压、电流的波形随可控硅导通角的改变而变化。正弦波调光器在调压(调光)过程中改变的是输出电压的幅值,输出波形与输入波形是一致的,不会产生高次谐波。

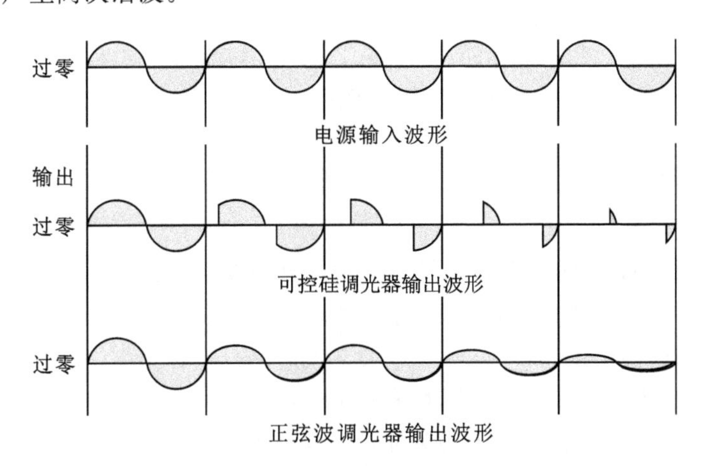

图 2-17 可控硅调光器与正弦波调光器输出波形对比

Matrix MkII 是目前真正具有最佳性能的调光系统。Matrix MkII 1.6m(RA)柜箱拥有更高密度的 108 个调光通道,能提供最多的模组选项,定制调光系统,来满足电源控制需

图 2-18　正弦波调光柜正面图

求。调光模组的真正可交换性，能根据负载需求匹配调光技术（SineWave 或者 SCR）。高效故障电流排除能力，以及 RCBO/RCD 选项，提供了前所未有的安全保障。多个柜箱选项，包括一个旋转框选项，使得安装非常灵活。

主要技术特性：

➢ 供 Matrix MkII 模组选择的附件（外包装）可达 18 个。

➢ 调光模组的真正可交换性，能根据负载需求匹配调光技术。

➢ 有效访问和空间，用于输入端子和负载端子。

➢ 高故障电流公差，设计灵活，安装简单。

➢ 多个电缆入口：顶部、底部、背面、侧面。

➢ 双处理器。

➢ 以太网和 DMX 控制。

图 2-19　Matrix MkII 主机

Matrix SineWave 调光模组主要是为 Matrix MkII 系列模块中的 RA 与 SF 柜箱所设计。它们为诸如白炽灯、低电压、quartz、neon、cold cathode（冷极管），以及荧光灯整流器这些负载提供了高级且可变振幅的正弦波调光模式。

2.6　舞台灯具

舞台照明灯具的种类和规格很多，按其用途可分为以下四类：

(1) 常规舞台灯具：包括聚光灯、回光灯、柔光灯、成像灯、PAR 灯、散光灯、追光灯、格条灯、三基色灯、LED 节能灯等。

(2) 电脑灯：包括镜片扫描式电脑灯和摇头式电脑灯。

(3) 激光灯：包括半导激光器光源激光灯和固体激光器光源激光灯。

(4) 舞台特殊效果设备：包括频闪灯、烟雾机、烟机、泡泡机、雪花机、礼花炮等。

2.6.1　常规舞台灯具

1) 聚光灯

灯具聚光采用平凸透镜，光束比较集中，具有较好的光束方向性，定向投射，光斑周边的漫射光线较少，光斑大小可调，焦距有长、中、短之分，可根据射距远近选用。光斑较清晰，局部照明效果好，可形成界线分明的阴影，能显示出被照物体的表面轮廓和结构。可最大利用辐射光能，提高光源的总光效，配用 1～2 kW 镜面反射灯泡。功率有 0.5 kW 至 5 kW。以 2 kW 使用最广。常用于面光、侧光、耳光和顶光等光位。图 2-20 和图 2-21 是舞台聚光灯外形和光学结构。

图 2-20　舞台聚光灯外形

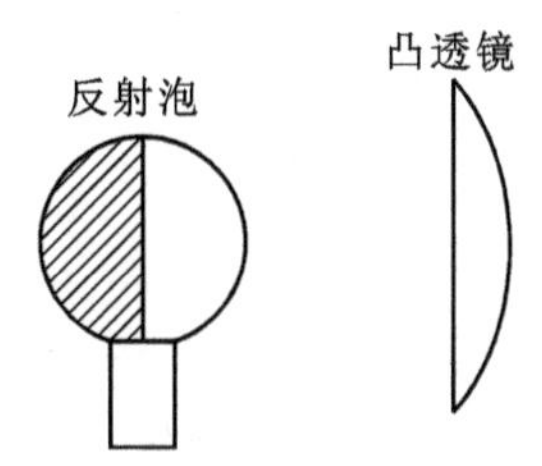

图 2-21　舞台聚光灯光学结构

SPOTLIGHT COMBI 25PC 2500 W 平凸聚光灯主要技术特性：

(1) 光束角 4°～66°调整。

(2) 铝灯身加钢灯头及边框。

(3) 防漏光，高效能冷却。

(4) 色片框与遮菲双插槽并有安全限位。

(5) 隔热的旋钮和把柄。

(6) 设有安全网。

(7) 符合 CE 认证 EN 60598-2-17 标准。

(8) 电源：230 V 50/60 Hz。

(9) 光源：2 500 W 卤素泡。

2) 柔光灯

灯具聚光采用菲涅耳透镜，透镜表面采用了同心圆凹槽，以达到光线柔和匀称的作用，因其外形似螺纹，故该种灯具又俗称螺纹聚光灯。柔光灯照射区域中间亮，逐渐向四周减弱，没有生硬的光斑，便于多个灯具衔接，漫射光区域大，射距较近。多用于柱光、流动光等近距离光位。光源为镜面反射灯泡，常用规格有 0.3 kW、1 kW、2 kW 等数种。图 2-22 和图 2-23 是舞台柔光灯外形和光学结构。

图 2-22　舞台柔光灯外形

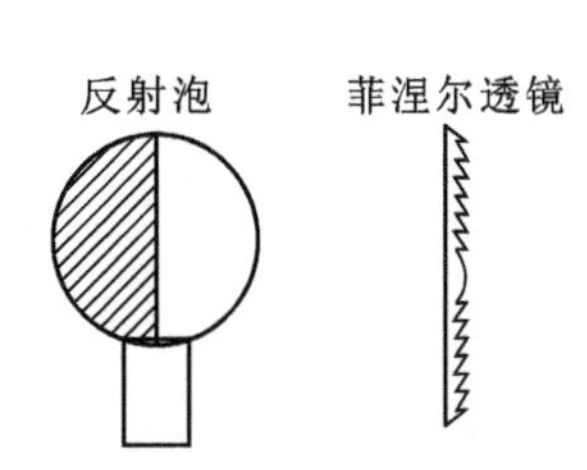

图 2-23　舞台柔光灯光学结构

SPOTLIGHT COMBI 25F 2 000 W 螺纹聚光灯主要技术特性：

(1) 光束角 7°～65°调整。

(2) 铝灯身加钢灯头及边框。

(3) 防漏光，高效能冷却。

(4) 色片框与遮菲双插槽并有安全限位。

(5) 隔热的旋钮和把柄。

(6) 设有安全网。

(7) 符合 CE 认证 EN 60598-2-17 标准。

(8) 电源：230 V　50/60 Hz。

(9) 光源：2 000 W 卤素泡。

3) 成像灯

又称成型灯、椭球灯。介于追光灯和聚光灯之间，是一种特殊灯具，主要用于人物和景物的造型投射。在 5°～50°范围，有多种可选光束角度，可将光斑切割成方形、菱形、三角形等多种形状，或投射出所需的各种图案、花纹。典型投射距离为 7～25 m。采用金卤灯泡，常用功率有 750 W、800 W、1 000 W、1 250 W、2 000 W 等。图 2-24 是变焦成像灯——美国 ETC Source Four 15°/30°。

图 2-24　ETC Source Four 750 W

ETC Source Four 750 W 成像灯主要技术特性：

(1) 使用超高效能的 HPL 750 W 灯泡。

(2) 特殊镀膜反光杯能减去投射光束 95%的热量。

(3) 可转动的灯筒。

(4) 调校灯具不需要任何工具帮助。

(5) 16 cm 色片延伸筒。

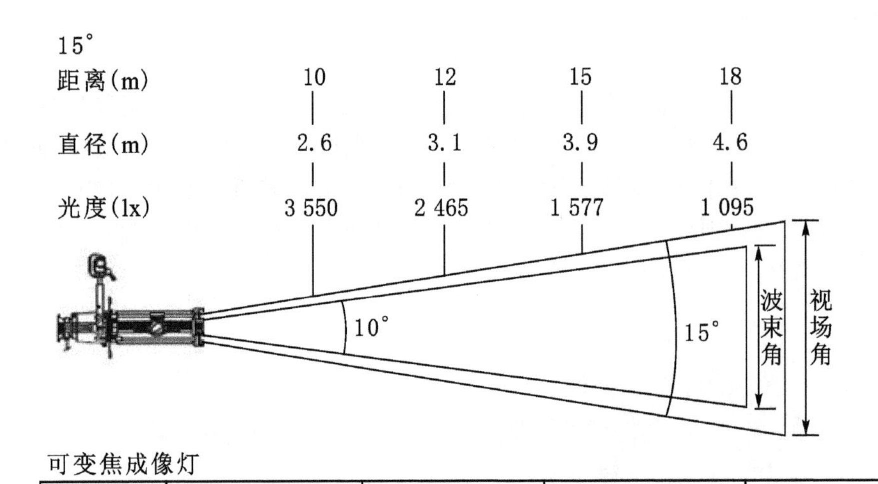

可变焦成像灯

光束角度	光强	光通量	能源效率	光源效率
15°	355 000 cd	10 700 lm	14.3LPW	48.9%

图 2-25　ETC Source Four 750 W 成像灯主要技术特性

4）三基色柔光灯

光线柔和、均匀、舒适，无辐射热。具有高效率的反光镜和遮扉、灯具光能利用率高。低色温，显色指数 Ra 高。主要适用于电视台演播室、剧场、各种会议室、多功能厅等场所作为功能性照明。常见规格有 2/4/6×55 W，如图 2-26 所示。

图 2-26　三基色柔光灯

图 2-27　回光灯

5）回光灯

回光灯是一种直射光源，灯前无聚光透镜，光源后面有反射镜，可移位调焦，采用1～5 kW 石英卤素泡，具有聚光和散光作用，如图 2-27 所示。

特点：光质硬、照度高和射程远，是一种既经济、又高效的强光灯，用于舞台高亮度照明，也可用于剧场主席台照明。

调光时要注意其聚焦点，不宜将聚焦点调在色纸或幕布上，以免引起燃烧。常见规格有 0.5 kW、1 kW、2 kW 等，以 2 kW 使用最多。

6）筒灯

又称 PAR 灯，如 PAR46、PAR64 等型号。在圆筒形灯罩内装有镜面溴钨灯泡，射出较固定的光束，光斑大小不能调整。用于人物和景物各方位的照明。可作舞台面光、侧光、逆光或舞台铺光(舞台基础照明)灯具，加上换色片可改变舞台色调。也可直接安装于舞台上，暴露于观众，形成灯阵，作舞台装饰和照明双重作用，如图 2-28 所示。

图 2-28　筒灯(PAR 灯)

图 2-29　散光灯

7）散光灯

散光灯是电影摄影、电视演播照明中常用的一种大面积泛光照明灯具，在剧院里也普遍使用在大范围布光的场合，比如对天幕的照明。灯前没有聚光透镜，灯后无反射镜，由箱体形成漫反射面，发出均匀的散射光线，如图 2-29 所示。

特点：光线均匀柔和、投射面积大、射程短、常用作天排、地排灯具。采用溴钨卤素灯管。常见规格有 0.5 kW、1 kW、1.25 kW、2 kW 等。

8）散光灯条

分成多格的长条形灯具。每格灯泡的功率约 100 W，一般能分成三种或四种颜色，各种颜色可同时使用，互相衔接，也可作为单色光使用。用于大面积照射画幕。图 2-30 为 8 格散光灯条。

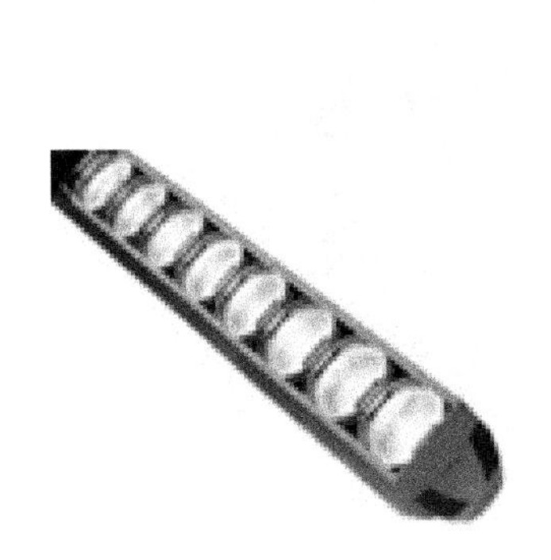

图 2-30　8 格散光灯条

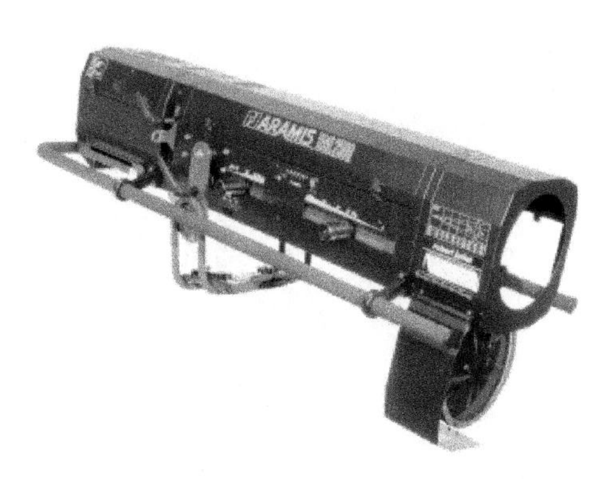

图 2-31　电脑追光灯

9）舞台追光灯

追光灯的主要功能是产生一个明亮的光斑，用舞台术语来说是“一个硬而实的光斑”。光束跟踪演员移动，故名为追光灯。是电视演播室和舞台演出常用的照明灯具。特点是投射距离远、亮度高、光斑清晰，是一种高功率射灯。通过调节焦距，又可改变光斑虚实。有活动光阑，可以方便地改换色彩，打出不同的图案。由人工操纵，跟随演员移动，用光束突出演员或其他特殊效果，图 2-31 是某电脑追光灯，图 2-32 为电脑追光灯光束图。

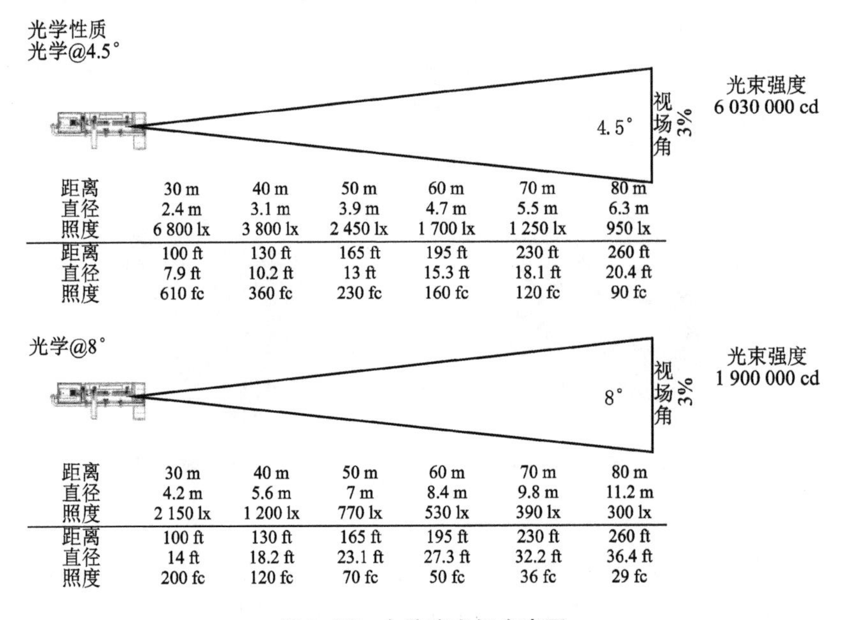

图 2-32　电脑追光灯光束图

追光灯应用非常广泛，几乎包括各种剧目、各类文艺演出、开闭幕式、时装表演等。比如每一部舞剧的演出都要运用追光灯来突出主要角色，塑造不同类型人物形象、表现戏剧情节和人物感情的变化，并能营造舞台气氛。因此，舞台演出的编导和灯光设计师在自己的创作中，都将追光灯的运用作为不可或缺的重要手段之一。在舞台演出场景的设计中，用追光灯来达到以下目的：

(1) 突出重点，引导观众视线；

(2) 照明人物，塑造形象；

(3) 表现剧情及其发展等。

常用追光灯因所用光源不同而分为卤钨灯追光灯，金属卤化物追光灯和氙灯追光灯三种：

(1) 卤钨灯追光灯的特点是结构简单，不需要镇流器，使用方便，通电即亮，可调光，亮度从 0～100 无级可调，价格便宜，缺点是亮度较低。2 kW 卤钨灯追光灯仅能在距离 25 m 范围内使用。

(2) 金属卤化物追光灯其光源发光效率高达 80 lm/W 以上，所以亮度较卤钨灯追光灯高，射程也较远，HMI 2 500 W 追光灯具射程可达 50 m，价格适中。灯泡在启动后需要 3 min 以上的稳定时间。

(3) 氙灯追光灯因射程远、亮度高、光色好而受到使用者青睐。例如，3 kW 氙灯追光灯在距离 120 m 处，光斑直径 3.7 m，照度达 4 700 lx。高亮度追光灯在背景光较亮的环境中显得十分重要，特别是在体育场馆或其他大型演出场所。超过 100 m 的长距离追光，只有氙灯追光灯才能担当如此重任。氙灯追光灯的另一个重要优点是在调光时，其色温和光谱都保持不变，这是卤钨灯追光灯和金属卤化物追光灯所无法相比的。因此追光灯具也配套了相应的机械光闸、机械调光和色温调整等手动或电脑装置模块。

短弧氙气灯泡内充有高压氙气，需有一个触发器，触发器能在接通电源瞬间产生 1 万 V 的高压将灯泡点燃，点燃后触发电源自动断开，灯泡就依赖直流电源进行工作。直流电源的内阻很小，所以回路中须串入一只可变电阻，调节可变电阻可以在一定范围内调整氙气灯泡的工作电流(即亮度调节)，如果工作电流过低会使电弧自熄或不稳定，缩短灯泡寿命。

氙气灯泡工作时泡壳内气压升高，达 30 个大气压左右，使用不当有爆炸的可能，要注意防护。氙灯是直流工作，在接线时阴极和阳极不能接反，否则会在极短时间将阴极烧熔。

氙气灯泡在工作时会产生较强的紫外线，对人的皮肤，特别是对眼睛有害，工作人员应做好防护，避免直射。氙气灯泡在点燃时温度极高，灯具装有专门对灯泡强迫风冷的风机，风速要求在 6 m/s 以上。如果风机发生故障，同样会引起灯泡爆炸或损坏。灯泡停止工作后，风机仍需继续工作 5 min 后才能关闭。

目前市场上追光灯的品种较多，标注指标方式也不一样，以功率为标准的如：1 kW 卤钨灯光源，1 kW 镝灯光源，1 kW、2 kW 金属卤化物灯光源等。也有以距离作为标准的追光灯(在特定距离的光强、照度)，如 8～10 m 追光灯、15～30 m 追光灯、30～50 m 追光灯、50～80 m 追光灯等。

追光灯按操作控制方式可分为机械追光灯和电脑追光灯两类。机械追光灯的调焦、光阑、换色均为手动操作，操作复杂，价格便宜。电脑追光灯的调焦、光阑、换色、色温均通过推拉电位器自动完成，操作简单，功能更多，但对于大型或要求较高的演出较少使用。

下面以法国 Robert Juliat/Aramis＋1013 追光灯为例，着重介绍其技术特性、光学特性及结构特性。

对于大场地长距离的追光来说，Aramis 是最受欢迎的追光灯，特别是在歌剧院、音乐厅中。独特的结构设计能够承受巡演带来的残酷考验，它的换色器配件能够是它适应于任何环境。

（1）主要技术特性

✧ 光源：2 500 W HMI。

✧ 电源：电磁镇流器。

✧ 光学镜片：4.5°～8°变焦。

✧ 可完全关闭光闸：完全关闭光闸，快速移除，更换简便；保护背板，延长寿命。

✧ 图案片夹：可安装玻璃和金属图案片。

✧ 平滑的调光：调光时能够保证色温和光束不偏。

✧ 雾镜：快速产生柔化光斑的效果。

✧ 独立可替换色片夹：色片能够方便快速更换。

✧ 换色器：6 线，自取消回旋换色器。

✧ 快速锁定聚焦把手：快速简便地改变光斑的尺寸。

✧ 简单明了的聚焦标示参考：篆刻在把手上，便于快速简便的聚焦。

✧ 可调式锁紧把手：用于固定位置。

✧ 出众的平衡设计：单手即可操作，平稳不迟滞，特别适合长距离投射使用。

✧ 支架：出众平衡设计的支持点，易于装配，三重安全保障。

（2）光学特性

✧ 安全的灯泡：无爆炸危险，不需穿着防护服。

✧ 工厂预设光学配置：保障追光灯到达使用场所时无需耗费时间进行调整，可直接使用。对比相同类型的所有追光灯光束均匀。

✧ 石英聚光透镜：特别明亮的输出和完美的光束。

✧ 图像：长距离投影。

✧ 可变的光学变焦：始终聚焦在大家关注的焦点上。

（3）结构特性

✧ 法国制造：全机体法国原装生产，保证品质出众。

✧ 分离式整流器：结构紧凑，易于操作和快速保养。

✧ 冷却：灯泡室设计有多区域高效冷却风扇，灯头有超大散热风扇，保证灯体的可靠性和耐用性。

✧ 灯体材料：强大的钣金结构保证灯体长久耐用。

✧ 符合人体工程学的环绕式扶手设计：无论任何操作位都能够保证高度的舒适性、安全性和实用性。

✧ 移动部分：任何时候都能够平滑移动，甚至是很热的时候。

✧ 锁紧旋钮和把手：在高空工作或者运输中提供额外的安全保障。

✧ 所有部件均易于保养：方便清洁、更换灯泡和保养。

✧ 安全：灯泡室设计有安全开关，灯泡工作过程中不得开启灯泡室。

10）投影幻灯及天幕效果灯

可在舞台天幕上形成整体画面及各种特殊效果，如：风、雨、雷、电、水、火、烟、云等。

2.6.2　LED舞台节能灯

舞台照明常用的卤钨灯光源存在光效低、能耗大、热量高、维护成本高、演出环境差等问题。因此具有光效高、热量低、寿命长、易维护、颜色丰富和光色、亮度可控等显著优点的LED灯具已显露出它的巨大生命力。LED固体光源的优点：

（1）发光效率高

LED白光管的发光效率已超过100～120 lm/W，远高于各种荧光灯、金卤灯、高压汞灯（白光）和无极灯。因此，LED已成为发光效率最高的光源。用LED光源取代白炽灯、荧光灯、金卤灯和高压钠灯已不再有技术障碍。

（2）单向辐射特性

LED光源发出的大部分光能，无须经过反射就可直接投射到被照物体，使光能得到最有效的利用，大幅度提高了灯具的效率。

（3）超长的寿命

优质LED灯的寿命可达50 000 h（亮度衰减到50％，称为死亡寿命）以上，是白炽灯的20多倍，荧光灯的10倍。若每天工作11小时，可连续12年以上。

（4）绿色环保

荧光灯和各种气体放电灯节能不环保；它们废弃后，灯内的汞溢出会对环境造成长期严重汞污染，1只荧光灯可污染160吨地下水。LED废弃后，无任何环境污染，并可全部回收利用。

（5）LED光源用直流电源驱动，无频闪、无紫外线，不伤眼睛，可真正起到保护眼睛的作用。

（6）显色指数高

显指数是分辨物体本色的重要参数，LED的光谱非常接近自然日光，能够很好显示物体的本色和识别快速运动物体。

（7）亮度可控

LED利用恒流源驱动，它的亮度和能耗几乎不随电源电压变化而改变；只随驱动电流的大小改变。因此，特别适宜于电压不稳的地区使用。

（8）LED灯具的功率大小可任意设置选用，避免功率配置不匹配而产生过度照明问题，浪费能源。

当然，对于舞台演出照明需求来说，LED灯具还有许多方面需要进一步地完善和提高。相信随着科学技术的不断发展，节能型新光源舞台灯具将成为发展的主流，这无论对于灯光工作者和还是演出剧院经营管理者，都是一种福音。

下面是常用的一些LED舞台照明灯具及其主要技术特性。

（1）200 W LED光束灯（图2-33）

① 采用非球面透镜和全反射光学系统，优异的聚光性能，消除了杂散光，光效高，光束感强；比传统卤钨聚光灯节能90％。

② 内置多种光效变换效果。

③ 内置DMX512信号解码和PWM调光电源，亮度调节范围

图2-33　200 W LED光束灯

0～100%。

④ 调光分辨率高达 65 536 级，完美实现平滑调光。

(2) WTSJD-LED-5×84 200 W 三动作数字聚光灯(图 2-34)

① 采用非球面透镜和全反射光学系统，有效地控制了杂散光，灯具光效高，比传统卤钨聚光灯节能 90%。

② 灯具运动控制系统，结构新颖独特，造型美观。

③ 电动三点联动调焦系统，调焦机构运行更加平滑和精准。

④ 内置 DMX512 信号全数字控制，带有网络接口。

⑤ 采用无间隙传动系统，实现高精度运动定位。

⑥ 调光分辨率高达 65 536 级，完美实现平滑调光。

⑦ LED 布局，保证光斑的圆润和均匀。

图 2-34　200 W 三动作数字聚光灯

图 2-35　100 W LED 数字聚光灯

(3) 100 W LED 数字聚光灯

图 2-35 是 100 W LED 数字调焦聚光灯。发光元件采用高显色指数的大功率 LED 模组，具有光效高、显色性好等诸多优点，主要适用于电视台演播室、剧场、各种会议室、多功能厅等场所作为功能性照明。

① 高功率密度的 LED 模组和高效的非球面聚光系统，光效高，比传统卤钨聚光灯节能 90%。

② 继承了传统的专业非涅耳透镜聚光灯的设计理念和使用方法，灯光师使用上驾轻就熟，无缝衔接。

③ 内置 DMX512 信号解码和 PWM 调光电源，亮度调节范围 0～100%。

(4) 400 W LED 数字聚光灯

图 2-36 是专为中大型剧场和演播室设计的大功率 LED 聚光灯。采用了优化的二次光学设计，有效地控制了杂散光，照度达到 2 kW 卤钨聚光灯的 2 倍以上。适合中大型剧场作为面光灯使用。

① 采用非球面透镜和全反射光学系统，有效控制了杂散光，光效高，比传统卤钨聚光灯节能 90%。

② 内置 DMX512 信号解码和 PWM 调光电源，亮度调节范围 0～100%。

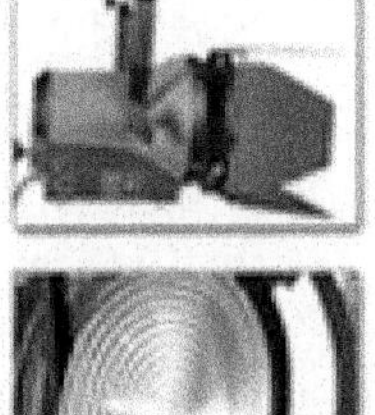

图 2-36　400 W LED 数字聚光灯

③ 一体化设计的灯体和散热器，有效降低了 LED 的工作温度。

④ LED 布局，保证了光斑的圆润和均匀。

⑤ 电动三点联动调焦系统，使用调焦机构运行更加平滑和精准。

(5) 100 W LED 数字化平板柔光灯

图 2-37 是 100 W LED 数字化平板柔光灯，光线柔和、照度均匀、可任意组合拼接，是高清数字电视演播室面光、辅助光的最佳选择。

① 小功率 LED 形成面光源照明，配以高透光率柔光板，光输出柔和、均匀。

② 灯具光效高，比三基色荧光灯还要节能 50%。

③ 采用 DMX512 信号控制和本地控制两种方式控制亮度和色温，亮度调节范围 0～100%，色温调节范围 2 700～6 000 K。

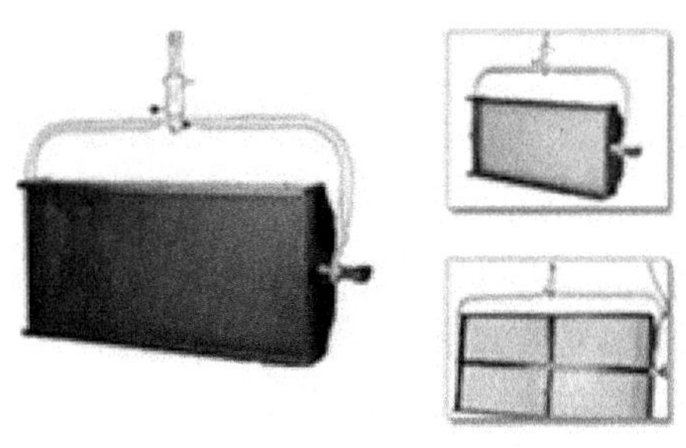

图 2-37　100 W LED 数字化平板柔光灯

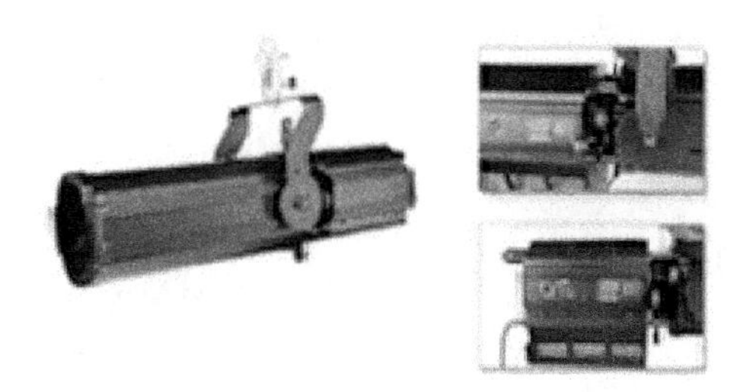

图 2-38　150 W LED 数字成像灯

(6) 150 W LED 数字成像灯

图 2-38 是 150 W LED 数字成像灯。可为客户量身定制多图案切换。一体型材，没有接口。根据不同光源可变换颜色。

规格：150 W AC100～240 V，RGB 三基色，8°～22°光束，330 mm×340 mm×765 mm，12 kg。

(7) PR-8920 极光 LED 天幕灯(3W×48)RGBW

特点：

① 采用新一代绿色环保进口 LED 为光源，具有超长使用寿命，长达 50 000 h。

② 色温色彩可调，满足大面积铺光和渲染各种场景要求。

③ 光斑均匀可实现无限拼接和叠加。

④ 无风扇散热设计。

⑤ 采用 DMX512 信号控制和本地控制两种方式控制亮度，亮度调节范围 0～100%。

⑥ 可任意调整角度安装以适应各种不同的使用场景。

图 2-39 是 PR-8920 极光 LED 天幕灯的光效图和外形图。

主要技术参数：

- 输入电压：100～240 V AC，50/60 Hz。
- 额定功率：100 W@220 V。
- LED 光源：数量 48 颗(R：12+G：12+B：12+W：12)。
- 额定寿命：50 000 h 以上。
- 颜色：RGBW 线性混色，内置宏功能。

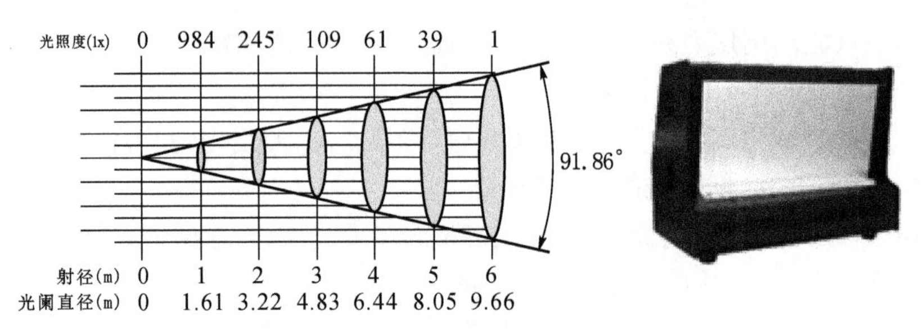

图 2-39 PR-8920 极光 LED 天幕灯

- 色温校正：色温校正 10 000～3 200 K，线性调节。
- 光通量：2 100 lm。
- 调光：0～100%调节。
- 频闪：独立电子频闪。
- 出光角度：光斑角度(1/10 峰值角) θ，水平方向 0°～118°，垂直方向 0°～92°。
- 控制方式：国际标准 DMX512 信号，3 芯接口。标准模式 6 个通道。
- 外壳及防护等级：高强度铝合金钣金，IP20。
- 工作环境温度：−20～40℃。
- 产品净质量：7 kg。

(8) LED 水底灯

图 2-40 LED 水底灯

随着灯光水秀在剧场和各类主题公园的广泛使用，水下灯具(水底灯具)应运而生。LED 水底灯，如图 2-40 所示，简单地说就是装在水底下的灯，因为 LED 水底灯是用在水底下面，需要承受一定的压力，所以一般是采用不锈钢材料，8～10 mm 钢化玻璃、优质防水接头、硅胶橡胶密封圈，弧形多角度折射强化玻璃、防水、防尘、防漏电、耐腐蚀。

LED 水底灯是一种以 LED 为光源，由红、绿、蓝组成混合颜色变化的水下照明灯具，是水秀剧场、各类主题公园、喷水池等艺术照明的完美选择。由于 LED 水底灯应用场合的特殊性，是在水下工作的电器产品，所以也有它技术指标的特殊要求：

① 水底灯的防护指标：水底灯的防尘等级为 6 级，防水等级为 8 级，其标注符号为：IP68。

② 防触电安全指标：国标对灯具的防触电指标分为四类：即 0 类、Ⅰ类、Ⅱ类、Ⅲ类。同时，国标明确规定，对游泳池、喷水池、戏水池等类似场所的水下照明灯具，应为防触电保护Ⅲ类灯具。其外部和内部线路的工作电压应不超过 12 V。

③ 额定工作电压：灯具的额定工作电压是灯具电气参数指标，它直接决定了灯的使用环境，即实际工作电压必须要与额定工作电压一致。否则，不是因电压过高而烧坏光源，就是因电压过低而不能达到光的照明效果。

水底灯的选择：根据工程的实际使用要求，如何合理地选用水底灯，应从如下几个方面考虑：

① 安全功能：在景观场所，水底灯的选择把人身安全作为第一要素。必须按照国标的要求，采用 12 V 安全电压的水底灯。

② 照明功能：照明功能主要指光源的发光亮度。它可根据照射高度、投光面积来选择不同功率的水下彩灯。

照明功能的另一要素是水底灯的颜色，一般有红、黄、绿、蓝、白五种，可根据应用场合、照射对象及营造的气氛来选用。

③ 控制功能：有外控和内控两种控制方式，内控无需外接控制器可以内置多种变化模式，而外控则需要配置 DMX 控制器方可实现颜色变化达到同步效果。

④ 外观造型及外壳材料：水底灯虽然在水下使用，不太显目。但外形和材质与灯具的比重有关。若比重太小，则产生较大浮力，容易将水底灯的固定螺钉松动，使灯具飘浮水面，而太重又使灯架难以支撑。同时，因长期在水中使用，其外壳材质应具有一定的防腐蚀功能，表面漆层要牢固。

⑤ 经济性：水底灯的经济性是指灯具的一次性投资及运行费用的总和。一般来说，质量较好的水底灯，其灯具价格较高，使用寿命较长、运行费用较小，反之，质量较差的水底灯，虽价格便宜，但常因漏水、漏电而导致失明，不但增加了运行费用，有的甚至影响到整个工程的安全和质量。

2.6.3　电脑灯

早期的演出灯光非常简单，仅有聚光灯、筒灯、小雨灯和一些笨重的机械转灯。随着电子技术的发展，出现了简单的声控机械灯，能映出图案、变换颜色及变化投光角度。但这些灯都是单独动作，无法做到光束运动整齐划一，步调一致。20 世纪 80 年代出现了照明技术与电脑技术相结合的新型灯具，取名为电脑灯。

电脑灯，也称作智能灯具，作为现代演出普遍使用的灯具种类，功能非常齐全：一般包括光线颜色变化、三基色组合变化、光线明暗变化、图案组合变化、图案旋转变化、棱镜效果变化、柔光效果变化、镜头光圈收缩变化、镜头变焦变化、光束频闪变化、光束的扫描移动及速度变化等。近年来，一些电脑灯生产厂家已将电脑灯同音视频设备互连，使电脑灯能够投射出无限变化的图案和画面，产生更加丰富绚丽的舞台灯光视觉艺术效果。

电脑灯是舞台、影视、娱乐灯光发展历史上的一个飞跃，作为现代灯具的典型代表，使人们对灯光技术有了新的认识。

电脑灯内装有一个 CPU 微电脑，可以接受控制台发来的信号，并将它转化为电信号，控制伺服电机实现各种操作功能。

电脑灯由 CPU 微电脑系统、伺服执行机构和电光源三部分组成。

(1) CPU 微电脑是电脑灯的大脑，通过 CPU 处理，把电脑灯控制台发出的指令传送给电脑灯中的每一个伺服电机。CPU 微电脑还可以自检内部功能、设置地址编码、调校内部参数或功能。

(2) 由多个步进微电机组成的执行机构，操纵特定的光学组件，每个步进电机都可以独立动作，分别完成带动图案转轮、颜色转轮、调光镜片、聚焦、光斑水平移动及垂直移动等机械动作。

(3) 电脑灯的光源一般采用气体放电灯泡，灯具内部安装了镇流器。输出的是高色温光(5 600～6 300 K)，而普通灯具输出的光是低色温光(2 900～3 200 K)。因此，电脑灯一般适宜作为效果灯使用，通过电视摄像机（色温一般调整 2 900～3 200 K）可以产生奇特灯光效果的优美电视画面。

由于电脑灯的造价较高，为节省投资、提高灯具利用率，造就了它流动性使用的特点。它不可能像普通灯具那样在演播室里固定安装，而是根据节目制作的要求，要随时更换使用位置和场地。流动过程中要频繁拆装和运输，如果不当心，极容易造成灯具损坏。

电脑灯可以几台、几十台、甚至上百台组合在一起进行编程控制，按灯光设计要求变换图案、色彩和光束扫描，其速度可快可慢，可根据编程设计创造瑰丽壮观的视觉场面。

电脑灯使用 DMX512 控制协议控制灯体、光束图案、色彩变换等各种动作。与模拟控制信号相比，具有信号更加稳定，控制方式灵活便利，且不易受环境干扰等优点。

通常，电脑灯的一个动作就需占用一个通信通道。电脑灯用一个颜色轮改变颜色时，需占用一个通道；如果使用两个颜色轮改变颜色，就要占用两个通道，电脑灯的功能越多，所占用的通道数也就越多。因此，占用通道的数量决定着电脑灯的性能。功能少的电脑灯只使用 4 到 8 个通道，功能强大的电脑灯可占用 38 个通道之多。这种高性能的电脑灯，一个动作可能会占用 2 个或 2 个以上通道。例如，高性能电脑灯的水平运动又分为快速水平移动和精确水平移动；有的电脑灯的频闪分为有规律的频闪、随机频闪、慢出光快收光频闪、快出光慢收光频闪等多种效果，因此频闪一项功能就需占用多个通道。

电脑灯常常安装在面光、顶光、舞台面等位置。由于功率大小不同，在舞台上使用要有所区别，需考虑剧场的整体规模（如使用高度、空间、环境照度等）。

1）电脑灯优点

与传统舞台灯具相比，电脑灯有非常多的优点，最为显著的有：

（1）可以几台、几十台、甚至上百台联网组合在一起，按预先编制的程序自动运行，构成各种快速变化图案。

（2）每台电脑灯可单独预置编程，定位和精确控制。

（3）采用国际通用的 DMX512 数据信号控制，控制精确、可靠、快速；传输网络简单。

（4）控制方式灵活，既可程序控制，也可实时控制。

（5）色彩纯度高，颜色变化丰富，一般可达几十种，可以有效地为舞台渲色，避免了传统灯具通过换色片换色的色彩失真和颜色种类少的缺点。

（6）灯泡全部实行线性亮度调整，强弱变化的层次感好。灯泡寿命长达 2 000 h，避免了频繁更换灯泡的麻烦。

（7）图案丰富，通过三面棱镜控制，可为舞台提供丰富的图案变化和多变的光束摆动。

（8）频闪速度可调，1～10 次/s，可以根据现场情况实行直观有效的控制。

（9）可实行 X 轴 450°、Y 轴 270°转动，将光束快速投射到任何一个角落。

（10）具备自动光电侦测归零，可保证系统很好的同步性、整体性和统一性。

2）电脑灯的种类

电脑灯的型号和品牌非常繁多，按结构形式可分为两种：图 2-41 所示的镜片扫描式电脑灯和图 2-42 所示的摇头式电脑灯。

图 2-41　镜片扫描式电脑灯

（1）镜片扫描式电脑灯

镜片扫描式电脑灯是靠灯体前部灯头上一块反光镜片摆动来实现光束移动。镜片由俯仰和方位两个电机驱动,完成垂直和水平摆动。最大优点是:镜片很轻,控制起来非常方便快捷,能够产生非常快速的光束运动。缺点是:受反光镜轴的影响,光束运动范围较小。因此,适合悬挂使用。

(2) 摇头式电脑灯

图 2-42 摇头电脑灯

摇头电脑灯(图 2-42)通过旋转灯臂来移动光束。控制元件安装在灯臂枢轴上,灯臂安装在底座枢轴上。可连续进行左右(水平方向)、上下(垂直方向)运动。它的优点在于灯体转动带动光束运动,转动范围大,可做到 360°旋转。这种运动效果能够在舞台上产生韵味十足的视觉感受。缺点是驱动摇头的电机功率较大,造成灯体较重。

随着科学技术的进步,这种缺点已经逐步得到克服,摇头电脑灯得到了突飞猛进的发展。它们的体积已经越来越小,重量越来越轻,功能越来越全,从最初受技术限制只能做单纯的变色效果,已发展到和镜片扫描式电脑灯一样,能够产生艺术效果非常丰富的电脑灯。已经成为当今剧院、电视及各类舞台上的主流电脑灯。

摇头电脑灯包括两个种类:图案灯(profile)和染色灯(wash)。图案电脑灯的特点是能营造出极为锐利的光束和清晰的图案。染色电脑灯主要是投射柔和均匀、五彩缤纷的光线和光影造型。

摇头电脑灯的特点有以下几个:

① 光束扫描角度大。

② 光束直接由灯体投出,亮度比镜片扫描电脑灯提高 5%~10%。

③ 灯头需要摆动,电机相对负荷大,速度相对比镜片扫描电脑灯慢。

④ 效果变化多,功能强大。

3) 电脑灯控制系统的原理

电脑灯输出的光线变化,即光束运动、光线颜色、投射图案、光的亮度等变换,都是通过步进电机操纵特定的光学器件来完成。

每台电脑灯配有一个或两个 CPU 单片微处理器,接收电脑灯控制台发出的编码操纵,从而产生各种色彩和造型的光束及其在空间的运动。

为方便控制,电脑灯控制台的编码方式与数字调光控制台一样都采用 MX512、8 bit量化(0 至 255 级分辨率)的信号控制协议。因此,数字调光控制台也可作为电脑灯控制台使用。

电脑灯的色轮、造型片、镜头、反射镜运动的定位信号,有的只需一个数字信号就可对应一个位置(如反射镜垂直和水平方向的位置),有的需要一组数字信号对应一个位置(如色轮、造型片的位置等)。而这些 DMX512 串行数字信号都由电脑灯控制台自动编码发出。

4) 常用进口电脑灯的特性

(1) MARTIN MAC2000(玛田摇头电脑灯)

MAC2000 电脑灯的特点是:超级明亮的光线、19 000 lm 的光输出、6 000 K 的白光色温。碗状玻璃反射镜与多层透镜的组合,投射出边缘清晰的光斑,消除了光线中的蓝色光环效应,减少了强烈的聚光流。波纹效果、变形效果、光圈效果、频闪效果、三维效果、旋转棱镜效果与惊人的创新图案片组合，构成了 MAC 2 000 的超级功能。

(2) SGM GalileoⅣ 1 200(伽利略扫描电脑灯)

SGM GalileoⅣ 1 200 是一种 16 通道的扫描式电脑灯。只有 X，Y 轴，悬挂使用可达到最佳效果。

电动聚焦，16 位移动，LED 显示各项设置，灯泡寿命更长，装有先进的电子线路和特殊防反射光学镜片，可更换镀膜滤片。2 种色温，2 种雾镜，2 个带有 3D 效果的旋转棱镜，1 个固定棱镜，2 个独立旋转图案轮，25 种图案组合，所有图案均可更换。

(3) STAGE ZOOM 1200 (Clay Paky 摇头电脑灯)

Clay Paky 俗称百奇电脑灯，20 世纪 90 年代，以 Golden SACN 系列镜面扫描电脑灯产品赢得市场美誉，在国内业界被称为“黄金电脑灯”。STAGE ZOOM 1200 有 16 个通道，可自动换色，具有 X、Y、Z 轴三维空间效果，把它放在地上，可做大回转动作。有两组图案片，一组是金属片，另一组是玻璃片。两组图案片可混合使用，两种图案还可叠加使用，适合打背景图案使用。

ZOOM 1200 变色电脑灯的色彩饱和度好，用于歌舞晚会大面积变色铺光，能使晚会更具有魅力。这是一款优质的效果灯具。

(4) Varilite VL4000 SPOT(舞台多功能摇头电脑灯)

Varilite 摇头电脑灯在 20 世纪 80 年代，就已经是演出市场重量级的产品，是摇头电脑灯的先驱。图 2-43 是其 2014 年出品的一款功能极其强大的 VL4000 ERS 多功能摇头电脑灯。VL4000 SPOT 包含了目前在任何场所创建动态效果需要的所有功能。VL4000 SPOT 标准模式(1 500 W)拥有 33 000 lm 的输出。

图 2-43 VL4000 ERS 多功能摇头电脑灯

演播室模式(1 200 W)拥有 25 000 lm 的输出；配置高精度光学系统，确保从中心到边缘的聚焦同时清晰和效果显著的自动跟焦功能。5∶1 的变焦系统提供令人惊奇的 9°～47°的连续性变焦。

VL4000 ERS 舞台多功能摇头电脑灯主要技术特性：

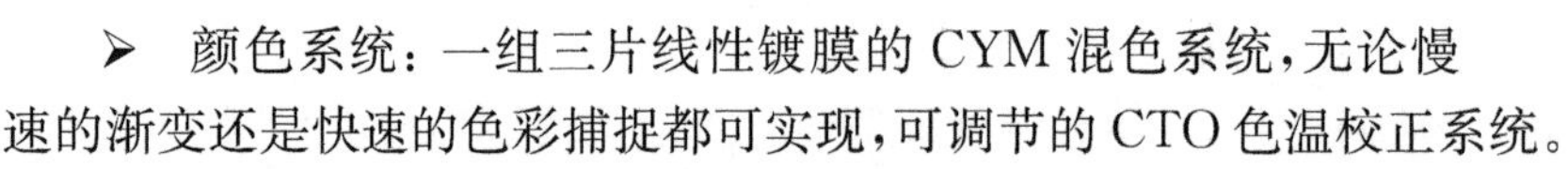

➢ 颜色系统：一组三片线性镀膜的 CYM 混色系统，无论慢速的渐变还是快速的色彩捕捉都可实现，可调节的 CTO 色温校正系统。

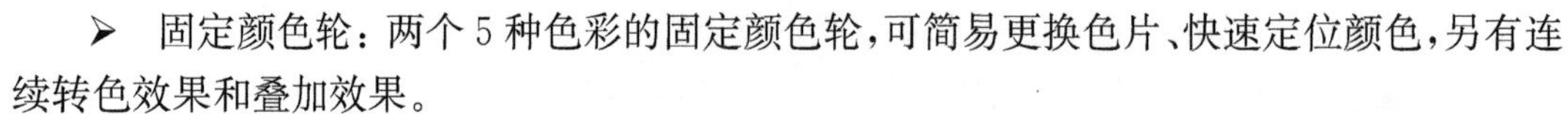

➢ 固定颜色轮：两个 5 种色彩的固定颜色轮，可简易更换色片、快速定位颜色，另有连续转色效果和叠加效果。

➢ 变焦组件：一套 12 个组件的 5∶1 光学变焦系统，提供 9°～47°的连续线性变焦。

➢ 光束控制：一个机械光圈提供连续的光束大小控制和实时顺滑的光束角度调节。

➢ 切光控制：四叶造型光闸，各叶片可独立操作或组合使用，在两个平面位上切割成清晰、清脆的造型。整个装置可以正反方向旋转 50°。

➢ 旋转图案：两组旋转图案轮，每组 7 片可双向旋转任意角度定位的玻璃图案片和 1 个空位。

➢ 动态效果轮：两套可双向旋转任意角度定位的玻璃动态效果轮，唯一可在水平、垂直双方向上生成动态效果。

➢ 旋转棱镜：独立的可双向旋转任意角度定位的三棱镜，可控制棱镜中各光束间的距离。

➢ 光斑聚焦：线性可调的图案聚焦，可以虚化或聚实图案光斑边缘，自动跟焦功能。可调节的聚焦点，在相互叠加的图案和动态效果盘间任意调节。

➢ 雾化：独立的雾化盘，可调节雾化级别。

➢ 调光控制：全方位调光设计（镀膜玻璃片）可实现细腻实时的淡变，也可作出快速调光效果。

➢ 频闪：高性能双片频闪系统，独立于调光器，实现极速闪动。

➢ 水平垂直：高性能三相步进电机驱动系统，运动平滑。

➢ 范围：水平 540°，垂直 270°。

➢ 精度：定位精度 0.1°。

上述几个电脑灯品牌和产品，包括美国 High-End X-Spot 系列电脑灯，在我国舞台演出市场的各个发展过程中都担负过重要的角色，起到不可替代的作用。

High-End 公司在电脑灯的技术基础上，集合了媒体服务器、高清高亮度投影机、红外夜视照明和 SONY 标清摄像机，创新开发出的 DL. 2 数字电脑灯，配合控制部分飞猪 HOGiPC控制台和视频混合切分 D-Tek 系统，至今都引领舞台效果灯光技术的发展方向。

近年来，我国南方城市一些传统演出灯具厂家，抓住国际行业技术和国内市场快速发展的机遇，厚积薄发，涌现出一批诸如珠江、彩熠、浩洋、明道、鸿彩等优秀的国产电脑灯产品，迅速抢占了国内演出市场的大部分份额，并远销全世界。

5）电脑灯使用中的问题

（1）不同品牌新老电脑灯混合使用问题

电脑灯在大型晚会中起着相当重要的作用。只有充分发挥电脑灯的作用，才能使晚会更加圆满。

近年来电脑灯技术发展很快，品种繁多，有进口的、国产的。不同品牌、不同时代、不同功能的电脑灯经常会在同一舞台上应用；各种新老电脑灯同台使用时，如何能发挥出最佳效果呢？解决这道难题的答案是：只有充分了解各新老电脑灯的技术特性，做好性能互补工作，并对各电脑灯设置准确的地址码，选择好与之匹配的控制台，正确地连接控制信号线，掌握好正确的安装方法，才能更好地为影视节目制作提供完美的技术服务。

（2）电脑灯地址码的设定问题

电脑灯采用国际上通用的 DMX512 控制协议。每一只灯需有一个自身的地址码，控制台发出的指令通过各个灯具不同的地址码来识别每一台灯。电脑灯的地址编码器通常安装在灯的尾部（镜片扫描式电脑灯）或灯的基座（摇头式电脑灯）位置。常用的编码器有数字式和 DIP 微型开关式两种。

数字式编码器设定比较简单，只需通过编码器菜单中的“地址设定”栏，用编码器上的“（up/∧）（down/∨）”符号键来改变十进制数字的号码，通过按“ENTER”键确认。例如，一个具有 20 个通道的电脑灯控制台。第一只灯的地址码如果选定为 1 号，则十进制编码数字就为“001”；第二只灯的如果选定为 2 号，则十进制编码数字就为“002”；其余依次类推。

还有一些电脑灯采用的是 DIP 微型拨动开关编码器。由于开关只有“通”（on，表示 1）或“断”（off，表示 0）两个状态，因此开关型地址编码器只能用“逢二进一”的二进制（0 和 1）计数方式进行编码。当开关置于“on”的位置时，表明这个开关代表的数值码为 1。编制 512 个地址码需要有 9 位二进制码，即 9 个 DIP 拨动开关才能完成成。例如。某电脑灯如果选用 1 号作为它的地址，那么地址码的开关设置应为$(000\ 000\ 001)_2$(下标 2 表示二进制计数)。2 号地址的地址码为$(000\ 000\ 010)_2$，511 号地址的地址码为$(111\ 111\ 111)_2$。以此类推，就可以设定所有电脑灯的地址码了。

(3) DMX512 控制口与挂接电脑灯数量匹配问题

不同型号品牌的电脑灯控制台都具有一个共同的特点，就是控制功能强大，操作简单，使用方便，充分考虑了人性化设计理念。但是，每个品牌都有自己的特点，控制台的输出接口特性、电脑灯的通道数、可连接电脑灯的数量等不尽相同。

通常电脑灯控制台的一个 DMX512 控制接口，控制电脑灯的数量是有限的。一个 DMX512 控制口可以控制的电脑灯数(N)，可由下式计算得到：

$$N = 512 \div N_c \tag{2-1}$$

式中：N_c 为一只电脑灯需用的通道数。

例如：在一条 DMX512 线路上最多能连接 16 通道的电脑灯为：512/16=32 台。

如果需要挂接更多电脑灯，必须增加电脑灯控制台的 DMX512 的控制端口。

(4) 电脑灯控制信号线的连接问题

电脑灯是一种群体编组效果灯光，最少 4 台一组联动，它们通过信号线相互串接在一起，执行来自电脑灯控制台的各种操作指令，完成各种动作(光线运动、色彩变化、图案变换等)。如果某一条信号线路存在隐患，就会造成整个系统控制紊乱，各电脑灯就无法正常运转。可想而知控制信号传输线路信号传输质量的重要性了。

另外还要注意的是信号线的长度问题，为保证控制信号的传输质量，通常信号线的最大长度不要超过 150 m，否则，控制信号因衰减严重，引起抗干扰性能下降而不能很好地控制电脑灯。如果控制线路长度超过 150 m 时，应采用信号放大器。

电脑灯的信号传输线一般采用一根多芯控制电缆线串联而成。专用 XLR 电缆可由厂家提供，也可使用标准的平衡话筒电缆代替。为防止“长线传输”信号的终端反射，必须在最后一个电脑灯插座上接入一个与传输线路特性阻抗匹配的 120 Ω 电阻。

(5) 电脑灯的供电电源问题

在舞台演出和电视节目制作系统中，灯光系统的用电量最大。供电部门一般为灯光系统提供专门的电源变压器供电，三相供电电源的线电压为 380 V/50 Hz，而电脑灯的供电电源是三相电源中的 220 V/50 Hz 相电压，即相线与中性线/零线之间的电压。电脑灯供电时要特别注意线电压和相电压问题，不要把 380 V 线电压(相线之间的电压)误为 220 V 相电压，否则，将会立即烧毁电脑灯内的电路板，甚至会使整台灯具报废。

电脑灯的用电功率问题：一台标定为 1 200 W 的电脑灯，其实际总耗电量一般为2 000 W 左右。

电脑灯的接地和接零问题：TN-S 三相五线制系统中有一个电源零线(N)和保护接地线(PE)，如果电脑灯的馈入电源保护地线 PE 连接不好，就有可能会造成灯具的损坏和人身安全问题。

(6) 电脑灯的转场运输问题

电脑灯是一种精密高科技光电设备，又是流动性很强的灯光设备，为保障电脑灯的运输安全，必须配备电脑灯运输包装箱。有些电脑灯生产厂家配有运输专用的包装箱，在购置时要注意说明。电脑灯一般较重，搬运时要特别注意，灯体上一般都有搬运把手。除了注意人身安全外，还要了解电脑灯的结构组成，决不可随意乱碰乱搬，否则，就有可能损坏灯具的转轴和光学部件。

（7）电脑灯的舞台安装问题

电脑灯在使用时，大部分是悬挂在舞台上方的，因此悬挂的安全可靠性要引起足够的重视，这不仅涉及演职人员的人身安全问题，同时也要考虑到昂贵设备的安全，一旦摔坏修复起来就相当困难了。

（8）电脑灯的编程和艺术创作关系问题

使用电脑灯的最终目的，是更好地衬托和渲染舞台节目的艺术效果。每一个电脑灯操作者，都必须在充分了解电脑灯功能的前提下，根据舞台节目内容和艺术创作要求，编制电脑灯的控制程序，要恰如其分地表达灯光效果，决不能喧宾夺主，把舞台灯光变成灯光展示会。

2.6.4 舞台激光灯

激光光束具有颜色鲜艳、光束指向性好、亮度高、射程远、易控制等优点，可以随音乐节奏自动打出各种激光束、激光图案、激光文字，具有神奇梦幻的感觉。是舞台演出、歌舞厅中增加气氛的一种常用的效果灯光产品。

舞台激光系统作为一种特殊的灯光效果，用以渲染和衬托节目的主体，与音乐、烟雾、剧情的配合，达到最大的视觉、听觉的和谐冲击，弥补传统表演手段所无法实现的表达方式，为节目表演增添了许多特殊的绚丽效果。图 2-44 是舞台激光灯的典型光束图。

图 2-44 舞台激光灯典型光束图

激光灯采用半导激光器或固体激光器光源，再通过变频，形成多种色彩的可见光光束。利用计算机控制振镜发生高速偏转，从而形成漂亮的文字或图形。

激光灯按颜色可分为：单色激光灯、双色激光灯、三色激光灯、全彩激光灯、满天星激光灯、萤火虫激光灯、动画激光灯等。以激光头数量可分为：单头激光灯、双头激光灯和四头激光灯。

室内激光灯的功率范围为 30～8 000 mW。功率越大，照射的激光效果空间越大。激光束会损伤人眼，因此不能直接射向人体，尤其是人眼和摄像机。

舞台激光灯的主要技术参数包括：

➢ 光束类型：单光束或多光束，光束效果、光束颜色和振镜输出功能等。

➢ 激光波长：红光 635～640 nm，绿光 532 nm，蓝光 447～457 nm。

➢ 其他技术参数：如光斑直径、光束发散角（毫弧度）、振镜扫描系统（扫描速度、扫描角度）、激光输出功率、冷却方式、控制软件和控制方式（常规为 DMX512 控制）等。

2.6.5 舞台特殊效果设备

舞台特殊效果设备包括频闪灯、烟雾机、雪花机、泡泡机、礼花炮等。

1）频闪灯

“频闪灯”（strobe），实际上是“频闪放电管”（strobescope）单词的缩写，是一种能够不断重复出高速闪光的电子光源。

舞台频闪灯可以产生强烈明暗的特殊梦幻效果，还可与音乐结合，产生与音乐节拍同步的闪光效果，创造一种快节奏氛围，掀起全场互动高潮。

频闪灯可实施声控、多台主从控制、频闪速度、亮度等控制。频闪灯光源有频闪放电管和 LED 发光二极管两类。图 2-45 是 TOP-888DMX 数码频闪灯外形图，其主要技术特性：

(1) 功率：1500 W。

(2) 光源：1500 W 脉冲放电管。

(3) 控制方式：自动/手动/DMX 控台控制，可单独或多台串联同步控制。

(4) 控制功能：亮度、频闪速度、声控模式。

(5) DMX 通道：2 通道。

(6) 光源类型：白光。

(7) 频闪速度：1～12 次/s，可调。

(8) 灯泡寿命：900 万次。

图 2-45　1 500 W DMX 数码频闪灯

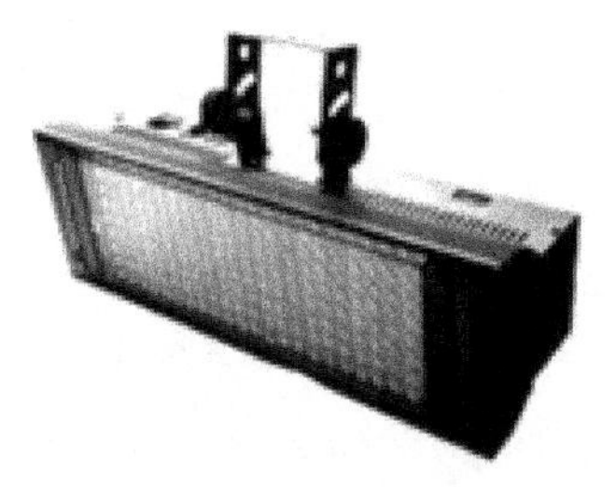

图 2-46　LED 变色大频闪灯

2) LED 变色大频闪灯

图 2-46 是 50 W LED 变色大频闪灯，198 颗 ϕ10 高亮度 LED 灯珠，光点位置及亮度分布均匀，颜色鲜艳，可根据声控变换颜色(红、黄、蓝、绿、紫、白)等，光源使用寿命 12 万多小时，是卤素灯泡的 30 倍。它既可由 DMX512 信号控制，又可单机或自联机同步工作，节能又环保。其主要技术特性：

(1) 耗电量：50 W。

(2) LED：198 颗/336 颗 ϕ10 发光二极管。

(3) 光源类型：红、绿、蓝 LED 或单色。

(4) 频闪速度：1～12 次/s，可调。

(5) 控制模式：DMX/主从控制/自走程序。

(6) 控制接口：三芯卡侬接口/XLR。

(7) DMX 通道：4 /5/6/7 通道。

3) 烟雾机

舞台烟雾机可达到“腾云驾雾”的舞美效果，是使用频率较高的舞台效果设备。舞台烟雾机分为：薄雾机，低烟机，气柱烟机等数类。

烟雾机是将机内的烟雾油通过高温加热管快速气化，形成白色气态烟雾喷出。最常用的烟雾机是干冰烟雾机，优点是环保。二氧化碳是一种无色、无味、无毒气体，−78℃的固态二氧化碳称为干冰，固态干冰在常温下受热气化后产生大量白色烟雾，为舞台提供烟雾效果。图 2-47 是舞台烟雾机外形图。

图 2-47　舞台烟雾机

3 kW 以下的小功率干冰机，适用于中、小型舞台，大型舞台需用烟量大，出烟快，可快速铺满舞台的大功率干冰机，但使用费较大。

作为舞台设备中使用频率较高的舞台烟雾机，因为功耗大，且里面有个关键部件，如加热器，最高温度可达 300 度以上。所以在使用过程中如果操作不当，或不注意维护，小则会损坏机器，缩短烟雾机的使用寿命，大则会出现安全隐患，导致安全事故。下面是舞台烟雾机维护的注意事项：

(1) 接通电源之前，检查烟雾机的油桶里是否加入了烟雾油。

(2) 烟雾机的控制方法可分为：有线控制、无线遥控控制、512 控制台控制、多重控制。

(3) 烟雾机第一次工作时，可能烟雾会较小或喷出少量水气，属正常情况。

(4) 烟雾机可平置于地面，也可平行地面安装在高处使用，但不可倾斜安装，烟雾机上下四周应保持最少 30 cm 空间。

(5) 烟雾机加热过程中有少量烟雾喷出(有些甚至带有轻微焦味)，属正常现象。

(6) 烟雾机保养周期为 1～2 个月。保养方法：20％白醋加 80％的蒸馏水加热完毕后喷 3～5 次。

(7) 移动运输前，一定要倒出桶内烟油并且擦干任何液体。

4) 烟机

烟机(又名发烟机)可产生充满空间的香味。以精练的烟油作烟雾剂，通过电加热产生略带香味的灰白色烟雾(不是贴近地面)充满房间，与人体无害、价格便宜、广泛使用。

5) 泡泡机

泡泡机是产生特殊舞美效果的一种效果器材，由泡泡液容器、造泡装置、鼓风机等组成。可喷射出大小不同的大量七彩汽泡，在舞台效果灯光照射下，可产生出一个童话世界般的场景。适用于大型演出、电视演播厅等场所。落在舞台上的泡泡会造成湿滑，使用时应注意。

图 2-48　MB-300 大泡泡机

泡泡液：为吹出更多泡泡，需要在水里加入一些肥皂。肥皂溶解在水里后可以减少水的表面张力，因此能够吹出泡泡来。

减缓泡泡消失的方法：水的蒸发很快，水蒸发时，泡泡表面破裂，泡泡就会消失。因此，在泡泡溶液里必须加进一些物质，防止水的蒸发，这种具有收水性的物质叫做吸湿物。甘油是一种吸湿液体，它与水形成了一种较弱的化学黏合，从而减缓了水的蒸发速度。图 2-48 是 MB-300 大泡泡机，泡泡油容积：2.5 L，泡泡覆盖面积：600 m^2，用无线遥控。

6) 雪花机

图 2-49 所示的雪花机能喷射出漫天均匀雪花的专业特效器材，可调节雪花大小及喷射量，是营造一个浪漫白色世界不可缺少的部分。适用于电影拍摄、电视台、剧院、大型演艺场所。可悬挂在桁架上，机器通过超长高压产生强大气流将雪花油变成雪花，使现场雪景效果

逼真。用无线遥控或有线控制，能随心所欲控制喷出雪花的大小以及数量。1 200 W雪花机技术参数：

(1) 功率：1 200 W。

(2) 控制方式：无线或线控。

(3) 油桶容量：5 L。

(4) 喷出量：500 mL/min。

图 2-49　1200 W 雪花机

7) 电子礼花炮

礼花炮采用压缩空气为发射动力，以各种造型精美的彩纸为内容物，用电子触发器发射。顷刻间即可将五彩缤纷的彩环、彩花、彩带、彩伞、卡通造型等内容物喷至 3～26 m 的空中，内容物在缓缓飘落的过程中，形成蔚为壮观的绚丽场景，把喜庆热烈的气氛推向高潮，是造势的首选用品。

礼花炮用电子触发器发射，可组成多个同步发射。具有无火药爆炸源，无有害气体，生产、储运、释放安全可靠等特点，广泛用于文艺演出、体育盛会、节日庆贺等各种喜庆场合。图 2-50 是礼花炮电子发射触发器。图 2-51 是礼花炮。

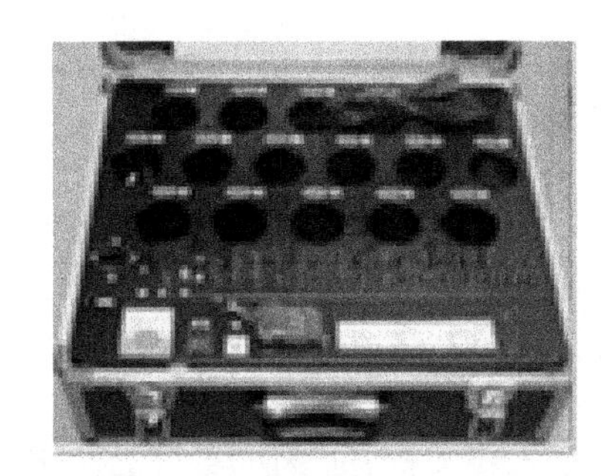

图 2-50　礼花炮电子发射触发器

图 2-51　礼花炮

2.7　舞台灯光施工工艺

舞台灯光施工工艺包括供电与接地、抗干扰综合措施和电气管线敷设工艺、设备和灯具安装工艺三部分。

2.7.1　供电与接地

1) 三相四线制与三相五线制

舞台灯光系统既有弱电控制系统，又有大功率三相强电系统，涉及人身安全和设备安全问题，每个产品都有安全接地要求。因此，安全用电问题始终是最突出的关键。调光硅柜是最大的用电设备，有三相四线制(简称 TN-C)和三相五线制(简称 TN-S)两种供电方式的产品，虽然它们都有零线 N 接地线路，在实际应用中哪个更安全呢?

电源地是供电系统零电位的公共基准地线。三相四线制(TN-C)交流供电系统有一根“零线”(即中性线 N)，单相 220 V 取自相线与零线 N 之间的电压。当 A、B、C 三相用电平衡时，零线中没有电流流通，因此零线上不存在电压降(0 电位)。

三相五线制(TN-S)是在三相四线制的基础上，再增加一根 PE 接地保护线，在 PE 线中没有电流流通也不会产生电压降。因此，必须把中性线(N)与接地保护线(PE)分开连接，各用电设备的金属机壳应与接地保护线(PE)连接，这样可完全消除安全隐患。

2）共用地极和接地电阻

为消除可控硅调光设备对音、视频设备的干扰，电力电缆应安装在金属线槽内，金属线槽应接地。扩声系统和灯光系统应设有各自独立的接地干线，但可共用地极，接地电阻≤2 Ω。

3）触电保护

灯光配电线路大部分经插座接到舞台灯具，按低压配电系统常规做法，插座回路应装设漏电保护器，作为间接接触保护。但是，漏电保护开关容易误动作，可能会影响舞台灯光系统的可靠性，为此可以采取 PE 线与相关回路一起配线的方式，保证在发生单相接地故障时，保护装置能可靠动作，保障人身安全。

4）雷电防护

在变电所低压母线上装设避雷器，在可控硅室低压配电柜电源进口处装设电涌保护器，防止舞台附近建筑物遭受雷击时由电磁感应、静电感应产生的电涌电流、过电压，损坏调光柜及灯光控制的计算机系统，保证调光硅柜及灯光控制计算系统的安全。

2.7.2　抗干扰综合措施和电气管线敷设工艺

1）抗干扰综合措施

(1) 舞台灯光供电电源与扩声、视频系统的供电电源应该来自不同的供电变压器。如果无条件采用不同变压器供电时，扩声系统应使用 1∶1 的隔离变压器供电(功放机柜供电除外)。

(2) 扩声和视频线路应单独穿管。灯具连接线缆与音、视频信号传输线缆不能平行敷设，尽量相互远离。若必须平行敷设时，间距应大于 1 m。

(3) 动力电缆和一般照明可以重复接地；但调光回路不应重复接地，单独从变压器中性点处引来的零线(中性线 N)连接，以免发生调光干扰。

(4) 中性线(N)至少应与各相线的导线截面相同，降低不平衡电流在中性线缆上的电压降。

(5) 采用电缆软管敷设时，其长度不应超过 1 m，将电磁干扰降低到最低程度。

(6) 为防止调光器输出产生电磁干扰和鼠害咬断线缆，硅柜室到所有插座的连接线缆必须穿过金属线管(或线槽)敷设。

(7) 灯光插座箱内的强弱电部分需用金属隔板分隔，避免强电对弱电的干扰，保证弱电系统安全。

(8) 抑制调光硅柜干扰的措施：调光硅柜的电磁干扰产生于可控硅开始导通时的电流突变，如果在调光器主回路中串联一个大电感器，限制导通电流的突变，可以明显抑制可控硅调光器的干扰。

2）线路敷设工艺

(1) 线缆敷设

所有线路敷设均采用桥架线槽和铁管敷设。管线施工按照《建筑电气工程施工质量验收规范》(GB 50303—2015)要求进行。

① 每根动力电缆和控制电缆的两端的电缆编号应相同，并打上标有唯一编号的永久标

记。并与接线图中的电缆编号相符。

② 所有设备上的进线电缆，应留有适当长度的余量，剩余电缆应卷在电缆盘上或放在设备内，并牢牢固定。

③ 不同回路、不同电压的导线，不得穿入同一根线管内。线管内的导线不得有接头和扭曲。线管出口处，应装有保护导线的护套。电缆敷设前，应仔细检查电缆外皮是否有机械损伤，并用摇表进行绝缘测试。

④ 连接方式：所有设备之间的控制信号连接线缆，均选用五芯屏蔽线，避免相互干扰。端点采用焊接。

⑤ 采用低烟雾(LSF)、阻燃型铜芯电缆，线缆应可长期工作于90℃以下环境，在正常使用条件下，寿命应达30年以上。

⑥ 电缆线的弯曲半径不应小于电缆线直径的15倍。电源线应与信号线、控制线分开敷设。应避免电缆中间接头连接，如果发生接头连接，应采用专用接插件连接。

⑦ 移动部件(如吊杆上的灯具)的控制和动力电缆应采用符合防火要求的软电缆。电缆的敷设应符合《建筑电气工程施工质量验收规范》(GB 50303—2015)要求。

(2) 管路敷设

① 各种盒、箱、弯管、支架、吊架应安设计图纸进行预加工，断面应平齐，无毛刺。箱、盒开孔应整齐并同管径相吻合。

② 桥架或线槽应加金属盖板。

③ 线管如果发生需要连接，则连接套管的长度应不少于连接管径的3倍。

2.7.3 设备安装工艺

1) 硅柜安装

(1) 落地安装的动力配电箱应牢固安装在角钢或槽钢基础上，用螺丝固定，做好接地。基础内的线管应高出基础面10 cm左右。后面不开检修门的配电箱可以靠墙安装。

(2) 硅柜应竖直安装在机柜底座上，垂直偏差不大于0.1%；多个机柜并排安装在一起时，机柜面板应在同一平面上，面板的前后偏差不大于3 mm。对于相互有一定间距排成一排的硅柜，面板的前后偏差不大于5 mm。硅柜内的设备、部件应在硅柜定位完毕并加固固定后进行。

(3) 合理配置调光硅柜的输出。每个调光输出、直通输出配置1只32 A输出插座。

2) 控制台安装

控制台台面应保持水平、整洁，无损伤，紧固件均有防松装置。接插件连接可靠。采用地沟槽、墙槽时，电缆从机架、控制台底部引入，将电缆顺着所盘方向理直，按电缆排列次序放入槽内，拐弯处应符合电缆曲率半径要求。控制台之外的电缆，距起弯点10 mm处成捆绑扎。根据电缆的数量，每隔100～200 mm绑扎一次。电缆端头应留有适当余量，并明显标志永久性标记。

3) 灯具安装

灯具安装应牢固、安全，安装角度便于调整。吊装灯具需采用灯勾和保险链双重保险。灯具输入电缆不可扭曲或绞合，电缆线径必须满足灯具使用功率要求。与灯具连接的电缆必须连接良好、安全、牢固可靠。电缆端头必须具有永久性的标志和供电相位标记。

4) 箱、盒安装

墙面安装的箱、盒必须与墙面吻合对齐，垂直或水平排列的箱、盒，对齐偏差不大于2 mm。照明配电箱一般为挂壁安装，有明、暗两种挂壁方式；暗装挂壁式配电箱可直接嵌入墙内，也可在墙上预留洞然后再安装，门盖表面和墙面粉刷层齐平。安装牢固，平正，接地良好，底边距地面 1.5 m，垂直度偏差不应大于 3 mm。

进出配电箱的管线应采用暗敷方式。线缆在管内不得有接头和扭曲，导线出口处应装有护套保护线缆。管内所有线缆的总截面不得超过管子截面的 40%。

2.8 舞台灯光系统调试

舞台灯光工程调试包括供电电源、控制系统、网络系统、调光设备、灯光回路、灯具设备，是一项既需要技术和经验又需要认真细致的重要工作。如果系统调试不合理、不到位，不仅不能达到工程设计的预期效果，而且还可能发生损坏设备和安全事故。

2.8.1 调试准备工作

认真仔细阅读所有设备的说明书和操作手册，查阅设计图纸的标注和连接方式。

准备相关调试工具和测试仪器：如钳形电流表，万用表，DMX 测试仪，示波器，网络线校正器，绝缘电阻检测仪器等。

确认供电线路和供电电压没有任何问题。

检查每台设备的安装、连接状态，包括设备安装是否安全、牢固，设备是否都有安全接地，各灯位的灯具安装是否正确，供电线路是否合理，各插接件连接是否正确等。

检查网络系统和灯光回路的连接状态，灯光工程涉及的连接点和插接件比较多，安装时可能会发生个别线路误接或断路，因此，必须逐项检查网络系统和灯光回路的连接状，连接线缆有无短路或开路；测量对地绝缘电阻。用 DMX、NET 测试仪对所有的网络线路进行检测，确认无误后，将控制台、调光硅柜、电脑灯、换色器等设备逐一接入系统。

检查配电柜接线的正确性，并观察配电柜面板上各指示灯和电表显示是否正常。

2.8.2 灯光控制系统调试

灯光控制系统是舞台灯光工程调试的核心，涉及的调试设备多，调试的部位也最多，遇到的问题也可能最多。包括灯光的色调、色彩、色温、亮度、投射范围、调光台编辑的场景、序列程序等多方面的内容。

控制系统调试从控制信号源头开始，逐步检查信号传输的情况。调光硅柜、电脑灯、换色器等设备先不要着急接上，相关周边处理设备最好也置于旁路状态。

依据设计和施工图纸，顺着信号去向，逐步检查网络传输的电平、正负极性及畅通情况，保证能为后级设备提供最佳质量的信号。

在检查信号的同时，还应该逐一观察单台设备的工作是否正常、稳定。因为单台设备在这时出现故障或不稳定，处理起来比较方便，也不会危及其他设备的安全。

网络线路检测无误后，将调光硅柜、常规灯具、电脑灯、换色器等设备逐一接入系统。在较小的负载下，逐一检查调光硅柜、常规灯具、电脑灯、换色器等设备，为下面的调试做好准备。

1）调光硅柜调试

首先把所有调光器单元抽屉从硅柜中拔出，确保输出回路已被切断。检查电源线的连接点，要求牢固、触点可靠。用万用表测量三相五线制电源连接是否正确，再用绝缘检测仪器检测电线绝缘程度是否符合安全标准。

接通硅柜处理器电源，依照说明书检查液晶显示的内容是否正确，确认无问题后，可把硅柜的调光器单元抽屉逐个插入，进行单路系统调试。

调光器单元抽屉全部插入调试合格后，把该台调光硅柜的地址码设定好，关断这台调光硅柜的电源，按同样程序调试下一台调光硅柜。

2）数字调光控制台调试

（1）仔细检查调光控制台的单独运转状况及网络备份功能。

（2）通过调光台的试灯程序对舞台灯具逐一点亮，观察设备工作是否正常。

（3）通过调光台对灯具进行单路或多路编程调试，检查调光过程是否连续、稳定，被控灯具的亮度是否一致。

（4）会议模式用灯和演出模式用灯分组编程对光。

（5）试验调用集控存储，Q场存储、走灯效果等。

（6）试验硬盘、软盘存储及调用。

（7）分别对面光、耳光、侧光、柱光、顶光、逆光、脚光、天排光、地排光等各光位进行光线控制调试，适当调整投射角，达到最佳演出照明效果。

3）电脑灯调试

仔细检查每台电脑灯的单独运行状态。电脑灯的灯泡和镀膜玻璃要求佩戴棉线手套安装，不允许直接用手接触；电脑灯安装要牢固，保护措施要完备，必须绝对确保安全。

电脑灯内部的控制系统和机械部件比较精密，灯光耗电功率大，保护措施比较完善，如果由于运输或安装的原因造成内部控制元件或灯泡损伤，电脑灯就不能正常工作。要在复杂灯光系统中确认某台电脑灯的故障原因是很困难的，因此电脑灯需在系统连接或安装以前单独检查一下每台设备的状况，这样既能检查单台灯具又能检查电脑灯控制台的目的。

电脑灯都要在正确的设置下才能正常工作，正确的设置是电脑灯单元和系统正常有序运行的必要条件。电脑灯设置的内容包括：设定灯具在系统中的地址码，灯具的控制形式，电源供应方式，运动范围。

电脑灯地址码的设定是通过灯具上的DIP开关实施的，即灯具上的DIP开关位置必须严格按照产品说明书提供的表格进行，不能草率行事。

4）换色器的调试

运用换色器控制台检查换色器通电运行是否稳定，颜色是否同步，换色速度是否协调。

2.8.3 总体调试

完成各个分项调试、并且确认全部设备工作正常，没有明显的调试不当时，可以进一步对整个灯光系统进行总体调试。

总体调试与各设备、各系统单独调试不同的是：总体调试没有明确的具体调整部位，主要的任务是在各系统协同运行中，检查它们相互联系的部分，工作是否协调、一道工作时是否会产生相互影响和干扰。

总体调试需要检查一遍数字调光控制台及电脑灯控制台的运行速度和现场的灯具，电脑灯、换色器、烟机等在线受控的动作响应时间是否一致，以及它们的自检是否正常等。最后还要检查灯光系统对音视频系统有无相互干扰，并做好记录。

2.8.4 满负荷、长时间稳定性试运转

为考核系统长时间运行的稳定性和可靠性，满负荷、长时间稳定性试运转是必不可少的。

因为在短时间的工程调试中，很难发现其中的隐患或不足。满负荷模拟运行就是要在类似实际运行的环境中，了解系统的工作状况，发现问题，防患于未然。

满负荷分组运行和总体运行各 4 h，每半小时记录一次电流和电压值，调光硅柜的温升和电磁干扰等，做好详细记录，供事后参考、分析或改进，并做好以下工作：

(1) 测量各个项目设备单独运行和总体运行时供电线路各相的电流。

(2) 检查各个设备在满负荷运行和长时间运行时的工作稳定性。

(3) 检查各个设备在满负荷运行和长时间运行时的发热情况。

灯光系统设备基本上都是耗电设备，在运行中肯定会有不同程度的发热，尤其硅柜所带的负载，电脑灯等大功率设备，通常的发热情况都比较明显，正常的发热情况不会对设备使用和系统、设备的安全运行造成影响。

(4) 记录满负荷、长时间稳定性试运转数据

数据记录包括：设备的位置编号、设备的设定状态、调试时的测试数据，相关程序编辑的信息等。

问题记录包括：设备工作环境的问题、设备干扰的问题、设备运行状况的问题等。

2.9 舞台灯光设计应用

随着科学的进步和发展，灯光已不再单纯起照明的作用。无论是剧场舞台灯光还是各种展示或露天演出舞台灯光都发生了翻天覆地的变化，舞台灯光设计和操作已渐渐地从纯技术性的工作转变为技术与艺术相结合的工作。

纵观舞台历史，舞台演出的成功无不融合着科技的进步。而舞台科技的不断进步，灯光已经成为艺术的重要组成部分，高超的灯光演绎技术能给人带来更加震撼的视觉冲击效果，《阿凡达》的全球热演更是让人们对舞台灯光的追求达到了极致，舞台灯光设计在吸纳新技术的同时与艺术更好地融合。

近年来，随着科技发展，消费者对显示效果要求的提升尤其突出，目前国内外大型户内外演出活动：如水秀剧场、主题公园、广场晚会、大中型舞台剧、个人演唱会等舞台表演灯光开始大量运用多媒体技术。上海世博会开幕式前所未有的成功，一个主要演出手段——多媒体技术在灯光设计中的作用无疑是最为引人关注的，并且带来了崭新的技术手段——数字电脑灯的广泛运用，这种关注不仅将多媒体技术推向了全新的高潮，包括目前广泛使用的 3D 灯光技术及最新的全息投影技术等，也为舞台灯光的效果带来了质的飞跃。尤其是全息投影技术彻底颠覆了传统的舞台声光电技术，强烈的空间感和透视感是这种技术最吸引人的地方，其带给人们的梦幻立体感受，犹如 LED 显示屏在舞台的广泛应用一样，其发展前景无疑非常广阔，也必将成为未来几年灯光舞美技术界的“新宠儿”。有望成为超越目前 3D 技术的终极显示解决方案。

人类从留声机、唱片、收音机的时代过渡到 MV、电视、网络时代，而今的舞台灯光技术，已经能够通过虚实结合的方法，让无法到场的人与真实演员共同演出，这一切都要归功于科技的魅力。

同时，灯光设计的计算机软件将会得到进一步发展，现在的照明软件给设计者提供的只是设计、绘画和文书工作的协助。未来的设计软件将能够使用“触觉屏”和“语音识别”功能，最终将允许设计者以一种完全艺术化的“互动”方式来主导他的“视觉的”技术。舞台灯光系统的全智能时代已经初见端倪，并一定能够成为现实。

第三章　舞台机械设计

3.1　概述

舞台机械最重要的指标之一是安全可靠，所有种类的舞台机械都必须保证在任何时候都是绝对安全可靠的。

对舞台机械的可靠性设计的理论是建立在大量实验数据基础上的，不同的使用场合要求不同的可靠性，设备的可靠性是根据其重要程度、工作要求和维修难易等方面的因素综合考虑决定的。舞台机械的使用率不高，载荷率较低，对寿命设计有一定要求，而对可靠性设计则要求很高，因为一旦出现问题就可能造成严重的安全事故或较大的经济损失。舞台机械必须有较高的可靠性，其失效概率应在 0.1%～1.0%之间。由于缺乏必要的实验数据和具体深入的研究，可靠性设计理论在舞台机械设计中尚无具体应用。研究表明，虽然只用安全系数不能完全反映可靠性水平，但在舞台机械零部件设计中将各参数作为随机变量处理，尚缺乏足够的数据。所以，将设计参数作为确定量，用强度安全系数或许用应力作为判别依据，通过选取适当的安全系数来近似控制其工作可靠性的要求，仍然是当前舞台机械设计的主导方法。由于计算结果与实际情况有一定偏差，故必须使计算允许的零部件的承载能力有必要的安全裕量，这就是确定安全系数的基本出发点。通常，舞台机械还应提出设计寿命指标。以工作年限为单位的寿命指标对舞台机械并不适用，而以工作小时计的寿命更符合实际，8 000～80 000 h 的工作寿命应当是舞台机械设计的基础数据。

舞台机械的安全性指标主要包括设备安全、人身安全和电气安全等三方面，而且，这三个因素相互关联、相互影响，有时是不可分割的。

3.2　舞台工艺及设备的设计原则

歌剧厅舞台工艺设计科学、技术性能优良、配置优化实用、运行安全可靠、操作维修方便、经济合理。舞台形式采用最经典的“品”字形，设有主舞台、双侧台和后舞台，具有“升、降、推、拉、转”等多种变换形式，使表演的艺术造型、层次、动感更强。

歌剧厅技术指标优良，具有同等剧院国际先进、国内领先的水平。其舞台工艺设计和机械设备的配置能满足以下功能：

- 能够承接国内外各类高水平大型歌剧、舞剧、芭蕾舞剧、曲艺及话剧的要求；
- 满足大型综艺晚会演出、电视直播晚会的技术要求；
- 可作为大型会议场所。

舞台机械设计原则：高标准、高配置、高性能、现代化、安全性，具体体现在以下几个方面：

工艺设计科学、功能特性先进：满足大型歌剧、舞剧、芭蕾舞剧并兼顾其他特定演出的需要，设备配置优化实用、运行安全可靠、操作维修方便。设备的种类、数量和空间排布、使用的灵活性均能满足各类演出运送演员、布景、道具等的需要，还可配合其他特效、LED显示屏等的使用，使演出更具震撼力。

方案先进合理：舞台机械设备及控制系统是全新的，具有技术先进、性能完备、安全可靠、使用操作方便、维修简单等特点，运行可靠，性能优良。同时，设备的噪声符合国际通用标准和要求，满足各类演出的需要。

控制系统顶级：德国BBH INTECON控制系统模块化设计保证了最高级别的安全性、可使用性以及灵活性；服务器层面允许兼容外部的控制系统（备用控制系统），有完善的安全保护及应急措施。

设备配置高档：所有关键装置、部件、元（器）件和主要装置、部件、元（器）件全部采用业内公认的国际知名品牌，舞台机械技术与设备配置达到国际一流。

设备选型精确：舞台机械设备的设计选型，经过仔细的计算，依据各设备的计算结果及分析，正确选型，能达到最佳使用功能，同时也确保舞台系统经济运行，节约能耗。控制系统的硬件选型、软件功能、软件集成及主要技术性能完全符合招标要求。

执行标准严格：舞台机械的设计、安装、调试、验收严格执行国际、国家及行业相关标准，设计资料规范化、标准化、系列化。

安全寿命周期长：提供的整个舞台机械设备在正常条件情况下，其使用寿命在50年以上（其中可更换的机电设备及控制设备的预期使用寿命按产品的工业标准设计），且设计全部符合消防要求。

3.3 舞台设计

作为创造剧场魔术与搭建宏伟舞台布景的主要方法，使用舞台机械的效率已经变得越来越高，而且手段也越来越丰富，利用舞台机械平稳而快速的迁换布景会有助于增加观众对剧目的兴趣与注意力。如今新的美学原理已运用在剧场的设计当中。

在舞台平面上通过移动布景的组合来完成布景更换有多种方式，一是使用台上的吊杆系统；二是使用水平运动的侧车台或后台。可将准备参与演出的布景组合由剧场的侧台或后台移至主舞台上；三是使用升降台，通过升降台可以通过垂直运动来更换布景；四是使用转台，也是利用类似于水平运动的原理来变换布景的，它可以将垂直与水平运动两者结合起来。鼓筒形转台内设有一系列升降台，是设置在剧场建筑中最复杂的舞台机械设备之一。最后，使用演员升降小车，可以上下出入的台板门来变换某类道具或布景，也是一种高效、快速并且简便的方式。

镜框式舞台是指观众位于舞台的一侧，而舞台的其余侧面被物体遮挡，以供演员和技术人员做准备工作。舞台是内嵌式的，江苏大剧院四个厅均采用了镜框式舞台设计。演员都由舞台侧面的幕布中出入，西方很多歌剧院就是镜框式舞台。

在镜框式舞台上，通过人们的想象位于舞台台口的一道实际上并不存在的“墙”。它是由对舞台“三向度”空间实体联想而产生，并与箱式布景的“三面墙”相联系而言的。它的作用是试图将演员与观众隔开，使演员忘记观众的存在，而只在想象中承认“第四堵墙”的存在。

第四堵墙的概念，是适应戏剧表现普通人的生活、真实地表现生活环境的要求产生的。文艺复兴时期，有人提出如果在舞台上表现室内环境、房间缺少第四堵墙就显得不真实的说法。18 世纪启蒙运动代表人物 D. 狄德罗曾提及第四堵墙的概念。他在《论戏剧艺术》中提道：假想在舞台的边缘有一道墙把你和池座的观众隔离开。19 世纪下半叶，随着“三面墙”布景形式的日趋定型，位于台口的这道实际不存在的“墙”变成箱式布景房间第四堵墙的剖面，因而有了“第四堵墙”之称。最早使用“第四堵墙”这个术语的是法国戏剧家让·柔琏。1887 年他提出，演员要表演得像在自己家里那样，不去理会观众的反应，任他鼓掌也好，反感也好。舞台前沿应是一道第四堵墙，它对观众是透明的，对演员来说是不透明的。

3.3.1 镜框式舞台组成部分的基本定义

舞台固定结构是指舞台周围、由建筑结构确定的、为舞台设施使用的永久性结构。

舞台固定结构的主要部分包括：

(1) 建筑台口：剧场建筑结构舞台面向观众厅的开口。台口的大小(宽与高)是舞台设计的基础尺寸。

(2) 主舞台：台口线以内的主要表演空间。

(3) 台塔：主舞台台面以上至屋盖结构下缘的空间，是舞台表演和台上机械设备运行、安装及检修的基本空间。

(4) 工作栅顶(葡萄架)：舞台上部为安装和检修台上设备、并能使悬吊元件通过的专用工作层。

(5) 工作天桥：沿主舞台的侧墙、后墙墙身定高度设置的工作走廊。一般舞台均设有多层天桥，通常一层天桥还有布置灯具的功能。

(6) 台仓：舞台面以下的空间，是台下机械设备运行、安装及检修的基本空间。

(7) 机坑：为台下机械设备驱动装置的安装、检修空间。

(8) 台唇(前舞台)：台口线以外伸向观众席的台面。

(9) 乐池：为歌剧、舞剧等剧种表演配乐的乐队使用的空间，一般设在台唇的下面和前方。

(10) 侧舞台：设在主舞台两侧，为迁换布景、演员候场、临时存放道具和景片的区域。

(11) 后舞台：设在主舞台后部，可增加纵深方向表演区的区域。

(12) 台口墙轴线：土建设计图上标注的台口承重墙结构定位轴线。

(13) 台口线：台口内侧边线在舞台面上的投影线。舞台机械定位以此为基准。

(14) 大幕线：大幕中心位置在舞台平面上的投影线。通常是表演划分景区和设置布景的基准线。

(15) 舞台地板：由龙骨和面层木板(原木板、层压板、指接板等)构成的、经表面精修的舞台表面结构的总称。

3.3.2 舞台台面

舞台的前区台面通常高于首排观众席地面 80～110 cm，该值取决于观众席的倾斜度与舞台的净深。当然这个数值不能用于中心舞台剧场和开放式剧场舞台的设计。大多数情况下用于公共性的无特殊功能要求的观众厅的建筑设计当中，往往并不很适合艺术表演高质量的需要。在这里舞台地板材料是铺在几乎毫无弹性的混凝土板上的，要想直接由舞台台面降到舞台下层去也是不可能的。因此，应该注意，在正规的舞台上设置演员台板门是十分必要的。

好的舞台台板门所涉及的因素与条件很多。台板门的材料应与基础结构龙骨连接牢固。如果设置演员活动台板门，每块台板门均应有足够的强度以承受正常情况下舞台台面上的载荷的要求，其牢固程度应与舞台台面相适应。当温度、湿度等环境条件发生变化时，舞台台板门材料应能抵抗变形。在各种实际压力下，如重载与振动，其挠度变形与膨胀系数均应在允许的公差内。变形度不得大于跨度的1/360。固定台面与可移动台面(如：演员活动台板门或舞台机械上的台面包括车台、滑台、升降台以及转台等)周边之间的空隙应控制在5～10 mm之内。台板门材料应是干燥的较软木料，如在这块软木上钉钉子，拔掉后其上应不留钉孔。舞蹈家一般不喜欢硬木地板，因为它们缺乏弹性。例如俄勒冈(OREGON)出产的松木、黄松或哥伦比亚松通常被认为是最理想的材料。安装时，木条应较干燥、有天然木节和木纹的一边朝向枕木方向，用舌键与枕木的凹槽连接牢固。为了芭蕾、歌剧以及戏剧等艺术形式的表演，不应将台面做得很光滑。因为台板光滑会反射过多的舞台灯光并会干扰或影响观看演出的效果。

涂刷地板所用的黑漆一般首选油漆或清漆。正常情况下，台板门的使用年限大约为5年，这也取决于舞台使用的频繁程度。舞台台板门的承载力应大于7.32 kN/m²，台板门木龙骨的宽度为40～50 mm，高度为100 mm。

如今，在有些剧场中，设置有专供芭蕾使用的轻便的复合橡胶垫，大约2～4 mm厚，设有车台、升降台、旋转台的舞台，在演出芭蕾舞时必须使用这种覆盖物。江苏大剧院采用的是哈利群木地板。平时存放在−4.5 m地下室的仓库内。使用时升到舞台台面。

3.3.3 舞台台面的基本尺度

《剧场建筑设计规范》对镜框式舞台主舞台各部的基本尺寸，如建筑台口宽度和高度，主舞台的宽度(即主舞台两侧墙墙面间的距离)、进深(即台口墙和后墙墙面间的距离)和净高(即舞台面至栅顶结构下弦的距离)等与演出剧种、观众厅容量等的关系，做了规定，见表3-1。

表3-1　台口和主台尺度

剧种	观众厅容量(座)	台口(m)		主台(m)		
		宽	高	宽	进深	净高
戏曲	500～800 801～1 000 1 001～1 200	8～10 9～11 10～12	5.0～6.0 5.5～6.5 6.0～7.0	15～18 18～21 21～24	9～12 12～15 15～18	12～16 13～17 14～18
戏剧	600～800 801～1 000 1 001～1 200	10～12 11～13 12～14	6.0～7.0 6.5～7.5 7.0～8.0	18～21 21～24 24～27	12～15 15～18 18～21	14～18 15～19 16～20
歌舞剧	1 200～1 500 1 501～1 800	12～16 16～18	7.0～10.0 10.0～12.0	24～30 30～33	15～21 21～27	16～23 23～30

台唇和耳台最窄处的宽度不应小于1.50 m。

主台和台唇、耳台的台面应做木地板，台面应平整防滑。

主舞台和台唇、耳台的台面应做木地板，台面应平整防滑，面漆宜为亚光。

表 3-1 仅仅是主舞台的区域的尺寸要求，侧台、车台的区域必须是另外附加的。主舞台的深度至少应是台口宽的四分之三。英国剧场技术协会(ABTT)也推荐主舞台的宽度应为舞台口宽度加 8 m，已有人认为主舞台的深度不应小于台口的宽度。无论怎么讲，舞台最佳的宽度应基于台口的宽度外加 8 m。

主舞台两侧的区域称为侧台，而主舞台后面的区域称为后舞台(或后附台)。在制定侧舞台与后舞台面积的大小时，应考虑到项目中所有要设置的舞台机械设备。在主舞台外附加的空间都可作为某些舞台机械或布景的储存场所，尤其是车台和侧台。实际上，有时布景占满了整个侧车台或后台的区域。考虑到在舞台上有足够的活动空间，主舞台的建筑宽度与深度都应额外再增加 2～3 m。车台的尺寸应与主表演区相等。侧舞台与后舞台最佳尺寸来源于主舞台的尺寸。即台口的宽度外加 8 m，这其中包括了两侧的小块侧景块区。(见图 3-1)

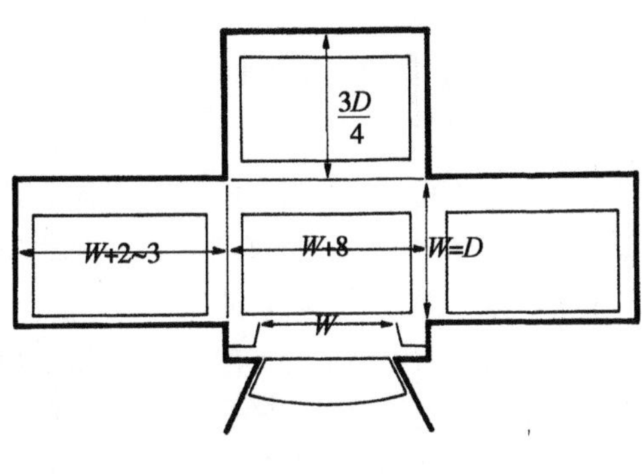

图 3-1　舞台平面图

侧舞台与后舞台紧邻主舞台，必须考虑到能够在演出进行中同时使用这些区域来准备和变换布景，为此，应设置隔声门将这些区域的辅助工作区(侧舞台、后舞台)与主舞台隔开，隔声门的高度取决于侧台通向主舞台的台口尺寸以及侧台的面积，一般与主台口的高低有关(也就是侧台顶棚的高度)。

3.3.4　乐池

乐池开口进深如小于乐池进深的 2/3，声音出不去，效果不好。乐池太深，声音效果不好，太浅又影响台唇下面的净高。乐池地面高度是一个很敏感的问题，要满足乐队使用，又要考虑结构上的可能及声学上的要求，做设计时应详细推敲。

如乐池只在一侧开门，乐队上下拥挤，中间开门影响楼座视觉，所以规定乐池应两侧开门。规定门的净宽和净高是为定音鼓、低音大提琴的出入。

我国乐队人数与剧场规模、剧种及各种乐队传统习惯有关，可参看下表 3-2。

表 3-2　剧种与乐队种类及规模的关系

剧种名称	使用乐队种类	乐队规模
一般歌舞剧	双乐队	60 人左右
大型歌舞剧	三管乐队	80～120
小型歌舞剧、儿童剧	单管乐队	30～400
京　　剧	京剧乐队	8～30

3.3.5　台下区域

台下区城包括舞台台板门下面的区域和台仓基础平面区域。台下区域的平面设计与舞台机械的总体布局密不可分，与剧场建筑融为一体。

把升降台系统视为这个舞台上机械的主要设备时，其台下的区域的深度或是其行程至少应是台口的高度，有些新的歌剧院的主升降台的行程已达 15～20 m，但是对演员活动台板门体系深度的要求则小得多，一般要求其深度为 2.5～4 m,演员能从下面进入台板门下的升降小车上即可,如果其垂直深度过大,在实际使用中就会产生一些麻烦,因演员升降小车垂直行程过大,会使设备所需的基本调度增加,那么也要增加进入升降小车的台阶高度的尺寸和连接主舞台与机坑的工作台尺寸,结果反而不好。

3.4 台上舞台机械

设置在舞台上空用于悬吊各种景物的机械设备,设备运动或静止时,允许演员在其下方长时间停留、活动,某些设备可直接悬挂演员。

1）防火隔离幕(防火幕)

设置在舞台台口处，在火灾情况下可迅速关闭台口,隔离舞台与观众厅或舞台以外的其他区域,防止火灾蔓延的设备。刚性防火幕为刚性结构,有规定的耐火极限,抗风压极限,隔离密封极限、紧急关闭的时间及安全控制等特性要求。设置在侧台口或后台口时,还有隔声功能要求。

2）大幕机

牵引大幕启用运动的机械设备。根据运动方式的不同可分为对开,升降、斜拉等基本运动形式,并可组合成复合运动结构。当需要区分时,可在前面加引导词,如对开大幕机、升降对开大幕机、三功能大幕机等。

3）假台口

设置在舞台台口之后,由上片和两个侧片组成,可适度改变台口大小、用于安装灯具提供台口顶光和柱光的机械设备。假台口上片又称台口灯光渡桥,是可适度调整台口高度、并用于悬挂灯具为舞台提供台口顶光的桥型钢架升降装置。带有电缆收放装置、可以上人进行操作。假台口侧片又称台口柱光架是可适度调整台口宽度,并用于悬桂灯具为舞台提供台口柱光的塔形钢架。可平行于台口方向移动、可以上人进行操作。

4）吊杆机

设置在舞台上空用来悬挂幕布、景物、演出器材的杆状或桁架型升降设备。根据驱动方式的不同分为：手动、电动、液压驱动等,根据驱动结构的不同又分为卷扬式、曳引式等,根据用途的不同可称为景物吊杆(景杆)机、天幕吊杆机、吸音幕吊杆机等。

5）单点吊机

设置在演出场地上空,以单一悬吊点吊挂物体升降的设备。根据吊点位置是否变化或变化方式的不同可有固定式、自由移动式、轨道移动式等结构。当需要区分时,可在前面加引导词,如自由式单点吊机、轨道式单点吊机等。

6）飞行机构

悬挂演员、布景或道具进行飞行表演的设备。其运动方式有平移、旋转、升降及其组合等形式。

7）灯光渡桥

用于悬挂灯具、可以上人进行操作的桥型钢架升降设备。有时渡桥两侧还设有活动码头,可与两侧天桥连接,方便人员进出。

8）灯光吊笼

设置在舞台两侧上空用来悬挂灯具以提供侧光并可上人操作的笼型钢架设备。其基本运动方式有升降、平移和升降平移组合。

9) 灯光侧吊架

设置在舞台两侧上空用来悬挂灯具以提供侧光的多排组合形钢架设备。根据需要可作升降或平移运动。

10) 灯光吊杆机

设置在舞台上空用来悬挂灯具的桁架型升降设备。

11) 场幕机(二道幕机)

牵引场幕启闭运动的机械设备,通常为对开运动方式。设备可悬挂在任意吊上升降。驱动方式有电动、手动等。

12) 升降银幕架

设置在舞台前部上空用来悬挂银幕并可升降的设备。

13) 运景吊机

设置在侧台或其他必要的位置用来吊运成组装景片的起重设备。通常由起重葫芦和行走钢架组成,吊点可三维运动。

14) 声反射罩

为改善声场条件在舞台面或舞台上空设置的声反射装置。常用的形式有散片组装式,套装推拉式等。

3.5 台下机械设备

设置在舞台面及台面以下用于移动景物、演员,或改变舞台形状与形式的机械设备,设备运动或静止时,允许演员在其上面长时间停留、活动。大部分台下机械在其原始位置时均构成舞台平面的一部分。

1) 舞台升降设备(升降台、升降指挥台)

在剧场的实际使用中,升降台有三种基本功能。首先,它具有有效的换景功能。要加以说明的是,可将台下区域变成另外一整套工作区并添加车台设备,把升降台与台下的车台通接起来。双层台的发明则为升降台的使用提供了更大的机动性和实用性。其次,它允许专业人员利用机械的分段运动而产生极佳的舞台艺术效果。例如在瓦格纳的歌剧“漂泊的荷兰人”中幽灵船的舞台效果摄人心魄。当在歌剧的表现需要巨大的船体沉入惊涛骇浪中时,升降台轻松地实现了这一幻境。最后,拥有了分块的升降舞台使得舞美工作容易了许多,尤其是平行于大幕线区域的划分,为舞美设计者在不同的舞台平面上工作提供了更大的自由度,然而,在没有这些设备时,实现这些变化需要浪费很大的成本。

2) 乐池升降栏杆

设置在乐池观众侧的可以升降的防护设备。

3) 乐池升降台

设置在乐池机坑内,可使乐池台面处于需要位置,如舞台平面、观众厅平面、演奏平面或座椅台仓平面等的升降设备。

4）舞台升降台

设置在演出场所的表演区用来改变舞台的形状与形式、运送景物或演员的升降平台。如主舞台升降台、辅助升降台、补偿升降台、后舞台升降台、观众厅升降台、运景升降台、钢琴升降台、软景储存升降台等。其结构有单层、双层、台面可倾斜式、子母式、复合式等。

确定升降台尺寸的设计原则源于对舞台尺寸的考虑，升降台最佳的宽度是台口的宽度加2～3 m，深度尺寸至少应与台口的高度相同。一般在实际应用中将升降舞台平行于大幕线划分为2～6块，每块进深尺寸2～4 m。每块升降台均由独立的机械驱动。另一方面，理想而简洁的演员活动台板门不应设置在升降台的结构梁或支架密集的位置，而应能使钢结构梁和支柱合理地布置并能容纳台板门。

5）补偿升降台（补平台）

设置在车台下面，用来在车台移走后补平台面的升降设备。升降时一般不承受外载、静止时只承受静态载荷。

6）辅助升降台（微动台）

设置在车台必经的通道处，正常位置与舞台面平齐，在车台通过或停留时降下，车台通过后升起与舞台面平齐，是用来在车台运行过程中让出通道的升降设备。升降时一般不承受外载、静止时只承受静态载荷。

7）演员升降小车

专门用于升降演员出入活动门的可移动的小型升降平台。

8）布景转运设备

剧场中将外来布景和装置存放于库房或运送到舞台的机械设备。

9）车台

用来运送景物或演员的水平运动平台。在侧舞台与主舞台间运行的车台叫侧车台，在后舞台与主舞台间运行的车台叫后车台。另外还有没有固定安装位置，可以自由移动的自由式车台，如用气垫托起设备和载荷、用人力推动移动的气垫车台等。

10）伸缩台

为改变舞台的形式与形状而设置的可伸出（多数情况下还要补平）形成新的舞台台面的机械装置。伸出过程一般不承受外载，缩回时藏于台仓。

11）转台

设置在演出场所的表演位置，用来运载景物或演员的旋转设备。按结构不同有片状转台、伞形转台、内设升降台的鼓形转台，安装在大型移动车台上的车载转台等。

12）软布景储存升降台

可将存有成卷台毯等的存景盒放进储存隔舱或从隔舱取出的升降设备。有时升降设备本身就带有存景隔舱。

3.6 其他设备

1）舞台活动门

在固定舞台面或活动舞台面开设的可手动或机动开启、与演员升降小车配合使用供演员完成特殊艺术效果的开口。

2）安全防护门

设置在需要通行的隔断结构处，并能可靠关闭的启闭设备。门的开闭与相关舞台机械的运动实行电气连锁。

3）安全防护网

设置在需要安全防护部位的网状结构设备。根据形式不同有固定式、移动式、升降式等。

4）移动式灯光架

用于悬桂灯具、并可在舞台面上灵活移动的支架。

3.7 舞台机械控制系统

3.7.1 概述

舞台机械控制系统作为保证舞台机械的稳定、安全和可靠的运转的灵魂，显得尤为重要，舞台机械的性能在一定程度上来说主要由控制系统决定。控制系统先进性决定了舞台机械的现代化水平，控制系统的安全可靠性决定了舞台机械的安全可靠，控制系统的人机界面决定了操作方便程度。

舞台机械专用控制系统，一个全面解决舞台设备控制的方案，主控制系统提供正常情况下的全功能控制与操作，包括单体设备的控制、设备联锁、设备状态监视、预选择设备、设定运动参数、编组运行、场景记忆、场景序列、故障诊断、系统维护、操作向导等，主要操作以屏幕窗口、图形、表格方式结合功能键盘或鼠标，并有适当的手动介入功能；可灵活进行返回、重复、跳跃和连续运行等操作。

为了充分满足装台、排练、演出等各种控制与操作要求，主控制系统的操作设备是多个操作台的组合，包括：主操作台、移动式操作盘，以方便在主控制室、舞台台面、台下、各层天桥等不同位置完成对设备运动的监控。

舞台机械设备及其控制操作系统是不可分割的整体，舞台机械所有的功能、特性、技术参数都是为满足演出需要、按演出工艺及使用要求进行设计的。除满足舞台演出的核心要求安全外，最大限度地为表演艺术提供良好的物质条件，以较多类型的机械设备、先进合理的技术参数，以及宽广的控制范围、多样的控制模式给编导、演职人员以及舞台美术创作人员充分发挥艺术创造的空间和余地，是舞台工艺配置、舞台机械设备及控制操作系统设计的基本原则。按剧院的规模、经营管理模式，所演剧种和剧目的特点、剧目预期要创造的气氛和达到效果等情况，选择舞台机械设备的种类和数量、技术参数及其变化范围，确定机械设备的主要结构、动力传动系统、安全设施以及执行机构，这些就是被控制的对象和主体，并以此为基本条件结合其他要求进行控制操作系统的设计。当某台机械设备按操作和选定的参数开始运转后，通过安装在现场的各种传感器（如载荷、速度、加速度、位置、位移、温度、流量、压力等），将监测信号经网络系统传输反馈到控制系统，经控制系统的计算机计算及分析后，发出指令使机械设备按设定的参数运转。这个过程的主要动作如设备的参数、位置、状态等均在操作控制台上显示出来。

3.7.2 舞台机械控制系统的主要作用

(1) 使舞台机械产生或终止所希望或预期的运动,只有在控制系统选定某设备或设备组并给以运动指令后,该设备或设备组才能开始运动。否则,任何机械设备均不能产生自主或非预期运动,只能保持在停止状态。相反,当控制操作系统选定某运动设备并发出停止指令后,该设备立即停止运动,否则,该设备将保持运动状态至被限位装置限制为止。

(2) 控制舞台机械的运动状态和动力状态,即控制它的运动速度、加速度、位移,以及速度与行程的关系(即速度曲线),对多个机械设备,还应控制不同设备间这些参数的相对关系,如同时运动、差时运动、同步运动、顺序运动以及特定规律运动等。

(3) 限制舞台机械设备在规定范围内的运动,正常情况下,舞台机械设备在设定行程范围内运动,在设定停止点停止,或在允许行程范围内运动,在最大行程点被限制而停止。在非正常状态下,紧急停车装置会停止故障设备或设备组的一切运动。

(4) 能为操作人员提供简单而清晰的设备状态指示,以避免可能导致危险或损坏设备的动作。这种显示一般有载荷、速度、位移、位置、与相关设备的相对关系等。在主控制操作台上,应能显示出预选的设备或设备组、单个设备或成组设备的运行参数,场景参数、场景序列、故障信息及其他管理需要的信息,还能用明显的方式区分不同设备的不同状态(选中与未选、运行与停止、正常与故障等)。而且,这些显示必须是适时的且没有明显的延迟。

(5) 紧急控制系统

紧急控制装置一般设在能够观察到设备运行可能对人员有危险的位置上,操作者容易接近的地方,且操作时没有任何危险,就地控制可在现场控制器或附近的电气机柜面板上进行控制,可完成对单台设备的单独运行控制。这种控制功能的实现不应受到来自主控制系统和智能型手动控制系统的任何影响。

(6) 设备编组运行

本系统可存储多种设备编组,可存贮的设备编组数量可达 3 000 个以上,根据设备组运行状况的不同,系统有几种编组形式,并以不同颜色对设备编组进行区分。

锁定型编组:吊挂或运载的场景需要固定连接到多个舞台机械设备上时,该组中所有的舞台机械设备必须以相同的速度同时运行并移动相同的距离。

安全型编组:用于控制速度、距离等参数组合复杂的设备组的运行,操作的失误将导致场景及设备碰撞或损坏等危险情况。系统规定更高的操作权限,系统必须高速监控该组中所有运行设备的速度和位置,当该组中的任一设备没有按照预设定或计算出的速度曲线运行,速度或位置偏差超出了系统允许的误差范围时,系统必须立即停止该组内所有设备的运行,系统发出的停止命令应该是紧急停机命令(EMS),以免损坏场景和发生危险情况。

自由型编组:用于控制相互之间独立的多个设备的联合运行,适用于在演出中需要经常调用的多个设备的同时运行。自由型编组中允许各设备的运行独立于其他设备,按照已定的速度和动作距离来运行,当该组中任一设备的速度或位置偏差超出系统允许的误差范围时,系统发出针对单个设备的停止命令,而其他正常运行的设备不受任何影响。

(7) 预设停车位置

系统具有支持任意设定停车位置的功能。停车位置参考点的设定,对悬吊设备或升降设备以舞台台面为参考点,对水平运行设备或旋转运行设备以设备原始配置为参考点。预设停车位置的设定可以在主操作台及相应授权的操作盘面上方便地进行。设定好的预设停车位置数据可以通过网络或用数据盘传输到系统中。

(8) 设备起动

设备的起动可以按照预选择、预设定的方式通过屏幕窗口、图形或表格方式用功能键盘或鼠标进行，也可利用操作台上的按钮、操作杆等操作部件起动单个设备或编组设备的运行。设备的运行将按照预设定的速度、预设定的时间等参数从一个预设停车位置运行到另一个预设停车位置，或者从任意有效位置起动运行到另一个有效位置。单个设备、设备编组、场景记忆、场景序列等运行方式中都有手动介入功能来控制设备运行。

(9) 控制操作系统应保证所有受控设备稳定、安全及可靠的运转。

(10) 控制操作系统本身应能容易方便地进行维修及零部件的更换等。

3.7.3　舞台机械控制系统组成

舞台机械控制系统一般以主控制台、移动控制台、就地控制盘等带人机界面的控制操作为平台，配置数据库服务器，通过混合型网络结构，在用户层面进行成组及组间的控制，在服务器层对驱动器(轴控制单元、变频器、电机)层面进行驱动和控制。

1) 用户层

本系统操作站层可同时连接多个权限相等的各种形式的控制台，根据需要，每个控制台均可对台上、台下机械进行控制，也可通过适当的参数设置屏蔽其他控制台的功能。一般剧场的舞台机械根据台上、台下设备的配置情况、功能要求来配置主操台、移动操作台、离线工作站、移动安全控制器、大幕操作盘。

2) 服务器层

服务器是系统中是一个中央处理单元，由 DK(数据信号集中器)、数据管理计算机和 DP(驱动处理器)组成。所有内部和外部链(连)接均以以太网为基础，以内部交换机为条件；系统一般配置主控制器 2 台，实现冗余配置。

主控制器的一个重要特征是有一个内部以太网交换机，在网络中所有外部和内部数据均通过这个交换机，除所提供的可选的操作面板(台)外，它还可以用作系统的外部处理(如工作站)，另外，它可以通过 ISDN 实现远程诊断。所有前面所述的数据都是以 TCP/IP 协议进行处理。由于驱动处理器 DP 的实时要求，系统这部分的数据是通过由 BBH 开发的特殊的协议(DB×SAVENET)进行处理。反过来，DK(数据信号集中器)主要负责数据存储和系统配置的管理和组织。

3) 驱动层

驱动层主要器件是轴控制器、变频器。

(1) 轴控制器

它是一个用于驱动设备的可编程控制器，是专门用于舞台机械的控制器。轴控制器的应用不但增强了系统的可靠性、大大缩短了调试时间，而且也方便了调试和维修。为了遵守 DIN-0801 标准，每个驱动都由一个控制计算机与一个监控计算机控制。此外，这个双重系统具有不同的性质。控制计算机与监控计算机所用的不是同一个处理器，因此，两个系统的相互作用消除系统的错误，另外还集成典型的安全设备元件，如双口存储器或一个特殊的看门狗回路。

轴控制器采用铁壳封装，即使在很接近变频器或其他开关装置的情况下，也具有极强的抗干扰性，控制和信号连接位于设备正面，状态 LED 灯及一个 7 段显示器为调试和维修提供技术帮助。

轴控制器的功能特征：

- 计算与检测轨迹曲线；
- 运动控制器与监控控制器的比较；
- 位置信号的确认（增量值和绝对值）；
- 位置偏离的监测；
- 制动器与变频器的控制与检查；
- 载荷测量、过载和欠载的检测；
- 松缆检测；
- 紧急限位开关；
- 制动器控制监控；
- 制动器间隙监控。

为了处理更多的信号，轴控制器还备有足够的模拟和数字输入/输出信号接口，这些信号兼容于各国特定的安全信号或在台下设备中经常出现的各类系统所特有的信号。

（2）变频器

采用智能矢量变频器，带有安全扭矩关断（STO）功能，通过硬线接受控制指令，驱动调速设备。其主要特点有：

- 在电机速度为零时，其输出转矩可达额定转矩的150%；
- 其闭环运行能达到1∶800的调速比。

轴控制器、变频器通过现场编码器提供增量TTL、绝对值SSI信号，完成速度闭环、定位功能。

4）网络

系统采用以太网传送数据，高速以太网的数据传送，保证了系统的实时性，以达到设备运行的同步，每个轴控制器与网络均为双路连接，网络部件为冗余配置，当任何部件故障时，网络均能继续运行。

5）远程维护

运行过程中的任何错误均可由主控制器、轴控制器的检测系统来诊断故障部位。工程技术人员可以通过ISDN进入INTECON系统对舞台机械进行有效的远程检测、诊断并快速修复，系统的安全防护和授权限制保证了只有授权者才有权远程访问系统。

3.7.4 常用的几款舞台机械控制系统

目前国内比较流行的舞台机械的控制操作系统主要有德国BBH舞台技术有限公司的INTECON舞台机械专用控制系统、瓦格纳比罗卢森堡舞台设备有限公司（前身是Gudland digital S. A.）所研制的CAT控制系统、解放军原总装备部的“神舟”舞台机械系统、浙江大丰自主研制开发的专用控制系统等。

（1）德国BBH舞台技术有限公司的INTECON舞台机械专用控制系统

德国BBH舞台技术有限公司的INTECON舞台机械专用控制系统，是一个全面解决舞台技术设备控制的方案。该系统中控制及操作管理计算机采用BBH公司SHOW-CONTROLLER舞台机械专用主控制器（冗余配置）。主控制器与轴控制器及PLC系统间通信采用冗余100 M、高性能双回路以太网，能实现安全且最高的数据传输速度，保证控制的即时响应和数据刷新，能确保舞台机械精确、安全地运行。并在运行过程中的任何错误都可以由主控制器、轴控制器的检测系统来诊断故障部位。工程技术人员仅用一根电话线(ISDN)进入 INTECON 系统，能对舞台机械进行有效的远程检测、诊断并快速修复。系统的安全防护和授权限制保证了只有授权者才有权远程访问系统。

处理图像单元(数据集中器)：处理系统图像——通过主控制面板和辅助控制面板的平行可控性变更管理，定位和同步行程控制等高级功能的处理等进行双重分配检查。将设置数据传输至选择的轴控制单元，处理通过外围系统收到的操作数据。

驱动处理单元(DP)：处理定位和同步行程控制的实时功能。传输设置数据和当前处理数据的轴控制单元，处理通过外围系统收到的操作数据。

轴控制单元(DB)：与轴相关的所有输入和输出信号的功能和安全处理。对从中央 DP 收到的与轴相关的设置和行程数据进一步处理。决定设置点/实际位置值，执行位置控制环，处理与轴相关的安全要求，提供维护和服务用接口。

数据集中器、驱动处理器和 DB 的等时间数据连接网络。

系统布局的结构确保如果整个系统中有一个次单元损坏时，冗余结构可以维护功能性，是基于以太网的一个自上而下的网络。

设置行程数据的网络：操作杆与中央计算机柜中的 ShowController 的连接。

动态行程数据网络：中央计算机控制柜中的 ShowController 与各电源柜中的 DB 轴控制器的连接。

物理网络层：以太网。

(2) 瓦格纳比罗卢森堡舞台设备有限公司的 CAT 控制系统

瓦格纳比罗卢森堡舞台设备有限公司(前身是 Guddland digital S. A.)所研制的 CAT 控制系统，它通过艺术性的技术来控制台上、台下舞台设备。

CAT 控制系统减轻了装台、排演和演出时的舞台控制工作量。具有友好的人机界面和可靠性的 CAT 控制系统，确保所实现的同步运动驱动器数量不受限制。基于近二十多年计算机舞台控制经验，CAT 系统已发展到现在的第四代了。

CAT 控制系统严格按照舞台领域安全标准，并符合 EN 61508 安全完整性等级 3 (SIL3)的要求。各级冗余确保了同一时间里的高度可靠性。

从 CAT 系统在 1989 年首次安装起，CAT 系统已用于六十多个剧院中。现在，CAT 系统在世界范围内十六个国家和九条豪华游船上控制了超过三千个驱动单元。

(3) 浙江大丰自主研制开发的专用控制系统

浙江大丰自主研制开发的专用控制系统，该系统基于最专业、最成熟可靠的德国 SIEMENS 控制技术，通过深度开发专用于舞台机械的控制系统，对所有舞台设备的驱动装置和现场传感器等实施运动控制、状态监视；并提供操作界面和操作方法，保证设备人员安全，配备维护及检修手段等。同时，根据 IEC 61508 安全标准要求及人机工程学原理，增强了其安全功能和适合我国国情的操作便利性。

主操作台可设置在主控制室内，也可在舞台面作移动式操作台使用(至少可移动 15 米)，便携式操作面板在栅顶上预留插口，便于维护。管理层通信采用 100 Mbps 工业以太网，控制层通信采用传输速率为 12 Mbps 的 PROFIBUS-DP 现场总线。友善的人机界面及三维动态监视是用于对整个舞台机械设备进行集中监控以及控制与操作系统的管理中心。

有较多的成功运用案例，是目前国内先进的操作系统。

(4)“神舟”舞台机械系统

“神舟”舞台机械系统由多个标准的可编程逻辑控制器(PLC)和工业控制计算机用工业现场总线和工业以太网组成。计算机采用工业型专用计算机，可以实现远程操作、数据交换、数据共享及远程维护。

该系统提供正常情况下的全功能控制与操作，包括单体设备的控制、设备联锁、设备状态监视、预选择设备、设定运动参数、编组运行、场景记忆、场景序列、故障诊断、系统维护、联机操作向导等。主要操作以屏幕窗口、图形、表格方式结合功能键盘或鼠标，并有适当的手动介入功能；可灵活进行返回、重复、跳跃和连续运行等操作。

3.8 舞台机械安全设计

3.8.1 人身安全

(1) 所有设备和装置均满足相应的安全标准和操作规程，符合安全卫生要求。保证用户在安全工作环境下使用和维修设备。

(2) 所有机械、电气控制系统应具有故障自动保护的功能，以保证机械和电气控制系统对人身是安全的。

(3) 所有运行设备应设置紧急停车系统。紧急停车系统能使附近操作人员在发生事故或潜在事故时，方便而迅速地停止该区域内设备的所有运动部件的运转。在操作台上和适当位置设置紧急停车按钮。

(4) 所有从正常通道上能接触到的设备的移动或旋转的零部件应设防护装置，防止人身伤害。平衡重以及类似装置的护网或护栏至少高出相邻地面 2.3 m 以上，位于走道的维修门洞或活动门，有明显的标志。

(5) 台下升降设备，在所有可能产生剪、压人员足部的场合，均应设置边缘安全开关，以确保演职人员的人身安全。

(6) 每一台设备附近适当位置，应设置维修按钮(也用于安装调试)，当维修人员使用该按钮进行设备维修工作时，该设备无法从其他操作台(盘)将其投入运转，以确保维修人员的安全。

(7) 必须人力搬起和移动的物品，应标明重量和重心位置，经常移动的设备重量轻，并按规定的标准设置把手。

(8) 未经操作人员启动，任何设备应处于静止状态，只有在操作人员启动相应的开关后才能运动。所有现场操作台(盘)应清楚地标明所控制的设备名称。对悬吊设备、升降设备、行走和旋转设备在启动时，有声光信号警告附近人员，以避免由于该设备的运动造成伤害。

(9) 所有电线、电缆为耐火型、阻燃型或低烟雾型(LSF)的。以减少事故的发生或避免发生事故时有害烟雾对人员的伤害。

(10) 设置可变平衡重量的设备，平衡重设置在其下方无人员通过的地方。必要时，其下方设置接受并承受下落物的装置。

3.8.2 安全系数

(1) 所有机械零部件的选择和设计必须保证在额定载荷和惯性载荷的联合作用下，能可靠地工作并有一定的安全储备，即有足够的安全系数。安全系数定义为：所有材料的极限应力与零件的最大工作应力之比。零件的最大工作应力应考虑最大静载荷及动载荷（紧急启/制动、碰撞等惯性载荷）作用下产生的应力。

安全系数和设计系数在我国的有关标准中对重要元件如钢丝绳、链条、传动链等的安全系数有明确的规定，如《舞台机械　台上设备安全》（WH/T 28—2007）、《舞台机械　台下设备安全要求》（WH/T 36—2009）等，设计时要按照执行。在国外，有趋势把设计系数和安全系数实行进一步的划分，提出设计系数的概念。人们习惯上常将这两个系数混为一谈，都是材料或部件的破断强度和它所承受载荷之比值，用来对设备零件实际使用时因材料、加工、载荷等未确定因素对设备的影响进行补偿。新的理论认为，设计系数是在设计阶段对安全工作载荷所打的折扣，安全系数是材料或部件的破断强度和它所承受载荷之比值。其实际意义在于设计系数针对的往往是一个组件，安全系数针对的是单个零件。

(2) 钢丝绳：用于起吊或悬挂重物的钢丝绳的安全系数等于或大于 10。其中单点吊机、载人飞行设备所用钢丝绳的安全系数必须等于或大于 12。此安全系数定义为钢丝绳的破断拉力与最大的工作载荷之比。计算最大工作载荷时除了考虑作用于钢丝绳上的工作载荷外，还考虑加速时产生的动载荷以及因设备运转、钢绳转向等产生的附加载荷。

(3) 链条：用于传动的滚子链或无声链，其安全系数等于或大于 10，其安全系数的定义与钢丝绳相同。

(4) 所有用于悬吊装置的附件，如钢丝绳接头（楔形接头、压制接头、合金浇注接头等）连接扣环等与钢丝绳的规格相配，且其安全系数等于或大于 10。

(5) 所有用于传动和提升/顶升的滚子链、无声链和刚性链，其安全系数均不小于 10；用于起吊或悬挂重物的链，其安全系数不小于 15。各种链的安全系数定义与钢丝绳相同。

(6) 所有传动装置（含联轴器、减速器、传动轴等）的计算承载能力为实际载荷（或额定载荷）的 2 倍，实际载荷为运行中可能出现的最大载荷（如紧急停车造成的冲击载荷）。

3.8.3　安全设施

舞台机械设备必须有完善的安全保护装置，以保证设备运行的安全。一般设备均设有行程极限开关和超行程开关。对吊杆卷扬机或类似卷扬机，还要设松绳保护、跳槽或叠绳保护、超速保护、超载（过流）保护等安全措施，并能在非常情况之下显示与报警，在出现危险情况后，控制系统只允许设备向降低危险的方向运动。在设备恢复正常状态后，才能继续原来的运动。为了安全的目的，舞台机械的制动机构必须是：两台独立控制的制动器（或液压锁），或机构自锁（含减速器自锁）再加一台制动器。而且，每台制动器均有承担全部传动力矩的能力。在采用两台制动器时，其中一台是工作制动器，另一台是安全制动器。

升降台的防剪切开关是个非常重要的安全设施，国内经常使用的防剪切开关橡胶条是该防护装置的关键部件，对不同技术参数的设备，防剪切开关橡胶条的选择计算是非常重要的。

从防剪切开关被触发开始到升降台完全停止，要经历一定的时间，升降台要运动一定的距离，防剪切开关形式和规格的选择一定要满足这一条件，因为从该开关被触发到设备停止，设备经历了原速运行和减速运行两个阶段，运行了一定行程，这个行程是选择防剪切开关橡胶条规定的依据。

所有吊杆卷扬机均设置松绳保护、超载（过流）保护、超程保护、超速保护等防止事故装置。

电动吊杆装置在吊重达到1.2倍额定重量时将停止吊杆的运行。

为避免不希望的运动发生，所有传动设备(电动或手动)：应具有自锁或两个独立控制和操作的制动器或两套独立的安全装置。

车台应设置制动器松闸装置，以便在应急时手动移动车台。

车载转台的移动部分，设两套相同的驱动装置，必要时每套都能单独驱动。

操作台上应设置紧急停车按钮，以应付紧急状态。

定位与锁紧：台下设备必须能防止升降装置无意运动的任何可能性，对于钢丝绳、链条作为承载部件和液压缸直顶而又无液压锁或活塞夹紧装置的结构，必须设置定位锁紧装置，以保证升降台进入静止状态后不会因载荷长期作用而下沉。

3.8.4 紧固件和地脚螺栓

(1) 设备零、部件之间的联接、设备与基础、墙壁及其他土建构件的联接，均采用标准紧固件，紧固件的尺寸能满足负荷与结构的需要，结构设计上避免紧固件承受偏心载荷。

(2) 设备零、部件之间的可拆卸联接，不可使用化学紧固法联接。

(3) 设备的地脚螺栓，其结构形式、尺寸与设备负载匹配。

(4) 所有紧固件均配备合适的防松设施，特别是在设备有振动、受力方向有变化、受力大小有变化等场合，联接接头均有足够的强度与刚度。所有接头在螺母或锁紧螺母拧紧后，螺栓至少外露三个螺距的长度。

3.8.5 钢结构

(1) 钢结构件设计合理，其强度、刚度及稳定性能均符合要求。钢结构及其接头能承受最大额定载荷和由紧急停车造成的冲击载荷。

(2) 所有钢结构是工厂原装，焊接性能良好且带有质量保证证书的新锻钢类型，并且钢结构件所用材料符合有关标准，并有出厂检验质量合格证。

(3) 所有钢结构件在焊接前进行预处理，板材及型材采用机械进行矫直或弯曲。焊接工作由取得相应资格证书的焊接工承担，焊缝质量符合有关标准。主要焊缝进行无损探伤(X射线探伤或超声探伤)检查，其质量符合有关标准。结构件的尺寸及形位公差符合设计图纸的要求或有关标准。

(4) 所有拼装的大型钢结构件，采用高强螺栓联接，强度8.8 MPa或更高；钢结构件的外部联接采用螺栓联接。如果螺旋接头设计为预加载荷，将取消防止意外松扣的安全措施。否则螺旋接头由开口销或锁定板加以防护。

(5) 在操作中需要打开的所有螺栓连接用适当的锁定措施防护。

(6) 所有联接用孔为钻孔，不得使用冲孔。装配前钻孔除去毛刺。

(7) 需要机械加工的焊接钢结构和重要的钢结构件，加工前进行热处理或时效处理，以消除压力。

(8) 除对角梁外的所有型钢与主建筑轴线平行。使用合适的测量仪器(激光测量装置)。

(9) 除非另有说明，否则所有钢结构部件和钢结构元件的排列是绝对的水平或垂直。使用适合的测量设备(激光测量)。

(10) 所有组件都由非易燃材料制成。结构设计为抗弯性和低振动的。

(11) 所有可进入层面和区域有至少 1.90 m 的净高。

(12) 所有钢结构由标准钢构成。可以使用圆形和三角形剖面的空心钢管和扁钢。

(13) 所有结构部件的转角和末端经过倒角。

(14) 用作行走表面,覆板和镶板的钢板通过适当的方式隔离噪音。用作行走表面的薄钢板覆盖亚光黑色隔音橡胶衬。橡胶衬的选择依据以下规格:橡胶衬防滑,防静电,适合轮椅(行业标准),防火阻燃且最小厚度 3 mm。橡胶衬完整牢固均匀地粘合在切口边上,所有切口边装有防护边,确保橡胶衬没有打褶或卷边绊倒人员。

(15) 所有中空型钢配有合适的端盖。

(16) 所有部件的最终可见表面保证平整、光滑、无磨损边。钢结构件没有锈斑、毛刺或污斑。可见的焊缝经打磨以保证表面平整、光滑。

(17) 表面处理前仔细去除所有钢梁表面的锈迹。所有螺钉、垫圈和螺旋接头的螺母同样据此去除锈迹。

(18) 通常禁止在承重结构中使用螺丝和钉子。销连接只用在刚性结构中。

(19) 所有连接到墙上的钢梁使用安装支架。使用足够尺寸和足够载荷强度的销子将安装支架固定到墙上,或通过充分连接到墙上(例如,铁锚杆)的钢板焊接到支架上。

(20) 所有钢梁拴在上述的安装支架上,不焊接。根据发生载荷设计钢梁和安装支架的所有必要部件。

(21) 确保所有可进入层的缝隙和孔洞的尺寸最大不超过 50 mm。墙壁和可进入区域之间的缝隙宽度最大不超过 50 mm。

(22) 钢丝绳将穿过格栅时的开口用圆口硬木边框或其他在接触时也不会损坏钢丝绳的适合材料环绕。边框和其他结构部件与格栅上沿对齐。

(23) 所有马道、天桥、升降台、渡桥和爬梯装有栏杆。栏杆高度为 1.10 m,可以承受至少 100 kg/m 的水平力,150 kg/m 的垂直有效载荷。

(24) 所有马道、天桥、升降台和渡桥装有至少 100 mm 高、不小于 8 mm 厚的踢脚板。

(25) 所有台阶按照 Z-形设计并执行。也就是指:水平行走表面、倒楞前沿(向下)和倒楞后沿(向上)的钢板。后沿高度至少 20 mm,防止物体被踢下去。台阶需重叠大约 40 mm以扩大脚踏的舒适感。

(26) 栏杆和自闭式旋转门确保安全过渡到梯子。梯子台阶有波形防滑表面。

(27) 所有钻孔、凹槽、切口、支柱、连接、接头和紧固件,所有上端连接杆和连接板焊透,如基础连接杆和连接板、接头连接杆和连接板、面板加强杆和加强板、支撑杆和支撑板、横杆、托杆和套管、连接板,以及所有边缘板,隔板等。

3.8.6 机架和油盘

所有的驱动都安装在机架上。使用橡胶包层金属安装框架以防止噪音。设备框架为减速器和其他油性部件安装有足够尺寸的油盘。框架有足够的尺寸以确保可以将载荷转移到结构明确的支持型钢上。

3.8.7 卷筒组件

(1) 电力驱动的卷筒采用单层卷绕卷筒。单层卷绕卷筒的节圆直径不小于钢丝绳直径的 30 倍。卷筒的两端有凸缘,其高度大于钢丝绳直径的 2 倍。

(2) 卷筒用铸钢、优质灰铸铁或厚壁无缝钢管焊接,并经精确机械加工而成。绳槽的尺寸、间距与所用钢丝绳的规格相匹配,并符合有关规范。

(3) 钢丝绳与卷筒绳槽中心线的夹角小于2.5°,不符合此规定的设排绳机构。

(4) 每一根缠绕在卷筒上的钢丝绳至少有两圈固定圈。在卷筒一端或升降过程中操作状态下的另一钢丝绳起端至少有两圈绳槽的间隙。钢丝绳的固定端在卷筒上可靠、有效地加以固定。

(5) 升降过程中,钢丝绳固定端牢固地固定在卷筒上。

(6) 带槽卷筒组件设有防止钢丝绳在负荷或松弛状态下跳槽的装置和跳槽检测装置,当钢丝绳在负荷或松弛状态下发生跳槽时,能即时发现并停止机械运行。除非排除此故障,否则该设备无法在主电源下运行。

3.8.8 滑轮和滑轮组

(1) 滑轮的节圆直径不小于绳索直径的28倍,但不能少于250 mm。当滑轮的绳索转向小于45°时,其节圆直径不小于绳索直径的20倍。

(2) 用于摩擦驱动的驱动滑轮,其直径不小于钢丝绳直径的40倍。

(3) 滑轮采用优质材料制造,通常用钢制造,或者根据载荷、用途、速度等条件采用优质灰铸铁或高强铸造尼龙及其他工程塑料制造。滑轮绳槽表面进行精加工,绳槽尺寸、深度及张角符合有关标准。

(4) 滑轮及滑轮组采用滚动轴承支承。钢丝绳滑轮不使用滑动轴承。只使用消音轴承。

(5) 滑轮及滑轮组有防止钢丝绳脱槽的保护装置。

(6) 滑轮和滑轮组设计成在任何条件下都能正确安装并留有调整的可能性,这一要求特别适用于转向滑轮。旋转转向装置有将滑轮锁固于正确安装角的设施。

(7) 转向滑轮的相对位置保证在任何情况下,钢丝绳绕过转向滑轮的包角不小于5°,确保使滑轮随钢丝绳的运动而旋转。

(8) 保证钢丝绳与滑轮的偏角不超过2.5°,并尽可能减小此偏角。钢丝绳到滑轮的基准线在安装时使用激光测量设备逐个仔细检查。

(9) 钢丝绳滑轮和其支撑结构要求全套适合的钢丝绳路径。每个输出滑轮设计为一个单独的单槽滑轮,挨着钢丝绳张紧导轮安装,用于连接钢丝绳。

(10) 所有用于移动舞台设备的滑轮都将以同一方式安装,防止结构噪音传播。如果几个滑轮安装在单轴上,要防止其相互之间的噪音和摩擦。

3.8.9 钢丝绳

(1) 规格

悬吊钢丝绳为带有人造纤维芯的软钢丝绳。所有钢丝绳都按预拉状态供货,并用热浸法或类似工艺镀锌保护,镀锌层的厚度经双方同意。例如:单点吊机和吊杆使用的钢丝绳不用于导向,为防扭转不松散性。所有钢丝绳均按该领域国际著名供货商的详细规格供货。

(2) 强度

钢丝绳钢丝的最小额定强度不小于1 570 N/mm²。如果超过1 800 N/mm²,仍按1 800 N/mm²计算。

(3) 预先检验

所有的钢丝绳均分批测试,供货时明确标出预切长度,并附有分批检验证明。

(4) 现场处理

钢丝绳在安装期间小心处理,不以任何方式打结或损坏。所有切断头都妥善处理。

(5) 安装

在设备正常运转过程中,所有钢丝绳都不应与设备的固定或运动部分摩擦(卷筒和滑轮除外)。在有损坏或卡住风险的地方,采取合理的防护措施。用于悬吊或牵拉的活动钢丝绳应加以妥善防护,以保障人身安全。安装完成后,应特别检查所有钢丝绳的接头,以确保安全、牢固。

(6) 钢丝绳配件

① 所有钢丝绳配件采用表面镀锌的标准配件,并有载荷试验和质量合格证书。

② 选用的钢丝绳配件,其规格尺寸与钢丝绳相匹配。

③ 唯一允许用锁紧原件连接承重钢丝绳末端(悬吊钢丝绳)的是楔形套或压缩式线夹。

④ 使用钢丝绳夹的地方(例如:拉紧的钢丝绳),每个接头至少使用 3 个正确安装的绳夹。

⑤ 钢丝绳回弯承重时使用钢丝绳套环。

⑥ 钢丝绳孔眼插入钢索套环。

⑦ 使用螺丝扣时,螺母锁紧,且所有螺丝扣用开口销锁,锁紧螺母或其他适当措施防止松扣。

(7) 纤维绳

一般用途的纤维绳为一级天然麻制成品,绳具与绳匹配。为了便于操作,绳的直径不小于 25 mm。

3.8.10 吊杆(吊物用)

(1) 吊杆采用双圆管桁架杆(梯形桁架),特殊使用场合也可用三角形或矩形管杆,管子或构架平直、无扭曲变形。管杆采用优质无缝钢管制造。

(2) 双圆管桁架杆的外径为 ϕ(50 mm±2 mm),壁厚合理选择,中心距为 300 mm。设计桁架时,考虑桁架水平方向(甚至满载情况下)的足够刚性。

(3) 杆的接头少,接头处采用实心圆棒作为芯轴与管子配合并塞焊牢固。管子端部开坡口的焊接接头。

(4) 支撑钢丝绳通过一套悬吊系统固定到吊杆上,可以单独调整长度以便管子水平受力均匀。吊杆配带孔的扁钢,焊接到上方的钢管上。链环穿过此孔连接用于调整长度的螺丝扣。另一个链环通过上方安装的楔形锁连接螺丝扣。两个链环确保每个方向的移动性。支撑钢丝绳连接到楔形锁上。楔形锁上钢丝绳松弛端有一个绳夹,保护钢丝绳不在楔形连接套筒内松弛。松弛端通过带子紧固到悬吊钢丝绳末端。

(5) 在吊杆的两端,或在桁架吊杆的下部钢管上使用直径或截面合适、长度符合规定的伸缩管。伸缩管能用标准扳手或调节器手动拉出并用螺栓卡在既定位置上(滚花头螺丝或蝶形螺栓)。所有可伸缩端均采用适当措施防止缠绕和过度伸展。留在管内的长度不少于伸出长度的 1/3,并涂成暗红色。

(6) 管端和伸缩管配有色彩醒目的永久性塑料帽,最好为黄色。

(7) 所有吊杆均涂成暗黑色,并在每一端的侧部用至少 40 mm 高的白漆数字标明编号,并在舞台地板上设置主要台上设备(电动吊杆、灯光吊杆等)标号。吊杆的起吊极限重量也在杆的每一端用稍小一些的字体标出。吊杆的正中位于舞台中心线,并用双黄线标出,从正中往外每隔 1 m 处用单黄线标出。舞台中心线与舞台台口和主舞台升降台的中心线相符。

3.8.11 超载保护

每个设备均装有超载保护。一旦过载,立即关闭驱动。

3.8.12 载荷测定系统

对于每种需要精确和实时载荷测定的设备,提供配有包含载荷传感器和分析装置的载荷测定系统的驱动。载荷测定系统测量实际的有效载荷并将载荷值传输到控制台,控制台显示数据供操作人员参考。

分析装置和控制系统确保在 120%额定载荷(过载)时关闭驱动。一旦过载,立即停止机械设备的运转(过载检测后的允许行程:最大 0.50 m)。关闭驱动后,可以将其移回至安全位置(例如:载荷释放)。

如驱动系统装有载荷测定系统,不通过测定电流来切断过载。

3.8.13 松绳检测

卷扬机和提升机系统安装松绳检测装置。松绳检测装置的动作能迅速终止钢丝绳进一步松弛。

松绳检测装置的工作状况在控制台上有显示。

3.8.14 限位开关和位置测定系统

(1) 限位开关系统包括以下开关

用于下部和上部操作限制位置的初步限位开关;

用于下部和上部操作限制位置的操作限位开关;

紧急限位开关。

所有开关应易于调整且状态良好。控制系统的位置变速器是串联的。开关符合安全工作系统要求。

(2) 初步限位开关和操作限位开关(行程末端限位开关)

将所有电子设备安装在合适的位置,该位置装有用于减速的初步限位开关(减速杠)和操作限位开关以在通常(运行中)行程末端停止设备。对于这些开关,将使用直接触摸式开关。所选开关类型满足在额定载荷和速度下对于可靠性和准确性的要求。通常,装有少于 3 mm 定位准确性的定位开关使用编码器和位置控制系统。

(3) 紧急限位开关(超程限位开关)

所有电动设备都安装单独的超程限位开关,以防行程末端限位开关发生故障时,导致人员伤害或机械损伤。

超程限位开关为直碰式工业杠杆型,直接触摸式齿轮限位开关或螺旋限位开关,根据设备的运行情况而工作,通常能在设备达到规定超程时可靠动作。某些提升机或卷扬机系统上的超程限位开关也可由提升卷筒上的钢丝绳移动来触发。

超程限位开关能直接切断驱动主电源,直到正常行程限位开关重新设定。

超程距离：所有传动机械和导轨的设计允许在超程限位开关启动后的最坏条件下有足够的减速超程，以确保不会与其他设备发生碰撞。

电子位置测定系统安装到紧凑式卷扬机上，以无后冲方式与钢丝绳卷筒、电机轴或减速器直接连接，并且包含以下主要元件：

增量编码器设计为位置编码器，可调节，装有可编程转向和设置每次旋转步数的选项，可向上调节4个小数点，通过装有高接触稳定性的插头绝对连接。

绝对编码器设计为位置编码器，可调节，装有可编程转向和设置每次旋转步数的选项，可向上调节4个小数点，通过装有高接触稳定性的插头绝对连接。

(4) 速度检测

速度连续检测装置一般安装在传动轴上。速度连续检测装置没有丢失脉冲的现象。

3.8.15　防剪切保护

(1) 用途

在移动部件可能对人员、机械设备或其他结构造成意外伤害的所有地方安装防剪切边的安全措施。在不能使用适当的设计方案(例如：胶合板盖板或防护格栅)防护的地方安装安全条或带有机械接触防护条的保险杠。设备上的安全开关和制动装置以其可靠、有效的工作确保对人员或设备不构成任何伤害。所有安全开关均带有故障保护功能，并串联相接，安全条到升降台固定边缘剖面或其他结构的偏移不多于5 mm。

(2) 触发

干扰阻力达到250 N时，触发安全条或保险杠。所选安全条在不超过200 mm的行程内，使在额定负荷和额定速度下运动的设备迅速停止。即使两个升降台驱动以最大速度相反方向运行也满足这些要求。

(3) 显示

电动安全条装置的工作状态显示在控制台上。操作人员能对所有安全条进行分区跟踪，并能显示发生故障的位置。触发安全条后，操作人员在收到安全信息后，方可重新启动设备驱动。

3.8.16　驱动电动机

(1) 电机类型：只使用装有自行通风(没有外部通风)的鼠笼式电机(不装有刷子、换向器、集电环或转子的电子连接)。

(2) 操作模式：除另有规定，只装有操作模式S3——40%的电机可以用作舞台机械的驱动电机。每个工作循环有4 min和6 min的停顿。运行期间，机械设备将在最重载荷和最小速度下连续全行程运行。

对于有些操作模式S2的驱动电机，将使用10 min。也就是说，在最重载荷和最小速度下连续10 min全行程运行。运行结束后，电机有足够长的停止时间冷却下来。

(3) 防护级别：驱动电机确保对颗粒粉尘的入口和喷水的足够防护(不少于F级/IP 54)。

(4) 选择低额定速度的电机(转速<1 500 r/min)确保尽可能低的噪音。

(5) 带有预先警告信号和电流干扰的温度感应器包含在电机温度监视中。

(6) 无论有无载荷，电机都正常运行。

(7) 电机配有连接凸缘和两个轴伸。

(8) 效率因数：舞台机械所用驱动电动机的效率因数大于或等于国家现行标准(大于或等于 0.8)。

3.8.17 减速器

(1) 类型

除特殊要求外(如防火幕传动装置)，齿轮减速器通常为蜗杆式或行星摆线式。在设计传动装置时，充分考虑减速器的效率及启动时的效率变化。

(2) 额定值

齿轮传动装置能安全传递所需的扭矩和功率，并能承受启动和紧急停车时产生的冲击载荷。

(3) 使用的所有部件是最高制造质量并装配准确，制造公差非常低。

3.8.18 制动器

(1) 双制动

所有驱动装置装有在操作状态下独立运行的两个制动；第二个制动的关闭是延迟的。每个制动产生足够的制动转矩以减少标准中“紧急停止”指定的最大速度到静止之间距离上的额定载荷，并安全地保持位置上的这些载荷。

(2) 安全制动器

电源关闭时，制动器在弹簧的压力下关闭，即采用故障保护型制动器。

(3) 类型

制动器分盘式和闸式两种类型。不论采用何种类型的制动器，均能在规定条件下高效运行，且其性能不会因振动和磨损而衰减。制动器装有微动开关以控制制动器的统一启动。

(4) 只使用低噪制动器：1 m 范围内，制动器启动/关闭噪音＜50 dB(A)。

(5) 制动器工作电源

制动器的工作电源采用稳压直流电，以降低空气噪声和确保安全性与可靠性。

(6) 手动松闸

所有制动器都带有手动释放装置。

(7) 制动器的安装易于检修和维护。由于定期检修的要求，所要求的双制动器设计为单独释放。

(8) 制动器测试

验收时，制动器将用测试载荷(额定载荷的 125%)测试。制动器据此选择。

(9) 皮带传动

一般要求：在设计皮带传动装置的传递负荷和扭矩时，充分考虑启动和紧急停车时产生的冲击负荷，其安全系数不小于 10，皮带速度不超过 15 m/s。

(10) 传动皮带

介于电动机和齿轮箱之间的高速传动装置采用 V 型皮带或齿形皮带，齿形皮带传动的皮带轮节圆直径不小于皮带宽度，且皮带槽最少保持有 6 个皮带齿处于啮合状态。皮带正确张紧，V 型皮带传动装置或齿型皮带传动装置将不装张紧皮带轮。

3.8.19 链传动

(1) 传动用链选择标准套筒滚子链或无声链。起重或悬吊用链选用片式关节链。链轮的设计考虑尽量减小因多边形效应产生的速度变化。

(2) 链传动装置的设计，除考虑额定荷载外，还考虑启动和紧急停车时产生的冲击载荷。升降台上使用的起重链(若有时)还能承受静止时施加于台面上的额定载荷，其安全系数不小于10。

(3) 传动链的速度不大于8 m/s；起重链的速度不大于0.5 m/s。链条始终保持较好的润滑条件。

(4) 所有链传动装有监视装置以控制链条的有序功能，并检测松动或损坏的链条。链条松动时，防护开关将运行并立即自动关闭驱动。为了供操作人员参考，信号将发到控制台并在此显示。

(5) 所有链条装有防护盖/格栅以防止人员受伤或机械损伤。

3.8.20 齿轮/齿条传动

在升降台采用齿轮齿条传动方案时，齿轮齿条的设计除考虑运动时的额定载荷、启动和紧急停车时的冲击载荷外，还能承受静止时施加于台面上的额定载荷。

3.8.21 轴承和传动轴

(1) 轴承

轴承可采用圆锥滚子轴承、精密球轴承或尺寸精确的磷青铜轴套(浸油式轴套)，其安装和使用严格遵循厂家规定。所有非永久性密封的轴承都润滑后装箱，并附润滑指南。

(2) 传动轴

所有的轴、键及键槽均符合规定的标准，并能安全传递所有施加的负荷、扭矩，包括全部冲击负荷。传动轴和联轴器在最大扭矩条件下将扭转角限制在每米0.3°的范围内。

3.8.22 螺旋升降器

(1) 根据不同的用途和载荷种类，可选用实心螺旋、空心螺旋和金属板带自组装式螺旋升降器。实心螺旋可承受压力或拉力载荷，空心螺旋和金属板带自组装式螺旋只能用于承受压力的地方，采用该类设备时严格遵守在设备上设有保持负荷和设置导向装置的特殊要求。

(2) 螺旋千斤顶包括优质碳钢螺旋及用蜗杆、蜗轮传动的螺旋箱，螺旋的螺纹是标准的梯形螺纹，蜗杆轴及蜗轮螺母都由圆锥滚子轴承支撑。按需设置轴承与螺纹啮合的润滑装置。

(3) 在易脏的作业条件下(如舞台地下室)工作的螺旋箱，其外壳的上、下部装设毛毡擦拭器或硬毛刷，以便除去可能进入螺旋箱的灰尘和颗粒。在有条件的地方用润滑脂或伸缩皮套将螺旋全部密封。交付现场使用前，壳内的所有腔体和轴承用合适的润滑脂充满。

3.8.23 剪刀撑机构

(1) 设计

舞台机械采用的剪刀撑机构根据使用情况设计，设计参数符合规范并考虑相关部件的安全间隙。

剪刀撑机构的构件有足够的尺寸和强度。执行元件的安装位置能确保在各种规定的负载条件下全行程安全运行。弹簧或其他辅助启动装置只能在闭合高度受限的地方使用。移动部件的制造综合公差确保机构升降无需外部垂直导向装置。

（2）偏载

机械和结构设计考虑一半台面承受最大允许荷载而另一半台面空载时的稳定性。

（3）设备部件

剪刀撑架及机架预先校直，并安装于坚固的基础上，剪刀撑架具有足够的结构刚度和稳定性。在平台及底部导轨装置上采用滚轮或低摩擦滑动装置。

（4）水平运行

剪刀撑升降台台面在任何时候都保持水平。当采用一组以上剪刀撑机构时，机械系统确保台面的全程运行都处于水平状态。

3.8.24 导向装置

（1）功能

升降台和其他移动设备的导向装置均为低摩擦滑动式或滚动式导靴，最好是行业标准导向系统制成。除特殊用途的导向装置外，导向装置牢固安装在设备的结构或其他部件上。导向装置能承受正常操作以及启动或紧急停车状态下作用于移动部件的所有发生的力和扭矩，并将移动部件保持在正确的位置上。

（2）调整

所有滑动器都具备适当的调整功能，从而确保安装、调整和使用。导向装置能双向调整，且便于清理、拆卸、维修和更换。

3.8.25 液压设备

（1）压力和流速

压力系统可采用 10 MPa 或 16 MPa 的工作压力。压力管路最大流速小于 3 m/s，吸液管路最大流速小于 1 m/s。液压系统的所有部件都能承受 2 倍工作压力而无故障和无泄漏。

（2）稳定性

所有承受负载的液压系统都能长期在任何位置准确保持负载，任何悬挂或移动机械因泄漏在连续 10 天内的位置改变不超过 5 mm。系统安装单向阀，只有在先导管路具有压力且收到特殊电气信号时才能运行。

（3）最大压力

液压系统的设计压力能承受设备上的最大静载荷和动载荷，液压系统的最大压力至少三倍于该最大载荷产生的压力。

（4）液压液

液压液的燃点为 205℃(400℉)以上。设备选用的液压液与其液压元件相匹配。

（5）质量保证

所有元件、管道及其加工工艺为高质量的。表面进行防腐保护。设备工作时其液压液得到充分过滤，所设过滤器的过滤能力足够大，并且不需要过多维护。

（6）清洁

全部装置及部件在清洁条件下组装。所有管件无飞边、毛刺或油污。设备在正式启用前用液压液对有关管道、管件及液压腔进行彻底冲洗，并将该液压液排掉，然后注入新的液压液。禁止将任何其他液体注入设备。

(7) 气密处理

液压系统的设计尽可能减少漏气和气蚀，所有管接头经过气密处理，安设排气装置以避免气穴，回液管和吸液管浸入液内。

(8) 液压站

液压站的位置尽量使管线长度缩短，同时，无论舞台设备是否工作，都能够达到所要求的空气噪声标准。液压站制造合理，有足够大的压力，以保证在要求的速度和载荷条件下设备能够正常运行。液压站备有累计运转小时计。

(9) 液压罐

液压储罐为一密封容器，其实际容积比其额定容积大10%以上，全部液压管路的编号清楚地显示在罐上，罐上设有液位仪。

3.8.26 锁定装置

台下升降设备不存在任何无意运动的可能性，对用钢丝绳、链条作为承载部件或用液压缸直顶而又无液压锁或活塞夹紧装置的结构，设置定位锁定装置，以保证升降设备能在最大静荷载下保持定位，且进入静止状态后也不会因载荷长期作用而下沉。锁定装置在设备处于预先设定的静止位置时切入，且该装置确保设备有载或无载时均不会出现突然失控的状况。

3.8.27 涂层与表面处理

(1) 准备：所有部件要具有光滑表面，没有飞边或毛刺。不出现不良的切割和焊接，部件在涂漆前脱脂。钢铁表面除锈并采取防锈措施。结构件在涂漆前进行喷砂处理并采取防锈措施。

(2) 涂层：所有部件均涂上底漆、二道漆，并按照设备说明喷涂面漆。涂层的损坏部分及时修复，锈蚀部分清理到金属光亮后再正确涂漆。底漆采用防锈漆；面漆采用树脂型漆；漆膜厚度采用干膜厚度计测量。电镀部件的切割面等是冷电镀。

(3) 现场焊接：全部焊接完成后处理干净和正确涂漆。管和相似组件的内表面无法涂漆时，将其端部完全密封，以防止内部生锈。

(4) 修补油漆：现场安装后的修补油漆工作由施工方负责完成，修补所用的油漆种类、品牌和质量与原用油漆相同。

(5) 标记：所有可拆卸的部件涂漆时作清楚的标记，以保证在现场正确再安装，现场安装结束后，清除全部工厂标识的标记。

(6) 表面涂漆颜色：在舞台下部的固定或运动钢部件和电缆槽以及电缆梯架一般涂以暗黑色(RAL 19005)，电动机和减速器涂以蓝色(RAL 5010)，旋转或移动部件(例如：滑轮、轮盘、卷筒的驱动轴或垫圈)涂以黄色(RAL 1021)，防护格栅或警戒线(例如：平衡重)涂以黄色和黑色相间格。所有开关柜室内的电控柜表面都涂以灰色，舞台区域的电控柜和控制台涂以亚光黑色。其他部分按照使用方的具体要求选择颜色。

(7) 涂漆工艺：涂漆工艺符合有关标准，在施工前向使用方提供涂漆工艺说明。

(8) 涂层质量：设备验收合格日之后五年内，所有油漆表面不出现开裂或漆皮剥落。

第四章　歌剧厅演出工艺设计

4.1　建筑设计

歌剧厅是一座综合性的专业剧院，建成后能满足中外歌剧、舞剧、音乐剧、话剧、芭蕾舞、综合文艺的演出需要。歌剧厅的观众厅呈钟形平面，可容纳 2 280 名观众。钟形平面可利用台口两侧逐渐收拢的非承重墙，既可有效利用台口两侧的死角区作为辅助空间使用，也有助于调整声场分布，削弱台口的镜框感。歌剧厅由观众厅、舞台、休息厅、VIP 休息厅、后台用房和驻场演职人员工作用房、演出技术用房、临时展区、卸货区以及配套用房组成。休息厅位于二层及以上，与共享大厅相连，是歌剧厅内部的交通和空间核心。前厅的位置贴近观众厅座席区，配套有交通、厕所、休息场所、服务用房等设施，见图 4-1。歌剧厅有独立的 VIP 门厅，设置在首层的东南侧，VIP 休息厅靠近观众厅池座前部入口，方便 VIP 观众入场。

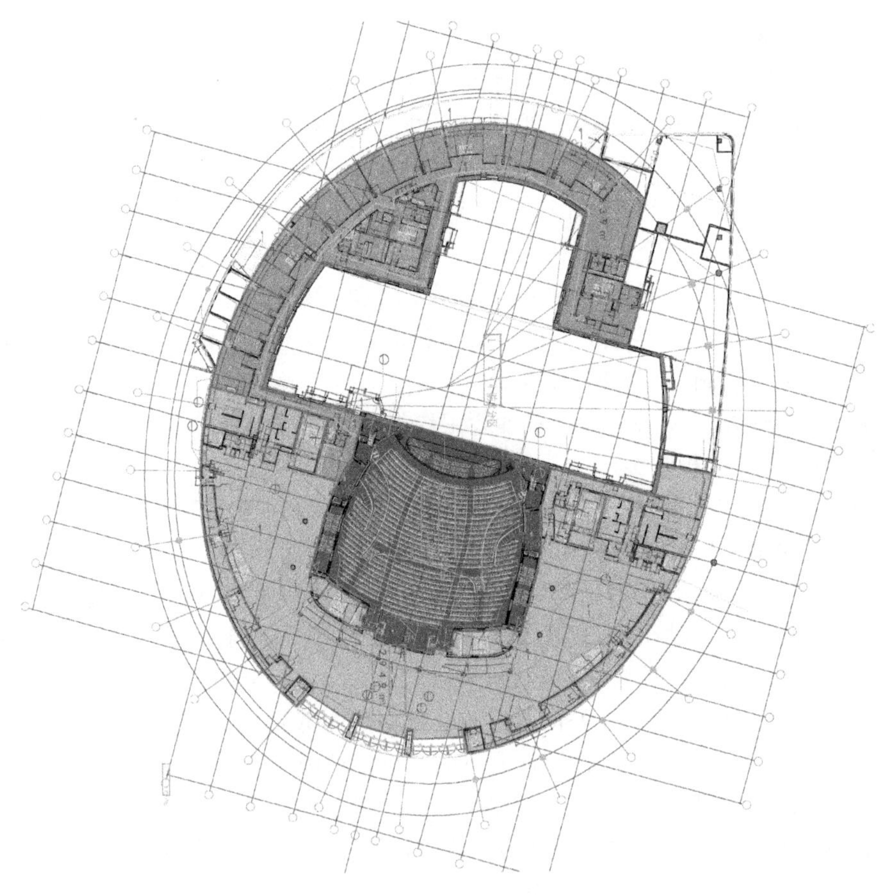

图 4-1　歌剧厅平面图

观众厅拥有池座和两层楼座，见图 4-2。两层楼座看台的高度为 4.5～5.0 m，楼座下方观众有较好的视觉和声学效果。观众厅将池座分为上下两部分，中央设立峭壁，利用峭壁作为有效的声反射面向池座中央大量的观众席提供反射声。

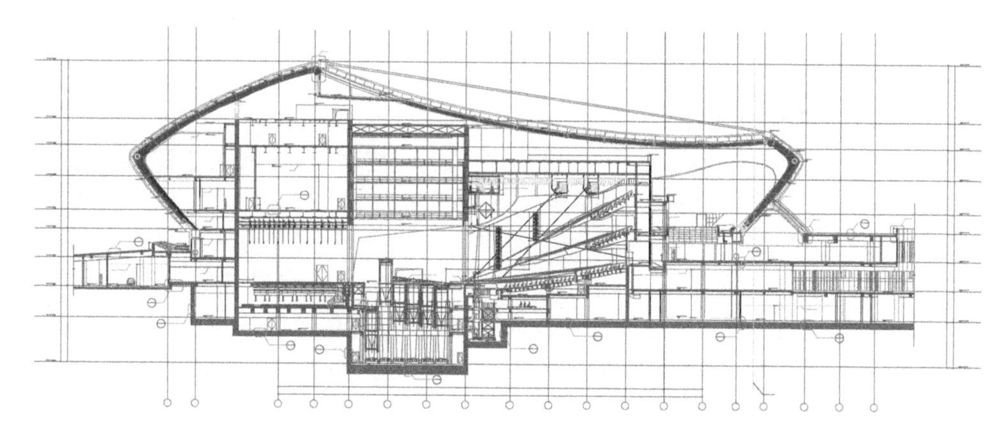

图 4-2　歌剧厅剖面图

歌剧厅舞台为镜框式舞台，台口尺寸 18 m×12 m。舞台平面呈品字形，由主舞台、后舞台、左右侧台、升降乐池组成。主舞台 33.7 m×24.4 m，后舞台设旋转台，左右侧台有 6 条车台，总台深 48.8 m。主舞台可以任意升降、倾斜、平移，侧舞台可以互换或与主舞台组合，后舞台可旋转和平移。舞台的上、下方设备联动，具有各种组合模式，给演出艺术创造了巨大的空间。乐池开口尺寸为 5.7 m×18.0 m，可容纳国内最大的三管乐队的演奏。乐池形状呈弧形，大大改善乐池内的乐师和舞台上的演员的交流环境，同时为了出声效果好，乐池的后墙反声面稍向后倾斜。

后台用房和驻场演职员用房在首层围绕舞台的侧后方布置，设置了演职人员门厅、VIP 化妆间、中化妆室、大化妆室、抢妆室、服装室、道具间、布景库、候场区等用房。办公用房设置在 2～3 层舞台的侧后方区域，排练厅设在四层舞台的侧后方。

地面以上演出技术用房包括音、视频交换机房、舞台机械控制室、灯光扩声控制室、调光柜室、功放室、台上开关柜室、卷扬机房等设备用房，布置在舞台四周和观众厅池座的后方区域。地下演出技术用房包括台下开关柜室、台下调光柜室等，布置在地下主舞台基坑两侧区域。卸货区及布景库设置在歌剧厅首层的西南侧，靠近侧舞台，位置隐蔽，便于卸货。

观众厅吊顶设计为多层凸曲面，能给观众席提供均匀分布的来自上方的反射声。观众厅两侧墙面做成凸曲面形状，形成视觉空间的弧形和听觉空间的弧形，满足混响时间为 1.6 s的声学要求。特别是舞台、乐池和观众厅的过渡区域及观众厅的前三分之一侧墙，其建筑设计充分予以提供反射声。

4.2　舞台机械

歌剧厅舞台机械具有升、降、推、拉、转多种变换形式，使表演的艺术造型、层次、动感更强，能承接国内外各类高水平大型歌剧、舞剧、芭蕾舞剧、曲艺及话剧的演出。

歌剧厅是大剧院设计的重点，设计师考虑到观众的视觉、听觉、感觉，以及几何空间的设计美学的功能要求，在舞台下方安装了 20 台电机，分管不同的舞台面积，控制台面在表演大型芭蕾舞剧时会顺时针转动，使台面产生倾斜，观众能清楚地看到每一个舞蹈的细节。同时设计了旋转台和 6 个升降台，升降台可以组合成楼梯，方便演员从任何角度进入舞台，是速度最快的舞台升降机。

4.2.1 歌剧厅舞台机械配置

歌剧厅主舞台台口尺寸为 18.4 m×12 m，根据已经确立的歌舞剧专业剧场和适当兼顾大型会议的设计定位，歌剧厅舞台机械的主要配置情况如下：

主舞台区域共有 6 块 18 m×3 m 的双层可倾斜主升降台，层高 5 m，侧台共有 12 块 18 m×3 m 侧台车台和侧台补偿升降台，12 块 6.5 m×3 m 侧台辅助升降台。

后舞台设置 18 m×18.05 m 前后移动的车载转台，转环和转台的直径各为 ϕ17 m 和 ϕ11 m，6 块后台补偿升降台，下方还存贮 1 块 18 m×18.05 m 的哈利群芭蕾车台，使用时移动到主升降台台面上。

主舞台与后舞台之间有 1 块带有存储间的辅助升降台，2 块后台辅助升降台。

主升降台前区有 1 块台口辅助升降台。

台口外设置 2 块乐池升降台、1 条乐池升降栏杆，3 块乐池座椅台车存储于−4.1 m 的座椅库中，使用时通过乐池升至观众席面。

在主舞台−9 m 层，平时存放着 3 台演员升降小车，使用时移至主升降台 54 个活动门中的任意 1 个，运送演员到舞台面上参与演出。

主舞台升降台群是现代化机械舞台的主体，是台下舞台机械设备最重要的组成部分，能够灵活、丰富地变换舞台形式，通过升降台相互组合，改变升降高度，可形成不同的演出平面。使整个主舞台在平面、台阶之间变化。与侧台车台、车载转台组合使用，可用于各种大型歌剧、舞剧和综艺演出。搭装场景，使大型布景在演出中多次快速迁换，以增加表演效果。侧台车台可以开到主升降台群上，并可随之升降。升降台群下降一定高度之后，车载转台便可以每间隔 3 m 移至主舞台的不同位置参与演出活动，转环和中心转台可以在任何时候双向转动。

主舞台上空共布置 75 道电动吊杆，18 道灯光吊杆(共 6 组，每组分左中右 3 根)，1 道 LED 大屏吊杆，2 套安全防火幕，14 套自由单点吊机，大幕、二幕、假台口等吊挂设备，供演出、装台时使用；在主舞台两侧共有 8 道侧吊杆，6 道马道吊杆，12 套侧灯光吊笼，2 道后区侧灯光吊杆；侧舞台上空各有 6 套装景吊机；后舞台上空设有 14 道后台电动吊杆续接主舞台吊杆，满足纵向布景等需要。台口外设有 1 道台口外字幕屏吊杆，22 套台口外单点吊机，可以吊挂电子显示屏和其他宣传条幅、装饰物，搭建各种艺术造型。

歌剧厅舞台机械设备配置种类、数量、技术参数要求请参阅技术参数表。台下平面布置图、台上平面布置图、纵剖面布置图、横剖面布置图请参阅竣工图。

设备核心部件如电机、减速器、制动器等均采用国际知名品牌产品。

机械设备配置高档：所有设备均选用国际知名品牌产品。

- 驱动电动机均采用德国 NORD 品牌产品；
- 齿轮箱采用德国 NORD 品牌产品；
- 制动器采用德国 Mayr 舞台专用低噪音制动器。

安全辅助可靠：各种安全辅助设备，保障设备在任何时候安全运行。

➢ 升降台均设置电动辅助驱动装置，保证设备在紧急情况下仍能回到安全位置；

➢ 升降台及其周边舞台等可能会发生剪切危险的地方均装备防剪切保护装置。

控制系统选用顶级品牌，德国 BBH INTECON 控制系统，一个全面解决舞台技术设备控制的方案。

➢ 安全级别高：采用了 DIN EN 61508，INTECON 的控制系统，该系统被认证为符合欧洲安全度等级 3(SIL 3)，具备了从结构、组件及软件方面所有必需的安全证书；

➢ 使用性、可靠性高：统一的模块化设计、经过检验的标准工业组件，中央计算机、数据库、网络、操作台、轴控计算机等全部冗余处理，即使在个别组件发生故障时，INTECON 也能保证系统的功能完整性；

➢ 高速传输双回路网络：主控制器与轴控制器及 PLC 系统间通信采用冗余 100M 双回路以太网，实现安全且最高的数据传输速度；

➢ 扩展性强：连接的操作台和轴控制器的数量可扩展，服务器层面允许兼容外部的控制系统；

➢ 人机界面友好：INTECON 操作界面结构清晰，不同视图之间可以随意切换，能以最佳视角观察当前的进程；剧目编辑、操作设备，简单易学；标准化的语言选择功能，提供中、德、英等几种语言界面；

➢ 远程维护：INTECON 配备了远程维护和诊断系统。当用户求助时，BBH 专家可以通过对日志的在线评估快速作出正确的决定。防火墙和密码为系统提供了保护。

4.2.2 歌剧厅舞台机械亮点

(1) 规模超大。设备总数量超过国家大剧院歌剧院，台下设备配置基本相当，台上吊杆数量为 125 道，吊笼 12 套，单点吊机 36 套，为国内之首。

(2) 主舞台台口尺寸(18.4 m×12 m)、观众厅上方流线型多曲面扩散造型设计(GRG)，确立了专业剧场和适当兼顾大型会议的设计定位。台口内侧三面布光可满足舞台前区用光的要求。

(3) 主舞台区进深可根据剧情需要调整，主舞台区为 24.4 m，打开后区防火幕，主舞台表演区可延伸至 34.4 m，且后区设有大型 LED 屏，可大大提高现场演出和电视拍摄的纵深效果。虽然后天桥处建筑有一断点，但已通过天桥下方设置吊(灯)杆续接。该主表演区进深为国内歌剧院之最。

(4) 乐池 1 为单层台，乐池 2 为双层台，可灵活实现大中小乐池的转换，乐池面积达 130 m^2，超过了国家大剧院歌剧院乐池的面积。

乐池栏杆不同于常规剧场，其端部由若干直线段组成的曲面，乐池合围区满足澳大利亚马歇尔戴声学顾问的设计要求。

(5) 自主创新技术——刚性齿条链在乐池升降台这类浅基坑、大行程设备的完美运用，为剧场保持世界领先水平奠定了坚实的基础，助长了民族工业和智慧，该乐池升降行程达到了 7.5 m。

(6) 简洁、美观、单级升降的铝合金演员小车能适应主舞台升降台 5 m 的层高，大行程、快速运送演员，且可以 2 台合并同步升降。

(7) 24 m 宽的存贮升降台多层设计，能存贮超宽、大件软景，为剧院管理和演出带来

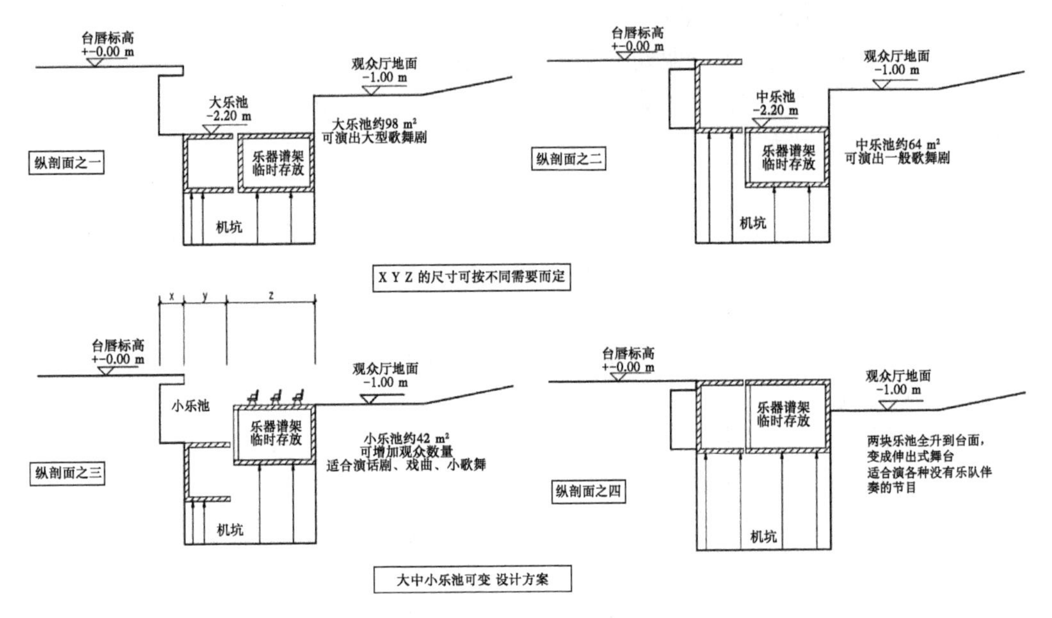

图 4-3　歌剧厅乐池剖面图

方便。

(8) 自主创新的剧院气垫搬运技术用在乐池座椅台车上,为操作者提供了方便和轻松,使台车区域环境整洁,克服了常规机械推移的不足,减少了机械污染。

(9) 充分考虑剧院设备静音设计,最大限度地满足声学设计的要求。主要措施有:减震设计;选用优质传动部件;台上设备机房与主舞台区隔离;选用舞台专用低噪音制动器,人耳贴近制动器时制动器的动作声音几乎无法察觉。

(10) 采用德国 BBH INTECON 控制系统,达到欧洲高等级安全标准 SIL3;双回路以太网,快速实时的数据传输;配置各类操作台、多个操作插口,可在任意点轻松、可视操作;配备了远程维护和诊断系统。

图 4-4　歌剧厅栅顶卷扬机房

4.2.3　歌剧厅实景和设备布置图

1. 歌剧厅实景(图 4-5～图 4-8)

图 4-5　歌剧厅实景图 1

图 4-6　歌剧厅实景图 2

图 4-7　歌剧厅实景图 3

图 4-8　歌剧厅实景图 4

2. 歌剧厅设备布置图(图 4-9～图 4-11)

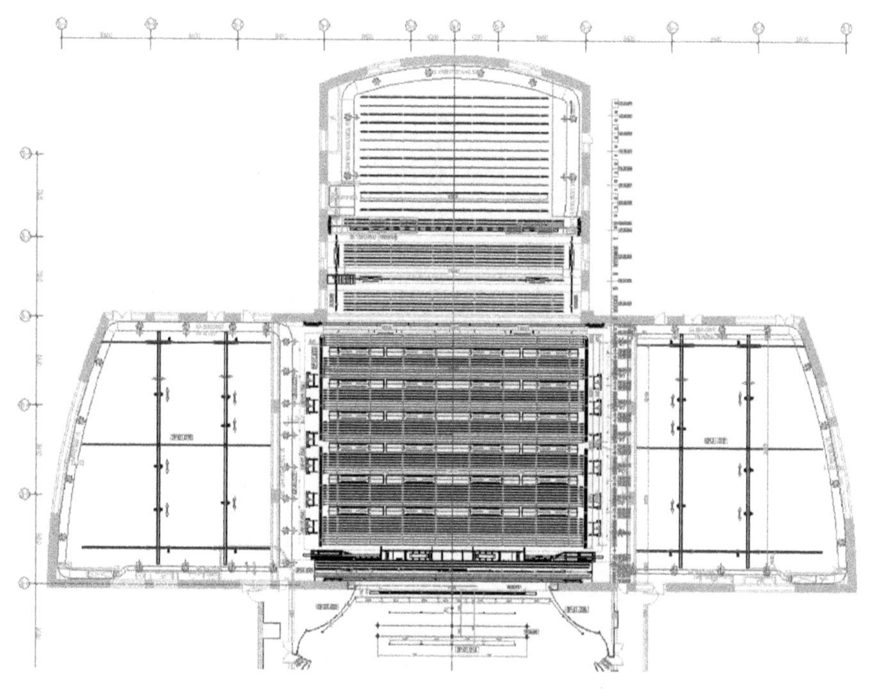

图 4-9　台上设备平面布置图

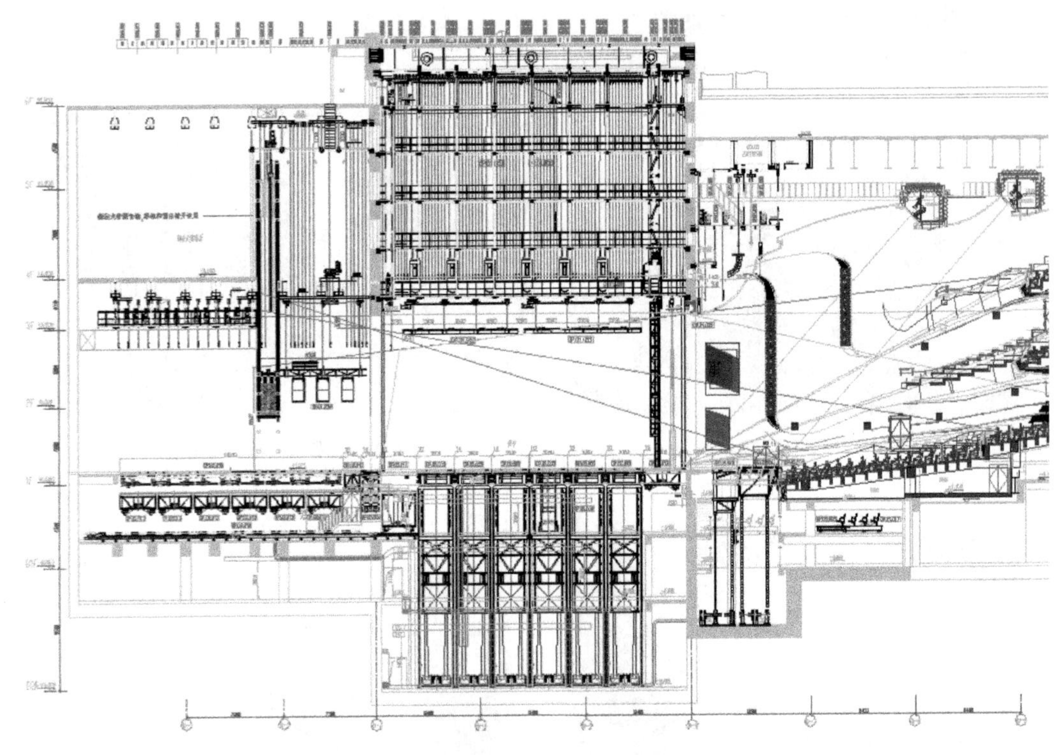

图 4-10　设备纵剖面布置图

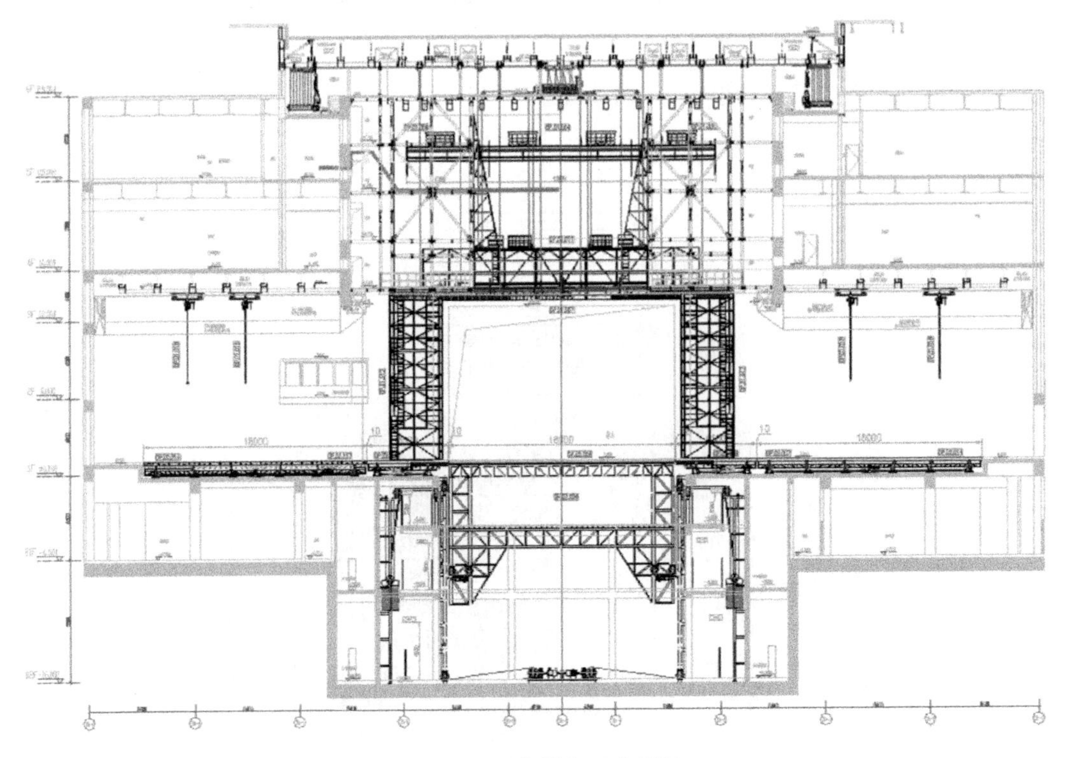

图 4-11　设备横剖面布置图

4.2.4 台上设备的功能和结构组成

表 4-1 台上设备配置清单

名称	数量	驱动类型	尺寸(m)			有效载荷(kN)	吊点数量	速度(m/s)
			宽度	深度	高度			
主舞台吊杆	67	钢丝绳卷扬型	24.0	—	—	7.5	8	0.01～1.5
台口吊杆	3	钢丝绳卷扬型	26.2	—	—	7.5	8	0.01～1.5
侧吊杆	8	钢丝绳卷扬型	9.35	—	—	5.0	4	0.01～1.5
灯光吊杆-内杆	6	钢丝绳卷扬型	12.9	0.9	2.375	9.0	8	0.01～0.3
灯光吊杆-外杆(右侧)	6	钢丝绳卷扬型	5.35	0.9	2.375	3.0	4	0.01～0.3
灯光吊杆-外杆(左侧)	6	钢丝绳卷扬型	5.35	0.9	2.375	3.0	4	0.01～0.3
大幕机(水平)	1	钢丝绳卷扬型	26.3	—	—	6.5	1	0.01～1.5
大幕机(垂直)	1	钢丝绳卷扬型				6.5	8	0.01～1.5
二道幕机构	2	钢丝绳卷扬型	24.0	—	—	3.0	—	0.01～1.5
吊点可移动的单点吊机	14	钢丝绳卷扬型	—	—	—	2.5	1	0.01～1.5
单点吊小车	18	手动	2.87	1.0	—	2.5	—	—
假台口上片	1	钢丝绳卷扬型	13.9	0.95	2.8	18.0	12	0.10
假台口侧片	2	齿轮齿条驱动/适当的驱动	4.2	1.0	12.9	8.5	—	0.10
幕布护套	2	覆盖钢结构	2.3	1.515	28.2			
侧灯光吊笼 (垂直驱动)	12	钢丝绳卷扬型	1.0	0.58	15.4	4.5	2	0.01～0.2
侧灯光吊笼(水平驱动)	12	齿轮齿条驱动/适当的驱动	1.0	0.58	15.4	4.5	—	0.10
LED 屏吊杆	1	钢丝绳卷扬型	20.0	0.3	10.5	100.0	8	0.01～0.3
后台电动吊杆(500 kg)	11	钢丝绳卷扬型	18.0	—	—	5.0	6	0.01～0.5
后台电动吊杆(750 kg)	3	钢丝绳卷扬型	18.0	—	—	7.5	6	0.01～0.5
侧台装景行车	12	链式吊机	—	—	—	500	1	0.2
台唇单点吊机	10	钢丝绳卷扬型	—	—	—	2.5	1	0.01～0.5
台唇链式吊机	2	链式吊机	—	—	—	10.0	1	0.01～0.1
台唇吊杆	1	钢丝绳卷扬型	14	—	—	7.5	5	0.01～0.5
侧马道吊杆	4	空心轴卷扬型	9.3	—	—	7.5	4	0.01～0.5

1. 主舞台吊杆

1）使用功能

吊杆是设置在舞台或演出场地上空，以单杆或桁架悬挂幕布及景物升降的设备。主要用于吊挂景片、幕布、灯具、演出用特效设备，以及二道幕机等。是舞台上必备、也是使用最频繁的设备。

电动吊杆用电动机作为动力驱动，根据其驱动方式又分为电动卷扬式吊杆与电动曳引式吊杆。电动卷扬式吊杆的卷扬机有卧式电动卷扬机与立式电动卷扬机。电动卷扬式吊杆具有承载大、运行速度快、停位准确、操作人员少、人员劳动强度低、易于维护保养等优点，在国内剧场中得到了广泛应用。电动曳引式吊杆具有承载大、运行速度快、操作人员少、人员劳动强度低等优点，并且通过平衡重抵消部分载荷，可降低电动机的功率，但维护保养相对复杂，在国内剧场中有一些应用。

江苏大剧院采用电动卷扬方式(图 4-12，图 4-13)。卷扬机采用德国 NORD 系列集成驱动，性能优异。整个卷扬机结构紧凑，布局合理，维修、维护便利。

升降电机中采用德国 NORD 低噪音双制动器，确保制动可靠，使用噪音低；同时设有限位开关、行程检测系统、过载保护装置、松绳检测系统等安全保护装置。

采用德国 TR 绝对值/增量二合一的编码器进行运行控制，信号可靠性远高于采用两个独立的编码器，配合瓦格纳比罗公司的轴控制器，使整套设备获得最佳的速度和定位的准确性，并使系统的位置信息更加安全。

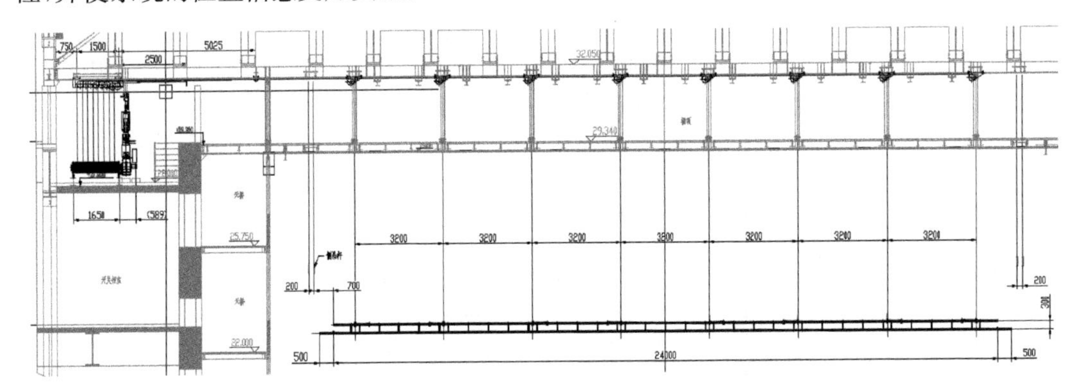

图 4-12　歌剧厅吊杆剖面图

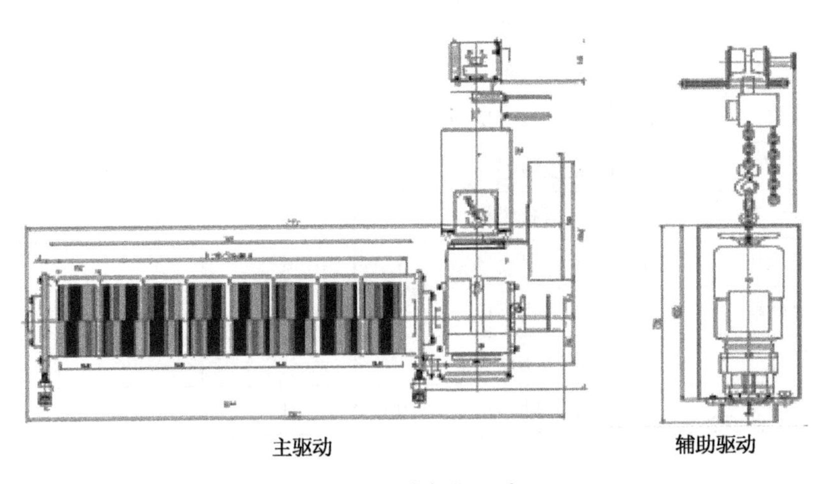

图 4-13　卷扬机驱动

吊杆杆体端部设置可伸缩杆，并配有锁紧螺栓，保证杆体调整到位后可以牢固固定。这里锁紧螺栓和伸缩杆体都被设计成与主杆体不能分离的形式，从根本上避免了由于伸缩杆而产生的高空坠物的风险。

制动器带手动释放功能，同时配有机电式紧急驱动装置，当停电或出现故障时可以使用机电式紧急驱动操作，安全方便。

在吊杆和钢丝绳之间配有水平调节装置，可以很方便地调整吊杆的水平。

可以几台同步组合运行，也可以与其他设备进行编组运行。

能实现全行程范围内的位置、速度控制。

吊杆间的间距为 250 mm。

所有主舞台吊杆驱动用钢丝绳卷扬机组安装在舞台栅顶两侧的卷扬机房内。

主舞台吊杆的杆体为长 24 m，直径 ϕ48 的无缝钢管焊接而成的桁架结构，两端配有能伸长 0.5 m 的伸缩杆。

配有辅助驱动装置，专用于主驱动电机出现故障时使用。

2）结构组成

主舞台吊杆由杆体、钢丝绳及其附件、吊点滑轮组、拐角滑轮、钢丝绳卷扬机组、辅助驱动装置、限位机构、松绳机构等部分组成。

2. 台口吊杆

1）使用功能

台口吊杆，位于台口墙和假台口之间，1 道在大幕前侧，2 道在大幕后侧，与舞台横轴平行布置，用于悬挂前瞻幕、会标幕和纱幕等，提示主题内容、修饰台口上沿或改变台口高度，可短时隔离表演区与观众区。

可以几台同步组合运行，也可以与其他设备进行编组运行。

能实现全行程范围内的位置、速度控制。

吊杆间的间距为 250 mm。

所有吊杆驱动用钢丝绳卷扬机组安装在舞台栅顶两侧的卷扬机房内。

台口吊杆的杆体为长 26.2 m，直径 ϕ48 的无缝钢管焊接而成的桁架结构，两端配有可上下滑移的导向装置。

配有辅助驱动装置，专用于主驱动电机出现故障时使用。

2）结构组成

台口吊杆由杆体、钢丝绳及其附件、吊点滑轮组、拐角滑轮、钢丝绳卷扬机组、辅助驱动装置(与主舞台吊杆共用)、导向装置、限位机构、松绳机构等部分组成。与主舞台吊杆相比，仅增加了导向装置。

导向装置：导轨位于台口两侧，不被观众看到，确保安全控制吊杆运行。2 根导轨安装在位于舞台面以上 3.50 m 和栅顶之间。导向系统的设计满足相关声学要求。导轨末端将配备锥形开口，将幕布轨道导入导轨中。如果在舞台面高 3.50 m 的下方驱动台口吊杆时吊杆不再被引导，控制系统将升降速度自动减为 0.25 m/s。

3. 侧吊杆

1）使用功能

主舞台侧吊杆(图 4-14)，成对安装，与舞台纵轴平行，位于主舞台吊杆和侧灯光吊笼之间。用于舞台侧面布景，吊挂 LED 屏，或与天幕一起形成帷幕等，营造特殊的舞台演出效果。

可以几台同步组合运行，也可以与其他设备进行编组运行。

能实现全行程范围内的位置、速度控制。

吊杆间的间距为 200 mm。

所有吊杆驱动用钢丝绳卷扬机组安装在舞台栅顶两侧的卷扬机房内。

吊杆的杆体为长 9.35 m，直径 ϕ48 的无缝钢管焊接而成的桁架结构。

配有辅助驱动装置，专用于主驱动电机出现故障时使用。

2) 结构组成

侧吊杆由杆体、钢丝绳及其附件、吊点滑轮组、拐角滑轮、钢丝绳卷扬机组、辅助驱动装置(与主舞台吊杆共用)、限位机构、松绳机构等部分组成。

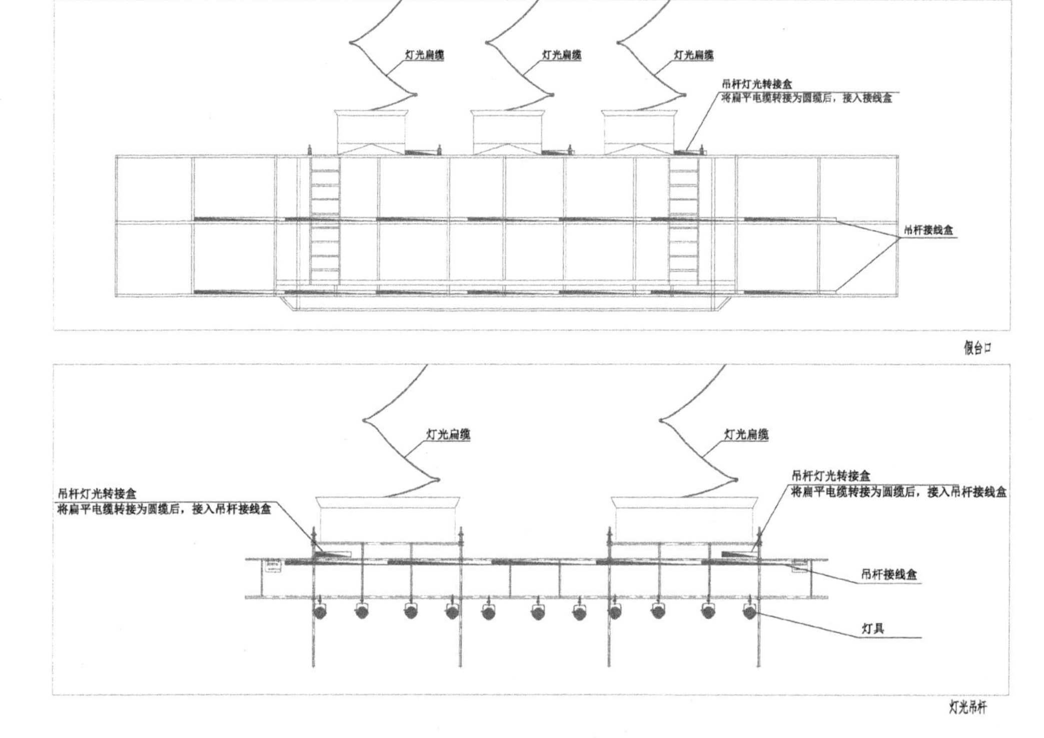

图 4-14　侧吊杆结构图

4. 灯光吊杆——内杆、右侧外杆、左侧外杆

1) 使用功能

灯光吊杆(图 4-15)设置在舞台上空用来悬挂灯具的桁架型升降设备。备有为灯具供电和控制的电缆收放装置。灯光吊杆的驱动系统为卷扬机，与景物吊杆卷扬机一样，具有完备的防护装置。转角滑轮、顶滑轮、钢丝绳及索具构成了承载设备。安装灯具的桁架式吊杆、灯具保护装置和电缆收放装置组成了承载件。

灯光吊杆分为左、中、右三段。灯光吊杆位于主舞台上方，平行于舞台横轴。每个灯光吊杆驱动由两台卷扬机组成，悬吊灯光吊杆。

灯光吊杆的卷扬机是一个紧凑的单元，各个必要部件都合理地布置在卷扬机架中，整体结构稳固。

可以几台同步组合运行，也可以与其他设备进行编组运行。

能实现全行程范围内的位置、速度控制。

灯光吊杆与相邻电动吊杆的间距为 625 mm。

所有灯光吊杆驱动用钢丝绳卷扬机组安装在舞台栅顶两侧的卷扬机房内。

灯光吊杆的主杆杆体为直径 φ48 的无缝钢管，考虑承重和布线，截面为三角形桁架结构，并配有护灯杆。

配有辅助驱动装置，专用于主驱动电机出现故障时使用。

2）结构组成

每个灯架包含 2 个 O 形管作为聚光灯保护装置，与其他钢管连接作为舞台灯光设备支撑结构，它们位于灯光吊杆吊点下方。O 形管内部包含两个聚光灯位置：在 O 形管下部提供水平钢管用于悬挂聚光灯，在距离 O 形管下沿 1 300 mm 处，用管夹固定在支撑型钢上。在下部管上方约 700 mm 处提供另两个用管夹固定的水平聚光灯管，两个聚光灯管都是外径 50 mm 的钢管。

灯杆吊杆分为左、中、右三段各设一个收线框，收线筐固定在上部支撑结构，以适应上方灵活的扁平电缆。这些收线筐做成带有金属格栅盖子的型钢框架结构，大小约为2.95 m长、0.47 m 宽和 0.83 m 高。收线筐上沿有一个圆锥形开口。收线筐底盘中心有一个大约150 mm 的突起部分。收线筐底部一侧有一个开口用于扁平电缆出线。收线筐的结构将确保扁平电缆在整个行程中安全地入筐，也就是确保扁平电缆不会掉出收线筐

灯光吊杆由杆体、钢丝绳及其附件、吊点滑轮组、拐角滑轮、钢丝绳卷扬机组、辅助驱动装置、限位机构、松绳机构等部分组成。内侧灯杆配有 1 台辅助驱动，外侧灯杆在左右卷扬机房各配置 1 台。

3）技术参数(见表 4-2)

表 4-2　灯光吊杆技术参数

灯杆名称	内杆	右侧外杆	左侧外杆
杆体长度(m)	12.9	5.35	5.35
有效荷载(kN)	9	3	3
升降行程(m)	24	24	24
升降速度(m/s)	0.01～0.3	0.01～0.3	0.01～0.3
电机功率(kW)	5.5/辅驱 0.37	2.2/辅驱 0.12	2.2/辅驱 0.12

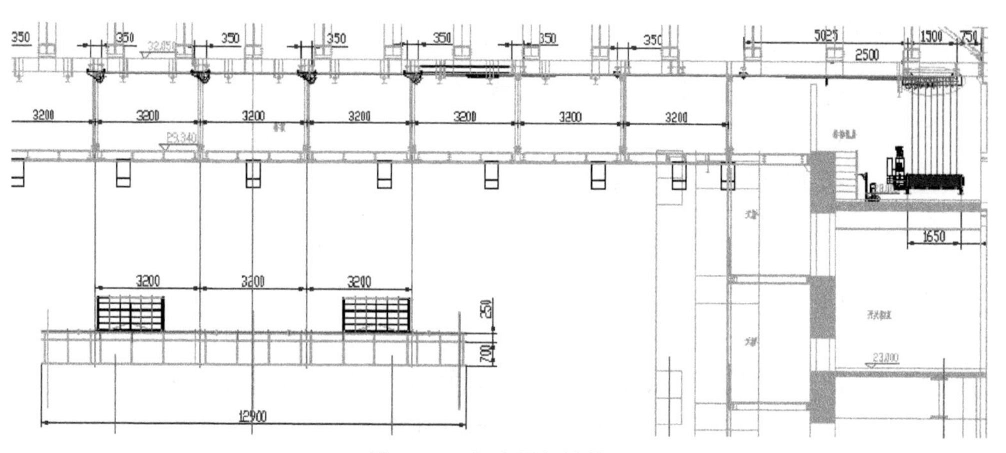

图 4-15　灯光吊杆结构图

5. 大幕机

1）使用功能

大幕机（图 4-16）位于台口位置，会标吊杆之后、假台口之前，与舞台横轴平行，牵引大幕启闭运动的机械设备。根据运动方式的不同可有对开、升降、斜拉等基本运动形式，并可组合成复合运动。如对开式大幕机、升降对开式大幕机、三功能大幕机等。

在镜框式舞台的剧场里，大幕有分隔舞台与观众席、遮光、隔声的作用，大幕的装饰功能、特别是斜拉幕的装饰功能，往往能使剧场更加辉煌壮丽，大幕也成为剧场的亮点。大幕经常的使用方式是：剧目开演，大幕打开；演出结束，大幕关闭。在多幕话剧演出中，大幕要在每幕演出结束时关闭，下幕演出开始时打开。大幕机是剧场最重要的机械设备之一，通常由舞台监督指挥与控制。

2）结构组成

大幕机由两套独立的驱动机构分别执行对开、升降两个动作。主要由下列构件组成：钢结构桁架、对开幕导轨、升降导向装置、均匀收缩机构和电缆收放装置；对开牵引装置包括电动机、减速器、牵引钢丝绳和小车等；提升卷扬装置包括电动机、减速器、双制动器和卷筒、各种滑轮和钢丝绳组件、限位机构、松绳机构、电气控制系统等。

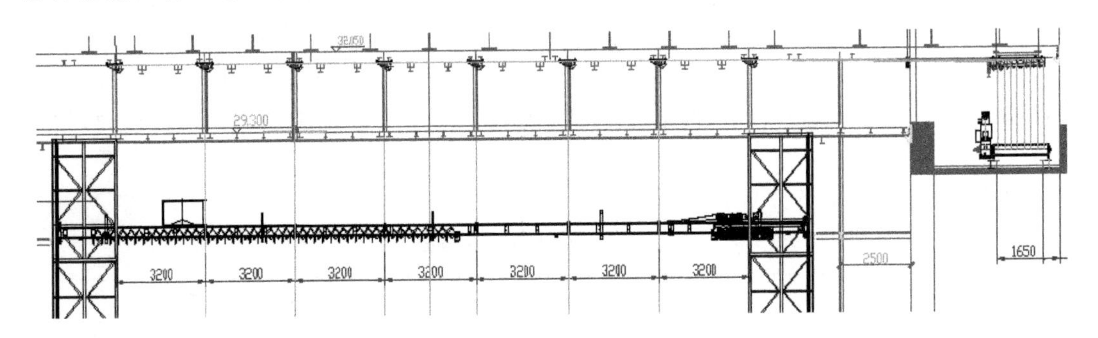

图 4-16　大幕机结构图

对开式大幕机原理如图 4-17 所示。

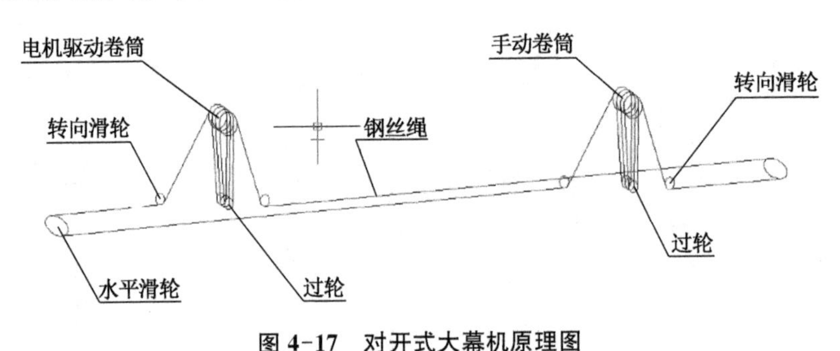

图 4-17　对开式大幕机原理图

6. 二道幕机构

1）使用功能

二道幕机（图 4-18）是牵引幕布作启闭运动的机械设备，具有对开开启、关闭（希腊式）的功能。二道幕的位置是灵活的，可根据需要吊挂在任一吊杆上，可根据需要在使用前更换，可将舞台分隔成不同的演出区域或作为幕布使用，传动采用摩擦轮驱动、小车牵引对开机构。可适合不同种类演出的需要，使用时可利用吊杆下降到工作位置，水平对开、关闭；当不需要二道幕时，将二幕机升起。

2）结构组成

对开二道幕机由钢桁架、导轨、驱动装置、对开牵引装置、电缆收纳装置、张紧装置、电气系统等组成。对开牵引装置包括滑轮组件、钢丝绳和配件等。

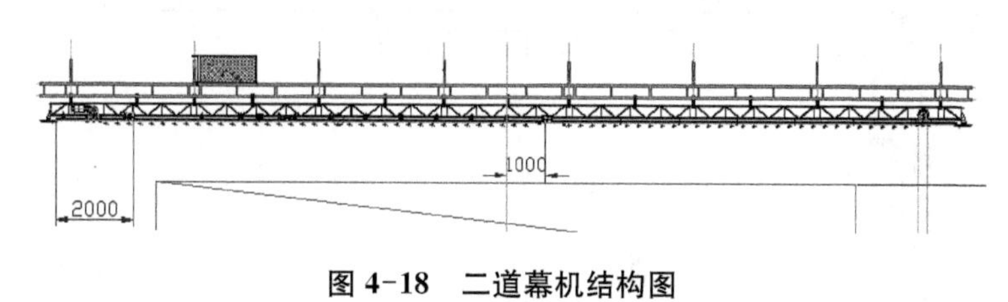

图 4-18 二道幕机结构图

7. 吊点可移动的单点吊机和单点吊小车

1）使用功能

这是一种单点吊机组合运用的形式，将几个单点吊机的吊点安装于平行于台口的轨道上，可以沿轨道运动并停留在轨道的不同位置。常用于悬吊大型布景或装置的歌剧院，而这些布景或装置又不是均质的，调整吊点的位置可以使悬吊梁的受力均匀；也可以在各单个吊点上悬吊不同的物品。轨道式单点吊机组在栅顶上布置。

驱动安装位置：驱动沿着台塔后墙处栅顶上安装。

钢丝绳路径：卷扬机上钢丝绳将能从一个固定点的所有方向向外输出。此要求将通过几个转向滑轮实现。第一个转向滑轮将牢固安装在滑轮结构层单点吊机结构上方，将钢丝绳从单点吊机卷扬机向上带到位于滑轮结构层的一个可移动、可倾斜、可转动的滑轮上。通过另一个完全相同的滑轮，将钢丝绳引向单点吊小车。

转向滑轮：所有转向滑轮的操作均可以无需工具，特别是设计所有发生载荷加上过载的情况下，在既定位置锁定可移动滑轮的系统。对于固定到滑轨上的可移动滑轮，该锁定系统通过带有与滑轨配套的钻孔的扁钢完成。滑轮本身装有弹簧承载钢针插入到钻孔中。2 个钻孔的间距约 0.15 m。

载荷悬挂部件：重锤将按照文中指定的载荷设计，将有足够的自重确保钢丝绳拉紧。重锤将易于从格栅和单点吊小车中拉动，而不要工具拆卸结构部件。重锤将用黑色亚光漆上漆并且贴有吊机编码的标识，标识的字体将足够大。重锤将有足够的自重以保持钢丝绳的拉紧状态。

每个卷扬机的机械结构：单点吊机卷扬机将设计为紧凑单元。所有必要部件将确保总体结构稳固。卷扬机通过使用橡胶金属元件安装在结构内防止震动。包含卷扬机的结构成组排列，栅顶后墙处安装 7 个双组。这样 2 排垂直钢丝绳之间的每个通道有 2 台单点吊机。

卷绳装置：吊机将有一个可移动的转向滑轮单元以保证钢丝绳以最佳角度沿卷扬机水平安装位置绕到卷筒上。这个单元将平行于卷筒的水平位置并沿导轨移动。另外还将配有一个驱动装置，用于将卷筒的旋转运行转化为转向轮的纵向移动。连接将保证卷筒输出点、可移动滑轮、第二个滑轮输入点对于卷筒轴垂直线组成一个不大于 0.01°的角度。

2）结构组成

具体由下述部分组成：吊点可移动的单点吊机（图 4-19）由钢丝绳卷扬机组、可偏摆移动的转向滑轮、滑轮锁止器、辅助驱动、钢丝绳托轮、钢丝绳组件、重锤组件、限位机构、松绳机构等组成。单点吊小车由移动小车、左右滑轨、转动滑轮架、转向滑轮组件、小车锁止机构等组成。

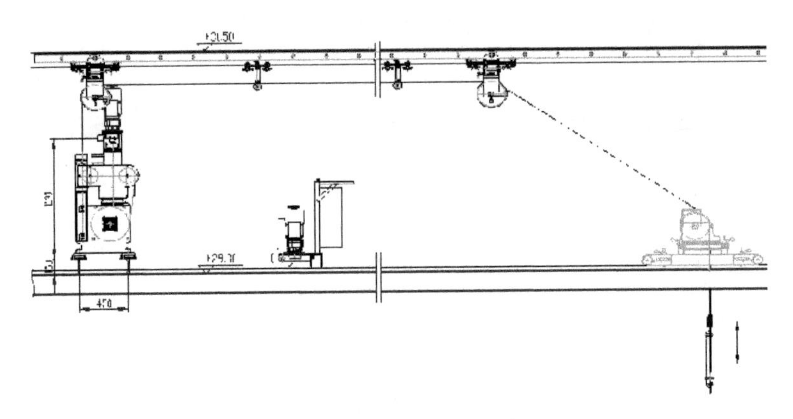

图 4-19　可移动的单点吊机结构图

3）技术参数（见表 4-3）

表 4-3　单点吊机及吊小车的技术参数

设备名称	吊点可移动的单点吊机	单点吊小车
行程	最远端升降 28.8 m	水平约 20 m
速度	0.01～1.5 m/s	—
有效载荷	2.5 kN	2.5 kN
电机功率	5.5 kW	手动

8. 假台口上片和假台口侧片

1）使用功能

假台口设置于舞台台口的内侧，由一片上下升降的上片和两片左右移动的侧片组成。通过改变上片和侧片的位置，可以调整舞台台口的大小。面向舞台内侧的钢架上可悬挂灯具，是主要的灯具载体。

（1）假台口上片

① 假台口上片结构：包括一个型钢支撑的单层框架。除了面对舞台的一侧，结构的尺寸将足够承受此处的载荷，并使用足够的对角线支撑加固。在面对舞台的一侧，框架将配备 2 个钢管制成的防护装置用以保护聚光灯。作为行走面的钢板表面上将覆盖黑色橡胶衬里用于隔音，不带镶面挡板的边缘将安装扁钢踢脚板，高度比小于 100 mm。

② 栏杆和聚光灯悬挂：面对舞台的一侧，沿上片的整个长度上都将安装栏杆。栏杆入手扶手为 50 mm 外径的钢管，也可用于悬挂灯具。扶手栏杆下方将提供可移动护膝栏杆，护膝栏杆将固定到连接立柱上以防止人员的坠落。护膝栏杆的拆卸无需工具。栏杆底沿提供约 100 mm 高钢板踢脚板。另外，将提供以下管子悬吊灯具：

a. 一个外直径 50 mm 的水平钢管，在栏杆上方与栏杆距离 1 000 mm；

b. 一个外直径 50 mm 的水平钢管，与保护杆前沿距离 850 mm，在行走面下方与行走面结构底沿距离 150 mm；

c. 一个外直径 50 mm 的水平钢管，位于扶手前方 100 mm 处，与行走面距离 100 mm；

d. 将计算这些钢管、扶手及其支撑节点以承受 100 kg/m 均匀分布的载荷。所有钢管将横跨天桥整个长度。

③ 入口：通过第一层马道的码头进入假台口上片。假台口上片每层标高的入口都使用一个自闭门从舞台一侧关闭。假台口上片的每层标高都有入口能到达马道。每层标高都在两侧配备转轴门。上片和马道码头的每个门都将装备与控制系统连在一起的传感器。转门打开时假台口上片将关闭运行。

④ 收线筐：3 个收线筐将固定在上部支撑结构上以适应上方灵活的扁平电缆。这些收线筐将做成带有金属格栅盖子的型钢框架结构，大小约为 2.4 m 长、0.70 m 宽和 0.88 m 高(最终尺寸由舞台灯光制造商确定)。收线筐上沿有一个锥形开口。收线筐底盘中心有一个大约 150 mm 的突起部分。收线筐底部一侧有一个开口用于扁平电缆出料。收线筐的结构将确保扁平电缆在整个行程中安全地入筐，也就是确保扁平电缆不会掉出收线筐。

⑤ 上片导向系统：上片由合适的导轨系统沿着整个升降高度导向，导轨系统由行业标准型钢和导向部件制成。确保导向装置不被观众看见和不与假台口侧片冲突。

⑥ 驱动结构以及安装位置：电机位于假台口上片对应的栅顶上。通过 4 个卷筒上的 8 根钢丝绳悬吊。这些卷筒位置与舞台纵轴对称，直接位于假台口上片上方。卷筒通过齿轮箱激活，与铰接轴和驱动电机互联。

(2) 假台口侧片

假台口侧片位于第三台口吊杆和第一主舞台吊杆之间，与舞台横轴线平行。与假台口上片在同一条线上。假台口侧片将内置所有牵引处理器的同步控制。

① 栏杆和聚光灯悬吊：在面向舞台的一侧沿整个行走面平台长度上，所有层面都将安装栏杆。栏杆为 50 mm 外径的钢管，膝盖高处有可拆卸的 L 型钢，栏杆底沿提供约 100 mm 高的钢板踢脚板，栏杆也可用于悬挂灯具。另外，将提供以下管子悬吊灯具：

a. 提供一个外直径 50 mm 的水平钢管，设置在扶手上方与扶手距离 1 000 mm；

b. 将计算这些钢管、扶手及其支撑节点以承受 100 kg/m 均匀分布的载荷。所有钢管将横跨平台整个长度

② 导向系统：假台口侧片从第一层马道下方的滑轨上悬吊下来。由插入到舞台木地板缝隙的金属片完成侧片底端的导向。地板缝隙将有钢结构保护以确保不会损伤舞台木地板。缝隙将加盖防止落灰或落入小部件，因此盖板将带有类似刷子的装置确保金属片顺利运行。另外，要保证导向装置不被观众看到。

③ 报警装置：每个侧片入口都配有黄褐色报警指示灯，在侧片运行间歇中闪烁。

④ 侧片挡板镶面：面向观众厅的挡板，由平面结构组成，用胶合板覆盖。挡板尺寸足够大，以保证不论假台口上片和侧片在任何位置，从观众厅的视角看不到台塔。胶合板应遵照消防要求。胶合板挡板面向观众厅一侧的镶面采用织物(材质、颜色由业主方确定)，挡板的胶合板及镶面织物包含在本项的采购计算内。面向观众厅的挡板需满足本文指定的水平力 100 kg/m 的要求。

2）结构组成

假台口上片(图 4-20,图 4-21)由下述部分组成：自排绳提升卷扬装置、中片钢架、导向装置、可移动挡板、滑轮组件、松绳保护、钢丝绳组件、电缆收纳装置等。

假台口侧片(图 4-22)由下述部分组成：水平驱动装置、侧片钢架、行走轨道、齿轮齿条、行走轮组件、导向装置和电气系统等。

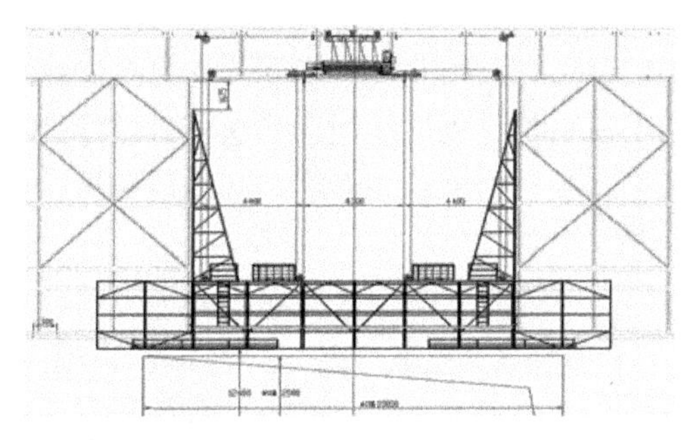

图 4-20　假台口上片结构与驱动卷扬机示意图

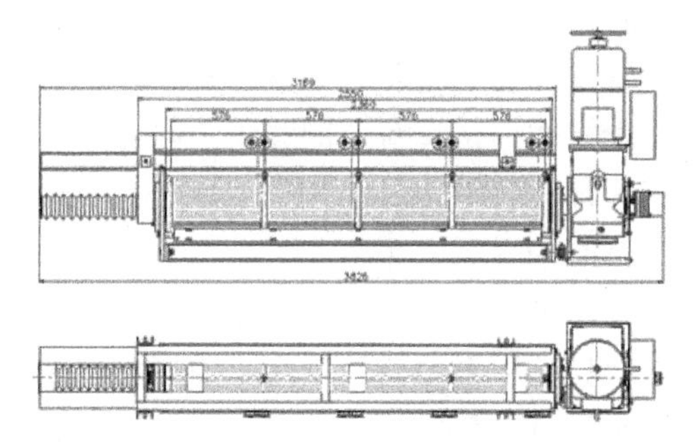

图 4-21　假台口上片结构与驱动卷扬机示意图

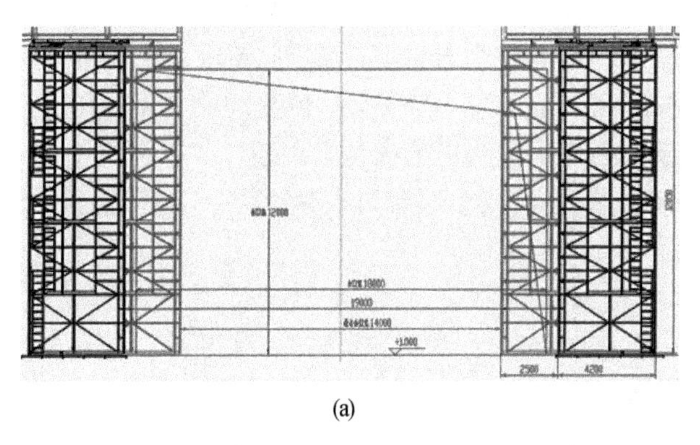

(a)

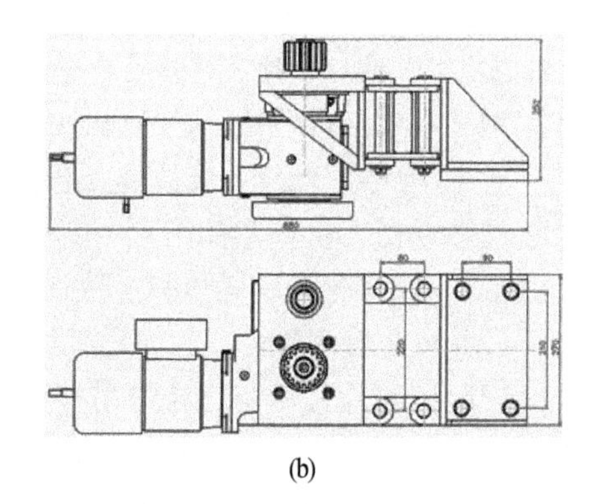

(b)

图 4-22　假台口侧片结构与驱动卷扬机示意图

9. 侧灯光吊笼

1）使用功能

侧灯光吊笼设置于主舞台两侧并于马道平行，是专用于安装舞台灯具的装置，可前后、上下移动，满足侧面灵活布光的需要。

灯光吊笼是设置在舞台两侧上空用来悬挂灯具以提供侧光并可上人操作的笼型钢架设备，备有为灯具供电和控制的电缆收放装置。灯光吊笼由吊笼及其导向钢架、提升机构、沿舞台纵深方向运动的水平行走机构、供电及控制电缆的收放系统组成，其基本运动方式有升降、平移和升降平移组合。缺点是由于灯光吊笼占据舞台宽度方向尺寸较大、吊笼高度尺寸大、导向结构不易精密处理、运动时晃动大、易损坏灯具。

2）结构组成

侧灯光吊笼(图 4-23)由灯架、提升驱动装置(包括电动机、减速器、制动器、卷筒、滑轮组件、钢丝绳和配件等)、水平驱动装置(包括电动机、减速器、制动器、齿轮齿条等)、基础架体、导向钢架和控制系统、保护装置(包括限位开关、松绳保护、过载保护等)、灯光电缆收线装置等组成。升降驱动装置、水平驱动装置有各自独立的传动装置和导向装置。

升降驱动装置设置在钢架的顶部，通过钢丝绳卷扬系统可以带动灯架沿导向钢架上升、下降运行。

钢结构包括两个钢架结构，一个可以装入到另一个里。外部钢架可以适应侧灯光吊笼驱动设备的水平和垂直移动。内部钢架悬挂在钢丝绳上。内部钢架设计为 3 维梯架结构，面向舞台的一侧装有钢管悬挂灯具。聚光灯钢管之间的垂直距离 0.5 m，钢管外径 50 mm。每隔一根钢管都是可以移动的。内部钢架装有 2 个保护钢环管保护聚光灯。钢结构的设计提供爬梯并便于装卸灯具。

收线筐：一个收线筐固定在内部钢架的上部支撑结构上，用来收集上部的灵活扁平电缆。这些收线筐做成带有金属格栅盖子的型钢框架结构，大小约为 0.9 m 长、0.4 m 宽和1.50 m高(最终尺寸一般由舞台灯光承包商确定)。收线筐上沿有一个圆锥形开口。收线筐底盘中心有一个大约 150 mm 的突起部分。收线筐底部一侧有一个开口用于扁平电缆出料。收线筐的结构确保扁平电缆在整个行程中安全地入筐，也就是确保扁平电缆不会掉出收线筐。

导向系统：在第一层马道上使用的是由行业标准型钢和导向元件制成的导向系统，导向侧灯光吊笼的外部钢架。内部钢架在外部钢架内，由行业标准型钢和导向元件制成的导轨系统导向。内部钢架下降时，导向系统可调，并保证侧灯光吊笼在载荷下可控、安全运行。

电源系统：为驱动电机提供适合的电源系统。

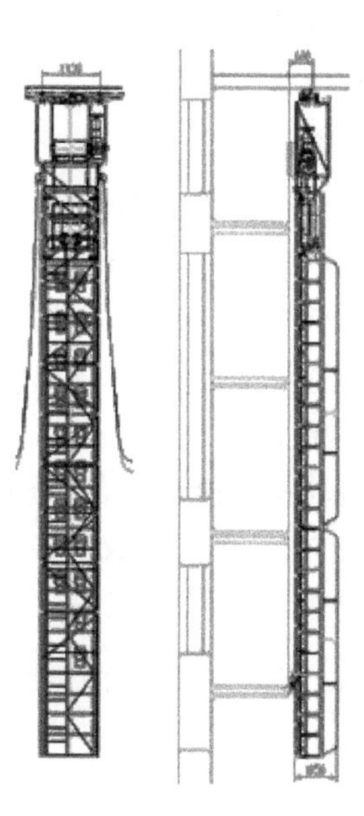

图 4-23 侧灯光吊笼

10. LED 屏吊杆

1) 使用功能

LED 屏吊杆(图 4-24)位于舞台后方，平行于舞台台口，用于悬挂大型 LED 屏，为演出提供优美精致的背景效果。

可以与其他设备进行编组运行，实现全行程范围内的位置、速度控制。

吊杆的驱动装置安装在舞台栅顶上，配有辅助手轮，专用于主电机出现故障时使用，吊杆杆体是能承载大屏自重并保证大屏不产生变形的钢结构桁架。

2）结构组成

LED 屏吊杆由钢结构桁架、钢丝绳及其附件、吊点滑轮组、自排绳钢丝绳卷扬机组、配重系统、配重滑轮、限位机构、松绳机构等部分组成。

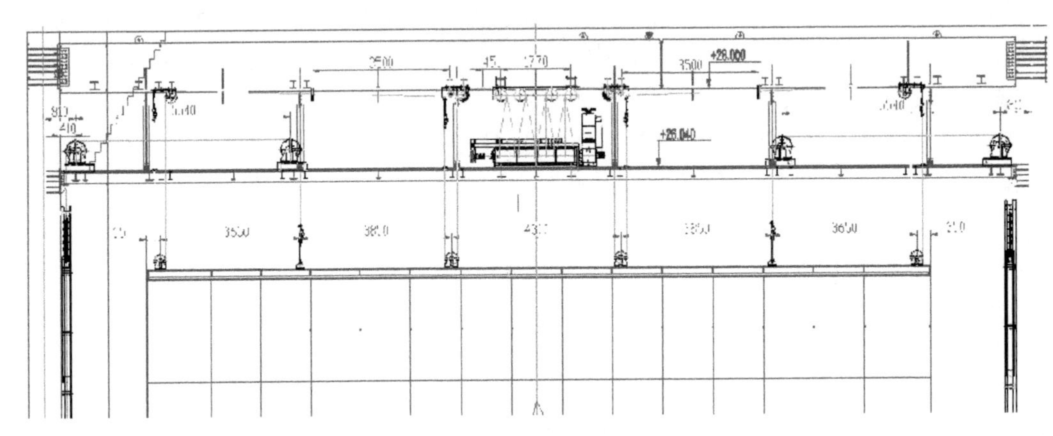

图 4-24　LED 屏吊杆

11. 后台电动吊杆

1）使用功能

后台电动吊杆(图 4-25)位于后舞台上方，平行于舞台横轴，用于吊挂或存贮一些高度不大的景片或幕布，可参与演出，营造舞台纵深效果。

可以几台同步组合运行，也可以与其他设备进行编组运行。

能实现全行程范围内的位置、速度控制。

吊杆间的间距为 820 mm。

所有吊杆驱动用钢丝绳卷扬机组安装在后舞台侧天桥上。吊杆的杆体为长 18 m，直径 ϕ48 的无缝钢管焊接而成的桁架结构，配有辅助手轮，专用于主电机出现故障时使用。

2）结构组成

后台电动吊杆由杆体、钢丝绳及其附件、吊点滑轮组、拐角滑轮、钢丝绳卷扬机组、限位机构、松绳机构等部分组成。

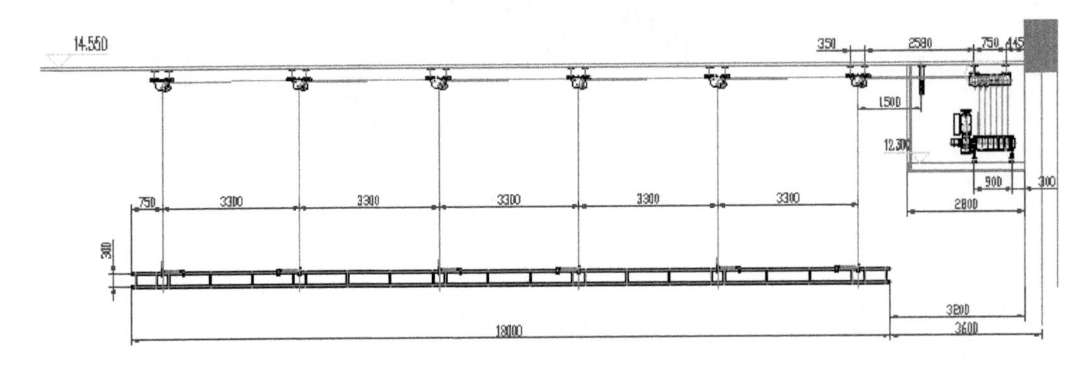

图 4-25　后台电动吊杆剖面图

3）技术参数(见表 4-4)

表 4-4 后台电动吊杆技术参数

设备名称	后台电动吊杆(500 kg)	后台电动吊杆 (750 kg)
杆体长度(m)	18	18
有效荷载(kN)	5	7.5
升降行程(m)	12.5	12.5
升降速度(m/s)	0.01～0.5	0.01～0.5
电机功率(kW)	4	7.5

12. 台唇单点吊机

1）使用功能

台唇单点吊机(图 4-26)位于乐池上方观众席吊顶内，固定位置安装，通过装修面局部开孔设置两排 10 个和沿台口 12 个悬吊点，吊点平时位于吊顶内，使用时放下参与演出或用于在台唇上方悬挂铝制桁架，桁架用于悬挂灯光设备。

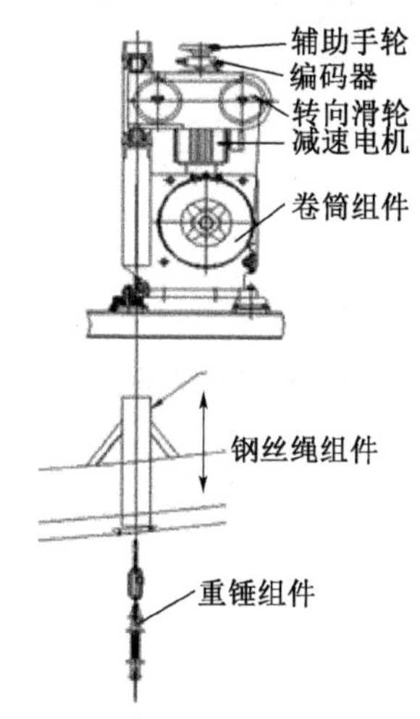

图 4-26 台唇单点吊机

2）结构组成

台唇单点吊机主要由卷筒组件、减速电机、转向滑轮组件、钢丝绳组件、限位装置(同电动吊杆)、带重锤的吊钩、防松绳机构等组成。

13. 台唇链式吊机

1）使用功能

台唇链式吊机(图 4-27)位于乐池上方观众席吊顶内，有一个固定位置，用于悬吊不同技术设备(例如：客座演出团体的设备)或扬声器。

2）结构组成

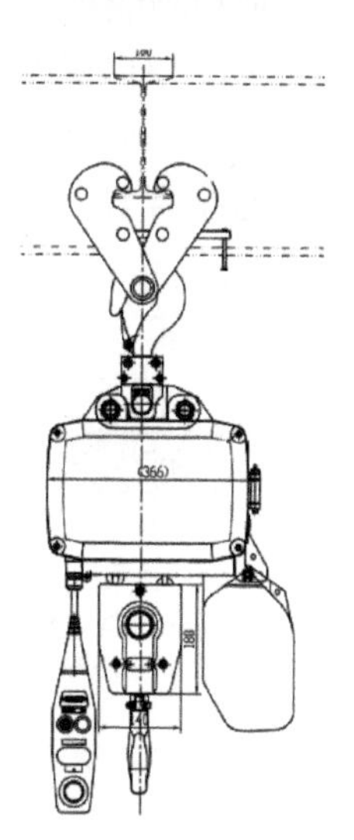

图 4-27 台唇链式吊机

台唇链式吊机主要由吊点梁、钳形夹、环链电动葫芦、电气操作系统等组成。

每个链式吊机配有单独的一个控制系统和一个控制台。所有功能通过控制台可控。控制台装有一个紧急断电按钮并从驱动装置上悬吊下来。电缆装有适当的张力消除，包括一个由加固的、不易燃的塑料制成的抗震的盒子，它是抗腐蚀、耐油脂、燃料和抗碱。

14. 台唇吊杆

1）使用功能

台唇吊杆（图 4-28）位于台唇上方，平行于舞台横轴，用于悬吊字幕屏。平时收藏在装饰顶棚的槽内。

吊杆驱动用钢丝绳卷扬机安装在顶棚上方的钢平台上。吊杆的杆体为长 14 m，直径 ϕ48 的无缝钢管焊接而成的桁架结构，配有辅助手轮，专用于主电机出现故障时使用。

2）结构组成

台唇吊杆由杆体、钢丝绳及其附件、吊点滑轮组、拐角滑轮、钢丝绳卷扬机组、限位机构、松绳机构等部分组成。

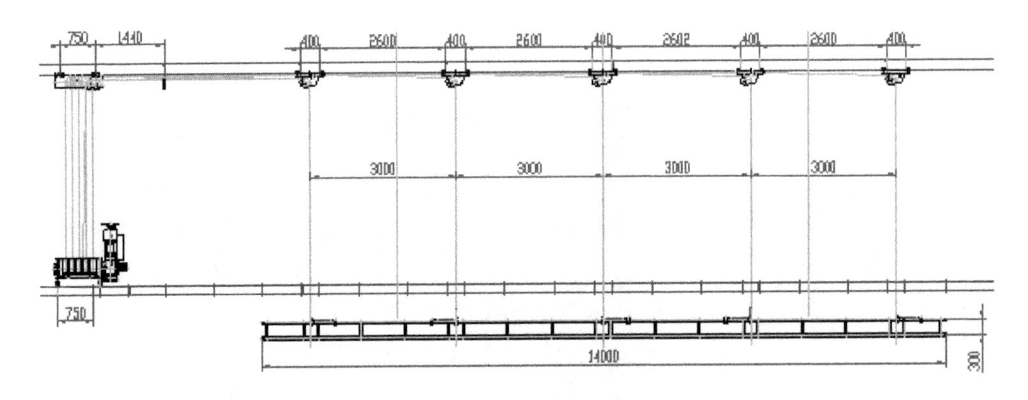

图 4-28　台唇吊杆剖面图

15. 侧马道吊杆、主舞台后天桥吊杆

1）使用功能

侧马道吊杆（图 4-29）位于第一层侧马道的下方，平行于舞台纵轴；主舞台后天桥吊杆位于第一层后马道的下方，平行于舞台横轴，与侧马道吊杆合围成一个 U 形，用于吊挂灯具、景物或侧屏等。

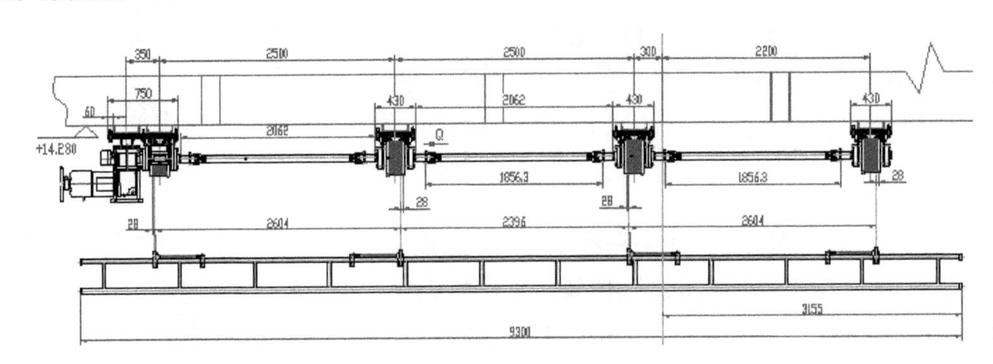

图 4-29　侧马道吊杆剖面图

吊杆卷扬驱动采用多卷筒的形式，减少空间高度，简化传动结构。杆体为直径 φ48 的无缝钢管焊接而成的桁架结构，配有辅助手轮，专用于主电机出现故障时使用。

2）结构组成

该形式吊杆由杆体、钢丝绳及其附件、吊点卷筒组、传动轴组件、减速机组件、限位机构、松绳机构等部分组成。

3）技术参数（见表 4-5）

表 4-5　侧马道吊杆、主舞台后天桥吊杆技术参数

设备名称	侧马道吊杆	主舞台后天桥吊杆
杆体长度(m)	9.3	12.2
有效荷载(kN)	7.5	7.5
升降行程(m)	12.5	12.5
升降速度(m/s)	0.01～0.5	0.01～0.5
电机功率(kW)	5.5	5.5

16. 后舞台吊杆

1）使用功能

为了扩大主舞台区的范围，增加纵深方向的演出效果，作为主舞台吊杆的延续，在舞台后区设置了 16 道后舞台吊杆，平行于台口，用于换景，提升幕布等，为了弥补后台口的影响，后舞台吊杆起到了续接的效果（布灯是最佳的选择）。

与主舞台吊杆一样，可以几台同步组合运行，也可以与其他设备进行编组运行。

能实现全行程范围内的位置、速度控制。

吊杆间的间距约为 310 mm。

后舞台吊杆（图 4-30）采用自排绳结构，驱动用钢丝绳卷扬机组安装在后舞台栅顶两侧。

吊杆杆体为长 21 m，直径 φ48 的无缝钢管焊接而成的桁架结构，配有辅助手轮，专用于主电机出现故障时使用。

2）结构组成

后舞台吊杆由杆体、钢丝绳及其附件、吊点滑轮组、拐角滑轮、自排绳钢丝绳卷扬机组、限位机构、松绳机构等部分组成。

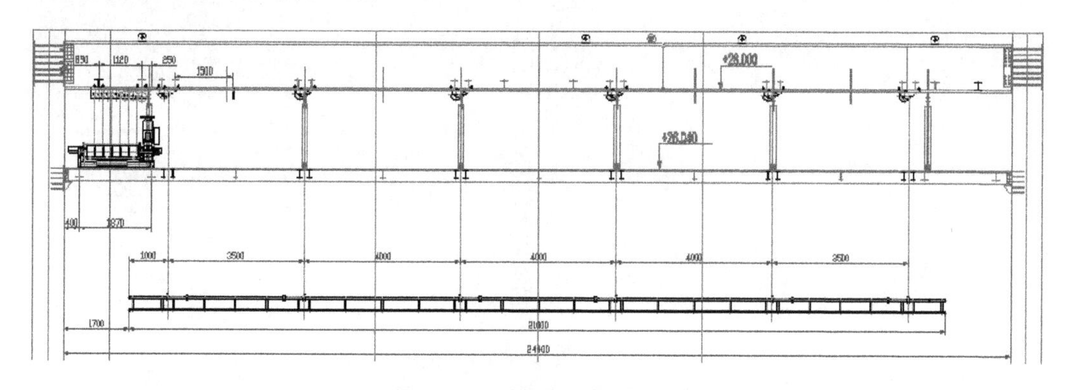

图 4-30　后舞台吊杆剖面图

17. 后舞台侧灯光吊杆

1) 使用功能

后舞台侧灯光吊杆(图 4-31)设置于后舞台两侧,与舞台纵轴平行,是专用于安装舞台灯具的装置,左右各 1 台。

吊杆杆体下可以悬挂手动拆卸的“日”字形灯光排架,满足侧光布光要求。灯光排架可手动左右移动,并随侧灯光吊架可整体升降。灯架顶部设有电缆收纳装置。排架与杆体之间用抱箍连接,拆卸方便,安装灵活。

2) 结构组成

后舞台侧灯光吊杆由杆体、钢丝绳及其附件、吊点滑轮组、拐角滑轮、钢丝绳卷扬机组、日字型灯架、电缆收线筐、限位机构、松绳机构等部分组成。

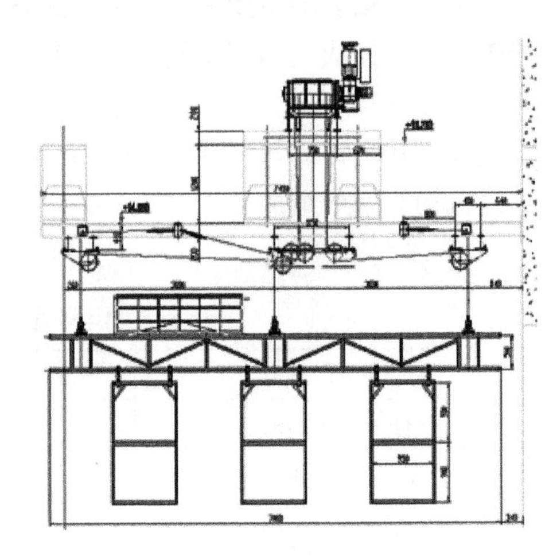

图 4-31　后舞台侧灯光吊杆剖面图

18. 侧台装景行车

侧台装景行车(图 4-32)位于侧台左右两侧。行车用于大型或重型布景部件的装配。

链式吊机:链式吊机是一个紧凑的单元,各个部分都要布置合理,整体结构紧凑。驱动的定位要考虑到容易维护。加油、检查和润滑点要能够快速、轻易的接触。链式吊机的顶部安装有一个吊钩,用于与滑车连接。链条料箱安装在吊机下,可以移动并且留有足够的尺寸。

侧台装景行车由固定梁(含辅助梁)、自行走行车(含移动横梁)、自行走小车、链式吊机、滑触供电装置、电气操作系统等部分组成。

控制系统:每个链式吊机配有单独的一个控制系统和一个控制台。所有功能通过控制台可控。链式吊机相互之间有防碰撞程序和装置的双重保护。控制台装有一个紧急断电按钮并从驱动装置上悬吊下来。电缆装有适当的张力消除,包括一个由加强的、不易燃的塑料制成的抗震的盒子,它是抗腐蚀、耐油脂、燃料和抗碱。

大车轨道和大车:大车轨道与舞台横轴线平行,悬挂在侧台吊顶上。大车与舞台纵轴

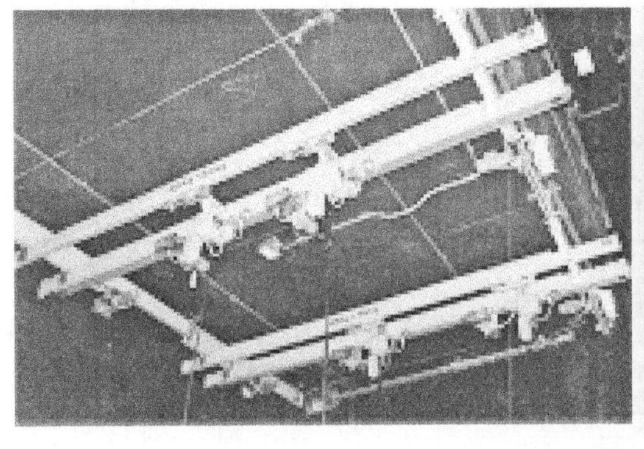

图 4-32　侧台装景行车图

线平行，通过承重轮悬挂在大车轨道上并与电机同步运行以防止缠绕和倾斜。限位开关从大车两侧停止大车的行程。沿着大车轨道的行程结束前安装闭锁装置激活开关。轨道两尽端有防止大车脱出的限位装置。

小车：小车通过承重轮从大车梁上悬挂下来。限位开关从小车的两侧停止小车的行程。小车的运行将设计为不缠绕、不倾斜。大车两尽端有防止小车脱出的限位装置。

4.2.5　台下设备的功能和设计要点

表 4-6　台下设备配置清单

名称	数量	驱动类型	尺寸(m)			有效载荷(kN/m^2)		速度(m/s)
			宽度	深度	高度	动态	静态	
乐池升降台 1	1	钢丝绳卷扬	18.28	3.65	—	3.0	7.5	0.01～0.3
乐池升降台 2	1	钢丝绳卷扬	18.50	2.6	—	3.0	7.5	0.01～0.3
乐池座椅台车	2	齿条驱动/适合的驱动类型	18.5	4.85	—	—	5.0	0.01～0.05
乐池升降栏杆	1	丝杆/适合的驱动类型	19.50	0.3	—	0	5.0	0.02
双层升降台	6	钢丝绳卷扬	18.0	3.0	—	2.5	5.0	0.01～0.3
演员活动门	54	手动	1.1	1.1	—	0	5.0	—
倾斜台板	6	丝杆/适当的驱动类型	18.0	3.0	—	0.5	5.0	0.02
演员升降小车	3	钢丝绳卷扬/适当的驱动类型	1.0	1.0	—	1.5	5.0	0.01～0.70
侧台补偿升降台	12	丝杆/适合的驱动类型	18.0	3.0	—	0	5.0	0.05
侧台辅助升降台	12	丝杆/适合的驱动类型	6.5	3.0	—	0	5.0	0.05
带有存储间的辅助升降台	1	大螺旋/适合的驱动类型	24.4	1.495	2.885	0	5.0	0.05
液压推杆的自动翻板	1	丝杆/适合的驱动类型	24.4	1.495	—			0.02
后台辅助升降台	1	丝杆/适合的驱动类型	18.0	1.5	—	0	5.0	0.02
后台辅助升降台	1	丝杆/适合的驱动类型	18.0	3.0	—	0	5.0	0.02
后台补偿升降台	6	丝杆/适合的驱动类型	18.0	1.5	—	0	5.0	0.02
台口辅助升降台	1	丝杆/适合的驱动类型	18.0	3.0	—	0	5.0	0.02
侧台车台	12	齿轮齿条驱动	18.0	3.0	0.166	1.5	5.0	0.01～0.5
芭蕾车台	1	齿轮齿条驱动/适合的驱动类型	18.0	18.05	0.5	0	5.0	0.01～0.5
折叠机构	1	线性驱动	3.0	—	—	0	—	0.01～0.1
后台车台	1	齿轮齿条驱动/适当的驱动类型	18.0	18.05	1.4	1.5	5.0	0.01～0.3
转台	1	摩擦驱动/适当的驱动类型	直径：11.0			1.5	5.0	0.01～1.0
转台（外环）	1	摩擦驱动/适当的驱动类型	直径：17.0			1.5	5.0	0.01～1.0

1. 乐池升降台

1）乐池设计要点

一般乐队队员占用空间的普通标准是每人 1～1.4 m^2，如果要有一个比较舒适的环境，则至少需要 1.2 m^2。

乐池地面至舞台面的高度（图 4-33），在开口位置不应大于 2.20 m，台唇下净高不宜低于 1.85 m。乐池的深度是个很重要的问题。如果乐池过深或过浅，都会对演出效果产生不利的影响。

乐池过深，其内部的声学条件影响乐队演奏的声音，继而影响演员和观众的听闻效果。

乐队指挥的视线要高于舞台面，为实现这一目标所采取的措施将影响演奏效果。指挥在乐池指挥时，乐队指挥的眼睛平面必须高于舞台地板平面，这样他才能看到台上情节的细节，才能指挥乐队伴奏以配合演出。尤其是芭蕾舞演出时，有时需要依据演员的动作而起止音乐，这就需要指挥必须能看到舞台面的演出情况。另一方面，现场乐队也是演出的组成部分，尤其是作为乐队灵魂的指挥，观众一般也希望能欣赏到指挥的动作。中国的乐队指挥，其身高一般比西方国家的指挥要矮一些，如果乐池太深，为了让指挥能看到舞台上的演出情况，指挥通常站在一个升起的小平台上。

如果乐池过深，升降乐池台板需高于原设计标高，这样造成原设计的乐池层地面需垫高。目前，很多新建的大型剧场（尤其是与国外合作设计的剧场），普遍存在乐池过深的问题，有的达 2.70～2.80 m。国家大剧院歌剧院的乐池深度较深（2.74 m），而根据实际使用统计，大多数剧目需要将乐池深度调整到 2.00～2.30 m 之间。根据对一些剧场的调研情况看，乐池深度不应超过 2.40 m。

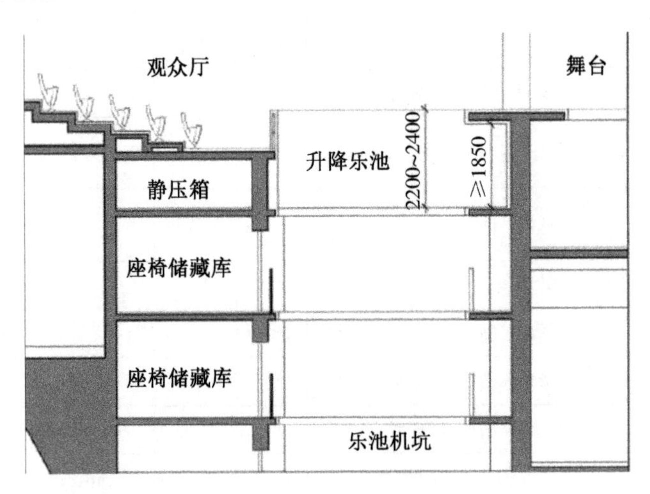

图 4-33 乐池剖面图

如果乐池太浅，则台唇下的高度不够，尤其是西方国家乐团的乐手们一般身材较高，在台唇下方的通行可能受到影响，直不起腰、有压抑感。

2）使用功能

乐池升降台设置于舞台前部紧邻观众席区域，主要供有乐队伴奏或合唱队伴唱的歌舞剧演出使用。同时具有扩大观众席或舞台区域的功能。

乐池升降台利用不同的高度变化，可以形成各种使用形式。乐池升降台升至最高位与舞台的台面齐平时，可作为舞台的前部扩展部分；停在观众厅地面高度，用于增加观众席前区座位；下降至一定高度时，可以用于乐队的演奏，再下降至最低位，可运输座椅台车到座椅台车库。

歌剧厅由 2 块乐池组成，乐池升降台 1 设计为单层钢结构，乐池升降台 2 设计为双层钢结构，可根据不同规模的乐队灵活选用。

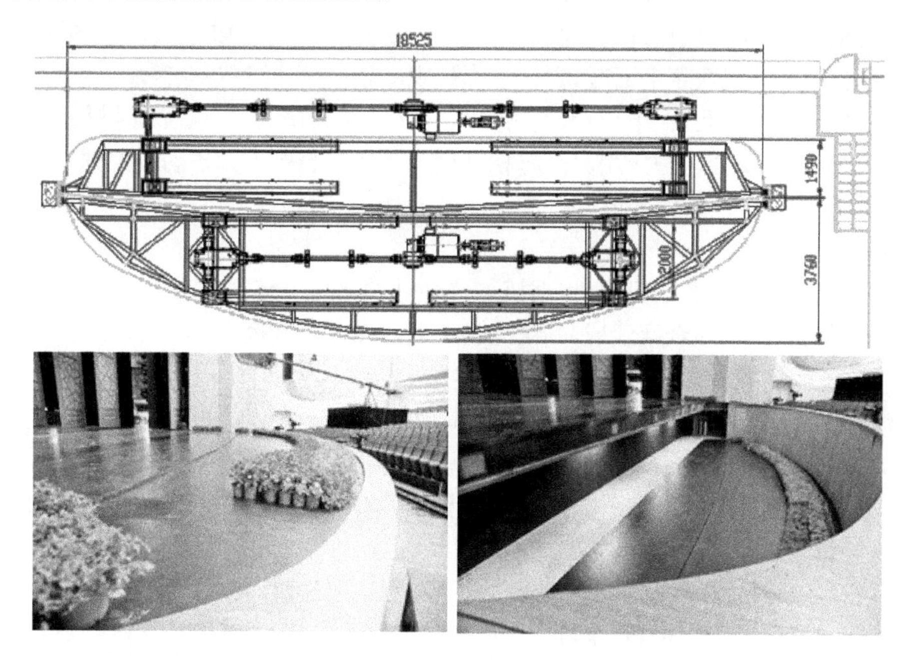

图 4-34　乐池图

3）结构组成

乐池升降台由台面钢架、驱动机构、传动系统、啮合机构、换向机构、导向机构、安全插拔栏杆和电气控制系统等组成。乐池升降台设有导向装置，保证升降台升降时不倾斜。

2. 乐池座椅台车

1）使用功能

由于建筑结构立柱的限制，歌剧厅乐池座椅台车分成 3 块（2 种），位于乐池两侧的是乐池座椅台车 1，位于乐池中间的是乐池座椅台车 2。不使用时藏于地下座椅台车库中。当需要增加观众区座席时，通过乐池升降台将座椅台车运送至观众席平面。

2）结构组成

座椅台车由钢架、行走轮、定位轮组、锁定装置、气垫装置等组成。

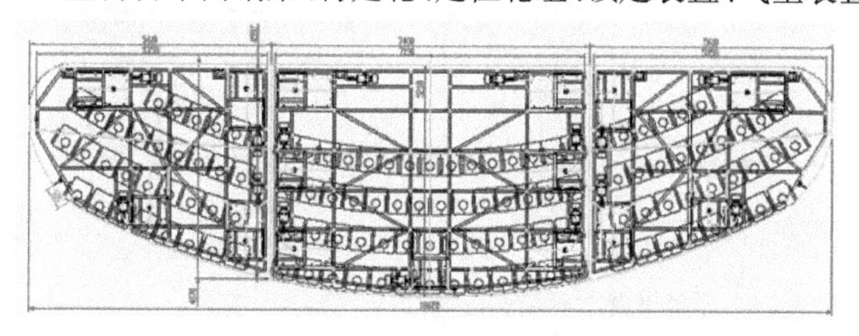

图 4-35　乐池座椅图

3. 乐池升降栏杆

1）使用功能

乐池升降栏杆设置于乐池升降台前部，在乐池升降台与观众厅之间。

升降栏杆为安全设备，设置在舞台的不同区域，用于安全防护和区域功能分隔，设置在乐池升降台与观众厅之间时，配合乐池升降台使用，使乐池区城的用途灵活多变，当乐池升降台下降到乐池平面时，栏杆升起，起到保护作用，防止观众席区域的人、物坠落到乐池中。当乐池升降台上升到观众席平面时，栏杆下降到观众席平面，扩展观众区域。

升降栏杆还设置于侧台、车转台、芭蕾舞车台库与主升降台之间。平时栏杆升起，便于舞台分区控制，起到安全防护作用。升降栏杆运行动作应与相关设备动作互锁，确保在升降栏杆到位后其他相关设备才能动作。

2）组成

升降栏杆包括杆体、驱动机构、传动机构、导向机构和控制系统等。

乐池升降栏杆因在观众席区域，其结构表面通常做装饰处理。

3）结构设计

升降栏杆高度一般距离地面 0.80～1.20 m，水平承载能力1.00～1.50 kN/m。垂直承载能力 2.00 kN/m。如果是侧台或后台升降栏杆，垂直承载能力应根据相邻地面载荷确定。

升降栏杆杆体为细长扁平结构，适合分段设计，整体连接，根据使用需求不同，栏杆可采用槽钢、工字钢、方管、圆管等型材。

升降栏杆均有独立的驱动系统，每组栏杆用一台电机通过传动系统实现多点驱动升降，需要满足同步性好、升降平稳、安全可靠、便于维护等要求。

传动方式有钢丝绳卷扬、链轮链条、螺旋升降机、电动推杆、齿轮齿条、刚性链等，根据升降高度和使用环境选用。钢丝绳链条类升降速度为 0.04～0.10 m/s，螺旋升降机类升降速度为 0.015～0.025 m/s。

传动系统多采用万向轴连接。保证长距离传动的可靠性。应有足够的轴承座来承受轴自身的重量并保证运行时扭矩的平顺传递。

栏杆刚度小、长度大，需承受一定水平载荷，对导向系统来说，细长结构的升降同步性和平顺性要求较高。一般采用精密导轨直线轴承导向，来承受水平力以及力矩。这些精密导轨轴承可安装在土建结构侧壁上，与导向柱配合，既运动流畅又可以承受水平力。

4）结构构成

乐池升降栏杆（图 4-36）由减速电机、联轴器、传动轴、齿轮齿条顶升机构、中间导向机构、侧导向装置、栏杆钢架、限位装置、防剪切安装装置等部分组成。

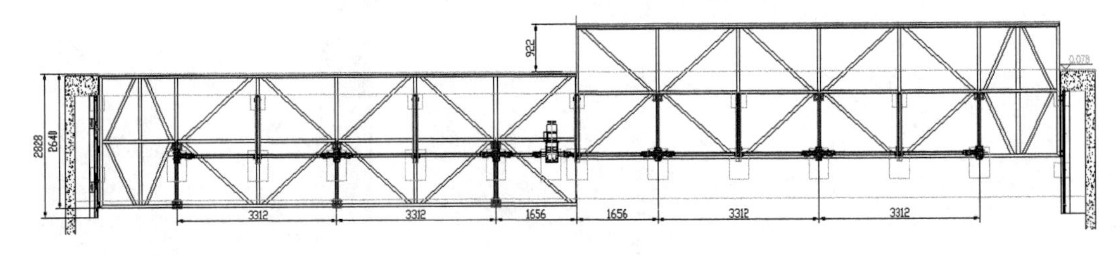

图 4-36 乐池升降栏杆结构图

4. 双层升降台

1）使用功能

在剧场的实际使用中，升降台有三种基本功能。首先，它具有有效地换景功能。可将台下区域变成另外的一整套工作区并添加车台设备，把升降台与台下的车台连接起来。双层台的发明则为升降台的使用提供了更大的机动性和实用性。其次，它允许专业人员利用机械的分段运动而产生极佳的舞台艺术效果。最后，拥有了分块的升降舞台使得舞美工作容易了许多，尤其是平行于大幕线区域的划分，为舞美设计者在不同的舞台平面上工作提供了更大的自由度。然而，在没有这些设备时，实现这些变化需要花费很大的成本，本项目由 6 块（18 m×3 m）独立的双层升降台组成。

双层升降台在舞台面位置或下降侧台车台高度后，侧台车台可以运行至双层升降台上，并可以随之升降；下降车载转台的厚度后，车载转台可以将主舞台平面标高移动到双层升降台区域；下降芭蕾车台的厚度后，芭蕾车台可以在舞台面进行芭蕾舞表演。

双升降台可以单独升降也可以与其他双升降台进行编组升降，同步运行。

双升降台双层台板层高为 5 m。

平衡重安装在升降台的两侧，通过钢丝绳与驱动装置的卷筒相连。

带有定位锁定装置，以便在停止位置锁定升降台。

升降台装有导向装置，保证升降台升降时不倾斜，并能承受侧台车台运行时的水平载荷。

每个双层升降台的上层台面设置有 9 个演员特技孔盖板，同时在整个主舞台区域配有 3 台 1 m×1 m 的演员升降小车，演员升降小车放在正对双层升降台特技孔盖板下方的下层台面上，根据预先定位好的定位孔位置，只要把演员特技孔盖板打开，则演员可以从下层台面通过演员升降小车升到双层升降台的上层台面上，达到演出的特殊表演效果。

每块双层升降台上层台面是一块 18 m×3 m 的倾斜台，可以实现不同倾斜角度、不同面积的倾斜面，达到倾斜式舞台的震撼力。

2）结构组成

双层升降台（图 4-37）由倾斜台、台面钢架、主支撑钢架、驱动机构、特技孔盖板、提升机

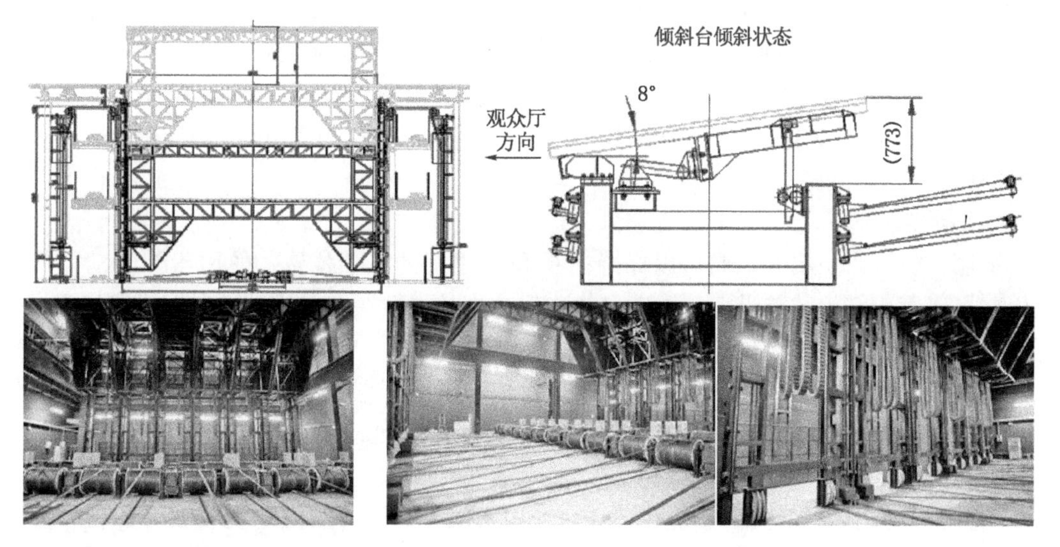

图 4-37　双层升降台

构、锁定机构、导向机构、配重机构、防护门、安全防护网装置、防剪切安全装置、限位装置和电气控制系统等部分组成。其中倾斜台由倾斜驱动组件、中间传动系统、齿条顶升组件、铰链和连杆组件等组成。

双层升降台的动力源为2台主电机、1台辅助减速电机，其动力传递路线如下：主电机→传动轴→动力换向装置→钢丝绳卷扬装置→升降台台面。

(1) 配重系统

一个台板的配重系统由2个配重组成，配重与舞台侧墙平行。配重靠近侧台侧墙。配重自重平衡主升降台的自重以及台板总载荷的50%。为配重以及钢丝绳滑轮配重系统提供合适的导向系统。用于安装配重的混凝土板的开孔处在整个板的高度上用安全网保护起来，配重块采用铸铁或者铅块等材料。

(2) 升降台钢丝绳传动

驱动系统布置在基坑底部，升降台由4根钢丝绳悬挂，钢丝绳一端与升降台连接，一端固定在卷筒上，升降台上升时通过卷筒缠绕收绳，下降时卷筒反转放绳，靠升降台自重下降，钢丝绳从卷筒引出向上通过侧舞台基坑标高下方的转向滑轮，钢丝绳再次向下引到升降台结构。钢丝绳设计成确保升降台的运行不受干扰，并且避免与任何导向或建筑混凝土结构的碰撞。

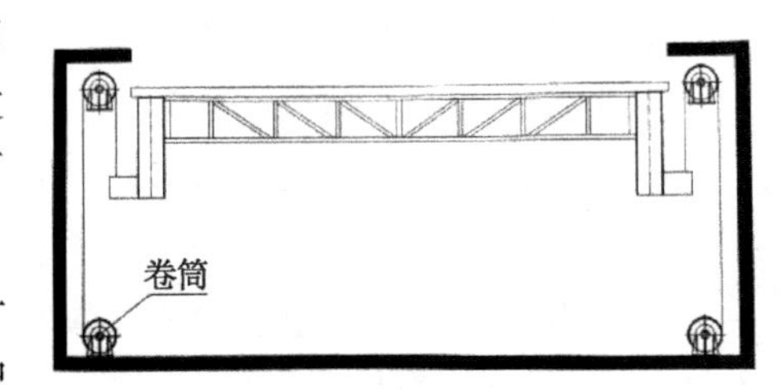

图4-38　双层升降台钢丝绳传动

钢丝绳式驱动升降台(图4-38)传动效率高，升降行程大，升降速度快，升降台运行平稳，无震动及冲击，定位精度高，运行噪音小，造价适中，已广泛应用于国内外剧场，是主升降台优先选用的驱动方式。

(3) 驱动系统

主升降台驱动系统由电动机(2×37 kW)、减速机、制动器、传动轴系、驱动副等组成，其中制动器设置两套，互为备份，以提高升降的安全可靠性。

导轨由行业标准型钢和导向部件制成。系统设计成可以承受所有发生的力和扭矩。需要对从观众厅可以看到的导向装置予以特殊关注。特别是该区域的导向安装须与建筑设计单位协调，将其可见范围减到最小。侧舞台车台的导轨和驱动装置：升降台上层台板上的导轨内置于舞台木地板中用于升降台区域中侧车台的导向，导轨上沿与地板齐平。上层台板钢结构的设计中，考虑侧台车台的驱动装置。为将侧车台运行到升降台上，在上层台板钢结构中内置一个齿轮。

(4) 倾斜驱动

上层台板可以倾斜8°。它可以保持在0°和8°之间的任意位置。使用4个转动接头将台板支撑在底部结构的前沿上。转动接头确保台板的前沿在倾斜的过程中保持在相同位置(前沿是旋转的轴线)。在台板的后沿，由4个安装在台板和升降台底部结构上的升降装置悬挂。台板的转动接头和驱动承受所有常规操作和紧急停止时所产生的载荷。升降装置是机械同步。倾斜驱动系统装有双电路制动的传动装置或升降装置。

(5) 锁定装置

由插销及挡块组成，插销安装在升降台结构两端，电动抽插，挡块安装在升降台外立柱上。当升降台长期停放在某一位置，或需承受较大静载荷时，插销伸出，与挡块接触，避免升降台受载下沉。在控制系统中,插销与升降台互锁,当插销伸出时,相关升降台不能升降,避免碰撞。对于钢丝绳传动、链条传动和液压缸直顶的升降台,应设置定位插销。

为了将升降台锁定在指定位置,交付合适的锁定装置,包括升降台每个角上的锁紧插杆。交付合适的驱动装置来移动锁紧插杆。锁定装置可以承载最大的发生载荷并满足声学要求。

(6) 速度及位移检测系统

主舞台升降台等舞台机械设备在演出中使用频繁,需要速度可调及精确定位。

① 速度检测:驱动电机选用变频电机,将矢量编码器安装在电机后出轴上,与电机同步转动,输出信号作为速度检测反馈信号。对升降台升降速度的调控其实就是电机输出转速的调控。

② 位移检测:位移精度要求不太高时,可以同时将电机后出轴上的矢量编码器的输出信号作为位置检测反馈信号;位移精度要求高时,可以加设拉线绝对值编码器,固定安装在基坑地面,拉线钢丝绳与升降台体连接,其输出信号作为位移检测反馈信号。

(7) 安全防护系统

在主舞台升降台上及演员通道应设置安全防护设备,当遇到意外情况时确保演职人员及设备的安全,主要有安全网、防剪切装置、防护门、定位插销、运行警示灯、边界警示灯等。

① 安全网:安全网安装在升降台体结构周边,沿升降台上层台板和固定台板安装安全网,以防止人员从升降台上跌落。为了避免安全网和其他舞台机械设备或固定部件的冲突,安全网设电子监控,并内置在舞台机械系统的控制系统中。

当相邻升降台不停放在同一高度,出现高差时,安全网打开,以防止人员意外坠落,在控制系统中,安全网与升降台互锁,当安全网打开时,相关升降台均不能升降,避免碰撞。

配重的安全防护网:配重移动的整个区域提供金属防护网,防止在配重移动过程中人员和其他物体的跌落。

安全防护网实现以下要求:承受的载荷应可以承受下落约 100 kg 的人员。

② 防剪切装置:防剪切装置安装在升降台木地板周边及主舞台基坑周边,由缓冲胶条及线状开关组成,当升降台运行时,如果触碰到异物,缓冲胶条挤压变形,线状开关给出信号,升降台立即停止运行。

③ 警报装置(报警器):升降台运行时,台下第 1 和第 2 排可进入通道标高和基坑,每个通道装有警报灯间歇闪烁。

④ 防护门:安装在主舞台基坑两侧台仓通道上,是演员进入主舞台升降台二层台面的通道,可以电动或手动开闭。防护门安装信号反馈开关,在控制系统中与升降台互锁,当防护门打开时,相关升降台不能升降,避免在设备运行时人员进入,发生危险。

⑤ 运行警示灯:安装在舞台基坑台仓通道上,当升降台运行时,警示灯闪烁,提醒人员注意安全。

⑥ 边界警示灯:安装在升降台表面周边,在演出中暗场时,升降台上演员可以清楚看到升降台边界,避免发生坠落危险。

(8) 演员活动门

演员升降小车的开口和活动门:每个升降台 9 个,总共 54 个手动活动门。

活动门沿着升降台上层台板的中心线设计。钢结构有足够的开口满足活动门。上层台板的钢结构支撑活动门边缘。活动门为手动。

活动门的尺寸：

宽度：1.10 m；

长度：1.10 m。

开口尺寸：

宽度：最大 1.04 m；

长度：最大 1.04 m。

活动门的设计：承受与舞台木地板所规定相同的载荷。活动门用作门的支撑，用金属条加固。

5. 演员升降小车

1) 使用功能

演员升降小车(图 4-39)位于主升降台演员活动门下方的二层台面上，用来垂直方向运送演员或道具，可在二层台面上移动到任何一个演员活动门处，或间隔 1 m 成对使用，小车推到演员活动门下方时由止动器和定位器精确对位。

演员活动门设置在双层升降台上层台板上，手动开启，演员由下层台板通过使用与之相配合的演员升降小车到达上层台板，提供特殊表演效果。

控制系统有到位提示、紧急停车等功能。

2) 结构组成

演员升降小车底盘上装有万向轮，可使小车自由移动，框架内装有两级升降台，上面一级升降台面用木地板包装成 1 m×1 m 的台面，可升到与舞台面平齐，升降台最高位和最低位装有限位开关。

演员升降小车由下列装置组成：

(1) 滑轮组件，包括上滑轮、下滑轮，动滑轮组件、定滑轮组件；

(2) 导向机构，包括导轨、滑套等；

(3) 驱动机构，包括电动机、减速器、制动器、卷筒、剪刀叉顶升组件等；

(4) 机架，包括固定架、升降平台、侧护栏等组件；

(5) 保护装置，包括行程开关、防松绳等；

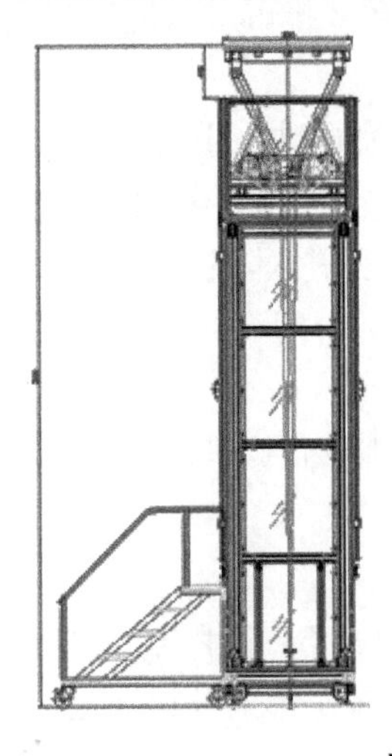

图 4-39 演员升降小车

(6) 钢丝绳及附件,上人扶梯,气垫装置等;

(7) 控制箱和操作盘。

6. 侧台补偿升降台

1) 使用功能

当侧台车台完全移出时,安装在侧台车台下部的侧台补偿升降台(图 4-40)可上升使侧舞台与主舞台保持在同一平面,有利于侧台的使用和演职人员的安全;相反,侧台补偿升降台下降一定高度使侧台车台从主舞台区移动到侧舞台区。

2) 结构组成

侧台补偿升降台由驱动机构、水平拉杆系统、链条顶升机构、台面钢架、导向装置等组成。

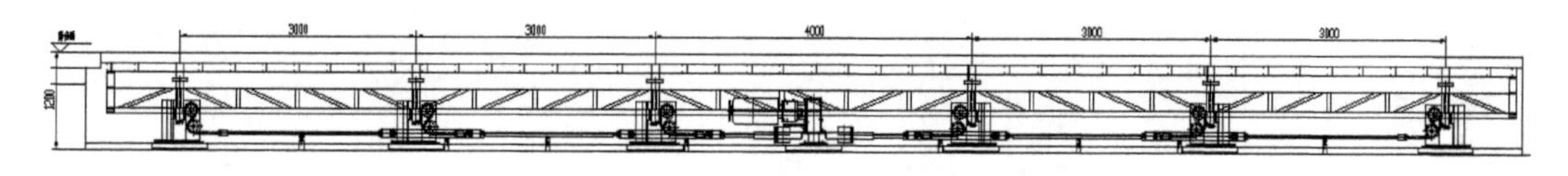

图 4-40 侧台补偿升降台

7. 侧台辅助升降台

1) 使用功能

假设舞台没有侧台辅助升降台(图 4-41),工作人员在两边车台上更换场景、道具时,或者演员从车台上下场时,侧边观众可以看到,为防止出现这种情况,需设置侧台辅助升降台,将车台位置往侧舞台方向移动,防止"穿帮"。同时当侧台车台完全移出时,侧台辅助升降台可上升,使侧舞台与主舞台保持在同一平面,有利于侧台的使用和安全。相反,侧台辅助升降台下降一定高度后,可使车台能从主舞台区移到侧舞台区。

侧台辅助升降台设有安全防护网装置,当双层升降台下降一定高度后,防护网可伸出,能有效保护舞台面人员或物品坠落时受伤。

2) 结构组成

侧台辅助升降台由驱动机构、水平拉杆系统、链条顶升机构、台面钢架、导向装置、安全防护网装置等组成。

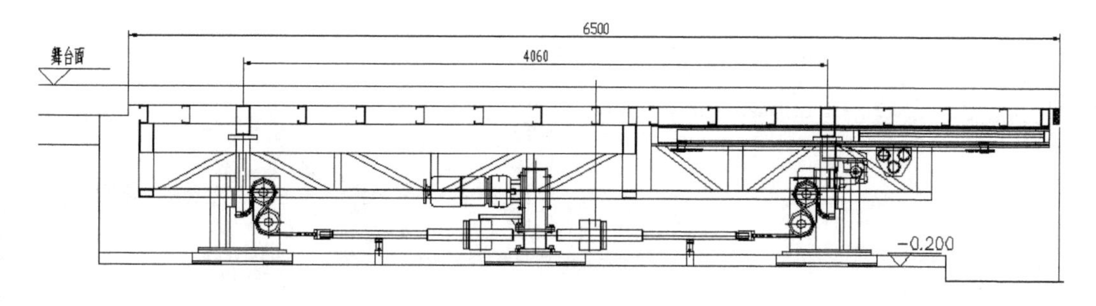

图 4-41 侧台辅助升降台

8. 带有存储间的辅助升降台

1) 使用功能

带有存储间的辅助升降台(图 4-42)位于后台辅助升降台 1 和后台辅助升降台 2 之间,用于大型布景的存放。

带有存储间的辅助升降台能高出舞台面 2.9 m，每上升约 580 mm 设有 1 个存贮层，可下降 1.6 m，此时车载转台可从其上面通过，移出一定位置后，为使后舞台与主舞台保持同一平面，带有存储间的辅助升降台可以上升补平，便于后舞台的使用。

24 m 的台板分成 2 部分，中间 3 块 6 m 长的可以翻转 80°，方便布景存取。两侧各有 1 块活动盖板，手动操作，一方面可以满足布景存取，另一方面可以保证该设备不使用时两侧固定舞台面的安全使用。

2）结构组成

带有存储间的辅助升降台由台面钢架、驱动装置、传动系统、啮合机构、齿条组件、翻板组件、活动盖板组件和电气控制系统等组成。

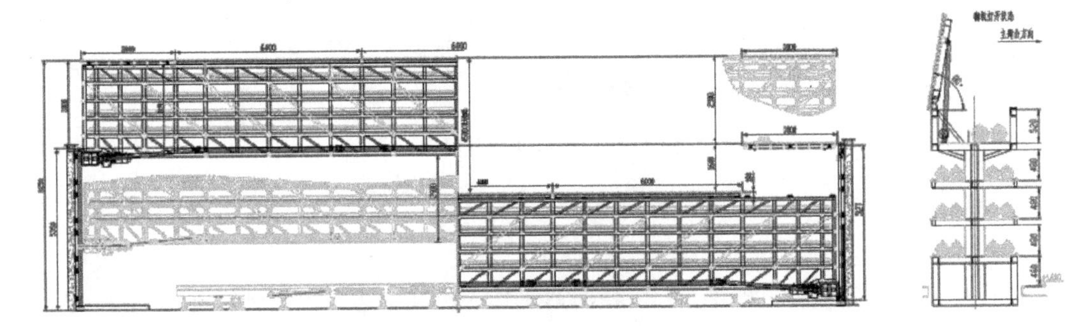

图 4-42　带有存储间的辅助升降台

9. 后台辅助升降台 1

1）使用功能

后台辅助升降台 1(图 4-43)位于车载转台前面，可为车载转台前移提供路径，并能上升补平，便于后舞台的安全使用。

2）结构组成

后台辅助升降台 1 由台面钢架、驱动装置、传动系统、啮合机构、齿条组件和电气控制系统等组成。

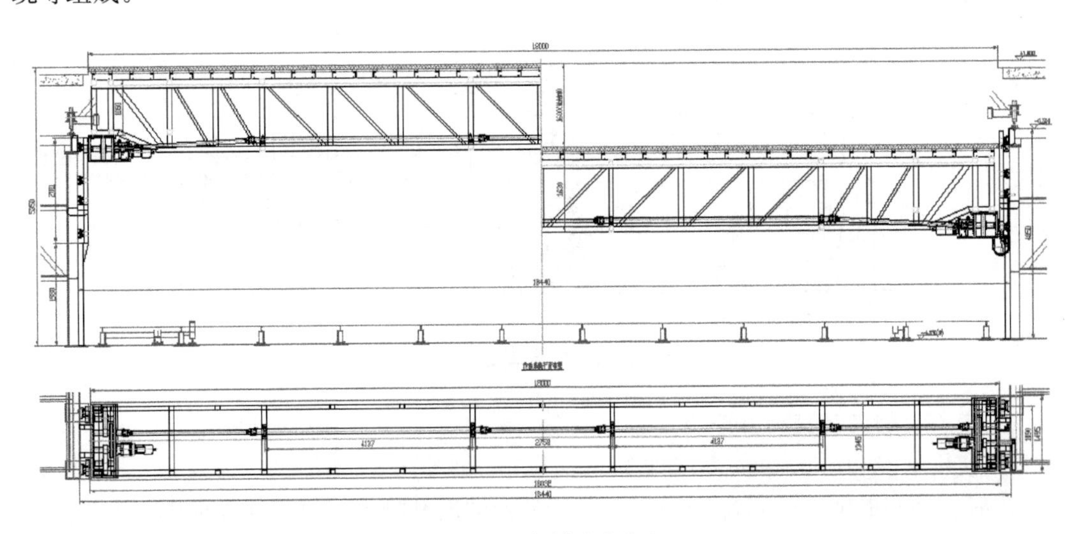

图 4-43　后台辅助升降台 1

10. 后台辅助升降台 2、后台补偿升降台、台口辅助升降台

1) 使用功能

后台辅助升降台 2(图 4-44)、后台补偿升降台位于车载转台前面,台口辅助升降台位于双层升降台前面,它们均可为车载转台前移提供路径,一直到台口位置,并能上升补平舞台面,便于舞台面的安全使用。后台辅助升降台 2 还能上升 1.5 m,可配合双层升降台形成一定高度的台阶参与演出。后台补偿升降台 2 和台口辅助升降台一侧设有安全防护网,与侧台辅助升降台的防护网合围成一个整体,共同担负主舞台区的人员和物品的安全。

2) 结构组成

后台辅助升降台 2、后台补偿升降台、台口辅助升降台均由台面钢架、驱动装置、传动系统、啮合机构、齿条组件和电气控制系统等组成。其中后台补偿升降台 2 和台口辅助升降台还设有安全防护网装置。

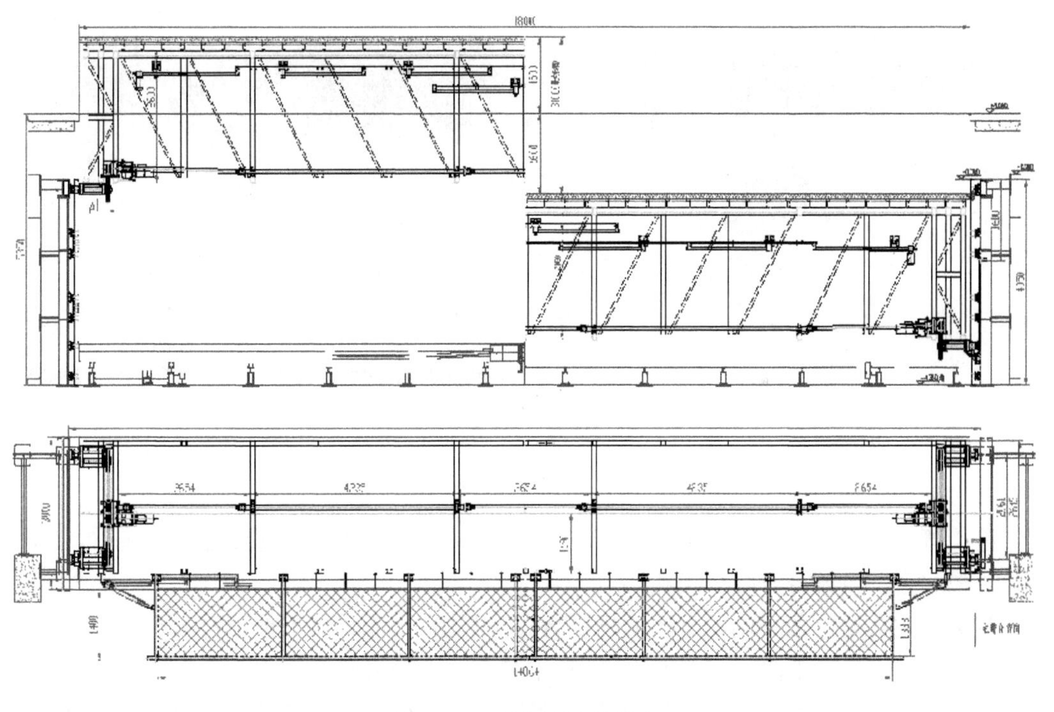

图 4-44　后台辅助升降 2

11. 侧台车台

1) 使用功能

共有 12 台侧台车台(图 4-45)设置于侧舞台上,平面尺寸与双层升降台相同。

侧台车台用于装载布景、道具或演员,可运行到主舞台上并能随双层升降台上升和下降,或在侧舞台与主舞台之间移动,实现动态换景并参与演出。

侧台车台可以单独运行,也可以任意组合运行。

为了保证侧台车台运行时人员的安全,在每块侧台车台的端部均设有安全保护装置,当遇到障碍物时能立即停车。

侧台车台的控制系统有预设停位、紧急停车和定位存储及运行状态显示等功能。

侧台车台设有紧急停车按钮,并与双层升降台和侧台辅助升降台的动作实现联锁。

2) 结构组成

侧台车台由台面钢架、行走轮、齿条组件、驱动机构、导轨和导向轮、防撞机构和位置检测装置等组成。

图 4-45　侧台车台与实际效果图(下两张)

12. 芭蕾车台

芭蕾舞车台(18 m×18.5 m)主要用于芭蕾舞表演,也可装载布景、道具或演员,其平面尺寸一般与全部主舞台升降台板相同。

芭蕾舞车台是芭蕾舞剧的专用演出平台,平时储存于后舞台下芭蕾舞车台仓库内,能随主舞台升降台上升和下降。当需要时,电动平移至主舞台升降台上,并通过主舞台升降台将其从台仓内运送至主舞台面。如果剧场设置前辅助升降台,芭蕾舞车台还可以移动至前辅助升降台上,使芭蕾舞演出能更加接近观众,获得更好的演出效果。

根据需要,芭蕾舞车台的台面也可以设置电动倾斜功能,斜度小于 1∶10,以满足芭蕾舞剧对台面的演出需要,便于观众更好地欣赏芭蕾舞演员的精湛技艺。

1) 使用功能

芭蕾车台位于后舞台下部台仓,用于芭蕾舞表演。使用时通过 6 块双层升降台移动到主舞台上。

2) 结构组成

芭蕾台车采用齿轮齿条驱动,主要由驱动小车机构、脱开机构、齿条组件、导向组件、轨道组件、行走轮组、车台钢架、锁定机构、电气系统等组成。

芭蕾舞车台表面铺设专业芭蕾舞演出台板，本项目采用哈利群木地板，其材料、弹性、平整度、表面摩擦性能等都有严格要求，可满足专业芭蕾舞演出的需要。

芭蕾舞车台结构与台仓内支撑位置数量有关。由于要移动到主舞台升降台上，为了避免损伤主舞台升降台的木地板，支撑轮的数量应该足够多，保证其轮压小于主舞台木地板的承载能力。结构高度可根据台仓高度或工艺要求确定。

通常车台结构类似侧车台，采用薄片式结构与支撑轮结合的方式，基本布置形式如图4-46带倾斜面的台体结构需要分两层，倾斜台面为整体平面构造，要承担舞台面的全部载荷，为减小结构高度和重量，倾斜台面应采用多点支撑形式。

芭蕾车台采用无振动型钢结构，具有足够的刚性。车台上装有弹性地板，用于舞蹈演出。

芭蕾车台是在推拉机构的驱动下而运动的车台，设计为从后舞台基坑到主舞台的纵向运行方向。车台配有行走轮，行走轮均采用聚氨酯轮。

芭蕾车台能从停车位开到主舞台，并返回原地。此外，芭蕾车台能够停留在行程范围的任何位置。芭蕾车台有 2 个固定锁定的位置(后台下面芭蕾车台停车位置，标高 3.86 m 和主舞台在双层升降台上层台板)。

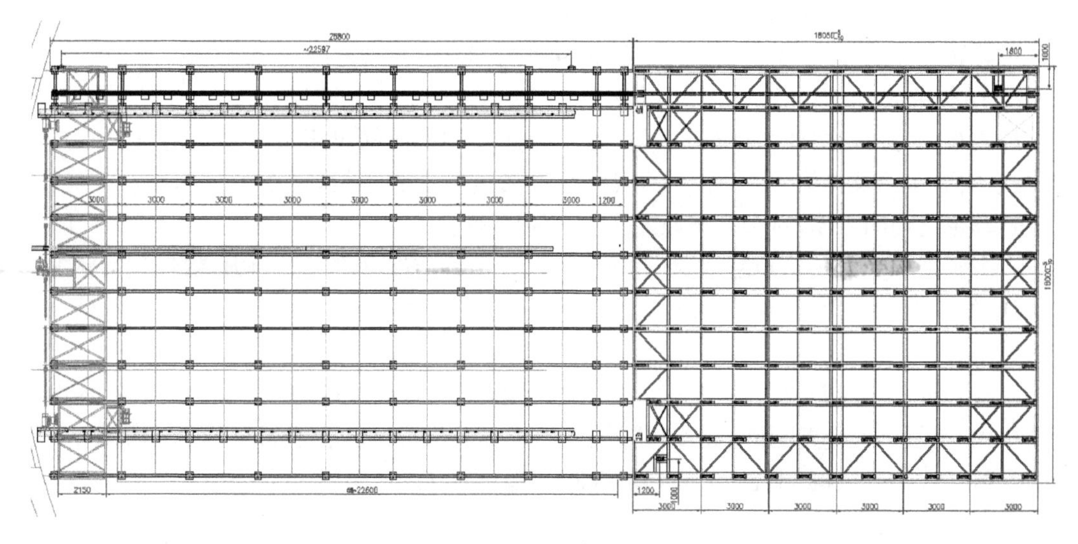

图 4-46 芭蕾车台

驱动小车如图 4-47 所示。

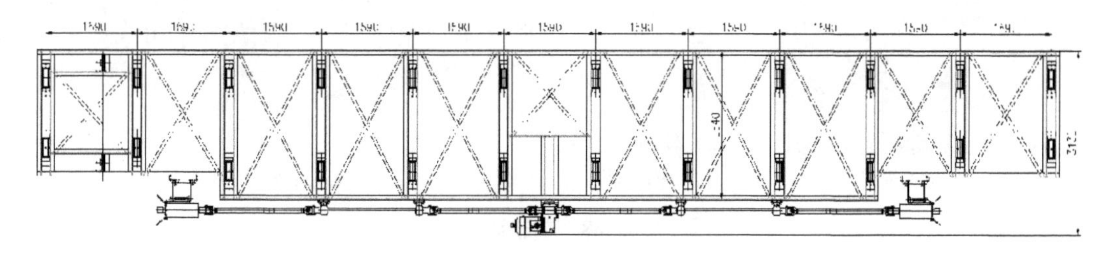

图 4-47 芭蕾车台驱动小车

13. 车载转台

车载转台(图 4-48)是车台和转台的复合体,是品字形舞台的常规设备。它位于舞台后区,车台沿舞台纵深方向前后行走,转台绕中心正反向自由旋转,是实现布景快速移动和场景变换的重要手段。也可用于场景的直线和多角度变换。

车载转台的宽度与主升降台相同,进深尺寸等于主升降台的整数倍并取决于其上所镶嵌的转台的直径大小,一般最大不超过其宽度尺寸。车载转台的平面尺寸为 18.00 m×18.00 m,转环直径达 17.00 m,转台直径 11 m。根据《舞台机械　台下设备安全要求》(WH/T 36—2009),车载转台的运行速度不应超过 0.50 m/s,转台外缘线速度不应超过 1.00 m/s。其动载荷为 2.50 kN/m,静载荷为 5.00 kN/m。

1) 使用功能

车载转台可在主舞台和后舞台之间行走,用于搭载大型实景、道具和运送演员等。

车载转台在主舞台和后舞台之间的两条轨道上运动。车载转台运行之前,在车载转台运行轨迹上的升降台,如主舞台双层升降台、前后辅助升降台等必须下降到相应位置以避免出现干涉,侧台辅助升降台则升至最高位。

用于车载转台移动台运行的 6 套驱动机构安装在车载转台内。当 6 台电机中的 1 台出现故障时,移动台可以在 75%的额定载荷的状态下,靠其他 5 台电机运行。

车载转台在前移的 11 个位置上可以被移动台锁定装置锁定。

2) 结构组成

桥式车台的台体主要由两根端梁和若干跨连接端梁的横梁组成。端梁通常为箱形结构,便于安装车轮及其他装置,车台的载荷通过横梁传送到端梁,再由端梁作用在车轮上。横梁是车台结构的主体,转台系统以此为基础进行构造。

考虑到结构受力变形和温度变化影响,为消除横梁与端梁之间的内力,保证端梁状态稳定,横梁的一端与端梁拴接,另一端则采用 T 形槽或直线栅轨的连接形式,以释放此处对横梁的横向约束。

车载转台由台面钢架、行走轮组、行走轨道、驱动装置、测距机构、侧向锁定装置、弱电缆收纳机构、滑触供电装置、导向装置和限位装置等部分组成。转台和转环由驱动机构、台面钢架、行走轮、行走轨道、中心定位、测距机构等部分组成。

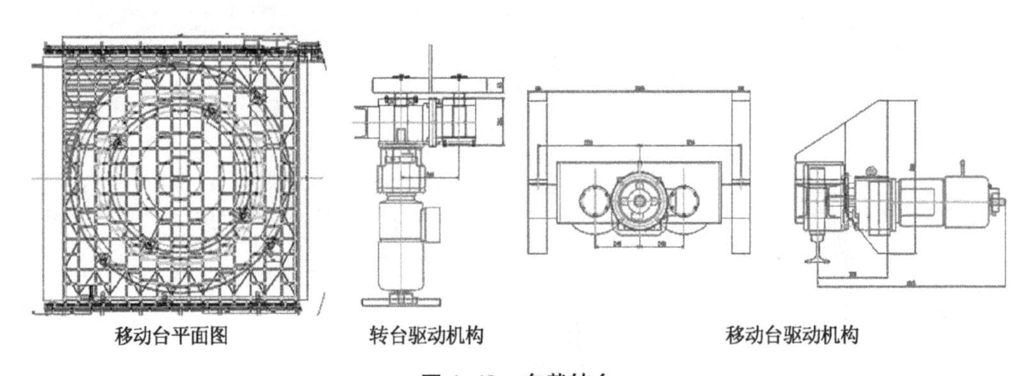

图 4-48　车载转台

(1) 驱动

自行式桥式车台的驱动方式(见图 4-49),电机一般布置在车台结构的中间位置,通过传动轴传到两侧车轮，为保证可靠驱动，通常会采用 2 套电机，电机同步采用电气同步的方式。

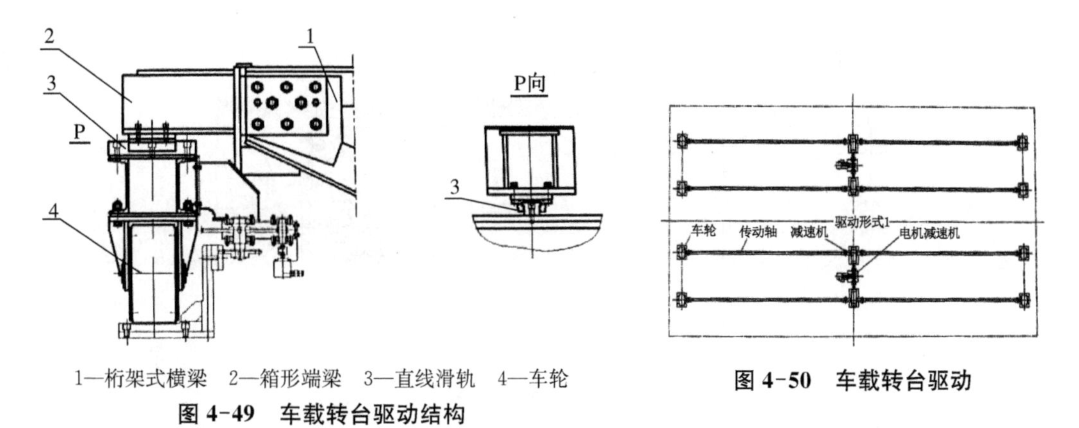

1—桁架式横梁　2—箱形端梁　3—直线滑轨　4—车轮

图 4-49　车载转台驱动结构

图 4-50　车载转台驱动

(2) 导向系统

车台沿着整个行程内由合适的导轨系统引导。导轨由行业标准型钢和导向部件制成。转台和旋转外圈提供由行业标准型钢和导向部件制成的环形导向装置。系统设计成可以承受所有发生的力和扭矩，并且环形导向系统保证旋转部分围绕旋转中心精确地旋转。

(3) 车台挡板

为了防止剪切边，整个车台结构装有胶合板挡板。胶合板挡板和支撑结构依据指定的水平力来确定尺寸。

(4) 电源系统

为所有驱动电机提供适当的电源系统。

(5) 后车台

后车台主要包括：驱动装置、变速箱、单制动器、设备框架、带有导向系统的车台结构、相关支持结构的支持滑轮、接线盒、电缆、限位开关、行程检测系统、过载保护装置、集流环、紧急电源系统、标记和设备编号。

(6) 转台台体

中心转台(图 4-51)，圆环一般由型钢弯制，转台的支撑轮安装在圆环的下方以支撑转台上的载荷。中心圆环与转台定位轴承连接，并预留灯光供电环的安装接口。

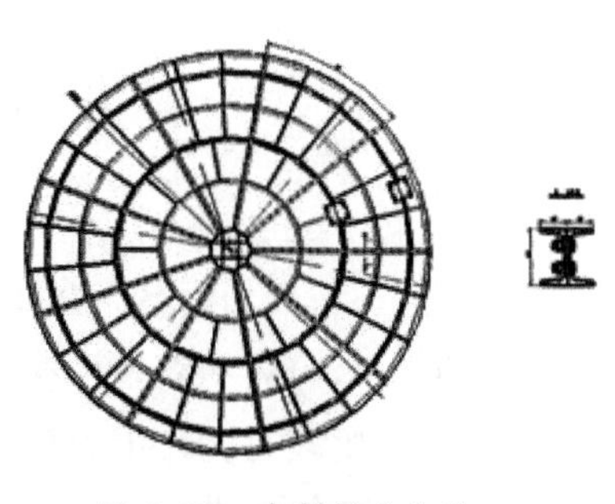

图 4-51　车载转台台体

(7) 转台驱动

转台的驱动(图 4-52)采用外圈多点摩擦驱动的方法，在圆周上布置 3～5 个驱动点，每个点的驱动力相对较小，当设备故障急停时，不会对系统造成很大冲击。

每套驱动装置包括电机减速机、一对主从动轮以及弹簧夹紧机构。为增大摩擦力和减少噪音，轮体外包聚氨醋，可通过弹簧调整主从动轮间的夹紧力。驱动装置应设计成随动方式，弥补转台外圈驱动环的圆度误差，使转台不会因此被夹死。

摩擦驱动的优点是启停和运行比较平稳，但驱动轮容易打滑，定位精度不高，多点驱动时还应考虑同步问题。

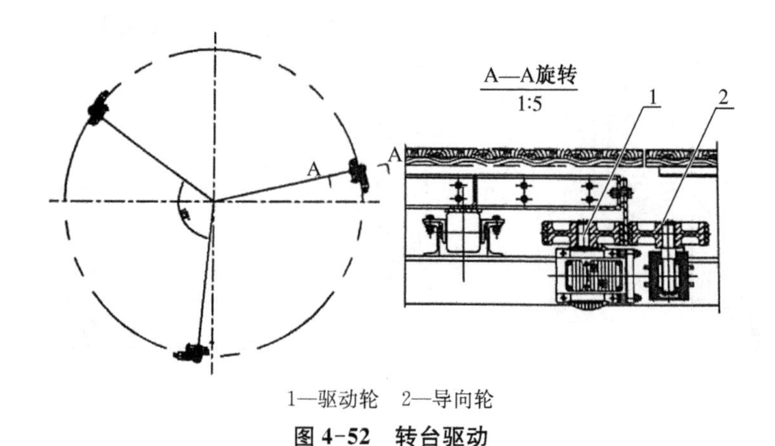

1—驱动轮　2—导向轮

图 4-52　转台驱动

(8) 转台供电

转台上通常会埋设若干电源插座，以满足演出时舞台美术特效及灯光的需求，由于插座是随转台旋转的，必须经过转台中心的滑环将电源引入。滑环一般为 5 环，接引 220～380 V、容量 10～100 kW 左右交流电，也有 7 环或更多，可同时满足低压直流弱电或控制信号传输，为保证安全，滑环应由专业厂商按要求定做。

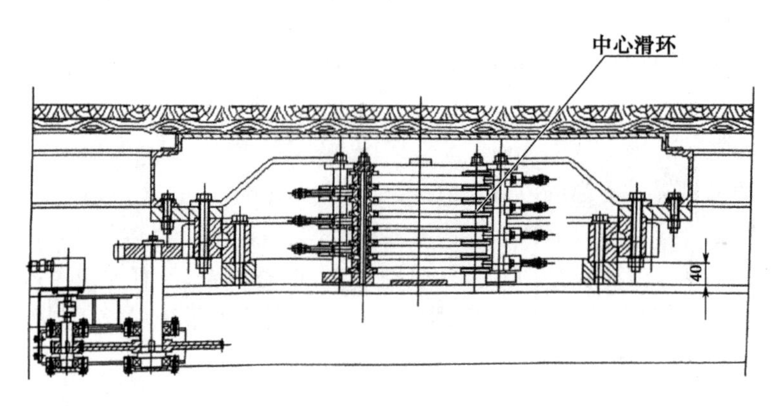

图 4-53　转台供电

(9) 环形转台

① 环形转台台体

环形转台台体为内外圆环所包围的薄片结构，内外环之间用径向杆件连接，根据台体径向跨度的大小，台体下面至少有两圈支撑轮接触轨道。台体的外圈立面，安装有驱动用摩擦板，内圈侧面则装有转台定心轮用轨道板。

② 环形转台驱动

与中心转台驱动类似，环形转台也通常采用外圈多点摩擦驱动的方式，当环形转台面积较大时，驱动装置的数量应有所增加，见图 5-54。

③ 环形转台定心

环形转台旋转时，由于无法在中心定位，通常采取在内圈周围布置定位轮的方法保证转台的径向位置。定位轮均匀地安装在车台结构表面，与内圈侧面的轨道板接触滚动，其数量一般不少于 8 套。轨道板的圆周度对转台的定心精度有很大影响，制作安装时一定要认真

调校。(图 4-55)

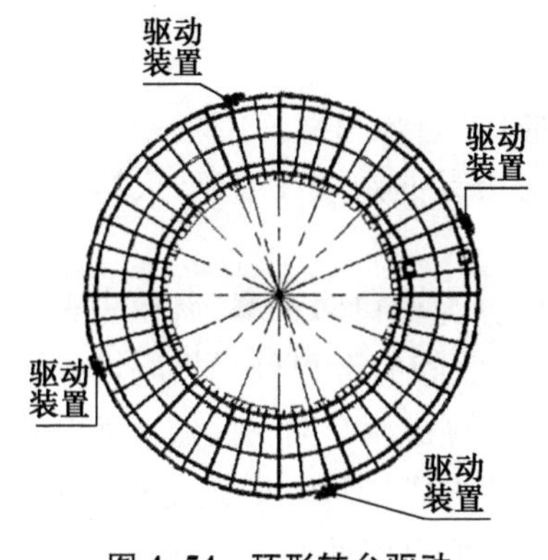

图 4-54 环形转台驱动

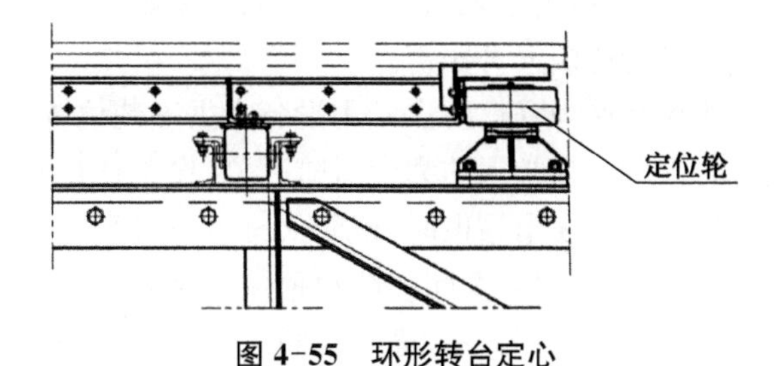

图 4-55 环形转台定心

(10) 车转台供电

拼装车转台的供电通常有两种方式,拖缆式和蓄电池供电。拖缆式的电缆采用电缆卷筒收放,电缆卷筒安装在侧台或后台边缘,电缆通过插头和车台相连,这种方式比较适合于沿一个方向运行的车台。采用蓄电池供电,配电和控制系统都安装在车台上,无电缆拖动,设备周边显得干净利落,但操作台和车台之间的通信需要通过无线方式,容易受到其他信号影响。当车台需要做二维运动时,蓄电池供电是一种必要的选择。

(11) 车台导向

拼装车台的导向通常采用导向槽方式。

(12) 后台车台紧急驱动

如果因为故障主驱动系统不能驱动后台车台,交付紧急驱动系统作为辅助操作。

系统配置:继电控制 3 相异步电机,带有齿轮箱,挨着主驱动电机,通过离合器连接到主驱动上。

行走速度:约 0.05 m/s,恒速。

需移动的载荷:车台自重。

离合器:手动操作,电子监控,内置于后台车台控制系统。常规操作时紧急驱动停止运行。

控制系统:对于紧急驱动,提供直接插在车台驱动系统的单独控制系统。(主控制系统的开关、编码器等将不用于辅助操作。)主驱动系统的制动器的控制也可由辅助控制系统完成,紧急操作中,关闭主电源。控制系统和开关设备装有指定的紧急控制台的连接界面。

此处提供的技术解决方案允许不超过 2 名人员完成操作。

后台车台升降台紧急驱动主要包括:驱动装置、齿轮箱、传动轴(带有离合器和轴承)、设备框架、接线盒中的控制系统、电缆、开关和编码器、过载保护。

4.2.6 安全设备的功能和设计要点

1. 台口防火幕

防火幕是设置在舞台台口、在火灾情况下可迅速关闭台口,隔离舞台与观众厅或舞台以外的其他区域,防止火灾蔓延的设备。

剧场是群众聚集的公共场所,剧场火灾往往造成生命和财产的重大损失,而舞台又是剧场火灾发生的危险区。舞台易发生火灾的主要原因是:舞台上空及两侧灯具多,灯具产生的高温容易烤燃与之相邻的幕布等易燃物;演出中经常使用效果烟火,因明火使用不当造成火灾;舞台内设备多,带电设备及电路复杂,电线或带电设备失火也多有发生;此外,管理不善也是发生火灾的原因之一。

由于台塔很高,一旦舞台上失火,台口相当于烟囱效应的“进风口”,冷空气中的氧气促进燃烧。而且,由于观众厅使用了大量易燃装饰材料,火势极易向观众厅蔓延,火焰和有害烟气有可能造成人身伤害。

防火幕作为安全防火专用设备根据安装位置的不同可分为台口防火幕、后台防火幕及侧台防火幕。最常用的为台口防火幕,设置在观众厅和舞台之间的台口处。当剧场发生火灾事故或每场演出结束时,该防火幕落下,把舞台与观众厅分隔成两个防火区域。尤其是火灾发生时,在台口处关闭的防火幕使烟囱效应失去了主要的“进风口”,防止燃烧抽吸氧气使火势进一步扩大;另一方面可阻断火源及有害烟气的扩散,争取更多的逃生时间;因此,它是舞台上非常重要的一种设备,其安全性和可靠性需引起重视。

防火幕应具备如下基本性能:

1) 耐火性

耐火性指标为耐火极限,耐火极限的判定条件对承载构件与非承载构件是不同的,西欧、日本各国均采用刚性防火幕系统,要求防火幕承受侧压力,防火幕属承载构件;而美国则采用柔性防火幕,不要求幕体承受侧压力,属于非承载构件。对于承载构件,耐火极限的判定条件为构件不失去承载能力和抗变形能力。如果构件发生垮塌,表明构件失去承载能力;如果构件的最大挠度超过一定限度,则表明构件失去抗变形能力。对防火幕来说,幕体的最大挠度使密封结构失去密封性能则表明防火幕失去了抗变形能力。对非承载构件,耐火极限的判定条件为失去完整性和失去绝热性。当幕体背火面有火焰和气体在空洞或其他空隙出现,规定的试验棉垫被点燃时,表明其失去完整性;当背火面的平均温升超过初始温度140℃或单点最高温升超过初始温度180℃时,则表明其失去绝热性。

各国标准对防火幕耐火极限的规定不一,德国、奥地利等国家将防火幕的耐火极限规定为2 h,新版英国标准则改为40 min(理由是防火幕的作用是为人群疏散争取时间,防火幕本身并不是消防设备,也不是建筑结构的耐火墙),而美国(使用柔性防火幕)将防火幕的耐火极限规定为30 min。

我国关于舞台升降式刚性防火幕的国家标准正在制定中。本项目是按耐火极限2 h来设计。

2) 气密性

刚性防火幕的四周均应设相应的密封结构,达到不透光线的要求,以保证火灾时不泄漏有害烟气。防火幕上部与建筑墙体之间多用沙封或软垫密封,下部与地板之间多用木材或软垫密封,两侧与导轨之间则采用迷宫式密封。

3) 隔声

侧舞台和后舞台设置的防火隔声幕,应具有一定的隔声能力,以防止侧舞台或后舞台的操作对主舞台演出的影响。通常防火隔声幕的隔声能力为45 dB(A),而一般防火幕的隔声能力为30～35 dB(A)。

4) 无动力关闭

防火幕最重要的性能之一是在火灾时必须能够手动操作,依靠幕体自重进行无动力关闭，且达到规范中的有关时间、速度等参数的要求。

在正常情况（无火灾或进行消防演习）下，防火幕的运动通常由电动机完成，其升降或开闭速度不要求很高，一般为 0.15～0.30 m/s，也不需调速。对整体升降式防火幕，紧急情况时无动力下降的关闭时间应为 45 s 左右，而接近舞台的最后 2.50 m 左右的行程，下降时间不应小于 5 s。通常防火幕应设置减速缓冲装置，在台面以上 2.50 m 左右开始减速缓慢下降，保证舞台上的演职人员安全逃生。

在防火幕的两侧设有运行导轨，幕体四周与建筑墙体装有密封装置，以便防火幕处在下降位置时能有效密封烟和火。

带有提升、下降和紧急停车按钮的操作盘可以实现就地操作。手动释放机构设置于台口内侧，并在消防控制室内有运行控制和状态显示。

5）防火幕的主要技术参数

（1）设计类型：带钢板的钢架结构，带平衡重的电机卷扬机驱动，包括用于技术安全设备的控制系统以及与操控台的连接等。

（2）驱动：电机卷扬机驱动，幕体和配重块之间的载荷差约 10.0 kN，带有 7.5 kW 的 3 相异步电机。

（3）尺寸：宽 21.4 m×高 13.4 m×厚 0.2 m。

（4）升降高度：约 12.8 m。

（5）升降速度：0.35 m/s。

（6）最大加速度：0.15 m/s。

（7）紧急释放：将提供两种释放防火幕布的方式。其中一种机械释放系统通过手柄激活。第二个释放操作盘的释放系统由使用方选择。可以是机电释放系统通过紧急按钮激活。

（8）幕体大小和位置：幕体上端和两侧部分超过台口的不少于 300 mm。所选幕体位置将确保如果幕体关闭，它将连接到阻燃和防火的建筑部分。

（9）上端：在舞台台口上，平行台口安装有一个用 U 型钢制成的沙槽。这个沙槽用沙子填充。防火幕上端需提供卷边钢板，并在幕体关闭位置浸入沙子以封闭上端防止火焰和烟雾进入。

（10）下端：在下端表面上安装一经浸渍处理很难点燃的硬木垫条，在凹槽中嵌入木条用以调节塞入的不能滑动的密封条，并凸出约 8 mm。塞入的不易燃的密封条便实现了防火幕在整个舞台区域的烟路阻隔。为了稳定防火幕，在防火幕关闭时下部框架会被插入装有套管的定位销（在舞台地板中）。

（11）液压阻尼器：当幕体下降时，液压阻尼器控制幕体下降时的速度。幕布从舞台面上方 2.5 m 到舞台面的运行时间将不少于 10 s。

（12）消防要求：防火幕能耐火 90 min。在失火时冷却幕体结构的幕体上方的雨淋系统动作。

（13）压力要求：防火幕要能够依靠自身重量实现关闭，并能在两个方向承受 450 Pa 的压力。

（14）电缆布线：电缆布线要特别根据安全设备电缆安装要求来执行。所有电缆设计为耐火 90 min。本项将包括电机、驱动制动、操作盘和开关柜之间的所有电缆布线。将以冗余方式执行(2 种单独的电缆布线方式)确保一种电缆布线方式总能保证防火幕设备的功能。两种电缆布线方式之间的距离将最大化以最大限度降低由于同样可能的情况导致的两种电缆布线方式的硬伤风险。

(15) 报警装置:台口区域都将配有报警指示信号和声音信号,在幕体每次运行中闪烁并提供可控的声音报警。

(16) 导向系统:将使用合适的导向元件沿整个行程内引导幕体。导向系统最好由符合行业标准的型钢和导向元件制成。系统将可以支撑所有产生的力和扭矩。幕体关闭时,将有措施保证幕体对烟雾的不渗透性。为此,密闭时将使用型钢或防火条。只允许使用非燃性材料。

(17) 配重:为了支撑作为配重块的钢滑车,将提供重型钢架结构。为了沿着整个升降高度引导钢架,将提供合适的导轨系统,最好由符合行业标准型钢和导向元件制成。该系统将支撑所有产生的力和扭矩。为了防止在人员可能接触到的配重块区域发生意外危险,将设有不低于 2.5 m 的防护格栅。

6) 操作

防火幕(图 4-56)可根据需要操作电控按钮电动升降。在紧急情况下,必须通过台口操

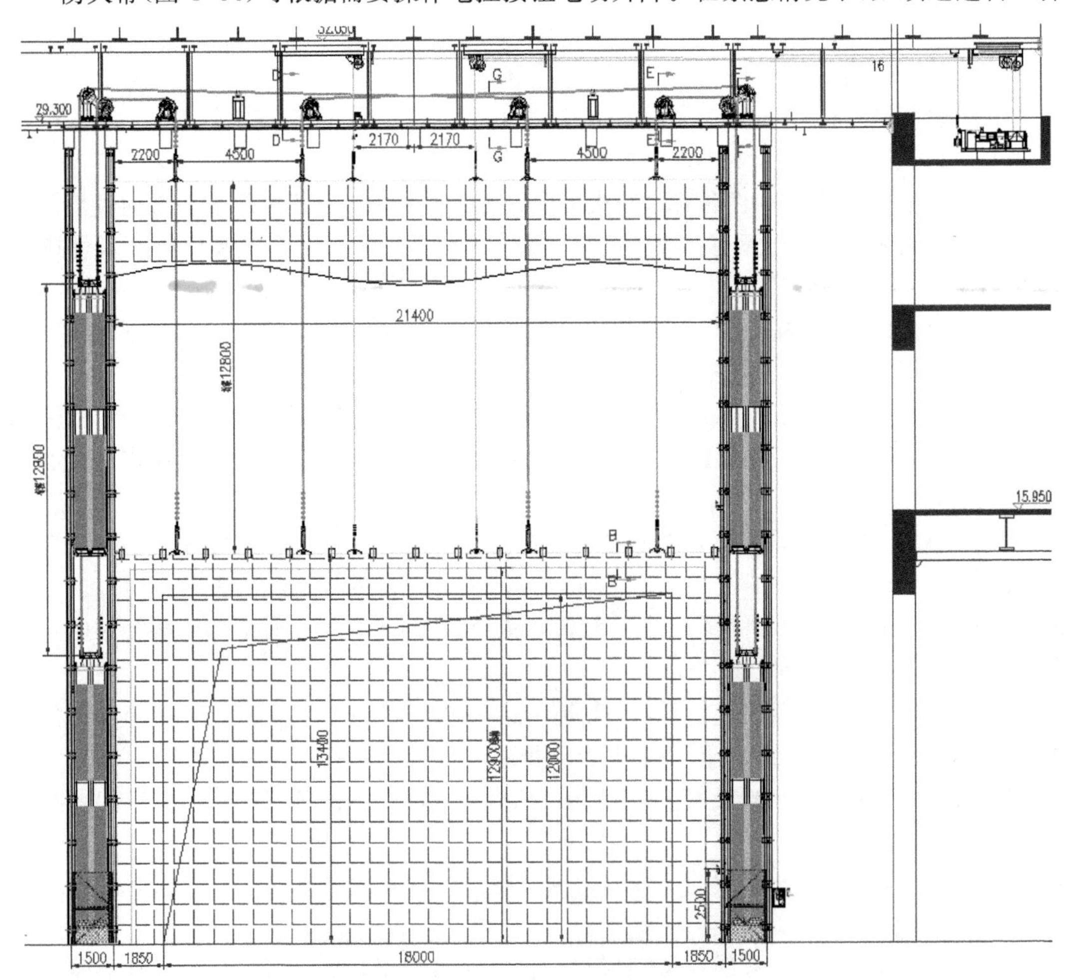

图 4-56　防火幕结构图

作箱进行手动松闸，使幕体在断电模式安全关闭。防火幕幕体自由落下距舞台面约 2.5 m 时第一次减速、离台面 0.5 m 时形成第二次减速，最后幕体安全地降落在舞台面上。

7）结构组成

刚性防火幕由幕体（幕体为一个外包钢板，内充防火阻燃材料的钢结构框架）、导轨及密封、平衡重、驱动装置、手动释放及液压阻尼装置（该装置与卷扬驱动装置一体，阻尼力及阻尼位置可调）、电气和控制等系统组成。幕体沿导轨运动，并与密封装置一起隔离舞台和观众厅。幕体都配有平衡重，以减少驱动功率，有些结构的防火幕还靠平衡重实现无动力关闭。正常情况下，防火幕由驱动装置带动开闭，在发生火灾的紧急状态时，使用手动释放装置使防火幕实现无动力关闭，并在缓冲装置作用下在某一行程内减速缓冲关闭，以使演职人员安全撤离。防火幕的电气与控制系统常由专门的消防电源供电，设置行程终止开关、超行程开关、减速开关、卷扬机松绳及叠绳保护等装置。正常开启和关闭的同时，还应伴有声光警示信号。防火幕的操作（含手动释放装置）设备应放在台口附近，其动作信号应送往消防值班室。防火幕应在每天演出前开启，演出结束后关闭。

防火幕驱动装置如图 4-57 所示。

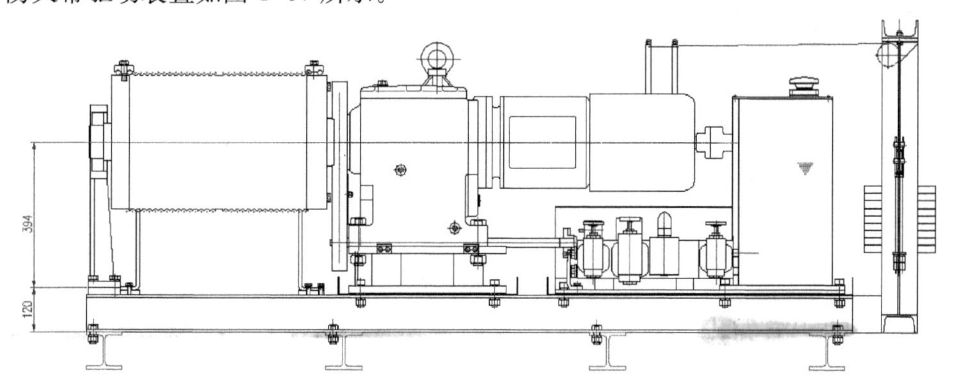

图 4-57　防火幕驱动图

2. 后台防火幕

1）使用功能

后台防火幕（图 4-58）设置在主舞台与后舞台之间，其作用是在主舞台区起火时隔断主舞台区与后舞台区 2 个防火分区，防止火势蔓延，减少人员伤亡和财产损失。

防火幕可根据需要操作电控按钮电动升降。在紧急情况下，必须通过台口操作箱进行手动松闸，使幕体在断电模式安全关闭。防火幕幕体自由落下距舞台面约 2.5 m 时第一次减速、离台面 0.5 m 时形成第二次减速，最后幕体安全地降落在舞台面上。

2）结构组成

台口防火幕由幕体、幕体导轨、平衡重及其导轨、滑轮组件、卷扬驱动机构、手动松闸装置、密封装置、钢丝绳附件、电气控制系统等组成。

具体由下述部分组成：

- 幕体：幕体为一个外包钢板，内充防火阻燃材料的钢结构框架。
- 卷扬驱动装置：包括电动机、减速器、制动器、卷筒等。
- 液压阻尼装置：该装置与卷扬驱动装置一体，阻尼力及阻尼位置可调。

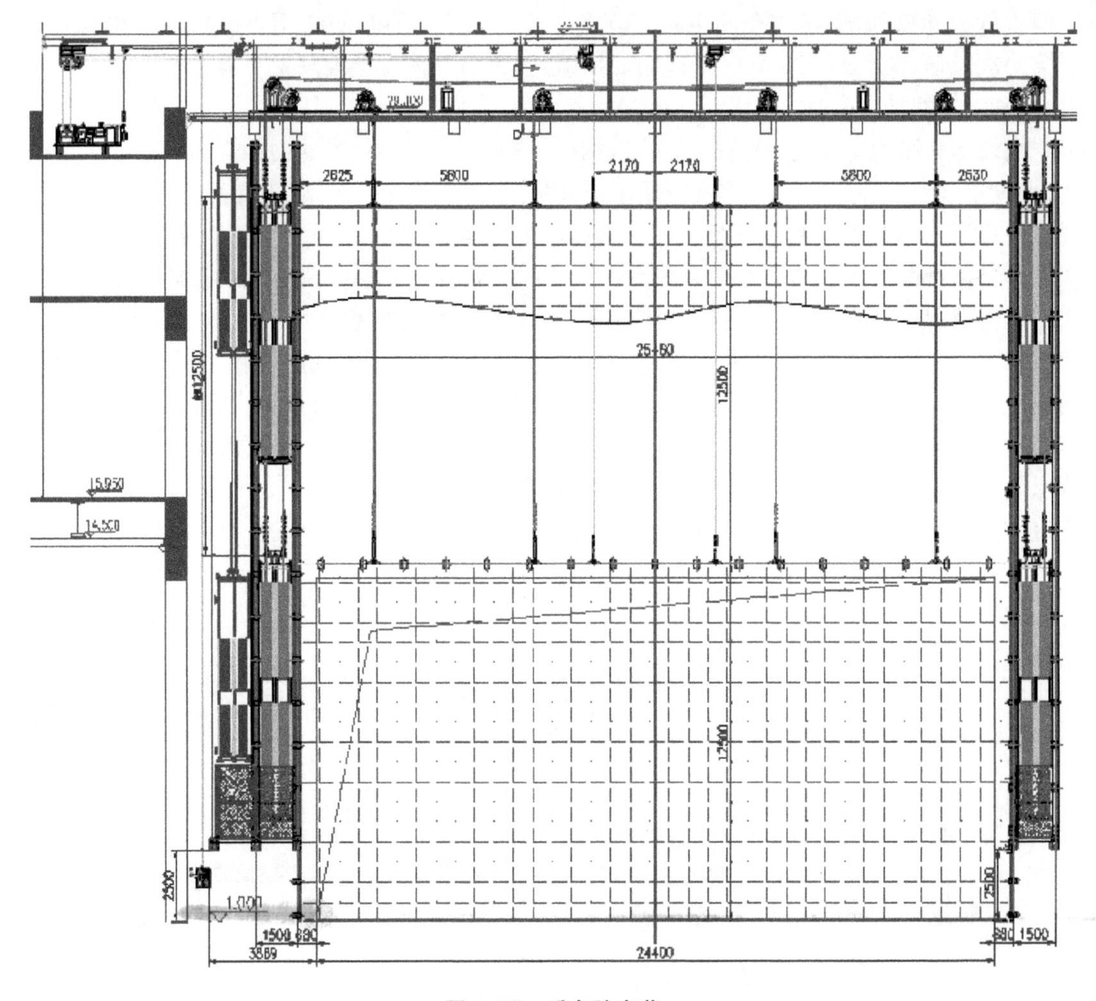

图 4-58　后台防火幕

- 平衡重、平衡重架及导轨。
- 幕体导轨与密封装置：可使下降的幕体与建筑墙体之间密封。
- 手动释放装置。

4.2.7　舞台电气控制系统

任何一种舞台机械，包括电动吊杆，必须在操作者能直接观察到的位置进行操作。在早些时期，手动吊杆操作员（通常称为舞台技工）通过有平衡重的手动系统，在舞台边墙安装的围栏边上操作，或者在能通过边幕看到吊杆的天桥上进行操作。对于任何的舞台机械包括悬吊设备，例如吊杆和其他悬吊设备，以及舞台台面机械包括舞台升降台、转台，车台和滑行舞台的指令和操作都应在操作人员的视野之中。

1. INTECON 控制系统

歌剧厅采用德国 BBH 舞台技术有限公司的 INTECON 舞台机械专用控制系统，一个全面解决舞台技术设备控制的方案。

本控制系统中控制及操作管理计算机采用 BBH 公司 SHOW-CONTROLLER 舞台机械专用主控制器（冗余配置）。主控制器与轴控制器及 PLC 系统间通信采用冗余 100 M

高性能双回路以太网，能实现安全且最高的数据传输速度，保证控制的即时响应和数据刷新。网络容量均有相当大的扩充余量。由于以太网技术及舞台专用轴控制器被广泛地应用于本控制系统，因此，该系统能确保舞台机械精确、安全地运行。并在运行过程中的任何错误都可以由主控制器、轴控制器的检测系统来诊断故障部位。工程技术人员仅用一根电话线(ISDN)进入 INTECON 系统，能对舞台机械进行有效的远程检测、诊断并快速修复。系统的安全防护和授权限制保证了只有授权者才有权远程访问系统。

处理图像单元(数据集中器)：处理系统图像——通过主控制面板和辅助控制面板的平行可控性，变更管理，定位和同步行程控制等高级功能的处理等进行双重分配检查。将设置数据传输至选择的轴控制单元，处理通过外围系统收到的操作数据。

驱动处理单元(DP)：处理定位和同步行程控制的实时功能。传输设置数据和当前处理数据的轴控制单元，处理通过外围系统收到的操作数据。

轴控制单元(DB)：与轴相关的所有输入和输出信号的功能和安全处理。对从中央 DP 收到的与轴相关的设置和行程数据进一步处理，决定设置点/实际位置值。执行位置控制环，处理与轴相关的安全要求，提供维护和服务用接口。

数据集中器、驱动处理器和 DB 等的数据连接网络要求：

系统布局的结构确保如果整个系统中有一个次单元损坏时，冗余结构可以维护功能性。系统布局是基于以太网的一个自上而下网络，设置行程数据的网络。

- 操作杆与中央计算机柜中的 ShowController 连接。
- 物理网络层：以太网。
- 动态行程数据网络。
- 中央计算机控制柜中的 ShowController 与各电源柜中的 DB 轴控制器连接。
- 备份控制要求。

功能完整的控制系统对演出是必不可少的。完整的控制系统需要验证过的零件。

此外，系统结构是故障宽容的。一个配件组的故障不会引起整个系统的故障，一个故障最多引起受影响的单个驱动或控制面板故障。因此就不可避免地需要部分 2 通道和冗余设计。

与上述的系统设计相关，控制系统需至少具备以下备份功能。(表 4-7)

表 4-7 控制系统备份功能

故障	备份措施	功能限制
控制面板故障	通过一个额外的控制面板接收所有功能，包括演出的储存数据	减少了控制面板数量
控制面板数据电路故障	同样的控制面板	同样的控制面板
ShowController 故障	切换至 2 单元	无限制
Drivebox 故障	双 CPU 备份	—
ACU 的数据电路故障	切换至 2 网络数据	无限制
驱动的电源控制故障	直接使用驱动单元上的备份电源控制	无限制

2. INTECON 控制系统组成

舞台机械 INTECON 控制系统(图 4-59)采用上图控制结构,分三个层次:用户层、服务器层、驱动层,用户层和服务器层通过高速以太网通信,服务器层主控制器和现场层控制柜内轴控器以及 PLC 从站采用工业以太网 Ethernet。

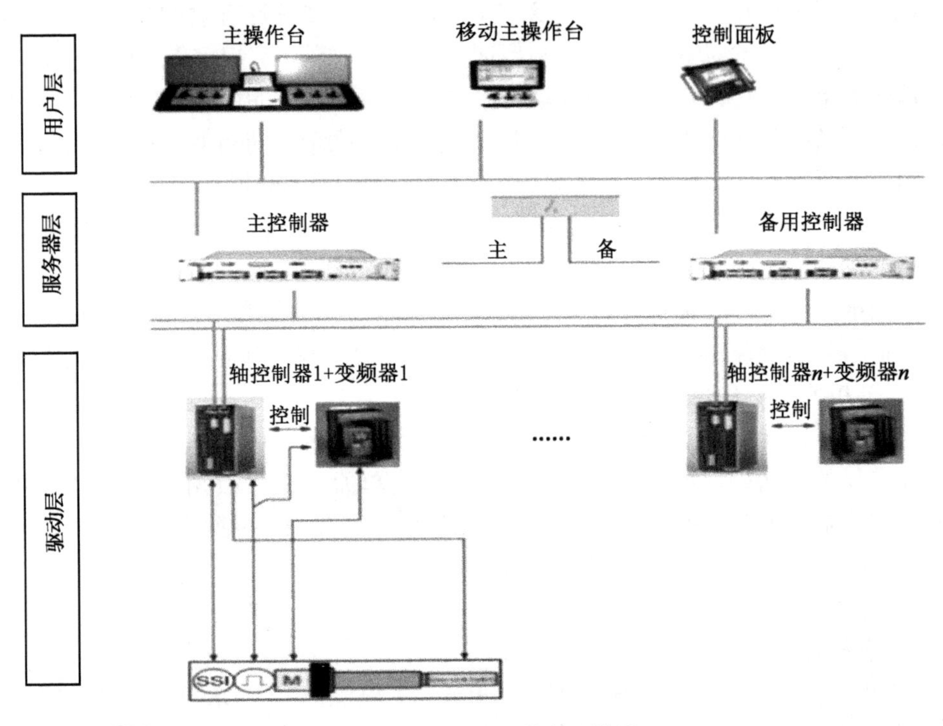

图 4-59　INTECON 控制系统图

1) 用户层

该系统操作站层可同时连接 20 个权限相等的各种形式的控制台。根据需要,每个控制台均可对台上、台下机械进行控制,也可通过适当的参数设置屏蔽其他控制台的功能。歌剧厅配置了主操台、移动操作台、紧急操作盘、大幕操作盘。

(1) MX II+2 主操作台

➢ 2 个宽屏 22″屏幕获得最佳 HMI。
➢ 4 个独立操纵杆各自配一个滑动电位计,扩大操纵杆的选择范围。
➢ 功能键区采用触摸屏技术。
➢ 可在触摸屏上预选择。
➢ 屏幕上自由选择功能。
➢ 菜单导航功能。
➢ USB 端口 U 盘储存编程的行程顺序和演出。
➢ 正常模式和备份模式间钥匙开关。
➢ 面板灯光。
➢ 急停按钮。

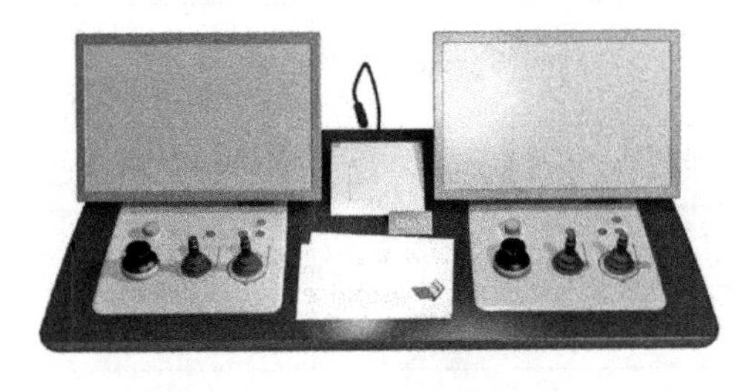

图 4-60　MX II+2 主操作台

- 操作面板由高质量材料制成。
- TFT 显示屏可通过 VESA 接口调节。

(2) 台式 MX II 移动操作台(图 4-61)

- 1 个宽屏 22″屏幕获得最佳 HMI。
- 2 个独立操纵杆各自配一个滑动电位计,扩大操纵杆的选择范围
- 功能键区采用触摸屏技术。
- 可在触摸屏上预选择。
- 屏幕上自由选择功能。
- 菜单导航功能。
- USB 端口 U 盘储存编程的行程顺序和演出。
- 正常模式和备份模式间钥匙开关。
- STOP 急停按钮。
- 操作面板由高质量材料制成。
- TFT 显示屏可通过 VESA 接口调节。

图 4-61　移动操作台

(3) 大幕控制台(图 4-62)

- 钥匙开关面板“ON”。
- 1 个独立操纵杆。
- 紧停按钮。
- 确认按钮。

(4) 便携式紧急控制面板(图 4-63)

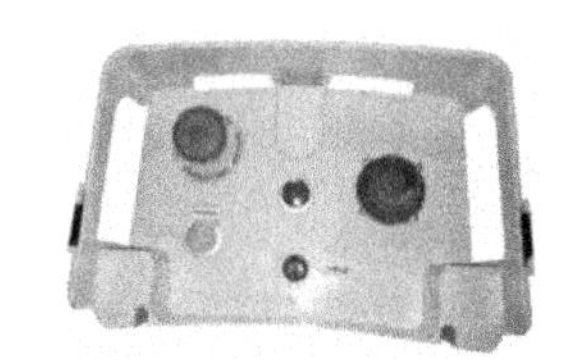

图 4-62　大幕控制台

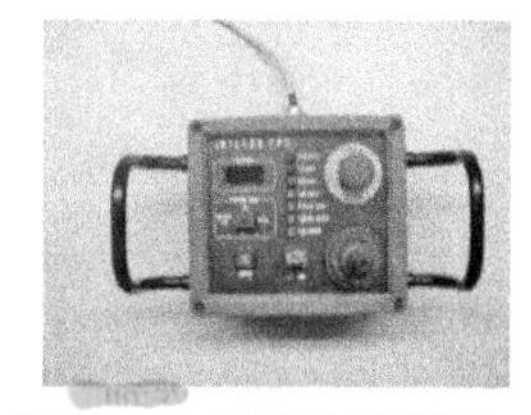

图 4-63　紧急控制面板

标准板：ECP。

紧急控制面板可以挂在轴控制器旁,用于调试和维修。该面板主要有下列元件组成：

- 多纹的铝框架带有人性化设计的把手。
- 紧停按钮。
- 1 个操纵杆。
- 4 位数字显示器,用于位置和错误显示。
- 状态显示,用于限位和故障显示。

2) 服务器层

ShowController 在 INTECON 系统中是一个中央处理单元。由 DK(数据信号集中器)数据管理计算机和 DP 驱动处理器组成。所有内部和外部链(连)接均以以太网为基础,以内部交换机为条件。ShowController 主控制器 2 台,冗余配置。(图 4-64)

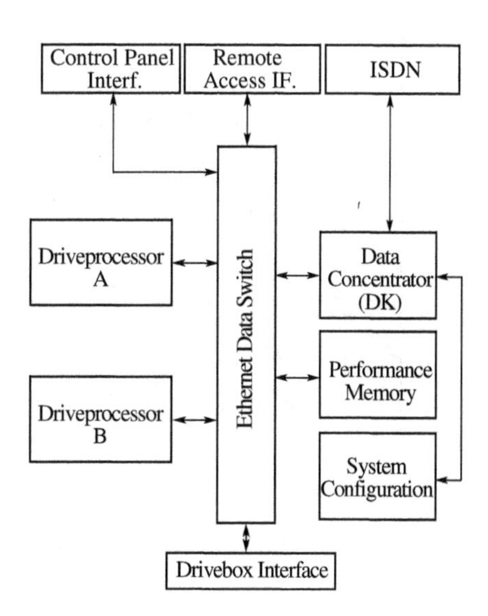

图 4-64　ShowController 的原理框图

ShowController 的一个重要特征是有一个内部以太网交换机。在网络中所有外部和内部数据回路均通过这个交换机。除所提供的可选的操作面板(台)外,它还可以用作系统的外部处理(如工作站)。另外,它

可以通过 ISDN 实现远程诊断。所有前面所述的数据回路都是以 TCP/IP 协议进行处理。由于驱动处理器 DP 的实时要求，系统这部分的数据回路是通过由 BBH 开发的特殊的协议(DB×SAVENET)进行处理。反过来，DK(数据信号集中器)主要负责数据存储和系统配置的管理和组织。

3) 驱动层

驱动层主要器件是 BBH 轴控制器、SEW 公司 MDX61 系列变频器。

轴控制器，一个用于驱动设备的可编程控制器，是专门用于舞台机械的控制器。轴控制器的应用不但增强了系统的可靠性、大大缩短了调试时间，而且也方便了调试和维修。为了遵守 DIN-0801 标准，轴控制器由两个独立的核心处理器组成。另外还集成典型的安全设备元件，如双口存储器或一个特殊的看门狗回路。

轴控制器铁壳封装，即使在很接近变频器或其他开关装置情况下，也具有极强的抗干扰性。控制和信号连接位于设备正面(图 4-65)。状态 LED 及一个 7 段显示器为调试和维修提供技术帮助。图 4-66 为轴控制系统原理图。

轴控制器的功能特征：

- 读位置编码器并进行数据检测。
- 读状态输入信号并产生状态信息。
- 实现位置控制，计算设定速度并输出模拟信号。
- 故障监视。
- 载荷监视。
- 安全(保护)继电器的控制和监视。
- 通过正常继电器激活驱动。
- 静态监视。
- 计算机核心部分的互相监视。
- 电源监视。
- 性能自检。
- 驱动和监督控制器的比较。
- 制动器的控制和检测以及频率转换器。
- 载荷测量装置的读取。
- 松绳检测。
- 编码器的读取。
- 限位开关的读取。
- 电机温度监视。
- 安全条监视。
- 设备锁定。

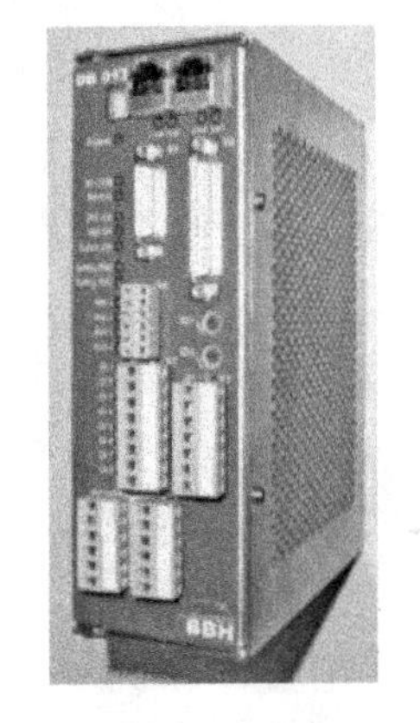

图 4-65　轴控制器面板

变频器是智能矢量变频器，带有安全扭矩关断(STO)功能，通过以太网接受控制指令，驱动调速设备。现场编码器提供增量 TTL、绝对值 SSI 信号，完成速度闭环、定位功能。

4) 网络

INTECON 系统使用以太网传送数据。高速以太网的数据传送，保证了系统的实时性，以达到设备运行的同步。每个轴控制器与网络均为双连接，且网络部件为冗余配置，当任何部件故障时，网络均能继续运行。

5）远程维护

以太网技术及舞台专用轴控制器被广泛地应用于本控制系统，因此，运行过程中的任何错误都可以由主控制器、轴控制器的检测系统来诊断故障部位。工程技术人员可以通过 ISDN 进入 INTECON 系统对舞台机械进行有效的远程检测、诊断并快速修复。系统的安全防护和授权限制保证了只有授权者才有权远程访问系统。

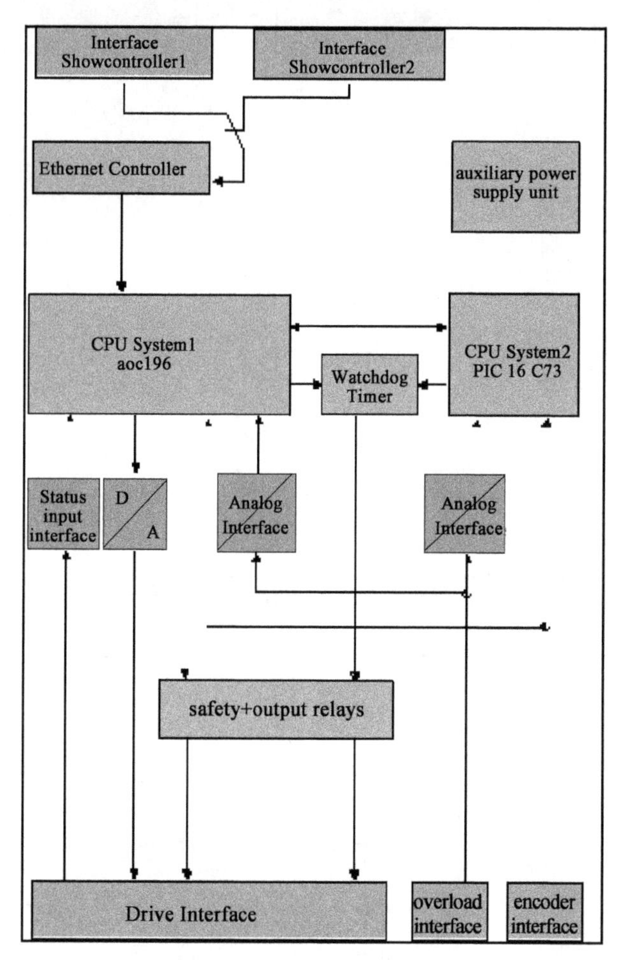

图 4-66　轴控制系统原理图

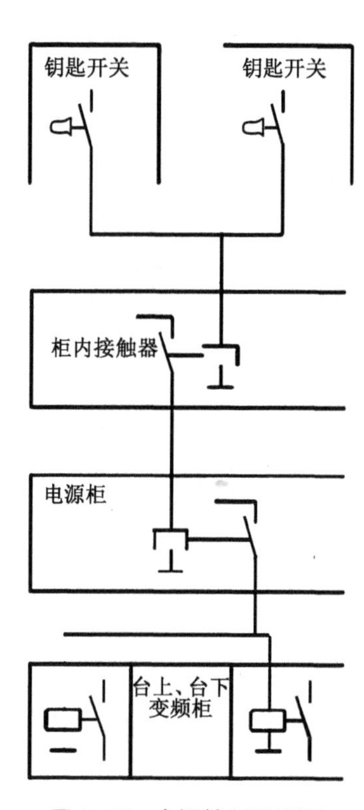

图 4-67　电源控制原理图

3. 驱动层电气设备

（1）电源控制柜

舞台机械和第三方电源接口柜，负责舞台机械各控制柜动力电源和控制电源分配，一般分台下电源控制柜和台上电源控制柜（图 4-67）。台上和台下变频控制柜原理图分别见图 4-68、图 4-69。电源控制柜有：PGY1 台上电源分配总柜、PGX1 台下电源分配总柜。

上电过程：任意操作台钥匙开关“ON”，控制系统上电。

关电过程：操作台电脑关闭、钥匙开关“OFF”，所以操作台钥匙开关“OFF”，控制系统失电。

（2）变频控制柜

通过以太网接受控制指令,驱动调速设备。

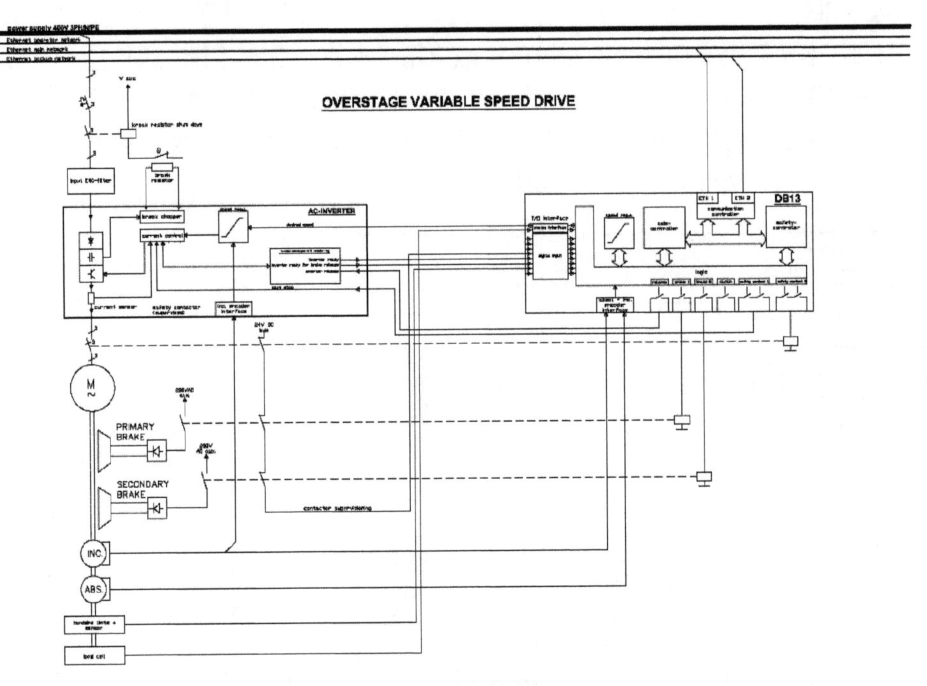

图 4-68　台上变频控制柜原理图

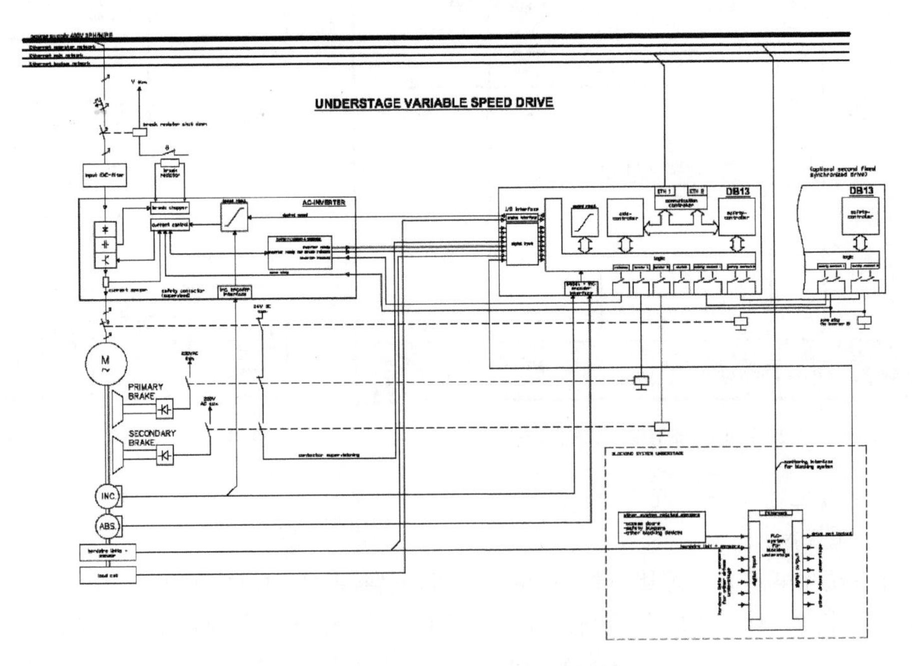

图 4-69　台下变频控制柜原理图

(3) 定速设备控制柜

轴控制器或 PLC 从站通过以太网接受控制指令,通过直流接触器驱动定速设备。轴控制器定速设备原理图,如图 4-70 所示。

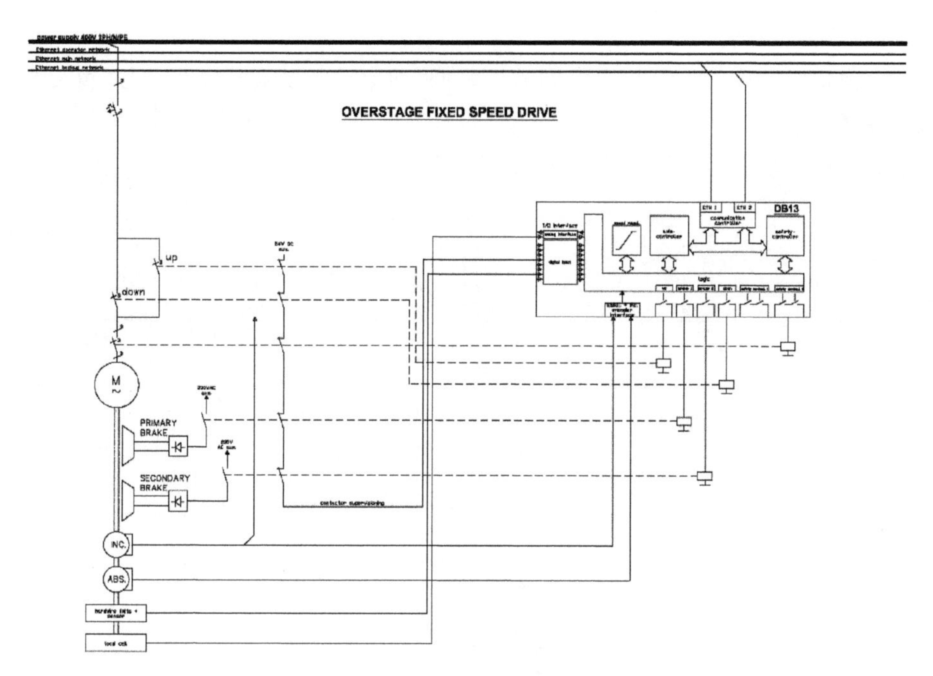

图 4-70　轴控制器定速设备原理图

PLC 控制定速设备原理图，如图 4-71 所示。

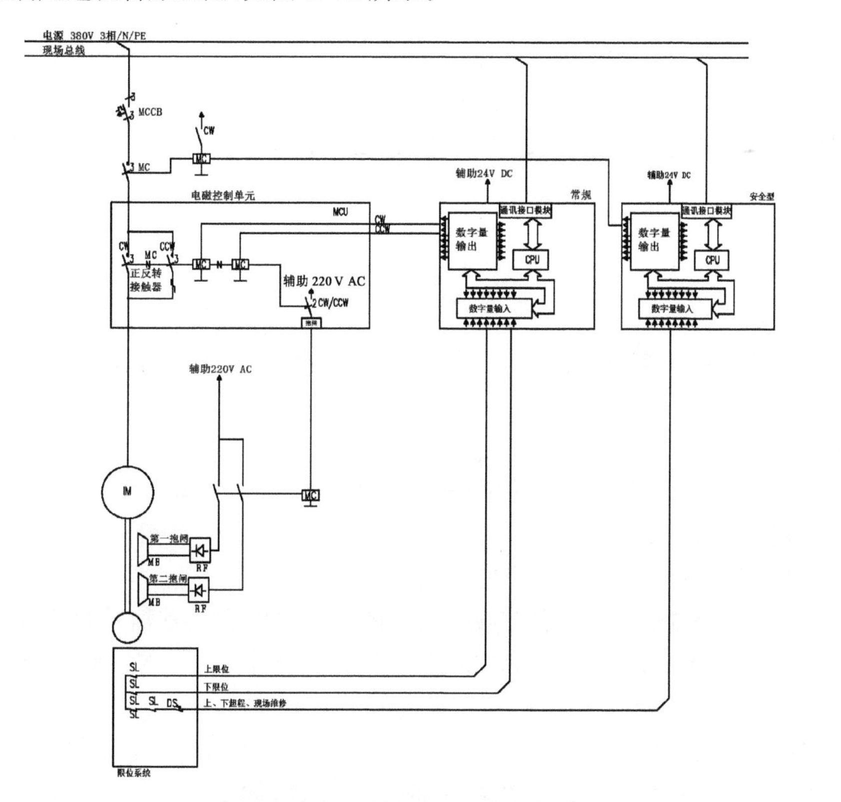

图 4-71　PLC 控制定速设备原理图

(4) 交换机控制柜

安装交换机组和中央控制柜以太网通信,是驱动层设备以太网交互中心,负责和轴控制器以太网连接。

网络交换机原理图,如图 4-72 所示。

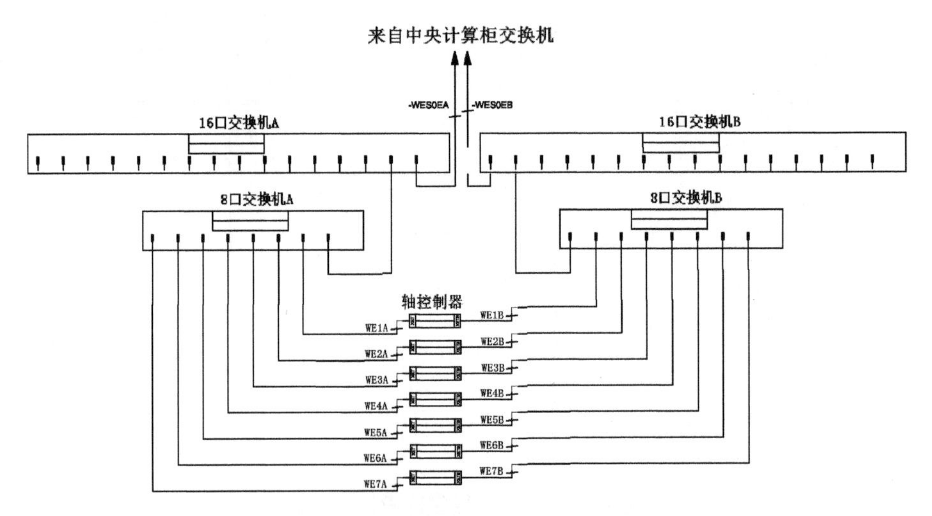

图 4-72 网络交换机原理图

(5) 中央控制柜

计算机控制中心、紧停单元。

(6) 制动电阻箱

一般对应各自变频控制柜挂墙安装,用于变频器制动过程中释放能量,并悬挂“高温、高压! 请勿触摸!”标牌。

(7) 控制箱

控制箱多为不进入主控制系统,要求独立控制的设备配置。

(8) 分控箱

分控箱完成控制柜至现场驱动设备信号、电缆转接,分控箱面板有维修开关,内部有抱闸测试。

(9) 紧停系统

舞台机械设计“0 类”和“1 类”可调紧停系统,满足 SIL3;由安全型可编程控制器、SMX 安全模块、紧停开关组成。

(10) 现场传感器

指独立安装在现场的用于检测速度、位置、限位、负载以及其他信号的专用器件或装置。包括速度闭环增量编码器、位置测量拉线编码器或测距机构、称重的载荷传感器、各设备限位开关、安全门开关、防剪切开关等。

① 速度、位置连续检测装置

速度连续检测装置一般安装在传动轴上,选用增量型旋转编码器,其解相度通常为1 024p(脉冲)/r(圈)。

位置连续检测装置一般安装在传动装置侧或能反映舞台机械设备实际运行位置的地

方，选用解相度通常为 10p(脉冲)/mm(舞台机械设备的行程)增量型旋转编码器或绝对值型旋转编码器。图 4-74 所示组合编码器＋拉绳机构组成拉线编码器。

图 4-73　增量型旋转编码器

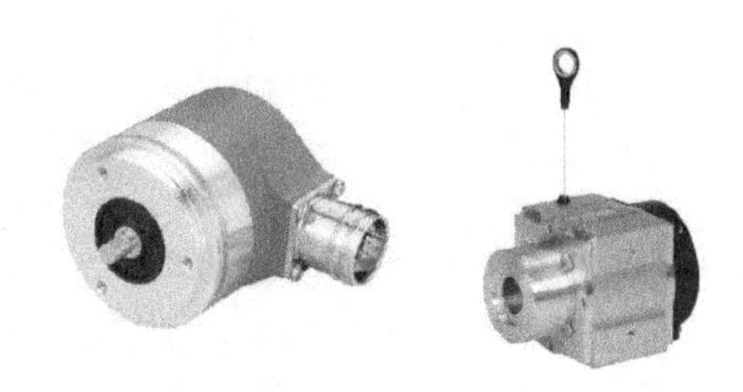

图 4-74　组合编码器＋拉绳机构

② 限位检测装置

台上限位装置：将博明基业生产的凸轮开关与吊杆卷筒轴相连，凸轮开关包含上限、上极限、下限、下极限四副触点。

台下限位装置：台下设备多在适当位置安装直接撞击式限位开关，限位开关一般为摆臂式触发开关。

③ 松绳、叠绳保护开关

松绳机构、叠绳机构各舞台厂家、各剧场大多相同，机构设计基于电极接点短路控制原理，本系统松叠绳控制电路见图 4-75。叠绳检测、松绳检测都是通过 K1、K2 继电器关断、轴控制器 DI“1/0”变化停止吊杆运行。根据安全功能的可操作性，当松绳或叠绳动作后，设备停止运行，需人为干预、确认安全后才能继续运行！

④ 防剪切检测装置

台下升降台边沿以及和升降台相邻的固定边多配置安全边保护装置。此装置是由安全条和缓冲装置组成，安全条内部由 2 条铜导体组成，当其受挤压，铜导体导通，给控制系统发送信号。

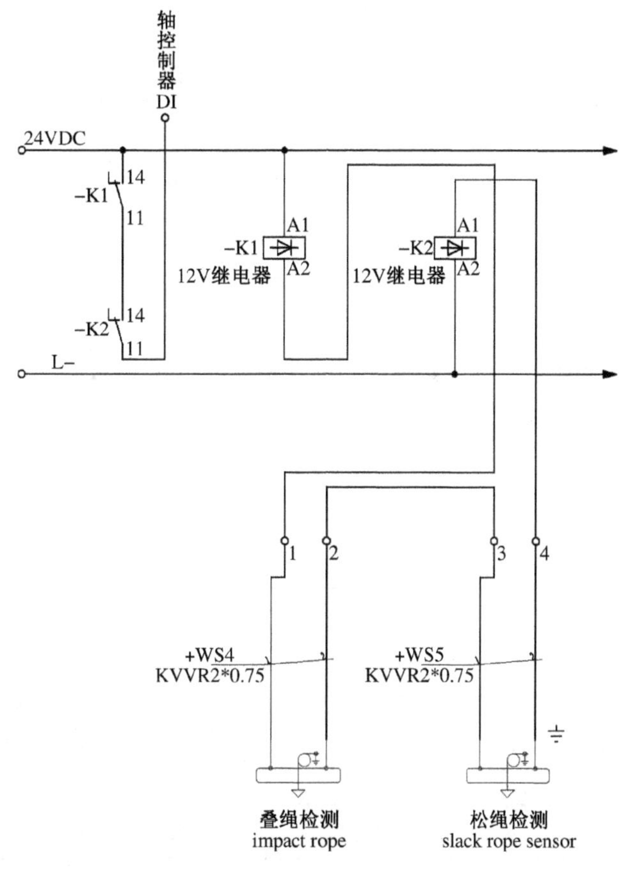

图 4-75　松绳、叠绳检测电路

剪切开关主要用于：运动的升降台(或升降台组)与静止台之间产生的剪切；同向运动的两升降台之间由追越产生的剪切；相向运动的两升降台之间产生的剪切。

以上防剪切发生后，首先所有升降台立即停车，再次启动后如剪切信号存在，只能反剪切方向运行。

⑤ 侧车台防挤压(碰撞)开关

在车台两端设置铰链挡板和摆臂式行程开关,当车台前进或后退遇障碍物,挡板遇阻沿铰链轴转动一定角度,触发行程开关动作。

控制系统在车台前端安装无线发射器,无线接收器安装在侧辅台处。前述行程开关动作后,触发无线发射器发射信号,无线接收器接收信号后其继电器动作,继电器触点信号进PLC输入点。通过软件编程发出停止命令,侧车台变频器紧急停止。

4. 现场传感器列表(表4-8)

表4-8　现场传感器列表

编号	名称	描述	数量/台	安装位置	备注
一	主升降台				
1	上下限位、极限开关	摆臂式	4	侧钢架	
2	乱绳开关	摆臂式	2	卷筒处	
3	辅助驱动检测开关	摆臂式	2	辅驱法兰	
4	升降台锁定限位开关	摆臂式	4×2	锁定机构	
5	速度编码器	增量编码器	1	电机尾轴	
6	拉线编码器	绝对值编码器	2	升降台仓	
7	门开关	柱塞式	2/门	−4.5 m、−9.0 m	
8	剪切边	机械配套			
9	载荷传感器	−9T	4	见机械工艺图	
二	吊杆				
1	上下限位、极限开关	机械配套	1	卷筒轴	
2	松绳开关	机械配套	1	栅顶	
3	乱绳开关	机械配套	1	卷扬机处	
4	电机编码器	增量编码器	1	电机尾轴	
5	位置编码器	绝对值编码器	1	限位机构延伸轴	
6	载荷传感器	−15 kN	1	卷筒处	
7	辅助驱动检测	柱塞式	1	电机上部环架	

5. 舞台机械电气系统运行

舞台机械电气系统功能强大,系统较为复杂。本节介绍控制系统控制策略。

(1) 载荷测试和超载保护

载荷测试是对升降设备、移动设备(侧车台、后车台)、旋转设备的载荷测试,用于考核设备的驱动系统、制动装置、传动系统、支撑和承载结构在运动和静止状态下的负载能力,分机械性能测试和电气性能测试，电气测试包括制动器测试、电气载荷传感器或电流保护功能测试。

① 升降台载荷测试

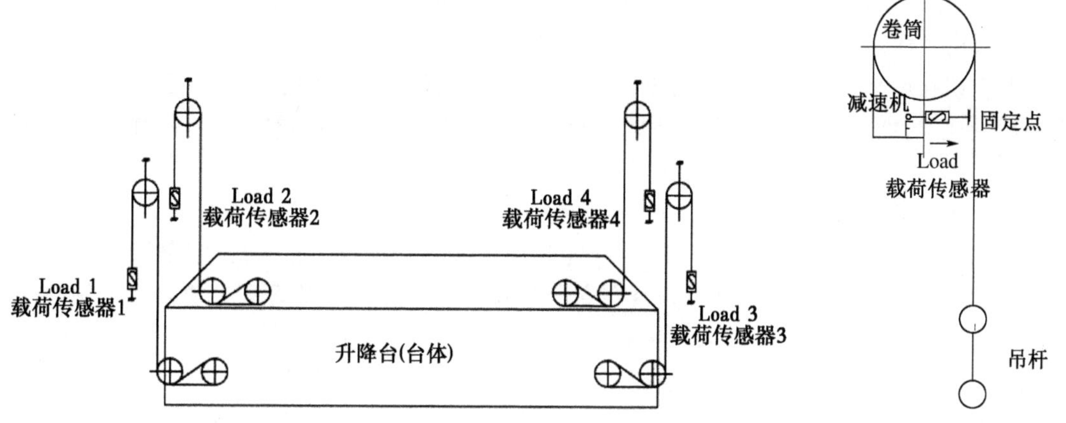

图 4-76　升降台载荷示意图

图 4-77　吊杆载荷示意图

如图 4-76 所示，升降台有四个提升点，升降台载荷等于 Load1＋ Load2＋ Load3＋Load4，图中传感器配置方式：在控制上 Load1、Load2 一并接入左侧驱动载荷变送器、左侧轴控制器，Load3、Load4 一并接入右侧驱动载荷变送器、右侧轴控制器。

② 吊杆、灯杆载荷测试

图 4-77 为吊杆、灯杆载荷测试方案图。

做力学分析时，卷筒和减速机是一体的。图中“S”形载荷传感器受拉力，根据力矩平衡、力臂长度关系，可计算出吊杆的重量。

电气上，传感器信号经变送器、轴控制器处理，可在操作台界面显示吊杆挂重荷载。

称重传感器信号参与控制，确保在 120％额定载荷（过载）时关闭驱动。一旦过载，立即停止机械设备的运转（过载检测后的允许行程：最大 0.50 m）。关闭驱动后，可以将其移回至安全位置（例如：载荷释放）。

没有载荷测定系统设备，通过测定电流来切断过载。

（2）速度偏差保护、超过同步误差时的防护

机械设备驱动系统应能自动识别不允许的、会造成危险状态的速度偏差。当达到规定的速度偏差值时；在异步关联运动中（相当于安全型编组），组内设备以复杂的速度、行程等参数组合运行，操作的失误将导致场景及设备碰撞或损坏等危险情况。速度、位置控制是舞台机械重要控制项，精确实现速度、位置控制，即可完成速度偏差保护。

BBH 控制系统，由三个重要环节保证。

驱动处理单元（DP）：处理定位和同步行程控制的实时功能。传输设置数据和当前处理数据的轴控制单元，处理通过外围系统收到的操作数据。

轴控制单元（DB）：与轴相关的所有输入和输出信号的功能和安全处理。对从中央 DP 收到的与轴相关的设置和行程数据进一步处理。决定设置点/实际位置值，执行位置控制环。处理与轴相关的安全要求，处理通过外围系统收到的操作数据。

检测单元：增量编码器、绝对值编码器。增量编码器安装在电机尾轴，绝对值编码器安

装在卷筒处(吊杆列)。增量编码器 TTL 信号一分为二，一路接变频器，实现速度闭环，一路给轴控制器，和接入轴控制器绝对值编码器 SSI 信号实时比较，对单台设备偏差保护。

异步关联运动、高速监控组通过上述硬件配置，DP、DB 运算处理，快速实时的通信网络，实现速度偏差保护。速度偏差一定范围后，超过同步误差停止编组运行。

(3) 超行程(紧急限位)开关

舞台机械是要在一定空间范围内运行的，任何超出行程范围的运行对设备自身或周边设备都是风险，所以舞台机械系统会设置软限位、行程限位、超行程限位，更有机械限制等保护措施。

江苏大剧院超行程限位在电气控制系统做如下处理：

调速设备：所有调速设备的驱动层配置变频器、轴控制器，所有运行、安全管理都是由轴控制器完成，变频器执行。轴控制器有安全型输入电路，该电路串联了几类重要的保护开关，这一电路称“安全链”，超行程开关是“安全链”中一环，当超程开关激活后，“安全链”断开，轴控制器发紧急停止命令关断变频器“STO”，舞台机械“0”类停车。

定速设备：所有定速设备的驱动层配置主接触器、正反转接触器，所有运行、安全管理都是由安全型 PLC(非标准 PLC)完成，双接触器执行。安全 PLC 有安全型输入模块，超行程开关是由安全型 PLC 输入模块处理信号，当超程开关激活后，由安全型 PLC、安全型输出模块发紧急停止命令关断接触器线圈电压，舞台机械“0”类停车。

(4) 超速保护

超速保护是基于主控制器、轴控制器、变频器、编码器系列配置完成的速度控制保护功能。在主控制器、轴控制器、变频器内均可设定速度阈值，如 1.25 倍。在故障情况下，当设备驱动装置的速度超过额定速度并达到 1.25 倍额定速度时，设备会立即停止。同时切断制动器电源，“0”类停车。

(5) 设备联锁

容易产生危险又相互关联的设备，属于异步关联(联锁性)编组，它们只能按一定的联锁关系运动。不满足联锁关系，设备不能运动，以免发生危险。如侧车台与辅助升降台、主升降台的联锁运动，车载转台与前、后辅助升降台、主升降台的联锁运动，防护门、锁紧装置与主升降台的联锁运动等通过 PLC 软件编程满足要求。

联锁信号是通过 PLC I/O 数字采集模块采集，PLC 中央控制器处理，软件编制时，将设备相关的安全信号与联动中的安全因素，关联为该设备允许运行的前提，不满足关联条件，如门开，安全继电器会关断轴控制器安全链。如演员活动门是手动，就不存在和演员升降小车联锁控制。

(6) 联锁取消

BBH Intecon 控制系统设置了灵活的联锁取消功能，应急时使用！

联锁功能取消是通过 S1A 柜内两组开关实现的，一组取消后车台位置联锁，一组取消其他设备的联锁。联锁取消是危险的操作方式，需人工介入确认！联锁位置开关挂牌上锁！

6. 编程工作

操作面板最新的激活方式显示在标题栏中，一般有两种操作模式可用：设置模式和表演模式。

(1) 设置模式

在设置模式期间，Set-up mode（设置模式）信息在标题栏和标有“Operating mode”（操作模式）的按钮上方被显示。设置模式不能用于演出。在该模式下，驱动独立于当前所选的剧目运动。设置模式只提供单个的运行区域，用于驱动和编组。

（2）表演模式

在表演模式期间，标题栏显示当前的场景号，同时在“Operating mode”按钮上方显示Performance（演出）。在演出模式期间，在标题栏的上部显示当前的演出标题。

如果剧目已经装载，在图片的上部边缘有该剧目的说明。

系统含有由用户安排的总共100个运行区。与设置模式相同，单个的变化（场景）可用于驱动或编组。

（3）在演出和设置模式间转换

按“Operating mode”键在设置模式和演出模式之间变化。

（4）场景更换

每个面板最多可输入100个变化（场景）。

运行画面的左侧有一变化（场景）列表。

该表只有在演出模式才被激活。为了从列表中选择一个演出（场景），只要简单地手指触摸即可。

“＋”和“－”键允许在相近的变化（场景）之间变化。

要选择下一个变化（场景），简单地按一下“＋”键即可。

要选择上一个变化（场景），简单地按一下“－”键即可。

（5）删除场景

如果用“CLR”键（清屏）清除所有的运行区域，那么变化（场景）即被删除。

（6）变化（场景）注释

注释区域允许对每个变化（场景）输入备注文字。备注的有用空间只有两行，每行最多60个字符。

4.2.8　舞台机械检测

1. 机械系统检测内容

主要是对该剧院的舞台机械系统的图纸和技术资料进行检查，对安装工艺进行检查，对设备功能进行检查，对设备的性能进行检测。

2. 工艺检查

主要检验内容是设备的规格与状态，重点是驱动机构与装置、制动器安全装置、钢丝绳缠绕系统和控制系统等。具体如下：

（1）焊缝表面质量检查；

（2）表面防锈处理检查；

（3）减速机漏油状态检查；

（4）机座安装检查；

（5）电动机、减速机、卷筒连接检查；

（6）滑轮安装检查；

（7）钢丝绳绳夹连接固定检查；

（8）吊杆杆体连接检查；

(9) 吊杆管盖检查;

(10) 吊杆产品标牌检查;

(11) 收线筐安装检查;

(12) 传动机构检查;

(13) 钢结构钢架检查;

(14) 锁定机构检查;

(15) 配重机构检查;

(16) 导轨机构检查;

(17) 低压配电系统接地形式检查;

(18) 控制柜标识检查;

(19) 控制柜和电气设备线缆排布检查。

3. 安全功能及控制系统检查

(1) 限位装置;

(2) 超行程装置;

(3) 超载报警装置;

(4) 防乱绳装置;

(5) 防松绳装置;

(6) 急停开关;

(7) 安全管理系统;

(8) 设备编组运行;

(9) 场景设置运行;

(10) 紧急停机功能;

(11) 设备运行和故障报警记录;

(12) 备用控制系统及冗余设备。

4. 性能测试

(1) 速度测试

加载100%额定载荷,首先以不大于10%的低转速运行一段距离,观察运行状态是否稳定,再以变速运行一个行程,确认运行稳定后进行额定速度测试,使用秒表和激光测距仪,在行程内测量三次,求平均值。检测依据 WH/T 27—2007《舞台机械　验收检测程序》。

(2) 载荷测试

加载100%的额定载荷,额定速度运行,使用有效值电流表测量电动机运行电流,测量三次,求平均值。检测依据 WH/T 27—2007《舞台机械　验收检测程序》。

(3) 停位精度测试

加载100%的额定载荷,额定速度运行,在行程范围内随机取一个基准点,运行三次,记录三次的位置值,计算位置值和基准值的误差平均值。使用激光测距仪。检测依据 WH/T 27—2007《舞台机械　验收检测程序》。

(4) 噪声测试

背景噪声不大于NR30,使用本体自重,额定速度运行时,在观众席第一排1.5 m高度分别测量设备上升下降运行中的噪声,使用声级计。检测依据 WH/T 27—2007《舞台机械验收检测程序》,GB/T 17248.1—2000《声学　机器和设备发射的噪声　测定工作位置和其他指定位置发射声压级的基础标准使用导则》,GB/T 17248.3—1999《声学　机器和设备发射的噪声　工作位置和其他指定位置发射声压级的测量 现场简易法》。

(5) 台板水平间隙测试

升降台的长边分四等份取 3 个测量点,短边分两等份取 1 个测量点,使用游标卡尺测量间隙。检测依据 WH/T 27—2007《舞台机械　验收检测程序》。

(6) 防火幕手动释放时间测试

手动释放时,测量从最高处落到地面的总时间和从距离地面 2.5 m 处减速后到地面的时间,使用秒表。检测依据 WH/T 27—2007《舞台机械　验收检测程序》。

4.3　舞台灯光

4.3.1　舞台灯光概述

舞台灯光是舞台演出不可分割的一个组成部分,属于舞台艺术照明设计范畴。运用舞台灯光可以加强演员表演的艺术形象,美化舞台美术造型,突出剧中人物、阐明主题、烘托整个舞台的演出气氛。只有良好的舞台照明系统才能满足戏剧表演和综合文艺演出活动的需要。

舞台表演艺术家对舞台灯光的评价:“光是舞台上的灵魂”“光是舞台上的血液”“光是舞台气氛的权威”“舞台上是光的世界”“当代舞台美术是光景的时代”等。

现代舞台演出中舞台灯光的主要作用可归纳为:

(1) 使观众可清晰地看到演员表演和景物形象;

(2) 导引观众视线,集中到关键演出部位;

(3) 塑造人物形象,烘托情感和展现舞台幻觉;

(4) 创造剧中需要的空间环境;

(5) 渲染剧中气氛;

(6) 显示时间、空间转换,美化舞台美术造型,配合舞台特技,丰富艺术感染力。

舞台灯光的知识结构包括舞台照明工程设计、舞台灯光场景设计和文化艺术基础三部分,如图 4-78。

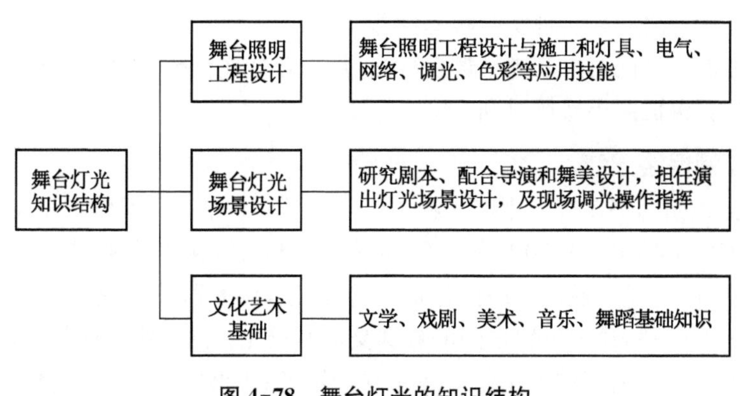

图 4-78　舞台灯光的知识结构

舞台照明工程设计是实现舞台灯光场景设计的技术基础。其职责是负责舞台照明工程设计、工程施工和维护,涉及电(包括电子技术)、光、色、机械四个方面的科技知识和舞台灯光设备灯具、调光、色彩等的应用技能。舞台灯光系统设计与舞台类型和剧院的功能定位密切相关。

舞台灯光场景设计属舞美设计范畴,是一种艺术与技术相结合的专业。舞台艺术照明场景设计的质量离不开剧本、演员、导演、舞美设计等部门,以及对剧情的深入研究和理解。

文化艺术基础作为舞台灯光知识结构的重要部分,要求舞台灯光设计从业人员不仅要有熟练的灯光专业技术知识,还应具有丰富的艺术素养和较强的形象思维创造能力,特别是对文学、戏剧、美术、音乐、舞蹈五个方面的修养。

歌剧厅是目前国内最现代化的特大型剧院,有一个特大型的品字形舞台,台口宽度:18.6 m;台口高度:12 m;主舞台台宽:33.2 m;主舞台台深:35.4 m;后舞台台深 13.5 m,台上净高:31 m;左右侧台宽:20.8 m;左右侧台深:24.4 m;后舞台台宽:24.6 m。有观众席 2 276 席(不包括乐池)。

歌剧厅的舞台灯光不仅要满足歌剧、芭蕾舞、音乐剧和大型综艺演出,还要能进行电视现场直播和录像制作,这就要求既要考虑整体功能符合现代剧场的要求,又要考虑系统的前瞻性、可扩展性、合理性和高性价比,保证系统在相当长时间内保持其领先的地位。

歌剧厅舞台灯光系统采用了许多新技术、新设备和新工艺,使灯光控制系统的技术水平和性能参数达到国际水平

4.3.2 歌剧厅舞台灯光系统技术要求

(1) 舞台平均照度不低于 1 500 lx。

(2) 灯具光源色温:3 200 K 和 5 600 K 两种。

(3) 显色指数 Ra:≥95,气体放电灯的显色指数 ≥90。

(4) 总用电量:1 250 kVA,其中调光室 1 为 900 kVA,调光室 2 为 350 kVA,使用系数 0.9。

(5) 舞台灯光总供电回路:1 115 个回路,其中:调光回路(3 kW)124 个;组合回路(调直两用 3 kW)846 个;组合回路(5 kW)44 个;直通回路(16 A)101 个,三相 32 A 电源箱 15 个,三相 63 A 电源箱 10 个;三相 200 A 电源箱 4 个。

(6) 供观众席调光预留 5 kW 调光回路 26 路。

(7) 灯光控制台之间可实现实时跟踪主备切换。

(8) 多台控制台可同时控制同一舞台灯光,可以合并多台控制台的灯光制作程序。

(9) 灯具配置保证演出换场时间:≤4 h。

4.3.3 灯光控制网络系统

歌剧厅灯光控制网络系统采用以太网+DMX 控制,整个控制系统严格遵循 TCP/IP 通信协议及 USITT DMX512/1990 架构的双环网。主干网传输媒质采用宽频带、低衰减、抗干扰能力优秀的光纤传输,通过光缆把各站点、控制室、调光器室、音控室、栅顶和第一层马道左侧连接成一个环路,这些位置之间的数据交换通过光纤网络线路使其实现网络传输,避免长距离传输和电磁场引起的干扰。安装在数据分配柜里的协议转换器将以太网灯光网络信号转换成各种 DMX512,通过 DMX 分配器/推送装置分配至剧院内的几乎全部接线盒。

灯光控制网络是双向系统，可以将控制信号传输至照明装置，并同时将状态信息返回控制系统的过程进行监控。

除了使用有线网络外，稳定的无线系统也被用于控制舞台上活动背景的灯光设备，或被用于远程控制主控制台。灯光系统的部分区域通过辅助控制盘(触摸屏)来控制。观众厅灯光、直通回路及排练灯光和工作灯可以通过辅助控制盘、主操作盘或几个遍布台塔内的控制站来操作。电源发生故障时灯光操作控制系统和所有相关控制信号分配装置的 UPS 不间断电源供电，确保在操作台上正在进行的当前工作数据备份并储存，而且允许整个系统安全关闭。

一台笔记本电脑连接到灯光控制网络，既可作为备用设备来使用，也可以管理和编辑存储的演出以及远程和维护操作，数据通过 LAN 或 W-LAN 传输。

网络系统延深至调光柜，可以及时获得或反馈调光柜的各种状态、参数信息和演出编程反馈；控制范围包括常规灯、电脑灯、LED 灯等 DMX 灯光设备；控制方式可为多点、多人控制，在线与脱机编辑，直控、监控和遥控。

可以在控制室监控整个剧院，亦可以手提电脑插上任何一个以太网接口，作全网络功能监控或取得调光反馈信息。

全电脑程序化场灯、工作灯控制系统，信号亦以以太网络传送。

调光控制台：配置国际先进产品，设备应具有通用性和互换性。

调光柜使用国际先进抽屉式，每路调光和直通模块均有反馈报告功能，能在控制室的显示器上显示，并可在任何地区以手提电脑作立体显示，调光柜可直接接受以太网信号。

1. 主干网络

灯光传输主干网络采用目前在国际上比较流行和已成熟的双环网形式，环网内信号传输采用双备份，考虑到各网络中继站之间的传输距离以及数据流量，采用光纤作为传输媒介(利用光纤高速、大容量的特点)，保证信息传输的通畅和稳定。

根据剧场建筑整体布局以及今后演出的需要，将各信号综合于控制室、1＃调光器室、2＃调光器室、左马道、栅顶等信号中继站。各网络中继站受控于设在灯光控制室内的网络管理服务器，网络管理服务器通过专用的网络管理软件，能对网络中各个信息节点(设备)统一配置、修改，提高网络设备的利用率，改善网络的服务质量以及保障网络的安全。

2. 支线网络

支线网络采用星形拓扑结构形式，以各网络中继站为中心，通过网络交换机呈星型分布以太网节点。在每一个用户点上得到的是 Ethernet 信号，通过 DMX 终端设备实现以太网信号与 DMX 信号的相互转换。传输介质采用超五类线，数据传输速率达到 100 Mbps。

网络中继站内的基本设备包含以太网交换机、E/D 转换器、配线架和 UPS 电源等。

以太网交换机：向服务器汇报每一个输出端口的工作情况，便于管理和及时作出准确的判断。

配线架：为交换机与用户点之间提供转换接口。

1) 控制室中继站

控制室网络中继站位于观众席后方的灯光控制室，柜中交换机以太网信号连接控制室的控制设备和舞台台外灯位的调光回路及效果灯具等的数据信号，具体分布如下：

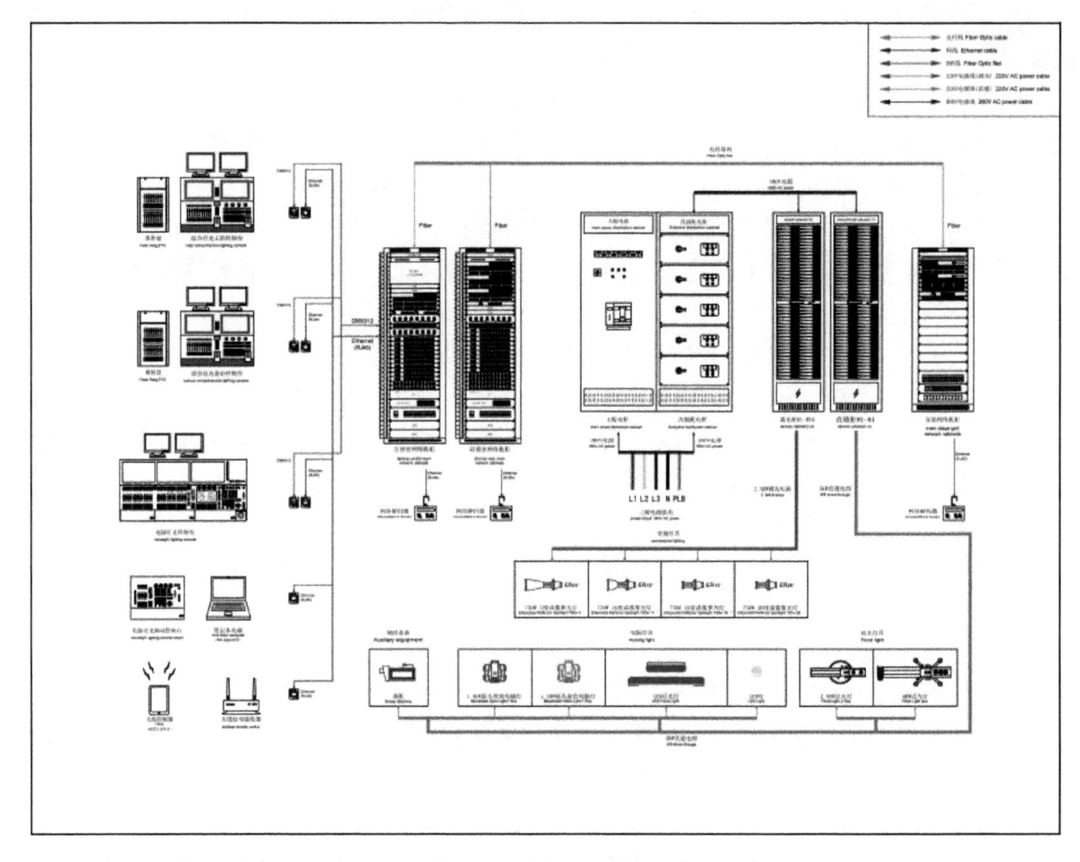

图 4-79　主干网络图

通过双绞线与交换机相连接设备：主备电脑灯控制台、主备普通灯控制台、主网络监视系统等处。

以太网节点和 DMX 节点分布于追光、面光、观众厅楼座等处。

2）1＃调光器室中继站

硅室网络中继站作为调光立柜的以太网信号传输。连接调光回路以及效果灯具的数据以太网信号，具体分布如下：

以太网信号和 DMX 信号连接调光柜和其他设备。

以太网节点和 DMX 节点分布于台口架、假台口侧片、右侧光吊笼等处。

3）2＃调光器室中继站

硅室网络中继站作为调光立柜的以太网信号传输。连接调光回路以及效果灯具的数据以太网信号，具体分布如下：

以太网信号和 DMX 信号连接调光柜和其他设备。

以太网节点和 DMX 节点分布于乐池、台唇、主舞台墙面、地板等处。

4）左马道中继站

左马道网络中继站连接的数据以太网信号，具体分布如下：

以太网节点和 DMX 节点分布于左侧光灯光吊笼、假台口上片、左马道等处。

5）栅顶层中继站

栅顶层中继站连接的数据以太网信号，具体分布如下：

以太网节点和 DMX 节点分布于舞台 1 至 6 道灯光吊杆等处。

3. 灯光供配电系统概述

1）歌剧厅整个系统节点及配置如下：

$$P_{js} = K \cdot P_e \tag{4-1}$$

（式中 P_{js}—计算容量 kW：K—需要系数，P_e—设备容量 kW）

根据规范，式(4-1)中 K 取 0.3；调光室有 2 个，系统节点数量及规格如下：

调光回路：　124×3 kW；

调光/直通混合回路：　846×3 kW；44×5 kW；

直通回路：　101×5 kW；

三相备用电源：　10×63 A、15×32 A；

以太网信号：　147 个；

DMX 信号：　109 个。

2）供电要求配合

1＃调光室电容量设计：

根据规范，式(4-1)中 K 取 0.3，调光室：P_e=811×3+38×5=2 623(kW)

（其中调光/直放回路：3 kW 调光 124 路，3 kW 调直 586 路，5 kW 调直 38 路，3 kW 直通 101 路）（根据规范 cos φ 取 0.90）

$$P_{js} = 0.30 \times 2\,623 = 787(\text{kW})$$

$$\text{相电流 } I_j = P_{js}/(1.732 \times U_e \times \cos\varphi) \approx 13\,291(\text{A})$$

根据以上公式计算，综合考虑一些综艺性节目的要求，配电容量应为 910 kVA。

2＃调光室电容量设计

$$P_e = 260 \times 3 + 6 \times 5 = 810(\text{kW})$$

（其中调光/直放回路：3 kW 调直 260 路，5 kW 调直 6 路）（根据规范 cos φ 取 0.90）

$$P_{js} = 0.3 \times 810 = 243(\text{kW})$$

$$I_j = P_{js}/(1.732 \times U_e \times \cos\varphi) = 410(\text{A})$$

根据以上公式计算，综合考虑一些综艺性节目的要求，配电容量应为 320 kVA。

4. 工作灯系统

除了演出灯光，舞台和相关技术区域也将配备蓝白工作灯，用于装台、演出、排练、工作用。配置了管状荧光灯、卤素泛光灯、椭圆形灯具、LED 泛光灯等不同种类的灯具，分布在舞台区（主舞台、侧台、后台）和技术区（面光桥、灯控室、马道、栅顶等）。

同时配置了 1 台工作灯配电盘，安装于 1＃调光器室。选用国产优质品牌广州 RGB-7543SK 服务于舞台上和相关区域的白/蓝工作灯和排练灯的所有供电，配置了 54 路 3 kW 直通回路，满足演出和不演出时的所有要求。直通回路可通过所配置的 MA lighting 舞台灯光控制台及 ETC 次级控制盘来控制（包括闭锁/开/关等）。

表 4-9 工作灯总照明要求

工作灯：白灯	
舞台区(主舞台、侧台、后台)	最小 300 lx
技术区(面光桥、灯控室、马道、栅顶等)	最小 150 lx
工作灯：蓝灯	
舞台区——沿墙通道(主台、侧台、后台)	最小 1 lx、最大 3 lx
技术区(面光桥、灯控室、马道、栅顶等)	最小 1 lx、最大 3 lx

4.3.4 灯光系统主要设备

1) 控制台及周边设备

(1) 控制室介绍

灯光控制室是用来控制舞台灯光设备的房间。布置在池座观众厅后区,设有观察窗,能看到舞台。室内设主备电脑灯控制台、主备普通灯控制台、信号柜等灯光控制设备。房间要排风、散热、装绝缘防静电地板、留接线槽。信号柜中继站具有一组 24 口网络交换机、网络配线架、UPS 备用电源等,分别连接灯控室电脑灯控制台、普通灯控制台、无线控制器及台外灯位的数据分配网络。

(2) 灯光控制系统组成

控制台系统及周边设备主要放置在灯光控制室,系统组成如下:

主备电脑灯控制台选用 MA lighting 公司的 grandMA2 full-size 灯光控制台,能支持 ArtNet、ACN 等格式。主备普通灯控制台选用 MA lighting 公司的 grandMA2 light 灯光控制台,能支持 ArtNet、ACN 等格式。

19″机架式机柜安装,配 UPS 电源。

(3) 灯光控制室相关要求

控制台使用 UPS 电源供电,以免影响计算机控制台正常工作。控制室设有 10 kVA 电源箱,要求控制室电源直接由供电变压器供给,避开调光器室。

控制台安置于窗前,便于操作观察窗可开启。玻璃窗口无眩光,便于观察舞台灯光变化状况。控制台与可控硅之间用 DMX512 控制线或网络连接线,控制室要留有控制线或网络连接线的出入口。控制室的照明可调光,照度不低于 300 lx,设有控制台专用灯。控制室插座的安装符合标准。

2) 电脑灯控制台

新型多变的电脑灯控制必须解决各种费时的单灯演练所需数百条灯路的控制问题。为了创制大量调光灯路与多变电脑灯控制的混合型舞台灯光控制,就必须在操作结构、设计新概念和先进技术的应用等方面彻底创新,既简单又完美地展宽光控理念。

grandMA2 电脑灯控制台采用多个处理器系统,每个处理器承担的任务相对较少,提高了工作稳定性。此外,控制台内部还装有 UPS 电源,既可减少电源波动带来的影响,又可有效防止外界对控制台的干扰。

为解决特大型演出时,大量使用电脑灯的需要,特选用 2 台德国 grandMA2 电脑灯控制台作为主、备控制台，连接了 MA“网络处理单元”(NPU)，每个会话(session)可对 65 536 个控制参数加以实时控制(可达 256DMX 口 universe)。

grandMA2 电脑灯控制台技术指标：

➢ 连接了 MA“网络处理单元”(NPU)，每个会话(session)可对 65 536 个控制参数加以实时控制(可达 256DMX 口 universe)；
➢ 内置 8 192 HTP/LTP -控制参数(6×DMX 输出)；
➢ 3 个内置 TFT 宽屏式触摸屏(15.4″WXGA)；
➢ 2 个外接 TFT 屏幕(UXGA，可以是触摸屏)；
➢ 1 个内置指令屏幕，多点触摸式(9″SVGA)*；
➢ 30 个电动程序执行推杆；
➢ 内置键盘抽屉*；
➢ 内置不间断电源(UPS)；
➢ 2 个 Ethercon 连接接口；
➢ 5 个 USB 2.0 连接接口；
➢ 电动式显示器板*；
➢ 2 个电动 A/B 场切换推杆，100 mm；
➢ 独立背光且可调光的静音型按键。

图 4-80　grandMA2 电脑控制台

3) 灯光调光系统

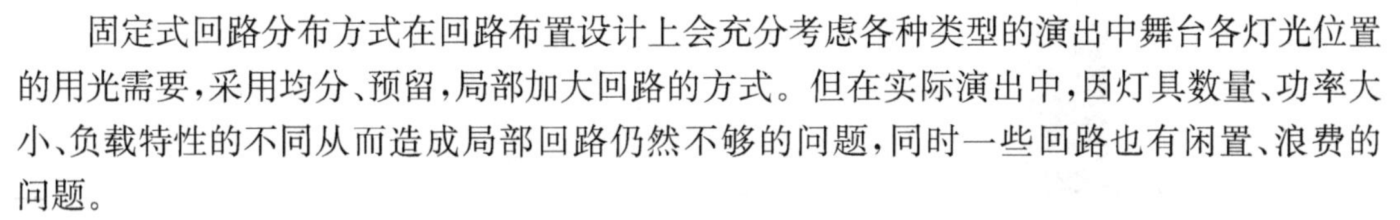

固定式回路分布方式在回路布置设计上会充分考虑各种类型的演出中舞台各灯光位置的用光需要，采用均分、预留，局部加大回路的方式。但在实际演出中，因灯具数量、功率大小、负载特性的不同从而造成局部回路仍然不够的问题，同时一些回路也有闲置、浪费的问题。

(1) Sensor3™固定式调光柜

ETC Sensor3™反馈型调光柜是目前全球高集成度的优秀全网络调光柜。

鉴于 Sensor3™调光柜上下出线方式，歌剧厅硅柜房出线路由，根据歌剧厅每个节点的物理相对位置，分别由上下两端出现，与硅柜房其他专业的走线配合中起到了重要的作用。

Sensor3™调光柜可以接受从调光台送出以太网、DMXA、DMXB 三组信号，三组信号冗余备份，保证控制安全。调光柜的反馈信息通过网络信号反馈到调光台及其他服务器等网络设备，能使工作人员第一时间了解到调光柜的工作状态。反馈信息包括柜体的总体工作状态，电压、电流、温度、每个回路的负载功率等情况，遇到故障时能即时发出错误报告。

信号冗余备份见图 4-81。

歌剧厅调光柜室布置见图 4-82。

用户可接入网络任何一个端口通过 Web 浏览器设定和管理，如记录立柜的工作日志、设定调光器的类型、曲线等、分区、分组的管理功能等，此外还能设置不同的用户级别，管理便捷。

Web 浏览器的使用界面如图 4-83。

(2) Smart Solutions™分布式调光器

Smart Solutions™系列分布式调光器被国际一流剧院广泛使用，世界著名的丹麦哥本哈根大剧院、荷兰阿姆斯特丹歌剧院，以及国内包括国家大剧院在内的许多高端剧场都选用了该设备。

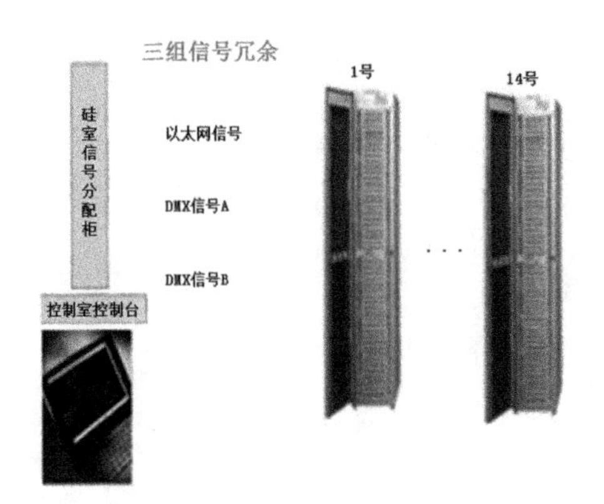

图 4-81　信号冗余备份

图 4-82　歌剧厅调光柜室

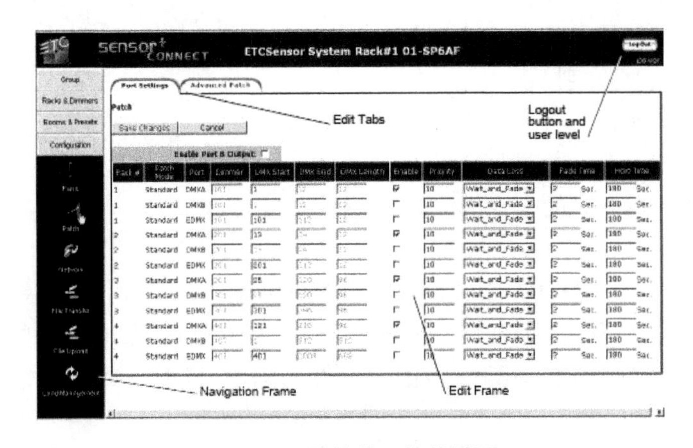

图 4-83　网络管理软件界面

在回路设计时，在舞台各处分布了供分布式调光设备使用三相电源和信号点，调光器可安装于合适的位置并提供最合适的接插件给灯具，这大大方便了演出团体的任意选择光位。设备没有任何风扇等噪音源，保证了演出的严格噪声要求。

(3) Source Four Dimmer™分布式直流调光器

分布式调光技术的应用解决了大部分的问题。此时 LED、电脑灯都成为了“boxed product”，直流调光技术让卤钨灯具也变成了“boxed product”。采用新一代的 ES (Electronic Silent)调光技术，呈现了很多技术亮点：

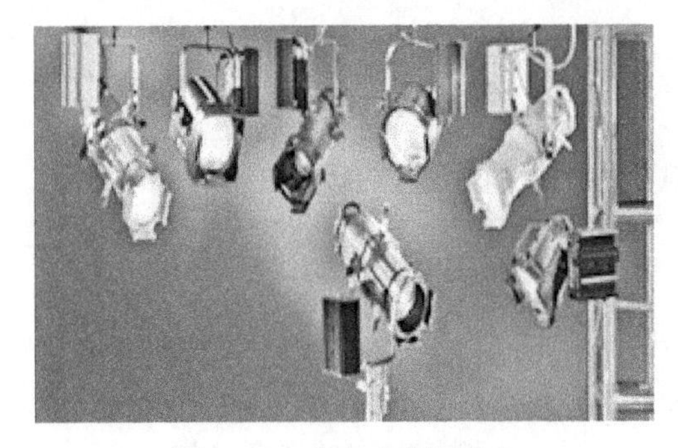

图 4-84　分布式直流调光

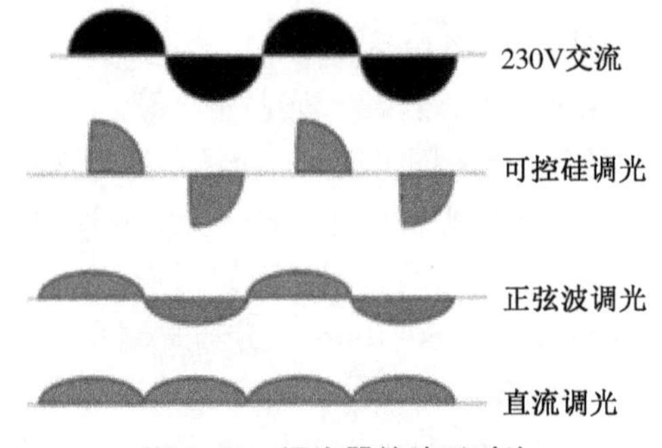

图 4-85　调光器的波形对比

① “分布”更彻底：分布于各个灯具的单体，从而让设计师在综合考虑设计灯具位置时无需考虑灯具的属性。

② 最为干净的调光：传统的可控硅调光存在电网的谐波和空间电磁的问题，对扩声系统存在干扰，直流技术彻底解决了这个问题（见图 4-85）。

③ Source Four Dimmer™采用 ES (Electronic Silent)技术，降噪功能不仅让调光器自身静音，还具有能控制灯具灯丝颤抖噪音，最大限度地降低困扰舞台多年的噪音问题。

④ 更高效：普通 230 V 交流电源的输入以 115 V 直流电压输出，在保证灯泡功率不变的情况下可提高灯泡的电流值以达到增强灯具照度（见图 4-86）。

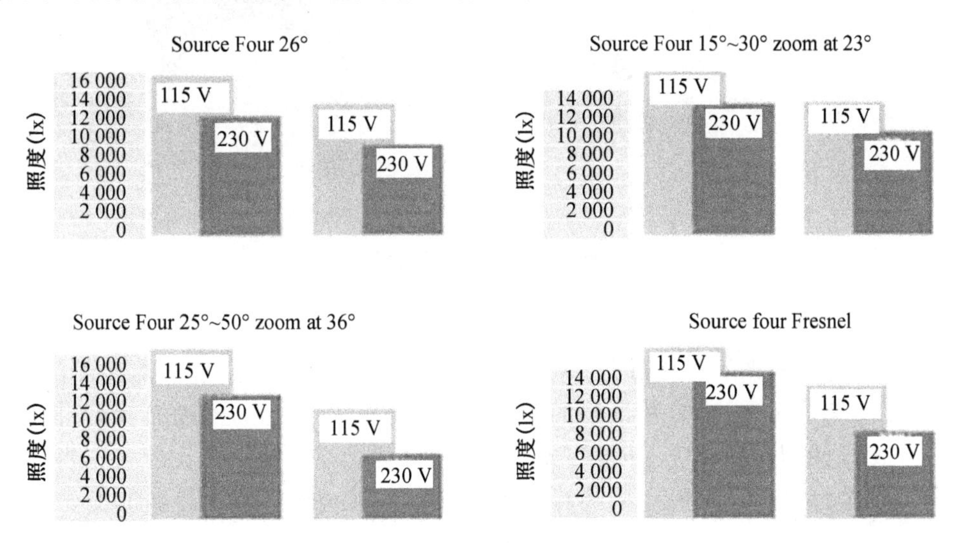

图 4-86　灯具照度对比

4.3.5　舞台灯位灯具配置设计

歌剧厅设计定位满足歌舞剧、音乐剧、芭蕾舞剧及各种大型文艺演出的需要，同时能满足大型会议和电视直播的要求。灯具的配置按通行的做法，以力求对光的控制性好。本节介绍的是按基本、常规的要求来配置，因为每一场戏对灯光的配置是不一样的，即使是同一戏不同的灯光创作人员所作的布置也是不可能千篇一律的，所以灯光灯位布置不仅考虑到标准舞台的全方位布光，还考虑到多变的演出形式、多变的舞台和场景设计，并且配合舞台机械的先进设计理念，灯光灯位布置于面光、追光、耳光、台口光、顶光、侧光、地排。

1）台口外面光

面光主要用于照亮舞台前部表演区，对舞台上的表演者起到正面照明的作用，供人物造型或使舞台上的物体呈现立体效果。

(1) 第一道正面光（一面光）

设在观众厅上部，灯具的光轴延伸到台口线时与舞台面的夹角应为 45°±5°；调整灯具仰角后，其光束应能在距舞台台面高 1.8 m 处覆盖至主舞台总深度的 1/3。第一道面光采用 ETC Source Four 10°定焦成像聚光灯和 Spotlight FI 25 ZS 变焦成像灯，用于照亮舞台前部表演区，灯具光轴线到台口地板夹角为 45°～50°。

(2) 第二道正面光(二面光)

设在观众厅上部,位于第一道面光之后,灯具的光轴延伸至乐池升降台前沿线(无升降乐池的舞台为台唇边沿)时与台面的夹角应为 45°±5°;调整灯具仰角后,其光束应能在距舞台台面高 1.8 m 处覆盖至台口线以内,并与第一道面光衔接。第二道面光配置 ETC Source Four 5°定焦成像聚光灯和 Spotlight FI 25 ZS 变焦成像灯,主要用于乐池升起作为伸出舞台时的表演照明,灯具投射光轴到升降乐池前沿与伸出舞台台面的夹角为 45°～50°。

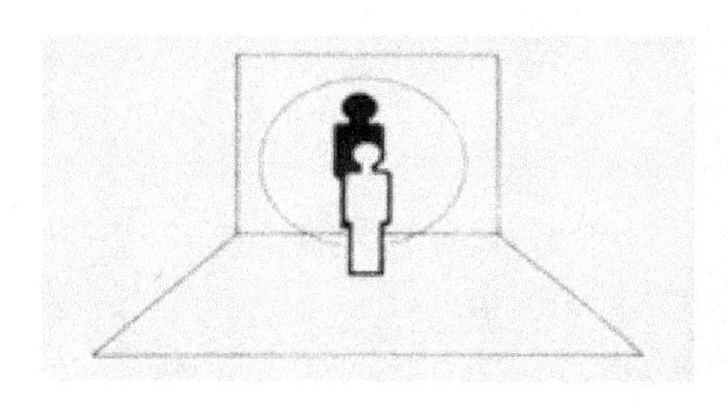

图 4-87　面光人物效果

2) 耳光

耳光作为台外侧光的常用灯位,是舞台前斜侧方向的造型光,形成前侧面的照明效果。用于加强舞台布景、道具和人物的立体感。耳光也是面光的辅助光,做人物造型用光,可从一侧或两侧对舞台色彩气氛进行渲染;如果耳光与暗部的光比配合适当,可取得丰润、有力的造型作用。是舞台必不可少的光线。尤其是还可作为舞蹈的追光,光束随演员流动。

耳光装在舞台大幕外左右两侧靠近台口的位置,分别称为左、右耳光。光线从侧面左、右两侧 45°交叉投向舞台表演区中心,并能照射到舞台的各部分。

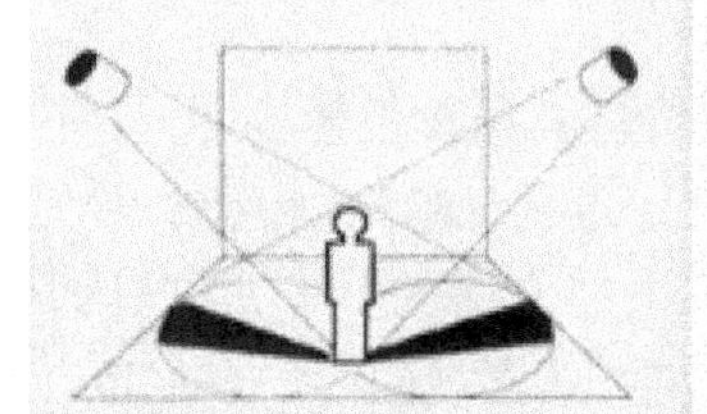

图 4-88　耳光人物效果

耳光分为上下数层,由台口向观众席的顺序为,第一道耳光、第二道耳光、第三道耳光等。两排以上光色相同的耳光同时投射时,位置高的灯光通常投射远光区为主,位置低的灯光通常投射近光区为主。

耳光从观众席两侧马道投射至舞台,作为舞台台口外斜侧方向投射的造型光,用于加强人物和景物的立体感,形成前侧面的照明效果。耳光投射范围控制在不少于舞台深度的1/3 和舞台口宽度的 3/5 范围内,设计中考虑到在满足水平控制范围和不遮挡观众视线前提下,将耳光的位置向剧场中轴线和建筑台口靠近。

耳光灯具采用 ETC Source Four 19°定焦成像灯、ETC Source Four 15°/30°变焦成像灯、Spotlight FI 25 ZS 变焦成像聚光灯。灯具的光轴线经建筑镜框台口线的中点作为投射角度的基点,将通过此基点的光轴线射向舞台中轴线,并于中轴线形成的水平夹角控制在45°～50°。

3) 台口光

界于面光和台内顶光之间,用于补充台口处的顶光和侧光,使台口位的布光更加均匀立体。配置了 AYRTON WildSun500 LED 电脑染色灯。

4）台框、台唇、乐池区域的灯位

（1）台口侧光及台口顶光：设于建筑台框及邻近区域；应能覆盖建筑台口的整个区域，并能与乐池区灯位及面光和台内灯位的布光相衔接。

（2）乐池区顶光：位于建筑台口外乐池上部；应能覆盖乐池升降台表演区及观众厅内的表演区。

（3）乐池区侧光：位于乐池两侧上部；应能从侧上方对乐池区域照明，其最低灯位应不低于建筑台口。

（4）台口脚光：位于主舞台台唇前沿地面专设的灯位。

脚光是一种特殊的造型光（例如可制造阴森、恐怖气氛或形态丑陋的人物造型），安装在大幕外台唇位置的条灯。

光线以低角度近距离从台面向上投射到演员面部或投射到闭幕后的大幕下部，可用色光改变大幕的颜色，弥补演员面光过陡、消除鼻下阴影或为演员增强艺术造型，如图 4-89 所示。

选用灯具：条形泛光灯或低角度聚光灯。灯具功率为 60～100 W/盏。

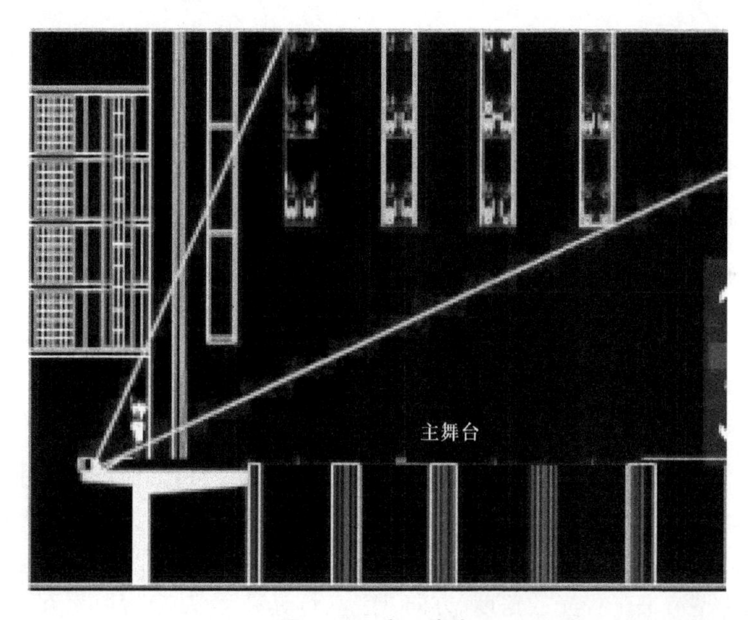

图 4-89　台口脚光

5）柱光

柱光位于假台口侧边，又称台口内侧光。主要用于弥补面光、耳光的不足。柱光灯具采用 ETC Source Four 15°/30°变焦成像聚光灯和 Source Four 25°/50°变焦成像灯、FI 25 ZS 变焦成像灯、COM PC 25 透镜聚光灯。（图 4-90）

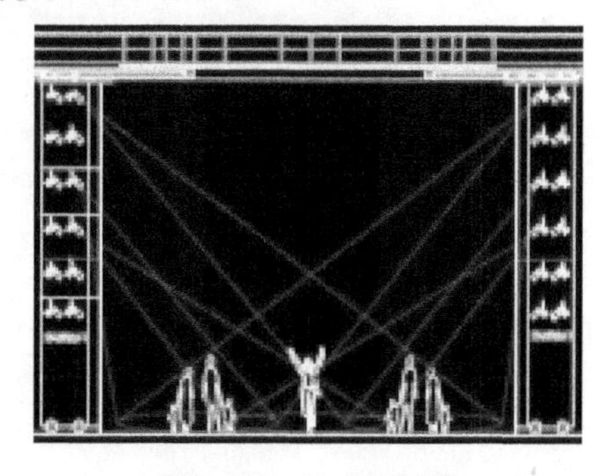

图 4-90　柱光投射图

6）顶光

顶光与面光衔接照明主表演区，顶光设在舞台上空，根据舞台的大小，共设置6道吊杆顶光，同时在左、右侧天桥上设置了近百个各种规格的插座，由演出使用者自由分配到任意景杆，实现通用吊杆的功能，所有的电源从舞台天棚通过多芯排缆下垂，灯吊杆两侧设有容纳电缆的线筐，灯具吊挂在灯吊杆下边，其作用是对舞台纵深的表演空间进行必要的照明，灯具可根据演出需要配置。灯具的排列及投射方法第一道顶光与面光相衔接照明主演区. 衔接时注意人物的高度，可将第一道顶光位置作为定点光及安置特效灯光，并选择部分灯具加强表演区支点的照明；从而加强舞台人物造型及景物空间的照明。前后排光相衔接，使舞台表演区获得比较均匀的色彩和亮度；选择部分灯加强表演区支点的照明。顶光既可向舞台后直投，也可垂直向下投射。总体加强舞台后部人物造型及景物空间的照明，与天、地排相衔接，使舞台表演区获得比较均匀的色彩和亮度。

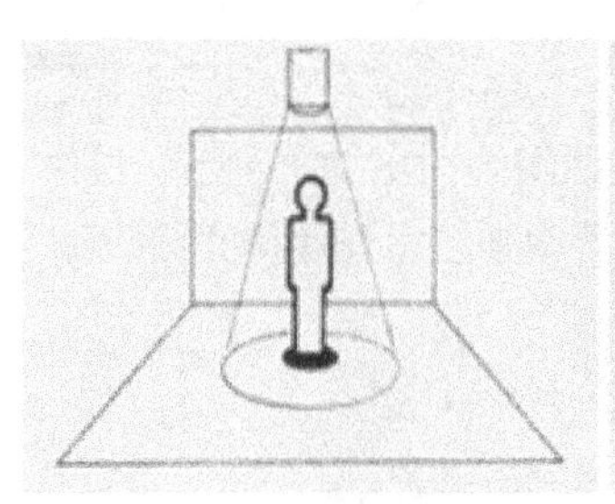

图4-91　顶光人物效果

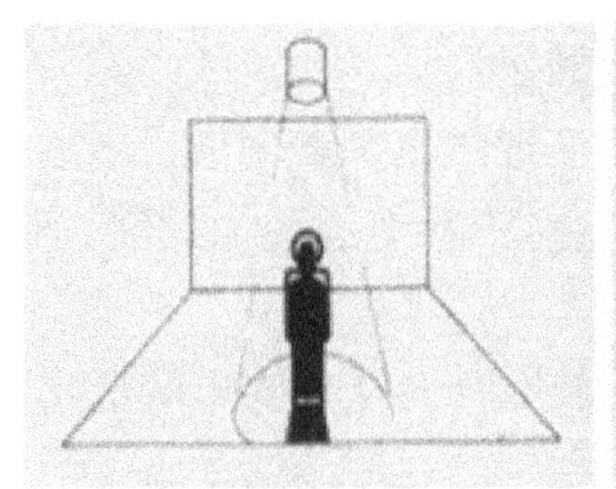
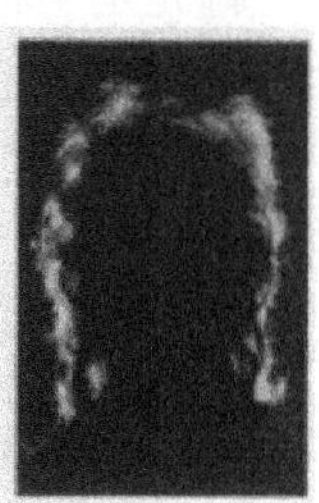

图4-92　逆光人物效果

7）逆光

与观众视线对着的光线为逆光。用来画出人物、景物的轮廓，增强立体感和透明感，也可作为特定光源。投到演员头部和双肩的逆光，可创造演员从背景中突出来、具有光环般的效果。

逆光光位：正逆光、侧逆光、顶逆光等。

投射方位：后方、侧后方、顶后方及较低后方。

要求：较高的投射照度。

8）侧光

侧光是一个垂直阵列式灯组，通过吊架实现，每一吊架内自上而下的若干盏灯为一个独立单元，每一景区设一道侧光，通过程序方式控制吊架的运行。侧光的作用是从舞台的侧面造成光源的方向感，可以作为照射演员面部的辅助照明，并可加强布景层次，对人物和舞台空间环境进行造型渲染。投光的角度、方向、距离、灯具种类、功率等因素都会造成各种不同

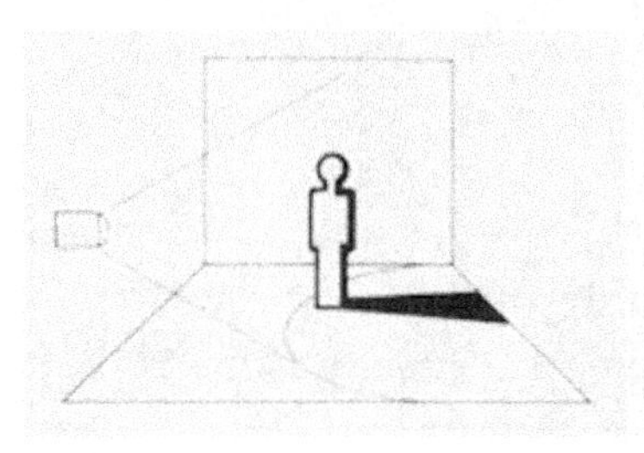

图4-93　侧光人物

图4-94　侧光投射图

的侧光效果。灯具的排列及投射方法：来自单侧或双侧的造型光，可以强调、突出侧面的轮廓，适合表现浮雕、人物等具有体积感的物体。单侧光可表现出阴阳对比较强的效果。双侧光可以表现具有个性化特点的夹板光，但需要调整正面辅助光与侧光的光比才能获得比较完善的造型效果。

9）天、地排光

天、地排(图 4-95)是以 LED 散光灯具由上向下、向舞台天幕的上半部分的投光，多用于表现天空和渲染背景色彩。采用散光灯具，照明光线均匀，专门俯射作天空布景照明用地排光系统设计配置与天排灯相反。地排灯是以散射投光灯具由下向上、向舞台天幕的下半部分投光和渲染色彩的灯光，通常与天排灯配合使用，使色彩变化更为丰富。灯具排列和投射方法：成排灯具均匀地摆在舞台天幕前，用来仰射天幕，表现地平线水平线、日落等，通常与天排灯配合使用，使光色变化更为丰富。

图 4-95　天地排光投射图

10）流动光

按演出需要临时安放。通常采用流动灯架安装。通常指位于舞台两侧边幕区和其他因灯位比较特殊只能采用流动安装的灯具，主要用来补充舞台两侧光线的不足或作为特殊角度布光或摄像等特定照明用途的光线。

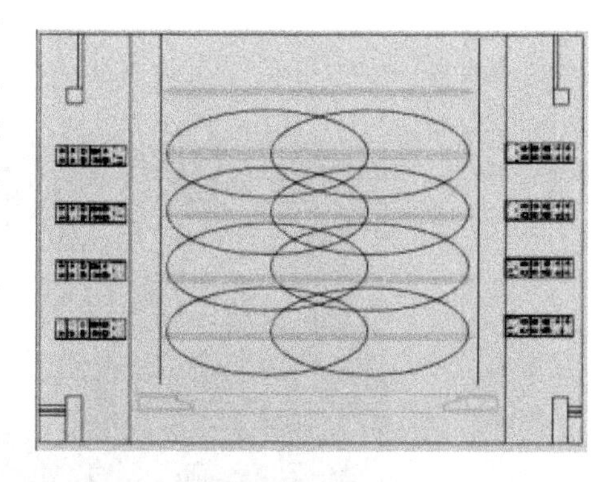

图 4-96　舞台两侧边幕区流动光投射图

灯具安放在地面或是安装在支架上，可以根据投光的需要摆放在舞台相应位置，通常放在舞台的边幕后面以便隐蔽灯具。目的是加强气氛，角度可以随时变动，从侧面照射演员和景片。灯具的排列及投射方法：地面光的位置与演员的角度 从观众位置来看基本为 45°～90°。这种光起到突出物体的表面结构，形成物体和人物面部效果成明暗各半，所投射的光立体形态强烈，给人坚毅、有力的感觉，其他均与侧光相同。

11）追光

追光灯是根据光学成像及变焦原理设计的灯具，具有可改变光圈的大小、色彩、明暗、虚实等功能，演出中安装在特制的支架上追随演员移动的同时加强对其照明亮度，提高观众的注意力，也可以设置在演出剧场空间的多种位置，实现对演员半身、全身、远距离、小范围的局部照明效果。有时也可运用追光表现抽象、虚幻的舞台情节。追光灯具采用超大包容角反光碗，光利用率高、耐高温、寿命长，国际先进水平的整流器、启动器，启动快捷，性能稳定，具有灵活的光线输出控制，可实施机械调光，达到最佳光效效果。

图 4-97　舞台追光投射图

12）电脑灯

电脑灯是由智能数字电脑灯透镜组、效果颜色盘、图案盘、光源、电子机械、反光碗等多件器材组成的机械化灯具。电脑灯中的 CMY 混色系统可调出过万种色彩，是一般换色器所不能比拟的。利用可更换的图案片可投射出各种图形甚至幻灯片，两个以上的图案片重叠时可创造出变化万千的动感影像，图案型的电脑灯能利用动画轮创造出可移动的水影、云彩、火、岩石等多种特殊效果；遥控遮光板能修改光束形状，令光斑完全按灯光设计投射到造型不同的布景、道具上，同一灯具能快速改变设定而照射不同物件。电脑灯功能卓越，能大大减

图 4-98　电脑灯图

少舞台上效果灯具的数量。电脑灯主要布置在舞台上空的顶光灯杆上，用 DMX 传输信号，通过 DMX 节点连接电脑控制台，可任意调整灯具投射角度、亮度、变换图案和光束的大小和色彩等，完全能满足各种演出剧目对灯光变化的要求。根据舞台的大小和用途，共配置了 18 台 ClayPakyALPHA WASH 1200 电脑染色灯、34 台 ClayPakyALPHA SPOT 1200 电脑图案灯、10 台 ClayPakyALPHA PROFILE 1200 电脑切割灯，可以根据不同演出需要，放置不同的位置。

4.3.6　灯光设备安装工艺要求

1. 常规灯具安装工艺要求

1）灯具安装

将灯具手挽与灯具挂钩用 M10 螺栓连接上，挂于灯杆上，锁紧灯具挂钩，再利用保险绳将灯具上的挂钩与灯杆连接。（如图 4-99 所示）

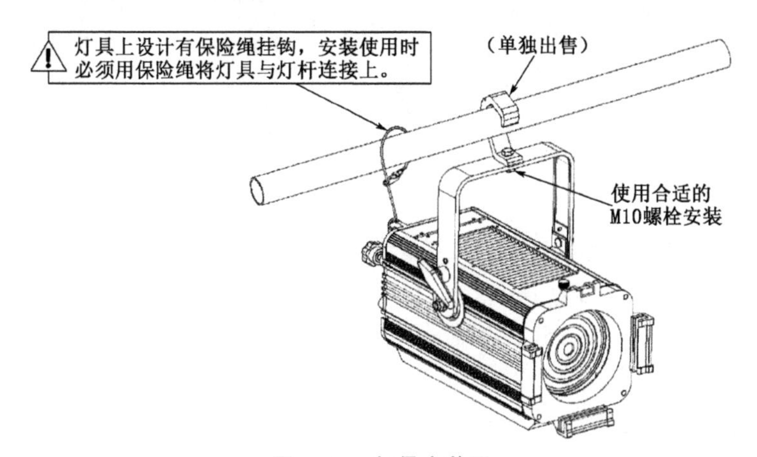

图 4-99　灯具安装图

2）灯具连接

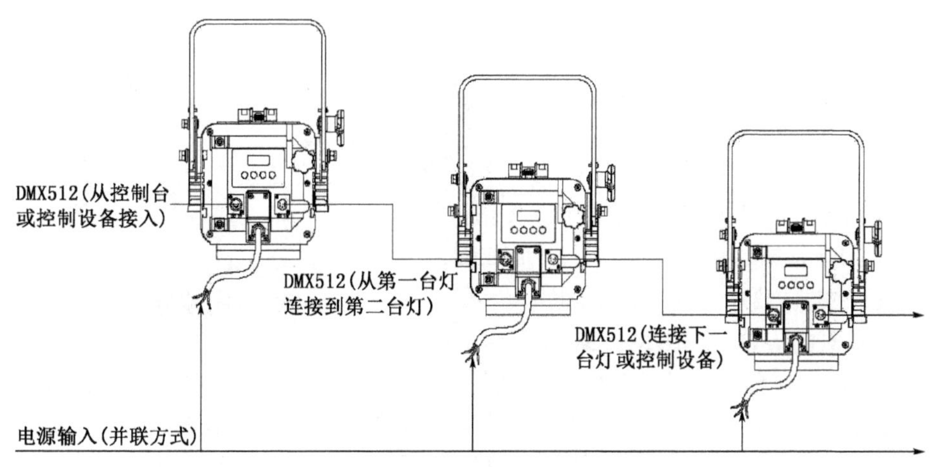

图 4-100　灯具接线安装图

警告：灯具接线时必须先断开电源输入开关，不使用时请及时断开电源。

灯具电源线连接设计为并联模式，选择合适的插座连接灯具引出线。

2. 电脑灯安装工艺要求

1）灯具锁扣、保险绳安装工艺

安装前必须验证锁扣及保险绳没有损坏，并验证安装物体能承受灯具及电缆附属等设备10倍的总重量；

锁扣安装在灯体底座上，将扣件水平插入底座安装孔，顺时针旋转1/4圈锁紧，同样方法安装第二个扣件。（灯钩形状以实物为准。）

通电前检查水平、垂直锁是否已打开。

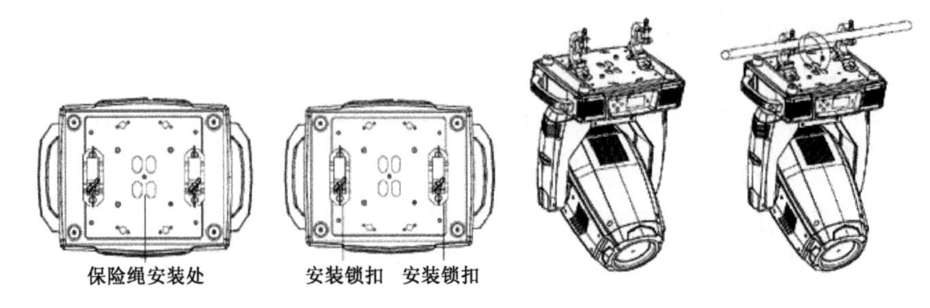

图4-101　电脑灯具安装图

2）灯泡安装工艺

灯具采用的是金属卤化物1 500 W气体放电泡，这种高效能的短弧光源提供了一个稳定的6 000 K色温，平均寿命为750 h。

灯泡两端设有专门设计的卡口，为确保正确安装，必须使用SJ-575A双端灯座。

注意点：

安装其他类似灯泡将给灯具带来安全隐患或损坏灯具，为减小风险，超过使用灯泡寿命的130%前换下灯泡。

在更换灯泡时不可裸手触摸灯泡球体处，避免手上的油污沾到玻璃球体上；玻璃球体必须要保持清洁，可用随灯泡包装内的清洁纸清洁。

断开电源，让灯具冷却后，把手臂处垂直锁扣锁在水平位置。

用一字螺丝刀逆时针旋转1/4圈，打开灯泡后盖上的四个快锁螺丝，用双手轻轻地将灯泡后盖平行拉出，拉到位让其自然下垂。

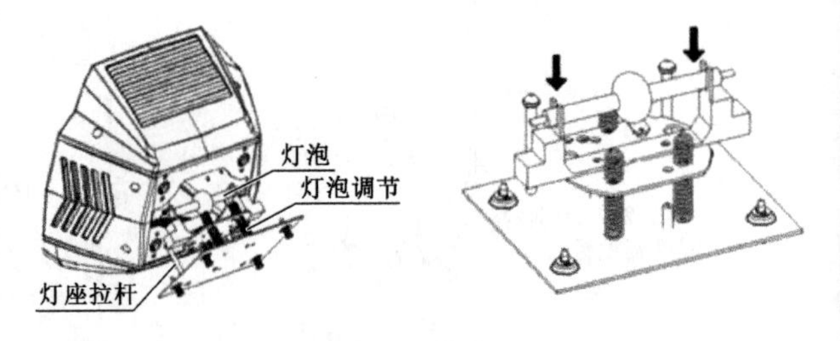

图4-102　灯泡安装图

装灯泡时注意把灯泡球体上的小点向后，球面朝前方，将灯泡水平放入灯座槽中，确认灯泡金属柄已经对准灯座的卡边。然后轻轻地将灯泡两端的金属腿正直按下到位，必须验证灯泡已装配到位。最后将装好灯泡的后座平行地轻轻推入反光碗，在推入时观察灯泡通过反光碗的开口处，再用一字螺丝刀顺时针旋转1/4圈锁上后盖。

3. 电源线、信号线焊接工艺要求

1）电源线连接工艺

连接方法：

连接电源线时，首先要识别三相线：

L(火线)棕色线；

E(地线)黄/绿双色线；

N(零线)蓝色线。

连接电源时请注意电源电压和频率须与灯具上所标注的电压和频率相符。当多台灯具同时使用时，建议每台灯具的电源分别连接，这样可对每台灯具单独进行电源开/关控制。

注意：连接电源时必须将地线(黄/绿双色线)安全接地，并符合电气安装所有相关标准。

2) 信号线连接工艺

灯具设有标准的DMX输入和输出的3芯XLR插和5芯XLR插。

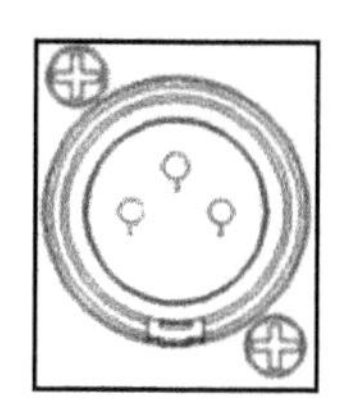
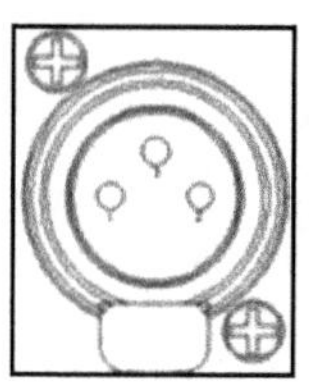
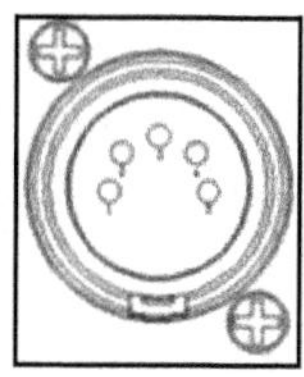
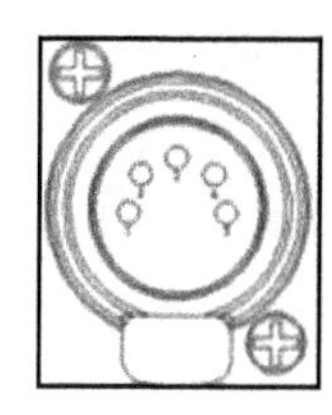

DMX512
1：接地
2：负极
3：正极
4：预留
5：预留

图4-103　灯具信号接线图

请使用专业的DMX 512屏蔽双绞信号线；信号线一般连接距离在150 m内，长距离信号传输时，必须加入DMX 512信号放大器。

使用一条屏蔽双绞信号线从控制器的DMX输出口连接到第一台设备的DMX输入口，并从第一台设备的DMX输出口连接到第二台设备的DMX输入口，依此类推，直至将所有的灯具连接完毕，然后在每一连路的最后一个连接灯具输出3芯或5芯插孔上安装一个终端插头。(在3芯或5芯带针卡侬插头的2、3插针之间焊接一个4/1 W、120 Ω的电阻)。

连接方式如下：

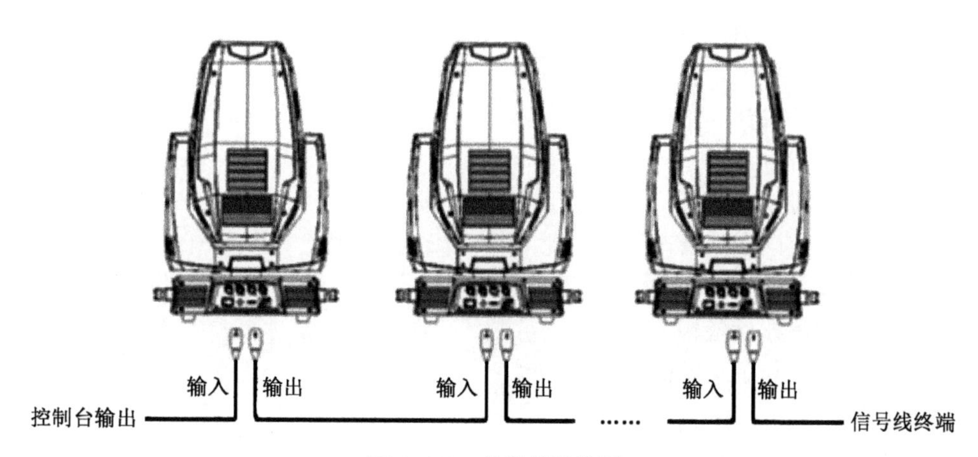

图4-104　信号线连接图

3) 设备状态检查

电源信号连接完成后，通电复位正常，单机可控，亮泡正常，即可正常投入使用。

4.3.7 灯光设备机房布置和注意事项

1. 控制室设备布置

电脑灯控制台 grandMA2 full-size：2 台；

常规灯控制台 grandMA2 light＋grandMA2 fader wing：2 台；

笔记本电脑(含灯光软件一套)：1 台；

M706N 激光打印机：1 台；

无线电遥控 iPad mini4 16G＋grandMA2 remote：2 台；

无线局域网接线点 WAP121-E-K9-CN：3 台；

笔记本电脑(作为备用控制器和遥控器/维修面板)：1 台；

42U 网络机柜(配套设备)：1 台。

2. 台上调光硅室设备布置

供配电柜系统：1 套；

ETC ESR3AFN-48 Sensor3 调光柜：9 台；

42U 网络机柜：1 台。

3. 台下调光硅室设备布置

供配电柜系统：1 套；

ETC ESR3AFN-48 Sensor3 调光柜：3 台；

42U 网络机柜：1 台。

4. 栅顶区域网络机柜

42U 网络机柜：1 台。

5. 上场门马道区域网络机柜

42U 网络机柜：1 台。

4.3.8 灯光系统检测

舞台灯光系统包含灯光控制器及附件(各类控制台等)、调光系统、配电及数据分配系统、接口箱和分控箱、灯具一批。

1. 工艺检查

(1) 栅顶层设备检查；

(2) 天桥层设备检查；

(3) 面光、耳光检查；

(4) 上下层可控硅室检查；

(5) 灯光控制室检查；

(6) 舞台上空吊挂设备；

(7) 舞台工作面与观众厅检查。

2. 功能检查

(1) 常规灯调光功能；

(2) LED 灯具功能；

(3) 电脑灯功能；

(4) 工作灯、蓝灯控制功能；

(5) 控制台双机热备份功能;

(6) 调光/直通柜信息反馈功能;

(7) 各信号端口输出功能;

(8) 网络系统功能;

(9) 主网链路功能;

(10) 调光立柜回路输出电缆发热状况。

3. 性能测试

(1) 主舞台表演区域照度、色温、显色指数

主舞台表演区内横向、竖向各两米设置一个测量点,测量点数量取决于主表演灯具的照射覆盖面积,在灯具达到稳定状态后进行测量,测量值取平均值。使用照度计测量。检测方法依据 GB/T 5700—2008《照明测量方法》。

(2) 调光硅室噪声

在调光硅室,距离设备 2 m 的距离,取设备周围四个测量点,在调光灯具亮度值 100%、50%、30%时测量噪声,使用声级计。检测方法依据 GB/T 17248.1—2000《声学 机器和设备发射的噪声 测定工作位置和其他指定位置发射声压级的基础标准使用导则》,GB/T 17248.3—1999《声学 机器和设备发射的噪声 工作位置和其他指定位置发射声压级的测量 现场简易法》。

(3) 照明系统电参数

在二级配电系统的输出端,在所有演出灯具打开状态下,测量电压、电流、功率、谐波、三相平衡度。使用三相电能质量分析仪。检测方法依据 GB/T 5700—2008《照明测量方法》。

(4) 设备负载温升

在所有灯具满亮度打开,调光柜工作在稳定状态后,测量调光柜的接线端和模块外壳的温度,计算温度升高的差值。使用红外热像仪和红外测温仪。检测方法依据 GB/T 14218—1993《电子调光设备性能参数与测试方法》。

(5) 设备最大输出电压

在所有灯具满亮度打开,在调光柜输出端测量输出电压。使用远程有效值电压表。检测方法依据 GB/T 14218—1993《电子调光设备性能参数与测试方法》。

(6) 设备输出电压不一致性

在所有灯具满亮度打开,在调光柜输出端,在输出电压 25～30 V、140～150 V、200～210 V 范围内测量输出电压。使用远程有效值电压表。检测方法依据 GB/T 14218—1993《电子调光设备性能参数与测试方法》。

(7) 灯具电参数特性

在被测灯具打开状态下,在负载灯具端,测量电压、电流、功率、谐波。使用电能质量分析仪。检测方法依据 GB/T 5700—2008《照明测量方法》。

4.4 扩声系统

4.4.1 系统功能

歌剧厅扩声系统是为舞台表演艺术服务的,应该最大限度地、准确地体现出语言的清晰

度和舒适度、完整的舞台艺术表现力。因此，扩声系统是一个为语言扩声及艺术表演服务的高品质声音重放展示平台。对扩声系统而言，应该摆脱传统的“工程”设计理念，提升到“工程艺术”相结合的层次，一切的工程都为表演艺术服务，尽量较全面地满足表演艺术的需要。

✧ 语言清晰度高、有足够的声级、声场分布均匀，达到并优于相关标准；
✧ 声像一致性好、较高的传声增益、无噪声干扰和音质缺陷；
✧ 满足人耳对音质的主观听音要求；
✧ 系统具有较高的可靠性、易维护性、安全性及可扩展性。
✧ 系统足够的动态余量，高信噪比；
✧ 极高的语言可懂度；
✧ 音质/音色达到剧场演出要求；
✧ 系统操控简便，实时调用快捷，可对扬声器系统进行实时监测；
✧ 可对现场节目信号进行拾音、存储；
✧ 可根据节目需要对人声/乐器声进行修饰；
✧ 可存储和调用不同的设置模式；
✧ 信号传输系统考虑传输线路的冗余备份，保证系统的可靠性；
✧ 满足歌剧的演出需求；
✧ 满足芭蕾舞剧的演出需求；
✧ 满足戏剧的演出需求；
✧ 满足综合文艺表演的需求；
✧ 满足乐队演出的要求。

4.4.2 扩声标准

为满足扩声系统的主要功能为多类型演出和会议需求，现场扩声系统声学特性指标以GB 50371—2006《厅堂扩声系统设计规范》中规定的文艺演出类扩声一级指标为基础，在单项值上优于这个标准。

表 4-10 扩声系统声学特性指标

最大声压级(dB)	传输频率特性	传声增益(dB)	稳态声场不均匀度(dB)	系统总噪声级	早后期声能比(可选项)(dB)
80～8 000 Hz: ≥106 dB	以80～8 000 Hz的平均声压级为0 dB。在此频带内允许范围：−4 dB～+4 dB，40～80 Hz和8 000～16 000 Hz的允许范围−10 dB～+4 dB	80～8 000 Hz的平均值大于或等于−8 dB	100 Hz时≤10 dB，1 000 Hz时≤6 dB，8 000 Hz时≤8 dB	NR-20	500～2 000 Hz内1/1倍频带分析的平均值大于或等于±3 dB

厅堂音质的评价包括主观、客观两个方面，但最终要看是否满足使用者的听音要求。这种要求对语言和音乐是不尽相同的，各有侧重点。

根据功能使用要求，扩声系统具备以下作用

- 改善语言的清晰度和音乐的明晰度；
- 扩展动态范围；

- 改善演出中不同声部(语言、歌声和乐器声)之间的声平衡;
- 保持视觉和原始声源,模拟声像的声定位之间具有合适的关联;
- 改善舞台和观众席的音质质量;
- 对需要修饰的人声和乐器声用电声的方法作适当的处理;
- 将节目源预制并可以编程操作,简化技术操控步骤。

4.4.3 设计理念

舞台艺术可以概括为视觉形象和听觉形象(或称作空间艺术和时间艺术),从观众的角度就是常说的"看"和"听"两个方面。所以观众厅的设计首先应满足观众能看得好、听得好这些最基本的功能要求。剧院扩声系统是为听觉形象服务的,就观众厅最终的扩声效果而言,声音重放的还原度要高、逼真、自然以及良好的声像定位(或声像的一致性)。总之,要最大限度地、最准确地体现出完整的舞台艺术表现力。

设计思想与理念是扩声系统设计的一条主线,它贯穿于整个扩声系统设计的全过程,系统各个部分的内容与构成都应紧紧围绕这一主线而展开。因而,只有设计思想与理念是清晰的、完整的和正确的,才能给出一个符合使用要求的、完美的和高水平的系统设计方案。

扩声系统设计要充分体现出方案的远瞻性、先进性、科学性、安全可靠性、实用性和时代的特征,要依据剧院的使用功能定位,给出具有针对性的系统设计,体现出不同的风格与特点。使之所建立的扩声系统,为表演艺术提供一个功能齐全、设备完善、现代化的使用手段。

(1) 功能完善及可扩展性强

系统设计要保证整个系统中各设备之间、分系统之间的匹配和协调,在系统设计、设备造型上考虑有利于系统和设备的各种备份方式和控制方式,成为一个安全、稳定、可靠、耐用的系统。主要控制设备可以通过软件升级方式更新换代,可相当长的时间内保持技术与设备的一致性。而且通道接口和设备的适当冗余,可以随着应用需求的变化而扩展。

(2) 简洁的用户控制界面

科技不断进步与发展,新技术层出不穷,供选择配置的设备名目繁多,功能各异,在满足设计要求的前提下,应该使管理者和操作者的工作更简单可靠。

(3) 稳定性要求

江苏大剧院是以省级演艺场所标杆、城市文化名片、文化创意中心的规格作为发展需求,要达到国家级的艺术表演要求,整个扩声系统必须保证可靠稳定,结合当今的数字化网络技术,系统要求具备多重冗余设计,保证假如单体设备出现故障,也不影响系统正常工作。

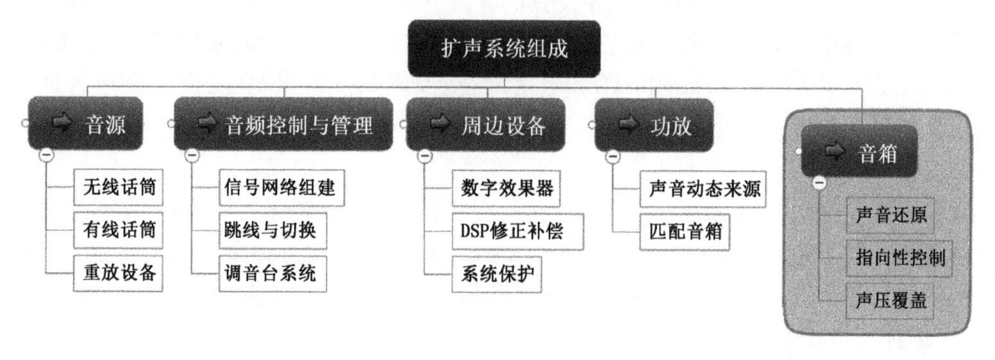

图 4-105 扩声系统构架图

(4) 先进性要求

作为南京市最高档次的艺术表演场所,无论是艺术性、技术性都要求最高规格,扩声系统要求采用当今最先进技术,如光纤或网络传输、数字调音台、网络冗余设计、功放实时监控网络化,保证整个扩声系统在未来十年内具有先进性。

(5) 整体规划、配置合理

在方案设计和设备的选择上,加强注重系统功能的合理性、实用性及各个子系之间的兼容性。从实用性和经济性出发,着眼于近期目标和长期发展,进行最佳组合,利用有限的投资构造一个性能最佳的操作系统。

4.4.4 主要系统概述

1. 相关机房与操作配置

系统内总共使用的设备机房及调音位主要包含:1 个主控机房、1 个舞台信号交换机房、1 个观众席 FOH 调音位、两个舞台(上、下场门)MON 调音位。

2. 接口盒设置

系统所有的接口盒大致分为四类,AVCB(音视频综合接口盒),CCB(通信接口盒),VCB(视频信号接口盒),SCB(特殊接口盒)。

AVCB 内含模拟音频输入/输出端口、网络端口、光纤端口、视频端口等,可接入音视频末端设备。

CCB 内含内通接口,可为用户面板或内通腰包提供信号。

VCB 内含 BNC 插头与光纤插头,主要为摄像机、显示器提供信号路由。

SCB 内含为 TPN 用电及舞台监督柜提供相关端口。

3. 音频网络系统及数字调音台

以德国 Stagetec 公司的 Nexus 数字音频网络为主体,以光纤为载体进行传输,具有信号噪声比高、动态范围大、系统功能强大、系统扩展能力和系统集成控制能力强的优势,可为当前最先进的数字音频网络,其网络拓扑架构也是当今使用最简单,结构最复杂,系统最安全的。不仅仅可以实现其他音频网络的星形、环形、星形加环形等简单的拓扑结构,还能实现树形、多星形等复杂的拓扑架构。其中每个节点都可以脱离网络单独工作,每一个节点都可以作为星节点,任何一个节点出现故障,其他节点都可继续工作;任何两个节点通过光纤连接起来就可以组成一个音频网络使用。

主系统共配置 Stagetec Crescendo 调音台面两张,位于现场调音位,并可与音控室调音台互为备份。与调音台面搭配的是方案中配置的 5 台 Nexus I/O 接口箱以及 1 台 Nexus 音频网络矩阵,Nexus 接口箱用于音控室音源、中央交换机房、扬声器输出、现场调音位及流动使用。

监听调音台采用日本 Yamaha CL5 数字调音台,该调音台以稳定、操作快速著称,是现场演出监听不可缺少的利器。

4. 扬声器处理系统

系统可保证每一只观众席扩声扬声器(包含主扩声扬声器、低频扬声器、侧补声扬声器、前区补声扬声器、观众席延时扬声器)都具有独立的 DSP 通道,每个通道可以独立调整延时、均衡、动态以及电平。每只流动返送扬声器具有独立的调音台主备母线进行控制。

5. 备份及监控方式

系统采用多重备份方式,不仅 Stagetec 调音网络主系统采用主备设置,而且 Yamaha 调音台也能够对任何信号进行备份，确保万无一失。

主备系统的信号切换由功率放大器内置的 DSP 处理模块完成，无需手动切换。

扬声器系统配置 d&b 监控器，可对每一只扬声器的功放模块状态进行监控。

4.4.5　声场设计

1. 扬声器布置原则

➢ 扬声器的位置应符合现场的实际安装位置条件，并在建筑上是合理的；

➢ 扬声器的重量应符合吊挂点承载的要求；

➢ 扩声系统应该保持声像一致性；

➢ 扬声器的安放应避免声反馈和产生回声干扰并提高传声增益；

➢ 扬声器布置保证利用扬声器的指向特性来覆盖观众席，所有听众接收到均匀的声能；

➢ 扬声器的布置应满足 SIS 扩声布置要求；

➢ 遵照上述原则，歌剧厅扬声器采用集中和分散结合的布局方式。

扬声器布置的主要技术特点表现在：

- 来自扬声器的直达声和自然声源的声音方向大致相同；
- 有利于提高传声增益，不易产生由声反馈引起的啸叫；
- 有利于对观众席座位的直达声有良好覆盖外；
- 直达声强、声场均匀、空间方向感好，语言清晰度高。

2. 扬声路系统设计

歌剧厅主扩声采用左、中、右三声道立体声扩声系统和多声道效果声系统，全数字化的信号传输及控制系统，可以满足接待世界一流艺术表演团体演出的条件。

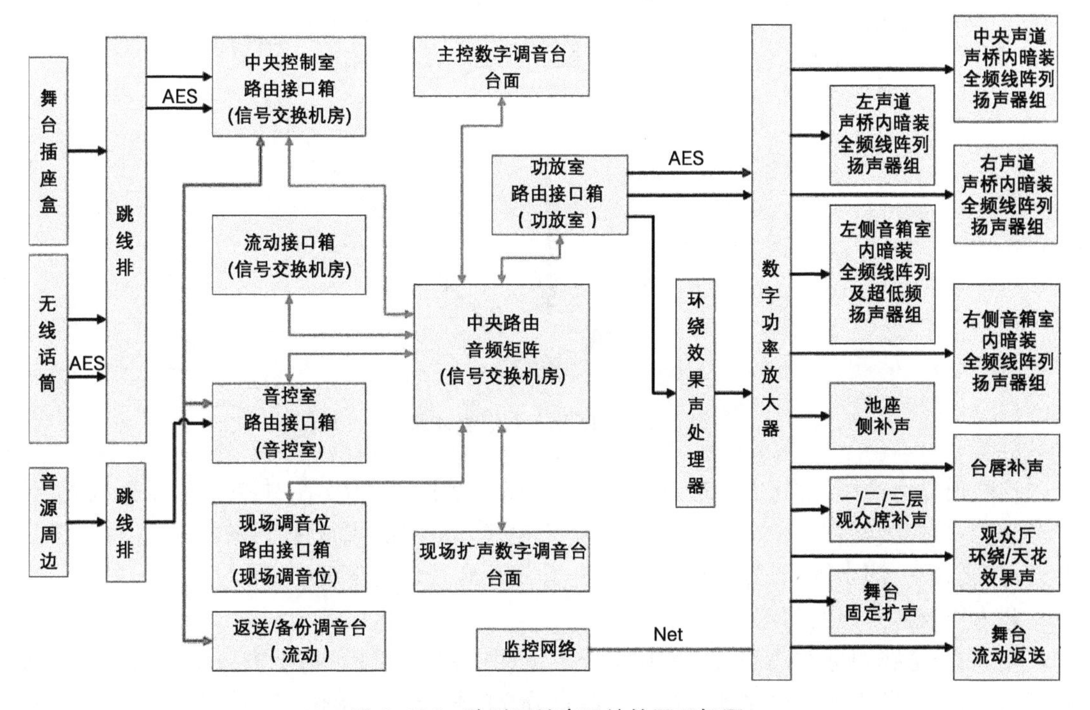

图 4-106　歌剧厅扩声系统的原理框图

歌剧厅扩声系统由扬声器系统、功率放大器、音频信号处理器、调音台系统、信号传输交换分配系统、放音及周边设备系统、舞台监督管理系统和供配电系统等组成。图 4-106 是扩声系统的原理框图，图 4-107 是信号交换机房。

图 4-107　信号交换机房

1）观众厅扩声系统

观众厅主扩声系统设计采用三声道立体声模式。传声器拾取的单声道人声信号与节目源播放的双声道立体声信号，经调音台的声像（PAN）调节器分配处理，利用各声道信号的强度差来转换成左、中、右三声道立体声输出，不仅能够准确地再现舞台上左右方向移动的活动声源，而且能够再现舞台前后移动的距离声源，使临场感、真实感更准确地再现给观众，增加演出的欣赏性，获得比双声道立体声的像定位感更好的三声道立体声；同时提供扩声师的丰富创意表现力。

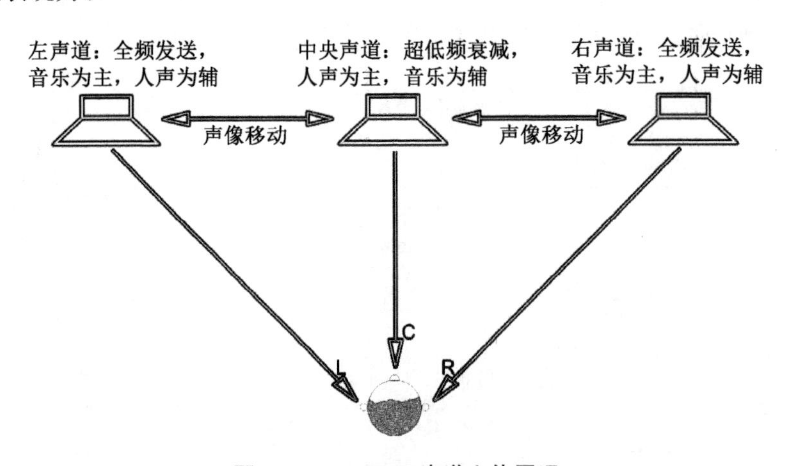

图 4-108　LCR 三声道立体原理

三声道立体声中的左、右声道，以播放全频乐声为主，人声为辅；中央声道以播放人声、独奏为主，乐声为辅；左、中、右三声道立体扩声模式，既保证了语言扩声的清晰度，又能满足歌舞、戏剧、文艺演出等剧目演出时准确的声像定位和音乐的丰满度、明亮度，能较好地解决音乐和人声兼容扩声的问题。

左、右声道扬声器在两侧八字墙位置分上下两层安装。在台口上方声桥中间设置中央扬声器组，其音源由调音台左、中、右三组各自分立的输出通道提供，左、中、右每组扬声器组能完全覆盖整个观众席区域。

左、中、右声道扬声器组及侧面补声扬声器、台唇补声扬声器、楼座下方补声扬声器共同组成观众厅扩声系统。

(1) 中央声道扬声器组

歌剧厅观众厅主扩声系统采用固定安装形式。中间声道采用线源阵列技术，其主要原因是中间声道，在实际演出中主要作为现场人声与旋律乐器扩声用途，现场调音师利用这一独立的、基本覆盖全部观众席的通道突出表现清晰度，让人声或音乐的听觉感知为“靠前”的感觉。这一需求与线源阵列技术的声辐射特性较为吻合。线声源阵列具有更强的垂直指向性控制能力，使中后场观众可以获得更多的全频段直达声能，这对于清晰度的提高十分有助，经过 MAPP 高精度声学综合分析软件的模拟，最终选定了 d&b J8系列线阵列扩声扬声器作为中央声道扬声器组。

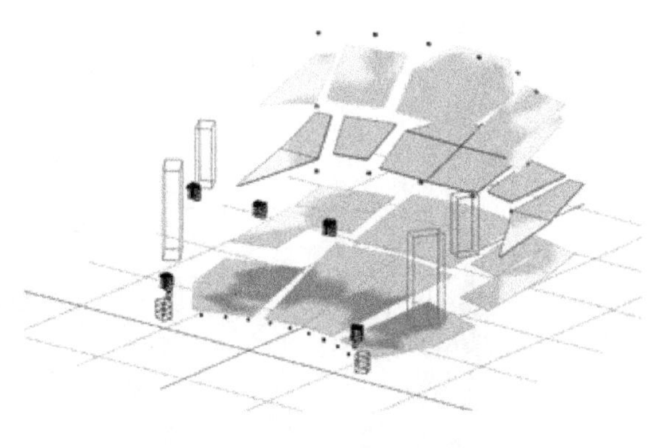

图 4-109　三声道扬声器声场模拟图

① 中央声道扬声器组固定安装在舞台中心轴线上方声桥的中央。

② 采用 4 只 d&b J8 垂直线性阵列扬声器，各扬声器按照波阵面校正技术(WST)的原理进行线性耦合，组成垂直线性扬声器阵列，以线性声源均匀覆盖全场观众区。

J8 全频扬声器(图 4-110)是线性阵列模块设计，适合大型场合长距离投射应用。声学上三分频设计，低频与中低频采用外置分频，而中高频与高频采用内置分频，J8 扬声器采用全对称设计，双 12″钕磁低频单元采用双极对偶排布并位于两旁，正中间是同轴方式安装的中频和高频单元，采用一个 10″中频单元带号角负载，两个 1.4″喉管、3″音圈高频压缩驱动器加载专门设计的线声源波导装置。线声源波导装置，获得无缝隙过度耦合且连贯的垂直波阵面。这些声学设计最终实现了出众的 80°水平恒定扩散特性，指向性控制频率可以保持低至 250 Hz。

机械组件结构和声学设计整组垂直线阵最大可多达 24 只组成，箱体间垂直耦合角度设置为 0°到 7°可调，每步调节为 1°。可以采用 J8 组成独立的线性阵列系统，或 J8/J12/J-SUB 配合组成一组吊挂使用。

图 4-110　d&b J8 垂直线性阵列扬声器

J8 箱体选用航海木质夹板制造，表面采用抗撞漆和露天防护漆(Polyurea Cabinet Protection)处理。扬声器的前面板采用坚硬的金属网罩作保护，侧面板和箱体后方配有四个把手。

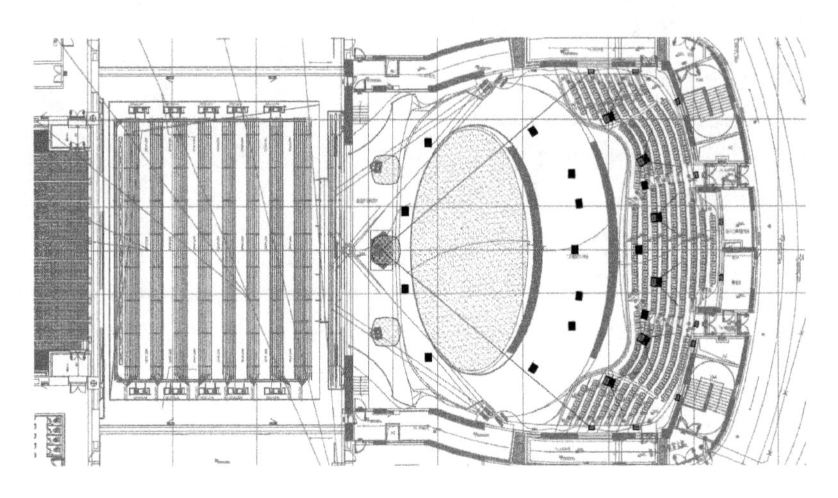

图 4-111　中央声道扬声器(楼座)平面布置图

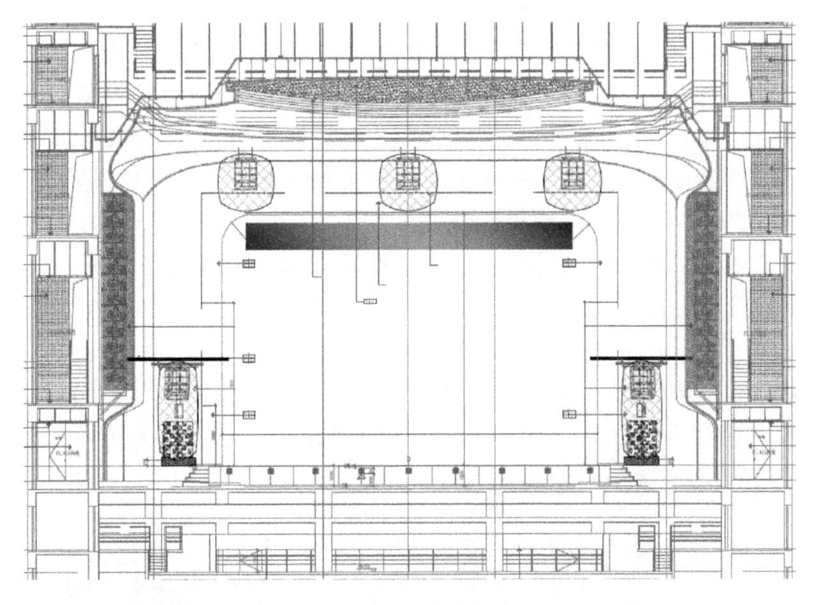

图 4-112　中央声道扬声器(楼座)剖面布置图

(2) 左右声道扬声器组

左右声道的主要用途是重放伴奏音乐及现场声音扩声。由于歌剧厅的建筑声学按照歌剧厅自然声演出设计，混响时间比较长，为了获得良好的主观听感，必须提高主扩声的直达声能比，因此，左右声道需重点考虑全频段的指向性控制，特别是中低频能量的指向性控制。左右采用 d&b J8 恒指向性的线阵列扬声器系统，并采用低频阵列控制低频的指向性。提高直达声能比的同时，兼顾了听感自然度。

① 左右声道上层覆盖的固定安装扬声器组

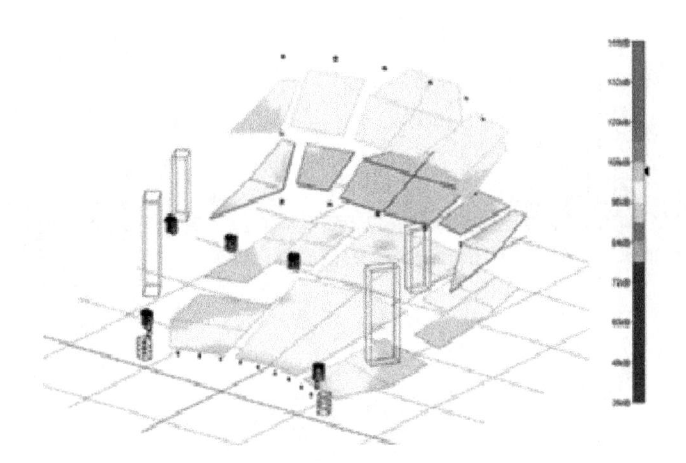

图 4-113　中央声道扬声器声场模拟图

左右声道上层覆盖的固定安装扬声器组全场覆盖二三层楼座观众区，选用了 d&b J8 恒指向性的线阵列扬声器系统，利用恒指向性线阵列扬声器的优越覆盖特性，将声能集中投向二三层楼座观众区。避免声波溢出对台口两侧耳光室侧墙和对舞台、乐池的辐射产生影响。

为扩展系统的低频下限、增加震撼力度，在舞台左右两侧全频扬声器阵列的正下方分别配置了 3 只 d&b B2-SUB 双 18 英寸超低频扬声器。

图 4-114　左右声道上层覆盖的固定安装扬声器组

② 左右声道下层覆盖的固定安装扬声器组，即声像扬声器系统

观众厅左右声道的声像是否自然，是扩声系统品质非常重要的主观参量。本系统在满足客观指标的前提下，对声像也做了专门的分析设计。无论是观众厅的池座前区和后区，或者二层楼座、三层楼座，由分析图可以清楚得出，声像和视像相当吻合，在实际的主观听音评测时，达到了预期的效果。观众区前区主要由下层扬声器系统覆盖，其声像在下层扬声器系统稍上的位置；池座后区和二层楼座观众区，主要由中层扬声器系统覆盖，其声像在中层扬声器的位置；三层观众区，主要由上层扬声器系统覆盖，其声像在上层扬声器系统的位置。

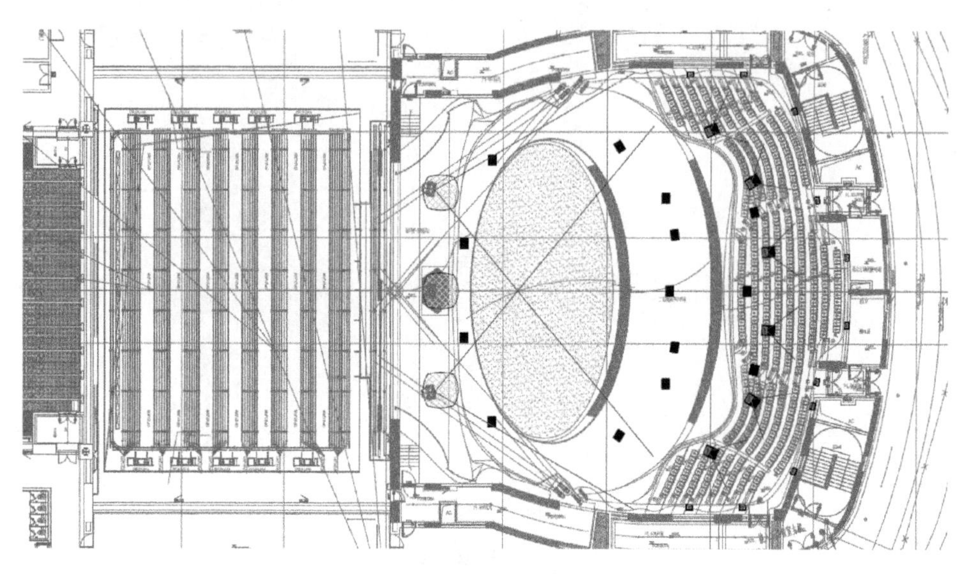

图 4-115　左右声道扬声器(楼座声桥)平面布置图

由于池座前区观众距离声桥扬声器组的高度较高,在听音上不仅使得中央主扬声组和舞台上的演员所发出的声音声像分离,而且来自舞台上的演员自然声级远小于来自拱顶中央扬声器的声级,给人以压顶感。前区观众会觉得声音传自头顶,而非舞台上的表演者,这时观众的视与听觉得不到统一。为解决这种声像不一致的矛盾,且弥补观众席前区音量的不足;修正前区观众的声像一致性,使前区观众得到"和谐"的音色效果。利用舞台台唇设置补声扬声器系统和 J8 线阵的恒指向性、音色一致的线阵列扬声器优越覆盖特性,将声能集中投向一层池座观众区,利用哈斯效应,可使一层池座观众的声像整体明显下移,达到声像一致的视听效果,消除声音的压顶感觉,同时又可弥补前排观众席的声压级不足。

图 4-116　舞台扬声器布置图

哈斯效应的听觉效果不仅与两个声源声压级的差有关,还与两个声源到达听众的时间差有关。图 4-117(a)是两个声源声压级的不平衡与延迟时间的关系。图 4-117(b)是两个声源到达听众处的声压级相同，时间差为零（同时到达），听众的感觉（声像位置）是声源在中间。图 4-117(c)是在一个声源（右边）中插入一个可调延时器，延迟时间 $\Delta T = 5$ ms，此时听众的感觉声源已偏到左边去了。图 4-117(d)是在左声源中插入一个－10 dB的固定衰减器，此时左声源的声压级比右声源小 10 dB，右声源中插入的延迟时间不变，仍为 5 ms，听众的感觉是声源又回到了中间位置。图 4-117(e)是把延迟时间增加到 25～30 ms，甚至更大，听众开始会听到失真的两个声音，延迟时间越长，两个声音之间的间隔也越长。

为均匀观众区的声压级，需将主扬声器安装在舞台台口正上方较高的"声桥"中，这种布局会使舞台前面几排座位的观众听到的声音像从头顶上下来的，声像严重不一致。为此在舞台台口两侧再安排两组声压级较小的辅助扬声器，使前几排座位的观众先听到辅助扬声器的声音（因为它们比主扬声器的声音先到达）。这样使观众就会感到声音是从舞台方向来的了。

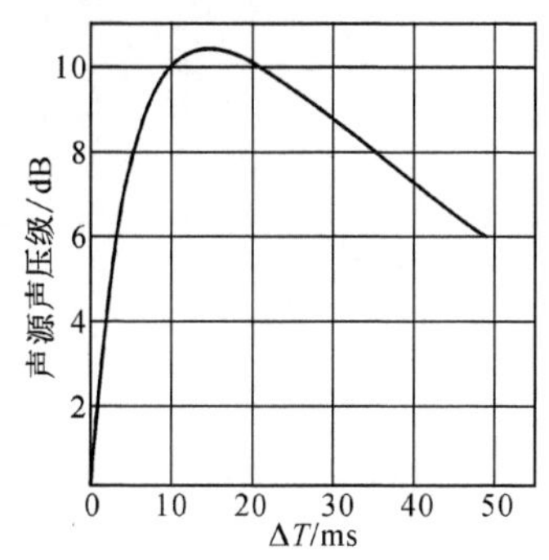

(a) 两个声源不平衡的声压级与延迟时间的关系

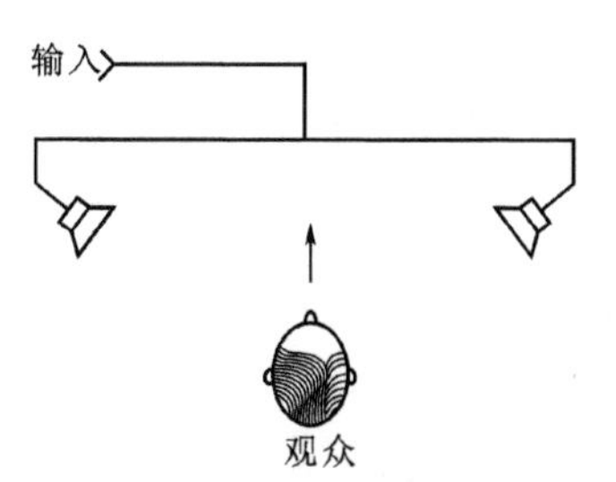

(b) 两个声源的声压级相等，时间差为0

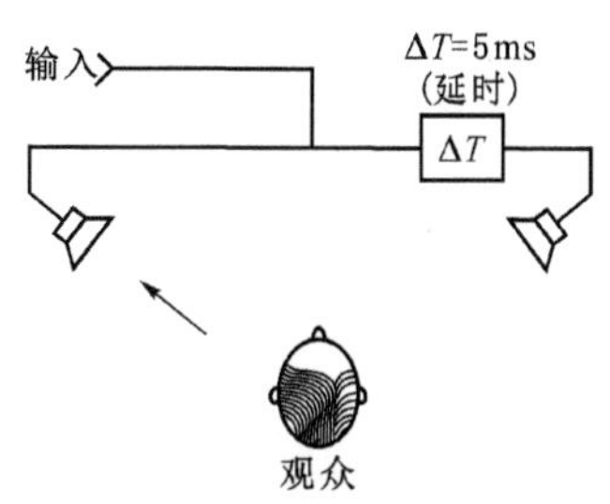

(c) 两个声源的声压级相等，右声源比左声源晚到5 ms

(c)

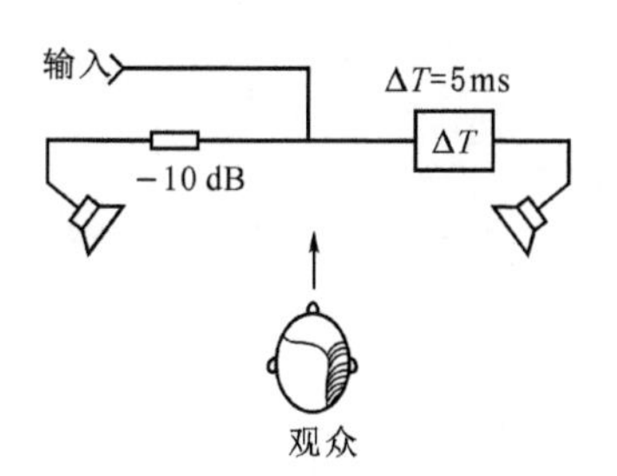

(d) 左声源比右声源的声压级低10 dB，右声源晚到5 ms

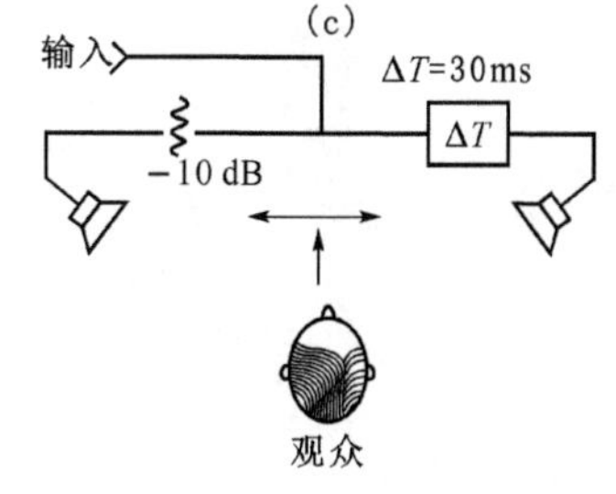

(e) 左声源比右声源的声压级低10 dB，增加延时

图 4-117　哈斯效应原理图

扩声系统中哈斯效应使用最多的是校正声源之间的时间差和声级差，以减少声源间的干扰，提高声音清晰度。

③ 低频扩声

为扩展系统的低频下限、增加震撼力度，配置了 3 只 d&b B2-SUB 双 18″超低频扬声器。安装在舞台左右侧全频扬声器阵列的侧边覆盖全场。超低音扬声器采用反向安装设计，控制超低频扬声器的心形指向。

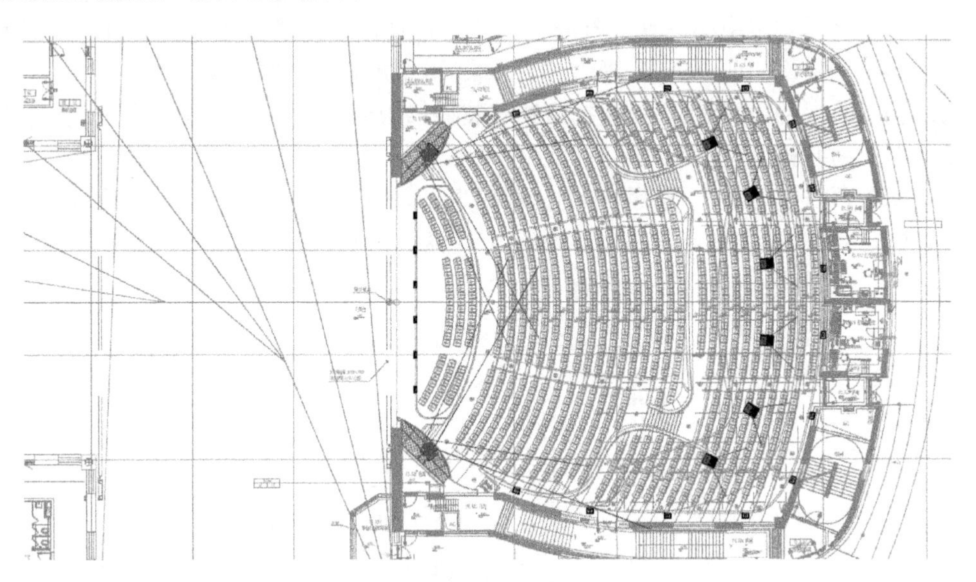

图 4-118　左右声道扬声器(池座台口两侧)平面布置图

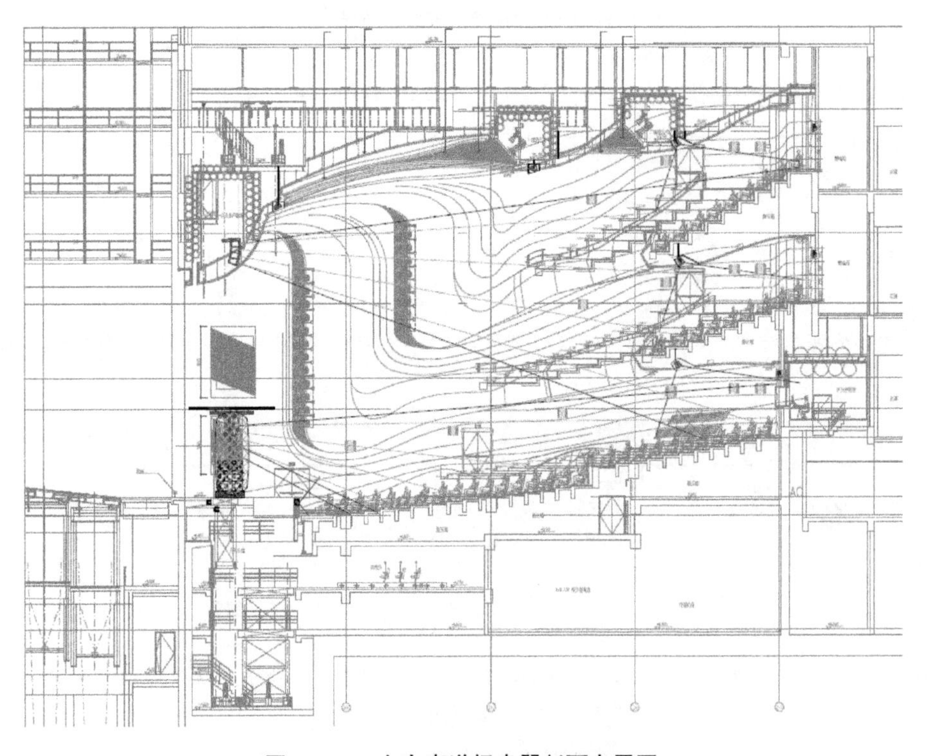

图 4-119　左右声道扬声器剖面布置图

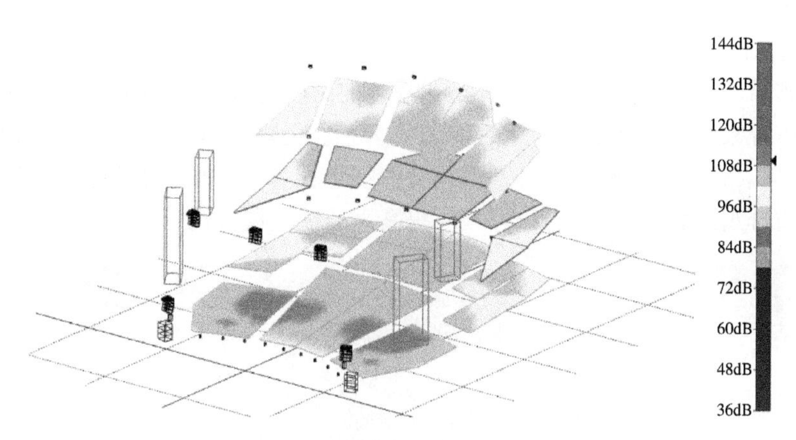

图 4-120　左右声道扬声器声场模拟图

(3) 池座侧补声扬声器组

左右各配置 1 只 12S 同轴扬声器系统，作为侧面补声全频扬声器，暗装于台口两侧八字墙内，补充台唇扬声器的盲区。

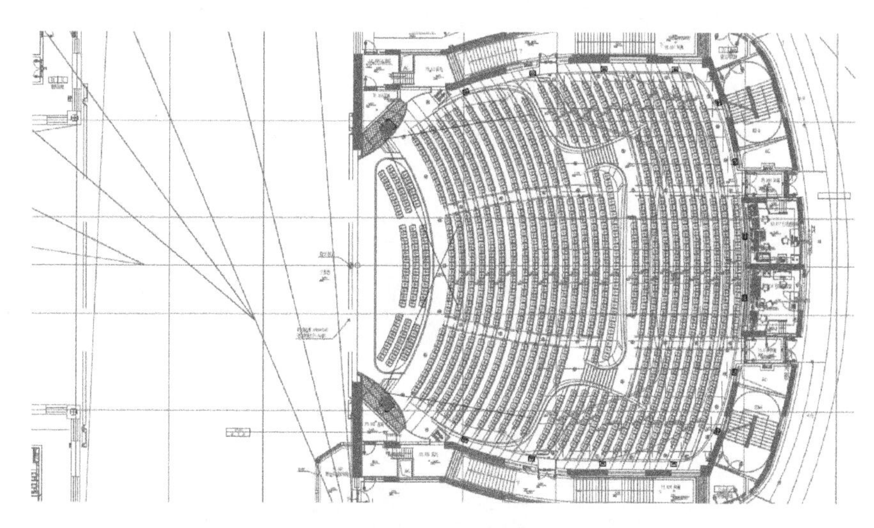

图 4-121　池座侧补声扬声器剖面布置图

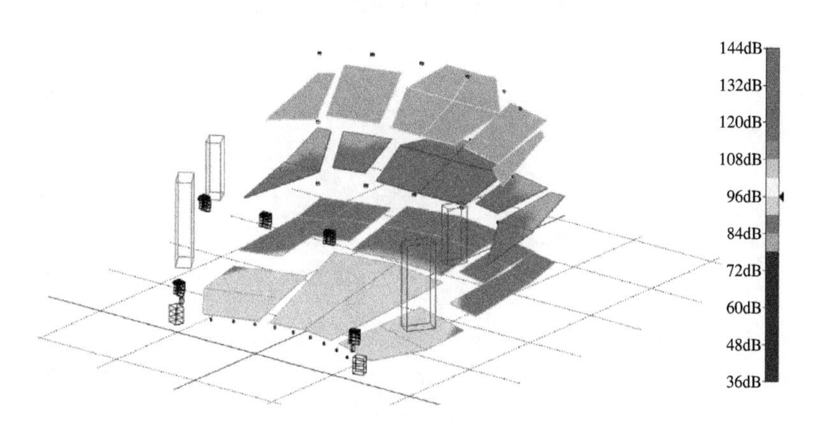

图 4-122　池座侧补声扬声器声场模拟图

(4) 辅助扬声器组

由于池座前区观众距离声桥主扩扬声器系统的高度超过 12 m,仰角大于 60°,使池座前区的观众有声音来自头顶而非舞台上表演者的听感。为解决视听不一致的问题,根据哈斯效应原理,在舞台台唇及乐池前沿分别设置补声扬声器系统,从而可消除声音压顶感觉,同时又可增强前排观众席的中高频直达声能,提高声压级及语言清晰度。

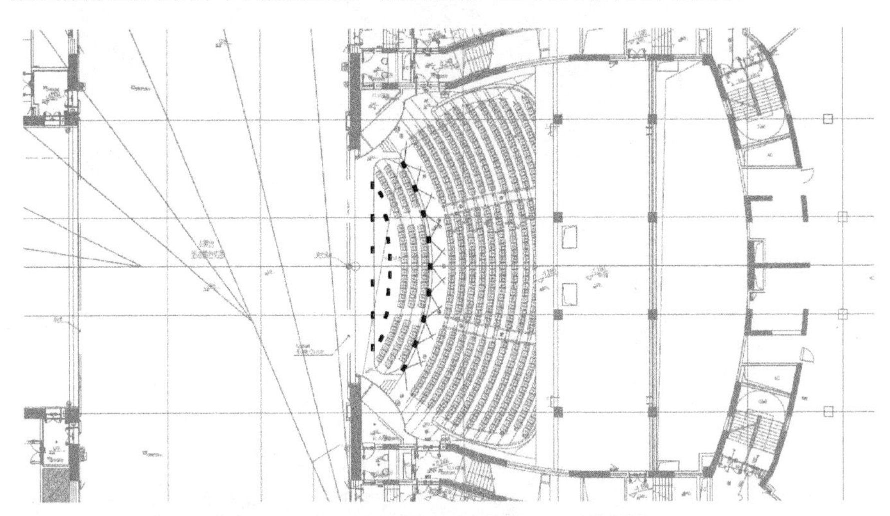

图 4-123　台唇及乐池扬声器平面布置图

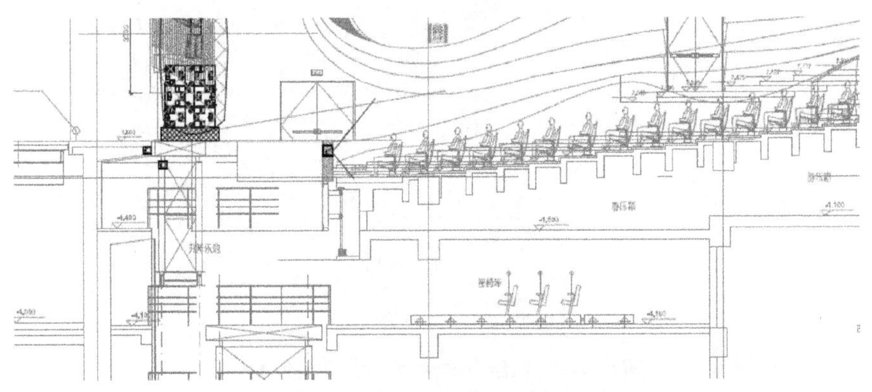

图 4-124　台唇及乐池扬声器剖面布置图

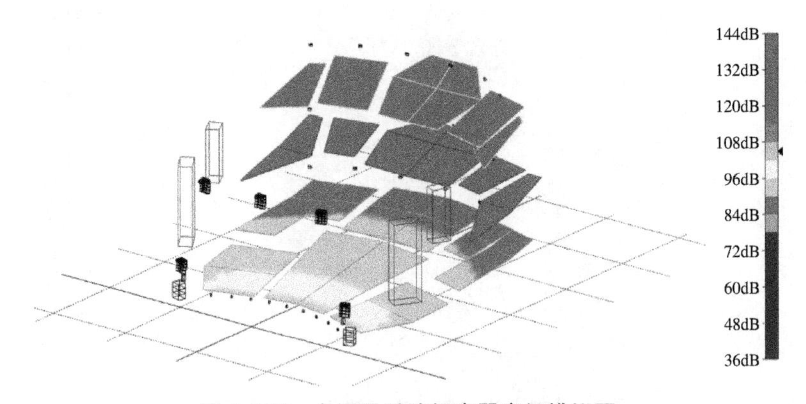

图 4-125　台唇及乐池扬声器声场模拟图

在台唇边沿均布设置 6 只 d&b 5S 小功率同轴扬声器系统，在乐池栏杆前方均布设置 9 只 5S 小功率同轴扬声器系统，该扬声器结构紧凑，宜隐蔽安装。

(5) 楼座下方补声扬声器组

一层挑台下方、二层挑台下方及观众厅天花各安装有 6 只 8S(共 18 只)同轴扬声器系统，一方面补充楼座下方区域的直达声能量，另一方面也可消除声音压顶感觉，提高声压级及语言清晰度。

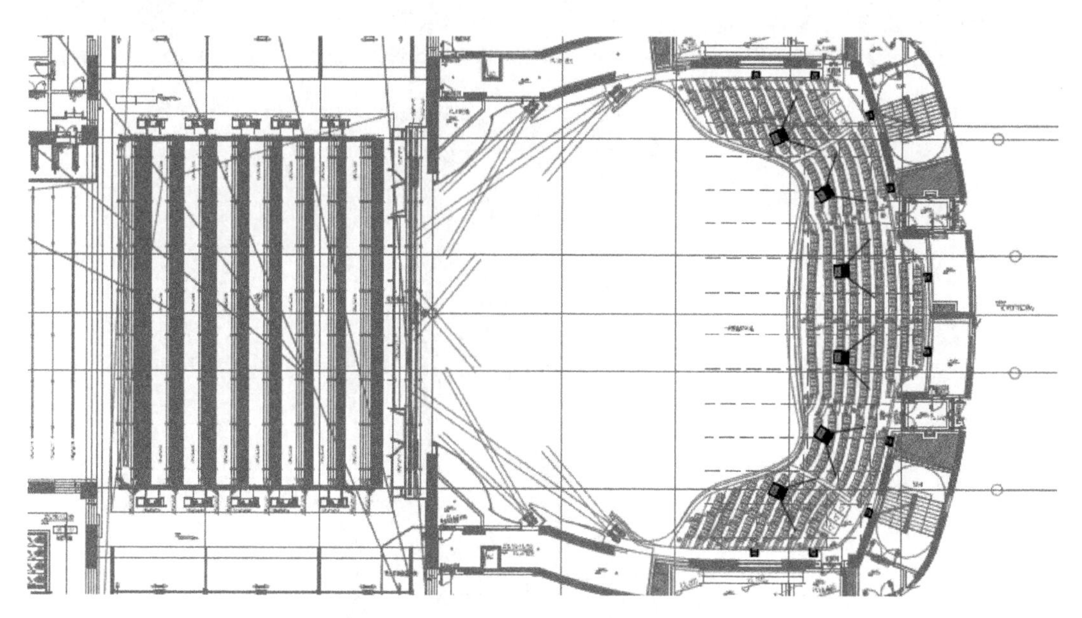

图 4-126　楼座下方补声扬声器平面布置图

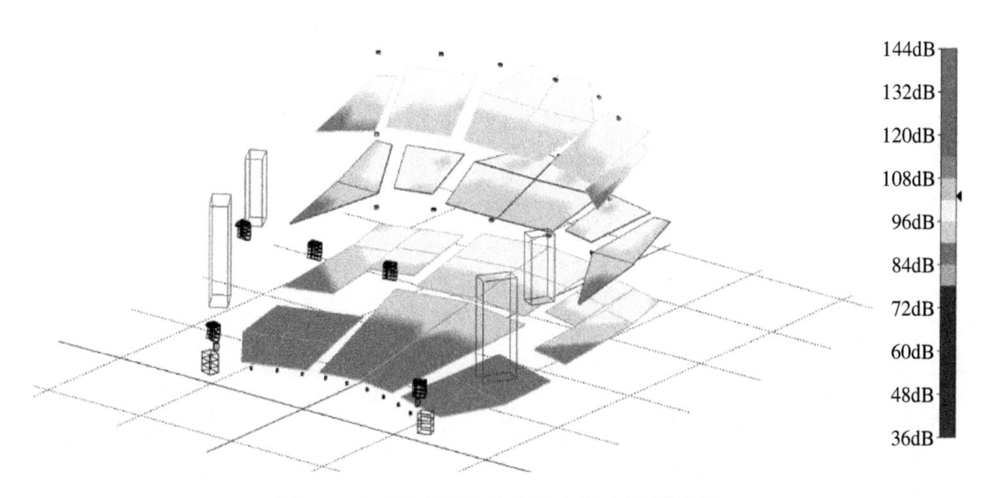

图 4-127　楼座下方补声扬声器声场模拟图

(6) 效果声扬声器组

为了配合不同演出需要，实现特殊的声场效果，在左、中、右三声道立体声扩声方式的基础上，观众厅及舞台区通过英国 Timax 2 多通道声场矩阵控制器组成多通道效果声扬声器系统，播放模拟声场效果声。

观众厅效果声扬声器共计 48 只,以固定隐藏的方式安装。在池座观众厅左右两边侧墙和后墙安装 14 只 d&b 8S 同轴扬声器;在一层楼座观众厅左右两边侧墙和后墙安装 10 只 8S 同轴扬声器;在二层楼座观众厅左右两边侧墙和后墙安装 10 只 8S 同轴扬声器;在观众厅上空天花布置了 14 只大功率全频扬声器 MAX12 扬声器。并使用 Timax 2 多通道声场矩阵控制器输出的独立通道控制,由数字信号处理器实现单点控制,全部扬声器采用独立功放通道推动,实现观众厅千变万化的全方位大动态效果声还原,使节目更具有观赏价值和更具有创新性。

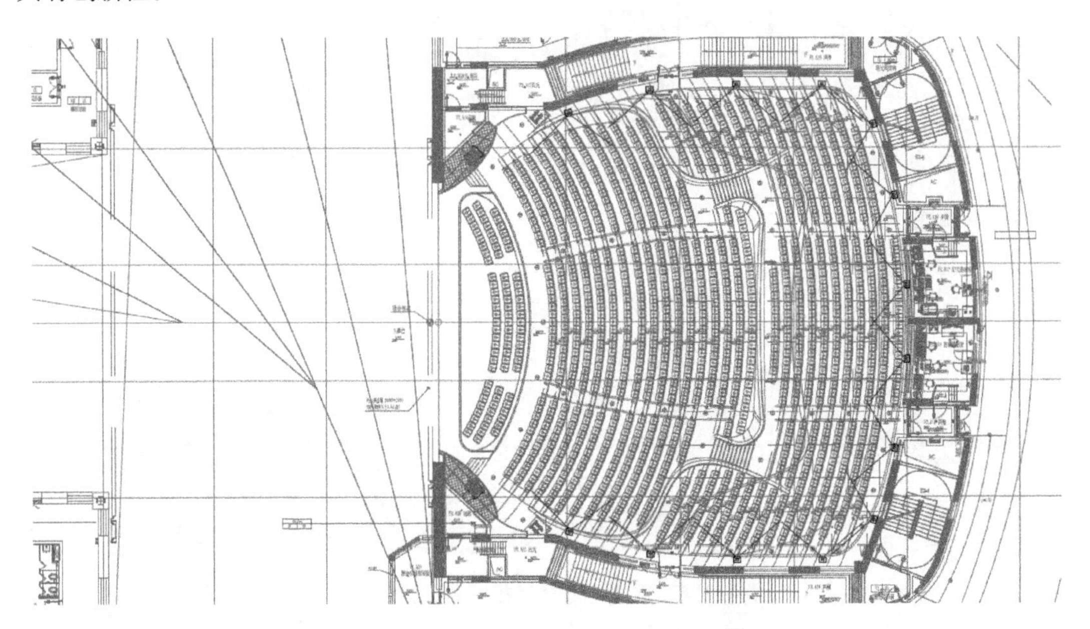

图 4-128 效果声扬声器(池座)平面布置图

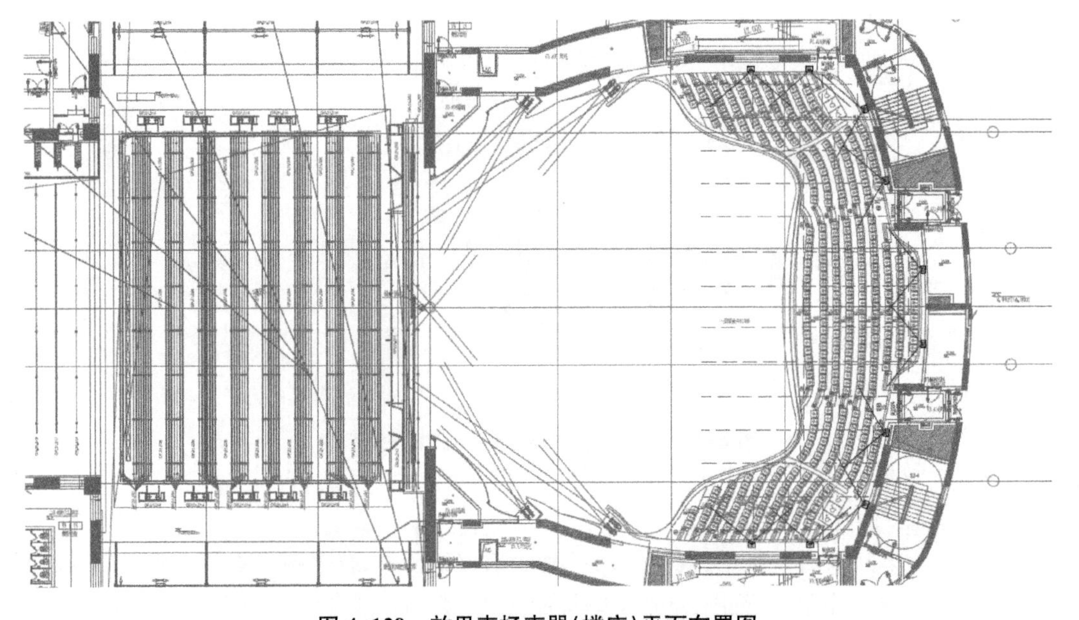

图 4-129 效果声扬声器(楼座)平面布置图

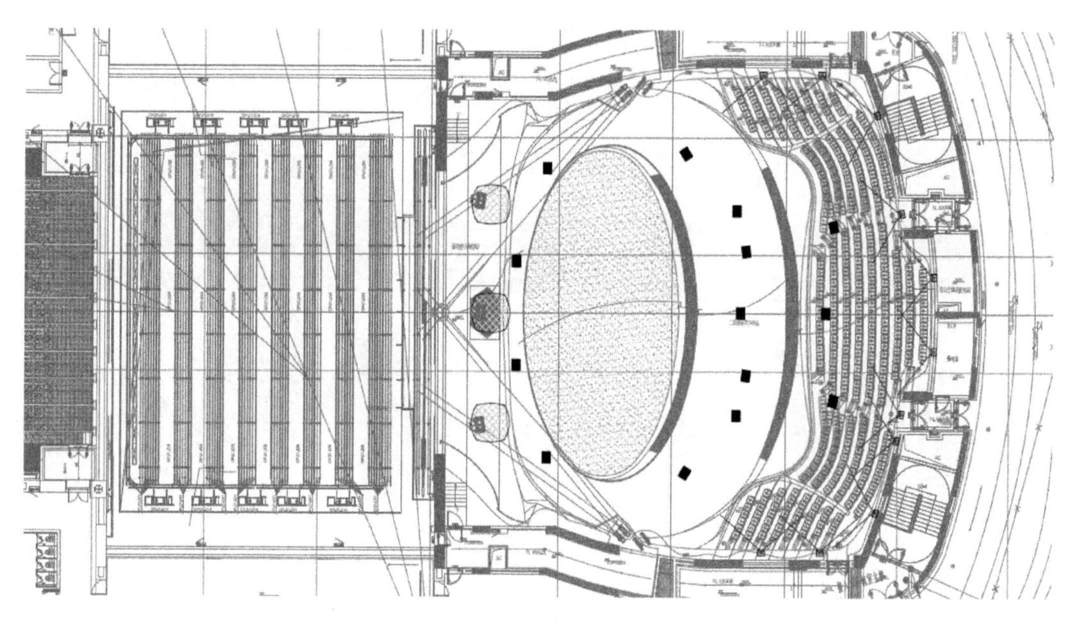

图 4-130 效果声扬声器(楼座声桥)平面布置图

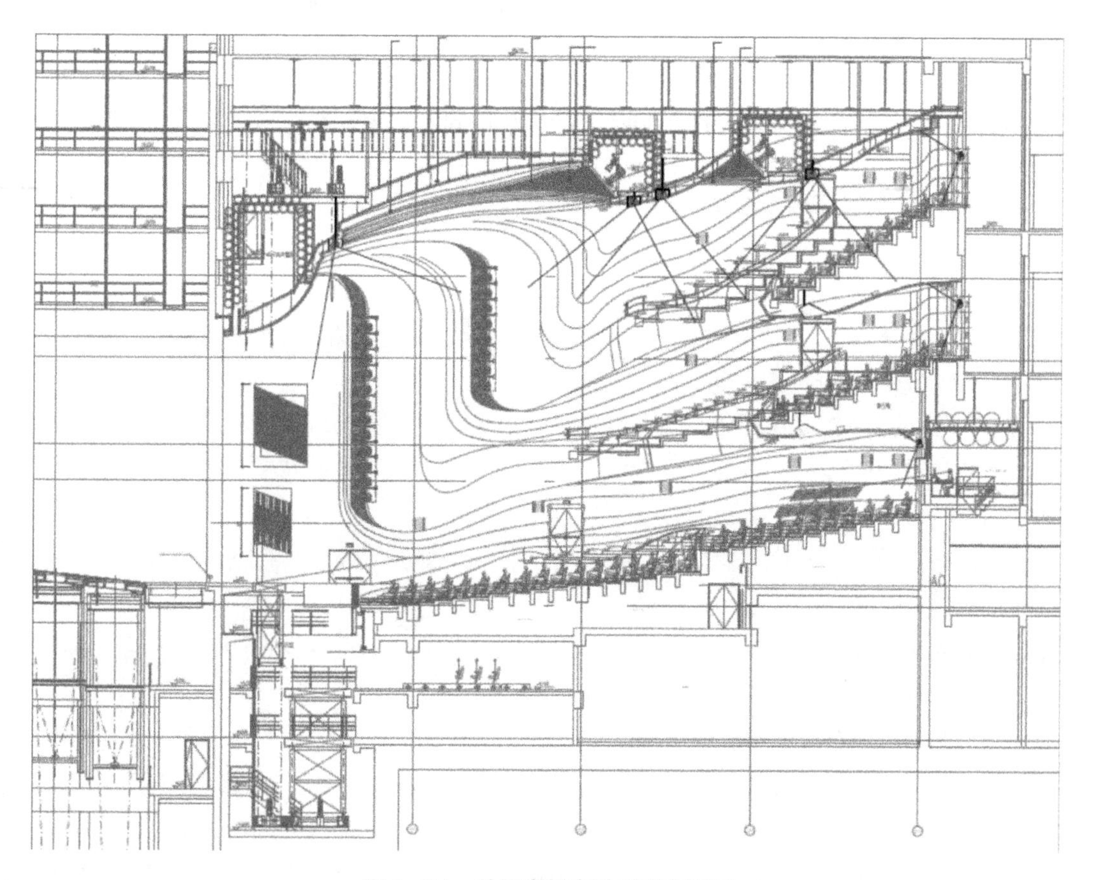

图 4-131 效果声扬声器剖面布置图

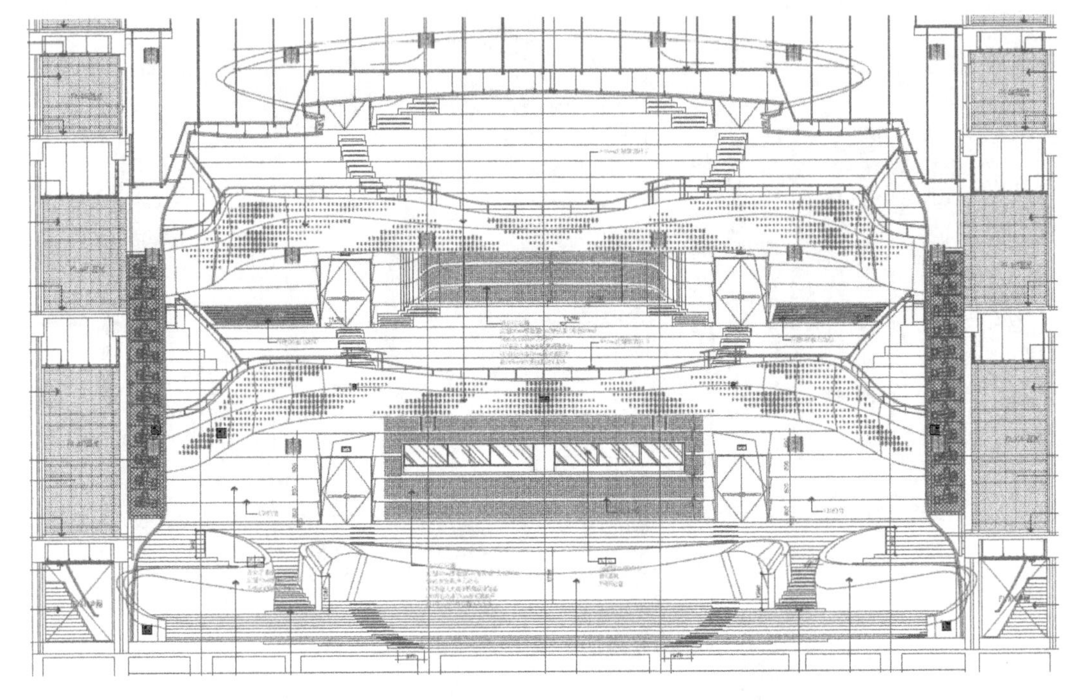

图 4-132　效果声扬声器(观众席后区)剖面布置图

2) 舞台扩声系统

舞台扩声系统主要为在舞台上的演员服务,采用固定与流动相结合的形式,可满足各类多变的演出形式。

(1) 舞台固定安装扬声器组

舞台上固定安装 12 只两分频全频扬声器和 2 只低频扬声器音箱供主舞台、侧舞台和后舞台扩声之用。其中 10 只全频扬声器固定安装在台口附近的灯光吊杆上和台口两侧柱光架上,覆盖主舞台;另 2 只固定安装在后舞台与主舞台之间的天桥上,覆盖后舞台。

(2) 舞台流动返听扬声器组

配备 8 只两分频全频扬声器,既可以置于地面做流动扩声扬声器使用,也可以安装在支架上作为主舞台的舞台扩声,还可以安装于主舞台和后舞台之间的两侧位置,作为舞台效果声扬声器使用。

舞台上共设置了 32 路音频功率传输线输出接口,通过功放输出跳线,让每只流动扬声器任意接入使用。

4.4.6　调音台系统

1. 主调音台

歌剧厅调音台系统以德国 Stagetec 公司的 Crescendo 调音台为核心,分别作为主控台和现场调音台,同时以 Yamaha CL5 数字调音台为返送/备份调音台;全场设置了 3 个调音工位:音控室主控调音位、位于观众区的现场调音位和在音控室备份调音位及上场门流动使用的返送/备份数字调音位。歌剧厅音频系统以 Stagetec Nexus 数字音频路由系统为骨干。系统设计充分满足了先进性、安全性、便捷性及可扩展性等专业扩声系统的必备要素。

江苏大剧院歌剧厅也因此具备了承接世界级演出的音频技术条件。

1）系统先进性

江苏大剧院歌剧厅调音台系统在功能丰富程度、设备性能和可靠性上均体现出了系统的先进性。

Nexus 音频路由系统使用了独有的同步传输协议 TDM（时分多码），采用 30 bit 的 TDM 音频传输总线，和额外的控制和数据传输总线，将所有音频信号和控制信号统一在同一 TDM 总线上传输。此外，其话筒卡和模拟输入卡具有专利的 True Match 技术，每通道使用 4 个 32 比特模数转换器，提供顶尖的模数转换能力，保证超高信噪比，动态范围可达 157 dB。每个话筒通路提供 4 路话分功能，可以分别送入不同后端设备，独立调音。DSP 板卡提供了优异的数字信号处理能力，保证整个信号链路具有超过 60 dB 的峰值储备（headroom）。调音台通道信号流处理顺序可调，适应不同使用者的工作习惯。Nexus 数字音频系统可以通过连接在任一基站的计算机屏幕监测整个系统的音频输入/输出的电平情况，每一屏幕最多可以同时监测 96 通道的电平情况，每一计算机可以监测 16 个屏幕的通道，即 16×96=1 536通道的音频电平。歌剧厅中共配有 6 个专门用于音频通道信号监测的显示屏。

Stagetec Crescendo 数字调音台（图 4-133）是唯一获得过 IF 设计金奖的 AURUS 调音台的精简版，广泛应用于全世界各大剧场剧院。Crescendo 具有类似模拟调音台的布局及操作方式，直观便捷，每个旋钮对应一个功能，录音师/扩声师可快速地调整所有参数，可处理超过 300 路信号；方便的层操作，最多可翻页 8 层；完善的音频监听监看功能、连接简便、具有支持热插拔的模块化设计和完备的系统监测性能。

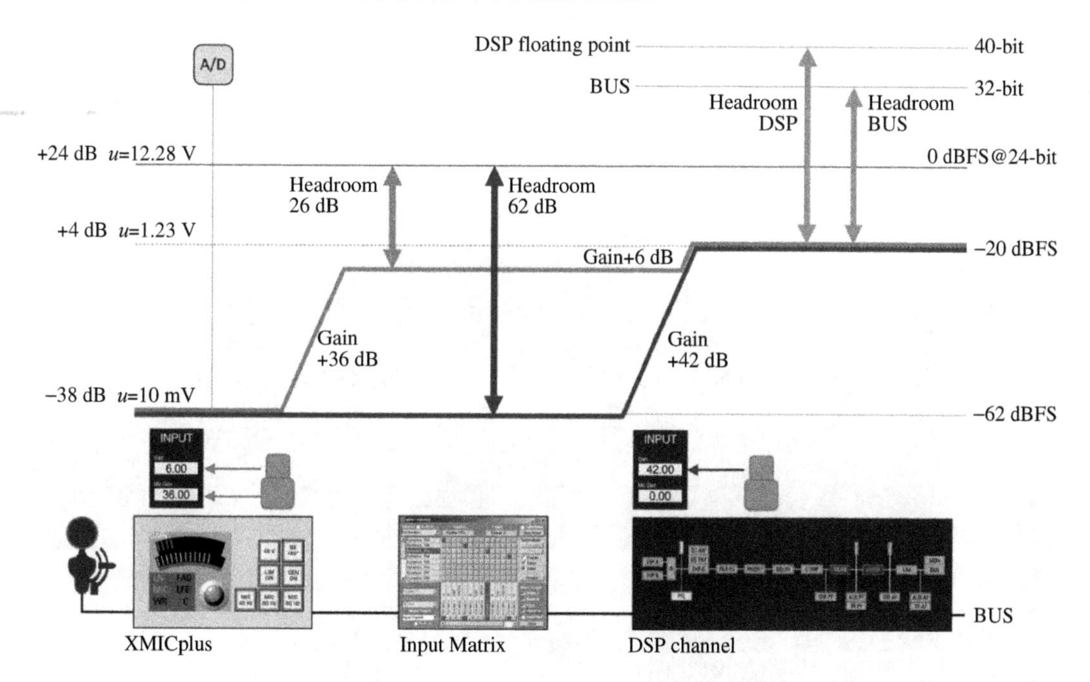

图 4-133 Nexus 处理全通路信号的峰值储备图

调音台与接口箱均采用无风扇设计。因此不存在机械噪音，即使放在控制室内也不影响监听环境。对于现场录音来说，在过去更是可遇而不可求的。

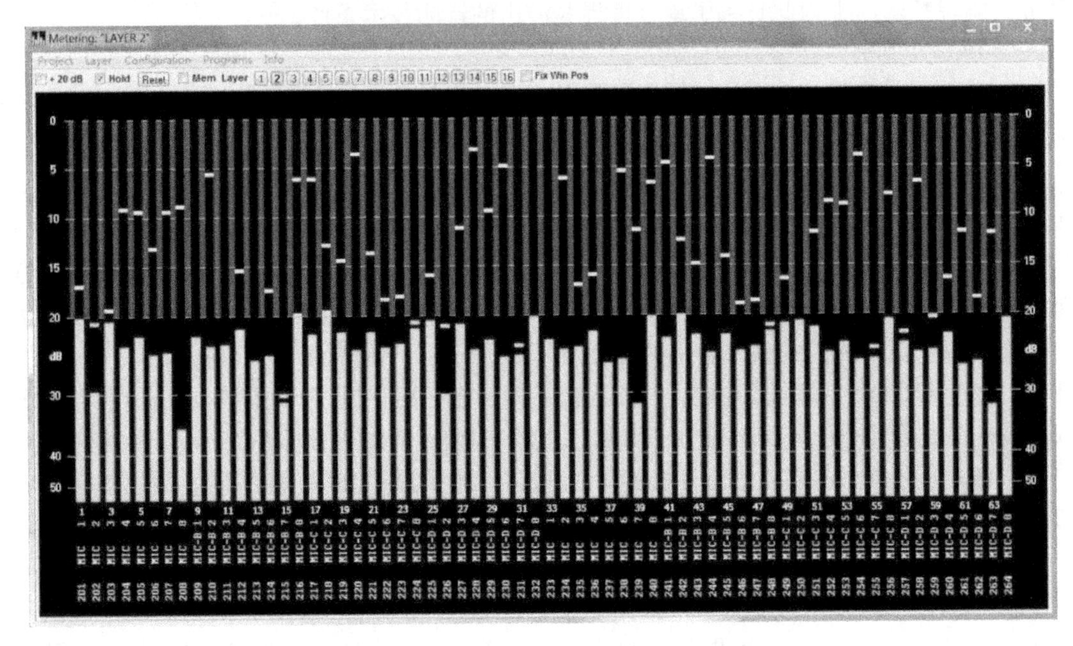

图 4-134　示例：所有话筒输入电平监测图

2）系统安全性

江苏大剧院歌剧厅采用 Stagetec Nexus 数字音频路由系统所组成的音频主干网络，以 Nexus Star 核心路由器作为信号处理及音频网络的中枢，各个 Nexus 基站设备作为接口节点和端节点，采用混合式的拓扑结构图见图 4-136。保证了在任何情况下，只要还有一条通路能连接系统所有设备，整个系统都能够正常通信。任何单一的基站设备故障也不会影响到其他设备的工作。在信号传输端做到了完全冗余的配置。

图 4-135　歌剧厅主控室 Crescendo 调音台图

主扩声位配有一台 Stagetec Crescendo 40 推子调音台，作为现场/返送调音台，主控制室配有一台 Stagetec Crescendo 48 推子调音台，作为主扩调音台，同时，这两张调音台既可以独立使用，还可以合并使用。在进行重要活动时两张调音台互为备份，所有设置均已存储并可实现一键切换。在控制端也做到了完全冗余可靠的配置。

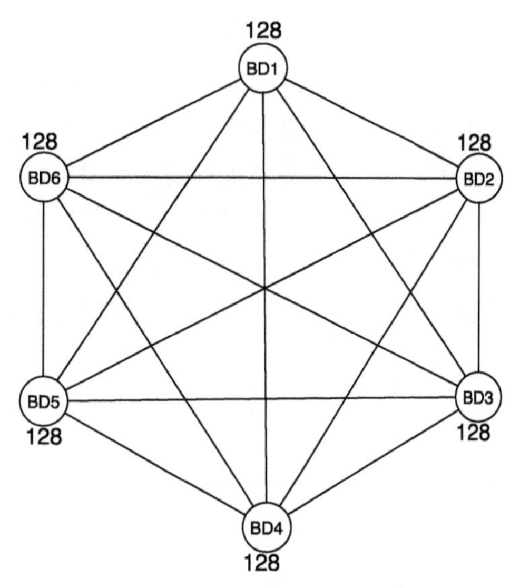

图 4-136　歌剧厅音频路由系统的混合拓扑结构图

为了保证信号在接入音频路由系统前的可靠性，使用了数字信号传输和模拟信号传输两种手段并互为备份。此外，系统配备了多种音源重放设备及效果器等。

3）系统便捷性

江苏大剧院歌剧厅配备了数量充足的接口，可胜任任何规模的歌剧演出，使用了 5 组 Nexus 基站接口箱，分别安装在舞台区、主控室、现场扩声位、功放机房，还有 1 组接口箱做流动使用。舞台区接口箱具备 112 路话筒输入、32 路模拟线路输入、96 路模拟输出、16 路 AES 输入/输出和 64 路 Dante 输入/输出。主控机房接口箱具备 24 路话筒输入、16 路模拟线路输入、32 路模拟输出、16 路 AES 输入/输出和 64 路 Dante 输入/输出。现场扩声位 1U 便携接口箱具备 8 路模拟线路输入、8 路模拟输出和 16 路 AES 输入/输出。功放机房接口箱具备 32 路话筒输入、64 路模拟输出和 32 路 AES 输入/输出。流动接口箱具备 56 路话筒输入和 16 路模拟输出。系统连接图见图 4-137。

调音台与接口箱系统连接仅需要主备两根光纤。连接简便快捷，大大减少了线缆数量。流动接口箱让系统使用更加灵活，具有充足的输入/输出接口，使用光纤让大编制乐队拾音的系统搭建更为快速有效，还可以作为高品质话放进行外出录音，可以直接与数字音频工作站配合使用，甚至可以为综艺厅和戏剧厅共享使用。

Crescendo 调音台采用航天级蜂窝铝合金框架结构，与同种设备相比重量极轻，提高流动使用时运输与安装的效率。能耗低，32 推子版的调音台额定功耗仅 170 W。

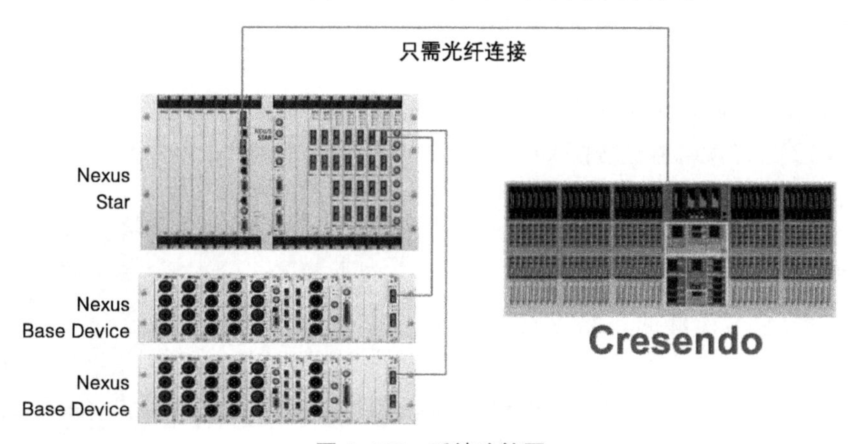

图 4-137　系统连接图

4）系统的可扩展性

作为一套专业扩声系统，具有可扩展性和可升级性是必不可少的要求。江苏大剧院歌剧厅扩声系统在设计时充分考虑了这一点。系统的可扩展性集中体现在音频输入/输出接口方面。Nexus 接口箱具有多种多样的接口卡，在 224 路话筒输入、40 路模拟线路输入与 216 路模拟输出之外，还配备了 80 路 AES 输入/输出、768 路 MADI 输入/输出接口、128 路 Dante 输入/输出。此外，系统中的接口箱均不是满负荷工作，均预留了 20%～50%不等的空闲卡槽位，为未来的系统扩展保留了可能。

2. 现场扩声数字调音台

位于现场调音位的现场扩声调音台同样选用了 Stagetec Crescendo 数字扩声调音台。现场扩声数字调音台的配置规格比主控数字调音台略小一些，拥有 40 个物理推杆，6 块液晶显示屏，可显示推前/推后电平、均衡曲线、动态设置数值及相应电平指示、声像设置、母线路由设置、话放增益值等信息。

图 4-138　Stagetec Crescendo T3Z2 现场调音位数字调音台

支持同时处理 120 路音频通道，48 路总线。通过光纤连接至 Nexus Star 中央路由音频矩阵，与主控数字调音台共用所有的远程接口箱，并可独立控制自己的传声器前级增益。调音台与接口箱之间的信号传输以及调音台内部的信号处理均需保证在 48/96 kHz 的采样频率下进行。

主要技术指标：

Stagetec Crescendo T3Z2 的音频通道数量和总线数量可以自由设置，系统最多可处理 300 路音频通道和 128 路音频总线。单声道、立体声和 5.1 声道总线，以及立体声和 5.1 声道关联输入通道都可以自由设置。辅助总线或 N-1 总线最多可定义为 96 路。在现场演出时，可混出多达 96 路独立的返送信号：

① 支持同时处理≥120 路音频，48 路总线。

② 通过光纤连接至 Nexus Star 音频矩阵。

③ 共 6 块液晶显示屏，可显示推前/推后电平、均衡曲线、动态设置数值及相应电平指示、声像设置、母线路由设置、话放增益值等信息。

3. 返送/备份数字调音台

返送/备份数字调音台配置了 Yamaha CL5 数字调音台。CL5 拥有 34 个物理推杆，支持同时处理 72 路音频通道，通过 Dante 网络音频传输接口与 Nexus Star 中央路由音频矩阵相连，获取并送出调音师所需的音频通道。

CL 系列调音台全面运用了先进的数字音频技术，它所诠释的自然音质为艺术家和扩声师发挥想象力提供了充分的条件。这种音质不能单单用技术指标衡量。反复听取行业中最权威人士的评价，进行听音评测，作为改善其声音品质

图 4-139　Yamaha CL5 数字调音台

不可或缺的环节。开发者们花费了大量的时间，付出了巨大的努力，创造了新一代 CL 系列数字调音台。

4.4.7　信号处理及功率驱动

功率放大器选用内置 DSP 处理功能的、与扬声器原厂配套的 d&b Audiotechnik XD 系列功率放大器中的 10D、30D 功放。

10D、30D 功放内的 DSP 提供全面的扬声器管理，如滤波功能，同时还提供用户可设置的均衡器和系统延时功能，每通道具备两台独立的 16 段均衡器，其中包括全参量的均衡、陷波、搁架式滤波和非对称滤波器，最高延时可达 10 s(＝3 440 m)，这些功能四个通道都是完全独立的。

d&b LoadMatch 技术(负载匹配)可使 10D、30D 功放对长距离扬声器线缆的电气特性进行补偿以保持音调平衡。10D、30D 采用 D 类放大电路和开关电源带(PFC)主动功率因数校正技术，适用于电源电压 100 V/127 V，50～60 Hz 和 208 V /240 V，50～60 Hz，能在不稳定的电网条件下，仍然具有稳定和高效的输出性能。输入和输出接口都是采用 Euroblock(标准接线)端口。

10D、30D 可通过以太网 OCA 协议或 CAN-Bus 协议，采用标准的 RJ45 接头和标准网线实现远程控制。同时，10D、30D 功放集成网页服务器，可通过浏览器直接控制管理。用户可选择浏览器或 d&b R1 远程控制软件对功放进行日常控制管理。设备面板具有用于状态监测的指示灯，还有如电源、信号、数据和静音状态指示灯。

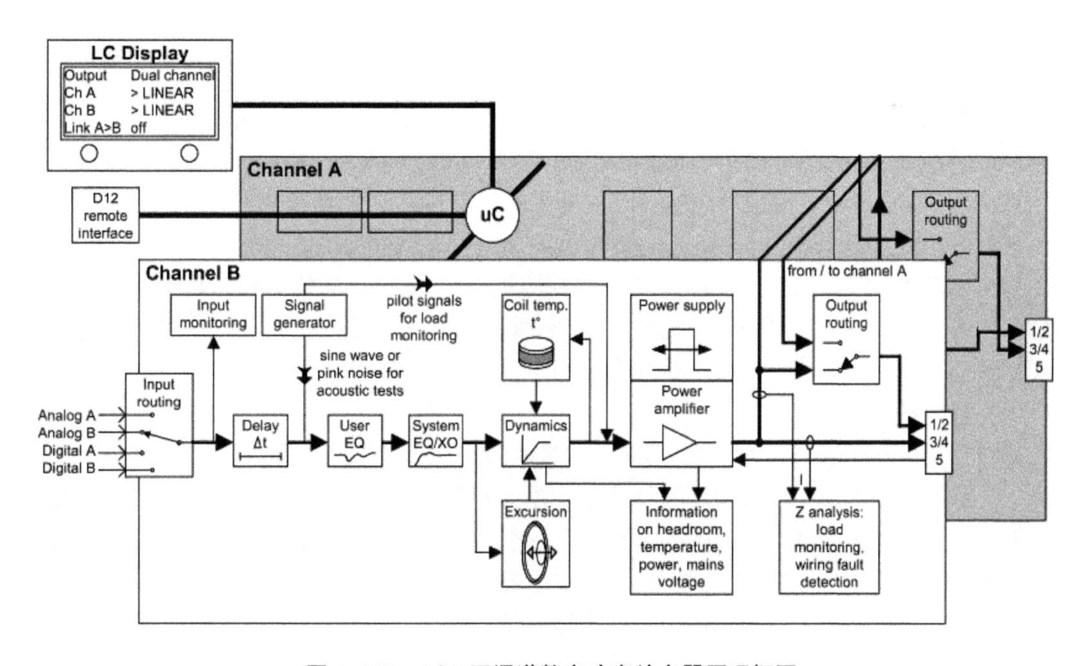

图 4-140　d&b 四通道数字功率放大器原理框图

1) d&b 数字功率放大器的主要特点

(1) 数字/模拟双输入接口

具有数字/模拟双输入接口，使前级(如数字调音台，DSP 处理器和数字接口箱)的数字信号可直接接入功率放大器，整个音频信号链路从传声器拾音到扬声器还原声音，可以实现一次A/D、D/A转换，大大减少了由于信号多次重复转换带来的损耗与失真，提高了系统保真度。

模拟备份调音台的模拟输出信号也可直接接入功率放大器，实现数字/模拟互备。并通过d&b Audiotechnik功率放大器远程监控系统（R60接口模块及R1软件）可进行快速数模切换，这种切换方式是最为安全可靠的后级数模互备模式。图4-141是数字/模拟双输入功率放大器系统。

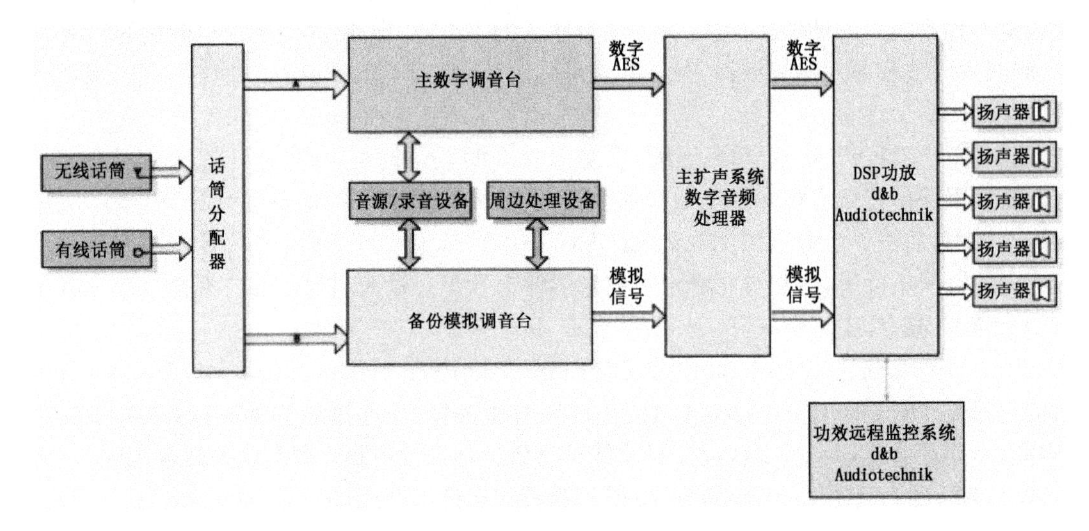

图4-141　数字/模拟双输入功率放大器系统

（2）强大的DSP数字处理能力

功率放大器每个通道都有独立的DSP数字信号处理器：包括EQ均衡、延时、滤波、远场扬声器补偿/近场扬声器衰减、分频等功能。并且内置有d&b扬声器的处理数据，通过简易的数据选择，调整DSP数字信号处理器，即可驱动不同用途的扬声器。

（3）可靠的安全保护、运行状态监测和诊断扬声器工作状态

为确保功率放大器能在各种环境中长期可靠安全运行，应能实时监测其运行状态：包括输入电平、输出功率、动态余量、机内温度、电源状况等，还可诊断扬声器负载的工作状态，实时掌握扬声器的健康状态，以便随时作出相应处理和保养。

（4）远程网络监控

d&b Audiotechnik远程控制软件R1通过网络接口R60及CAT5网线组成CAN-Bus网络，可对功率放大器进行远程监测及控制。最多可同时监测504台功率放大器的运行状态和调节功率放大器参数，包括输入电平、增益、静音、延时、EQ、滤波、关机/待机，发送测试信号（粉噪/正弦）、显示功率放大器温度、供电电压、网络状态。调节后的功率放大器参数自动保存。完善的远程监控系统，对功率放大器系统实施集中管理。

（5）场景文件存储，一键快速切换场景

服务于不同艺术类型、不同演出形式的多功能应用的扩声系统，在变换场景时需要重新调整电声性能参数设置，以达到最佳的扩声效果。为此，系统可以根据不同的演出场景，通过R1监控软件，调用事先保存的场景参数进行一键快速切换。

（6）扬声器系统检测、校准

系统搭建完成后，通过 R1 软件可对整个扬声器系统进行检测、校准，检测线路连接是否正常，扬声器单元工作是否正常，以确保系统连接正确、设置得当，保证系统正常运行。

(7) 高能效、节能环保

功率放大器是扩声系统的最大耗电设备，d&b Audiotechnik 数字功率放大器系统的能耗比其他常规功率放大器的耗电降低 50%左右。

2) 10D/30D 四通道数字功率放大器的主要特点

(1) 更灵活的信号输入选择与控制

提供 4 路模拟音频和 4 路(2 组)数字 AES/EBU 数字音频(共计八路音频输入)，每路输入电平可独立调整大小；模拟和数字音频信号可以路由至四通道数字功率放大器相应的输入端，对于大型重要的扩声系统，可实现主/备信号的一键热切换。模拟和数字音频输入端口在系统中的应用，如图 4-142 所示。

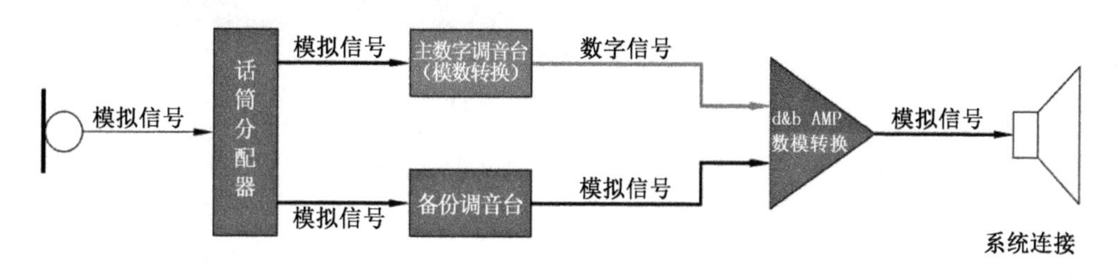

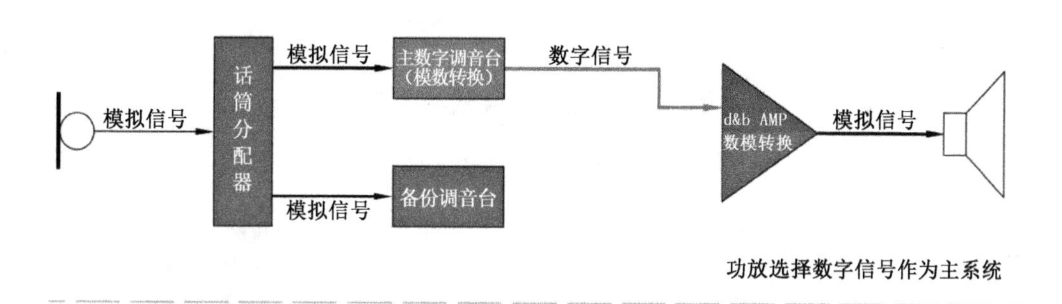

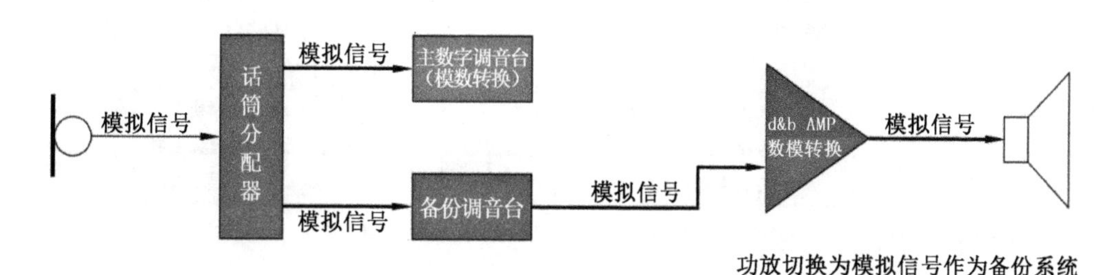

图 4-142　模拟和数字音频输入端口在系统中的应用

(2) 更高的能效

① 采用高效节能的 Class D 数字功率放大。

② 采用改进型 PFC(Power Factor Correction)功率因数校正开关电源技术，在不良电源电网条件下，无额外电流消耗并确保稳定和高效的性能。同样的功率需求下，峰值输出几

乎不受电网电压影响。

(3) 更多的系统整合与集成,开放第三方控制管理

10D/D30 四通道数字功率放大器,共有三种控制方式,以便日常管理。

① 远程网页管理(图 4-143)

功率放大器通过以太网连接至电脑,用户可使用标准网络浏览器,通过集成的 Web Remote 界面直接访问单个功率放大器的用户界面。

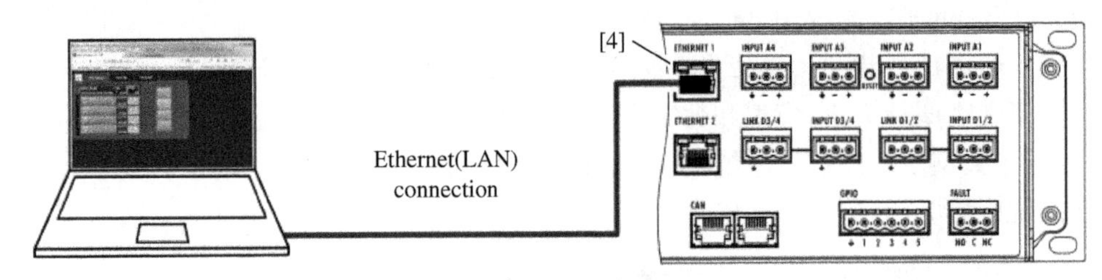

图 4-143 远程网页管理

② 多台功率放大器集中监控与管理

d&b 功率放大器通过局域网,运行专用管理软件 R1 实现多台功率放大器集中监控与管理,扩声系统在根据不同应用进行参数调整时,可通过功率放大器远程控制系统进行一键快速切换功能,具体通过 R1 监控软件事先保存相应设置好的场景参数,根据不同的演出功能需要,只需一键调用参数即可(图 4-144)。

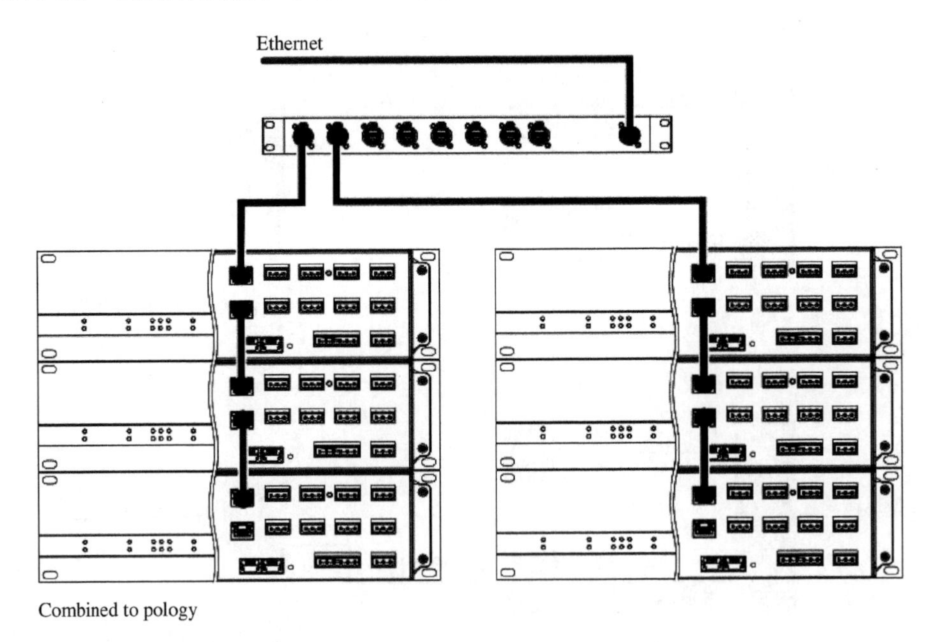

图 4-144 多台功率放大器集中监控与管理

③ 开放第三方 GPIO(General-Purpose Input /Output Ports)通用 I/O 端口管理

10D/30D 四通道数字功率放大器后面板带有 GPIO 接口,可实现触发或者对外控制,先保存相应设置好的场景参数,根据不同的演出功能需要,只需通过 GPIO 端口调用参数即可。GPIO 也可用于系统集成与中控介入管理,带来更多系统设计与集成管理。(图 4-145)

④ AP(Array Processing)陈列处理技术

AP 陈列处理技术可使垂直线阵列扬声器系统实现全场音色一致，有效均匀声场分布，减少垂直覆盖区外溢出的产能，提升语言清晰度，特别对于大混响房间的应用非常有效。

⑤ 远程网络监测和控制

d&b Audiotechnik 功率放大器带有网络监测及远程控制功能，在音控室能够直接检测和调整功率放大器的工作状态、实时检测工作电压、输入电平、温度、过载等各种状况，并能对功率放大器过载、过压、过热等故障的自动报警，实现完善的远程监测、控制及诊断功能，便于对扬声器功率放大器系统进行集中管理和维护。

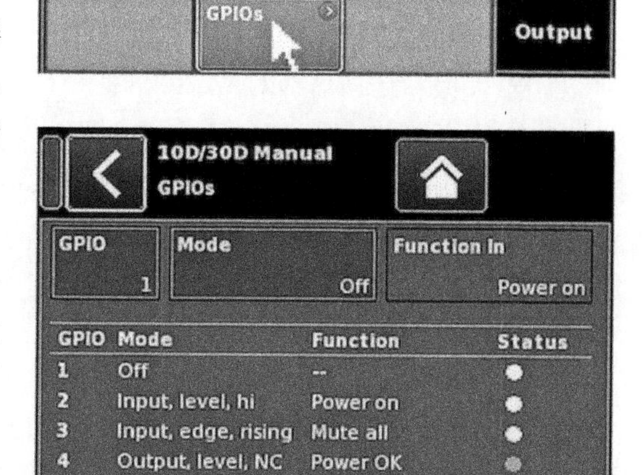

图 4-145　GPIO 管理界面

⑥ 多模式演出场景切换

服务于不同艺术类型的演出，对于扩声系统有不同要求，需要重新调整，以达到最佳的扩声效果。d&b Audiotechnik 功率放大器通过调用 DSP 中预置的场景参数一键切换。

(4) 更多的智能化设计

① 信号自动切换

Fallback 功能实现主/备音频信号自动切换。此功能可以定义主信号采用数字或模拟，设备会实时检测信号，当主信号掉失后，自动切换到备用信号通道。

② Override 消防强切

实现信号强切(覆盖)，例如应用于消防广播输入时强制停止音乐而转为播放消防广播信号。

③ AutoStandby 自动待机

预定义的时间内无信号输入时，设备自动转入待机状态，当检测到有输入信号时，设备会在 5 s 内重新启动。这有助于节约能源。

4.4.8　传声器、播放机

1. 传声器

有线话筒方面，为了满足剧场日常对于歌剧、舞剧、音乐剧、现代音乐剧的不同演出需求，方案中配置的话筒可谓琳琅满目。方案中配置了来自德国 MG 品牌的 M296、M294 及 M310 小振膜录音话筒，分别为全指向、心形、超心形指向话筒且能够满足大 AB、小 AB、ORTF、Decca Tree 等多种立体声制式的录制需求，另外还能够按照需求布置于舞台上或乐池内对不同音源进行拾音。

此外，设计方案中还配置了 Beyerdynamic 鼓话筒套装与 Shure Beta58A、Beta57A 话筒可用于现代音乐剧中一些电吉他、架子鼓、打击乐器的拾音。

歌剧厅有线传声器配置：

4 支 电容传声器(全向型) MG M296；

12 支 电容传声器(心形) MG M294；

8 支 电容传声器(超心形) MG M310;

4 支 电容传声器 MG M295;

1 支 大振膜传声器 MG M930Ts;

1 支 大振膜传声器 MG UM930SCT;

1 套 鼓组传声器 Beyerdynamic TG-drum set pro xl;

8 支 人声动圈传声器 Shure Beta 58A;

8 支 乐器动圈传声器 Shure Beta 57A。

电容传声器的优点:

电容传声器是利用导体间的电容充放电原理,以超薄的金属膜或镀金的塑料薄膜为振动膜感应音压,以改变导体间的电容量并直接转换成电能信号,再经由电子电路耦合放大获得低阻和高灵敏度的输出电信号。

(1) 极为宽广的频率响应

振动膜是传声器感应声音及转换电能信号的主要组件。振动膜的材质及机构设计,是决定传声器音质的关键。由于电容传声器的振动膜可以采用极轻薄的材料制成,而且感应的音压,直接转换成音频信号,所以它的频率响应,低音可以延伸到 10 Hz 超低频,高音可以达到 20 kHz 的超高音。

(2) 高的声压灵敏度

振动膜上面因为没有音圈负载,可以采用极为轻薄的设计,通过低噪声放大,使它具有高的声压灵敏度,可以感应极微弱的声波,输出精准、细腻、清晰的音频电信号。

(3) 快速的瞬时响应特性

振动膜除了决定传声器的频率响应及灵敏度特性外,对声波的反应速度,即所谓"瞬态"响应特性,是影响传声器音色的一个最重要因素。传声器瞬态响应特性的快慢,取决于整个振动膜的轻重,振动膜越轻,反应速度就越快。极为轻薄的振动膜,具有极好的瞬态响应特性,中、低音没有声音染色,高音清脆细腻,这是电容传声器最显著的音色特点。

(4) 超低的触摸杂音特性,是扩声专家最赞赏的特点

使用手握式传声器时因与手掌接触会产生触摸杂音,让原音混杂了额外的噪音,影响音质,尤其对无线传声器更严重,所以触摸杂音成为评价传声器质量的重要项目之一。

(5) 耐摔、耐冲击

传声器难免因不慎掉落碰撞导致故障或损坏。由于电容式音头是由较轻的塑料零件及坚固的金属外壳构成,掉落地面或撞击时,损坏和故障率较低。

(6) 体积小、重量轻。主要用于演出和录音等场所拾音。

2. 传声器使用中的若干问题

传声器在使用中,如幻象供电、线路损耗、多传声器使用引起的传声增益下降等问题,主要表现在:

1) 多途径声波对传声器频响特性的影响

扩声系统中常常使用多于一个传声器,图 4-146 是用两个传声器拾取单人讲话信号时发生的问题。按图(a)布置两个传声器,讲话人在中心位置时,拾取的信号是好的,然而,当讲话人稍微移动到一边或另一边时,它和两个传声器之间有一个传输途径长度差,合成传声器的频响特性如图(b)中的虚线所示。因此如果要求有一个特别宽的拾音角,那么两个传

声器应交叉张开放在同一位置上，如图(c)所示。讲话人与两个传声器之间的途径差最小，拾取信号的频响特性除最高端频率外，都是平滑的。

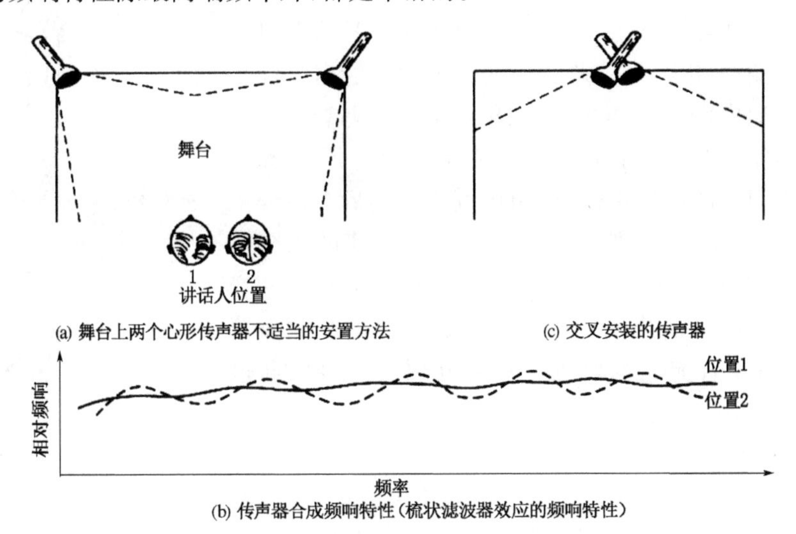

图 4-146 多传声器拾音对频响特性的影响

另外一个经常遇到的问题是反射声与直达声一起进入传声器时对传声器频响特性的影响，如图 4-147 所示。因此，作为舞台拾音应用，界面传声器可获得最佳的拾音效果。

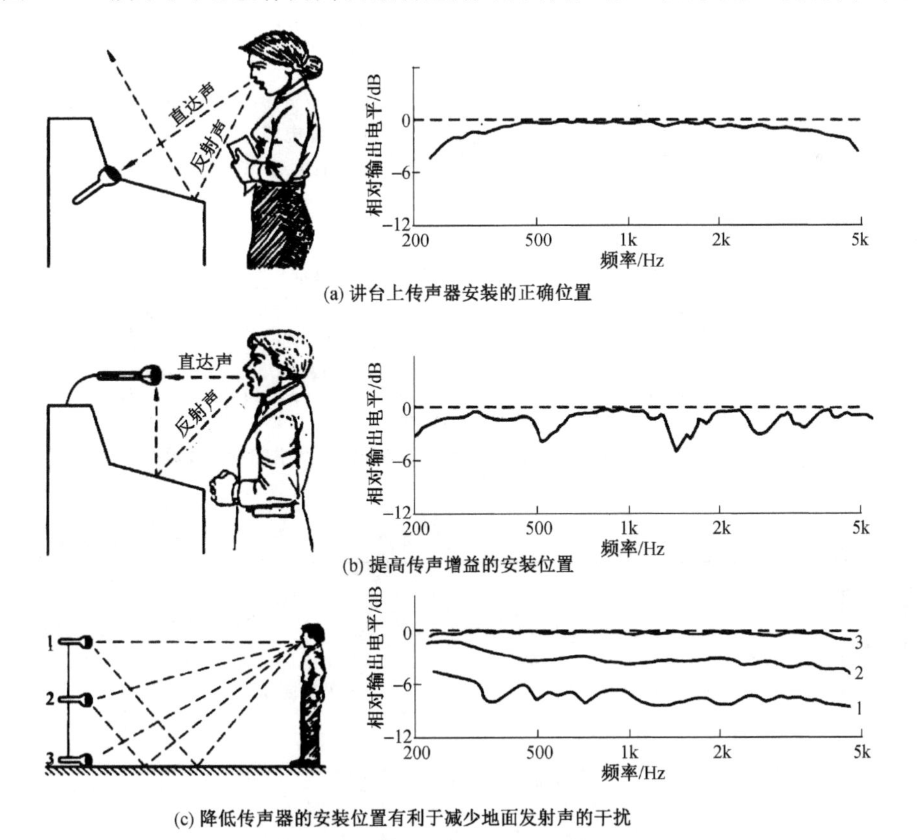

图 4-147 反射声对传声器频响特性的影响

2）传声器使用的主要问题

（1）电容传声器的幻象供电

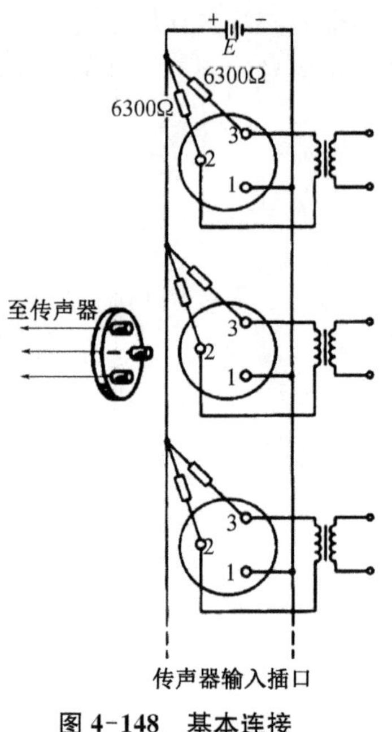

图 4-148　基本连接电路图

电容传声器和驻极体传声器需用一个 9～52 V 直流供电电源。为便于操作，扩声系统调音台的每个输入通道都设有一个称之为幻象电源的供电电源。图 4-148 是调音台的 3 芯卡侬输入插座的基本连接电路图。直流供电电源 E 和输入音频信号之间通过两个 6 300 Ω 电阻互为隔离后共用卡侬插座的 2 脚、3 脚两个平衡输入连接点。卡侬插座的 1 脚为公共接地点（直流电源的负极）。传声器送来的平衡输入音频信号通过输入变压器或电容器耦合到调音台前级放大器的输入端，并阻止直流电源窜入。直流电源供电电压通过 6 300 Ω 隔离电阻输送到电容传声器上。

（2）传输电缆的线路损失

高质量的传声器电缆采用大于 24 号（AWG/美规）标准铜线成对组成，并且外面包有编织屏蔽网。图 4-149(a)是传输电缆的等效电路。内导体每米的电阻约为 0.08 Ω，导体之间的电容量每米约为 100 pF。

10 m 长导线间的电容量约为 1 000pF；在 1 kHz 时，1 000pF的容抗相当于并联跨接在 3 000 Ω 负载电阻 R_L上的一个−j160 000 Ω 的电抗。在 20 kHz 时，1 000pF 的容抗相当于

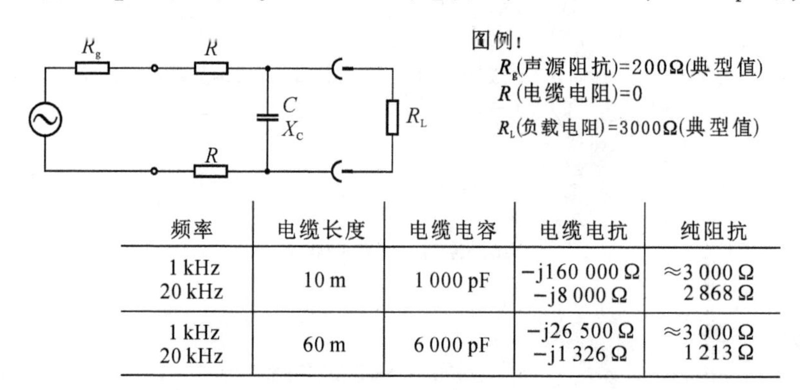

频率	电缆长度	电缆电容	电缆电抗	纯阻抗
1 kHz 20 kHz	10 m	1 000 pF	−j160 000 Ω −j8 000 Ω	≈3 000 Ω 2 868 Ω
1 kHz 20 kHz	60 m	6 000 pF	−j26 500 Ω −j1 326 Ω	≈3 000 Ω 1 213 Ω

(a) 长传输电缆中的分布电容对高频信号产生的衰减计算

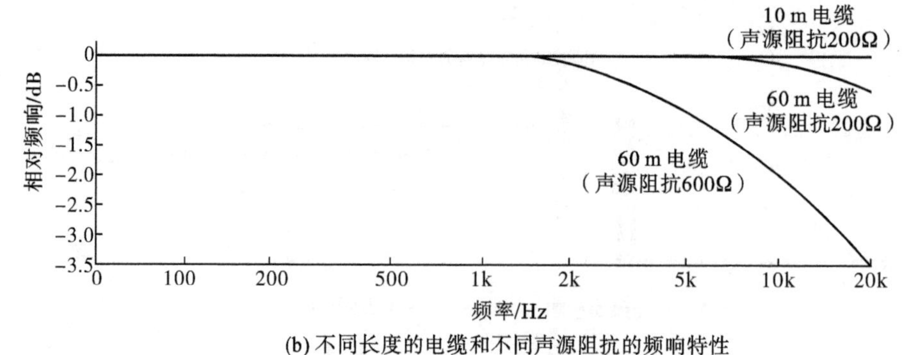

(b) 不同长度的电缆和不同声源阻抗的频响特性

图 4-149　传输电缆的高频损耗

并联跨接在 3 000 Ω 负载电阻 R_L 上的一个 $-j8\ 000$ Ω 的电抗。这个阻抗与 3 000 Ω 相比仍然是足够大，可以忽略不计。

如果采用 60 m(200ft)长的电缆。导线间的电容量约为 6 000pF；在 1 kHz 时，6 000pF 的容抗相当于跨接在 3 000 Ω 负载电阻 R_L 上的一个 $-j26\ 500$ Ω 的电抗。这个阻抗与 3 000 Ω 负载电阻 R_L 相比仍然是足够大，可以忽略不计。

20 kHz 时，6 000pF 的容抗相当于跨接在 3 000 Ω 负载电阻 R_L 上的一个 $-j1\ 326$ Ω 的电抗。此时容抗对信号的旁路作用明显，在负载上对高频信号产生衰减为 1.3 dB。图 4-149(b)为不同长度传输电缆的高频衰减特性。

上述传输电缆的频率衰减是在负载电阻 R_L 为 3 000 Ω(高阻负载)和传声器的声源阻抗和 200 Ω(低阻抗传声器)情况下的计算结果。传输电缆直流电阻和声源阻抗上产生的电压降可忽略不计。

如果采用高阻输出传声器(声源阻抗为 1 000 Ω)，那么在 20 kHz、60 m 电缆的损耗会超过 4.5 dB。

在大剧院、体育场(馆)或大型室外音乐会扩声系统中，传输电缆常常会超过 50 m。为解决长传输电缆的高频损耗，在舞台上设置了多套低阻抗传输的前置放大器，用来补偿传输线路的信号损失。

(3) 多传声器对系统传声增益的影响

扩声系统中如果打开一个传声器时的系统传声增益为 -6 dB，但是同时打开两个传声器时的系统传声增益就会又降低 3 dB，即系统传声增益变为 -9 dB。其原因是同时打开多个传声器时，两个传声器的输出信号会按均方值相加。此时会发生声反馈啸叫。于是不得不降低扩声系统的总增益，保证与使用单个传声器时同样的输出电平。

如果同时打开 N 路传声器，为防止系统发生声反馈啸叫，则扩声系统的传声增益应降低为：

$$\text{传声增益降低} = -10\lg N(\text{dB})$$

式中：N 为同时打开传声器的数量。

如果采用如图 4-150 所示的自动混音器(例如 SHURE SCM410 或 SCM810)可解决多传声器同时使用时的传声增益降低问题。下表是同时接通传声器数量与降低的传声增益(dB)。

表 4-11　同时接通传声器数量与降低的传声增益(dB)

同时接通传声器的数量 N	1	2	3	4	5	6	7	8	9	10
降低的传声增益(dB)	0.0	−3.0	−4.8	−6.0	−7.0	−7.8	−8.5	−9.0	−9.5	−10.0

自动混音器的工作原理是在每路放大器中设置一个声音信号触发电平门槛（通常称为噪声门）。传声器如果没有声波输入，此时仅为噪声电平输出，噪声电平低于触发电平门槛，该路放大器通道被阻塞。只有传声器有声音输入时，它才会有高于触发门槛电平的音频输出信号，该路放大器通道被自动打开；此外，在每路放大器中还取出部分信号送到一个电压控制衰减器，控制自动混音器的放大器增益，自动混音器的输出电平始终保持单个传声器时的输出电平。

自动混音器的实质是利用声波自动触发多个传声器中的一个，使扩声系统的传声增益如同使用单个传声器一样，因此在会议扩声和舞台演出时被广泛采用。

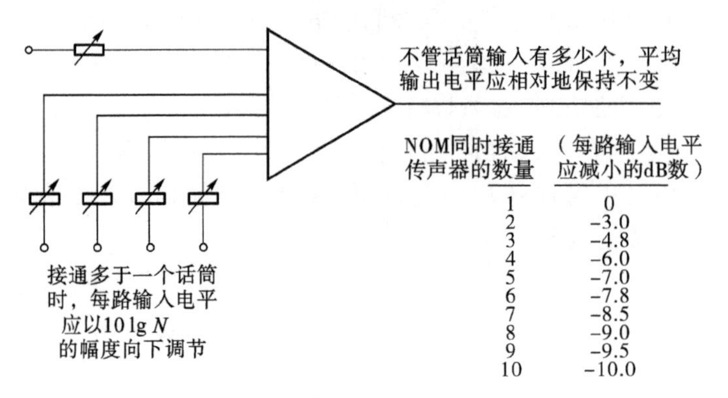

(a) 多传声器输入信号的相加

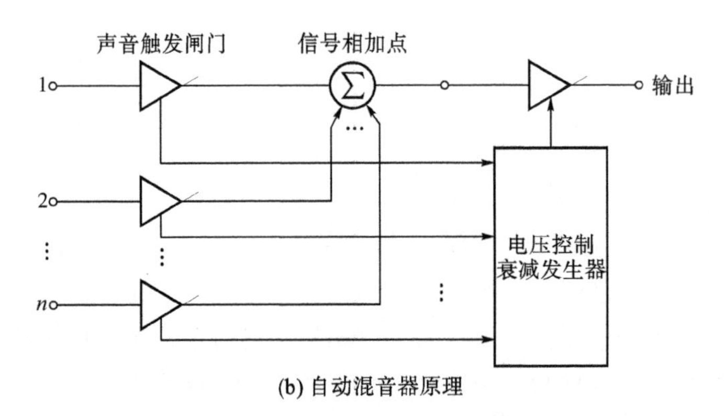

(b) 自动混音器原理

图 4-150　自动混音器原理

3. 无线传声器配置

一套优秀的无线传声器，会给人们的使用带来极大的便利，同时给扩声师的现场拾音提供了艺术创作的空间。无线传声器系统的最大优越性，在于去掉了那些连接传声器与扩声系统的连接电缆。从而就予以了使用者更大的自由度，他们可以随意走动，不受电缆的约束。

图 4-151　无线传声

无线传声器，俗称无线话筒，由传声器头(又称咪头)、发射机和接收机三部分组成。如图所示。

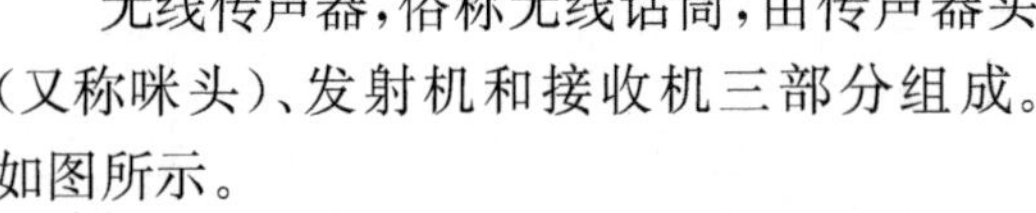

传声器头将声音转换为音频信号，经内部电路处理后，通过便携式微型发射机(输出功率约 5～50 mW)和发射天线将含有音频信息的电波发射到周围空间。接收机一般由市电供电，接收天线将收到的无线电波，经过内部电路处理，提取出音频信号，送到扩声系统。无线传声器发射机由电池供电，有手持式、腰包式和乐器无线传声器等多种类型。

无线传声器实质上是一种便携式单向无线通信系统，每套无线传声器的收发系统使用同一个无线通信频率。而一台接收机内通常可包含 1 套、2 套或 4 套接收电路，分别接收 1

支、2 支或 4 支无线传声器发射的信号，分别被称为“一拖一”、“一拖二”或“一拖四”机型。其中以一拖二机型最为常见。

无线传声器系统准许使用的频率范围有 VHF(Very high freguency)甚高频波段和 UHF(Ultra high freguency)超高频波段两个频段。

UHF 超高频波段因频率较高，使用更短的天线，可以设计成隐藏式天线，方便、安全又美观，受电磁干扰少。VHF 频段的频率较低，受电器的电磁干扰大，制造成本便宜。

不管那个无线频段的无线传输，都会受到电波传播衰减变化的影响，会发生信号瞬间中断而导致声音的不连续性。采用分集接收技术的双天线接收系统，可有效解决电波传播衰减变化的影响。

1）无线传声器的主要技术指标

（1）射频输出功率

指便携式微型发射机向空间发射的射频功率，通常用毫瓦(mW)来表示，一般在 5～50 mW 之间。

（2）接收灵敏度

在收音机或对讲机中，接收灵敏度是指当接收机输出规定信噪比的信号时，所需要输入的最小射频信号的大小。其值越小，说明接收机的接收灵敏度越高。而在无线传声器中，是指接收机在临界静噪时接收的射频信号电平，因为当射频信号低于静噪点时，接收机处于静噪状态，是不输出信号的。

例如，某产品接收灵敏度标注为“−90 dBm”，表示从天线接收到的信号电平低于−90 dBm(即 7 μV)，接收机将进入静噪状态。这样的标注可以准确地反映接收机的接收能力。

有些产品的灵敏度指标采用类似收音机、对讲机的标示方法，例如“2 μV/12 dB”，其含义为当天线输入信号为 2μV 时(即−101 dBm)，接收机输出信号的信噪比可以达到 12 dB。然而无线传声器要求的信噪比指标远远高于 12 dB，所以这种标示方法不能正确地表达接收机的接收能力。

（3）信噪比

是指接收机输出的音频信号与噪声信号的比例，以分贝(dB)来表示。该值越大，表示信号越纯净，音质越好。

（4）有效工作距离

是指无线传声器在理想传输环境中的最大传输距离。是在开阔地域和无大的电磁干扰条件下的测量数据。无线传声器的实际传输距离，会受到实际环境的影响而缩短。因此，只能作为选择产品的参考。

（5）静噪功能

为避免无线传声器接收机在语音间隙期间，或射频信号较弱时输出噪音，接收机会自动切断输出信号，这种功能称为静噪功能。如果无静噪功能，或静噪功能不良，则扬声器喇叭中将放出噪音。噪音会影响音质效果，破坏现场气氛。

（6）自动选频功能

一般的无线传声器，其收发频率(即通信频道)是不可改变的。但是由于使用环境的差异性很大，当出现来历不明的外界干扰时，接收机就会输出很大的噪音，甚至接收不到音频信号。为此，优质无线传声器应具有自动侦察干扰频谱和自动选择无干扰的通信频道。

同时使用多套无线传声器时，如果通信频率选择不当，它们之间也会产生信号干扰。为此，各种型号的无线传声器都设有优选频率配置表和同时使用的最高数量限制。

(7) 传声器头(咪头)的品质和类型

传声器头(咪头)的品质是决定无线传声音质的第一关。咪头有动圈式及电容式两种类型。动圈式咪头的结构简单，价格便宜，是市面上最普遍流行的机种，但体积较大，只适用于手持无线传声器。电容咪头体积小，尤其是驻极体咪头，是无线传声器的最佳搭配；高级电容式咪头能展现极为清晰的原音音质，频率响应宽而平坦，灵敏度高，动态范围大，失真率小，体积轻巧耐摔，触摸杂音低，广泛用于耳麦式无线传声器。

2) 优质无线传声器采用的相关技术

无线传声器系统的最大优点是免除了连接电缆的束缚，用户可以自由活动，使用极为方便，获得了广泛应用。但是，由于引入了无线通信系统，也产生了一些新问题，例如无线传输的稳定性、抗干扰性、静噪问题、哑音或死点等。为此，在优质无线传声器中采用了相应的技术措施。

(1) 高稳定度的石英晶体振荡器

锁定发射频率和接收频率是保证无线通信系统畅通、稳定、可靠的基础，这是便携式无线传声器系统必须解决的首要问题。石英晶体振荡器锁定收发频率：

在发射和接收机中采用石英振荡器产生精确稳定的发射和接收频率，这种高稳定度的固定频率振荡器电路简单，成本低廉，是当今无线传声器系统的基本设计。但是，这类无线发射机和接收机只能固定在单一通信频率上配对使用，无法临场改变或调整通信频率。

(2) 频率捷变技术

不同使用场所的无线传声器，遇到的干扰源频率各不相同，有时同一场所的不同时段出现的干扰频率也不相同。为能有效地避开这些干扰频率，优质无线传声器应具有快速改变选用频道的能力，称为“频率捷变技术”。凡是能选择频道的无线传声器系统(包括发射机和接收机)都可实现频率捷变措施。

频率捷变技术的核心是频率合成器，采用以高稳定压控石英振荡器(VCO)为基准的PLL相位锁定频率合成技术，可同时获得很多个高稳定度的通信频率，供临场调整通信频道选用。

频率合成器把所需的射频频率锁定到一个频率非常稳定的压控晶体振荡器(VCO)上，然后通过改变PLL锁相环路的控制电压来调整VCO压控晶体振荡器的振荡频率，再通过可变分频系数分频器、相位/频率比较仪、控制信号滤波器以及控制信号放大器构成的闭环控制电路(简称PLL锁相环)来实施射频频率的切换。图4-152是频率捷变PLL锁相接收机的原理图。

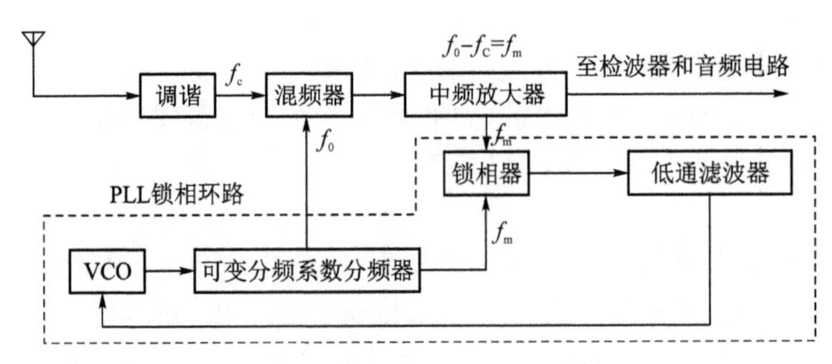

图4-152　频率捷变PLL锁相接收机

（3）分集接收技术

无线发射机向四周辐射电波，并在室内各界面上折射返回，在接收天线处形成电波多路径传输现象。如图 4-153 中，来自发射机的信号经直接路径和反射路径到达接收机的天线。反射信号路径要略长于直接路径，它们在接收天线上混合时，会造成直达波和多途径反射波的相位叠加，同相时则信号会叠加，信号增强，反相时则信号会相减，信号减弱。信号减弱时就会产生哑音或死点噪音。

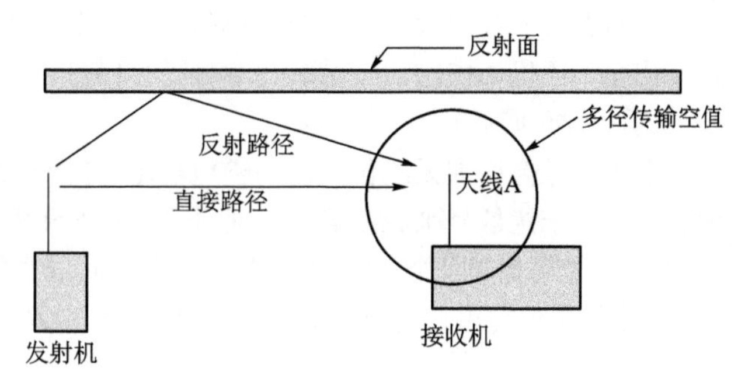

图 4-153　多途径电波产生的哑音或死点噪音

无线发射机在移动过程中，接收机接收到的信号会因距离、相对位置的不同或者障碍物的阻隔而有强弱的变化。在正常使用距离内的某些位置，过弱的信号会使接收机内的静噪电路动作，切断输出信号；而离开该位置后，则又能正常接收和输出。该位置就称为死点。

分集式接收（diversity）是指无线传声器接收机内可以从 两个不同位置（超过二分之一波长）的 2 支接收天线分别接收同一支无线传声器发射的信号，通过接收机内部电路自动选择较强的一路信号。此方式可消除由多路径传输中因相位相互抵消所造成的死点噪音。

分集接收有两种方式：天线分集和自动选信分集。

一是天线相位切换分集接收：在天线相位切换分集接收方式中，有两根接收天线、一套逻辑控制电路和一套接收电路。两根天线共用一个接收机，其中一根天线的输入端加上了相位反转开关。当信号状况变糟时，其中的一个天线相位发生翻转，然后逻辑控制电路根据输出信噪比决定是否锁住该位置或再一次进行切换和采样，接收机始终保持在较佳接收位置的天线上。

这种技术的逻辑性就是简单地利用相位差别。在同一时间两根天线都出现多路径传输空值的机会可能很小，但当两根天线都能接收到很好的信号时，信号间的相位差异又会导致相位抵消，哑音或死点噪音现象仍旧可能发生。试验表明简单地使用两根天线在避免哑音或死点噪音现象的发生并不能起到实际的改善。

二是自动选信分集接收：自动选信分集接收采用微处理器控制跟踪切换同时工作的两套双调谐接收电路，选择输出较好的一路音频信号。这种方式由于是随时跟踪接收较强的信号，因而效果比前一种方式好，但电路复杂，成本高。这种分集方式又经常被称为双调谐、真分集。图 4-154 是自动选信分集接收机原理。

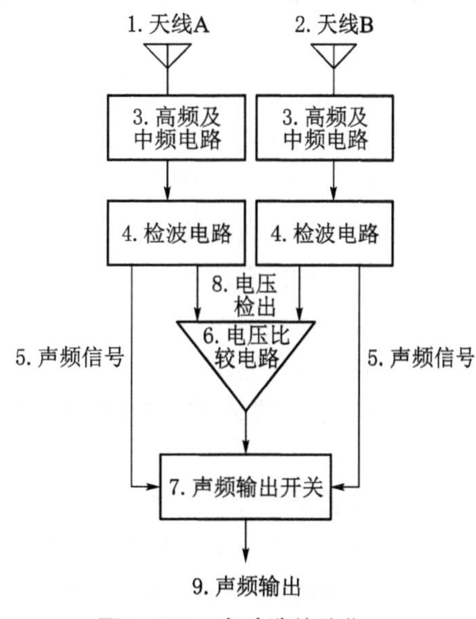

图 4-154　自动选信分集接收机原理

在现场演出、演播厅等重要场合，一定要选用双调谐自动选信分集的产品，才能确保在有效作用距离内不产生哑音死点。

市面上有一种廉价的称为“双发双收”的无线传声器，只是把“单发单收”的两套无线装置安装在一个机壳内的简单系统，没有任何分集接收功能。

(4) 噪声抑制技术

干扰信号会增加无线传声器的噪声输出，降低声音输出的质量，严重时会使无线传声器无法工作。干扰信号来源于各种工业干扰、电视和电台信号的干扰、移动电话和对讲机干扰、军用通信系统的干扰和无线传声器各临近通道之间的干扰等。尤其是在语音停顿间隙期间，噪声更为突出。为此。优质无线传声器产品采用了多种有效的降噪技术，最常见的有：

① 静噪电路：无线传声器在语音停顿间隙期间，或信号较弱时，会有明显的噪声输出，优质接收机中设有一种自动切断噪声输出电路，变为静音输出，可有效提高输出音频信号的信号/噪声比(S/N)。如果无静噪功能，或静噪功能不良，则扬声器喇叭中将放出扰人的噪音。

② 导频信号技术：在无线传声器发射音频信号的同时，加入一个听不见的 32 kHz 超声波导频信号。接收机中的静噪电路能够识别这个导频信号，只有在接收机检测到这个导频信号时才能输出音频信号，从而有效地防止来自其他无线传声器的干扰信号及来自无线传声器发射机电源接通和断开时产生的射频噪声和爆裂噪声。

(5) 无线发射机电池电量指示功能

由于发射机电池无法指示已累计使用的时间。因此往往在使用中间会出现音质变差、声音断断续续和作用距离缩减等烦恼。为消除这些烦恼，一些新上市的高性能无线传声器发射机已采用可充电的高能锂电池或容易购买的普 5 号碱性电池供电。在保证持续供电 6 h的条件下，还可指示已累计使用的时间和最后剩余 1 h 报警，非常方便。多数 VHF 段无线传声器接收机不具备发射机电池电量显示功能。

3) 正确使用无线传声器系统

无线传声器可以替代所有各类有线传声器，既可作会议传声器，也可作演唱传声器，还可作各种乐器的拾音传声器。无线传声器架设容易，没有连接电缆的束缚，使用方便灵活。但是，由于无线传声器的流动性大，常常会移动到扬声器附近的位置，因此容易引起声反馈啸叫。此外，无线传声器如果使用不当，无线电波传播衰落和电磁干扰常常会发生哑点、噪声大、音质差和传输距离不远等烦恼。产生这些问题的主要原因是没有根据现场环境和用途选用合适的无线传声器频段，或安装方法不正确等。那么，如何正确使用无线传声器系统呢？

(1) 无线传声器的选择

会议扩声、乐器拾音和舞台司仪一般可采用超心型指向的座架式或手持无线传声器。这种无线传声器既可手握使用，也可装置在话筒架上。

舞台演员应使用腰包发射机的头戴式“耳麦”无线传声器，由于“咪头”紧贴嘴口，可有效拾取演员的声音，还可减少拾取周围环境噪声，不易引起系统反馈啸叫，便于演员佩戴，因此广泛使用于舞台表演系统。

(2) 频段的选择

各种无线电波都可以在空间自由传播，不受时间和地域限制，但是，如果没有约束规定，不可避免地要产生频率交叉重叠和相互干扰。因此世界上对各类无线通信设备有统一规定。

无线传声器系统准许使用的频率范围有 VHF(Very High Freguency)甚高频波段和 UHF(Ultra High Freguency)超高频波段两个频段。

VHF 频段的频率范围为 30～300 MHz，波长为 10～1 m，通常称为“米波”。在 VHF 频段内，无线传声器准许使用的频率范围为 169～230 MHz，共占有 61 MHz 通信带宽，与电视 6～12 频道占有的频率范围相同。在 61 MHz 的频带内又分为 A、B、C 三段：VHF(A)为 169～185 MHz；VHF(B)为 185～200 MHz；VHF(C)为 200～230 MHz。

UHF 波段的频率范围是 300～3 000 MHz，波长为 1～0.1 m，通常称为“分米波”。在 UHF 频段内，无线传声器准许使用的频率范围为 690～960 MHz，共占有 270 MHz 的通信带宽，与电视 35～68 频道占有的频率范围相同，可设置几百个无线传声器通道。根据需要，还可向上扩展使用 2.4G MHz 频段，可设置更多的无线传声器频道。

UHF 频段的无线传声器通常采用 400～830 MHz，超过 830 MHz 的频段较少采用，因为 830～960 MHz 频段有 GSM 和 CDMA 手机干扰，960 MHz 以上的频段电波的绕射能力逐渐变差，所以目前国际上最流行的是 800 MHz 频段，即 740～830 MHz。

(3) VHF 和 UHF 传播的特点

UHF 频段主要利用直接辐射和反射的电磁波传输能量，而 VHF 频段除了利用直接辐射和反射的电磁波以外，它还可利用一部分绕射的电磁波能量，因此在同样的发射功率和传播条件下，VHF 频段传输距离可以更远些。

① 金属物体对电磁波传播的阻挡和反射

金属物体对电磁波有阻挡和反射作用。阻挡反射的效果与电磁波的波长和金属物体的大小有关。金属障碍物体的尺寸大于电磁波的波长时，则电磁波会被反射，电磁波的传播受到阻挡。也就是说频率越高，金属物体对电磁波的反射越强。如果金属物体的尺寸小于电磁波波长时，电磁波会绕过金属障碍物继续传播(绕射)。显然 VHF 比 UHF 的绕射能力更强。

② 电磁波对金属网格(或多孔金属板)的穿透能力

电磁波的波长大于金属网格之间的孔距时，电磁波将会被反射。即频率越低，波长越长，被金属网格反射的能力越强。

③ 非金属体(如人体和墙壁)对电磁波的吸收作用。电磁波的频率越高，非金属体对它的吸收越大，电磁波的传播损耗也越大。

④ 空气湿度对电磁波传播的影响。频率越高，电磁波的传播损耗越大。传播损耗还与湿度的大小成正比。

VHF 频段无线传声器的电磁干扰源多，通信带宽窄，可选用的频道数量不多，同一场所能做到 12 个频道同时使用已经很不错了，因此只能适用于同时使用无线传声器数量少和通信距离较小的小型场所。为避开干扰频率和保证系统稳定可靠工作，应选用频率可调的 PLL 锁相环频率合成的无线传声器和分集接收技术的接收机。

UHF 频段无线传声器的电磁干扰源少，通信带宽大，可供选择的通信频道多，相邻频道间的干扰少，发射天线的尺寸短(1/4 波长)，便于隐藏。因此适用于需同时使用数量较多、音质要求高的中、大型场所。表 4-12 是 VHF 和 UHF 两类无线传声器性能比较。

表 4-12 VHF 和 UHF 两类无线传声器性能比较

项目名称	VHF(169～230 MHz)	UHF(690～960 MHz)
对较小金属物体的反射	反射少	反射多,可形成多途径传播
对金属网格(栅网)的反射	反射多	反射多
对非金属物体(如人体、墙等)的穿透力	吸收较少	吸收较大
对非金属物体的反射	只吸收、不反射	吸收更大
天线电缆传输的信号衰减	损耗较低	损耗较大
价格	便宜	较贵
电池寿命	较长	需较大发射功率,电池寿命较短
系统设置	设置简单	设置不复杂
系统干扰	受 VHF 电视频道、呼叫站和无绳电话及其他工业干扰源的干扰较大	干扰源少
射频噪声	较大	很小
天线尺寸(1/4 波长)	天线较长	天线很短,便于隐装
音频调制信号带宽	较窄,不允许扩展	较宽,可扩展,音质更好
可使用的频率范围	不宽(61 MHz)	很宽(大于 230 MHz)
信号动态范围	小	较大
发射功率	不允许太大,以免干扰其他设备	允许较大的发射功率(最大为 50 mW)
多通道同时使用	不多于 5～8 台	可同时使用数十台

(4) 无线传声器传输距离的增加

无线传声器的传输距离与信号质量(S/N)、发射功率、空间电磁波场强的分布、接收机的接收灵敏度、收发天线的效率和外界干扰源等情况密切相关。

① 无线传声器的发射功率

增大发射功率可增大无线传声器系统的传输距离。但是发射功率受电波对人体的影响、供电电池的寿命、对邻近设备干扰等因素的限制,市售产品的发射功率都限制在 5～50 mW。

通常 VHF 频段的发射功率比 UHF 频段的发射功率更易做得大一些,价格也便宜些。发射功率为 15～30 mW 的无线发射机,在没有障碍物、开阔地域、无干扰源等理想条件下的最大传输距离约为 100～180 m。实际现场环境的传输距离会短很多。

② 收、发天线

收、发天线的类型、长度和与发射机的匹配状态直接影响天线的效率和增益。高效的收、发天线均采用 1/4 波长的全向辐射振子天线。如果天线的长度与波长不匹配,将直接影响无线传声器的传输距离。UHF 的波长短,因此 UHF 的天线长度比 VHF 天线可更短些,发射天线更便于隐装。

③ 干扰信号

干扰信号会增加无线传声器的输出噪声,严重时会使无线传声器无法正常工作。干扰信号的来源有:工业干扰、电视和电台干扰、无线传声器之间的邻近频道干扰和其他射频设备干扰等。

a. 工业干扰：包括汽车点火装置、微波炉和吸尘器、辉光放电灯(日光灯、霓虹灯、高压汞灯)。干扰频谱大部分在 VHF 频段内。

b. 电视台、调频电台、信息台和移动通信台等发射功率大，频谱范围宽，对 VHF 频段的干扰大于对 UHF 频段的干扰。解决办法是用频谱分析仪查明现场干扰源的频率范围，然后选择使用避开这些频率的无线传声器通道。

c. 无线传声器系统之间的邻近频道干扰。在多台无线传声器同时使用时，如果频道选择不当，常常会发生一个频道的谐波落入到另一个频道，产生邻近频道干扰。

d. 解决电磁波场强起伏变化的措施

由于室内物体的反射和吸收，电磁波的多途径传播等因素，使空间电磁波场强的分布非常复杂，有些位置场强较弱，会出现“阴影”，甚至成为死角。

由于无线传声器发射机是自由移动的，它与接收天线之间的距离会频繁发生变化，接收天线处的场强也会随之发生变化。声音会出现忽高忽低，甚至发生“哑音”。为此，在无线传声器接收机中采用双天线分集接收技术和 AGC 自动增益控制技术给予弥补。分集接收技术在 AGC 控制的配合下，可有效地解决此问题。

④ 增加传输距离的措施

增加传输距离的有效措施不是追求增大发射机的功率。而是采用高增益定向接收天线并把它架设到离发射机较近的地方和使用天线分配放大器。

普通接收天线通常采用接收机附属的单根 1/4 波长的“鞭状天线”，这种天线基本上是全向接收的，天线增益 G 很低($G=1$)，虽然简单，但接收效率很低。

另一种采用 $G>5$ 的高增益定向接收天线，俗称大耳朵天线，如图 4-155 所示。该天线除设有半波(1/2 波长)振子接收单元外，在它的前面还设有若干“引向振子单元”，在其后面还设有一个反射振子单元，这样就大大提高了天线的指向特性。一对天线可同时连接 2～4 台无线接收机的。

如果在高增益天线的基础上，再配置天线分配放大器，则可大大扩展无线传声器的有效传输距离，广泛用于体育比赛场(馆)扩声、大型演出场所和室外流动扩声系统。图 4-156 是高增益接收天线和天线分配放大器配置，可增加无线传声器 200～300 m 接收距离。

天线分配放大器典型技术参数：

a. 频率范围：600～900 MHz；频宽：300 MHz；

图 4-155 高增益定向接收天线

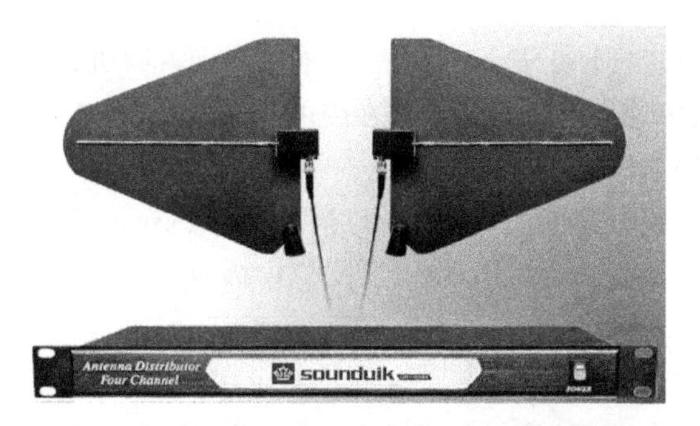

图 4-156 高增益接收天线和天线分配放大器

b. 输入截断点：+22 dBm；

c. 噪声比：4.0 dB Type(中心频段)；

d. 增益：+6～9 dB(中心频段)；

e. 输出阻抗：50 Ω；

f. 电源供应：100～240 V/50/60 Hz。

歌剧厅共配置了：

12 台 WisyCom MRK960TX 双通道无线传声器接收机；

24 支 WisyCom MTH400-CN+MCM306/MCM301 无线手持传声器；

24 个 WisyCom MTP40S-CN 腰包发射机；

24 个 WisyCom VT701MKII 头戴式传声器；

24 个 WisyCom VT403H/O 领夹式传声器；

4 个 WisyCom LBNA 天线；

1 台 WisyCom SPL218AW 天线分配器。

WisyCom 独有的频率分集功能可以通过双腰包双频点备份保证绝对的稳定性。当出现特别重要的嘉宾需要使用领夹话筒进行发言或者演唱时，只需要让使用者在身前身后各配置一个腰包发射器，根据 2 个腰包在不同位置的接收信号强度，接收机会自动选择输出接收信号强的通道的音频信号，2 个腰包间的音频信号可以实现完全无缝切换。

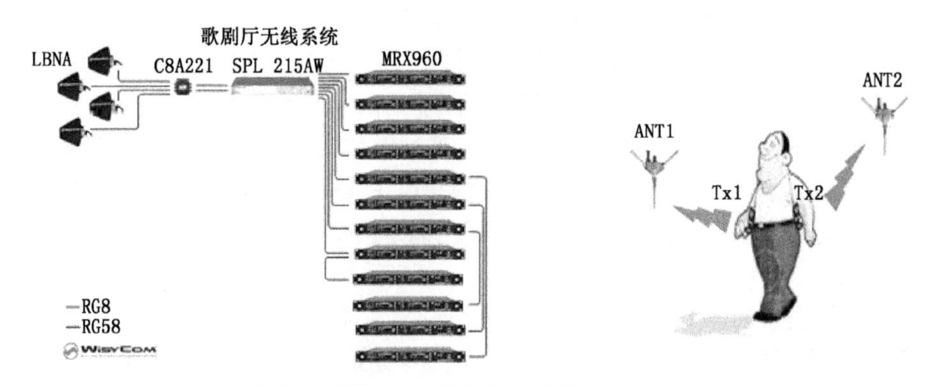

图 4-157　无线话筒天线分配图

4. 播放机

系统配置了两套音源柜，包含：专业 CD 机、蓝光 DVD 机、固定录音机、立体效果声处理器、多通道效果声处理器在内的周边设备，其中一套固定安装，一套流动备用。

1) CD 机/ Tascam CD-500B

配置 2 台专业机架式 CD 播放机。Tascam CD-500B 支持 MP3 和 WAV 格式，可以从 CD-ROM 和传统的音频 CD 文件中播放。而且还包括 16%的 CD 播放速度音调控制。

2) 专业机架式蓝光机/ Pioneer BDP-160

配置 2 台蓝光机。Pioneer-BDP-160 支持蓝光高清数据 1080P 分辨率的全高清画面，播放媒介：BD-ROM、BD-RE、BD-R、DVD、VCD、CD、SACD。

3) 固态录音机/Tascam SS-R200C

配置 2 台固态录音机支持 SD/CF/USB 存储器的播放录音。

4）效果器

配置了 Lexicon 和 TC 品牌的数字效果器。Lexicon PCM92 立体效果声处理器，可以提供 28 个单声道和立体声混响、延迟和调制效果，灵活的通路设置和多达 700 个预置效果。TC Music 6 000 多声道效果器，拥有外部控制台，6.5″触摸屏，6 路数控电动推子。

图 4-158　舞台监督管理操作台

4.4.9　歌剧厅舞台监督管理

舞台管理系统包括内部通信系统、催场广播系统、灯光提示系统等。舞台监督桌直接位于舞台上，能保证其他舞台监督方便安全使用。舞台监督桌内含内通、闭路电视摄像机控制、提示灯和催场系统的控制。TFT 显示器可以监控舞台和台下区域。舞台监督桌也提供对大厅的催场信号的控制功能（铃声等）。

1. 内部通信系统

采用 1 套（两线）有线内通系统、1 套无线内通系统和一套催场广播系统。有线、无线内通系统及催场广播互联互通，实现几个基本工作组（通话通道）内部互相通话，并能够由 1 个演出监督统一指挥所有用户，满足演出工作人员通话需求。图 4-159 是内部通话系统原理图。

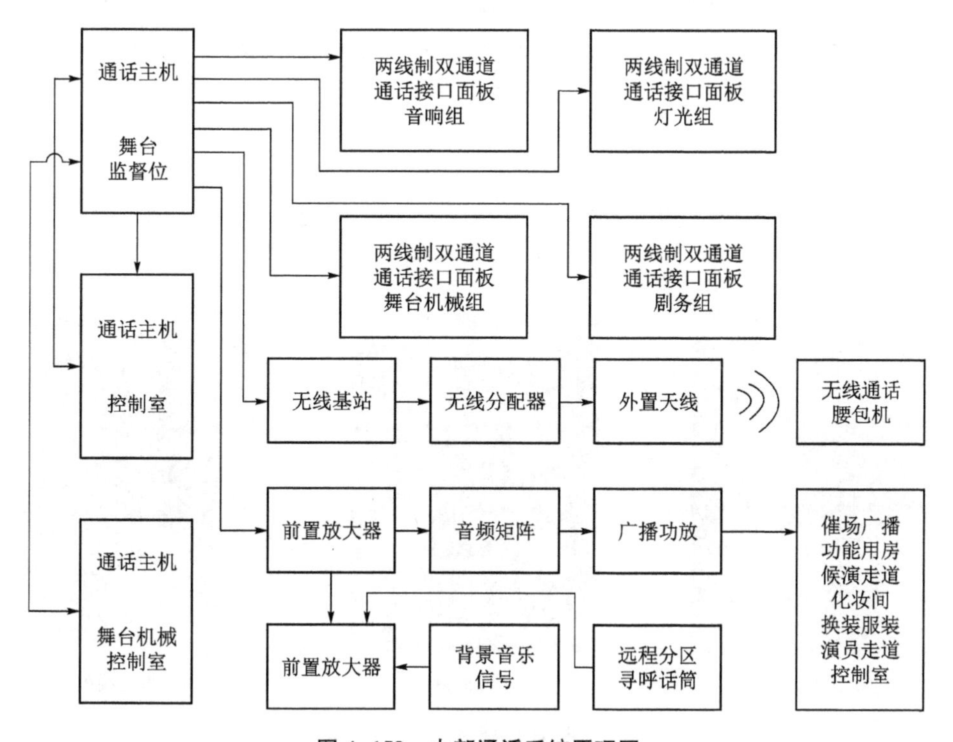

图 4-159　内部通话系统原理图

内部通信矩阵主机具有电视转播、录音录像内部通信功能。内通系统的矩阵主框架安装在中央交换机房,可提供内通功能。内部通信键盘站分别布置在信号交换机房、舞台监督台、声控室、灯控室、舞台机械控制室、VIP单人化妆间、电视转播机房直播、录音/录像,在排练厅、化妆间区域、舞台接线箱预留接口。

内部通信系统配置由双通道全双工UHF系统及双工对讲机系统组成,其中双工对讲机的使用范围可覆盖整个歌剧厅,可以实现10个群组双工通信以及对讲机之间一对一双工通信,并可以与内部通信键盘站之间实现一对一双工通信。

图4-160　内部通话扬声器

配置双通道Party-Line系统可随时随地接入有线腰包机。在歌剧厅各个预留接线箱预留Party-Line接口,可方便地接入有线腰包机。

催场广播分区覆盖化妆间区域、候场区域以及舞台专业机房(声控室、灯控室、舞台机械控制室除外),并配置用于节目声的音量控制器,呼叫可以通过舞台监督台的内部通信键盘站实现。

2. 内部视频监控系统

歌剧厅内配置2台SONY HDC-P1高清摄像机,分别布置于楼座眺台下、上下场门假台口,摄取舞台全景画面和观众席。4台SONY SRG-301SE高清一体化云台摄像机摄取舞台左近景、舞台右近景、指挥位近景、舞台画面,观众席休息大厅配置2台SONY SRG-301SE高清一体化云台摄像机摄取观众席进场情况,1台BOLIN BLC-SD530HD红外摄像机摄取舞台暗场时的画面。

所有摄像机视频信号经高清矩阵切换及视频切换台处理后用HD-SDI格式分别输出至以下区域及设备:

高清矩阵切换

视频跳线

视音频光端机

图4-161　视频监控矩阵

(1) 舞台/候场区视频接口：HD-SDI 格式。

(2) 控制室：DVI/HD-SDI 格式。

(3) 观众入口大厅：DVI/HD-SDI 格式。

(4) 化妆间、办公室：经闭路电视、机顶盒接入。

(5) 高清录像机：DVI/HD-SDI 格式。

(6) 流动演出设备：DVI/HD-SDI 格式。

控制室、各层观众厅入口处均设有 32 英寸、42 英寸或 60 英寸液晶显示器；在舞台、侧舞台、后舞台区域高清预留视频接口，可以接入流动使用显示设备；在舞台监督台安装有多个高清监视器；在各控制室安装有监视器。配置 2 台 DP Mercury 1860 高亮度投影机，可以安装在投影室中使用，也可以在后舞台流动安装使用，并配置 1 套媒体服务器，配合投影机以大版面将视频展示在屏幕或舞台背景上，创造流动背景或电影效果。

各显示屏的安装位置：

a. B/F：2×33 人化妆间各 2 台 42 英寸液晶电视机，共计 4 台 42 英寸液晶电视机。

b. 1/F：池座前区入口 2 台 42 英寸液晶电视机。

c. 演员候演区 3 台 42 英寸液晶电视机。

d. 化妆区：共计 15 台 42 英寸液晶电视机，具体如下：

- 3 个 42 人化妆间各 2 台 42 英寸液晶电视机。
- 12 人化妆间 1 台 42 英寸液晶电视机。
- 8 人化妆间 1 台 42 英寸液晶电视机。
- 2 个 4 人化妆间各 1 台 42 英寸液晶电视机。
- 5 个 VIP 化妆间各 1 台 42 英寸液晶电视机。

e. 2/F：池座后区入口 4 台 42 英寸液晶电视机。

f. 舞台机械控制室：1 台 32 英寸液晶电视机。

g. 舞台灯光控制室：1 台 32 英寸液晶电视机。

h. 舞台扩声控制室：2 台 32 英寸液晶电视机。

i. 3/F：楼座入口 4 台 42 英寸液晶电视机。

j. 4/F：楼座入口 4 台 42 英寸液晶电视机。

3. 舞台提示灯系统

配置 1 套舞台提示灯系统，包含：提示灯控制器 LEONAUDIO QLM16 MK4×1 台，提示灯 LEONAUDIO QLSMK4×20 台，静音灯 LD-40F1SIL×20 台，提示灯控制器最多可接 40 个提示灯。

图 4-162 内通系统提示灯

4. 舞台字幕系统

字幕系统用于在舞台上方和两侧八字墙屏幕处标出歌词/对话，通常用于歌剧或其他音乐演出中。字幕从笔记本中输出，用于流动使用，并通过水平以及垂直安装在舞台周围的 3 块 LED 屏显示。

一个字幕大屏通过吊机悬吊在台口上方；另两块小屏采用流动安装的方式可以方便地安装在台口两侧，这些屏幕通过专用控制计算机经以太网连接。

(1) 横条 LED 显示屏/南京洛普 LP-MC4.75

横条屏尺寸：16.112 m(宽)×0.608 m(高)；

安装位置：横条屏安装于舞台台口最上方；

像素材料：士兰、晶元管芯；像素间距：4.75 mm；像素组成：1R+1G(纯绿)；

亮度：≥300 cd/m^2；

可视角度：水平视角≥120°，垂直视角≥120°；

像素密度：44 321 像素/m^2。

(2) 流动 LED 显示屏/南京洛普 LP-MC4.75

移动屏尺寸：0.304 m(宽)×2.128 m(高)×2 块；

安装位置：移动屏安装于舞台台口两侧，可移动推行，根据演出要求位置摆放；

像素材料：士兰、晶元管芯；像素间距：4.75 mm；像素组成：1R+1G(纯绿)；

亮度：≥300 cd/ m^2；

可视角度：水平视角≥120°，垂直视角≥120°；

像素密度：44 321 像素/m^2。

4.4.10 歌剧厅扩声系统开通、调试、测量

1. 扩声系统开通

开通仪器：NTI Minirator MR-PRO 音频信号发生器、NTI XL 2 音频信号分析仪、万用表、绝缘表等。

1) 扬声器安装检查

检查、确认扬声器的安装与覆盖角已按施工图完成并确认安装牢固，无隐患。

2) 系统连接检查

检查、确认系统连接已按施工图正确完成。

3) 检查连接线

设备全部安装连接完成后，对输入(传声器回路)、输出(扬声器回路)设备之间(调音台——放大器)的各种连接和设备的极性进行检查。

4) 输入极性检查

固定设备中，对传声器接口盒、综合接线箱到调音台、前置放大器的连接线，进行断路、短路和极性的检查。

5) 输出极性检查

从功率放大器到扬声器系统的连接，在功率放大器的输出端子处，将高端线从功率放大器上断开进行检查；扬声器回路相对于地线必须有很好的绝缘性能。

6) 设备间的极性

检查调音台和声处理设备(效果器、延时器、均衡器等)的连接。

7) 工作状态的确认

检查完连接线之后，给设备进行通电，检查工作状态。

(1) 输入信号

① 将功率放大器的音量开到最小，监听扬声器的声音可以听到即可。

② 顺序打开各输入信号源电源，确认没有噪声混入。

③ 播放各音源的信号，在监听扬声器中监听音质。

如果有异常现象，如发生断路、短路、绝缘不良等问题，再次检查和确认。

(2) 扬声器系统输出

扬声器系统播放声音，在收听的范围内检查声音。

① 根据扬声器系统的工作状态，打开功率放大器的音量。

② 正常地接通扬声器系统。此时如果有传声器接入系统，必须注意可能产生的回授。

2. 扩声系统调试

1）现场已满足的条件

（1）永久性电源供电布线已完成，并已正常供电。

（2）现场已装修完毕。

（3）现场观众区座椅已安装完成，并以演出使用时的形态存在（如有胶袋套着，需拆除）。

（4）舞台区域所有幕布已吊挂完成，并以演出使用时的形态存在（含舞台区域吸音幕、板等）。

（5）调试时需确保现场安静，没有其他如灯光、机械等系统在施工运行。

2）调试依据

（1）GB 50371—2006《厅堂扩声系统设计规范》。

（2）GB/T 4959—2011《厅堂扩声特性测量方法》。

（3）歌剧厅应符合国家厅堂扩声系统规范（GB 50731—2006）文艺演出类扩声系统特性指标一级标准。

3）调试工具

（1）声场分析软件：Room Capture（瑞典）。

（2）信号发生器：声场分析软件内置。

（3）专业声卡：RME Fireface uc（德国）。

（4）声校准器：CENTER-326（中国台湾）。

（5）声级计：Radio Shack 数字声压计（美国）。

（6）测试传声器：DPA 4007（丹麦）。

（7）测试无线话筒套装：LECTROSONICS TM400（美国）。

（8）激光尺：Leica DISTO D3（德国）。

（9）笔记本电脑：Mac Pro。

（10）系统及软件：Mac 、d&b Audiotechnik R1 V2。

4）调试内容

系统调试过程中，应使系统处于最佳设定状态，对系统设备参数的调整和设定宜与音质的主观听音效果相结合。

调试的扬声器组：左右声道全频线阵列扬声器组、中央声道全频线阵列扬声器组、下补声（声像扬声器）扬声器组、台唇补声扬声器组、池座补声扬声器组、固定返送扬声器组、流动返送扬声器组。

5）调试方法

（1）扬声器调试

① 确认扬声器与功放物理连接是否正确，并连接 R1 控制软件。

② 系统检查确认扬声器准状态。

③ 单独每只扬声器进行粉噪测试，再次确认扬声器通道是否正确并试听高低频是否正常。

④ 必要时用粉噪信号试听覆盖是否均匀，及是否在设计目标区域内。

⑤ 校对功放系统信号输入通道。

⑥ 使用与设置 Tuning Capture 及声卡电平。

⑦ 连接并校对测试话筒声压。

⑧ 相位检查每只扬声器。

（2）扬声器组调试

① 每组扬声器单独 Capture 16～20 个测试点位。

② 每组 Capture 的数据再平均做 EQ，最终做好的 EQ 曲线导入至 R1 控制软件。

③ 主观听音乐，观察每通道 EQ 曲线，不理想可以重新修正 EQ 曲线。

④ 修正 EQ 后，每通道输出各自平均曲线，新建一个 Tuning Capture 用于校对各声道电平值及校对各声道之间扬声器频响曲线的一致性。

⑤ 调整各通道延时参数。

（3）扬声器组系统调试

① 系统全部扬声器组开启，主观试听音乐。

② 有必要时，全部响起来的时候，再次 Capture，生成一条平均总曲线，用于后期调试报告。

③ 关于总声压级，可以使用 SIA，测试话筒电平校对后，用 SIA 测试声压，全场测 8～12 个频点。

④ 系统检查并保存记录。

⑤ 最终生成调试记录。

6）使用 Tuning Capture 调试后，各组扬声器频率响应如图 4-163～图4-167。

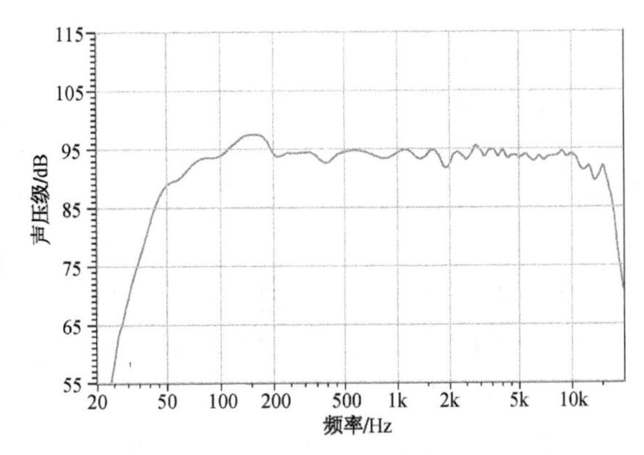

图 4-163　左/右声道扬声器组(声桥)频率响应

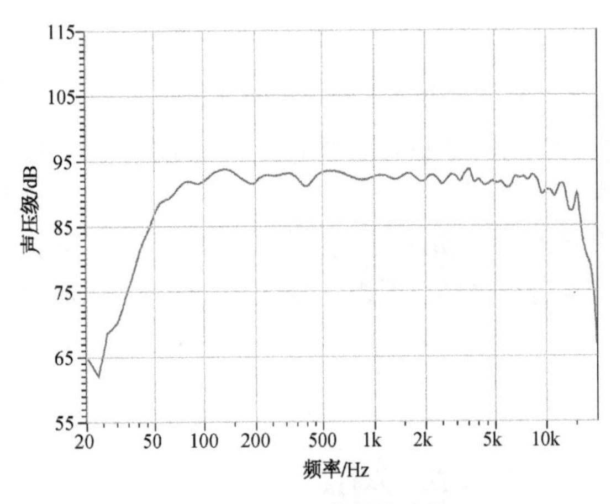

图 4-164　中央声道扬声器组(声桥)频率响应

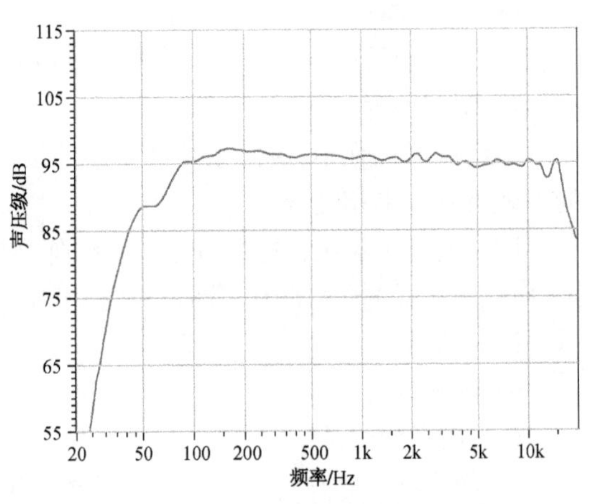

图 4-165　左右声道扬声器组(池座台口两侧)频率响应

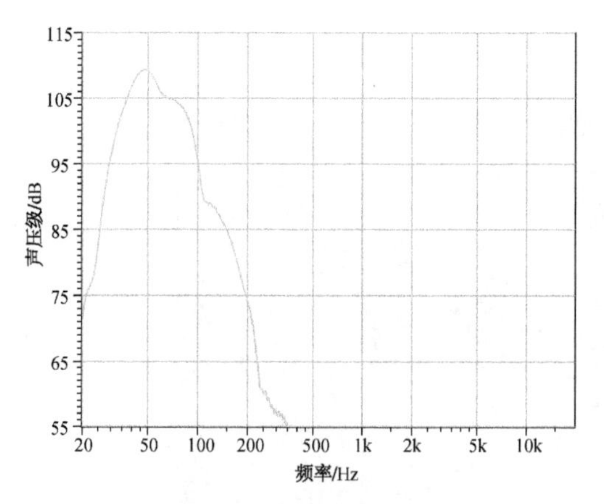

图 4-166　左右低频扬声器组(池座台口两侧)频率响应

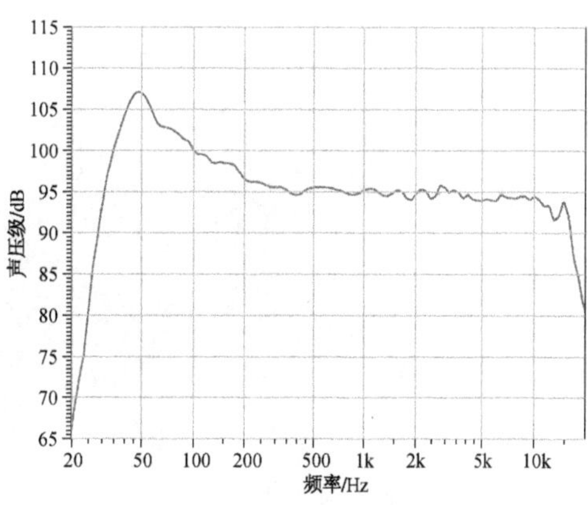

图 4-167　全场扬声器传输频率响应(可在调音台单独调节低频声压)

3. 扩声系统测量

(1) 测量依据

① GB 50371—2006《厅堂扩声系统设计规范》。

② GB/T 4959—2011《厅堂扩声特性测量方法》。

③ 歌剧厅应符合国家厅堂扩声系统规范(GB 50731—2006)文艺演出类扩声系统特性指标一级标准。

(2) 测量条件

① 测量前,厅堂具备正常使用条件。

② 测量前,扩声设备安装完毕并处于正常工作状态。

③ 测量时,扩声系统中的数字信号处理器(功放、调音台)按功能需要调节至最佳使用状态,包括增益、信号分频、均衡、压缩、限幅、分频、延时和滤波等功能。

④ 测量时,厅堂内各测点的声压级高于厅堂总声压级 15 dB 以上。

⑤ 各项测量在空场条件下进行。

⑥ 测点的选取符合 GB/T 4959—2011《厅堂扩声特性测量方法》的要求。测点位置选取如图 4-168～图 4-170 所示。

(3) 测量仪器

① 声场分析软件：Room Capture (瑞典)。

② 信号发生器：声场分析软件内置。

③ 测试无线话筒套装：LECTROSONICS TM400(美国)。

④ 系统话筒：MG M294(德国)。

⑤ 测试声源：d&b MAX12(德国)。

⑥ 笔记本电脑：Mac Pro。

⑦ 系统及软件：Mac、d&b Audiotechnik R1 V2。

(4) 测量指标

① 传输[幅度]频率特性。

② 声场不均匀度。

③ 传声增益。

④ 最大声压级。

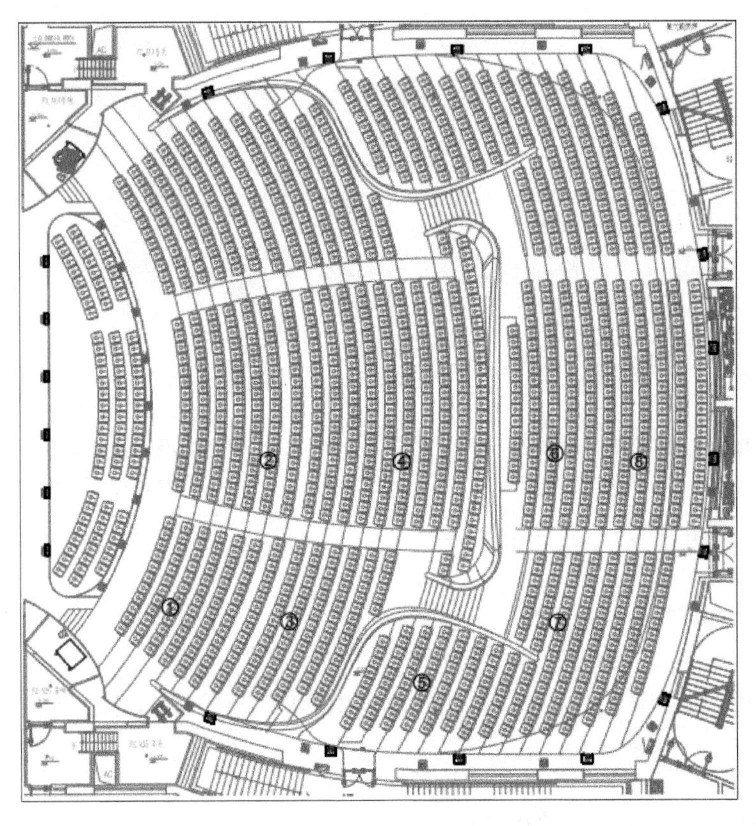

图 4-168　池座检测点

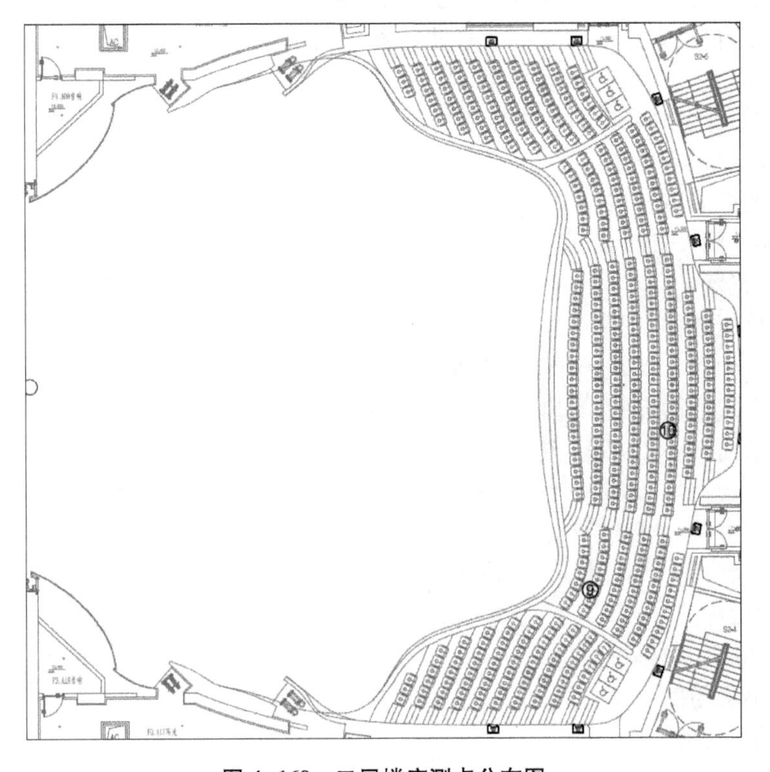

图 4-169　二层楼座测点分布图

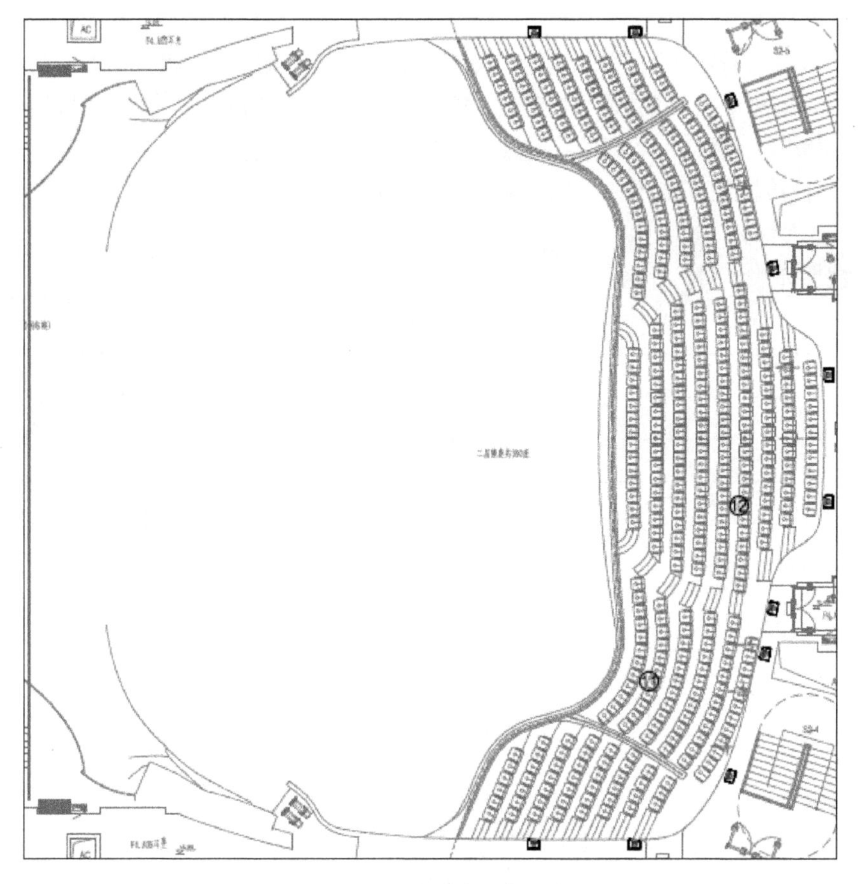

图 4-170　三层楼座测点分布图

(5) 测量方法

① 传输[幅度]频率特性

厅堂内观众席处各测点稳态声压的平均值相对于扩声工程传声器处声压或扩声设备输入端电压的幅频响应。

稳态声压的平均值计算方法如下：将各测点处按 1/3 倍频程的声压级取算术和后，除以测点数。测量采用电输入方法进行。

扩声系统在稳定工作状态下，厅堂内各测量点稳态声压的平均值相对于扩声设备输入端电压的幅频响应。测量原理框图见图 4-171。

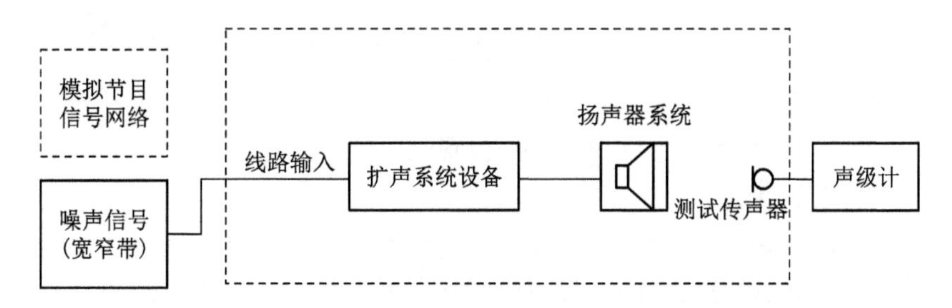

图 4-171　电输入法测量传输[幅度]频率特征原理框图

测量步骤如下：

a. 1/3 倍频程粉红噪声信号直接馈入扩声系统调音台输入端，调节噪声源的输出，使测点的信噪比满足测量条件要求。改变 1/3 倍频程带通滤波器的中心频率，保持各频段电平值恒定（不失真），在观众厅内规定的测点上测量声压级。

b. 测量在传输频率范围内进行，测试信号的中心频率同声输入传输[幅度]频率特性测量法规定。

测量数据如表 4-13 所示。

表 4-13　测量数据

频率(Hz)	测点												平均值(dB)	基准值(dB)	差值(dB)
	1	2	3	4	5	6	7	8	9	10	11	12			
	声压级(dB)														
80	95.6	95.4	94.6	92.7	95.1	93	92.1	92.1	94.8	92.1	89.9	93	93.4	91.8	1.6
100	95.7	94.9	95.5	94.5	95.1	93.9	93	92.1	93.9	92.1	90.3	89	93.3		1.5
125	95.7	94.9	95.8	94.8	95.5	94.1	93.3	92.1	94.8	92.3	91.5	90.8	93.8		2.0
160	93.1	91.5	91	89.4	91.1	88.4	88.6	88.7	90.2	89.3	91.3	89.6	90.2		−1.6
200	93	91.8	92.8	90.8	93	90.1	91	92.8	91.2	93.7	92.8	89.2	91.9		0.1
250	92.1	91.3	90.9	89.3	90.1	92	94.5	92.2	91.8	89.6	89.8	91.3	91.2		−0.6
315	92.5	92	92.1	91.2	93	92.1	91.5	90.4	94.5	90.3	91.2	90.4	91.8		0.0
400	91.8	92.9	90.2	89	89.3	93.6	93.9	94.3	92	90.9	91.5	90.9	91.7		−0.1
500	91	92	89.2	93.9	89.7	91.8	89.9	94.3	91.5	91.8	92	90.9	91.5		−0.3
630	91.6	92.5	91.2	94.2	91.1	94	89.8	94.5	91.6	92.2	89.8	91.5	92.0		0.2
800	92.6	89.9	92.2	91.3	92.7	92.4	93.7	93.2	91.4	90.6	91	91.4	91.9		0.1
1 000	92.6	89.1	91.8	89.3	94	91.9	94.5	93.7	89.1	89.6	91.3	91.9	91.6		−0.2
1 250	92.7	90.2	92.2	90.3	93.3	89.8	93.4	93	92.4	89.8	90.1	90.3	91.5		−0.3
1 600	93.9	92.5	93	92	93.5	92.4	92.8	93.7	94	92.4	91.9	91	92.8		1.0
2 000	93.1	92.8	91.9	92.6	93.1	92.9	94	92.8	94.4	90.2	92.2	91.9	92.7		0.9
2 500	90.9	90.3	90.8	89.9	91.8	91.8	90.1	91.2	91.8	90.6	91	91.2	91.0		−0.8
3 150	90.9	93.1	89.2	89.9	89.6	90.9	91.2	90.2	91.4	88.8	90.3	91.1	90.6		−1.2
4 000	91.7	89.6	91.7	91.9	94.4	90.1	91.1	89.2	91.9	89.6	90.2	89.2	90.9		−0.9
5 000	92.1	92	92.1	91.2	93.5	92.6	93.9	90.3	95.4	90.1	90	90.5	92.0		0.2
6 300	91	87.9	90	89.7	90.4	93.6	92.7	89.2	91.3	90.9	89.1	90.1	90.5		−1.3
8 000	94.4	89.1	94.2	93.7	93.9	92.1	93.1	92.6	91.5	90.3	89.5	88.1	91.9		0.1
数据结论	80～8 000 Hz 频带内，传输频率特性幅度均在＋4～－4 dB 范围内														

② 声场不均匀度

稳态声场不均匀度是指厅堂内（有扩声时）观众席处各测点稳态声压级的最大差值。测量信号用 1/3 倍频程粉红噪声。

测量在 100 Hz、1 kHz、4 kHz、8 kHz 分别进行。

根据各测点在不同频带测得的频带声压级可作出相应的声场分布图。

测量结果也可以用声场分布图表示。其横坐标为观众席座位的排数；纵坐标为所测得的声压级差[用分贝（dB）表示]。对于多列的测量结果，可画出声场分布曲线簇。

测量数据如表 4-14 所示。

表 4-14　测量数据

测点	频率(Hz)			
	100	1 000	4 000	8 000
	声压级(dB)			
1	95.7	92.6	91.7	94.4
2	94.9	89.1	89.6	89.1
3	95.5	91.8	91.7	94.2
4	94.5	89.3	91.9	93.7
5	95.1	94	94.4	93.9
6	93.9	91.9	90.1	92.1
7	93	94.5	91.1	93.1
8	92.1	93.7	89.2	92.6
9	93.9	89.1	91.9	91.5
10	92.1	89.6	89.6	90.3
11	90.3	91.3	90.2	89.5
12	89	91.9	89.2	88.1
最大声压级	95.7	94.5	94.4	94.4
最小声压级	89	89.1	89.2	88.1
声场不均匀度	6.7	5.4	5.2	6.3
数据结论	100 Hz 时声场不均匀度为 6.7 dB、1 000 Hz 时声场不均匀度为 5.4 dB、4 000 Hz 时声场不均匀度为 5.2 dB、8 000 Hz 时声场不均匀度为 6.3 dB			

注：本数据表中各测点声压级数据，直接从传输[幅度]频率特性中读取。

③ 传声增益

传声增益是指扩声系统达最高可用增益时，厅堂内观众席各测点稳态声压级平均值与系统传声器处稳态声压级的差值，测量采用声输入法进行。测量原理框图见图 4-172。

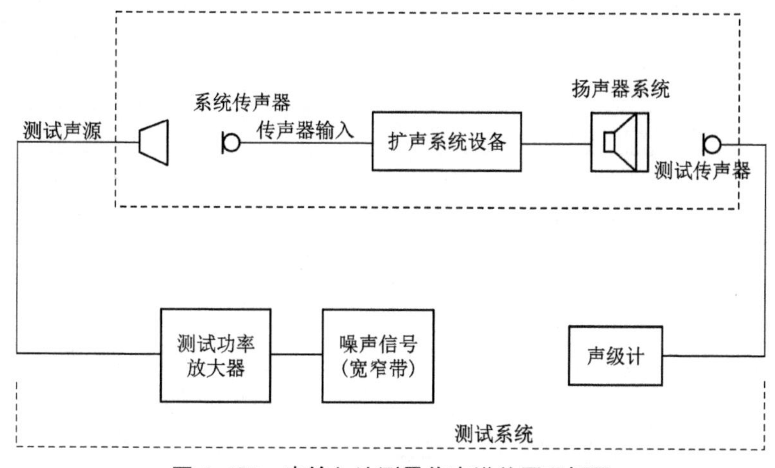

图 4-172　声输入法测量传声增益原理框图

测量步骤如下：

a. 将扩声系统调至最高可用增益；

b. 将测试声源置于舞台（或讲台）上设计所定的使用点上，若设计所定的使用点不明确时，测试声源置于大幕线中点舞台纵深方向 0.5 m 位置上；

c. 将扩声系统传声器和测量传声器分别置于大幕线上测试声源中心两侧的对称位置，两传声器相距见 GB/T 12060.4—2012，距地高度 1.2 m 至 1.6 m 与测试声源高音声中心相同；

d. 调节测试系统输出，使测试点信噪比满足测量条件要求；

e. 在规定的扩声系统传输频率范围内，按 1/3 倍频程（或 1/1 倍频程）中心频率逐点在观众厅内各测点上及扩声系统传声器处分别测量声压级；

f. 按照 GB/T 4959—2011《厅堂扩声特性测量方法》附录 A 的计算方法求出稳态声压级平均值 $L_{Faver.}$；

g. 上述稳态声压级平均值 $L_{Faver.}$ 与扩声系统传声器处稳态声压级 L_F 的差值，即为全场传输频率范围内的传声增益。以分贝（dB）表示。

h.
$$Z = L_{Faver.} - L_F \tag{4-2}$$

式中：Z—全场传输频率范围内的传声增益（dB）；$L_{Faver.}$—稳态声压级平均值（dB）；L_F—扩声系统传声器处稳态声压级（dB）。

测量数据如表 4-15 所示。

表 4-15 测量数据

测点	频率(Hz)						
	63	125	250	500	1 000	2 000	4 000
	声压级(dB)						
1	90	86.5	88.4	88.8	86.4	87.1	86.6
2	89.8	86.9	85.8	85.8	85.7	88.5	86.4
3	91.6	83.2	83.8	85.4	83.4	86.6	85.3
4	91.9	85.7	84.7	88.8	84.2	88	86
5	85.5	84.8	82.6	87.3	84.7	87.5	87.3
6	90.1	84.6	83.1	84.5	84.2	85.4	84.8
87	83.6	83.3	83.2	83	84.8	85	84.2
8	87.5	82.7	84	83.7	82.7	85.9	83.6
9	88.5	81.9	78.9	82.4	79.9	83.2	82.1
10	83.5	81.3	84.6	84.3	80.9	84.9	80.7
11	88.1	82.8	82.8	86.6	80	83.7	80.8
12	86.6	80.5	79.2	81.9	80	83.9	81.1
平均值(dB)	88.1	83.7	83.4	85.2	83.1	85.8	84.1
基准值(dB)	91.5	91.1	91.3	91	90	92	90.8
传声增益值(dB)	−3.4	−7.4	−7.9	−5.8	−6.9	−6.2	−6.7
数据结论	100～8 000 Hz 的平均值≤−8 dB						

④ 最大声压级

扩声系统完成调试后，厅堂内各测量点产生的稳态最大声压级的平均值。最大声压级可以用规定峰值因数测试信号的有效值声压级、峰值声压级或准峰值声压级中的一种或多种方式表示。通常，方便的表示方式宜用有效值声压级。

以峰值因数为 2 限制的额定通带粉红噪声为信号源，其最大有效值声压级、最大峰值声压级及最大准峰值声压级的转换关系见 GB/T 4959—2011《厅堂扩声特性测量方法》附录 B。

测量原理框图见下图。

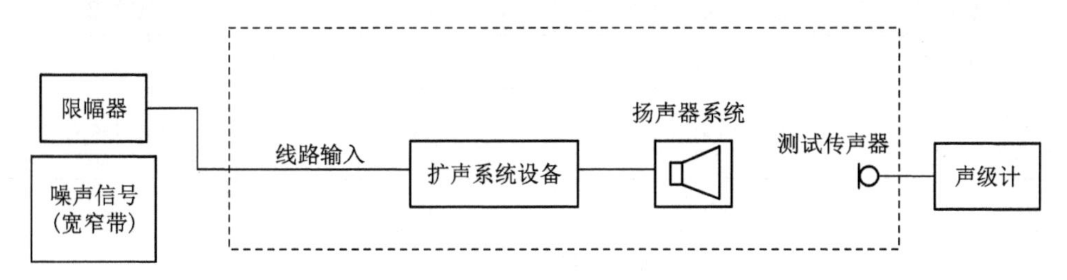

图 4-173 电输入法中用窄带噪声测量最大声压级原理框图

测量步骤如下：

a. 将 1/3 倍频程(或 1/1 倍频程)粉红噪声信号直接馈入扩声系统调音台输入端(线路输入口)，保持各频带噪声信号输入到扬声器系统的电压恒定；

b. 调节噪声源及扩声系统输出，使扬声器系统的输入电压相当于系统十分之一至四分之一设计使用功率的电平值，当声压级接近 90 dB 时，可用小于十分之一的设计使用功率；

c. 在扩声系统额定传输频率范围内，在各测点上测出每一个 1/3 倍频程(或 1/1 倍频程)频带声压级；

d. 按照 GB/T 4959—2011《厅堂扩声特性测量方法》附录 A 的计算方法求出传输频率范围内的平均声压级 $L_{\mathrm{Faver.}}$；

e. 根据测量时所加的功率，通过下式换算成设计使用功率时的最大声压级。

$$L_{\max}=L_{\mathrm{Faver.}}+10\lg(P_{\mathrm{sy}}/P_{\mathrm{cy}}) \tag{4-3}$$

式中：P_{cy}—测量使用功率；P_{sy}—设计使用功率；$L_{\mathrm{Faver.}}$—测量使用功率时的稳态声压级平均值；$L_{\max}$—设计使用功率时的最大声压级。

注：当设计使用功率不明时可按额定功率计算。

测量数据如表 4-16 所示。

表 4-16 最大声压级测量/计算数据

扬声器功率	测量 1/16RMS 声压级(dB)	计算 RMS 声压级(dB)	最大声压级(+6 dB 峰值)
测试点 1	96.6	108.6	114.6
测试点 2	95.4	107.4	113.4
测试点 3	95.8	107.8	113.8
测试点 4	94.8	106.8	112.8
测试点 5	95.5	107.5	113.5
测试点 6	94.1	106.1	112.1

(续表)

扬声器功率	测量 1/16RMS 声压级(dB)	计算 RMS 声压级(dB)	最大声压级(+6 dB 峰值)
测试点 7	94.5	106.5	112.5
测试点 8	94.5	106.5	112.5
测试点 9	94.8	106.8	112.8
测试点 10	93.7	105.7	111.7
测试点 11	93.2	105.2	111.2
测试点 12	93	105	111
传输频率范围内平均声压(Pa)	54 442p_0	205 629p_0	406 599p_0
平均声压级(dB)	94.7	106.3	112.2
数据结论	额定通带内,最大声压级>106 dB		

注：p_0 为基准声压,$p_0=2\times10^{-5}$Pa。

(6) 测量总结(表 4-17)

表 4-17 扩声系统测量/计算数据

序号	测量特性指标	国家标准 GB 50371—2006 文艺演出类扩声一级	测量/计算结果	是否满足指标
1	传输[幅度]频率特性	以 80~8 000 Hz 的平均声压级为 0 dB,在此频带内允许范围:-4 dB~+4 dB	以 80~8 000 Hz 的平均声压级为 0 dB,在此频带内各频率的声压级均在-4 dB~+4 dB 之间	满足
2	声场不均匀度	100 Hz 时小于或等于 10 dB,1 000 Hz时小于或等于 6 dB;8 000 Hz时小于或等于+8 dB	100 Hz 时 6.7 dB 1 000 Hz 时 5.4 dB 8 000 Hz 时 6.3 dB	满足
3	传声增益	100~8 000 Hz 的平均值大于或等于-8 dB	100~8 000 Hz 的平均值-6.3 dB	满足
4	最大声压级	额定通带内大于或等于 106 dB	最大声压级平均值为 112.2 dB	满足

第五章　音乐厅演出工艺设计

5.1　建筑设计

音乐厅的观众厅容纳 1 500 名观众。音乐厅由观众厅、休息厅、演职员工作用房、演出技术用房、行政管理办公用房、卸货区以及配套用房组成。前厅设在二层及以上，与共享大厅相连通，是内部的交通和空间核心。前厅及休息厅围绕着座席区，配套有交通、厕所、休息场所、服务用房等设施，为观众提供集散、交流、休息的场所，见图 5-1。音乐厅有独立的 VIP 门厅，设置在首层的西南侧。音乐厅的 VIP 休息室靠近观众厅池座前部入口，方便 VIP 观众入场。

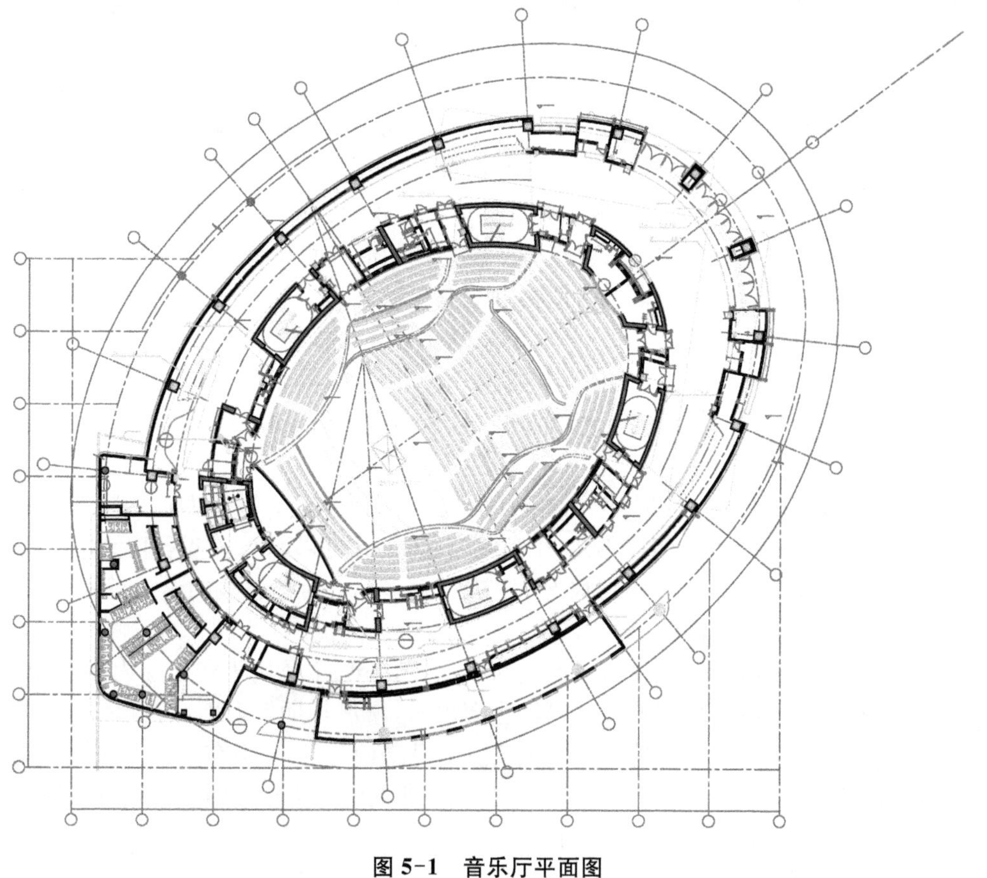

图 5-1　音乐厅平面图

后台演职员工作区设置在首层舞台南侧的范围内，有化妆室、候演室、钢琴乐器库等用房。演出技术用房在地面上的有音视频室、声控室、灯控室、监督室、调光室、功放室等用房，沿观众厅四周布置在各楼层；在地面以下的有舞台机械开关柜室。大剧院的行政管理办公用房设置在音乐厅的四层和五层。乐器储藏库在舞台下方的地下室内，并设置了升降舞台机械向舞台面运送乐器，见图 5-2。

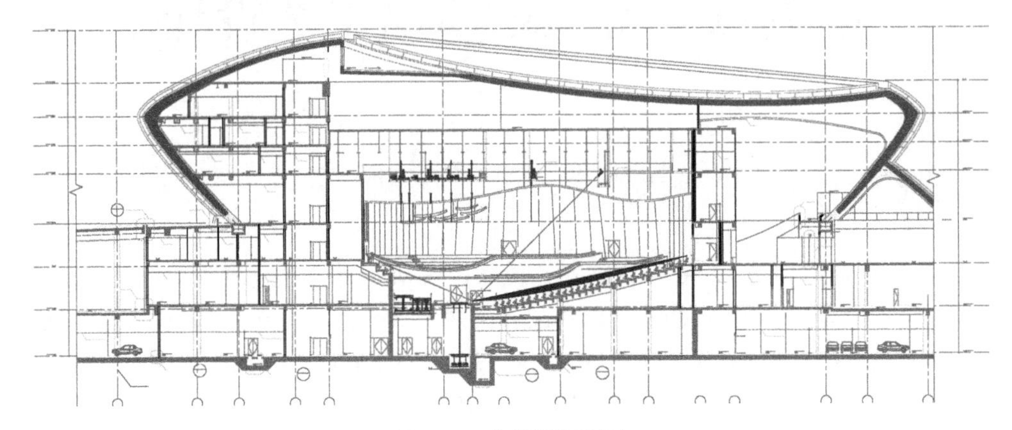

图 5-2　音乐厅剖面图

观众厅呈椭圆形，采用了世界流行的平面形状，椭圆形的声音流动性好，弦乐器与木管乐器、木管乐器与铜管乐器的平衡能让音乐更具整体感、丰满感。舞台为岛式，座席如同层叠的梯田，观众分布在舞台的周围，可以从不同角度欣赏到乐团的演奏。乐队在大厅的中间，乐队和指挥被台阶式的听众席团团围住，仿佛是莱茵河畔行人和老人小孩围绕在歌手周围，陶醉在歌曲和轻音乐的音韵之中。认为“只有这种亲切感才可能使每个人在参加音乐会时直接起着共同的作用”。“音乐厅内的气氛是至关重要的”，音乐厅的设计宗旨是利用对空间的组合、技术的处理使观众和音乐更好地交融。利用形式的起伏去表现音乐，使音乐化为一种技术和艺术的形式，从而牢牢地占据整个建筑。

观众厅四周的墙面和顶面均为按声学要求设计的 4 cm 厚 GRG 石膏板，其凹凸尺寸和形状均经过精确的声学计算，能使声音均匀柔和地扩散和反射，混响时间为 2.2 s。天花板上圆筒状的星空照明灯，华盖般的反声板，它们与错落的排椅、屈伸的胸墙一起极大地丰富了音乐厅的空间感受。

舞台为梯形，宽度 24 m，台深 15 m，能容纳大型的乐队演奏。设置四道乐队升降演奏台和一个钢琴升降台。演奏台前部有钢琴升降台，后部设有可供 180 人合唱队使用的观众席合唱区。安放在音乐厅的 92 音栓管风琴，发声管由多达 6 000 多根的金属管和木质管组成，能满足各种不同流派作品演出的需要。

在乐台上方安装 5 块声反射板，反射板面积达 200 m^2，主要用于音乐厅内举办音乐会、管弦演奏会、独奏会、独唱会、交响乐会等舞台演出时，增加早期反射声，造就完美的扩声效果，用以改善乐师之间的交流环境。反射板高度能升降调节，反射板在乐台上的投影能覆盖 80%的乐台地面面积。演奏厅内采用了一系列现代化的建筑声学措施，获得了良好的音质、频率特性和适度的混响时间以及均匀的声场分布，以明显的厅堂声学优势吸引了来自世界各国的音乐家和音乐爱好者，使其成为国际音乐艺术交流的重要演出场所。

5.2　舞台机械设计

音乐厅按常规音乐会演出的需要配置了舞台机械设备和用于收藏运输大型钢琴的升降

台，演奏区域共设有4块圆弧状的升降台，可满足乐队错落设置的需要，综合考虑建筑声学的要求，还在乐队演奏区域上方配备了叶片状的GRG反声板，其中小反声板4块，大反声板1块，单点吊机14台。为了满足钢琴升降台使用的安全性，在钢琴升降台的四周设置了安全升降栏杆。

机械设备配置：所有设备均选用国际知名品牌产品。

➢ 驱动电动机均采用德国NORD品牌产品；

➢ 齿轮箱采用德国NORD品牌产品；

➢ 制动器采用德国Mayr舞台专用低噪音制动器；

安全辅助配置：各种安全辅助设备，保障设备在任何时候都安全运行。

➢ 升降台均设置电动辅助驱动装置，保证设备在紧急情况下仍能回到安全位置。

➢ 升降台及其周边舞台等可能会发生剪切危险的地方均装备防剪切保护装置。

控制系统采用国产自主研发的成熟产品，先进、安全、可靠、应用广泛。

图5-3　音乐厅实景

5.2.1　音乐厅实景和设备布置图

音乐厅实景和设备布置情形，如图5-3～图5-5所示。

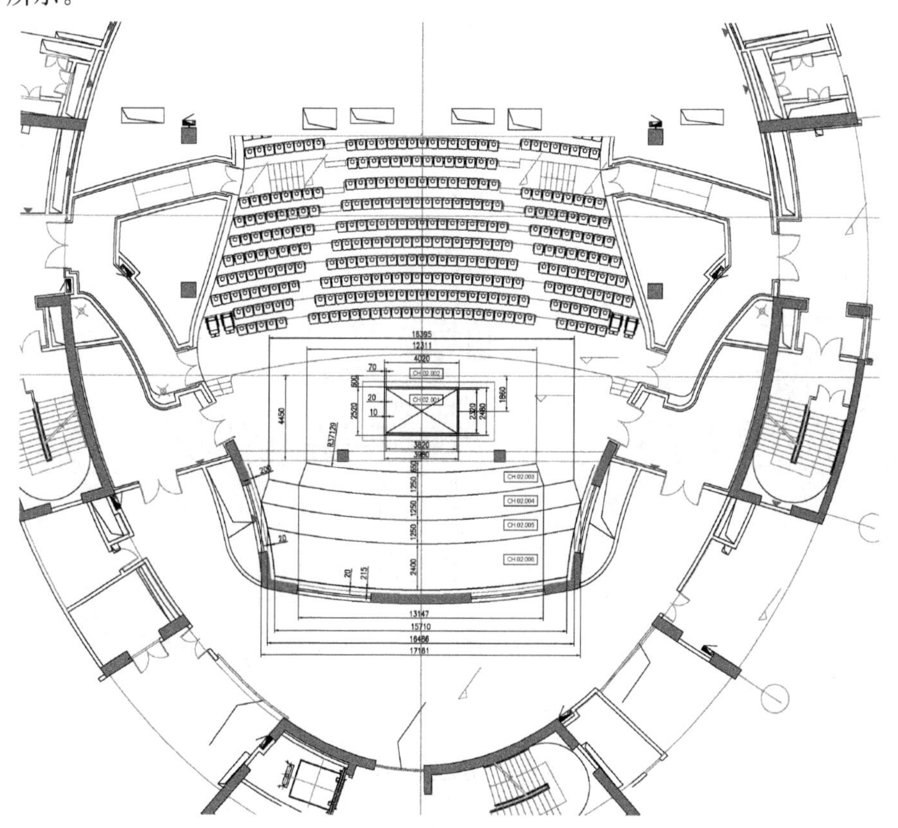

图5-4　设备平面布置图

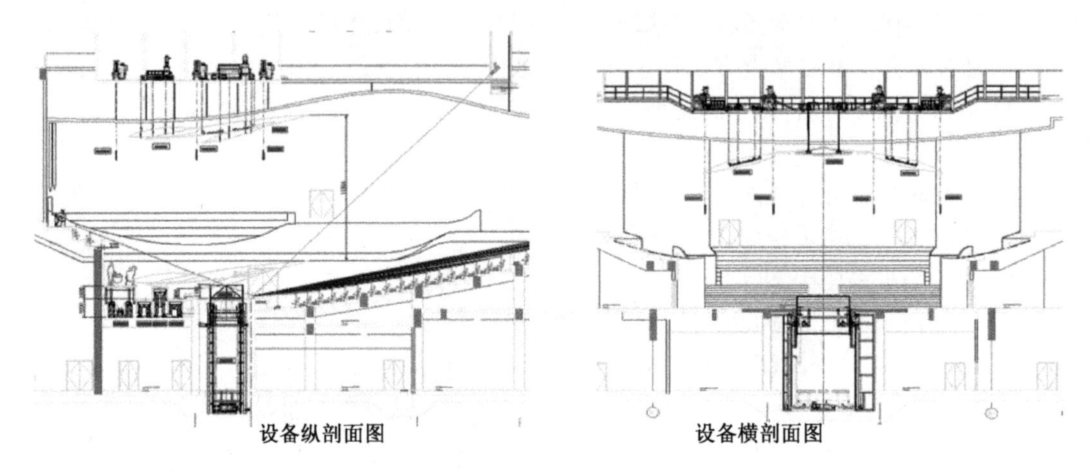

图 5-5　设备纵剖面(左)、横剖面(右)图

5.2.2　主要设备的功能和设计要点

1. 小反声板吊机

(1) 使用功能

小反声板吊机位于音乐厅演奏区上方的钢结构平台上，在两侧对称排列，有 4 个固定的钢丝绳穿过装饰顶棚悬挂着叶片状反声体组件，反声板可升降，上下高度可调的反声板可形成不同声学效果的顶棚反声系统。

吊机的卷扬机是一个紧凑的单元，每个卷扬机中的各个部分都布置合理，整体结构稳固。

(2) 结构组成

小反声板吊机由提升驱动机构、驱动机构底座、直角转向轮、水平转向轮、转向滑轮底座、钢丝绳固定组件、松绳保护和电气控制系统等部分组成。

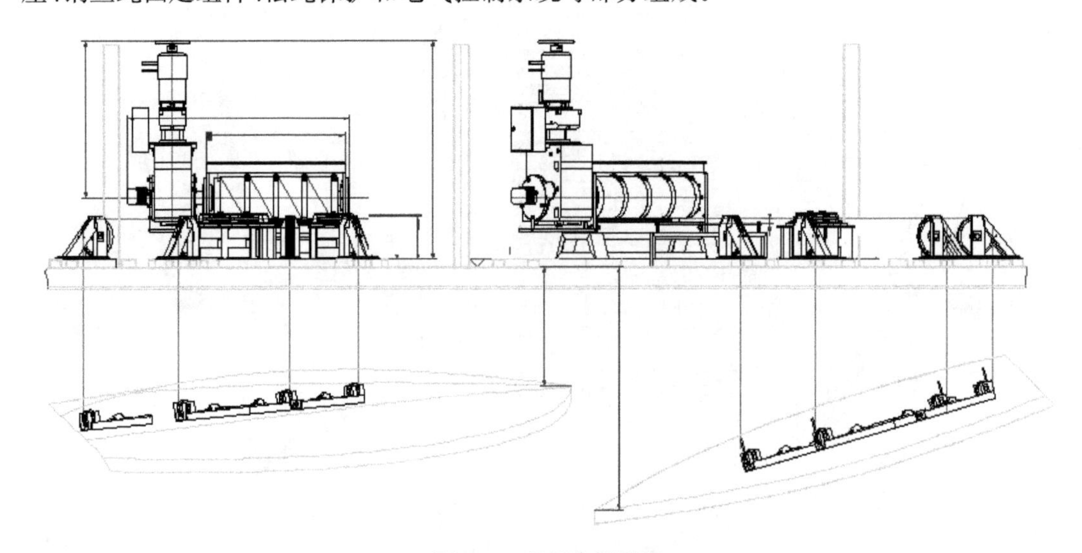

图 5-6　小反声板吊机

(3) 技术参数

驱动方式：电动钢丝绳卷扬式；

有效荷载(kN)：35；

升降行程(m)：12.5；

升降速度(m/s)：0.019～0.19；

电机功率(kW)：9.2。

2. 单点吊机

(1) 使用功能

单点吊机位于舞台上方吊顶内的钢结构平台上，固定位置安装，通过装修面局部开孔设置多排悬吊点，吊点平时位于吊顶内，使用时放下参与演出。14 台单点吊机可灵活搭设各种造型的舞台悬挂体系。目前部分单点吊机已经用于悬挂灯具、电缆等其他专业的设备和附件。

(2) 结构组成

单点吊机主要由卷筒组件、减速电机、转向滑轮组件、钢丝绳组件、限位装置、带重锤的吊钩、辅助驱动、防乱绳机构等组成。

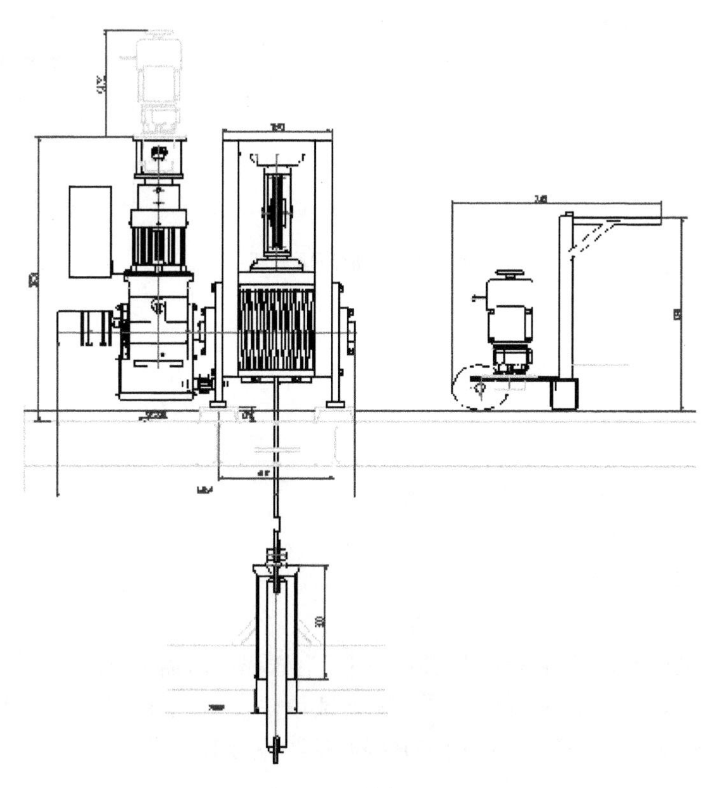

图 5-7　单点吊机

(3) 技术参数

行程：18 m；

速度：0.01～0.3 m/s；

载荷：8 kN；

电机功率：3 kW/辅助 0.37 kW；

驱动方式：钢丝绳卷扬式。

3. 大反声板吊机

(1) 使用功能

大反声板吊机位于音乐厅演奏区上方的钢结构平台上，处于舞台的正中间位置，有 4 个固定的钢丝绳穿过装饰顶棚悬挂着叶片状反声体组件，2 台卷扬机按前后区域分别控制 2 个固定点，因此该反声板可通过操作不同卷扬机达到调节前后倾斜角的目的。反声板可升降，上下高度可调的反声板可形成不同声学效果的顶棚反声系统。

吊机的卷扬机是一个紧凑的单元，每个卷扬机中的各个部分都布置合理，整体结构稳固。

(2) 结构组成

大反声板吊机由驱动机构、中央滑轮组、滑轮组、滑轮座、托轮组、钢丝绳固定组件、松绳保护和电气控制系统等部分组成。

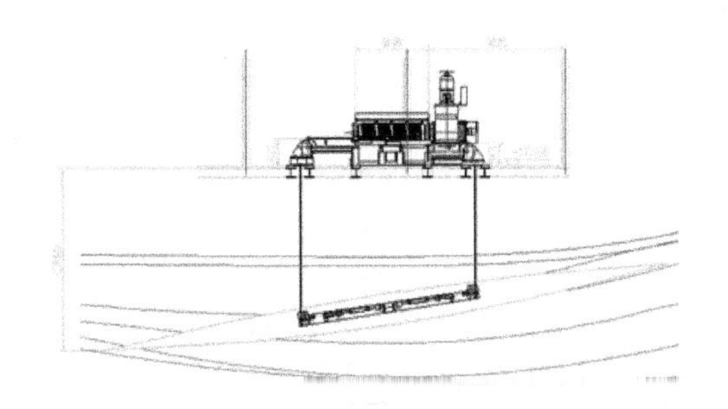

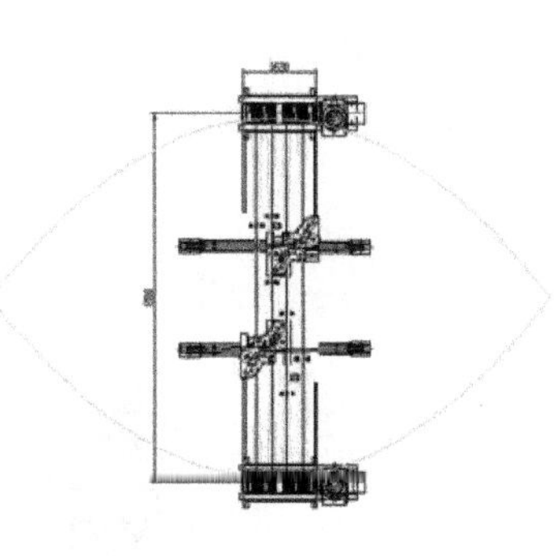

图 5-8 大反声板吊机

(3) 技术参数

驱动方式：电动钢丝绳卷扬式；

有效荷载(kN)：120；

升降行程(m)：12.5；

升降速度(m/s)：0.019～0.19；

电机功率(kW)：2×15。

4. 钢琴升降台

(1) 使用功能

钢琴升降台采用型钢结构，有足够强度，用于运送演出所需的钢琴。

升降台在舞台面＋0.75 m 和－6.50 m 处预设停位并能够停留在行程范围的任何位置。升降台台面设有安全插拔栏杆，用于升降时保护钢琴和人员的安全。

(2) 结构组成

钢琴升降台由台面钢架、提升机构、锁定机构、固定钢架、导向机构、驱动机构、防护门和电气控制系统等组成。其中导向机构能保证升降台升降时不倾斜。

(3) 技术参数

尺寸：3.84 m×2.34 m；

行程：7.25 m；

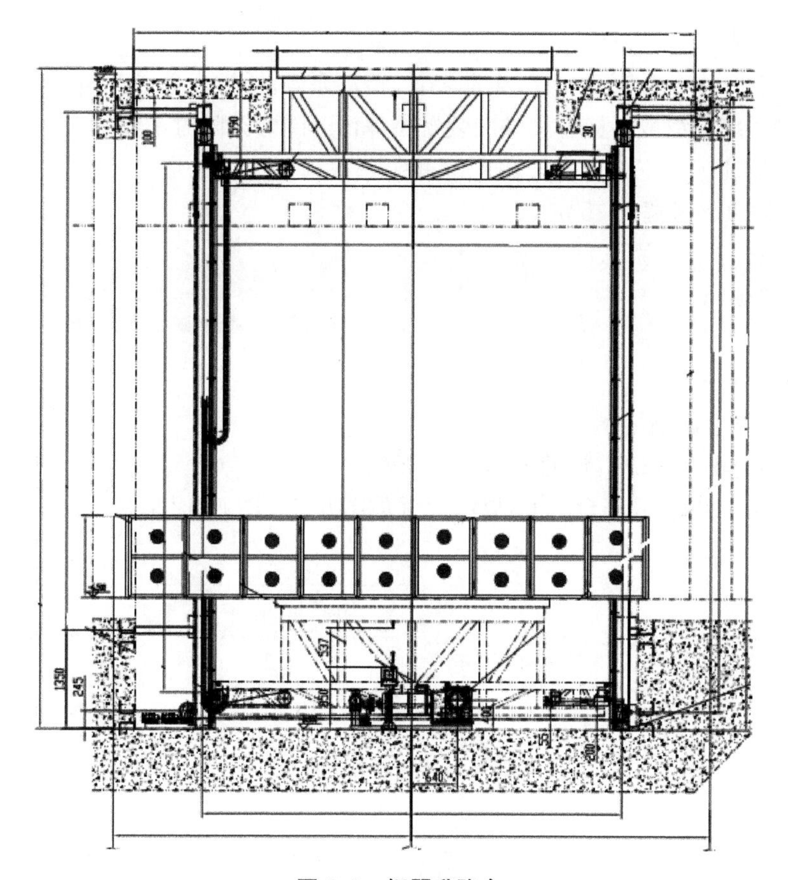

图 5-9 钢琴升降台

速度：0.01～0.3 m/s；

动载：2.5 kN/m^2；

静载：5.0 kN/m^2；

驱动方式：钢丝绳卷扬式；

电机功率：主电机 15 kW，辅助电机 1.5 kW。

5. 演奏升降台

(1) 使用功能

演奏升降台 1 呈弧形，可与其他升降台一起根据乐队规模大小合围成不同面积的演奏平面，1 m 的可变行程可满足不同乐器的演奏空间，台面设计为型钢结构，单层台板，有足够的刚性。

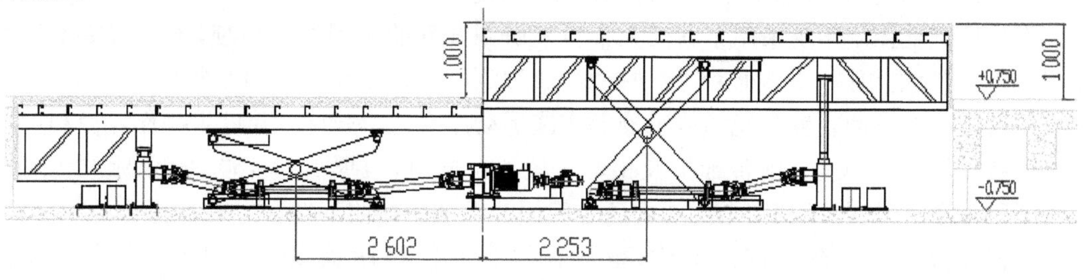

图 5-10 演奏升降台 1

(2) 结构构成

演奏升降台 1 由台面钢架、电机驱动装置、传动系统、柔性齿条顶升组件、剪刀叉导向机构和电气控制系统等组成。剪刀叉导向装置可保证升降台升降时不倾斜。

(3) 技术参数

尺寸:长 13.4 m×宽 1.25 m;

行程:1 m;

速度:0.03 m/s;

动载:2.5 kN/m^2;

静载:5.0 kN/m^2;

驱动方式:刚性齿条链;

电机功率:主电机 3 kW,辅助电机 0.37 kW。

演奏升降台 2、演奏升降台 3 的结构、尺寸如图 5-11、图 5-12 所示。

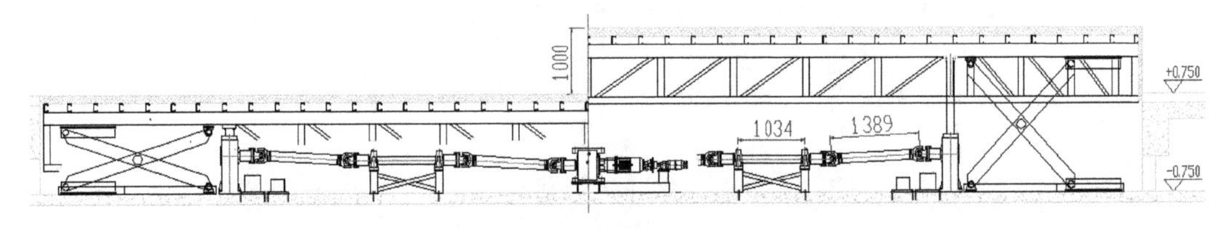

图 5-11 演奏升降台 2

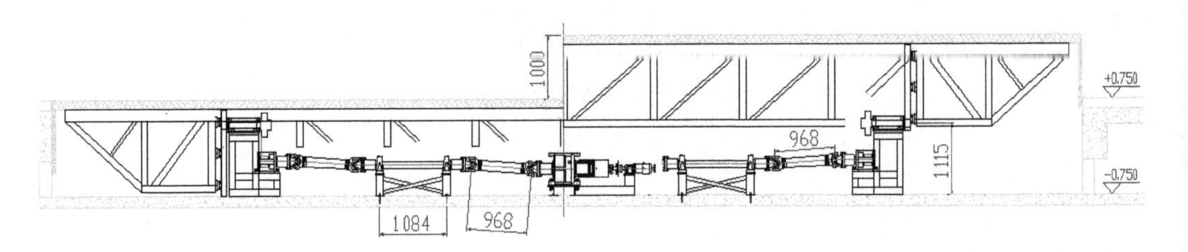

图 5-12 演奏升降台 3

5.2.3 舞台机械电气系统

随着控制理论的不断发展,控制系统的应用也越来越向人性化的方向迈进。人机工程学已经被引入到舞台机械控制领域,人们对舞台机械控制系统的要求除了其安全性能得到保障外,在使用上更注重人的能力和机械潜力的有效配合,以提高管理和控制效率。在控制系统的设计中,更应把人和设备作为一个整体来考虑,比如在设计系统的显示器、操纵杆、按钮的结构形式和色调时,都要充分考虑到操作者的感受。

音乐厅电气控制系统采用了浙江大丰自主研制开发的专用控制系统,该系统基于最专业、最成熟可靠的德国 SIEMENS 控制技术,通过深度开发专用于舞台机械的控制系统,对所有舞台设备的驱动装置和现场传感器等实施运动控制、状态监视;并提供操作界面和操作方法,保证设备人员安全,配备维护及检修手段等。同时,根据 IEC61508 安全标准要求及人机工程学原理,增强了其安全功能和适合我国国情的操作便利性。

主操作台可设置在主控制室内,也可在舞台面作移动式操作台使用(至少可移动 15 m),便携式操作面板在栅顶上预留插口,便于维护。管理层通信采用 100 Mbps 工业以太网，控制层通信采用传输速率为 12 Mbps 的 PROFIBUS-DP 现场总线。友善的人机界面及三维动态监视是用于对整个舞台机械设备进行集中监控以及控制与操作系统的管理中心。有较多的成功运用案例，是目前国内先进的操作系统

1. 网络结构与通信

舞台机械控制系统采用如图 5-13 控制结构，分四个层级，现场层、驱动层、控制层、管理层及操作层，通过高速以太网通信。控制层主控制器和现场层控制柜内变频器以及 PLC 从站采用 PROFIBUS DP 或 Profinet 通信。

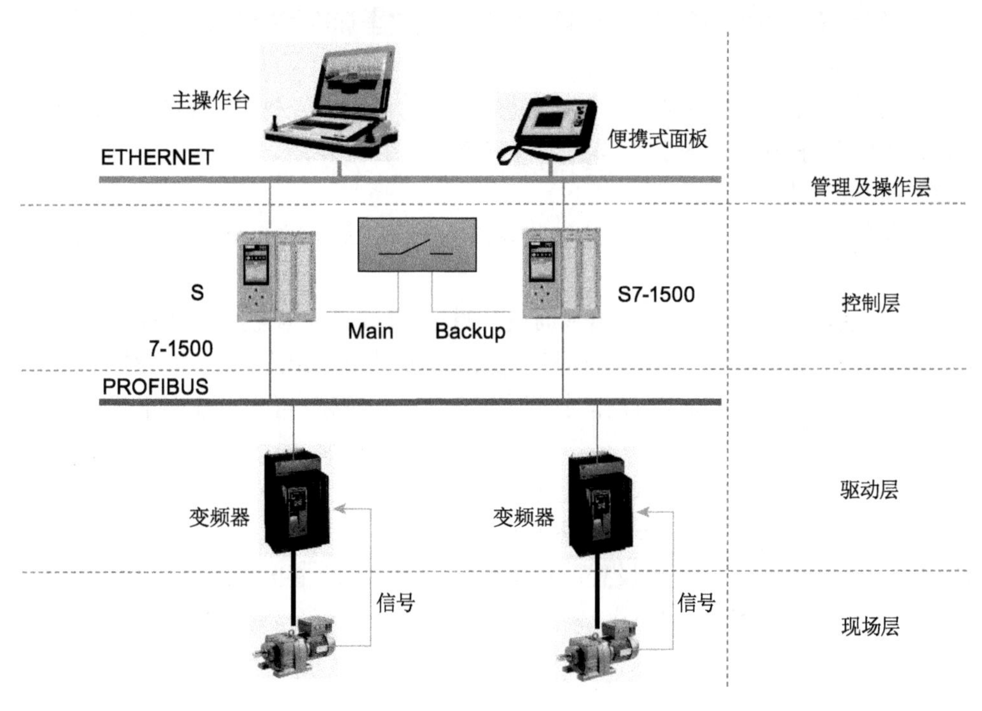

图 5-13　音乐厅舞台机械控制系统示意图

2. 控制系统设计特点

(1) 整个控制系统分四个层级：

- 管理及操作层，由主操作台、便携式操作面板组成；
- 控制层由西门子全新一代 PLC S7-1500 组成冗余系统，两个 CPU 互为备用；
- 驱动层由高性能、高精度矢量/伺服变频器等组成；
- 现场层包含执行和检测信号，如电机、编码器、限位开关、载荷传感器等。

驱动层采用最大 12 Mbps 的 PROFIBUS 现场总线，管理及操作层使用 100 Mbps 工业以太网，其开放性和先进性已被本行业所接受

(2) 冗余设计

由于采用了冗余设计，提高了系统的可靠性：

- 两套主控制器 S7-1 500 冗余设计，互为备份，可任选一个作为 MASTER 主站，另一个成为 SLAVE 从站。
- 主操作台和便携式操作面板享有相同的权限，相同的操作界面，都能操作舞台区所有的设备，互为冗余。

(3) 控制精度高

需要精确定位和同步运行的设备，用矢量变频器配高精度旋转编码器实现了速度闭环，调速比可达1∶100以上；位置采用绝对值编码器，实现位置闭环，确保系统的定位和同步精度。

(4) 急停控制单元

随着舞台机械在现代化演出中的不断应用，控制系统的安全性越来越重要，为了确保系统在紧急情况下(如拍下急停按钮)能快速停止，并且要安全地停止，系统定制了一套舞台专用的“安全急停控制单元”，该控制单元引入安全型控制器，确保系统快速地、安全地、可控地停止。该控制系统在国内同行业首创，符号欧洲电气安全标准EN61508。

(5) 人机界面友好

操作界面结构清晰；不同视图之间可随意切换；剧目编辑及操作简单易学；设备状态一目了然；各操作台、操作面板及其他操作装置符合人体工程学。

(6) 多重安全保护

除了“急停控制单元”外，音乐厅的机械设备还设计了多重的安全保护装置，确保人身及设备的安全：

➢ 同一设备不允许在两个操作台或面板上同时操作，将依据先到先得的原则，非本操作台(面板)正在操作的设备将在操作台(面板)上以灰色形式显示出来，以引起操作人员的注意。

➢ 每个操纵杆有确认按钮，操作时必须先按下确认按钮，再向上或向下推才允许设备运行。

➢ 钢琴台和栏杆设置互锁，防止人员意外坠落。钢琴台要下降，栏杆必须先上升到一定高度；反之，栏杆要下降，钢琴台必须先升到舞台面。

➢ 门保护：钢琴台下层平台设置门保护，只有门关好的情况下才能使钢琴台运行，一旦运行过程中门打开，设备自动停止。

➢ 剪切保护：在栏杆及固定台下沿均设置剪切条，运行过程中只要发生剪切相应的设备会立即停止，防止设备损坏或人身意外伤害。

➢ 乱绳保护：台上机械及钢琴台均设置乱绳检测装置，防止卷扬机乱绳。

➢ 超载保护：台上机械均设置载荷传感器，当超过额定载荷120%时，设备只允许下降，不允许上升。

➢ 限位保护：每个设备均设置上、下限位开关，正常运行时限位开关是不动作的，只有当位置不准或编码器异常情况下才有可能碰到上或下限位开关。碰到限位后，只允许反向低速运行(系统自动限制速度)，离开限位后自动停止。

➢ 超程保护：每个设备均设置上、下超程开关，当设备位置异常且限位开关不起作用的情况下，超程开关器作用，一旦超程保护动作，已经属于比较严重的情况，不允许在操作台上进行任何操作，必须先排除故障，确认安全并离开超程开关(或经过电气短接信号)后方可在操作台上操作。

3. 网络

管理层通信采用100 Mbps工业以太网，控制层通信采用传输速率为12 Mbps的PROFIBUS-DP现场总线。

4. 远程维护

以太网技术及舞台专用变频器被广泛地应用于本控制系统，因此，运行过程中的任何错误都可以由主控制器、变频器的检测系统来诊断故障部位。工程技术人员可以通过 INTERNET 进入计算机系统对舞台机械进行有效的远程检测、诊断并快速修复。系统的安全防护和授权限制保证了只有授权者才有权远程访问系统。

5.2.4　舞台机械电气系统运行

1. 电源管理

舞台机械各控制柜动力电源和控制电源分配，一般分台下电源控制柜和台上电源控制柜。

动力电源指供给驱动设备变频器或接触器主回路的电源，控制电源指各柜控制二次回路电源。动作逻辑上，控制电源需先得电，在外部电源相序正确、紧停电路正常情况下，才能完成各柜动力电源上电。

2. 紧停系统

紧停系统由紧停开关（输入）—可编程安装模块（逻辑）—各柜安全继电器、接触器（输出）三部分组成，逻辑模块包含反馈回路、复位和启动。

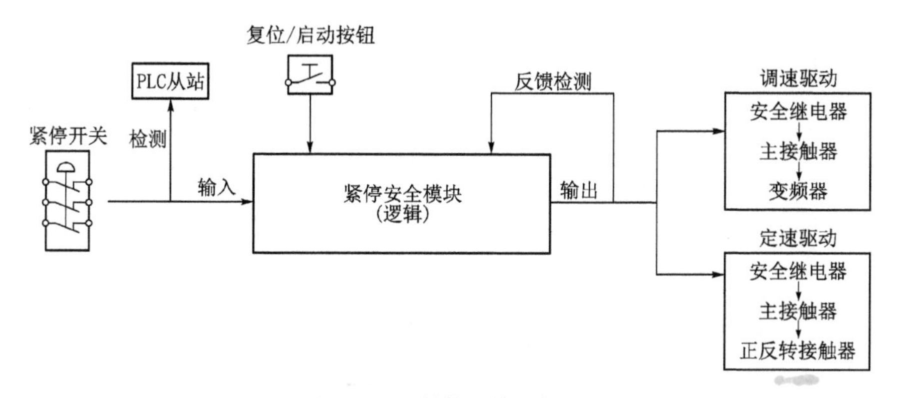

图 5-14　紧停系统逻辑图

紧停系统为安全型紧停控制系统，可设定停止类别“0”和停止类别“1”。紧停系统除紧停止功能外，动力电上电也是通过本系统完成的。

3. 现场传感器

指独立安装在现场的用于检测速度、位置、限位、负载以及其他信号的专用器件或装置。包括速度闭环增量编码器、位置测量拉线编码器或测距机构、称重的载荷传感器、各设备限位开关、安全门开关、防剪切开关等。

(1) 速度、位置连续检测装置

速度连续检测装置一般安装在传动轴上，选用增量型旋转编码器，其解相度通常为 1 024 p(脉冲)/r(圈)。

图 5-15　旋转编码器

图 5-16　拉线编码器

位置连续检测装置一般安装在传动装置侧或能反映舞台机械设备实际运行位置的地方，选用解相度通常为 10 p(脉冲)/mm(舞台机械设备的行程)增量型旋转编码器或绝对值型旋转编码器。图 5-16 组合编码器＋拉绳机构，组成拉线编码器。

(2) 限位检测装置

台上限位装置：将博明基业生产的凸轮开关与吊杆卷筒轴相连，凸轮开关包含上限、上极限、下限、下极限四副触点。

台下限位装置：台下设备多在适当位置安装直接撞击式限位开关，限位开关一般为摆臂式触发开关。

(3) 松绳、叠(乱)绳保护开关

松绳机构、乱绳机构设计基于电极接点短路控制原理，江苏大剧院音乐厅松乱绳控制电路见图 5-17。

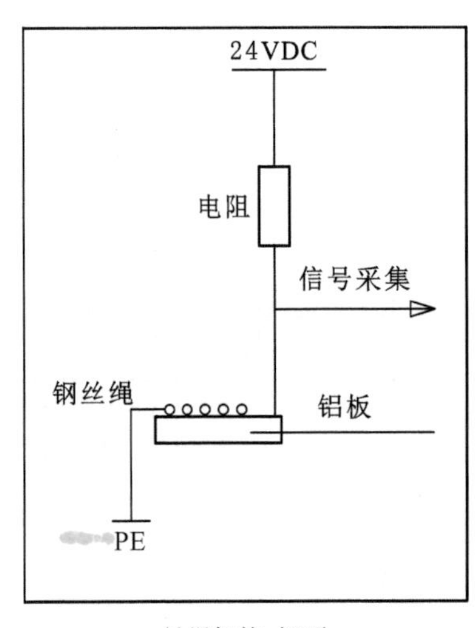

松绳机构-栅顶

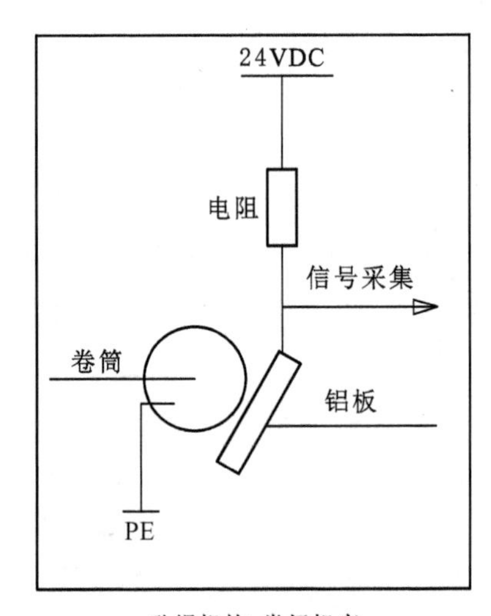

乱绳机构-卷扬机旁

图 5-17　松乱绳控制电路

如图 5-17，叠绳检测、松绳检测正常时，信号采集处经上拉电阻分压后，约 18VDC 电压，变频器 DI“1/0”为“1”，正常！当松绳或乱绳时，钢丝绳和铝板接触，信号采集处电压变为 0 V，变频器 DI“1/0”为“0”，变频器停止设备运行，需人为干预、确认安全后才能继续运行！

(4) 防剪切检测装置

台下升降台边沿以及和升降台相邻的固定边多配置安全边保护装置。此装置是由安全条和缓冲装置组成，安全条内部是由 2 条铜导体组成，当其受挤压，铜导体导通，给控制系统发送信号。

剪切开关：运动的升降台(或升降台组)与静止台之间产生的剪切；

同向运动的两升降台之间由追越产生的剪切；相向运动的两升降台之间产生的剪切。

以上防剪切发生后，首先所有升降台立即停车，再次启动后如剪切信号存在，只能反剪切方向运行。

4. 现场传感器列表

表 5-1　现场传感器列表

编号	名称	描述	数量/台	安装位置	备注
一	钢琴升降台				
1	上下限位、极限开关	摆臂式	4	侧钢架	
2	辅助驱动检测开关	摆臂式	2	辅驱法兰	
3	升降台锁定限位开关	摆臂式	4×2	锁定机构	
4	速度编码器	增量编码器	1	电机尾轴	
5	拉线编码器	绝对值编码器	1	升降台仓	
6	门开关	柱塞式	1/门		
7	剪切边	机械配套			
二	单点吊机				
1	上下限位、极限开关	机械配套	1	卷筒轴	
2	松绳开关	机械配套	1	栅顶	
3	乱绳开关	机械配套	1	卷扬机处	
4	电机编码器	增量编码器	1	电机尾轴	
5	位置编码器	绝对值编码器	1	限位机构延伸轴	
6	载荷传感器	−5 kN	1	卷筒处	
7	辅助驱动检测	柱塞式	1	电机上部环架	

5.2.5　舞台机械检测

1. 舞台机械系统检测内容

主要是对该剧院的舞台机械系统的图纸和技术资料进行检查，对安装工艺进行检查，对设备功能进行检查，对设备的性能进行检测。

2. 工艺检查

主要检验内容是设备的规格与状态，重点是驱动机构与装置、制动器、安全装置、钢丝绳缠绕系统和控制系统等。工艺检查主要有以下方面：

(1) 焊缝表面质量检查；

(2) 表面防锈处理检查；

(3) 减速机漏油状态检查；

(4) 机座安装检查；

(5) 电动机、减速机、卷筒连接检查；

(6) 滑轮安装检查；

(7) 钢丝绳绳夹连接固定检查；

(8) 传动机构检查；
(9) 钢结构钢架检查；
(10) 锁定机构检查；
(11) 配重机构检查；
(12) 导轨机构检查；
(13) 低压配电系统接地形式检查；
(14) 控制柜标识检查；
(15) 控制柜和电气设备线缆排布检查。

3. 安全功能及控制系统检查

(1) 限位装置；
(2) 超行程装置；
(3) 超载报警装置；
(4) 防乱绳装置；
(5) 防松绳装置；
(6) 急停开关；
(7) 安全管理系统；
(8) 设备编组运行；
(9) 场景设置运行；
(10) 紧急停机功能；
(11) 设备运行和故障报警记录；
(12) 备用控制系统及冗余设备。

4. 性能测试

(1) 速度测试

加载100%额定载荷，首先以不大于10%的低转速运行一段距离，观察运行状态是否稳定，再以变速运行一个行程，确认运行稳定后进行额定速度测试，使用秒表和激光测距仪，在行程内测量三次，求平均值。检测依据WH/T 27—2007《舞台机械　验收检测程序》。

(2) 载荷测试

加载100%的额定载荷，额定速度运行，使用有效值电流表测量电动机运行电流，测量三次，求平均值。检测依据WH/T 27—2007《舞台机械　验收检测程序》。

(3) 停位精度测试

加载100%的额定载荷，额定速度运行，在行程范围内随机取一个基准点，运行三次，记录三次的位置值，计算位置值和基准值的误差平均值。使用激光测距仪。检测依据WH/T 27—2007《舞台设备验收程序》。

(4) 噪声测试

背景噪声不大于NR30，使用本体自重，额定速度运行时，在观众席第一排1.5 m高度分别测量设备上升、下降运行中的噪声，使用声级计。检测依据WH/T 27—2007《舞台机械　验收检测程序》，GB/T 17248.1—2000《声学　机器和设备发射的噪声　测定工作位置和其他指定位置发射声压级的基础标准使用导则》，GB/T 17248.3—1999《声学　机器和设备发射的噪声　工作位置和其他指定位置发射声压级的测量　现场简易法》。

(5) 台板水平间隙测试

升降台的长边分四等份取 3 个测量点，短边分两等份取 1 个测量点，使用游标卡尺测量间隙。检测依据 WH/T 27—2007《舞台机械　验收检测程序》。

5.3　舞台灯光设计

5.3.1　音乐厅概况

音乐厅以演出大型交响乐、民族乐为主，观众席围绕在舞台四周，是一种中心舞台形式，没有幕布，因此舞台灯光采用透明敞开式的布局。设有池座一层和楼座二层，共有观众席 1 500个。演奏台设在观众厅一侧，宽 24 m，深 12.2 m，能容 120 人的乐队演奏。

江苏大剧院音乐厅是目前国内标准最高、国际一流水准的专业演奏厅，因此对整个系统的可靠性、扩展性、美观性、抗干扰性等都有极其严格的要求。

音乐厅设有演奏台照明和舞台灯光照明两种类型的灯光照明系统。适应传统古典音乐和满足适于此类舞台形式的文艺演出需要，并为电视现场直播和现场录制提供照明条件。

图 5-18　音乐厅(舞台)

5.3.2　舞台灯光系统设计

音乐厅的舞台灯光系统定位要求是科学、先进、实用，便于国际、国内大中型文艺团体的演出使用。本设计所选用的调光控制台、调光柜、灯具等设备都达到专业演出灯光水平，同时所选设备充分考虑性价比和通用性。灯具、接插件、接线盒、线材等工程配件设备，安全可靠，便于日后维护保养。系统的信号传输交换分配及接口、系统检测、监控、维护立足于实用，符合江苏大剧院的实际环境和使用要求，有良好的扩展性和兼容性，方便与第三方设备沟通。整个音乐厅舞台灯光系统应用都达到国际先进、国内一流水平。

音乐厅舞台灯光系统的总体设计理念与戏剧厅一致，但是根据厅的规模进行了很大调整。主要不同的地方是调光系统的工作原理。音乐厅中的调光器使用可变正弦波技术，主要优点是厅内噪声系数明显降低。使用传统相位控制调光器时，在特定功率电平下灯丝会震动并产生嗡嗡声，正弦波调光器不会出现这种情况。正弦波技术会消除变压器和镇流器设备的振动和嗡嗡声。它的另一个优点是音视频设备和调光器能分享同样的干线配电，极大降低了噪声。

5.3.3　灯光系统组成

音乐厅舞台灯光系统由灯光控制系统、调光控制系统、网络数据分配及传输系统、舞台灯具、安装材料等五大部分组成。其中舞台灯光控制系统采用世界顶级的德国 MA Lighting 品牌调光台；调光控制系统采用澳大利亚的 State Automation 品牌调光柜；网络数据分配及传输系统采用德国 MA Lighting 品牌的 E/D 转换器、信号放大器；舞台灯具设备汇集了诸多国际一流品牌产品，如美国 ETC 750W 19°、26°椭球成像卤素聚光灯，575W PAR 灯，法国 AYRTON RGBW LED 变焦聚光灯等，灯具设备总数近 120 只。舞台灯光所选的设备大多数都为行业对应产品的领先者。

音乐厅舞台灯光系统设计正弦波回路 75 路、DMX512 输出 12 路、RJ45 以太网 12 路。为了充分满足演出的需求，还在舞台栅顶、池座区域共设置了 4 路三相 32 A 电源。信号传输采用国际上比较流行和成熟的光纤环网形式，支线网络采用星形拓扑结构形式。

音乐厅面光采用嵌入式安装，顶光采用渡桥和反音罩内嵌灯具、结合单点吊挂系统的布光示意如图 5-19。

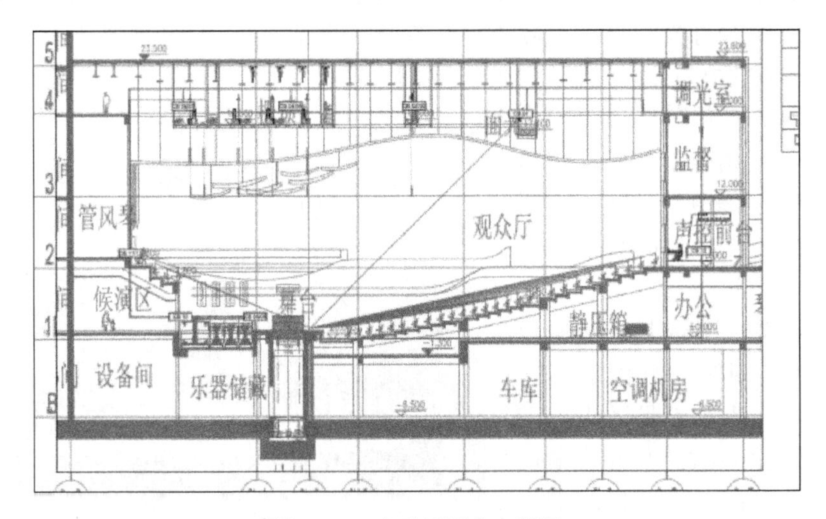

图 5-19　音乐厅面光安装图

1. 灯光控制系统

(1) 整个灯光系统控制网络(图 5-21)由两个单独的网络中继站组成。中继站设备安装在位于音乐厅二楼灯光控制室、四楼调光器室的数据分配柜内。这些位置之间的数据交换通过光纤网络线路使其实现网络传输，避免长距离传输和电磁场引起的干扰。安装在数据分配柜里的协议转换器将以太网网络信号转换成 DMX512 信号，通过 DMX 分配器分配到接线箱的插座。数据分配柜内的网络交换机将以太网网络信号分配至音乐厅内的全部接线盒。灯光控制网络是双向系统，可以将控制信号传输至照明装置，并同时将状态信息返回控制系统的过程进行监控。

图 5-20　机站和舞台灯光

(2) 音乐厅舞台灯光信号传输分配系统，以标准 TCP/IP 为基础的以太网络，并符合 ACN 或 ART-NET 协议，在以太网路上传送各种信号，包括以太网信号、DMX 输入及输出、反馈信号等，整体网络具备完善的管理设置软件和完整的解决冲突方案，便于日常维护。

(3) 可以在控制室监控整个厅，亦可以手提电脑插上任何一个以太网接口，作全网络功能监控或取得调光反馈信息。

(4) 场灯、工作灯控制系统，信号亦以以太网络传送。

(5) 调光控制台：配置国际先进产品，设备具有通用性和互换性。

(6) 调光柜采用国际先进抽屉式，每路正弦波模块均有反馈报告功能，能在显示器上显示，并可在任何地区以手提电脑作立体显示，调光柜也可直接接受以太网信号。

2. 灯光供配电及回路

供电容量设计：160 kW；

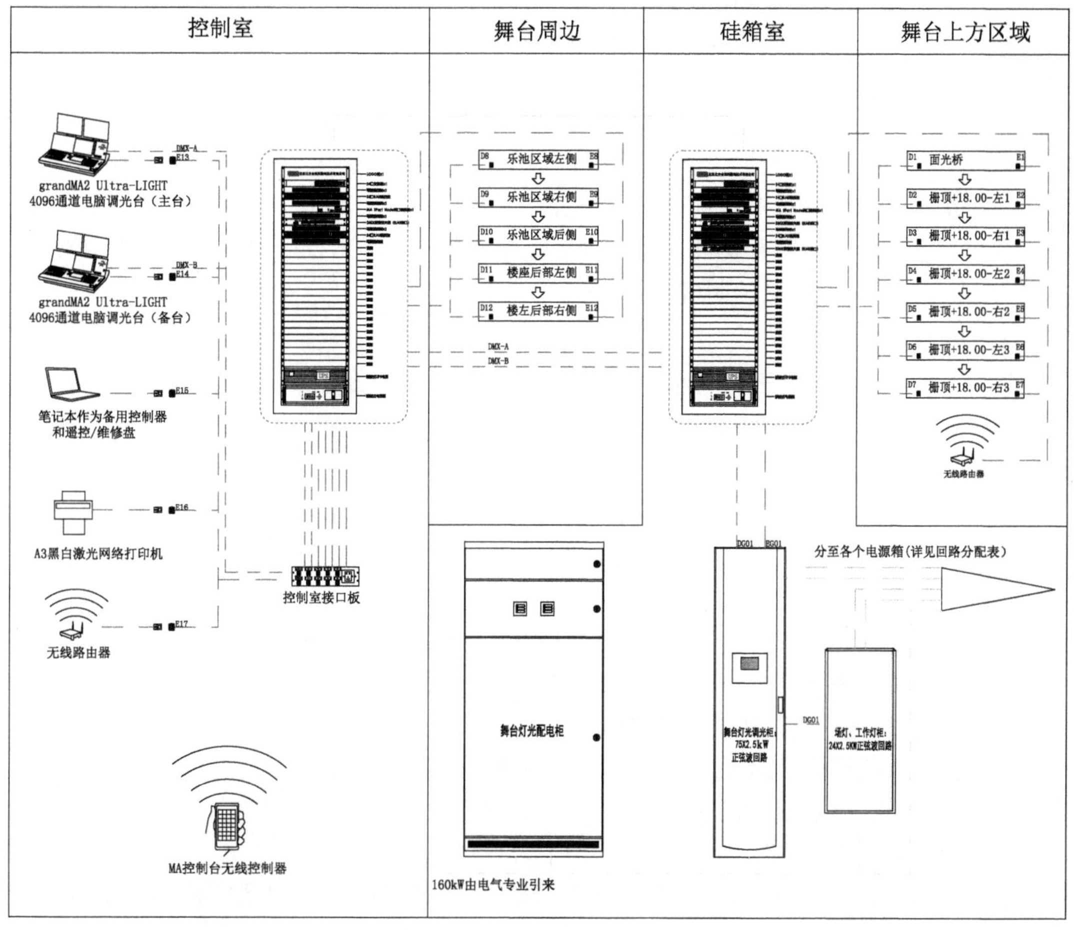

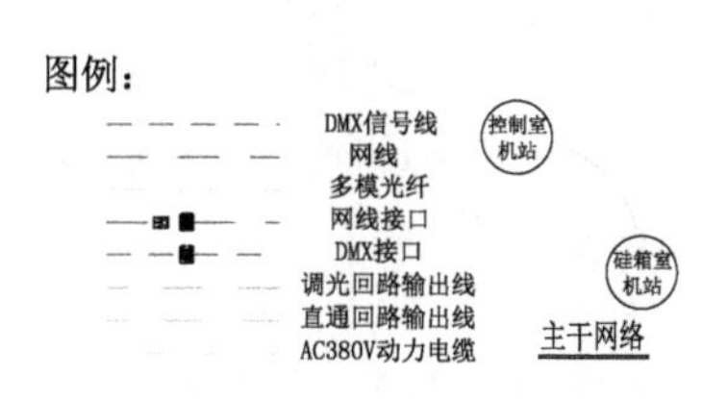

图 5-21 机站和舞台灯光控制系统图

调光/直通回路(正弦波):75 路;

三相备用电源:4×32 A;

以太网信号:12 路;

DMX 信号:12 路。

3. 场灯/工作灯系统

观众入场、演出中间休息或演出结束时使用固定安装的一般照明。此灯光系统包括照明设备的设计、位置、数量,也涵盖安装以及到舞台灯光系统的调光室的电缆布线。这些不是舞台灯光工作范围,必须由内装修和一般室内照明专业负责。

由于通常音乐厅不要求聚光灯固定安装在演奏区域上方,因此观念厅照明涵盖舞台区域是非常重要的。舞台灯光系统的聚光灯只用于支持音乐会照明,例如照亮独唱者或乐队指挥,以及提供灯光效果。

作为观众厅照明系统,确保通过舞台灯光系统的调光控制台以及局部控制点来控制厅内照明。通过上述区分,能够确保室内照明完全符合内装修设计,也与舞台灯光系统百分百符合。

音乐厅配置了管状荧光灯、LED 灯等不同种类的灯具,分布在舞台区(主舞台)和技术区(面光桥、栅顶等)。同时配置了 1 台场灯/工作灯配电盘,安装于调光器室。选用了国产优质品牌配置服务于舞台上和相关区域场灯/工作灯的供电,配置了 8 路 3 kW 直通回路,满足演出和不演出时的所有要求。直通回路可通过所配置的 MA lighting 舞台灯光控制台及场灯/工作灯控制面板来控制(包括闭锁/开/关等)。

5.3.4 舞台灯具

针对第三标段音乐厅功能的特点,常规灯具采用 ETC MCM 冷光 Par 灯,采用可以过滤红外线的高级反光杯,大大降低了投射光线的热量,外形美观高雅,可以使用白色灯体,和音乐厅装修风格达成统一。LED 灯具使用了包括法国 AYRTON(埃尔顿),显色性好(CRI 大于 80),照度均匀,肤色还原好,摄像机、照相机捕捉画面无闪烁、无鬼影,降低舞台灯具发热量,节约对传统光源的损耗,绿色节能环保,具备大范围变焦功能,可以根据演奏会的使用需要提供高品质的混色投光功能。

(1) 照度指标:舞台面光灯位平均照度不低于 1 200 lx。

(2) LED 灯具显色指数:Ra>85,常规灯具显色指数:Ra>90。

(3) 色温:常规灯具 3 200 K,效果灯 5 600～7 200K。

(4) 调光柜抗干扰指标:达到或超过国家标准《电子调光设备无线电骚扰特性限值及测量方法》中规定的一级机标准。

音乐厅的灯光布光如图 5-22。

音乐厅除了使用 ETC Source Four 19°/26° 750 W 椭球成像卤素聚光灯 COLORSUN 200S 变焦 LED 聚光灯,单灯 200 W,采用 RGBW 混色,变焦范围 8°～22°,调光 0～100%线性,色温线性可调节,能够和面光长距离投射的卤素光源 750 W 成像灯达到和谐一致的布光效果。避免了色温和显色性上不同光源灯具的巨大偏差造成的不适感。目前很多现代风格的演奏会现场都会使用 LED 灯对舞台和环境进行投光染色处理。

1. 电脑灯

采用 ALPHA 1200,光输出达 27 000 lm,ALPHA 1200 功能最多,最全面。图案盘有

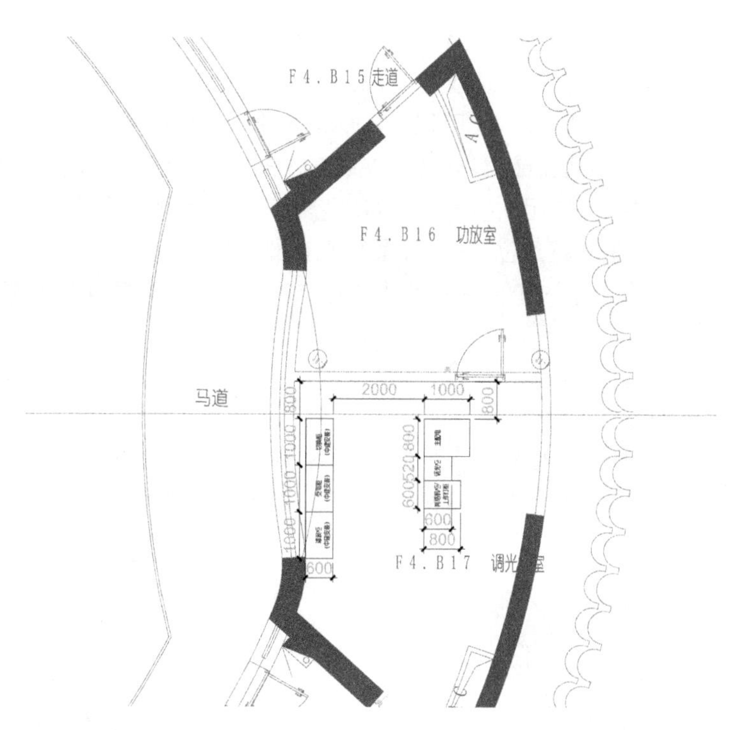

图 5-22　灯光布置图

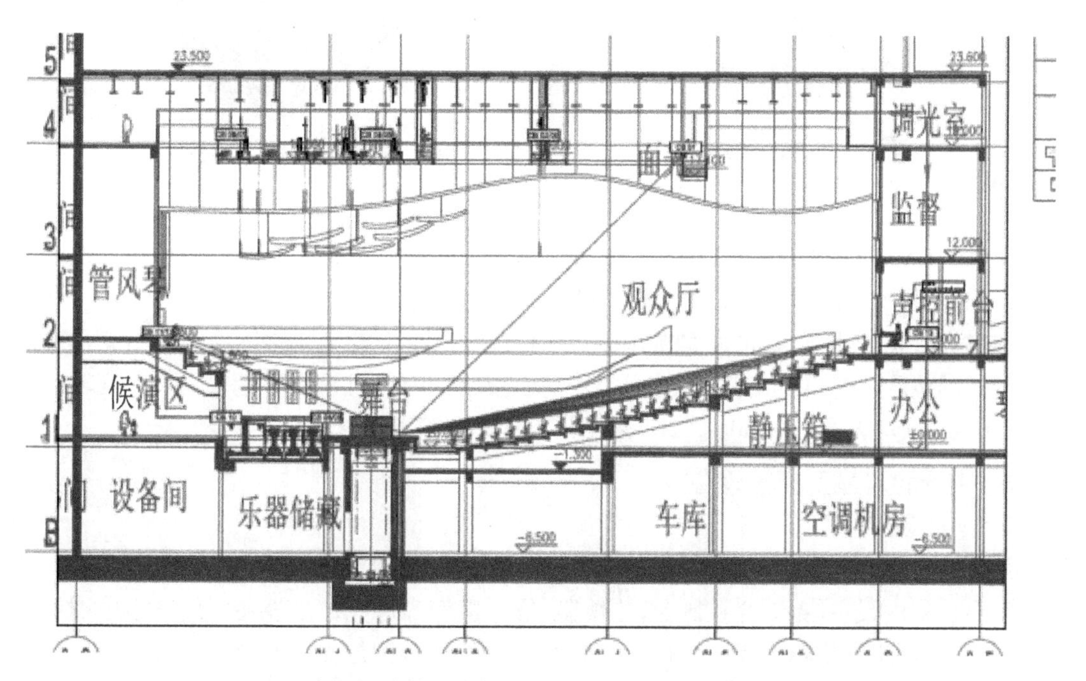

图 5-23　渡桥和反音罩内嵌灯具、结合单点吊挂系统的布光示意图

三个，图案片达 14 种之多，而且全部可以更换，具有多种柔光雾化效果，具有多种棱镜效果，具有动画功能，可产生动态火焰，水波等效果，效果盘可以选配。ALPHA 1200 调光通道或光闸关闭时灯泡功率自动减少 50%，这节约了电能消耗，也可以延长灯泡的使用寿命。

ALPHA 1200 采用最新的微处理器技术，灯体内线路布局大大简化，减少了故障的产生机会。维护情况下，将 6 颗快速脱扣螺丝拧 90°即可拆下整个罩子，这时无须工具即可轻易地更换所有的图案片和动画轮。ALPHA 1200 结构非常合理，只要拆下 2 颗螺丝，线路板模块即可自行打开，将光学透镜部分暴露在你的眼前，可方便地清理光学部分的灰层。

采用内置 UPS 电源，灯具无须接电源即可调整 DMX 地址和进行各项功能的设定和显示。这样，装台时，可以在电源到位之前，就做好所有的地址等设定。

ALPHA 1200 秉承百奇一贯的高可靠性的特点，内部设置多重保护装置，经受恶劣的环境也能化险为夷。

电源开关内置双路空气开关短路器，一旦过载迅速保护，信号回路电源装配高性能电源滤波装置，使灯具控制不受外界干扰。

驱动马达产自日本，光学透镜产自德国，转动皮带选用美国汽车工业用含金属丝皮带，冷却风扇采用德国 PAPST 静音型……名器集一身，业界有口碑！

图 5-24　ALPHA 1200 电脑灯

图 5-25　法国 ARYTO 聚光灯

2. 聚光灯

法国 ARYTON 的灯具采用 RGBW 四色内混色，12 个 45 mm 直径的灯杯让混色非常均匀，且光束均匀，光斑规整，是非常理想的舞台投光灯。

依靠大直径变焦透镜，可以实现 8°～32°的线性变化，内混色让它不论任何出光角度均能将纯净的色彩从灯口输出。调光 0～100%完全线性变化，且没有颜色变化。亮度输出达到 3 500 lm，额定光源寿命 50 000 h。采用无闪烁光源管理。

5.3.5　灯光控制室及周边设备

1. 控制室

灯光控制室是用来控制舞台灯光设备的房间。布置在池座观众厅后区，设有观察窗，能看到舞台。室内设主、备灯光控制台，监视器、信号机柜等灯光控制设备。信号柜中继站具有一组 24 口网络交换机、UPS 备用电源等设备，分别连接到灯光控制台、监视器、无线设备等，保证舞台灯光系统的网络数据有效地传输。

2. 灯光控制系统设备

控制台系统及周边设备主要放置在灯光控制室，系统组成如下：

主、备灯光控制台选用 MA lighting 公司的 ultra-light4096 路灯光控制台，支持 Art-Net、CAN、MA-Net 等格式。grand MA2 ultra-light4096 路灯光控制台具有操作方便，快

捷，可靠，先进的特点，此灯光控制台通用性强，能够很方便快捷地操作使用编辑所需要的效果，并且系统是极其稳定可靠的，系统的兼容性也是非常的好。

图 5-26　灯控台

图 5-27　灯控室网络基站设备

信号推动 19″机架式机柜安装，配有 24 口千兆交换机、MA 2Port Node E/D 转换器、DMX 放大器、跳线盘、UPS 电源等。

MA 2Port Node 是永久性装置中最灵活的 DMX 输出方式。利用其独特的实时 DMX 输出特性，形成最简单的 DMX 分配方式。它通过把 MA-Net 转换为 DMX（或相反），提供了进入“网络”的界面。如果与 OnPC 结合，它可以为你提供一个或两个 DMX universe。

3. 灯光控制室相关要求

灯光控制台使用 UPS 电源供电，以免影响控制台正常工作。控制室设有 10 kW 电源箱，要求控制室电源直接由供电变压器供给。

控制台安置于窗前，便于操作。玻璃窗口无眩光，便于观察舞台灯光变化状况。灯光控制台与可控硅之间用 DMX512 控制线或网络连接线连接，控制室要留有控制线或网络连接线的出入口。控制室的照明可调光，照度不低于 300 lx，设有控制台专用灯。

4. 调光器室设备

（1）调光系统

音乐厅调光器室位于四楼，为音乐厅所有舞台灯光回路提供电源。房间要排风、散热、装设防静电地板。调光器室的配电，包括三条相线（A，B，C），一条中线（N）和一条保护接地线（PE）。

（2）正弦波调光器

整个调光系统包括调光柜、信号机柜及网络设备主要放置在调光器室，系统组成如下：

① State Automation 调光柜 96 路 1 台（含 75 路正弦波调光器）。

② 每个调光/直通模块都能以太网直接控制，也可以 DMX512 控制，每个模块可自由设定任意的 ID。具有电压、电流，空开状态、电源缺相、温度等反馈状态信息。调光柜的显示屏本身可以显示反馈信息，灯光师可以根据反馈的信息及时做出故

图 5-28　调光器室网络机站设备

障的判断。State Automation 调光柜还能实时报告三相电流、电压状态，风扇运行的状态，以及其他单独通道的操作参数。也可以从多个位置进行远程监控和控制。

③ 网络信号中继柜 1 套。19″机架式机柜安装，配有 24 口千兆交换机、MA 2Port Node E/D 转换器、DMX 放大器、跳线盘、UPS 电源等。

5.4 扩声系统设计

音乐厅，顾名思义就是音乐的厅堂，是举行音乐会及音乐相关活动的场所，是人们感受音乐魅力的地方。音乐厅通常都装潢典雅，并配备各种乐器及专业的音乐设备，同时提供舒适的座椅，在优雅的环境里为人们带来音乐的精神盛宴。一座风格精美建筑独特的音乐厅本身就是一件艺术品。同时音乐厅内部的色彩选择正确与否，是整个音乐厅设计过程中的一个重要环节，它与亲切感、温暖感和空间感等因素有关，将直接影响听众的主观感受。

5.4.1 扩声系统的功能定位

音乐厅作为专用的音乐剧场，其音质设计相当重要，音质设计虽属建筑声学设计范畴，这些指标包括响度、清晰度、混响时间、环绕感、亲切感等。但是，随着电声技术的迅速发展，通过一套优良的扩声系统将声源信号尽可能不失真地在每一个座位处还原，并改进特定听音区的主观听觉感受都已成为现实。扩声系统可以使得歌词清晰可靠、音乐有上佳的明晰度、整体有适当的混响感、歌唱声与乐队声都有足够的响度和平衡感。

扩声系统的音质具有以下特性：足够的声压级、语言清晰度、足够大的动态响应等。具体来说，音乐厅扩声系统的主要功能包括：

- 改进语言清晰度和音乐明晰度；
- 扩展动态范围(声源功率不足时)；
- 改进一场演出中不同位置(对白、歌声和器乐声)之间的声平衡(正确地操作扩声系统)；
- 具有良好的声还原特性；
- 保持视觉和原始声源，模拟声像的声定位之间具有合适的关联；
- 改善舞台区和观众厅的音质质量；
- 为丰富表演艺术效果而重放各种特定的“效果声”；
- 实现空间声效果，如舞台区的雷声、风雨声，观众厅的流水声、鸟叫声及环绕声等；
- 根据艺术创作要求对人声和乐器进行修饰或产生特定的效果；
- 在无乐队伴奏时重放歌舞剧的伴奏音乐；
- 将节目源预制并可以编程操作，简化技术操控步骤；
- 可对现场节目进行拾音、记录。

5.4.2 扩声系统声学特性指标

主观评价指标：

- ✧ 语言清晰、音质良好、无声学缺陷；
- ✧ 声像定位准确，视听一致性好；
- ✧ 声音分布均匀；

✧　音乐丰满、空间感强、明亮度好。

表 5-2　剧场、音乐厅等文艺演出厅堂扩声系统特性指标

项目	GB 50371—2006 文艺演出类扩声系统一级指标
最大声压级	额定通带内：大于或等于 106 dB
传输频率特性	以 80～8 000 Hz 的平均声压级为 0 dB， 在此频带范围内允许＋4～－4 dB； 40～80 Hz 和 8 000～16 000 Hz 的允许范围＋4～－10 dB
稳态声场不均匀度	100 Hz 时小于或等于 10 dB； 1 000 Hz 时小于或等于 6 dB； 8 000 Hz 时小于或等于 8 dB
传声增益	100～8 000 Hz 的平均值大于或等于－8 dB
系统噪声	NR-20

5.4.3　扩声系统声场设计

1. 观众席扩声系统

观众区左右声道主扩声系统：选用两分频扬声器、工作频率：50 Hz～19 kHz。为对扩声质量要求高的专业场所而设计的 T4 系列点声源全频扬声器；

观众区低频扬声器：选用与主扩相同系列的低频扬声器，双 18 英寸超低频 P SUB，可最大限度地扩展系统的低频下限，满足演出时对低频的动态要求；

后方左中右扬声器组：选用两分频扬声器、工作频率：50 Hz～19 kHz。为对扩声质量要求高的专业场所而设计的 T4 系列点声源全频扬声器；

前方左右扬声器：选用体积小巧、动态大的型号 T4 宽角度扬声器；

近场扬声器：放置于台唇内暗藏，所以我们选择体积小巧的 C04。

2. 舞台扩声系统

舞台地板返送扬声器：选用德国 KS CM 210 宽角度流动返送扬声器，而与众不同的箱体设计可灵活地作为舞台固定安装返送或地板流动返送扬声器。扬声器音质还原度高，并且还能有效地抑制潜在的声反馈现象，从而提高传声增益；

舞台前区地板返送扬声器：选用 12 英寸的德国 KSCM 210 舞台监听扬声器；

舞台固定返送扬声器：由全频扬声器和超低音扬声器组成，全频扬声器选用德国 KST4 宽角度扬声器。

3. 扬声器布局

音乐厅的主扩声扬声器采用高品质全频点声源扬声器。功率放大器采用同品牌带有原厂数字处理器的功放产品，功率放大器的输出功率需要匹配扬声器的最大声压级要求，具有数字输入接口，远程遥控可采用高品质的两通道或多通道功率放大器，功率放大器的数量根据投标设备特点深化，对每一只主扩扬声器都可独立调整电平、延时时间以及房间均衡的要求。功放机房需要确保功放至扬声器的最短传输路径。扩声系统也可以采用高品质的点声源扬声器系统。

观众厅主扩声系统的布局：设计采取集中式的扩声扬声器组的布置方式。在扩声形式方面，舞台扩声自从 20 世纪中叶以来得到广泛应用，并有着重要的发展。

全部使用德国 KS Audio 无源扬声器构成扩声的扬声器系统，以保证高品质的声音。

扬声器布局原则如下：

➢ 扬声器的位置应符合现场的实际安装位置条件；

➢ 扬声器的重量应符合吊挂点承载的要求；

➢ 扬声器的布置应避免声反馈和产生回声干扰，以提高传声增益；

➢ 保证扬声器的指向覆盖全部观众区，所有听众接收到均匀的声能；

➢ 来自扬声器的直达声和自然声源的声音方向大致相同、声像一致、空间感好；

➢ 左右两声道立体声扩声方式：音频信号经舞台台口两侧的左右声道的扬声器还原，能大大提高观众厅部分区域的听觉空间立体感；同时兼顾语音的清晰度；

➢ 结合左右两声道立体声扩声方式，为了配合不同的演出需要，实现特殊声音的声场与效果声，在观众厅的墙面和舞台表演区等地方设置多通道效果声扬声器系统，使整个音乐厅形成了一个立体空间模式。

实践证明，左右两声道立体声空间成像系统结合多通道效果声系统扩声效果甚佳，较好地解决了音乐和人声兼容扩声的问题，为业界广泛运用，本项目除采用此种方案外，还采用基于数字 DSP 音频处理系统，可适应更多的演出形式，扩大了舞台的创作空间。

1）左右声道全频扬声器组

左右声道主要为扩声系统提供两个通道的音乐信号，由于音乐中立体声信号被分成了左右两个内容不同的声道，之间不存在相互干扰的问题。但如果左右声道各自能全场覆盖的话，必然会导致左右声道之间出现过度的交叠，这在听感上会出现立体感下降，人耳左右之间辨析能力被弱化的趋势，所以左右声道的相互交叠区域应该在各自的 2/3 区域处为好，可以获得清晰自然的立体声结像。

共 8 只选用点声源全频扬声器 KS Audio T4 及两只双 18 英寸超低频扬声器，分左右两组、每组各 4 只全频扬声器及 1 只超低频扬声器吊挂于声柱两侧，覆盖整体观众席。左右声道全频扬声器组可达到水平覆盖角度：100°、垂直覆盖角度：90°。主要覆盖舞台正面一层池座的观众。

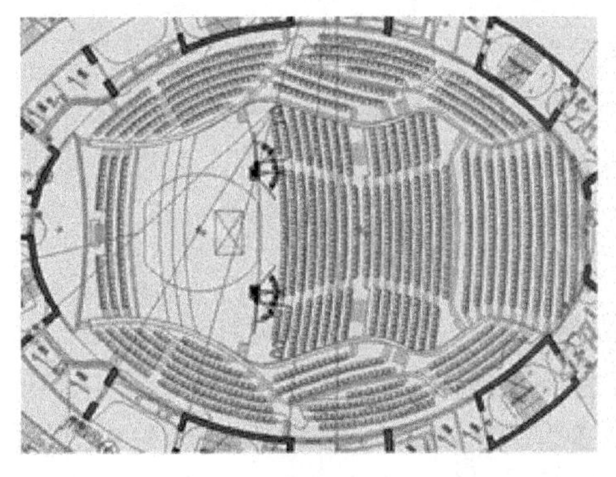
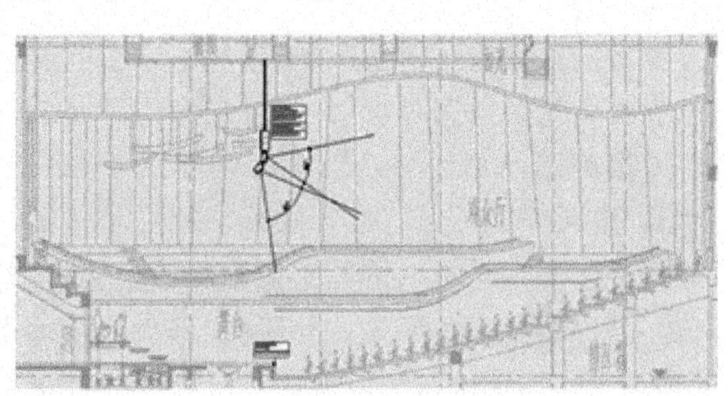

图 5-29　左右声道全频扬声器组水平覆盖(左)、垂直覆盖(右)图

2）超低频扬声器组

在左右声道扬声器组一侧各吊挂 1 组超低频扬声器，每组 1 只，为左右声道线阵列扬声器延伸低频下限。良好的频率响应特性可以将系统的低频下限延伸至 30 Hz 以下，真正做到了高保真的还原。

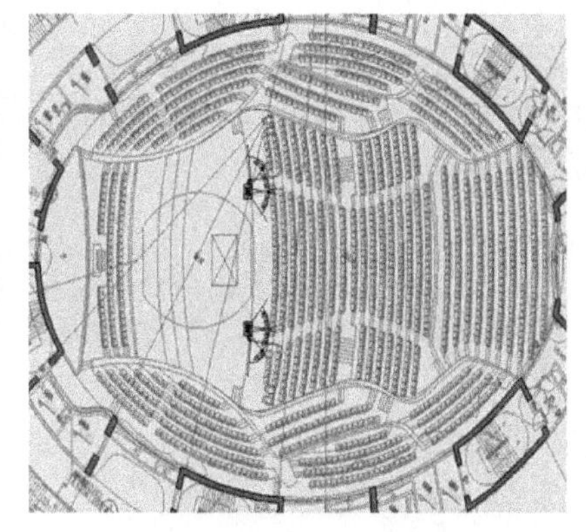

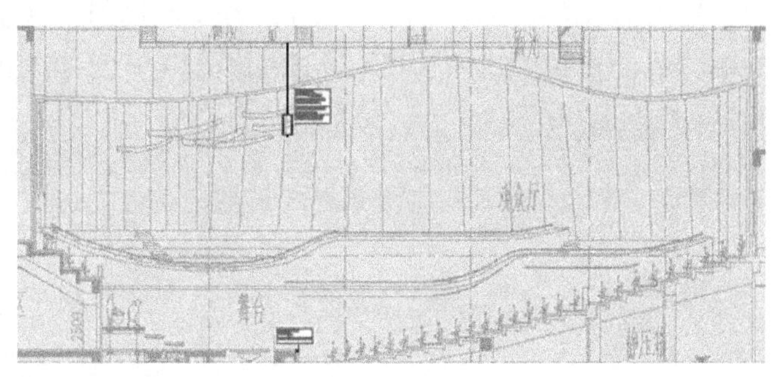

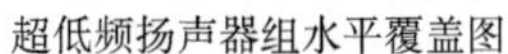

超低频扬声器组水平覆盖图

超低频扬声器垂直覆盖图

图 5-30　超低频扬声器组水平覆盖(左)、垂直覆盖(右)图

3) 后方左中右扬声器组

该组扬声器分别覆盖舞台后方左侧区域、后方中间区域与后方右侧区域扬声器组，每组扬声器由 2 只全频扬声器组成，单只扬声器由驱动单元：低音 12 英寸，高音 2 英寸组成，频率响应±3 dB：50～19 kHz。输出声压级(粉红噪声，在峰值因数 6 dB 条件下)：140 dB(峰值)，扩散角(水平×垂直)：60°×40°。采用 2 只组合可以给每组扬声器更大的可调余量与声压空间。三组扬声器分别覆盖每一个区域，为后方左侧区域，后方中间区域与后方右侧区域提供足够的声能，后方左中右扬声器组与左右声道全频扬声器组选用同款扬声器可以保证厅堂扩声音质的一致性，为观众提供一流的音质。

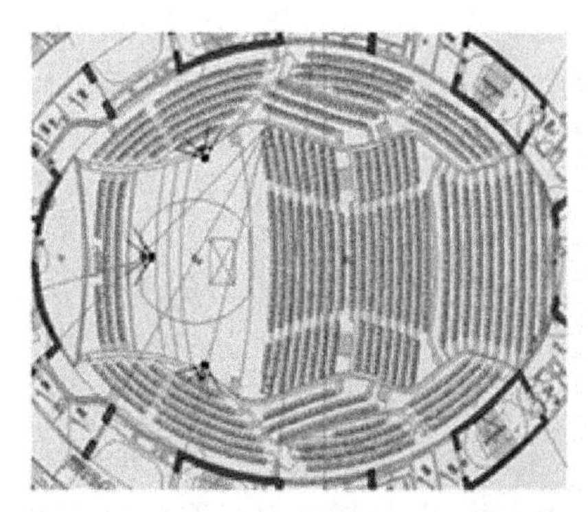

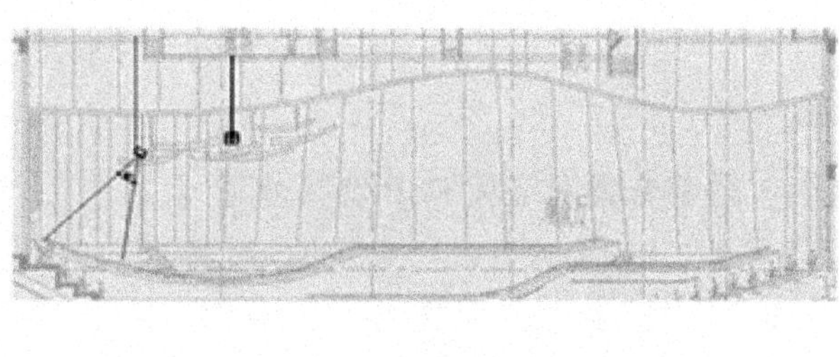

图 5-31　后方左中右扬声器组水平覆盖(左)、垂直覆盖(右)图

4) 前方左右扬声器组

该组扬声器分别覆盖为前方左侧区域及前方右侧区域，每组扬声器由 2 只 KS Audio T4 全频扬声器组成，单只扬声器由驱动单元：低音 12 英寸、高音 2 英寸组成；频率响应(±3 dB)：50～19 kHz；输出声压级(粉红噪声，在峰值因数 6 dB 条件下)：140 dB(峰值)；扩散角(水平×垂直)：90°×40°。采用 2 只组合可以给每组扬声器更大的可调余量与声压空间。两组扬声器为前方左侧区域，前方右侧区域提供足够的声能，选用与左右声道全频扬声器组同款扬声器可以保证厅堂扩声音质的一致性，为观众提供一流的音质。

5）近场扬声器组

该组扬声器位于台唇边缘作为近场补声扬声器，用于支持池座前排的声音效果，安装于固定舞台前沿，台唇补声扬声器组采用 6 只点声源全频扬声器为池座前区观众提供覆盖。单只扬声器具有驱动单元：4.5 英寸碳纤维圆锥形纸盆驱动器和 1 英寸钕磁压缩同轴单元，频率响应（±3 dB）：100～19 000 Hz；输出声压级：118 dB（峰值）；扩散角度（水平角×垂直角）：120°×120°。

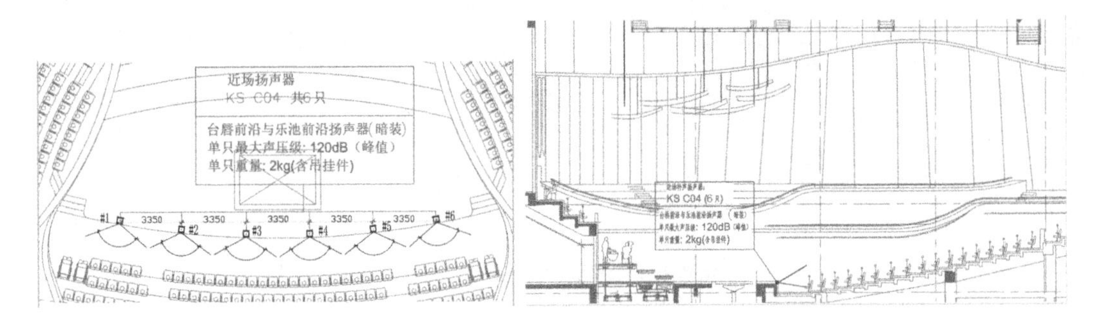

图 5-32　近场扬声器水平覆盖（左）、垂直覆盖（右）图

6）舞台区扩声系统

返送监听扬声器组分为 10 英寸地面返送扬声器组与 12 英寸全频扬声器组，10 英寸地面返送扬声器组采用驱动单元：10 英寸钕磁圆锥形纸盆驱动器和 1 英寸扬声器；频率响应（±3 dB）：60～16 000 Hz，输出声压级：127 dB（额定）/133 dB（峰值）；扩散角度（水平角×垂直角）：90°×40°。扬声器采用梯形设计可以更好地将声能传递到舞台上的演员。此款扬声器可以移动摆放使用也可以在固定返送扬声器不够使用的情况下临时固定使用，最大声压级可以达到 133 dB。12 英寸全频扬声器组采用驱动单元：低音 12 英寸，高音 2 英寸组成；频率响应（±3 dB）：50 Hz～19 kHz；输出声压级（粉红噪声，在峰值因数 6 dB 条件下）：140 dB（峰值）；扩散角（水平×垂直）：60°×60°。此款扬声器可以移动摆放使用也可以当作固定返送扬声器使用。

5.4.4　数字音频网络和 DSP 音频处理器

1. DSP 音频处理器系统采用 KS 的 FMOD

FMOD 数字控制处理器（模块），是为 KS 公司生产的音频功率放大器模组 CA 4D 和 TA 4D 的配套产品。该数字控制模块均为 KS AUDIO 生产的产品，预先设定了很多内置程序，FMOD 的存储里已有全部 KS 的扬声器型号和各种参数，并包括许多功能选项和调整方式。

FMOD 是一台内部有 4 通道数字信号处理功能的扬声器控制器模块，它是与 KS AUDIO 公司生产的 CA 4D 和 TA 4D 功率放大器嵌入配套使用的，具有独特的完美声音和易于使用的解决方案。KS AUDIO 公司生产这款 FMOD 新型控制器，主要用于取代以前已经生产超过十年的 FIR MOD 1 和 FIR MOD2 控制器。该设备的特点是通过利用有限脉冲响应（FIR）技术的数字滤波器，以充分实现对于 KS AUDIO 公司生产的所有无源扬声器（扬声器），如：紧凑型扬声器、线性声源阵列扬声器（组）、地板式返送监听扬声器（扬声器）和低音扬声器的数字信号处理功能。

所有输入可允许模拟和数字信号，内部路由允许进行任何调整转换，甚至允许数字和模拟同时输入。网络传输协议采用DANTE数字音频网络传输技术。

2. 数字音频网络

音乐厅的数字音频网络采用当今最先进的全数字化音频分布系统。模拟信号从输入至扬声器整个链路只需一次AD/DA转换。

音控室、中央交换机房、现场调音位的设备全部通过冗余光纤连接，有效地消除模拟信号长距离传输带来的信号串扰、电磁辐射干扰以及接地环路噪声。流动使用接口箱也通过舞台或观众厅预留光纤接口连接至系统中。转播车与扩声系统预留光纤MADI接口可双向传输64通道音频信号。音频系统与录音室之间也采用Dante传输双向64通道音频信号，在录音室中可以获得演出现场的64轨实时分轨信号并可以独立调整话筒前级放大(不影响现场及返送扩声相同话筒的前级放大设置)，满足录音室、主扩声及返送对同一只话筒的不同话放控制要求。

数字音频网络配置多种不同的接口类型，满足不同类型的模拟或数字输入的要求。包括话筒输入、模拟线路输入/输出、AES输入/输出、Dante输入/输出、MADI输入/输出、ADAT输入/输出等，可以将所有需要的音频输入/输出设备连接至音频数字网络，通过相同的格式进行处理和交换。数字音频网络的话筒输入卡、线路输入卡、线路输出卡、AES输入卡、AES输出卡都需采用变压器隔离平衡输入版本。所有输入/输出连接线都需要连接到跳线盘，通过跳线可以方便地改变连接逻辑(开关或接插件方式)，后接线采用可插拔方式。

5.4.5　系统构成

音乐厅配置一套Stagetec音频矩阵系统。它适用于大中型系统，数字音频网络采用当今最先进的全数字化音频分布系统，模拟输入信号进入系统中至扬声器整个链路只需一次AD/DA转换，有效减小了多次AD/DA转换带来的信号劣化。

流动使用接口箱也通过舞台或观众厅预留光纤接口连接至系统中。转播车与扩声系统预留光纤MADI接口可双向传输64通道音频信号。音频系统与录音室之间也采用光纤MADI传输双向64通道音频信号。在录音室中可以获得演出现场的64轨实时分轨信号并可以独立调整话筒前级放大，满足录音室、主扩声及返送对同一只话筒的不同话放控制要求。配置无源话筒分配器(支持双路幻象供电)及接口机箱。(不影响现场及返送扩声位话筒的前级放大设置)

5.4.6　设备选型

数字音频系统是关系到扩声音质与系统可靠性的核心产品，其音频指标及系统可靠性直接决定了整个扩声的优势。

一个好的信号处理路由传输系统应该有非常优异的音频指标、灵活的系统架构、简单的系统组成、模块化的系统设计、支持热插拔的系统组件、低延时的实时传输、支持当今各主流音频形式的接口卡、丰富的管理设置功能、强大的信号传输能力、关键部件的冗余备份能力、灵活多样的同步能力等。

对比当今各主流数字音频系统，系统设计选用Stagetec Nexus Star系列音频矩阵作为本方案的数字音频处理路由传输系统。

Stagetec公司的Nexus数字音频系统采用世界上最先进的设计理念，在音频性能指标、传输能力、网络拓扑结构、系统架构等方面特别是其优异的音频指标和强大的传输能力，使其特别适合用于剧院等对音质要求非常高的场所。

1. 数字调音台

音乐厅扩声系统配置数字调音台1张，要求调音台本身需具很高的安全稳定性，包括所有基站、界面的双电源配置和光纤传输冗余备份。调音台安装在音控室内固定使用，并且需要预留相应接口。

1）设备选型

主数字调音台选择了英国DIGICO的SD8，由于场地很大，为了节省大量的线材铺设的人力财力，采用光纤进行连接，把分别位于音控室内的数字主控调音台、本地接口箱，位于中央控制室路由接口箱，流动接口箱，通过光纤进行环形连接，双冗余备份功能，当任何一个设备的光纤线路出故障时，都不会影响正常系统线路流程。

2）DIGICO优势

安全性：任何一个数字调音台（电脑为载体），均会因为操作师或者维护人员的专业不足而导致故障或演出死机现象，除了日常的升级、系统格式化这类维护工作外，DIGICO具有演出过程中5 s内软启动功能，并且保证外部声音不间断。

便捷性：DIGICO调音台系统架构简单，更适合做流动演出，拆卸及系统连接方便。

开放性：DIGICO调音台系统只有调音界面，接口箱两部分组成，在剧场内只要做好光纤信号接口，可以根据各演出团体的喜好，在任意位置进行调音，舞台话筒接口箱也可以根据需要灵活移动，并且在系统内可以连接14个接口箱，为系统满足各类演出提供了扩容保障。

先进性：具有动态均衡与压缩，全世界独一无二的声音细节处理，具有内置Waves插件，全世界公认最好的声音处理效果器。

3）现场调音位

此位置位于池座中间，扩声师在此能准确听到观众听到的声音，所以他可以控制演出和观众听取的全部扩声。在此位置提供一个大型数字调音台，以便在现场演出中快速接入多个通道。观众厅中楼座前沿的一个位置预留给现场调音器。此位置也提供一个特殊接口箱。

现场调音台要求与主控调音台配置相同，并要求可共用舞台接口箱，两张调音台之间应具有增益共享自动补偿功能，并且可以互为备份。

2. 周边处理设备

主要针对声源播放设备、音频信号录制与信号处理设备，配置了1台Dell工作站为数字音频工作站，并安装Avid Protools HD3专业录音软件。此套音频工作站具备了更强的处理能力、更全面、更优化的管理程序，和更为人性化的操作界面。

该设备为Avid厂家专为Protools HD工作站开发的音频接口，可将来自调音台的音频信号直接转换为音频工作站可接受的DigiLink信号，也可将工作站输出的DigiLink信号直接转换为音频信号传输给调音台。因此，该设备的使用大大简化了工作站与外部设备的连接方式，并且采用DigiLink线传输使得信号的传输质量更加有保障。无论是为画面制作音乐还是声音，HD I/O都可带给您专业级别的音频质量、高性能转换，并可灵活地与各种模拟和数字设备集成，因此用户可快速适应此接口以满足任何需要。在实际使用过程中，工作人员可将需要工作站处理的多轨信号通过 HD I/O 输送给 Protools 工作站进行处理，制作完成的文件，可再通过 HD I/O 音频接口返还给音频系统进行路由分配。

多声道效果声处理器：T. C. electronics M3000 一台。处理设备是整个还声系统不可忽视的重要环节，其处理之效果、音质还原都直接影响最终扩声效果的好坏，所以系统在选用处理设备时采用了国际上知名品牌并在业内被广泛应用之成熟稳定可靠之产品。

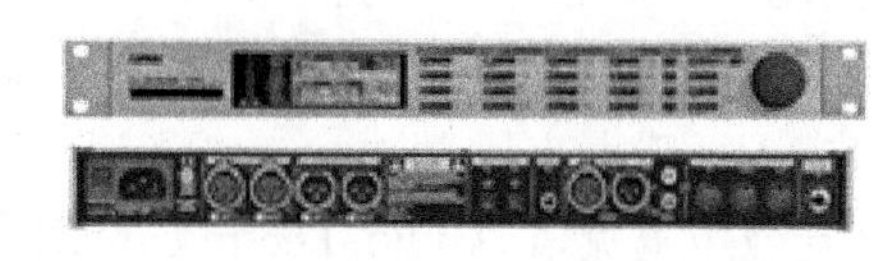

图 5-33　周边处理设备

立体效果声处理器：TC M2000。采用了 TC ELECTRONIC DARCTM 晶片技术。独特的 DYNAMIC MORPHING 动态渐变，可在歌声于低电平时加入和声，当进入高电平时渐渐变成加边效果。M2000 的预置混响程序中，你会找到优异的 CORE REVERBTM 混响新概念。在平滑流畅，剧烈紧张，及细致感觉上，M2000 与其他混响相比，得到了很大的改进。面板上有 4 个快速键可储存混合效果，使用时只需一按，便可即时更改 2 个处理器的效果，极适合现场使用。

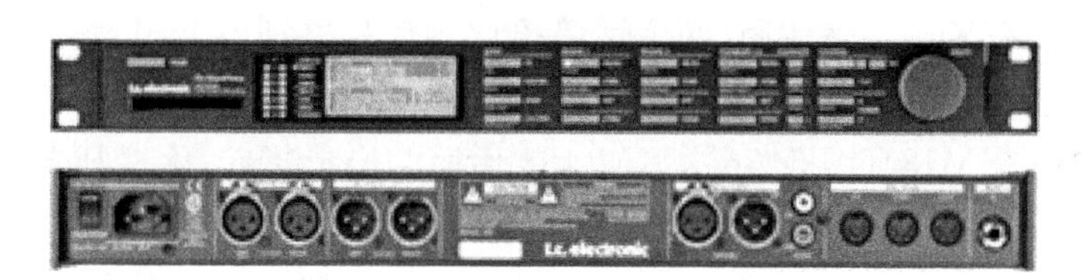

图 5-34　立体效果声处理器 TCM2000

此数字效果处理器包含变调、延时、和声、立体声扩展等多种不同效果。

3. 音源设备

- CD 播放机 TASCAM CD-01U PRO；
- 蓝光 DVD Pioneer BDP-3120-G 蓝光 DVD；
- 固态录音机 Denon F500R。

4. 拾音设备

考虑到多种录音情况，设计选用了适用于多种场合应用的立体声话筒、语言话筒，品牌涉及 Schoeps、Neumann，均是录音系统流行的高端产品。话筒拾取的信号，完全满足人声、乐器等环节的录制需求，通过模拟线路接入调音台。这些高档话筒的配备从源头上确保了声音的纯净，为录音师提供了一片“干净”的空间。

5. 传声器系统配置

根据音乐厅的功能定位，配置下列各类有线传声器能够满足古典音乐、流行音乐乐队、人声演唱、语言、交响乐队以及现场效果等的拾音要求。所有传声器均配置了相应的支撑架，防风罩等附件。

- 12 支麦克风套装 Neumann KM185 x2＋KM184 x3；
- 8 支宽心形紧凑型麦克风 Schoeps CCM21Lg；
- 8 支心形紧凑型麦克风 Neumann KM184；
- 12 支可切换紧凑型麦克风 Neumann TLM107；
- 12 支超心形电容麦克风 Neumann KM185；
- 12 支心形电容麦克风 Neumann KM184；
- 6 支用于独奏的电容麦克风 Neumann KMS104；
- 12 支大振膜麦克风 Neumann TLM102；
- 12 支大振膜麦克风 Neumann TLM107；
- 12 支鼓组麦克风 Audio Technica MB/Dk4 x2；
- 6 支人声动圈麦克风 AudioTechnica ATM610a；
- 24 支乐器动圈麦克风 AudioTechnica ATM650。

图 5-35　Schoeps CCM21Lg

(1) Schoeps CCM21Lg：宽心型指向，指向性不随频率变化而改变；声音令人愉悦，具有"温暖感"。

它的指向性随着频率的改变只有一点点的变化。与之相比，全指向话筒随着拾取声音频率的增加其方向性也增加，而心形话筒会加大其主轴上拾取的声音的高频成分。MK 21/CCM 21 的指向性不如心形话筒强，因此不会有很多的声染色现象，拾取的声音会更自然，更有"温暖感"。由于其指向性不强，所以作为点话筒应用时，应该尽可能地将其与声源距离拉近。它对离轴声音信号的拾取比较统一，因此对乐队的整体感会有所帮助。由于其指向性不强，如果作为 X/Y 制式来使用，两个话筒拾取的信号差别不会很大。它与心形话筒和超心形话筒一样，都作为用户所喜爱的话筒。

(2) Neumann KM184(图 5-36)：KM 184 话筒为心形指向，无变压器平衡电路，是一款功能强大的录音工具，配有防风屏和话筒连接。它能轻松对付高声压电平，在超负荷之前能达到138 dB，但同时自身杂音很小，能够捕捉到电声吉他、管弦乐等乐器的细微差别。KM 184 非常适合管弦乐器、打击乐、钢琴、Leslie speakers、吉他的现场演出。

图 5-36　Neumann KM184

图 5-37　Neumann KMS104

(3) Neumann KMS104(图 5-37)：无变压器电路输出，无离轴 coloration，超心形指向及高品质的回音反射，有效降噪无任何负面效果，非常适合现场演出，能广泛用于各种音乐和讲话。

(4) Neumann TLM102(图 5-38):适用于高声压环境下近距离录音。话筒特性:设计个性化——体积比 TLM103 减少 13%,而且 TLM102 设有钢圈环,样子更新潮。声音甜美—采用新设计的吸音振膜(K102),心形指向,这指向属于最广泛使用的,大概占了录音话筒使用率的 80%。TLM102 基本参数 S/N ratio re. 1 Pa@1 kHz, A-weighted: 82 dB, Max. SPL for 0.5% THD: 144 dB。吸音振膜部分设有防震装置,并具有防爆破音的出现。

图 5-38　Neumann TLM102

图 5-39　Neumann TLM107

(5) Neumann TLM107(图 5-39):无变压器的电路设计带来了极高的线性程度和极宽广的声音动态范围。10 dB-A 的本底噪音几乎无法被察觉。正常情况下标称的 141 dB 最大声压级,也可以通过两极预衰减功能来增加到 153 dB,这样,即便是录制自然界中最大声压级的音源,也能保证纯净而不失真的信号传递。线性的可切换低切开关,40 Hz 与 100 Hz 档位都为不同的录音状况而精心设计:40 Hz 的设置可以消除基本音调以下频率范围的噪音干扰,100 Hz 的设置则是语音和人声录音的理想选择。TLM 107 拥有磨砂镍或黑色两个版本,还包含一个立式防震架。

(6) Audio Technica MB/Dk4(图 5-40):铁三角 MB/Dk4 入门级录音话筒是高性价比的领导者。铁三角 MB/Dk4 电容收音头设计,适合录音室歌唱和乐器收音应用。伸展的频率响应,更平滑和自然的音色特性。坚固的全金属外壳结构和开关设计。软性外壳涂层可作安全和舒适的握持及减低机械性噪音。

图 5-40　Audio Technica MB/Dk4

图 5-41　Audio Technica ATM610a

(7) Audio Technica ATM610a(图 5-41):为主音及和音的人声,提供更清晰,细致及宽广的收音,优异的抗震处理工程,确保有更低的手持噪声和安静性能,Hi-ENERGY®高能量钕硼磁铁,以提高输出与瞬态响应,优异的离轴抑制以达到最小反馈回声;超心形指向性设计,可以减少从侧面和后方的声音干扰,提高收音目标的隔离度;多层音头保护网结构,能加强收录爆破声时的保护,又不会出现失真噪声。

(8) Audio Technica ATM650(图 5-42):专为吉他、小鼓及其他敲击乐器等作收音而开发,超心形指向性设计,减低旁边及后方的噪声干扰,提高收音目标的隔离度,专业应用性的耐用表现,使用浮动式双筒抗震垫设计,减至最少的手持摩擦噪声,并可维持整体重量平衡。Hi-ENERGY®高能量钕硼磁铁,提供更大输出及音质透明度;多层平面式音头保护网结构,能加强收录爆破声时的保护,又不会影响高音的收音质量;抗腐蚀的镀金 XLRM 卡侬输出头,全金属结构,坚固、耐用、可长期使用。

图 5-42 Audio Technica ATM650

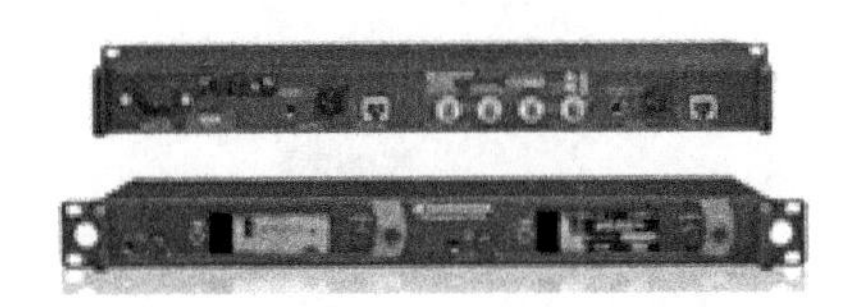

图 5-43 Sennheiser 2000 系列传声器

6. 无线传声器系统

无线话筒系统:选用的是 Sennheiser 2000 系列传声器(图 5-43),Sennheiser 2000 无线话筒以其极佳的 RF 灵敏度、强大的互调抑制能力享誉业内。

无线话筒系统包括:手持拾音器,领夹拾音器,耳挂拾音器。

Sennheiser 2000 系列传声器包括:EM 2050 双通道无线话筒接收机,SKM 2000+MMK 965-1 手持发射机连电容话筒头,SKM 2000+MMD 935-1 手持发射机连动圈话筒头,SK 2000 腰包发射机,MKE 1+MZQ-02 微型领夹话筒头,HSP 4 微型心形耳挂话筒头,AD 3700 有源天线。

(1) 双通道无线话筒接收机:EM 2050

无线射频频率范围:516～865 MHz;

频率个数最大可达 3 000 个、最大可达 75 MHz 的频宽;

信噪比:>120 dB(A);

频率响应范围:25 Hz～18 kHz;

真集式双通道无线话筒接收机;

通过网线直接用电脑监控;

自带天线分配器,最多可 8 台共用天线;

内建频率均衡器。

图 5-44 SKM 2000+MMD 935-1

(2) 手持发射机连动圈话筒头:SKM 2000+MMD 935-1(图 5-44)

无线射频频率范围:516～865 MHz;

频率个数最大可达 3 000 个、最大可达 75 MHz 的频宽;

信噪比:>120 dB(A);

频率响应范围:80 Hz～18 kHz;

心形电容式;

频率设置以 25 kHz 为步长;

外部充电触点让你可以直接给话筒内的 BA 2015 电池充电；
音频和射频静音功能；
可以通过红外传输与接收机同步。
(3) 腰包发射机：SK 2000(图 5-45)
最大可达 75 MHz 的交换频宽；
20 个固定频带，最多 64 个可兼容的预设；
6 组每组最多 64 个可调谐的通道；
频率设置以 25 kHz 为步长；
外部充电触点让你可以直接给话筒内的 BA 2015 电池充电；
自动锁定功能避免按钮被意外按下；
音频和射频静音功能；
为最优传输低音吉他而增强的低频响应；
在 60 dB 之上的输入灵敏度可以以 3 dB 为步长进行调整。

图 5-45　SK 2000

(4) 微型领夹话筒头：MKE 1＋MZQ-02(图 5-46)
非常小的外形尺寸，振膜直径仅有 3.3 mm；
很高的最大声压级(142 dB)；
灵活使用，最小的操作噪声；
频率响应范围：20～20 000 Hz±2.5 dB；
空载、自由场中的灵敏度(1 kHz)：5 mV/Pa±2.5 dB；
标称阻抗：10 000 Ω。
(5) 微型心型耳挂话筒头：HSP 4(图 5-47)
最小端接阻抗：4 700 Ω；
换能原理：预极化电容话筒；
频率响应：40～20 000 Hz；
拾取特性(头戴式话筒)：心形；
标称阻抗：1 kΩ；
自由场灵敏度，无负载(1 kHz)：4 mV/Pa；
直径：8.4 mm 话筒臂；

图 5-46　MKE 1＋MZQ-02

图 5-47　HSP 4

(6) 有源天线：AD 3700(图 5-48)
增强型指向性天线。

图 5-48　AD 3700

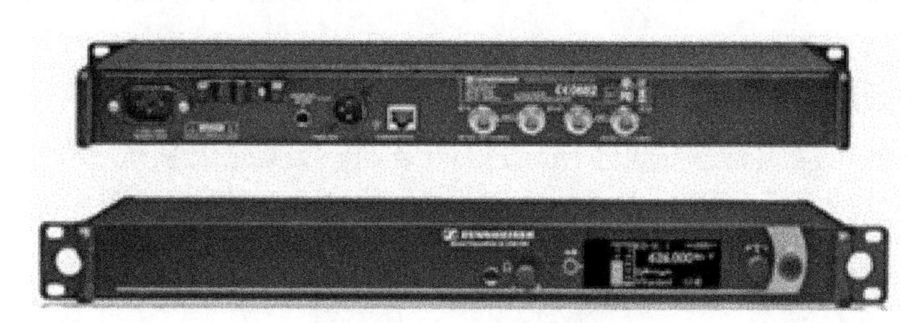

图 5-49　无线耳返系统

(7) 无线耳返系统(图 5-49)

在做调音工作前,必须建立两个基本概念,现场扩声的增益结构和信号链路。现场扩声的增益结构是指一个声音系统的电平,增益结构就是用户在系统各环节所设定的电平增益控制。信号链路包括:乐器、话筒、调音台(效果器/插入)、扩声声学环境。

建立一套耳内监听系统,首先要从正确地选择耳塞开始,接下来就是设定 EQ,振动器,返听扬声器和左右返送,效果器和环境话筒。耳内监听能自动减低周围环境噪声,大大减小舞台上的声压,消除回授,任何位置上保持相同监听信号源,观众区的扩声音质要比使用返听扬声器更清晰。

选用了同样来自 Sennheiser 300 系列的 SR300 IEM 无线耳返发射器,EK 300 IEM 无线耳返接收机(含耳塞),AC2003 无线耳返天线耦合器。

5.4.7 舞台监督系统

舞台管理系统包括内部通信系统、催场广播系统、灯光提示系统等。

舞台监督桌采用流动安装方式连接到预留接线箱。监督桌内含内通、闭路电视摄像机控制、提示灯和催场系统的控制台。液晶显示器可以监控舞台和台下区域。舞台监督桌也提供对大厅的催场信号的控制功能(铃声等)。

内部通信矩阵主机兼具电视转播、录音录像内部通信功能。内通系统的矩阵主框架安装在中央交换机房,可提供内通功能。内部通信键盘站分别布置在信号交换机房、舞台监督台、声控室、灯控室、舞台机械控制室、在 VIP 单人化妆间、电视转播机房直播、录音/录像,在排练厅、化妆间区域、录音室以及舞台接线箱预留接口。

内部通信还配置双通道全双工 UHF 系统及双工对讲机系统,其中双工对讲机可覆盖整个剧场,可以实现不少于 10 个群组双工通信以及对讲机之间一对一双工通信,并可以与内部通信键盘站之间实现一对一双工通信。

配置双通道 Party-Line 系统可随时随地接入有线腰包机。在音乐厅各个预留接线箱预留 Party-Line 接口,可方便地接入有线腰包机。催场广播分区覆盖化妆间区域、候场区域以及舞台专业机房(声控室、灯控室、舞台机械控制室除外),并配置用于节目声的音量控制器,呼叫可以通过舞台监督台的内部通信键盘站实现。

配置一套应答型灯光提示系统。系统还配置了一套演出状态监听系统,通过专门的调音台及安装在台口的麦克风,监听为后台区提供舞台上当前发生情况的音频反馈,可以通过舞台催场区发送到要求的区域和房间。

配置一套集成控制系统,可以实现整个电声系统的电源管理,设备的控制管理,矩阵的切换管理,主备扩声系统的切换管理等。在舞台监督台配置控制触摸屏。

1. 系统综述

音乐厅是个相对独立演出场所,设计选用专业演出内部通信系列产品组建多通道内部通信网络,将有线通信系统、无线通信系统、单向广播系统有机结合,确保演出和排练时所有演职人员都应能随时随地进行准确快速交互式的联络。

图 5-50 舞台监督系统

2. 系统功能

内部通信及广播系统由有线通信系统、无线通信系统、单向广播系统构成，它们之间有机结合，由舞台监督人员统一管理与互通互联操作；舞台监督位可以呼叫和监听音乐厅的各个控制室和所有演员更衣化妆间区域、其他技术用房及工作通道；各系统控制室、更衣化妆间、舞台上下场门以及走廊等演出及技术区域都能够收听和发布调度命令，也可以实时收听演出的声音。

3. 系统构成

有线通信系统：音乐厅的有线通信系统按不同的功能区设置为多个通道，包含 1 台内通主机，8 台 12 键内通分机，1 台 24 键内通分机。

无线通信系统：与内通主机相连覆盖音乐厅内部与后场区域。

单向广播系统：音乐厅的所有技术用房和公共区，如剧场后台区、公共走廊区、更衣室区、化妆区均安装有单向广播扬声器，可以根据实际的演出使用情况进行呼叫。各有线基站、有线腰包机及无线腰包机都能够通过该单向广播系统发布调度命令。

5.4.8　视频系统

配置高清摄像机 1 台摄取舞台全景画面；配置云台高清摄像机 3 台摄取舞台左近景、舞台右近景、指挥位全景，观众厅休息大厅配置 2 台内置云台摄像机，摄取观众进场情况，所有摄像机经高清矩阵切换以及视频切换台处理后分配并输出至：

- 舞台/候场区视频接口：DVI/HD-SDI 格式；
- 控制室：DVI/HD-SDI 格式；
- 观众入口大厅：DVI/HD-SDI 格式；
- 化妆间、办公室：经闭路电视、机顶盒接入；
- 高清录像机：DVI/HD-SDI 格式；
- 流动演出设备：DVI/HD-DI 格式。

歌剧厅、戏剧厅、多功能厅、录音室、转播车之间有多通道的视频联通。音乐厅至歌剧厅、戏剧厅、录音室有双向 4 通道的高清视频互联，至转播车有 8 通道出 2 通道入的高清视频互联。

1. 系统综述

音乐厅的视频监视系统由一台 64×64HD-SDI 矩阵进行管理，将场内各技术用房的摄像机和监视器统一进行集中控制，组成一个完整的视频监视系统，以满足所有技术用房及演职人员的演出实况监视需求。整个视频监视系统全部采用 HD-SDI 信号进行传输。

2. 系统功能

根据演出的需要，将摄像机摄取舞台演出实况及观众区的情况实时传送到各演职人员工作位置，包括更衣化妆间、贵宾室、扩声控制室、灯光控制室及辅助技术用房等。另外，在现场直播或录像时，实时回放现场摄录的节目信号。

3. 系统构成

(1) 摄像机

配置高清摄像机 2 台摄取舞台全景画面，配置云台高清摄像机 3 台，摄取舞台左近景、舞台右近景、指挥位全景，观众厅休息大厅配置 2 台内置云台摄像机摄取观众进场情况。

(2) 显示器

在化妆间、候场区、观众厅入口固定安装有大屏幕电视；在舞台区域高清预留视频接口，可以接入流动使用显示设备；在舞台监督台安装有多个高清监视器；在各控制室安装有监视器。

各显示屏安装位置具体如下：

① 1F 化妆间：共计 8 台 42 英寸液晶电视机；

- 80 人化妆间：3 台 42 英寸液晶电视；
- 5 个 VIP 化妆间：各 1 台 42 英寸液晶电视，共 5 台 42 英寸液晶电视。

② 演员休息区及候演区：3 台 42 英寸液晶电视；

③ 池座前区入口 2 台 42 英寸液晶电视；

④ 2F：楼座入口 8 台 42 英寸液晶电视；

⑤ 舞台灯光控制室：1 台 32 英寸液晶电视；

⑥ 舞台扩声控制室：1 台 32 英寸液晶电视。

4. 控制系统功能

视频监视系统从摄像机、数字录像机到监视器都应使整个系统达到最稳定的状态。此系统分为摄像、控制、显示三大部分。

在摄像部分主要由高清摄像机和球型云台一体化摄像机组成，球型云台一体化摄像机具备各种室内保安监控应用所需要的所有特性，自动跟踪能捕捉到其他摄像机捕捉不到的细节，将革命性地自动跟踪智能直接装入球型云台一体化摄像机，标志了新一代移动检测的诞生。自动跟踪摄像机不仅检测移动，而且对移动的目标变焦放大，还对目标进行跟踪。使操作人员能腾出手来履行其他的职责。图像的质量和控制对于任何室内系统都是至关重要的方面；自动高清摄像机提供 36 倍的光学镜头。专利的自动比例特性使摄像机无论处在什么变焦设置上，都得到最佳的图像显示控制。

为了进一步提高图像质量，自动高清摄像机采用了数字图像稳定技术，它可以对环境条件造成的摄像机的移动进行补偿，使图像更稳定。摄像机具有小巧而坚固外形，它们的高灵敏度，清晰度和图像资料使它们在所有使用环境下都能发挥最佳的性能。全自动化的摄像机可以随时投入工作，即使在要求最严格的应用中安装也十分方便。荧幕显示(OSD)让使用者能方便，快捷地访问各项性能。摄像机还具有镜头安装向导的性能，它能自动识别所安装的镜头的类型，并提供荧幕显示的镜头安装指南，使安装者不需要任何专用工具或滤光片就可以方便地调整镜头的电平和聚焦。摄像机通过自动传感进行自平衡跟踪，因而无论在室内或室外都能拍摄出色彩栩栩如生的图像。可以用 AC 或 DC 电源的两栖供电性能，大大提高了系统设计的灵活性，并减少了在培训和维修时需要准备的器材的数量。容易安装，数位信号处理，荧幕显示，超级的图像质量，杰出的稳定性，使其性能达到的水平，成为舞台监控的首选。

在控制部分主要由数字录像机和数字控制键盘两部分组成。数字多功能录像机系列是极端小巧、瘦身的设备。它将先进的数字录像和多路复用功能集合于一身，不仅节约空间而且具有综合的功能。图像的记录频率(IPS)，对每台连接的摄像机可以分别选择。这样可以针对舞台各区的不同要求，选择最适合的记录模式。仅对重要区域用较高的刷新率记录，可以极大地节约硬盘空间。记录频率 50IPS(PAL)和 60IPD(NTSC)无需同步就能得到保证。可以外接一个任选的键盘，对自动球形摄像机实行控制，它还能进行重放控制，还允许同时记录和重放视频图像。对作了记号的录像片段实行覆盖保护，可以防止重要材料的丢失。当需要用录像做一个事件的证据时，可以很简单地将这段录像在 PC 机上存档并刻录一张 CD-ROM。通过 PC 放像器可以重放视频文件。Divar 采用了视频验证技术，它能检查出对录像的任何篡改。具备与任何标准的 10/100 Base-T 网络兼容，它在分散式剧场监视系统中有理想的应用效果。

数字键盘，它是用于系统编程和控制的全功能、多用途的键盘。键盘自带可对云台/变焦实行变速控制的控制杆，并采取防溅水设计。键盘与系统由随键盘提供的 3 m 电缆连接。只需简单地连好电缆键盘，即可投入工作。“软键”使菜单驱动系统简化，即使最没经验的使用者也可以很容易掌握。这使得新操作人员对即使最大型的系统也能驾轻就熟地设置和控制，而无需像一般键盘那样要求记住很多系统命令。其特点还包括：在对所有高级系统编程和摄像机设置中，采用了使用方便的树状菜单结构。

5. *视频路由系统*

高清视频矩阵选用的是 KEDI MHD-6464

Kd-MHD 系列高清多格式混合矩阵可分为 Kd-MHD 中小规模系列 8×8、36×36、72×72 规模的矩阵，与 Kd-MHD 大规模系列 144×144、288×144、288×288 规模的矩阵。其中推出的 288×288 规模的是多格式混合矩阵。

图 5-51　视频路由系统

Kd-MHD 系列高清多格式混合矩阵的输入、输出板卡可任意选择各种信号，包括 3G-SDI、HD-SDI、SD-SDI、HDMI、DVI、VGA、YPbPr、D1、HDBaseT、光纤、IP 网络以及 WiFi 无线信号。每一路的输出都可自由选择任何一路的输入进行转换、切换，且不会干扰其他输出，分辨率可达 1 920×1 200@60 Hz，并且向下兼容 1 080P@60 Hz、1 080P@30 Hz、1 080i@60 Hz、720P@60 Hz、1 280×1 024@60 Hz、1024×768@60 Hz、800×600@60 Hz 等常见信号格式。

Kd-MHD 系列高清多格式混合矩阵具有领先的模块化前后插板式结构，由科迪在国内率先应用。

(1) 模块化后插板式结构：输入、输出板卡采用模块化后插板式结构，可灵活配置不同的信号格式与数量。

(2) 模块化前插板式结构：电源板卡、控制板卡采用双电源、双控制的冗余热备份的模块化前插板式结构，提高了设备的稳定性。

(3) 支持带电热插拔，在不经断电和不改变布线的情况下，只需更换或增加板卡，即可完成在线升级、维护与扩容。

(4) 信号接口与信号板卡一体化，解决了虚焊漏焊等影响信号质量的工艺瓶颈，减少矩阵的故障点。

(5) 风冷降噪温控的设计，大大提高了设备的稳定性。

Kd-MHD 系列高清多格式混合矩阵的优点：

① 具有信号均衡补偿、修正、自动调节的功能，使因传输距离过长造成的信号损失得以补偿，从视频信号源到矩阵输入的线缆均衡范围可达 150 m。

② 具有多速率数据时钟恢复的功能，可有效地去除长线缆造成的时钟抖动，保证了输出信号的图像质量。

③ 尤其，输出板卡具有时基校准同步功能，在切换画面的瞬间，尽最大可能保持画面的完整，保证切换瞬间画面无抖动，达到真正的“无缝”切换。

6. 高清特技切换台 Panasonic AV-HS410MC

(1) 所有输入通道的内置帧同步器

所有输入通道都具有内置帧同步器,用于切换非同步的视频信号。

同步功能也支持采用外部同步信号的系统同步(黑场或三电平同步)。

图 5-52　Panasonic AV-HS410MC

AV-HS410MC 具备 4 路输入的标清/高清上变换器功能和用于 8 路输入的点对点功能。点对点功能可以在画中画显示时,实现高清图像中来源于标清画面的显示。另外对于 8 路输入还提供了带有色彩校正的视频处理功能。

(2) 4 路 Aux 母线和 2 个画中画母线

提供 4 路 Aux 母线和 2 个画中画母线,可以将边界和柔化效果应用于画中画母线。除了直切之外,母线转换功能(画中画母线和 Aux 母线切换效果)也能够实现 Mix 转换(只限 Aux 1)。通过 Aux 母线和 M/E 的结合实现灵活的操作。

(3) 多功能转场和效果

除了标准的划像、混叠和直切外,还包括两个通道的 DVE 转场模式,比如压缩、滑动、挤压和 3D 划像等功能。

7. 双通道视频处理器 Kramer VP-771

Kramer VP-771 是一款高性能多种信号的演示倍线切换器,它可接收 9 种信号输入:复合视频 DP3G HD-SDI,两个计算机视频和灵哥 HDMI 信号。视频倍线中嵌入音频信号,将信号输出到一个 HDMI、一个计算机图像视频、一个 3G HD-SDI 和一个 DGkat TP,同时带数字音频,非平衡立体声音频和一个 10 W 功率平衡立体声扬声器输出。

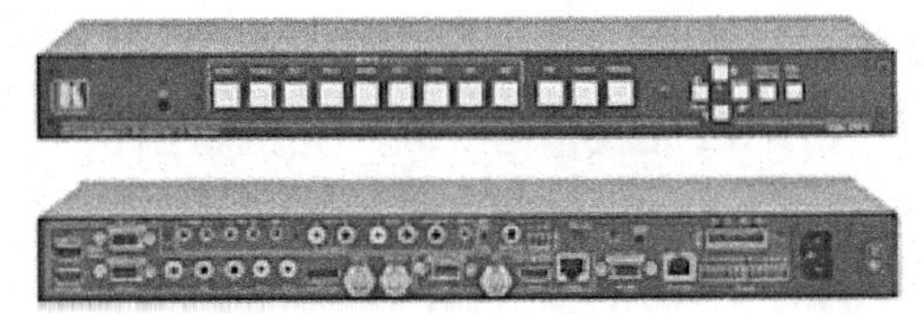

图 5-53　Kramer VP-771

K-IIT XL™画中画图像插入技术:超稳定画中画,画中画和分屏能力。任何视频源可插入到计算机图形视频源,反之亦然,窗口位置和大小控制。

K-Storm™倍线技术:克莱默超高性能倍线技术用于转换输入的信号到 17 种输出分辨率中的任何一个。它可上下倍线计算机视频信号。

淡出到黑场信号(FTB™)切换:视频淡出到黑场,然后新输入的图像从黑场平滑地淡入,无干扰切换。提供恒定的输出信号同步,因此输出显示图像不会出现毛刺现象。

去隔行扫描:3∶2 和 2∶2 下拉,24 帧处理。

兼容 HDTV。

支持 HDCP:HDCP(高清内容保护)许可证协议允许 HDMI 输入的防拷贝数据只能传输到 HDMI 输出上。

多标准:SDI(SMPTE 259M 和 SMPTE 344M),HD-SDI (SMPTE 292M)和 3G HD-SDI(SMPTE 424M)。

5.4.9　灯光提示系统

灯光提示系统,独立应用于音乐厅关键位置及指挥席,作为内通系统的一种辅助手段。在音乐厅灯光控制点及追光灯位等位置,我们设计了澳大利亚 LEON AUDIO 灯光提示系统，让操作员更直观地控制灯光，方便视频录制与视频转播需求。

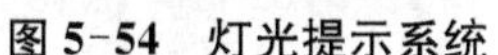

图 5-54　灯光提示系统

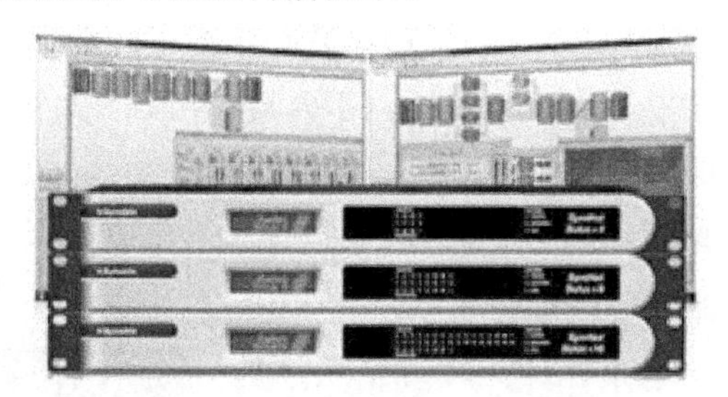

图 5-55　Symetrix Solus16

5.4.10　监听系统

系统还配置了一套演出状态监听系统，通过专门的调音台及安装在台口、耳光室、观众厅楼座的麦克风，后台区提供舞台上当前发生情况的音频反馈，可以通过舞台催场区发送到要求的区域和房间。

我们下面着重介绍舞台监听混音器 Symetrix Solus16（图 5-55）。

SymNet 系列配备了简单而灵活的 SymNet Designer 软件和强大可靠的 DSP 硬件。不仅音质纯净，而且操控方便——既可通过不同 SymNet 硬件直接操控，又可通过第三方进行遥控。

设计也首先考虑采用计算机对扩声系统进行控制。将计算机强大的处理能力用于扩声系统中，提供现代化的安装和管理方便的、功能强大的系统解决方案。

SymNet 系列目前已经广泛应用在百老汇、教堂、剧院、主题公园、运动场馆等各类扩声系统中。

SymNet 是按照着“使用极其方便的音频信号处理工具”这一设计思路而生产的。它将话筒或线路输入的模拟音频信号转化为数字信号处理，即 DSP 处理。SHARC 处理器通过内部软件，效仿传统的模拟设备音频信号处理器，对其进行处理、混合等，同时还执行数字信号处理的诸多功能。然后，将经过 DSP 处理之后的音频信号转换回模拟信号，继续送到功率放大器和扬声器系统，最终转化成声波，传送到听众的耳朵。

5.5　音乐厅管风琴

管风琴流传于欧洲，它是历史悠久的大型键盘乐器，能模拟管弦乐队中所有的乐器声音，是最能激发人们对音乐产生敬畏之情的乐器。音乐厅的管风琴 92 音栓，设计成倒置的“笙”状。音栓有主要栓、笛音栓、弦音栓、簧音栓、变化音栓、混合音栓、联键音栓等。管风琴音量洪大，音色优美、庄重，并有多样化对比，能模仿管弦乐器效果，能演奏丰富的和声，音域最为宽广，有雄伟磅礴的气势，肃穆庄严的气氛，还有着其他任何乐器都无法比拟的丰富而辉煌的扩声。

管风琴作为西方古典乐中最为庞大的乐器之一，自诞生两千余年来一直作为宗教音乐和古典交响乐的“核心”，奏响气势宏伟而音色和谐的“天籁之音”。但这个金色的“庞然大物”也因其所费颇巨和保养不易，在中国内地城市的音乐厅中极为鲜见，仅有北上广等一线城市的大型音乐厅能够听到管风琴的演奏。此前由于整个江苏省没有一家配备管风琴的音乐厅，也令当地乐迷失去不少聆听管风琴音乐会的机会。

为了达到大型乐队、中型乐队和小型乐队产生不同的反射声和混响时间，音乐厅顶部设计了大约200 m^2 梅花形状的GRG反声板。该反声板根据不同乐队的要求可以上下自由升降，以达到不同的声学要求。“笙”状管风琴的设计和梅花形反声板的设计，体现了声学的使用功能和建筑装饰的和谐统一，竭尽完美地结合在一起。

5.5.1 管风琴外观设计

管风琴也是江苏大剧院音乐厅的“镇厅之宝”，这台管风琴由奥地利Rieger生产，它足有四层楼那么高，非常的震撼。为了确保管风琴最佳的扩声效果，仅调音工作就花了6个月的时间，两位来自奥地利的调音师对6 067根音管一一进行了调试。这个管风琴是目前国内第二大的管风琴，也是唯一一个倒挂式管风琴，样子就跟音乐厅更容易融合在一起。总共有6 067根管子，92根音栓。

图5-56　管风琴近景

为了融入音乐厅流线型的座位分区、墙面及天花板的轮廓，管风琴的外形须配合音乐厅的建筑概念加以设计，根据音乐厅的建筑形状以及室内的流线形设计，管风琴以融入的概念来设计而成为建筑物的一部分，这个设计案舍弃了任何的木制外观，只以结构上强而有力的大型金属音管的布局来取代。

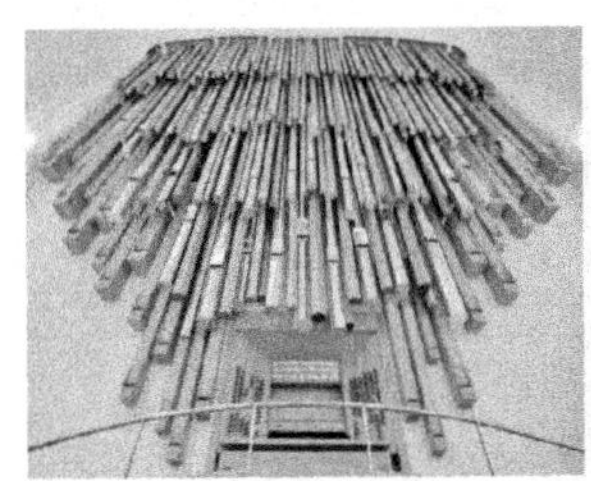

图5-57　从观众席看管风琴

图5-58　管风琴侧视图

图5-59　管风琴内部结构

管风琴独特的“倒挂式”设计，棱角鲜明的音管加入六角形装饰管，将这一历史悠久的乐器打造出现代风格，与音乐厅整体形成极高的匹配度。管风琴“乐器之王”的称号可不是浪得虚名，很多世界级音乐大师的作品中，都有管风琴的“戏份”，比如“西方近代音乐之父”巴赫的作品，起码有一半需要管风琴参与演奏。管风琴的声音听起来很庄严，基本上一个管风琴可以抵上一个管弦乐团的声音。

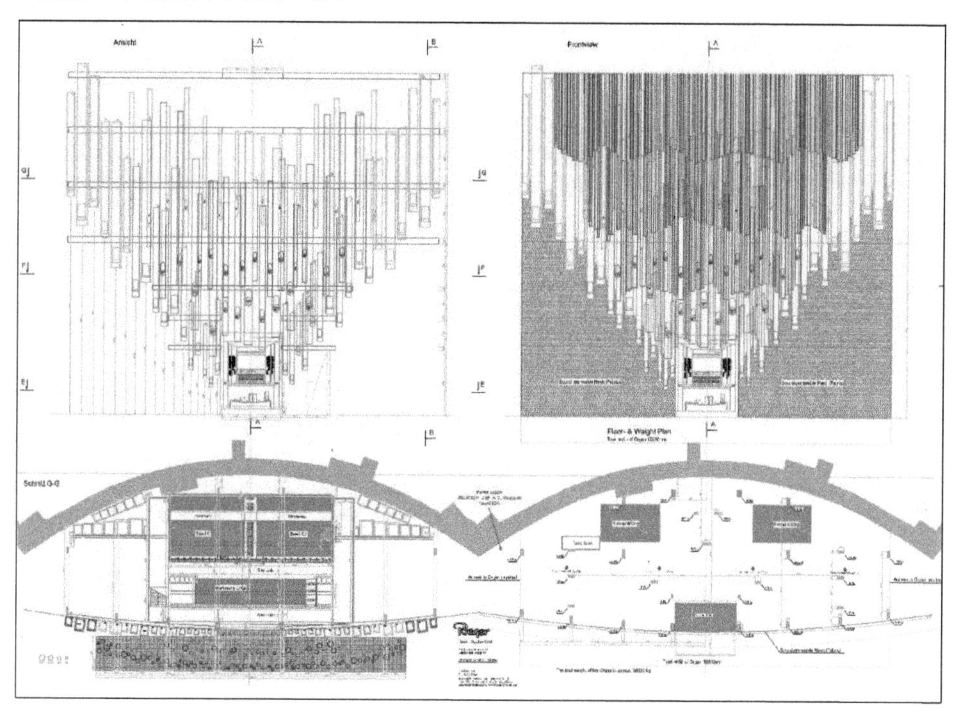

图 5-60　管风琴平面、立面、管风道布置图及接线图(1)

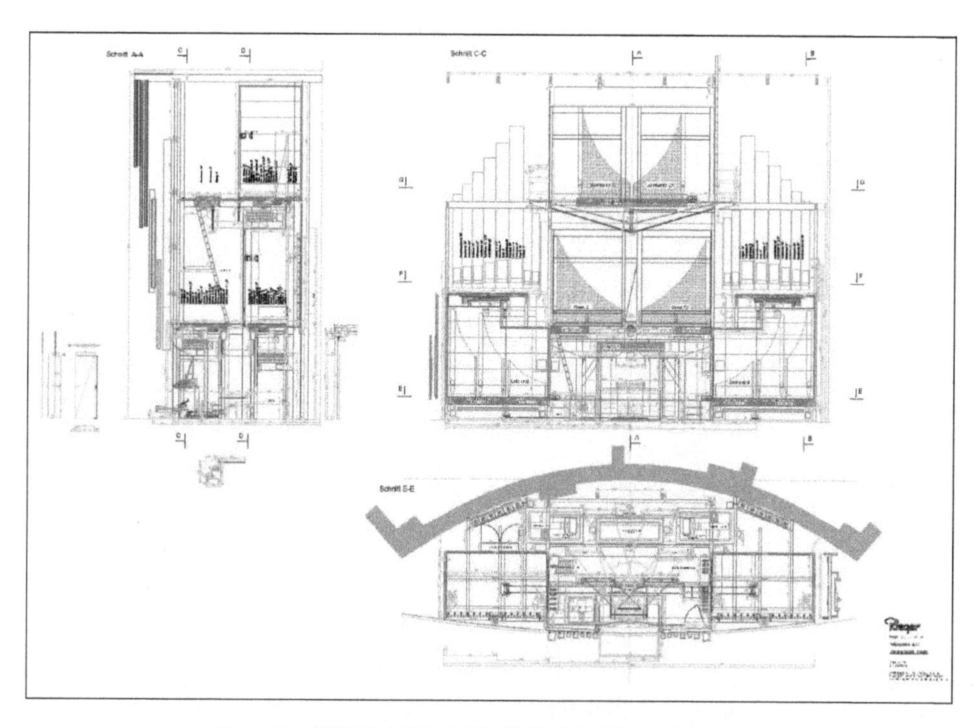

图 5-61　管风琴平面、立面、管风道布置图及接线图(2)

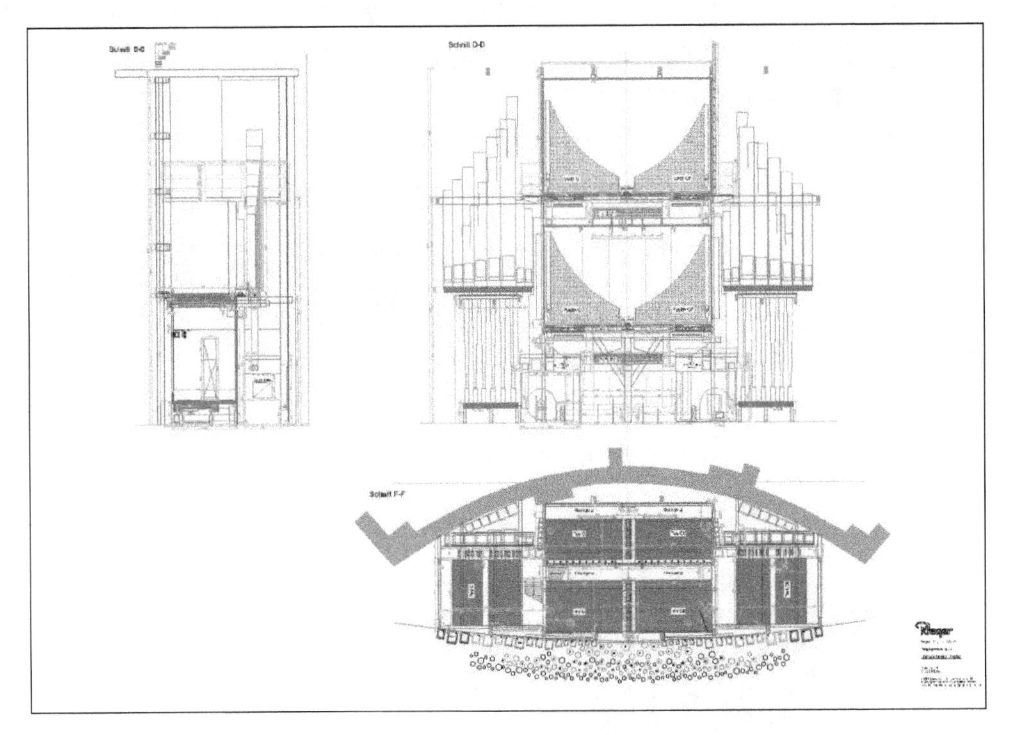

图 5-62　管风琴平面、立面、管风道布置图及接线图(3)

5.5.2　声音音调设计

1. 音色特性

说到声音,广义的来说,很难精准地知道聆听者的感受;因此,用耳朵听到怎样的声音的确非常难用文字来描述这样的感受。

在音乐厅里面,管风琴设计是可以称之为“完美”的。它具有动态范围的和谐和声乐器,有着明亮、符合管弦交响乐的音调;并且同时可以改变声音特型,从德国式,巴洛克或浪漫时期的音调,一直到法国式或英国式的声音形态。要达到这个目的将会是一大挑战。

大剧院音乐厅管风琴的规格(音栓表)中所显示出的应该可以让你知道我们的设计理念:如同你所见到,在大风琴(Great Organ)我们提出 20 支音栓的设计,而且 16 尺与 8 尺的音栓不在少数。如此音域宽广又具丰富色彩的基础音栓设计,将会为整架管风琴提供强烈且洪亮的基础。这当中也有完整合唱音调的基础音栓设计,从 16 尺到复合音管件,这也是被视为从巴洛克时期直至近代管风琴设计的核心。

在正风琴(Positiv Ⅱ)与增音风琴(Swell Ⅲ)中,Rieger 设计出非常不同的音乐形态;当中,正风琴(Positiv)是德国风格的设计,而增音风琴(Swell)表现出的是非常经典的法国浪漫风格的管风琴。

拥有 16 支音栓的正风琴是极为丰富的！一方面,她的基础音栓,也就是 8 尺及闭口的 16 尺音栓,将会提供主要的巴洛克风格合唱的需要;另一方面,她全方面可供选择的基础音栓(8 尺与 16 尺皆是),可以提供德国浪漫乐派的音色风格。

而增音风琴(Swell)是另一个巨大的分区设计,她不仅仅是包含了整组法国式的簧片音栓,也包括了全合唱搭配用的和音笛管音栓(从 8 尺至 1 又 3/5 尺)。

在维多利亚时代的市政厅管风琴开始发展起的典型英国式，独奏风琴(SoloOrgan)包含了两个部分：第一是，因为在一个增音扬声器(swell box)之内，拥有可调整强弱的特性来符合独奏需求；而第二是，布局在箱外的音栓拥有强而有力的簧片音栓——Tuba——最典型的英国风格音栓，另外就是 Bombarde 音栓。

在这架管风琴的规格内容之中，Rieger 有一个设计灵感，是称为“Floating”变动式的管弦乐风琴(Orchestral Organ)，这个分区中包含了大量的弦乐音调音栓，再加上一些笛管音栓让她更为丰富！令人想起位于美国费城的梅西百货公司中，著名的 Wannamaker 管风琴当中的弦乐分区。这个弦乐风琴可以独立于其他部分来单独演出使用，从而可以演奏出额外更丰富的音乐风格，目前只有少数风琴能包含了这一类的设计。这将会让音乐厅拥有完整且温暖的弦乐风格音乐，特别是在浪漫乐派的乐风当中，或者是让管风琴单独成为管弦乐器来使用。

另一个特殊点是，在这架琴当中设计出中国式的音栓，例如“Sheng”(笙)在主风琴(Great)；“Xiao”(箫)与“Suona”(唢呐)在独奏风琴(Solo)当中；“Dizi”(笛子)在管弦乐风琴当中。虽然无法百分之百地接近传统的中国乐器特性(而确实也无法完全成为一个管风琴的音栓)，但是这架管风琴的音调特性将会让您想起这些中国传统乐器。

管风琴所有的键盘分区，主风琴键盘(Great)、正风琴键盘(Positiv)、增音风琴键盘(Swell)、独奏风琴键盘(Solo)以及管弦乐风琴键盘(Orchestral)，是以 16 尺音栓为底，并扩大到 8 尺音栓为基础。有些具有合唱的特性，有些为可独奏的音栓，但每一支音栓都有着独特且出众的特性。

在巨大的脚风琴键盘(Pedal)分区当中是以 3 支 32 尺的音栓为底，而这些音栓也是完整且独立的合唱音栓。除此之外，也有适当的 16 尺及 8 尺的笛管及弦乐音栓，并且有着宽广音域的簧片音栓。

2. 音栓表(含音栓数、音管尺寸、材料等)

注：Sn 为锡，Zn 为铅，wood 为木质

表 5-3　音栓表

Great	第一排手键	C-c4		音管
1. Principal	16′	Sn 80%		61
2. Violon	16′	wood	橡木/冷杉	61
3. Principal	8′	Sn 80%		61
4. Bourdon	8′	wood	橡木/冷杉	61
5. Flûte harm.	8′	Sn 75%		61
6. Gamba	8′	Sn 80%		61
7. Großquinte	5 1/3′	Sn 30%		61
8. Octave	4′	Sn 80%		61
9. Spitzflöte	4′	Sn 60%		61
10. Großterz	3 1/5′	Sn 30%		61
11. Quinte	2 2/3′	Sn 75%		61
12. Superoctave	2′	Sn 80%		61
13. Mixtur major V	2′	Sn 80%		305
14. Mixtur minor IV	1 1/3′	Sn 80%		244

(续表)

15. Cornet V	8′	Sn 13%	ab/from g0	210
16. Posaune	16′	Sn 75%		61
17. Trompete	8′	Sn 75%		61
18. Bombarde	16′	Sn 93%	C-H Ext 19	12
19. Bombarde	8′	Sn 93%		61
20. ***Sheng*** (Chin)	4′	Sn 93%		61
				1 747
Positiv	第二排手键	C-c4		
21. Lieblich Gedackt	16′	wood	C-H Ext 23 橡木/冷杉	12
22. Principal	8′	Sn 80%		61
23. Bourdon	8′	wood	花梨木/云杉	61
24. Salicional	8′	Sn75%		61
25. Quintadena	8′	Sn 60%		61
26. Prestant	4′	Sn 80%		61
27. Blockflöte	4′	Sn 30%		61
28. Nasat	2 2/3′	Sn 30%		61
29. Doublette	2′	Sn 80%		61
30. Terz	1 3/5′	Sn 30%		61
31. Larigot	1 1/3′	Sn 30%		61
32. Septime	1 1/7′	Sn 75%		61
33. Piccolo	1′	Sn 75%		61
34. Mixtur IV	1′	Sn 80%		244
35. Dulcian	16′	Sn 75%		61
36. Clarinette	8′	Sn 75%		61
Tremulant				**1 110**
Swell (expr.)	第三排手键	C-c4		
37. Salicional	16′	Sn 75%	C-H Ext 41 冷杉	12
38. Montre	8′	Sn 80%		61
39. Flûte harm.	8′	Sn 75%	C-H wood,橡木/冷杉	61
40. Nachthorn	8′	wood	花梨木/云杉	61
41. Viole de gambe	8′	Sn 75%		61
42. Voix céleste	8′	Sn 75%	ab/from c0	49
43. Geigenprincipal	4′	Sn 80%		61
44. Flûte traversière	4′	Sn 60%		61
45. Viola	4′	Sn 75%		61
46. Nazard harmon	2 2/3′	Sn 60%		61
47. Octavin	2′	Sn 60%		61
48. Tierce harmon	1 3/5′	Sn 60%		61
49. Fourniture V	2 2/3′	Sn 80%		305
50. Basson	16′	Sn 75%		61
51. Trompette	8′	Sn 75%		61

(续表)

52. Hautbois	8′	Sn 75%		61
53. Voix humaine	8′	Sn 75%		61
54. Clairon	4′	Sn 75%		61
Tremulant				**1 281**
Solo enclosed	第四排手键	C-c4	high pressure	
55. Flûte majeure	8′	wood	椽木/冷杉	61
56. ***Xiao*** (Chin)	4′	Sn 60%		61
57. Grand Cornet V	8′	Sn 13%	ab/from g0	210
58. French horn	8′	Sn 75%		61
Tremulant				
Solo unenclosed			high pressure	
59. Bombarde	16′	Sn 75%	Transm 18	—
60. Bombarde	8′	Sn 75%	Transm 19	—
61. Bombarde	4′	Sn 75%	Transm 20	—
62. Tuba mirabilis	8′	Sn 75%	C-H Ext 63	12
63. ***Suona*** (Chin)	4′	Sn 75%		61
				466
66. Violin Diapason	8′	Zn/Sn 75%		61
67. Violoncelle	8′	Zn/Sn 75%		61
68. Violon	8′	Zn/Sn 75%		61
69. Aeoline	8′	Zn/Sn 75%		61
70. Unda maris	8′	Sn 75%	c0-c4	49
71. Doppelflöte	8′	wood	椽木/冷杉	61
72. Violon Octave	4′	Sn 75%		61
73. Fugara	4′	Sn 75%		61
74. ***Dizi*** (Chin)	4′	Sn 60%		61
75. Harmonia aeth. V	2 2/3′	Sn 75%		305
				915
Pedal	脚键盘	C-g1		
76. Untersatz	32′	wood	C-H Ext 81,冷杉	12
77. Akustikbass	32′	wood	16‘+10 2/3‘	—
78. Principal	16′	Sn 80%		32
79. Offenbass	16′	wood	冷杉	32
80. Violonbass	16′	wood		—
81. Subbass	16′	wood	椽木/冷杉	32
82. Quintbass	10 2/3′	wood	椽木/冷杉	32
83. Oktavbass	8′	Sn 80%		32
84. Cello	8′	wood	椽木/冷杉	32
85. Gedacktbass	8′	wood	椽木/冷杉	32
86. Choralbass	4′	Sn 75%		32
87. Mixtur V	2 2/3′	Sn 80%		160

(续表)

88. Contrebombarde	32′	wood	C-H Ext 89,冷杉	32
89. Bombarde	16′	Sn 75%		32
90. Fagott	16′	wood	冷杉	32
91. Trompete	8′	Sn 75%	C-g0 Ext 89,冷杉	12
92. Clairon	4′	Sn 75%		32
				548
* Orchestral division floating to：Ⅰ，Ⅱ，Ⅲ，Ⅳ and P				
			总音管数量	**6 067**

里格尔电子系统：

10 个使用者：都可用 1 000 个记忆组合；

3 个额外使用者：250 个文件夹可用，各有 250 个记忆组合；

4 种可调音量；

音序器；

拷贝复制功能；

自动演奏系统；

取消功能。

2 个演奏台：

固定演奏台(机械式)；

移动演奏台(电子式)。

里格尔调音系统。

里格尔自动演奏系统。

MIDI。

其中：

总音栓数为 92 个；

包含 3 个 32 尺音栓；16 个 16 尺音栓，36 个 8 尺音栓；

总的音管数量为 6 067 根；

金属音管 5 437 根，占总音管的比例为 89.6%；

木音管 630 根，占总音管的比例为 10.4%。

5.5.3 技术规格与性能

1. 技术性概念和布局

管风琴内部的布局，是根据经典传统方式、经过现代化过程的种种证明演进，进而成为最高质量的管风琴建筑。大家可以从附上的布局图纸中看见，管风琴的内部垂直的分为三层结构。底部层结构中，提供了安置所有管风琴机械及电子等技术性部件；所有的音管都放置于上面两层，另外，一部分的独奏(Solo)风琴及管弦乐风琴(Orchestral)安置于增音扬声器(swell box)里面。

(1) 底层

这一层里包含了演奏台(console)、机械式拉条(tracker)以及供风系统(windsystem)如导风管(wind trunk)。风的供应通过两个鼓风机(blower)以及压力储风箱(bellow);鼓风机的安置在之后的部分会再提及,鼓风机最好是分开的安置于管风琴后面的专用室里面。每一个分区风琴,都是透过直向的机械式的拉条,从演奏台连动至风肺(windchest)下来加以控制各分区风琴的音管。

增音扬声器之内包含了部分的独奏风琴(Solo)以及管弦乐风琴(Orchestral)的风肺系统,这个部分安置于中央演奏台旁两边高出 1 m 的位置,这会让这两部分的音栓尽可能地接近管弦乐团的乐手,这会非常有利于将这架管风琴当作是管弦乐团的合奏乐器来使用。

底层也安置了脚键盘的 32 尺簧片管,在我们的观点上,像是 Contrebombarde 32′音栓,它必须是全尺寸的来设计。所以,这个音栓最长最大的管件就会从底层一直延伸至最上层。

(2) 中间层

这一层的中间部分安置了大风琴(Great),而脚风琴(Pedal)则是安置于大风琴的两旁,并且,为了避免调音的问题,将所有的管件分成 C 与 C♯ 两边。另外,正风琴(Positiv)的所有音栓则是安置于大风琴(Great)的正后方,由一个调音维修走道将正风琴分成两个部分。另一部分不需封闭之独奏风琴(Solo)音栓的风肺安置于大风琴及脚风琴的正前方,这样使得声音能自由进出并提供足够的空间给管风琴外观的设计布局使用,类似的这部分也分开成 C 与 C♯ 两边。大风琴 16 尺音栓的管件及不需封闭的独奏风琴(Solo)分区,不需提供给外观布局使用的就可以延伸至上层的空间,如此一来就可以按照原来该有的管件长度来设计制作(甚至如簧片管件也是如此)。当然,这在整架琴的音调呈现质量上将产生很大的不同。

在布局图纸上可以看到,调音维修走道分布在所有的分区当中,让技师能安全地维护整架琴及所有管件,让琴维持良好的功能及音调。

(3) 顶层

这一层包含了增音风琴(Swell),所有的管件分成 C 与 C♯ 两边,靠楼梯与管风琴的后方连接。

在布局图纸上可以看到,我们整体的考虑及设计,不仅仅考虑了所有音栓声音的发声动向,也在于能维护这架琴所有的音管及机械部件;在未来能容易并且适当地继续维护的工作,对于维持一架琴,能长久且完美的使用,这是非常重要的因素。

2. 供风系统

管风琴制造家以及管风琴师们之间,永远讨论的就是一套堪称完美的供风系统,有些是非常稳定的,有些则是非常有弹性的。在音乐厅管风琴的设计上我们建议稳定又有弹性的供风系统,这将使用两个主压力储风箱(main Bellow)以及独立于各个风肺之下的压力风箱设计,并且,在低音部及高音部都会作压力的调整。

最后设定的风压需要有关音乐厅在声音上的详尽数据,以及声学家所提供的频率响应图表等数据确认后,才能确定。初步的风压将会是,在大风琴(Great)为 95 mm/WS,在正风琴(Positiv)为 100 mm/WS,在增音风琴(Swell)为 100/110 mm/WS,在封闭的独奏风琴(Solo enclosed)为 120 mm/WS,在非封闭的独奏风琴(Solo unenclosed)为 140 mm/WS,在管弦乐风琴(Orchestral)为 90 mm/WS,另外,在脚风琴(Pedal)为 105 mm/WS。

最好的是,这两个主压力储风箱由两个电动鼓风机来供风;而这两个鼓风机会安置于管风琴后方独立的专用室里面。另外，如我的布局图纸中所示，也可以在管风琴内部选择适当的空间来安置这两个鼓风机。

3. REA 电子系统(里格尔电子辅助系统)

REA 系统是里格尔公司最新的技术，基于对目前市场上所提供的各样产品不满意，在2006 年开始里格尔公司决定发展自己的计算机音栓记忆系统来满足音乐家的需求；公司跟目前最顶尖的管风琴家们合作，里格尔公司发展了一套以目前最先进的电子科技为基础的系统。除了基本的功能之外还建构了许多额外的功能，而这是其他系统所没有的。里格尔公司专注于研发一套拥有更快的速度、更人性化及更可信稳定的系统。这是市场上第一套结合三个决定性因素的系统，分别是音栓记忆系统、电子式键盘弹奏系统(在可移动式的演奏台)以及电子控制式的增音扬声器百叶窗系统。

在此同时，这一套系统已经被许多知名的管风琴所采用，其中包括里格尔自己及其他知名的欧洲及美国的制琴厂家。我们将会发现更多这一套系统的细节，包括整合数据库、复制功能、重复及重现演奏功能等等，这会在之后的规格说明中提及。

4. 固定及移动式演奏台

固定式演奏台会设计在底层，位于管风琴的正中间，一旁有直式的音栓拉杆排列。材料及颜色将会根据最后定案的外观而决定；在演奏台的上方会配置一个影像屏幕以明了舞台上指挥家的一举一动，而移动式演奏台会根据固定式演奏台的样式以及专家的需求来设计。至于使用材料、音栓拉杆的样式以及内部的布局，将会在讨论之后在设计过程中定案。

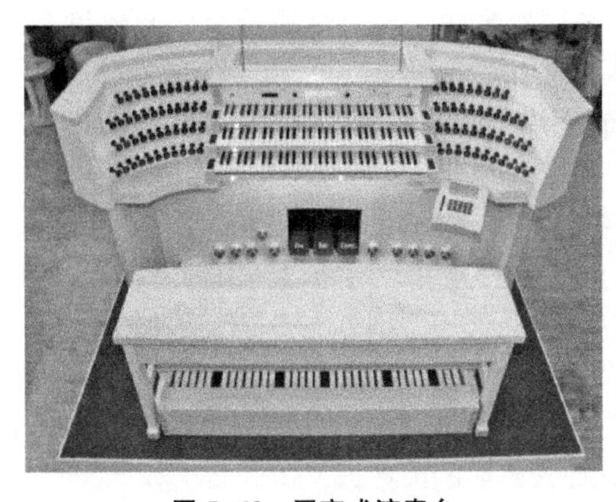

图 5-63 固定式演奏台

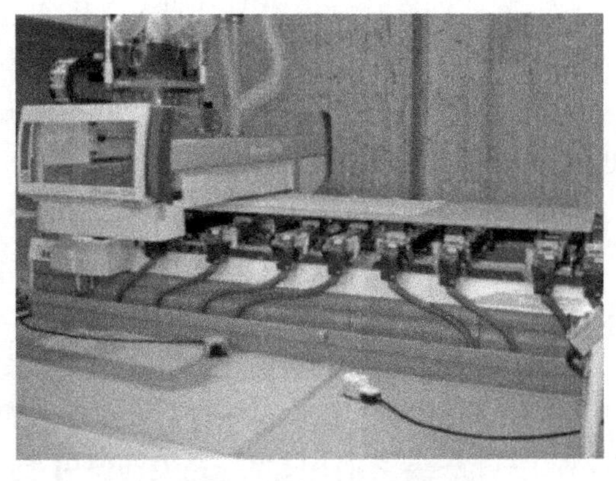

图 5-64 五轴 CNC 线锯机器

5. 技术规格

乐器完整的设计流程以及全部技术设计，均采用 CAD 来完成；通常，外观模拟图会绘制成 3D 图纸，技术图纸采用 2D。奥地利 Rieger 采用的五轴 CNC 线锯机器，通过这架机器，可以制造出许多使用在乐器上的复杂部件，开发出了更多的可能性，这些 3D 的制作流程可以使用在木头及其他材料之上。

音管是根据客户的要求，在音管车间里，完全由手工打造的；并根据管件的尺寸，由负责的整音师细部制作。

使用马来西亚邦加锡(99.92%纯度)以及奥地利铅(99.99%纯度)来制作金属音管，在铸造车间将两种材料熔化之后，将熔化后的合金金属液转变成固定厚度的金属片，而各种厚度要求来自不同规格的音栓以及承受风压的程度。

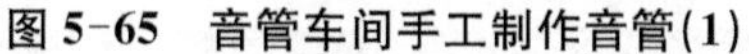

图 5-65　音管车间手工制作音管(1)

图 5-66　音管车间手工制作音管(2)

只有经过自然通风干燥的木头才会用来制作木头音管，同样的，这样条件的木料也会使用在各样的木头部件中；利用木钉与沟槽来胶合木片而制成木头音管，调音木盖包覆上棉布及皮革之后，垂直地套在音管口；坚持这样的用料，才能确保不受气候变化而影响木质部件以及音管。

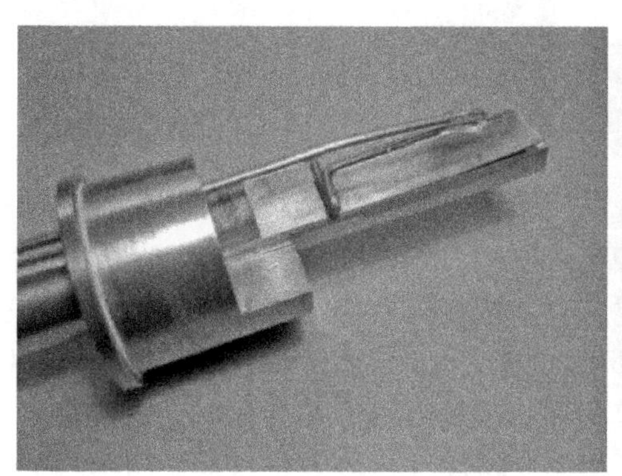

图 5-67　簧片管及簧片管制作

更特别的是，在簧片管的制作上，需要个别的制作各样的部件；簧片管的簧茎的细节，在每一架管风琴上都是独特的；使用法国式调音杆的设计让调音的工作更为容易，而簧茎是由黄铜制作并镀锡，甚至有些音栓的簧茎是使用角栎来制作的。

所有的簧片管音栓皆是在利格尔的音管车间完成，而不是使用半成品甚至是采购其他工厂的成品来组装，这确保拥有领先地位的“里格尔”声音特色，具有强烈而丰富的色彩。

整音的工作是制作管风琴最精细的一部分，致力于在管趾的风口、风道与风嘴之间，特别去创造出完美且丰富的声音。

所有的管件会在整音车间预先整音，最后完整的整音会在管风琴安装好之后施作，到时

图 5-68　整音车间预先整音

候空间里声音的特性会加入整音的计算里，使得整架琴在音乐厅内达到完美。

风会真实的在琴里产生特定的声音，并会吸引别的注意；在一架管风琴所需要的风量中，重要的是，风必须是稳定且可以接受的。巴赫曾经这样说："当一个经历严重困难的基督徒，应当保有更坚定的信念。所以，一架新的管风琴就应当稳定的持续地奏响乐曲！"

风的产生来自鼓风机（由 Laukhuff 公司或 Daminato 公司供应），并被安置于安静有隔音效果的木箱之中（图 5-69）；为了消除震动所产生的噪音，从管风琴内部所产生的风，进入稳定的主压力储风箱，而从这里开始就会有封闭供风系统所产生的扰动；而每个分区所需的风压也将会由指定的储风箱来提供，此时颤扬声器会通过启动来产生适当的作用。

导风管（图 5-70）由斜接的木板胶合制作而成，并将会在内部涂上一层胶以确保万无一失的密闭不漏风；这些导风管将垂直延伸至所有的风肺，让导风管的延伸量是在最小的状态。

图 5-69　安装风机的静音木箱

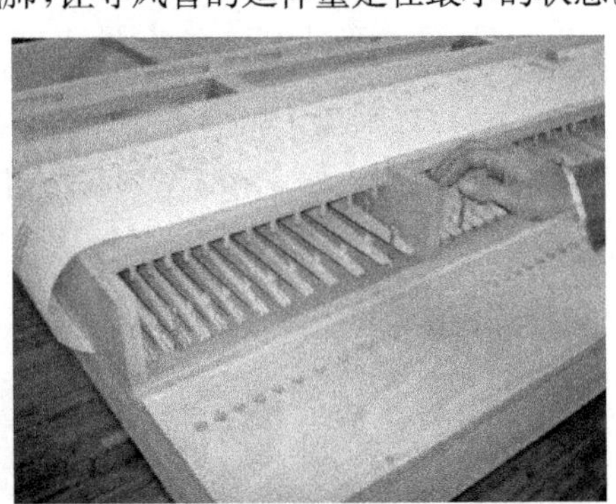

图 5-70　管风琴的导风管

风肺是一架管风琴的真正核心，整个框架是由硬橡木所制作，上下板及杆件是由多层胶合板制作密封，确保在任何的气候状态及状况不会变形而导致漏风。在沟槽及纹路中会特别设计来确保所有在上面的音管得到完整的风量供应，并且不会有风窜进别的通道之中。

在风肺箱的最里处，有倾斜的进气沟槽以确保小型的音管不被共振影响。经过仔细的考虑及计算之后，可以正确地制造出需要的沟槽、气阀进气口以及进气阀（pallet）的尺寸。另外，进气阀的拉杆接点位置以及轻拉气阀的结构也都仔细地设计；根据所提供的风压，必须制作适当大小的进气阀以及可调整的气动式拉杆机构（图 5-71），尤其在双气阀的设计使用上，这样可让弹奏更为省力且控制灵活，如此一来弹奏如此大型的管风琴就如同控制一架小琴一样简单！

图 5-71　气动式拉杆机构

图 5-72　进气阀

使用最好的雷腾云杉来制作进气阀(图 5-72),并在木头与羊皮中间,再加上一层棉布,这将使得在重力道弹奏时产生的敲击声可以尽可能地小声。利用可以调整式的气阀挡轨来实现容易反复弹奏的要求。

采用拉杆封口机制,使得风肺在弹奏时也能尽可能保持密闭。而弹奏控制系统所有的部件都可以轻易地更换维修,音栓滑板使用稳定的合成材质来制作,采用可伸缩的滑板封口,使得拥有安静的弹奏系统,并且不会产生任何的扰动。管趾板使用三层胶合的松木与云杉制作,管件支撑架使用松木制作。

增音扬声器的设计方式是要确保特殊的音调以及动态的声音能真的相遇,所有的扬声器箱面都使用多层且填充高压沙的硬木结构材质;而这样巨大重量的材质(52 kg/m^2)可产生完美的声音隔离,特别对低频的声音有很大的影响。另外,为了拥有良好的高频反射声音,在增音扬声器的内部表面涂满了漆;增音扬声器的百叶窗(图 5-73)是使用 60 mm 厚度的硬云杉来制作,并且使用双槽的设计以确保完全密合。

图 5-73　增音扬声器的百叶窗

图 5-74　管风琴演奏台

设计的驱动机制是利用机械或与电子操控系统,渐进式的控制百叶窗的关合,这意味靠着增音踏板可以用小的幅度来控制百叶窗的关合;刚开始增音踏板的动作幅度是非常小的,之后慢慢地可以自由的增加幅度来灵敏地控制百叶窗的关合。

演奏台(图 5-74)是展现一架管风琴重要的一环,每一件作品里格尔都单独设计,其中所要考虑的是木材的选择、外观造型的设计、键盘的材质以及音栓的样式。举例来说,可以是高雅的樱桃木或是栎木。脚键盘和椅子也是使用演奏台相同的材料制作。脚键盘可以是 AGO 或是 BDO 的规格制作,椅子是可以调整高度的升降椅。

脚键盘的位置设计通常是脚键盘的中央 D 升键位于手键盘中央 D 升键之下,如果有需要的话,可以是脚键盘中央 C 键位于手键盘中央 C 升键之下;另外,椅子是可以调整高度的升降椅。

若是因为键盘两侧弯曲设计,基于湿气的影响,也会影响到弹奏系统;所以我们设计的弯曲面在每层键盘都单独悬吊于演奏台的外框之上,而重点是我们经由键盘来操作弹奏系统,如此一来曲面的膨胀或收缩就不会影响到整套演奏操作系统以及音栓连接系统。

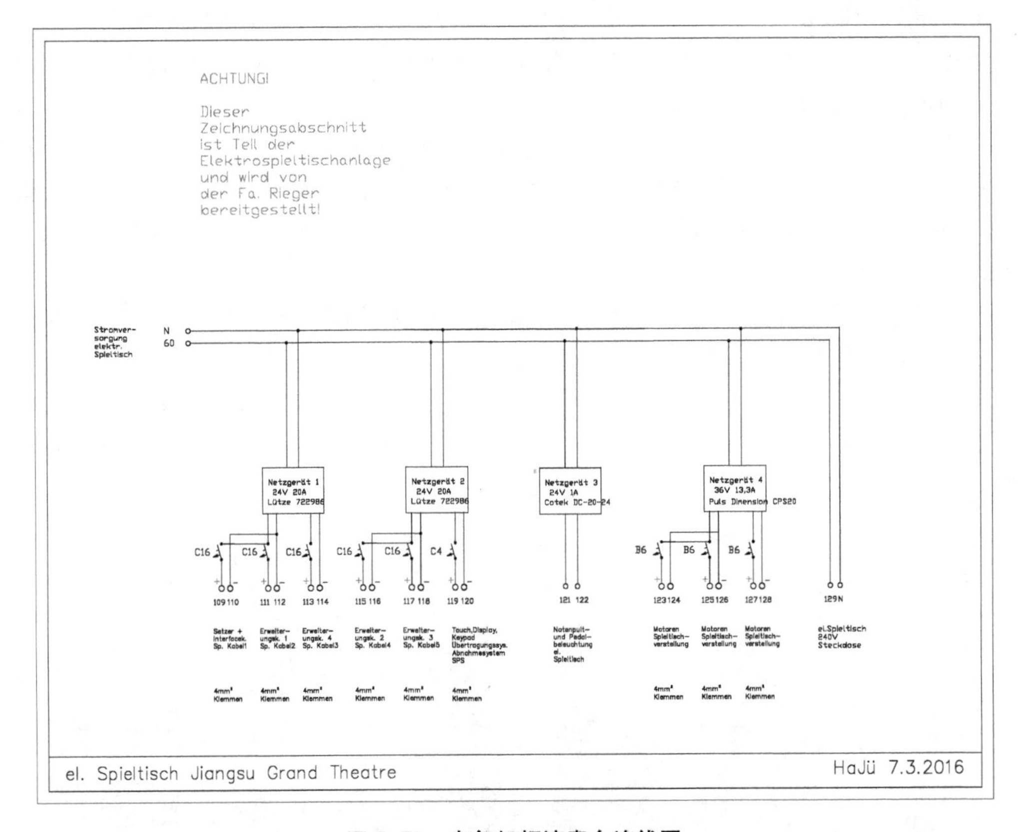

图 5-75　电气机柜演奏台连线图

演奏台的 LED 音乐桌灯(图 5-76)及脚键盘上方的灯,都通过钥匙开关与鼓风机连接,这种设计可以确保我们随时知道管风琴目前是开或关的状态。管风琴家们透过键盘系统来控制进气阀,只有在键盘系统是轻巧且反应灵敏的,管风琴家们才能将曲目的音乐性表达得淋漓尽致。

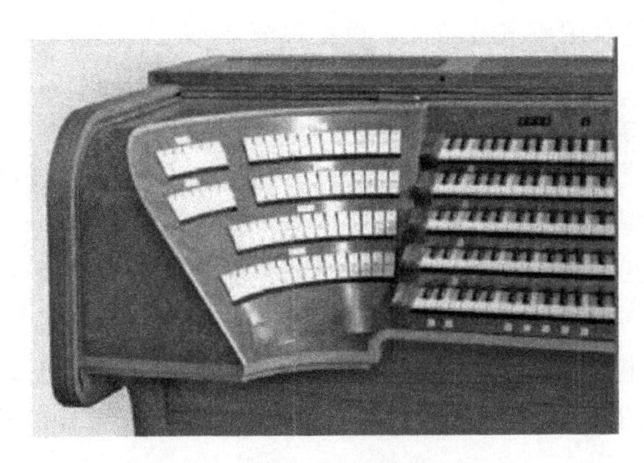

图 5-76　演奏台的 LED 音乐桌灯

整套键盘弹奏系统,是由机械式拉条悬吊于键盘与风肺内部的进气阀当中,所以这样的机构能维持住正确的张力以及可调整性,透过这样的方法,木材的膨胀与收缩就可以被抵消掉,确保弹奏系统不受气候的影响,使得管风琴随时随地维持在可以好好弹奏的状态(图 5-78)。

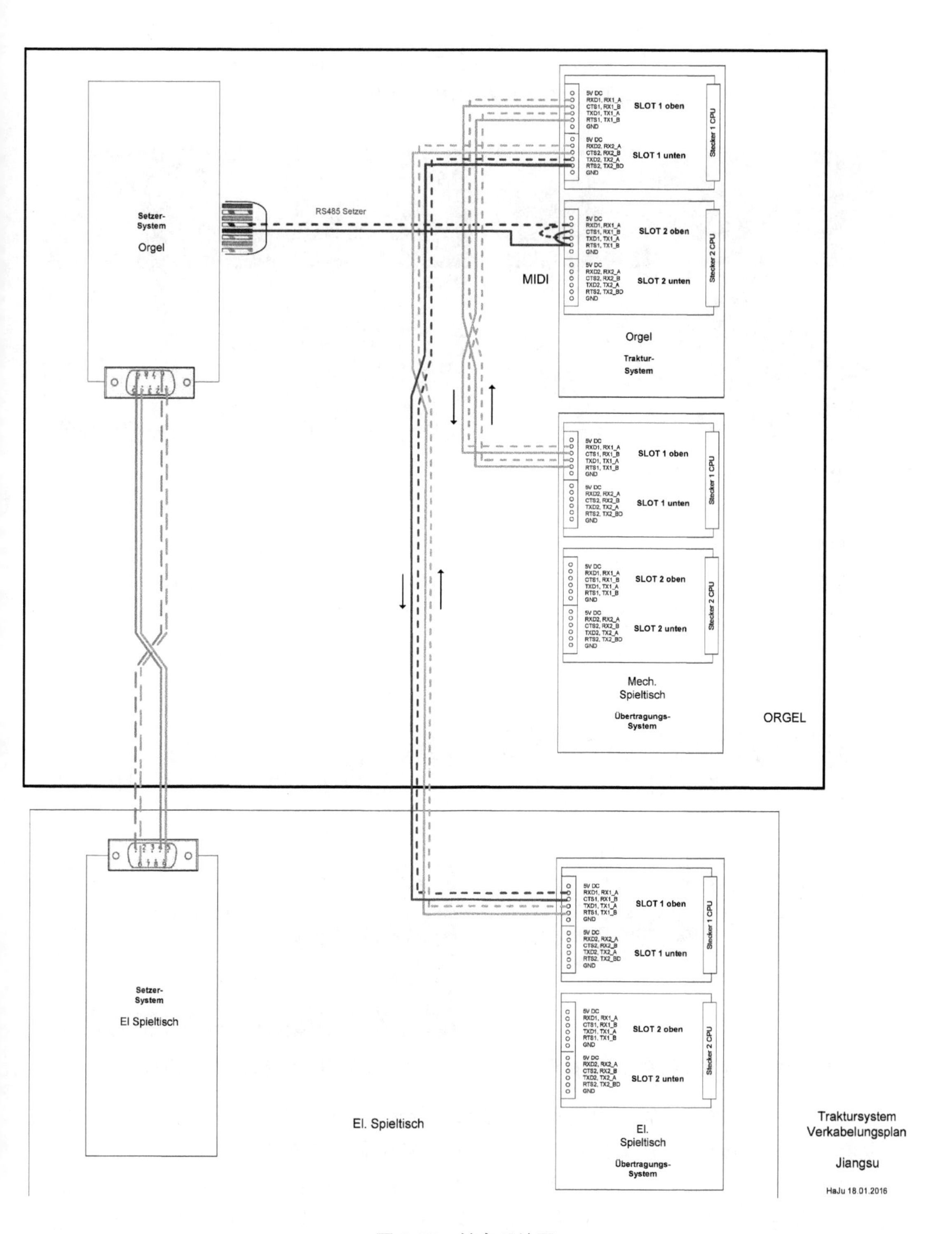

图 5-77 键盘系统图

转向板是由橡木所制作(图 5-79),而转向杆是由铝合金所制作,并且设计有木制的手臂来连接机械式拉条,而这部分的轴心钉是个非常精密的部件,是由高硬度不锈钢钢材所制作，经由特殊方式内嵌的胡桃木来动作，这是特别制作出来将摩擦区域降至最小的设计。L型转向器，就像转向板的木杆一样，由角栎木所制作因而特别强韧；当机械式拉条连接其上时，透过往上的小角度，从而可避免接触点摩擦产生的力道而省力。

图 5-78　机械式拉条悬吊于键盘与风肺内部的进气阀

图 5-79　转向板

机械式拉条是由上好的雷腾云杉切割而成，重量非常的轻，横切面是 6 mm×0.8 mm，也提供了良好的组装条件。所有软质的部件，像是衬套的棉布及碟形棉布，都是为了产生摩擦的声响而设计使用。只有这样的坚持才能制造出质轻、灵敏且安静的弹奏系统，而且不会因为长时间的使用消耗而部件老化。所有的部件都是经过百万次的耐久度操作测试而后采用。

图 5-80　电子式音栓系统的线控马达

图 5-81　电子式音栓设定系统

电子式音栓系统是由特别为里格尔设定系统所制作的线控马达来形成，并有充足的动力来完成设定系统所要求的动作，它们能快速且安静地推入或拉出音栓滑板。

电子式音栓设定系统是里格尔公司最新的研究成果能满足音乐家的需求；是目前最尖端的电子科技为基础的系统。除了基本的功能之外还建构了许多额外的功能，还有其他系统所没有的，拥有更快的速度、更人性化及更可靠稳定的系统。

这是市场上第一套结合三个决定性因素的系统，分别是音栓记忆系统、电子式键盘弹奏系统（在可移动式的演奏台）以及电子控制式的增音扬声器百叶窗系统。

最基本的可提供给 10 个使用者，每个用户都拥有密码或磁力钥匙来存取数据，更可

图 5-82　电子式音栓设定系统详图

以延伸到给 50 个使用者使用。每个人都有 1 000 组个别的音栓记忆组合,并有三个额外的设定(a, b, c)可延伸至 4 000 组可以用;此外,每个使用者有 250 个所谓的“抬头标题”可设定,这个需求来自管风琴家可以照自己的分类分成自己命名的数据库,可输入音乐的名字及时间等等;例如将“Bach J. S. Toccata and Fugue”输入当作是音栓组合的标题抬头。

这个数据库的建立使得要搜寻音栓记忆组合非常的便利,例如,只要输入第一个字母,如“B”,管风琴家就可以找到 B 开头(Bach)的音栓组合,这样就不用刻意去记住所有的组合名称;搭配有一个 7 英寸的触控屏幕可以操控所有的功能,放置在键盘下方一个可隐藏的小抽屉里面。而这样下来每个用户可以有66 500个组合可以使用。

每个用户可轻易地去编辑储存在系统里的标题抬头列表,在他自己的音乐会程序当中。他可以在一场音乐会当中事先预备好音栓组合,靠着输入名称第一个字母在屏幕上可以轻易地找到所需要的记忆;而该系统也允许音乐家将他自己的记忆数据拷贝与储存。

假如在移动式演奏台上额外安装一套电子式的演奏系统,就会有其他功能可以使用,举例来说像是“调音系统”,他允许调音师使用管风琴内部的遥控器来变更音栓或是目前的按键,这样就不需要一位调音助手的协助而调音师可自行调音。

另一套像是“里格尔回放系统”,可以让管风琴家们根据他们(或她们)所记录的来检查确认记忆的音栓组合,并且可以按下“回放”键,聆听刚刚所录制的管风琴音乐。

当启动电子式弹奏系统的同时,会产生所谓的电子式延迟的问题。而里格尔可以做到,就算是使用移动式演奏台距离超过 200 m,都可以使得延迟在 5 ms 以内;而人类耳朵可以发觉的延迟为 35 ms。

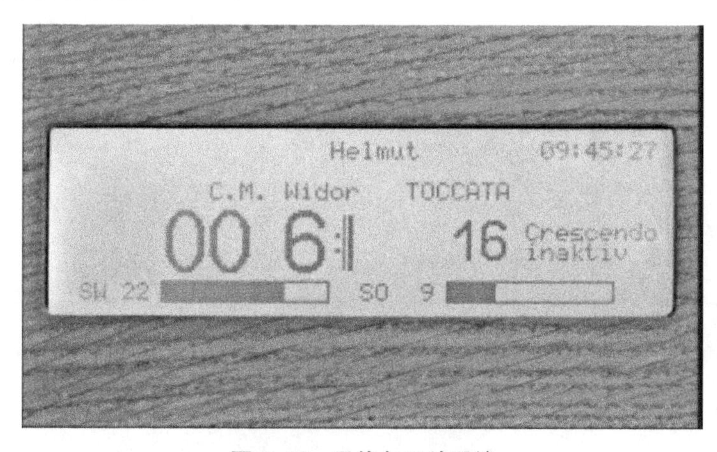

图 5-83　里格尔回放系统

图 5-84　管风琴的外壳

管风琴的外壳对于声音会有决定性的影响,并成为管风琴完整的一部分,不仅仅只是好看的视觉功能。这表示管风琴的外壳将会为里面所有的风肺提供完好的支撑,而大型的木头音管也会安装并固定在外壳上。

为了发展出最好的声音，管风琴的外壳需要由硬木来制作，例如橡木或松木，有适当的规模及尺寸，并且经有良好细致技术的管风琴技师来制作。要使用何种木材将会视最后决定的管风琴外观及场地的室内装修样式而定。

为了声调的因素及过去的经验，后墙面总是使用云杉；所有管风琴内部的部件都很容易组合；调音维修走道安全且方便，可以到达每一个分区对于制作管风琴所使用的木料，所有的木料不采用人工干燥，而是在自然环境中干燥至少是5～8年的时间，在加工之前，必须先储存在木料车间半年的时间，来适应调整至室内的环境；法国橡木来自法国北部的洛琳区，这个地区产的木料质量非常的好并有滑顺的质感；云杉在非常高海拔且狭窄的山谷地区生长，在奥地利的区域；树木在贫瘠的土壤上缓慢的生长，受到风的保护使得它们长得非常的直挺，而低亮度使得树木少有木栉；木质非常的轻且扎实，很适合拿来制作管风琴的外壳、机械式拉条、进气阀，以及木头管件等。

图 5-85　管风琴在组装车间里预先组装

所有尺寸的管风琴会在组装车间里预先组装，必须确保所有的部件以及音管管件都能如设计完好地组装，当管风琴离开车间时，它已经经过测试并安装过，可达到所有设计的功能。

6. 鼓风机

供电电源3相380 V，Laukhuff公司（德国）生产，功率：2×1.5 kW。

第六章　戏剧厅演出工艺设计

6.1　建筑设计

戏剧厅的观众厅容纳 1 020 名观众。戏剧厅由观众厅、舞台、休息厅、VIP 休息厅、演职人员工作用房、演出技术用房、卸货区以及配套用房组成。观众厅呈马蹄形，休息厅设在二层及以上，与共享大厅相连通，是内部的交通和空间核心。休息厅的位置贴近座席区，配套有交通、厕所、休息场所、服务用房等设施，见图 6-1。二层休息厅是池座观众休息区，三层

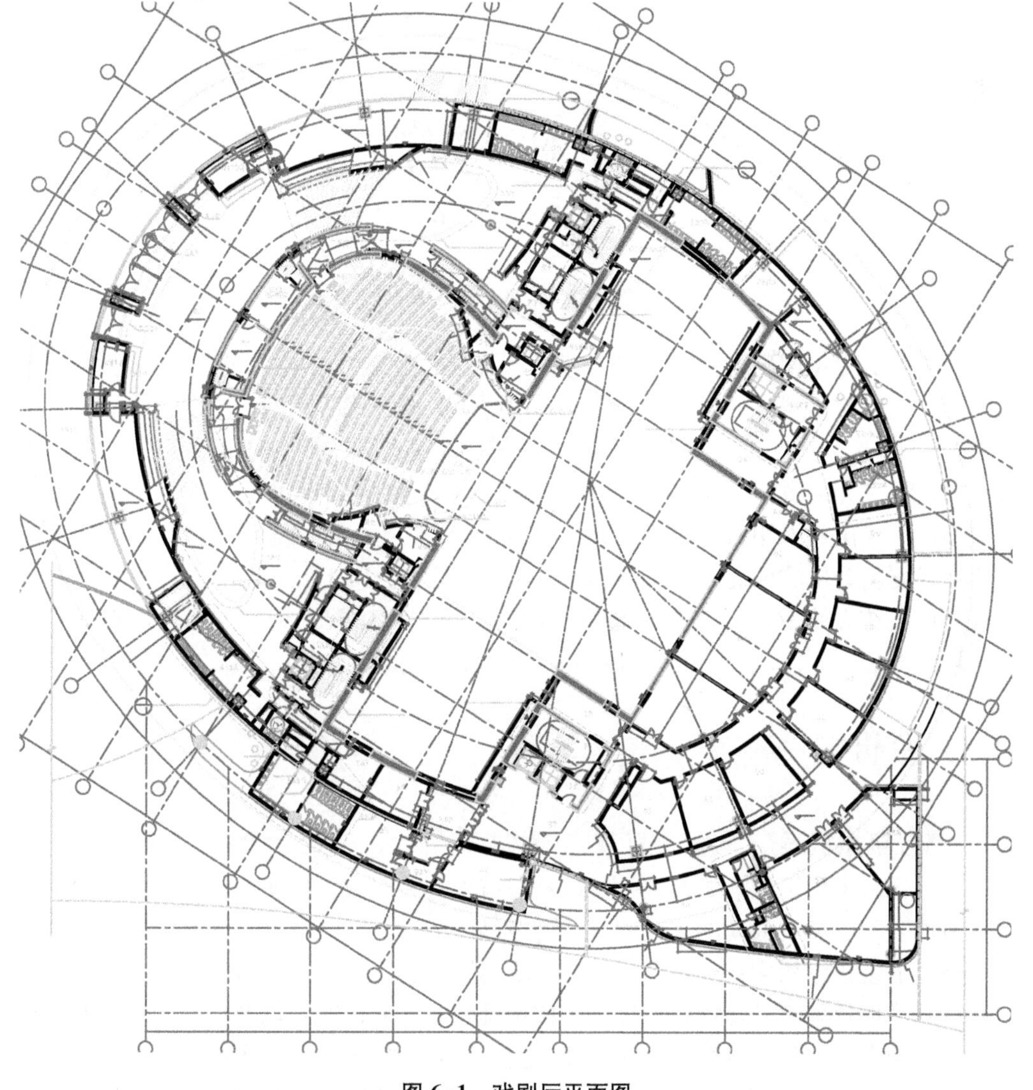

图 6-1　戏剧厅平面图

休息廊用作楼座观众的休息区。戏剧厅有独立的 VIP 门厅，VIP 接待室靠近观众厅池座前部入口，方便 VIP 观众入场。

戏剧厅由池座和一层楼座组成，每层看台间的比例按视觉、听觉的要求确定，使全部观众尽量靠近舞台，从多样化的三维角度观赏演出。其中正厅座位从前排至后排坡度高达 5 m，见图 6-2，令视线大为扩展，这种安排也符合观众厅的扩声要求。

戏剧厅舞台为镜框式舞台，台口尺寸 15 m×8.5 m，由主舞台、左右侧台组成，是一种灵活多变的、能适应各种演出的舞台形式。主舞台宽 27.4 m，台深 27.2 m，乐池开口尺寸 3.4 m×15.0 m。舞台上设有六块升降台、三台活动升降车和五十余道电动吊杆。

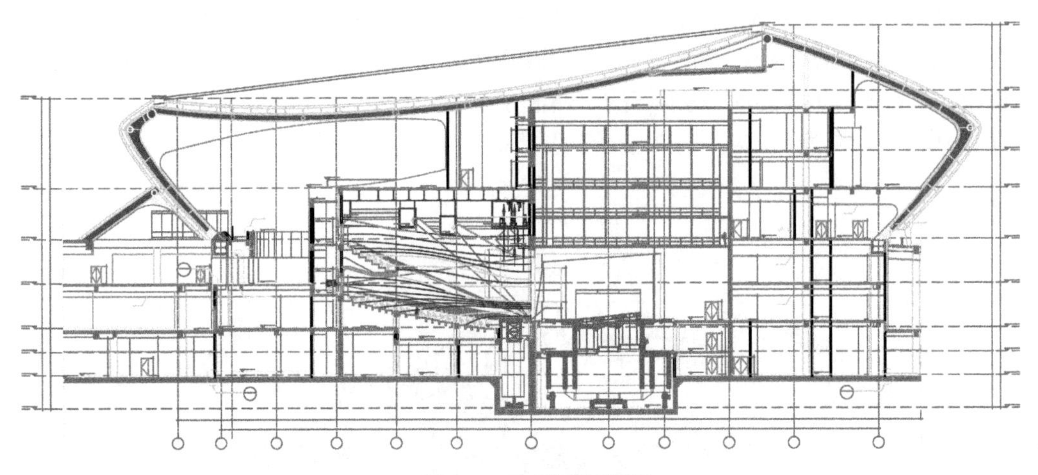

图 6-2　戏剧厅剖面图

后台演职员工作用房设置在 1～3 层舞台侧后方的区域内。首层设置演员门厅、办公门厅、化妆间、抢妆室、服装道具间、乐器库、布景组装场、候场区等用房。二层设置后勤办公业务用房，三层设置驻场剧团的排练厅用房。地面以上演出技术用房包括光控室、声控室、放映室、控制室、追光室、舞台机械控制室等设备用房，布置在舞台四周和观众厅池座的后方区域。地面以下演出技术用房有台下开关柜室，布置在地下主舞台基坑一侧。卸货区及布景库设置在戏剧厅首层的西北侧，靠近侧舞台，位置隐蔽，便于卸货。

观众厅天花设计为多层凸曲面，能向所有观众席提供重要的天花反射声。观众和舞台过渡区域的侧墙面亦做成凸曲面，向池座前中区观众提供反射声。

6.2　舞台机械

6.2.1　舞台机械概述

戏剧厅舞台采用镜框式舞台，由主舞台、左右侧舞台组成。主舞台设置转台及双层升降台，左、右侧台配有灵活移动的车台，台口前设置乐池升降台。

舞台台下设备包括主舞台鼓筒式转台 1 块，转台内双层升降台 3 块，台口前观众厅设置乐池升降台 1 块及乐池升降栏杆 1 套。侧舞台设置了 6 套侧车台以及配套的补偿升降台。

主舞台转台是现代化机械舞台的主体，是台下舞台机械设备最重要的组成部分。它能够灵活、丰富地变换舞台形状，通过升降台相互组合，改变升降高度，使整个主舞台在平面、台阶及旋转之间变化。

戏剧厅主舞台设置转台及双层升降台，左、右侧舞台配有灵活移动的车台，台口前设置乐池升降台。

主舞台的上空布置了电动吊杆、分段式灯光吊杆、单点吊机以及侧吊杆等吊挂设备，供演出时使用。在载荷允许的情况下，各吊杆可任意组合使用，每一侧吊杆既可挂灯也可挂景。设置调节台口大小的假台口、消防专用的防火幕和具有对开和提升两种方式的大幕机；侧舞台上空布置有悬吊设备；二道幕机构可根据需要挂在任意的电动吊杆上，对舞台进行表演分区；在主舞台上方的单点吊机，有可移动的钢丝绳吊点，台唇上方设置固定单点吊机，既可单独使用，也可任意组合使用，以提高舞台布景与使用的灵活性，丰富表演内容和效果。

台下设备包括主舞台直径 18 m 的双层鼓筒式转台，它能灵活丰富地变换舞台形状，通过升降台相互组合，改变升降高度，使整个主舞台在平面、台阶及旋转之间变化。转台内有双层升降台 3 块，台口前乐池升降台 1 块，及乐池升降栏杆 1 套。侧舞台设置 6 套侧车台以及配套的补偿升降台。

6.2.2　台上舞台机械

主舞台的上空布置了电动吊杆、分段式灯光吊杆、单点吊机以及侧吊杆等吊挂设备，供演出时使用。在载荷允许的情况下，各吊杆可任意组合使用。另外还有带有可移动的假台口侧片和假台口上片的假台口、金属结构的防火幕和吊挂不同材质的幕布如大幕、纱幕或前檐幕等的舞台机械设备；侧舞台上空布置有悬吊设备；二道幕机构可根据需要挂在任意的电动吊杆上，对舞台进行表演分区。在主舞台上方的单点吊机，有可移动的钢丝绳吊点，台唇上方设置固定点单点吊机，既可单独使用，也可任意组合使用，以提高舞台布景与使用的灵活性，丰富表演内容和效果。

对于舞台灯光，布置 5 套分段式的灯光吊杆和 1 套假台口，根据需要也可将灯挂在任一电动吊杆或固定在一、二层马道栏杆上以补充灯光的灵活性；每一侧的侧吊杆既可挂灯也可挂景。

表 6-1　台上舞台机械配置清单

名称	数量	驱动类型	尺寸(m)			有效载荷(kN)	吊点数量	速度(m/s)	行程(m)
			宽	深	高				
主舞台吊杆	61	钢丝绳卷扬型	21.0+2×0.40	—	—	7.5	8	0.01～1.3	22.15
侧吊杆	8	钢丝绳卷扬型	10.75	—	—	7.5	4	0.01～1.3	22.15
灯杆-左侧外杆	5	钢丝绳卷扬型	4.45	0.9	2.38	3	4	0.01～0.3	22.1
灯杆-右侧外杆	5	钢丝绳卷扬型	4.45	0.9	2.38	3	4	0.01～0.3	22.1
灯杆-内杆	5	钢丝绳卷扬型	11.2	0.9	2.38	8	8	0.01～0.3	22.1
台口吊杆	3	钢丝绳卷扬型	21.5	—	—	7.5	8	0.01～1.3	24.15
大幕机(垂直)	1	钢丝绳卷扬型	21.6	—	—	5	9	0.01～1.5	24.15
大幕机(水平)	1	钢丝绳卷扬型	21.6	—	—	5	—	0.01～1.5	11.8
二道幕机构	2	钢丝绳卷扬型	21	—	—	3	—	0.01～0.8	11.5
吊点可移动的单点吊机	14	钢丝绳卷扬型	—	—	—	2.5	1	0.01～1.2	23.5
单点吊小车	16	手动	2.62	1	—	—	—	—	—

（续表）

名称	数量	驱动类型	尺寸(m)			有效载荷(kN)	吊点数量	速度(m/s)	行程(m)
			宽	深	高				
假台口上片	1	钢丝绳卷扬型	9.9	1.05	3	18	8	0.1	8.66
假台口侧片	2	摩擦驱动	4	1	9.3	10	—	0.1	3
侧台装景行车	8	链式吊机，摩擦驱动	—	—	—	5	—	0.15	9
台唇单点吊机	10	钢丝绳卷扬型	—	—	—	2.5	1	0.01～0.6	11
台唇链式吊机	6	链式吊机	—	—	—	15	1	0.1	11.7
台唇吊杆	1	钢丝绳卷扬型	14	—	—	7.5	5	0.01～0.5	11.5

6.2.3　台下舞台机械

台下舞台机械及配置用表 6-2 列示，下面分别予以介绍。

表 6-2　台下舞台机械配置清单

名称	数量	驱动类型	尺寸(m)			有效载荷(kN/m^2)		速度(m/s)	行程(m)
			宽	深	高	动态	静态		
鼓筒式转台	1	齿轮驱动类型	直径：18 m			3.5	7.5	0.01～1.0	∞
						1	5		
双层升降台	3	电动，钢丝绳	12	3	—	5	7.5	0.01～0.3	8
						1.5	1.5		
倾斜台板	3	多连杆驱动类型	12	3	—	0	7.5	0.02	6°
侧补偿升降台	6	电动偏心轮驱动类型	12	3	—	4	6.5	0.02	0.2
侧台车台	6	摩擦轮驱动	12	3	0.2	2.5	5	0.01～0.3	21
乐池升降台	1	钢丝绳卷扬型	14.17	3.1	—	2.5	5	0.01～0.2	7.5
乐池升降栏杆	1	钢丝绳卷扬驱动类型	16.285	0.3	—	0	5	0.02	1.1
演员升降小车	2	钢丝绳卷扬驱动类型	1	1	—	2	5	0.01～0.5	4
移动灯架	8	手动	1	1.2	4.5	3	—	—	—

1. 鼓筒式转台设计

鼓筒形转台，顾名思义，其形态好似“鼓”。通常设置在以戏剧、话剧演出为主的剧场主舞台区中轴线上，靠近台口一侧，与大幕线接近。鼓筒形转台以转台为基础，直径一般与建筑台口宽度相近或稍大，取决于转台上可布场景的数量，实现大型布景平面旋转换景。转台上设置演员手动或电动活动门、单层或双层升降台或升降旋转台，升降台可随转台旋转。演员与小型道具可通过舞台台仓进入鼓筒形转台，再由转台上的升降台运送到舞台面，转台上的升降台一般可相对转台台面下降一层或两层，并且可相对转台台面升起一定的高度。升降台布置方式灵活多变，应以适用演出需求、兼顾转台结构体设计为原则。鼓筒形转台的整体高度比较大，如国家大剧院戏剧场转台直径 16 m，高度 15 m；国家话剧院转台直径 16 m，高度 13 m；辽宁大剧院转台直径 16 m，高度 10.30 m。

江苏大剧院转台直径 18.00 m，高度 11.00 m。转台内部设有 3 个舞台升降台。转台为双层结构（图 6-3），位于主舞台上，用于演出中转化布景，以达到不同的舞台布景效果。同时由位于转台下层台板的 4 个电机驱动齿轮作为驱动装置。详见图 6-4。

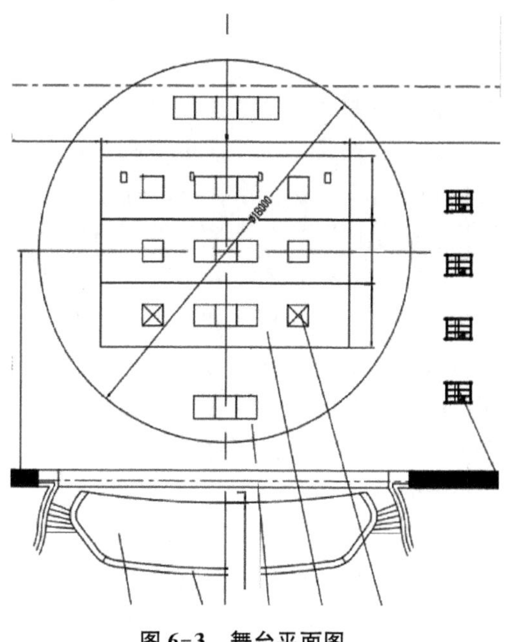
图 6-3　舞台平面图

鼓筒式转台是戏剧厅台下最重要的舞台机械设备，也是江苏大剧院舞台机械设计方案中最为复杂，技术难度最高的设备。首先考虑转台的尺寸很大，直径达到 18 m，高度为11 m，同时转台内部包含 3 套大尺寸重载荷升降台，考虑到转台的尺寸和载荷，方案设计采用中心配置回转支撑，外圈配置支撑轮的组合支撑形式，使整个转台处于简支梁体系中，受力条件更佳，也利于保持转台旋转动作时的稳定性。

另外，转台的最大特点是车台可以随升降台下降至下层台面，并向后平移至后舞台台仓中。这就要求转台内部结构要预留出车台运行的通道，并尽量保证通道的高度，以便车台载着布景能够顺利穿过转台结构。这就决定了在标高 3.0 m 处，转台结构需要预留大于 12 m 宽的通道，在此区域内不能有任何对上层台板的支撑立柱，这对转台结构设计是巨大的挑战。为了在不利的使用条件下能够完美地实现全部技术功能，在升降台设计上力求尽量减少上层台面的载荷，以减少转台的结构尺寸，减少转台的自重，保证转台的实用性。否则，转台的旋转驱动在底部，顶部重量过重将在转台启停时产生过大的扭转力，不利于运行的稳定。为此，在选择升降台驱动时，选用了更大型号的电机，并取消了配重系统。使整个转台结构获得了巨大的优化。

转台的旋转驱动设置在底部回转支撑上，驱动装置的齿轮与回转支撑上的齿轮啮合，通过将多组驱动机构同时带动回转支撑转动，从而达到转台的旋转。这样不但将转台的支撑与转台的旋转驱动有机地结合在一起，还具有结构简单，运行刚性高，定位准确，运行噪音低，加速性好的优点。

图 6-4　转台的升降驱动

对台体建立模型，钢结构如图 6-5 所示。其中，转台直径 18 m，为 3 层结构。内部包含 3 个升降台。

转台上装有 23 个活动门,活动门下可设置演员升降小车,转台台板间内置升降台。通过活动门可以达到演员或布景从台下升起的特殊效果。升降台也可用于舞台的场景变化。演员升降小车的开口和活动门:每个活动门设置在转台上层台板上(其中 15 个位于双层升降台内)。上层台板的钢结构支撑活动门边缘。活动门为手动抬起和移动。抬起之前,活动门是未上锁的,可以通过工具从上方开锁。这个工具也可以在抬起活动门时使用。将避免其锁定装置产生不必要的松动。

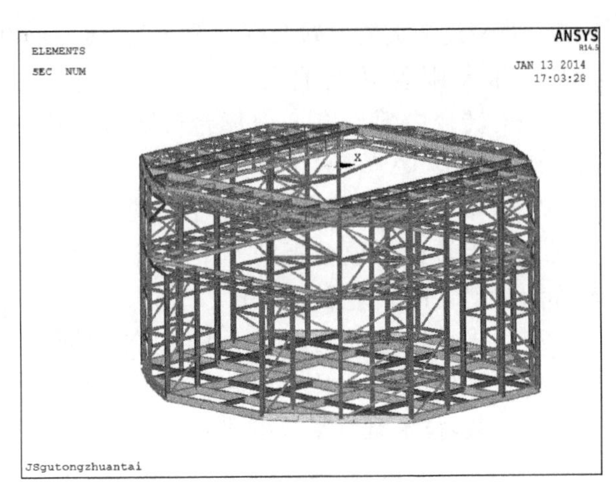

图 6-5 转台结构示意图

转台由以下主要部分组成:

鼓筒形转台包括转台台体、升降台(含升降块、旋转升降台等)、旋转机构、驱动系统、供电滑环、安全防护装置、位移和速度检测系统等。

升降台或升降块的平面布置形式多样,结合升降高度变化及它们相对于舞台中心线的角度位置不同,可以组成多种形式的舞台表演台面,以满足演出场景变化的需要。升降台在鼓筒式转台静止时或旋转时均可单独或组合运动,有些升降台台面也可倾斜,转台也可配合车台组合使用,以创造不同的舞台效果。

1) 转台台体

鼓筒形转台台体结构为空间钢结构,是支撑转台其他部件的基础,由水平底盘和垂直于底盘的空间钢架组成。空间钢架呈圆筒形,内部形状根据升降台的形状确定,通常钢架分多层,层高与台仓层高一致,便于演员或道具进出转台。

在台体结构设计中,首先应从水平底盘的结构着手,水平底盘与转台驱动机构相连,采用不同的驱动方式以及外围圆周是否设置托轮等,导致水平底盘的受力状态不同,其结构形式也不相同。如果设置托轮,底盘梁一般高度一致;如果不设置托轮,单个梁可视为悬臂梁,在转台底盘圆周处梁高可相应减小。在外界条件相同的条件下,前者用钢量少,土建受力相对分散,后者设备造价高,但运行噪音相对较低。

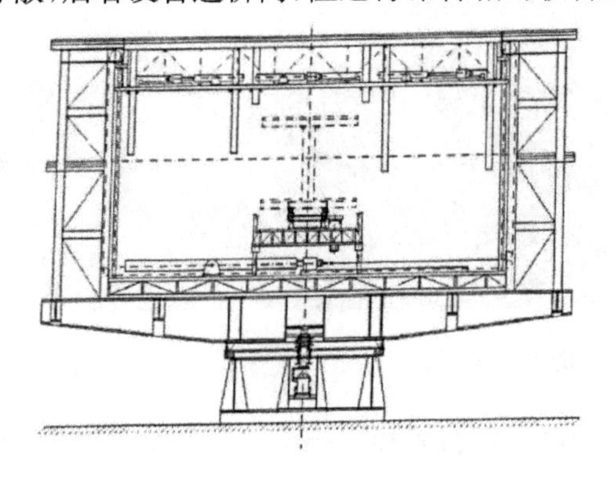

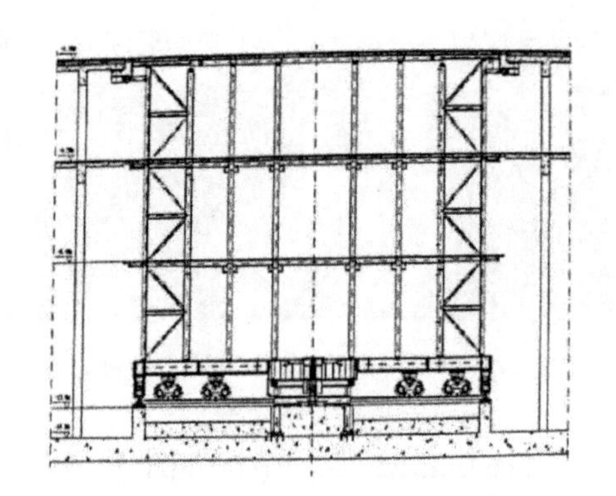

图 6-6 转台台体剖面图

一般水平底盘主梁呈"井"字型布置，采用桁架结构或箱形结构，结合间隔或跨度设置次梁。

其次是空间钢架的结构设计。在水平底盘外圆周各节点设置构成空间钢架的立柱，内部的立柱一般应设置在底盘各梁的交叉节点上，同时应避让转台上升降台与人员通道的位置。立柱的高度可考虑水平底盘到舞台台面，中间结合分层位置设置水平段横梁连接，必要时可增加斜杆，以增加结构刚度。

对于水平底盘与空间钢架构成的梁柱台体结构，应建立空间力学模型进行受力分析，依次校核底盘主梁、立柱、各层主杆件、各节点强度及刚度。

台体结构设计中应特别注意以下几点：

➢ 由于转台是旋转运动设备，在进行强度计算与受力分析时，应考虑转台启动或高速旋转急停时，节点的强度校核与结构刚度控制，必要时进行自振频率分析，避免共振；

➢ 结构设计应考虑设备运输条件的限制，如果节点采用焊接方式，应注意结构分块尺寸宽度一般小于 2.40 m，特殊情况可超限，但也不宜超过 3.00 m；

➢ 空间钢架和水平底盘的连接处设置特殊弹性垫既能保持联接的牢固，又具有一定的弹性，可以减震并降噪。

2）转台旋转机构

旋转机构主要是指回转支撑以及周围托轮、轨道等。回转支撑设置在水平底盘回转中心，在转台旋转时起支撑与定位作用，通常会选用直径 2.00～6.00 m 的大型球轴承。直径越大抗倾覆力矩越大，支撑越稳固，当然设备的造价就越高。因此有时也可以设置特殊加工的圆圈轨道，周围设置一圈或多圈托轮来代替回转支撑，但对旋转的定位精度和运行噪音会有较大影响。

3）驱动系统

（1）大型齿圈-齿轮驱动。

大型齿圈-齿轮驱动方式是较为常用的转台驱动方式：齿圈一般与回转支撑集成，与齿轮啮合传动。为使驱动力尽量均衡，同时基于冗余备份及降低单台驱动功率考虑，也可设置两个或多个驱动齿轮在齿圈圆周均布。驱动齿轮的可以是电机减速机。

该驱动方式的特点是：

➢ 对控制系统的要求较高，两套或多套齿轮驱动的同步性要求很高，才能确保转台旋转平衡；

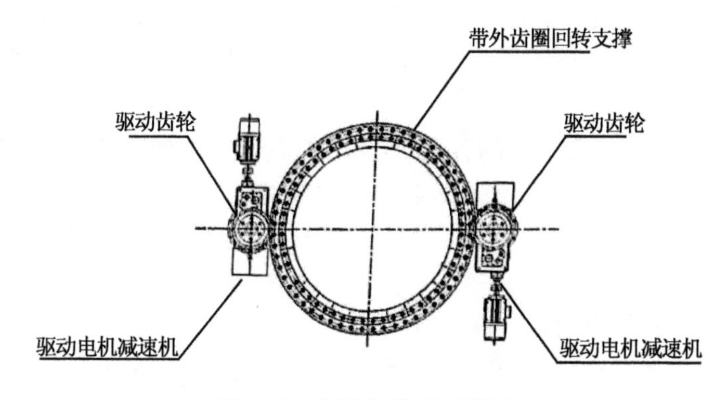

图 6-7　大型齿圈-齿轮驱动

➢ 回转支撑运行平稳，定位精度高，驱动噪音低；

➢ 设备造价相对高。

(2) 链轮-链条驱动

链轮-链条驱动方式是在转台水平底盘圆周设置链条形成大直径链轮，由电机减速机驱动链条带动大链轮旋转实现转台驱动。

该驱动方式的特点是：

➢ 由于大链轮直径过大，不能直接机加工完成，因此，一般采用预先加工链齿再装配焊接的工艺，对加工工艺和技术要求较高；

➢ 链条的张紧是一个难点，由于直接驱动，驱动力很大，张紧相应也很大，张紧量一般应大于链条的一倍节距。链条水平工作，如果张紧效果不好，链板磨损严重，对传动的平稳性与工作噪音会有较大影响。

图 6-8 链轮-链条驱动方式

4) 供电滑环系统

供电滑环设置在转台回转轴线上，一般在回转支撑中央，是为转台上升降台及灯光系统供电的装置。供电滑环由动力滑环、控制滑环以及灯光滑环组成。根据不同的需求，滑环的回路数量不同。滑环的性能参数主要有：环数、各环电源类别以及各环额定电流。

本项目设计特点：

(1) 转台旋转使用齿轮驱动，加速性能优异，运转平稳刚性好，停位准确，运行噪音低，安装和维护简单。

(2) 驱动系统采用德国 SEW 公司 K 系列集成驱动，性能优异。整个驱动结构紧凑，布局合理，维修维护便利。

(3) 电机采用德国 MAYR 低噪音制动器，确保制动可靠，使用噪音低。

(4) 转台设置了 4 套驱动系统，其中两套工作就能满足转台的旋转，这样不但使转台的受力更均匀，结构的受力状态更好，而且使系统运行的可靠性更高。

(5) 转台中心设置了集线滑环，使动力电源、控制信号及灯光信号可以导入到转台上。

(6) 在转台上部四周设置侧支撑轮，使转台在偏载状况下更容易取得平衡，并对台体结构起到保护作用。

(7) 转台上设置了位置编码器，可以精确检测转台旋转状态，精确控制台体的运行。

(8) 转台的钢结构本体安装在一个回转支撑及转台周边的支撑轮上，使台体受力更加均衡，运行稳定性更佳。

(9) 经 ANSYS 软件优化设计的转台台体结构，在保证台面承载能力的同时，能够很好地满足车台在转台内部的通行，完美实现转台各项功能。

(10) 转台上预留了车台运行的轨道，为车台的稳定运行提供了极佳的平台。

2. 双层升降台

升降台位于鼓筒式转台内，与舞台横轴平行。

升降台采用无振动型钢结构，有足够的刚性。台板带有安全挡板。

升降台在上下两个方向将遵守规定的行程，升降台将能够停留在行程范围的任何位置。

升降台包括一个可以向上面、向观众厅倾斜6°的上层台板和一个下层台板。两层台板带有安全挡板。每个升降台有5个演员活动门。

双层升降台在上下两个方向将遵守规定的行程。在一个升降台倾斜时，两个升降台之间的距离将保持不变。在任何位置满载情况下倾斜时，上层台板保持在位置上。所有升降台都有带木龙骨的45 mm厚木地板。双层升降台在上下两个方向将遵守规定的行程（用于操作开关和紧急限位开关）。升降台共有3个固定的锁定位置（按照上层台板面为描述对象：标高＋5.00 m，舞台面标高＋1.00 m，台仓标高－3.00 m。）。此外，升降台将能够停留在行程范围的任何位置，安全措施主要包括：

（1）安全挡板：为了防止剪切边，整个升降台结构将在周围装有胶合板制成的挡板。胶合板挡板和支撑结构将依据设计指定的水平力确定尺寸。挡板上涂黑色亚光漆，并将遵守消防要求。

（2）防剪切装置：没有一种设计可以防止升降台的所有剪切边和周围固定结构发生剪切，所以将安装带有机械接触保护的防剪切边或防撞条。防剪切边需要安装在所有可能发生剪切危险的地方。为了达到防剪切目的，防剪切边将设计成在触动接触点后的短时间内安全停止升降台。

（3）侧车台的导轨：升降台中将内置一套导轨在舞台木地板中，用于行程中侧车台的导向。导轨与地板齐平。

图6-9　双层升降台现场照片

3. 侧台补偿升降台

侧台补偿升降台位于左、右侧舞台并与舞台横轴线平行。

补偿升降台采用无振动型钢结构，有足够的刚性。补偿台带有舞台木地板衬木。

升降行程在上下两个方向将遵守规定的行程。升降台共有2个预定操作位置（舞台标高和舞台标高减去侧台车台高度后的标高）。除此之外升降台将能够停留在行程范围的任何位置。

驱动：电动偏心轮驱动系统。驱动系统适合于低基坑安排，以允许升降台在所要求的行程，包括超行程的垂直运行，带有3相电机。

导向系统：辅助台将沿着整个升降高度，由适当的导轨系统导向。导轨由行业标准的型钢和导向元件制成。系统将设计为可以承受所有所发生的力和扭矩。

侧车台的导轨：升降台中将内置一个导轨在舞台木地板中，用于行程中侧车台的导向。导轨与地板齐平。

升降台挡板：为了防止剪切边，整个升降台结构将镶有胶合板挡板。胶合板挡板和支撑结构将依据设计指定的水平力来确定尺寸。胶合板挡板刷黑漆，并将遵循消防要求。

4. 侧车台设计

戏剧厅设置侧车台，是江苏大剧院的首创，要求鼓筒从旋转到停止必须与侧车台在一条直线上，否则车台无法开到鼓筒上。

侧车台的停车位置位于左、右侧台上并与舞台横轴线平行。

侧车台采用无振动钢结构，将具有足够的刚性。车台上装有舞台木地板衬木。

车台内部设置蓄电池驱动装置，通过摩擦驱动车台运行，可从侧台向主舞台横向往返运动，可从主舞台向后舞台往返运动，亦可随转台内升降台降至－3 m 标高后运行至后台下方－3 m 标高区域。车台上安装的导向轮在导轨中运行。所有承重滑轮均为聚氨酯轮。

侧车台内自带控制系统，通过无线控制台操作。没有预操作位置，操作位置可由控制系统自由编程设计。侧车台方案设计的特点如下：

(1) 车台上配置了可提供横向和可提供纵向运行的，独立的两套摩擦轮驱动机构。通过控制系统，可使所需运动方向的驱动机构进入工作状态。不使用的驱动机构将自动收起，防止与运行方向发生干涉。这样避免了驱动机构在运行中的反复转向，使运行更加简单，可靠。

(2) 车台的驱动机构配有专门的升降机构，同时驱动机构与用于导向的导向板能够机械联动，这样保证了驱动系统和导向系统可以同时快速切换，运行可靠性更高。

(3) 在车台的运行轨迹对应的舞台面上都设有车台运行导向轨，在车台驱动机构上同时装有导向板，在行走机构切入的同时，导向板进入台面的轨道，为车台运行提供刚性导向。

(4) 通过摩擦驱动可从侧台向主舞台横向往返运动，也可从主舞台向后舞台往返运动，使得车台使用更灵活，效果更佳。

(5) 台体主梁采用型钢，保证台体有足够的刚度。

(6) 所有承重滑轮均为组合式万向聚氨酯轮，保护木地板和减少运行噪声，并能够沿任意方向运行。

(7) 侧车台内自带电池和控制系统，通过无线控制台操作，控制更方便。

(8) 在侧舞台设有自动充电装置，联锁运行，安全可靠，简化了工作人员的工作量。

5. 仓栏杆

为了防止物品或人从台仓工作走廊掉落到机坑里，机坑周围将全部用固定安装栏杆包围。每个通向双层转台的入口处都有一个门。

每个门都有电子监控。如果门被打开并干扰了电子线路，转台就不能运行。如果在运行中发生断路，相应的转台将立刻停止。电子监控将与双层转台的电路系统相连。

台仓区域的立柱设计依据以下技术参数：

设计类型和结构：钢架结构，刷亚光漆并遵守防火要求；

门：双翼门装有锁和门把手，打开时最小净宽 2.00 m。

活载荷要求：结构设计可支撑设计指定的力。

栏杆主要包括：

（1）带门的型钢结构；

（2）电子监控系统。

6. 乐池升降台

乐池升降台位于乐池基坑中并与舞台横轴平行。

乐池升降台设计为钢结构并保证足够的硬度。乐池升降台的固有频率将大于 10 Hz。

垂直行程在上下两个方向将遵守规定的行程。升降台共有 4 个固定的锁定位置(舞台标高＋1.00 m,观众厅标高＋0.00 m,乐池基坑－1.50 m,乐池基坑－6.50 m)。此外,升降台将能够停留在行程范围的任何位置。升降台台面的衬木将用 45.00 mm 厚的舞台木地板。

乐池升降台方案设计的特点如下：

（1）乐池升降台采用高速性能钢丝绳驱动方式。这种传动方式具有高速升降、运行稳定、噪音低、安装简便的特点。同时这种传动方式很好地解决了系统运行过程中的偏载问题,使整个系统更加安全可靠,也很好地解决了由于升降速度快和链条多边性效应而引起的运行振动加大、噪声加剧、平稳性差的问题。

（2）由于钢丝绳卷筒在直径上不可避免的有加工误差,同时钢丝绳在使用过程中也会不断伸长,为了消除这些因素对台体运行所产生的影响,为每个乐池升降台都配置了两套独立的电机、减速机和卷筒装置的驱动系统。两套驱动分别连接升降台的一个侧边,并在升降台台体的两边分别设置拉线编码器,用以收集该侧台体的真实运行情况,而在驱动装置上做检测是无法消除钢丝绳伸长而产生的偏差的。控制系统通过收集到的台体运行信息,驱动两套驱动装置独立运行,根据台体运行状况实时调节。在此过程中,各种偏差通过控制系统驱动下,两套驱动装置细微的运行差别消除了,保证台体高速运行时不发生偏斜。

（3）驱动系统位于机坑的底表面,在两侧有两套独立的驱动系统,通过双出轴的减速机连接卷筒,每个卷筒上固定两条钢丝绳,通过钢丝绳的收放带动升降台升降。由于只采用一级德国 SEW 公司 M 系列集成驱动,更少的驱动环节,保证了更小的运行噪音。整个卷扬机结构紧凑,性能优异,布局合理,维修维护便利。

（4）这种传动方式很好地解决了系统运行过程中的偏载问题,使整个系统更加安全可靠。

（5）台体按加工、运输、安装要求进行分段,现场用高强螺栓连接,保证台体有足够的刚度,能够承受各种载荷。

（6）在升降台四周设防剪切安全装置,当触及升降台四周边缘的下部时,切断电路,升降台停止升降,确保演职人员的安全。

（7）使用绝对值编码器配合拉线装置直接检测台体位置,位置信息准确可靠。

7. 演员升降小车

演员升降小车是一个可移动的舞台机械设备,用于双层转台的下层台板上,可在下层台板区域内自由移动。

演员升降小车采用无振动型钢框架结构,框架结构内装有可升降台板,台板将有足够的硬度。演员升降小车的台板将用木板镶面。

升降行程在上下两个方向将遵守规定的行程。升降台共有 2 个预定操作位置(舞台标高和入口标高)。升降台将能够停留在行程范围的任何位置。

演员升降小车方案设计的特点：

演员升降小车由结构架、导向装置、钢丝绳驱动装置、电气设备和控制设备组成。

演员升降小车采用铝合金材料作为结构架,大大地减轻了设备重量轻,使小车移动更灵活,并减轻移动中对舞台木地板的磨损。

图 6-10　演员升降小车示意图

演员升降小车采用钢丝绳驱动装置,高速下运行平稳,噪音低,停位准确。

8. *安全要求及措施*

确保电气安全装置每次反应时驱动装置和制动器能够安全地从电源中断开。可控系统停止操作时,电源将延迟断开。

在任何情况下,电气系统的故障都不会导致危险操作情形。

在任何环境下,电子控制中的错误都不会禁止系统的关闭;电子产品的故障不会影响安全装置的特有功能。

如果使用电气开关装置(接触器,继电器),任何安全电路中使用辅助的接触器(中间继电器)(例如在那些辅助接触器的故障可能导致特殊安全措施无效的地方),将为冗余设计并可监视。本规定将应用于这些辅助接触器。

如果驱动装置和制动器的电源是分离的,以上的措施也将应用于这些驱动装置和制动器。

如果一个安全装置已经发生反应(例如已经触发),原运动方向驱动装置的主电路不会接通。

所有安全装置的功能将是可以测试的。

安全限位的反应将在起作用时得到显示。

要使用以下的电气安全:

- 安全功能的行程开关或安全电路;
- 急停设备;
- 提供急停设备以安全停止一个驱动或整个系统。

每个控制台将有自己的急停装置。不同设备的控制台能够停止所有设备的运行!

为停止一个驱动或者整个系统,以下列出的两个方法中只能使用一个:

急停装置在需要停止的驱动系统的主电路上直接作用。这个方法要求一个电力电路断路器或者是动力断续器。不允许使用接触器,使用两个串联的接触器也不行。或者紧急装置在控制电路上直接作用,因此要确保所有相关的主电路可以被一个信号命令所关闭。本方法总体上要求至少要两个接触器,线圈要同时关闭,触点是和上游的驱动装置串联的。

急停装置的手动操作的接触元件将从正确锁定的状态打开。

急停开关要被设计成用手掌按的按钮控制开关,带有锁定装置。

操作限位开关故障时安全预防。

操作限位开关故障时,限位开关将可以有效停止驱动装置。

用作紧急限位开关的开关将用主动锁定的方式导向和操作并闭路连接。

如果回应紧急限位开关,将安全中断驱动装置的主电路。

在违反同步性公差时的保护措施。

如果同步限制公差已经达到，此组驱动将被停止。

将能很容易地识别出导致整组停止的故障卷扬机。

如果使用逐渐结合或上电锁定的联轴器，将对其有效性进行监测。

不接受在负载和制动器之间可转换的联轴器。

不符合事先预设(故障)动作顺序时将停止。

驱动组将在不符合预设或排练的动作顺序时停止。

安全装置的测试设备：

要提供以下的测试设备，以进行每个机械设备的安全装置的强制性功能检查。

- 制动器测试装置；
- 用于单独打开的电子制动器的装置(每个刹车的功效将是单独可测的)。
- 紧急限位测试装置。

限位开关的单个桥接装置。

驱动在可引起反应的紧急限位位置范围外时，桥接已经触动的安全限位开关，锁定超出行程的相反方向。(每个安全开关的功效将是单独可测的)

以上规定的设备将保证不会发生未经许可的操作，例如使用一个可拆卸的钥匙开关。

6.2.4　舞台机械控制系统

戏剧厅舞台机械控制系统采用瓦格纳比罗卢森堡舞台设备有限公司(前身是 Guddland digital S. A.)所研制的 CAT 控制系统，它通过艺术性的技术来控制台上、台下舞台设备。

CAT 控制系统减轻了装台、排演和演出时的舞台控制工作量。具有友好的人机界面和可靠性的 CAT 控制系统，确保所实现的同步运动驱动器数量不受限制。基于近二十多年计算机舞台控制经验，CAT 系统已发展到现在的第四代了。

CAT 控制系统严格按照舞台领域安全标准，并符合 EN 61508 安全完整性等级 3 (SIL3)的要求。各级冗余确保了同一时间里的高度可靠性。

从 CAT 系统在 1989 年首次安装起，CAT 系统已用于六十多个剧院中。现在，CAT 系统在世界范围内十六个国家和九条豪华游船上控制了超过三千个驱动单元。

1. 安全性能

CAT 控制系统是根据国际安全准则进行研制的，它符合下列标准：

BGV C1 (GUV 6.15)；

欧洲标准 EN 954-1；

欧洲标准 EN 418；

欧洲标准 EN 60204-1；

欧洲标准 EN 61508。

CAT 控制系统完全符合欧洲标准 EN 61508/VDE 0803 安全标准。并符合安全完整性等级 3(SIL3)的要求。

2. 系统配置

下面的框图显示了 CAT 系统的主要构成，且将详细地介绍各个构成部件。

CAT 系统由以下基本部件构成：

CAT190 控制台或者 CAT192 控制台；

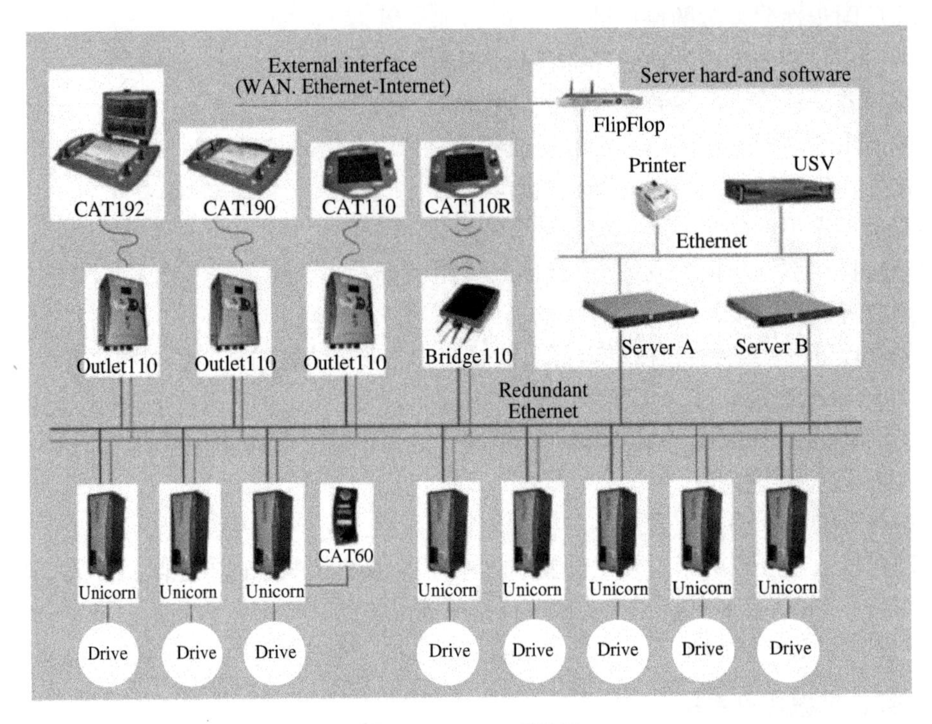

图 6-11　CAT 系统图

图 6-12　服务器

CAT110 可移动控制台；

CAT110R 无线控制台；

Unicorn 控制柜；

AXIO Ⅱ 轴控制器；

区域与紧急操作控制盘 CAT60；

冗余服务器。

服务器使用的是工业级的 IBM © eServer ©服务器。它们主要完成如数据库资料管理、文件日志管理和远程维护的访问。服务器没有任何与安全控制相关的功能。

轴控制器 AXIO Ⅱ负责处理所有与安全相关的功能和驱动控制与运动状态的监控。

CAT 控制的可编程接口和驱动可以在控制台 CAT190、CAT192、CAT110 与 CAT110R 上得以显示(CAT-View)。

控制台通过电缆连接到与分布于舞台各区域的控制台出路箱(Outlet110)相连接。

紧急操作控制盘 CAT60 直接与驱动系统相连，允许在不连接网络与服务器的情况下控制驱动系统。

CAT 控制系统能够建立一套完全冗余的系统。它可以提供：

冗余服务器；

冗余网络；

冗余控制台；

冗余轴控制器。

1) 网络

CAT 系统的所有单独部件都能通过基于 TCP/IP 数据传输协议进行连接。这种网络结构提供了很高的传输速度。

简单、连续的网络方式不需要任何额外的数据压缩和协议的转换。基于这种网络方式，瓦格纳比—罗卢森堡有限公司的 CAT 系统能够并行处理其数据，实现实时、准确地运行处理。

由于整个系统可靠性的重要性，网络可以设置成冗余方式。因此，所有轴控制器与控制台都有两个独立的网络端口，并且所有网络部件(例如网络交换器)都有两个。当任何部件发生故障，网络仍能继续运行，演出能够保持继续进行而不中断。

2）操作系统

CAT 控制系统是基于 Linux 操作系统的。Linux 是一种公开资源的软件，能够免费得到其资源代码。CAT 控制系统使用该操作系统，很重要一点就是不依靠某个特定公司，保证系统的安全性与可靠性。CAT 的 Linux 系统广泛应用于各个控制层面：在轴控制器，控制台与服务器的应用，确保整个系统有可靠的基础。

3）模块设计

CAT 系统没有设置多级的监控电脑。每一个驱动系统都是一个独立的单位。如果一个轴控制器发生故障，只有这个驱动会受到影响，而其他驱动系统能够继续使用。

CAT 控制系统的模块化结构能够在现有系统上进行扩展。以前的项目可以利用这一特点逐渐更新其控制系统。在项目实施的每个阶段都可以将模块添入 CAT 系统，直至整个项目完成。

4）戏剧场控制台及接口箱配置方案(见表 6-3)

表 6-3 戏剧场控制台及接口箱配置方案

作用	数量	类型	使用位置
离线工作站	1	PC	控制室
台上/台下主操作台	1	CAT192	控制室
便携式操作台	2	CAT190	任意有控制台接口箱的位置
便携式侧车台操作台	1	CAT120R	无线操作
紧急控制台	1	CAT60	台上栅顶或任意位置
插座	3	CAT120	台口栅顶或任意位置

控制台接口箱安装位置建议(见表 6-4)。

表 6-4 控制台接口箱安装位置建议

安装位置	数量	安装位置	数量
栅顶上	2	第 1 层马道	2
台唇栅顶	1	舞台上	4

5）关于备用控制系统的说明

控制系统要具有备用系统，而 CAT 控制系统采用了全冗余的设计，目的就是要提供不同级别的冗余备份能力。

在CAT控制系统中，全部的关键控制系统设备包括服务器、网络、交换机、控制台均采用了备份，任何一台设备如果出现故障都不会影响控制系统的正常稳定运行。此外，假设整个控制系统网络崩溃，操作员仍可以使用CAT60应急操作面板来完成单台设备的运行控制。

CAT控制系统采用了不同级别的冗余备用功能设计，以应对不同控制系统设备出现故障的情况，下表给出了控制系统中每种关键设备出现故障后为将其对整个系统的影响降到最低程度操作员可以采取的相应解决措施。

表6-5 解决措施

设备	检测方法	影响的驱动	冗余备份功能	备份措施	所需时间（最大）
服务器	系统检测	全部驱动	有	自动切换到第2或第3台冗余服务器	2 min
网络或局部网络	系统检测	全部驱动	有	自动切换到冗余网络	30 s
以太网交换机	系统检测	所对应的最多20个驱动	有	自动切换到冗余以太网交换机	30 s
CAT192/CAT190控制台	操作员检查 系统检测	全部驱动	有	可使用其他控制台或采用应急控制面板CAT60	90 s
CAT110控制台	操作员检查 系统检测	全部驱动	有	可使用其他控制台或采用应急控制面板CAT60	90 s
OUTLET110控制台接口箱	操作员检查 系统检测	所连接的控制台	有	可使用其他控制台接口箱或采用应急控制面板CAT60	90 s
AXIO Ⅱ轴控制器	系统检测	所对应的单台驱动	有	更换轴控制器	3 min

6）AXIO Ⅱ轴控制器

AXIO Ⅱ是CAT系统中的轴控制器。CAT系统安装的模块化设计是每一个驱动配备一个轴控制器。一旦一个AXIO Ⅱ出错，只有相应的驱动受到影响。其他系统能够正常地继续工作。

在特殊的情况下一个AXIO Ⅱ能够控制多台机器。在这种应用下的机器通常不使用编码器或者可变频率的驱动，而是通过简单的换向可逆接触器控制。

AXIO Ⅱ具有安装中的安全功能，例如驱动的同步、运动的轨迹监视。一旦出现错误，同步、可控制地实现停机。

图6-13 轴控制器

由于安全功能的重要性，AXIO Ⅱ由两个控制器组成。每个驱动都由一个控制计算机与一个监控计算机控制。此外，这个双重系统具有不同的性质。控制计算机与监控计算机所用的不是同一个处理器，因此，两个系统的相互作用消除系统的错误。

AXIO Ⅱ提供以下的安全功能：

- 计算与检测轨道曲线；

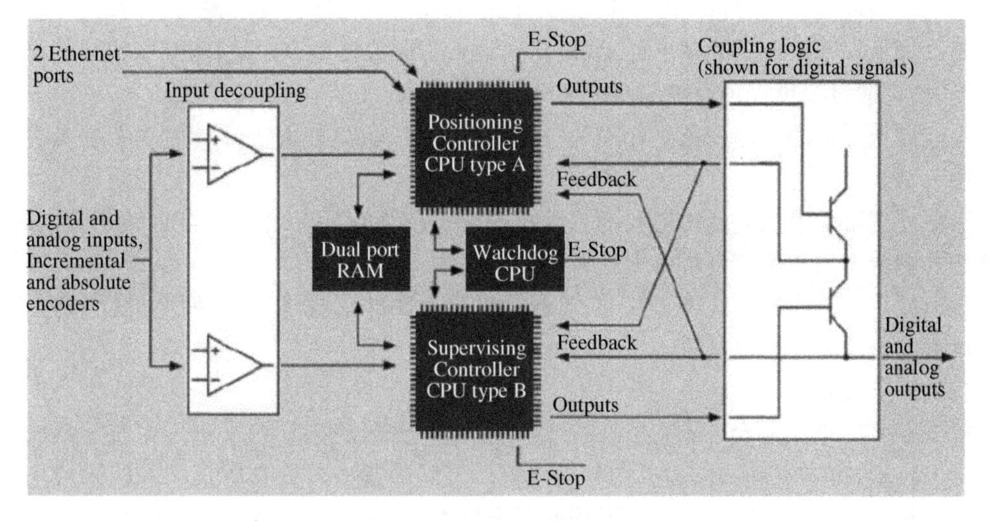

图 6-14　轴控制器系统图

- 运动控制器与监控控制器的比较；
- 位置信号的确认(增量值和绝对值)；
- 位置偏离的监测；
- 制动器与频率器的控制与检查；
- 载荷测量、过载和欠载的检测；
- 过绕极限开关；
- 松缆检测；
- 紧急限位开关；
- 电机与制动器温度监控；
- 制动器间隙监控；
- 升降台安全边缘监控；
- 速度与形成的动态限制。

为了处理更多的信号，AXIO Ⅱ还备有足够的模拟和数字输入/输出信号接口。这些信号兼容于各国特定的安全信号或在台下设备中经常出现的各类系统所特有的信号。

7) CAT190 控制台

CAT190 控制台沿用了传统的创新设计与卓越的性能。它由一个带触摸屏的 19 英寸液晶显示屏和四个带有安全按钮的操纵杆和一个紧急制动按钮构成。

CAT190 控制台没有内置硬盘。该装置由集成的闪存方式运行。该闪存具有写保护功能，可以防病毒和掉电。CAT190 可在没有预先关机的情况下关闭，不会发生数据丢失和硬盘损坏。

图 6-15　CAT190 控制台

(1) 人体工程学

CAT190 控制台在大尺寸、高对比度的 19 英寸触摸屏上进行操作。1 280×1 024 像素的高分辨率确保了显示的字母清楚易读。触摸屏上的按键设计足够大，用手指能够简单安全地使用。当环境改变时,操作员能够重新校正触摸屏以保证最佳的操作环境。

四个操纵杆都以不同的颜色标示,可自由设置不同的任务。因此,当某些换景不能按顺序预设时,可通过操纵杆独立控制多个驱动。

在控制台屏幕的两侧设有对称设计的两组操纵杆,能够分别适合习惯左手或者右手的人使用。

屏幕亮度可以手动或者根据周围亮度由内置于前面板的亮度传感器自动调节。同样,连接在控制台上的鹅颈灯也可以无级自动调节亮度。

舒适的用户操作界面,CAT190 控制台提供符合人体工程学、避免疲劳的操作方式,是确保舞台安全的一个重要前提。

(2) 身份识别

对于 CAT190 控制台(所有的 CAT 控制台),操作者须通过 IC 卡进入系统。系统授权分成多个级别,可对每个操作员进行分级设置。不同的操作员按其所设定的权限或访问类型进入系统进行操作。这样提高了系统的安全性能,并不是每一个人都允许操作危险运动或敏感数据的。

IC 卡可以在非接触的情况下读出。芯片卡所示的接触芯片是不需要的,而仅仅是为了保证与早期控制台 CAT V(3)的兼容性。

通常所装的所有驱动能够被 CAT190 控制。如果需要时,舞台设备的控制能够通过使用者权限和控制台位置进行限制。CAT190 能够详细说明哪一个驱动由哪一个出路箱控制。因此,危险的、无意中的移动能够被避免。设备对于非授权者的操作有最佳的防范。

(3) 安全性

CAT190 的核心是基于标准的 PC 技术,由两个相互独立的微处理器组成。第二个微处理器处理操纵杆和安全按钮,并且具有管理与安全相关的功能。

此外,操纵杆的数据连接着倾斜开关,保证舞台机械只能在合适的位置的控制台上操作。

在舞台上有盲点的复杂舞台布景情况下,可以将一个外置安全按钮(DMB)连接到 CAT190 上。这个按钮必须与其他安全按钮一起按下才可以启动操纵杆。有了 CAT 用户界面的帮助,操作员可以定义哪一个移动需要额外的外置安全按钮。

(4) 连接

CAT190 可以连接到出路箱(OUTLET110)上。在舞台区域安装多个这样的出路箱。

每一个出路箱都有一个紧急停止按钮。它由插座箱侧面的保护环保护。如需要,出路箱 OUTLET110 也可没有紧急停止按钮。

出路箱 OUTLET110 有一个按钮控制箱体的有效和无效。控制盘上按钮被拔出或者在没有中断紧急链接的接入时,出路箱是无效的,因而在未用的出路箱上终端钮是不需要的。

控制台的连接电缆具有高度的灵活性,CAT 系统特别设计的电缆直径仅为 10 mm(每 10 m 质量 1.5 kg)。连接电缆轻便、结实且有效。现有的电缆长度为 2 m,5 m,10 m 和 20 m。

(5) 固定和移动

CAT190 有坚固美观的塑料机架,整机重量大约为 15 kg。CAT190 能够安装在固定的位置，也可以集成到一个大控制台的面板上，例如集成到主控制站上。

CAT190 具有灵活的移动性，并能根据实际需要移动至另一个更为适宜的地点。例如，CAT190 能通过有滑轮的“CAT 控制台支架”放置在地上。

支架的高度能够调整，因此控制台能够在站立或者坐立时使用。滑轮能使控制台移动到任何需要的位置。支撑架包括了两侧 A4 大小的固定架。在控制台下能够拉出一个搁架，可以用来放置键盘与鼠标。

图 6-16　CAT190 控制台

在走廊里使用时，可以配置用铰链连接的 CAT 滑动走廊支架。这需要在走廊上安装一个定向轨道，支架能够在轨道上滑行。CAT190 通过固定架固定在支架上。通过手动操作的液压缸，操作人员能够轻松地调节倾斜程度。如果不需要操作台，支架能够被 90°折叠起来，操作台就能够隐藏在支架两端的保护杆上。

CAT190 控制台以其深思熟虑的设计，可以不同形式适用于上述支架上，也可以嵌入式地安装在主控制台上或者直接放在桌上使用。

(6) 输入设备

如果需要输入文字或数字，触摸屏上会显示一个键盘。此外，也可以将 USB(或者 PS/2)键盘或者鼠标连接在控制台上。

表 6-6　技术参数

尺寸	675 mm×465 mm×165 mm (长×宽×高)	尺寸	675 mm×465 mm×165 mm (长×宽×高)
显示器	19 英寸显示屏 1 280×1 024 像素 1 600 万颜色 屏幕亮度手动或者自动可调 坚固触摸屏	其他特点	4 个 USB 接口 1 个 PS/2 接口 1 个 VGA 接口 紧急停止发光按钮 鹅颈灯 XLR 连接口 芯片卡式联接访问
质量	15 kg	附件	长度为 2 m, 5 m, 10 m 和 20 m 的连接电缆 USB 键盘和鼠标 鹅颈灯 坚固护盖“CAT190 -护盖” 护盖“CAT190 -保护” 外置安全按钮(DMB) 旋转支架 走廊的支架
操纵杆	4 个带有安全按钮(DMB)的操纵杆 倾斜按钮形式的附加保护方式		

8) CAT192 控制台

CAT192 较 CAT190 的操作更为舒适方便。CAT190 只有一个嵌入控制台表面的触摸屏。CAT192 除了这一个触摸屏外，在控制台的盖板上还有第二个屏幕。CAT 软件的两个用户界面能够同时显示在这两个显示屏上：一个屏幕显示 CAT 控制编程界面，另一个屏幕显示 CAT 驱动的整体运行情况。用户不再需要在两个界面切换浏览。

CAT192 控制台不使用时，内部嵌有第二个显示屏的上盖能够关上，可以保护另一个显示屏。

同 CAT190 一样，CAT192 也有 4 个不同颜色带有安全按钮的操纵杆和一个紧急停止按钮。CAT192 同样能够连接在出路箱 OUTLET110 上。

同样 CAT192 控制台也能用于有滑轮的支架或者滑动的走廊支架上。尽管 CAT192 有两个大显示屏，但其质量仅有 22.5 kg，也可用于活动控制台。

图 6-17　CAT192 控制台

9) CAT120 移动式控制台

CAT120 作为移动式控制台，是 CAT110 的升级产品，它具有 2 路操纵杆，并且符合 IP54 防护等级。具有一个 12 英寸 LCD 液晶屏和 2 个集成了安全按钮的操纵杆，并且具有倾斜传感器，当控制台被颠倒时安全按钮的控制信号不会发送出去。

CAT120 采用坚固的塑料外壳，整体重量约 4 kg，外形尺寸为 420 mm×303 mm×67 mm(长×宽×高)。外壳颜色为深灰色，与 RAL7037 和 RAL7043 相近。

CAT120 使用与 CAT190/CAT192 相同的电缆连接到 OUTLET 接口箱上。屏幕分辨率为 1024×768，并且具有很宽的可视角度。CAT120 运行的软件与 CAT190/CAT192 相同。CAT120 符合 IP54 防护等级，从而有效避免由于溅水所导致的损坏。

10) CAT60 手动控制面板

CAT60 是紧急状况下或者区域操作时所使用的手动控制面板。需要时它可以连接在驱动上。

CAT60 有一个带有安全按钮(DMB)的操纵杆来控制速度。此外，它以纯文本的方式显示位置、状态或错误信息。它能够显示所有的驱动参数并且可预设运动参数。通过预设功能键可设置驱动的最大速度。

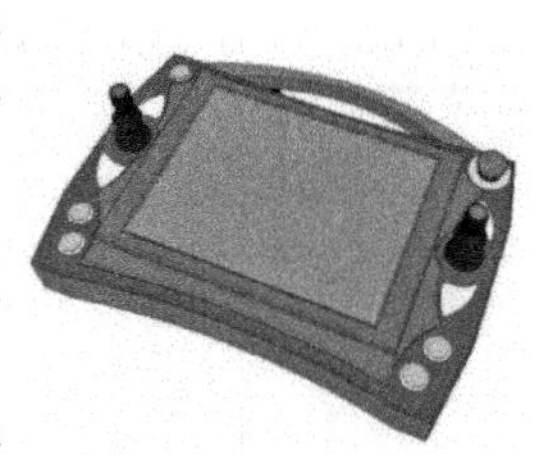

图 6-18　CAT120 控制台

图 6-19　CAT60 手动控制面板

与其他控制台一样，CAT60 可以通过 IC 卡进行访问控制。IC 卡设置的控制权限决定了操作者允许执行特殊维护或者应急功能。

(1) 应急使用

每一个驱动都有一个 CAT60 的插头，可绕过网络和所有的控制台而直接运行驱动。对整个安装的非独立性来说，每一个驱动都有独立的应急模式，因此在初次调试时，驱动是可以直接运行的。

对于突发事件，驱动可以直接修复错误。在特殊的用户模式下，CAT60 能够忽略检查的错误，例如可修正过绕极限开关或者避免紧急限位开关。为了进行测试，借助 CAT60 可以实现限位开关极限的运行。

(2) 区域使用

CAT60 能够从固定的控制台运行一单个驱动。要做到这样，CAT60 可安装在固定位置或者以可拆卸的方式安装在固定架上。在区域范围使用中 CAT60 能够实现很多的功能,例如预设许多移动范围或者速度预设。数字显示器能够以纯文本的方式显示位置、驱动状态或者错误信息。

CAT60 典型的应用就是控制乐池升降台,不同步的侧面和后舞台吊杆。此控制台也可以用来调整单点吊机。

表 6-7　技术参数

<table>
<tr><td>尺寸</td><td>255 mm×103 mm×125 mm
(长×宽×高)</td><td>尺寸</td><td>255 mm×103 mm×125 mm
(长×宽×高)</td></tr>
<tr><td rowspan="2">显示</td><td rowspan="2">数字与字母</td><td rowspan="3">其他特征</td><td rowspan="3">IC 卡的访问控制
紧急停止发光按钮
可移动式操作或固定安装</td></tr>
<tr></tr>
<tr><td rowspan="2">质量</td><td rowspan="2">约 850 g</td></tr>
<tr><td rowspan="3">附件</td><td rowspan="3">长度为 1 m、3 m、5 m 和 10 m 的连接电缆
固定墙上托架
快速安装架</td></tr>
<tr><td rowspan="2">操纵杆</td><td rowspan="2">一个带有安全按钮(DMB)的操纵杆</td></tr>
<tr></tr>
</table>

(3) 高可靠性

高可靠性是 CAT 系统主要的设计理念,要求一个故障不能导致整个系统停止工作。单个故障既可以被完全避免,也可通过冗余系统被消除。

模块化设计与不同的冗余等级的设计防止了系统的缺陷。

几乎所有的部件能够方便地被更换。

主要系统部件备有冗余部件。

整个系统在不影响安全标准的情况下具有高度的可靠性。

11) 网络

CAT 控制系统的所有网络部件都有两个独立的网络端口。每个轴控制器和控制台能够接到不同的以太网交换机上。即便是交换机发生故障,系统也能自动切换到相应的备用部件上。

12) 服务器

除了一个中央服务器外,CAT 系统设置了冗余服务器系统。平行于主服务器,备用服务器在其硬盘上镜像存储着每天的数据。一旦主服务器发生错误,系统能够切换到备用服务器。切换能够自动发生,也能够由操作员手动实现。在备用服务器上系统能实现全部功能。

服务器存在着两套相同的硬件,这可以使整个系统更加的可靠而不是仅仅相同服务器内硬盘数据的镜像备份。

在特殊的需求下,系统能够扩展三甚至四台服务器。

13) 操作台紧急控制方式

尽管有冗余服务器,但服务器都出故障的情况下,控制台能切换至紧急控制模式。然后,控制台自动接管中央服务器任务。与安全相关的功能是由轴控制器 AXIO I 自行实现的,因此在紧急控制级别下任何安全功能均起作用,也无需不同于二级用户级(如 PLC 可编程器)的控制费用。

14）驱动的紧急控制

在CAT系统中CAT60是每个驱动的最后的控制器。每个驱动都有一个连接器和CAT60直接相连控制驱动。在这种情况下，不依靠工作中的任何中心部件，例如控制台、服务器或者网络。

15）CAT-控制器

CAT控制器能使用户方便地完成每天的任务。无论是简单的舞台移动，还是完全预设的幕布升降，都能够通过按钮实现。

无论移动有多复杂，例如移动一个单点吊杆并且记录排演时的一次错误，与正式演出时移动40个棋盘式升降机并无两样。CAT控制系统的显示总是不变的。

操作者能够直接操作日常的功能。显示屏被分割成几个部分：

组/驱动列表，在显示器的主要(上部)部分。

提示表，显示在显示屏的左下方。

输入区域，显示在显示屏的右下方。

一般功能按钮显示在提示表与输入区域之间。

16）编组模式

(1) 同步移动

CAT系统在一个编组中提供了不同的方法来确定驱动的移动特征。

(2) 非同步式

这种模式下，所有的驱动按操作人员输入的速度移动，根据移动距离在不同的时间到达目标位置。

(3) 定时同步式

这种模式下，驱动必须根据其移动距离调节它们的速度，例如所有的驱动必须同时移动到目标位置。

(4) 距离同步式

这种模式下，一组中的驱动必须移动相同的距离，不同驱动之间的间距是固定的。简单的应用例如移动悬挂在几根吊杆上的大重量负载，这种移动通常要求是同步移动。

(5) 计算目标位置

在特殊的应用中，CAT系统提供附加功能计算一组驱动的目标位置：

(6) 直线型

由于若干吊杆倾斜悬吊于天花板上，这样操作者仅仅需要输入两个吊点的位置(例如第一个和最后一个)，然后系统自动地计算出余下吊点的位置。

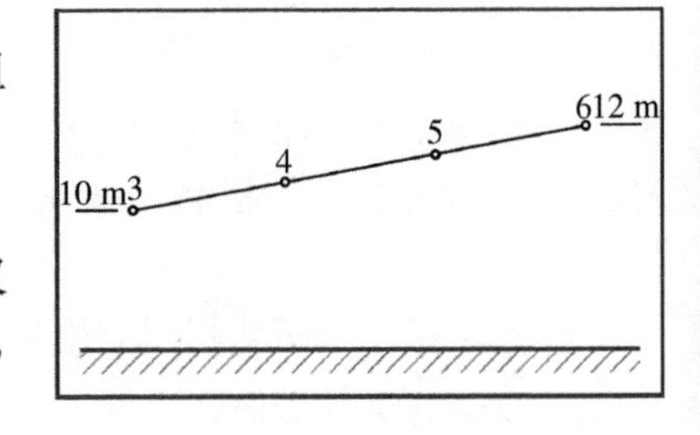

图6-20　直线型

(7) 多段直线型

达到这种效果要求操作者输入超过两个以上的吊点位置。一个驱动的吊点位置由操作者输入目标位置决定。在每两个相邻的吊点之间，系统计算出一条直线。相邻吊点之间的驱动的目标位置在直线相交的地方。

① 平面型

吊杆不仅能够直线排列，它们同样能够排列在倾斜的平面上。要是一组驱动、以平面的方式排列，只需输入三个吊杆的目标位置，CAT 系统能够自动计算出剩余吊杆的目标位置。

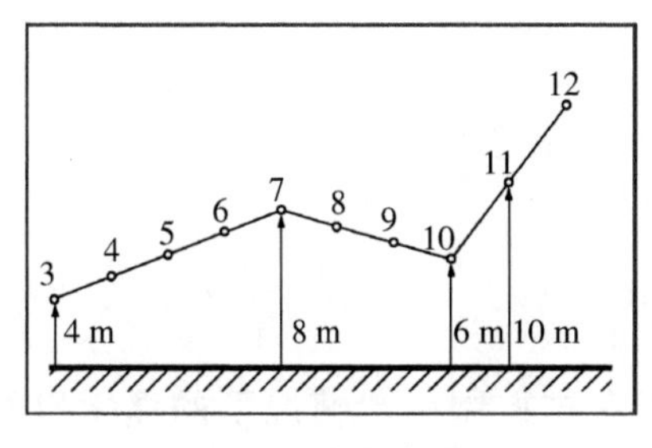

图 6-21　多段直线型

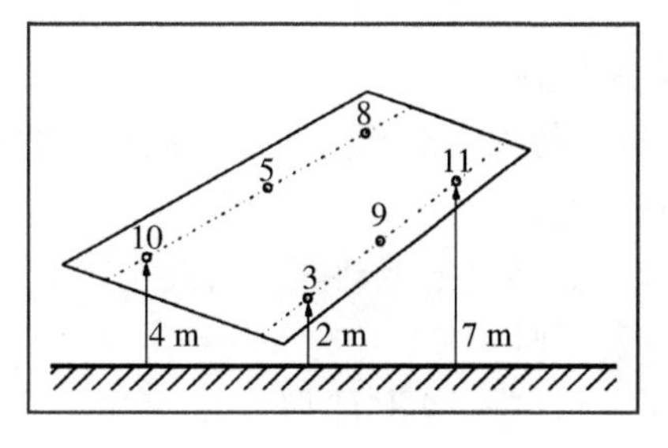

图 6-22　平面型

② 自学型

驱动的目标位置不需要以数字的形式输入。只需按下一个按键，驱动的当前位置就能够被保存下来作为其目标位置。

③ 场景变换

复杂的移动能够通过场景变换编排。

④ 翻转式

这种效果使驱动能够在启动与目标位置之间来回移动，而无需操作员用操纵杆改变方向。操作员只需要输入反向的次数。

⑤ 瀑布式

驱动一个接一个地从启动位置移动到目标位置。启动之间的恒定间隔时间或者两个驱动启动之间的间隔时间取决于驱动之间的距离。

⑥ 条件移动

正常情况下，一组中的驱动在操纵杆移动和安全按钮按下时立即开始移动向其目标位置。CAT 系统同样提供了初始化必须依赖特定条件的条件移动。

CAT 系统支持以下条件：

- 驱动位置高于特定位置。
- 驱动位置低于特定位置。
- 驱动达到一定速度时。
- 驱动在某段时间之前启动。
- 定义延迟时间之后。
- 按下外置安全按钮(DMB)。
- 时间码印过后(无需连接光感或声音控制)。

另外，CAT 系统还能够在预设部分使驱动减速。

⑦ 搭台

搭台功能帮助操作者完成日常工作。

⑧ 布景高度

布景高度是用来调整驱动的当前位置至舞台上的最佳高度。驱动部件与舞台间降低到最小距离，可为 0 m，部件正好碰触到舞台表面。

⑨ 负载管理

驱动部件传动时，其实际重量被记录下来，用户能够设定超载与欠载保护。当超载限制的临界值已被设定为吊杆实际载质量的一部分，对于一个轻质部件，这样也有附加的过载保护。

⑩ 高度限制

如果舞台部件不能超过特定的高度，用户可设定高度限制。

⑪ 最大速度

需要时，能够设定传动部件的最大速度。

⑫ 绳索计划

在飞塔设计中，绳索计划在目前演出中，能安排控制一般情况下的绳索以及非绳索状态。

⑬ 驱动的交换

如果一个驱动单元失败，往往使用相邻的驱动执行相同任务。布景可以悬挂在相邻的驱动上，程序设计时能够设定用新的驱动替换故障的驱动。

⑭ 修正位置

在距离同步式编组中，修正指令能够调整驱动间的相对位置。

⑮ 倒退场景

这是一个非常有用的功能，它能够帮助操作人员编排新的场景变换，在演出开始至选定的场景间移动整个编组至其指定的位置。

6.2.5 机械系统检测内容

主要是对该剧院的舞台机械系统的图纸和技术资料进行检查，对安装工艺进行检查，对设备功能进行检查，对设备的性能进行检测。

1. 工艺检查

主要检验内容是设备的规格与状态，重点是驱动机构与装置、制动器、安全装置、钢丝绳缠绕系统和控制系统等。

(1) 焊缝表面质量检查；

(2) 表面防锈处理检查；

(3) 减速机漏油状态检查；

(4) 机座安装检查；

(5) 电动机、减速机、卷筒连接检查；

(6) 滑轮安装检查；

(7) 钢丝绳绳夹连接固定检查；

(8) 吊杆杆体连接检查；

(9) 吊杆管盖检查；

(10) 吊杆产品标牌检查；

(11) 收线筐安装检查；

(12) 传动机构检查；

(13) 钢结构钢架检查；

(14) 锁定机构检查；

(15) 配重机构检查；

(16) 导轨机构检查；

(17) 低压配电系统接地形式检查;

(18) 控制柜标识检查;

(19) 控制柜和电气设备线缆排布检查。

2. 安全功能及控制系统检查

(1) 限位装置;

(2) 超行程装置;

(3) 超载报警装置;

(4) 防乱绳装置;

(5) 防松绳装置;

(6) 急停开关;

(7) 安全管理系统;

(8) 设备编组运行;

(9) 场景设置运行;

(10) 紧急停机功能;

(11) 设备运行和故障报警记录;

(12) 备用控制系统及冗余设备。

3. 性能测试

(1) 速度测试

加载100%额定载荷,首先以不大于10%的低转速运行一段距离,观察运行状态是否稳定,再以变速运行一个行程,确认运行稳定后进行额定速度测试,使用秒表和激光测距仪,在行程内测量三次,求平均值。检测依据 WH/T 27—2007《舞台机械　验收检测程序》。

(2) 载荷测试

加载100%的额定载荷,额定速度运行,使用有效值电流表测量电动机运行电流,测量三次,求平均值。检测依据 WH/T 27—2007《舞台机械　验收检测程序》。

(3) 停位精度测试

加载100%的额定载荷,额定速度运行,在行程范围内随机取一个基准点,运行三次,记录三次的位置值,计算位置值和基准值的误差平均值。使用激光测距仪。检测依据 WH/T 27—2007《舞台机械　验收检测程序》。

(4) 噪声测试

背景噪声不大于 NR30,使用本体自重,额定速度运行时,在观众席第一排 1.5 m 高度分别测量设备上升、下降运行中的噪声,使用声级计。检测依据 WH/T 27—2007《舞台机械　验收检测程序》,GB/T 17248.1—2000《声学　机器和设备发射的噪声测定　测定工作位置和其他指定位置发射声压级的基础标准使用导则》,GB/T 17248.3—1999《声学　机器和设备发射的噪声　工作位置和其他指定位置发射声压级的测量　现场简易法》。

(5) 台板水平间隙测试

升降台的长边分四等份取 3 个测量点,短边分两等份取 1 个测量点,使用游标卡尺测量间隙。检测依据 WHT 27—2007《舞台机械　验收检测程序》。

(6) 防火幕手动释放时间

手动释放时,测量从最高处落到地面的总时间和从距离地面 2.5 m 处减速后到地面的时间，使用秒表。检测依据 WHT 27—2007《舞台机械　验收检测程序》。

6.3　舞台灯光设计

戏剧厅舞台采用可以伸缩变化的镜框式舞台，设有主舞台、左右辅台和后舞台。主舞台上设置有直径 18 m 的“鼓筒式”转台，由 3 块升降块组成，既可整体升降又可分别单独升降，可以达到边升降边旋转的舞台效果。同时，侧台还有 6 块侧车台，独特的伸出式台唇设计非常符合中国传统戏剧表演的特点。

6.3.1　系统使用功能及管理要求

(1) 系统工艺设计和设备配置应满足戏曲(包括京剧和各种地方戏曲)、话剧及民族歌舞等大型综艺演出使用功能，短时间内可变换多种不同剧种的灯光操作设计。

(2) 允许使用全部配置的各种类型灯具和其他补充设备。

(3) 具有足够的安全性和存储容量，整个系统在不中断主电力供应的前提下，可对主控台与灯光设备进行不间断的持续诊断检查。

(4) 系统设备应完全符合剧场舞台背景噪声的技术要求。

(5) 预留足够的系统扩展能力，如电力硅柜的容量、网络容量等。

6.3.2　舞台灯光控制系统设计指标

设计一个现代化剧场的舞台灯光系统，除应考虑剧院的建筑结构形式和功能要求外，分析研究该剧场的用途和如何编排未来上演的剧目，还要考虑各种最复杂的舞台照明形式和便于国内外表演团体方便使用。戏剧厅舞台灯光控制系统设计指标需满足以下要求：

(1) 主、备调光台应完全跟踪备份；

(2) 网络速度：1GT bps；

(3) 输出功率：每路最大 10 kW，最小 3 kW，最大输出电压可调节；

(4) 调光柜抗干扰指标：400 μs(230 V 时)，当电流负荷加大至 100 A 时，密度不会改变；

(5) 触发精度：16bit 4000 级。

(6) 双网络四备份数字灯光控制系统。

6.3.3　系统总体技术方案

剧场舞台灯光系统采用数字化、智能化的网络数字调光系统，是新一代高速网络与智能数字调光设备的集成。具备以太网控制、DMX 控制、无线遥控，并能接入场灯控制系统以及环境照明控制系统。整个系统构架如图 6-23。

1. 灯光控制网络结构

控制网络传输系统采用目前国际上比较流行、成熟的环形网络结构形式，即主干网络采用千兆双环形网，可以同时从回路的双方互传信号，增加了网络对调光设备的双向管理，使调光设备与整个网络系统设备之间实现互相监督和资源共享；环网是一种既安全又快捷的传输网络，即使其中一路断路也不影响数据传输。

网络数字调光系统在数字触发方式上与全数字调光传输形式基本相同，因此在保持全数字调光系统优良特性的基础上，还增加了多站点及场备份的功能，提高了系统的可靠性、增强了监测功能、系统运行状况及重要参数报告功能，扩展了连接设备的数量。

环形网络连接形式可随时将多控制台连成一个局域网，各控制台均可独立操作也可以根据需要任意设定主从操作台、备份台及无线控制形式；系统内可以实施多人同时在不同控制点控制同一场演出，或控制不同场次的演出，极大地提高了灯光系统的使用效率。

戏剧厅灯光网络控制系统（图 6-23）采用以光纤为主干道网络进行远距离网络传输，主干道网络负责各灯光网络工作站之间的数据传输及系统连接。整个控制系统采用以太网/DMX 网络双网控制，严格遵循 TCP/IP 通信协议及 DMX 512。

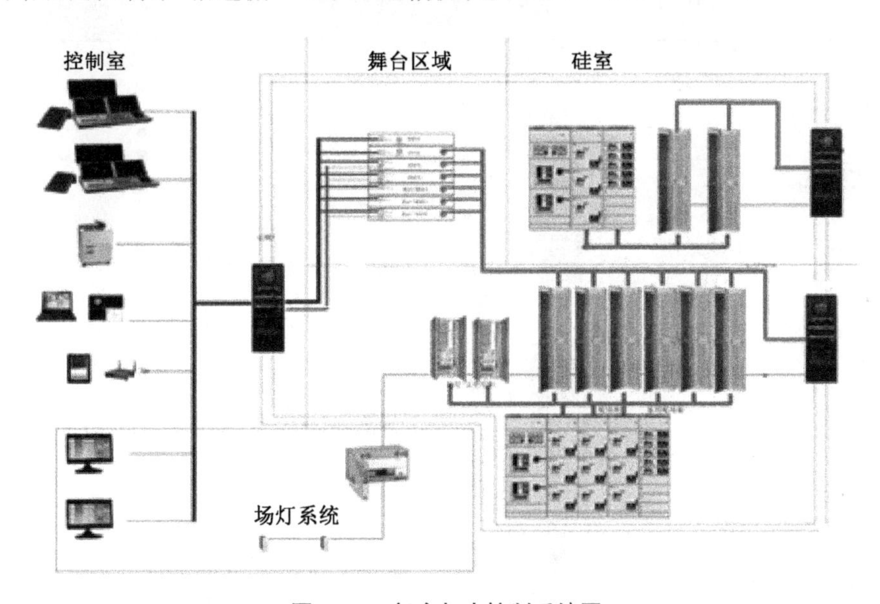

图 6-23　舞台灯光控制系统图

此网络连接的特点是：(1)传输速度快，可以双向高速传输信息；(2)系统容量无限制，传输距离远；(3)抗干扰性能好，线路双端隔离好；(4)通用性好，标准化的软硬技术性能及设备接口，更易做到互联互通。

控制网络传输系统由网络服务器、网络交换机、集线器及各种终端设备构成。其中网络应用/管理服务器、网络交换机或集线器等都属于标准的以太网网络设备，与以太网控制系统相关的终端设备有电脑终端、网络编/解码器、网络调光台（含数字调光台、电脑灯控制台、环境照明控制器等）、网络调光硅柜、监控设备及负载（常规照明灯具、电脑灯、场灯/工作灯等）。

灯光控制系统为星形分布，信号集中于可控硅室，通过集线器分配以太网节点，数据传输介质采用五类以太网双绞线。DMX 信号由网络中的众多 ETC NET3 网络节点提供（ETC NET3 DMX 网络节点是 ETC 公司的网络节点配接器。有 2 个或 4 个 DMX 接口，可以设置为输出或输入使用。支持 10/100BT 以太网。网络节点的状态、地址、DMX 口设定等都可在内置的 LCD 上显示。）所有 ETC NET3 的工作电源直接由网线从网络中提供（国际标准 IEEE802.3af）。所有手提型的网络单元均可直接利用插件与墙面的网络接口连接并通电工作。通过 ETC NET3 网络节点实现以太网控制信号与 DMX 信号的相互转换，并合理分布于剧场各 DMX 信号节点。

ETC NET3 网络配置编辑软件，通过人性化的接口使系统实现任意放置资料，避免了从一个网点运行到另一个网点的繁琐更新。该软件能通过设定来分配指派所有的以太网选址信息、IP、网关、多点传送组和分支网络信息到每个网点。它将灯光控制系统完全融入了网络系统，并进行无缝整合，使得灯光网络控制更加简便易行。

为了保障系统运行的可靠性和稳定性，在每个灯光中心控制室均使用不间断电源UPS。为负载提供稳频、稳压、不间断高质量纯正弦波交流电。该系统能有效地克服由外电网直接供电所引起的常见电源质量问题，如电压过高、过低、电网瞬间尖波、杂波干扰、电力供应中断或瞬间断电等，保证仪器设备的正常运行，防止计算机及数据处理系统内的资料丢失。

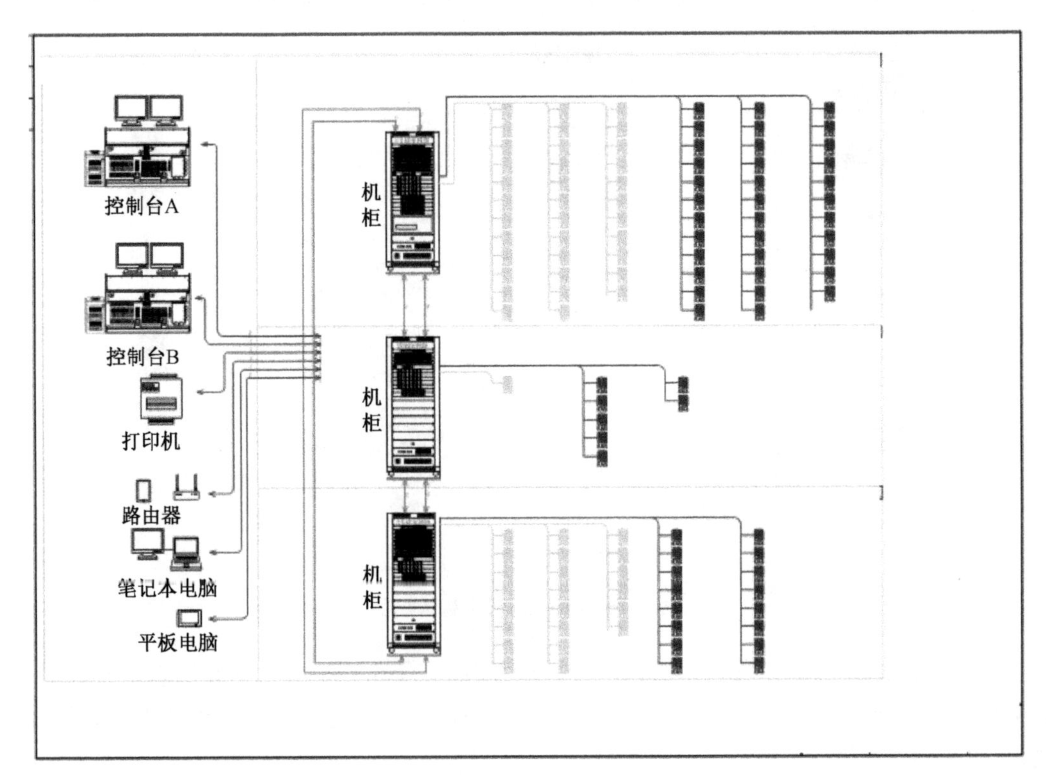

图6-24　灯光控制网络系统图

2. 主干网络

戏剧厅灯光传输主干网络采用目前在国际上比较流行和已成熟的双环网形式，环网内信号传输采用双备份，考虑到各网络中继站之间的传输距离以及数据流量，采用光纤作为传输媒介(利用光纤高速、大容量的特点)，保证信息传输的通畅和稳定。

根据戏剧厅建筑整体布局以及今后演出的需要，将各信号综合于控制室、调光室1、调光室2的数据分配柜作为网络中继站。各网络中继站受控于设在灯光控制室内的网络管理服务器，网络管理服务器通过专用的网络管理软件，能对网络中各个信息节点(设备)统一配置、修改，提高网络设备的利用率，改善网络的服务质量以及保障网络的安全。

3. 支线网络

支线网络采用星形拓扑结构形式，以各网络中继站为中心，通过网络交换机呈星形分布以太网节点。在每一个用户点上得到是Ethernet信号，通过DMX终端设备实现以太网信号与DMX信号的相互转换。传输介质采用六类线，数据传输速率达到100Mbps。

网络中继站内的基本设备包含以太网交换机、配线架和UPS电源等。

以太网交换机：属于二层交换机，具有实现堆叠功能的接口和光纤收发接口及网管功能，另外，交换机向服务器汇报每一个输出端口的工作情况，便于管理和及时作出准确的判断。

配线架：就是为交换机与用户点之间提供转换接口。

UPS 电源：供电容量为 2 kVA，时间为 1 h。

4. 控制室

控制室数据分配柜位于观众席后方的灯光控制室，具有网络交换机、ETC NET3 Gateway DMX 终端器、DMX 分配器、配线架、UPS 电源等，其中交换机具有光纤连接模块，以太网信号连接控制室的控制设备（灯光控制台，服务器、打印机、监视系统）等。Net3 Gateway 连接调光柜以及换色器（Channels and Scrollers）电脑灯具（Moving Lights）的 DMX 数据信号转换，可以是控制台的 DMX 信号输入转换成统一的 ETC NET3 灯光以太网信号，也可以是以太网信号通过此转换成 DMX 信号使用。具体分布如下：

- 通过双绞线与交换机相连接设备：

灯光主控制台、灯光流动控制台、PC 灯光服务器、Laptop Console（手提电脑）、网络监视系统、观众席流动调光。另外，留有观众厅流动控制信号点及与戏剧厅办公室内部局域网络连接的接口。

- RJ45 插座作以太网节点分布于控制室、楼座前沿、追光等处。
- DMX 插座节点分布于控制室、楼座前沿、追光等处。

5. 调光室 1

调光室 1 数据分配柜具有网络交换机、Net3 Gateway DMX 终端器、DMX 分配器、配线架、UPS 电源等，其中交换机具有光纤连接模块，作为调光柜的以太网信号传输，并连接 ETC NET3 Gateway 传送 DMX 信号至调光/直通立柜的 A 口。网络交换机连接调光立柜以及换色器（Channels and Scrollers）电脑灯具（Moving Lights）的数据以太网信号，Net3 Gateway 转换成 DMX 节点连接调光回路以及换色器（Channels and Scrollers）电脑灯具（Moving Lights）的 DMX 数据信号，具体分布如下：

- RJ45 插座作以太网节点分布于栅顶、天桥、柱光、吊笼等处。
- DMX 插座节点分布于栅顶、天桥、柱光、吊笼等处。

6. 调光室 2

调光室 2 数据分配柜具有网络交换机、Net3 Gateway DMX 终端器、DMX 分配器、配线架、UPS 电源等，其中交换机具有光纤连接模块，作为调光柜的以太网信号传输，并连接 ETC NET3 Gateway 传送 DMX 信号至调光/直通立柜的 A 口。网络交换机连接调光立柜以及换色器（Channels and Scrollers）电脑灯具（Moving Lights）的数据以太网信号，Net3 Gateway 转换成 DMX 节点连接调光回路以及换色器（Channels and Scrollers）电脑灯具（Moving Lights）的 DMX 数据信号，具体分布如下：

- RJ45 插座作以太网节点分布于舞台墙面、舞台升降台及台下等处。
- DMX 插座节点分布于舞台墙面、舞台升降台及台下等处。

6.3.4　戏剧厅灯光实施方案

灯光平面布置：

1. 面光

1）位置功能介绍

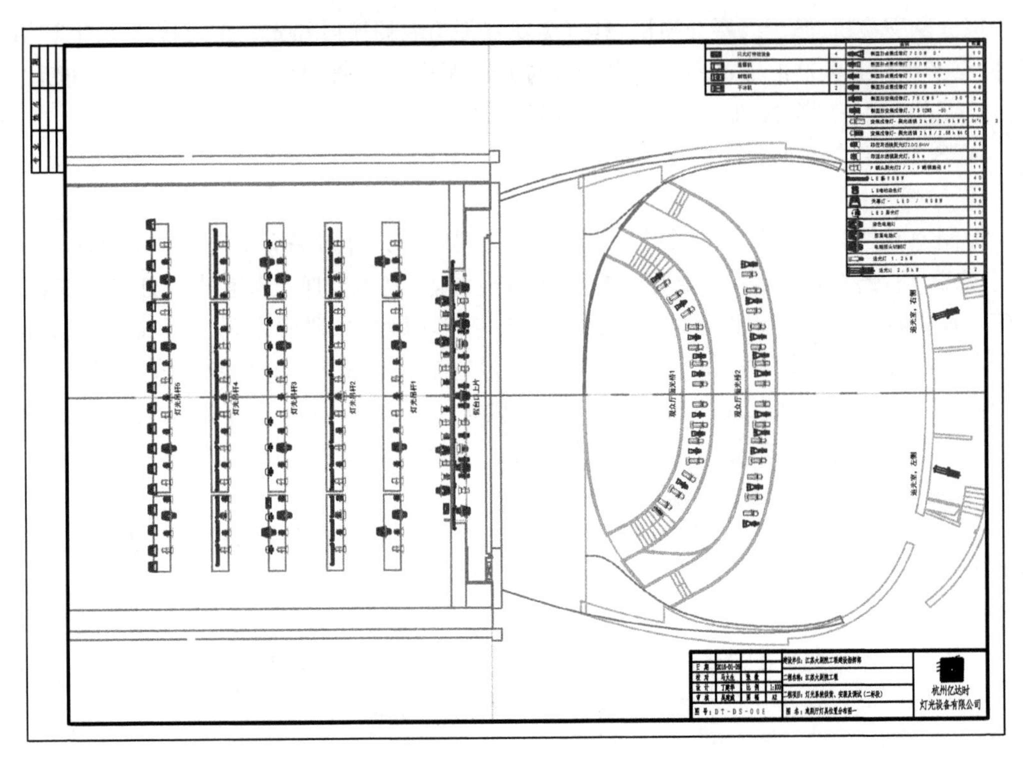

图 6-25　戏剧厅灯位平面示意图

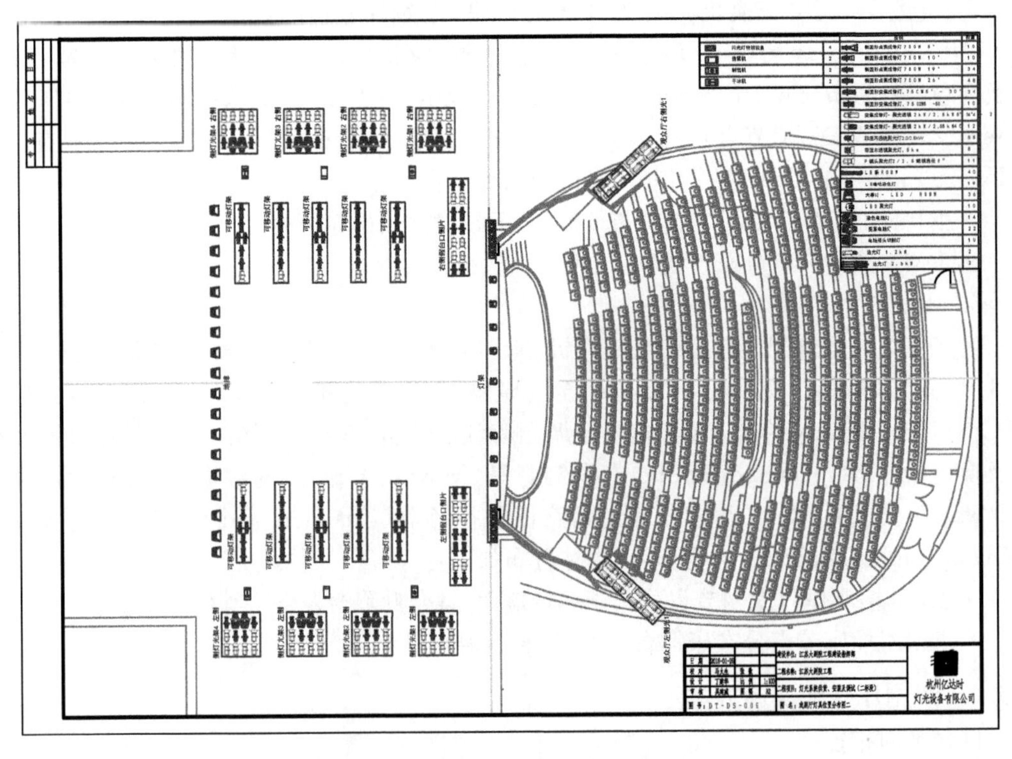

图 6-26　戏剧厅灯位平面示意图

面光装在舞台大幕之外，观众厅顶部位置，光线从正面投射舞台前部表演区，供人物造型使用，以达到观众看清演员艺术形象的立体效果。

2）面光桥配重及灯具安装工艺设计

根据面光桥的活荷载不应小于 2.5 kN/m^2，灯架活荷载不应小于 1.0 kN/m^2。设计灯光设备负荷不小于 1000 kg。

3）面光桥灯光设计

（1）面光灯具的配置方法

根据戏剧厅的面光结构，设为前后两道面光区域。面光灯的配置根据远近距离的不同，配置不同焦距的聚光灯、成像灯。配置数量按照四色布光原则，就是面光灯具可以分成四组，每组灯都可以铺满面光布光区域。

（2）面光灯具的使用方法

✧　垂直投射：使舞台表演区获得均匀照度的效果。

✧　交叉投射：增强舞台中心区域及纵深照度。

✧　重点投射：加强舞台局部表演区域的照度。

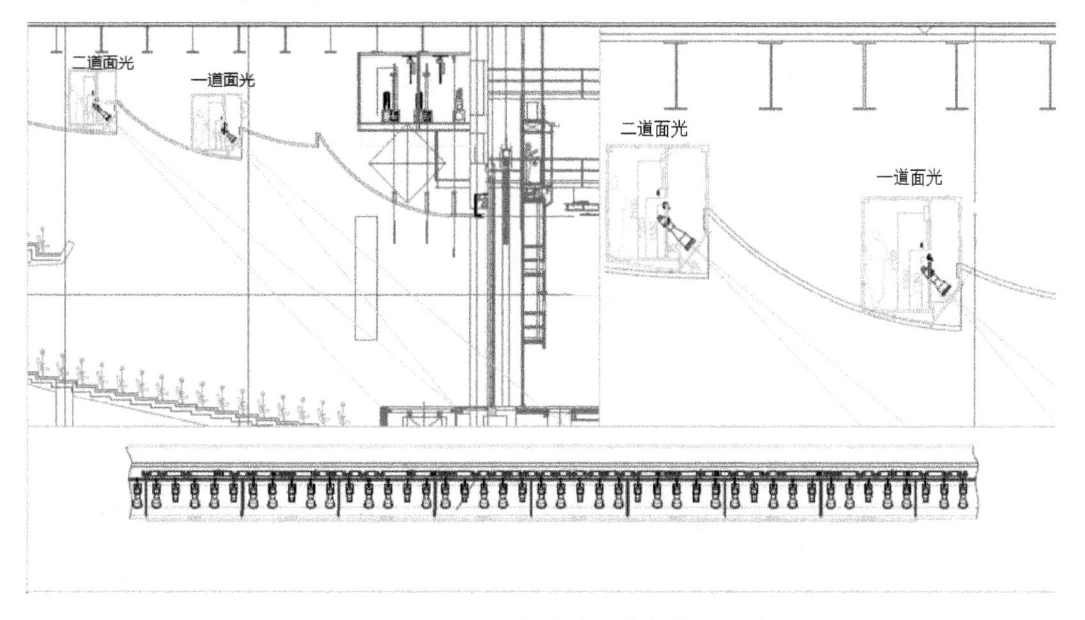

图 6-27　戏剧厅面光工艺安装图

2. 追光

1）位置功能介绍

追光可安装在追光室、耳光、后眺台等处，其具体位置根据节目的需要而定。戏剧厅有专供于追光使用的追光室。

2）追光灯光设计

（1）追光使用方法

通过设置在剧场空间的多种位置，实现对演员半身、全身、远距离、小范围的局部照明效果，有时可用追光表现虚幻、抽象的舞台情节。

（2）灯具配置

配置 2 个 2.5 kW HMI 远程追光灯和 2 个 1.2 kW HMI 近程追光灯。根据演出需要可以放置在不同的追光位。

(3) 追光投射效果图(图 6-28)

图 6-28　追光投射效果图

3. 耳光

1) 位置功能介绍

装在舞台大幕之外,左右两侧靠近台口位置,光线从侧面投向舞台表演区,为照射演员的侧光、追光用,光圈中心射至表演区中心的三分之二深处,左右交叉地射入舞台表演区中心,以加强舞台布景、道具和人物的立体感。面光、耳光又做主光,是一般剧场不可缺少的两种光,尤其是舞剧,在耳光室内设置舞台表演时的追光是比较理想的。两侧挑台也可作为耳光使用。

2) 耳光安装工艺图(图 6-29)

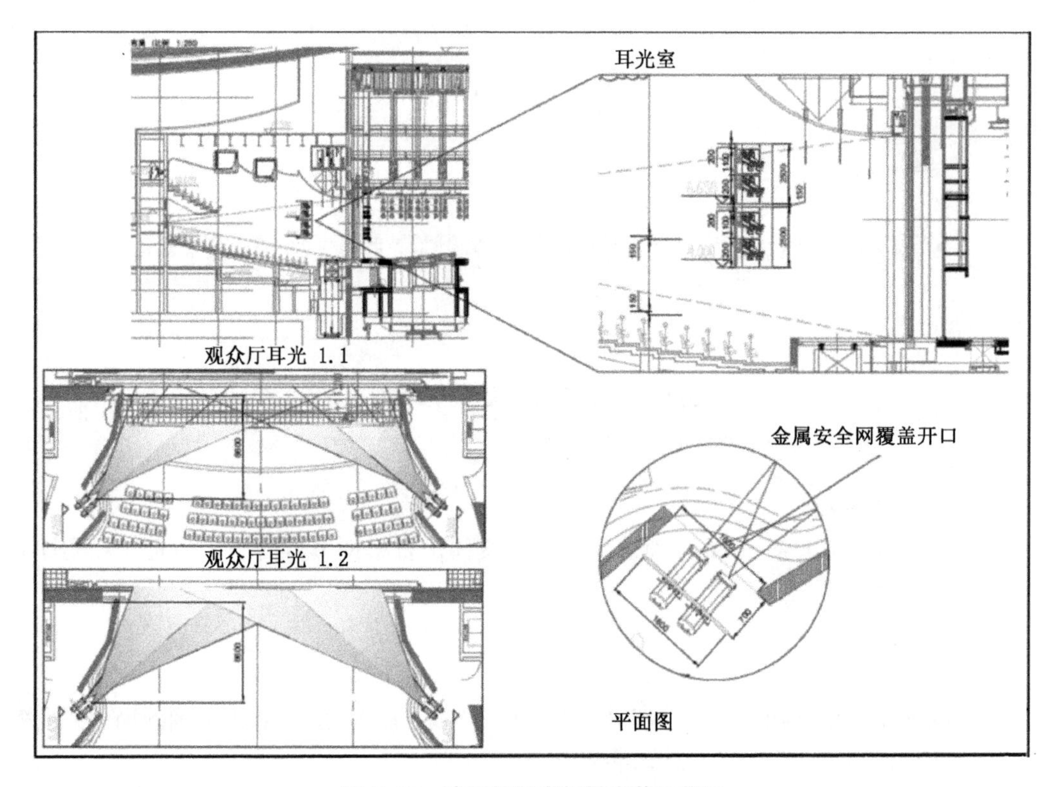

图 6-29　戏剧厅耳光灯具安装工艺图

3）耳光的灯光设计

可一侧或者两侧对舞台色彩气氛进行渲染，内外侧灯的交叉使用，可获得较大范围的投射区域两排以上光色相同的耳光同时投射时，位置高的灯通常投射远光区为主，位置低的灯通常投射近光区为主。

图 6-30　灯光软件设计耳光投射示意图

4. 假台口柱光

1）位置功能介绍

假台口分假台口侧片（柱光）、假台口上片，柱光在舞台台口大幕内两侧，为照射表演区中、后部的灯光，装在可以升降和左右移动的活动台口上（假台口）或立式铁架上。

假台口上片可作为一顶光使用。

2）柱光配重及灯具安装工艺

假台口每层搁板的活荷载不应小于 2.0 kN/m^2。灯具安装工艺见图 6-31。

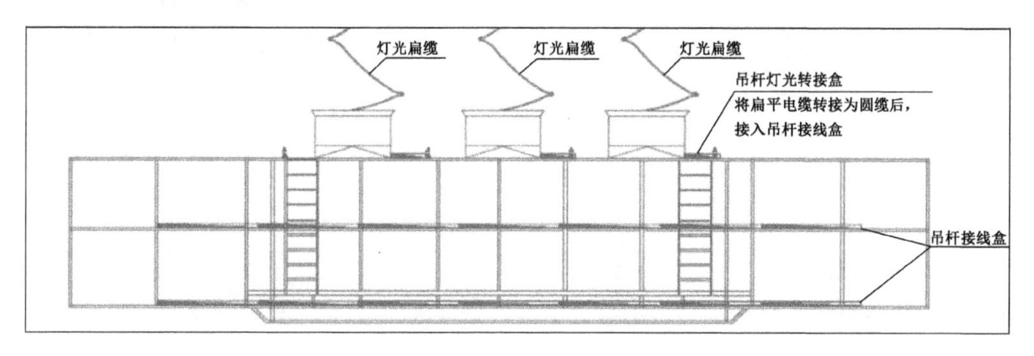

图 6-31　假台口灯具安装工艺图

3）柱光的灯光设计

柱光照射表演区中、后部的灯光，随着舞台布景的需要调整高低和左右位置。光线从台口内侧投向表演区，主要照射演员侧面部位，增强和弥补耳光的不足。

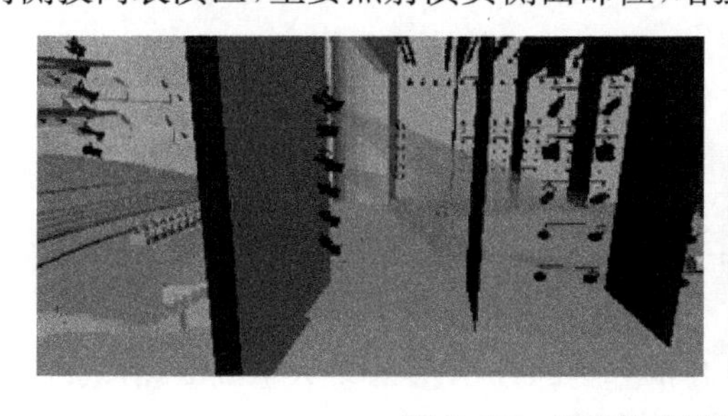

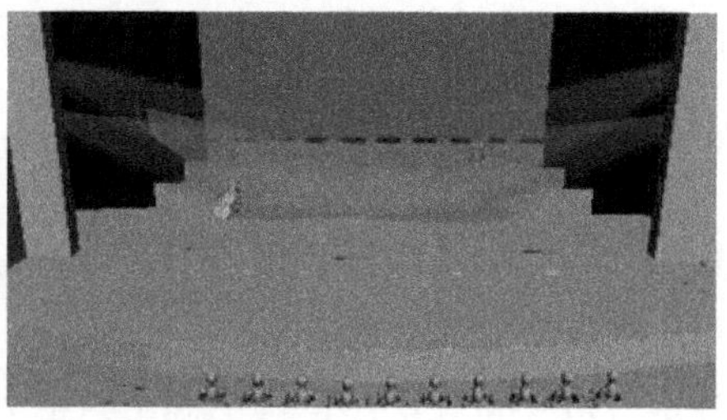

图 6-32　灯光软件设计柱光投射示意图

5. 顶光

1）位置功能介绍

顶光是在大幕后顶部的布光灯具，装在吊杆或渡桥上给整个舞台以均匀照明，主要投射于中后部表演区，顶光装在灯光吊杆上，排在每道檐幕和景前面，电源线走在栅顶架上，电源

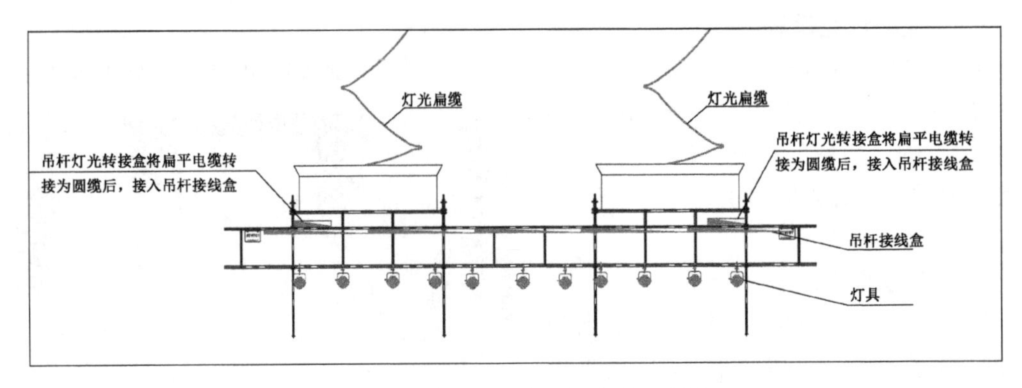

图 6-33　戏剧厅顶光灯具安装工艺图

从舞台天顶下垂到吊杆上空，且电源线有专门的收线器，灯具吊挂在吊杆的下边，本方案的灯光吊杆都留有回路插座，可以接插 3 kW 负荷以内的照明灯具。

2）顶光灯杆灯具安装工艺设计

第一道顶光与面光相衔接照明主表演区，可在顶光上安置定点光或特效光，加强表演区支点照明，其他几道顶光可向舞台后投、垂直向下投，也可作为逆光使用。前后排光相衔接，使整个舞台获得均匀的照度和色彩。最后一道顶光还作为天幕使用，也可用于天幕的各种效果光。

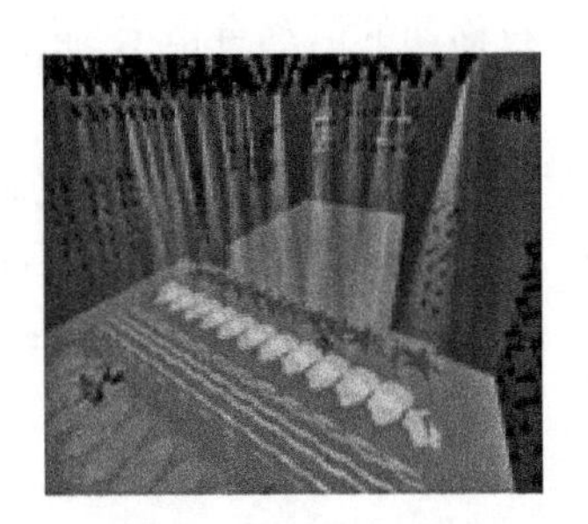

图 6-34　灯光软件设计顶光投射图

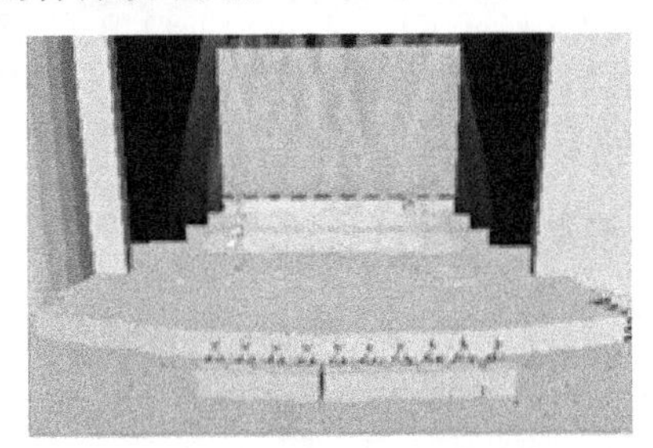

图 6-35　顶光常规灯投射图

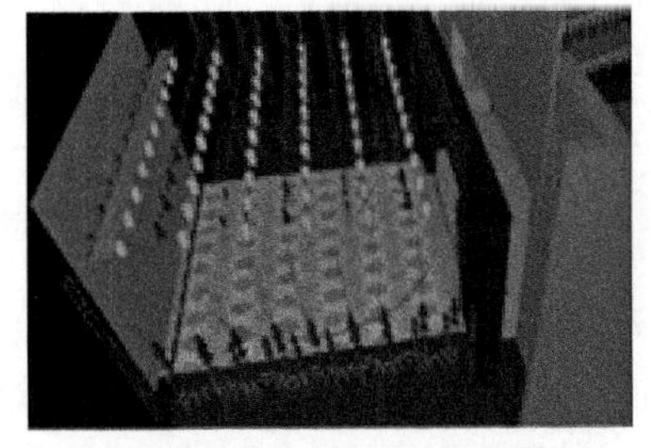

图 6-36　顶光电脑灯投射图

6. 天/地排光

1）天排光

(1) 位置介绍

天排灯在天幕前舞台上部的吊杆上，专门投射天幕的灯具。

(2) 天排光的使用方法

① 天排光用散光的形式由上向下投射天幕的上半部分，用于表现天空和渲染背景色彩。

② 天排灯一般距离天幕 3 m 左右，灯具采用条形 LED 灯具。

2）地排光

(1) 位置介绍

地排与天排相反，地排是以散光的形式由下向上投射天幕的下半部分，与天排相配合，使色彩更加丰富，光斑更为均匀。地排光装在天幕前面地台板上或专设地沟内，是仰射天幕的灯具。

图 6-37　天/地排灯

（2）地排的灯光设计

用来表现地平线、水平线、高山日出、日落等。天排光、地排光和景灯，对天幕区的灯光效果要求因剧种的不同而不同。

7. 侧光

1）位置功能介绍

侧光在舞台两侧的灯光吊杆，同时侧灯光吊杆上可以吊挂吊笼。侧光光线从高处两侧方向投到舞台上。即从侧边照射表演区，用来照射演员面部的辅助灯光和加强布景层次。

2）侧光的灯光设计

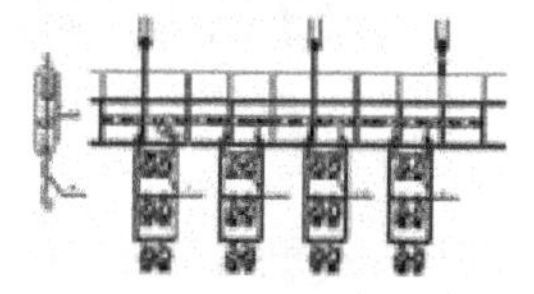

图 6-38　侧光灯光吊装安装工艺图

（1）从侧面照射演员、场景，加强立体感，投光角度、方向、距离、灯具功率和种类都会造成不同的侧光效果，是演出中不可缺少的灯位。

（2）灯具装在一层天桥栏杆处，投射到舞台中心轴投射角为30°～40°。

（3）高侧光即装在一层天桥上的光，可以加强舞台表演区的效果，特别是舞台左右相对表现人物造型具有精彩的效果。

（4）来自单侧或双侧的造型光，可以强调突出侧面的轮廓，适合表现浮雕等具有体积感的效果。

（5）单侧光可表现阴阳对比较强的效果。

（6）双侧光可表现具有个性化特点的夹板光，但必须调整正面辅助光与侧光的光比才能获得比较完善的造型效果。

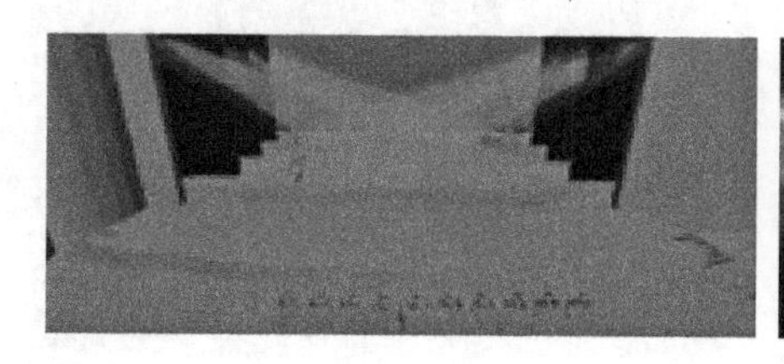

图 6-39　侧光效果示意图

8. 流动光

（1）位置功能介绍

流动光指放置在台板上带有灯架，能随时移动的灯具。用于局部照明，按剧情要求调动灯架角度，满足演出时不同特定气氛。

(2) 流动光灯光设计

① 左右流动光的使用方法

② 灯具可装在流动灯光车或流动灯架上使用。

③ 流动光的光线与演员的角度，从观众席的角度来看，形成 90°，起到突出物体的表面结构，形成物体和人物面部效果成明暗各半，所投射的光立体形态强烈，给人坚毅有力的感觉，其他与侧光相同。

(3) 流动光效果图(见图 6-40、图 6-41)

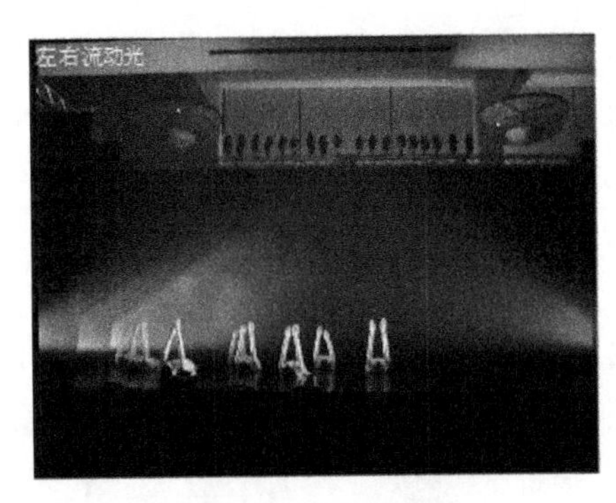

图 6-40　左右流动光

图 6-41　顶光加流动图

6.3.5　戏剧厅舞台主要灯具配置

1. 灯光设计的基本功能

舞台灯光是为舞台艺术表演服务的，艺术有抽象的一面，也有真实的一面。所以舞台灯具的功能效果也分为两种：一种是光的效果，比如绚丽的色彩，花纹，动感；一种是光的还原，就像是再现生活中的阳光，阴暗的灯光，暗红的晚霞等。不同舞台剧目节目演出时应用不同的艺术表现手法在舞台空间描述一个故事。一场演出往往分为几个场次，而每个场次展现几个情节。灯光设计作为艺术表现的重要手段，在表演的每个情节都必须采用不同的表现手法(角度、亮度、色彩、效果等)展现场景气氛、人物造型。就舞台灯光的使用来说，可以从以下几个简单的方面来了解灯光的基本功能。

图 6-42　基本照明

图 6-43　突出重点(特写)

图 6-44 色彩

图 6-45 场景和氛围

图 6-46 造型与效果

2. 不同演出形式的灯具配置

表 6-8 不同演出形式的灯具配置

演出形式	灯具数量	照明要求	灯具种类
综艺晚会	500～700	灯光变换多,色彩交替,全场照明,多面积投射	成像灯、螺纹、平凸聚光灯、电脑灯、LED 灯、天幕灯、追光灯
古典芭蕾	200 个左右	背景较多,部分均匀照明。为了突出立体感,进行多方向投射,有较多的照明变化	成像灯、螺纹、平凸聚光灯、LED 灯、天幕灯、追光灯
现代芭蕾	300 个左右	立体舞台照明,以局部照明为主,明暗变化多	成像灯、螺纹、平凸聚光灯、LED 灯、天幕灯、追光灯
歌剧	300～400 个	立体舞台照明,以局部照明为主,要求光亮丰富	成像灯、螺纹、平凸聚光灯、LED 灯、天幕灯、追光灯
音乐剧	200～300 个	立体舞台照明,以局部照明为主,要求光亮丰富	成像灯、螺纹、平凸聚光灯、LED 灯、天幕灯、追光灯
交响乐	100 个左右	以均匀的白光为主,较少变化	成像灯、冷光束灯
戏曲	200～300 个	舞台装置多,照明效果要求高	成像灯、螺纹、平凸聚光灯、天幕灯、追光灯
会议	100 个左右	以均匀的白光为主,较少变化	成像灯、冷光束灯

对于不同演出,灯光系统主要是考虑布光能否满足该演出的要求,并考虑该布光点是否有足够的回路供使用,从上表可以看出,各种类型的演出(除综艺晚会外),其他灯具的数量上基本上不会超过 400 个灯具,在灯具类型中基本上以成像灯、螺纹、平凸聚光灯、LED 灯、天幕灯、追光灯为主,在表演的每个情节都必须采用不同的表现手法(角度、亮度、色彩、效果等)展现场景气氛、人物造型。

3. 各种灯具的总体性能指标要求

- 符合 CE 标准、UL 标准。
- 不带有风扇冷却装置,以避免噪声过高。
- 不漏光。
- 低功率、高光效。
- 显色指数 Ra>92。
- 常规灯具色温为 3 200K,其他灯具为 5 600K,误差 5%。
- 各方为所配灯具更具不同距离均达到平均照度1 200lx(白光)。

4. 常用的灯具介绍

1) ETC 常规灯具

ETC 的 ColorSource®产品系列为 LED 系统提供了全新的设计方法。ETC ColorSource 系列以合理的价格提供即插即用操作。ColorSource 产品以便于操作的方式为没有任何经验的操作员提供高质量的照明、数据分布和电力控制。现在，所有安装都可以以经济实惠的价格升级照明和电力控制设备，并且不会对质量产生任何影响。

图 6-47　ColorSource LED 灯具

ColorSource LED 灯具的特点：

（1）质量出色，价格实惠

图 6-48　LED 条灯

相比其他廉价的 LED，价格实惠的 ColorSource 灯具可以提供更真实的色彩和更明亮的光束。ColorSource 的安装和使用极其简单，可以为任何剧院、建筑或演播室装置增加戏剧性和平稳的染色灯光。

（2）不同色彩的 LED

大多数经济型 LED 都采用红色、绿色、蓝色发光体，也有可能采用白色和/或琥珀色发光体，通过将这些发光体相结合，产生有限的色彩范围。相比之下，ColorSource 受益于 ETC 在 LED 混色方面的丰富经验，采用了相应比例的红色、绿色、蓝色、绿黄色以及额外的红色。绿黄色和双红色发光体扩大了 ColorSource LED 灯具的色彩范围，使用户能够获得只有 ETC LED 灯具才可能具有的丰富度。独特的混合技术还增加了深度，使灯光更加自然，更加动人。而且，在以任何亮度使用时，ColorSource LED 灯具都能保持出众的色彩效果。

图 6-49　LED 染色灯

图 6-50　LED 染色条灯

（3）值得信任的色彩

ETC 色彩系统对所生产的每一盏 LED 灯具都会进行校准。所有灯具都通过一致性测试，因此 ColorSource LED 灯具产生的色彩与设备上的其他 ETC LED 灯具发出的色彩是一致的。一些制造商的 LED 灯具在打开后颜色会下降。与此不同的是，ColorSource PAR 会补偿热降，使得表演开始时的色彩与表演结束时的色彩看起来完全相同。

（4）简单方便

尽管 ColorSource LED 灯具具有卓越的色彩功能，但使用起来却简单得令人难以置信——无论是否采用灯光控制台。甚至连最简单的控制台都可以控制灯具，通过特殊的 RGB 模式使其轻松地与第三方控制台配合工作。而且，ColorSource LED 灯具还具有自己的用户界面，这意味着没有控制台也能控制。用户只需插上插头，数秒内即可开始工作。

2）Robert Juliat 灯具

罗伯特朱丽叶舞台设备创办于 1919 年，是经历三代家族企业共同经营的。历史悠久，至今存在着制作商，一直为戏剧院、歌剧院，大型文艺活动及建筑照明提供高品质的舞台灯光设备。

图 6-51　成像灯灯光效果

罗伯特朱丽叶是 PC 灯、螺纹灯、成像灯及追光灯的著名厂家。灯具因杰出打光斑品质，完美的机械构造，卓越的视觉效果而得到业界的认可。在其漫长的舞台灯制造历史上，不乏有突破性的进展。在听取灯光设计师和使用者的意见后，再结合自己的热诚，制造出最好的舞台灯具。

① 灯具特性：光学系统是将所有灯光聚焦发射，打出的光斑十分均匀，甚至没有突出亮点，光斑边缘也没有衰减，打出的图案十分清晰。

② 结构特点：所有的固定件均由手工制作，经久耐用，即使是在最困难的流动演出条件下也能应对自如。

③ 人性化设计：追光灯的侧边有隔热把手（操作人员可以从任意喜欢的位置操作），每个追光灯具有增多特有的功能，让人操作起来得心应手。

（1）Robert Juliat PROFILE SPOTS 变焦成像聚光灯

从小场地和短距离投射用途的宽角度需求到大场地长距离投射的窄角度的需求，可提供一个覆盖所有角度的变焦范围，同时还提供 1 kW 到 2.5 kW 的灯具选择。

灯具特点：

- 双非球面平凸透镜光学冷风扇，以达到最佳成像效果；
- 每个角度可调变焦光束；
- A 尺寸金属或玻璃图案片；
- 高达 8 个关闸栅，可拆卸便于维修，其中四个可锁定；
- 90°可旋转镜头，与光闸栅和图案片合并可将图案片排成一线或装饰。

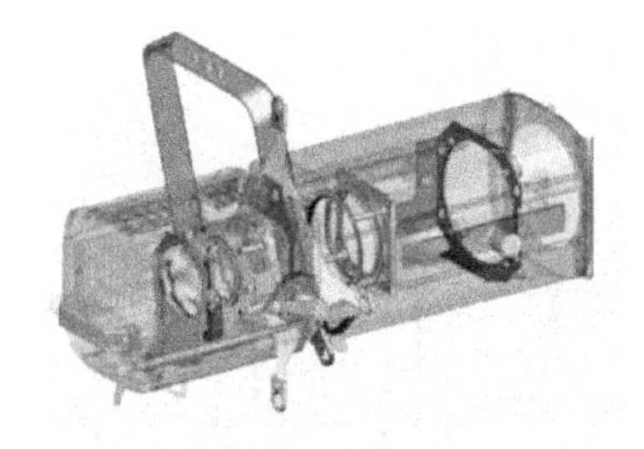
图 6-52　Robert Juliat PROFILE SPOTS 变焦成像聚光灯

图 6-53　Robert Juliat LUTIN 单透镜聚光灯

（2）Robert Juliat LUTIN 单透镜聚光灯

从小的到最大的，解决了每一个剧场的不同使用要求，目前有 3 种不同的型号，每种灯具有 3 种不同镜头可选择。快速的更换镜头系统无需工具，目前市场上的其他灯具没有一款可以在输出和光斑的完整度上能与其相提并论。具有独特的 Fresnel 配有 200 mm 透镜。

灯具特点：

- 透镜可选：Plano-Convex，Pebble-Convex or Fresnel 透镜；
- 独特的个别旋转遮板叶设计，使其可以实现最困难到达的角度；

- 焦点调整：即使在发热的情况下，灯体依旧可以平稳转动；
- 对焦参考：方便对焦设计的侧边倾斜标志物；
- 专用手柄：无需打开或移动部件就可以轻松换电缆。

(3) Robert Juliat FOLLOWSPOTS 追光灯

灯具特点：

- 非球面平凸透镜光学冷凝系统保证了灯光良好的输出及完美图案、均匀光斑的展现；
- 变焦光学镜头可满足各种图案片，变焦光学镜头可满足各种角度调试；
- 完全闭合的 IRIS CASSETTE，移动迅速，易于更换；
- 图案片为“A”/“B”尺寸；
- 符合人体仿生学的机械调光器；
- DMX 同步信号控制；
- 6 线手动换色器；
- 人体工学手柄和良好的平衡性；
- 所有部件可拆卸，便于维修。

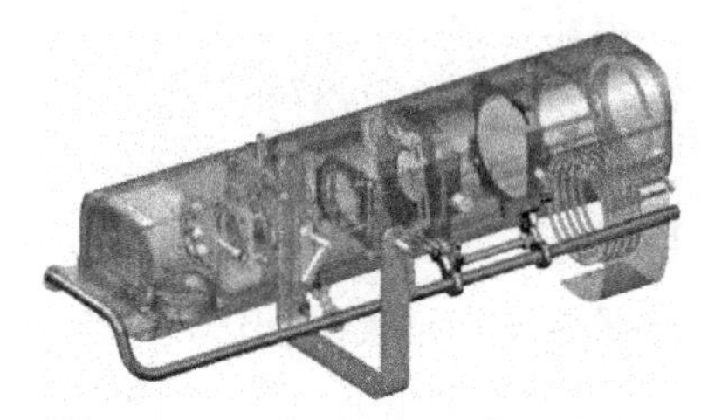

图 6-54 Robert Juliat FOLLOW SPOTS 追光灯

6.4 扩声系统设计

6.4.1 概述

戏剧厅由池座和一层楼座组成，每层看台间的比例按视觉、听觉的要求确定，使全部观众尽量靠近舞台，从多样化的三维角度观赏演出。其中正厅座位从前排至后排坡度高达 5 m，见下图，令视线大为扩展，这种安排也符合观众厅的扩声要求。

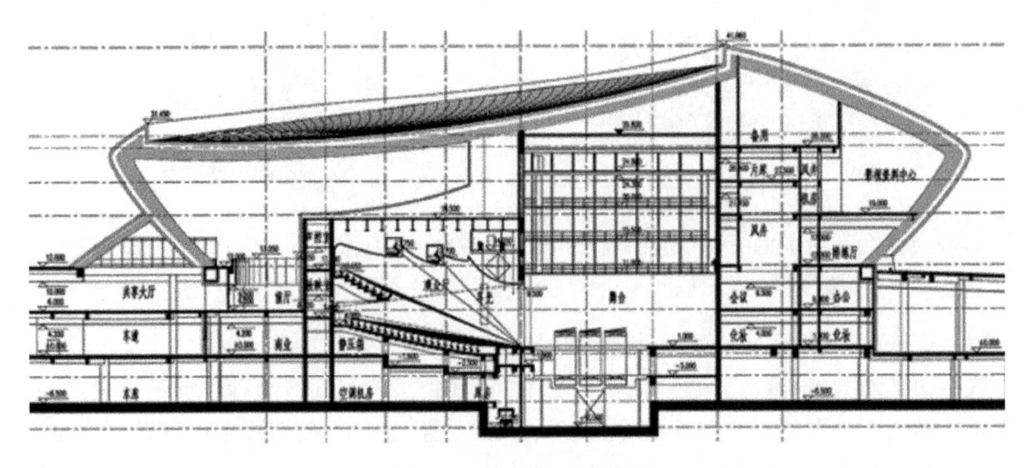

图 6-55 戏剧厅剖面图

戏剧厅舞台为镜框式舞台，台口尺寸 15 m×8.5 m，由主舞台、左右侧台组成，是一种灵活多变的、能适应各种演出的舞台形式。主舞台宽 27.4 m，台深 27.2 m，乐池开口尺寸

3.4 m×15.0 m。舞台上设有六块升降台、三台活动升降车和五十余道电动吊杆，戏剧厅的观众厅容纳 1 020 名观众。

后台演职员工作用房设置在 1～3 层舞台侧后方的区域内。首层设置演员门厅、办公门厅、化妆间、抢妆室、服装道具间、乐器库、布景组装场、候场区等用房。二层设置后勤办公业务用房，三层设置驻场剧团的排练厅用房。地面以上演出技术用房包括光控室、声控室、放映室、控制室、追光室、舞台机械控制室等设备用房，布置在舞台四周和观众厅池座的后方区域。地面以下演出技术用房有台下开关柜室，布置在地下主舞台基坑一侧。卸货区及布景库设置在戏剧厅首层的西北侧，靠近侧舞台，位置隐蔽，便于卸货。

观众厅天花设计为多层凸曲面，能向所有观众席提供重要的天花反射声。观众和舞台过渡区域的侧墙面亦做成凸曲面，向池座前中区观众提供反射声。

6.4.2　功能需求

戏剧厅扩声系统应满足以下功能需求：

- 满足歌剧、舞剧、话剧、戏曲、交响乐、曲艺、会议和大型综艺演出功能需要；
- 满足接待世界一流艺术表演团体演出的条件；
- 满足电视直播、转播、录播等需求。

6.4.3　系统特点

➢ 整个戏剧厅的数字音频网络采用 MADI 信号传输模式，整个链路只需一次的 AD/DA 转换，有效地减少因为多次 AD/DA 转换带来的信号衰减问题。在音控室、中央交换机房、功放室、现场调音位、返送调音位、栅顶接口箱的设备之间的连接全部采用光纤冗余网络连接起来，极大地保证数据的安全性。

➢ 所有设备的音频信号进出均经过跳线盘，跳线盘的逻辑关系可自由改变，跳线盘后端采用插拔的方式；数字网络配置多种接口类型，包括 AES/EBU 接口、模拟接口、DANTE 接口、MADI 接口等，且接口类型都是国际上通用的接口。

➢ 采用点声源扬声器做设计，针对扬声器之间的声干涉问题，经过慎重选型和计算扬声器的覆盖角度，力求把扬声器之间的干涉引起的梳状滤波效应减低到最小，且采用强指向性扬声器解决语言清晰度的问题。

➢ 功放系统具有 AES/EBU 数字信号输入接口和模拟信号输入接口，为系统的数模备份提供了平台。功放的每个通道具有独立的 DSP 处理器，且功放系统具有远程监控和控制功能，包括监控电压、阻抗、功率、温度等功能。且可通过远程控制实时调整功放的声场参数，具有设置场景、编组功能。且功放采用 DANTE 数字信号传输和控制，与整个控制系统可以无缝接入。提高了系统的灵活性及启用应急备份的能力。

➢ 无线话筒接收机直接输出 AES/EBU 数字信号给数字调音台，采用数字调制的方式发射无线信号，针对有线话筒之间引起的干涉问题，注重对产品的选型。针对系统的增益问题，通过合理的扬声器布局，控制好扬声器的覆盖角度，选择可控频率更低的扬声器安装，可以大大提高扩声系统的增益问题。

➢ 配置 2 套音频工作站可以保证系统的播放、录播、音频编辑等需求。

➢ 选择声压级有足够动态范围、频率响应范围更宽、指向性更强的扬声器可以保证扬声器适合使用在多样性节目中，且能有效地避免天花对声音的过多反射，提高了声场的语言清晰度。

➢ 预留流动线阵列扬声器相关的线缆和接口，满足临时安装流动扬声器的需求。

6.4.4 系统设计注意的问题及解决方法

扩声系统的设计是一门综合学科的设计，涵盖了声乐、电子、声学等学科，无论都复杂，扩声系统设计都必须注意以下几个问题：

(1) 系统的传声增益。扩声系统是个“声音闭环系统”存在声反馈问题，扩声系统在临界状态下会给声音带来严重的失真(声染色)，因而扩声系统要有充分的稳定性，这是保证扩声系统声音质量的一个重要因素。这个关系到系统日后能不能正常使用，若是系统的传声增益过低、则会产生“啸叫”问题，导致无法使用扩声系统。其解决方法有 2 种。

① 通过配置均衡器或反馈抑制器来对“啸叫”频率做衰减或者陷波，这种方法可以提高系统增益，但是不宜过多对频率做衰减或陷波，会导致人声或音乐的频率缺失部分信息，这就是为什么有些扩声系统感觉出来的声音不对。

② 通过对传声器和扬声器的选型以及合理的布局，对舞台建筑声学的处理可以从根本上最大限度地提高系统传声增益，这里边扬声器的选型包括扬声器的类型(常规扬声器、线阵列扬声器、线柱扬声器等的选型)、扬声器角度的计算、扬声器指向性能力的控制。

综合以上考虑：本次设计注重第二种方法，并在后期调试中稍微结合第一种方法，且按照目前国际上的先进经验，在调试音频中做处理的频段少于 4 段，最大可能地满足系统传声增益的需求，且保证扩声的效果。

(2) 声场的声像。声像问题一直是扩声系统中必须引起注意的问题，这个问题关系到声场的最终效果，简单来讲声像就是感觉声音来自何方，就是声音的定位问题，客观上来讲，感觉到最好的效果就是声像与视觉方向一致，就是人在舞台上讲话，听众看到人在舞台上讲话，声音就应该是感觉来自舞台上。某种程度上，声像与声场不均匀度是一对矛盾体。针对声像问题，必须在舞台方向区域安装全频扬声器和低频扬声器。

(3) 声场不均匀度。声场不均匀度也是扩声系统引起注意的问题，这个问题关系到声场的最终效果，简单来讲就是声场中各点的声压级差，若是声场不均匀度差，就会造成观众席的前区声压级大，观众席的后区声压级小，前后观众听感过大差异。产生此问题的方式有三种：

- 所选扬声器的声压级过小；
- 扬声器的布局不合理；
- 被某些物体遮挡导致在某些位置形成了“声影区”。

针对声场不均匀度的解决方法就是采用合理的扬声器布局设计，选用声压级大的扬声器，且选用补声扬声器在“声影区”进行合理的补声。

(4) 语言清晰度。对于任何类型的节目，语言清晰度是衡量声场效果的一个重要指标，若是语言清晰度差，则声音浑浊，听不清楚讲话者的内容，根据 Peutz 清晰度理论公式，这是由混响时间过长，即直达声声能比混响声能低引起的，在厅堂里的一个直接表现是反射面过多地反射声音。解决方法是选择强指向性的扬声器且经过扬声器的布局、数量、覆盖角及各安装位置上的高度、水平角度、垂直角度和旋转角度要认真地计算，使声能准确、集中向观众厅投射，避免向舞台、表演区之不必要的投射，避免侧墙、后墙、顶棚不利的反射声。

(5) 声聚焦。在任何的厅堂扩声声场设计中不允许声聚焦问题产生,它能极大地破坏声场效果,这个问题是由于建筑结构设计存在缺陷或者是扬声器布局位置不正确所引起,尤其是在拱顶结构天花最容易引起反射形成,其解决方法通过科学的扬声器选型和合理的布局可以改变或减少声聚焦的问题。

(6) 声压级。关于这点,国家 GB/T 28049—2011《厅堂、体育场馆扩声系统设计规范》中有标准,系统设计参考国家规范标准。

(7) 声学缺陷及系统噪声。对于扩声系统总噪声级的保障,在设备选型时采用数字网络处理设备,并对信噪比进行严格控制,同时对系统布线、接插件焊接质量及系统接地系统等进行严格的、科学工艺制作,以减少因设备质量、线路传输而引起的损耗及低噪。

(8) 电气安全保障。所有设备和电气控制器材、装置全都满足相应的国际安全标准和操作规程,具有故障自动保护的功能,以保证器材和电气控制系统对人身是安全的。所有电线、电缆为耐火型、阻燃型或低烟型的,减少事故的发生。或避免发生事故时有害烟幕对人员的伤害。

设备零部件之间的连接、设备与基础墙壁及其他土建构件的连接,均采用标准紧固件。紧固件的尺寸能满足符合与结构的需要,结构设计上避免紧固件承受偏心载荷。

6.4.5 扩声系统设计方案

扩声系统的设计是戏剧厅的重点工程,涉及声乐、电子、建筑声学几个领域,在施工上需与配电、装修、设计院等至少三方协调对接,其最后声场效果将会直接影响该厅堂的使用档次,因此对该系统的设计必须重点对待。

1. 扬声器的选型

(1) 扬声器选型以音色为首位,必须选用在国际上著名的剧场剧院使用过的产品。

(2) 需考虑扬声器的峰值余量,整个扩声系统必须至少有 8 dB 的余量值。

(3) 配置与全频扬声器匹配的低频扬声器,可以大大拓展整个声场的频率响应带宽,下限可达到 30 Hz,保证在人声、乐器声的整个频段使用。

2. 戏剧厅扬声器系统的布局

戏剧厅观众厅扩声系统的布局:主扩声采用当前先进的左、中、右三声道空间成像的扩声方式并配置单独的低频通道,左中右每个声道均可以独立覆盖全场观众区。观众厅的扩声系统可以实现单声道扩声、左右两声道扩声、左中右三声道扩声和中央声道独立扩声。利用各个声道分别担负不同的扩声功能,充分地呈现出剧目演出的效果及提升戏剧厅的档次,中央声道扬声器暗藏于声桥内,左右声道暗藏于八字墙内。

中央单声道扩声方式:所有的信号通过处理后都经一个声道放大还原,其优点是清晰度较高,而观众听觉空间立体感较差,大部分早期厅堂扩声系统常采用这种形式;目前多数在语言扩声、独奏状态时也常选用这种方式。

左、右双声道立体声扩声方式:音频信号经暗藏于舞台台口两侧八字墙的左右声道扬声器还原,能大大提高观众厅部分区域的听觉空间立体感;同时兼顾语音的清晰度。

左、中、右三声道立体声扩声方式:利用人耳的心理声学效应——鸡尾酒会效应(即选听效应),将一个单声道或两声道的输入信号经过加、减运算等独特电路,通过处理系统将其转换成左、中、右三声道输出,即三维空间成像系统,同时也可兼容空间声音成像立体声扩声方式。三维空间声像定位、移动的三通道输出形式扩声是将输入信号通过调音台内部声像处理系统将其转换成左、中、右三声道输出，左右声道主要是音乐放送，中央声道关键是还原人声、独奏，并在 80 Hz 以下迅速衰减。而当声音移动时则巧妙地利用各声道的强度差来获得准确的声像感，这样三组扬声器协调工作，既达到准确的声像定位，又大大提高语言可懂度及扩声增益。（图 6-56）

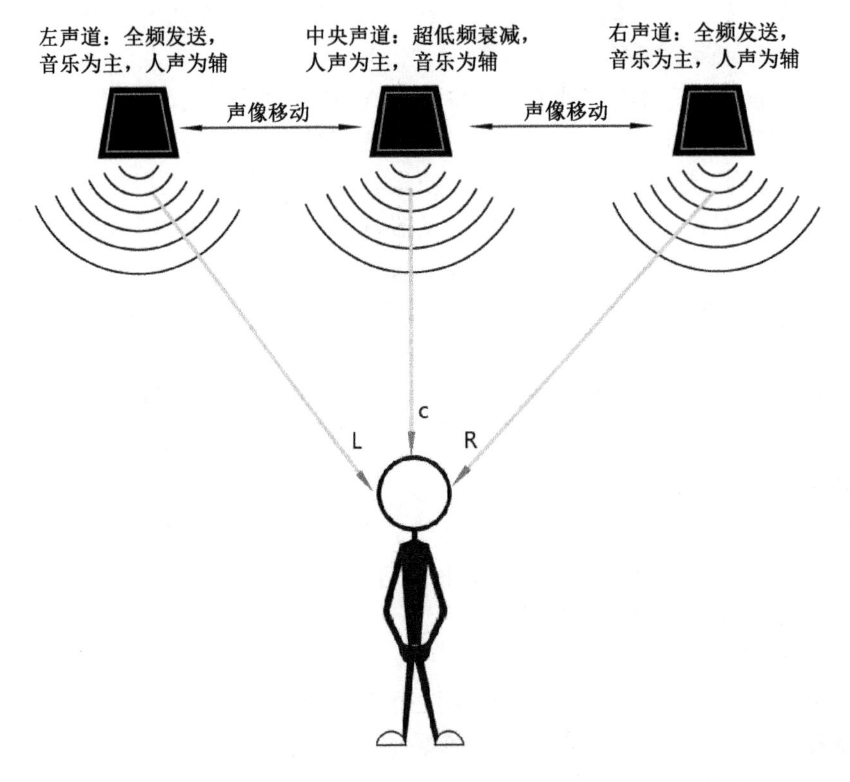

图 6-56　左、中、右三声道立体声扩声方式

➢ 由于使用左、中、右扩声方式，使人声可懂度大大提高。人声同乐器（或效果声）背景声的物理分立，有助于人耳区别人声信息，使得重点人声比混合中的其他声音更加突出。

➢ 由于中央声道扬声器只播放人声，可使得中央声道在过载电平以下线性范围内工作，故而大大降低了失真，从而提高了语言清晰度。而左、右声道的音乐信号，即使过载或失真，也不会影响人声信息。

➢ 在三通道空间成像系统中，由左、右声道形成信号的空间位置随观众所坐位置而改变，而人声和独奏乐器由单一的中央声道扬声器还原时，不管听众的位置在什么地方，形成的位置仍保留在舞台中间。在戏剧扩声时，调音师可以将人声随演员在舞台上移动而移位，使演出更加逼真。

➢ 由于使用独立的中央声道处理人声，使可懂度大大提高。人声声场由单个声源形成，可使反射声更加一致。同时，由于中央声道低频下降的频率特性使话筒“近讲效应”产生的问题大大减少。没有人声信号的左、右声道可以把应有的低频功率发挥起来。

➢ 结合功能强大的数字处理器，将扩声系统不同使用状态的信号处理模式储存起来，如可以分为会议、演唱、歌剧等模式，使用时只需调出相应的处理模式，非常简单快捷，大大减少扩声师的工作量，而且安全可靠。

总的来说采用左、中、右三通道空间成像系统，既能保证语言扩声时的清晰度，又能满足歌舞、戏剧等剧目演出时的丰满度、明亮度，以及准确清晰的声像定位，较好地解决了音乐和人声兼容扩声的问题，因此亦为业界广泛运用。

1）中央声道

中央声道扬声器组采用远场、近场（即是窄角度与宽角度相结合）的扩声模式，使不同的水平覆盖角度恰好地满足了观众区覆盖需求，从而避免了远近场因角度过大或太小而造成的声音过多的反射或直达声覆盖盲区等不必要声缺陷问题，同时采用针对不同区域进行分区覆盖避免了声场能量分布不均而影响均匀度。中央声道扬声器组采用隐藏暗装方式，吊挂于声桥中央位置。

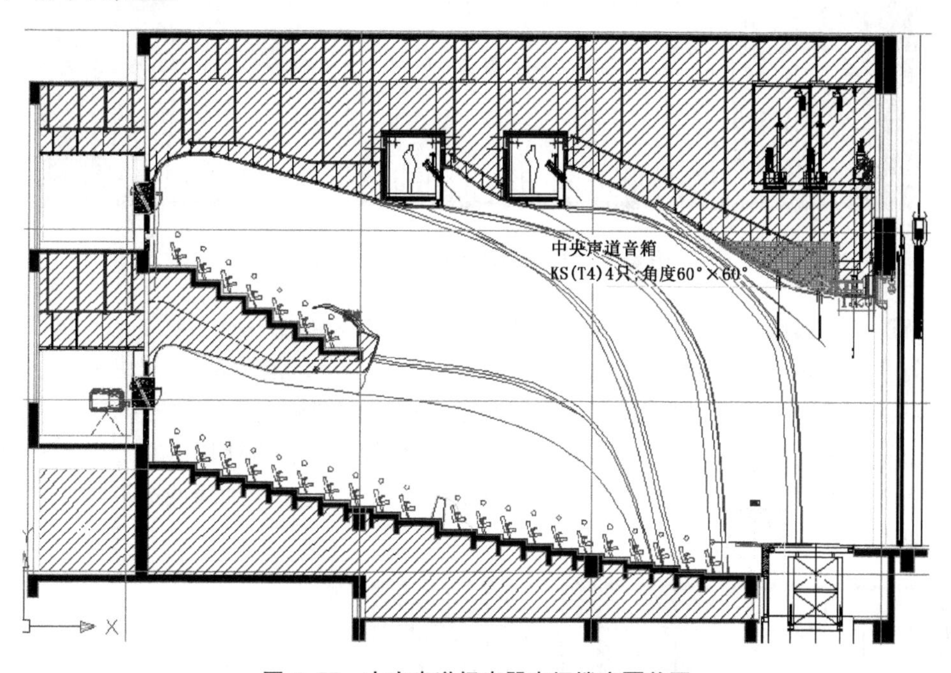

图 6-57　中央声道扬声器声场楼座覆盖图

中央声道采用 2×2 的分层布局结构，上层由 2 只 KS Audio T4 全频扬声器组合成 100°(H)×40°(V)角度覆盖整个楼座及池座后区。每个扬声器的水平覆盖角度为 60°(H)×40°(V)，下层采用 2 只 KS Audio T4 全频扬声器组合成 110°(H)×40°(V)角度覆盖池座中前区，通过数字功率放大器的 DSP 处理，对每个扬声器进行独立延时调整，可获得一致的相位和平衡的声压级，保证声场的不均匀度和语言清晰度。整组扬声器的垂直角度为 70°。

2）左右声道

左右声道也采用分区分层覆盖，每个声道采用 2×2 的分层结构，上层扬声器采用 2 只 KS Audio T4 全频扬声器组合成 100°(H)×40°(V)角度覆盖整个楼座及池座后区，下层扬声器采用 2 只 KS Audio T4 全频扬声器组合成 100°(H)×40°(V)角度覆盖整个池座中前区，扬声器组吊挂高度标高为＋7.5 m，且隐藏安装于舞台台口两侧的八字墙内；左右声道

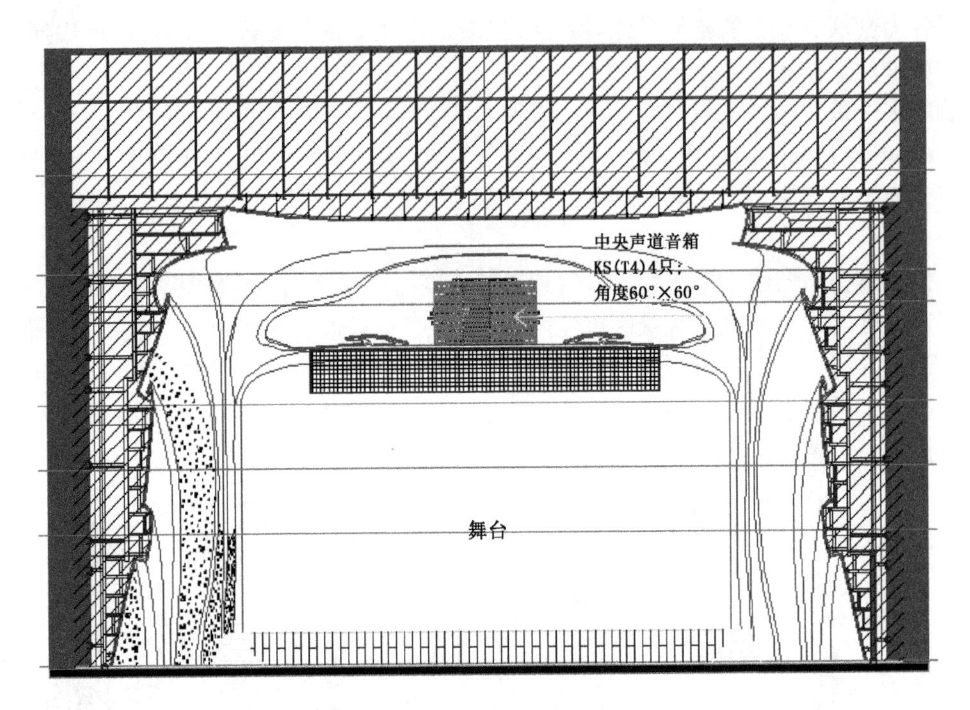

图 6-58　中央声道扬声器安装位置图

与中央声道一样选择窄水平角度、高 Q 值(恒定指向)的扬声器及针对远场、近场需要不同的覆盖角度等因素，扬声器组很好地控制了扬声器的水平覆盖范围，将声能集中辐射在目标区域，避免声音被耳光室等建筑装饰的阻挡及过多地投射到侧墙后导致的声缺陷问题。同时 KS audio T4 扬声器小巧的体积，重量小，安装方便简单等特点让用户在工程安装、搬运、调试方面都表现出更好的灵活性和优势，节省了人力物力，也极大地降低扬声器对建筑安装条件的要求及影响。

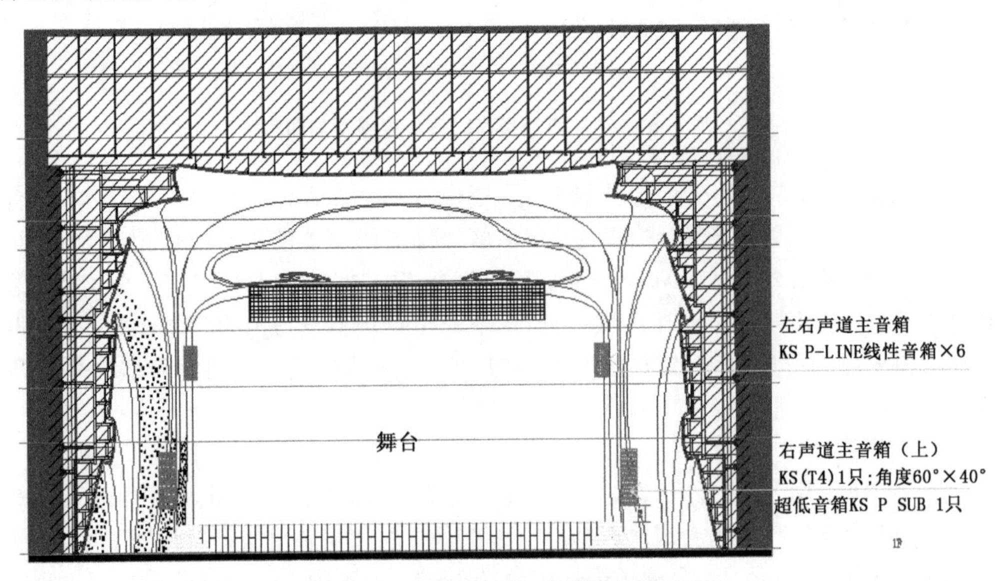

图 6-59　左右声道主线阵扬声器安装示意图

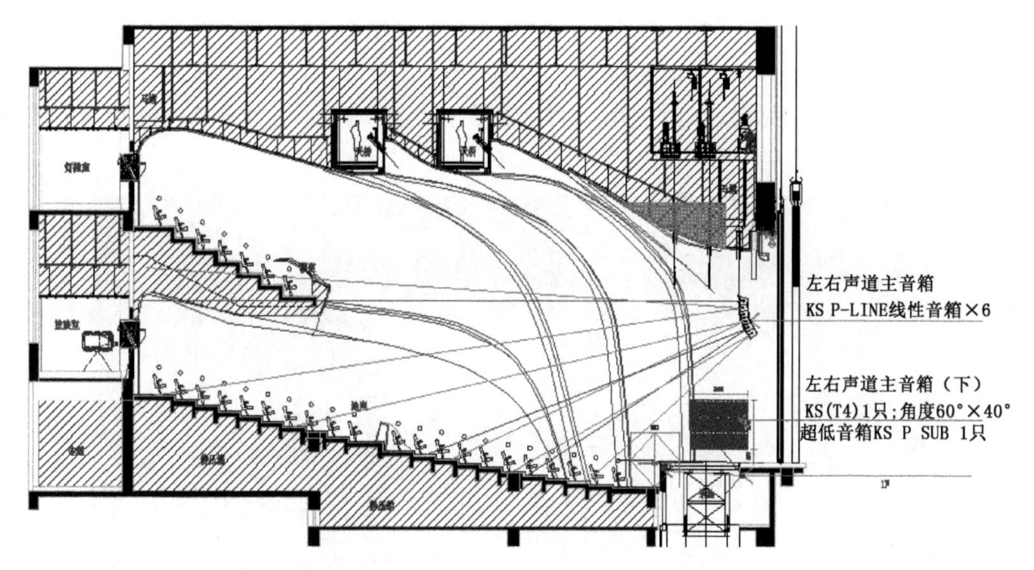

图 6-60　左右声道主线阵扬声器平面覆盖图

考虑到左右声道全频扬声器的频率下限达不到其他乐器设备的频率下限，在左右声道全频扬声器的一侧各安装 1 只双 18 英寸低频扬声器，能保证声场关于频率的下限要求。为保持良好的声像定位，使观众视听更一致，在台口左右两侧扬声器室内各暗藏安装一只 KS Audio T4 全频扬声器作为池座前区外缘左右补声全频扬声器，作为池座中前区观众席的声像扬声器。避免中前区观众席有声音“压顶”声像定位不准的现象。

3）补声扬声器

中央声道扬声器对于前排观众席来说，“压顶感”非常强烈，且前排观众席一般是重要的

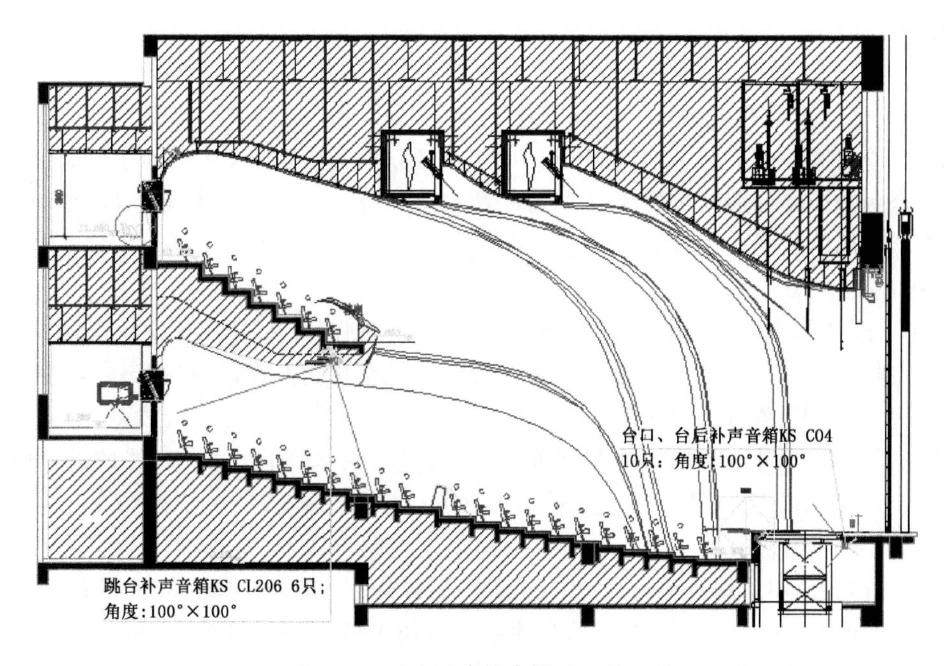

图 6-61　跳台补声扬声器平面覆盖图

席位，在乐池栏杆后方隐藏安装 5 只 KS Audio C04 紧凑型全频扬声器，当乐池升起来作为舞台的一部分时使用，另外在乐池栏杆前方隐藏安装 5 只 KS Audio C04 紧凑型全频扬声器，当乐池下降作为临时观众厅时使用。两排补声扬声器均可通过 KS Audio 远程控制软件进行静音操作。

图 6-62　天花下安装示意图

另外由于二层眺台底部天花对中央声道扬声器的遮挡，导致在池座后区观众席有“声影区”，导致声场的中高频部分衰减十分快速，因此后区池座观众席上空的天花下安装 6 只 KS Audio CL106 紧凑型全频扬声器，用于对池座后区观众席的中高频补偿。

4）环绕声道效果扬声器

为了配合不同的剧情演出需求，实现特殊声音的声场与效果，在左、中、右三声道立体声扩声方式的基础上，配置了多通道环绕效果声系统，以实现模拟及重放效果声的需要，以满足观众 360°体验声场效果，达到“身临其境”感觉。根据建筑结构系统配置了 20 只 KS Audio CL208 全频扬声器安装于池座观众席和楼座观众席的墙面上，其中楼座 8 只，池座 12 只，每只全频扬声器分别以 90°(H)×90°(V)覆盖全场，根据人的听感特点，以实现现场包围感，扬声器采用隐藏嵌入式固定安装并选用了体积小，动态大的扬声器产品，以减少对装修的过多破坏，如图 6-63。

为了使现场的声场效果更具有临场感，在观众席的顶部安装了 12 只 KS Audio CM215 全频扬声器(6-64)，每只扬声器采用天花顶内嵌入式安装的方式，每只扬声器的覆盖角度为 90°(H)×90°(V)覆盖整个观众席。

考虑到应用的多样性，使得控制精度更高，配置 1 台 32 通道效果声处理器 TIMAX2 SoundHub-S32 AES，用于对所有效果声扬声器进行精确控制，使得环绕效果更好。

5）舞台扩声扬声器

舞台扩声扬声器采用流动与固定结合的方式，以达到覆盖整个舞台的扩声需求，共配置 4 只 10 英寸 KS Audio CM215 地板送全频扬声器和 4 只 12 英寸 KS Audio C12M 地板送全频扬声器，流动用于舞台上，为了让舞台表演者可以更快地融入地戏剧意境，在舞台左右假台口侧片离地 4 m 高的地方各固定安装 1 只 KS Audio T4 全频扬声器，在假台口上片安

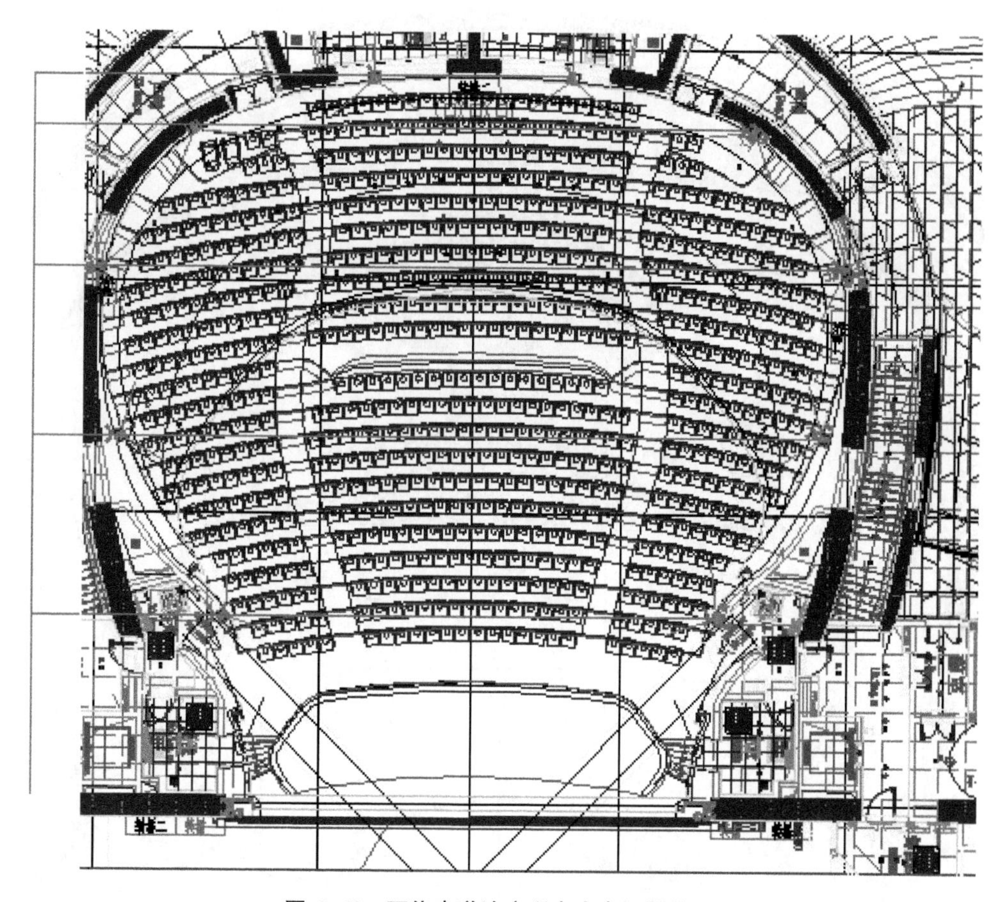

图 6-63 环绕声道池座观众席声场覆盖图

装 2 只 KS Audio T4 全频扬声器作为舞台中央声道或前区的扩声，在舞台左右两侧一层马道下方各安装 2 只 KS Audio T4 全频扬声器作为舞台左右环绕声道或舞台前区的后区补声扩声，在舞台后墙左右两侧离地面 4 m 的地方各安装 1 只 KS Audio T4 全频扬声器用于舞台后声道或后区补声扩声，另外考虑到低频的下限效果，在舞台后墙左右两侧离地 4 m 的地方各安装 1 只 KS Audio CWL 低频扬声器用于补充舞台低频效果。

6）计算机辅助软件 EASE 仿真分析

（1）软件介绍

我们采用的是 20 世纪 90 年代中期开发的通用数据库 EASE(Electro Acoustic Simulator for Engineers)声学特性计算机设计软件，声学特性计算机设计系统有非常好的可信度和精度，在输入厅堂的建声数据足够准确时，其计算数据与最后电声实测结果相比较，误差可控制在 2～3 dB 以内。对工程设计和安装调试而言，这已经足够，同时它还具有很好的设计安装调试指导性，这在以往的工程设计中得到了良好的验证。采用声学 EASE 计算机系统来设计计算厅堂、体育馆(场)、多功能厅、剧场扩声系统的声学特性，就意味着，无需等到系统安装、调试和测量完毕之后，就能知道其设计和安装调试结果。换句话说，依据本设计方案所给出的扩声系统及设计计算结果，已清楚地看到了该厅堂预期的扩声系统声学特性。

本方案结合多年剧场剧院系统设计优势以及国内外成功案例经验，同时我们采用最有

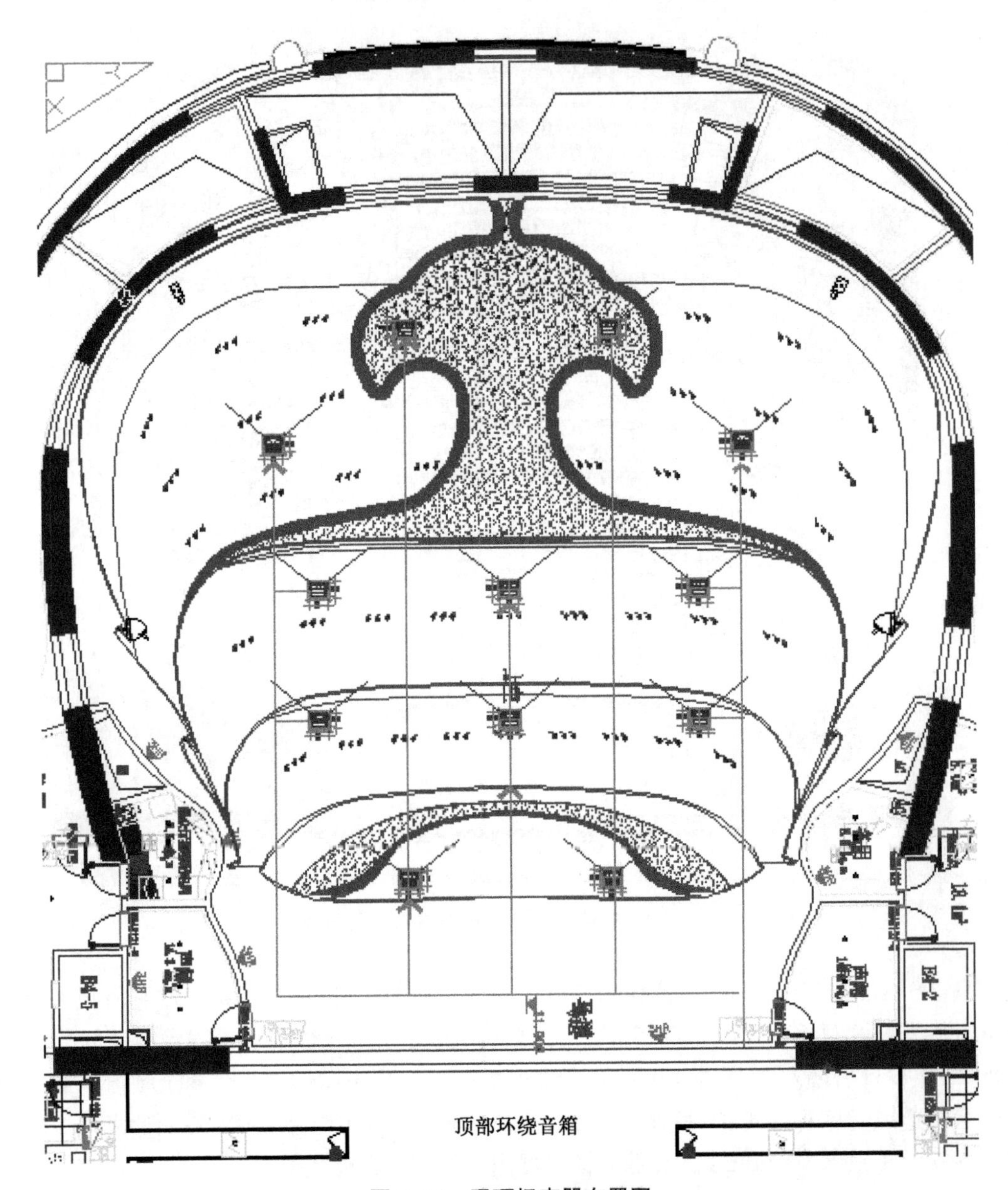

图 6-64　吸顶扬声器布置图

效、高认可度的计算机辅助设计手段，以保证我们的方案是合理有效的、也是可信的。我们采用声学计算机辅助设计软件 EASE 4.4 进行计算，其仿真结果以声场分布彩色展示图的方式给出，通过 EASE 软件计算验证如下内容：

- 直达声声场分布；
- 语言清晰度传递指数。

（2）模型说明

根据平、剖面图以及室内装修特点及材料的概况，建立了供 EASE 使用的建筑 3D 模型。由于声场的分析工作主要涉及对戏剧厅内各要素的声学特性模拟，本模型仅提供了较精确的内侧构造，外立面造型不包含在其中。（注：声学模拟过程基于符合国家相关规范的声学环境）

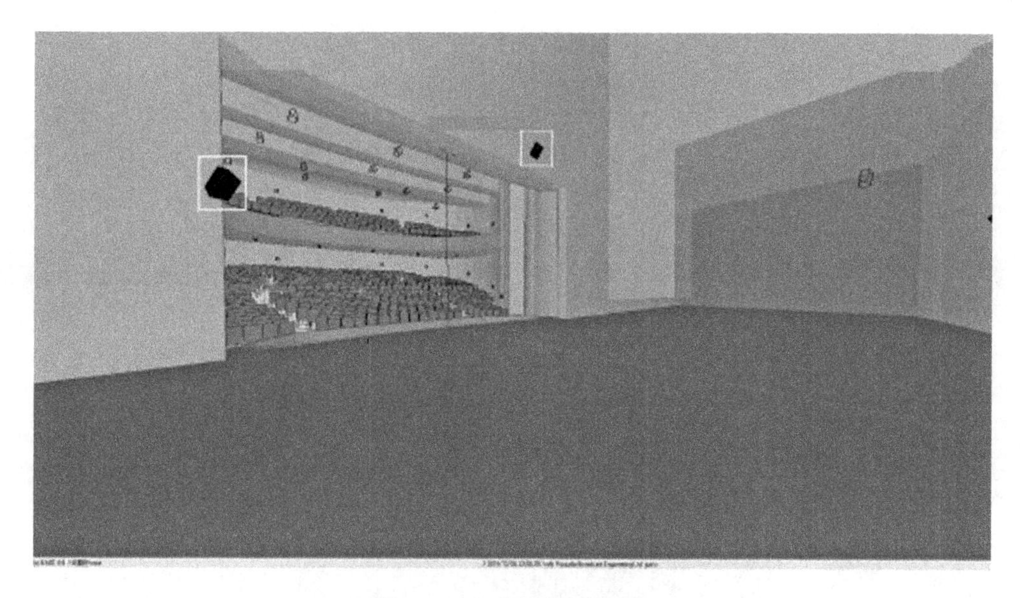

图 6-65　舞台扬声器布置图

图 6-66　EASE 4.4 软件

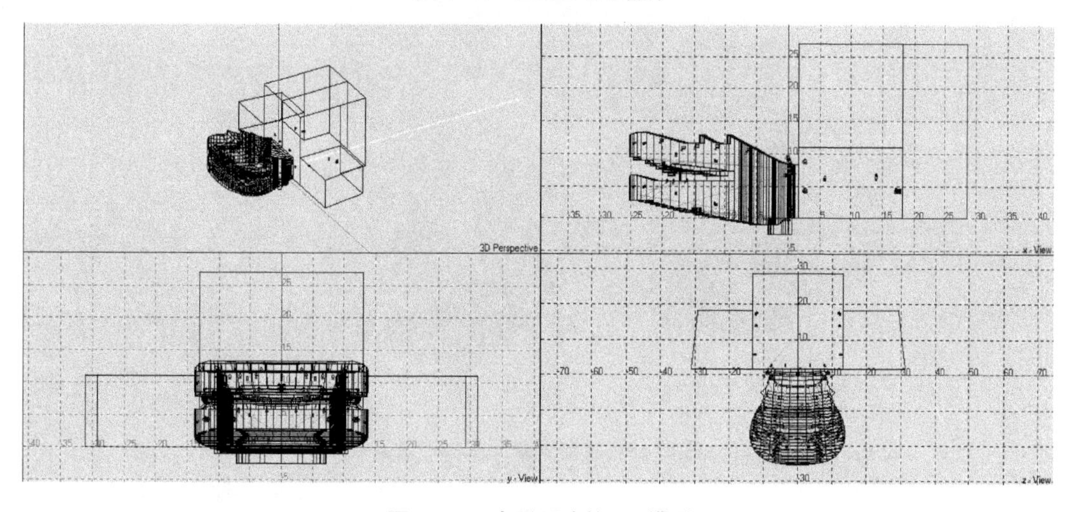

图 6-67　戏剧厅建筑 3D 模型

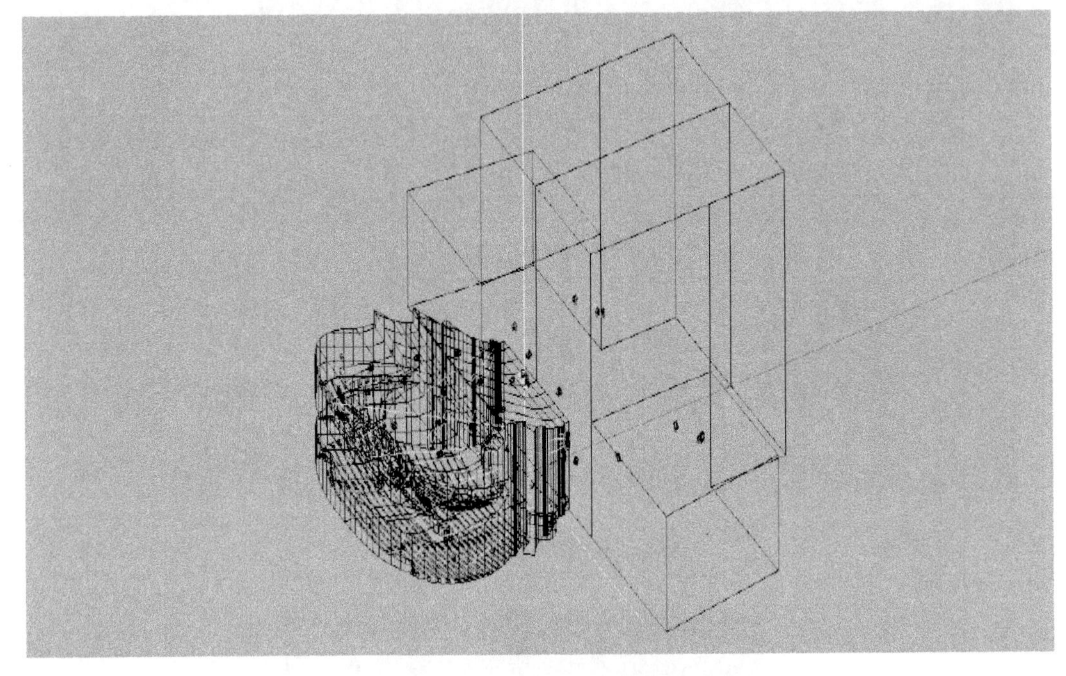

图 6-68 观众厅 3D 模型

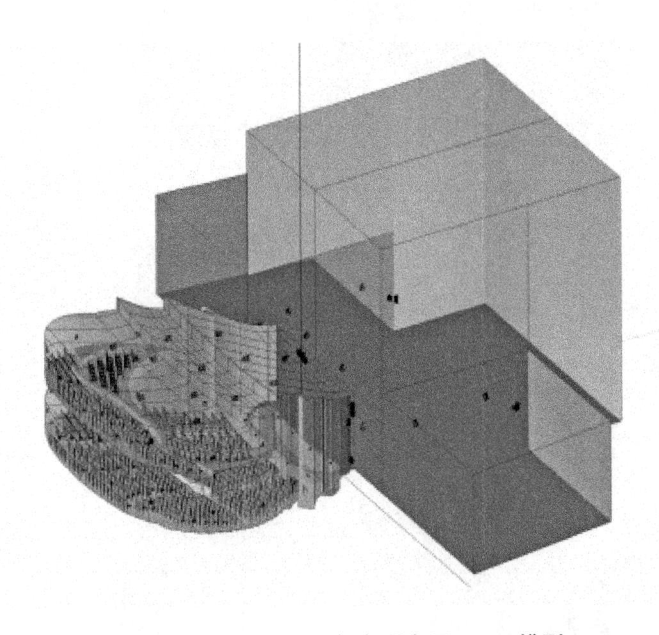

图 6-69 舞台观众厅 EASE 模型

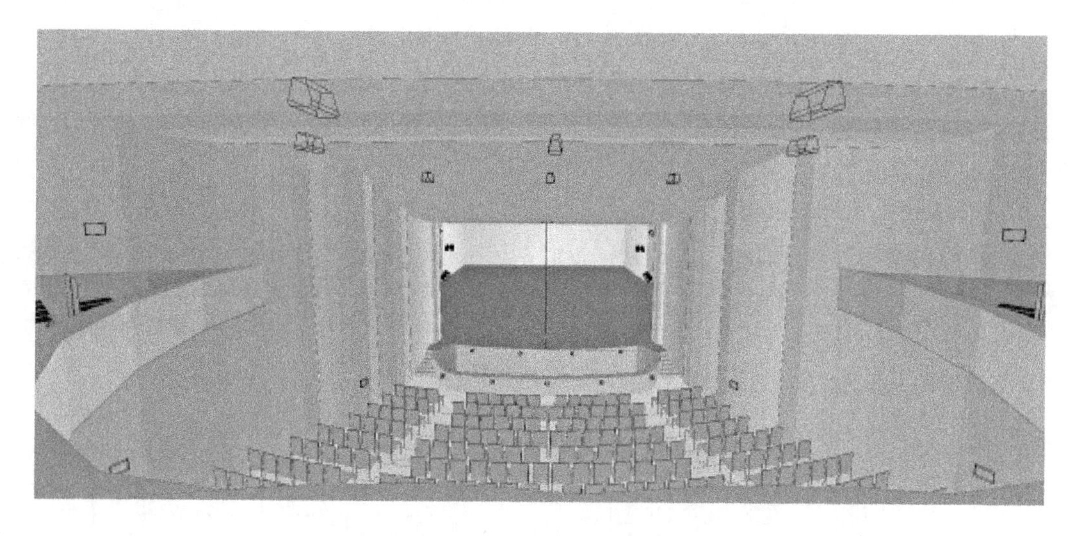

图 6-70　EASE 模拟分析图

(注:图 6-67、图 6-68、图 6-69 戏剧厅语言快速传递指数和辅音损失率计算都是在混响时间 1.3 s 情况下做的 EASE 模拟分析图)

6.4.6　功率放大器系统

本系统采用与扬声器同一品牌的 KS Audio 原厂配套的功率放大器系统,该功率放大器具有强大的 DSP 处理能力,以及可通过远程软件对功放进行监测及控制,实时查看状态、调整参数、保存/调用场景等功能。所有的数字功率放大器的 DSP 处理器技术采用了 FIRTEC DSP 有限脉冲响应技术。

图 6-71　KS Audio 功率放大器

1. FIRTEC DSP 有限脉冲响应技术

为了使每一个扬声器单元都能够完美应用于舞台、演播室等环境中,KS Audio 成功地研发出了有限脉冲响应技术(FIRTEC)数字信号处理技术。这是一款 KS Audio 所独有的技术,也是史无前例的发明。它能够通过数字信号处理器,根据音频信号的特性,对扬声器单元进行独特的优化处理,最大限度地将还音质量提高到接近演播室监听扬声器的水平。

FIR(有限脉冲响应技术)(图 6-72)滤波技术在声学界应用广泛,而 KS Audio 打破了常规的枷锁,是具有专利的独特 FIRTEC DSP 技术,在世界上 FIR 首次在传统的机箱驱动扬声器中得到了成功的应用。它拥有专业的数字处理程序,内置信号延时器、限幅器、FIR 滤波器、分频器、压缩器和均衡器等功能。适用于 F MOD 模式(专用于 CA 4D 和 TA 4D)的所有扬声器,同样,也适用于 FIRTEC 设备和配置有 FIRTEC 的自带功放的所有有源扬声器。

FIRTEC 的其他程序可以通过记忆卡装载到指定的扬声器系统的 DSP 里面。然后传输到配有 FIRMOD2 卡,CA 4D 和 TA 4D 功率放大器中。这样能够大大提高效率,减少失真,校正信号相位、降低声染色的影响,还原完美的音质。

18 年来 FIRTEC 一直是 KS Audio 公司致力研发完善的数字处理器产品。目前,该产品已经可以与 KS Audio 公司生产的很多款产品配套使用,其中包括带功放的有源扬声器和不带功放的无源扬声器系统。FIRTEC 数字信号处理技术的发明,使得 KS Audio 公司的产品有别于其他专业扩声设备，成为具有专利技术的高端产品。

使用 FIRTEC 处理器能够使您享受到与现实中别无二致的声音效果，“快速的频率响应”“高效的状态相应”“精确的中心处理”，特别是能够同时应用于多款扬声器的特点，使 KS Audio 成为“还原真实声音”的典范。

2. 功率放大器的远程控制网络

功率放大器(图 6-73、图 6-74)的数字控制网络的便捷性是使用 KS Audio 产品的重要因素之一，KS Audio 厂家自行研发的 KS Remote Control 可以通过电脑操作平台对所有的数字功率放大器进行远程监控和实时改变系统的参数，该操作平台可以自动识别接入网络的每一个设备。软件可以通过对相同参数的功率放大器进行编组调整，操作非常方便。

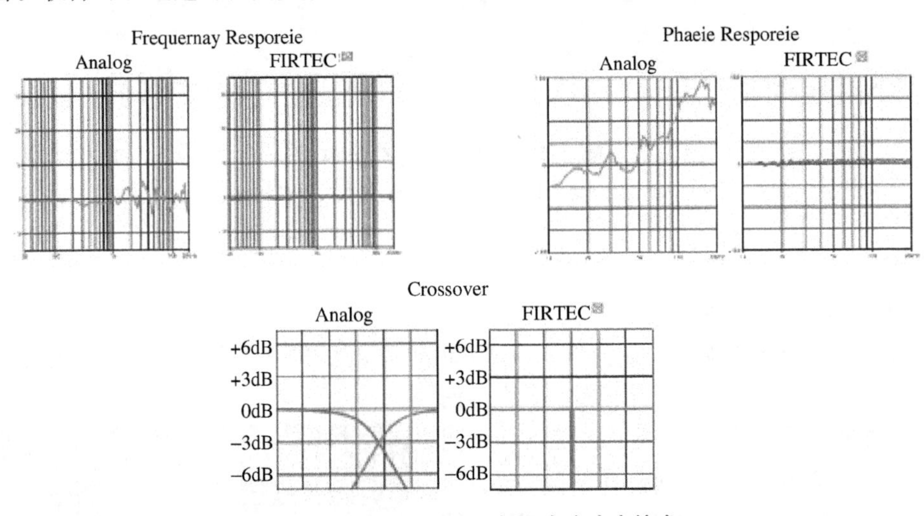

图 6-72　FIRTEC DSP 有限脉冲响应技术

图 6-73　功率放大器面板图

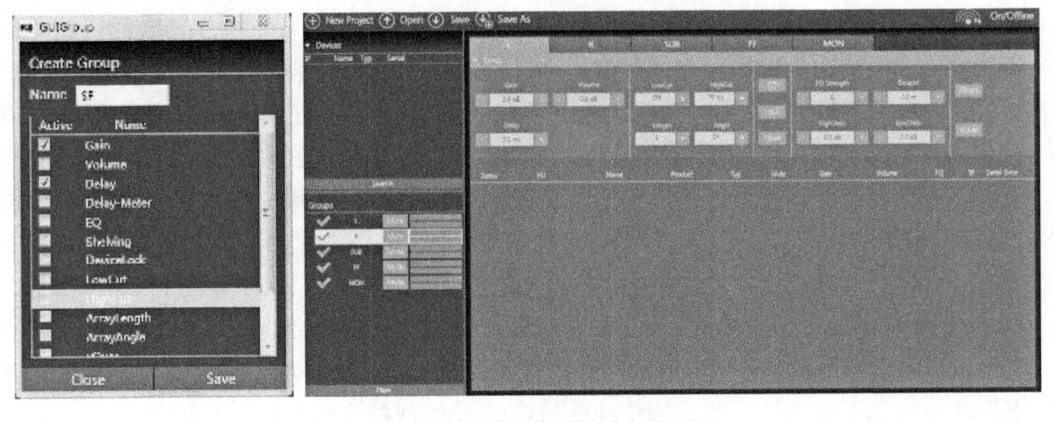

图 6-74　功率放大器网络控制界面图

6.4.7　数字调音台系统

数字调音台系统(图 6-75)及音频矩阵路由是整个扩声系统的核心部分,音频矩阵的路由处理能力、系统冗余备份的功能直接影响扩声系统的稳定性、数据安全性。因此数字调音台系统本身需要极高的安全稳定性,本戏剧厅采用德国 STAGETEC 数字调音台系统 1 套,另外配置 1 套 Yamaha CL5 的数字调音台系统,两张调音台可以独立使用,也可以互为备份,可以做到一键无缝切换(音频不中断)。Stagetec 数字调音台安装于音控室内,也可以流动至现场调音位使用;Yamaha CL5 数字调音台流动使用也可作为现场调音台或监听调音台,通过现场调音位、监听调音位预留的 MADI 接口可以快速连接入系统中,当 Yamaha CL5 数字调音台在做应急备份使用时,也可通过音控室、现场调音位、监听调音位的 MADI 接口接入系统中使用。Stagetec 数字调音台和 Yamaha CL5 数字调音台的音频矩阵路由、接口基站、控制界面均采用双电源配置和传输系统冗余备份。其中 Stagetec 数字调音台与中央路由及接口箱之间均通过光纤冗余传输信号,Yamaha CL5 数字调音台可通过光纤、同轴等传输介质接收 MADI 数字信号。

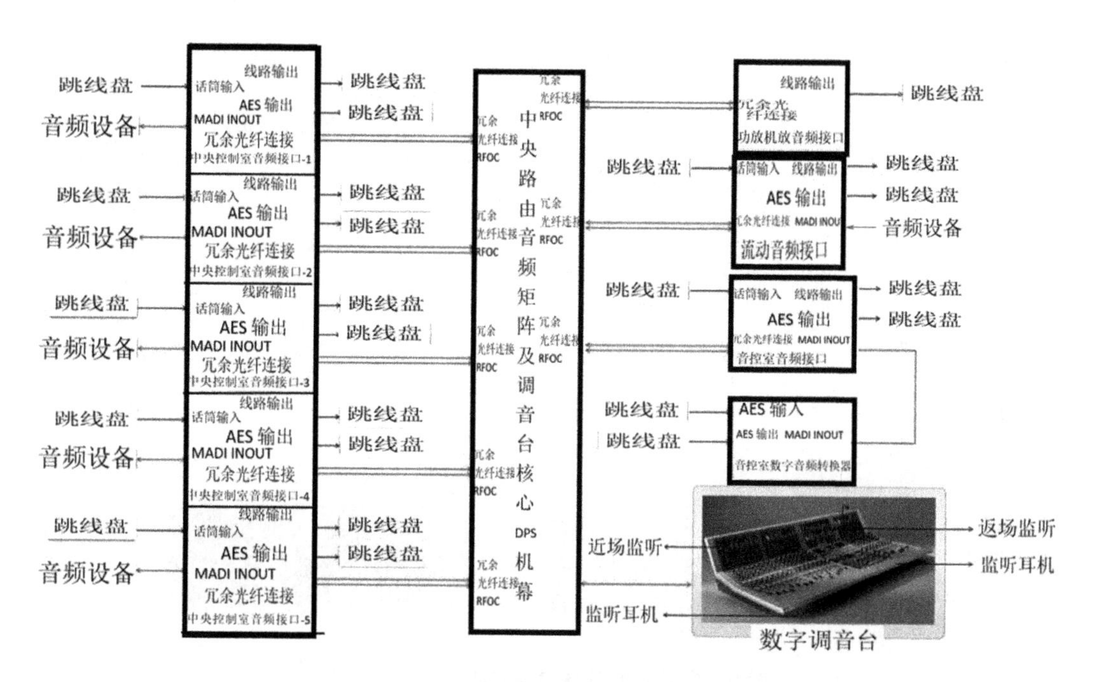

图 6-75　数字调音台系统图

Stagetec 数字调音台系统由 1 台 Crescendo T3Z2 控制台、1 台 Nexus Star 基站、1 台 Nexus 音频接口箱位于音频控制室、4 台 Nexus 位于中央控制交换机房、1 台 Nexus 音频接口箱位于栅顶、1 台 Nexus 流动接口箱组成。

1. 数字调音台:Stagetec Crescendo T3Z2

戏剧厅调音台系统以德国 Stagetec 公司的 Crescendo 调音台为核心,以 Stagetec Nexus 数字音频路由系统为骨干。系统设计充分满足了先进性、安全性、便捷性及可扩展性等专业扩声系统的必备要素。江苏大剧院戏剧厅也因此具备了承接世界级演出的音频技术条件。

1）系统先进性

江苏大剧院戏剧厅调音台系统在功能丰富程度、设备性能和可靠性上均体现出了系统的先进性。

Nexus 音频路由系统使用了独有的同步传输协议 TDM(时分多码)，采用 30 bit 的 TDM 音频传输总线，和额外的控制和数据传输总线，将所有音频信号和控制信号统一在同一 TDM 总线上传输。此外，其话筒卡和模拟输入卡具有专利的 True Match 技术，每通道使用 4 个 32 bit 模数转换器，提供顶尖的模数转换能力，保证超高信噪比，动态范围可达 157 dB。每个话筒通路提供 4 路话分功能，可以分别送入不同后端设备，独立调音。DSP 板卡提供了优异的数字信号处理能力，保证整个信号链路具有超过 60 dB 的峰值储备(headroom)。调音台通道信号流处理顺序可调，适应不同使用者的工作习惯。Nexus 数字音频系统可以通过连接在任一基站的计算机屏幕监测整个系统的音频输入/输出的电平情况，每一屏幕最多可以同时监测 96 通道的电平情况，每一计算机可以监测 16 个屏幕的通道，即 16×96＝1 536 通道的音频电平。戏剧厅中共配有 3 个专门用于音频通道信号监测的显示屏(图 6-76、图 6-77)。

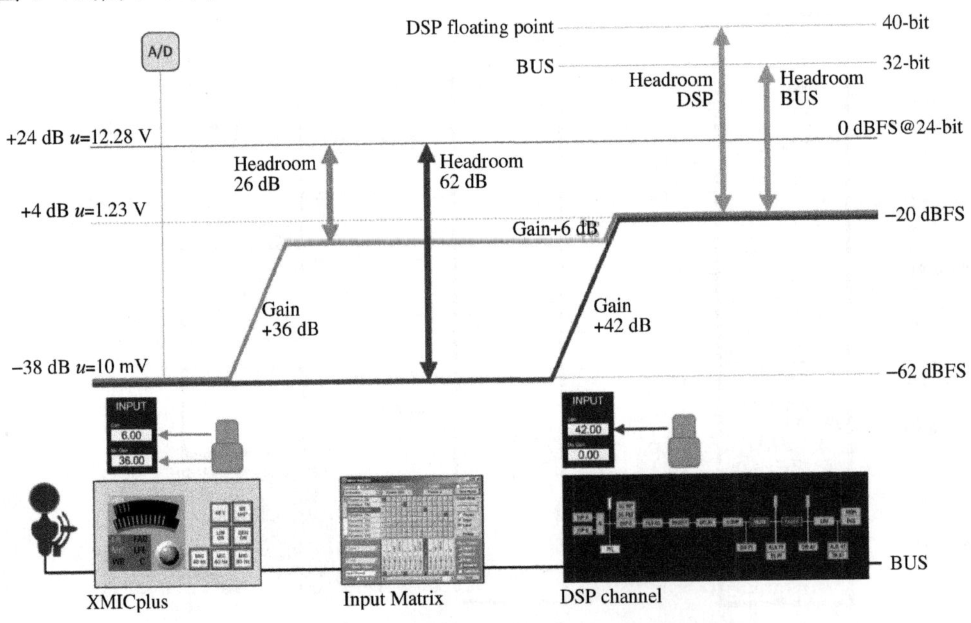

图 6-76　Nexus 处理全通路信号的峰值储备

Stagetec Crescendo 数字调音台(图 6-78)是唯一获得过 IF 设计金奖的 AURUS 调音台的精简版，广泛应用于全世界各大剧场剧院。在戏剧厅主控室配备了一张 40 推子的 Crescendo 调音台，它具有类似模拟调音台的布局及操作方式，直观便捷，每个旋钮对应一个功能，录音师/扩声师可快速地调整所有参数，可处理超过 300 路信号；方便的层操作，最多可翻 8 层；完善的音频监听监看功能、连接简便、具有支持热插拔的模块化设计和完备的系统监测性能。

调音台与接口箱均采用无风扇设计。因此不存在机械噪音，即使放在控制室内也不影响监听环境。对于现场录音来说，在过去更是可遇而不可求的。

2）系统安全性

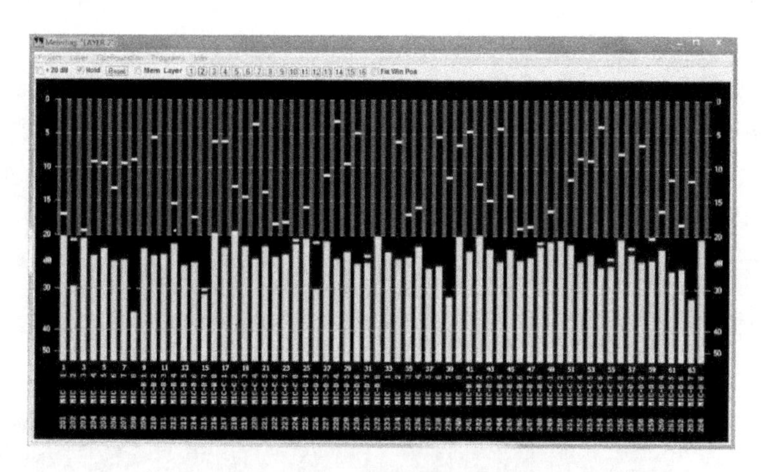

图 6-77　示例:所有话筒输入电平监测

图 6-78　Crescendo 调音台

江苏大剧院戏剧厅采用 Stagetec Nexus 数字音频路由系统所组成的音频主干网络,以 Nexus Star 核心路由器作为信号处理及音频网络的中枢,各个 Nexus 基站设备作为接口节点和端节点,采用混合式的拓扑结构。保证了在任何情况下,只要还有一条通路能连接系统所有设备,整个系统都能够正常通信。任何单一的基站设备故障也不会影响到其他设备的工作。在信号传输端做到了完全冗余的配置。(图 6-79)

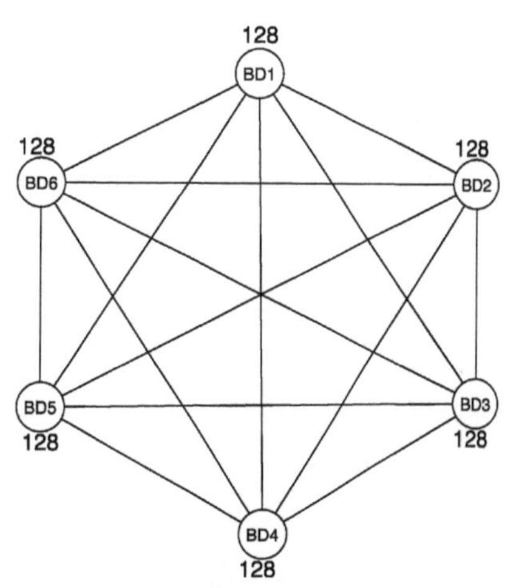

图 6-79　戏剧厅音频路由系统的混合拓扑结构

为了保证信号在接入音频路由系统前的可靠性,使用了数字信号传输和模拟信号传输两种手段并互为备份。此外,系统配备了多种音源重放设备及效果器等。

3) 系统便捷性

江苏大剧院戏剧厅配备了数量充足的接口,可胜任任何规模的歌剧演出。我们使用了 4 组 Nexus 基站接口箱,分别安装在舞台区、主控室、功放机房,还有 1 个流动使用。舞台区接口箱具备 64 路话筒输入、56 路模拟输出、16 路 AES 输出。主控室接口箱具备 32 路话筒输入、32 路模拟输出、8 路 AES 输出,64 路 Dante 输入/输出。功放机房接口箱具备 32 路模拟输出。流动接口箱具备 32 路话筒输入、16 路模拟输出、8 路 AES 输出。

调音台与接口箱系统连接仅需要主备两根光纤，接口箱直接连接也只使用光纤。连接简便快捷，大大减少了线缆数量，回避故障节点。与此同时，简便的连接也能造就出十分美观优雅的工作区。

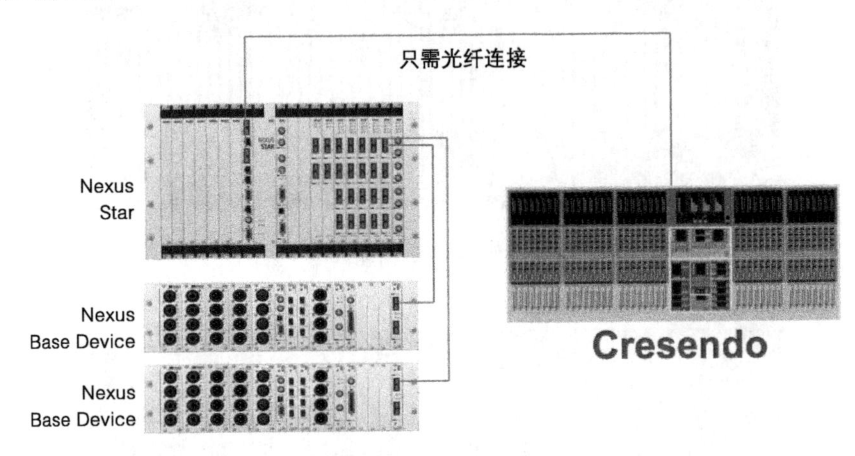

图 6-80　系统连接

Crescendo 调音台采用航天级蜂窝铝合金框架结构，与同种设备相比重量极低，提高流动使用时运输与安装的效率。能耗十分环保，32 推子版的调音台额定功耗仅 170 W。

4）系统的可扩展性

作为一套专业扩声系统，具有可扩展性和可升级性是必不可少的要求。江苏大剧院戏剧厅扩声系统在设计时充分考虑了这一点。系统的可扩展性集中体现在了音频输入/输出接口方面。Nexus 接口箱具有多种多样的接口卡，在 128 路话筒输入、112 路模拟输出之外，还配备了 32 路 AES 输入/输出、256 路 MADI 输入/输出和 64 路 Dante 输入/输出接口。此外，系统中的接口箱均不是满负荷工作，均预留了 20%～50%不等的空闲卡槽位，为未来的系统扩展保留了可能。

2. 音频矩阵：Stagetec Nexus Star

一个强大和全面的音频路由器，能够提供广泛的路由需求。Nexus Star 输入和输出均高达 4 096 路(超过 1 600 万个交叉点)。它的音频矩阵设计实现了核心的 Nexus 安装，可连接 31 个 Nexus Star 基础设备。6 U 19″机架可安装单位包括 I/O 板、Nexus Star 基础设备和外部 MADI 设备广泛的同步选项和冗余供电单元。

Nexus Star 技术参数：

- 4096×4096 路由矩阵；
- 可用光纤连接到多个基础设备用以传输音频和控制数据；
- 任何输入可以路由到任何输出(一对一或一对多)；
- 最大连接距离 Nexus Star 和 Nexus 设备超过 60 mile；
- Dobly®E 协议支持；
- 256 个频道(双向)/光纤或 MADI I/O 板；
- 采样率高达 96 kHz；

➢ 全面同步选项；

➢ 音频 DSP 包括设备增益、均衡、动态、延时、信号同时淡出淡入；

➢ 所有界面卡支持热插拔；

➢ 本戏剧厅配置了一个 Nexus Star 音频矩阵，支持 44.1，48，88.2，96 kHz 采样频率(含核心 DSP 卡)，冗余 TDM 光纤接口界面卡，双电源。

本戏剧厅配置了 7 个 Stagetec Nexus 矩阵。每个部位的 Stagetec Nexus 矩阵分配如下：

表 6-9　Stagetec Nexus 矩阵分配

位置	品牌	型号	数量	单位
中央控制室的音频接口(舞台)	Stagetec	Nexus — 1×X19"—3HE1 — 1×XPSU—R — 4×XMIC+8—D — 2×XDA+8—D — 1×XET—D — 1/4×RMF—B/LC(4) — 1×XFOC—LC(4)	4	套
音控室的音频接口	Stagetec	Nexus — 1×X19"—3HE1 — 1×XPSU—R — 4×XMIC+8—D — 2×XDA+8—D — 1×XET—D — 1/4×RMF—B/LC(4) — 1×XFOC—LC(4)	1	套
栅顶音频接口	Stagetec	Nexus — 1×X19"—3HE1 — 1×XPSU—R — 4×XMIC+8—D — 2×XDA+8—D — 1×XET—D — 1/4×RMF—B/LC(4) — 1×XFOC—LC(4)	1	套
流动接口箱	Stagetec	Nexus — 1×X19"—3HE1 — 1×XPSU—R — 4×XMIC+8—D — 2×XDA+8—D — 1×XET—D — 1/4×RMF—B/LC(4) — 1×XFOC—LC(4)	1	套

3. 备用调音台 Yamaha CL5

调音台是整个扩声系统的“心脏”，也是调音师的艺术创作平台，其性能、音质、稳定性、操作性等显然特别关键，本方案选用了 Yamaha 数字调音台当中的全新技术精进产品——CL，它是具有录音级音质水平的数字调音台。紧凑轻巧的CL数字混音台的设计针对现场扩声的需要，优化了操作方式，以其最先进、最具表现力的形式体现了它在现场扩声领域的至高地位。该产品支持24bit/96 kHz处理，还拥有一系列丰富的"色彩"可供选择，提供更多的效果类型，具备参数的全体调用功能，为使用它们的音频工作者提供了极大的创新自由度。

数字调音台可实现：扩声信号从话筒采集到扩声只经过一次A/D和D/A转换，采用操控界面和I/O接口箱基站分离式结构，操控界面与接口之间通过常用、稳定的网线进行远距离传输信号。

三区推子布局、高效方便的控制能力，使CL5成为多种规模现场扩声系统的理想选择。

✧ 输入通道：72个单声道，8个立体声。

✧ 推子配置：16推子的左侧功能区，8推子的Centralogic功能区，8推子的右侧区，2推子主控功能区。

✧ 铝合金支架可支撑iPad。

✧ 内建电平表桥。

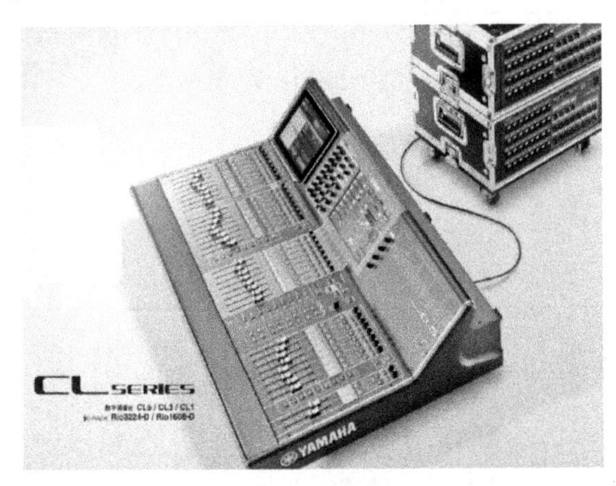

图6-81 数字调音台

对于每个扩声师、艺术家和听众来说，音质是设备的根本。在这个前提下，通过全面分析、测试和改进电路和技术的每个细节，Yamaha CL系列调音台拥有了纯净的音质。不仅如此，它还拥有一系列丰富的"色彩"可供选择，从而为使用它们的音频工作者提供了极大的创新自由度。调音台的信号处理器数量庞大，音质出众，其中包括著名的Portico 5033/5043EQ均衡器和压缩器等设备，它们将Yamaha VCM技术与传奇的Rupert Neve技术完美地结合在一起。在纯净自然的硬件平台声音基础上，扩声调音师们获得了最大幅度创造理想声音效果的可能。

(1) 高效、愉悦的操作体验

真正实用的扩声调音台应该能满足现场扩声领域不断变化的需求。因此高效和直观是必须的。Yamaha广受赞誉的"中央逻辑"(Centralogic)概念是CL操控界面的核心，在CL系列调音台上，从视觉观感到推子、控制器的操控感都体现着前所未有的高效。CL系列产品还可以通过iPad®或其他计算机无缝整合无线遥控和离线编辑等功能。整体控制方式一脉相承、一目了然，同时提供了极大的扩展性。

(2) 规模可变、功能丰富的网络连接能力

在当今快速发展的数字现场扩声领域，网络连接能力变得越来越重要和不可或缺。CL系列包含单独的控制台和I/O机架组件，可以通过Dante™网络音频协议进行数据通信，使用从最基本到最复杂度的扩声系统并快速高效地完成扩声系统的安装调试。通过扩展插槽使用的Lake®处理技术能够增加系统的功能性，满足最广泛的调音工作的需要。

当今现场扩声系统的复杂性和多变性需要快捷、可配置和可安装的调试能力。当然，与此同时必须保证最高等级的音质表现力。CL系列调音台利用Audinate开发的Dante网络协议，可以根据用途的需要，与已配置和定位的多台I/O机架设备进行灵活的连接，同时还

提供保证最高可靠性的冗余数据。

(3) 创建理想自然的声音平台

CL 系列调音台全面运用了目前最先进的数字音频技术,它所诠释的自然音质为艺术家和扩声师发挥想象力提供了充分的条件。这种音质不能单单用技术指标衡量。反复听取行业中最权威人士的评价,进行听音评测,作为改善其声音品质不可或缺的环节。开发者们花费了大量的时间,付出了巨大的努力,创造了新一代 CL 系列数字调音台。

挑战始于调音台的输入口。为了获得超高水准的音质,每个部件——供电部分、接地部分、电路板、机械结构以及信号初始输入阶段中数不胜数的细节,都必须经过最为严苛的精选和设计。作为开发进程中重要环节的听音实测,也正是从这个最初阶段开始的。因为改变一个电子元件就可能让声音产生非预期的结果,所以开发流程中最细微的变更也注意并进行评估。AD 和 DA 转换器也进行了最严格的测量,以达到最优良的性能。另外还有详尽的 AD/DA 主时钟频谱分析、FPGA 时钟信号引导的调节,以获取最自然最具音乐性的声音。任何音频系统的另一个重要评判指标是供电部分。这其中除了供电能力以外,供电电容的品质,以及接地功能都必须严格设计和制造,以确保达到最低阻抗等严格要求。这一切使输入信号能极好地自然还原,为信号处理和效果器提供良好的基准,最终产生完美的声音。

(4) 非凡的品质和创新潜力

为了创造尽可能丰富的现场声并满足艺术家的要求,扩声师会运用他们的经验和想象力创造大量实用或是富于创造力的音效。因此调音师的首要工具——调音台,必须能满足上述一切要求。当然音质是根本,但音质只是 CL 系列调音台众多优势的一部分。它们还配置了最先进的虚拟电路建模技术,能够按用户的需要添加前所未有的声音特性,在保证声音真实性的前提下塑造声音。

CL 配备了著名的 Neve Portico 5033 均衡器和 Portico 5043 压缩/限制器等 VCM 型号效果器,而这两种效果器都是在 Yamaha 和 Rupert Neve Designs 公司紧密合作下开发的。调音台中还包括其他 VCM 均衡器、压缩器和录音棚级效果器。

(5) 每个细节的设计都以最佳操作体验为目标

CL 系列功能性和控制方式的完美结合,成为业界整合控制设备的最好实例。用户界面的大型框架中,单个推子、旋钮和开关的可视化、操作感和精准度成为 CL 操作体验中最具精华的部分。跨越略微弧形的控制台表面布局的控制器的视觉感,也大大加强了操作的流畅度。出色的整体系统平衡,加上诸如可编辑通道名称/颜色和用户自定义旋钮方面的改进,无不进一步提升它们本身的操作能力。这一切,都再一次令人为之赞叹。

FOH 和监听控制的全面一体化,多台 CL 系列调音台可以共享对同一 I/O 机架设备的控制,系统资源的利用方面实现了前所未有的灵活和高效。新的增益补偿(Gain Compensation)功能增加了通过单一网络结合使用 FOH 以及监听控制的能力,实现了大型数字现场扩声的综合应用。

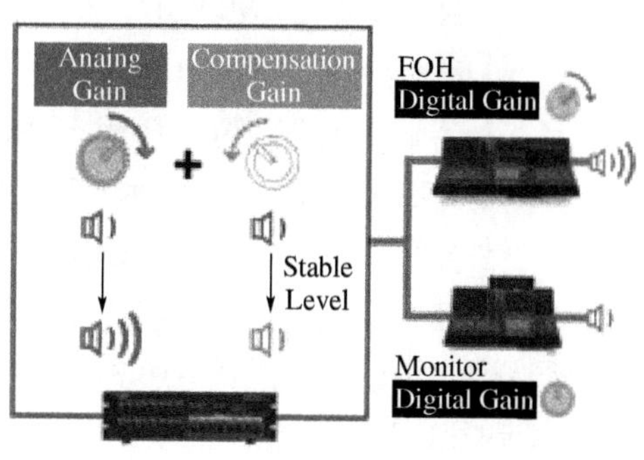

图 6-82 监控一体化示意图

将多台调音台连接到单一 I/O 机架设备的一个明显的缺点是,一台调音台上执行的增益调节会造成其他控制台上增益的意外改变。CL 调音台上增加的增益补偿功能确保从一台调音台调节模拟阶段增益时，相应的补偿量会自动应用到数字阶段增益，使从 I/O 机架设备发送到所连接 CL 调音台的信号的电平保持不变。

(6) 完整的现场扩声工具套装

内部效果器的品质和多样性已成为选购数字现场扩声调音台的主要考量因素。除了达到录音棚级的音质标准以外，拥有适合现场工作的处理器同样非常重要。CL 系列调音台带有虚拟效果机架，它实际上就是一组精选效果器，包含着专门为现场扩声专业用途选择和开发的符合真实需求的一系列效果器。创造完美的修饰声所需的所有工具一应俱全。

✧ Premium Rack 处理器机架将录音棚级的声音标准带到了现场舞台；

✧ Effect Rack 效果机架中包含 50 种以上的效果；

✧ 32 通道图形均衡器机架。

(7) 现场录音灵活的方式

CL 系列调音台提供了两种现场录音解决方案：直接录制到 USB 闪存的常规两轨录音和通过 Dante 网络在数字音频工作站中操作的高性能多轨录音。无论是简单的网络上传、商业发布还是做今后用于虚拟扩声检查操作的素材，这些录音功能都可以满足您的要求。

Nuendo Live DAW 软件特别为现场多轨录音而设计，可以在最严格的现场环境下为顺利操作提供全面的控制和监控。用一个扩展插件实现与 CL 调音台的一体化控制，如通道名称、标记、走带控制等。

(8) 可扩展性和可适性

CL 调音台上的 3 个 Mini-YGDAI 扩展卡插槽提供了方便的 I/O 扩展能力以及额外处理能力。扩展卡产品线新增加的成员有使用代表当今现场扩声主流的 Lake 处理技术的 MY8-LAKE 卡和 Dugan-MY16 卡，后者可以用来添加最先进的自动话筒选听和增益控制。

专为现场扩声优化的特点，尽管每个调音师都有自己习惯的使用方式，但根据大量来自专业音频领域的反馈信息，仍可提供一套专门满足严格的现场调音工作要求的功能特点。

6.4.8 周边处理设备及音源

主要针对调音台配置相应处理设备，处理设备是整个还声系统不可忽视的重要环节，其处理之效果、音质还原都直接影响最终扩声效果的好坏，所以系统在选用处理设备时采用了国际上知名品牌并在业内被广泛应用之成熟稳定可靠之产品。主要的处理设备有：

✓ 1 台 TASCAMMD-CD1 的 CD 播放机；

✓ 1 台 Denon DBP-2012UD 的蓝光/DVD 播放机；

✓ 1 台 Denon DN-F650R 固态录音机；

✓ 1 台 Lexicon PCM92 立体效果声处理器；

✓ 2 台数字音频工作站 HD Native Thunderbolt MADI System(含 Dell 电脑)。

针对大剧院使用之要求，包括多种类多样式的拾音话筒，为演出提供灵活的应用。话筒品牌同样采用国际知名品牌且完全能够满足音乐厅音质要求和使用要求之产品。

大剧院主要拾音话筒配置如下：

✓ 12 套 Sennheiser EM2050 无线接收主机；

✓ 24 套 Sennheiser SKM2000(含 MMD945-1 话筒头)无线麦克风系统手持发射器；

- ✓ 24 套 Sennheiser SK2000 无线麦克风系统腰包发射器；
- ✓ 24 只 SennheiserHSP4 头戴麦克风；
- ✓ 24 只 Sennheiser MKE1-4 领夹麦克风；
- ✓ 4 只 DPA4006A 全向电容麦克风；
- ✓ 8 只 DPA2011C 心形电容麦克风；
- ✓ 8 只 DPA4018C 超心形电容麦克风；
- ✓ 4 只 DPAFA4018VDPAB 独奏电容话筒；
- ✓ 1 只 DPA4011A 大振膜麦克风；
- ✓ 1 只可切换指向性 DPA 大振膜麦克风；
- ✓ 8 套 Audio-technica ATM610a 人声动圈麦克风；
- ✓ 8 套 Audio-technica ATM650 乐器动圈麦克风。

6.4.9　数据网络系统

戏剧厅内配置 1 套千兆网络系统，网络系统采用光纤、7 类网线及 2 层光纤交换机传输数据，通过配置 12 口的光纤配线架及 24 口网络配线架改变路由，戏剧厅内的音频、视频、内部通信数据均可通过该网络传输，数据网络系统能满足戏剧厅的任何数据从一个网络点传输至任一终端点。为了对网络上的任何数据进行备份，安装了 1 套磁盘阵列 RAID 冗余的数据存储系统。

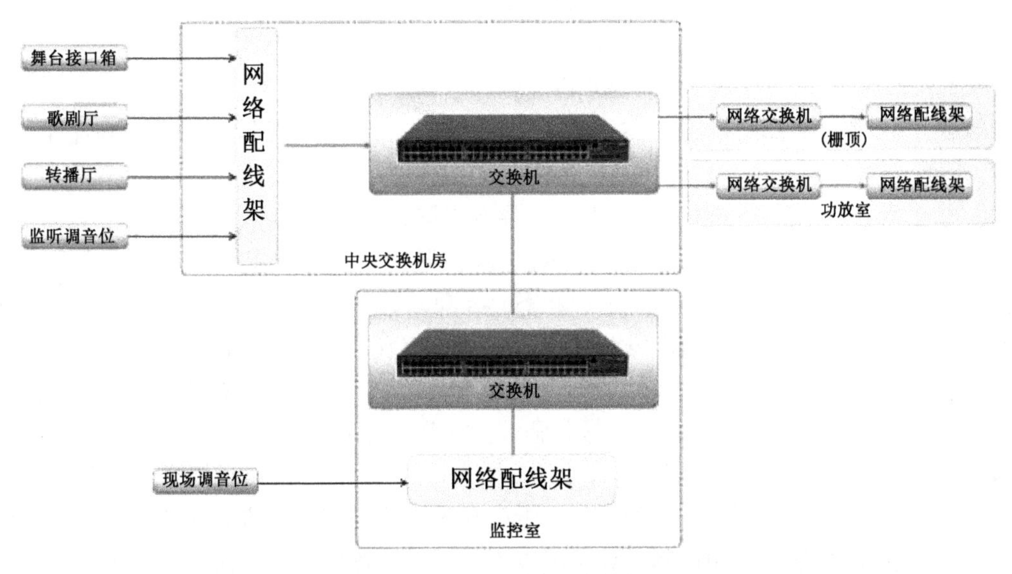

图 6-83　千兆网络系统构架图

6.4.10　视频系统设计方案

配置 2 台 Sony HDC-P1 高清带云台的摄像机摄取舞台全景画面(配置了 2 台科旭威尔 KX-PH695A 电动云台和 2 套富士能 HA42×9.7BERD 电动镜头)。内置云台高清摄像机配置了 4 台 Sony SRG－301SE 摄取舞台左近景、舞台右近景、指挥位全景、舞台画面，观众厅休息大厅配置 2 台 Sony BRC-H900 内置云台高清摄像机摄取观众进场情况，配置一台

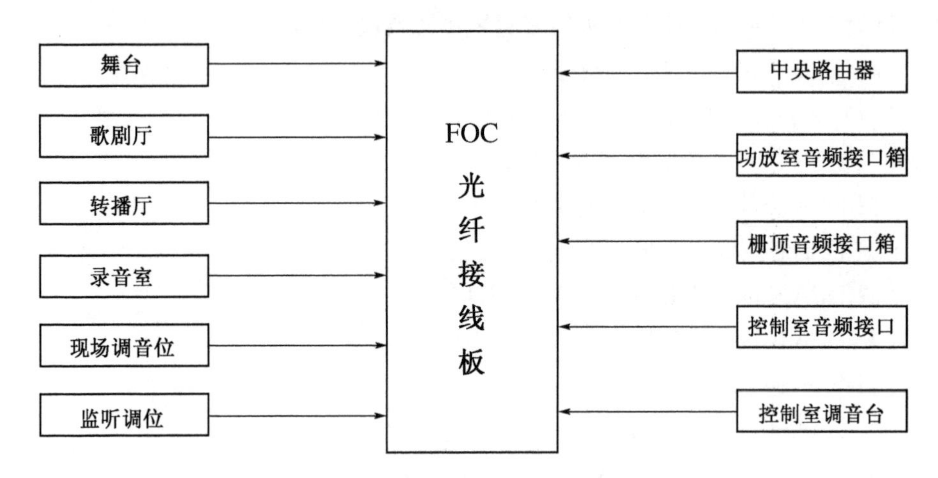

图 6-84 光纤网络系统构架图

Bolinblc-SD530HD 红外摄像机摄取舞台暗场时的画面。所有摄像机经 KRAMER7272HD-3G 高清矩阵切换以及 Sony AWS-750 视频切换台处理后分配及输出至：

(1) 舞台/候场区视频接口：DVI/HD-SDI 格式；

(2) 控制室：DVI/HD-SDI 格式；

(3) 观众入口大厅：DVI/HD-SDI 格式；

(4) 化妆间、办公室：经闭路电视、机顶盒接入；

(5) 高清录像机：DVI/HD-SDI 格式；

(6) 流动演出设备：DVI/HD-SDI 格式。

歌剧厅、戏剧厅、音乐厅、录音室、转播车之间的有多通道的视频联通。戏剧厅至歌剧厅、音乐厅、录音室有双向 4 通道的高清视频互联，至转播车有 8 通道/2 通道入的高清视频互联。在化妆间、候场区、观众厅入口固定安装有大屏幕电视；在舞台、侧舞台、后舞台区域高清预留视频接口，可以接入流动使用显示设备；在舞台监督台安装有多个高清监视器；在各控制室安装有监视器。配置 2 台 Dptitan Super Quad 2000 高亮度投影机，可以安装在投影室中使用，也可以在后舞台流动安装使用，并配置 1 套媒体服务器，配合投影机以大版面将视频展示在屏幕或舞台背景上，创造流动背景或电影效果。字幕系统用于在舞台上方投影出翻译或标出歌词/对话，或者在屏幕上显示。字幕从笔记本中输出，用于流动使用，并通过水平以及垂直安装在舞台周围的 3 块 LED 屏显示。一个大屏通过吊机悬吊在台口上方。为便于储存和安装，字幕屏由几块组成。2 块小屏采用流动安装的方式可以方便地安装在台口两侧，这些屏幕通过专用控制计算机经以太网连接。各显示屏的安装位置如下：

(1) 1/F：化妆区：共计 10 台 42 英寸 Samsung UA43J51SW 液晶电视机，具体如下：

- 66 人化妆间 3 台 42 英寸 Samsung UA43J51SW 液晶电视机；
- 2 个 15 人化妆间各 1 台 42 英寸 Samsung UA43J51SW 液晶电视机；
- 5 个 VIP 化妆间各 1 台 42 英寸 Samsung UA43J51SW 液晶电视机。

(2) 演员通道及候演区：3 台 42 英寸 Samsung UA43J51SW 液晶电视机；

(3) 池座前区入口 2 台 42 英寸 Samsung UA43J51SW 液晶电视机；

(4) 2/F：池座后区入口 2 台 42 英寸 Samsung UA43J51SW 液晶电视机；

(5) 舞台机械控制室:1 台 32 英寸 Samsung UA32F5500 液晶电视机;
(6) 舞台灯光控制室:1 台 32 英寸 Samsung UA32F5500 液晶电视机;
(7) 舞台扩声控制室:2 台 32 英寸 Samsung UA32F5500 液晶电视机;
(8) 2/F 夹层:楼座入口 2 台 42 英寸 Samsung UA32F5500 液晶电视机;
(9) 投影室 1 台 32 英寸 Samsung UA32F5500 液晶电视机。

6.4.11　舞台监督系统

舞台监督管理系统包括内部通信系统、催场广播系统、灯光提示系统。舞台监督桌直接位于舞台上,舞台监督桌采用流动的方式,在台口墙后方两侧预留接口系统,在舞台监督桌上可操作内部通信系统、摄像机控制、提示灯系统和催场广播系统等,通过桌面上的 TFT 显示器可以监控舞台和台下区域。舞台监督桌也可对大厅的催场信号进行控制。

为了覆盖戏剧厅有线内部通信的盲点区域,结合无线对讲机系统,可以保证覆盖整个戏剧厅,对讲机采用双工对讲机,每个对讲机最多设置 16 个群组双工通信,可以在对讲机上实现一对一的双工通信,也可以与内部通信键盘站之间实现一对一双工通信。

内部通信矩阵主机可以允许传统的 Party-Line 系统随时随地接入有线腰包,在戏剧厅各个接线内预留接口,有线腰包接口分布于面光、耳光、追光、马道、硅控室、功放室、上下场门、化妆区走廊等位置,方便工作人员及表演者与导演或相关专业人员通话。

另外配套一套应答型灯光提示系统、系统配置 1 套演出状态监听系统,通过专门的调音台及安装在台口、耳光室、观众厅楼座的麦克风,导演可监听舞台上当前发生的情况,通过舞

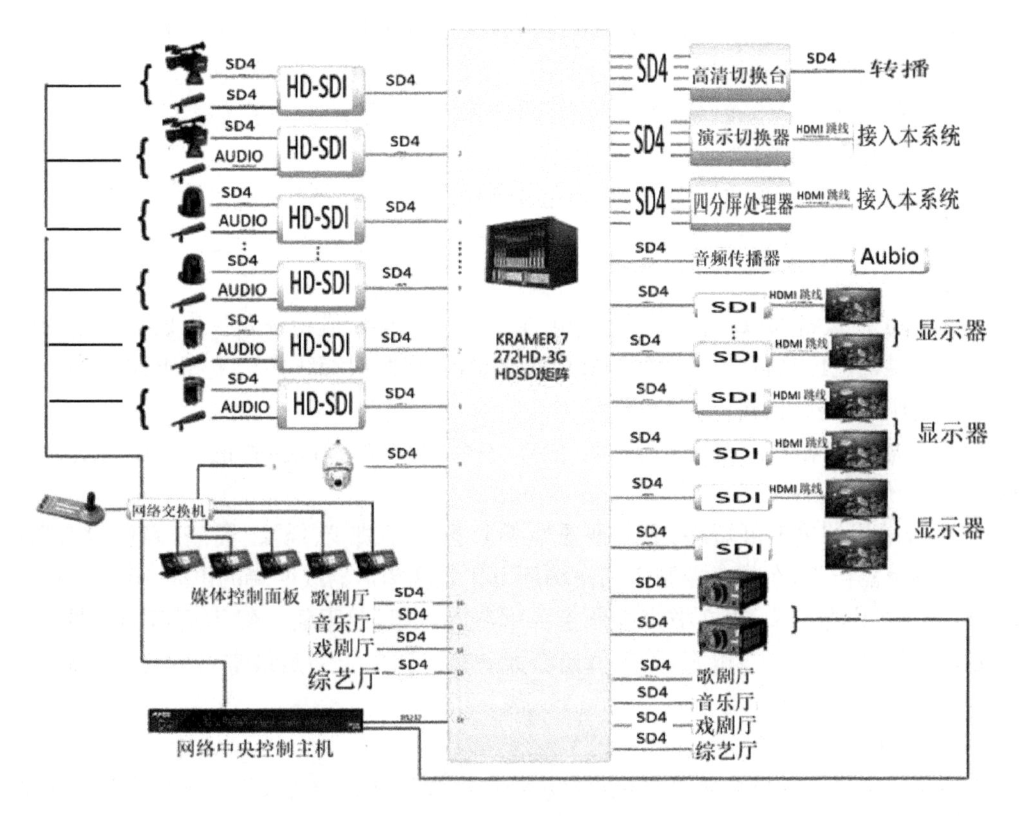

图 6-85　舞台监督系统构架图

台催场广播可以发送到要求的区域和房间。

另外配置一套中央控制系统，可以实现整个电声系统的电源管理，设备的控制管理，矩阵的切换管理，主备扩声系统的切换管理等，导演通过舞台监督位上的触摸屏控制所有的信号。

6.4.12 扩声系统调试与测试

扩声工程的调试，是一项既需要技术经验又需要认真细致的工作。调试是让扩声系统达到合理设计要求的唯一手段。如果调试不细致，不仅不能达到工程的设计效果，而且还有可能使设备工作在不正常的状态。所以在调试前要充分认识到这项工作的重要性。

调试前要仔细确认每一台设备是否安装、连接正确，认真向施工人员询问施工遗留的有关问题；调试前必须认真地阅读所有的设备说明书，仔细查阅设计图纸的标注和连接方式；调试前一定要确信供电线路和供电电压没有任何问题；并要准备相应的仪器和工具。

1. 系统通电

扩声系统安装工程完成之后，便可进行通电调试了。系统通电是给每台设备加电，验证每一单元是否都完好，连线是否正确，系统是否可发出声音。在此基础上才可进行细致调整、调试。系统通电虽说不复杂，但是工程上存在的一些问题都要在这一工作中进行验证。系统通电是保证工程质量的第一步。需要准备的仪器和工具有：相位仪，噪声发生器，频谱仪（含声压级计），万用表等。

1）通电前的检查

通电前的检查非常重要，如果设备或线路有严重问题未及早发现，盲目地开机通电会造成系统更大范围的故障和损坏。通电之前一定要作充分准备，仔细检查管线工程的质量并对各单件设备作初步的检查，确认不存在短路故障的情况下才能给系统通电。

（1）管线工程质量的检查

扩声系统的管线工程应按建筑电气规范进行施工、安装，并以此标准加以验收。在系统通电前一定要仔细检查，以防管线工程存在的问题祸及贵重的扩声设备。在此仅强调几点关键问题：

① 现代扩声设备都以单相交流电供电，管线工程完毕后应检查向扩声设备供电的配电板电源插座供电电压是否为 220 V，如果接线有差错，将两根相线接至单相电源插座上则会有 380 V 电压，会烧毁机器。

② 检查输入调音台的信号线是否存在与功率线短路的情况。若把高电压误送入调音台输入端，会烧毁调音台。

③ 功放输出端决不可短路，因此要重点检查扬声器馈线、插头、插座，确保没有短路。可先拔去扬声器插头，在扩声控制室那一端用万用表测扬声器线两端的电阻，此时应该是开路，然后接上扬声器插头，再在扩声控制室那端测其电阻，此阻值一般为扬声器阻抗的 1.1 倍左右，如果考虑扬声器线电阻，其阻值还将大一些。插头短路是最常见的恶性事故，应引起注意。

（2）设备检验

扩声系统中设备器材众多，如果个别设备有故障时，常会造成大面积器材发生损坏的恶果。例如，功放损坏可能会出现输出端有很高的直流电压，这将引起扬声器系统的损坏。专业扩声器材、设备在出厂时虽然都经过严格检验，但这些器材往往要经过长途运输，而且有时还要几经转运才最终到达用户手中。装卸搬运的过程中有时难免碰撞，对设备造成损伤，仓储环境不良又可能使设备受潮。因此系统通电前，要先对单件设备作逐个通电检查、测试。

上述对单件设备分别进行的初步测试主要包括几个方面：

① 检查设备电源。检查设备电源电压是否与市电电压 220 V 相符，电源是否置于 220 V 挡。设备没有 220 V 电压挡的机型，应考虑另配变压器。单台设备接通电源观察是否有异常现象。在不加输入信号情况下测量输出电压。此时，输出电压应基本为零，不应有直流电平输出。存在的极小的输出电压即为输出噪声。

② 单独开机。从音源开始逐步检查信号的传输情况，只有信号在各个设备中传输良好，功放和扬声器才会得到经过正确处理的信号，才可能有好的音质。进行这一步时，扬声器和功放先不要连接上，周边处理设备也应置于分路状态。检查时要顺着信号的去向，逐步检查它的电平设置、增益、相位及畅通情况，保证各个设备都能得到前级设备提供的最佳信号，也能为后级提供最佳信号。在检查信号的同时，还应该逐一观察设备的工作是否正常，是否稳定，这项工作意义就在于：单台设备在这时出现故障或不稳定，处理起来比较方便，也不会危及其他设备的安全。因此，这项检查不要带入下一步进行。单台设备检查通过上述这些检验，再接入系统。

2）系统通电

在上述检验的基础上，系统开机通电将是安全的。首先将各个设备的输入、输出电缆线正确地连接好，将各级设备的增益控制都调低，音量调至最小。然后自前级到后级逐个接通设备电源，上述无误后，就将扬声器和功放逐一接入系统，在较小的音量下，利用相位仪首先逐一检查所有扬声器的相位是否一致，为下面的调试作好准备。并按下述步骤调整，直至在扬声器中听到节目声，系统即告开通。

(1) 选用动态较小的 CD 唱片，用相应的信号源设备放音，将调音台上的总推子推至 0 位，相应输入通道的分推子也推至 0 位。标准的调音台上 0 位在 70%行程左右，此时，则应将推子置于 70%行程附近的一条特别明显的刻线处，慢慢旋大输入通道增益(gain)调节旋钮，观察 VU 表读数，调至 VU 表通常指示在−6VU 以下，最大读数不超过 0VU 即可。

(2) 按照信号流经设备的顺序，逐个调整其工作电平和增益。总的原则是保证各级声音信号处理设备具有为零的增益，既不对信号电平进行提升，又不对信号电平进行衰减。除非系统中设备的线路电平标准不一致，这时一般需要通过设备的输入、输出电平控制使单个设备具有一定的增益或衰减，以达到系统中各个设备工作电平适配。

(3) 房间均衡器暂时先置成 0 位，对各段频率既不提升，也不衰减。

(4) 缓慢旋大功放衰减器，使音量逐步增大。此时应听到场内扬声器中有正常的节目声，功放的信号指示灯(signal)应闪亮，峰值(削波)指示(Peak/clip)仅允许偶然有闪亮为标准。

2. 扩声系统的调试

系统通电后还需进一步细致的调整、调试。这些调试工作一般要借助一些专用的仪器、设备才能很好地完成。常用的仪器设备主要有：音频信号发生器、毫伏表、噪声发生器、声级计、实时频谱仪；需要测量混响时，则还需要电平记录仪。

1）传声器相位校验

扩声系统中同时使用的传声器一般情况下应该是同相位的。在工程交付使用之前需将系统中所有传声器的相位都校正成同相的。在使用中由于特殊需要而要求将个别传声器接成反相位时,可利用调音台上的相位倒置开关或者插入一段“反相线”。检验传声器相位的方法很简单,若两个传声器是同相位的,则这两个传声器指向同一声源时音量会明显增加,若两个传声器是反相的,则这两个传声器同时使用音量反而减小。调整时,可任选一个传声器作基准,将系统中所有的传声器都与之比较,将相位与之相同的归为一类,相位与之不同的归为另一类。将为数较少的一类传声器相位进行调整,即把卡侬插上 2 脚与 3 脚的接线互换,便可实现相位调整。

2) 均衡器调整

均衡器一般要借助粉红噪声发生器和实时频谱仪才能精确调整。房间均衡器主要用于对房间频率特性进行修正和补偿。因此在调试时应保证厅堂的环境与实际听音环境的一致性。另外,房间均衡器的调整,有时需与扬声器布局的调整结合起来。

房间均衡器是通过改变信号的频率特性来实现对环境频率特性的补偿。对频率特性的改变不可避免地会引致相位特性的改变,引起相位失真。当房间均衡器的调整量过大时,尤其是在某段不宽的频带中又必须以很大的调整量才可达到均衡效果时,虽然房间的频率特性被修正了,但因为相位失真的关系,听感会变得很差,对立体声系统这种情况将更为突出。在建声条件不佳的情况下,房间均衡器的调整有时只能在频率特性与听感之间折中。强求频率特性的平坦结果有时反而弄巧成拙。最佳的办法是改进房间自身的声学特性。

(1) 调试过程

① 用粉红噪声作为系统输入测试信号,这种噪声是由白噪声经过－6 dB/oct 滤波器后得到的。与白噪声相比,粉红噪声低频能量较大。因为粉红噪声能量分布情况与真实音乐信号较接近,所以常被用作扩声工程和扩声设备的测试信号。扬声器的功率容量一般也用粉红噪声来测量。如果没有粉红噪声发生,也可用录有粉红噪声的 CD 唱片来放送粉红噪声,一般中档以上的激光唱机的频响可做到在 20 Hz～20 kHz ＋0.5 dB,可以满足测试要求。

② 将粉红噪声输入调音台,调整调音台至标准输出电平,通常是 0VU,输出电平＋4 dB,应注意此时调音台上均衡器 EQ 调为平线,即全部放在零位,对测试信号各段频率既不提升,又不衰减。房间均衡器各点频率调节电位器也先暂时置于零位。缓缓加大功放音量调整器可听到粉红信号声,用声压计监测,直至厅堂内粉红噪声信号声压级达 85 dB 左右。

③ 将其测量传声器置于厅堂中心位置,频谱仪上选择开关置于“OCT”挡(该挡是倍频程滤波器挡,与粉红噪声的特性相对应)。这时实时频谱仪上的 LED 显示就是听音环境的频率特性曲线。它越平坦则说明房间建声的频率特性越好。

④ 调整均衡器上各点频率提升/衰减器,使频谱仪上频率特性曲线呈一条直线。

上述调试完毕后,一般还要对均衡器上的均衡曲线“光滑”一下,这主要是为了防止均衡器调成锯齿状频率特性时带来过大的相位失真。

(2) 房间均衡器调整要点

① 在 20～50 Hz 左右的低频段以及 14 kHz 以上高频段,其频率特性不必强求,尤其是

低频段更是如此。因为一般扬声器难似延伸至 20 Hz，能够达到 40 Hz 已算是不错。强求低频段特性的平坦而提升超低频，会使扬声器因过大的延伸低频而“失控”，失真加剧。

② 房间均衡器的调整应始终考虑到频率特性平坦与尽量减小相位失真之间的矛盾，而做出折中的考虑。

③ 对于建声环境的频率特性存在明显的“峰”和“谷”的情况下，应考虑改变扬声器位置和设法改变建声特性。

④ 房间均衡器的调整是十分细致的工作，需要多次重复调整才可最终调定。这是因为在调整过程中往往还需对扬声器摆位、建声环境作一些调整，且均衡器在调整时会有相互牵制。

客观地说，房间均衡器的作用是有限的，建声环境的缺陷不可指望完全依靠房间均衡器来解决，其均衡量越小，音质也将越好。在没有粉红噪声发生器和实时频谱仪的情况下，可按所选用房间均衡器上各个的频率点，用音频信号发生器向系统送入同样幅值的各点频率信号，用声压计测试场内声压，并通过房间均衡器的调整。使各点频率的输入信号，在场内均产生相同的声压级。这种调试方式的实际效果比用标准的粉红噪声要差。因此，专业单位应尽可能配置粉红噪声发生器和实时频谱仪。

3）电子分频器的调试

电子分频器的调试可以分高、中、低频单独进行，其中分频器在系统中的用途不同，调试的方法也有区别。如果分频器仅用于低音扬声器的分频，要在让低音扬声器单独工作，将分频器的低音分频点取在 150～300 Hz 之间，适当调整低音信号的增益，感觉低音音量适当便可，然后与全频系统一道试听，再进行低音与全频音量的平衡；如果分频器用在全频系统中，就要求准确依照扬声器厂家提供的参数分别设定高、中、低频的分频点，然后反复地进行各频段信号增益的调整，直到各频段的听感比较平衡后，再参照频谱仪在各测试点测试的声压情况做进一步的微调。

4）延时器的调整

如前所述，在扩声系统中使用延时器的目的，除了产生一些声音的“特技效果”以外，主要是用来防止重音、回声，改善扩声的清晰度。作为这一目的使用的延时器的调整，应该是以消除不同扬声器辐射出的直达声到达听音者的时间差为原则。但在实际工程应用中往往并不要求将此时间差补偿到零。首先，这样做是很难实现的，因为在某一点位置上实现为零的时间差，则其周围的位置上则仍然不可避免地会有时间差。其次将不同扬声器辐射的直达声到达的时间差完全补偿到零，在听觉上反而会不自然。因为在完全依靠建筑声学结构自然扩声的场合下，声压级的均匀分布主要是靠近次反射声对直达声的增强作用来实现的，此时近次反射声与直达声到达听众的时间差反映了厅堂的空间感。当然能量较强的近次反射声与直达声的时间差不能超过 Hass 效应指出的 50 ms，否则会使清晰度受到很大的影响。调整得当，可获得更真实自然的扩声效果。

5）压限器的调整

对于压限器的调试，应该在系统的以上设备基本调好后再进行。一般在工程中，压限器的作用是保护功放和扬声器，使声音的变化平稳。所以在调试时首先要设定压缩起始电平，通常不要设定得太低，具体设置应该视各种压限器的调节范围和信号情况而定；其次要设定压缩启动和恢复时间，通常启动时间不宜太长，以免保护动作不及时；对设备的保护而言，启动时间短一些将会更有利。为了有利于在听感上保持有较好的动态感，恢复时间不宜太短，以免造成声音效果受到破坏。一般工程中设定压缩比在 4∶1 左右。这两项参数的调整总的来说要根据节目的具体情况，以听感自然，不觉得声音有明显的变化为准。要特别注意压限器中的噪声门的设定，如果系统没有较大的噪声，可以将噪声门关闭；如果有一定的噪声，可以将噪声门的门限电平设在较低处，以免造成扩声信号断断续续的现象；如果系统的噪声较大，就应该从施工技术方面分析了，不能单独靠噪声门来解决。其他设置可以根据不同要求而定。

6）厅堂声压级的测定

在上述调试的基础上，用声压计进行厅堂声压级的测定。采用粉红色噪声发生器作为噪声源，在高、中、低三个频段分别选取几个频点测试，测试的目标就是：在保证信号最佳动态的前提下，经调整使得系统的扩声声压在各点都要达到设计的声压级，同时要参考高、中、低频段各点的情况，再分别对均衡器和电子分频器略作调整。如果各测试点声压级的结果级差较大，即声场的均匀度不好，就应该认真地进行分析和做相应的改进。首先要从建筑装饰的施工工艺方面入手，假如这方面有较大的缺陷，从而影响声场的质量，那就应该提出可行的整改措施；假如装饰方面没有明显的缺陷，应该从扬声器的摆位，指向及安装的形式方面进行分析，分析的内容包括：扬声器与建筑四面的距离，扬声器之间的安装位置要求，扬声器的指向和频率特性等。

第七章　综艺厅演出工艺设计

7.1　建筑设计

综艺厅拥有 2 700 座的大会议厅、860 座的国际报告厅、人大、政协主席团开会用的中会议厅，以及 15 个地级市、省级机关分组讨论用的小会议厅。综艺厅由大、中、小各类会议厅、舞台、休息厅、VIP 休息厅、后台用房和演出技术用房、卸货区以及配套用房组成。休息厅位

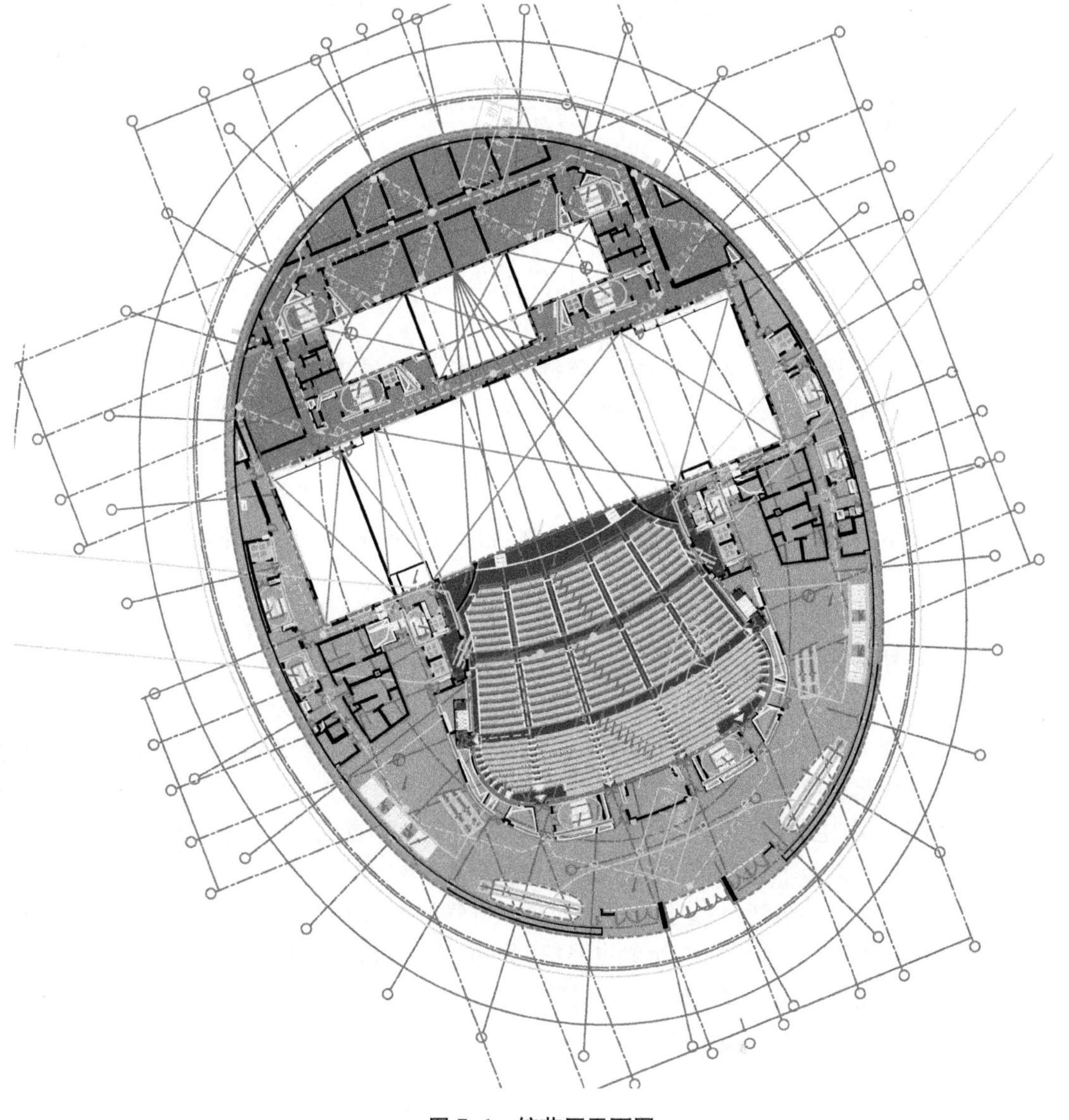

图 7-1　综艺厅平面图

于二层及以上，与共享大厅相连通，是综艺厅内部的交通和空间核心。前厅的位置贴近大会议厅座席区，配套有交通、厕所、休息场所、服务用房等设施，为各类演出提供集散、交流、休息的场所，见图 7-1。综艺厅有独立的 VIP 门厅，设置在首层的北侧，VIP 休息厅靠近观众厅池座前部入口，方便 VIP 观众入场。大会议厅具备大型综艺晚会的演出功能，在后台配套 4 套大化妆室。

大会议厅呈钟形平面，由池座和两层楼座组成。池座设有 1 680 个席位，一层楼座设 600 个座位，二层楼座设 420 个座位，见图 7-2。

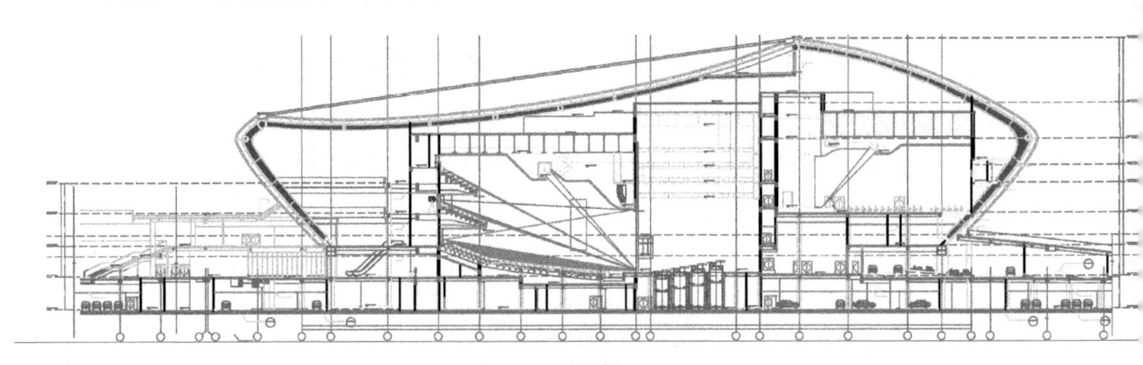

图 7-2　综艺厅剖面图

大会议厅的舞台为镜框式舞台，台口尺寸 25 m×12 m。主席台舞台有升降台功能，主席台座位数达 200 座。

小会议厅集中设置在 3 层、4 层，由一条约 60 m 长、8 m 宽的通高中庭组织在一起。

地面以上演出技术用房包括音视频交换机房、舞台机械控制室、灯光扩声控制室、调光柜室、功放室、台上开关柜室、卷扬机房等设备用房，布置在舞台四周和观众厅池座的后方区域。地面以下演出技术用房包括台下开关柜室、台下调光柜室等，布置在地下主舞台基坑两侧的区域。卸货区及布景库设置在首层的西南侧，靠近侧舞台，位置隐蔽，便于卸货。

7.2　舞台机械

综艺厅舞台机械设计能够满足大型群众性综艺活动、群众性集会以及其他综艺演出时舞台机械设备快速迁换软、硬布景的需要。

综艺厅舞台，由主舞台、侧舞台两部分组成。主舞台台口宽度 25.8 m，高度 12 m。

舞台机械设备由台下设备和台上设备两部分组成。

舞台机械台下设备包括：4 块主升降台和台下电气与控制系统等。

舞台机械台上设备包括：台口外单点吊机、扩声链式吊机、台口字幕机吊杆、台口防火幕、大幕机、电动吊杆、灯光吊杆、侧电动吊杆、侧灯光吊架、二幕机、电影银幕架、会徽吊机、液压升降车和台上电气与控制系统。

7.2.1　台下舞台机械

表 7-1　台下舞台机械配置

名称	尺寸(m)			数量	驱动方式	吊点数	行程(m)	速度(m/s)	载荷(kN)
	宽	深	高						
台口外单点吊机	\	\	\	6	钢丝绳卷扬机	1	13	0.004～0.4	2.5
扬声器链式吊机	\	\	\	2	链式吊机	2	13	0.8/8 m/min	20
台口字幕机吊杆	24	\	\	1	钢丝绳卷扬机	6	13	0.002～0.2	7
台口防火幕	29	0.14	12.5	1	钢丝绳卷扬机 附液压阻尼	7	12.5	0.15	侧向力 0.35 kN/m^2
大幕机	37	\	\	1	钢丝绳卷扬机	11	对开单边 行程16，	对开 0.012～1.2	幕体自重
							提升26	提升 0.01～1.0	
电动吊杆	35	\	\	51	钢丝绳卷扬机	9	26	0.012～1.2	10
灯光吊杆	28	\	\	10	钢丝绳卷扬机	7	16	0.002～0.2	15
侧电动吊杆	19	\	\	2	钢丝绳卷扬机	5	26	0.012～1.2	6
侧灯光吊架	9	\	\	4	钢丝绳卷扬机	3	升降16	0.002～0.2	6
二幕机	35	\	\	2	钢丝绳卷扬机	9	对开单边15	0.012～1.2	幕体自重
电影银幕架	20	1	8.5	1	钢丝绳卷扬机	7	15	0.003～0.3	自重
会徽吊机	\	\	\	1	钢丝绳卷扬机	2	26	0.006～0.6	7
液压升降车	\	\	\	1	电动	\	8	\	1.5
台上机械电气和控制系统	1套								
舞台幕布	1套								

综艺厅台上舞台机械配置与歌剧厅类似，在这里不再详述。

7.2.2　综艺厅台下设备

表 7-2　综艺厅台下设备配置明细

名称		尺寸(m)			数量	驱动方式	行程(m)	速度(m/s)	停泊位	载荷(kN/m^2)	
		宽	深	高						动载	均布静载
主升降台	子台	24	1.8	\	4	电动，螺旋升降机	0.3	0.03	2	1	5
	母台	24	3.6	\		电动、链条	2.5	0.001～0.1	2	2.5	5
台下机械电气控制系统		1套									
舞台木地板		主升降台、台唇区域使用俄勒冈松，舞台其他区域使用俄罗斯红松									

这里着重介绍下主升降台。

置于主舞台区的 4 块子母升降台是舞台机械的重要组成部分，参与变换舞台形式，使整个舞台在平面、台阶之间变化。每块升降台包含 1 块宽 16 m，进深 1.8 m 的子台。母台行程 2.5 m，子台行程 0.3 m，4 块子母升降台组合使用可以形成进深 1.8 m，高差 0.3 m 的台阶，形成沿进深方向连续的舞台台阶。升降台由母台的钢结构框架、子台的钢结构框架、驱动装置、传动机构、安全装置、平衡重、电缆支架、电气设备和控制系统制成。

平衡重安装在母台的两侧，与钢结构主体相连。

升降台带有定位锁定装置，以便在停止位置锁定升降台。

升降台安装导向装置，保证升降台升降时不倾斜，并能承受侧车台运行时的水平载荷。

除在主操作台可以控制以外，还在便于观察到主升降台的位置设置移动式操作盘。有预设停位、紧急停车、定位存储、运行状态等功能及显示。

方案特点：

■ 母台驱动系统位于机坑的底表面，采用链条驱动形式，运行平稳，噪音低。升降台装有导向装置，保证升降台升降时不倾斜。

■ 母台和子台驱动减速机全部采用德国 SEW 公司和意大利 ROSSI 公司优质产品，电机和一级制动器采用 SEW 集成驱动，性能优异。整个驱动系统结构紧凑，布局合理，维修维护便利。

■ 母台在驱动电机上设置了盘式制动器，在二级减速机处设置液压制动器，形成了完全独立的两级制动器系统，使系统的安全性更优越，维护保养更便利。

■ 设有电动备用驱动系统，在主电机出现故障时可快速切换，保证应急使用。备用驱动系统也可供设备安装调试使用。

■ 在升降台四周设防剪切安全装置，当触及升降台四周边缘的下部时，切断电路，升降台停止升降，确保演职人员的安全。

■ 台体按加工、运输、安装要求进行分段，现场用高强螺栓连接，保证台体有足够的刚度，能够承受各种垂直载荷。

图 7-3　升降台实景

图 7-4　升降台下部

7.2.3　舞台机械主控制系统

综艺厅舞台机械控制系统采用“神舟”舞台机械系统，该系统由多个标准的可编程逻辑控制器(PLC)和工业控制计算机用工业现场总线和工业以太网组成，如图 7-5。计算机采用工业型专用计算机，可以实现远程操作、数据交换、数据共享及远程维护。

“神舟”舞台机械控制系统提供正常情况下的全功能控制与操作，包括单体设备的控制、设备联锁、设备状态监视、预选择设备、设定运动参数、编组运行、场景记忆、场景序列、故障诊断、系统维护、联机操作向导等。主要操作以屏幕窗口、图形、表格方式结合功能键盘或鼠标，并有适当的手动介入功能；可灵活进行返回、重复、跳跃和连续运行等操作。

本项目采用 SIEMENS 系列的 PLC 系统，该 PLC 属于大型 PLC 级别。控制系统方案充分考虑了舞台设备运行的安全可靠性，舞台机械设备整体联锁功能是控制系统中至关重要的一环，可以实现设备的运动参数（设备运行速度、方向与实时位置）和几何参数（包括场景物理参数）这些安全信息的实时处理。

西门子 PLC 系统的中央处理单元采用 PROFIBUS-DP (POWERLINK 百兆以太网)工业现场总线与分布式现场从站和变频器通信，数据传输速率≥10 Mbps，完全满足本项目控制要求。PROFIBUS-DP 符合 IEC 61158 标准，是功能强大、开放和稳定的现场总线，响应时间极快，可以完全满足舞台机械控制系统的实时性的要求，并支持 PROFIBUS-DP(POWERLINK 百兆以太网)通信协议。使用高性能的 STEP 7(Automatic Studio)工具对现场设备进行组态和参数化，对剧院中任何一台链接到 PROFIBUS - DP 节点的舞台机械设备进行运动控制与过程监测和诊断。

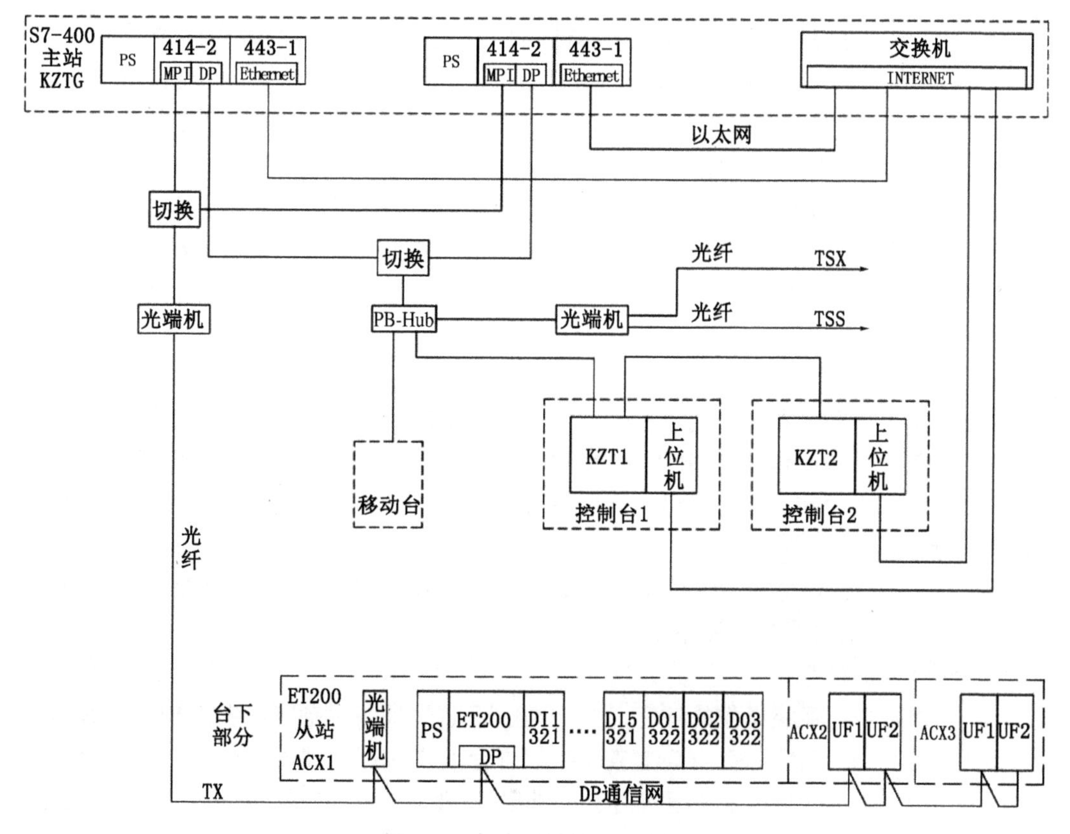

图 7-5 舞台机械控制网络图

为了充分满足装台、排练和演出等各种情况下的控制与操作需求，主控制系统的操作设备是多个操作台（盘）的组合，至少包括：主操作台、移动式操作台以方便在主控制室、舞台台面、台下、观众厅、各层天桥、栅顶等不同位置完成对设备运动的监控。

1. 智能型手动控制系统

置于主控制系统中，此时主控制系统自身为冗余配置，并能提供连续控制与操作的安全保障，也可由多个标准的可编程序控制器以现场总线方式构成。手动控制系统不受到来自主控制系统的任何影响。

智能型手动控制系统具有以下功能：单体设备的控制、设备联锁、设备状态监视、预选择设备、设定运动参数和编组运行等。

智能型手动控制一般在主操作台上完成操作，主要以屏幕窗口、图形和表格方式结合功能键盘或触摸屏结合操作杆进行操作。

2. 紧急控制系统

紧急控制系统可提供在设备旁就地控制的功能，就地控制可在现场控制器或附近的电气机柜面板上进行控制，可完成对单台设备的单独运行控制。这种控制功能的实现不受到来自主控制系统和智能型手动控制系统的任何影响。

3. 控制与操作系统特点(先进性、冗余性、扩展性、安全可靠性)

1) 先进性

(1) 控制系统采用先进的计算机控制及工业网络技术实现四级控制。

上位机程控→控制台下位机程控→控制台手控→就近控制(近控盒控制、柜控)。

(2) 控制系统由专用的工业控制计算机(上位机)与可编程控制器(下位机)组成。上位机采用高速、高可靠性酷睿双核工控机。下位机采用广泛用于工业控制的德国西门子可编程逻辑控制器(PLC)作为舞台设备专用控制器。

(3) 中央 PLC 采用符合 IEC 61158 和 EN 50170 标准的 PROFIBUS-DP 工业现场总线与分布式现场从站及变频器通信，从站数量与变频器总数最大可达 125 个，数据传输速率可达到 12 Mbps。使用高性能的编程工具对现场设备进行组态和参数化，对系统中任何一台链接到 PROFIBUS-DP 节点的舞台机械设备进行运动控制与过程监测和诊断。

(4) 远程诊断功能

控制系统工程师可在位于北京总院的舞台机械控制系统维护中心对安装于任何地点的“神舟”控制系统进行远程维护，并可对设备的运行状态进行测量、监控和故障诊断，缩短系统维护及故障排查时间。同时还可进行设备历史数据分析，包括历史数据曲线、系统设备运行时间统计等。

(5) “神舟”舞台机械控制系统采用三级集散式控制结构，管理级和过程级均采用冗余备份技术，为舞台机械专用控制系统。

2) 冗余性、扩展性

(1) 主控制台是系统操作的核心，为双台冗余配置，具备手动、程控、近控等多种方式，操作简单易学，人机界面友好，并设有安全授权管理模式，确保操作安全。

(2) 冗余 PLC 系统：选用德国西门子公司 S7 系列可编程控制器，其 CPU、电源、通信模块均为冗余配置。

(3) 操作控制系统采用冗余设计，多级在线备用，以确保系统的安全可靠。监控计算机系统设有互为备用的两台主机，并均能独立完成所有操作。当两台计算机均发生故障时，还能利用神舟控制台独有的程控功能在操作台(盘)上完成程控走场功能。

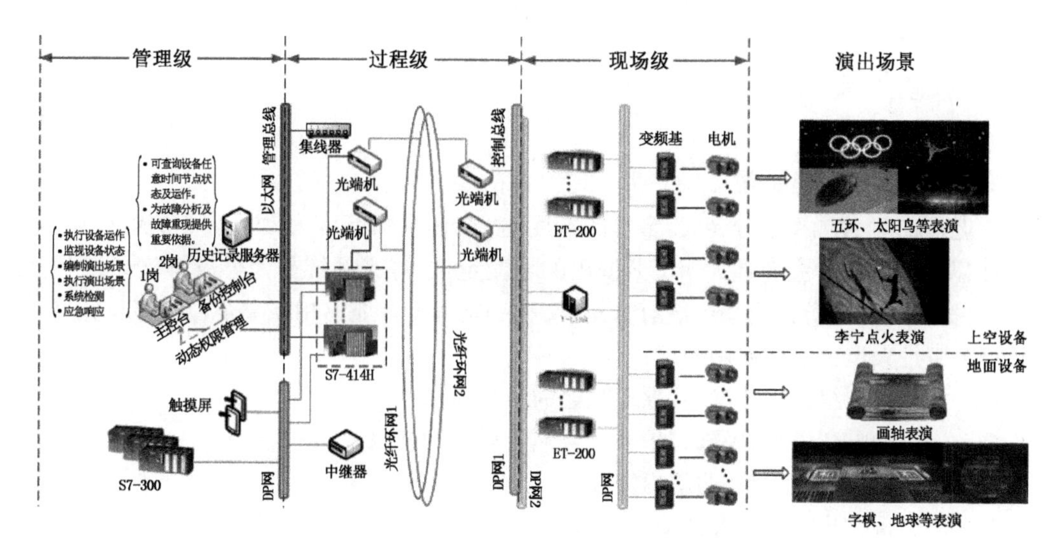

图 7-6　"神舟"舞台机械控制系统示意图

3) 设计理念和手段的安全可靠性

"神舟"舞台机械控制系统的安全性设计贯穿整个控制系统,从核心控制器到单体设备的控制设计无不体现这一理念。

(1) 采用德国西门子 S7 中央 PLC 并采用冗余设计,为主备两套独立系统,具有双机热备份功能,极大提高舞台机械控制系统的可靠性与安全性。

(2) 控制系统的设计符合我国相关标准,并参照欧洲严格的安全标准要求。急停系统结合 EN 418 标准的要求进行设计,电路安全部分参照 EN 60204-1 标准要求进行设计。剧院控制系统均达到 IEC 61508 国际安全标准。

(3) 使用高性能的 STEP 7(Automation Studio)组态工具对现场设备进行组态和参数化,实现对剧院中任何一台舞台机械设备进行安全可靠的运动控制以及实时的过程监测和诊断。

(4) 剧院专用的安全紧急停机系统对急停网络进行实时监测,对系统的每个极限状态和急停模块进行检测,一旦发现某个极限状态和急停模块有问题,系统将自动停止危险操作,同时提示系统操作人员检修急停网络,保证控制系统的高安全性。任一个急停按钮或极限开关的动作会触发多条应急线路,每条线路都针对本工程中不同类型的设备进行设计;在控制系统安装调试后,这些电路的控制参数最终得到整定,保证整个控制系统在应急情况下能安全可靠停机,并保证故障未解除时系统不会自动启动,确保人员和设备安全。

(5) 行程检测及速度采用绝对值和增量编码器,使系统构成了全数字控制系统,提高了系统的控制精度,系统具有良好的重复定位精度。

(6) 在各舞台机械的操作台上均设置紧急停车按钮,以应付紧急状态,在设计上充分考虑了避免在正常情况下的误触动。

(7) 安全开关在故障时启动,一旦启动即在操作台(盘)上发出声光报警信号。在操作台(盘)上能对所有安全开关进行分区跟踪,并能显示发生故障的位置。必要时可在操作台(盘)上设复位按钮。

7.3 综艺厅灯光系统

7.3.1 灯光系统功能定位

综艺厅的舞台规模十分庞大，台口的宽度达 26 m，台口高度为 16 m，舞台深 25 m，根据综艺厅以会议功能为主兼顾大型文艺演出的功能定位，灯光系统分为会议灯光系统和演出灯光两部分，这两部分灯光系统既有分工，又在一定程度上能够相互配合，其主要功能包括：

(1) 满足大型会议的使用需求；

(2) 满足大型综合文艺晚会、歌舞晚会的演出需求；

(3) 满足交响音乐会、民族音乐会及合唱音乐会的演出要求；

(4) 满足歌剧、话剧及戏曲演出需要；

(5) 满足现代流行音乐会的演出需求；

(6) 满足电视台、电台对各种文艺节目的直播和录播的基本需求；

(7) 满足其他各类型艺术活动和群众活动的使用需要。

7.3.2 基本要求

会议主席台区灯光设计照度为 800lx 以上，现场演出时舞台区设计照度为 1 200lx 以上。光源的色温为(3 050±150)K，显色指数大于 85。

灯光用电计算容量为 700 kW，其中重要的会议灯光用电计算负荷约为 150 kW，采用 EPS 电源供电，电源由供电设计专业负责引来。550 kW 为舞台演出灯光，采用市电供电，电源由供电设计专业负责引来，采用两路电源分列运行，互为备用方式，当其中一个电源故障时，电源故障侧的进线断路器自动断开，母联断路器自动或手动投合，由另一路正常电源带全部负荷。灯光 EPS 电源、市电电源均引至调光器室，灯光不与音视频、网络、弱电工艺等系统共用变压器或回路；

在观众厅后部灯光控制室内设置电脑调光台、电脑灯控制台，均采用主备控制台方式，同时设置换色器控制台。在灯光控制室内设置灯光工艺配电箱，主用电源为就地设置的 UPS 电源，备用电源为市电。

在主席台区(舞台区)下场口上方设置调光器室，调光器室内设置 4 台 3 kW×84 路调光立柜、1 台 3 kW×72 路调光立柜、4 台 5 kW×72 路直通立柜、1 台 5 kW×48 路直通立柜。在主席台区(舞台区)内、一层天桥处设置集中式调光及直通插座箱 9 个，灯光舞美配电箱 4 个(100 A)。此外在主席台台口、追光室设置直通及调光插座箱。

调光及直通立柜的信号处理抽屉具有双中央控制器，互为备份，故障时可无间断切换不影响使用，采用以可控硅开关器件为基础的调光器。调光系统采用 DMX512 信号、网络信号控制，便于设备适配使用。

灯光网络系统是高速网络与智能数字控制设备的集成，采用以太网和 DMX512 并存的设计。既满足了当前的使用要求，又为将来的系统升级、扩展留有充分的余地。

灯光网络主干网采用环形架构。为了避免信号传输过程中受到干扰，灯光主干网采用光纤回路，以光纤作为传输媒介，将设在灯光控制室、调光器室、灯栅层、主席台区地面的网络信号柜相互连接。网络信号柜至各处节点的信号传输可采用超 5 类线。

7.3.3 设计方案介绍

1. 灯光控制系统

1) 控制系统优化特点

➢ 所有的控制台设备全部符合 ART-NET 协议；

➢ 选择设计和操作、电脑灯和常规灯控制于一体的灯光控制系统；

➢ 所选控制设备能导入其他厂家控制设备存储的演出信息；

➢ 控制系统具有多机控制同步运行，多机冗余备份功能，达到多机备份的无缝衔接；

➢ 可配置不同操作模式的控制面板，满足不同操作习惯的灯光师使用，并可连接多个面板；

➢ 调光台、灯光网络、调光器均选用著名品牌产品，具有绝佳的一致性和兼容性。

2) 控制系统构成及要求

灯光控制系统由主控制台、备份控制台、无线电遥控（个人数字助理）、次级控制面板组成。

灯光控制系统采用的美国的 ETC 品牌产品，其产品在国内剧院剧场中应用成熟、广泛。

配置了 4096 路数字网络综合控制台 2 张，互为热备份，同时配置了 NET3 IRFR 无线遥控器（iPad）1 台。

控制系统要求：

➢ 简洁的操作界面；灯光师能便捷地操控各类灯具的各种属性；快捷地按照导演的要求编写灯光程序。

➢ 不同的操作面板以适应不同的操作习惯，将电脑灯、常规灯、各类效果器材以及其他演出设备的控制有机融合为一体；演出时快捷地操控、修改灯光程序。

➢ 具备设计、操控、管理系列一体化功能，为了更适合现代演出快节奏的要求，灯光师在事先模拟场馆的灯光布置，将演出程序事先做预案，所有的灯位、配接、程序都在进场前分工到位。一方面演出彩排时将事先做好的程序进行微调即可演出；另一方面装台人员根据灯光师设计的方案布置灯光，大大节省调整的时间，灯光布置更合理有效。另外，演出时控制系统将实施反馈系统的运行状况，灯光师第一时间掌握演出动向，对设备、网络进行管理。

➢ 可靠的安全性能，多台编程、同步存储、多机控制同步运行及多机冗余备份，达到多机备份的无缝衔接。

3) 灯光网络系统

(1) 系统优化特点

➢ 采用千兆级并具最大可靠性的双环网络结构为主干网络；

➢ 整个网络系统符合最新国际统一的 ACN 协议；

➢ 灯光传输网络满足线路简单、方便、安全、可靠的原则；

➢ 灯光传输网络满足系统升级的需要，未来可以自动升级系统，不需要做硬件和线路的改动就可完成升级；

➢ 以太网/DMX512 信号的转换设备采用符合 ACN 协议的 ETC 最新一代 NET3 网关产品；

➢ ETC NET3 网络系统具有专门的网络管理软件对网络进行有效便捷的管理，有一整套很好的网络冲突解决方案；

➢ ETC NET3 网络系统兼容 DMX、EDMX、RDMX、ART-NET、CAN 等协议和数据格式，是所有厂家产品中兼容性最好的网络系统。

(2) 灯光网络系统结构

灯光传输网络要考虑到既能满足当前的使用要求，也要为今后的使用，特别是今后系统扩展和设备扩展所考虑，网络信号分布点的合理安排不仅对演出的方便性及可操作性有很大的影响，对日常的维护意义更大。从以上各网络拓扑结构的分析中可以知道星形拓扑结构的特点是网络结构简单、便于管理、集中控制；环形拓扑结构的特点是路径选择简化、网络共享能力强。在设计方案中，综艺厅整个网络系统严格遵循 TCP/IP 网络协议及 USITT DMX512/1990，整体控制采用以太网控制，符合 ACN 协议。主干网络采用环形结构，利用光纤把每一个中继站连接起来，形成一个封闭的环路；支线网络采用星形结构，利用六类线把信息从中继站直接送到每一个用户点。

① 主干网络

灯光传输主干网络采用目前在国际上比较流行和已成熟的双环网形式，环网内信号传输采用双备份，考虑到各网络中继站之间的传输距离以及数据流量，保证信息传输的通畅和稳定。

根据剧场建筑整体布局以及今后演出的需要，将各信号综合于控制室、硅室、上下场门网络中继站。各网络中继站受控于设在灯光控制室内的网络管理服务器，网络管理服务器通过专用的网络管理软件，能对网络中各个信息节点(设备)统一配置、修改，提高网络设备的利用率，改善网络的服务质量以及保障网络的安全。

② 支线网络

支线网络采用星形拓扑结构形式，以各网络中继站为中心，通过网络交换机呈星形分布以太网节点。在每一个用户点上得到是 Ethernet 信号，通过 DMX 终端设备实现以太网信号与 DMX 信号的相互转换。传输介质采用六类线，数据传输速率达到 100 Mbps。

网络中继站内的基本设备包含以太网交换机、配线架和 UPS 电源等。

以太网交换机：方案中的交换机属于二层交换机，具有实现堆叠功能的接口和光纤收发接口及网管功能，另外，交换机向服务器汇报每一个输出端口的工作情况，便于管理和及时作出准确的判断。

配线架：就是为交换机与用户点之间提供转换接口。

UPS 电源：提供充足的供电容量和持续时间。

综艺厅：根据厅堂建筑整体布局以及今后演出的需要，配置 4 套灯光信号处理柜，分别设立于灯光控制室、调光器室、舞台灯栅层、舞台地面。同时配置流动节点终端。

2. 灯光供电及调光器系统

灯光供电及调光器系统首要目的是保证系统安全稳定，供电及调光控制满足演出灯具使用需求。

为此本方案供电系统使用的元器件是电器领域领先的施耐德品牌，有源滤波器使用著名的德国 AEG 产品，UPS 采用精细设计的华为 UPS。

调光器采用国内舞台灯光行业领先产品 HDL 调光器。其产品安全可靠、稳定实用。其中：

调光器室位于下场口上方，调光器室内设置 4 台 3 kW×84 路调光立柜、1 台 3 kW×72

路调光立柜、4 台 5 kW×72 路直通立柜、1 台 5 kW×48 路直通立柜。在主席台区(舞台区)内、一层边天桥处设置集中式调光及直通插座箱 9 个,灯光舞美配电箱 4 个。在主席台台口、观众厅楼座追光位置设置直通及调光插座箱。在灯栅层位置设置 1 台 3 kW×24 路调光回路输出柜、1 台 5 kW×24 路直通回路输出柜,作为临时安装的灯光设备的电源输出柜。

其中 1 台 3 kW×72 路调光立柜、1 台 5 kW×48 路直通立柜,为会议灯光灯具提供调光供电,同时兼顾演出用途。4 台 3 kW×84 路调光立柜、4 台 5 kW×72 路直通立柜、1 台 3 kW×24 路调光回路输出柜、1 台 5 kW×24 路直通回路输出柜为演出灯具提供调光供电。

调光及直通立柜的信号处理抽屉具有双中央控制器互为备份,故障时可无间断切换不影响使用,采用以可控硅开关器件为基础的调光器。调光系统采用 DMX512 信号、网络信号控制,便于设备适配使用。

3. 会议灯光系统方案设计

由于在综艺厅举行的都是重大会议,经常需要电视转播,因此灯光系统的配置必须要兼顾现场效果和电视转播,在照度、色温、显色性等方面均应满足需要。

1) 会议灯光系统设计要求

(1) 会议灯光的照度达到 800～1 000 lx、色温(3 050±150)K、显色指数 Ra≥85。由于会议灯光与常规的演出灯光不同,要求考虑照明灯具对舞台上就座人员的视觉和温度影响、光源使用寿命、环保节能等多方面因素,选用相适宜的会议灯具,确保重要场合的照明正常使用。

(2) 会议用面光采用自动灯具,能根据不同的会议需求进行调整。同时自动灯具兼作演出灯光使用。

(3) 会议灯光控制采用智能环境灯光控制系统,会议需要的各种灯光模式经编程后存入系统,需要时可方便调用,操作简单,非专业灯光人员均可操作。系统可多点控制灯光,开会时可不去灯光控制室,在舞台上即可控制。该系统相对独立,又与舞台演出灯光控制系统组成大系统。会议用自动灯具还归入舞台灯光控制系统控制。

(4) 为保证会议灯光高可靠性,智能环境灯光控制采用双系统并机运行。

2) 会议灯具的选择

会议顶光采用热量辐射较少的平凸聚光灯(飞达的 PH200 钨光灯),该光源色温为 3 200 K,与舞台上常规灯具的色温一致,显色指数 Ra≥90,克服了一般金属卤化物光源色温离散性大、色温衰减快等缺点,寿命长达 4 000 h 以上,完全符合电视转播的要求。

会议用顶灯共 5 道,共使用 2 000 W 平凸聚光灯灯具 80 个。

由于考虑会议面光位置人工对光困难,因此会议用面光采用自动灯具,能根据不同的会议需求进行调整。会议面光共 3 道,自动灯具兼作演出使用。会议灯光的面光采用 30 台 1 200 W智能成像自动化灯具(分布于一道面光位置)。

3) 会议灯光控制系统

由于通过电脑灯控制台编制各种会议所需的灯光场景,存入会议灯光控制系统会议中,因此会议灯光除了可以在灯光控制台上操作,也可通过安装在舞台上的场景面板按键,非灯光专业人员也可以方便调用包括智能灯具在内的全部会议灯光场景。

会议灯光控制系统,包括大厅照明控制系统,均采用了飞利浦智能灯光控制系统,各种灯光模式经编程后存入系统,能够方便地调用程序,操作简单。系统同时具有 DMX512 和网络接口,与舞台演出灯光控制系统能够兼容,在舞台演出灯光控制台上能够操控会议照明

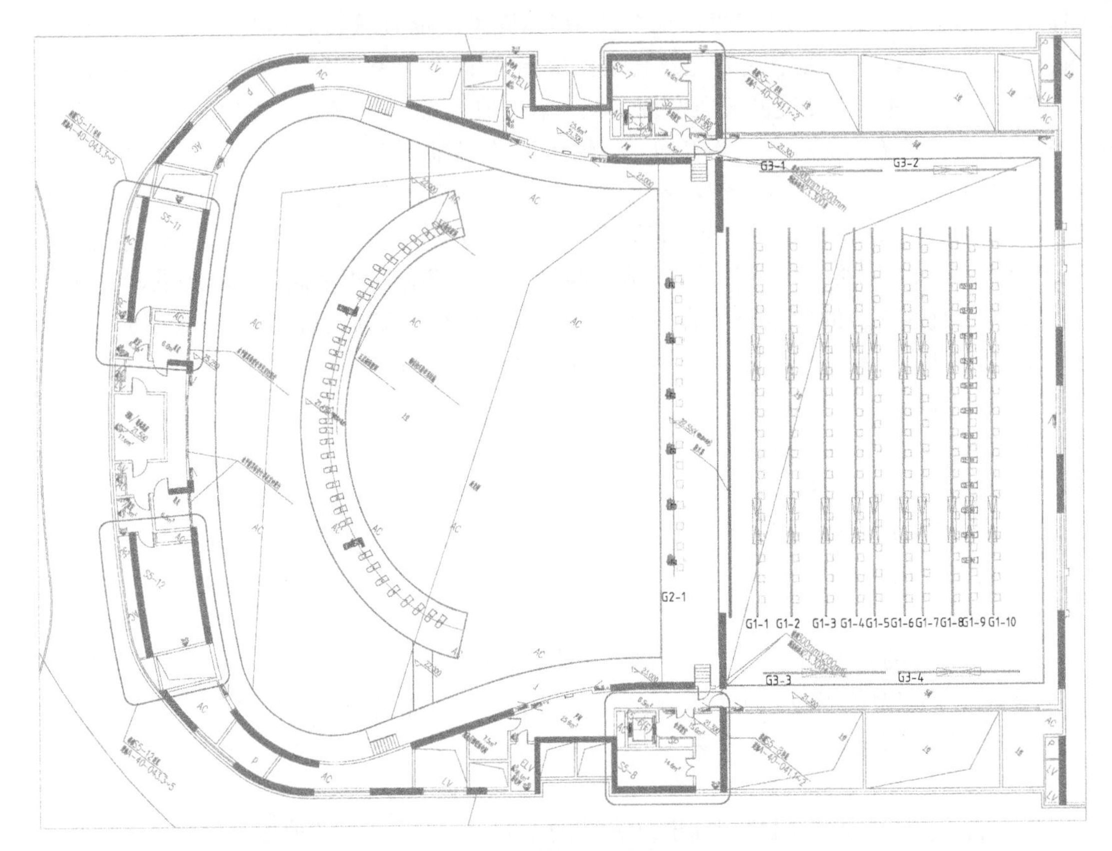

图 7-7　面光平面布置图

系统的程序，同时，会议灯光系统控制模块也能够调用演出灯光的场景。

会议灯光控制系统采用双机热备份控制。主机实行统一操作和管理，可自动或人工进行场景切换，操作具有图 7-8 所示界面，方便管理和维护。双机热备份技术保证了整个会议灯光控制系统的安全可靠性。

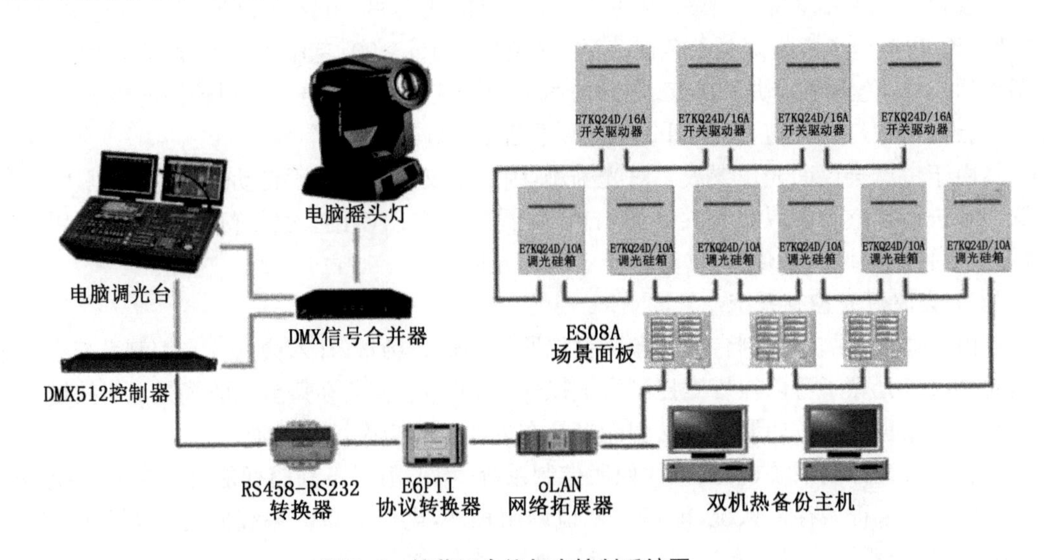

图 7-8　综艺厅会议灯光控制系统图

4. 演出灯光系统设计

(1) 综艺厅不仅是举办重要会议的场所，而且也要承担国家节日庆典和文艺演出。为适应演出的多样性，灯光系统需要为演出团体提供自由的照明空间。为此，设置使用灵活、方便的灯光供电系统就十分重要。

系统采用调光、直通两用柜，可根据需要设置为调光或直通(机械触点)，以适应日益增多的自动灯具、高光效的气体光源灯具和先进的发光二极管灯具等使用。本设计仅对基本的常用灯位配置调光、直通两用回路，其余采用流动式调光箱和吊挂式调光箱，可在需要处灵活设置，既节约了费用，又可与其他三个厅共用，大大地提高了利用率。

(2) 采用网络灯光控制系统，有较好的系统扩展性。主干网采用光纤双环网；调光直通两用柜等重要设备采用网络和 DMX512 双重控制；调光直通两用柜采用双控制模块(插件)，互为热备份。

(3) 常规灯和电脑灯控制台均采用功能强大、操作界面友好的计算机控制台，常规灯控制台采用双机同步运行的热备份模式，当主控台出现故障，另一台能实现无缝切换，并提供从断点继续操作的界面。以上各项措施确保不会产生大面积的灯光故障，保障灯光系统的高可靠性。

(4) 为了提高系统使用的灵活性，在很多可能用灯的地方都设置了三相直通电源，在需要时只要放上移动调光箱，接上电源和控制信号即可工作。虽然设点较多，但一般情况下同时使用的概率较低，但也不排除偶然出现超载，因此采用智能供电监视系统，该系统由计算机、智能电表和相应软件组成，对灯光配电的总线和各类回路的干线电流、电压予以监控，以实现对超负荷和三相不平衡情况的监控和报警。

(5) 在灯具配置上，以配置面光、台内侧光和天幕顶光等基本灯具为主，大多采用长焦、中焦成像聚光灯，面光前 2 道智能成像自动化灯具与会议共用，其他灯具由演出单位根据需要配置。

(6) 顶灯不设固定灯杆，使用者根据需要选用所需吊杆作为灯杆。在灯杆上安装吊挂式调光箱，从舞台上部两侧供电，给灯光使用者提供很大的灵活性。

5. 体现“自由照明空间”理念

当举办重大国家节日庆典演出活动或大型综艺演出时，为适应演出多样的综艺节目，创联设计总监金长烈教授一贯倡导和追求的“自由照明空间”设计理念在此得以充分体现，整个大厅所有允许的部位如上场门、下场门、后场，马道、栅顶，吊杆等处均设置了灯位。

综艺厅每个灯位都留有信号点位：以太网络信号点位 78 个，DMX512 信号点位 152 个，任一灯位均可安装和控制智能灯具和数字化产品。系统设计极具前瞻性。这套系统满足了类别丰富的各种大型演出的灯光需求。

调光/直通两用柜的结合使用，以及终端点位的合理设置，不仅能够提高系统使用灵活性，同时也可最大限度地简化系统及减少配套的桥架和电缆等材料。

舞台吊杆系统的设计也有创新点，所有吊杆都具有“多功能”，使用者根据需要可以任意选择所需吊杆作为灯杆使用。这也最大限度地扩展了灯具的布灯空间，是“自由照明空间”设计理念的组成部分之一。

灯光系统设计的每个环节，处处体现灵活方便，也使得不受拘束的自由布光的理念得以发挥。这是一个具有前瞻性和应该大力推广的灯光系统设计思路，尤其是“自由照明空间”

的设计理念，对综艺厅灯光系统建设具有启发性和指导意义。综艺厅的演出灯光系统的成功，无疑是一次成功的探索和实践。

6. 舞台灯具系统

一个好的灯光效果需要两个条件，一个是好的设计思想，一个是好的实现这个设计思想的工具，而这个工具就是灯具。对一个剧院来说，灯具是舞台灯光最重要的硬件设施，它的好坏直接影响灯光效果。

舞台灯光是为专业会议和舞台艺术表演服务的，艺术有抽象的一面，也有真实的一面。所以舞台灯具的功能效果也分为两种：一种是光的效果，比如绚丽的色彩，花纹，动感；一种是光的还原，就像是再现生活中的阳光，阴暗的灯光，暗红的晚霞等。不同舞台剧目演出是应用不同的艺术表现手法在舞台空间描述一个故事。一场演出往往分为几个场次，而每个场次展现几个情节。灯光设计作为艺术表现的重要手段，在表演的每个情节都必须采用不同的表现手法（角度、亮度、色彩、效果等）展现场景气氛、人物造型。

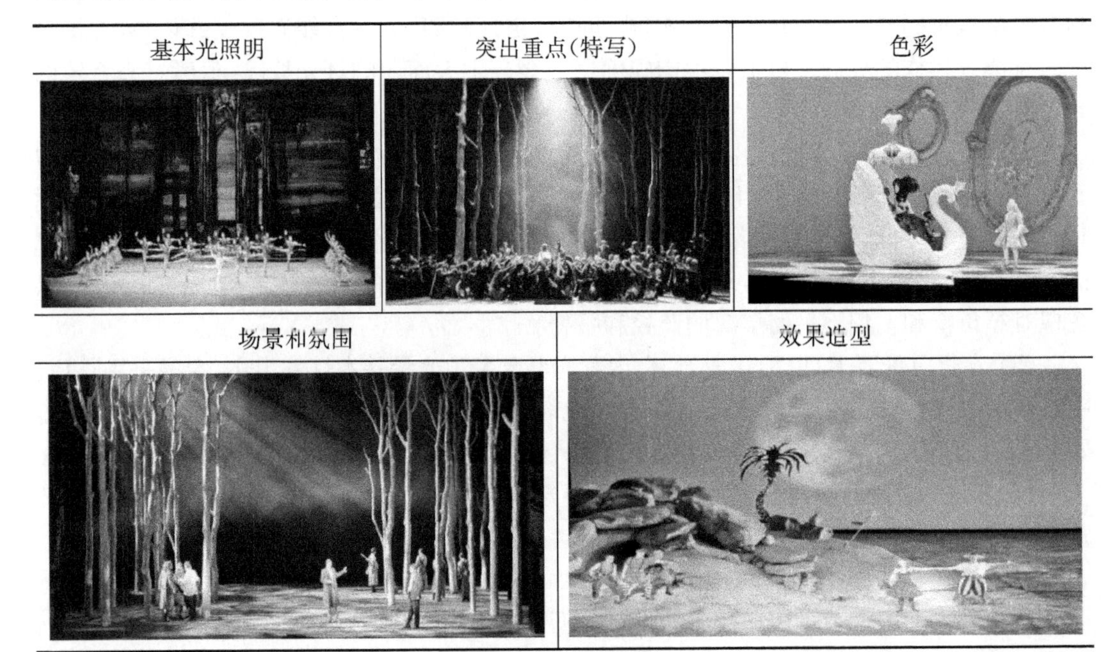

图 7-9　灯光效果图

综艺厅灯具必须保证的基本方面：

- 照度：必须保证各个灯位的灯具的基本照度；
- 色温和显色指数：保证演员造型、服装、道具的色彩还原，色温 3 200 K 和显色指数 Ra>92 是必须的；
- 纯色彩：颜色的变换很多，同样的一种颜色，色偏会影响演出整体质量；
- 定位精确：需要不同的定位来展现情节中人物的造型和场景的渲染。

(1) 总体性能指标要求

- 符合 CE 标准、UL 标准；
- 不带有风扇冷却装置，以避免噪声过高；
- 不漏光；

➢ 低功率、高光效；
➢ 常规灯具色温为 3 200 K，其他灯具为 5 600 K，误差 5%；
➢ 各方为所配灯具更具不同距离均达到平均照度 1 500 lx（白光）。

（2）灯具选型及特点

配置了灯具 625 盏，其中基本光灯具 445 盏，摇头效果灯具 60 盏，LED 效果灯具 120 盏。其中：10°定焦成像灯 56 盏，19°定焦成像灯 28 盏，15°～30°变焦成像灯 40 盏，平凸聚光灯 80 盏，LED 聚光灯（全白光）186 盏，LED 天幕灯（红绿蓝白）18 盏，LED 地幕灯（红绿蓝白）18 盏，台口上框 LED 灯 15 盏，均选用国内著名品牌飞达的灯具。2 500 W 追光灯 2 盏，1 000～1 200 W 追光灯 2 盏，选用来自法国的世界级顶尖品牌 Robert Juliat 的镝灯追光灯；电脑染色灯 30 盏，电脑图案灯 30 盏，选用来自意大利的世界级顶尖品牌 Clay Paky 的电脑灯；LED 光束灯 120 盏，选用来自法国世界级顶尖品牌 Ayrton 的 Colorsun 200S LED 光束灯，以及 Antari 品牌的特效设备。

7.4　综艺厅扩声系统

7.4.1　功能定位

综艺厅是江苏大剧院四个厅中面积最大的一个，一是为大型的歌咏大赛、联欢会提供场所；二是为适应演出大型化的需要；三是为省政府召开“两会”提供清晰、真实还原发言人声音的会议扩声。

综艺厅主要用于省政府“两会”及其他大型会议，大型文艺演出和表演歌剧、音乐会的重要场所，其主要功能包括：

（1）满足大型会议的使用需求；
（2）满足大型综合文艺晚会、歌舞晚会的演出需求；
（3）满足交响音乐会、民族音乐会及合唱音乐会的演出要求；
（4）满足歌剧、话剧及戏曲演出需要；
（5）满足现代流行音乐会的演出需求；
（6）满足电视台、电台对各种文艺节目的直播和录播的基本需求；
（7）满足其他各类型艺术活动和群众活动的使用需要。

7.4.2　综艺厅扩声系统设计

扩声声场设计决定了观众、表演艺术（演员）和技术人员（调音师）通过扬声器所能接收到的信息可以达到什么程度，是听感形成的关键。其中包括建声环境、扩声形式的选择、扬声器系统的选型以及相关的设计分析与计算工作。随着国民经济的发展、家庭 Hi-Fi 的普及与录音技术的进步，使广大听众的相对听觉鉴赏力也迅速提高，在这期间，人的听觉生理及心理特性研究成果的应用也带动了剧场扩声系统设计理论的不断发展。近年来在国外出现了“扩声系统优化设计”的理论，并在许多专业剧院中得到应用并取得了良好的效果。所谓“优化设计”，主要指的是在常规的声压级、均匀度、清晰度等设计目标外，更加关注相干声源的声干涉问题，以及更宽频带的指向性控制问题。如何有效解决扬声器阵列本身的干涉以及合成声场中的声干涉问题，这也是直接影响音乐明晰度的主要因素。对扬声器频率及相位响应的优化，对声系统的高精度调试、校准等技术的应用，可以有效地提高扩声系统的还原性能，从而进一步改善听闻效果，这些扩声声场设计理论与方法是大量的工程应用实践与实验室实证相结合的成果。本次设计中给予了充分的应用。

针对江苏大剧院综艺厅的使用功能——满足大型会议、大型综合文艺晚会、歌舞晚会、交响音乐会、民族音乐会、合唱音乐会、歌剧、话剧及戏曲、现代流行音乐会、电视台、电台对各种文艺节目的直播和录播、其他各类型艺术活动和群众活动。这就意味着主扩声扬声器系统必须兼顾多种节目类型对扩声系统的要求，对声场设计提出了满足多功能使用的要求，使综艺厅既满足综艺表演这样的大动态、高能量的讲究震撼、气氛的扩声要求，又能满足歌剧、音乐剧目的扩声要求，同时还满足电台、电视台现场直播等扩声要求，为今后的经营和管理打下坚实的基础。

1. *扩声系统关键设计*

江苏大剧院综艺厅扩声系统主要演出综艺节目，对扩声系统关键设计如下：

(1) 改进语言清晰度和音乐明晰度

✧ 选用世界顶级的 L-Acoustics 扬声器系统设备，从设备品质上做好保障；

✧ 采用多通道效果声系统在歌剧演出的过程当中，针对不同演出场景添加不同素材环绕效果声，丰富音乐创作及语言表达的灵动性；

✧ 声场设计上合理的扬声器选型采用合适的扬声器型号，保证全频段声能量在远场传输，避免由于传输距离远而产生的语言清晰度和音乐明晰度的减弱；

✧ 超低频指向性控制，使得低频能量及力度最大化服务于观众区，避免话筒啸叫反馈。

(2) 扩展动态范围(声源功率不足时)

✧ 选用线阵列扬声器，法国 L-Acoustics 的大功率垂直线阵列全频扬声器 K2 以及大功率线阵列超低频扬声器 SB28，满足综艺演出所需的任何超高大动态的演出需求。

(3) 改进一场演出中不同位置(对白、歌声和器乐声)之间的声平衡(正确地操作扩声系统)

✧ 音乐创作以及调音师的艺术与专业的操作是关键。

(4) 根据艺术创作要求对人声和乐器声进行修饰或产生特定的效果；

(5) 在无乐队伴奏时重放歌舞剧的伴奏音乐；

(6) 可将部分节目信号存储和预设程序以简化技术操作；

(7) 可对现场节目进行拾音、记录以及为广播或电视转播提供现场音频信号。

2. *主扩声扬声器的选择*

众所周知，采用单个的点声源扩声是扩声系统最理想的状态，但为了增大覆盖范围和增加声压级(扬声器系统的能量)，而将单只扬声器组成阵列。目前，音响领域扬声器组成阵列有两种情况，一种是线阵列扬声器组成的线阵列扬声器系统；一种是常规扬声器组成的常规阵列扬声器系统。前者的优势被越来越多的人所接受。

线形扬声器最先进的技术是它产生的是平面波，可以将声干涉降到最少，极大地增加了扬声器的效能，由于声干涉少了扬声器自然用少了。另外由于解决了声干涉的问题，扬声器与扬声器的角度叠加可以更少，因此线形扬声器采用的是水平覆盖角度很宽，垂直覆盖角度很窄，只需通过垂直叠加调整垂直角度即可完成整个场地的覆盖，传统扬声器需要通过水平叠加和垂直叠加来完成场地的覆盖，所以线形扬声器可以最大限度地减少扬声器数量，降低投资成本。

若采用传统的扬声器阵列方式，不可避免地在某些观众区域产生相位干扰，所引起的梳状滤波器效应会影响语言清晰度。而采用了线阵列扬声器后，根据线阵列扬声器的原理，以平面波辐射到整个观众区，不存在梳状滤波效应，可以得到最佳的语言清晰度。

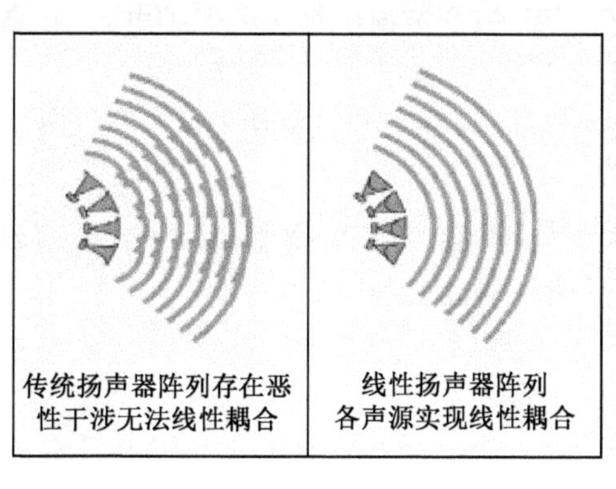

图 7-10 梳状滤波效应

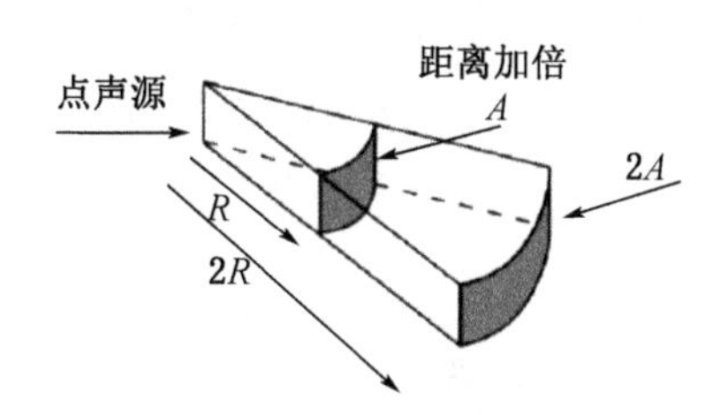

线性扬声器阵列不按照反区间法则，加倍距离损失3dB

图 7-11 线声源声压衰减

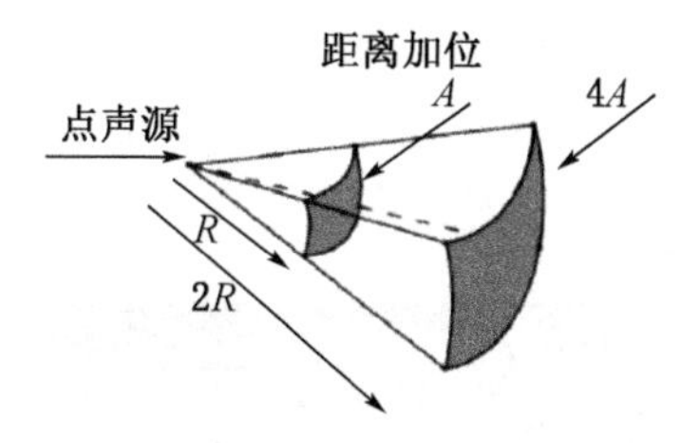

传统扬声器阵列按照反区间法则，加倍距离损失6dB

图 7-12 传统扬声器声压衰减

3. 主扩声品质的选择

综艺厅选用的是艺术之都——法国巴黎制造的优质产品 L-Acoustics 扬声器系统，它以其特有的纯正音色和纯物理的高技术含量活跃在当今世界演出舞台上，该扬声器特有的纯正音色及其语言清晰、高音明亮透彻、低音深厚有力、保真度高、效率高、声音层次好等特点，被国内外许多重点剧院工程、综艺厅、电视台和演唱会所广泛选用。（如国家大剧院音乐厅、上海东方艺术中心、中央电视台新台址中心剧场，苏州科学文化艺术中心等）。L-Acoustics线阵列扬声器能充分表现现代音乐的美感，该扬声器在国际及国内文艺界都有极好的口碑，是行业内主要采用的主要产品之一。

L-Acoustics 利用独立开发的 DOCS 波导管的波阵面校正专利技术（WST）制造出的 K2 扬声器，极好地实现了声波投射中的覆盖角的控制，减少了声散射和漫射带来的反馈和无声干涉及声能量的损失，相对提高了有效的声压级的覆盖，提高扩声增益。K2 是本扩声系统的主扩扬声器。

在功率放大器上按照 L-Acoustics 扬声器厂家对功率放大器的优化配置要求，同时考虑到功放到扬声器之间连线电阻对阻尼的影响，本次扩声系统设计所采用的是 L-Acoustics 最新 LA 系列一体化高品质数字功率放大器驱动。该功放具有在音质及可靠性方面享有无可比拟的声誉，在国外已被公认为顶级的功放设备，其内置了数字信号处理系统、远程监控系统及四通道功率放大系统三大部分，该功放以工作稳定、推动力强劲而享誉音响界，采用最先进的电子电路及最新的功放技术，在设计上采用了最高标准的放大电路，保证放大器稳定地工作并提供强劲的驱动力，声音品质饱满清透。功放采用世界先进的设计和优质元件，拥有直流保护、热保护、削波限幅、甚高频保护、交流保护等多种保护电路，在高达 20%的电源电压摆动范围内能够长期稳定地工作。

下面用图解的方式来详细介绍 L-Acoustics 扬声器系统技术的应用。

图 7-13　DOSC 波导管

DOSC 波导管：(拥有波阵面校正 WST 全球专利技术的 DOCS 波导管设计，使声能量得以严格控制，解决了阵列拼接所产生的干涉问题。)

(1) 波阵面形状设计：各个声源产生的波阵面是平面状的，共同填充至少 80%的总辐射面积；

(2) 声学中心的距离：该间距必须小于工作带宽上的波长的一半；

(3) 波阵面的偏差：平坦的波阵面的偏差小于最高工作频率的波长的 1/4(相当于在 16 kHz时小于 5 mm)。通过国际权威机构专家的测定，DOSC 波导管提供了小于 4 mm 的偏离曲率。DOSC 波导技术也由此得到了欧洲 N°0331566 及美洲 N°5163167 等国际专利认证。

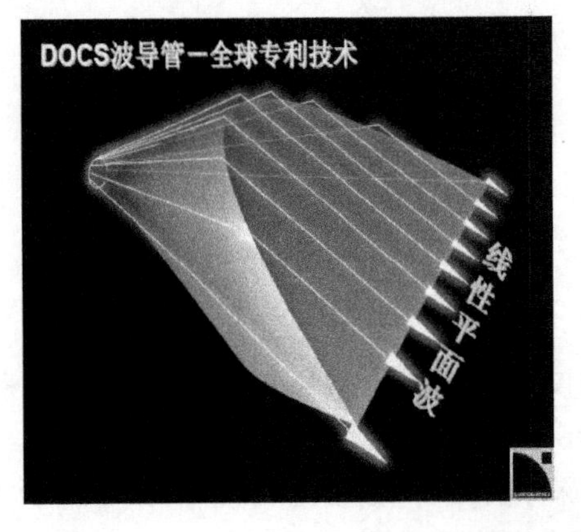

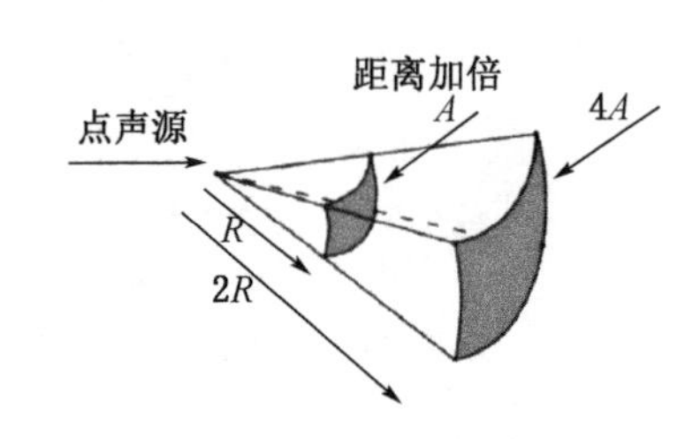

传统扬声器阵列按照反区间法则，加倍距离损失6dB

图 7-14　DOCS 波导管阵列扬声器的声音衰减

由上面分析可得出：

- 传统号角不能使波阵面达到足够的平坦；
- WST 技术使 DOCS 波导管辐射出足够平坦的线性平面。

辐射衰减的控制：DOCS 波导管全球专利技术，使得阵列扬声器的声音衰减控制成为可能。

4. *主扩声扬声器选型*

池座左右声道各采用了 4 只高功率三分频可变指向线阵列全频扬声器 L-Acoustics

K2;声桥左右声道各采用了4只高功率三分频可变指向线阵列全频扬声器L-Acoustics K2;声桥中央声道选用了6只高功率三分频可变指向线阵列全频扬声器L-Acoustics K2。

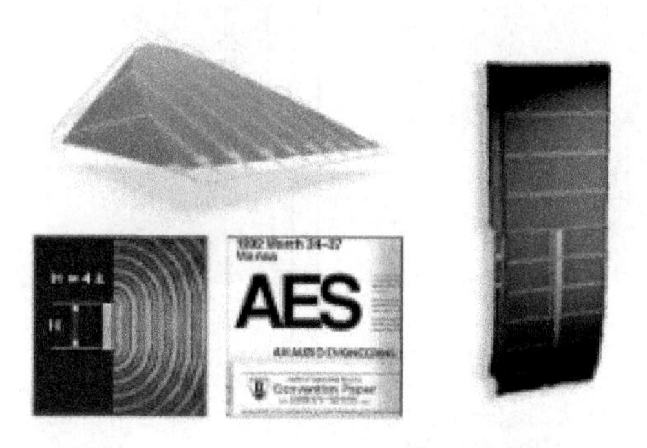

图7-15　L-Acoustics K2线阵列扬声器

L-Acoustics K2线阵列扬声器是著名的设计师专门针对大型观演厅堂和户外而设计的线阵列扬声器,无论是能量,还是覆盖均有着突出的表现,堪称线阵列的"王者"。

首先,对比一下各类型扬声器的声场设计优劣。(图7-16)

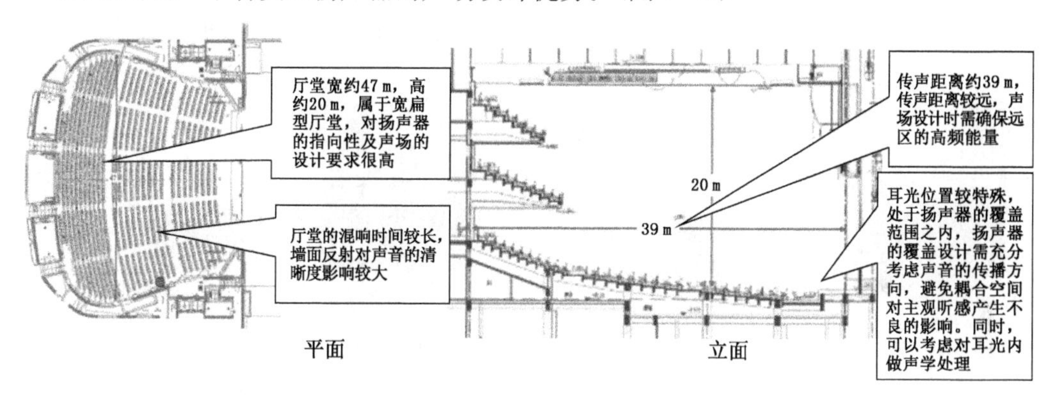

图7-16　观众厅扩声距离

1) 传统扬声器声场设计分析。(图7-17、图7-18)

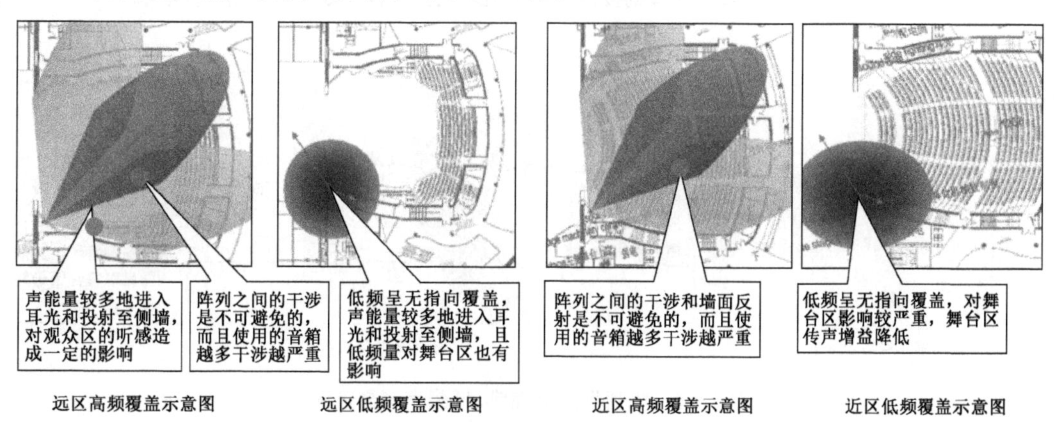

图7-17　点声源扬声器声场分析

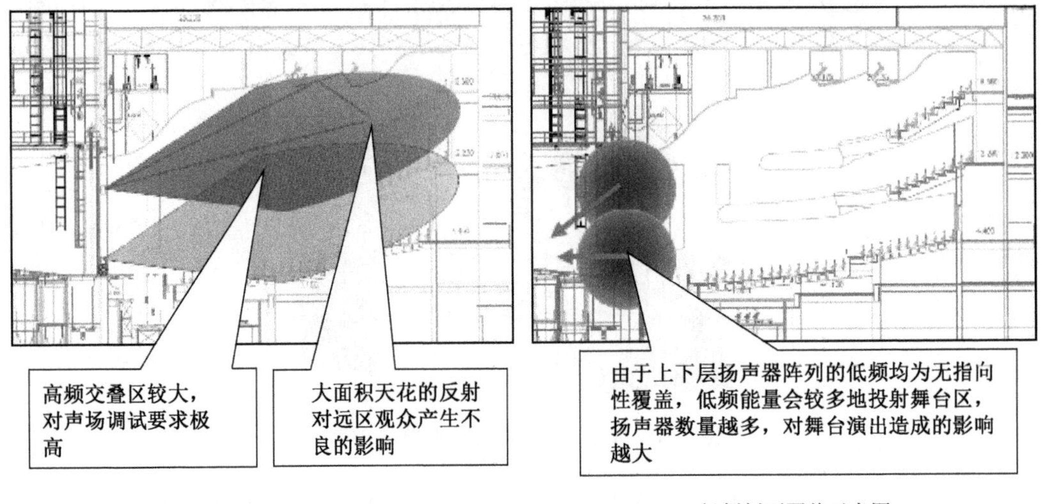

图 7-18　点声源扬声器高频、低频声场覆盖图

2）传统线阵列扬声器＋常规阵列扬声器声场设计分析。（图 7-19、图 7-20）

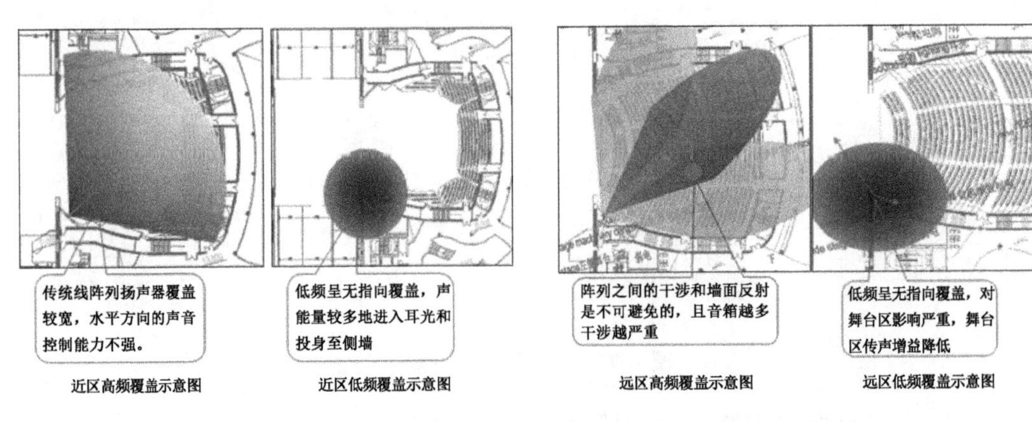

图 7-19　传统线阵列扬声器＋常规阵列扬声器声场设计分析

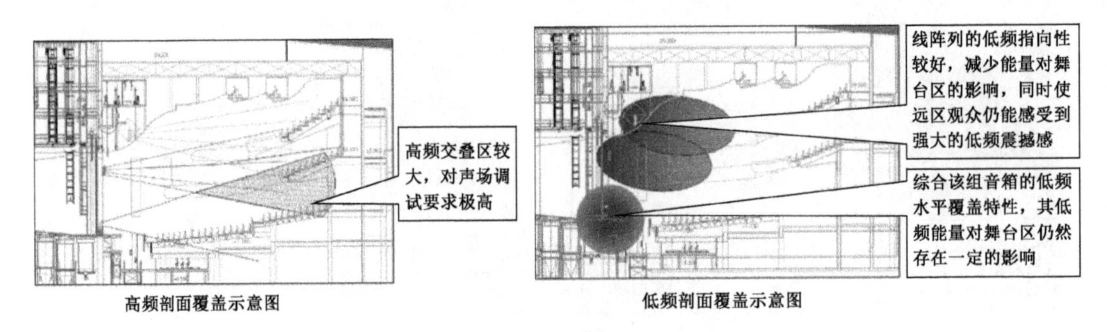

图 7-20　阵列扬声器高频、低频声场覆盖图

3）可变指向线阵列扬声器＋水平线阵列扬声器声场设计分析。（图 7-21）

4）远区可变指向线阵列。（图 7-22）

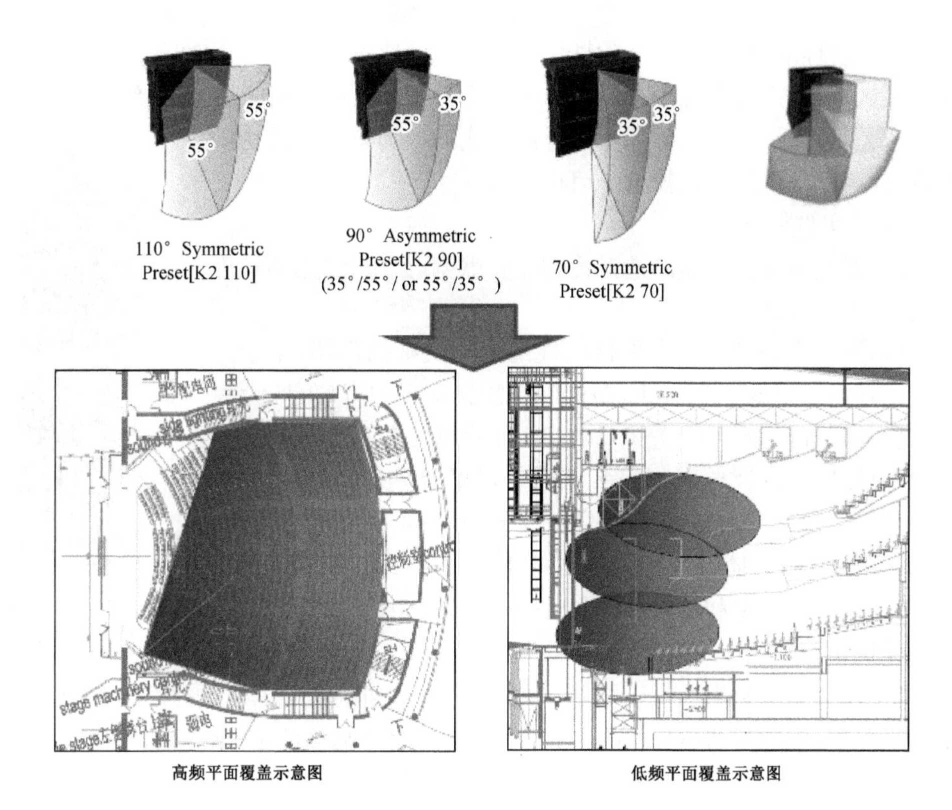

图 7-21　可变指向线阵列扬声器十水平线阵列扬声器声场设计分析

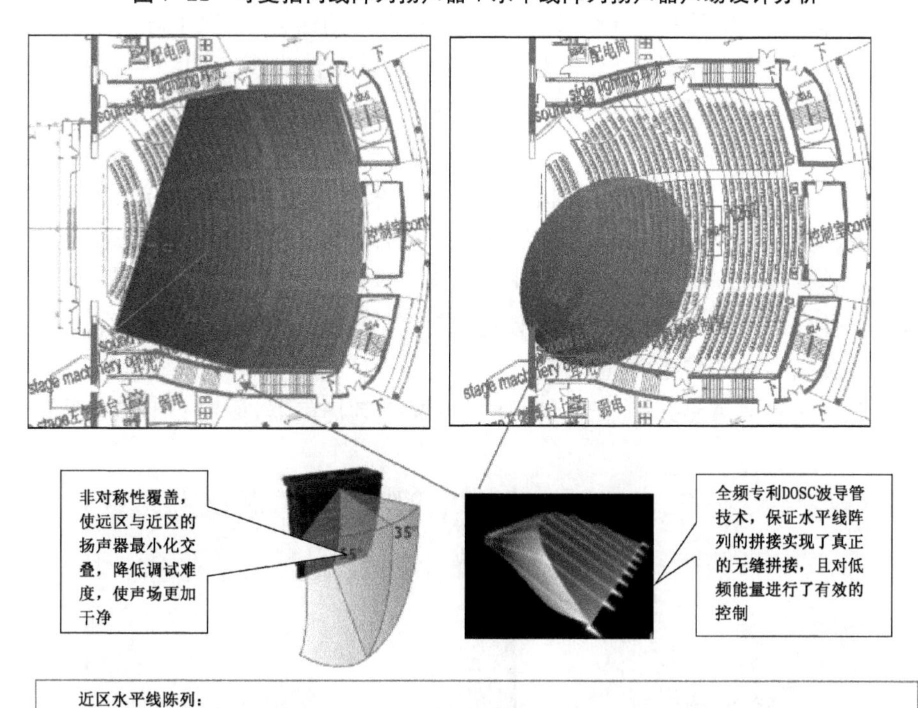

图 7-22　远区可变指向线阵列

多种覆盖特性的组合，可以有效地适应该剧院的建筑结构，避免声能量的直接投射于反射面及无关区域，使声音更加干净、自然，大大提升了远区的高频能量及清晰度。

从其覆盖可以看出，该款阵列无论是高频或低频均有很好的指向性控制，可使声能量更集中地投射于目标区域。

(1) K2 全频线阵扬声器

K2 模块式线声源扬声器的选择更加符合歌剧、会议、综艺的扩声特点。

K2 是可变曲率和可调整水平指向性的全频线阵扬声器，基于三分频设计。它由 4 个输入部分组成：2 个低音和 1 个中音(阻抗为 8 Ω)、1 个高音(阻抗为 16 Ω)。它有 2 个 12 英寸单元和 4 个 6.5 英寸单元，所有直接辐射的钕单元都安装在低音反射箱体，2 个 3 英寸单元钕压缩驱动器耦合到独立的 DOSC 波导管，具有可调整的指向性。换能器是 K 型结构，箱体是由一级波罗的海桦木多层板和压铸铝侧板组成，确保最大的声学和机械学的完整性，将重量减到最低。箱体具有 4 点吊挂系统。

图 7-23　K2 全频线阵扬声器

K2 的工作频率带宽为 35 Hz～20 kHz，它的低频可通过 K1-SB 加强，与 SB28 同时使用时，频率响应可扩展至 25 Hz。在水平方向，指向性被调整低至300 Hz，其中两个对称设置(70°或 110°)和两个非对称设置(90°，35°/55°或 55°/35°)。

K2 吊挂系统允许调整垂直吊挂的扬声器每个箱体之间的垂直角度(最大为 10°)，构成可变曲率的线阵。共面对称性与 DOSC 波导管在高音区的结合，确保了阵列扬声器完美的声音耦合。波阵面纠正技术条件已满足，使得阵列可被定性为真正的线声源。任何 WST 线声源都提供平滑的响应以及覆盖整个频率范围。

(2) SB28 心形指向性特点

大部分剧院在扬声器低频能量上都没法控制，效果不理想。本技术方案采用先进的低频心形指向技术，通过 L-Acoustic 的数字功率放大器改变扬声器的预置模式，能获得心形指向的声场覆盖，而使低频能量主要集中于观众区。这样既有效利用了低频能量，又获得更好的低频指向性和“力度”，同时降低了低频对舞台区话筒的影响，提高传声增益。从而保证扬声器从低频到高频全频带指向性可控。

左右各配置 3 只 L-Acoustic SB28 双 18 英寸超低频扬声器，设置心形指向性控制后效果如图 7-24。

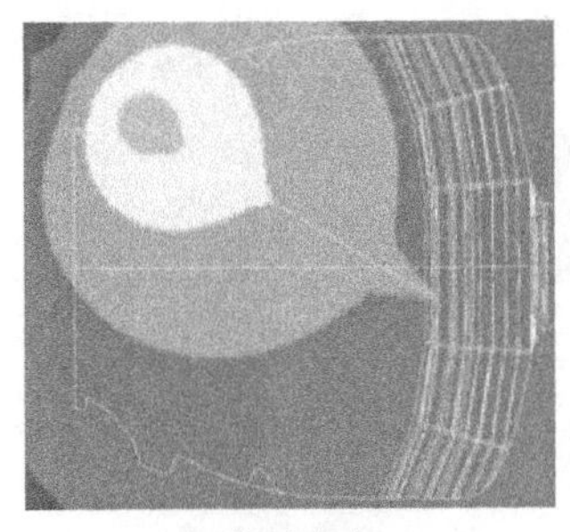

水平方向

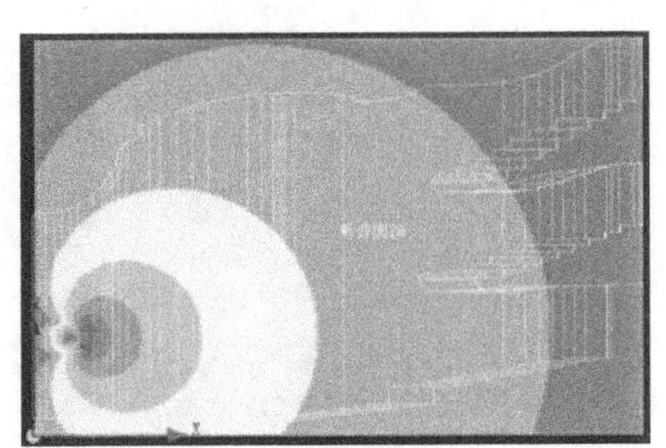

垂直方向

图 7-24　超低频心形指向控制处理

5. 舞台返送及补声扬声器选型

L-Acoutics 同轴系列扬声器一直受到业内人士的追求，其中包括 8XTi/12XTi/115XT HiQ/X12/X15。特别是 12XTi/115XT HiQ 同轴扬声器是众多剧场以及电视台舞台返送的首选，其出色的同轴控室技术，保证了高频单元和低频单元发声相位的一致性，使得扬声器还原出来的声音表现力极佳，自然清晰。

同轴扬声器还凭借其大功率的特点，可以为舞台返送提供超大的动态范围，无可厚非的收到众多音乐爱好者的喜爱。

同轴点声源技术扬声器：(L-Acoutics 不但用电子方式解决了各频段的相位偏差问题，且采用同轴的箱体设计在物理上优化了声音的还原。)

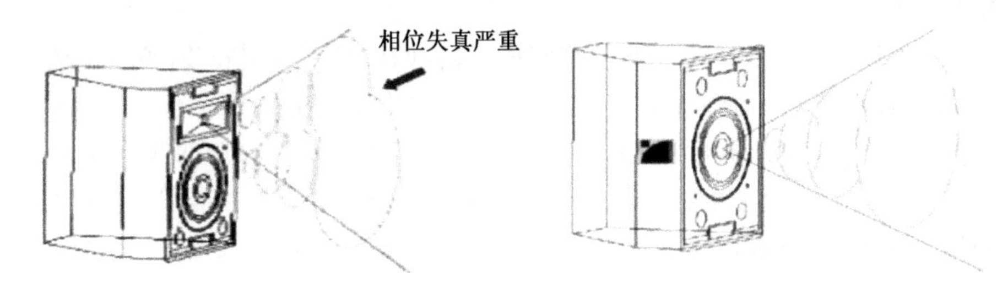

图 7-25　传统扬声器的号筒和低频单元组合相位失真严重，存在典型的极性波瓣效应

图 7-26　同轴点声源技术

设计中效果声、舞台扩声及补声扬声器选用相位失真更少的同轴扬声器，声音更准、保真度更高。

6. 扬声器布置及安装

大会议厅固定主扩声系统采用左、中、右三声道设计，扩声系统采用 L-Acoustics K2 三分频可变曲率线声源阵列扬声器。

1) 中央声道

由 4 只 L-AcousticsV12 垂直阵列组成，吊挂安装于声桥中央，覆盖全场。4 个 K2 主要覆盖楼座观众和池座后区。K2 吊挂系统允许调整垂直吊挂的扬声器每个箱体之间的垂直角度(最大为 10°)，构成可变曲率的线阵。共面对称性与 DOSC 波导管在高音区的结合，确保了阵列扬声器完美的声音耦合。波阵面纠正技术条件已满足，使得阵列可被定性为真正的线声源。任何 WST 线声源都提供平滑的响应以及覆盖整个频率范围；保证声音的高保真、高清晰度。优化的配置、高质的扬声器确保了中央声道的全场覆盖及优质音色，给观众完美的听音享受。

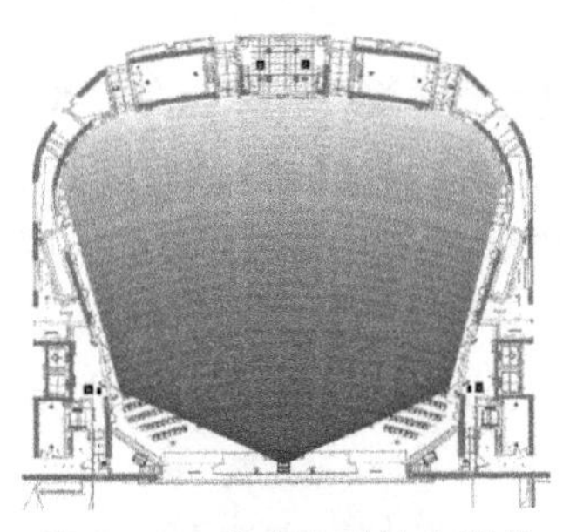

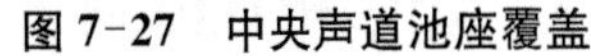

图 7-27　中央声道池座覆盖

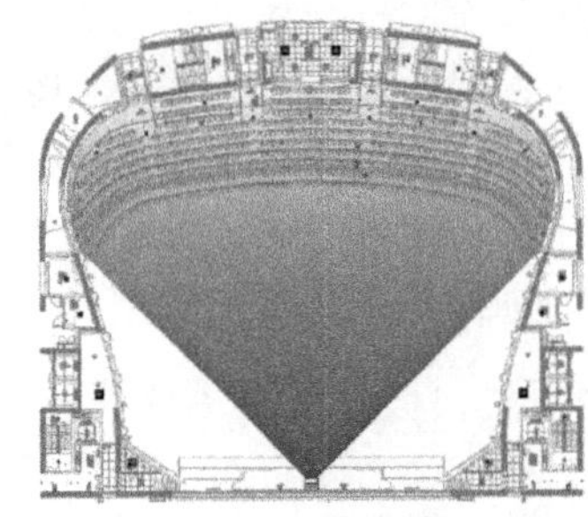

图 7-28　中央声道楼座覆盖

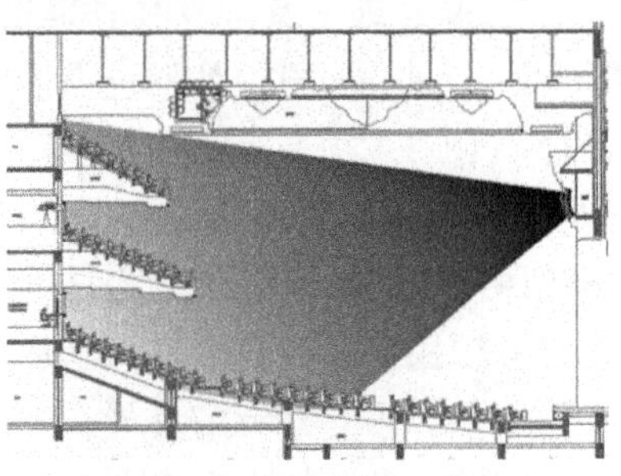

图 7-29　中央声道剖面覆盖

2）左右声道

分别由 8 只 L-Acoustics K2 垂直阵列组成，舞台两侧扬声器室安装，覆盖全场。上层 4 个 K2 主要覆盖楼座观众和池座后区，下层 4 个 K2 主要覆盖池座前区和中区观众。同时，左右声道分别搭配 3 个双 18 英寸超低频扬声器 SB28，固定装于台口两侧，SB28 做心形指向性处理。优化的配置、高质的扬声器不但确保了左右声道可以单独覆盖全场；而且注重声像的一致性，给观众完美的视听享受。同时优质音色再搭配充足的低频能量，给人无与伦比的听音效果。

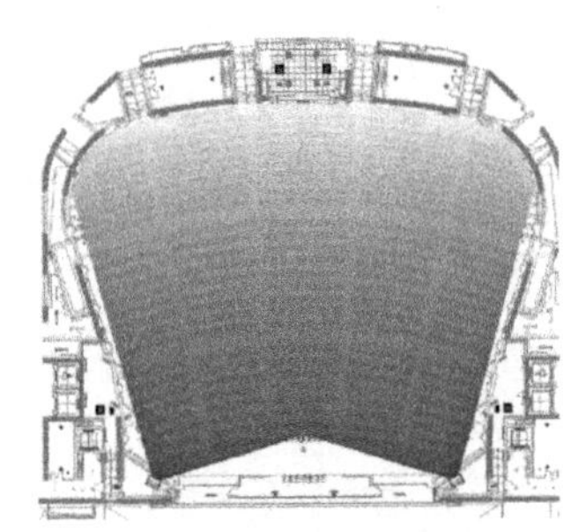

图 7-30　左右声道池座覆盖

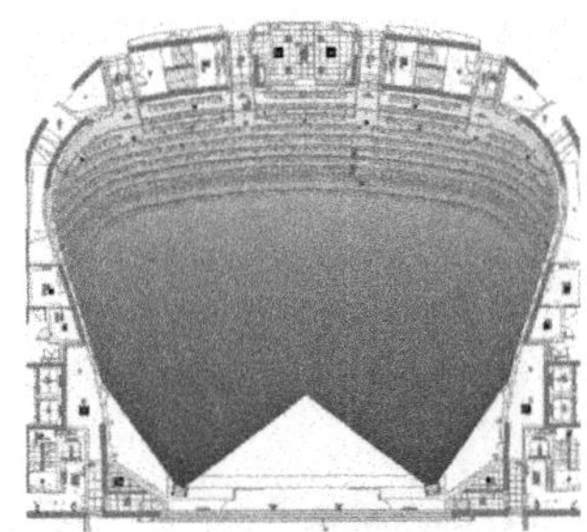

图 7-31　左右声道楼座覆盖

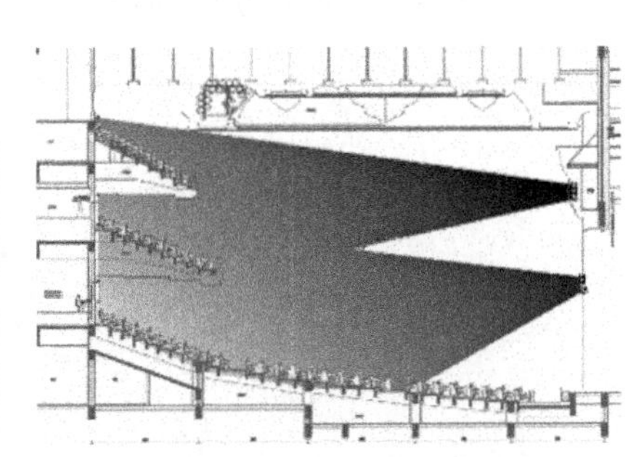

图 7-32　左右声道剖面覆盖

3）补声扬声器

为了补充池座前排观众的听音需求，并加强中央声道的声像一致性，配置台唇补声扬声器 8XTi，8 只；

为增加观众后区的均匀度，分别在一层楼座下方、二层楼座下方、天花各安装了 6 只补声扬声器 8XTi。

4）舞台扩声

（1）舞台固定返送

- 在左右假台口侧片各安装一只高声压级的全频扬声器 X15 作为舞台的主扩声；
- 一层马道下部左右两侧各安装 2 只全频扬声器 12XTi 作为舞台左右声道或后区补声扩声；
- 在舞台后墙左右两侧离地 4 m 处各吊装一只全频扬声器 115XT HiQ 用于舞台后声道或后区补声扩声。

（2）舞台流动返送

方案配置设置 8 只 15 英寸同轴扬声器 X15 作为舞台地板流动返送扬声器，在舞台前沿、舞台侧墙、一层马道、乐池布置扬声器接口。

5) 功率放大器及 DSP 处理器系统

按照选配的扬声器对功率放大器进行优化配置，考虑到功放与扬声器之间连线电阻对阻尼的影响，设计选用高品质、带 DSP 处理的数字功率放大器(LA4x 和 LA8)来驱动。具体选用 L-Acoustics 先进的 DSP 功率放大器，其具有如下优势：

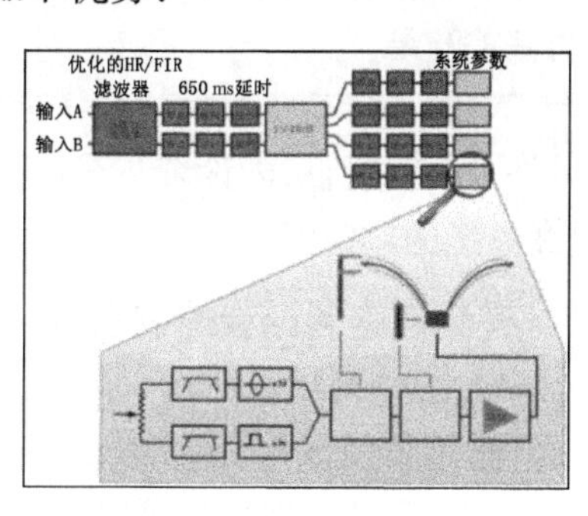

图 7-33 网络数字功率放大器 LA4x 和 LA8

(1) 强大的 DSP 功能：可实现增益、压限、延时、均衡、分频、矩阵的设置，同时具有精密的保护电路，确保扬声器处于一个安全、稳定的工作状态；

(2) 内置推荐程序：功率针对特定型号的扬声器，设计了预置程序，有效地对扬声器进行了相位校正和均衡修饰，扬声器与功放达到最佳匹配；

(3) 输入冗余自动备份配置：同时具有 AES/EBU 数字输入和模拟输入接口，可以数字为主、模拟为备(图 7-34)，反之也可，且可自动备份切换，不断声；

(4) 重启保障断电保护：具有很好的自我程序保护能力，重启自动恢复原保存设置，断电资料保存，且具有 300 ms 内部供电的断电保护能力，业内保护能力最强功率放大器之一；

(5) 强大的网络监控功能：可用 CAT5 网线实现多种网状拓扑结构连接，设置简单，实现对功放的实时监控功能；

(6) 可扩展的数字音频网络：通过数字音频卡插槽，可提供 64 路音频信号和一路监控信号的传送，延时极低，且具有极高的稳定性。

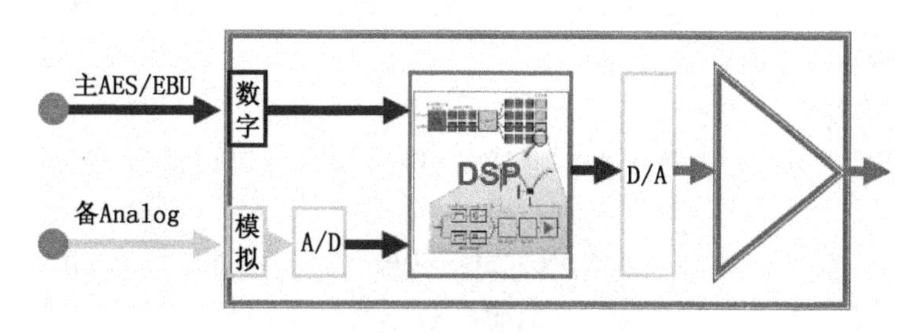

图 7-34 功放备份接线图

选用 DSP 功率放大器，匹配数字调音台，重要优点是：工作人员可以将扩声系统不同使用状态的信号处理模式储存起来，如会议模式、演唱模式、歌剧模式等。使用时只需调出相应的模式，非常简单快捷；大幅减少工作量，并且安全可靠。

功率放大器的另一大先进性特点：具有数字输入和模拟 2 种模式，且模式之间可实现无缝切换。同时,在剧场内预埋了数字音频电缆和模拟音频电缆,真正实现扩声系统数字和模拟的完全传输及控制备份功能。

本次选配的功放严格按照厂家推荐要求,考虑了实用的功率余量,从而使整个系统具有充足的动态范围和功率余量,保证扬声器安全工作且音色纯正不失真。使整个剧院的声场十分均匀、实现高清晰度与响度;提供较大的音乐信号动态范围,满足系统在音乐、语言扩声方面的完美演绎。

为了实时了解系统中功放和扬声器的工作状态,组建了一套远程功放监控系统。

另外,在功放机房内设置跳线,保证在极短的时间内完成对故障功放或扬声器的路由分配,提高系统的应急能力。

7.4.3 音频网络和调音控制系统

1. 数字音频网络系统

设计选用德国 Stagetec Cresendo 数字调音台以及 Nexus 数字音频网络设备。

Nexus 数字音频网络也可以说是控制与网络传输系统,它可以同时传输音频信号以及控制信号、同步信号。主要功能:

(1) 扩声系统:将话筒和线路电平信号转换成数字音频信号,并经过数字调音台的混音处理和数字音频信号处理后,将数字音频信号转换成模拟音频信号馈给功率放大器,并输送给扬声器。

(2) 音频制作系统:将经过录音系统话筒前置放大器、模数转换器而转换出的数字音频信号通过数字音频网络系统传输到中央控制室进行实时或后期制作,并且能够在中央制作室控制话筒前置放大器。

(3) 对于录音录像室、电视转播室(或转播车停靠处接口)、室外演出接口、新闻发布厅而言,就是能够和中央制作室或大剧院或多功能厅之间相互传输音频信号。

决定数字音频网络系统优劣的关键因素在于:

(1) 模数转换器、数模转换器的质量决定了声音质量

设计选用 Stagetec Nexus 系统,其模数转换器卡均为录音级别模数转化器,XMAD 话筒输入卡为 28 bit 专利 TruMatch 数字处理,动态范围高达 153 dB(A),XAD+线路模数转换器为 24 bit 专利 TruMatch 数字处理,动态范围 133 dB(A);XDA+数模转换器 24 bit 数字处理,动态范围 131 dB(A)。

(2) 宽带宽传输

Nexus 可以在一根光纤上传输更多通道的音频信号,并可以通过 WMDA 技术同时传输控制信号。

Stagetec Nexus 在 48 kHz 采样频率下可以传输 128 通道音频信号,并可以同时传输控制信号和同步信号。从图 7-35 可以看到,整个数字音频系统的连接均采用光纤连接,并不需要独立的网线传输控制信号,这样极大地提高了系统的可靠性。

(3) 支持 MADI 传输

在不需要同时传输控制信号的情况下,采用 MADI(AES-10 标准)格式传输。作为 AES-10 标准的 MADI 信号被广播行业广为接受,这样的信号格式非常方便与外部系统或设备之间交换音频信号。

① 音频网络机调音控制系统现场布置图,见图 7-35。

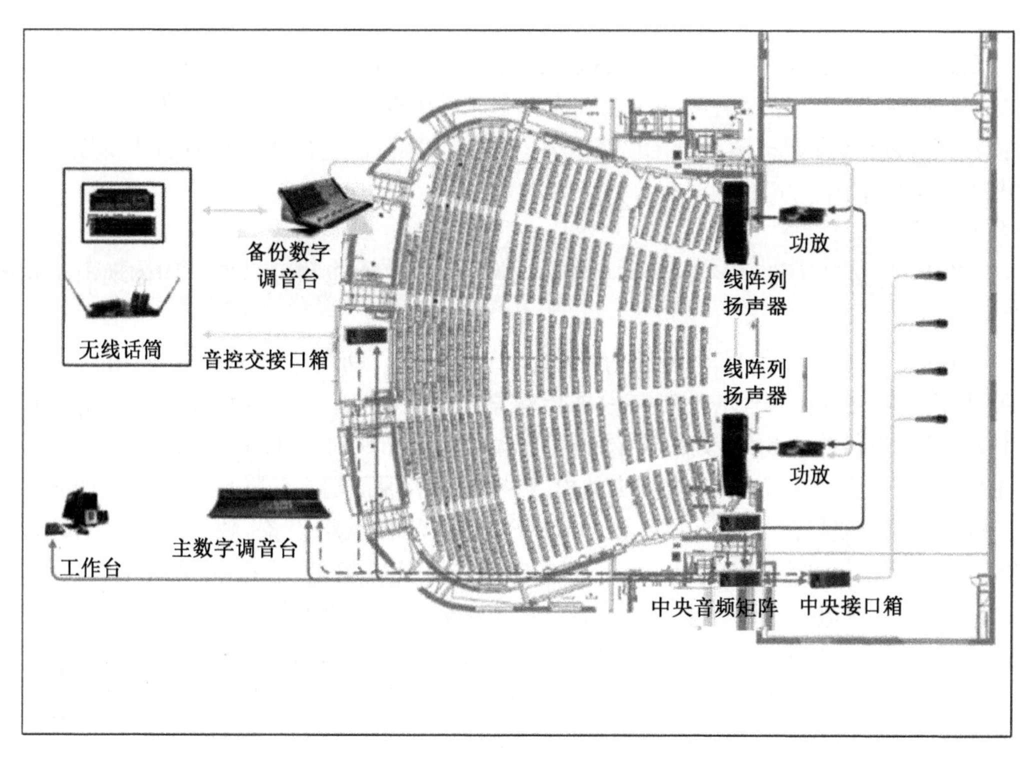

图 7-35　调音控制系统现场布置图

② 调音控制系统图，见图 7-36。

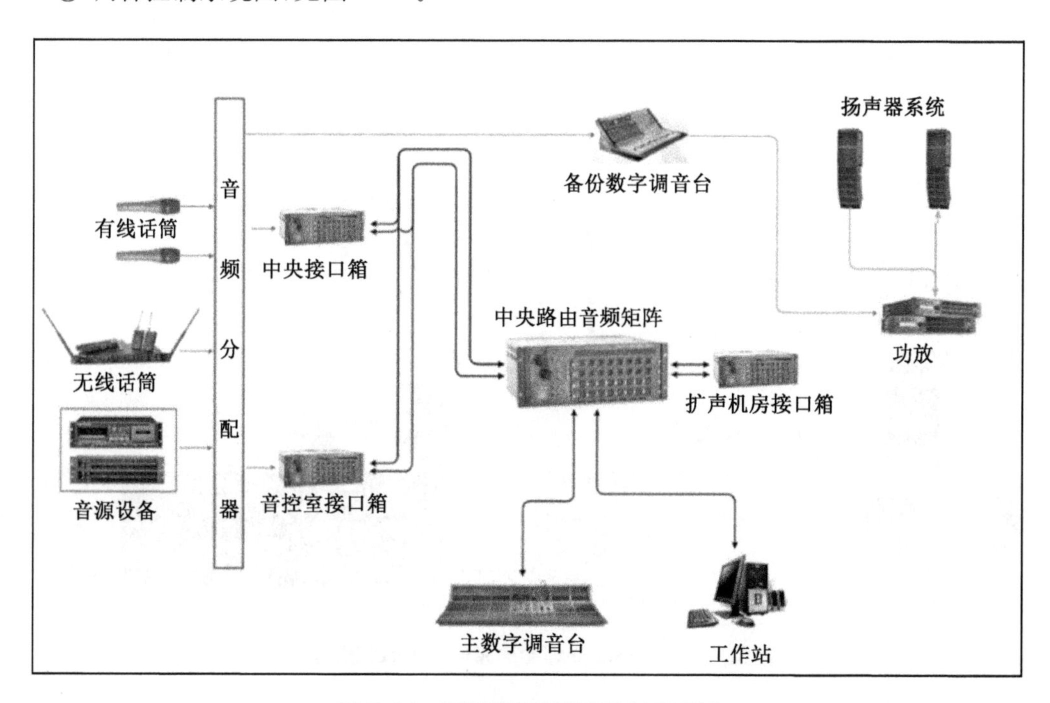

图 7-36　音频网络机调音控制系统图

2. 主调音台

江苏大剧院综艺厅大会议厅调音台系统以德国 Stagetec 公司的 Crescendo 调音台为核心，以 Stagetec Nexus 数字音频路由系统为骨干。系统设计充分满足了先进性、安全性、便捷性及可扩展性等专业扩声系统的必备要素。江苏大剧院综艺厅也因此具备了承接世界级演出的音频技术条件。

1）系统先进性

江苏大剧院综艺厅调音台系统在功能丰富程度、设备性能和可靠性上均体现出了系统的先进性。

Nexus 音频路由系统使用了独有的同步传输协议 TDM（时分多码），采用 30 bit 的 TDM 音频传输总线和额外的控制与数据传输总线，将所有音频信号和控制信号统一在同一 TDM 总线上传输。此外，其话筒卡和模拟输入卡具有专利的 True Match 技术，每通道使用 4 个 32 bit 模数转换器，提供顶尖的模数转换能力，保证超高信噪比，动态范围可达 157 dB。每个话筒通路提供 4 路话分功能，可以分别送入不同后端设备，独立调音。DSP 板卡提供了优异的数字信号处理能力，保证整个信号链路具有超过 60 dB 的峰值储备（Headroom）。调音台通道信号流处理顺序可调，适应不同使用者的工作习惯。Nexus 数字音频系统可以通过连接在任一基站的计算机屏幕监测整个系统的音频输入/输出的电平情况，每一屏幕最多可以同时监测 96 通道的电平情况，每一计算机可以监测 16 个屏幕的通道，即 16×96＝1 536 通道的音频电平。综艺厅中共配有 3 个专门用于音频通道信号监测的显示屏。

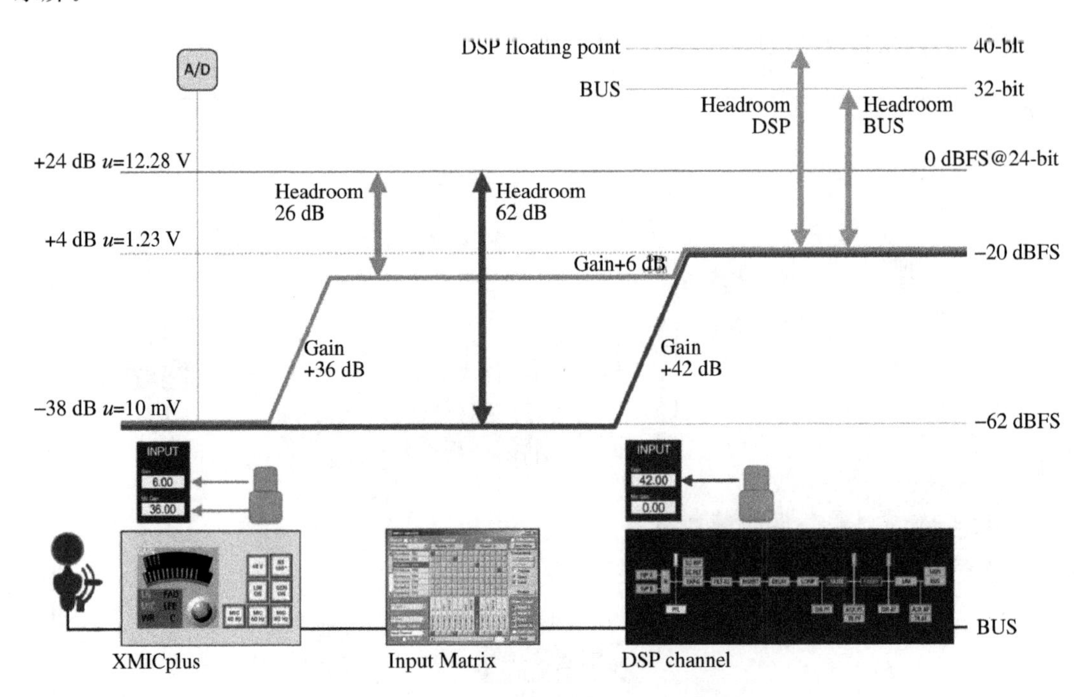

图 7-37 Nexus 处理全通路信号的峰值储备

主控室配备了一张 48 推子的 Crescendo 调音台（图 7-39），它具有类似模拟调音台的布局及操作方式，直观便捷，每个旋钮对应一个功能，录音师/扩声师可快速地调整所有参数，

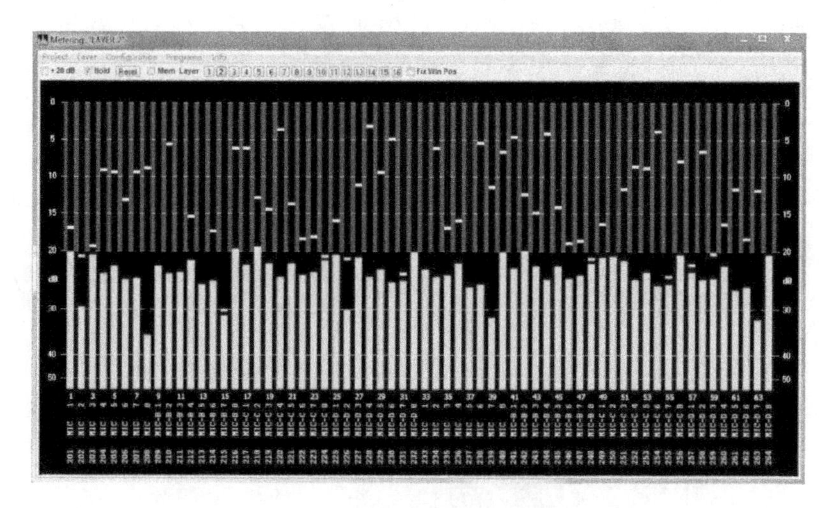

图 7-38　所有话筒输入电平监测

可处理超过 300 路信号；方便的层操作，最多可翻 8 层；完善的音频监听监看功能，连接简便，具有支持热插拔的模块化设计和完备的系统监测性能。

图 7-39　综艺厅主控室 Crescendo 调音台

调音台与接口箱均采用无风扇设计。因此不存在机械噪音，即使放在控制室内也不影响监听环境。对于现场录音来说，在过去更是可遇而不可求的。

2）系统安全性

采用 Stagetec Nexus 数字音频路由系统所组成的音频主干网络，以 Nexus Star 核心路由器作为信号处理及音频网络的中枢，各个 Nexus 基站设备作为接口节点和端节点，采用混合式的拓扑结构。保证了在任何情况下，只要还有一条通路能连接系统所有设备，整个系统都能够正常通信。任何单一的基站设备故障也不会影响到其他设备的工作。在信号传输端做到了完全冗余的配置。

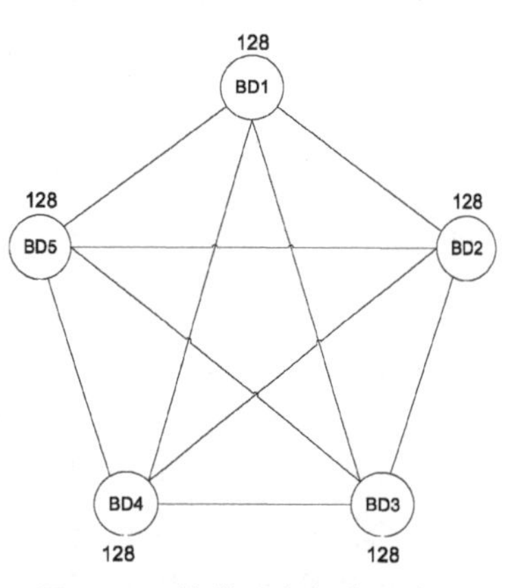

图 7-40　综艺厅音频路由系统的混合拓扑结构

为了保证信号在接入音频路由系统前的可靠性，使用了数字信号传输和模拟信号传输两种手段并互为备份。此外，系统配备了多种音源重放设备及效果器等。

3）系统便捷性

配备了数量充足的接口，可胜任任何规模的歌剧演出。使用了 4 组 Nexus 基站接口箱，分别安装在舞台区和音控室舞台区接口箱，具备 64 路话筒输入、32 路 AES 输入/输出。音控室接口箱具备 48 路话筒输入、32 路模拟线路输入、24 路模拟输出。

调音台与接口箱系统连接仅需要主备两根光纤，接口箱直接连接也只使用光纤。连接简便快捷，大大减少了线缆数量，回避故障节点。与此同时，简便的连接也能造就出十分美观优雅的工作区（图 7-41）。

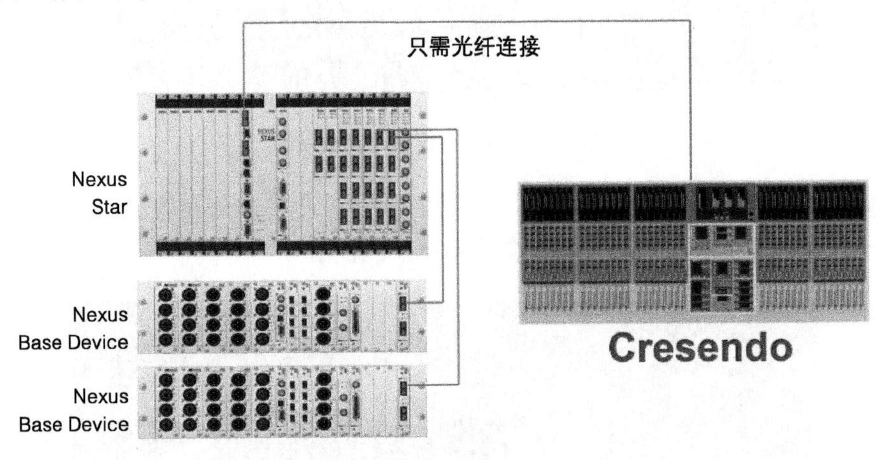

图 7-41　系统连接

Crescendo 调音台采用航天级蜂窝铝合金框架结构，与同种设备相比重量极低，提高流动使用时运输与安装的效率。能耗十分环保，32 推子版的调音台额定功耗仅170 W。

4）系统的可扩展性

作为一套专业扩声系统，具有可扩展性和可升级性是必不可少的要求。江苏大剧院综艺厅扩声系统在设计时充分考虑了这一点。系统的可扩展性集中体现在了音频输入/输出接口方面。Nexus 接口箱具有多种多样的接口卡，在 112 路话筒输入、32 路模拟线路输入与 24 路模拟输出之外，还配备了 32 路 AES 输入/输出、256 路 MADI 输入/输出接口。此外，系统中的接口箱均不是满负荷工作，均预留了 20%～50%不等的空闲卡槽位，为未来的系统扩展保留了可能。

3. 备份调音台

备份数字调音台选用 Soundcraft 公司的 Vi1 现场扩声调音台。

4. 数字、模拟自动热备份系统

综艺厅一共配置 2 套数字调音台，其中声控室配置 1 套独立的控制系统：一套由主数字调音台 Stagetec Crescendo T4Z2 控制，另外一套由 Soundcraft Vi1 数字调音台控制，两套系统完全独立，可任选一套独立工作，既可以互为备份，又可以共同操作，各自担负不同的功能，以保证系统的稳定性。

图 7-42　Soundcraft 数字调音台

主数字调音台 Stagetec Crescendo T4Z2 和 Soundcraft 的 Vi1 调音台之间可以实现互为备份,当其中一个出现问题时,备份控制台可自动切换过来,并且快速运行操作,保持信号不会中断。

数模备份的原理图,如图 7-43。两台数字调音台互为备份工作,当其中的一张调音台出现故障时,另外一张调音台将切入进行备份工作,这就要求数字功放系统的数字输入和模拟输入必须能够无缝切换,才能保证现场演出的需求,实现真正意义的数模备份。本次采用的数字功放 LA 完全满足这种特殊的备份要求,并满足最高的稳定可靠性。

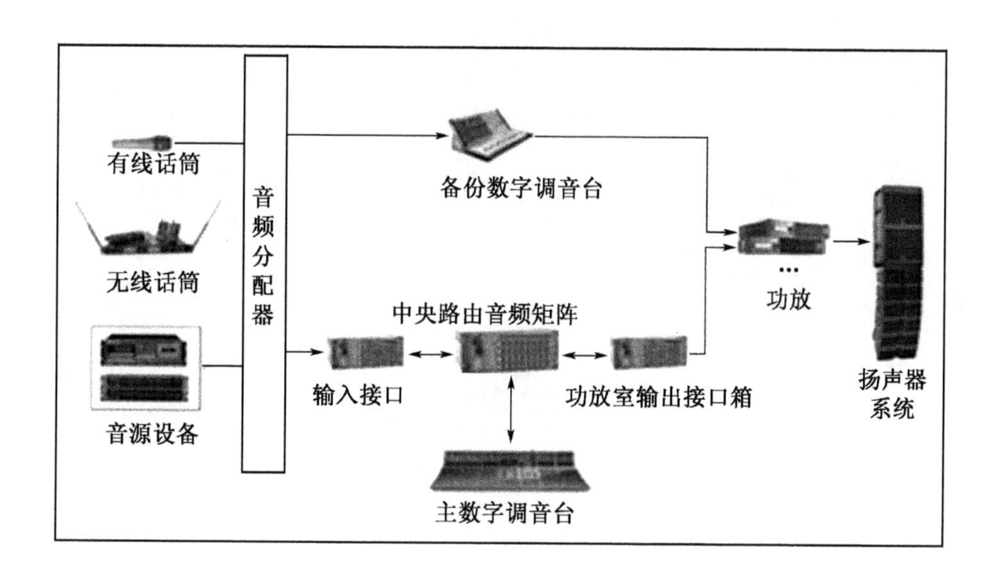

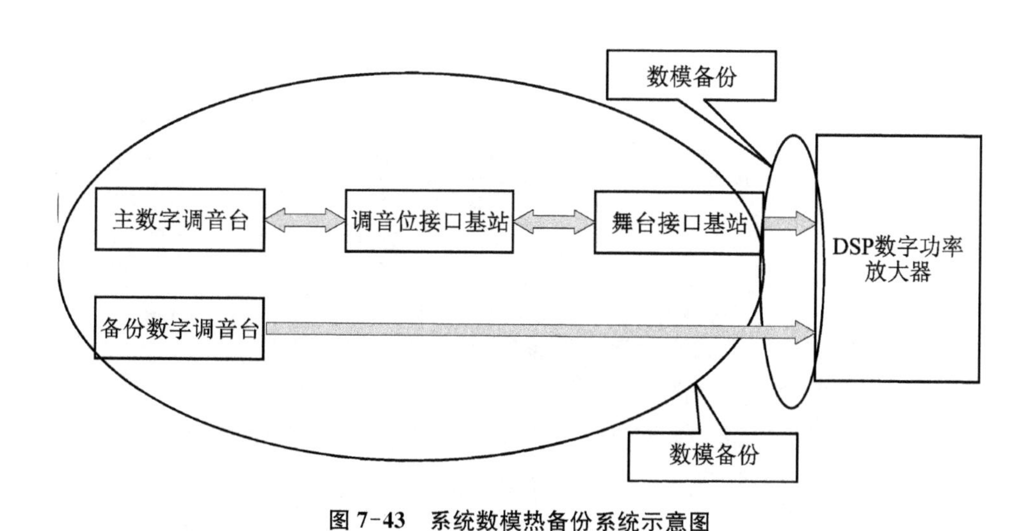

图 7-43 系统数模热备份系统示意图

信号预留分配图(图 7-44)。

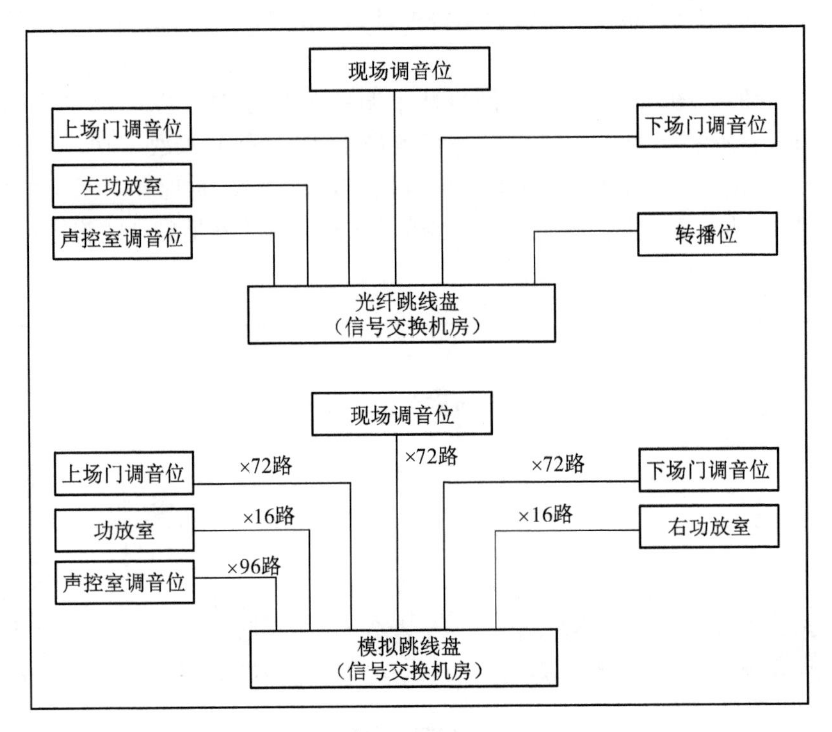

图 7-44　信号预留分配图

多厅组网图(图 7-45)。

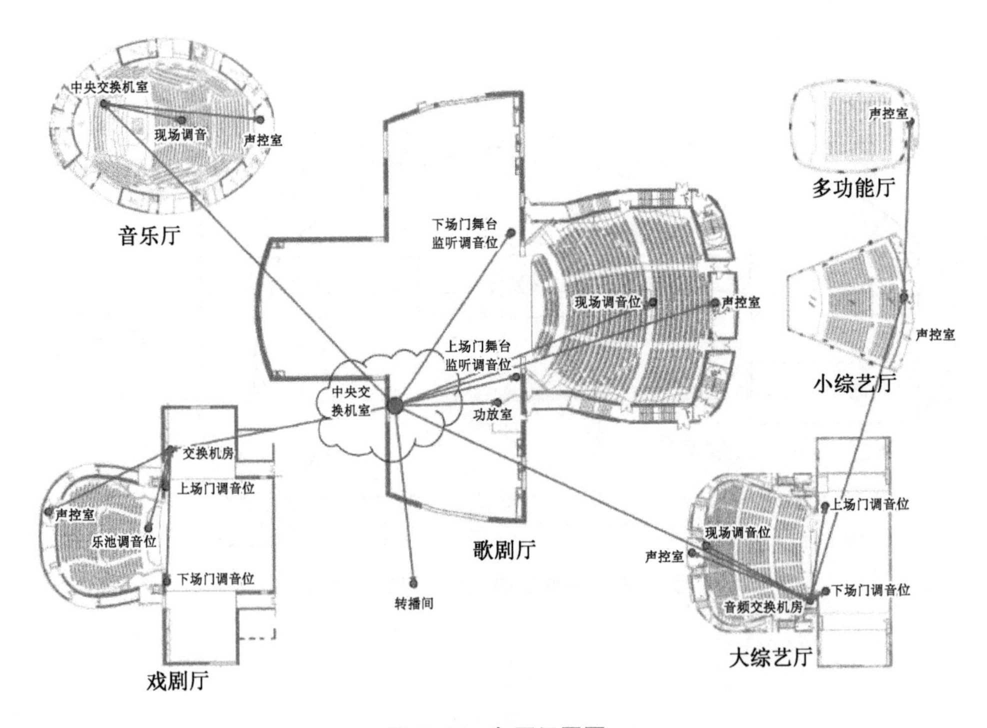

图 7-45　多厅组网图

现场调音位(图 7-46)。

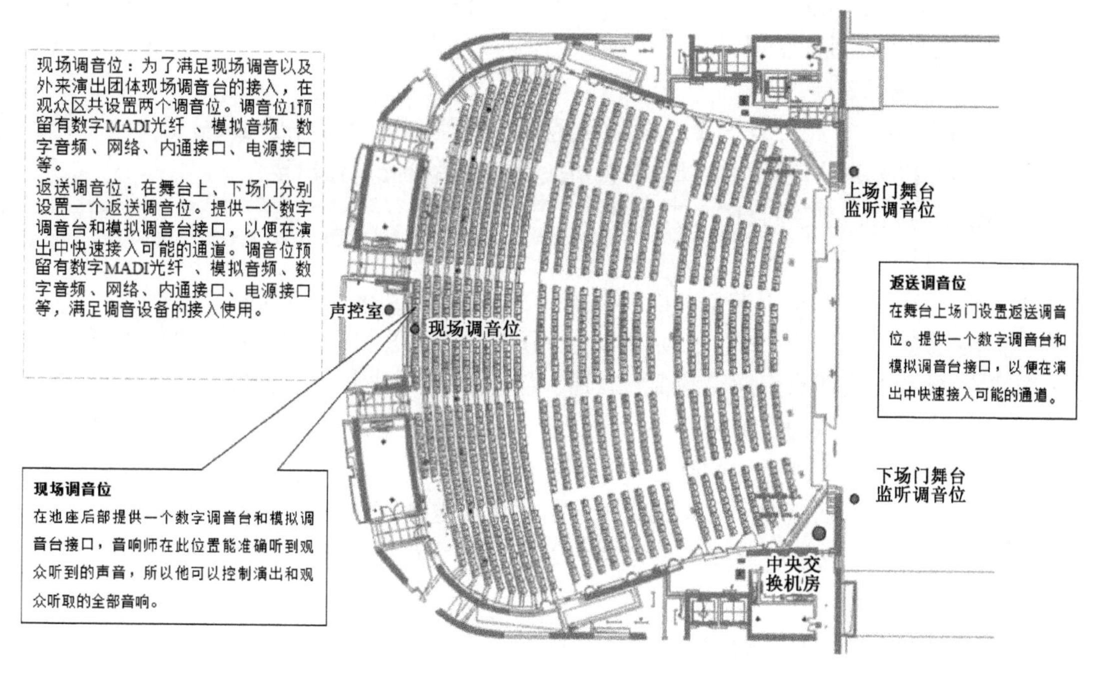

图 7-46 现场调音位

7.4.4 视频监控系统

视频监控系统配置一台 36×36 个 HD-SDI/3G-SDI/ASI 输入/输出通道高清监控视频矩阵，12 台高清摄像和 1 个控制键盘(用于控制高清摄像机和红外摄像机)，舞台监督位可以通过控制键盘选择所需摄像点及控制摄像机。

1. 摄像机的主要功能

1) 用于演出监控

所有视频信号送至由矩阵分配送至各视频点，各点根据分配的信号收看指定摄像机的信号。

2) 用于辅助演出

如演员在某些位置不能看到指挥，因此在这些位置需要布置监视器，供演员演出时使用。在舞台四周的综合接线箱均配置了视频接口和电源接口。

3) 转播或记录存档

由于固定安装摄像机除舞台正面位置摄取图像角度理想外，其他位置无论水平或俯仰角度都不够理想，不能够作为转播主画面。因此设计可用于转播主画面的摄像机仅有舞台正面位置一台。

4) 监视或视频出版物的花絮素材

其他固定安装摄像机由于角度不理想，设计主要用途用于监视，由于摄取的主要是幕后或观众情况，因此这些视频素材也可以作为今后视频出版物的花絮部分使用。

2. 摄像机的位置

配置 2 台带云台的高清摄像机 Hitachidk-H100(含 42 倍变焦镜头 HA42×9.7BERD)

摄取舞台全景画面和观众席；内置云台高清摄像机 Sony SRG-301SE8 台摄取舞台左近景、舞台右近景、指挥位全景、舞台画面，观众厅休息大厅配置 2 台内置云台高清摄像机 Sony BRC-Z330 摄取观众进场情况。

3. 视频传输系统

配置高清 36×36 路 HD-SDI 矩阵，并配置视频切换台进行视频处理及分配。

所有摄像机经高清矩阵切换以及视频切换台处理后分配及输出至：

舞台/候场区视频接口：HD-SDI 格式；

控制室：HD-SDI 格式；

观众入口大厅：HD-SDI 格式；化妆间、办公室：经闭路电视、机顶盒接入；

高清录像机：HD-SDI 格式；流动演出设备：DVI/HD-DI 格式。歌剧厅、戏剧厅、多功能厅、录音室、转播车之间有多通道的视频联通。综艺厅、小综艺厅、多功能厅、录音室、转播车之间有多通道的视频联通。综艺厅、小综艺厅、多功能厅设有双向 4 通道的高清视频互联，至转播车有 8 通道出 2 通道入的高清视频互联。

在化妆间、候场区、观众厅入口固定安装有大屏幕电视；在舞台区域高清预留视频接口，可以接入流动使用显示设备；在舞台监督台安装有多个高清监视器；在各控制室安装有监视器。

7.4.5 舞台监督及内通系统配置

1. 内部通信系统

内部通信系统的工艺设计根据以下的设计流程进行(图 7-47)。

图 7-47 内通设计流程

根据本厅堂应用功能定位，并以交响乐演出剧目考虑，可以将演职人员分为：

(1) 总控：包括舞台监督、技术指导、内部通信矩阵管理员；

(2) 舞台扩声组：包括 FOH 调音师，FOH 调音助理，FOH 放音助理，MON 调音师，MON 调音助理，MON 放音助理，话筒助理 1、2、3 等；

(3) 舞台灯光组：包括灯光师，电脑灯光师，灯光助理，追光控制 1、2、3、4，舞台灯光助理 1、2 等；

(4) 舞台机械组：包括舞台机械主管，台上机械控制，台下机械控制，台上机械巡视 1、2、3；台下机械巡视 1、2、3 等；

(5) 舞台艺术组：包括导演 1、2，副导演 1、2、3，艺术总监，主持人 1、2、3，舞美设计，提词，字幕；以及排练时的指挥，舞蹈编导，编舞助理，造型，服装，化妆人员等；

(6) 辅助人员组：包括视频控制；视频助理 1、2 等，道具主管，道具助理，现场道具师 1、2、3、4 等，以及维护主管，维护技师 1、2、3、4、5 等。

✧ 工作组(Party Line)设计

工作组(Party Line)内部通信方式是剧场内部通信系统最快捷可靠的方式，这也是全世界剧场内部通信系统最基本的内部通信方式。

由于现场演出通信系统的实时性要求,使得呼叫人的呼叫必须实时到达接收者,并确保接收者可以接收到。同时现场演出的多样性使得通信的发生是不可预计的,如灯光师和舞台机械控制之间,灯光师和扩声师之间都有需要通信的可能性。综艺厅的工作组通道分 6 条:PL1, PL2, PL3, PL4, PL5, PL6,缺省设置情况下分配给共用组,舞台扩声组,舞台灯光组,舞台机械组,舞台艺术组,辅助人员组。

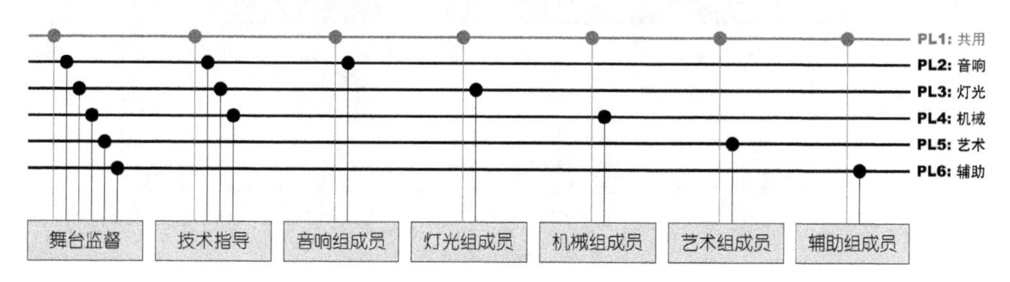

图 7-48 工作组(Party Line)分配图

这里应特别注意,所有 Party Line 成员均为双通道用户,通过共用通道相连接,通过另一通道和组内人员通信。若不是双通道,不能保证必需的通信信息即时到达。

在实际应用中工作组通道可以根据演出剧目的需要而灵活设置使用,如:

(1) PL1 为舞台监督"听、说"通道,所有工作组用户缺省设定 PL1 为"只听"通道。此时,所有工作组用户通过 PL1 通道接收舞台监督指令,若工作组成员需要和舞台监督通话,或需要和其他工作组成员通话,按 PL1"TALK"键即可通话;

(2) 工作组成员使用另一通道,如扩声组成员使用 PL2 来进行组内通信,灯光组成员使用 PL3 来进行组内通信。

由工作组(Party Line)设计可以看到,需要满足上述功能设计的两线设备必须为双通道设备,并可以独立或同时对两通道"说"或"听"。

✧ 终端设备

根据上一节工作组设计,在演出时,所有工作人员都在工作组 PL1, PL2, PL3, PL4, PL5, PL6 上,因此绝大多数用户仅需要两线设备即可(可以是台式站,或有线腰包机,或无线腰包机)。只有需要复杂通信要求的用户节点配置内部通信键盘站。因此,仅需要为舞台监督配置键盘站。

根据内部通信岗位节点及功能要求,综艺厅配置用户终端设备为:

(1) 桌面通话面板 6 台。

(2) 无线腰包机 5 台。

由于无线设备基本上都是流动设备,可以共享使用。

✧ 无线系统

根据图 7-49 所示中国无线电频率分配情形,可以供无线内部通信使用的频率段只有 VHF, UHF, 2.4 GHz。

根据 3G 无线电频率分配表,以及考虑到无线腰包机音质问题是影响到江苏大剧院整个内部通信系统用户评价的重要环节,因此设计选用技术成熟,用户评价良好的 UHF 无线系统。

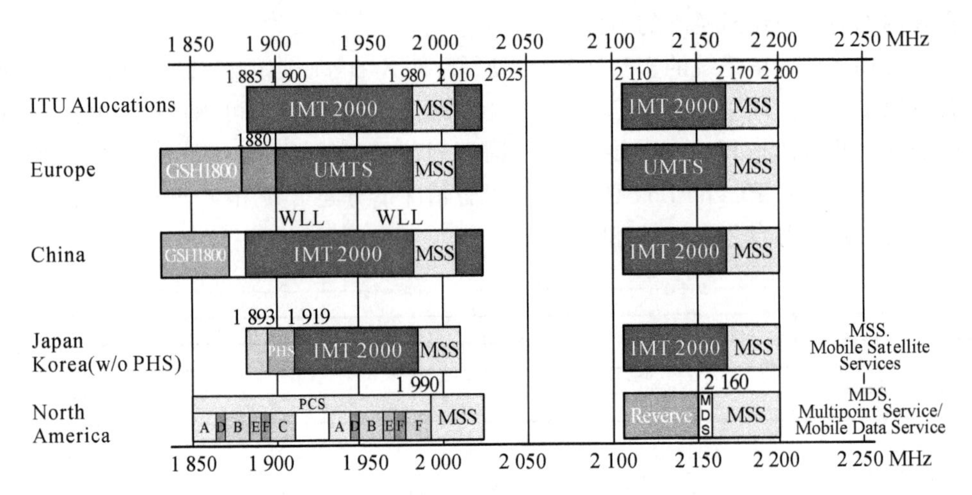

图 7-49　无线呼叫系统

设计选用 TELEX RadioCom™ BTR-240 无线内部通信主机 1 台，每台基站可以支持 10 个双功对讲通话包，PTT 工作模式时，每台基站支持无线腰包机数量不限。独有 ClearScan™ 技术，自动扫描无干涉无线频率。另有舞台呼叫(SA)功能，无线腰包机之间对讲(WTA)功能。

图 7-50　TELEX RadioCom™ BTR-240 无线内部通信主机

◆　特殊用途

剧场的内部通信系统在使用时可以和舞台扩声系统相连接，从而达到演出的特殊用途要求。包括：

(1) 调音台对讲

调音师在调音时需要时刻通过监听扬声器或监听耳机来监听调音效果，而此时无论是扬声器内部通信站或耳麦内部通信都会对调音师造成干扰。将内部通信矩阵的一个端口和数字调音系统的数字音频接口基站的外部对讲输入、输出相连接，这样调音师可以通过监听扬声器或监听耳机来监听呼叫信号，并可以将此信号分配到任一调音总线，或输出到扩声系统。调音师通过调音台上的对讲话筒直接对内部通信系统呼叫。

(2) 导播(IFB)

用于有主持人或现场转播控制的现场演出。一般主持人通过无线在耳监听系统接收扩声系统的返送信号，内部通信系统可以通过调音台(或数字调音系统的数字音频接口基站)在耳监听输出输送“导播”信号，发送“导播”呼叫时返送节目信号自动降低音量(或关闭)。

(3) 排练群呼

在排练时，导演，或副导演，或艺术总监，或舞台监督可以通过内部通信终端设备(内部通信键盘站，或无线腰包机 SA 输出)将呼叫信号通过舞台扩声系统发送到舞台返送系统，或主扩声系统。

2. 催场广播系统

广播呼叫系统采用独特且领先的全数字公共广播系统 BOSCH Praesideo 系统，分区覆盖化妆间区域、候场区域以及舞台专业技术用房(声控室、灯控室、舞台机械控制室除外)。

每个技术用房的喇叭独立分区，而呼叫时可以独立或编组呼叫。

每个房间配置音量控制器，用于控制信号的音量。

由于配置了分区器，这样系统可以对每一台功率放大器，每一路喇叭进行检测，具有极高的可靠性。

Praesideo 系统的特点：

(1) Praesideo 是高度多用性的系统，使用户在设定区、呼叫站、音频输入和输出、控制输入和输出的数量方面有充分的自由。开放的通信，使得 Praesideo 很容易与外部设备或系统连接。

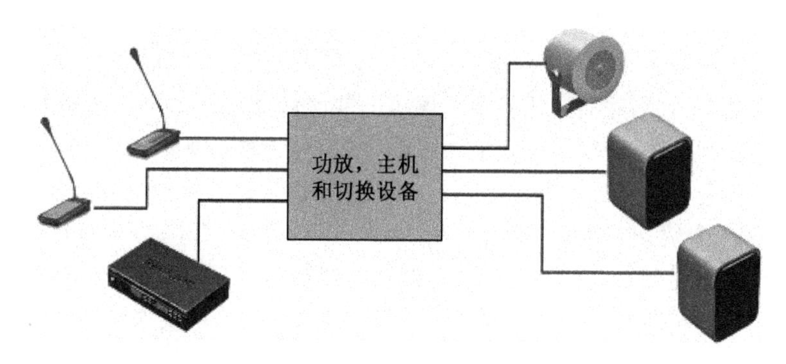

图 7-51　催场广播系统图

(2) Praesideo 系统采用了独特的扬声器线路监测原理，不需要为监测而另外敷设线路，即系统利用单一扬声器线路完成与扬声器线路尾端设备的通信。因此通过单一的线缆敷设取代传统的双线施工，可以大大降低安装成本、减少施工错误，并且为以后的扩展带来极大的方便。

(3) 网络控制器可记录最后 200 条故障信息和 200 条状态信息。

3. 灯光提示系统(表 7-3)

表 7-3　灯光提示系统配置

名称	规格	品牌	型号	单位	数量
提示灯控制	能控制多达 40 提示灯	Leon Audio	QLM16 Mk4	套	1
提示灯	移动或固定安装，24 V，2 个单独 LED 发光条，含通用驱动、确认按钮	Leon Audio	QLS-B Mk4	个	20
静音灯	固定安装，24 V 至少 2 个单独 LED 发光条 含通用驱动，能显示静音字样	Leon Audio	QLS Mk4	个	20

4. 集成控制系统

为了便于舞台监督系统的整体控制，本方案还配置了一套集成控制系统，可以实现整个电声系统的电源管理，设备的控制管理，矩阵的切换管理，主备扩声系统的切换管理等。在舞台监督台配置控制触摸屏。

第八章　共享大厅和多功能厅演出工艺设计

8.1　共享大厅概述

共享大厅是重要的消防疏散场所；建筑面积 9 000 m^2。共享大厅具有四项使用功能：一是将歌剧厅、音乐厅、戏剧厅和综艺厅联系在一起，见图 8-1，观众入场时通过主入口东大门或者综合交通厅进入共享大厅，然后到达各演艺场馆的前厅和观众厅。散场时观众通过共享大厅向东大门疏散，或者通过综合交通厅疏散，共享大厅是用于观众集散的公共空间；二是消防性能化评审时对人流集中的演艺场馆作出如下规定：考虑四个场馆满座时的人流量，火灾时流经共享大厅，经有限元计算疏散时间能满足消防疏散要求；三是共享大厅可以举行各种群众集会、记者招待会、新闻发布会、社团免费演出、群众的自演自唱，举办服装展销、出版图书展销、文化用品展销等各种展销活动，成为公众活动的重要场所；四是观众休闲、娱乐的场所。

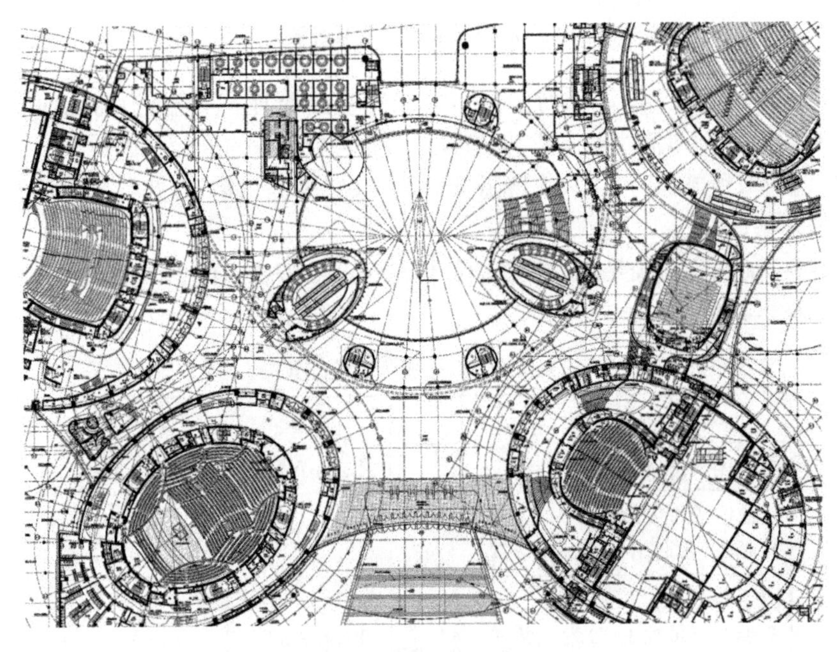

图 8-1　共享大厅平面图

共享大厅室内装修设计现代、浪漫、大气，充满了艺术氛围：墙面为皇室啡大理石凹缝饰以不锈钢竖线条，庄重端丽；顶面用 GRG 板和 LED 灯构成的一组组流水造型，气势磅礴；地面采用进口雅士白大理石铺设，形成深灰色水波浪图案，极其浪漫；周边为 6 樘高贵典雅的铜门直通歌剧厅、音乐厅、戏剧厅和综艺厅；设置 5 幅大尺度雍容华贵的铜雕壁画，给观众以视觉审美的享受；顶部还设计了一盏巨型春字形水晶宫灯，喜庆祥和，成为江苏大剧院的审美视觉中心。

共享大厅设计以人为本，设有为观众服务的4个咨询服务台和4个男女卫生间，以及各种标识加以引导观众，还配备各种群众集会或群众活动用的强电和弱电插座接口。

8.2　多功能厅

8.2.1　建筑设计

多功能厅位于戏剧厅和综艺厅之间的公共区域，是一座崇尚简洁和自由的艺术空间，是真正意义上的小剧场，拥有370个座位，主要由舞台、观众厅、控制室、卸货区以及配套用房组成，见图8-2。多功能厅是江苏大剧院文化演出和文化活动的场所之一，总体设计体现了多功能小剧场的特色，既可演出地方戏、话剧、舞剧、小型音乐会、时装表演，也可举行中小型会议、展览、新闻发布会、酒会等。

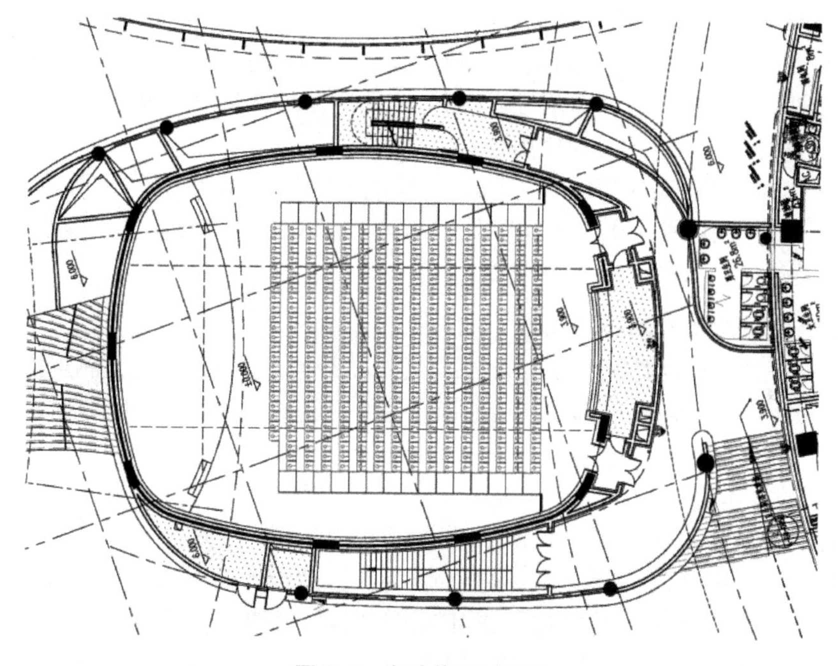

图8-2　多功能厅平面图

多功能厅的设计理念是国际化的，其表演形式是以演员和观众融合为主，同时又兼顾其他活动，在设计上给予了空间最大的自由。舞台与观众席的位置、大小，可以根据每次演出活动的不同需要任意施展想象，采用电动伸缩座椅。座椅展开时该厅可以作为小型剧场使用，座椅收纳起来后可形成完整的超过400 m^2、净高7 m的大空间，适合更加灵活的活动功能使用。它简洁的构造和可以随意调整的位置关系，给设计师带来无限灵感。

多功能厅的顶部休息区经过潜心构思，建造了为观众服务的休闲咖啡厅，灵活而有趣地利用了多功能厅外部的空间，彰显了多功能厅的时尚气息。

8.2.2　舞台机械

多功能厅的舞台为拼装式舞台，能实现多种不同的舞台模式，分别为平面舞台、尽端式舞台、伸出式舞台、“T”型台和会议模式舞台，以满足不同功能的需要，充分体现其多功能性。

台上设备包括40套可移动单点吊机、可拆卸灯光吊杆、无影网栅顶和台上电气与控制系统。英国出品的无影网覆盖了多功能厅上空绝大部分区域，具有很好的透光性且不影响灯具的照明效果，工作人员可以携带重物在上面操作，同时在栅顶上布置灯具而又不必担心光束穿过会在舞台上留下阴影。60套可拆卸灯光吊杆安装在金属网平台之上，为各种模式下的多功能厅提供全方位的灯光照明。40台可移动电动葫芦使剧场上空针对多变的舞台位置架设临时吊杆满足演出需要。

8.3 多功能厅舞台灯光

根据多功能厅的功能定位，该厅灯光系统需满足学术报告等会议，兼中小型音乐演奏、文艺演出，满足广泛、多样的剧目编排，各种歌舞剧演出形式、会议系统，其他各类艺术活动和群众演出。因不同使用需求对灯具要求也会有所不同。所以方案在配用灯具前必须要清楚在此舞台上以演出何种剧目为主。

多功能厅表演区灯光设计照度为800 lx以上，光源的色温为(3 050±150)K，显色指数大于90。为了满足多功能厅灵活的灯光布置，电动活动吊点悬吊灯光组合吊杆，满足各种常规灯具、电脑灯具、LED灯具的使用要求。

多功能厅灯具的功率为750 W，灯具为多功能聚光灯，同时配置一定数量的电脑染色灯、电脑图案灯、追光灯等专用舞台灯具设备，共计达500多只。还配置了烟机、泡泡机、雪花机等效果设备，以适应节目的多种需要。

8.3.1 多功能厅灯光控制系统组成

灯光控制系统主要为灯光控制台系统；各控制系统通过DMX系统互相连接。

◆ 简洁的操作界面；灯光师能便捷地操控各类灯具的各种属性；快捷地按照导演的要求编写灯光程序。

◆ 不同的操作面板以适应不同的操作习惯，将电脑灯、常规灯、各类效果器材以及其他演出设备的控制有机融合为一体；演出时快捷地操控、修改灯光程序。

◆ 具备设计、操控、管理系列一体化功能，为了更适合现代演出快节奏的要求，灯光师在事先模拟场馆的灯光布置，将演出程序事先作预案，所有的灯位、配接、程序都在进场前分工到位。一方面演出彩排时将事先作好的程序进行微调即可演出；另一方面装台人员根据灯光师设计的方案布置灯光，大大节省调整的时间，灯光布置更合理有效。另外，演出时控制系统将实施反馈系统的运行状况，灯光师第一时间掌握演出动向，对设备、网络进行管理。

◆ 可靠的安全性能，多台编程、同步存储、多机控制同步运行及多机冗余备份，达到多机备份的无缝衔接。

1. 多功能厅控制系统特点

◆ 所有的控制台设备全部符合ART-NET协议；

◆ 选择设计、电脑灯和常规灯控制于一体的灯光控制系统；

◆ 所选控制设备能导入其他厂家控制设备存储的演出信息；

◆ 控制系统具有多机控制同步运行，多机冗余备份功能；

◆ 可配置不同的操作模式的控制面板，满足不同操作习惯的灯光师使用，可连接多个面板；

◆　调光台、灯光网络、调光器均选用著名品牌产品，具有绝佳的一致性和兼容性。

2. 多功能厅控制台系统组成

控制台系统及周边设备主要放置在灯光控制室，系统组成如图 8-3 所示。

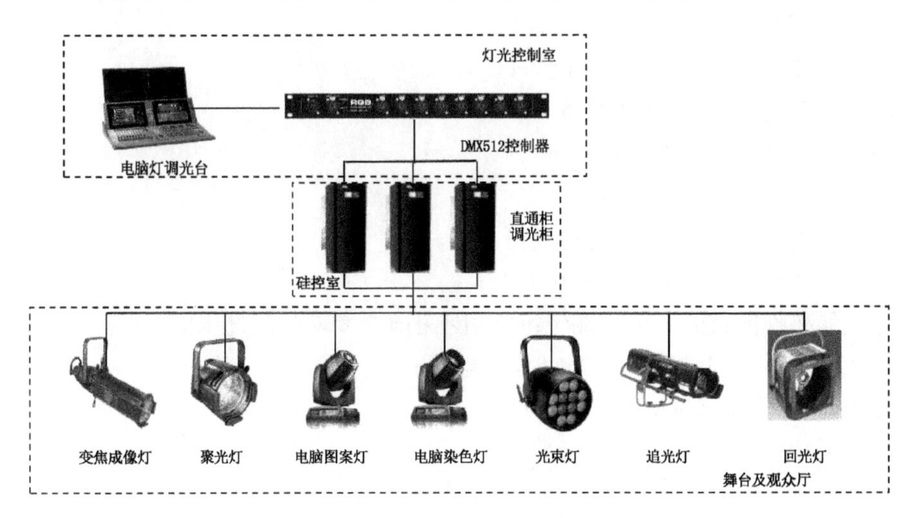

图 8-3　多功能厅灯光控制系统图

3. 灯光控制系统设备选型

（1）电脑调光台采用来自美国 ETC GIO 4096 Console 数字网络综合控制台 1 张。

图 8-4　ETC GIO 4096 Console 数字网络综合控制台

电脑调光台专供演出时的常规灯/电脑灯、效果器材、机械转臂、场灯调光器等设备的控制。具有 DMX512、以太网接口、DVI 接口等，能支持 ART-NRT 格式。

4. 多功能厅灯光信号系统

灯光信号系统配置 8 端口 DMX 信号分配放大器 RGB-DMX2108 信号放大器 1 套，满足系统要求。

图 8-5　DMX 信号分配放大器

RGB-DMX2108 特点如下：

- U 机架式设计；
- 1 进 8 出，8 位独立放大的 DMX 信号输出；
- 有效提高 DMX 信号传输保真能力；
- 有效提高 DMX 信号抗干扰能力；
- DMX 信号实现光电隔离技术；
- 防止市电高压回流调光台；
- 防止雷击高压回流调光台；
- 提高调光系统安全性，稳定性及可靠性；
- 供电：200～240 VAC，50 Hz/60 Hz；
- 电气隔离性能：输入/输出端绝缘电阻不小于 1 000 MΩ 过压保护；
- 性能：系统保护起控电压正负 6 Vm 电压；
- 隔离电压：大于 2 500 V；
- 外形尺寸：480 mm×150 mm×40 mm；
- 质量：2.0 kg。

5. 多功能厅调光器系统

(1) 多功能厅调光器系统组成

调光器室位于上场口上方，调光器室内设置 2 台 3 kW×60 路调光立柜、2 台 3 kW×36 路直通立柜。在多功能厅内设置集中式调光及直通插座箱 16 个，灯光配电箱 2 个。

调光及直通立柜的信号处理抽屉具有双中央控制器互为备份，故障时可无间断切换不影响使用，采用以可控硅开关器件为基础的调光器。调光系统采用 DMX512 信号、网络信号控制，便于设备适配使用。

(2) 多功能厅调光器设备选型及特点

3 kW×60 路调光立柜选用 HDL 的 HDL-D72Plus 60 路(可扩展至 72 路)调光柜 2 台；

3 kW×36 路直通立柜选用 HDL 的 HDL-D48Plus 36 路(可扩展至 48 路)直通柜 2 台。

(3) HDL 曙光光纤/网络调光柜

多功能厅配置的 3 kW×60 路调光立柜选用 HDL 的 HDL-D72Plus 60、3 kW×36 路直通立柜选用 HDL 的 HDL-D48Plus 36。与综艺厅所配置的调光柜为同一系列，只是在规格上不一样，品质、性能一致。

图 8-6　曙光光纤/网络调光柜

6. 各种灯具的总体性能指标要求

- 符合 CE 标准、UL 标准；
- 不带有风扇冷却装置，以避免噪声过高；
- 不漏光；
- 低功率、高光效；
- 显色指数 Ra>92；

➢ 常规灯具色温为 3 200 K，其他灯具为 5 600 K，误差 5%；

➢ 各方为所配灯具根据不同距离均达到平均照度 1 500 lx（白光）。

多功能厅共配置灯具 160 盏，其中基本光灯具 100 盏，效果灯具 60 盏。

基本光灯具配置如下：

（1）多功能聚光灯

多功能聚光灯 80 盏，选用飞达的 750BJ 变焦聚光灯。（图 8-7）

图 8-7　750BJ 变焦聚光灯

（2）变焦成像灯

15°～30°变焦成像灯 18 盏，选用飞达的 PH1530 变焦成像灯。（图 8-8）

灯具特点：

图 8-8　PH1530 变焦成像灯

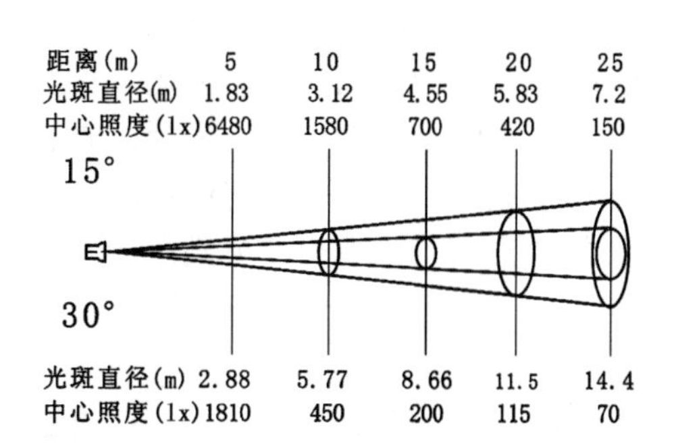

图 8-9　PH1530 变焦成像灯光束图

➢ 引进国际先进的光学技术，高品质的光线输出；

➢ 精确的光学系统，非球面透镜的应用，高效率的高硼耐高温玻璃反光碗的应用，光的利用率大大提高，亮度超过普通的 1 500 W 聚光灯具；

➢ 反光碗采用先进的等离子介质膜镀膜技术，更可靠耐用，使光源、成像片、遮光闸和色片的使用周期延长；

➢ 优质的高压铸铝外壳，外形美观大方，散热能力强，应用静电喷涂技术，具高的抗氧化能力，确保灯具坚固耐用；

➢ 经优化的光源利用，高性能的 HPL750 W 灯泡使用时间达到 400 h。

表 8-1　PH1530 照度表

型号	距离(m)	光斑直径(m)	照度(lx)
PH1530	10	3.12	1 580

（3）追光灯

1 200 W 追光灯 2 盏，选用法国品牌 Robert Juliat 的 LUCY 1449 Followspot-13/24 230 V1.2 kW，HMI 镝灯追光灯。（图 8-10）

光源：1 200 W HMI；

电源：电磁镇流器-热态再启动；

光学镜片：13°～24°变焦。

LUCY比更高瓦数的氙气追光更亮。它被广泛使用于那些需要高亮度输出、瞬时启动、静音操作和紧凑使用空间的剧场中。

图8-10　Robert Juliat HMI 镝灯追光灯

产品特性：

◆ 可完全关闭光闸：完全关闭光圈，快速移除，更换简便；保护背板延长寿命；

◆ 通用可调图案片夹：A尺寸玻璃和金属图案片；

◆ 极简的调光控制：单手即可调光、控制位置；

◆ 平滑的调光：调光时能够保证色温和光束不偏；

◆ 革新雾镜：快速产生柔化光斑的效果；

◆ 独立可替换色片夹：色片能够方便快速更换；

◆ 换色器：6线，自取消回旋换色器；

◆ 快速锁定聚焦把手：快速简便地改变光斑的尺寸；

◆ 简单明了的聚焦标示参考：篆刻在把手上，便于快速简便的聚焦；

◆ 可调式锁紧把手：用于固定位置；

◆ 出众的平衡设计：单手即可操作，平稳不迟滞，特别适合长距离投射使用；

◆ 支架：出众的平衡设计，易于装配，三重安全保障。

光学特性：

◆ 工厂预设光学配置：保障追光灯到达使用场所时无需耗费时间进行调整，可直接使用。对比相同类型的所有追光灯光束均匀；

◆ SX光学系统：双聚光镜系统提供绝佳的光学性能；

◆ 图像：长距离投影；

◆ 可变的光学变焦：始终聚焦在大家关注的焦点上。

结构特性：

◆ 法国制造：全机体法国原装生产，保证品质出众；

◆ 分离式整流器：结构紧凑，易于操作和快速保养；

◆ 灯体材料：强大的钣金结构，保证灯体长久耐用；

◆ 符合人体工程学的环绕式扶手设计：无论任何操作位都能够保证高度的舒适性、安全性和实用性；

◆ 移动部分：任何时候都能够平滑移动，甚至是很热的时候；

◆ 锁紧旋钮和把手：在高空工作或者运输中提供额外的安全保障；

◆ 所有部件均易于保养：方便清洁、更换灯泡和保养；

◆ 安全：灯泡室设计有安全开关，灯泡工作过程中不得开启灯泡室。

(4) 电脑染色灯

电脑染色灯30盏，选用意大利品牌Clay Paky Alpha Wash 700 700 W电脑染色灯，如图8-11。

Alpha Wash 700是一种超轻小的700 W染色灯，光效、光学特性高的灯具。静音、快速，装配完整的CMY色彩系统和特殊色彩。具有9°～50°变焦，混合调光器，光束造型滤光器，电动顶帽。是一种环保型灯具，节省了消费和运行的费用。

灯具特点：

- MiniFast-Fit 700 W 灯泡；
- 极高光效的光学单元（5 m处中心光束85 000 lx）；
- 灯具极小(灯头长为380 mm)，质量轻(20.5 kg)；
- 降低了在操作、安装、存储方面的成本；
- 范围宽、速度快线性的水平俯仰动作；
- 9°～50°电子线性变焦＋顶帽；
- 混合调光器(100%～50% 电子；50%～0 机械)；
- CMY色彩系统＋线性CTO＋CTB＋6一色彩的轮；
- 2种可调整的光束造型器(椭圆滤光器和“菱形”透镜组)，有专用通道；
- 静音操作；
- 采用高性能电子器件；
- 环保：可代替更巨大更昂贵的聚光灯；
- 模块结构易维修。

图8-11　Clay Paky Alpha Wash 700电脑染色灯

供电电源：

- 100～240 V　50/60 Hz；
- 电源自动转换。

灯泡：

- 700 W放电泡；
- 型号：Philips MSR Gold 700/2 MiniFast - Fit；
- 灯座：PGjX28；
- 色温：7 200 K；
- 光通量：50 000 lm；
- 平均寿命：750 h。

光学单元：

- 具有高发光效率的椭圆形反光镜；
- 电子线性变焦9°～50°；
- 电动顶帽，完美控制光束。

色彩系统：

- CMY色彩混合；
- 线性CTO；
- 色彩轮(带8个纯净色和可选择的滤色片＋空白)；
- CTB滤色片(在色彩轮上)。

效果部分：

- 可调整的光束造型器(香蕉效果)；
- 可调整的“菱形”透镜组（“X”形状)；
- 具有光束造型和菱形效果的电动变焦系统；

◆ 新概念的0～100%调光+调光细调，有专用通道；
◆ 光闸/频闪效果。

控制和编程：

◆ 最多21路DMX 512控制通道；
◆ DMX信号协议：USITT DMX 512；
◆ 显示：图形LCD背光b/w显示；
◆ Pan/Tilt分辨率：16 bit；
◆ 调光器分辨率：16 bit；
◆ 动作控制：vectorial(扩展)；
◆ DMX信号连接器：3和5芯XLR输入和输出。
◆ 软件通过DMX input上载。

灯体动作：

◆ 角度：—PAN=540°，TILT=250°；
◆ 最高速度：—PAN=3.15 s(540°) / 2.75 s(快速)，—TILT=1.95 s (250°) / 1.65 s (快速)；
◆ 分辨率：
  —PAN=2.11°，PAN细调=0.008°，—TILT=0.98°，TILT细调=0.004°；
◆ 没受控制单元控制产生偶然动作，PAN和TILT能自动重新定位。

电子：

◆ 长寿命自充电的缓冲电池。
◆ 预设宏macros；
◆ 节能"ENERGY SAVING"功能：当停用时；或者调光器全开时；或者CMY滤色器处在全黑时，耗能减50%；
◆ 从灯光控制台上，开关(ON/OFF)灯泡；
◆ 从灯光控制台上复位功能；
◆ 来自菜单上的自动测试"AUTOTEST"功能；
◆ 以太网准备(Ethernet Ready)；
◆ 带状态出错的电子监视；
◆ 冷却系统监视；
◆ 所有通道的DMX电平监视；
◆ 内部数据传输诊断；
◆ 固件升级不用电源；
◆ 固件上载可来自另一个灯具。

(5) 电脑图案灯

电脑图案灯30盏，选用意大利品牌Clay Paky的Alpha Spot HPE700 700 W电脑图案灯，如图8-12。

灯具是当今最小的700效果投射灯，质量只有22 kg。提供的700 W灯泡的亮度等级相当于更高瓦数灯具所看到的亮度。Alpha Spot HPE 700灯具内安排的光学和图形器件，可与更大和更昂贵的灯具相比，包括一个带电子聚焦的15°～35°变焦，混合型电子/机械调光器。Alpha HPE 700 具有惊人的速度和瞬时加速度。静音,环保,便于操作和安装,灯具在灯架、灯杆上安装不占有大空间。

图 8-12　Clay Paky 的 Alpha Spot HPE700 700 W 电脑图案灯

灯具特点:

- MiniFast-Fit 700 W 灯泡;
- 极高光效的光学单元 (5 m 35 000 lx);
- 灯具极小(灯头长=415 mm),质量轻 (22 kg);
- 降低了在操作,安装,存储方面的成本;
- 范围宽、速度快,线性的水平俯仰动作;
- 14.7°～ 35°电子线性变焦,专用通道的均匀场透镜组;
- CMY 色彩系统+色彩轮+CTO 滤色器;
- 图像系统: 15 图案片+1 旋转棱镜;
- 可调整投影角度柔光效果;
- 混合调光器(100%～50% 电子; 50%～0 机械);
- 静音操作 (“静音版本”作为标准提供的系统);
- 采用高性能电子器件;
- 环保:可代替更巨大更昂贵的探照灯;
- 模块结构易维修。

灯泡:

- 700 W 放电泡;
- 型号: Philips MSR Gold 700/2 MiniFast - Fit;
- 灯座: PGjX28;
- 色温: 7 200 K;
- 光通量: 50 000 lm;
- 平均寿命: 750 h。

光学单元:

- 具有高发光效率的椭圆形反光镜;
- 电子线性变焦 14.7°～35° (47°带柔光) ;
- 电子调焦;
- 专用通道控制的“均匀场透镜组” ,可以使光束从“光点”到均匀场任意调整。

色彩系统:

- CMY 色彩混合;
- 色彩轮(带 8 个纯净色和可选择的滤色片+空白);
- CTO 2 500 K 和 CTO 3 200 K 滤色片(在色彩轮上)。

效果部分:

- 1 个旋转图案片轮,带有 7 个双向标刻度的图案片;
- 1 个带有 8 个固定图案片的轮,轮旋转方向可变;
- 可选择图案片颤动“Gobo shake” 功能;
- “变种” 效果;

- 固定和旋转图案片易互换；
- 1个旋转棱镜（5面）；
- 带调整投射角的柔光；
- 高速机械光圈；
- 新概念的0～100%调光+调光细调，有专用通道；
- 光闸/频闪效果。

控制和编程：

- 最多29路DMX 512控制通道；
- DMX信号协议：USITT DMX 512；
- 显示：图形LCD背光b/w显示；
- Pan/Tilt分辨率：16 bit；
- Gobo刻度分辨率：16 bit；
- 调光器分辨率：16 bit；
- 动作控制：vectorial(矢量)；
- DMX信号连接器：3和5芯XLR输入和输出；
- 软件通过DMX input上载。

灯体：

- 塑料涂覆的压铸铝结构；
- 两侧手柄，便于搬运；
- PAN和TILT锁定便于搬运和维护。

灯体动作：

- 角度：—PAN=540°，TILT=250°；
- 最高速度：—PAN=3.15 s(540°) / 2.75 s(快速)、—TILT=1.95 s (250°) /1.65 s (快速)；
- 分辨率：—PAN=2.11°、PAN细调=0.008°，—TILT=0.98°、TILT细调=0.004°；
- 没受控制单元控制产生偶然动作，PAN和TILT能自动重新定位。

电子：

- 长寿命自充电的缓冲电池；
- 预设宏macros；
- 节能"ENERGY SAVING"功能：当停用时，或者调光器全开时，或者CMY滤色器处在全黑时，耗能减50%；
- 从灯光控制台上，开关(ON/OFF)灯泡；
- 从灯光控制台上复位功能；
- 来自菜单上的自动测试"AUTOTEST"功能；
- 以太网准备(Ethernet Ready)；
- 带状态出错的电子监视；
- 冷却系统监视；
- 所有通道的DMX电平监视；

◆ 内部数据传输诊断；
◆ 固件升级不用电源；
◆ 固件上载可来自另一个灯具。

(6) LED 光束灯

LED 光束灯 120 盏，选用法国品牌 Ayrton 的 COLORSUN 200S LED 光束灯，如图 8-13。

图 8-13　Ayrton 的 COLORSUN 200S LED 光束灯

COLORSUN 200 是一种创新的通用灯具，小型化是它的技术特点。灯具达到了新的水平，其原因是有了 4∶1 变焦(8°～32°)功能，并且有 12 个 LED 的 RGBW 模块能单独控制。光输出比率达 75%，COLORSUN 200S 能够提供的最大光通量 3 500 lm，而在满功率下只消耗 200 W。

COLORSUN 200 具备矩阵(Matrix)效果、染色照明、光束效果等。由于其先进的冷却系统，非常静音。COLORSUN 200S 可在所有配置中自由选择，找到它最合适的应用场合。灯具背面也拥有访问其内部的一个彩色液晶屏幕，以及 Powercon 的输入/输出口和 XLR 5 针接口功能。

技术规格：

• 光学
➢ 电动线性变焦系统，比率为 4∶1；
➢ 光束孔径：8°～32°；
➢ 75%的光效；
➢ 高效的 45 mm PMMA(聚甲基丙烯酸甲酯)二次光学。

• 光源
➢ 12 个多芯大功率 LED 光源，可单独寻址；
➢ 光输出：高达 3 500 lm；
➢ 额定光源寿命：可达 50 000 h；
➢ 无闪烁光源的管理，适合演播厅以及记录视频事件的场合应用。

• 颜色
➢ 先进的 4 种颜色 RGBW 混合，达到高显色指数；
➢ 没有颜色阴影、均匀的光束，丰富的饱和度与柔和的色调；
➢ 4.29×10^{9} 种色彩；
➢ 虚拟的色轮，包括常用的白色温预置；
➢ 可变速的动态彩色宏效果。

• 调光/频闪
➢ 电子调光器调光，输出从 0～100%，颜色不会变化；
➢ 速度可调的黑白或彩色频闪效果，闪光率 1～25 Hz。

• 软件设施
➢ 灯具本身能设置 DMX 地址，通过其内置 LCD 控制面板可选参数；
➢ 灯具可以远距离设置 DMX 地址，通过标准 RDM DMX 控制器选择参数；
➢ 在正常的内部/外部温度条件下，保证稳定的色彩系统；

> 2 种光模式,适合建筑或娱乐应用;
> 内置具有速度和换场控制的图形效果,适合场景应用;
> 信息菜单,包括小时、温度、软件版本。

- 硬件设施

> 图形液晶显示用于寻址和特殊功能设置,带有 flIP 功能;
> 5 个菜单按钮设置功能;
> 过温保护;
> XLR 5 针连接器,用于 DMX 连接。

- 控制

> DMX512 协议,通过 DMX 电缆连接;
> 单机模式和主/从模式;
> 兼容 DMX RDM;
> 带液晶显示屏和 5 按钮的本地控制面板;
> 通过 XLR 5 针连接器的 DMX512 输入输出;
> 12DMX 模式选择(从 5 至 58 DMX 通道)。

- 电源供给

> 电子电源,带 PFC;
> 110～240 V、50/60 Hz;
> 最大功率 200 W;
> 电源输入/输出通过 Powercon 连接器。

- 冷却系统

> 基于导热管技术的先进的通风冷却系统;
> 自我调节风速作为静音操作(风扇自动模式);
> 可选通风 User's(用户)模式;
> 过温安全保护。

- 灯体

> 压铸铝灯体;
> 钢化玻璃控制面板;
> 前部采用高透明聚碳酸酯(V0 class);
> 铝制双轭;
> IP20 防护等级;
> 外部涂覆:黑色(碳)。

图 8-14　飞达 750 BJ 变焦聚光灯

(7) 变焦聚光灯

变焦聚光灯(图 8-14)取代了传统的 PAR64 1 000 W 筒子灯。它使用高效能 HPL 750 W 灯泡,亮度比 1 kW PAR64 还要亮 30%,同时也节省能源,光斑均匀度比传统的螺纹聚光灯更胜一筹。特殊的冷光反光碗镀膜能减少投射的热量,确保光源有更长的寿命和灯具具有更高的反射效率。前置两块不同密度的专用镜片,通过旋转相互位移来控制光斑的大小,光束角可在 10°～35°之间随意调节,达到不同角度效果。灯体外壳采用精致的铝合金压铸工艺,达到低噪音效果。配合流线形的壳体优化设计,达到优秀的散热效果和精美的视觉效果。应用静电喷涂的表面处理使灯体有更高的抗氧化能力，确保灯具坚固耐用。是当今舞台应用最为广泛的灯具之一，主要用于舞台的大面积铺光、逆光、顶光，特别适合于小型舞台、多功能厅、音乐厅等高尚场所，需要高质光照的场合，为音乐厅专用的低噪音灯具。

电源：220 V/50 Hz；

光源：220 V/ 750 W HPL 灯泡 G9.5；

色温：3 200 K；

外形尺寸：295×245×310 (mm)；

质量：3.6 kg。

8.3.2　灯具布置

1. 面光

方案配置面光一道，覆盖区域从观众席前区至舞台前区，主要为表演区提供正面及斜向主光。光源为卤钨，包含直射光和左右交叉光，多功能厅可选用本方案配置的飞达 PH1530 变焦成像灯 18 盏，用于面光覆盖。

2. 顶光

多功能厅的舞台和观众区域根据演出形式会调整，所以顶光覆盖了整个多功能厅，在某些演出形势下，顶光需调整为面光使用，随演出需要设定。多功能厅可选用本方案配置的飞达 750BJ 变焦聚光灯 80 盏，用于顶光。

3. 多功能厅配电系统

根据使用功能、系统等要求，定制配电系统，配电系统主要器件采用施耐德品牌产品。配电系统包括落地配电箱 2 套、灯光舞美配电箱 2 套，灯光工艺配电箱 1 套、墙面集中插座箱 6 套，栅顶集中插座箱 10 套。

8.4　多功能厅扩声系统

8.4.1　多功能厅扩声系统设计标准

最大声压级大于或等于 103 dB；传输频率特性：−4 dB～+4 dB；传声增益：125～6 300 Hz 的平均值大于或等于 −8 dB；稳态声场不均匀度(dB)：1 000 Hz 时小于或等于 6 dB；4 000 Hz时小于或等于 8 dB；早后期声能比：500～2 000 Hz 内 1/1 倍频带分析的平均值大于或等于+3 dB；系统总噪声级：NR-20。

8.4.2　扩声系统配置

由于多功能厅使用形式多样，舞台布置和观众席摆放均有较大灵活性，因此扩声系统扬声器不设置固定的安装位置。扬声器主要以流动摆放/吊挂为主，方案配有小型有源 DSP 可控投射角度线阵列扬声器四组，每组包括 1 只次低频扬声器及 4 只全频扬声器；流动点声源全频扬声器 4 只、流动返听全频扬声器 4 只。在观众席周边墙面及灯栅层四周墙面均设置综合信号插座箱，内设话筒输入、音频输出、扬声器输出、控制网络接口及扩声系统专用供电插座。根据多功能厅不同的使用需求，扬声器组可流动摆放于地面也可吊挂使用，信号直接由最近的墙面输入。

1. 主扩声扬声器

■ 左右主扩声选用 L-Acoustics 的线阵列全频扬声器 KIVA，音色保持一致；

■ 超低频扬声器 L-Acoustics SB15M；

■ 流动扩声扬声器 L-Acoustics X8。

2. 舞台扩声全频扬声器

■ 舞台流动返听全频扬声器 L-Acoustics X12。

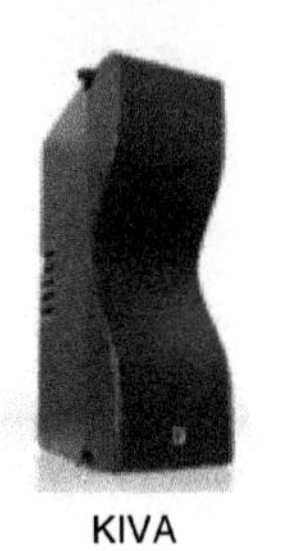
KIVA

SB15M

X8

图 8-15　扬声器图

3. 功率放大器

■ 选用 L-Acoustics 数字功率放大器 LA8/4X，其具备数字/模拟输入，且可以根据备份情况自动切换；

■ 扬声器与功率放大器均严格按厂家原厂标准配置，满足扬声器最大声压级要求，功率比均大于 1.5；

■ 扬声器与功率放大器可远程实时监控，方便设备状态监测、控制与维护；

■ 主扩声、舞台扩声均有独立功率放大器通道，能独立调整电平、延时时间以及房间均衡的要求。

4. 扬声器布置及安装

多功能厅固定主扩声系统采用左、右立体声设计。

分别由 8 只 L-Acoustics KIVA 垂直阵列组成，舞台两侧扬声器室安装，覆盖全场。其覆盖情况如图 8-16、图 8-17 所示。

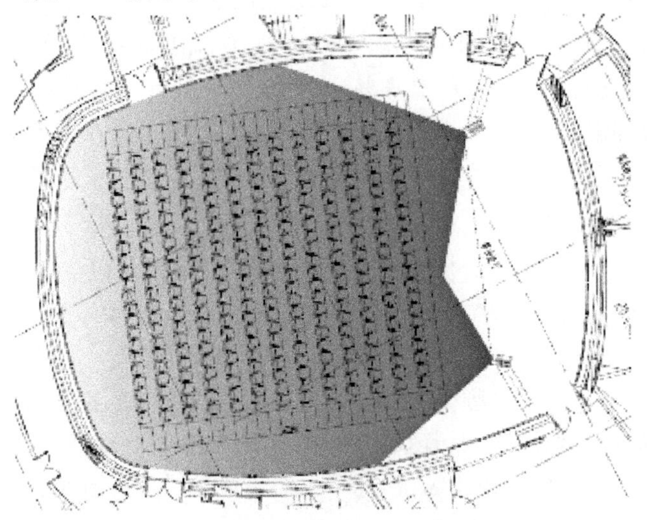

图 8-16　扬声器声场水平覆盖图

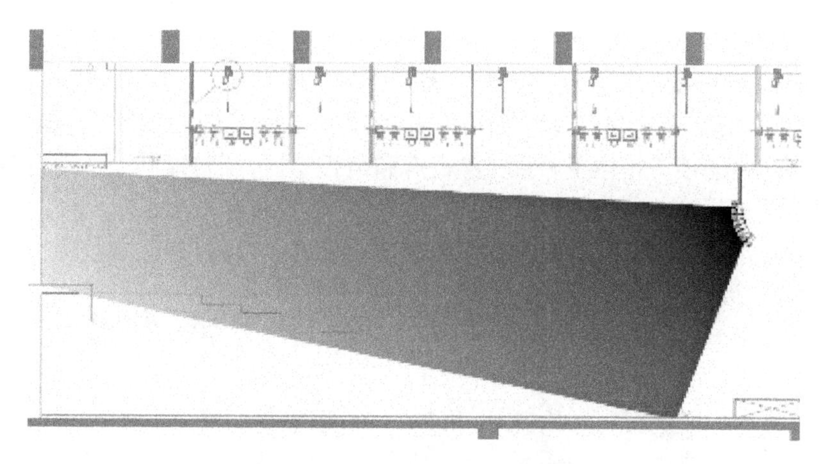

图 8-17　扬声器声场垂直覆盖图

5. 功率放大器及 DSP 处理器系统

按照选配的扬声器对功率放大器进行优化配置，考虑到功放与扬声器之间连线电阻对阻尼的影响，设计选用高品质、带 DSP 处理的数字功率放大器来驱动。具体选用 L-Acoustics 先进的 DSP 功率放大器，

所有功率放大器的标称输出功率大于对应的全频扬声器的标称功率 1.5 倍，且主扩声功放的每个输出通道负载阻抗不小于 4 Ω。选用的是法国 L-Acoustics 数字功放，内部功率可根据预置模式进行自适应，以达到更大的功率配比；同时 L-Acoustics 的每款扬声器均在数字功放内预置原厂测试好的程序，直接调用便可以使扬声器与功放之间的匹配达到最佳状态。

8.4.3　音频网络机和调音控制系统

1. 系统原理总体说明

多功能厅共配置数字调音台 1 套，模拟调音台 1 套，分别为 Soundcraft Vi1 数字调音台一套，Soundcraft GB4-16 模拟调音台一套。

图 8-18　Soundcraft Vi1 数字调音台

采用高品质无源一分三话筒分配系统 HIROSYS08PMSa，共 8 通道，话筒信号一分为三，分别送至主数字调音台、备份调音台以及现场/返送调音位。

主数字调音台 Soundcraft Vi1 和 Soundcraft GB4-16 模拟调音台之间互为数模热备份，话筒、音源等信号经过话筒分配器同时连接到主数字调音台和备用调音台，当其中一台调音台出现问题时，系统自动切换至备用调音台，并且快速运行操作，保持信号不会中断。

L-Acoustics 数字功放可同时接入数字和模拟调音台信号，并可实时监测信号输入情况并实现自动切换，搭配主备数字调音台使用可以实现真正意义的数模备份功能。

数字音频网络的接口箱位于中央交换机房和声控室，包括转播间。移动设备可用于提高系统的灵活性。

麦克风和输出线通过音频跳线盘连接至固定安装的接口箱，确保在故障情况下连接设备和信号。标准情况下，不需要跳线。

观众厅现场调音位/舞台返送调音位可接入数字/模拟调音台及外来团体调音台，扩展性强。

整套数字音频系统只经过一次 A/D 和 D/A 处理，极少的信号失真。

2. 数字、模拟自动热备份系统

为了适合时代发展的需要，同时考虑到目前国内操作人员（调音师）的实际情况。多功能厅配置 Soundcraft Vi1 数字调音台 1 套，Soundcraft GB4-16 模拟调音台一套，两套系统完全独立，可任选一套独立工作，既可以互为备份，又可以共同操作，各自担负不同的功能，以保证系统的稳定性。

图 8-19 是数模备份的结构图。

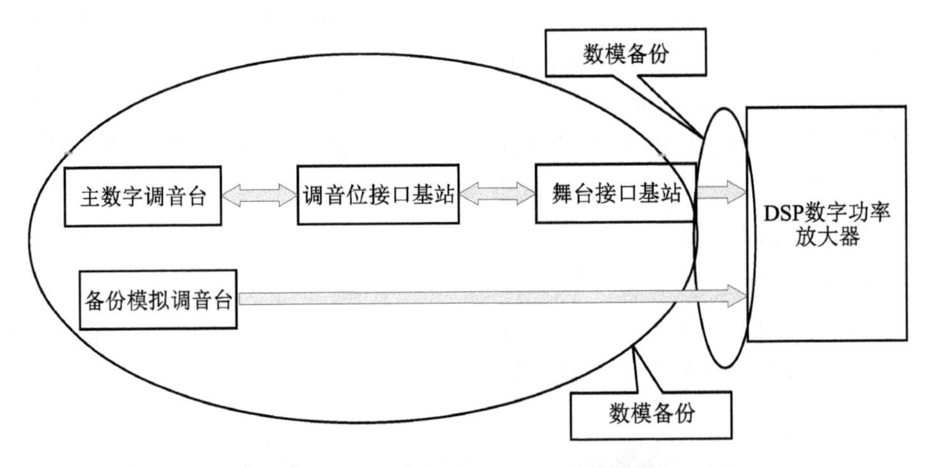

图 8-19　系统数模热备份系统结构图

8.4.4　音源和周边设备配置

1. 音源、周边设备

音源设备选用广播级专业品牌产品。系统配置 CD 播放机和固态录音机，满足音频信号的录制和播放需求。

周边设备选用 Audio-technica 的自动混音器和 Sabine 的反馈抑制器、BSS 的 30 段双通道均衡器以及 T. C. 的数字效果器。不同的音频信号经过这些设备不仅能保持高度的语音还原度，而且各种各样的处理功能让调音师在调音台系统的处理基础上有了更为丰富的选择，能随心所欲地创造出不同演出场合所需要的处理效果。

音源周边设备具备 AES 数字输出和模拟输出接口，满足可同时接入数字调音台和模拟调音台功能。

在实际演出时均采用平衡传输，保证系统的稳定性。表 8-2 为音源和周边设备的选型及实物展示。

表 8-2 音源和周边设备选型及实物展示

音源设备	激光唱机 TASCAM CD-500B 2 台 固态录音机 TASCAM SS-R200 2 台	
周边设备	自动混音器 Audio-technica AT-DMM828 1 台 反馈抑制器 Sabine FBX 2810 1 台 30 段双通道图示均衡器 BSS FCS 966 2 台 数字效果器 T. C. M2000 1 台	

2. 数字音频工作站

音频工作站采用 AVID 的 Pro Tools 系统，是录音领域的高端主流音频工作站，市场占有率非常高，已经成为音频工作站的标准。硬件平台采用 DELL 的最高性能台式工作站，配置有 Pro Tools 音频接口。

3. 传声器系统配置

(1) 无线传声器

无线话筒是演出使用率最高的设备之一，也是影响最终演出效果的直接因素，是剧场舞台扩声系统的最重要设备之一。方案选用为意大利品牌 Wisycom 的无线话筒。

表 8-3 为无线话筒具体配置。

表 8-3 无线话筒具体配置

序号	名称	品牌	型号	数量	单位
1	手持式无线传声器	Wisycom	MTH400-CN+MCM306	4	套
2	领夹无线传声器	Wisycom	VT403H/O	2	个
3	头戴无线传声器	Wisycom	VT701MKII	2	个
4	无线腰包机	Wisycom	MTP40S-CN	4	个
5	接收天线	Wisycom	LNNA	2	只
6	天线分配放大器	Wisycom	SPL214AW	1	台
7	双通道无线传声器接收机	Wisycom	MRK960TX	4	台

(2) 有线传声器

有线传声器全部选用高端最成熟产品，主要选用日本知名品牌 Audio-technica 有线高品质话筒，满足多功能厅学术报告、会议和中小型演出等各种演出的拾音要求。

配置的有线话筒经过精挑细选，达到了完美的拾音效果，使演员、调音师和观众都能聆听到优美的声音。

表 8-4 为有线话筒具体配置。

表 8-4　有线话筒具体配置

序号	名称	品牌	型号	数量	单位
1	有线电容手持传声器	Audio-technica	AE5400	2	只
2	超指向性鹅颈会议传声器	Audio-technica	U857QSU	10	只
3	不带开关话筒底座	Audio-technica	AT8688	10	个

(3) 调音监听系统

调音监听采用 1 副 Audio-technica ATH-M70X 监听耳机。

耳内监听系统配置一套 Sennheiser 2000 系列无线监听发射设备，包括 2 台 Sennheiser SR 2050 IEM 可用 PC 遥控的无线监听发射机，Sennheiser EK 2000 IEM 用于无线监听的自适应多集接收机及入耳式耳塞 IE 48 套。

表 8-5 为无线监听系统设备配置清单。

表 8-5　无线监听系统设备配置清单

序号	名称	品牌	型号	数量	单位
1	双通道耳返发射器	Sennheiser	SR 2050 IEM	2	套
2	双通道腰包接收机(含听筒)	Sennheiser	EK 2000 IEM+IE4	8	套
3	天线	Sennheiser	A 5000-CP	1	台
4	无线合路器	Sennheiser	AC 3200-Ⅱ	1	台

8.4.5　投影系统

1. 系统配置

本投影系统采用 2 台 DP TITAN Super Quad 系列的 20 000 lm 投影机和 2 套 150 英寸投影幕组成，结构紧凑，性能卓越。

2. TITAN Super Quad 2000

TITAN Super Quad 可提供 SX+、1080P 和 WUXGA 三种分辨率，并囊括主动立体 3D 功能，先进的曲面校正和边缘融合功能，3G-SDI 输入连接等专业性能，以满足任何需要。其强大的功效，高亮度，紧凑的结构及超静音性能使得 TITAN Super Quad 产品成为世界顶级投影产品。另外，新款 TITAN Super Quad 投影机还具有镜头智能安装功能、ColorMax 校正技术、FastFrame™和帧倍频处理技术等。

DP 新一代 TITAN Super Quad，通过对高达 16×16 的阵列调节为用户提供强大的曲面几何校正。此外，有 8 个曲面校正状态生成、下载并存储在投影机内。单一程序下实行的曲面校正功能可最大化实现清晰精准的图像。同时实现枕形失真，快速移动，基础调节，水平、垂直梯形校正以及图像旋转标准化操作。

完美的边缘融合使多台投影机拼接功能可呈现出高质量的无缝拼接图像。黑电平补偿可保证黑色图像显示时，与屏幕非混合区域图像的显示保持一致。此外，终端用户可通过设定图像投影机位置，选择使用 TITAN Super Quad 并列式窗口。视频处理可自动输入恰当的图像及选择恰当的图像混合边缘。

DP 研发制造主动立体 3D 投影机的时间已经超过 5 年，技术及服务经验丰富。非凡的灵活设计进一步地体现在每款 TITAN Super Quad 显示中。DP 帧倍频处理技术可将 60 Hz 3D 内容通过处理生成 120 Hz 显示图像，或 24 Hz 3D 内容三倍处理成 144 Hz 显示在屏幕中。此外，双通道连接允许同时接收典型的左眼及右眼两种输入源。帧速达到 144 fps 的情况下双 DVI 输入可直接显示连续输入源。

图 8-20　TITAN Super Quad 系列的 20 000 lm 投影机

第九章　剧场的建筑声学设计

9.1　概述

在日常的文化生活中，当我们步入剧场、戏院、音乐厅等厅堂，往往下意识地觉察到所感受的“音质问题”，但只有少数人能够解释“良好的音质和不理想的音质”的真实意义，了解影响或产生某些声学特性的因素等，至于知道室内音质是受一些能够按照科学方法加以处理的原理，所支配的人就更少了。本章试图通过江苏大剧院建设过程中，室内声学基本原理的讨论，使读者能够对建筑声学做到知其然并知其所以然，并在实际工作中掌握运用。

9.2　室内声学特性

9.2.1　建筑声学环境

不同的建筑物具有不同的使用功能。对传播其中的声音也具有不同的声学要求。例如剧院、会议厅等都有一定的音质要求，通常，采取建筑布局、阻尼、吸声、隔声、隔振、反射、消声器和个人防护等八大措施，可分别在声源、传声途径和听觉器官三个阶段上，合理有效地创造出以人为核心的，有益于身心健康的声环境。声学常识告诉我们，任何一种实际材料，从气态、液态到固态，都可以是声音的产生者、传递者和接受者。这些材料一经有意识有选择的运用，就可能成为改造或创造某种声环境的功能材料。声场中，独立于声源存在的某种材料的其组成结构决定了该种材料一定的声学特性；而一种或几种材料的某种组合构造，又会具有相应独特的声学性能。习惯上，常称前者为某种声学材料，后者为某种声学结构。例如，玻璃棉、矿岩棉等这类无机纤维材料，结构本身多孔蓬松，孔口外开，孔道曲折，具有很好的吸声性能，便称之为多孔性吸声材料；另如，金属穿孔板、金属穿孔板后填玻璃棉等这类制成品及装置，结构加工成声学共振构造，也具有较强的吸声性能，则称之为共振吸声结构。建筑声环境材料是对建筑声学材料和建筑声学结构的统称。

9.2.2　研究对象

声学设计要考虑到两个方面，一方面要加强声音传播途径中有效的声反射，使声能在建筑空间内均匀分布和扩散，如在厅堂音质设计中应保证各处观众席都有适当的响度。另一方面要采用各种吸声材料和吸声结构，以控制混响时间和规定的频率特性，防止回声和声能集中等现象。设计阶段要进行声学模型试验，预测所采取的声学措施的效果。

还要考虑室内声场声学参数与主观听闻效果的关系，即音质的主观评价。可以说确定室内音质的好坏，最终还在于听众的主观感受。由于听众的个人感受和鉴赏力的不同，在主观评价方面的非一致性是这门学科的特点之一。建筑声学测量作为研究、探索声学参数与听众主观感觉的相关性，以及室内声信号主观感觉与室内音质标准相互关系的手段，也是室内声学的一个重要内容。

当室内几何尺寸比声波波长大得多时，可用几何声学方法研究早期反射声分布，以加强直达声，提高声场的均匀性，避免音质缺陷。统计声学方法是从能量的角度研究在连续声源激发下声能密度的增长、稳定和衰减过程(即混响过程)，并给混响时间以确切的定义，使主观评价标准和声学客观量结合起来，为室内声学设计提供科学依据。当室内几何尺寸与声波波长可比时，易出现共振现象，可用波动声学方法研究室内声的简正振动方式和产生条件，以提高小空间内声场的均匀性和频谱特性。室内声学设计内容包括体型和容积的选择，最佳混响时间及其频率特性的选择和确定，吸声材料的组合布置和设计适当的反射面以合理地组织近次反射声等。在大型厅堂建筑中，往往采用电声设备以增强自然声和提高直达声的均匀程度，还可以在电路中采用人工延迟、人工混响等措施以提高音质效果。室内扩声是大型厅堂音质设计必不可少的一个方面，因此，现代扩声技术已成为室内声学的一个组成部分。

9.2.3 声场分析

1) 几何声学方法

我们把声波的传播途径用声线绘出，可以找出直达声和头几次反射声所可能出现的分布情况，或从改变界面的形状以控制这些反射声，这就是我们常称的几何图解法，它和几何光学的假设相类似，见图 9-1，即入射声线与反射声线出现在同一平面内，入射角等于反射角。

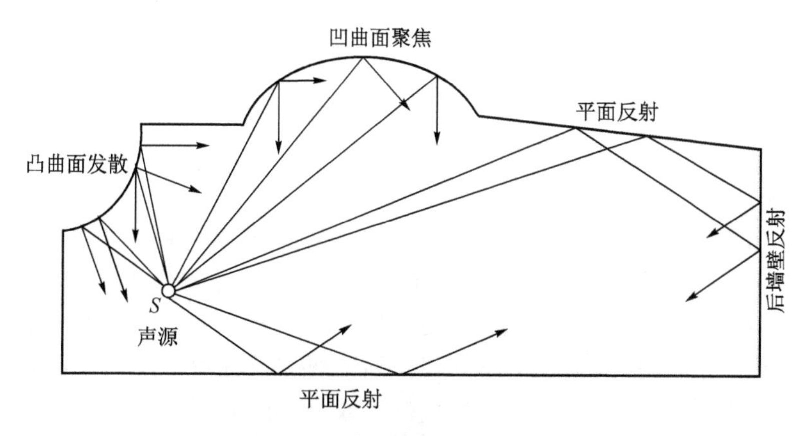

图 9-1 声波传播途径声线图

几何声学只有在声波的波长比反射面尺寸小得多时才正确，但它可以使我们从房间的纵、剖面来了解声波在室内经过若干时间以后的反射情况，当然声波在壁面上反射多次以后，反射声就已相当复杂和紊乱，甚至接近无规则分布了。

2) 统计声学方法

当声源 S 在室内开始发声时，亦即当开始辐射声能时，这些形成的声波首先在室内自由传播，见图 9-2。

经过一定时间后，首先由一直达声 0 到达 P 点，P 点的声强大小随 SP 的距离增大而减弱，时间 t 由 SP 的距离决定。在若干时间以后，又有由不同壁面反射而来的声波 1、2、3……到达 P 点，它们的强度分别由不同壁面的吸收条件与 SAP、SBP、SCP 等的距离来决定，时间 t_1、t_2、t_3等则分别为各该反射声到达 P 点所需的时间。如声源恒稳地继续发声，则各次反射波与入射波相继叠加起来，见图 9-3。这种现象一直持续到一定时间 t_n以后，P 点的声强即逐渐到达恒稳状态，第 n 次反射到 P 点的声强已经很少而可以忽略不计了，于是室内声能不再增加，此时界面在每个单位时间吸收了和声源辐射相等的声能。

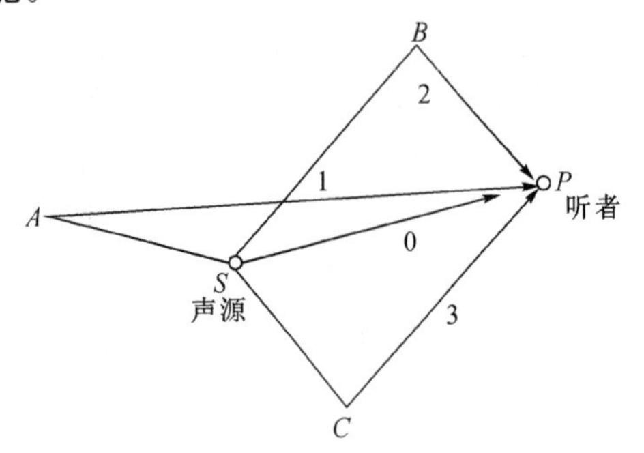

图 9-2　室内声波辐射声能时的自由传播

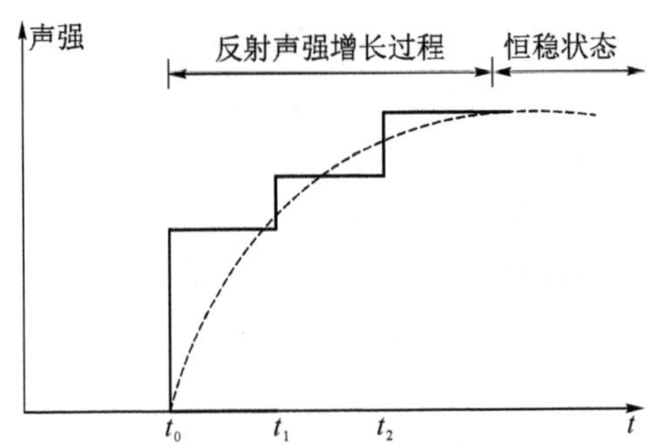

图 9-3　声源恒稳地继续发声时各次反射波和入射波的相继叠加

若室内表面的吸声效果差，则剩余每次反射所损失的能量都很有限，反射波所集起的总声强就要比直达声波自己的强度高得多了，只要声源继续发声，该处总是保持这样高的强度，这一现象使我们更清楚地了解到某一时刻声源停止时，反射波并不能同时消失，而要继续在室内来回传播一定时间，以后每次受到反射时，每一个声波都因为吸收而失去一部分能量，室内的总声能就要渐渐减少，直到听不到为止。对观众来说，一个紧接一个声波射至耳中，使它分辨不出是一个个单能声音。因此在声源停止后，他听到的好像声音仍在延续，渐渐变弱直到听不到为止，所以光知道声射线的经历显然不够，而采用统计方法可以了解声射线的总体。

3）波动声学方法

几何声学和统计声学都没有考虑到声音的波动性质，而只是利用了声射线与反射的纯几何图形，然而声音现象的特征和重要的性质，尤其室内声学问题的仔细考虑，只有在波动理论基础上才能有全面而透彻的说明，也是我们向深层次研究室内声学的需要，问题是波动声学却包含了许多繁复的数学和物理概念，对于非专业工作者来说，并不是很熟悉，但在实际问题的处理过程中具有相当重要的原则性指导意义。本节略加叙述和介绍。

现在让我们重温一下几何声学和统计声学应用到室内的情况。一般包含有下列几个假设：①从声源发出的射线经过许多次连续反射以后即处于完全扩散的状态；②在声音的增强和衰减过程中仅考虑只有声源频率存在。但从实验中我们知道，声音在室内的增强与衰弱除声源频率外，还有些其他的频率存在，这些频率就是房间的共振频率，这些被激发的固有频率的分布均匀与否，与房间的尺度、比例和形状有着直接的关系：

$$f(n_x,\ n_y,\ n_z)=\frac{C}{2}\sqrt{\left(\frac{n_x}{l_x}\right)^2+\left(\frac{n_y}{l_y}\right)^2+\left(\frac{n_z}{l_z}\right)^2}$$

式中：f——各种可能的固有频率；l_x、l_y、l_z——房间的几何尺度；C——声音在空气中传播速度；n_x、n_y、n_z可分别选择从 0→∞之间任何整数值。

从上式可以看出，波动声学使我们较清楚地了解房间内的简正振动方式，选择合适房间尺寸、比例和形状，可以减少或避免简正振动方式的简并，使本征频率分布均匀。

从上式还可以看出，房间的长(l_x)、宽(l_y)、高(l_z)三者比例若成整数倍，简正振动方式简并，本征频率分布不均匀，声学响应变得很不规则；声音在各频率的衰减有明显差别，在小房间和低频段尤其如此。所以我们在设计要求频率范围非常宽的播音室、录音室等用房时，波动声学的分析是很重要的。从分析中我们得出了房间三向尺度比例为 2.4∶1.5∶1.0和 3.2∶1.3∶1.0 之间。

总之，实际工作中以统计声学分析为主，以几何声学分析为辅，再吸收波动声学中的一些有益的理论作为指导。

9.2.4 直达声和反射声

自声源未经反射直接传到接受点的声音叫直达声；声源经过壁面一次或多次反射后到达听者的声音叫反射声，见图 9-4；而到达听者耳朵的最邻近墙壁的反射声称为近次反射声。近次反射声对直达声起到加强、加厚的效果。

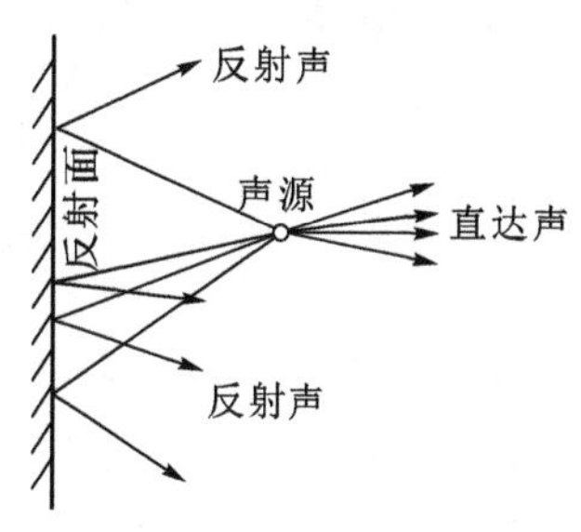

图 9-4 直达声与反射声

在音质设计中，关于大厅形体方面主要涉及直达声、近次反射声的控制和利用、声扩散和防止音质缺陷等方面的问题。

我们的设计原则是充分利用直达声，争取和控制近次反射声，加强声扩散和消除可能出现的声学缺陷等几个方面。具体方法和途径是：

① 缩短直达声的传播距离，避免直达声被遮挡和被听众掠射吸收，恰当地利用声源的指向性；

② 调节反射面的倾斜角度，使反射声(主要是近次反射声或称一次反射声)均匀分布在整个听众席上；

③ 增加扩散反射。

9.2.5 争取和控制早期反射声

通常把直达声到达后 50 ms 以内到达的反射声称为早期反射声(对于音乐演出可放宽至 80 ms)。使所有观众席都能获得丰富的早期反射声，尤其是早期侧向反射声，是良好音质的必备条件之一。通过声线作图法，可确定反射面的位置、角度和尺寸大小，也可以检验已有反射面对声音的反射情况。如图 9-5 中为用声线作图法设计观众厅剖面的例子。声源 S 的位置一般定在舞台大幕线后 2～3 m 处，离舞台面高 1.5 m。观众席接收点高度离地面 1.1 m，现在我们从台口外的 A 点开始设计一段顶棚，假定要求反射声覆盖范围从 R_1 至 R_2，连接 SA 和 R_1A，作$\angle SAR$ 之角平分线 AQ_1，过 A 点作 AQ_1 的垂线 AB。以 AB 为轴求出声源 S 的对称点 S_1(称为 S 的虚声源)，连接 S_1R_2 并与 AB 交于 B。AB 就是设计的第一段顶棚断面。第二段顶棚要求反射声覆盖 R_2 至 R_3，根据建筑造型要求，确定第二段顶棚从 C 开始，用与第一段同样的方法可求出第二段顶棚断面 CD。

在图 9-5 中，SR_1 为到达接收点 R_1 的直达声经过的路程(m)，($SA+AR_1$)为反射声经过的路程(m)，如取声速 c 为 340 m/s，则到达 R_1 点的反射声相对直达声延迟时间为($SA+$

$AR_1-SR_1)\times 1\ 000/340$(ms)。对于规模不大的大厅，例如高度在 10 m 左右，宽度在 20 m 左右的大厅，体型不作特殊处理，绝大多数观众席接收到的第一次反射声都在 50 ms 之内。但对于尺寸更大的大厅，欲达到这一要求，就必须对厅堂的体型作精心的设计。

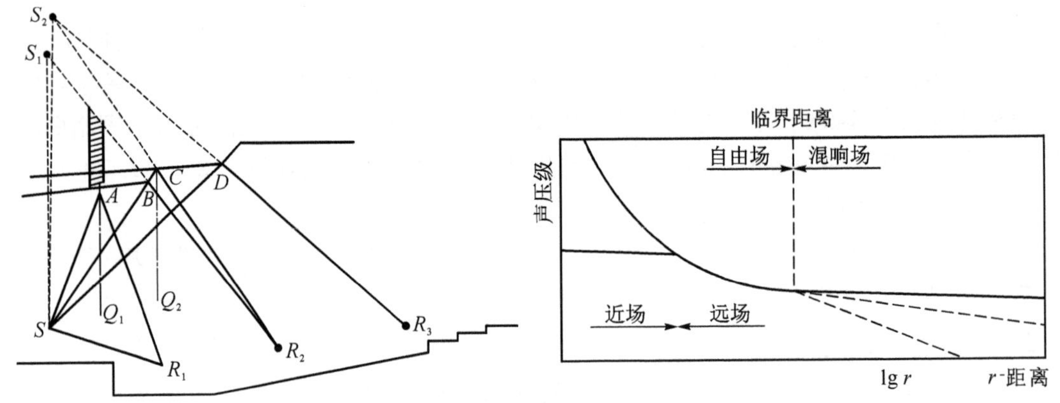

图 9-5　用声线作图法设计观众厅剖面　　图 9-6　室内声压级的变化与声源距离的关系

9.2.6　近声场和远声场

我们知道，室内总声场是由直达声场和反射声场叠加而成的，但总声场内声压级又随距离声源点的区域变化，分为近声场、远声场。在近声场，声压级与距离没有简单的关系，因为在该区域内质点速度与声波传播方向不一致，而是任意各点上都存在着明显的切向速度分量，因此近声场区不能按通常规律来估计声压级随距离的变化，这也就是为什么测量一般不在接近声源最大尺度的二倍之内进行的原因。在远的自由场，声级变化服从反平方定律。在远的混响声（或扩散场）声能密度非常接近一致，见图 9-6。

9.2.7　混响和混响时间

声源在室内发声后，出于反射与吸收的作用，使室内声场有一个逐渐增长的过程。同样，当声源停止发声以后，声音也不会立刻消失，而是要经一个逐渐衰变的过程，或称混响过程。混响时间长，将增加音质的丰满感，但如果这一过程过长，则会影响到听音的清晰度，如合奏音乐时，各个乐器音混杂在一起。混响过程短，有利于清晰度，但如果量短，又会使声音显得干涩，强度变弱，进而造成听音吃力，如在奏乐时就变成单调乏味的声音。因此，在进行室内音质设计时，根据使用要求适当地控制混响过程是非常重要的。

混响时间在空座时较长，满座时因听众吸声而变短。一般说，调整混响时间主要用布料张贴听众椅背、在座板底面穿孔来增加空座时的吸声率，使其更接近听众满座时的状态。

在室内音质设计中，常用混响时间作为控制混响过程长短的定量指标。混响时间是当室内声场达到稳态后，令声源停止发声，自此刻起至声压级衰变 60 dB 所所历经的时间，记作为 T_{60} 或 RT，单位是秒(s)。

混响：指声源停止发声后，声音由于房间中界面的多次反射或散射逐渐衰减的现象。根据以上所述，室内声音主要由三部分组成，见图 9-7。

混响时间：指在室内声音已达到稳定状态后声源停止发声，平均声能密度自原始值衰减到其百分之一所需要的时间，即声源停止发声后衰减 60 dB 所需要的时间。混响时间是目前音质设计中能定量估算的重要评价指标，它直接影响厅堂音质的效果。

目前的工程设计中，根据室内吸声特性的差别可分别采用以下三种混响时间的计算公式：

一般混响时间公式（赛宾公式）

$$T_{60}=\frac{0.161\,V}{S\bar{\alpha}}$$

式中：V——房间容积（m^3）；S——室内总表面积（m^2）；$\bar{\alpha}$——室内平均吸声系数。混响时间 T_{60} 的单位为秒（s）。

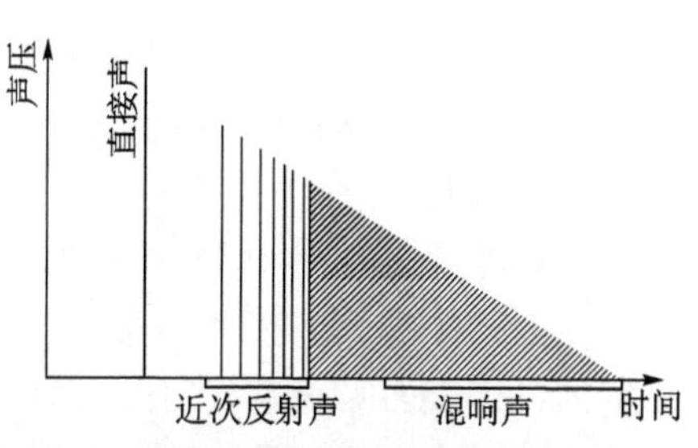

图 9-7　室内声音的声压与时间关系

本公式通常用于室内平均吸声系数小于 0.2 的情况，否则将产生较大误差。

吸声较强房间的混响公式（伊林公式）

$$T_{60}=\frac{0.161\,V}{-S\ln(1-\bar{\alpha})+4mV}$$

式中：m——空气吸声系数（室内温度 20℃时，$4m$ 值见表 9-1）。

表 9-1　空气吸声系数 4*m* 值

频率(Hz)	在以下室内相对湿度时			
	30%	40%	50%	60%
2 000	0.012	0.010	0.010	0.009
4 000	0.038	0.029	0.024	0.022
6 300	0.084	0.062	0.050	0.043

注：一般按 60%室内相对湿度的计算。

室内三对表面吸声不同时的混响公式（菲茨罗依公式）

$$T_{60}=\frac{X}{S}\left[\frac{0.16V}{-\sin(1-\bar{\alpha}_x)}\right]+\frac{Y}{S}\left[\frac{0.16V}{-\sin(1-\bar{\alpha}_y)}\right]+\frac{Z}{S}\left[\frac{0.16\,V}{-\sin(1-\bar{\alpha}_z)}\right]$$

式中：X、Y、Z——相应三对内表面面积（m^2）；$\bar{\alpha}_x$、$\bar{\alpha}_y$、$\bar{\alpha}_z$——相应 X、Y、Z 三对表面的平均吸声系数；V——房间容积（m^3）；S——室内总表面积（m^2）。

该式适用于室内三对表面上吸声分布不均匀的场合。

常用厅堂最佳混响时间（500 Hz）如表 9-2 。

表 9-2　常用厅堂最佳混响时间（500 Hz）

房间用途	混响时间/s	房间用途	混响时间/s
电影院	1.0～1.2	电影同期录音棚	0.8～0.9
演讲、戏剧	1.0～1.4	电视转播	0.8～1.0
歌剧、音乐厅	1.5～1.8	语言录音（播音）	0.3～0.4
电话会议	0.3～0.4	音乐录音	0.6

1）混响时间计算公式的精确性

混响时间计算公式的计算结果与实测值往往有10%～15%左右的误差，有时会更大。其主要原因有：

(1) 赛宾公式、伊林公式等的推导过程中，都运用了一些假设条件，即首先假定室内声场是完全扩散的，室内任何一点上的声音的强度均相同，而且在任何方向上均一致；其次，假定室内各个表面吸声是均匀的。但是在实际中，这些假设条件往往不能完全满足。

如在观众厅中，观众席上的吸声要比墙面、顶棚大得多。有时，为了消除回声，还常常在后墙上做强吸声处理，因而室内吸声分布很不均匀。并且在实际中，完全扩散、均匀分布的声场是很少存在的。声源常具有一定的指向性，又常位于房间的一端发声，而房间的形状又是各式各样的，房间尺度的变化范围也可能较大。这些都导致了声场的不均匀性。

(2) 驻波和房间共振，将使某些频率的声音加强并延长它们的衰变时间，使声音失真。混响时间的计算公式并未考虑这种现象。

(3) 在计算中所用的数据也有可能不太准确。主要是材料的吸声系数，一般是选自各种资料或是通过实验测量而得到的。它们都是根据标准的测试方法，在无规入射的条件下对一定面积试件的测量结果。而材料的实际使用状况不可能完全符合这些条件，因而产生了一定的误差。此外，对各种吸声面积的准确计算也有不少困难。还有些吸声结构其吸声量很难加以测定。例如，观众厅的吊顶、观众、座椅以及舞台等，它们的吸声量都不是很精确的。

通过上面的分析可以看出，混响时间的计算与实测结果之间往往有一定的误差。但并不能因此而否定这些公式的重要价值。为了修正这些误差，在室内最后装修阶段，可对某些界面材料进行调整，并配合以实地测量，以便最终达到令人满意的效果。

2）混响时间计算

混响时间计算可按如下步骤进行：

(1) 根据观众厅设计图，计算房间的体积 V 和总内表面积 S。

(2) 根据混响时间计算公式，求出房间的平均吸声系数可采用赛宾公式或伊林公式计算。

平均吸声系数乘以总观众厅室内表面积 S，即为房间所需总吸声量。一般计算频率取125～4 000 Hz共6个倍频程中心频率。

(3) 计算房间内固有吸声量，包括室内座椅、观众、舞台台口、耳光、面光口等吸声量。房间所需总吸声量减去固有吸声量即为需要增加的吸声量。

(4) 查阅材料及结构的吸声系数，从中选择适当的材料及结构，确定各自的面积，以满足所需增加的吸声量及频率特性。一般常需反复选择、调整，才能达到要求。

混响设计也可在确定房间混响时间设计值及体积后，先根据声学设计的经验及建筑装修效果要求确定一个初步方案，然后验算其混响时间。通过反复修改、调整设计方案，直至混响时间满足设计要求为止，通常是各频带混响时间计算值应在设计值的±10%范围内。

混响时间计算中，所用的吸声系数，应注意它的测定条件与实际安装条件是否一致。安装条件不同(如背后空气层的有无、厚薄等)，吸声特性会有很大差异，选用时，应选取与实际条件一致或接近的数据。同时，计算中所用的吸声系数应是用混响室法测得的吸声系数，即无规入射吸声系数。

9.3 建筑声学设计

9.3.1 建声设计规范

我国现行的《剧场建筑设计规范》(JGJ 57—2016)、《剧场、电影院和多用途厅堂建筑声学设计规范》(GB/T 50356—2005)、《建筑内部装修防火设计规范》、《民用建筑隔声设计规范》中，提出了剧场声学设计的相关标准及规程。其中明确指出剧场设计应包括建筑声学设计；建筑声学设计应参与建筑、装饰设计全过程；自然声演出的剧场，声学设计应以建筑声学为主。

剧场的建筑声学设计应使观众席各处获得合适的响度、早期侧向反射声、混响时间和清晰度，并应使舞台上具有合适的声支持度。演出时，观众厅及舞台内不得出现回声、声聚焦、颤动回声等可识别的音质缺陷。剧场设备噪声和外界环境噪声不得对剧场内的音质产生干扰。

剧场的建筑声学设计与音响系统设计应密切配合，避免扬声器的布置对观众厅音质的影响。对于自然声演出功能为主的剧场，观众厅音质设计应以建筑声学为主。

9.3.2 观众厅的体型

在剧场音质设计中，观众厅体型设计是最为关键的。观众厅体型影响直达声的强弱，并直接决定早期反射声的强度、数量和方向。观众厅体型及观众席布置，决定了剧场的观演氛围，好的剧场设计具有良好的观演关系，并对舞台上的演员产生激励。观众厅体型也是建筑和装修设计的重点，声学设计师需要与建筑师和装修设计师沟通协调，把声学设计融入建筑和装修中。最好的声学设计是解决了所有声学要求，创造了优良的音质效果，但在观众厅看不到声学痕迹，江苏大剧院就是在这样的指导思路下进行建筑声学设计的。

观众厅每座容积宜符合表 9-3 的规定。

表 9-3 观众厅每座容积

剧场类别	容积指标(m^3/座)
歌剧、舞剧	5～8.0
戏曲、话剧	4.0～6.0
多用途(不包括电影)	4.0～7.0

(1) 观众厅体型设计应符合下列规定

当采用自然声演出时，观众厅的平面和剖面形式应使早期反射声在观众席上具有合理的空间、时间分布；观众席中前区(大致在 10 排以前)应具有足够的早期反射声，它们相对于直达声的初始时间间隙宜小于或等于 35 ms，但不应大于 50 ms(相当于声程差17 m)。

对于以自然声演出功能为主的剧场，当观众厅内设有楼座时，挑台的挑出深度宜小于楼座下开口净高的 1.2 倍；楼座下吊顶形式应有利于该区域观众席获得早期反射声。

对于以扩声为主的剧场，观众厅内挑台的挑出深度宜小于楼座下开口净高的 1.5 倍，并应使主扬声器的中高频部分能直投射至挑台下全部观众席；楼座、池座后排净高及吊顶下沿至观众席地面的净高宜大于 2.80 m。

(2) 观众厅建筑声学设计应覆盖伸出式舞台空间。

(3) 当剧场用于自然声音乐演出时,舞台上应设置活动声反射罩或声反射板。

观众厅的每排座位升高应使任一听众的双耳充分暴露在直达声范围之内,并不受任何障碍物的遮挡。

以自然声为主的观众厅,每排座位升高应根据视线升高差"c"值确定,"c"值宜大于或等于 12 cm。

当采用扩声系统辅助自然声,而扬声器的高度远比自然声源高得多时,每排座位升高可按视线最低要求设计。

(4) 剧场作音乐演出不采用扩声时,舞台上宜设置活动声反射板或声反射罩。

9.3.3 观众厅混响时间

观众厅满场混响时间选择宜符合下列规定:

(1) 在频率 500～1 000 Hz 时,不同容积观众厅满场的合适混响时间,对于歌剧、舞剧剧场宜采用图 9-8 中所示范围;戏曲、戏剧剧场宜采用图 9-9 中所示范围;多用途剧场采用图 9-10 中所示范围。

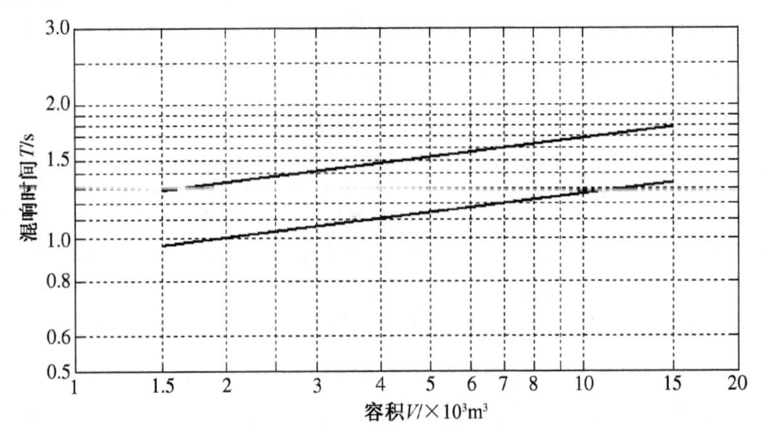

图 9-8 歌剧、舞剧剧场对不同容积(V)的观众厅,在频率 500～1 000 Hz 时合适的满场混响时间(T)的范围

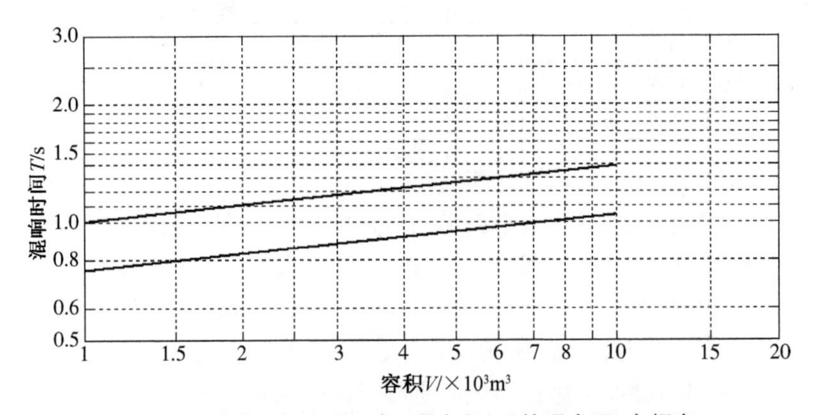

图 9-9 戏曲、戏剧剧场对不同容积(V)的观众厅,在频率 500～1 000 Hz 时合适的满场混响时间(T)的范围

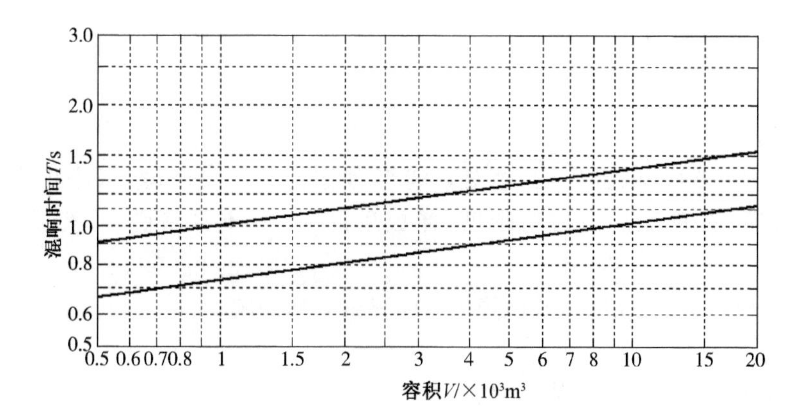

图 9-10　多用途剧场对不同容积(V)的观众厅，在频率 500～1 000 Hz 时合适的满场混响时间(T)的范围

(2) 混响时间的频率特性，相对于 500～1 000 Hz 的比值宜符合表 9-4 的规定。

表 9-4　混响时间频率特性比值

频率(Hz)	混响时间比值	
	歌剧、舞剧	戏曲、戏剧、多用途
125	1.0～1.3	1.0～1.2
250	1.0～1.15	1.0～1.1
2 000	0.9～1.0	0.9～1.0
4 000	0.8～1.0	0.8～1.0

观众厅满场混响时间应分别对 125 Hz、250 Hz、500 Hz、1 000 Hz、2 000 Hz、4 000 Hz 六个频率进行计算。

伸出式舞台的舞台空间与观众厅合为同一混响空间，按同一空间进行混响设计。

设置舞台声反射罩的剧场，观众厅应针对有无声反射罩的条件分别进行混响时间设计。在有舞台声反射罩条件下，观众厅混响时间的计算应包含声反射罩内的容积。明确有舞台声反射罩时，观众厅混响时间计算中应包含声反射罩内的容积。而舞台反射板则由于不封闭所以计算中不明确要求，设计应根据反射板封闭的程度确定。

舞台空间应做适当的吸声处理，中频混响时间不宜超过观众厅空场混响时间。乐池内宜做适当的吸声及扩散处理。

布置扬声器的声桥与观众厅吊顶上空之间应隔离，并宜做吸声处理。其余安装扬声器位置的后部空间也宜做吸声处理。

剧场辅助用房混响时间要求宜符合表 9-5 的规定。

表 9-5　剧场辅助用房混响时间要求

房间类型	混响时间(s)
音响控制室	0.3～0.5(平直)
多功能排练厅	0.6～1.0
乐队排练厅	1.0～1.2
合唱排练厅	0.6～0.8
琴房	0.2～0.4(平直)

9.3.4 专业厅堂建声设计

1) 功能要求

(1) 歌剧院

- 满足歌剧、歌舞剧、音乐剧、芭蕾舞等综合文艺演出声环境，采用扩声系统时，传送歌词清晰可懂，有较高的语言清晰度，播放乐曲时，音质深厚悦耳，有较好的音乐丰满度；
- 不得出现回声、颤动回声及声聚焦等明显的音质缺陷；
- 声场均匀；
- 背景噪声控制在规范限值之内。

(2) 戏剧厅

- 满足戏剧、话剧、曲艺等多功能厅文艺演出声环境，采用扩声系统时，传送语言清晰可懂，有较高的语言清晰度，播放乐曲时，柔和明亮，有较好的感观融和度。

(3) 音乐厅

- 满足自然声为主的声环境，余音拥抱；
- 不得出现回声、颤动回声及声聚焦等明显的音质缺陷；
- 扩散声场；
- 背景噪声控制在规范限值之内。

(4) 综艺厅

- 满足大型集会、文艺演出等多用途使用声环境，采用扩声系统时，传送语言清晰，有较高的语言清晰度，播放乐曲时，音质柔和明亮，有较好的音乐丰满度；
- 不得出现回声、颤动回声及声聚焦等明显的音质缺陷；
- 声场均匀；
- 背景噪声控制在规范限值之内。

2) 建筑声学设计技术指导参量

(1) 混响时间

$$T_{60} = \frac{0.161V}{-S\ln(1-\bar{\alpha}) + 4mV} \quad ((1.2 \pm 0.1)\mathrm{s})$$

(2) 低频比重

$$BR = \frac{T_{125} + T_{250}}{T_{500} + T_{1\,000}} \quad ((1.1 \pm 1.45)\mathrm{s})$$

(3) 清晰度

$$D = \frac{\int_0^{50\mathrm{ms}} P^2(t)\mathrm{d}t}{\int_0^{\infty} P^2(t)\mathrm{d}t}(\times 100\%) \quad (D > 50)$$

(4) 时间重心

$$T_s=\frac{\int_0^{\infty} t\cdot P^2(t)\mathrm{d}t}{\int_0^{\infty} P^2(t)\mathrm{d}t}(\mathrm{ms})\quad (T_s\leqslant 130\ \mathrm{ms})$$

(5) 侧向反射系数

$$LF=\frac{\int_{5\ \mathrm{ms}}^{80\ \mathrm{ms}} P_{\infty}^2(t)\mathrm{d}t}{\int_{80\ \mathrm{ms}}^{\infty} P^2(t)\mathrm{d}t}\quad (LF\leqslant 0.2\sim 0.35)$$

(6) 早期反射声延迟时间 ΔT_s($\leqslant$20 ms)。

9.4　大剧院建筑声学设计的内容与措施

9.4.1　建筑声学设计步骤

建筑声学设计是整个大剧院建筑设计的一部分,涉及建筑设计的各个方面。

建筑声学设计不是靠声学工程师或建筑师单独所能完成的。通常,声学工程师除了掌握足够的声学技术外,更重要的是必须同建筑业主及整个建筑设计小组的成员密切合作、相互协调,使声学设计意图在工程上得到实施。一个音质良好的大剧院一定是集体合作的结晶。建筑声学设计的内容绝不是像某些人认为的那样,待建筑主体建成后再在室内做一下声学装修即可,而是在建筑设计一开始就应该有声学方面的考虑。

音质是建筑环境质量优劣的一个组成部分,尤其是大剧院这样的建筑,对音质有特别高的要求。对于以自然声演出,对音质要求非常高的歌剧厅、音乐厅、戏剧厅等更应专门做声学设计,否则,将严重影响剧院的正常使用。大剧院建筑声学设计内容主要包括以下几个方面:

(1) 选址、建筑总图设计和各种房间的合理配置,目的是为防止外界噪声和附属房间对主要听音房间的噪声干扰;

(2) 在满足使用要求的前提下,确定经济合理的房间容积和每座容积;

(3) 通过体型设计,充分利用有效声能,使反射声在时间和空间上合理分布,并防止出现声学缺陷;

(4) 根据使用要求,确定合适的混响时间及其频率特性,计算大厅吸声量,选择吸声材料和结构,确定其构造做法;

(5) 根据房间情况及声源功率大小计算室内声压级大小,并决定是否采用电声系统(如音乐厅,演出基本以自然声为主,电声仅仅作为效果声使用);

(6) 确定室内允许噪声标准,计算室内背景声压级,确定采用哪些噪声控制措施;

(7) 在大厅主体结构完工后,室内装修进行之前,进行声学测试,如有问题进行设计调整;

(8) 在室内装修进度过半时,进行声学测试,以预计工程完工后的声学效果,如有问题及时沟通解决;

(9) 工程完工后进行音质测量和评价;

(10) 对于所有的厅堂,均应采用计算机仿真模拟以及缩尺模型技术配合进行音质设计。

剧院建筑声学设计的实施,通常随工程进度可分为设计、施工、调试和评价等三个阶段:

1) 设计阶段

设计阶段包括方案论证、初步设计、技术设计和施工图设计。

(1) 方案论证:一般由业主委派声学研究或设计单位对拟建建筑的规模、体型、投资、声学指标,以及实现指标要求的具体手段提出可行性报告,并由建设方组织专家论证。被确认后,列入工程设计任务书内。作为声学设计的依据和验收的指标。在这一阶段,通常要对体型作多方案的计算机三维模拟试验,并收集国内外有关的资料。

(2) 初步设计:根据设计任务书的要求,建筑、结构、设备、电气各专业(有时还包括自动控制和舞台机械专业)分别提出平、剖面设计图纸,拟采用的结构方式和空调系统。在此基础上展开声学设计工作,包括对围护结构的隔声试验和空调系统的噪声控制规划。

(3) 技术设计和施工图设计:按确定的体型、内装修的用材,进行声学计算,计算机模拟分析,有条件的话还将使用 1∶10 缩尺实体模型试验预测厅内的各项声学指标,并修正设计图纸;空调系统则要求进行消声量的计算;对所采用的各种建筑构件和工程设备须进行噪声、隔声和消声量的试验,以确保室内音质达到相关噪声标准的要求。

2) 施工阶段

施工阶段通常分为土建和内装修施工两部分;土建施工阶段主要是监督各项声学构造的实施,特别是对隐蔽部位的隔声、吸声、消声和扩声构造的监理。

内装修阶段,在即将完工前,需安排一次现场声学测量,用以纠正计算和模型试验中的偏差。

3) 试用和调试阶段

在内装修全部完成、施工队尚未撤出前,要进行声学测量和试用主观评价。把客观测量的数据与主观感受相对应,找出不足之处,进行内装修的修改和调整。然后再进行试用和声学测定,直至达到预期的效果为止,并提出声学设计报告,作为工程验收的依据和归档资料。

4) 声学设计的操作程序

从大剧院的初步设计至竣工验收,声学工作贯穿于工程建设的全过程。为了便于有条有理地按工程进度展开工作,根据长期声学工程实践的经验,提出切实可行的操作程序,如图 9-11 所示。

9.4.2 观众厅的体型设计

当大致地确定了观众厅的有效容积后,将进行观众厅的体型设计,它是音质设计的重要方面,对确保大厅音质具有决定性的作用。大厅的体型设计主要涉及直达声、前次(早期)反射声的控制和利用,声扩散和防止音质缺陷等方面的问题。它通过观众厅的平、剖面形式,室内各界面的形式、尺寸、装修和构造加以具体地体现。在设计中通常会遇到许多建筑功能与艺术处理上的矛盾。因此,必须掌握确保音质的基本准则,结合建筑设计的条件和艺术处理的要求灵活而又细致地加以贯彻。一般在体型设计中应注意充分利用直达声,争取和控制早期反射声,加强声扩散和消除可能出现的声学缺陷等几个方面。

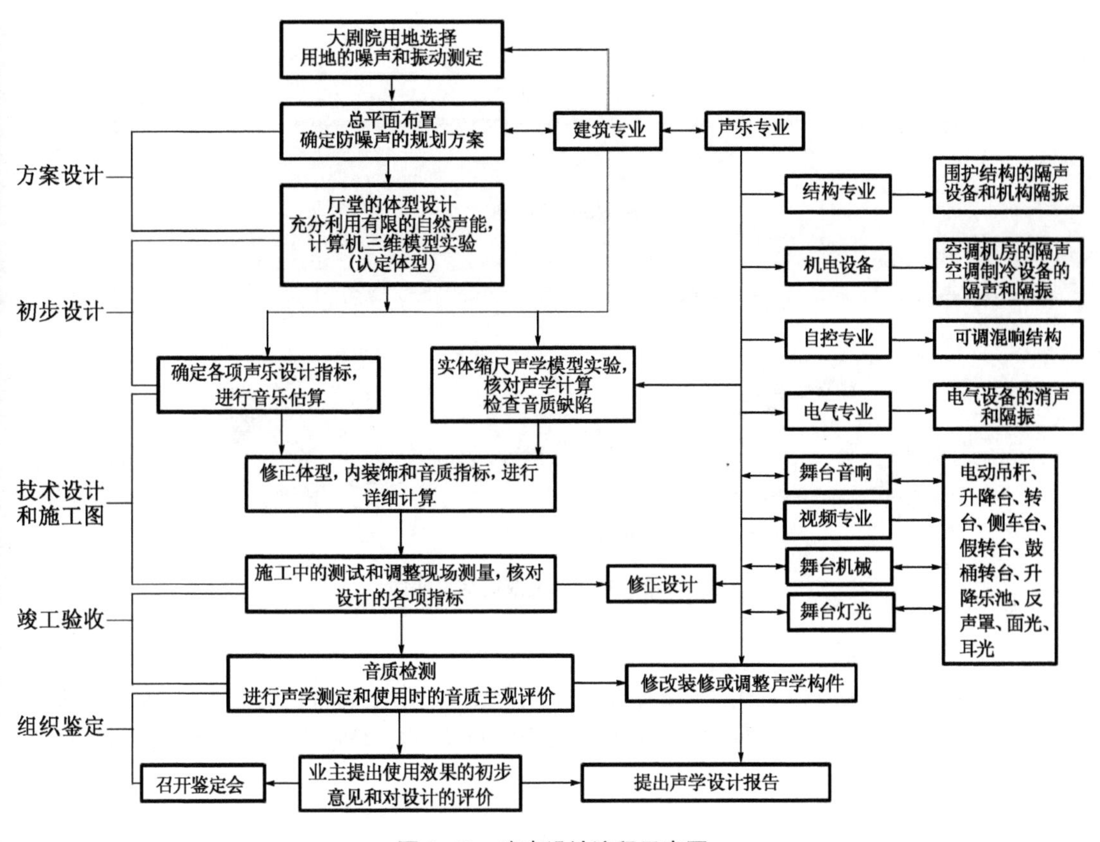

图 9-11　建声设计流程示意图

1）充分利用直达声

直达声对响度和清晰度有重要的作用，应尽可能充分地利用其能量。从厅堂体型上考虑充分利用直达声的途径有以下几方面：

(1) 缩短直达声传播的距离

直达声的强度按传播距离的反平方规律衰减，即距离增加一倍，约衰减 6 dB，因此，在室内的前部和后部往往相差很多；尤其高频声在传播途中还将被空气吸收，总的损耗要比反平方定律更为严重。缩短听众至声源的最远距离能改善声场的均匀程度。

在确定厅堂的平面形状时，不要把听众席拉得太长。例如一个矩形平面的厅堂，不如一个容纳同样人数的扇形厅堂能使听众更接近声源，当一层平面的听众延伸得太远时，可将部分听众席设置在二层或三层，以保持较小的直达声传播距离，在剧院建筑设计中，直达声距离和视线的距离可以统一考虑。

(2) 避免直达声被遮挡和被听众掠射吸收

直达声被厅堂的柱子、栏杆、前排听众所遮挡。高、中频声能会损失很多，应当避免。但如果听众席地面起坡太小，直达声从声源掠过听众的头顶到达后部听众，声能将被大量吸收。根据实验表明：掠射吸收造成的衰减比反平方定律要大得多，如图 9-12 所示。因此，观众座席沿纵剖面应有地面升起，前后排座位又应错开排列。一般每排座位升高应不小于 8 cm，这与视线要求是一致的。

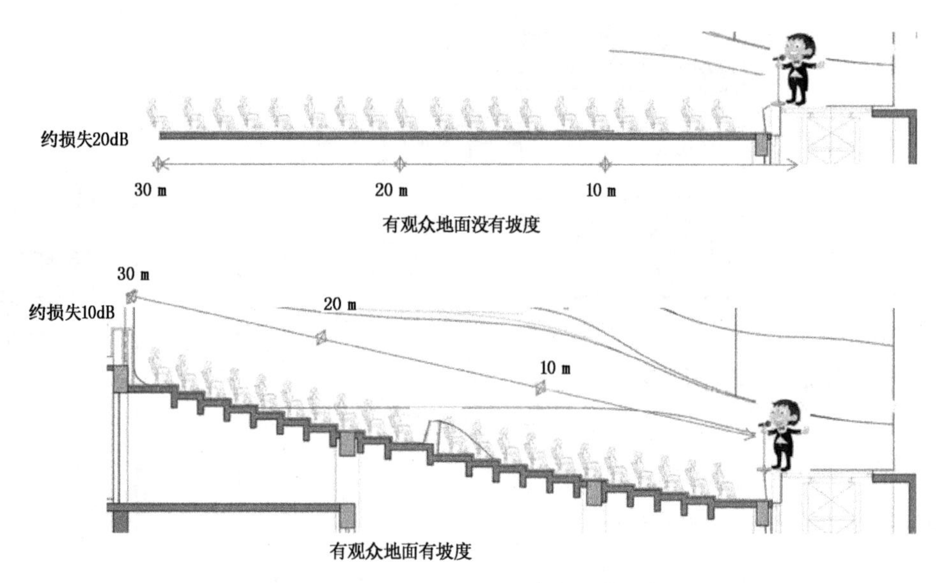

图 9-12 由观众造成的掠射吸收

(3) 适应声源的指向性

声源所发的高频声指向性往往是较强的，为了保证清晰度和音色的完美，厅堂的平面形状应当适应声源的指向性，应使听众席不超出声源前方 140°角的范围。因此，长的平面就比扁宽的平面合理。

2) 早期反射声的控制

直达声后 50 ms 以内的反射声称之为早期反射声，它对于增加直达声的响度和提高清晰度都有重要的作用。争取较多的早期反射声并使其均匀分布，是厅堂体型设计中的重要内容。

早期反射声通常由靠近声源的反射面形成。在中型和大型的观众厅内，由于台口高度和宽度都很大(决定了台口附近的反射面离开声源较远)，造成了观众厅前排中间座位(贵宾席)缺乏早期反射声的状况，这是目前厅堂建筑中普遍存在的声学缺陷。为了改善这种状况，在体型设计上增加早期反射声可采取如下措施：

(1) 调节反射面的倾斜角

利用几何作图法进行体型设计，可使反射声(主要是一次反射声)均匀分布于整个听众席上。应该指出，在观众厅堂内侧墙离台中心的距离很大，且两侧墙上有耳光槽，通常条件下不易按几何作图法确定台口前部的墙面形状。在这种情况下，目前比较有效的方法是利用设置在侧墙上并延伸至台口附近的跌落包厢拦板，来增加前排中部座位的早期反射声。在观众厅中如采用挑台楼座时，挑出过深，将阻挡来自顶棚的一次反射声射入挑台下面的座席。为了避免这种情况，根据经验，一般应控制挑台的深度 b 不超过开口处高度 h 的两倍，如图 9-13 所示。

(2) 增加扩散反射

内表面如果设置凹凸不平的处理，由于其扩散作用，可控制声波均匀地分布于室内，使得某些地区增加一些前次反射声；此外，由于声场扩散均匀，可使声能比较均匀地增长和衰减，从而使自然声演出中，语言的固有音色有所提高。

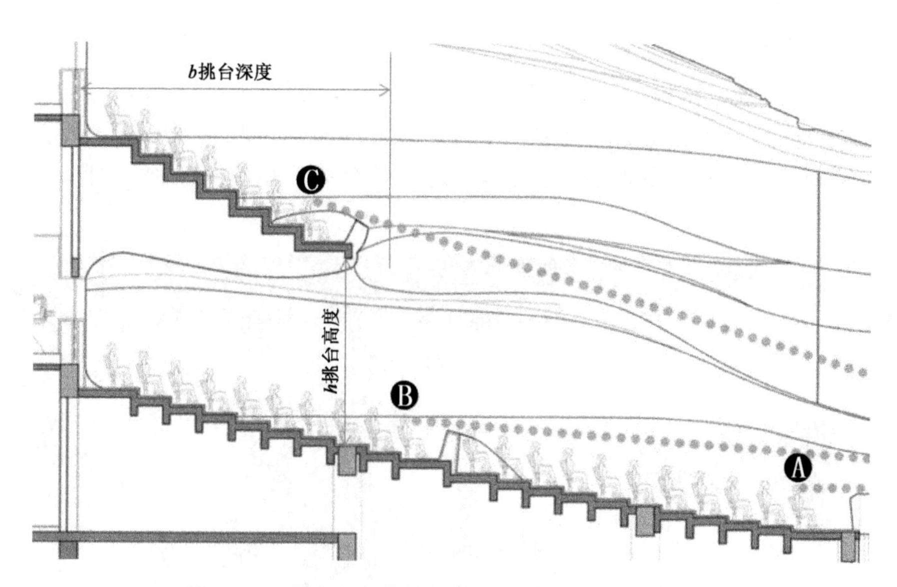

图 9-13　观众厅挑台的处理，高度与深度比例 $b \leqslant 2h$

3）消除厅内声学缺陷

由于体型设计不当，通常会引起各种先天性的声学缺陷，而在竣工使用后很难加以改正。这些声学缺陷包括房间共振，回声和颤动回声，以及声聚焦等现象。

（1）消除房间共振

当房间受到声源激发时，对不同的频率会有不同的响应，而最容易被激发起来的频率成分是房间的共振频率。但对一般规模的大剧院观众厅来说，由于容积较大，观众厅内空间形式较为复杂，观众厅内不大可能出现共振的现象。因此，通常不作共振频率计算。

（2）消除回声和颤动回声

当反射声延迟时间过长，一般是直达声过后 100 ms，强度又很大，这时就可能形成回声。观众厅中最容易产生回声的部位是后墙、与后墙相接的顶棚，以及挑台栏板。这些部位把声波反射到最先接收到直达声的观众席前区和舞台，因此延迟时间很长。

在体型设计中，要注意防止回声和颤动回声现象。想要消除此种回声，可在容易产生回声的那部分界面上布置吸声材料，使来自这些表面的反射声减小到混响声以下。

颤动回声是在室内平行表面之间形成的一连串回声。在剧场观众厅内，为了防止平行侧墙所产生的颤动回声可将表面角度设置成大于 5°的夹角，或设置吸声面或扩散结构。

（3）消除声聚焦

声聚焦是圆弧形表面形成的集中反射现象。凹曲面的顶棚，会产生声聚焦现象，使反射声分布很不均匀，应当避免采用。用几何作图分析可知，如凹弧形表面形成的声反射的焦点落在室内听众席上，使声能过分集中于该区域，而其他区域则缺少反射声，致使室内声场很不均匀。避免声聚焦的办法是控制曲面的弧度，使弧面的曲率半径与房间高度相接近；此外，也可以在弧面上布置扩散体或吸声材料，在凹面上做全频域强吸声，通过减弱反射声强度来避免声聚焦引起的声场分布不均；或在凹面下悬挂扩散反射板或扩散吸声板，使声聚焦不能形成。

9.4.3　歌剧厅声学设计

江苏大剧院歌剧厅观众厅运用“空勾无皴”“三矾九染”的原始手段，凸显光影与云水结构，多层次的迷蒙氤氲营造云水缭绕，意境放逸。色彩、肌理的运用，虚实相生，呈现出一种神秘、氤氲、空缈、宏大的幻境，使人丰富的想象奔涌而出，严谨中的空间表现出美与回归。

图 9-14　歌剧厅观众厅实景图

1）舞台墙体的设计

歌剧厅观众厅的原建筑图纸中，台口侧墙为简单的折线，经过声线分析，发现观众厅前部和中部缺乏由侧墙传来的第一次反射声。故声学设计中对剧场台口形状进行了调整，将台口从原来的简单折线改为由两段弧线组成的渐变弧线(两段弧线分别标为A段弧和B段弧)。A段弧线用于放置音频和视频设备，B段弧线主要用于控制一次反射声分布。

墙体调整后的声线分析结果发现，反射声线更均匀地分布于观众区，达到无遗漏区域，并且反射声到达观众区的声程更短，有利于缩短直达声和第一次反射声之间的时间间隙，有利于观众的听觉感受。

2）观众厅墙体弧线的改进

由于建筑主体部分已经建设完成，台口的墙体不能改动。根据室内设计方案的平面声线分析，2号弧线对反射声有一定的改善，但是还不够；3号折线方向不正确，反射声全部送到侧边观众席上。因此在保证台口显示屏尺寸前提下增加了弧线4，使声能尽量反射到中间观众区；3号折线方向调整到使反射声向中间区域反射。

3）排练厅的设计

为了减少噪声的影响，在位于舞台后上方的排练厅地板下面安装了100多根减震弹簧，做成浮筑地板，从而使整个排练厅变成一个巨大的减震器，进一步保证了观众的听觉不会受到任何影响。

4）观众厅内装饰用材的声学设计要求

根据音质计算结果，确定了观众厅各界面的声学装修材料、配置及构造，具体要求如下：

（1）观众厅的座椅设计：座椅靠背较大，软包内部的海绵较薄，从而使得整个大厅的声效达到最好。

（2）观众厅地坪采用木地板，龙骨间隙填实，避免地板共振吸收低频。

（3）观众厅墙面选用 GRG 板，装修材料的面密度为 40 kg/m^2，表面做微扩散处理。

（4）观众厅后墙面选用穿孔 GRG 板（穿孔率约 20%，板后贴无纺布），空腔内填充 40 mm厚 48 kg/m^3 离心玻璃棉（外包玻璃丝布）。

（5）声学设计要求天花采用反射材料，采用面密度为 40 kg/m^2 的 GRG 板。

（6）舞台墙面空间体积比较大，为了避免舞台空间与观众厅空间之间的耦合影响，声学设计要求舞台空间内的混响时间应基本接近观众厅的混响时间，要求在舞台（包括主舞台、侧舞台）一层天桥下面的墙面做吸声处理。具体做法为：3 m 以下墙面采用 25 mm 厚防撞木丝吸声板（刷黑色水性涂料）+75 系列轻钢龙骨（内填 50 mm 厚 48 kg/m^3 离心玻璃棉板，外包玻璃丝布）+原有装饰面。

5）歌剧厅体型设计

（1）观众厅有足够大的容积，确保每座容积不小于 7 m^3；

（2）观众厅的最大宽度不大于 32 m；

（3）两层、三层楼座下的天花高度不低于 5.2 m；

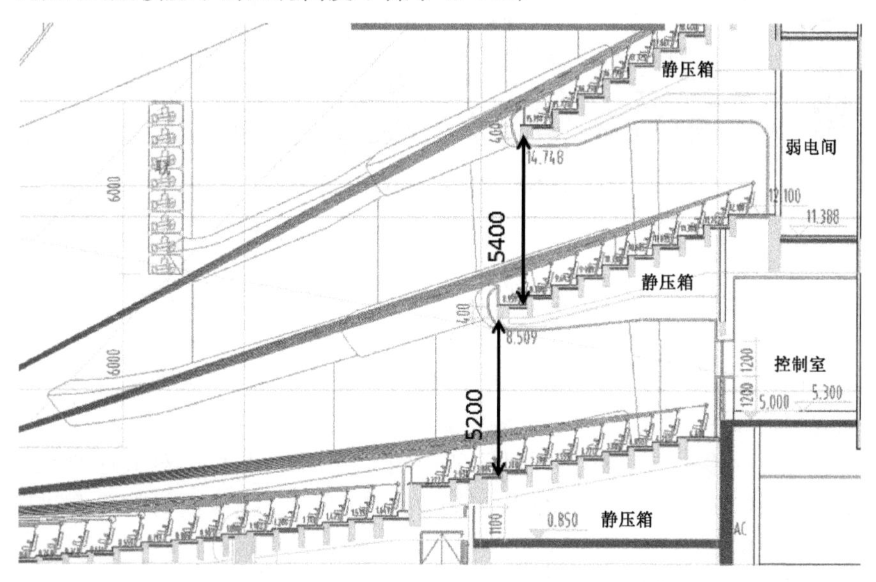

图 9-15　观众厅高度

（4）池座内设一峭壁，利用峭壁面向池座中央观众席提供反射声；

（5）观众厅两侧墙，特别是前三分之一的侧墙，做成凸曲面形状；

（6）观众厅天花轮廓能使所有观众接收到来自天花面的反射声；

（7）观众厅内表面材料需有合适的厚度、密度和抗共振性能，如采用 GRG 板，板厚不得小于 40 mm，支撑节点之间的距离不得大于 600 mm；

（8）观众厅内除座椅外，其他表面都采用声反射材料（即不安装吸声材料）；

（9）观众厅内必须安装可变吸声材料用以调节厅内的混响时间以便适应不同形式的表演节目。

9.4.4 音乐厅声学设计

音乐厅的造型潇洒和功能与艺术结合的完美都不逊色于悉尼歌剧院，人们娱乐“有音乐的地方，总是得到灵感和启迪：大厅想象为山谷，乐队处于谷底，周围是向上缓缓而起的葡萄山”，创造了一个音乐在其中要占据“空间和视觉上的中心”。运用大手笔的块面表现，水晶线条和淡蓝色天花的交相辉映，以及光源的散落分布和钢琴与流水的巧妙结合，映照出时尚、简约、大气的氛围。采用一系列现代建筑声学设计，以其明显的厅堂声学优势吸引着众多的表演家和听众。设计采用了流动的音符原理，立足流动性与自然运动，当观众走近时便会感觉串串涟漪般向四周荡漾开来，魅力四射，就如交响曲的乐谱，非常富有乐感，也如同好莱坞那样造就出美轮美奂的梦幻仙境。

图 9-16　音乐厅观众厅实景图

1）音乐厅的声学设计

（1）混响时间：确保观众厅的容积在设计过程中不被缩减，保证观众厅内表面材料具有足够的面密度和刚性，以便提供较长的低频混响。

（2）声音清晰度：确保每一观众席接收到至少三次反射声，一次来自天花，两次来自侧墙面和天花的组合，还有来自分区的楼座栏板。

（3）声强因子：确保早期反射声在时间和空间上分布均匀，特别对最远的观众席，具有足够的强度，并与直达声结合在一起增加声音的强度，确保厅内表面材料不会过度吸声（吸声会降低声音的强度）。

2）音乐厅设计的基本要求

（1）音乐厅采用“葡萄园”形的配置方式，即在演奏台四周逐渐升起的部位设置听众席。这种形式的最大优点是在大容量厅堂内缩短后排听众至演奏台的距离，从而确保在自然声演奏的条件下，有足够强的响度。此外，利用演奏台四周厢座的栏板和楼座的矮墙，可使听众席获得足够强、且有较大覆盖面的早期侧向反射声。这是音乐厅所以能获得良好音质的重要原因。而音乐厅则是通过窄跨度的侧墙实现的。因此，这种形式不仅继承了传统音乐厅所具有的良好品质，又能适应现代大容量音乐厅的各种需求。

（2）乐台的形状应避免过深或过宽。太宽则坐在厅堂一侧的听众会先听到靠近他们的乐器声。这种时间差对各声部的融合不利。过深则后面的乐器声到达听众的延时可能过长，以至人耳分辨得出，容易形成干扰。同时乐台过宽，也使指挥难以从整体上把握乐队。

为此，大剧院音乐厅乐台设计宽 18 m，深 12 m。

(3) 音乐厅有足够大的容积，确保每座容积不小于 8 m^3。

(4) 音乐厅观众区域的护板形状如图 9-17 所示，以便向池座观众提供有效的反射声。

图 9-17　观众区域的护板形状

(5) 池座侧墙至少应有 4 m 高。

(6) 结合天花设计，为楼座观众提供有效的声反射板。

(7) 音乐罩：在音乐厅乐台上部设有音乐罩，改善早期反射声分布，提高声场均匀度，并改善演奏者间的相互听闻。通过音乐罩能使乐队和演员能更有效地向乐台区和观众区辐射，提高观众厅的响度以及音乐的动态范围。所谓动态范围指的是最高声级和最低声级之间的变化度。此外，音乐罩还应缩短反射投射至所众的时间，从而为观众区和乐台区提供早期反射声，以增加音乐的亲切度和明晰度。音乐罩设计为五块分体式声反射罩设计方案，反

图 9-18　舞台上空的声反射罩

射罩面板采用反射性能良好的 GRG 板，乐台上方设置了可调节高度的五块声反射板，在各反射板之间留有占一定面积比的空隙，从而使低频声能得以逸散到观众厅上部空间，不至于削弱混响声中的低频成分，因而仍能保持音乐的丰满度和温暖感。同时，音乐罩还可改善乐师之间以及指挥、演员和乐队之间的相互所闻，有利于演奏、演唱和伴奏的同步。此外，音乐罩还有助于各声部声能的平衡，促进其在乐台区的融合，并最后将平衡、融合的声音投射至听众席。因此，指挥家常把音乐罩称为乐队的调色板。它能使各乐器的部分声能在乐台区交叉反射，彼此混合，从而增加了乐台区的混响感。

(8) 乐台后墙(包括合唱团前的护板)设计为 4.65 m 高。(图 9-19)

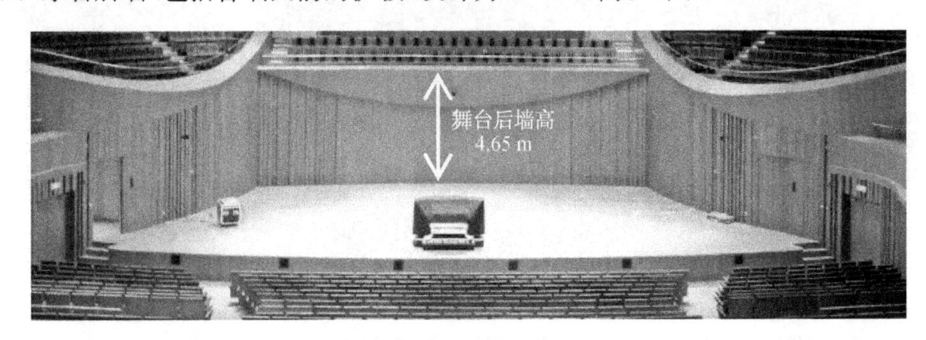

图 9-19　舞台后墙

(9) 音乐厅内所有的观众都应能接收到来自整个乐台所有乐器的直达声。

(10) 音乐厅内表面材料需有合适的厚度、密度和抗共振性能，如采用 GRG 板，板厚不得小于 40 mm，支撑节点之间的距离不得大于 600 mm。

(11) 音乐厅内除了座椅和走道地毯外，其他表面均应采用声反射材料(即不安装吸声材料)。

(12) 音乐厅内必须安装可变吸声材料用以调节厅内的混响时间，以便适应不同形式的音乐表演。

3) 观众厅体型声学要求

为达到上述音质设计目标，对音乐厅的平、剖面形状以及每座容积进行了调整；在声学与建筑及室内设计师的沟通协调中对建筑及室内的方案进行了调整，尽量满足观众区各位置声学早期侧向反射声；对建筑及室内方案的吊顶进行调整，尽量满足观众区各位置声学要求的顶面反射声及厅内每座容积；调整建筑形体上的凹弧结构，防止声音聚焦；调整分割观众区用峭壁的凸弧度及其高度，尽可能结合室内装饰的风格对各个声音反射面作扩散、微扩散处理，使声场均匀。

4) 观众厅内装饰材料的声学要求

观众厅装饰材料的选择与配置、位置及其数量，关系到厅内声场的分布和扩散性能，更关系到厅内混响时间及其频率特性的控制。因此，对装饰材料提出了以下声学设计要求：

(1) 为避免观众厅地面共振吸收过多的低频声，采用实木地板并将龙骨间隙填实。

(2) 声学上要求天花具有较强的反射，同时还要求减少对低频的吸收，保证一定的刚度和防火等级要求，采用增强纤维预制石膏板(即 GRG 板)吊顶，其面密度大于 40 kg/m^2。

(3) 观众厅内墙是重要的早期声反射面，这些墙面能向观众席提供较多的早期反射声能，提高观众位置上听音的空间感。声学要求墙面尽可能厚实、坚硬，主要起到声反射的作用，充分利用声能并尽可能减少声吸收，采用如下两种做法：第一种在原有结构墙面上安装GRG板扩散造型，其面密度要求大于50 kg/m²；第二种在原有结构墙面的基础上实贴(或外包)实木，既可以美化装修，又起到扩散作用，实木面层做防火处理，其面密度要求大于50 kg/m²。两种做法根据室内设计方案做成竖向凹凸条纹及分层的构造，较好地解决了厅内声场的扩散问题。

(4) 座椅是最重要的吸声面，中高频的吸声量占总吸声量的80%左右，对厅内的实际混响时间影响很大，选择座椅的形式及用料并控制其声学性能，成为观众厅音质设计的重要环节。要求座椅在空椅和坐人两种条件下的吸声性能尽可能接近，使得空场和满场条件下观众厅内的声场音质效果无较大的变化。坐垫翻动时不产生噪声，尤其不允许产生碰撞声。座椅采用木靠背及木扶手，靠背留木边框，同时靠背软垫不需太厚，坐垫底面宜做吸声处理，选用局部穿孔木板面。

音乐厅混响时间允许值为1.5～2.8 s，低于1.5 s，将被认为音质偏于干涩。混响时间最佳值为1.8～2.1 s。最佳混响时间与音乐作品的体裁与风格有关。对于古典音乐，例如莫扎特的作品，最佳混响时间约为1.6～1.8 s；对于浪漫音乐，例如勃拉姆斯的作品，最佳混响时间为2.1 s；对于现代音乐，可控制在1.8～2 s之间。混响时间的频率特性曲线可保持平直，或者使低音比，即125 Hz与250 Hz的混响时间与500 Hz与1 kHz的混响时间之比为1.1～1.25，最大可达1.45。

结果显示：观众厅混响时间(2.1 s)很好地控制在设计推荐值范围内，其他参数也满足设计值或在可以接受的设计误差范围内，客观音质达到了较好的效果。观众厅采用了一系列现代的建筑声学设计，音质良好，频率特性和适度的混响时间以及均匀的声场分布。

9.4.5　戏剧厅声学设计

江苏大剧院戏剧厅观众厅以强烈的色彩语言节奏，造成了一种视觉动感与撞击，以凝固的建筑艺术表现回旋飘忽的戏剧舞姿和婉转抑扬的乐曲，成为戏剧设计的主题。建筑以自由的平面布局、立面造型和空间体量为构图要素，用错位、组合、扭转为构图手法，使整个建筑造型表达了一种婉转回旋的形态，使戏剧艺术与建筑艺术在观感上和意念上达到融会与贯通。

激荡的色彩，灼灼其华，赋予生命的斑斓彩色，精确描绘每个细节，凸显光影效果，渲染暗部变化，凝聚着“理性的辉光”。舒卷开合、高低错落的淡米色墙体和顶部的纹饰是对中国戏剧表演中飘动的服饰和水袖的摹写，给人一种强烈的形式美感。

图9-20　戏剧厅观众厅实景图

1）声学设计

基于戏剧厅演出京剧、昆剧、越剧、黄梅戏等各类地方戏曲，戏剧厅的声学设计要确保充分的语言清晰度。

- 话剧（自然声）；
- 京剧（电声或自然声）；
- 地方戏曲（电声或自然声）。

根据满足上述使用功能的要求，戏剧厅声学设计的主观标准：

- 确保充分的语言清晰度和可辨度；
- 自然声演出时所有观众区域应有足够响的声音；
- 电声演出时观众厅内需要较低的混响；
- 厅内应有很低的背景噪声。

舞台上的演员和乐池里的乐师应有良好的交流环境。

对于舞台上或乐池里的演员的声学支持也很重要，演员应能听到他们自己发出的声音和队友发出的声音，并能听到来自观众的反响。这需要观众厅和舞台区域之间具有良好的声学耦合，并有充分的来自墙和天花的早期反射声以及精细地控制观众厅的混响。戏剧厅声学设计标准见表 9-6。

表 9-6　戏剧厅声学设计标准（中频、空场）

客观参数	条件	设计标准
观众厅声学容积		每座 4～7 m^3
背景噪声级	连续噪声（暖通系统噪声）	Leq NR20
	短暂噪声（外界入侵，交通和电梯噪声等）	L01 NR20
混响时间（RT）		0.9～1.2s
	低频	RT(125 Hz)＞1.1×RT_{mid}
语言可辨度		＞0.60
清晰度（C_{80}）		＞0 dB
声强因子（G）		＞+1 dB

2）戏剧厅的声学设计

（1）混响时间：确保在设计过程中不降低观众厅声学容积，确保观众厅表面材料具有足够的面密度和刚性以便提供较长的低频混响。

（2）声音清晰度和语言可辨度：确保每一位观众席接收到至少三次来自墙面和天花的早期反射声，一次来自天花，两次来自侧墙面。

（3）声强因子：确保用于提高声音清晰度的反射声在时间上和空间上有很好的分布，并在观众席区域分布均匀。确保观众厅内表面材料不会过度吸声（吸声会降低声音的强度）。

3）戏剧厅建筑声学设计要求

（1）戏剧厅建筑设计和声学设计互动调整的内容包括：舞台台口八字墙的调整、观众厅内装饰面弧度的调整、观众厅内装饰用材的声学设计要求等，其调整过程与歌剧厅大致相同。

（2）观众厅有合适的容积，确保每座容积 4～7 m^3。

（3）楼座下的天花高度为 4 370 mm。（图 9-21）

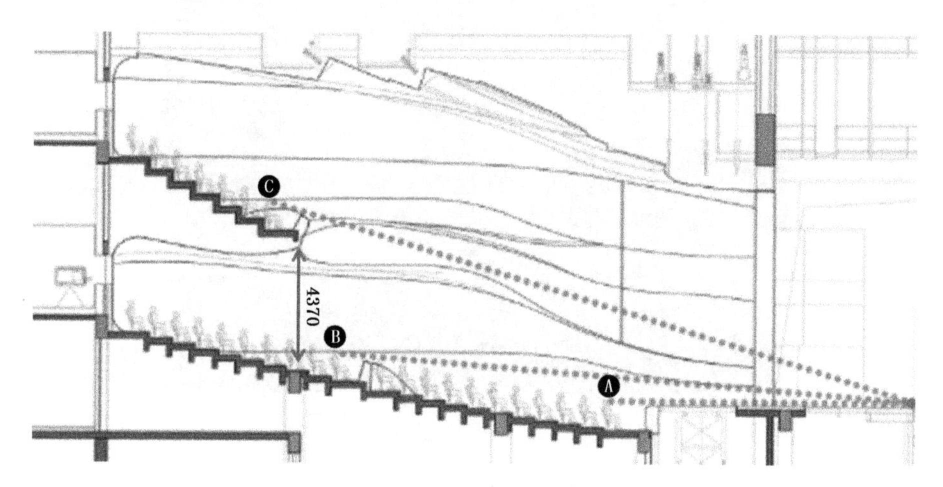

图 9-21　楼座下的天花高度

（4）观众厅的最大宽度不超过 23 m。

（5）观众厅和舞台过渡区域的侧墙面做成凸曲面。（图 9-22）

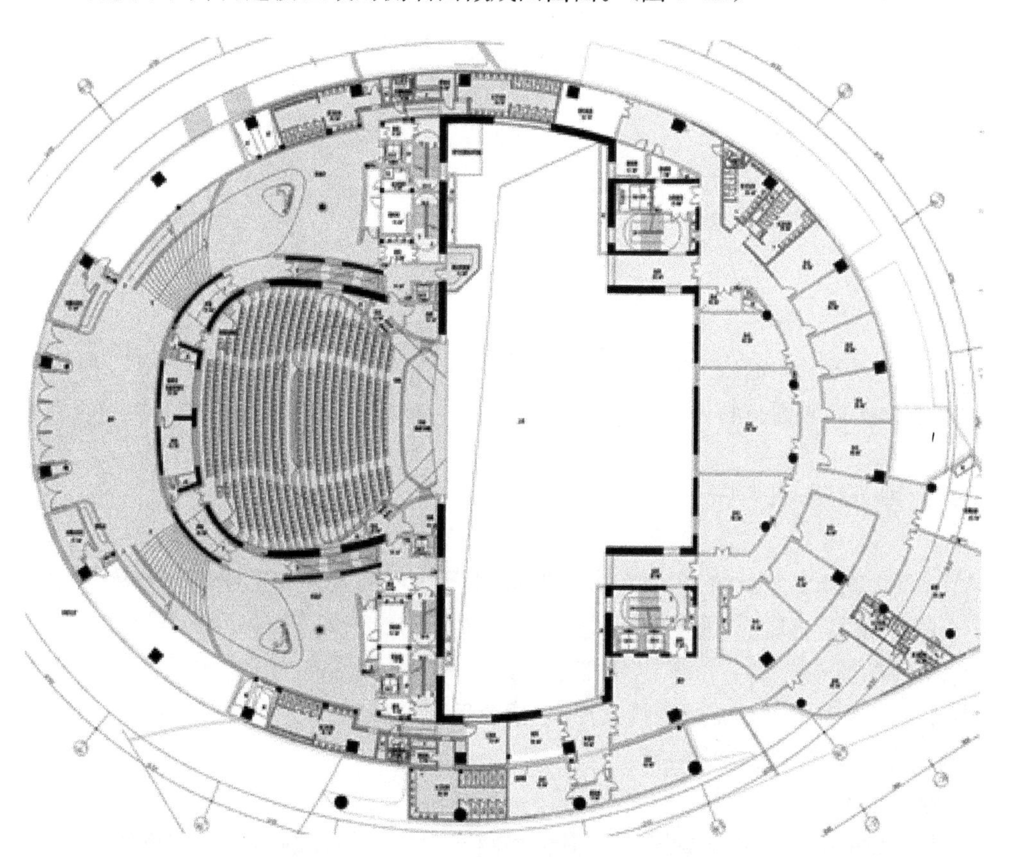

图 9-22　观众厅和舞台过渡区域的侧墙面

(6) 观众厅天花轮廓能使所有观众接收到来自天花面的反射声。(图 9-23)

图 9-23　观众厅天花面的反射声

(7) 乐池的深度为 2.18 m 左右,乐池的形状如图 9-24 所示。

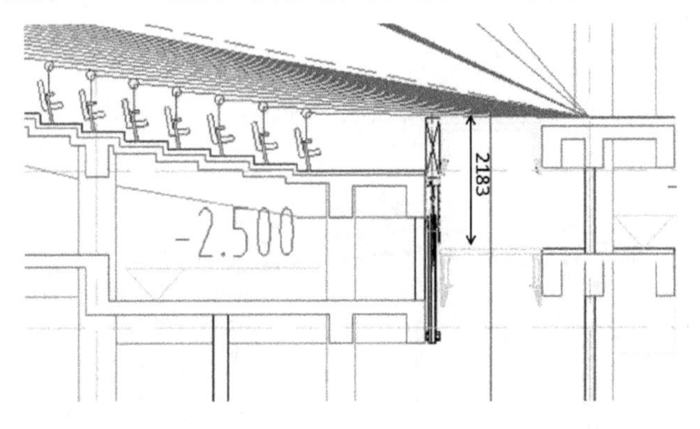

图 9-24　乐池剖面图

(8) 乐池上方天花面应是平面,向乐池里的乐师和舞台上演员提供有效的反射声。

(9) 观众厅内表面材料厚度为 4 cm 的 GRG 板,该材料密度和抗共振性能均符合要求。

9.5　大剧院噪声控制

噪声的危害是多方面的,主要有影响听闻、干扰人们的生活和工作等。当噪声强度较大时,还会损害听力及引起其他疾病。

1. 室外环境噪声

室外环境噪声主要有交通运输噪声(包括公路、铁路、航空、船舶噪声)、工厂噪声、建筑施工噪声、商业噪声和社会生活噪声等。

2. 建筑内部噪声

在建筑物内噪声级比较高、容易对其他房间产生噪声干扰的房间有风机房、泵房、制冷机房等各种设备用房;道具制作等加工、制作用房以及娱乐用房,如歌舞厅、卡拉 OK 厅等。它们自身要求不被噪声干扰,同时又要防止对其他房间产生噪声干扰。此外,各种家电、卫生设备、打字机、电话及各种生产设备也都会产生噪声。

3. 房间围护结构撞击噪声

室内撞击声(也称固体声)主要有人员活动产生的楼板撞击声,设备、管道安装不当产生的固体传声等。

建筑中噪声控制的任务就是通过一定的降噪减振措施,使房间内部噪声达到允许噪声标准。

4. 噪声控制原则

噪声源发出噪声,经过一定的传播路径到达接收者或使用房间。因此,噪声控制最有效的方法是尽可能控制噪声源的声功率,即采用低噪声设备。在传播路径上采取隔声、消声措施,也可控制噪声的影响。这是建筑中噪声控制的主要内容。

针对不同的噪声,控制的方法也有所不同。对外部环境噪声及建筑中其他房间的噪声,可采取远离噪声源及提高房间围护结构隔声量的方法;对于固体传声,主要是通过设备、管道的隔振及提高楼板撞击声隔声性能来解决;房间内部首先应采用低噪声设备,其次是通过使用隔声屏、隔声罩来隔声;空调、通风系统噪声主要是通过管道消声来降低。设备房采用浮筑地坪等隔声技术手段。

9.5.1　大剧院浮筑楼板施工技术

1. 浮筑地坪概述

随着时代的发展,人们对工作、生活的环境要求越来越高,噪声及振动问题也越来越被重视。为了有效地控制和隔离机房内设备振动和噪声对外界(特别是下层区域)的影响,浮筑地坪也得到了广泛的应用。过去浮筑地坪普遍采用如矿棉渣、泡沫乙烯等作为支承元件,这些材料弹性差、固有频率很高(一般≥20 Hz),隔振效果差,而且永久变形大、不回弹,有效使用年限很短。

为了有效控制振动、噪声传递至下层噪声敏感区域,达到声学设计目标,采用由天然合成橡胶、氯丁胶、中间锦纶尼龙骨架加强层,通过高温硫化模压而成的 JF 型橡胶隔振隔声垫,该产品具有固有频率低、阻尼比大(阻尼比≥0.08),隔振隔声效果好,可耐酸、碱、油、防腐、防霉、防湿、防老化等,耐温可达－20℃～90℃,铺设安装也方便。

2. 浮筑地坪节点图

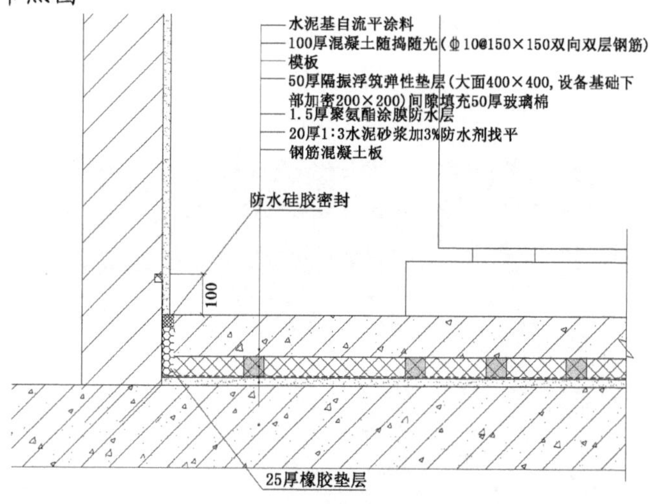

图 9-25　浮筑地坪 A 构造

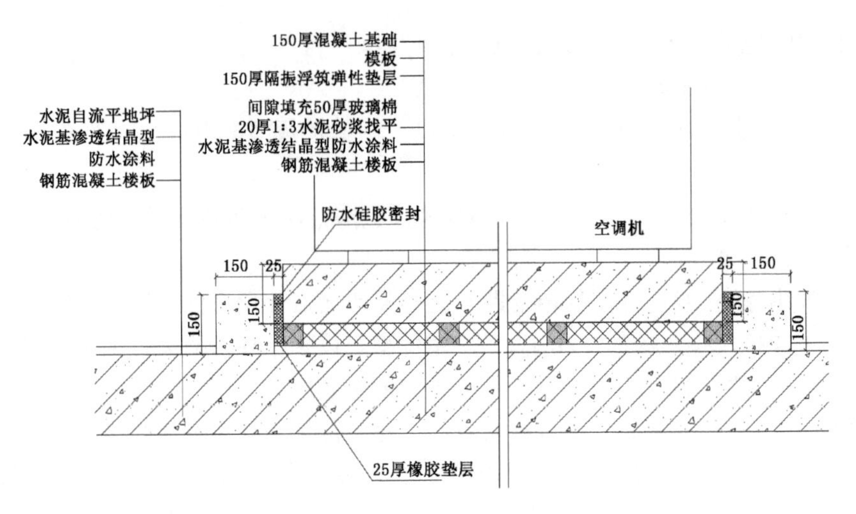

图 9-26　浮筑地坪 B 构造

江苏大剧院工程浮筑地坪分为 A、B 两种做法。A 做法为整个机房满做浮筑地坪;B 做法为只在设备基础下做浮筑地坪。

3. 浮筑地坪布置图

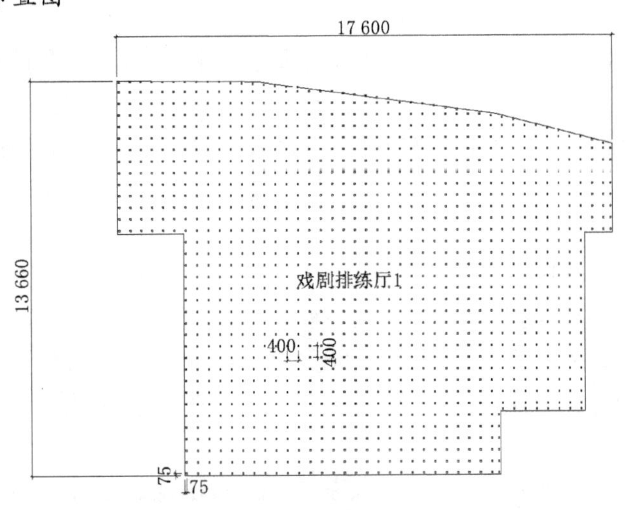

图 9-27　平面布置图

图 9-28　浮筑地坪内部结构

4. 浮筑地坪安装施工方法

(1) 铺设风机浮筑地坪区域楼板约需增加 375 kg 的负荷，须结构工程师审核楼板承载能力，满足要求后方可施工。

(2) 清扫结构楼面，必须保证楼面平整、无尖锐物、无突起。如地面平整度很差，须用水泥砂浆找平。在找平层上刷一层聚氨酯防水涂料。

(3) 所有铺设浮筑地坪的区域须靠墙或设有导墙，导墙高度不低于 185 mm，宽度不小于 150 mm。

(4) 所有穿过楼板的管道需预埋套管，套管高度不低于 185 mm。

(5) 按浮筑地坪布置图先铺放 50 mm 玻璃棉，在玻璃棉上划线打格，然后按尺寸将 JF-50 布置，上部铺设 12 mm 水泥压力板，水泥压力板接缝处需用≥30 mm 宽透明粘贴纸粘贴。

(6) 四周墙面采用侧向专业塑胶防振隔声板，侧向专业塑胶防振隔声板用专用胶水与墙面固定。管道套管采用橡胶隔振围边包裹。

(7) 水泥板铺好后，浇注厚度不低于 100 mm 厚度的 C30 混凝土，混凝土内配加固钢筋，钢筋网需保证在混凝土层的中部。若施工不是一次性浇筑混凝土，应考虑加设连接钢筋于连接位。

(8) 浇筑混凝土需注意溅出部分应及时清理。

图 9-29 设备层铺设玻璃棉(左)；划线铺设减振块(右)

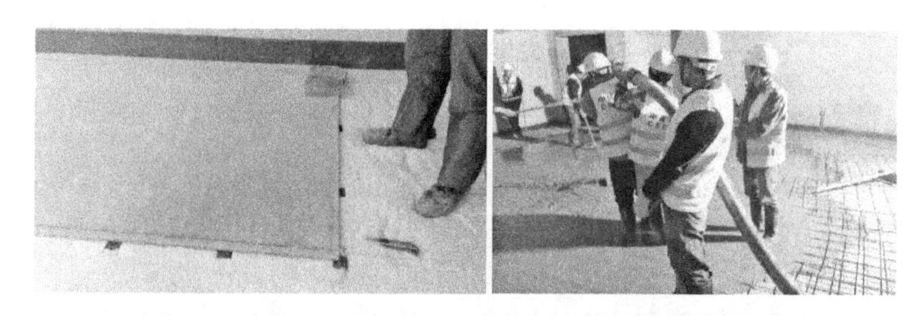

图 9-30 平铺硅酸钙板(左)；浮筑楼板面层浇筑施工(右)

9.5.2 机电设备隔声减振概述

剧院工程声学要求极高，隔声构造复杂繁琐，成品保护难度大。各类机房设备减振降噪措施主要有：浮筑底板、弹簧减震器、惯性基座、隔震吊架、柔性管接头组成。

1. 空调机房采取隔声、消声和隔振措施的示意图(图 9-31)

2. 机房内的吸声处理

机房内的墙面和天花面需要安装吸声材料，用以控制机房内的混响声场，采用机房常用的玻璃棉加金属穿孔保护层的吸声结构。图 9-32 为机房墙面安装吸声材料的节点图。

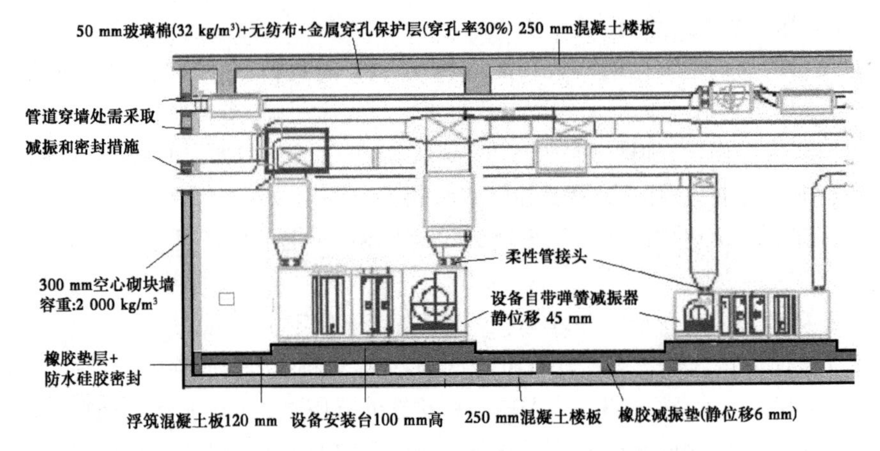

图 9-31 空调机房采取隔声、消声和隔振措施的示意图

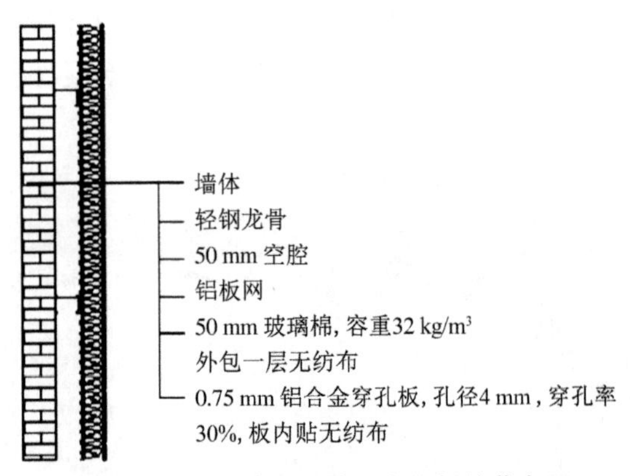

图 9-32 机房墙面安装吸声材料的节点图

3. 设备和管道安装的隔振要求

落地式空调通风设备均采取两级减振措施，本项目应指挥部要求采用厂家提供的AHU 和 PAU 设备自带弹簧减振垫，作为第一级减振措施。如果风机转速高于 500 r/min，弹簧的静位移取 45 mm；如果风机转速小于或等于 500 r/min，则静位移取 65 mm。浮筑混凝土板采用分布的橡胶减振垫支撑，作为第二级减振措施。橡胶减振垫的静位移取 6 mm。

机房内所有的管道采用弹簧减振吊架悬吊，其静位移取 45 mm。机房外的风管在至少三个管道支撑点处应采取弹簧减振吊架悬吊，其静位移取 25 mm。

设备进风口和出风口与管道的连接处需要采用柔性管接头。柔性管接头本身具有减振作用，在安装柔性管接头时，需要防止柔性管接头大幅度变形，起不到减振作用。

柔性管接头应由耐用、柔韧、不透气、涂层织物材料制成。柔性管接头的材料可以是表面覆有合成橡胶、乙烯塑料或涂层氯丁橡胶的玻璃纤维，其材料面密度不得低于 2 kg/m²。柔性管接头的每一端与管道连接处的重叠部分长 25 mm，两管道之间的距离至少 100 mm，即每个柔性管接头的长度至少为 150 mm。

4. 管道穿墙处的减振和密封

在所有的管道穿出机房围护结构的结合部位均需要采取减振和密封措施。

如果是裸管，可以采用图 9-33 所示的减振和密封措施。

把墙孔开得大于管道外壳尺寸，在管道安装到位后，管道外壳的每一边与孔壁之间存在约 50 mm 缝隙。在缝隙内紧密填满减振材料（如容重不小于 48 kg/m³ 的聚乙烯软质减振材料），然后用两个封口垫片在墙体的两侧把缝隙减小到 5 mm（封口垫片可以选 16 mm 石膏板、25 mm 胶合板或 1.6 mm 钢垫片）。用由封闭微孔聚乙烯材料制成的膨胀弹性泡沫衬杆塞入 5 mm 的缝隙，最后用适当的密封剂密封 5 mm 的缝隙。

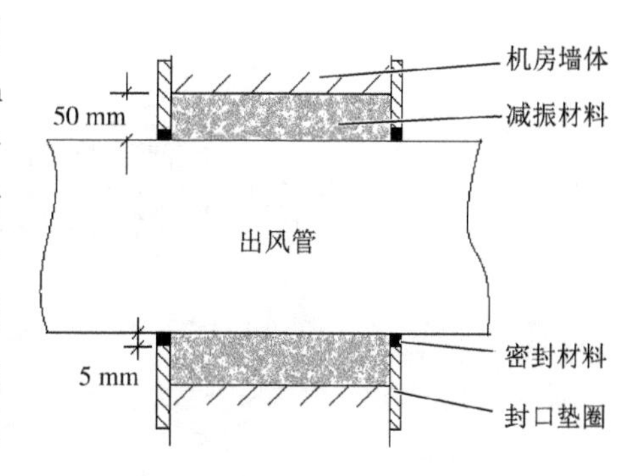

图 9-33　管道穿墙处的减振和密封示意图

填充材料应具备阻燃、吸湿、防水、防霉和防蛀特性。

密封剂可以用聚氨酯或硅氧烷或硅酮为基础的永不硬化密封剂。声学密封剂最基本的要领是这些密封剂应在建筑的使用寿命内具有足够的柔韧性，不会发生裂缝或脱层现象。此外密封剂还应具备适当的防火等级，它既起到维持防火等级的作用又有隔音作用。

永久柔性的具有合格防火等级的油灰可取代密封剂。该材料容重至少应为 650 kg/m³，硬度不超过 60Duro（硬度标度）。

当管道的外壳表面包裹了保温层，管道连同保温层一起穿过墙体时，不需要再填充减振材料，管道安装到位后，可以直接用玻璃棉密封保温层与墙体开孔之间的缝隙，表面再用防火胶泥或聚苯乙烯泡沫条密封。

值得指出的是如果需要利用保温层起到隔声作用，则保温层的厚度至少为 50 mm，在保温材料的外面需要覆盖一层面密度至少为 4 kg/m² 的保护层材料。

5. 减振器的类型

- WP 型减振器

WP 型蜂窝减振器是氯丁橡胶垫或天然橡胶垫，上下面均加肋或做成网状结构加固。

SWP 型金属与氯丁橡胶夹心减振器包含两个加肋或加网状氯丁橡胶垫，中间夹一片不锈钢片。（图 9-34）

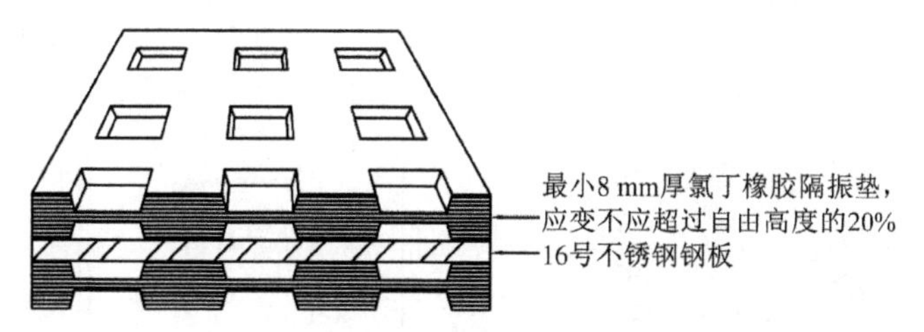

图 9-34　SWP 型减振器

- NM 型减振支撑

NM 型减振器是横向稳定、双倍位移、模压氯丁橡胶或天然橡胶做成的减振垫。（图 9-35）

- 橡胶减振器（液体管柔性软接头）

液体管柔性软接头应为单球或双球型氯丁橡胶管。不得使用柔性钢管或带有钢控制杆的橡胶球接头。

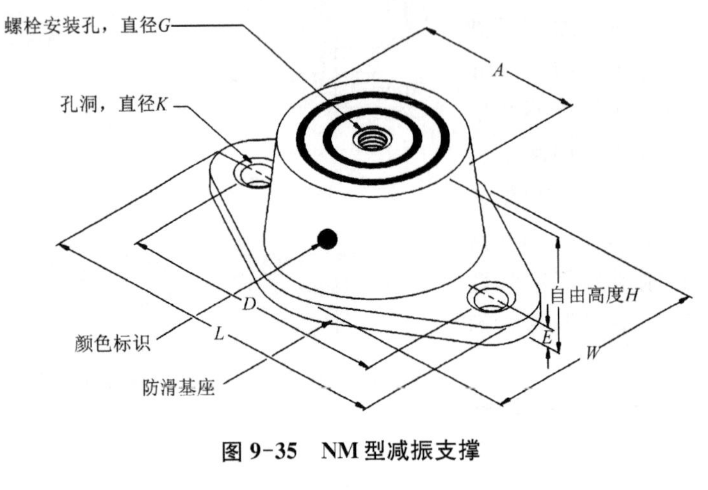

图 9-35　NM 型减振支撑

- NH 型减振支撑

NH 型氯丁橡胶减振吊架包含一个模压氯丁橡胶或天然橡胶减振元件和一个镀锌压制钢吊钩箱。

SM 型弹簧和氯丁橡胶减振器是自立式、横向稳定而不带护围外壳的钢弹簧减振器。（图 9-36）

不得使用橡皮碗类型的弹簧减振基座。

- SH 型减振吊架

SH 型减振吊架由串接的一个钢弹簧和一个氯丁橡胶或天然橡胶防噪垫构成。（图 9-37）

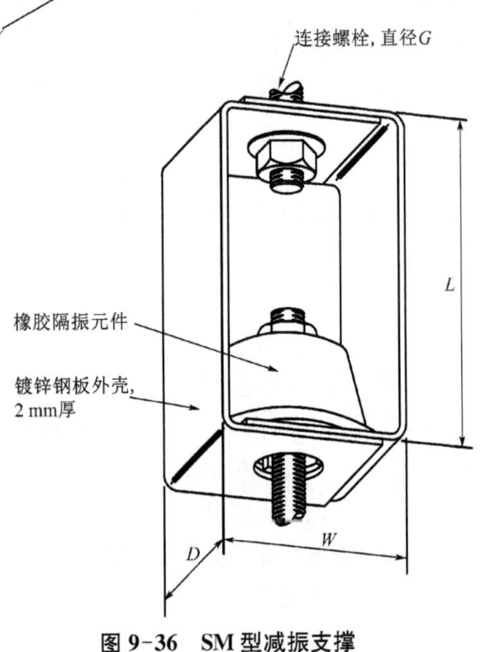

图 9-36　SM 型减振支撑

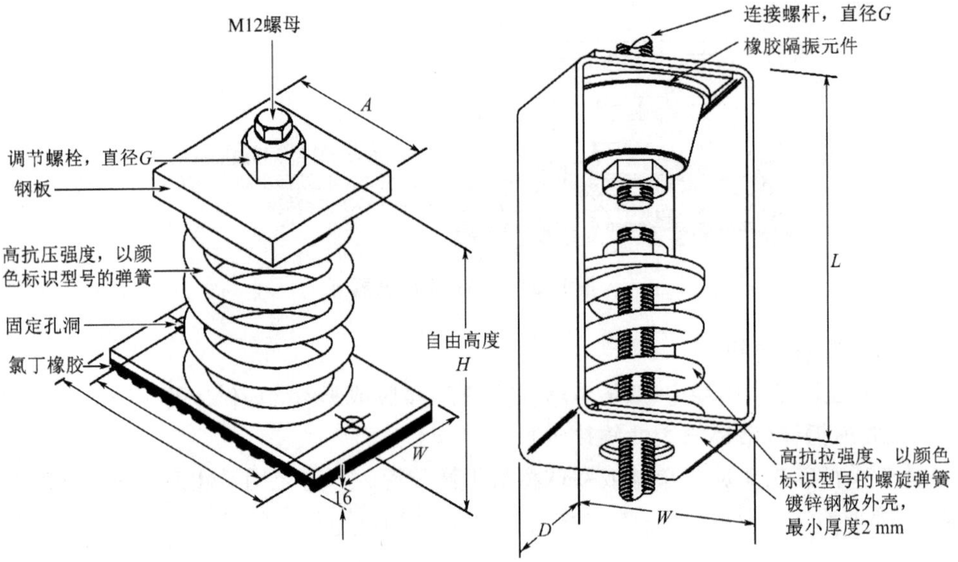

图 9-37　SH 型减振吊架

- VSM 型减振器

VSM 型减振器包括一个钢弹簧、一个氯丁橡胶垫和一个护围外壳。外壳上配有垂直限位挡板和横向约束装置，以防止当重物（水或其他液体）从设备移开时弹簧伸展，或限制设备承受风载荷时移动。（图 9-38）

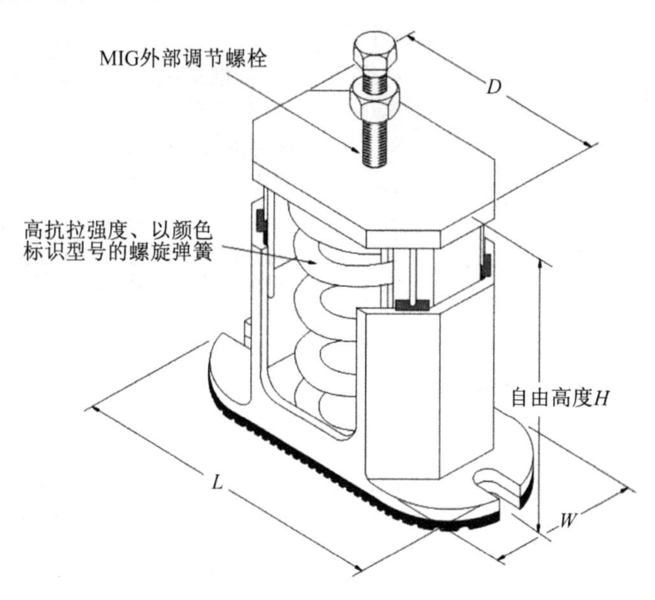

图 9-38　VSM 型减振器

- 其他减振选择（表 9-7、表 9-8）

表 9-7　管井和管井内的污水管和雨水管的处理方法（基于材料为 PVC/HDPE 的管道）

毗邻的使用空间	管道和管井的处理方法
噪声标准＝NR20～25 的使用空间，例如观演厅、控制室	管道最好布置在这些空间之外。如果不得不在这些空间内安装管道，需要根据管道的具体情况进行专门的设计
噪声标准 ＝NR30，例如贵宾室、私人办公室	参见图 9-39 a. 管道包裹一层面密度不小于 4 kg/m² 的管道隔声毡 b. 管井中铺设 75 mm 厚密度不小于 24 kg/m³ 隔声棉 c. 2×12 mm 石膏板安装在 75 mm 轻钢龙骨上，缝隙用声学密封胶密闭
噪声标准＝NR35 的使用空间，例如一般办公室	a. 管道包裹一层面密度不小于 4 kg/m² 的管道隔声毡 b. 管井中铺设 75 mm 厚密度不小于 24 kg/m³ 隔声棉 c. 1×12 mm 石膏板安装在 75 mm 轻钢龙骨上，缝隙用声学密封胶密闭
噪声标准＝NR40 的使用空间，例如前厅、餐厅、酒吧、商店	管道无需包裹隔声泡沫 a. 管井中铺设 50 mm 厚密度不小于 24 kg/m³ 隔声棉 b. 1×15 mm 防火石膏板或者 2×12 mm 石膏板安装在 75 mm 轻钢龙骨上，缝隙用声学密封胶密闭
噪声标准＝NR45 的使用空间，例如公共卫生间、储藏间、厨房	管道无需包裹隔声泡沫 1×12 mm 石膏板，缝隙用声学密封胶密闭
车库、地下室、空调机房等	管道无需包裹管道隔声毡 管道无需管井

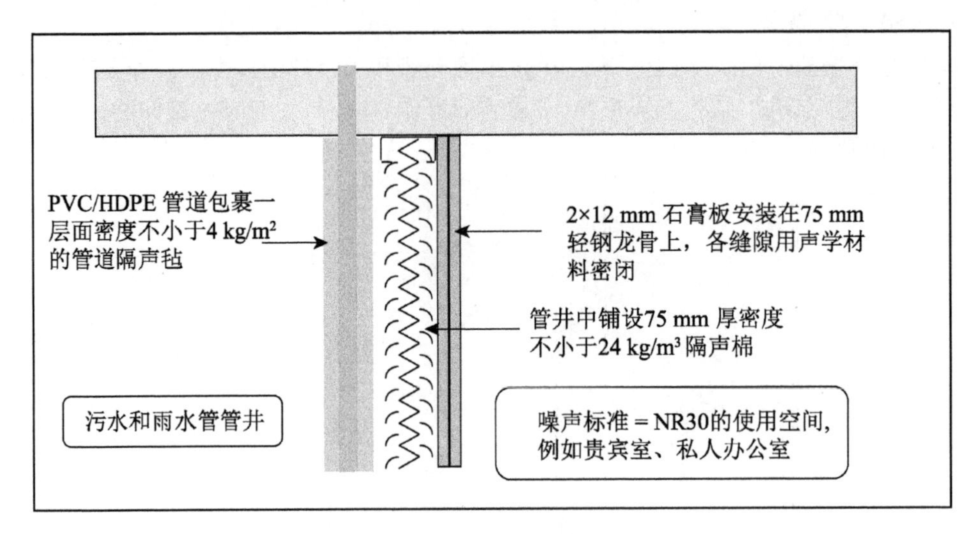

图 9-39　位于管井内的污水管和雨水管的处理方法——毗邻噪声标准 NR30 的使用空间

表 9-8　天花内的污水管和附近的天花的处理方法(基于材料为 PVC/HDPE 的管道)

使用空间	管道和吊顶的处理方法
噪声标准＝NR20～25 的使用空间,例如观演厅、控制室	管道最好布置在这些空间之外。如果不得不在这些空间内安装管道,需要根据管道的具体情况进行专门的设计
噪声标准 ＝NR30 的使用空间，例如贵宾室、私人办公室	参见图 9-40 a. 管道包裹两层面密度不小于 4 kg/m² 的管道隔声毡 b. 铺设 50 mm 厚密度不小于 24 kg/m³ 隔声棉 c. 1×12 mm 石膏板,或者用 CAC 不小于 40 的天花板,或者用 1×12 mm 石膏板做成的隔声罩把污水管和雨水管围起来,并且采用合适的声学密封胶将隔声罩和楼板的接缝密闭
噪声标准＝NR35～40 的使用空间,例如一般办公室、前厅、餐厅、酒吧、商店	a. 管道包裹一层面密度不小于 4 kg/m² 的管道隔声毡 b. 1×12 mm 石膏板,或者用 CAC 不小于 40 的天花板,或者用 1×12 mm 石膏板做成的隔声罩把污水管和雨水管围起来,并且采用合适的声学密封胶将隔声罩和楼板的接缝密闭
观演厅内的贮藏室	a. 管道包裹一层面密度不小于 4 kg/m² 的管道隔声毡 b. 1×12 mm 石膏板,或用 CAC 不小于 40 的天花板,或者用 1×12 mm 石膏板做成的隔声罩把污水管和雨水管围起来,并且采用合适的声学密封胶将隔声罩和楼板的接缝密闭
噪声标准>NR40 的使用空间,例如公共卫生间、厨房和观演厅外的贮藏室	管道无需包裹管道隔声毡 1×12 mm 石膏板,或者用 CAC 不小于 40 的声学天花板,或者用 1×12 mm石膏板做成的隔声罩把污水管和雨水管围起来,并且采用合适的声学密封胶将隔声罩和楼板的接缝密闭

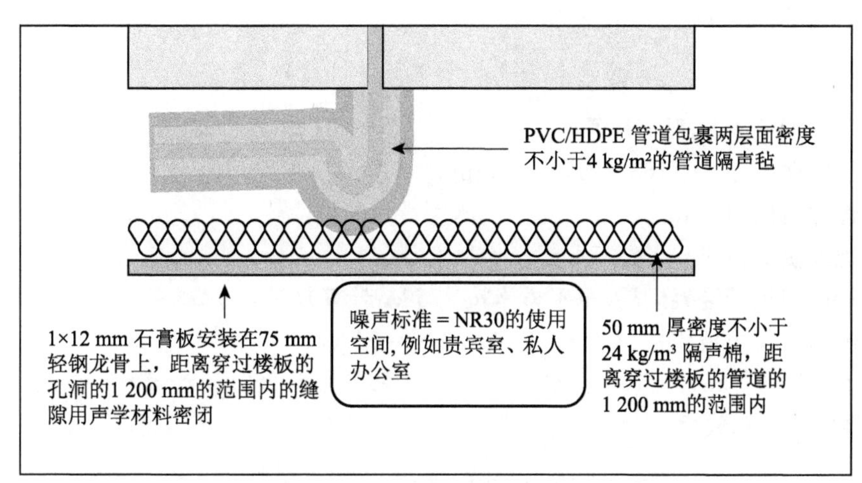

图 9-40 位于吊顶内的污水管和雨水管的处理方法毗邻噪声标准 NR30 的使用空间各类设备机房隔声减振示意图

9.5.3 风机弹簧隔振及浮筑地坪隔振选型及计算举例

1. 风机参数

设备编号:EAF-04-5F-01

设备转速:$n=1357$ r/min

干扰频率:$f=n/60$，$f=22.6$ Hz

设备运行质量:362 kg/台

设备数量:1 台

2. 风机隔振选型及计算

(1) 风机运行质量:362 kg

(2) 安全系数:30%

(3) 运行总质量:362 kg×1.3=471 kg

(4) 选用阻尼弹簧减振器数量:4 只

单只弹簧减振器承载:471 kg÷4=118 kg

弹簧减振器型号:ZT-150

(载荷范围 75～180 kg,竖向静刚度 75 kg/mm)

(5) 弹簧减振器变形量:$\zeta=118/75=16$(mm)

弹簧减振器固有频率:

$$f_0=\frac{1}{2\pi}\cdot\sqrt{\frac{9\,800}{\zeta}}=\frac{1}{6.28}\cdot\sqrt{\frac{9\,800}{16}}=3.94(\text{Hz})$$

(6) 频率比:$\lambda=f/f_0=5.74$

(7) 隔振效率 T 计算:$T=(1-\eta)\times100\%$

$$\eta=\sqrt{\frac{1+(2D\lambda)^2}{(1-\lambda^2)^2+(2D\lambda)^2}}=0.036$$

（η 为传递率；D 为阻尼比，$D=0.05$）

$$T=(1-\eta)\times100\%=96.4\%$$

3. 浮筑地坪隔振选型及计算

(1) 浮筑地坪尺寸：2 168 mm×1 800 mm

浮筑地坪面积：3.9 m^2

浮筑地坪质量：3.9 m^2×375 kg/m^2=1 463 kg

（150 mm 厚钢筋混凝土层，每平方米按 375 kg 计算）

12 mm 水泥压力板质量：3.9 m^2×24 kg/m^2=94 kg

(2) 活载荷：3.9 m^2×250 kg/m^2=975 kg（按每平方米 250 kg 计算）

(3) 浮筑地坪总载荷：

$$362\ \text{kg}+1\ 463\ \text{kg}+94\ \text{kg}+975\ \text{kg}=2\ 894\ \text{kg}$$

(4) 浮筑地坪总载荷（含 30%安全系数）：2 894 kg×1.3=3 762 kg

(5) 选用橡胶隔振器型号：JF-50

(6) 设计选用橡胶隔振器数量：110 只

(7) 平均单块橡胶隔振器受载：3 762/110=34(kg)

(8) 平均单块橡胶隔振器变形 ζ：6 mm

(9) 橡胶隔振器固有频率：

$$f_0=\frac{1}{2\pi}\cdot\sqrt{\frac{9\ 800}{\zeta}}=\frac{1}{6.28}\cdot\sqrt{\frac{9\ 800}{6}}\times1.2=7.72(\text{Hz})$$

(10) 频率比：$\lambda=f/f_0=2.93$

(11) 浮筑地坪隔振效率计算：

隔振效率 T 计算：$T=(1-\eta)\times100\%$

$$\eta=\sqrt{\frac{1+(2D\lambda)^2}{(1-\lambda^2)^2+(2D\lambda)^2}}=0.145$$

（η 为传递率；D 为阻尼比，$D=0.08$）

$$T=(1-\eta)\times100\%=85.5\%$$

4. 总隔振效率

$T_{总}$=弹簧减振器隔振效率+（弹簧减振器传递率×浮筑地坪隔振效率）

$T_{总}$=96.4%+(0.036×85.5%)=99.5%

9.5.4 隔声墙体施工技术

1) 前言

要达到大剧院高标准的视听效果，剧院墙体的隔声量要求高，这也为墙体施工质量提出了更高的要求。在工程施工中，专门定制了“隔声墙”。为保证工程的施工质量和安全，成立了科研攻关小组，对此进行研究开发，并联合高校进行模拟实验，分别对不同材料的高中低频隔音性能作出检测，再根据实验结果定制材料。

2）技术特点

① 本施工技术主要用于隔声及有其他特殊要求的双层墙体砌筑，采用“200＋100＋200”的隔音模式，墙体厚度达 500 mm。

② 采用容重为 2 000 kg/m³ 的混凝土砌块及容重为 1 000 kg/m³ 混凝土砌块平行砌筑，内夹密度大于 24 kg/m³ 的玻璃棉，可隔绝 62 dB 的(低频)噪音。

③ 与普通单层墙体砌筑相比双层墙体施工难度大，材料要求高，第二道墙体圈梁构造柱施难度大。

④ 两层墙体间空腔内杂物的清理是否干净直接影响到墙体隔声效果。

3）适用范围

本施工技术适用剧院、会议室、舞台、琴房、排练厅及录音室等隔声要求高、语言私密性要求高(且毗邻产生低频噪音的机房)的功能用房隔声墙体砌筑。

4）工艺原理

普通墙体厚 200 mm，而针对隔音要求墙体采用“200＋100＋200”的隔音模式，厚度达 500 mm。可满足隔声量为 62 dB(阻隔低频噪音)的设计要求，墙体材料分别采用容重为 2 000 kg/m³ 的混凝土砌块及容重为 1 000 kg/m³ 混凝土砌块平行砌筑，两种不同容重砌块厚度分别为 200 mm 厚，中间留设 100 mm 空腔，内部填充满足一定隔音要求的玻璃棉，对砌块墙体进行三面抹灰从而形成完整的双层夹心隔声墙体达到隔绝 62 dB 的隔声量要求。详见图 9-41 墙体构造图。

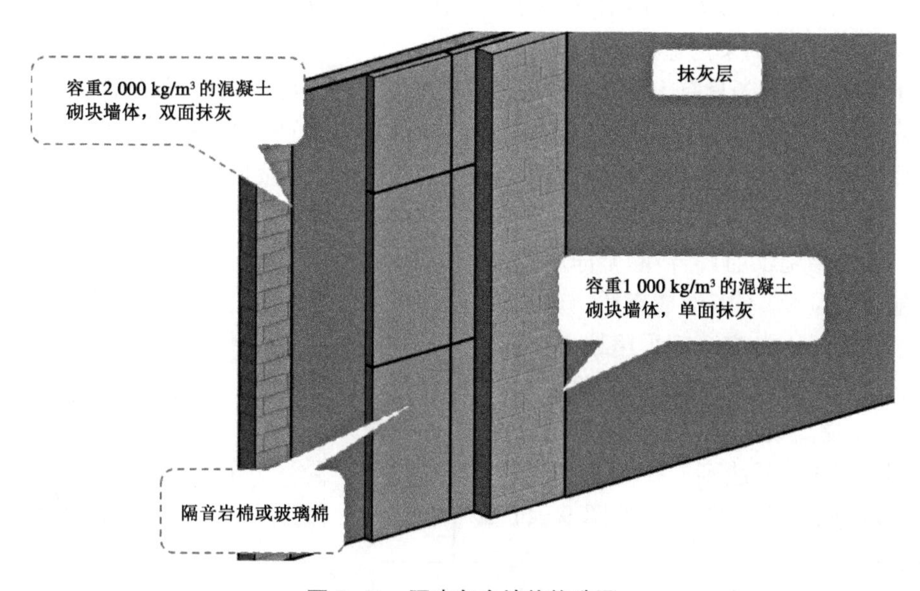

图 9-41　隔声复合墙体构造图

5）墙体构造柱及腰梁施工

待墙体砌筑完毕并达到强度且钢筋验收合格后，对构造柱及圈梁进行支模浇筑混凝土。构造柱支模时，要在墙体两侧分别粘贴双面胶，以防混凝土浇筑时漏浆，如图 9-42。在构造柱顶部留设喇叭口(见图 9-43)，以便混凝土浇筑，模板拆除后及时将多余混凝土凿除，并用抹灰砂浆粉刷平整。

图 9-42　墙体马牙槎留设

图 9-43　构造柱喇叭口凿除

6）容重 2 000 kg/m³ 混凝土砌块墙体抹灰

该墙体采用双面抹灰，墙体不同基层的材料（混凝土、砖、砌块等）之间竖缝及顶部横缝相接处应铺设耐碱玻璃网格布，加强带与各基体的搭接长度一般为 150 mm。

墙体抹灰采用水泥砂浆打底和罩面，设计抹灰厚度为 15 mm，面密度为 30 kg/m²（砂浆容重需达到 2 000 kg/m³）。

铺砂浆后，随即用刮杠按灰饼高度，将砂浆刮平，同时把灰饼剔掉，并用砂浆填平。然后用木抹子搓揉压实，用刮杠检查平整度。待砂浆收水后，随即用铁抹子进行头遍抹平压实，抹时应用力均匀，并后退操作。如局部砂浆过干，可用毛刷稍洒水；如局部砂浆过稀，可均匀撒一层 1∶2 干水泥砂吸水，随手用木抹子用力搓平，使其互相混合并与砂浆结合紧密。

7）第二道墙体圈梁构造柱施工

由于两面墙体间隔只有 100 mm，若按照常规施工工序先施工砌体再浇筑圈梁构造柱，两墙体间的模板及玻璃棉势必难以施工，因此，当要施工第二面墙体时，先将圈梁构造柱浇筑完成。待强度达到要求后，拆除模板，在墙体与构造柱相连接位置根据构造要求植拉结筋。

8）隔音玻璃棉施工（也可采用岩棉）

隔音玻璃棉施工前，需清除干净落地灰及其他建筑垃圾，不能形成声桥。玻璃棉与基层墙体的连接应全部采用粘、钉结合工艺。在施工前，对玻璃棉涂刷界面剂进行处理，以提高玻璃棉与基层墙体的粘结力，其拉拔强度可达到 0.1 MPa 以上（垂直于玻璃棉纤维方向），详见图 9-44 墙体构造示意图。

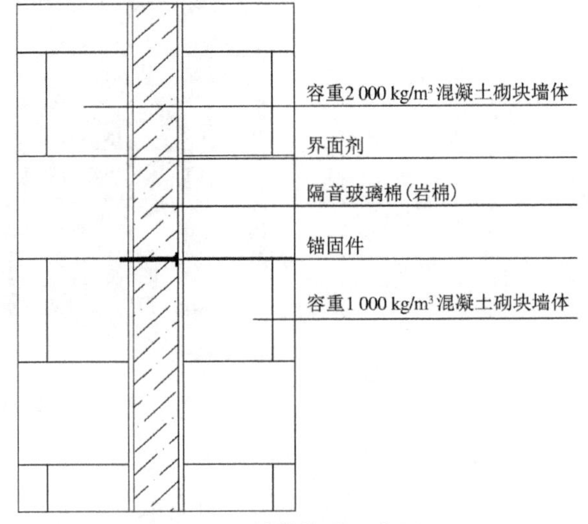

图 9-44　墙体构造示意图

(1) 采用满粘法施工时，界面剂的涂抹面积与玻璃棉板面积之比不得小于 80%。

(2) 界面剂应均匀涂抹在玻璃棉上，而不是涂抹在基层上面，注意按面积均布，玻璃棉侧边应保持清洁，不得粘有砂浆。

(3) 玻璃棉涂抹界面剂后要及时粘贴，粘贴时应轻柔滑动就位，不得局部按压，玻璃棉对头缝应挤紧。贴好后应立即刮除板缝和板侧面残留的粘结剂。玻璃棉的间隙不应大于 2 mm。

(4) 待岩棉粘贴完成，且不再移动时安装锚固件。按设计要求位置用冲击钻钻孔，锚固深度为基层内 50 mm，锚固件边距大于等于 2 倍的板厚(锚固件圆盘直径不得小于80 mm)。自攻螺钉应挤紧并将塑料膨胀钉的钉帽与岩棉表面齐平或略拧入些，确保膨胀钉尾部回拧，使其与基层墙体充分锚固。

(5) 岩棉板与门窗框接触处应用收边条予以封闭，门窗洞口上檐应加设檐口收边条。禁止管道和电缆与声学隔断间有刚性连接。

9) 容重 1 000 kg/m³ 混凝土砌块砌筑

容重 1 000 kg/m³ 混凝土砌块砌筑时采用 Mb 5.0 专用砂浆，该墙体单面挂线，墙体砌筑过程中进行分段砌筑每 1 200 mm 砌筑一层，到圈梁底时采用斜砖塞紧，砖与圈梁及构造柱之间的空隙要用砂浆填实，灰缝砂浆饱满度要达到 90%。水平缝和竖缝应随砌随刮平勾缝，砌筑时铺摊砂浆不宜过多，以防止砂浆、杂物落入两片墙的夹缝中形成声桥。其他施工方法同容重 2 000 kg/m³ 混凝土砌块砌筑方法基本相同。

10) 关键节点处理

(1) 节点(一)　管道穿过隔声墙节点做法

本项目中有许多管道(包括所有暖通管道、供排水管、电缆导管等)穿过墙体的现象。原本隔声性能良好的墙体会由于穿孔的存在导致隔声性能大大下降。管道的振动也会很容易地通过这一结合部位传递到建筑结构中。为了保持原建筑结构良好的隔声性能以及降低管道的振动传递到建筑结构中的振动幅值，必须谨慎处理穿孔处的隔振和密封。建筑内所有管道穿过隔声墙体的孔洞应按照图 9-45 所示密封方法的要求进行密封。

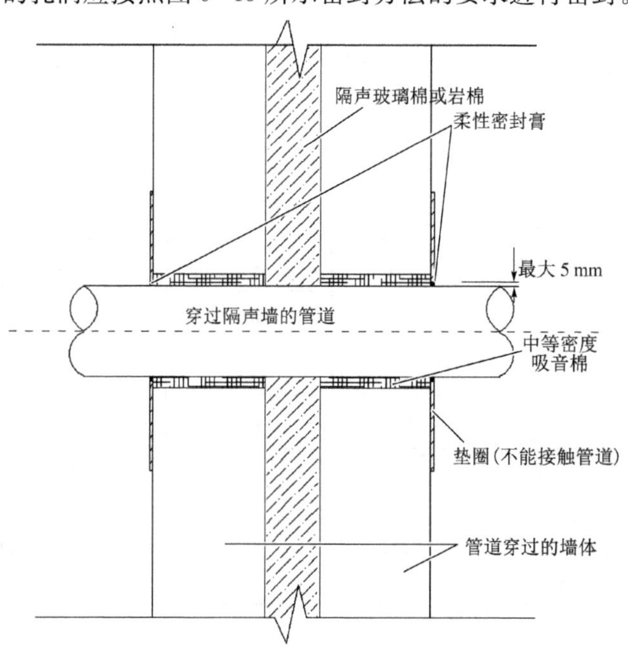

图 9-45　管道穿过隔声墙节点做法

注：1. 柔性密封膏是聚氨酯或硅胶为基本材料的等级 A 的密封膏。
2. 中等密度的吸音棉是密度为 32 kg/m³ 的矿棉，或密度为 16 kg/m³ 的玻璃纤维，或密度为 20 kg/m³ 的聚酯纤维。
3. 垫圈的最小面密度为 12 kg/m²，可以用 16 mm 厚的加强石膏板，或 25 mm 厚的胶合板，或 1.6 mm 厚的钢垫圈。

(2) 节点(二) 隔声墙体上门窗洞口处做法

当所砌隔声墙上有门窗洞口时,应在洞口边缘隔声玻璃棉(岩棉)处加设钢龙骨,为保证隔音效果,在钢龙骨与两砌体墙的构造柱间夹一条弹性泡沫条予以封闭。具体见节点构造图 9-46。

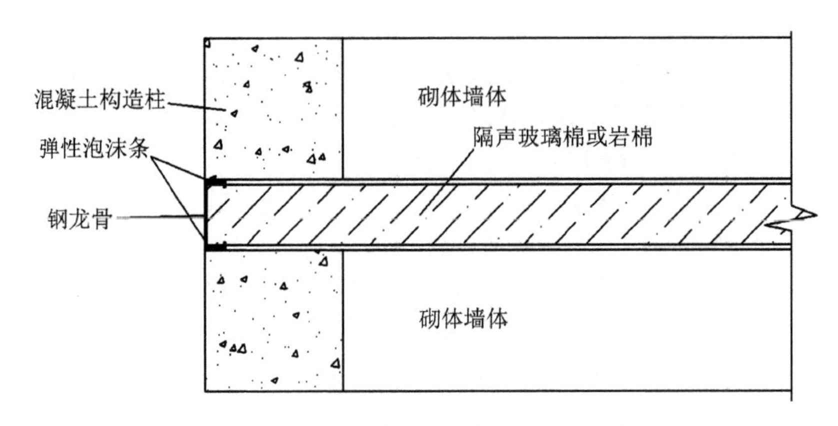

图 9-46 隔声墙体上门窗洞口节点做法

9.5.5 对暖通空调的要求

观演厅等重要使用空间各自需要一个低噪声暖通空调系统,它的送风和回风管道系统设计必须满足两个基本要求,即气流自然平衡和低流速。在一个气流自然平衡的管道系统中,风速应从始端至末端逐渐而缓慢降低,而不是在管道系统的末端通过安装节流阀强行降低流速。

空调暖通系统的管道常规将采用铁皮管道外包保温材料,管道内部无吸声衬垫。根据管道的材料,为了满足噪声标准,暖通系统送风和回风管道内的风速不得超过下面的表 9-9 列出的极限值。

表 9-9 管道内允许的最大风速 (m/s)

指定的 NR 等级	主立管	主管道	支管道	终端管道	声学柔性管道
NR45	13	8.5	6.5	5	3.5
NR40	11	7.5	5.5	4	3
NR35	9.5	6	4.5	3.5	2.8
NR30	8	5	4	2.5	不得使用柔性管道
NR25	7	4	3	2	不得使用柔性管道
NR20	6.5	3.5	2.5	1.5	不得使用柔性管道

不同管道的定义:

主立管:机房内或管井内的管道,之后连接主管道。

主管道:使用空间内的管道,连接至少一根以上的内衬吸声材料的弯管头和输出口管道,或距离支管道和输出口管道至少 3 个管道直径长度的管道。

支管道:所有直接与输出口管道相连的管道。

输出口管道:所有与终端风口装置直接相连的管道,或距离风口长度小于5个管道直径的管道。

为了保证噪声标准低于NR30的使用空间,其暖通管道系统中不允许采用任何形式的柔性管道。

江苏大剧院所有观众厅的池座和楼座均采用下送风,即送风口设置在每个座椅下。为满足建筑声学对噪声的要求,每个座椅送风口处的风速不得大于0.2 m/s,舞台区域送风口的风速不得大于2 m/s,观众厅和舞台区域回风口的风速不得大于2 m/s。

对于一个噪声标准低于NR30的使用空间,在静压箱或送、回风口的栅格背后不得设置节流阀或任何形式的对气流产生阻力的调节元件。若必须设置此类气流调节元件,则它们与风口之间的距离不得小于5 m。如此安装的气流调节阀不应用作平衡气流的主要手段,而只能是用于微调,经过调节阀的压力降不得超过15 Pa。

在设计管道分叉系统时应考虑使得各支管内的气流压力均匀。平衡气流的调节阀通常安装在管道分叉处使得各支管内的气流均衡。

对于服务于噪声等级要求小于NR30的使用空间的暖通空调系统,所有进风口、回风口和排风口元件应具有实验室测得的空气再生声功率级数据。生产厂家必须提供声功率级数据的测量值,测量方法应依照ISO 5135—1984标准《声学　通风终端装置、高/低速压力装置、阻尼器和阀门声功率级的测定》在混响室中测定。

在选择空气扩散器、缝隙扩散器、回风口栅格和送风口装置时,必须确保狭窄风道或咽喉处的气流速度在生产厂家视为可接受的范围内。

安装在关键区域的这些终端装置在系统运行时必须很安静,不得产生令人反感的单频声或嘶嘶声,例如金属片共振发出的声音。

在任一给定房间内的空调噪声级取决于风口的数量。对于给定风口数量的一个房间来说,所有风口辐射的噪声叠加后应不超过该房间的噪声标准。表9-10根据使用空间背景噪声的要求和风口的数量给出每个风口允许的风口噪声级。

表9-10　根据风口数量确定的每个风口允许的最大风口噪声等级

房间内风口数量	使用空间的噪声标准					
	NR20	NR25	NR30	NR35	NR40	NR45
1～3	NR15	NR20	NR25	NR30	NR35	NR40
4～8	NR11	NR16	NR21	NR26	NR31	NR36
9～15	NR10	NR15	NR18	NR23	NR28	NR33
16～24	NR10	NR11	NR16	NR21	NR26	NR31
25～36	NR10	NR10	NR14	NR19	NR24	NR29
>36	NR10	NR10	NR10	NR15	NR20	NR25

9.5.6　剧院声闸装饰施工技术

声闸又称声锁,因有特殊声学要求的用房,如剧院、录音棚、影院等,单道隔声门通常不能满足隔声要求，并且因门经常被开启而不能保证所需隔声量。为提高隔声量，简单易行的方法是设置双道门，并在两道门之间设置吸声结构，构成声闸。四个主要厅堂声闸的隔声量设计值为 65 dB。

大剧院内的观众厅、乐队排练厅、琴房、戏曲排练厅、国际报告厅、空调机房等区域对隔声有特殊要求，所以声闸作为观众厅的入口其设计与装饰也尤为重要，既要满足隔声要求也需保证视觉效果的美观与统一。

1）音乐厅声闸的装饰施工技术

音乐厅以大型声乐、器乐表演为主，厅内设池座一层和楼座二层，其形态有效缩短了听众和乐队之间的距离。奥地利 Rieger 管风琴坐落其中，天籁之音，传响不绝。其一层观众厅入口合计六处，每个入口均设计声闸；二层观众厅入口合计八处，每个入口均设计声闸；另外一层琴房合计十八间，每间入口均设计声闸。

观众厅的声闸根据声学计算和音乐厅装修风格效果设计采用地面雅士白大理石铺贴、墙面采用 2 mm 厚穿孔铝板、顶面为石膏板造型顶、两道钢制防火门采用香槟金色不锈钢与西洋红钢板材质。在土建施工时期，因考虑到剧院的隔声要求，专门采用了隔音墙的施工技术，一般普通墙体的厚度为 200 mm 厚，大剧院使用了“200＋100＋200”的隔音墙模式，两侧为200 mm厚的墙体，中间预留 100 mm 厚空腔来填充隔音材料；在楼地面施工时增加了 20 mm厚的地坪隔音减振垫。

在室内装饰设计时，考虑到音乐厅的整体装修风格与声学要求，采用了穿孔铝板作为声闸墙面的主要装饰材料。墙面穿孔铝板设计为 2 mm 厚，表面白色油漆采用的静电喷涂技术使得油漆与铝板间附着均匀一致；铝板形状为凹凸板且凹凸截面宽度不一、无规则；凹凸铝板面的孔径为 ϕ5 mm，孔率按照声学要求大于等于 20%；铝板背面贴 Soundtex 吸声无纺布，基层为钢骨架基层预留 100 mm 宽空腔，空腔内置纤维吸音棉。具体施工详图及现场照片详见图 9-47 与图 9-48。

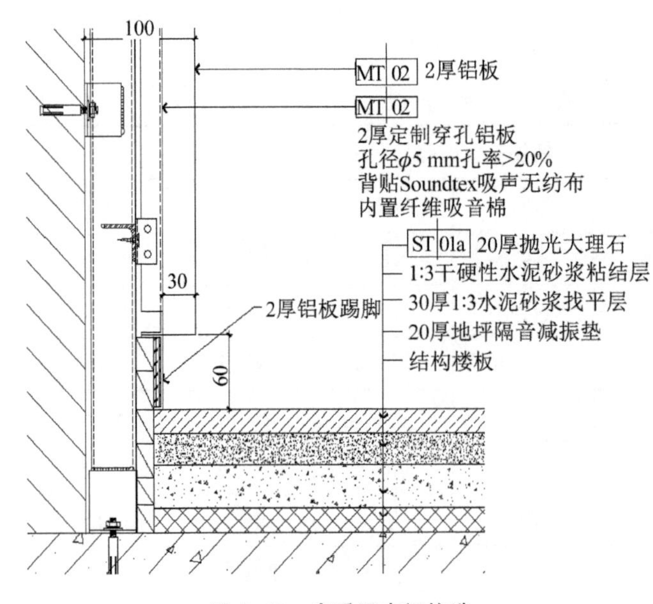

图 9-47　音乐厅声闸构造

图 9-48　音乐厅声闸面层

声闸区的两道门一边连接着前厅外，一边连接着观众厅内，所以声闸处的两道门也不可忽视。音乐厅前厅为红色 GRG 弧形波浪曲线造型，声闸处的第一道门采用了西洋红的钢板制作的防火隔音门搭配着香槟色不锈钢门套，与前厅的红色 GRG 造型呼应详见图 9-49。声闸处的第二道门采用了白色的钢板制作防火隔音门，与音乐厅内的白色 GRG 墙面相结合弱化门的效果详见图 9-50，两道防火隔音门边应采用高质量的密封，尤其是双开门的中间接缝以及底部与地面接缝处，保证能够达到声学要求的隔音量。

图 9-49　音乐厅声闸正面

图 9-50　音乐厅声闸背面

音乐厅其他几处声闸墙面采用了 25 mm 厚深色聚酯降噪吸声板，同样预留空腔内置纤维隔音棉，外封吸声板材。聚酯降噪吸声板和多孔吸音材料吸音特性类似，吸音系数随频率的提高而增加，高频的吸音系数很大，板后背留空腔以及用它构成的空间吸音体可大大提高材料的吸音性能。降噪系数大致在 0.8～1.10，成为宽频带的高效吸音体。聚酯降噪吸声板的颜色多样，可以组合各类图案，表面肌理丰富，板材可弯成曲面形状，适用于大剧院这种曲线弧面的空间。

2）戏剧厅声闸的装饰施工技术

戏剧厅设有 1 000 个座位，主要演出传统戏曲、话剧等。戏剧厅是最具民族特点的剧场，整体装修风格为中式风格，其舞台具备升、降、转的完善功能，可迅速切换布景，让各类戏剧演出得以最佳呈现。

戏剧厅的观众厅较小，其到达观众厅入口有两处均设计声闸，到达舞台区入口有四处均设计声闸；二层观众厅入口有两处，沿着前厅两侧弧形楼梯进入，每个入口处均设计声闸；三层观众厅入口与二层一致，均在楼梯两侧并设有声闸。

戏剧厅的声闸装饰设计采用了木质材料，地面采用颜色亮丽质感柔软的橡胶地板，能够较好减少噪声的产生；顶面为白色穿孔吸声板，其孔径与穿孔率按照声学顾问要求设计，并且无规则排列，达到吸声要求满足声闸的隔声量；墙面设计为浅色木质吸音板预留 100 mm 空腔并内置玻璃纤维棉。墙面木质穿孔吸音板表面有规则的小孔，声音通过板面的小孔进入，会在结构如海绵的内壁中反射，直至较多声波的能量消耗了，并转变成热能达到隔音的效果。此类木质吸声板适用于既要求有木材质感和温暖效果，又有声学要求的场所，与戏剧厅的民族性的装饰风格很符合，其施工详图及实景图见图9-51与图9-52。

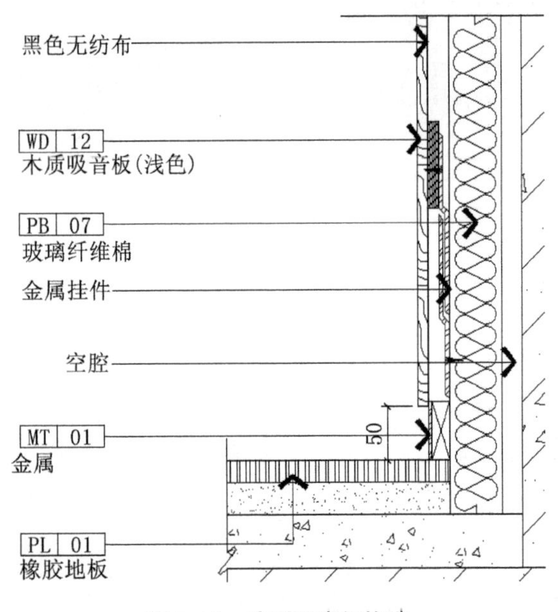

图 9-51　戏剧听声闸构造

图 9-52　戏剧听声闸实景图

戏剧厅三层设有四处戏剧排练厅，供演员排练戏剧。排练厅对隔声的要求较高，所以在每个排练厅入口均设置声闸。排练厅内部装修采用地面专业的舞台使用的弹性木地板，顶面为造型石膏板吊顶，墙面为银镜、织物软包、吸音板搭配，保证了一定的隔声要求。其声闸处设计较为简洁，墙面预留 100 mm 空腔，并填充纤维玻璃棉，外封穿孔木板，其穿孔率不小于 20%，满足排练厅隔声量的要求。

3）综艺厅声闸的装饰施工技术

综艺厅是面积最大的一个厅，由 2 700 座主会议厅和 800 座国际报告厅及各类会议室组成，一方面可以为大型的歌咏大赛、联欢会提供场所，另一方面可以为重要的会议、演讲、报告提供绝佳的空间。

综艺厅的主会议厅可以通过一层及二层到达池座区，通过三层及四层到达楼座区，四层共计主入口 14 处，每处均设有声闸。

主会议厅声闸较多，主要入口处声闸墙面设计为仿木质超微孔吸声蜂窝板，并且造型呈半六角形。其内部基层采用 50×50 的镀锌方管骨架，内置纤维吸声面，板后背附无纺布，整体隔声效果较好，装饰效果绝佳。超微孔吸声蜂窝板是由超微孔吸声铝板与铝蜂窝芯复合组成，超微孔是指小于 0.3 mm 孔径的穿孔，此超微孔吸声蜂窝板具有全频吸声、环保、耐腐蚀、防火、抗冲击、美观等优良性能，能够满足综艺厅这个高要求的会议空间。其节点详图及效果见图 9-53 与图 9-54。

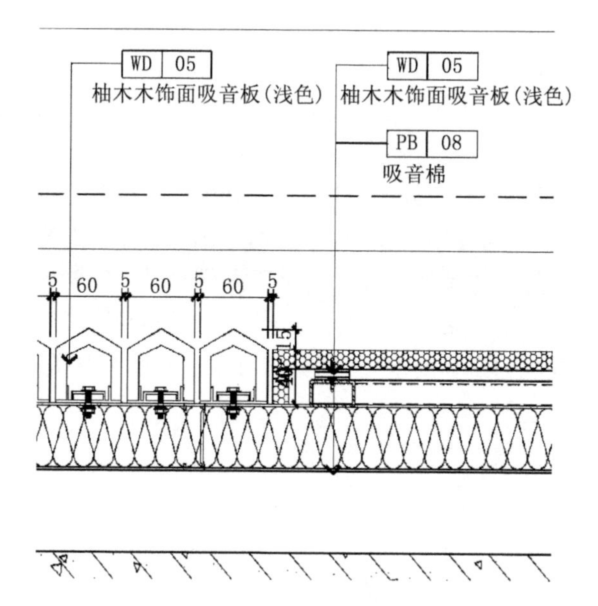

图 9-53　主会议厅声闸构造

图 9-54　主会议厅声闸墙面

主会议厅的次入口声闸设计较为简洁，主要考虑其功能性要求。其声闸处主要采用了传统的吸声材料——木质吸音板，内置吸音棉预留 100 mm 空腔，颜色选择庄重、传统的深色木纹，与观众厅内的座椅及墙面的干挂木饰面相呼应。

国际报告厅可以通过三层进入报告厅内，其有两处主入口及两处次入口，四个入口处均设有声闸来达到隔声的作用。主入口处声闸设计比较庄重，地面采用了深色实木地板铺贴，顶面采用了石膏板造型顶与 LED 灯带组合，营造出较好的灯光效果，墙面设计为浅色柚木木饰面吸声板材料，由平板、凹凸板、实木雕花板相互组合而成。墙面基层均为钢骨架基层预留空腔，内置纤维吸音棉，外封一层 12 mm 厚阻燃夹板。此处声闸设计与过道相连接，空间较大，起着重要的通道作用，所以装修设计较为复杂。具体施工节点及效果图见图9-55与图 9-56。

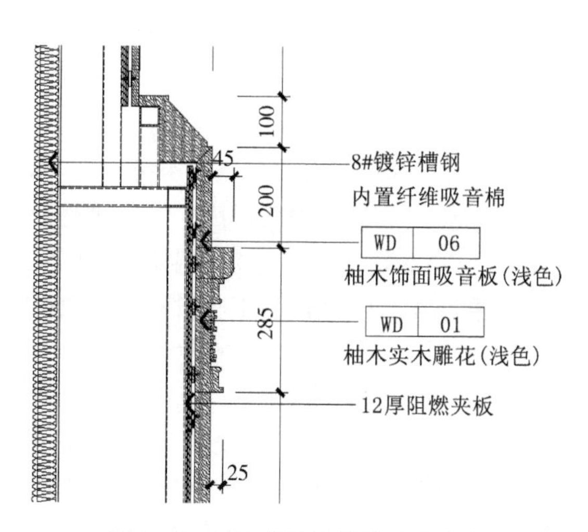

图 9-55　国际报告厅墙体吸声构造

图 9-56　国际报告厅内走廊

4）歌剧厅声闸的装饰施工技术

歌剧厅设有 2 200 个座位，以歌剧、舞剧等大型演出为主。舞台呈“品”字形，厅内充分考虑建筑声学要求，空场中频混响时间为 1.6 s。设施足以满足世界顶级剧目的演出需求。

歌剧厅观众厅可以由一层、二层、三层、四层共十四处入口进入，分别到达池座和楼座区域，每处入口按要求设有声闸。歌剧厅声闸设计与音乐厅类似，墙面均采用了 2 mm 厚穿孔铝板背贴 Soundtex 吸声无纺布内置纤维吸音棉，并预留空腔。与之不同的是其在视觉效果上更加的具有特色，按照孔径 ϕ5 mm，孔率大于 20%的要求设计出花纹图案的穿孔铝板，其详图如图 9-57 所示，这样的设计保证了歌剧院的声学要求，又在其基础上丰富了视觉美感，效果图如图 9-58 所示。

图 9-57　歌剧厅墙体吸声设计

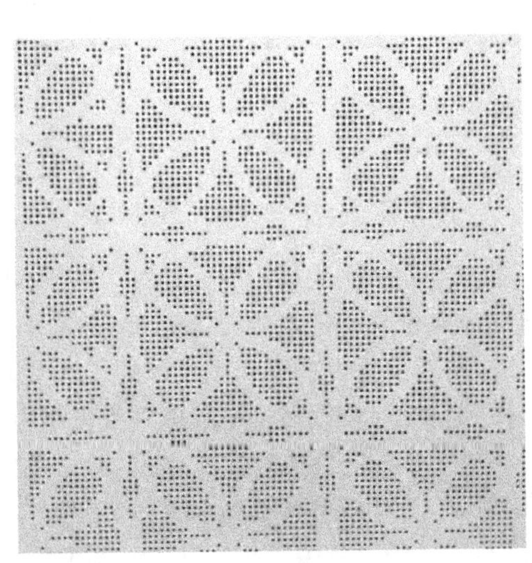

图 9-58　歌剧厅墙体吸声材料

歌剧厅四层设有乐队排练厅、合唱排练厅、综合大排练厅及琴房等练习区，此部分区域入口按照要求也设有声闸。综合大排练厅的声闸设计采用了穿孔石膏板无缝拼接，面层刷白色乳胶漆，采用骨架基层预留空腔填充吸音棉。此设计简洁明快，施工便捷又满足隔声量的要求。

5）设备机房声闸的装饰施工技术

四个厅内除主要观众厅、前厅及一些辅助办公空间外还有较多设备用房，如：空调机房、排水机房、暖通机房、舞台机械控制室、强弱电间等，有了这些设备机房才能够使整个大剧院运行起来。其中空调机房、暖通机房、排风机房内的安装设备运行会产生较大的噪音，所以在四个厅内的机房也需同样设置声闸空间，来有效地把声音隔断，阻止设备运行噪音的外传影响厅内的声音效果。设备机房内的声闸墙面采用了穿孔石膏板，内置纤维吸音棉并预留空腔，外压白色烤漆压条。顶面采用了 15 mm 厚成品玻璃棉吸声板，也起到了一定的吸声作用。具体做法及效果图见图 9-59 与图 9-60。

江苏大剧院的四个厅对声学要求极高，其四个厅内的声闸的装饰效果也各有特色，在满足基本的声学要求上根据各个厅内的装修风格设计形成各自独特的效果，能够与大剧院这个世界级艺术作品展示台相称。

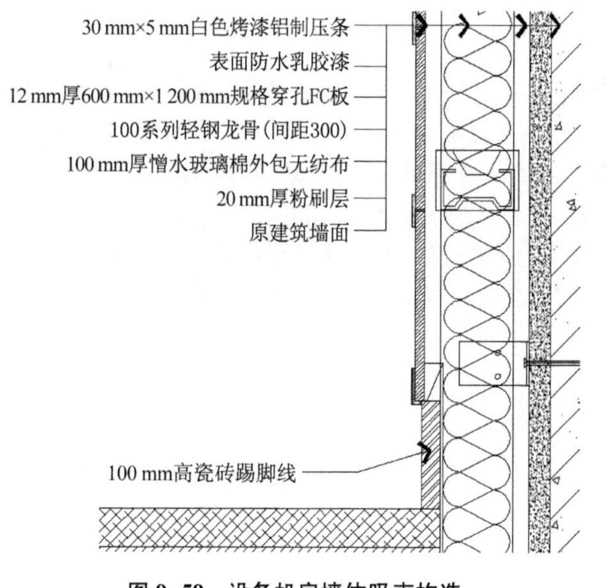

图 9-59　设备机房墙体吸声构造

图 9-60　设备机房墙体

9.6　噪声常用的检测方法

考虑到人耳的频率响应特性，环境噪声测量中大多测量 A 计权声级。有时为了了解噪声频率特性，尚需测量倍频程或 1/3 倍频程声压级。

从时间分布特性来看，噪声通常可分为稳态噪声、脉冲噪声和随机分布噪声。稳态噪声是指强度和频谱基本上不随时间变化的噪声，如电机噪声、风机噪声等。对稳态噪声，用声级计“慢”挡与“快”挡测量的结果应是相同的。脉冲噪声是持续时间很短的噪声，如冲击噪声、爆裂噪声等，通常可用“脉冲”挡，或“最大保持”挡测量。随机分布噪声的产生可能是由于声源的发声是随机的，或者声源的出现和消失是随机的，如道路交通噪声、无明确噪声源的室外环境噪声等。对随机噪声，可测量一段时间内的等效连续 A 声级L_{Aeq}，或测量统计百分数声级L_N。测量时，在一段时间T内，以一定的采样间隔Δt，读取$n = T/\Delta t$个声级值(n取 100 的整数倍)，然后对所得到的n个数据按从大到小的顺序排列，则第$N \cdot n/100$个数据L_N表示是有百分之N的读数大于它，或有百分之N的时间中声级大于它的声级值。通常用L_{10}、L_{50}、L_{90}三个数据来表示噪声的大小。L_{10}反映了随机噪声的峰值，L_{50}反映了平均值，L_{90}反映了背景噪声值。等效声级L_{Aeq}，按下式计算，

$$L_{Aeq} = 10\lg\left(\frac{1}{n}\sum_{i=1}^{n}10^{0.1L_{pi}}\right)$$

式中：L_{pi}——每次测得的声级值(dBA)；

现在无论L_N、L_{Aeq}均可由自动仪器直接测量，读出结果。

测点位置的不同也会直接影响测量结果。当需了解某剧场受环境噪声污染大小时，测点应选在面向噪声源一侧建筑外窗或外窗外 1 m、高度大于 1.2 m 的位置。测点位置选在人行道上离马路边 20 cm 处，高度为 1.2 m。

在音乐厅、歌剧厅和戏剧厅里的声学参数是依据国际标准 ISO 3382—1：2009(E)《声学-室内声学参数的测量-分册 1：观演空间》测试的。

观众区测量时，把 30 s 正弦扫描信号输入到一个十二面体标准声源，通过该声源播放声音，同时记录房间的脉冲响应。该声源位于舞台地面上方 1.5 m 高的位置。测点位置是在整个观众区内选择的具有代表性的位置。在各个选择的测点位置，在距离地面 1.2 m 高的位置处记录房间脉冲响应，录音设备采用一个 4 通道 Core Tetramic。

舞台区的测量，声源和测点均位于舞台上，均距离舞台地面 1.0 m 高，两者之间相隔 1.0 m。每一个测点位置，进行两次测量，在两次测量中，传声器相对于声源的位置相差 90°。

第十章　智慧大剧院系统设计

10.1　概述

江苏大剧院作为文化类特殊的公用建筑，在观众欣赏和享受歌剧、戏剧、音乐表演的同时，又要满足文化沙龙、文化商务、文化集会、文化展示功能，综艺厅又是省委、省政府举办“两会”的重要场所，先进的、智能化的管理系统是必不可少的。除达到一般的楼宇智能化系统是最基本的要求外，作为现代化程度高且行业性较强的江苏大剧院工程，有些功能应用明显有别于一般建筑的功能。整个建筑的核心功能可以概括为“观”“演”“管”三个方面，建成后的智能化系统应能为观众、演员提供一个方便、快捷、舒适、安全的环境，为管理者提供一个高效、低碳、绿色、环保的低能耗建筑。

10.1.1　目标定位

（1）建立先进、科学的智能化信息系统，向观众、演员、管理者提供各种安全、舒适、方便、周到、便捷的综合性服务和文艺演出环境，满足现代化大剧院管理与功能的要求，为管理者提供一个节能、低耗的设备运行管理机制。

（2）智能化系统的规划、设计和建设具有一定的超前意识，充分考虑经济性、实用性、灵活性、可扩充性、安全性、可靠性、易管理性和易维护性。

（3）用 IT 技术将传统的楼宇自动化、安防管理、能源管理、水电管理等系统集成到一起，成为一个全新的楼宇管理自动化系统；将传统的用户数据业务、语音业务、视频业务进行整合，最终成为一个全面的管理系统，实现信息管理的融合和楼宇服务的融合。

（4）智能化系统应满足大剧院内各类演出、多功能会议、3D、4D 高清电影自动放映、高清网络直播、电视转播的需求，实现与 TMS、DMS 系统的完全对接，保证信息传送的可靠性。

10.1.2　设计原则

1）适度超前、经济适用的原则

在各系统的选型上，采用市场上主流的 BA、SA、CA 各种系统，从中优选出技术上领先，并有可能成为今后三五年内主流的系统。

2）一次规划、分步实施的原则

总体规划从大处着眼，有超前意识，尽可能预见到明天的发展，留有充分的余地，方案规划设计强调完整性。

3）开放性和可扩展性的原则

各系统的设计采用开放的体系结构，具有系统集成和网络互联的接口，使大剧院能够开放地融入全球信息网络。

4）可靠性和安全性的原则

为适应应用不断拓展的需要，应用平台的软硬件环境必须有良好的平滑可扩充性，同时符合低碳、绿色、环保的理念。

5）安全性和保密性

在应用平台设计中，充分考虑信息资源共享，注意信息资源的保护和隔离，应分别针对不同的应用和不同的网络通信环境，采取不同的措施，包括系统安全机制、数据存取的权限控制等。

6）可管理性和可维护性

整个应用平台是由多个部分组成的较为复杂的系统，为了便于系统的日常运行维护和管理，要求所选产品具有良好的可管理性和可维护性。另外可管理性和可维护性还包括对平台的自身。

7）面向大众

（1）提供人性化、数字化网络化的服务：利用现代的网络技术，建立江苏大剧院网站，为人们提供快捷、便利的网上服务，包括网上江苏大剧院介绍、节目介绍、订票、部分节目的网上高清直播等；采用大屏和 LED 屏，为迟到观众提供服务和发布大剧院的公众信息等功能。

（2）建立多媒体视频服务平台：为现场观众提供精彩的各厅的演出节目介绍，节目表内容查询，演出人员介绍等服务。

（3）通过网上售票，现场自助售票功能，手机售票，自动售票、检票，减少管理漏洞，保证票款收入。

（4）现代化通信手段：无线 WiFi 4G 全覆盖，方便入场观众随时上网。

（5）自动化车库管理：实现车库管理的自动化和人性管理，设立车辆定位、识别系统和反向寻车系统，微信、支付宝自助缴费，有效地实现观众财产的保护和提供人性化服务。

8）面向管理

（1）建立数字化物业管理平台

应用集成手段建立统一的管理平台，实现实时跟踪各设备的运行状态，实现数据实时采集和简化操作模式。

（2）大剧院的安全防范

- 通过建立公众安全系统来满足突发事件的应变能力。
- 利用电子巡更系统实现通道安全管理模式。
- 建立技防、物防、人防相结合的纵深安全防范体系，监控无死角。

（3）大剧院的设备管理

- 机电设备综合管理。
- 空调控制满足观演和人员舒适性的要求。
- 有效的能源管理和能耗计量。

（4）设置剧场屏蔽系统

防止手机铃声影响演出效果。

9）绿色环保

江苏大剧院为公众演出场所，具备人员密度高的特点，所以对环境的要求比较特殊，为防止传染病的影响必须控制室内的空气质量。应该充分利用自然环境，降低能耗节约能源。

大剧院智能化是一个综合性系统工程，要从其功能、性能、成本、扩充能力及与现代相关技术的接轨情况等多方面来考虑。不仅要考虑到系统初期建设的投资成本，更要考虑到系统在未来运行的实用性、可操作性，以及系统的运行与维护的后期成本。所以，在大剧院各项系统的设计选型时要全面考虑各个方面的因素，选用技术成熟，可靠性高且有较好性价比的产品是至关重要的。

10.1.3 智能化系统设计内容

江苏大剧院的智能化弱电系统设计主要包括以下6大系统：

1）信息设施系统

（1）计算机网络系统；

（2）综合布线系统；

（3）有线电视系统；

（4）通信接入系统(电话通信、移动信号覆盖、无线对讲系统)；

（5）多媒体视频服务平台；

（6）背景音乐及紧急广播系统；

（7）会议系统(包括发言讨论、会议扩声、会议表决、会议签到、电子票箱、同声传译、视频跟踪、远程视频会议、会议录播、视频显示、集中控制、手机屏蔽、舞台灯光、舞台机械、电视转播、数字影院、会务管理等子系统)。

2）建筑设备管理系统

（1）楼宇自控系统；

（2）能源计量系统；

（3）节能运行系统。

3）安全防范系统

（1）视频监控系统；

（2）入侵报警系统；

（3）电子巡更系统；

（4）门禁管理系统；

（5）一卡通管理系统；

（6）停车场引导及管理系统；

（7）安防集成平台。

4）机房工程系统

（1）机房装修工程；

（2）机房空调与新风系统；

（3）机房配电及UPS；

（4）防雷接地系统；

（5）配电及UPS系统；

（6）机房监控；

（7）机房布线；

（8）机房KVM。

5）IBMS(智能集成系统)

（1）信息系统集成；

(2) 物业管理系统。

6) 剧院专用系统

(1) 高清网络直播系统;

(2) 电子票务系统;

(3) 手机信号屏蔽系统;

(4) 电视转播系统;

(5) 会员卡管理系统;

(6) 卫生间无障碍呼叫系统。

整个智能化系统构架如图 10-1 所示。

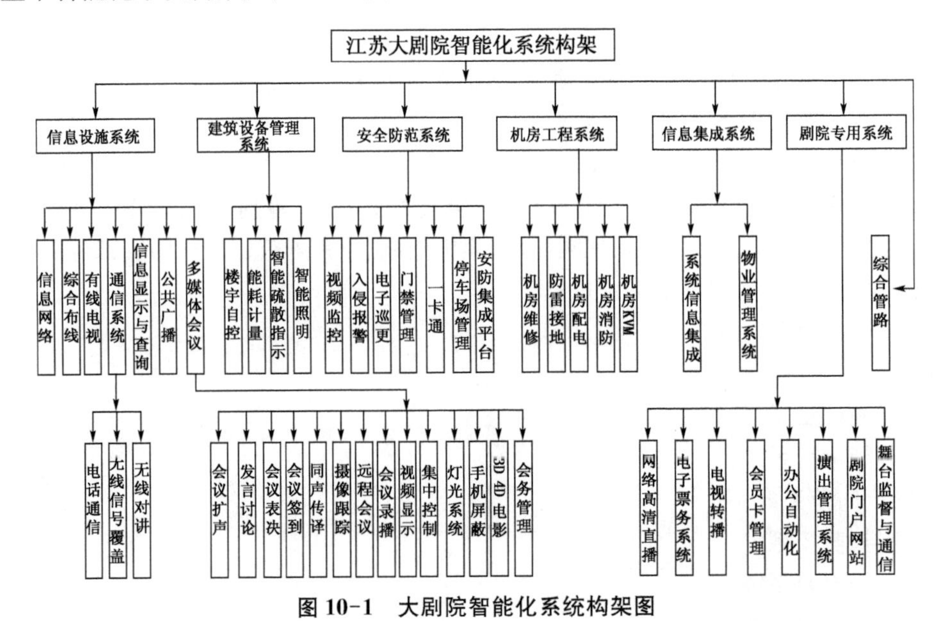

图 10-1　大剧院智能化系统构架图

10.2　"互联网＋"在江苏大剧院的应用

江苏大剧院坐落在六朝古都南京,西临浩瀚长江水,以"荷叶水滴"为造型,整体建筑面积 29.5 万 m^2,包括 2 280 座的歌剧厅、1 001 座的戏剧厅、1 500 座的音乐厅、2 711 座的综艺厅、780 座的小综艺厅、320 座的多功能厅以及附属配套设施。满足歌剧、舞剧、话剧、戏曲、交响乐、曲艺和大型综艺演出功能需要,是江苏省境内最大的文化工程。秉承建设为"世界级艺术作品的展示平台、国际性艺术活动的交流平台、公益性艺术教育的推广平台"的理念,江苏大剧院将与北京国家大剧院做南北呼应之势,铸就新的世界级艺术巅峰。

图 10-2　大剧院鸟瞰图

10.2.1　“智慧剧院”构架

李克强总理在政府工作报告中提出将制定“互联网＋”行动计划，这一新兴概念迅速成为网络热词，蔓延到医疗、教育、物流、金融等传统行业各个领域。而对处于文化娱乐消费前端的剧场，“互联网＋”的影响却似乎总是比其他行业要慢半拍，时至今日，互联网对于大多数剧场来说仍仅仅作为一个信息发布工具，并没有与之充分结合起来，而江苏大剧院采用了华为敏捷网络设备，基于大数据技术构架，真正实现了“智慧剧院　互联网＋”的理念。“智慧剧院　互联网＋”是超越原先剧场、剧院的一个全新概念，它拉动的不仅是本身的票务销售、演出，也涵盖文化市场的消费、支付、兑换、采集等功能，将成为政府与市民、文化与市场的需求枢纽，激活文化消费市场，并可以带动周边的旅游、购物，以及各种各样的文化消费与艺术欣赏等，它会形成一个立体体系。技术构架如图 10-3。

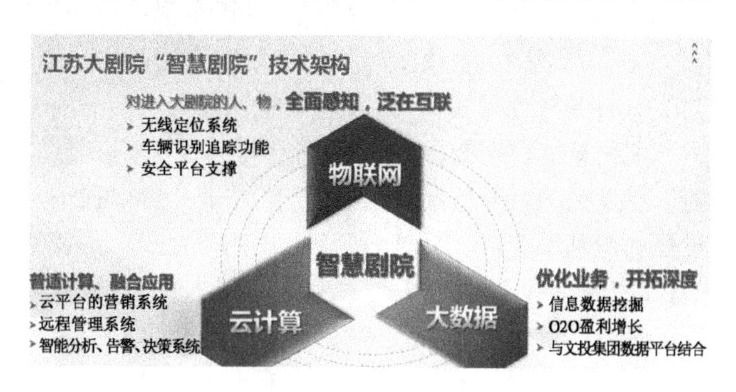

图 10-3　智慧剧院构架

10.2.2　功能应用

以华为敏捷 S12508 核心网络为基础平台，以云计算为底层基础框架，将所有信息化资源以信息池的方式提供服务，全面提升智慧剧院的可靠性、安全性、易用性和扩展性。

通过互联网和物联网技术，将人与人、人与物、物与物、人与信息，信息与物等进行融合，实现大剧院内的人与物、信息的智慧沟通与交互。

通过前端设备数据的采集与挖掘，寻找数据的最大价值，实现线下的商务机会与互联网结合，让互联网成为线下交易的平台，实现 O2O 营销模式。

通过网络平台，把大剧院服务、管理、营销和辅助决策这四个维度全面覆盖大剧院的业务和服务，实现智能评估、智能告警、智能分析和辅助决策的智慧剧院系统。

通过视频网络平台，对任意区域的视频实现无缝拼接，对任意车辆的进出实现自动跟踪，对任意区域能实现视频分析、人流统计、警戒、报警等功能。

通过互联网＋，实现任何人、在任何地点、任何时间、通过任何方式都能得到所需的剧院服务和衍生的增值服务。

通过 APP 软件，将核心业务拓展到移动端，实现剧院品牌展示、演出资讯、观众互动；通过预售、集体团购等形式可以将分散着的用户需求集中起来；对于一些还没有筹划的演出，可以根据集中的需求进行筹划，使得演出的供给可以正好与用户的需求匹配，避免了资源的浪费。

剧院票务以“智慧场馆”为中心，串联整个观演商业，在为消费者提供综合服务体验的同时，也可以为场馆提供精准营销服务的平台。通过“智慧场馆　互联网＋”这个平台，实现多方面“用户共享”，从而串联起周边产业，让剧场从“孤岛状态”中脱离出来。手机在线选座位购票、电子检票提升了剧院售检票的效率，有效地杜绝了假票、错票的发生。

智慧停车场系统，基于 WiFi 的图像信息无线局域网实时定位系统(WiFi RTLS)，结合无线网络、射频识别(RFID)和实时定位等多种技术,通过手机APP精确定位车主与高清摄像机定位车辆的智能化导航停车系统,用户使用手机APP可以导航寻找自己车子的位置,无需担心找不到自己的车子,进出停车场绝不会迷路;在无线局域网覆盖的地方,定位系统能够随时跟踪监控各种资产和人员,并准确找寻到目标对象,实现对资产和人员的实时定位和监控管理。图像信息无线局域网实时定位系统由定位标签、无线局域网接入点(AP)和定位服务器组成,通过WiFi无线定位技术,手机WiFi即可实现定位导航、商铺收藏、团购打折,用户尽享便利;会员管理、信息推送、优惠发放,运营方省时省力,真正实现实时定位人与车,实现正向引导停车与反向寻车,真正实现了轻松进出,预约车位,随意停车,灵活缴费,

微信、支付宝、余额宝等移动支付的应用,轻松扫一扫,就能进行快捷支付,大大提高了剧院的服务与运行效率,极大地方便了观众。

利用车牌识别技术,车主无需停车取卡,减少排队等待的烦恼,免去了停车取卡的人工与可能发生的意外情况;通过手机支付平台可以提前支付,不用在出口处排队等待缴费;通过自动识别系统,只要已缴费,道闸自动起杆放行,加快了剧院车流的速度;通过手机支付平台,在完成一次支付应用后,以后再次进入停车场,系统会自动获取信息,车主只需最后确认停车费就可以实现快速缴费、自动放行、快速离场,是现代化智能的完美体现。

通过大数据的采集与挖掘,为演出策划、目标人群划分、消费潜力的挖掘、精准营销等许多环节提供参考,对行业的发展具有重要的意义。同时,对消费者的行动轨迹、活动范围、消费记录、消费偏好,以及总体客流量、消费者活动热点、商铺间关系等作出科学分析,帮助大剧院快速实现智慧商业、精准分析和科学管理。

利用流媒体技术和网络直播,记录演出的台前幕后,由于舞台表现艺术的特殊性、时效性与临场感,其现场表演内容和幕后制作过程的全景再现显得非常珍贵,能为后续演出策划、市场分析、宣传推广、品牌塑造与人才培养提供重要的资料和素材。

通过O2O实现线上线下一体化,形成线上线下资源共享、立体互动,增加了线上线下的业务价值。对于现场演出来说,互联网时代下,传统媒体传播形态固化、内容单一贫乏,已逐渐失去了对消费者的吸引,江苏大剧院设计了数字电视联播网、媒体网络系统。

(1) 联播网能够促进剧院架构转变,服务升级。

① 代替传统媒体,升级并丰富剧院服务设施。

② 提供平台,使得演出方或场馆可以通过互联网与观众进行互动,从而改变剧院单一、单向的传播现状。

③ 整合资讯传递、文化普及与商业运作于一体,传播与观众强关联的优质文化,创造更好的社会效益。

④ 吸引演出方与广告商进驻,为剧院增加收入,以带来更好的经济效益。

(2) 联播网具备智慧功能,可以满足用户需求。与机械式且单向、散乱的信息传播不同,观众可在闲暇时间通过联播网了解到时下最新的各界资讯,发现消费需求点的同时也可以拓宽文化视野,从而提高文化欣赏水平。

(3) 还可以通过抽奖、问答等活动与多方进行互动,增强用户体验值与满意度。

(4) 联播网将打开信息交互流通渠道,激发行业潜在商业价值。以多种方式呈现,有针对性的与那些走进剧院的具备高素质、拥有较高消费能力的受众进行互动式的传播,其商业价值潜力巨大。

通过华为的专用网络，打造了稳定高效、安全可靠的网络环境，全面保障省委、省政府“两会”的成功召开，满足省政府举行远程高清视频会议、无纸化会议的功能要求，视频会议声像一致性好，视频流畅无卡塞。

面对云计算、大数据和物联网的时代，面对互联网+的热潮，华为敏捷网络解决方案完美地匹配了大剧院的网络系统建设需求，提供了稳固的有线、无线网络，保障了剧院工作人员极速的办公体验，保障了观众能够随时随地高效畅享无线网络。此外，基于华为敏捷网络解决方案建设完成的网络系统，完美地服务于剧院 APP 软件、剧院票务系统、移动支付系统、实时定位系统、大数据的采集与挖掘等诸多业务系统，为各项业务的可靠性与稳定性运行，提供了强有力的基础网络支撑，让“智慧剧院”建设迈上了新高度。

10.3 计算机网络系统

大剧院网络设置两套网络，一是为办公网(外网)主要承载 OA 系统、会议系统、售检票系统、网络高清直播系统、多媒体信息发布等剧院日常办公的 IT 业务系统，同时对外部用户提供网络接入服务，以无线网络为主，重点考虑售票处、休息区、剧场、公共区、商业区等用户可能长时间停留的区域。

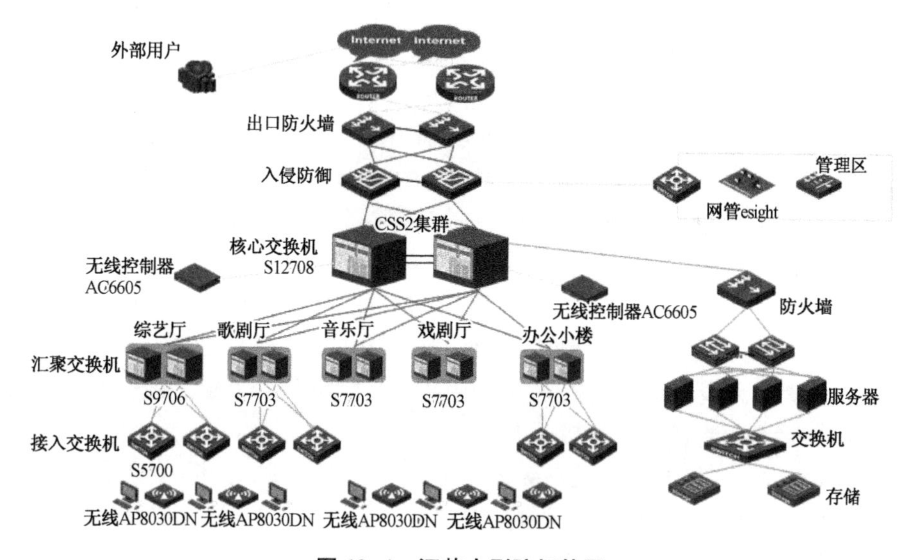

图 10-4 江苏大剧院拓扑图

二是设备网，用于承载视频监控、防盗报警、直接与 IP 摄像头、入侵报警系统、楼宇设备监控系统等基础设施相连，安保总控中心集中存储视频监控数据。两套网络均以华为敏捷 S12708 核心网络为基础平台，以云计算作为底层基础框架，将所有信息化资源以池的方式提供服务，全面提升智慧剧院的可靠性、安全性、易用性和扩展性。

通过互联网和物联网技术，将人与人、人与物、物与物、人与信息，信息与物等进行融合，实现大剧院内的人与物、信息的智慧沟通与交互。

通过前端设备数据的采集与挖掘，寻找数据的最大价值，实现线下的商务机会与互联网结合，让互联网成为线下交易的平台，实现 O2O 营销模式。

通过互联网＋，实现任何人、在任何地点、任何时间、通过任何方式都能得到所需的剧院服务和衍生的增值服务。

10.3.1 网络建设总体要求

- 可靠性及强大的容错能力，保证信息的稳定传输、统计、发布。
- 采用成熟先进的技术，提供稳定、先进的技术保障。
- 强大的安全防护能力，最大限度保证数据的安全性。
- 易管理，易维护，系统管理的工作应尽可能地集中、简化。
- 扩充性强，可与新技术衔接和升级。
- 支持国际标准和工业标准的网络通信协议，支持与异种网络的互联能力。

10.3.2 网络核心设计

两套网络均以华为敏捷 S12708 作为核心交换机，网络核心设计采用传统的 IRF2 技术（一种多虚一的虚拟化技术）和业界领先的 MDC 技术（一种一虚多的虚拟化技术）相结合：整个计算机网络系统的核心部署两台高端核心交换机，两台设备通过 IRF2 技术虚拟化成一台，从而增强了网络的可靠性，提高了网络的性能，并简化了网络管理；通过 MDC 技术将虚拟化后的交换机组虚拟出三台设备，三台设备相互之间隔离，无法直接通信；最后将三台设备分别用于设备网、办公内网和外网的核心。这样一来，相当于每张网都有两台核心交换机组作为本网的核心交换机，而用户实际只需承担两台核心部署的成本。

10.3.3 办公网设计

办公网与外网共用一套，通过 VLAN 划分为内网和外网，整个网络承载了 OA 系统、会议系统、售票系统、网络高清直播等剧院日常办公的 IT 业务系统，因此，在该网络中除了考虑基本的有线无线接入能力外，还需对网络安全问题进行重点考虑。

在办公网使用万兆二层接入交换机（在休息区、办公区、综合厅等需要部署无线网络的区域采用支持 POE 功能的交换机）通过双链路分别上联到两台核心交换机上，通过链路捆绑技术提高上联带宽和网络的可靠性。在休息区、办公区、综合厅等部分区域部署无线 AP，为办公人员提供无线网络的接入能力。内网的业务服务器和网络管理服务器通过服务器接入交换机连接到两台核心交换机上。

在网络安全方面，在核心交换机上部署了防火墙插卡和 IPS 插卡，使交换机上的任何一个端口都拥有防火墙和 IPS 功能，从而对内网中不同业务部门的网络进行隔离，同时对服务器进行安全保护。

内网出口部署两台高端路由器，通过 IRF2 虚拟化技术虚拟成一台，对内和两台核心交换机之间进行交叉连接，保证网络的可靠性，对外连接到 Internet，为办公人员提供访问公网的服务。

10.3.4 外网设计

江苏大剧院的外网职责在于给入场观众提供网络接入服务，因此在接入方式上以无线网络为主，在部署区域上重点考虑售票处、休息区、剧场、公共区、综合厅等用户可能长时间停留的区域。由于剧场和综合厅的场地开阔，人员密集，因此在无线技术的选择和 AP 的部署方式上需要进行重点考虑。

在有线网络方面，外网在接入层采用支持 POE 功能的千兆交换机，通过双链路上联到两台核心交换机，同样通过链路捆绑技术提高链路带宽和网络的可靠性。外网业务服务器和网络管理系统服务器通过服务器接入交换机连接到核心交换机上。外网的网络出口和内网相同，采用两台高端路由器通过 IRF2 技术虚拟成一台，对内和两台核心交换机交叉互联，对外连接到公网。

在网络安全方面，和内网一样采用网络和安全融合的设计理念，通过防火墙和 IPS 插卡的方式实现对整个网络的安全保护。

10.3.5 设备网设计

设备网的职责是承载视频监控、防盗报警、多媒体信息发布、电子标签等业务系统，直接和 IP 摄像头、入侵报警系统、楼宇设备监控系统、LED 屏幕等基础设施相连。因此，设备网的接入层采用支持 POE/POE+供电的百兆交换机，为 IP 摄像头供电，为高清视频图像传输提供充足的带宽资源。每台接入交换机双上联到虚拟化后的两台核心交换机，两条双上联链路进行链路捆绑，将上行链路带宽扩展为 2G，同时任何一条链路出现故障都不会引起网络的中断，增强了网络的可靠性。设备网的服务器通过服务器接入交换机连接到两台核心机上。

10.4 场馆类高密度人流场景 WiFi 技术和部署

随着 WiFi 快速普及，越来越多的公共场所提供 WiFi 热点覆盖，为人们随时随地接入 WiFi 网络提供了便利，但同时给 WiFi 建设者提出了挑战，尤其是在江苏大剧院综艺厅这类会议厅场景下，要求能满足无纸化会议，有 2 700 多名代表同时上网，如此高的密度、高并发率的用户，成了高密覆盖的关键。江苏大剧院采用了 AP8030DN 设备，是华为最新一代的802.11ac 双频无线接入点设备。双频同时提供业务，提供更高的接入容量，使室内无线网络带宽突破千兆，同时具有完善的业务支持能力，高可靠性，高安全性，网络部署简单，自动上线和配置，实施管理和维护等特点，适用于江苏大剧院综艺厅这种高覆盖的场景。

大剧院 AP 的放置采用了挂顶的方式，挂顶的布放方式是把 AP 放在了覆盖区域的上面，一些挂在走道夹板上，一些在舞台的上面。这种布放方式隐蔽性好，安装位置高，安全性好，不易遭暴力破坏和被盗。由于是视距覆盖，无穿透损耗等，覆盖效果也比较好。

江苏大剧院的高密场景下 AP 布放密度高，使用了为大剧院高密场景定制的方向性非常好的小角度天线，有效的控制覆盖区域，减少干扰。另外通过 CCA(空闲信道评估)技术，根据实际场景对 CCA 进行优化，减少多个设备共享空口的可能性，提供更多的用户接入和更高的吞吐率。

随着 WiFi 快速普及，越来越多的公共场所提供 WiFi 热点覆盖，为人们随时随地接入 WiFi 网络提供了便利，但同时给 WiFi 建设者提出了挑战，尤其是在大型场馆、会议厅、礼堂、商场、会展中心、酒店宴会厅、体育馆这类场景下，如何为高密度、高并发率的用户提供良好的业务体验，成了高密覆盖的关键。在高密场景通常用户密度高，数量大，为了满足大量用户的接入，布放了大量的 AP，这些 AP 的距离要比一般场景下高出很多，如在一般场景下 AP 间的距离通常有 20～30 m，甚至更大，而在高密场景下 AP 间的距离只有 10 m，甚至更小。

高密场景下容量如何规划，RF 如何规划来保证大量高密度用户的接入，又有哪些特性手段用来在做好规划的基础上提升无线网络性能，是高密覆盖的需求。具体来说，高密覆盖中有以下挑战和需求：

（1）覆盖方式

在高密场景下选择什么样的AP设备，选择什么样的天线类型，采用什么样的布放方式？

（2）WLAN干扰

高密场景有哪些干扰会影响网络性能，有哪些手段可以减少这些干扰？

（3）自动调优

空口效率在高密场景下显得更加珍贵，如何在高密场下提高空口的利用率？

（4）负载均衡

如何充分利用5G频段，避免大量双频终端驻留在2.4G频段上。当用户分布不均匀时，如何在不同AP上进行负载均衡。

10.4.1 覆盖方式

AP的布放既需要考虑工程施工，也需要考虑减少干扰。在高密场景下为了减少干扰，一般使用定向天线控制每个AP的覆盖范围，如果是在室外场景，选用防护等级更高的室外型AP，如AP6510/AP6610，室内场景需要室内型AP，如AP7110。布放位置可以分为挂顶布放方式，边墙布放方式和底部布放方式。

1. 挂顶布放

挂顶的布放方式需要把AP放在覆盖区域的正上方，如吊顶、天花板等位置，如图10-5所示。这种布放方式隐蔽性好，安装位置高，安全性好，不易遭暴力破坏和被盗；由于是视距覆盖，无穿透损耗等，覆盖效果也比较好。但是这种视距的覆盖往往隔离度也比较差，很容易形成干扰，尤其是使用方向性不好的天线的时候；同时挂顶的布放方式对施工也提出了挑战，比如顶棚的承重，登高施工成本等。

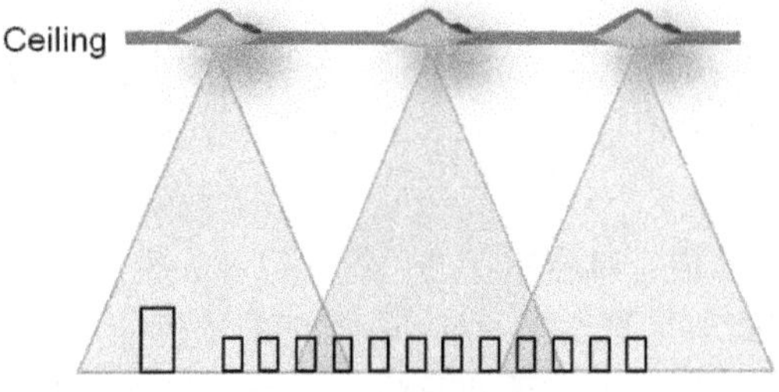

图10-5 挂顶布放方式

2. 边墙布放

边墙布放方式通常把AP放在覆盖区域周围的墙壁，柱子或者栏杆等位置，如图10-6所示，在墙壁、栏杆或者后排墙上等位置安装AP。这种布放方式安装方便，容易施工，覆盖效果比较好。同时边墙布放方式也是一种视距覆盖，隔离度比较差，往往容易形成干扰，尤其是使用方向性比较差的天线。

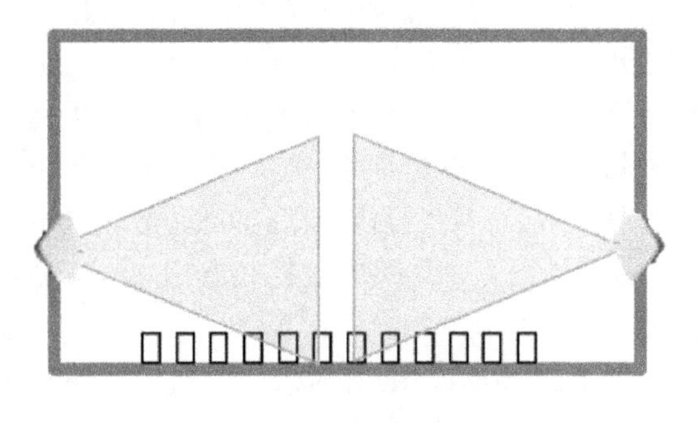

图10-6 边墙布放方式

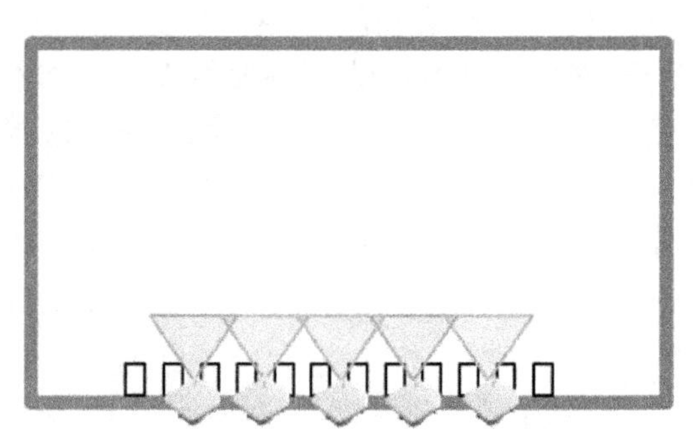

图10-7 底部布放方式

3. 底部布放

底部布放方式使用微微蜂窝的思路，将 AP 安装在人员附近，如座位下。这种方式最大的优势在于利用椅子，看台，高密度的人群等形成的隔离，干扰小，信道更容易复用，可形成更高密度的 AP 布放，接入更多的用户。但同时施工难度也比较大，可能需要破坏现有的建筑表面，添置走线的钢管或者伪装盒等附属材料。可以考虑使用室外 AP 加定向天线垂直于区域覆盖。

10.4.2　干扰抑制

要满足大量用户的接入，必然需要布放大量的 AP。大量布放的 AP 会带来严重的干扰。对干扰的控制从无线规划和软件特性两个方面，提出了小角度定向天线，功率控制和调优等技术方案来控制高密场景下的干扰。

1. 小角度定向天线

高密场景下由于 AP 布放密度高，系统内的干扰要远大于一般场景下，控制每个 AP 的覆盖非常重要。选择天线时希望能够将信号控制在覆盖目标区域内，而在其他区域内能够迅速衰减。半功率角小的定向天线是一种很好的选择，这类天线也是很多高密场景下用得比较多的天线形态。

如图 10-8 所示，水平和垂直半功率角都为 18°的天线方向图。良好的方向性使得在偏离主瓣 20°后增益衰减到 3 dB 以下，在 90°方向已经衰减到 −14 dB，不影响其他位置的覆盖。

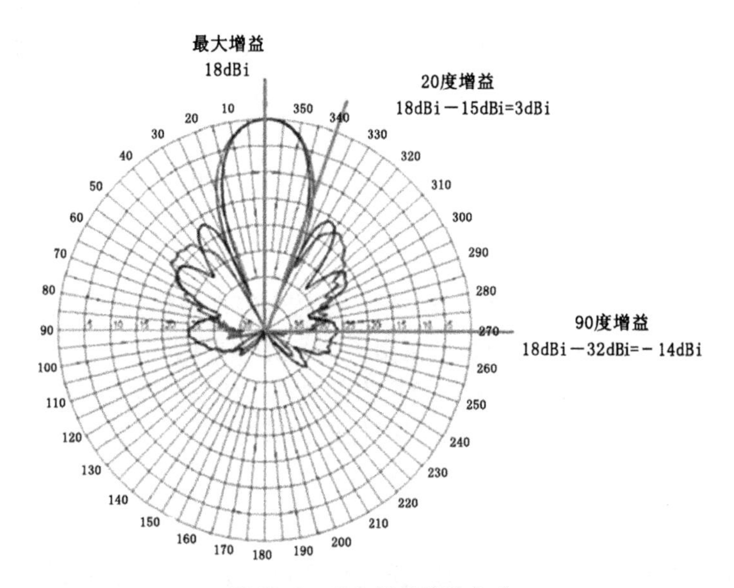

图 10-8　定向天线覆盖角度

2. 逐包功率控制

如图 10-9 在逐包功率控制中，AP 会实时检测智能终端的信号强度，如果智能终端信号强度大于功控目标值（距离 AP 较近），则发送数据包时自动降低实际发送的功率；如果智能终端信号强度小于目标值（距离 AP 较远），则增加发射功率。逐包功率控制可以有效控制 AP 的发送功率，减少 WLAN 系统内的干扰，提升用户的吞吐率性能。

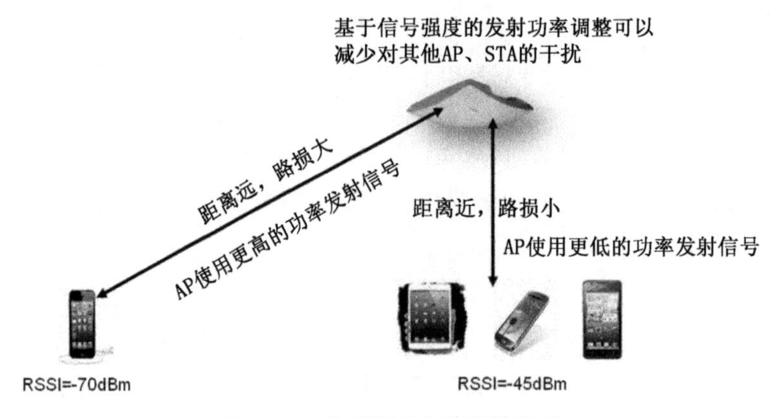

图 10-9　信号强度与距离的关系

图 10-10　自动调优

3. 自动调优

自动调优是指 AP 通过收集到的周围 AP 的信号强度，信道参数等，生成 AP 的拓扑结构，根据合法 AP、非法 AP 以及 No-WiFi 形成的干扰以及各自的负载，自动调整 AP 的发射功率和信道，以保证网络处于最佳的性能状态，提升网络的可靠性和用户体验。

说明：

(1) 自动调优得到的 AP 发射功率和逐包功控控制之间的关系：自动调优得到的 AP 发送功率确定了 AP 实际发射功率的上限，而逐包功率控制在这个上限范围内逐包调整 AP 的发射功率。

(2) 自动调优可以减少网络维护工作量，并保持网络性能良好的状态。但调优过程中对业务的影响也需要关注，在大业务量的高密场景下使用需要谨慎。

(3) 调优的区域以 AP 为单位，每个 AP 各自调优。在每个调优区域中，根据信号强度过滤形成最小的调优范围，合理减少计算量并保证调优效果。

10.4.3　负载均衡

1. 频段间负载均衡

终端在接入 WLAN 网络时，通常都是选择从 2.4G 频段接入，让信道本身就少的2.4G 频段显得更加拥挤，负载高，干扰大；而信道多，干扰小的 5G 频段优势得不到发挥。利用频段间负载均衡，对于双频 AP(AP 同时支持 2.4G 和 5G 射频)，如果接入该 AP 的 STA 也同时支持 5G 和 2.4G 的功能，AP 控制 STA 优先接入 5G 频段，从而达到将 2.4G 频段的双频终端用户向 5G 频段上迁移的目的，减少 2.4G 频段上的负载和干扰，提升用户体验。

本特性使用效果受制于现网中支持 5G 的双频终端的比例。芯片厂商曾预测，到 2014 年底发货比例将超过 50%。实际上对市面上主流的移动智能终端的统计，这个比例已经超过 50%。

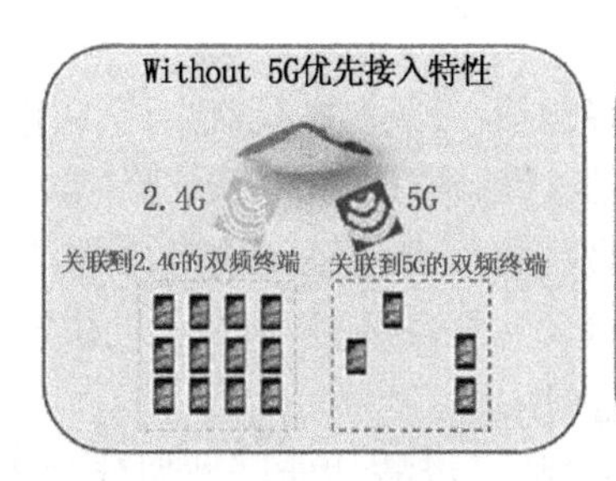

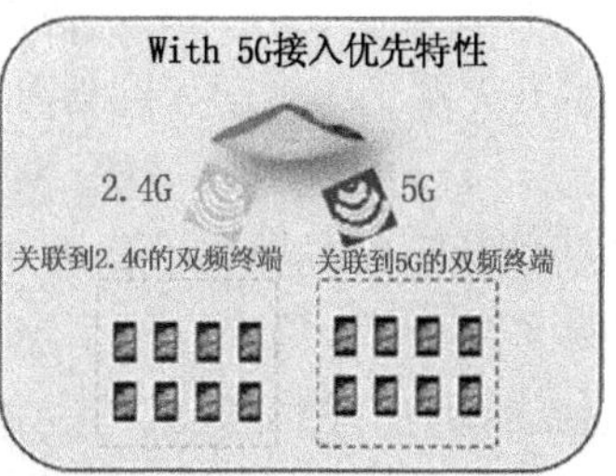

图 10-11 频段间负载均衡

2. AP间负载均衡

由于用户使用终端行为的差异,可能出现相邻的两个 AP 一个 AP 负载高,而另外一个 AP 负载低的情况,负载均衡特性可以按照用户数量和用户流量,将用户分配到同一组但负载不同的 AP 上,从而实现不同 AP 之间的负载分担,避免出现某个 AP 负载过高而使其性能不稳的情况。

10.5 大剧院楼宇自控系统

10.5.1 概述

一座大型的现代化建筑的成功建成,首先是离不开优秀的设计,而优秀的设计必定是各种先进科学技术应用的集成。作为现代建筑设计的一个重要组成部分——暖通空调工程设计的质量优劣,在很大程度上取决于对一系列技术问题的科学决策,比如系统方案的选择,设备的选型,系统的编程调试等,不仅要对系统的先进性、实用性、经济性进行分析比较,同时也需要对系统建成后投入使用时的营运管理和经济效益进行分析比较。尤其是文化类建筑,对人工环境的要求就更高,如何通过高效、协同的管理与操作,充分发挥建筑内所有设备的能效,为观众提供一种安全、高效、舒适、节能、环保、健康的建筑环境,达到节能环保的目的,都是非常值得暖通空调设计人员和智能化设计人员认真思考的。

建筑系统综合智能化设计,是目前建筑工程智能化技术的主要研究方向,也是现代建筑工程智能化设计的主要目标。一套成功的综合智能化系统,除了优秀的设计外,智能产品的正确选型、系统的编程调试,同样起了决定性作用。建筑综合智能化系统结合了多种现代技术,在保证建筑工程良好运行状态的同时,做到了真正的环保性、安全性、智能性和可操作性,对于现代建筑工程发展具有非常积极的促进作用。

楼宇自控系统是一套将建筑内的各种机电设备(如冷冻机、水泵、空气处理机、给排水系统、锅炉、热交换器、变配电系统、照明、电梯、光伏发电、融雪等系统)用专门的控制器通过联网的方式用计算机加以控制、管理、监视的系统。在提供舒适、便利、高效率的环境前提下,达到降低管理人员的工作强度、大幅减少能源消耗,提高各种机电设备寿命,提升管理水平的目的。

根据江苏大剧院的实际应用需求,楼宇自控系统应以空调系统、照明系统监控为重点,其余的设备监控可适当简化或合弃。因为:

- 空调系统的能源消耗最大,应用楼宇自控系统能取得最大的节能效果;
- 提高了大剧院内空气品质,保证观众的舒适性;

◆ 能将系统的投资控制在合理的规模内。

因此，整个楼宇自控系统的管理和控制内容包括：冷热源系统监控；空调机监控；送排风机监控；给排水系统监控；公共照明系统监控；风机盘管监控；变配电系统监视；油罐油位监测。

另外，从建筑智能化系统的整体性角度出发，楼宇自控系统应考虑与消防系统、安保系统的联动：当消防系统报警时，楼宇自控系统自动切断空调机、新风机的供电；当安保系统报警时，楼宇自控系统自动打开相应区域的应急照明。

根据江苏省大剧院的建筑平面设计，楼宇自控系统按功能区域划分为 1 个总控和 4 个分控的控制站形式，即按建筑功能区分，歌剧厅、戏剧厅、音乐厅及公共空间各设一个分控制站。具体划分为：总控控制站总体监控歌剧厅、戏剧厅、音乐厅及公共空间的所有点数。在一般情况下由各个分控自行监控各自区域内的设备运行，但总控有权限可以在紧急情况下对所有分控中的监控设备进行控制。总控站的服务器与分控站的服务器之间的通信采用专用控制器的以太网结构。对大剧院建筑内的所有机电设备进行监视和控制，并在设备监控机房设控制分站对冷水系统、空调设备等进行监视或控制。采用共享总线的网络结构，系统配置一套网络控制器，将各种功能的控制器通过以太网与中央工作站相连，采用直接数字控制(DDC)技术，对剧院内的供水、排水、冷水、热水系统及设备、电梯、空调设备及供电系统和设备进行监视和节能控制。

10.5.2 楼宇自控系统结构简介

建筑设备管理系统采用了最新的一代基于 Web 技术的江森自控 Metasys 系列(ADS 平台+FEC+IOM 系统)的系统架构。

系统结构示意如图 10-12。

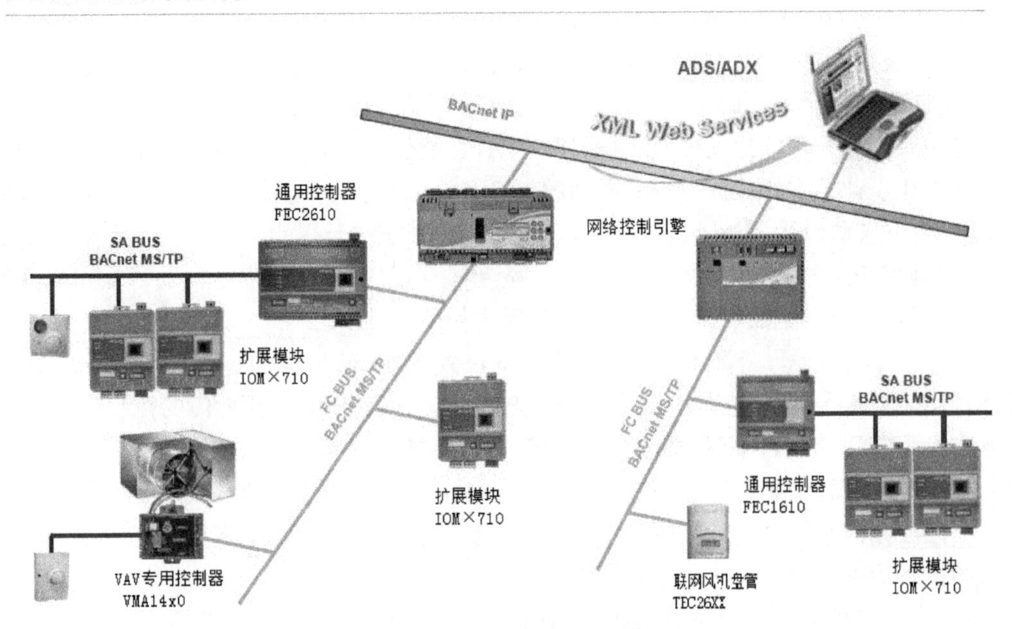

图 10-12 BA 系统结构示意图

楼宇自控系统是由中央级控制站、现场控制设备、传感器、执行器等设备经网络连接组成的系统。中央级控制中心通过现场控制器(DDC)实现对机房内空调冷源系统直接监控，通过网关或标准通信协议实现与空调冷热源系统的集成控制。

操作站具有软件的图形化结构;对控制点具有编辑功能;具有程序编辑功能;具有多任务屏幕显示和窗口化的软件功能;具有趋势记录功能;具有历史数据记录功能;对现场控制器具有上传下载功能。按监控单元组成相应的计算机界面，每一界面都能反映该单元的设备运行工作情况及运行参数;在每一界面上的设备都有一个醒目的故障报警图形，当该设备出现故障时，该故障点图形就会变色和闪烁。

系统采用管理层、控制层、设备层三层网络结构，管理层建立在以太网络楼宇机电BACNet/IP上，控制层则采用 Metasys 楼宇机电 BACNet 总线技术，两个层面均可以采用灵活的结构为系统实施和维护带来最大的便利。动态图形控制显示软件操作站、网络通信设备等通过管理层网络相联。控制层网络中任一节点故障时均不致影响系统的正常运行和信号的传输。

管理层网络将系统自身的管理设备连接起来，将建筑设备监控系统中的所有监控信息及时地反馈到信息共享管理系统中的中心数据库，并获取信息共享管理系统的相关运行信息，实现相关信息的双向通信。

中央管理系统(ADS/ADX)数据管理服务器软件是 MSEA 系统架构中的集成平台软件，和所有网络控制引擎的管理站点，它通过各种开放接口同时面向控制域和信息域的集成技术，使服务器能够监控并管理整个大楼各个系统的综合信息，并从整体上控制协调 IBMS 众多子系统的有关联动操作。

该软件同样采用 B/S 的结构，可将 IBMS 集成管理平台的信息通过 Web 进行发布，并作为协调者和管理者通过 SOAP 与网络中的控制引擎 NCE 通信，有序的调度建筑设备监控管理系统以及与其他系统间的联动操作。

整个楼宇的设备控制由就地控制器完成，全部的汇总信息由 NCE 来管理，而 ADS 的作用是将这些楼宇的信息利用 SQL 标准数据库，进行扩展的应用和永久的储存。包括更多的客户端访问量，还管理趋势数据、事件消息、管理员记录和系统设置数据的长期储存。使用因特网协议和信息技术(IT)标准为网络控制引擎(NCE)所在的网络提供安全的通信，并且与企业级别的通信网络兼容。

1. 控制层网络

1) 网络控制引擎(NCE/NAE)

具有全套设备管理系统的内部能源管理程序和直接数字式控制器的应用程序;全面的报警管理、数据记录、操作员的控制与监视功能;具有协调和管理现场控制器的功能;通过楼宇网络，网络控制引擎间具有共享信息的功能;通过控制网络，实现与现场控制器共享信息的功能。

网络控制引擎是一种模块式、智能化的控制盘。通过多个网络控制引擎，即可将每一个侧面的管理情况紧密地连接起来，进行全面综合的管理。通过相互共享整个网络中的所有信息，每个 NCE 能用高级控制算法提供全建筑物范围的最优控制。

网络控制引擎(NCE)是一种高性能的现场盘，它由一系列可兼容的电子、电气和气动模块配置而成。这样的模块化使 NCE 能够承担范围很广的控制任务。

当建筑物较小时，NCE可当作主控制盘使用。它在连接输入/输出(I/O)点方面的灵活性，使其成为一种能设置和进行各种控制的完善的控制器。NCE将用户编写的特定程序与其本身固有的用途结合起来，使设备在保持客户有最佳舒适感的同时达到最高效率。借助于就地超越控制器(一种易于使用的网络终端)以及就地或远方的图形化的操作站打印机，NCE可以和大楼管理人员进行通信。

在中等或大型的建筑物中，可以用许多NCE，其中每一个NCE控制一部分建筑物。各NCE可以通过N1区域网络(N1 LAN)紧密地联结起来，以共享信息。与其他系统不同的是，这种共享性并不受到限制，而且任意一个NCE均可存取其他NCE得到的任何信息。它们之间远不只是"同等"地位关系，N1 LAN这种使信息完全共享的简易性称为动态数据存取(Dynamic Data Access)，是设备管理系统的突破性进展。在单一网络中将大楼管理情况的每一侧面进行全面综合管理，由此得以实现。

通过相互共享整个网络中的所有信息，每个NCE能用高级演算法提供全建筑物范围的最优控制。各NCE同时进行成千上万次运算以便确定复杂情况下的最高效运行方式，例如，确定受控于一个NCE的冷冻机组和受控于另一个NCE的风机系统的最佳运行工况。NCE还有另一种功能——作为网络操作员的输入/输出(I/O)接口。NCE为操作员的报告组织信息，并对他的指令和程序改变作出反应。

2) 现场控制器(FEC)

现场控制器的设置是以楼宇机电自控系统平面图、控制点表及控制要求的配备为基础。通过现场控制总线，实现控制器间的信息共享；配备DDC内置的能源管理程序；具有管理多种报警、历史及趋势记录的收集、操作控制和监控功能。

直接数字式控制器是建筑设备监控管理系统的最前线装置，FEC控制器与其扩展模块IOM共同组成了现场CP盘，它分布于建筑群内各处的设备现场，如空调机房，水泵房，冷冻站等。控制盘连接于MEA系统架构的楼宇机电Cnet总线，NCE及操作站均可对它们实现上位机的超越控制。

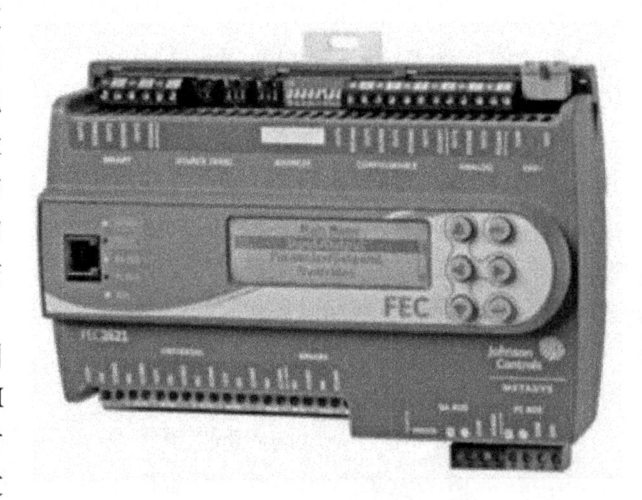

图 10-13　现场通用型控制器

FEC控制器是一种通用型控制器，具有32位的处理芯片和1.25M的FlashROM以及520K的RAM，对于冷冻机组、空调系统HVAC处理过程、工作分布照明及有关电气设备的控制来说，都是一种理想的控制器。无论是独立工作或是连入通信网络时，FEC的软硬件的功能都可以灵活地适应各种不同的控制过程。FEC控制器还可以在其扩展总线上连接I/O模块IOM，来增加它的输入点、输出点的容量。

作为通用型控制器，FEC可接受并提供多种输入、输出类型，同时更具有通用输入/输出点，可以通过软件设定该点位为数字量或者模拟量类型。具体输入/输出点数量和类型如

表 10-1 所示。

表 10-1　FEC 控制器通用输入/输出点表

类型	FEC26	点数
数字输入	有源(Max AC 24 V)或无源触点 100 Hz 脉冲计数	2
通用输入	模拟量输入,电压模式:0～10 VDC 模拟量输入,电流模式:4～20 mA 模拟量输入,阻值模式:0～2 kΩ RTD 1 kΩ 镍元件　1 kΩ 铂元件 A99 电子元件 10k/2.2k NTC 热敏电阻 无源触点数字量输入 维护模式	6
数字输出	24 V 可控硅输出	3
模拟输出	模拟量输出,电压模式:0～10 VDC 模拟量输出,电流模式:4～20 mA	2
通用输出	模拟量输出,电压模式:0～10 VDC 模拟量输出,电流模式:4～20 mA 24 V 可控硅数字量输出	4

IOM 是该系统的 I/O 扩展模块,具有楼宇机电 Cnet MS/TP 通信接口,可直接挂在系统总线下,也可以挂在 FEC 控制器下作为该控制盘的扩展。可见该模块的连接自由度很高,系统结构灵活。IOM 扩展模块可根据现场情况配置不同的型号。常用的扩展模块见表 10-2。

表 10-2　常用扩展模块

类型	IOM171	IOM271	IOM371	IOM47	IOM3721	IOM2721	IOM3731
数字输入	4			2	16		8
通用输入		2	4	6		8	
数字输出				3			8
模拟输出				2		2	
通用输出		2	4	4			
继电器输出		2	4				

FEC 控制器的软件功能十分齐全,提供编程、测试和下载的全面性功能,且可以使用多至 255 个控制组件,每一个控制组件负责一个基本的控制功能。

控制组件可分为输入、算术运算、控制功能、逻辑功能、报警功能、特殊功能、除霜功能、冷冻功能、单位转换、输出这十大类别,其中:

输入类,包括如下控制组件:

- 模拟量输入;
- 风扇输入;

■ 数字量输入；
■ 有用户输入(Occupancy)；
■ 临时用户输入(Temporary Occupancy)。

算术运算类，包括如下控制组件：

■ 平均数；
■ 计算器；
■ 比较器；
■ 事件积累器；
■ Butterworth 过滤器；
■ 积分器；
■ 最大或最小值选择；
■ 热焓计算；
■ 斜坡(Ramp)；
■ 采样和保持(Sample & Hold)；
■ 选择器；
■ 段距器；
■ 线分段功能；
■ 计时器；
■ 实时计时器；
■ 储存资料；
■ EWMA。

控制功能类，包括如下控制组件：

■ 节约器(Economizer)；
■ 风扇控制；
■ 二位控制；
■ 比例控制；
■ 比例加积分控制(PI)；
■ 比例加积分、微积分控制(PID)；
■ 夏季/ 冬季补偿。

逻辑功能，包括如下控制组件：

■ “与”逻辑；
■ “或”逻辑；
■ 步径超越逻辑(Enumeration Override)；
■ 步径逻辑(Enumeration Logic)；
■ 输出超越逻辑(Output Override Logic)；
■ 程序逻辑控制(PLC)。

报警功能，包括如下控制组件：

■ 模拟量报警；
■ 压缩机报警；

- 手动复位(二位元)报警;
- 限位报警。

特殊功能,包括如下控制组件:

- 特殊/ 操作状态;
- 特殊日子;
- 二元程序器;
- 一般设定值;
- 有用户状态(Occupancy Mode);
- 实时计时器,加强实时计时器;
- 传感器失效;
- 系统资源;
- 温度设定值;
- 负荷管理;
- 高峰需求限止;
- 有用户时间计划;
- 最佳开停时间;
- 半封闭式压缩机;
- 温度补偿工作循环;
- 出厂状态。

除霜功能,包括如下控制组件:

- 累积除霜;
- 冷冻除霜;
- 冷冻除霜启动。

冷冻功能,包括如下控制组件:

- 冷媒饱和性质。

单位转换,包括如下控制组件:

- 转换形式;
- UNVT 逻辑转换至 SNVT 状态;
- Enumeration 转换至 UNVT 逻辑;
- SNVT 状态转换至 UNVT 逻辑;
- SNVT_HVAC 状态提供;
- SNVT_chir 状态提供;
- SNVT_lev_disc 至 SNVT_switch。

输出,包括如下控制组件:

- 模拟量输出;
- LED 输出;
- 失效安全继电器输出;
- 开/关量输出;
- DAT 输出;

■ 风阀；

■ PAT 输出；

■ 密封式压缩机。

FEC 控制器最大支持多达 255 个控制组件执行数量，是一个高性能的可编程式控制器，特别适用于冷水机、屋顶机、空气处理柜机、水冷热泵机、调风设备、闭环式控制机组等设备的控制要求。对于复杂的控制过程，可通过多个控制组件组合编程，最终达到最优化控制。

2. 设备层网络

传感器测量环境或者设备的参数，并将命令传输给 DDC 控制器；执行器接受 DDC 控制器的命令，对设备状态做出调整，比如启停设备、调节阀门开度等。

本项目涉及的传感器、执行器参数如下：

➢ 室内型压差变送器：测量范围 0～500 Pa，输出信号 0～10 V 信号，电源 24 VAC；

➢ 风管型温度变送器：风管型，测量范围－10～95℃，21℃标定点处的精度为±0.1%；

➢ CO 传感器：量程 0～100 mg/m^3，输出信号 4～20 mA，电源 24 VDC；

➢ 调节风阀执行器：额定扭矩：10 Nm；输入信号：DC0(2)－10 V；反馈信号：DC 0～10 V；旋转角度：最大 95°±3°；运行时间：95～110 s；触发点：5°/85°；

➢ 风管型温湿度变送器：风管型，湿度输出 4～20 mA，温度信号 Pt1000，精度 5%FS；

➢ 室外温湿度传感器：温度信号：热敏电阻型；测量范围：－30～70℃；湿度输出：0～10 VDC、测量范围：5%～95%rh；防护等级：IP34；

➢ 室内温度传感器：输出信号 0～10 VDC；工作范围：0～50℃，阻值特性：热敏电阻；防护等级：IP54；

➢ 开关风阀执行器：额定扭矩：10 Nm；控制方式：浮点/开关；运行时间：95～110 s；

➢ 风道 CO_2 浓度变送器：测量范围：0～200 mg/m^3；线性模拟输出：0～10 VDC；测量精度：±(30 mg/m^3＋2%)；

➢ 风压差开关：滤网 0～4 mbar 可调，风机 0～10 mbar 可调，自动复位，无源干接点输出；

➢ 水管型压差开关：最大过压：2 068 kPa；输出继电器容量：SPDT，5A/250 VAC；工作温度：－1.1～71.1℃；

➢ 水管温度传感器：测量范围：－25～130℃；防护等级：IP52；

➢ 防冻开关：单刀双掷开关，无源干接点输出，工作范围 5～32℃；

➢ 液位开关：工作温度：－10℃～70℃，工作寿命：≥50 000 次，引线长度：3 m(长度可按需定制)；

➢ 水流开关：工作压力：10 bar；耐压力：17.5 bar；触点寿命：1 000 K 周期；液体温度：最高 100℃；

➢ 插入式水流量传感器：测量口径≥DN50(2″)管道；4～20 mA 电流输出；

➢ 电动蝶阀：PN16，含执行器 220 VAC 供电，开关型；

➢ 电动三通调节水阀：PN16，含执行器 24 VAC 供电，调节型 0(2)～10 V 输出。

10.5.3　空调系统控制方案

1. 大剧院空调配置

整个大剧院空调冷源配置了 4 台 1 200 RT 离心式冷水机组和 1 台 500RT 变频离心式冷水机组，7 台冷冻水一级泵，10 台冷冻水二级变频泵、7 台冷却水泵，9 台冷却塔风扇，空调冷风柜机 168 台，风机盘管 1 269 台，风机 862 台，空调系统总装机电容量约 18 638 kW。空调设备中，冷冻水二级泵、冷却塔风机及冷风柜风机等均采用了先进的变频控制技术控制其运行。如此庞大单体建筑空调系统，如果完全由人工来控制运行，不但需要投入大量的人力资源，而且很难做到精确控制设备，会产生大量的电力浪费，从而增加了运行成本。因此，只有采用先进的智能化控制技术，才能从根本上解决问题。

2. 空调系统设计方案

由于大剧院各观众厅、乐池、排练厅、录音室、演播室等空调区域，有高标准的舒适度要求，而且乐器对温湿度，尤其对湿度更是有着严格要求，因此本工程设置了四管制恒温恒湿全空气空调系统。夏季，对露点温度进行控制的同时，根据室内负荷变化进行二次加热，冬季，对温度控制的同时，采用能够较精确控制加湿量的高压微雾加湿主机进行加湿。剧场观众厅按高度与宽度设置空调系统，池座、楼座均为二次回风空调系统，采用座椅下送风，集中回风的气流组织方式。

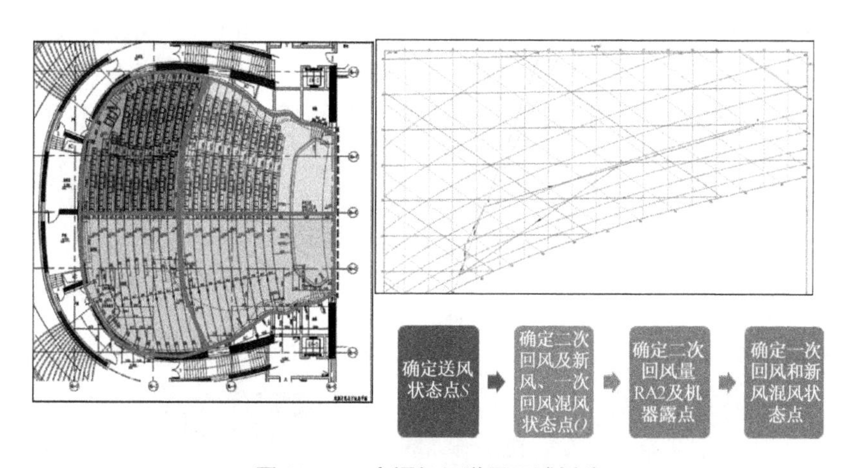

图 10-14　空调机组送风区域划分

公共休息厅廊等人员不经常停留的大空间为全空气空调系统。因夏季无湿度要求，不设置再热盘管。考虑到冬季若湿度过高，壳体和水下通廊的玻璃易结露，所以不设置加湿段。

化妆间、休息室、更衣室、管理办公、会客接待等小空间空调区域，对温湿度要求不严格，为控制灵活，采用风机盘管加新风系统的方式，并进行远程集中控制，实现无人时自动关闭，以节省能源。

风口风速及噪声控制：送风器出风速度的大小关系到工作区的风速，即人员腿部的吹风感，风速过高，还会产生噪声，因此确定风速必须满足剧场对噪声的要求，座椅下送风器的风速大小和均匀性涉及风口的构造、直径、孔径、开孔率等，由设计人员提出送风量的噪声、风速要求，由风口制造厂商通过设计计算和实验确定。

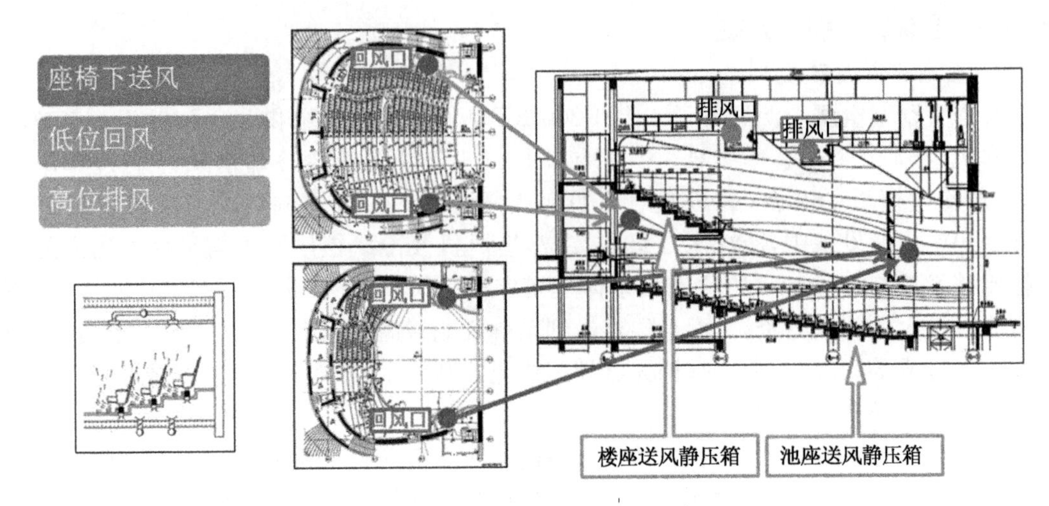

图 10-15　观众厅空调通风系统

由于大剧院使用功能的特殊性，部分区域在冬季也需要制冷，在方案设计中冬季使用冷却塔作为自然冷源，配合冷水机组供应冷冻水，实现节省制冷电能。

3. 楼宇自控策略

系统采用了江森自控 Metasys 系列，ADS＋FEC＋IOM 平台，实现分散控制、中央集中管理，所有制冷、供热、空调、通风系统，均置于统一的中央监控(BAS)之下，以通信总线形式与中央主机通信，控制器可脱离中央主机独立地对现场设备进行监控管理，以确保空调系统正常运行、有效工作，系统构架如图 10-16 所示。

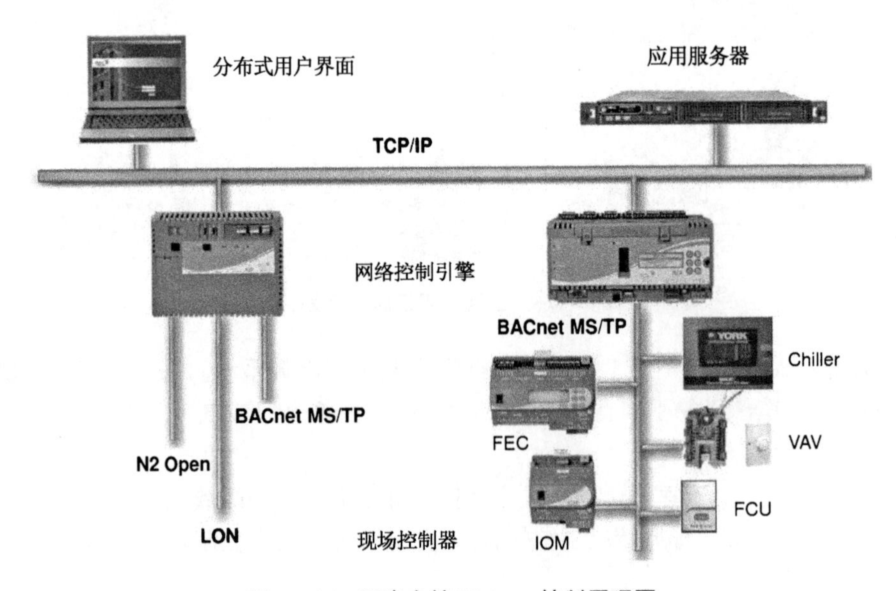

图 10-16　江森自控 Metasys 控制原理图

1）冷冻机房群控策略

由于冷源系统内的冷水机组、冷冻水泵、冷却水泵和冷却塔等设备的能耗占整个中央空调系统能耗的 60％或以上，因此对多台冷水机组实施群控是至关重要的。在江森自控的冷水机组群控系统内，多台冷水机组、冷冻水泵、冷却水泵和冷却塔可以按先后次序有序地运行，通过执行最新的负荷优化、匹配程序和预定时间程序运行。

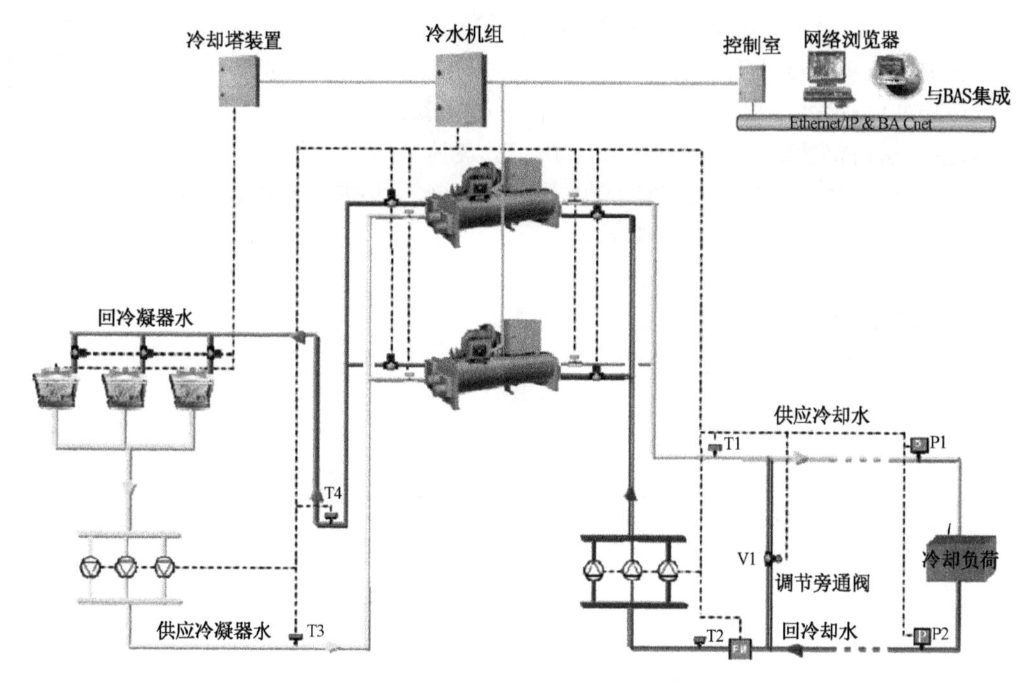

图 10-17 机房群控系统示意图

(1) 群控系统加机策略

通过实时监测共享大厅、歌剧厅、戏剧厅、综艺厅、音乐厅的冷冻水供/回水温差及流量，来计算五个厅的负荷变化。冷水机组采用定出水温度运行方式，当系统负荷变大，冷冻水需求量上升，此时运行中的冷水机组根据自身负荷调节的能力上调制冷负荷，当其负荷(电流百分比)上升到 90%时(可调)，且持续了 10 min(可调)，控制系统加载一台运行时间最短的可投入运行的冷水机组。因为在启动延时 10 min(可调)后，如果运行机组电流百分比仍然大于 90%，则说明当前台数冷水机组的满载运行和水泵的满载运行已不足以满足系统负荷需求，且冷冻水出水温度不会稳定在出水温度设定值上，此时需要加载一台冷水机组，加载过程遵循运行时间短的设备优先加载的原则。

(2) 群控系统减机策略

假设 $N(1<N\leqslant 5)$ 台机组正在运行，当系统负荷变小时，此时当运行中的冷机负荷(电流百分比) 大于 $N/(N-1)$ 与下限设定值(50%，可根据实际调整)的乘积(N 为当前冷机运行台数，$N>1$)，并持续 10 min(时间可设定)，这时，卸载一台冷水机组，卸载过程遵循运行时间长的设备优先卸载的原则。

(3) 冷冻水出水温度控制

冷水机组采用定出水温度运行方式，本项目冷冻水出水温度为 6℃。冷冻水温度重置通过实际冷冻水总供回水温差与设计温差之间的偏离情况对冷冻水供水设定温度(系统设定点)进行相应的重置，当实际温差高于或低于温差设定值的状态并持续超过重置延时设定值时，系统实际设定值将在系统温度设定最大限定值和最小值之间调节(系统实际设定值

+/一重置偏差设定值)。重置功能的应用,是系统实际设定点根据系统负荷进行重置,有利于系统的节能。

(4) 预防离心冷水机组部分负荷时的喘振策略

由于离心机组在过低负荷下运行(如额定负荷的 30%以下),会出现喘振现象,因此当系统负荷降低,群控系统根据冷水机组的运行时间减载到只有一台 1 200RT 离心机组在运行时,若系统负荷仍然继续降低,该台冷水机组的负荷持续降低到下限设定时,为防止喘振现象出现,群控系统将自动启动变频 500RT 冷水机组,来替换该台离心机组。

(5) 冷冻水温度重置有以下控制策略

- 固定温差;
- 外部阀门信号、楼宇信号;
- 固定冷冻水回水温度。

冷冻水温度控制策略,如图 10-18 所示。

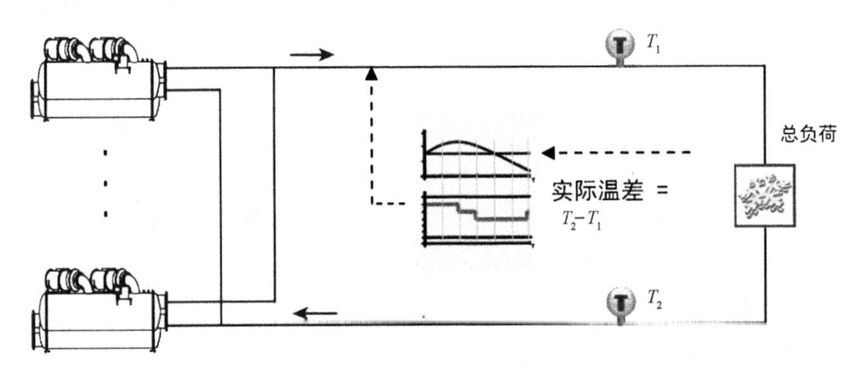

图 10-18　冷冻水温度控制策略

2) 冷却塔控制策略

冷却塔控制:系统根据冷水机组的冷却水进水温度要求,自动改变冷却塔风机的工作台数及转速,使冷却水的温度在满足冷水机组的温度要求的前提下,尽可能的低。控制策略如图 10-19 所示。

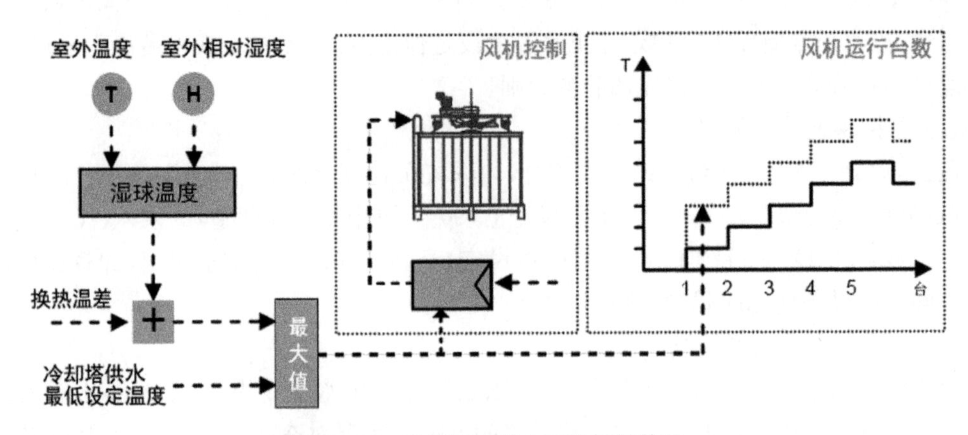

图 10-19　冷却塔冷却水温度控制策略

对于冷水机组来说,冷却水温度每降低 1 ℃约平均节能 3%,如图 10-20 所示。

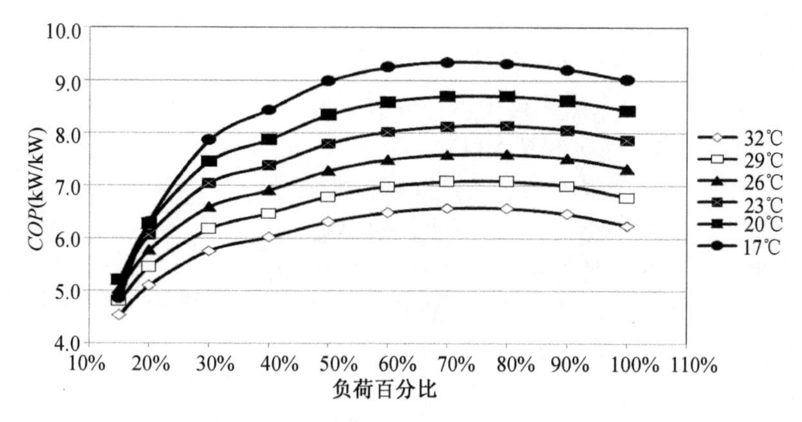

图 10-20 不同冷却水温下机组的 *COP* 变化曲线

因此冷却塔控制策略的重点在于保证最低的冷却塔出水温度，尽可能地在冷水主机允许的范围内，以较低的冷却水水温供给冷水主机，可以达到很好的节能效果。

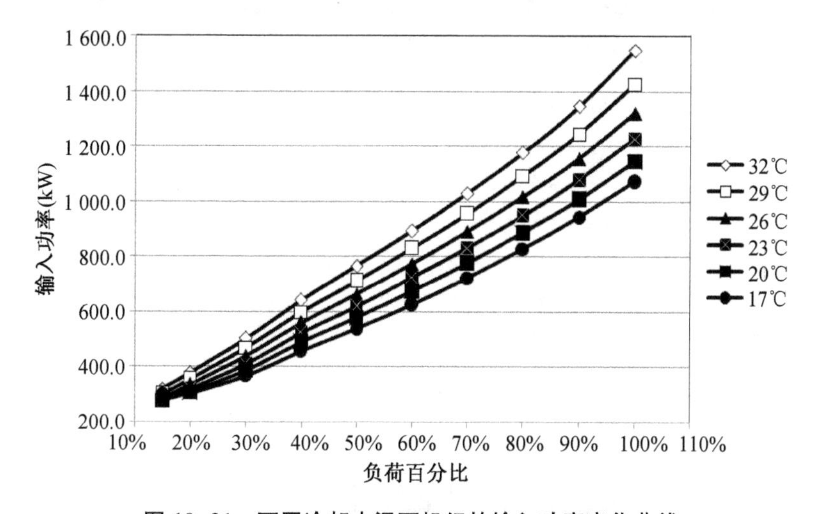

图 10-21 不同冷却水温下机组的输入功率变化曲线

低温旁通控制：系统监测冷水机组的冷却水进水温度，当冷却水进水温度低于冷水机组所允许的最低值时，系统打开低温旁通，并按照水温偏差比例调节冷却塔旁通电动水阀的开度。

冬季冷却水预热控制：冬季室外温度较低，主机冷却水进水温度远低于主机所允许的最低值。因此，在冷水机组开机前，先进行冷却水预热，利用冷却水预热装置对冷却水进行加热，直到主机的冷却水进水温度满足主机所允许的最低值。当主机能够运行后，由于主机将热量传递给冷却水，冷却水温已经能够达到主机的限制，无需继续加热，冷却水预热装置停止工作。

免费冷却控制：冬季，当室外温湿度低于 8℃时，即为满足免费冷却条件，开启免费冷却水系统，此时，关闭冷水主机，通过免费冷却板改换生产空调冷冻水，供给末端。

3）冷冻水一、二次泵水量平衡“盈亏”现象及对策

图 10-22 中阶梯状曲线为一次泵流量曲线，斜线为二次泵流量曲线。点 A 为一次泵流

量和二次泵流量平衡点，此时平衡管内水不流动，点 B 为二次泵流量大于一次泵流量即“盈”点，此时平衡管内水流向二次泵入口处，点 C 为二次泵流量小于一次泵流量，即“亏”点，此时平衡管内水流向一次泵入口处。

“盈亏”现象给系统带来很大影响，“盈”时，未经处理的冷水直接流向二次供水环路，将提高冷水供水温度，使末端设备出力降低，“亏”时，处理过的冷水直接流回冷水机组，使得回水温度降低，将降低冷水机组的效率，“盈亏”现象将导致一、二次泵承担“空载水流”，带来能量的损失，严重时将超出二次泵的能量。

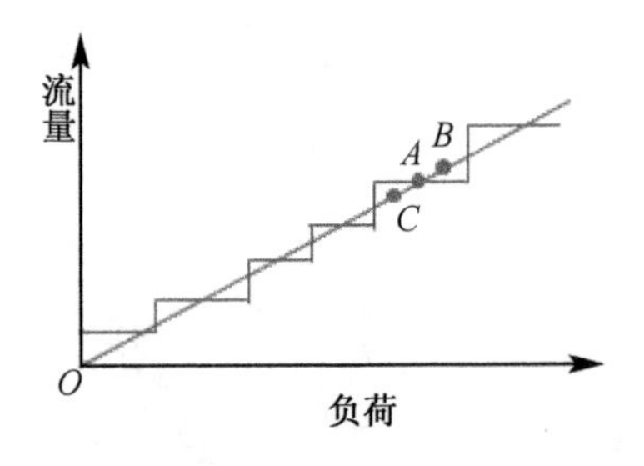

图 10-22　冷水机组定频一次泵和变频二次泵的流量一负荷关系图

为此，在平衡管上加了一个双向流量计(图 10-23)，根据平衡管内水流的方向和大小控制水泵及相对应冷机的启停。当用户负荷下降，二次泵流量减少时，一次泵流量过剩，平衡管内冷水由供水流向回水。当流量大于单泵流量 110%时，关闭一台冷机及相应一次水泵；当用户负荷增加，一次流量出现不足，平衡管内冷水逆向流动。当流量大于单泵流量 20%时，开启一台一次水泵及相应的冷机。提前开启冷机的目的是为避免二次供水温度出现较大波动。

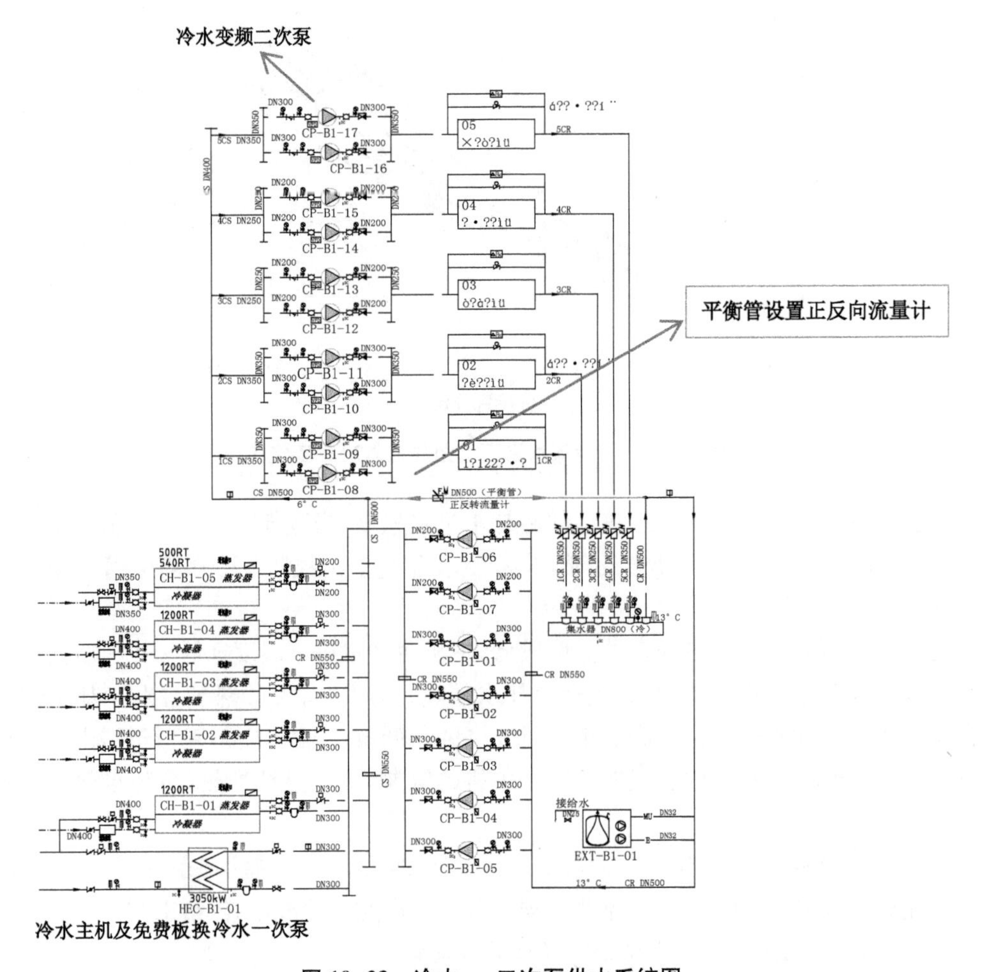

图 10-23　冷水一、二次泵供水系统图

二次泵采用压差变频控制，压差传感器设置在各个厅的最不利末端，也就是阻力损失最大的环路。依据实测数值与设定数值，来设定压差值，为满足最不利用户正常运行时，冷冻水入口的供、回水干管之间所需要的最小压力。

当用户负荷增加，用户末端调节阀自动开大或开启数量增加，压差传感器所测得压差值减小时，首先关小压差旁通阀，当旁通阀全关，末端压差值仍然低于设定值，则增加二次变频水泵的运行频率以保证压差传感器所检测到的压差不小于设定值，以满足最不利用户的要求。

当用户负荷减小，用户末端调节阀自动关小或开启数量减少，压差传感器所测得压差值增大时，则减小水泵运行频率，使实际运行压差值降低并与所选取的设定值趋于一致。当水泵运行频率已降到最低保护频率（如 25 Hz），而用户负荷继续下降时，则减少 1 台水泵运行，并调整剩下的单台水泵运行频率，满足系统流量及压差要求。如果用户负荷继续减小，则调大压差旁通阀。

4）机房系统能效（COP）的计算

冷冻机房群控系统内设备配置智能电表与能量表，机房群控系统通过通信方式与其连接，读取冷水机组、冷冻水泵、冷却水泵、冷却塔风机的瞬时功率，并分别进行累积以及系统总冷量。

最后群控系统对各设备的瞬时功率进行累加即可得机房系统的瞬时消耗电功率 P。同时群控系统通过读取各个厅的能量表运行参数，累计出剧院的空调系统的总冷量 Q，Q/P 即可计算出整个机房系统的能效（COP）值，并以此为依据，优化群控系统当前运行策略。

5）观众厅二次回风空调系统控制策略

观众厅是一个高大的空间，即使各出风口出风温度和风量完全一致，也会出现室内温、湿度分布不平均的现象。热气上升，冷气和湿气下沉，是不可避免的自然现象。江苏大剧院剧场观众厅空调机组，每台机组的服务区域的高度都超过 10 m，造成同一机组服务区域内的室温差异严重。

观众厅是人员高度密集的场所，在观演过程中，人员负荷随时会出现扰动，入场、中场、复场时更是负荷振荡最为剧烈的时刻。我们知道热传递要通过传导、对流、辐射三种方式进行。在剧场观众厅内传导方式基本可以忽略，由于采用座椅下送风，因此空气流动性很小，对流方式也几乎不存在，负荷温度只能依靠辐射向四周扩散，通常需要相当长的时间才能达到平衡。采用送风温度控制水阀的方案很难为整个观众厅提供均匀的温度。（图 10-24）

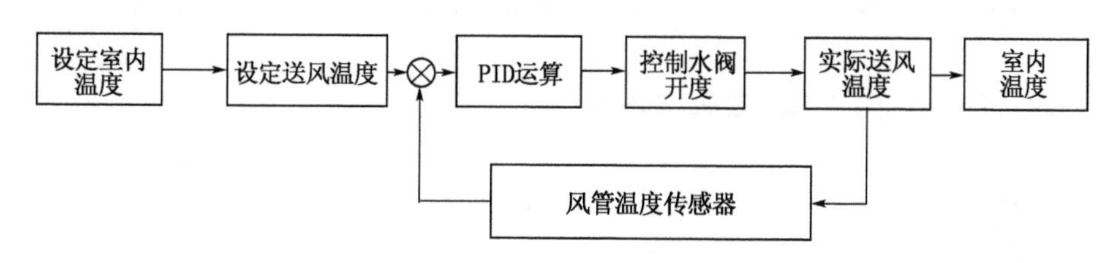

图 10-24　送风温度控制系统图

为此，在观众厅内、座椅附近均匀分布了温、湿度传感器，对观众的综合情况进行测量，创建能够快速、正确反映负荷分布和变化的信号，实现对剧场观众厅空调机组的智能化自控

控制。(图 10-25)

(1) 通过对观众厅的传感器的温度值进行加权平均后得出观众厅内平均温度值,以此计算出需求送风温度,再用需求送风温度与当前送风温度值进行比较,控制电动水阀开度;

(2) 利用室内温度设定值和实际值的差值,对送风温度进行实时补偿,使送风温度设定值紧密跟随室内温度变化,具备自动检测扰动信号的功能;

(3) 使用不断变化的送风温度持续对水阀开度进行调整,而解决水阀无法快速、准确地响应扰动信号的问题。

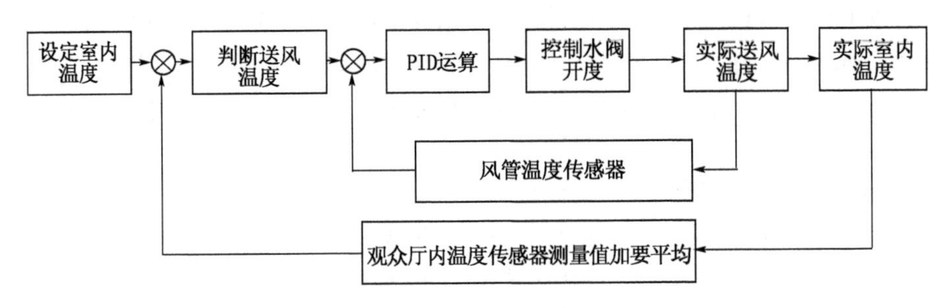

图 10-25 观众厅送风温度控制系统图

通过上述控制方案,将送风温差控制在±0.5℃以内,出风口与室内温差控制在±2℃以内。至此,各剧场观众厅基本实现了冬季 21℃/夏季 24℃恒温的设计要求,室内温差严格控制在±1℃以内的良好效果。

6) 舞台送风控制

舞台空调最难以解决的问题是送风时幕布晃动。本次设计采用变速上送风的气流组织方式,通过控制送排风的风速,确保观众厅与舞台之间的压差处于稳定状态,有效地避免了送风时幕布晃动的现象。侧台可在整个演出和休息期间保持舒适的室温,舞台因使用时间相对较短,有些仅是瞬间负荷,有延迟和衰减,靠预冷和间断供冷,或在演出时减少送风量,降低风速,经过多场演出验证,基本可以满足要求。

7) 排风系统的调节与控制

由于室内各排风、排烟系统的风机之间,以及总排风机之间均为并联,为防止风流短路,风机出口设置了与风机联锁通断的电动调节阀。

各分支路的排风或排烟风机均按照房间排风口至排风机处的阻力确定其压力,其后的阻力由总排风机克服,各排风分支路阻力的不平衡,由各风机出口的调节阀调节。

10.6 能源计量与节能控制系统

江苏大剧院分 4 个功能区,包括歌剧厅、戏剧厅、音乐厅、综合厅等。每个功能区包括排练场所、演出场所、会客接待及化妆间等不同的场所。能源计量系统针对大楼内这些不同的功能区域对中央空调、水、电进行独立核算,便于管理,系统构架如图 10-26。

10.6.1 系统功能

能耗监测计量管理系统通过对建筑物内各类能耗参数的收集、分析,运用科学、合理的控

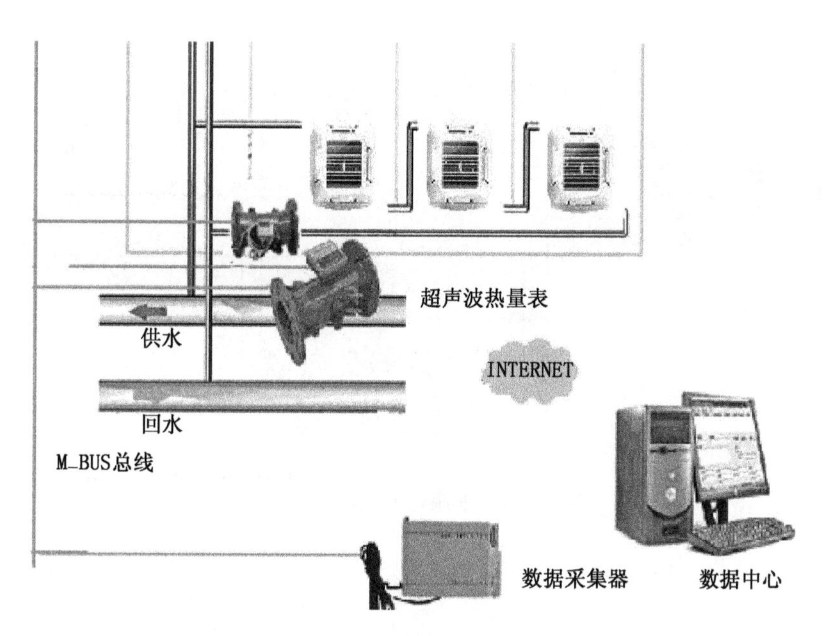

图 10-26　能源计量系统构架图

制策略，通过利用楼宇控制系统实现动作，其是基于自动化控制基础上一套计算机智能化的管理软件平台。其核心就是“计量、控制、分析、管理”八字方针，坚持“节能第一、需求至上、切合实际”的理念，坚持做到精确计量、准确控制、实时分析、统一管理。它具备以下技术特点：

1. 真正面向业务特点的系统

能源管理系统平台专为面向用户开发设计，全面考虑对能源数据、项目管理、业务特点等的支持，该设计思路贯穿于开发设计的整个过程，是系统设计的核心 除开发设计过程考虑用户数据的支持外，针对项目的具体部署、数据处理分析和界面展现的各个环节，为项目的能源数据赋予更多含义。

2. 统一的能源数据仓库

以能源管理和业务特点为基点，经过全面采集、整理、存贮和加工各类能源信息和业务数据，构筑库表统一、编码统一、维护统一的数据库。

在此基础上，为使各级领导、相关部门能够通过统一的界面快捷方便地查询系统中的数据、对各种数据进行灵活、直观地综合分析、深入挖掘数据深层的价值，建设一个以能源数据和业务特点为核心的数据仓库平台，为领导业务决策提供必要和有力的支持。

3. 完善的数据分析技术

融入当今主流的数据分析技术，结合能源管理行业的需求和特点，形成自主的数据库视图业务，视图从业务角度理解，数据从业务角度访问，数据统一业务逻辑简化操作步骤，共享劳动成果。

4. 自由数据钻取技术

综合能耗管理系统采用自由数据钻取技术，即多路径分析，实现对同一问题从不同角度进行全面的分析。

通过在综合能耗管理系统中全面使用自由数据钻取技术，改变了简单钻取对问题的条块分隔模式。自由钻取把系统中直接相关和间接相关的信息都串在一起，形成一张分析网。

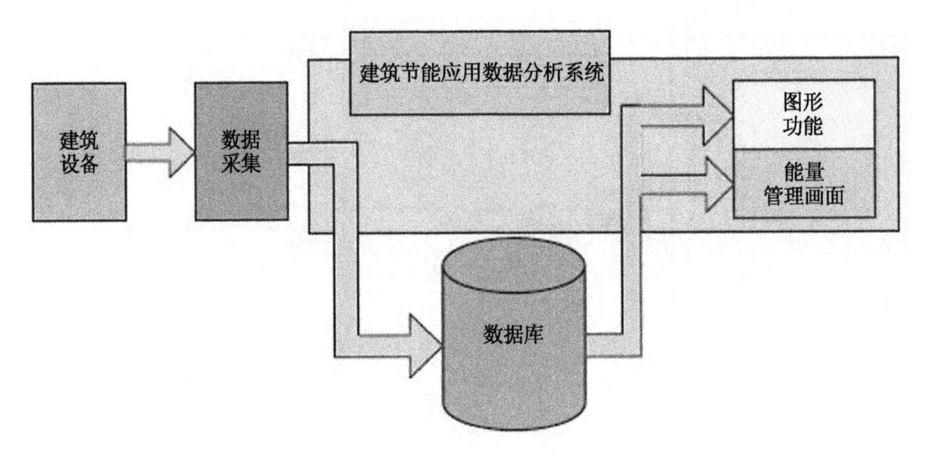

图 10-27　能源计量系统数据分析

在这张网上，用户可以从任何一个节点出发，按照自己的思路对信息从各种角度进行深入的分析。

5. 可实现与其他系统的数据兼容

能源管理系统平台除从能源监测系统获取数据外，也提供了与其他业务和管理系统进行数据交换的接口，实现与各大系统间的数据共享。除此之外，系统也支持手抄能源数据的手动录入功能。系统可以通过门禁一卡通、视频监控等系统的软件接口，获得房间人数等数据，作为空调和通风设备控制基础。

6. 能耗监测的模式

底层分项计量：分项能耗数据在公共建筑节能中有着重要的意义，目的是建立起一个数据可靠、样本数量较多的数据库。

- 软件分层设计；
- 传输层自动适应多种网络结构；
- 数据服务层建立数据仓库。

数据挖掘和自动分析：在分项计量的基础上，以能耗指标为基础的节能诊断方法将大大提高节能诊断的效率，降低“专家”门槛。

监测软件的分层设计模式，主要分数据获取层、数据存储层及数据访问层。各层的模式如下：

数据获取层最主要的任务是将相关楼宇数据进行抽取（Extract）、转换（Transfer）并加载（Load）到数据仓库中，在数据仓库中形成基础的分析数据的功能。

数据存储层是系统的核心。数据存储层设计是企业级数据存储、数据及时加载和信息快速、灵活展现的保证。而且各个应用服务可以根据自身的需要在数据仓库上建立适合自身应用的数据集市。

数据访问层解决方案使用户可以通过 WEB 浏览器访问数据中心，以报表、分析、即席查询、数据挖掘等形式向系统使用人员进行展现。

建筑能耗分析管理系统基于大剧院的设备网络技术对楼宇内的能耗信息进行采集。收集到的信息一方面通过网络上传给节能降耗分析所用；另一方面系统可以提供实时预警功能，比如夏季室内空调制冷温度过低时，或者非工作时间室内照明未关闭时，控制中心可根据传感器网络节点采集的数据与设定的阈值比对，自动调节空调或关闭照明以节约能源，从而实现了楼宇的智能化节能减排降耗。

7. 能耗分析的模式

在建筑能耗分析管理系统上能够根据应用需求给出系统统计区域内任意范围、任意时间段、任意能耗系统、任意单个设备的详细能耗数据，用户可根据查询需求个性化选择汇总方式生成详细的能耗数据报表(图 10-28、图 10-29)。

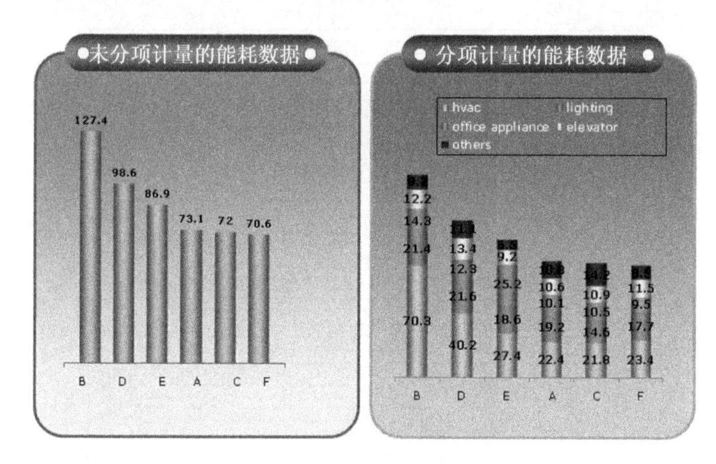

图 10-28 能耗数据柱形图

用户还可将能耗数据报表根据分析需要生成诸如柱形图、曲线图、饼图等统计图表，从而能直观地对数据进行能耗分析。

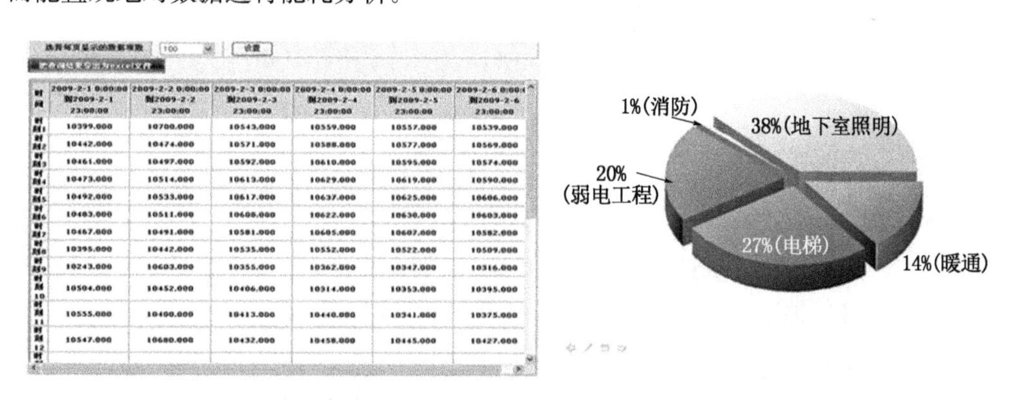

时间	2009-2-1 0:00:00 到2009-2-1 23:00:00	2009-2-2 0:00:00 到2009-2-2 23:00:00	2009-2-3 0:00:00 到2009-2-3 23:00:00	2009-2-4 0:00:00 到2009-2-4 23:00:00	2009-2-5 0:00:00 到2009-2-5 23:00:00	2009-2-6 0:00:0 到2009-2-6 23:00:00
时段1	10399.000	10700.000	10543.000	10559.000	10557.000	10539.000
时段2	10442.000	10474.000	10571.000	10588.000	10577.000	10569.000
时段3	10461.000	10497.000	10592.000	10610.000	10595.000	10574.000
时段4	10473.000	10514.000	10613.000	10629.000	10619.000	10590.000
时段5	10492.000	10533.000	10617.000	10637.000	10625.000	10606.000
时段6	10483.000	10511.000	10608.000	10622.000	10630.000	10603.000
时段7	10467.000	10491.000	10581.000	10605.000	10607.000	10582.000
时段8	10395.000	10442.000	10535.000	10552.000	10522.000	10509.000
时段9	10243.000	10603.000	10355.000	10362.000	10347.000	10316.000
时段10	10504.000	10452.000	10406.000	10314.000	10353.000	10395.000
时段11	10555.000	10400.000	10413.000	10440.000	10341.000	10375.000
时段12	10547.000	10680.000	10432.000	10458.000	10445.000	10427.000

图 10-29 能耗饼状分析图

(1) 统一规划数据应用分析：从节能应用的角度出发对楼宇数据应用工作进行统一规划，提升用户对于数据应用分析的理解，推动楼宇数据应用需求的提出；

(2) 制定企业级报表和指标体系规范：梳理楼宇数据应用分析工作，实现系统运行指标分析的统一口径；

(3) 合理设计数据架构：帮助梳理和规划统一的楼宇数据分布、移动与整合架构；

(4) 形成能效概念模型：根据服务分类获得数据主题域，并明确之间的逻辑关系，从而在数据层次得到对能效分析服务的逻辑描述；

(5) 实现企业级数据整合与存储:为用户提供基于数据主题域、涉及整体服务的统一信息视图(如客户视图、设备视图等);

(6) 建立完善的数据应用分析:建设数据集市,部署专业商业智能系统,为用户提供包括报表、查询、在线分析和知识发现在内的数据分析应用能力;

建筑能耗分析管理系统通过对数据进行分析和模型化,优化参考国内外先进的用能模型,结合本区域内温度、湿度、天气状况等一系列气候参数,建立本区域的用能模型,为用能户构造能耗系统和优化能耗系统提供依据,如图 10-30。

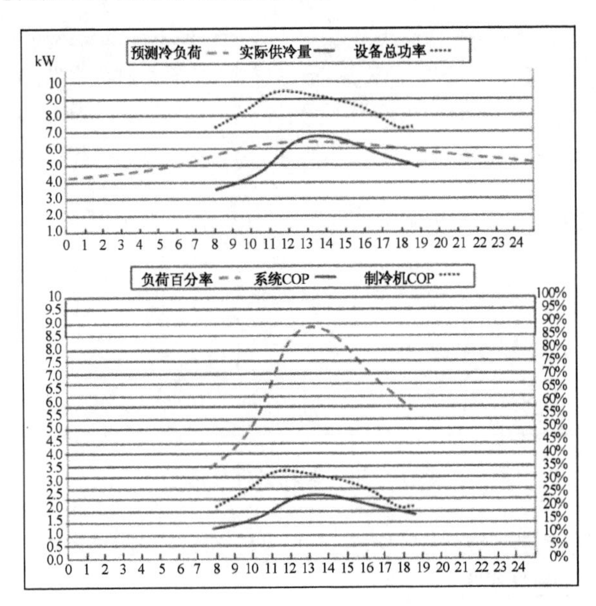

图 10-30 能耗用量曲线图

8. 按需供给

系统是将对大剧院的整体能耗进行动态分析、处理,而不是传统的分离式 PID 控制,采用协调级控制策略,降低由于能量传输过程中损耗和无用功。

9. 趋势预测

系统对建筑物的动态能耗进行建模分析、处理,楼宇能量的供给量是以下一时段的需求量为基数,现场的各反馈数据作为修正值,从而实现能耗的趋势预测。

10.6.2 空调计量子系统

对歌剧院、戏剧院、音乐厅及公共空间的总冷量或热量实现总量计量。对歌剧院、戏剧院、音乐厅及公共空间分区域、分用户对其中央空调进行计量。空调计量分能量计量和时间当量计量两种模式。

一是区域计量:对区域采用能量表进行能量计量。能量计量,主要对空调回路的出水温度和回水温度瞬时流量进行实时测量,并按照热力学能量计算公式,对使用冷量或热量进行累积计算。

二是用户计量:对分用户的区域采用时间采样器的当量计量,这种计量方法主要针对中央空调风机盘管和空调箱、新风机组等末端设备。

风机盘管能耗计量:检测电磁阀的开关状态,并结合风机的运行状态对高、中、低风速运行时间分别进行累计和存储。电磁阀没有打开或者风机处于关闭状态，采集器都不计时，系统不收费。

空调箱、新风机组能耗计量：检测机组回路电动阀的开度，设备对调节阀开度和时间进行积分，计算出当量时间。调节阀没有打开或机组处于关闭时，采集器不计时，系统不收费。

10.6.3　电量计量子系统

对歌剧院、戏剧院、音乐厅及公共空间的总电量实现总量计量。对歌剧院、戏剧院、音乐厅及公共空间分区域、分用户对其用电量进行单独计量。电量计量直接采用带 RS485 通信的网络电表进行数据采集。

10.6.4　冷、热水量计量子系统

对歌剧院、戏剧院、音乐厅及综合厅的总水量实现总量计量。对歌剧院、戏剧院、音乐厅及综合厅分区域、分用户对其用水量进行计量。水量计量直接采用带 RS485 通信的网络水表进行数据采集。

BA 系统通过接口集成能量计量系统，读取其内部数据，实现统一管理。

BA 系统通过接口与变配电系统、雨水系统及其他系统进行集成，读取其内部数据，实现统一管理。

10.7　系统集成

江苏大剧院对智能化系统关键技术的应用，体现了观演类建筑的智能化系统设计个性方面的需求。观演类建筑的核心功能可以概括为“观”“演”“管”三个方面，需在这些方面结合智能化设施系统进行有效的管理，从而为观众提供良好的欣赏演出的安全场所，满足观众在观演活动中的信息需求，为演员提供符合演出需要的临时业务工作场所，为管理人员提供功能完善的智能集中管理，满足管理公司对演出管理活动硬件和软件上的需要，有利于管理公司的经营，并能为剧院的盈亏、管理决策提供必要的条件和设施。

10.7.1　系统框架及描述

江苏大剧院智能化集成系统考虑到以后系统扩展的需要，智能化集成系统由独立于其他各子系统的独立第三方集成软件平台实现。各级智能化集成系统之间实时数据、控制命令的传输采用 TCP/IP 协议，由智能化设备网络支持。

根据前期规划，江苏大剧院智能化集成管理平台拟采用如图 10-31 系统架构。

第一层网络：管理平台

第一层网络主要由集成管理平台及中央数据库组成。集成平台提供工程网络基础服务，集成管理平台采用主干网络结构。利用路由器连接下面每个专业以太网构架的智能化应用系统。通过数据的连接，实现对信息和数据的浏览和交互功能。一体化信息集成，提高了全局事件的监控和处理的能力，达到科学合理，全面管理的功能。

智能化集成系统主体工作于管理层。

第二层网络：控制层

第二层网络主要由各类型的网络交换机组成。专业以太网架构，网络交换机与数据库

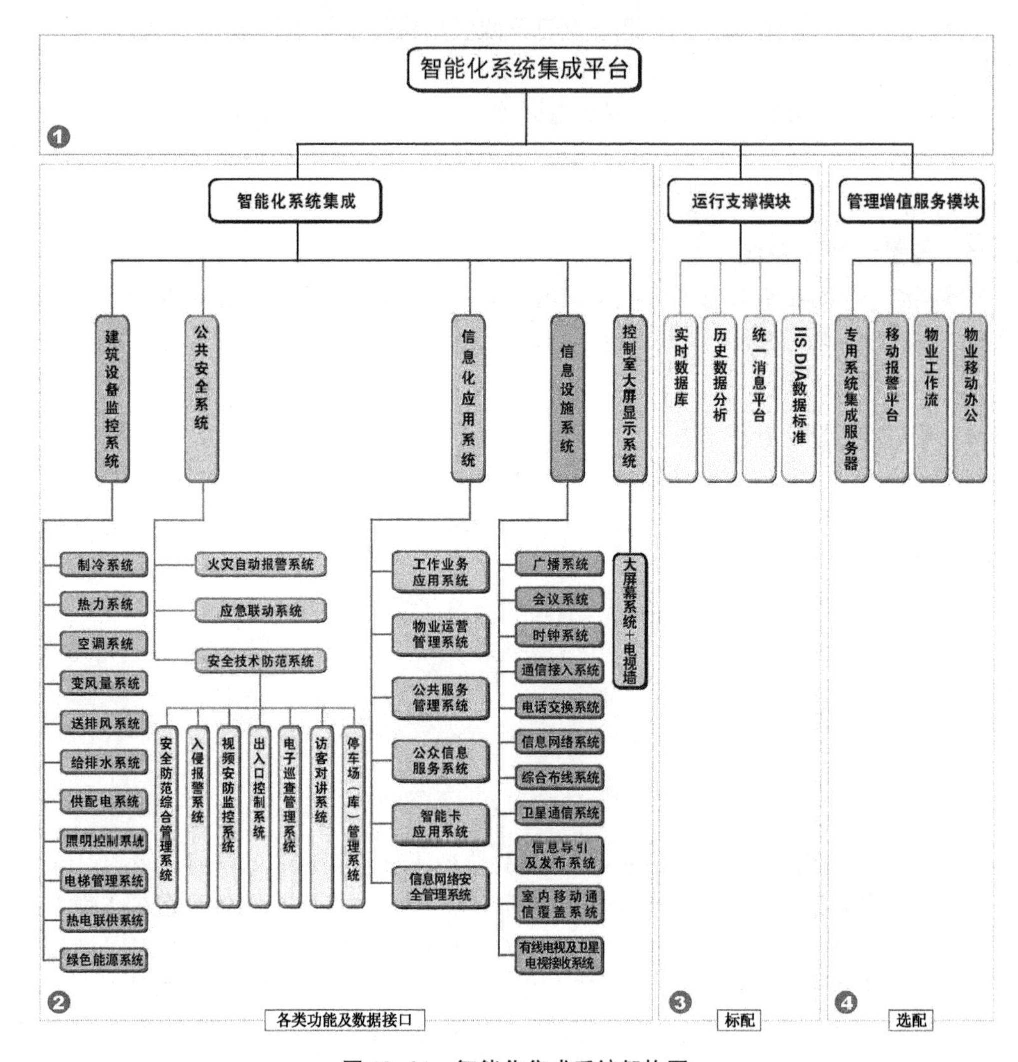

图 10-31　智能化集成系统架构图

连接，将实时的系统集成数据信息在管理平台上发布。同时每个智能化应用系统采用相应的 OPC 等通信技术协议或工业协议接口集成相应弱电子系统。

第三层网络：现场层

现场控制中线网络层由各弱电应用子系统组成。每个弱电子系统完成相对独立的功能，采用标准的开放式工业控制中线网络（如：Lonworks、RS-485、BACnet 等）。为与第二层网络进行集成，必须有相应的 OPC 协议或由 RS-485 等工业协议接口，子系统将实时信息，如温度、液位、电功率、门禁、人员身份、报警，以及控制状态和相关变量参数等，通过网关上的协议程序，转化为符合 TCP/IP 协议的网络数据。

10.7.2　系统方案

智能建筑集成管理系统监控和管理的对象包括楼宇设备自动化系统（包括冷热源机房、锅炉房系统、空调通风系统、电力系统、给排水系统、电梯系统、能源计量系统等）、智能照明系统、公共安全防范系统（包括防盗报警系统、电视监控系统、巡更系统等）一卡通系统（包括:门禁系统、梯控系统、停车场管理系统等)、背景音乐、景观水系统、火灾自动报警与消防联动等系统。根据各类设备所要完成的功能,智能化建筑集成管理系统由对应的各分监控界面组成,它们相对独立工作,完成各系统的监测和控制任务。

被集成的包含以下智能化子系统:

(1) 楼宇自动化系统;

(2) 安全防范系统;

(3) 停车场管理系统;

(4) 智能卡系统;

(5) 消防报警系统。

10.7.3 子系统监控内容

1. 楼宇自动化系统

楼宇自控系统提供OPC接口给智能化集成系统。智能化集成系统实现对建筑设备监控系统各主要设备相关数字量(或模拟量)输入(或输出)点的信息(状态、报警、故障)进行监视和相应控制,楼宇自控系统向智能化集成系统提供各子系统设备的信息点属性表、编码表和相应布点位置图及系统图,提供系统设备联动程序列表及监控流程与各子系统原理图。

设备控制运行和检测数据的汇集与积累:智能化集成系统与楼宇自控系统的通信接口相连,汇集各种设备的运行和检测参数,并对各类数据进行积累与总计,以便更好地管理。

• 楼宇自控系统提供监控空调、新风设备、排风设备各个点的开/关状态、手动/自动状态、运行/停止状态、过滤器正常/报警等实时数据信息给智能化集成系统。

• 楼宇自控系统提供监控空调、新风设备各个点的回风温度、送风温度、水阀开度等实时数据信息给智能化集成系统。

• 楼宇自控系统提供监控空调、新风设备、排风设备各个点的开/关控制权限,回风温度设置权限等控制权限给智能化集成系统。

• 楼宇自控系统提供给水/排水系统,生活水池的高/低液位正常和报警信息,提供生活水泵/排污水泵的正常运行/停止状态、故障状态等给智能化集成系统。

(1) 暖通空调系统

空调系统通过OPC接口连接智能化集成系统。对各主要设备相关数字量(或模拟量)输入(或输出)点的信息(状态、报警、故障)进行监视和相应控制,提供各子系统设备的信息点属性表、编码表和相应布点位置图及系统图。

功能如下:

• 空调系统提供空调、新风设备的开关状态、手动/自动状态、运行状态、过滤器报警、新风风阀开度、新风温度、湿度、回风风阀开度、回风温度、回风湿度、送风温度、冷/热水阀门的开度等给智能化集成系统。

• 空调系统提供滤网堵塞报警、欠电压报警、高温报警、过负载报警、低油压报警、滤网积尘报警、漏电报警给智能化集成系统。

• 空调系统提供设备所需的各类报表文件给智能化集成系统。

(2) 给排水系统

监视整个建筑物内给排水系统设备的正常运行,非正常状态的数据,要求给排水系统通过OPC接口方式与智能建筑集成管理系统(智能化集成)连接。建筑设备管理系统可以进行设备运行状态的集中监控。

功能如下：

- 要求给排水系统提供生活水池的高/低液位报警，监视生活水泵的运行状态、故障状态等信息给智能化集成系统；
- 要求给排水系统提供集水坑的高/低液位报警，监视潜水泵的运行状态、故障状态、手/自动状态等信息给智能化集成系统；
- 要求给排水系统提供设备所需的各类报表文件给智能化集成系统；
- 能进一步提供协调控制与集成所需的其他数据和图像信息，可扩展功能。

2. 群控系统

群控系统与 BMS(楼宇管理系统)之间的数据流，利用 OPC(工业过程控制标准)技术和 TCP/IP 技术(或与子系统协商)完成对机组相关设备的集中监测和管理。群控系统包括机组群控系统和建筑环境群控系统。

其中机组群控系统监测的内容包括：冷冻机组开关顺序及监测、冷冻水泵和采暖水泵、冷热泵供水循环总管监测、冷却水循环监测、旁流水处理、热水系统信息监测、采暖热水系统、卫生洗浴冷热水系统。建筑环境群控系统监测的内容包括：风机盘管、办公区照明。

机组群控系统应向 BMS 提供如下数据(数据采集时间粒度为 1 h)：

制冷主机：冷凝压力、进出水温度等运行数据，主机、冷却塔、冷却泵、冷冻泵的实际用电数据，冷却水、冷冻水的实际用量，冷凝压力、进出水温度的报警信息；

锅炉：真空度、介质温度、进出水温度等运行数据，主机、采暖泵、循环泵的实际用电数据，采暖水的实际用量，锅炉的实际用气量，真空度、介质温度、进出水温度的报警信息；

循环水泵：末端压差的运行数据与报警信息；

冷却塔：进出水温度、水位的运行数据与报警信息；

冷冻水补水泵：运行时间、次数的运行数据与报警信息；

冷却补水泵：运行时间、次数的运行数据与报警信息。

建筑环境群控系统应向 BMS 提供如下数据(数据采集时间粒度为 1 h)：

风机盘管：运行数据与报警信息；

办公区照明：功率、照度、时间等运行数据。

3. 变配电系统

变配电系统向应用管理层的集成可以独立集成到智能化集成系统中，智能化集成系统通过 OPC 数据接口和变配电系统进行数据通信，采集相关信息，提供对建筑的设备运行电力和能源消耗的统计报表，并给出节能建议。

功能如下：

- 监视高压的进线电压、电流、功率因数、频率因数，监视变压器的温度报警，监视高压开关的开关状态和故障状态等；
- 提供对高压柜监视；
- 提供对变压器监视；
- 提供对低压配电柜监视；
- 高/低压进线的三相电压、三相电流；
- 发电机的手/自动状态；

- 变压器温度及高温报警；
- 提供符合电力行业相关要求的变配电系统的监控组态界面显示，方便管理者进行集中管理；
- 显示受监控电力系统设备的开/关、故障等状态和全电量参数；
- 变配电系统提供 OPC 接口通信方式给智能化集成系统。

4. 电梯系统

鉴于电梯的安全性和重要性，智能化集成系统建议对电梯只监视不控制。电梯系统必须在自成系统后，由电梯系统监控软件提供一个统一的 OPC 通信接口给智能化集成系统。

功能如下：

- 提供所有电梯运行及故障状态；
- 监视电梯所在的楼层、上下行方向等；
- 监视电梯的故障报警及电梯紧急状况报警；
- 能进一步提供协调控制与集成所需的其他数据和图像信息，可扩展功能。

5. 安全防范系统

安全防范系统集成管理平台和集成系统平台进行数据流交换，其中安全防范系统含视频安防监控系统、入侵报警系统、电子巡查系统，向集成管理系统传递视频图像，集成管理系统通过通信接口向视频矩阵传递控制信息。集成管理系统提供组态电子地图，通过鼠标点击电子地图可对视频安防监控系统进行快捷操作，如快速切换摄像预制画面、启动画面顺序切换等功能。集成管理系统以系统客户形式与入侵报警系统连接，从入侵报警系统获取实时的控制状态及报警信息。集成管理系统可查询巡更记录，如按人名、时间、巡更班次、巡更路线对巡更人的工作情况进行查询，并可将查询情况打印成各种表格，如：情况总表、巡更事件表、巡更遗漏表等。当其他子系统因报警等原因需要视频安防监控系统的相应动作时，集成自控系统可使视频安防监控系统快速、准确地完成相应的功能，如画面切换、预置位等功能。

（1）视频监控安防系统

视频监控系统提供矩阵的通信控制协议，同时开放矩阵的控制接口给智能化集成系统，并提供网络 SDK 开发包（带云台控制）给智能化集成系统。

功能如下：

- 以电子地图和菜单等多种方式管理所有的摄像机；
- 通过硬件与软件手段，确保数据流及系统安全性；
- 可实时监视视频监控系统主机、按规范要求安装的各种摄像机的位置与状态以及图像信号的闭路电视平面图；
- 智能化集成系统可以实现从监控工作站的电子地图窗口中点击摄像头调出实时动态监控的图像，可以预设所有摄像机的动作序列；
- IBMS 管理计算机上，操作者是可操控权限内的任何一台摄像机或观察权限内的显示画面，还可以利用鼠标在电子地图上对视频安防监控系统进行快速操作，实现带云台摄像机的控制、俯仰及变焦对焦等功能；
- 通过 IBMS 与入侵报警、消防、出入口控制等子系统之间实现联动控制，并以图像或声音等方式实时向管理者发出警示信息，直至管理者做出反应；

- 当发现入侵者时，能准确报警，并以报警平面图和表格形式显示；
- 报警时，立即快速将报警点所在区域的摄像机自动切换到预制位置及其显示器，同时进行录像，并弹现在IBMS管理计算机上；
- 能进一步提供协调控制与集成所需的其他数据和图像信息，可扩展功能。

(2) 入侵报警系统

入侵报警系统提供实时的通信接口方式(如OPC，TCP/IP)给智能化集成系统(IBMS)。

功能如下：

- 智能化集成系统(IBMS)控制平台以电子地图方式管理所有的感应探头并配置为视频监控系统的联动，可以预设入侵报警系统各感应点周围摄像机的动作序列；在接收到入侵报警系统的报警信息后进行相应的联动；并及时进行报警，报警可以以声光的形式在系统主界面上显示。
- 通过集成系统还可以在各出入口、财务室等重要办公室，实现重点监控，提供紧急预案。
- 入侵报警系统提供设备的故障信息，运行状态，报警信息给智能化集成系统(IBMS)。
- 智能化集成系统(IBMS)控制平台自动生成相关的报警记录。

(3) 电子巡查系统

电子巡查系统提供(OPC或ODBC)接口给智能化集成系统，通过通信接口，电子巡更管理系统提供巡查信息的历史记录(巡查人员、巡查时间、巡查地点)等相关数据给智能化集成系统。

功能如下：

- 智能化集成系统在电子地图上显示寻查点记录；
- 电子巡查系统提供巡查信息的历史记录(巡查人员、巡查时间、巡查地点)等数据给智能化集成系统；
- 管理常用数据(如巡查到位情况、巡查人员等)分析、统计、查询；
- 智能化集成系统可以实现巡更数据的汇总和自定义查询功能；
- 若该电子巡查为在线式巡更，并提供OPC等实时通信数据接口的情况下，智能化集成系统实现以电子地图的方式，在电子地图上实时显示大剧院各个巡更点的巡更状态；
- 采用离线式电子巡查，巡视点的设置方便灵活。巡视点应分布在剧院内各层(包括地下层)及各重要保卫部门及地区；
- 能进一步提供协调控制与集成所需的其他数据和图像信息，可扩展功能。

6. 停车场管理系统

停车场管理系统提供实时的通信接口方式(如OPC或ODBC)给智能化集成系统，并开放以下数据：停车场管理系统提供停车场车辆进、出的刷卡信息给智能化集成系统。停车场管理系统提供的数据库字段必须包含：车辆进场时间、车辆出场时间、车牌号码、刷卡地点、收费数据、空闲车位数量、报警信息等。

功能如下：

- 实现停车场管理系统设备控制运行和检测数据的汇集与积累；
- 车辆运行状态监控，显示停车场管理常用数据(如总车位、使用车位、空车位等)；

• 在电子地图上显示车辆入库、出库记录，显示停车场内空位的分区情况；

• 当系统出现故障或意外情况时，智能化集成系统将利用其报警功能在监视工作站上显示相应的报警信息，提示维修人并记录报警信息；

• 智能化集成系统实现停车场系统常用数据的汇总和自定义查询功能；

• 停车场管理常用数据（如车位、车辆等）分析、统计、查询、打印；

• 能进一步提供协调控制与集成所需的其他数据和图像信息，可扩展功能。

7. 一卡通系统

智能卡应用管理平台通过 ODBC 或 OPC 方式和集成系统平台进行数据流交换。其中智能卡管理系统含出入口控制系统、电梯管理系统、门禁系统。

智能卡应用系统一般有自身存储数据的专有数据库，智能化集成系统可以通过对智能卡应用系统的数据库进行读取，可以实现以下功能：

• 对门禁、梯控、停车场等数据进行统计分析并生成报表，实现数据的集中管理。

• 智能卡的制发卡中心可以通过智能化集成系统进行有效管理，通过智能化集成系统管理人员对制发卡的管理可以有效集中业务，精简人员，简化办公程序。

• 监视读卡机的控制状态、各通道管制门的开/关状态、非法刷卡报警、非法闯入报警和长时间开关异常报警等。

智能化集成系统（IBMS）通过 OPC 接口与出入口控制系统相连，对门禁管理系统的各种设备的运行数据进行实时监视，在工作站上显示运行状态信息。门禁管理系统提供每个门的进、出刷卡信息，提供每个门的实时状态和控制权限给智能化集成系统，门禁管理系统提供的数据库字段必须包含：门的刷卡时间、卡号、持卡人、刷卡地点等数据。

功能如下：

• 在 IBMS 管理计算机上实时监视门禁管理系统主机、各个出入口的位置和系统运行、故障、报警状态，并以报警平面图和表格等方式显示所有门禁点的运行、故障、报警状态；

• 在 IBMS 管理计算机上，经授权的用户有可以向门禁管理系统发出控制命令，操纵权限内任一扇门门禁锁的开闭，进行保安设防/撤防管理，同时存储记录；

• 实现门禁管理系统常用数据的汇总和自定义查询功能；

• 自动与消防等相关子系统进行联动；

• 事故报警，并以图像或声音等方式实时向管理者发出警示信息，直到管理者做出反应。

8. 智能照明系统

智能照明系统向智能化集成系统提供 OPC 接口，智能照明系统提供给智能化集成系统各个照明回路的工作状态、各个回路的平面分布图、各个回路的开灯/关灯状态等数据。

功能如下：

• 在工作站上以电子地图的形式显示各照明区域的信息；

• 监视各主要照明回路的状态与报警，以及时间安排计划表；

• 在智能照明系统开放各个回路的开/关控制权限的情况下，智能化集成系统实现对各个照明回路的控制功能；

• 公共区域变换照明场景的设置；

• 系统主要设备的运行状态显示、记录、报表文件；

- 能进一步提供协调控制与集成所需的其他数据和图像信息，可扩展功能。

9. 消防报警系统

根据国家的有关规定，火灾自动报警及消防联动控制系统不允许其他系统来控制，但允许该系统对外输出。集成管理系统对火灾自动报警及消防联动控制可以实现集中管理，完成火灾时与其他集成系统范围内其他相应子系统需完成的联动工作，但对火灾自动报警及消防联动控制不加以控制。

消防报警系统集成支持消防主机系统的接警，联动，处理的接口的驱动和管理功能，联动视频系统、音频系统、I/O 输入/输出系统之间的联动控制，支持对于报警点位的信号分析，报警系统的消息的自动分析和与其他系统之间的消息传递与联动协调。

消防子系统应采用 RS485/232 通信协议和接口。子系统应开放其设备的各层通信协议。消防子系统应向智能化集成系统提供功能需求中各项监测、记录功能需求的数据，包括设备状态、火灾故障报警参数。

智能化集成系统与火灾自动报警、灭火系统的主机相连，通过 OPC 的通信接口方式对消防系统的各种检测设备的运行数据及预警数据进行实时监视，在工作站上显示运行状态信息，包括火警、烟雾报警、高温报警信息等。

智能化集成系统检测到消防系统确认的火警或意外事件信息时，立即通过智能化集成的报警功能，在监视工作站上以声音、醒目颜色或图标显示报警信息等，获取报警信息后智能安防平台应能自动打开报警地点附近的摄像头。

10. 综合物业管理系统

物业管理系统离不开对各建筑设备系统运转状况的了解，而这些信息都是弱电系统的一部分。主要实现智能化集成系统与物业管理系统的数据交互和共享，比如智能化集成系统可通过物业管理系统查询设备的档案材料，物业管理系统可通过智能化集成平台查询每个设备的运行状态等。智能化集成平台上可定制一些管理报表，呈现给物业管理系统。

11. 背景音乐及消防应急广播系统

背景音乐及消防应急广播系统通过提供 OPC 的通信接口方式与智能化集成系统进行集成，智能化集成系统主要实现对背景音乐及消防应急广播系统设备的工作状态（主要是工作回路）进行集中监控，在工作站上以电子地图和数据表格的形式显示各区域的信息。

功能如下：

- 智能化集成系统通过标准接口方式采集公共背景音乐及消防应急广播系统的数据；
- 对背景音乐及消防应急广播系统设备的工作状态（运行状态、报警信息及故障信息）进行集中监控；
- 在工作站上以电子地图和数据表格的形式显示各区域的信息；
- 提供各广播回路的运行状态、广播音源、播出时间等；
- 在背景音乐及消防应急广播系统能够开放广播控制权限的情况下，智能化集成系统实现背景音乐及消防应急广播系统的远程控制功能；
- 能进一步提供协调控制与集成所需的其他数据和图像信息，可扩展功能。

12. 景观水管理系统

景观水系统与 BMS 之间的数据流，通过标准通信协议进行数据交换，BMS 完成对景观水系统的集中监测。

13. 能源计量系统

系统设计遵循“从上而下总体规划，从下往上分步实施”的原则，系统将完成各类任务的独立的功能实体通过定义良好规范的接口和契约联系起来，各类接口独立于实现各种功能的硬件平台、操作系统和编程语言，各类系统可以通过统一和通用的方式进行交互。

IBMS服务器与能量计量系统运行在同一个以太网，保证设备间联网互访，配置标准OPCServer权限和Windows系统DCOM权限，实现OPCServer接口通信，BMS服务器取得能量计量系统的监视权限，对能量计量系统运行数据监视。

功能如下：

- 监视能量计量系统运行参数及故障状态，如实时用水量、实时用电量、实时用热量、累计用量等，对能量进行统计分析、提供报表，数据打印、数据导出等。

14. 异常报警与能耗预警

BMS系统可根据各种设备的有关性能指标，指定相应的异常情况上下限数据指标，当超过上限指标或下限指标时可产生报警。在实时监测系统上，通过颜色、闪烁、声音等方式显示异常程度(紧急故障、主要故障、一般故障)，同时生成详细的异常情况报告单。智能化集成系统中的各种报警信息，通过系统自动按照预先定义好的设置发送给相应管理人员。

系统应具有能耗预警功能，分别为事故报警与预告报警：

(1) 事故报警

事故状态发生时，事故报警立即发出扩声报警(报警音量可调)，运行工作站的显示画面上用颜色改变并闪烁表示该设备变化，同时显示红色报警条文，报警条文可以选择随机打印或召唤打印。

事故报警通过手动或自动方式确认，每确认一次报警，自动确认时间可调。报警一旦确认，声音、闪光即停止。

第一次事故报警发生阶段，允许下一个报警信号进入，即第二次报警不应覆盖上一次的报警内容。

(2) 预告报警

预告报警发生，其处理方式与上述事故报警处理相同(扩声和提示信息颜色应区别于事故报警)。部分预告信号应具有延时触发功能。

对能耗测量值(包括计算量值)，可由用户序列设置规定的运行能耗限值定义作为预告报警。

10.8　网络高清直播系统

10.8.1　系统概述

江苏大剧院网络高清直播系统从四个厅采集音视频信号，在江苏大剧院网站实现高清网络直播，用户无需下载任何客户端软件、插件，可以直接通过网页浏览的形式观看实时视频，数据压缩比例高，数据量小，传输速度快。

本系统主要由多路音视频切换录制系统、高清摄像机、非线性编辑系统、流媒体直播点播发布系统四大部分组成。整个系统方案结构以多路音视频切换录制系统及录制为核心，由多台演播室摄像机、调音台、内部通话系统、高/标清非编系统，流媒体直播点播发布系统等组成。

多路音视频切换录制系统集成：HD/SD(高清/标清)切换台、背景抠像、虚拟场景合成、视频转场特技过渡，字幕图文叠加、多通道文件录制等多种功能。通过 多路音视频切换录制系统自带的高/标清接口(SDI、HDMI)、数字/模拟等多种视音频接口及网络接口，可以把现场的多机位摄像机、调音台等多种视音频设备连接起来。

同时，在多路音视频切换录制系统上可以对多机位输入的视频信号、调音台输入的音频信号、本地播放的视音频文件的程序演示或 PPT 讲解视频等所有输入的视频信号进行多画面监看和多路切换，在切换的同时可添加上百种转场特效，也可添加时钟、图文字幕等效果，并可对调音台、录像机输入的音频信号进行实时调节。多路音视频切换录制系统还提供了高质量的背景抠像、虚拟场景合成等功能，并可将多机位摄像机输入的原始高/标清信号、最终切换完成的画面信号(带字幕和不带字幕版本)同时以高码率的文件格式录制到本地硬盘中，也可将最终切换画面输出到现场大屏幕、VCR 录像机或流媒体直播系统中进行播出及网络流媒体的发布。

最终由流媒体直播点播发布系统将现场信号通过网络实现在 PC 、移动终端(手机、平板电脑)上直播点播。

10.8.2 系统设计

1. 系统构架

系统整体分为两大模块，“直播系统”和“视频点播”平台，在两大组成部分之下，系统又分别通过各个子模块来充分响应用户的需求。分别为：“直播、直播转发、录制自动发布”功能。“视频点播”系统包括“资源点播”“资源编目”“远程上传”等子系统。图 10-32 为网络高清直播系统构架图。

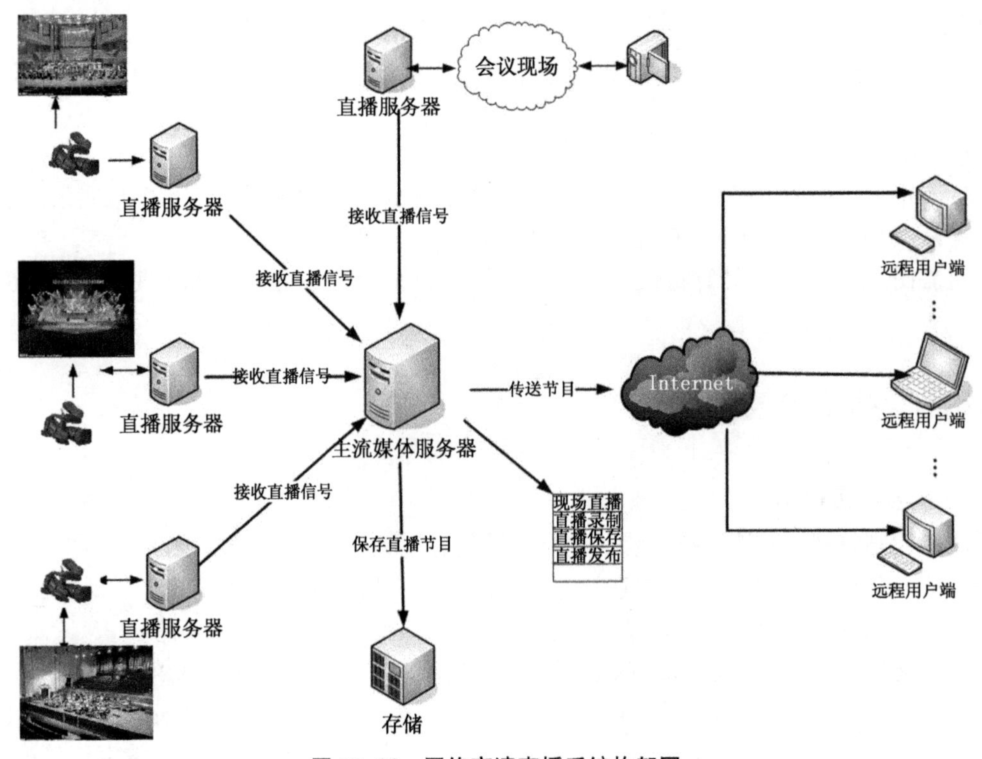

图 10-32 网络高清直播系统构架图

2. 网络高清直播流程

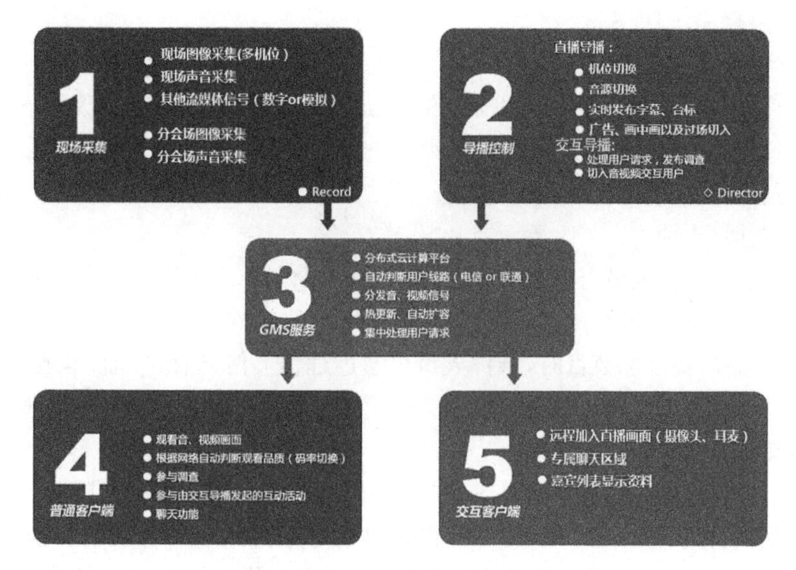

图 10-33 网络高清直播流程图

1) 导播控制

导播系统按照广播级标准设计,完全基于软件平台实现,导播端仅需要一台电脑就可以完成工作,支持 16 台摄像机同时连接,包括本地连接和网络传输,可以进行异地并机操作和同步直播,可提供 4∶3 或 16∶9 的直播输出画面,导播组人员可实时切换直播画面,对台标、提示、字幕、广告等直播元素进行实时编辑和发布、与场外用户进行交流或将远程嘉宾和用户的视频、音频切入直播画面(支持画中画)。

2) 网络高清直播的特点

(1) 采用先进的流媒体技术

网络直播系统采用先进的流媒体技术,将现场直播的节目信号进行编码、压缩处理后,传输到相应的流媒体服务器上,用户在接收端就可一边下载,一边观看了。另外,系统可以支持多种前端信号的录制,例如模拟复合、模拟分量、数字 SDI 信号等,为各种信号的节目播出提供了方便。

(2) 保障播出安全

为了保障节目播出的安全,现场直播的节目信号并不是立即传输到流媒体服务器上,而是经过一段时间的延时才进行传输。这样,在延时的时间里,用户可以采用相应的处理方式对节目直播中出现的问题进行处理。系统提供了垫播和静音两种处理方式:如果播出的视频出现了问题,可以采用一键垫播的方式进行处理;如果只是音频出现了问题,只需采用一键静音方式就可以屏蔽音频了。

在垫播的处理方式中,垫播的长度可以任意长。而且垫播视音频文件,用户可以随意指定。系统能够支持十多种视频文件格式,包括 Motion-JPEG、MPEG-2、Media-8/9、MPEG-4 等,甚至 BMP、TGA 及 JPEG 等静态图片也能作为垫播的画面与活动画面混合使用。

(3) 内置视频监录

在进行节目直播时,往往需要将节目备份保存或用于 VOD 视频点播等。系统为此提供了监录功能，用户可以采用低码流的方式录制延时前或延时后的信号，最终提供给 VOD 系统或第三方点播系统使用。

(4) 实时调整图像和声音

为了使直播节目图像和声音达到播出要求，进行电视节目直播时，音频信号直接来自音控室的调音台，同时，系统能提供对图像及声音的调整，可对图像的对比度、亮度和色度，以及直播节目音量与配音音量大小进行调整。

(5) 资源点播

系统初始化时，维护人员可将现有的资源（课件、媒体、PPT、DOC、JPG 等）使用编目工具统一进行编目（资源属性）工作，编目之后的文件按照栏目结构可通过导入工具一次性导入到点播平台内。今后需要添加节目时，维护人员可通过远程上传、远程添加、本地添加三种方式进行。用户在使用平台时，只需通过 IE 浏览器输入相应的 IP 地址或域名便可进行访问。

3. 网络直播功能设计

直播功能包含演播厅信号电视直播、网络直播。在演播厅架设 4 台具备 SDI 或者 HDMI 输出接口的高标清兼容摄像机，将这些摄像机信号汇接到多路音视频切换录制系统，完成演播室现场电视直播和互动直播。在电视直播的同时，将信号传输到流媒体直播系统（后期建设）内，同时在 PC、手机、平板上实现网络直播。

在电视直播的同时，将多路音视频切换录制系统输出的电视直播信号与每一路输入信号均可录制下来通过网络送至非编系统，对录制的节目进行后期编辑，其他电视节目也可通过文件传送、光盘拷贝、录像机上载等形式录制在非编里，完成后期电视节目制作。

非编编辑好的电视节目通过网络传输给流媒体直播点播系统播出，完成后期点播功能。

4. 流媒体直播点播系统设计

随着移动和无线技术的发展，越来越多的用户已经习惯于通过手机、平板电脑等多种移动终端来观看视频。与此同时，用户对视频体验的要求也越来越高，如此多的需求转变，带来一系列流媒体技术上的瓶颈。

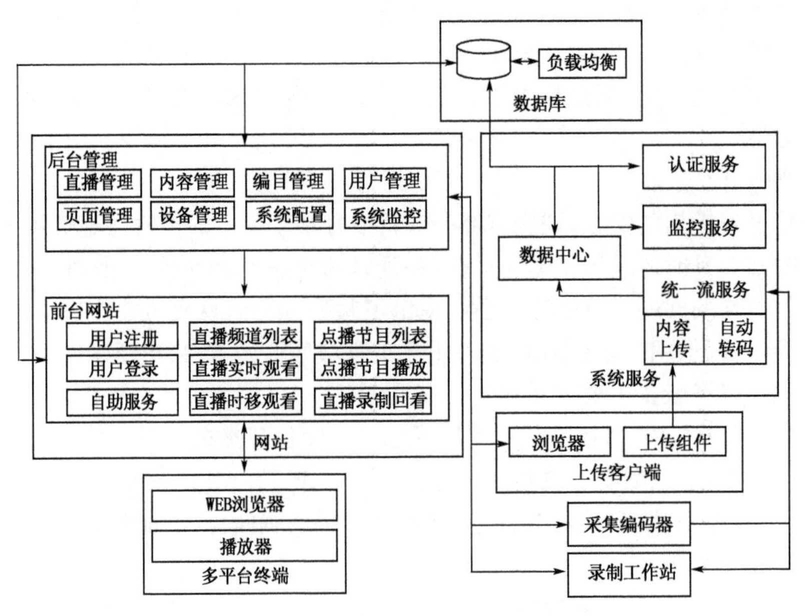

图 10-34　流媒体直播点播流程图

实现在流媒体平台支持多平台终端同时观看的市场及客户的需求，系统采用软硬件一体化设计；支持硬件编码器采集，客户端支持 PC 终端(Windows、Mac OS、Linux)、移动终端(iPhone、iPad、Android Phone、Android Pad)和机顶盒(Android STB)的直播、7×24 小时的时移、录播、点播功能；PC 终端采用流行的 Flash 控件方式进行播放，移动终端采用最新的 HTML5 方式进行播放，也可根据用户需求定制各平台客户端程序。

5. 采用直播时移技术

流媒体发布服务器，采用了独创的 USS 统一流服务引擎，流服务模块接收到采集编码器传输过来的直播流数据后，一方面进行协议转换后通过网络提供给不同终端进行播放，另一方面写入到本地磁盘以供直播时移播放使用。

为了适应不同终端的播放要求，可以由多个直播子频道组成一个直播频道，同时接收多组音视频流，流服务模块根据不同类型终端的请求，将虚拟直播频道中的相应数据经过协议转换后，通过网络提供给终端播放，例如电脑终端采用 HTTP 协议播放 720P 的节目，高清电视终端采用 TS over HTTP 协议播放 720P 的节目，标清电视终端采用 TS over HTTP 协议播放 480P 的数据，移动终端 iPad 和 iPhone 采用 HLS 协议分别播放 720P 和 480P 的节目等。这样可以在最大限度上兼容不同终端，并且保证在各种终端上都有良好的播放效果。

直播流服务提供直播时移所需的所有直播数据流，播放器可在流服务模块提供的最大时移时间和当前时间内进行请求数据进行播放。

直播数据流同时缓冲在内存和磁盘中，内存中只有短时间的直播流数据，磁盘中存放指定频道最大时移时间的数据文件，时移文件按照固定时间(例如：30 min)进行文件分割，这样便于根据终端请求的时移时间点，快速地定位到相应的时移文件，并及时提供频道数据。直播流服务为直播数据建立索引，标示出指定时间戳的直播数据位置(包括内存和缓冲文件)。

网页查询数据库将指定频道的“最大时移时间”传送给播放器，播放器接收直播时，可以在最大时移时间和当前时间内进行播放定位。播放请求命令中包含从当前时间开始向前的偏移时间。

6. 节目录制设计

在频道直播的同时，录制客户端可以以实时或时移的方式将直播数据录制为文件，并添加到点播系统中作为直播频道回看或者点播节目使用系统可以根据 EPG 节目单自动生成录制任务，完成直播节目的录制入库，并通过 WEB 页面展示为直播回顾节目视频。也可以手工将指定时间段的节目录制下来，作为点播资源加入节目库。

系统支持直接将 HLS 直播数据文件保存下来，作为频道回看的数据源，移动客户端可通过两种方式进行历史节目的观看：方式一：客户端显示频道的 EPG 信息，用户选择 EPG 中某历史节目进行观看；方式二：用户在客户端中指定回看日期及时间，从该时间开始观看。

7. 录播回看设计

录播回看模块提供流媒体点播回看服务，流服务模块根据不同类型终端的请求，将相应数据文件经过协议转换后，通过网络提供给终端播放，例如电脑终端采用 HTTP 协议播放 720P 的文件，高清电视终端采用 HTTP 协议播放 720P 的文件，标清电视终端采用 HTTP

协议播放 480P 的文件,移动终端 iPad 和 iPhone 采用 HLS 协议分别播放 720P 和 480P 的文件等。这样可以在最大限度上兼容不同终端,并且保证在各种终端上都有良好的播放效果采用 USS 统一流服务引擎,支持所有主流的流媒体格式,包括 MPEG-1(mpg、dat、mp3)、MPEG-2(mpg、vob)、MPEG-4(avi、asf、wmv)、REAL(rm、rmvb)、移动平台(3gp、mp4)和高清编码(H. 264、VC-1)等,可实现不同格式节目的统一存储、管理、调度、发送,无需外挂其他流媒体系统,结构简单,提高了系统稳定性、可管理性。

系统采用 VIEWGOOD 自主知识产权的基于网络底层媒体流传输交换的 VConnect 技术,可以根据节目码流来控制网络传输速度,同时采用文件预读、流缓冲和连接复用等多项技术,极大地提升系统的并发性能。

系统支持高标清点播节目播放切换功能,用户可以根据自己的网络带宽选择高清节目或者标清节目进行观看,观看的过程中可以随时切换为另外一种清晰度,并且可以从当前观看位置继续观看。

10.9 大剧院网络售检票系统

网络售检票系统是集计算机网络技术、现代通信技术、数据库技术和自动控制技术为一体的高科技现代化管理信息系统。该系统以计算机为核心、以网络为支撑,以手持式检票机为终端,对售票、检票过程实施电子化、自动化、网络化的计算机综合管理系统。它涉及二维条码门票制作,发票售票系统、网络售票、电话订票、自动售票、现场售票、自动验票系统、资源开发决策系统及财务系统等。通过网络售票系统,实现坐在家里用自己的信用卡、银行卡、余额宝、手机通过网络购票,可以轻而易举地买到票,而你不用考虑什么时间去取票,或者等待工作人员到你家送票,你所买的票可以留在大剧院票房,演出开演前你再去取。

通过大剧院网站,即使你在海外,只要登录大剧院网站,也能买到票,形成了从预定、选座、付款到最终出票的一条龙服务,免去观众排队购票的烦恼,减轻观众购票办理的复杂度。在为观众购票办理提供优质的技术支持、服务的同时也为大剧院建立一个方便的、快捷的、安全的现代化的服务窗口。

10.9.1 需求分析

网络售检票系统可以实现如下功能:

◆ 杜绝假票

目前演艺市场的假票一直是比较困扰管理者的问题,电子售检票系统的建设可以杜绝假票的问题,销售的票要先入库,在系统数据库内记载,售检票系统重点是检票,能与系统中发放的票进行验证,自动根据场次、团体、贵宾等票类的信息,判断是否可以合法进入,并进行门票的合法性注销或使用次数、使用时效的自动记录。

◆ 实现本地及全国各销售网点的实时售票

门票本地销售采用向导化、图形化售票方式销售门票,可以完成预售票、换票、退票、票类查询、统计查询等工作。

销售网点具备查看现场平面图与可售座位图权利,并可以任意选择座位购买。观众只要在江苏大剧院网站注册,登录购票平台,可查看现场平面图与可售座位图、各座位区域的价位,并可以任意选择座位购买。

可以查询员工销售的票数量、金额(包括优惠情况)及具体每一笔的销售内容。统计不同票的类别、票价情况。根据管理的政策,可设置如儿童免费、VIP 贵宾、会员等票种以及类似导游这项业务相关的如团体、折扣票类。可以设置票的金额限定或是数量限定或是时间限定。

◆ 实时电子检票并统计通过通道的人流量

进入剧场内的观众都应通过检票口验票,进入演出场所内的观众都通过无线门禁检票平台验票。能区别各类通过人员的情况。如统计总流量、员工流量、普通票流量、贵宾流量等数据。

自动生成业务数据的汇总报表,管理者能够通过登入网站的方式实时地查询本场次演出进入的人流情况。

◆ 实现财务统计及输出专业财务表格管理

针对财务管理需求,包含安全记录系统售票信息、入场率信息、销售网点财务管理信息。

在财务信息记录过程中提供各种规格查询功能。

财务管理可进行演出票务及销售网点财务管理。销售网点具备管理权限范围内财务情况,有查询功能。

财务管理权限由系统高级管理员赋予,并针对每次财务修改具备备注功能。

财务权限直接管理销售网点购买折扣,并根据销售网点销售情况定制不同返点政策。

◆ 建立专业的在线票务网站

提供演出票务在线网站、在线选座功能。

对于网络支付方式,提供网上结算支付的功能,可以融入第三方支付系统。

◆ 实现观众信息、销售网点、员工、会员客户关系管理

客户关系管理主要实现观众、网点和会员管理。通过客户关系管理能使演艺中心加深跟客户的实时交流,达到促进销售。

实现观众信息分组管理及其他客户信息管理,能够针对各类会员根据会员资料选项可自由查询及组合,并绑定短信功能。可以通过邮件及短信的形式定时地向观众发送最新的演出情况及促销信息。

实现销售网点总代理、终端代理各种权限管理,并以地区、会员组、折扣比例为管理类别划分、查询。

实现员工信息录入及分组管理及根据一定的权限分配各种功能,并绑定短信功能,及时通知各种信息。

◆ 数据动态反应

计算机管理的优势在于设计规则,不断的变化规则,营销工程中的外销票、赠票等任何新的票类设计方案,都可以随机应变,一个指令,全局统一,这是纸票的体制无法比拟的。

10.9.2 系统设计

网上订票系统平台主要包括:票务管理系统核心平台、线上系统平台、移动系统平台、自助售取票终端系统平台。

除软件平台外,本系统还配置了配套的硬件设备,包括服务器、存储设备、人工售票设备、自助取票购票设备、检票设备、电话呼叫中心。

1. 网上订票系统模型设计

1）票务订购业务过程

用户在网上查询到票务信息后，可以发起订购请求。服务支付平台收到请求后，首先将请求信息发送给票务中心，将用户需要订购的票务进行锁定，然后要求用户提供银行卡、余额宝、微信、手机信息进行支付。服务支付平台在接收到用户提供的银行卡信息后，发送给相应的银行、余额宝、微信、手机信息。银行代扣完成后，平台将通知票务中心，订购业务完成。同时将购票成功信息反馈给用户。

2）订购信息

姓名：订购者姓名；证件类型：身份证；证件号码/购票密码：证件号码还可以输入你的购票密码。

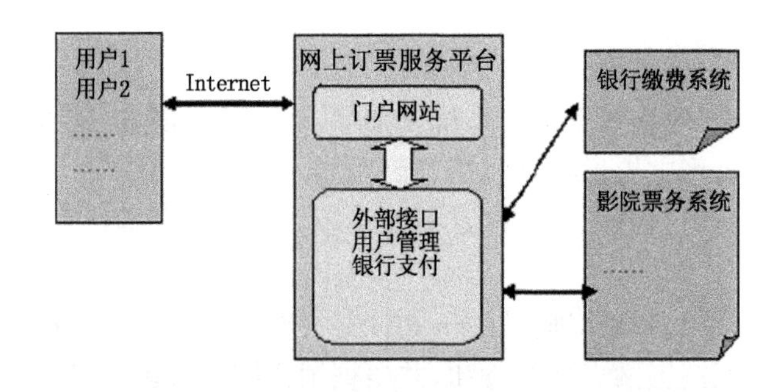

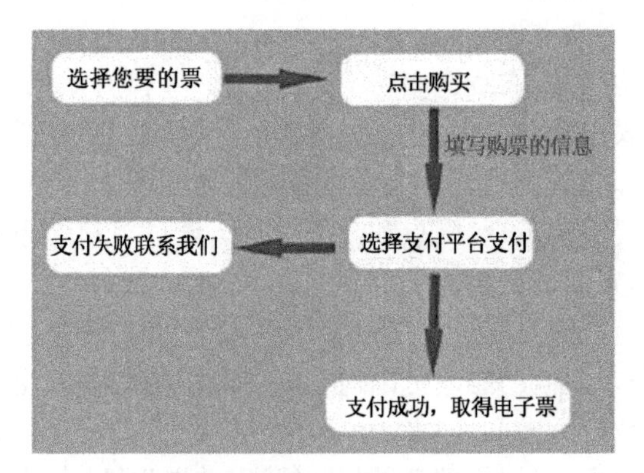

图 10-35　网上订票模型

E-mail 地址：可用于订票成功后，通过电子邮件返回订购成功回执。

联系电话：便于工作人员联系用户，或者订票成功后以短信方式告知用户。

3）网上支付

演出名称、订购演出票张数、演出票消费金额、生成订单号码(可作为查询依据)。

平台支付、选择银行、余额宝、微信、手机信息(或会员卡支付)、选择签约卡用户所属地区、输入卡号和密码(开通网银)最终确认支付成功，通过手机号码或者 E-mail 通知用户，返回电子票据信息。

2. 门票防伪设计

门票采用二维码防伪门票。二维码防伪解决方案，是指运用二维码技术及无线通信网络技术，以二维码为信息载体，对每一门票的信息进行跟踪、采集、汇总、查询、管理等，一票

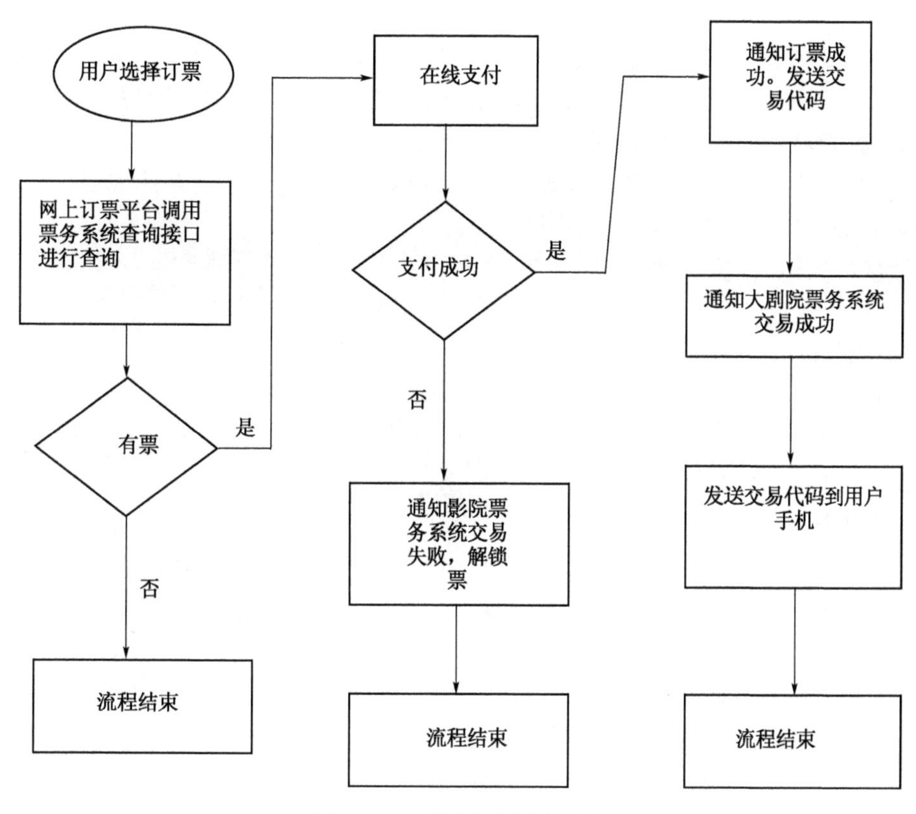

图 10-36　网上订票支付流程

一码，建立门票信息管理数据链和整个流通过程监管系统，通过手机终端中安装的识读软件轻松扫码，即可实时方便地查询商品信息，有效辨识真假，构筑阻击假冒伪劣的“防火墙”。

3. 移动终端订票设计

移动终端扫描大剧院网站或海报上的二维码，即可直接进入购票界面，按界面提示操作就可以自选时间、场次、排号、座位号等，轻松完成购买，可采用支付宝、微信等多种方式支付票款，当支付成功后，手机会很快收到一张“二维码电子票”，该电子票含有大剧院名称、演出场次、电影片名等信息，入场时只需将存储在手机里的电子票在特制终端识读机上扫描一下，便可识别出票面，完成传统意义上的验票，也可以在自助取票机上取票。

4. 软件接口设计

软件接口分为查询接口和业务接口。查询接口实现大剧院票务系统数据查询功能，在接口中调用大剧院票务系统信息查询记录，业务接口在用户完成缴费以后，实现大剧院票务系统数据的更新。

与银行的软件接口：将用户的缴费数据封装为满足银行支付网关的格式，提交给银行网关，并获得银行网关返回的数据。

10.10　智慧停车场管理系统

随着我国汽车保有量的不断增加，对于停车场的管理难度日益增大，传统由人工来管理的停车场已经越来越不堪重负，管理现场杂乱、无序，对工作人员的负担急剧加重，智能停车行业借助“互联网+”的时机，面向公众可以从停车引导、提前交费、车位分配、代客泊车、视频识别、正向引导、反向寻车、提前预约、手机提前付费、关注微信付费等方面，有效解决停车难的问题，将为停车场智能化管理带来又一次重大变革。

江苏大剧院地下停车场可停放车辆 1 000 辆，有数个演艺场馆进行演出或召开会议，短时间内聚集大量的人流和车流，出行时间集中，进、散场的人流、车流交通密集，同时地下室停车场平面形状异常的不规则。为提高通行效率，减少人车冲突，营造良好的交通环境，江苏大剧院停车场管理系统推出了智能化停车管理理念，见图 10-37。借助现代信息化、网络化技术手段，通过建设部署统一泊位编码、车牌识别摄像头、车辆感应装置、无线定位技术、无线智能停车收费管理终端、面向用户的手机 APP 应用，建立一个智能停车管理服务平台，实现车辆统一停车管理、智能监督管控、采用移动支付，手机客户端实现停车正向引导、反向寻车、导航、缴费，导航目的地，预订车位等功能，真正成为一个便捷的、人性化的地下停车场。

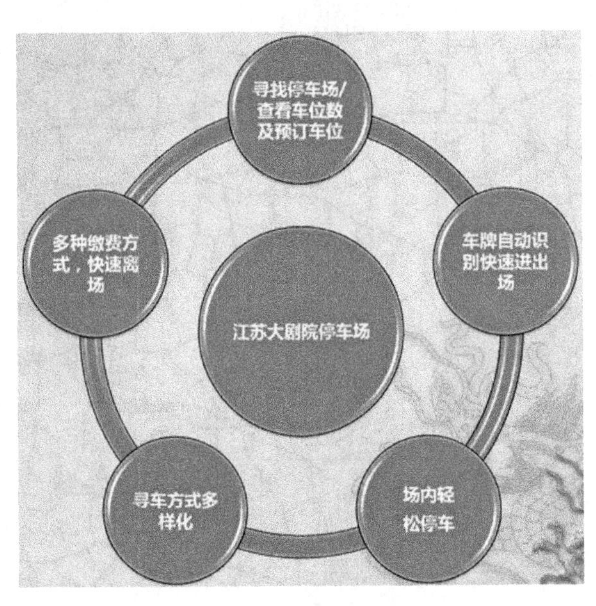

图 10-37　地下停车场功能图

(1) 实现联网共享数据，打破信息孤岛，建设停车物联网平台，实现停车诱导、车位预定、电子自助付费、快速出入等功能。

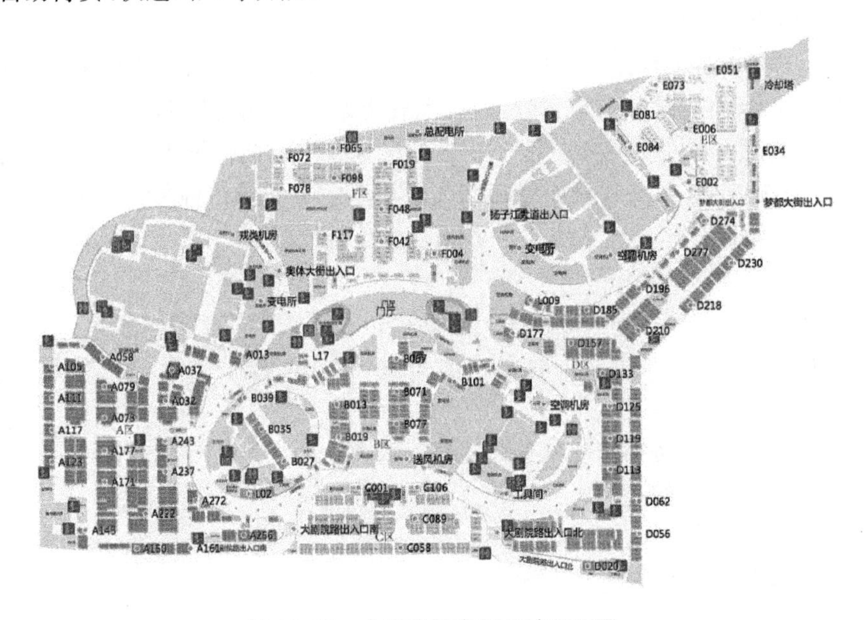

图 10-38　大剧院停车场系统平面图

（2）真正实现了停车诱导、车位引导和反向寻车。

（3）用手机实现车位预定、支付、寻车等功能，在网上查询空车位，预定车位，预定好车位后信息自动下传到手机或车载导航设备内，一路引导到达目标停车场。

（4）停车场能不停车快速出入，电子自助缴费，只需很少的管理人员，服务水平和效率得到了大大的提高。

（5）停车场内引导标志清晰，告知空车位在哪里，加快车流疏解，同时停车场内的照明灯光会根据车辆和人流的走向自动提高照度，以节约能源。

（6）车辆停好后车辆自动定位，当要离开停车场时，可以方便地寻找到自己的车，寻找车辆可以利用触摸屏和手机实现，在手机上可以看见车辆最新的实景照片。

10.10.1　智慧停车系统概述

江苏大剧院地下停车场管理系统包括：停车场进出管理与支付系统；视频车位引导与反向寻车系统；室内无线 AP 定位、导航及 APP 停车应用系统。江苏大剧院停车库管理系统设计具有智慧型的特点，通过对停车库车流量的分析，结合现代无线通信技术、车牌自动识别技术、视频停车诱导技术、室内无线 AP 定位及导航技术、移动云平台 APP 停车应用及线上支付技术，建设全新智能化停车库管理系统，营造通畅、安全、舒适、快捷的车辆停泊环境，图 10-39 是系统架构。

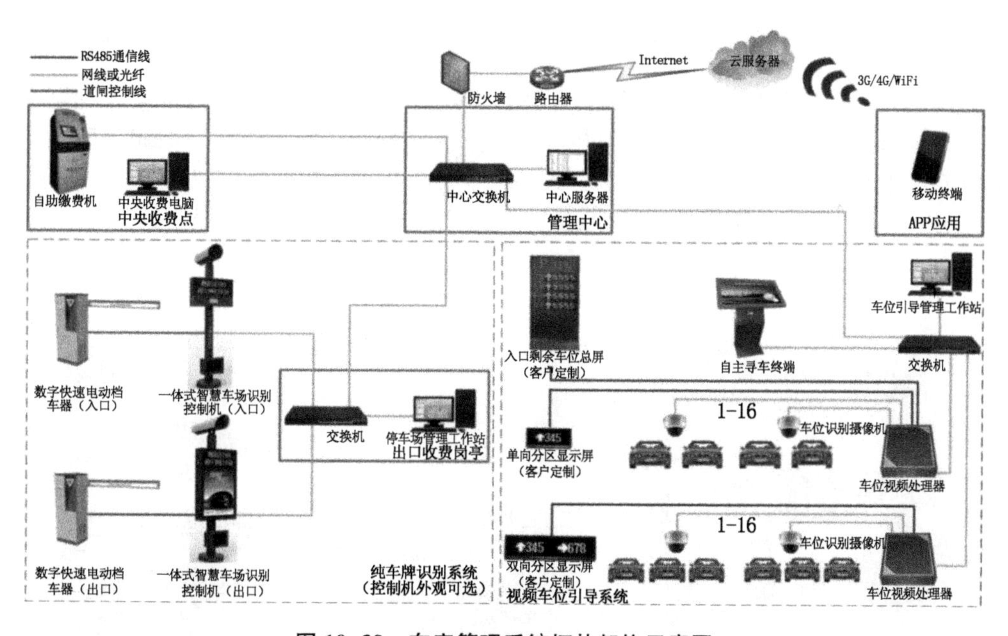

图 10-39　车库管理系统拓扑架构示意图

10.10.2　停车场进出管理系统

1. 车辆进出地下停车场自动识别系统

停车场进出管理系统采用高清一体摄像机进行车牌号自动识别。系统采用网络高清视频流的车牌识别算法，实现对进出车辆进行自动号牌识别、车辆图像抓拍，在停车场入口分别设立了剩余车位显示屏和车号牌显示、入场时间显示屏，自动登记车辆出入场的时间、地点及车辆车牌颜色等相关信息存入数据库，方便后期的管理和条件查询。拍照后将车牌号码识别出来作为车辆进出的凭证，并通过此车牌号码的进出时间计算收费，并且实现了车辆无停留出入。

2. 车辆入场

在大剧院的北门出入口、南门出入口、东南出入口和东北出入口分别设置了带有视频识别车牌功能的道闸系统，实现车辆的快速进出管理，停车场进出管理系统采用高清一体摄像机进行车牌号自动识别，可识别民用车牌、警用车牌、武警车牌和军用车牌，如车牌倾斜、逆光、车牌位置光线过强或过暗等问题也能达到很好的识别效果，车牌识别率大于 99.95%以上，可以让驾驶员不停留顺利进出。

停车场车牌自动识别系统，采用 License Plate Recognition 技术，以图像处理、模糊识别和人工智能为基础，自动建立车辆的特征模型，能从一幅图像中自动提取车牌图像，自动分割字符，识别号牌、车型、颜色，通过数据库，实现对车辆进出场时间的计算。整个过程自动完成，无需工作人员干预。车辆一直处于行驶状态，无需暂停。（图 10-40）

本系统采用多帧动态的车牌识别技术，也就是在单帧图像车牌识别的基础上，利用连续帧识别结果来进行投票，选取最佳结果作为最终输出。由于车辆通过摄像头的过程中车牌会在多帧中出现，而在各帧图像中的图像质量、光照条件、旋转角度以及遮挡状况等具体情况是有差异的：通过多帧识别投票的手段，使得即使某一帧识别结果较差，仍可以从其余帧中获得好的结果。

（1）多帧识别：因为把握住了车辆运动的动态过程，所以系统能够适应更大的角度范围和更宽的入口，在综合各帧的车牌信息后，投票给出最佳的识别结果；

（2）解决跟车遮挡问题：跟车造成后续车辆的车牌被遮挡而无法识别是业界的难题，动态识别技术能够动态选取车辆运动过程中无车牌遮挡的图像帧进行识别，从而无碍于道口的收费及通行，很好地解决了这个问题。

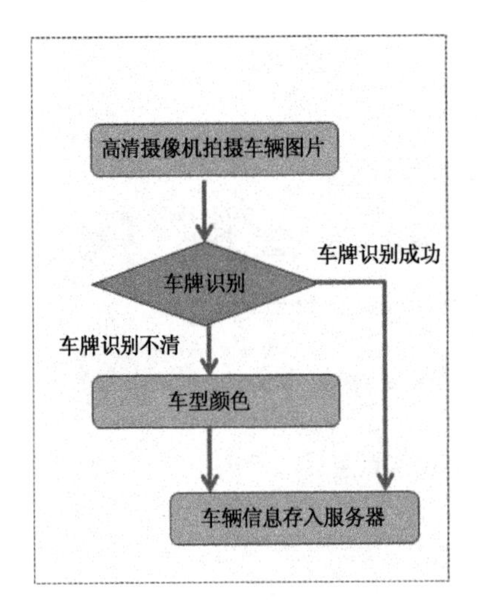

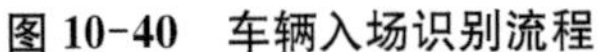
图 10-40　车辆入场识别流程

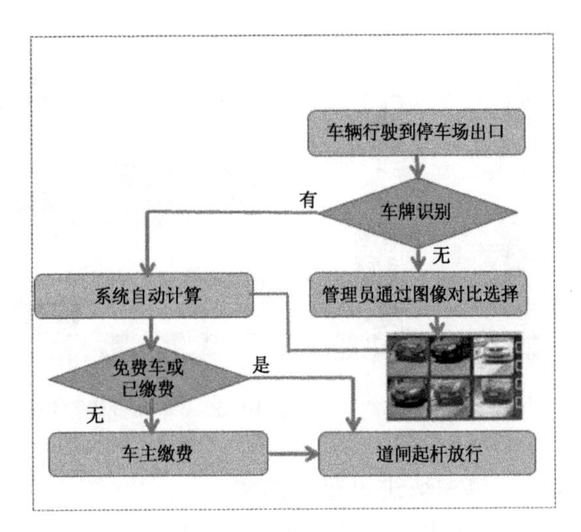

图 10-41　车辆出场缴费流程

3. 车辆驶出

当车辆驶出停车场时，系统出口抓拍单元被触发，并将抓拍数据送至车牌识别仪进行处理，车牌识别仪将车牌号码、车牌图片等信息送至数据中心，数据服务器自动调取该车辆进场信息，自动分析车辆性质，包括有效期（贵宾车或月租车）或余额（储值车）或已缴费车，如果是已缴费车或贵宾车或储值车，显示余额和已缴费金额，自动起杆放行，如果是未缴费车，将收费信息发送数据服务器和费额显示屏，收费员按系统提示收费后抬杆放行。（图 10-41）

对于在出入口无法识别车牌的车辆，除了归入“待选”列表外，还可以通过大数据统计对车辆停放时间的统计。通过每个车位上安装的视频车位检测终端，视频车位检测终端会不断抓拍当前的车位图片并上传到上级处理器进行识别。有车停放时，上级处理器会识别出车辆的车牌号码及车辆的开始停放时间；当车辆离开车位时，系统会检测到车辆离开并获得车辆在车场的停放时间。从而作为对出入口视频车牌识别的有力补充。车辆越过进出口，驶离停车场，系统记下车辆离开时间，系统自动刷新车位信息。

图 10-42　大剧院停车场南入口

4. 手机付费，自动起闸出场

“付钱排队费油费钱”是长期困扰停车场的一个难点，传统的停车场收费方式需要读卡、找零，效率偏低，时常造成出口拥堵的情况，并且收费员总会有离岗应急的时候。本项目引入了“互联网+智慧停车”的技术，采用自助缴费机和 APP 手机提前付费的方式，成功地取代了传统人工收费模式。不仅满足车主 24 h 全天候自助停车服务，同时满足车主们多样化的支付需求。

停车自助缴费机和 APP 手机提前付费融入二维码识别技术、互联网新科技手段，拓展支付宝、余额宝和微信扫码功能模块与停车缴费系统实时对接，车主通过自助缴费机、APP 手机提前付费、扫描二维码等方式，轻轻享受“智慧停车”服务，整个过程只需短短几秒钟，彻底告别了“付钱排队费油费钱”这一困扰。

停车者也可以通过关注大剧院停车场中的微信公众号进行缴费，通过微信公众号上的功能，也可以进行停车场中车位的查询、预定，还可以了解该停车场中的收费标准等信息。

（1）岗亭处交费：大剧院基地出口处设置收费岗亭，车主在出口处根据费额显示屏显示的费用进行缴费。

（2）服务台缴费：在服务台设置有人工提前结账终端，车主在离场前可向服务人员报出车牌号码，确认无误后可进行结账操作。操作完成后，客户在规定时间内驶离停车场不发生停车费用。服务人员可通过电脑或手持终端实现缴费。

（3）自助查询终端机缴费：在地下停车场电梯间外配置自助式缴费终端一体机，车主可现金缴停车费。车主通过自助方式，输入车牌号片段，选定自己车辆后，支付停车费用。一体机硬件设备预留条码读取、二维码扫描功能。

（4）手持终端机移动缴费：车辆缴费排队时，可由管理人员携带手持终端机提前收费。通过输入车牌号实现收费，手持终端机与收费系统实时连接，根据付费信息收费。

（5）电子自助线上缴费，包括：

① 扫码支付：用户在准备出场时用手机扫描停车卡上二维码即可获取进场信息，线上支付后方可通行。

② 输入卡号支付：用户在准备出场时需输入停车卡上编号即可获取订单信息，线上支付后方可通行。

③ 输入车牌号支付：用户在准备出场时需输入车牌号码即可获取订单信息，线上支付后方可通行。

④ 用户可通过银联、支付宝、余额宝、微信缴费等多种模式进行线上缴费。

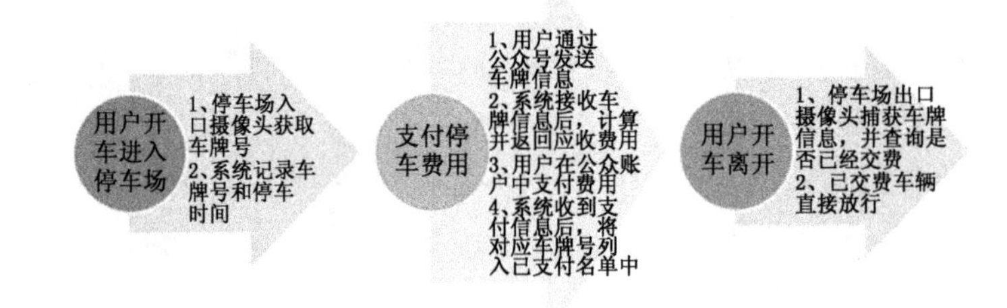

图 10-43　多种缴费方式结合

10.10.3　视频停车诱导及反向寻车系统

视频停车诱导及反向寻车系统在大剧院整个停车场系统中起到了关键的作用，整个大剧院地下停车位有 1 144 个，地下车库道路较多，路线交错复杂，没有引导，驾车人根本无法找到目的地。

大剧院停车场采用 5 级引导指示，均有清晰的 LED 引导屏；

一级引导：区域引导，引导至目标区域；

二级引导：车位引导，引导至空车位；

三级引导：行人诱导，引导人员找到目标电梯、通道和目的地；

四级引导：反向寻车，引导驾车者找到自己的爱车；

五级引导：出车引导，引导车辆快速找到排队较短、出口外道路顺畅的出口。

1. 视频车位引导

视频智能识别系统依托“互联网＋大数据”技术，由车位车前端系统、智慧停车场系统、停车诱导发布、用户手机软件、服务与管理中心等五大部分组成，该系统利用智能前端检测器自动获取停车泊位的停车信息，包括车牌号码、汽车图像信息、汽车停车时间、汽车停放位置等信息实时上传到数据中心，同时由数据中心将相关信息转发至车位引导屏，从而实现车位引导功能，每当驾驶员面临一个路口，都有明显的绿色或者红色指示灯指引驾驶员选择哪一条路径。驾驶员只需沿着所示的路径便能在最短的时间内找到空车位，即使这是最后一个空位，为驾驶员的节省了宝贵时间(系统构架如图 10-44)。

2. 入口信息引导屏

入口信息引导屏设于停车场入口，显示整个停车场的剩余车位信息，观众根据入口信息引导屏可以知道空余车位的数量以及前往具有空车位停车区的行进方向。

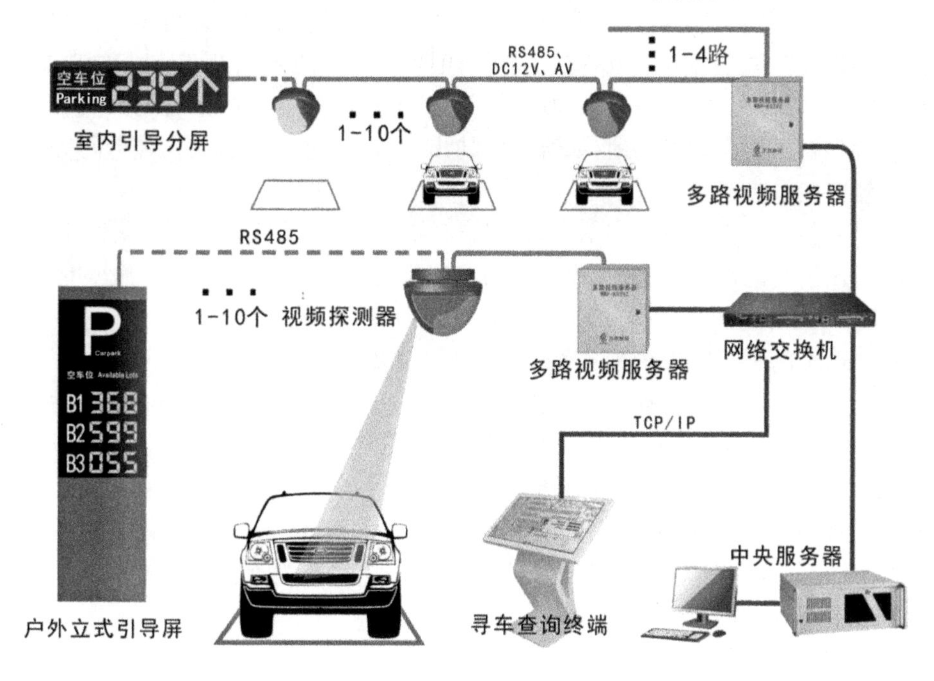

图 10-44　视频车位引导系统图

3. 车位预约

驾驶员通过下载大剧院智慧找车系统手机 APP 客户端，即可提前预约到停车位，系统将为车主分配一空车位，APP 以地图形式从出发点开始全程实时导航，并能自动导航到预约的车位上。当某一车位被预约并确认后，该车位上的指示灯由绿色变为红灯闪烁，说明此车位已经被预订，提醒其他司机不得停放在该车位上，防止驾驶员进入大剧院后找不到车位的情况发生。

4. 反向寻车

在地下停车场的出入口以及六个主要停车区共设置了 16 台富士 FJC-CWS04-1-32 自助缴费与反向寻车一体机，当驾驶员从地上观众厅返回地下停车场时，只要在 FJC-CWS04-1-32 终端上输入车牌数字或停车位号或车型或大概的入场时间等，自助寻车终端会显示与搜索结果相匹配的车位图片，驾驶员可以放大图片进行确认，确认后，系统会自动根据驾驶员所在的查询地点以及车辆停放位置规划出最短的取车路线，可以缩放地图确认详细的取车路线，驾驶员按照最佳取车路线找到爱车。

10.10.4　APP 正向引导与反向寻车

1. 概述

由于大剧院地下停车场空间巨大、视觉特征重复，反向寻车难成为驾驶员进入大剧院停车场的一大痛点。仅靠自助反向寻车机还远不能满足观众的需要，为此，本项目设计了一套基于 WiFi 室内定位的地下停车场智能导航系统。定位导航系统采用技术领先的 WiFi 指纹算法,仅用普通手机即可实现高精度室内定位,且其性能指标远超现有定位技术,支持iOS、Android、Windows Mobile,支持大用户量并发访问,海量数据存储,用户可按需选择软件功能。当驾驶员需要找到自己的爱车时,打开“大剧院手机 APP”即可定位驾驶员的当前位置,然后输入自己的车牌号码或者是车位号,实现移动正向导航,反向寻车的功能,当用户需要寻车或找空的停车位时,自动在地图上标记最佳路线。对于内部管理人员可以通过手机 APP 查询到自己要去的目的地,如每个厅的出入口、变电所、风机房、强电间等功能用房等,防止走错路或是走弯路。

手机 APP 与车牌识别系统相结合,进出自动识别车牌,手机 APP 客户端可通过输入车牌提前缴费,出场自动识别车牌,无需停车场缴费等待,完全实现出入无人化的管理。手机APP 端集找车位、寻爱车、摇一摇开闸、消费打折等几大功能为一体。

2. 室内无线覆盖导航及寻车系统网络结构与算法

WiFi 能够对用户进行定位。基于在 Android、iOS 和 Windows Phone 这些手机操作系统中内置了位置服务,由于每一个 WiFi 热点都有一个独一无二的 MAC 地址,智能手机开启 WiFi 后就会自动扫描附近热点并上传其位置信息,这样就建立了一个庞大的热点位置数据库。这个数据库是对用户进行定位的关键,特点是精度高,速度快。

基于定位的无线局域网络有别于一般的通信网络,要求在任一位置点,均可以收到 3 个以上的 AP 信号。AP 主要分为主通信 AP 与定位 AP,主通信 AP 负责服务器与通信 AP 之间的数据交换和传输,所有主通信 AP 必须通过网线进行连接。定位 AP,主要负责收集标签信息,并将结果发送给指定服务器(如图 10-45)。

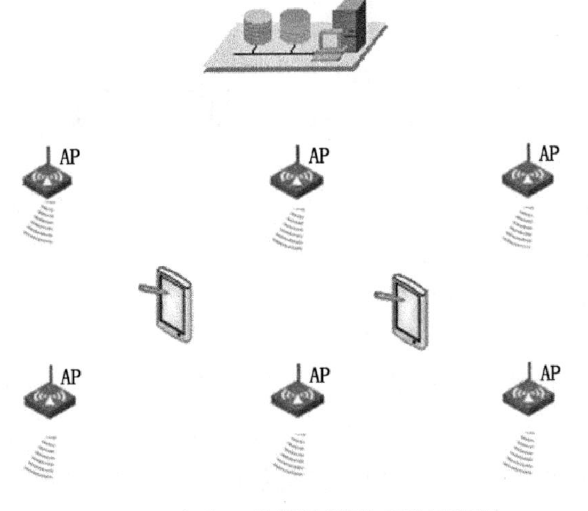

图 10-45 室内无线覆盖导航系统示意图

每一个无线 AP(路由器)都有一个全球唯一的 MAC 地址,并且一般来说无线 AP 在一段时间内不会移动。

设备在开启 WiFi 的情况下,即可扫描并收集周围的 AP 信号,无论是否加密,是否已连接,甚至信号强度不足以显示在无线信号列表中,都可以获取到 AP 广播出来的 MAC 地址。

设备将这些能够标示 AP 的数据发送到位置服务器,服务器检索出每一个 AP 的地理位置,并结合每个信号的强弱程度,计算出设备的地理位置并返回到用户设备;位置服务器不断更新、补充自己的数据库,以保证数据的准确性。

WiFi 定位系统是基于标准的 IEEE 802.11 无线局域网(WLAN)。定位算法是基于接收到 WiFi 信号的强度(RSSI)。在覆盖无线局域网的地方,定位标签周期性地发出信号,无线局域网访问点(AP)接收到信号后,将信号传送给定位服务器。定位服务器根据信号的强弱判断出标签距离 AP 的位置,通过标签到至少 3 个 AP 的距离可以算出标签的位置,并通过电子地图显示具体位置。

WiFi 位置指纹定位技术是基于接收信号传播特性而进行定位的,与传统定位技术相比，其无需额外添加设备来进行角度测量与时间同步，WiFi 位置指纹定位技术与传统室内定位技术(如：视频信号与红外定位)相比，其扩展性更强、应用范围更广。由于 WiFi 信号传输时受非视距、多径衰落等因素影响较小，故基于 WiFi 指纹定位系统稳定性较强，不受阳光直射或荧光照射的干扰，从而实现了地下或室内环境的准确高效定位。

10.11　电视台转播系统

为满足电视台直播的需求，在歌剧厅、戏剧院、音乐厅、综艺厅内预留电视台转播接口和线缆的预埋通道，每个观演厅内预留摄像机接口，满足电视台转播现场摄像图像采集的需求。每个观演厅均设置电视台转播机房，现场转播箱的所有接口线缆、光缆均汇聚至该机房，再引到现场的转播车。电视转播系统构成及电视转播车在各厅的停车位置示意如图 10-46、图 10-47 所示。

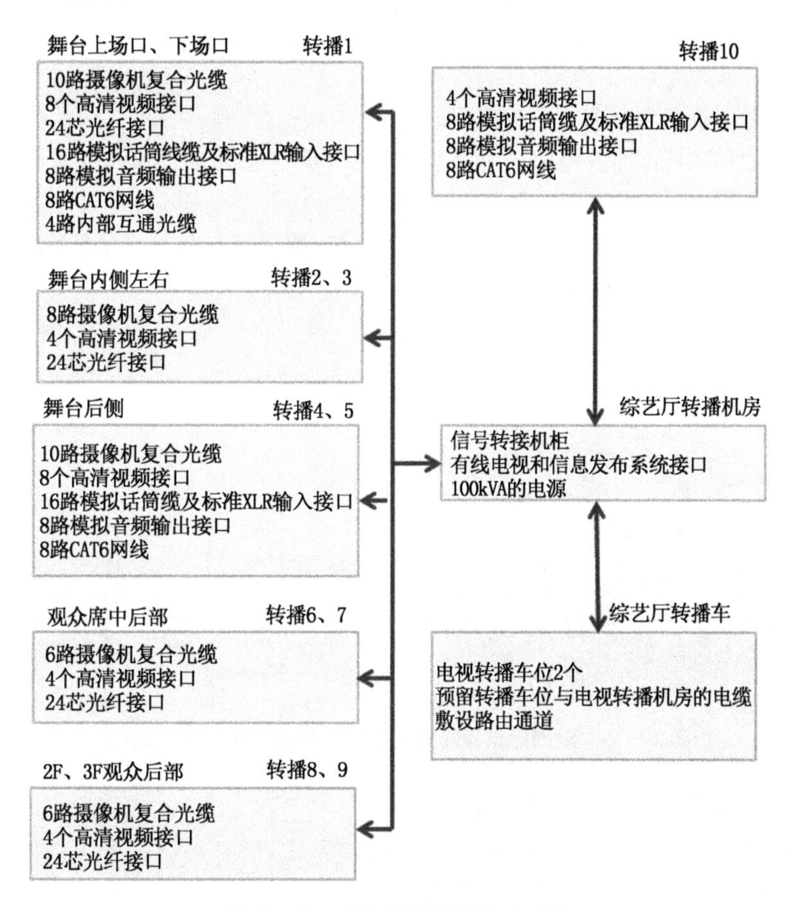

图 10-46　电视转播系统构成示意

1. 歌剧厅电视转播接口箱位置(图 10-48)

(1) 在舞台的上场口、下场口各预留一个接口箱，接口箱内包括 18 个信道，4 个高清视频接口、24 芯光纤接口以及 4 个 AV 信号接口。

(2) 在舞台内侧、乐池左右各预留一个接口箱，接口箱内包括 6 个信道，4 个高清视频接

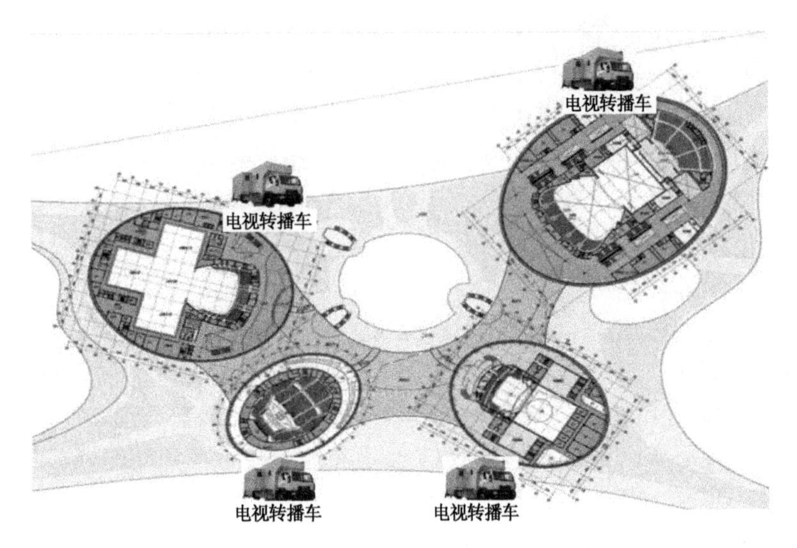

图 10-47 电视转播车在各厅的停车位置图

口、24 芯光纤接口以及 4 个 AV 信号接口。

(3) 在观众席的中后部各预留一个接口箱,接口箱内包括 8 个信道,4 个高清视频接口、24 芯光纤接口以及 4 个 AV 信号接口。

(4) 在二、三层观众席的后部各预留一个接口箱,接口箱内包括 6 个信道,4 个高清视频接口、24 芯光纤接口以及 4 个 AV 信号接口。

(5) 在一层紧邻音控室,且能看到内场的地方,设一个电视导控机房,所有的接口均接至该控制室。

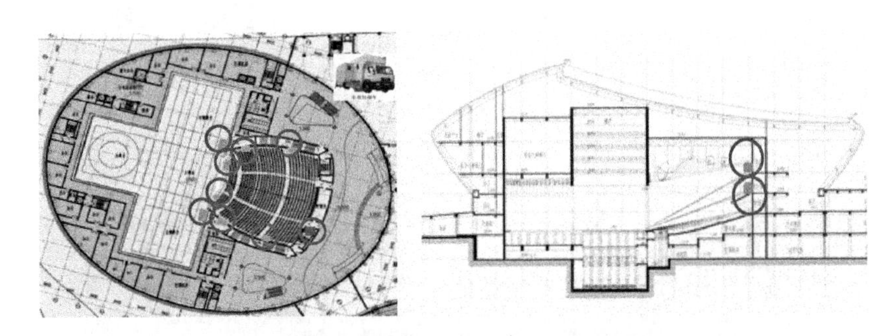

图 10-48 歌剧厅电视转播接口箱及导控机房位置示意图

2. 戏剧厅电视转播接口箱位置(图 10-49)

(1) 在舞台的上场口、下场口各预留一个接口箱,接口箱内包括 18 个信道,4 个高清视频接口、24 芯光纤接口以及 4 个 AV 信号接口。

(2) 在舞台内侧左右各预留一个接口箱,接口箱内包括 6 个信道,4 个高清视频接口、24 芯光纤接口以及 4 个 AV 信号接口。

(3) 在观众席的中后部各预留一个接口箱,接口箱内包括 8 个信道,4 个高清视频接口、24 芯光纤接口以及 4 个 AV 信号接口。

(4) 在二层观众席的后部预留一个接口箱,接口箱内包括 6 个信道,4 个高清视频接口、

24 芯光纤接口以及 4 个 AV 信号接口。

(5) 在一层紧邻音控室，且能看到内场的地方，设一个电视导控机房，所有的接口均接至该控制室。

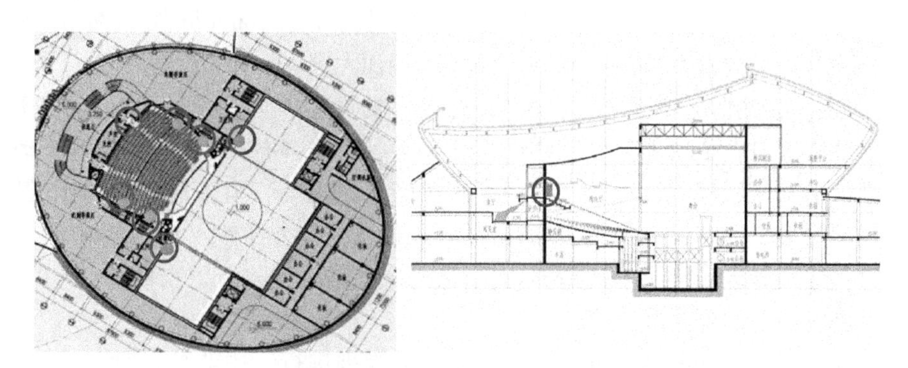

图 10-49　戏剧厅电视转播接口箱及导控机房位置示意图

3. 音乐厅电视转播接口箱位置(图 10-50)

(1) 在观众席的前区、中区各预留一个接口箱，接口箱内包括 12 个信道，4 个高清视频接口、24 芯光纤接口以及 4 个 AV 信号接口。

(2) 在合唱团的两侧左右各预留一个接口箱，接口箱内包括 6 个信道，4 个高清视频接口、24 芯光纤接口以及 4 个 AV 信号接口。

(3) 在一层紧邻音控室，且能看到内场的地方，设一个电视导控机房，所有的接口均接至该控制室。

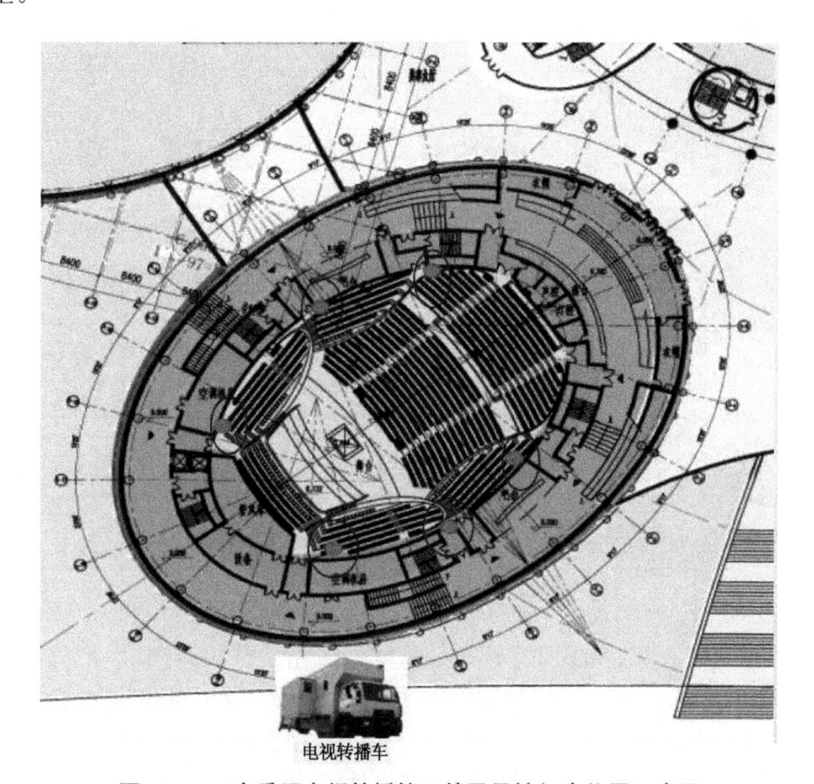

图 10-50　音乐厅电视转播接口箱及导控机房位置示意图

10.12 安全防范系统

江苏大剧院是一个举办各种演出、大型会议的活动场所，其内部人员、专业演员、群众演员、领导、一般观众等共同构成了进出各个区域的人流。因而大剧院具有人流量大、人员构成复杂的特点。针对这种复杂的情况，需要对不同区域采取不同的防范措施，构成多层次的防护体系。

系统设计中需对各个功能区以门禁系统分隔各类人群，防止无关人员随意流动。如观众及参观人群活动区域、演员活动区域、内部人员区域、VIP 区、消防通道等均做区域划分。在功能区内部的重要房间设置门禁。如在排练厅、化妆间等公共使用的功能用房，设置区域门禁装置进行集中管理。通过上述措施，可以做到既保证大剧院演出和日常工作顺利进行，又能保证大剧院内部的安全和秩序。

大剧院安防系统按功能区可分区域、分时段、分级别进行集中监控，使操作人员能随时掌控大剧院的安全状况并处置各种安全事务，根据安防系统的风险级别设置安全管理系统，随时监视运行情况并取得监视图像。

大剧院安防系统设二级控制，即一个控制中心，四个分控中心，控制中心设在大剧院地下一层，“二院、二厅”各设一个分控中心。安防控制中心负责监控整个大剧院室内、室外、地下停车场、周边道路的监控与管理。“二院、二厅”分控室负责各自辖区内的安防监控与管理。

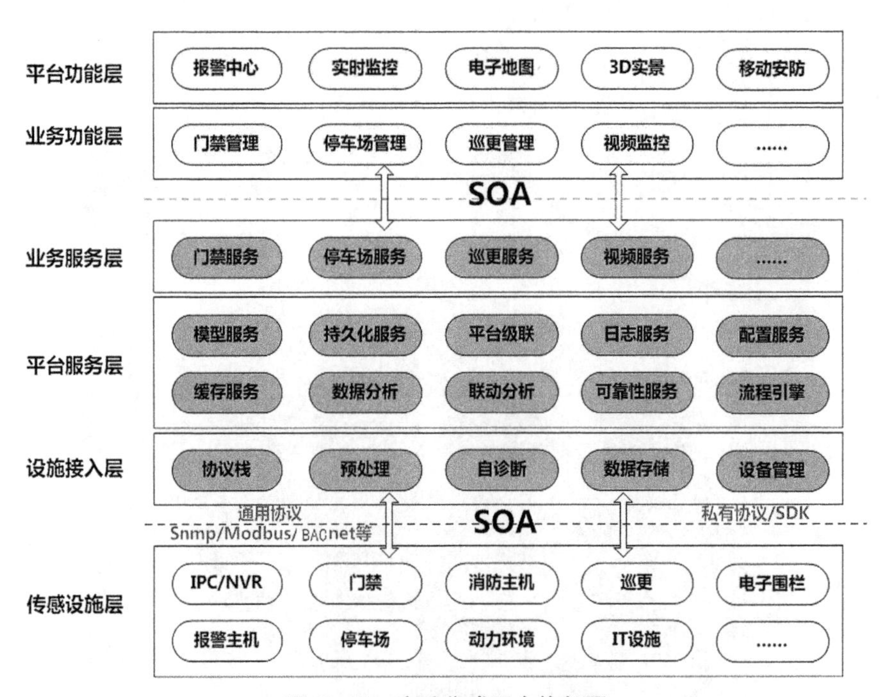

图 10-51　安防集成平台构架图

安全防范需贯彻“人防、物防、技防”三种基本手段相结合的原则，大剧院设计了具有防入侵、防盗窃、防抢劫、防破坏等功能的电子系统，整个安防系统包括有视频监控、防盗报警、电子巡更、门禁和停车场管理系统等，在建筑内部以监控管理为主，这些系统通过安防集成平台来完善和提升大剧院的安全防范系统的整体性能，对任意区域的视频实现无缝拼接，对任何车辆的进出实现自动跟踪，对任意区域能实现视频分析、人流统计、警戒、报警等功能，在重大庆典、演出之时，能够把内部的安全防范系统与社会公共安全防范管理系统有机地结合起来，成为一个能够统一调度、统一处警、统一指挥的综合防范系统，最大程度确保了人员及建筑的安全，为建筑管理者提供了先进、可靠和及时的管理手段。

10.12.1　安防系统设计原则

➢　根据大剧院内保护对象的风险等级，确定相应的保护等级，大剧院全面防护和局部纵深的要求，达到规定的安全防范水平。

➢　根据大剧院的使用功能和安全防范管理需求，综合运用电子信息技术、计算机网络技术、传感检测技术、安全防范技术等，形成先进、安全、可靠、适用的安全防范技术体系。

➢　系统的技防、物防、人防相结合，探测、延迟、反应相协调的原则，安防集成平台应以模块化、结构化、规范化的方式来实现，适应工程建设发展和技术发展的需要。

10.12.2　安防集成平台架构

根据总体纵深防护和局部纵深防护的原则，综合设置建筑物周界防护、建筑物内外区域或空间防护、重点实物目标防护系统，实现了技防、物防、人防相结合，探测、延迟反应相协调。系统设计应结合人防治理的具体模式和规章制度，使技防系统具备一定的弥补人防缺陷的能力。

1. 采取子系统独立分控、总体系统集成方式

安防系统与其他智能建筑子系统的集成与联动功能十分强大。通过系统集成，安防系统可以通过端口硬件连接、RS232、数据库或 TCP/IP 方式 API 协议接口等多种方式，方便地与其他系统连接，实现照明系统、楼宇自动化系统、消防报警自动化系统等设备与安防信息联动。当有人正常划卡进入时，相应区域灯光自动开启。当有人闯入区域时，区域内灯光全部开启，有利于监控系统拍摄并对闯入者形成威慑。与建筑设备监控系统共享数据库，输出相应图像。全系统实现各安防子系统的联网通信、子系统间的联动控制，并对整个安防系统进行集中监控和安防信息打印记录。

综合管理系统将大剧院内的电视监控系统、入侵报警系统、巡更系统、停车场管理系统全部融为一体，交互联动、有机协调，形成一个纵深多层次、全方位的大剧院安全防范系统，以便对大剧院周边和内部的秩序与安全进行集中管理与监控。

2. 各子系统设备选型

安防系统由多个子系统组成，其子系统必将具有独立性、综合性、复杂性，如何实现各子系统之间的管理和信息共享同样也至关重要。

由于安防系统功能的特殊性、联动的复杂性、集成的层次性，因此，在安防系统的品牌选择上必须考虑各子系统之间的开放性，采用知名的、主流的、统一的品牌产品，实现安防系统以及更高层次的 IBMS 系统的深度集成功能，同时为客户获得最大的投资回报及运行效益。

安防行业作为一个特殊的行业，一方面对系统、设备的安全性、可靠性要求极为苛刻；另一方面还要求供应商必须提供强大高效的技术支持，以满足不同客户提出的不同系统需求，同时本项目对于全面细致的安全服务要求是必须也是必要的。

由于设备产品的综合功能、可靠性、安全性和实用性的评估是比较模糊的，并且需要长时间的验证。因此在选择相关产品时，品牌的效应作用则极为关键。

3. 综合全面的安全防范措施

本项目作为一个高档次的文化建筑，其人员出入、流动较大，重要的专业设备较多，因此安防系统的整体安全性、防范性至关重要。

安防系统设计及实施中必须采取多种安全防范措施联动控制的方式，以求达到周密、到位的安全防范的目的。

电视监控中实现监控区域无死角，防盗报警系统与摄像机实现联动，发生非法入侵时，监控中心及时了解到防范区域的监控图像，在第一时间内处理异常事件。

重要通道、房间设置门磁开关、防盗报警探测器，同时在重要位置处配置紧急按钮，当发生非法入侵时，在第一时间内报警，提示管理人员及时处理警情。

门禁管理系统中针对不同区域、不同房间、不同人员均设置相应的级别和权限，只有合法的授权许可后，相关人员才可以进入指定区域或重要房间，同时保存出入的信息记录，作为查询的依据。

4. 稳定可靠的集中供电

安防系统的供电设计需根据整个系统的需求进行集中供电，对于主要监控设备和控制器采用 UPS 电源供电，后备时间达到数小时，以确保安防系统的高可靠性运行。

本项目的安防系统供电设计由变配电间引出两路供电线路至安防中心的总配电柜，实现双电源自动切换功能。由总配电柜再分多路至各分配电柜，每个分配电柜负责一定楼层或区间设备的供电。

安防系统前端设备的配电设计，在每一层或区域的弱电井各配置一个电源配电箱，负责对本楼层或区域设备的供电，在每层或区域的弱电井内设置电源接线排，对前端设备供电进行统一管理。

10.13 视频监控系统

大剧院是一座新建的社会公共活动场所。为了加强大剧院的安全管理，提高大剧院的服务质量，根据公共活动场所的相关安全标准规定，在需要监控的重点要害部位，必须安装监控/报警设施。以实现利用现代化的科技手段为用户管理工作服务，实现向科技要警力，实现技防、人防全方位安全管理工作。

10.13.1 摄像机布点原则

摄像机主要的布点位置如下：

- 主要出入口，包括各厅的主入口；
- 全区周界、室外广场；
- 办公区出入口、主要通道、厅堂、观众区、通用设备用房区；
- 演出专用功能区（包括后台业务用房、演出技术用房、培训用房、公共剧务用房）；
- 总服务台、售票处、检票处；
- 监控中心、重要机房入口；
- 自动扶梯口、各层电梯厅及电梯轿厢等；
- 地下停车场等。

在室外的主入口设置网络型室外一体化球形彩色摄像机，外墙周边设置彩转黑枪型摄像机，在一层入口、电梯厅、休息厅、走廊等处采用半球固定摄像机，在共享大厅等处采用室内球形一体化摄像机，地下室无吊顶区域和楼梯间出口采用固定式摄像机，地下车库采用固定式半球摄像机；电梯轿厢采用模拟摄像机，通过视频编码器转换为数字信号接入系统。入口处摄像机采用超动态摄像机。网络摄像机应具有双码流输出，一路信号用于实时监控，另一路信号用于视频存储。

前端摄像机信号经接入交换机后通过光缆传送至分控中心的核心视频交换机，并通过解码器将视频画面在电视墙上还原显示。

视频安防监控系统选用设备应具有系统信息存储功能，在供电中断或关机后，对所有编成信息和时间信息均应保持。其事件图像信息应具有原始完整性，系统记录的图像信息应包含图像编号/地址、记录时的时间和日期。摄像机电源由弱电间配电箱经 24 V 交流变压器后分层供电，电源线采用 RVV2×1.0 铜芯线缆，以上线缆均沿金属线槽，敷设在弱电管井、吊顶内，支线套钢管埋顶板、侧墙、地面暗敷设，电梯摄像机随缆由电梯厂家敷设。

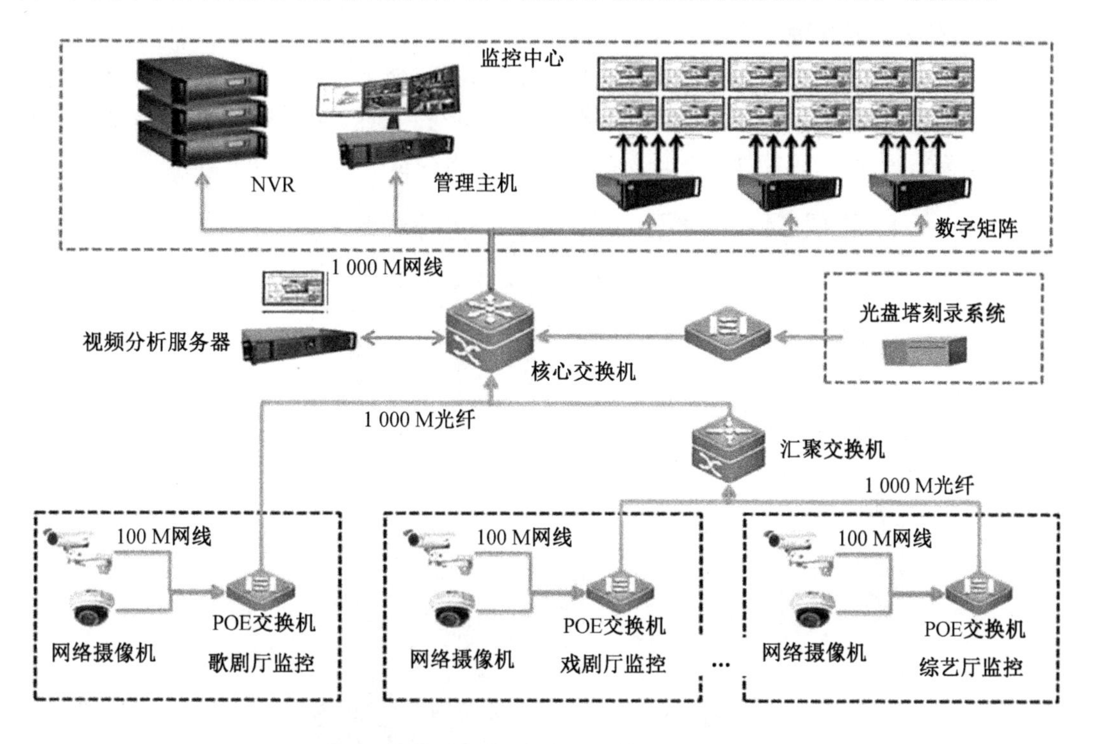

图 10-52　视频监控系统构架图

10.13.2　网络建设要求和系统结构

设备网按照万兆交换平台、百兆到桌面设计，设备网核心交换机双机冗余、负载分担。为确保图像的清晰度，不出现马赛克现象，接入层交换机的端口利用率应不大于 60%。数据丢包率小于 1%。平均抖动不能超过 30 ms。单向延迟不能大于 150 ms。

对于敏感性的应用应能提供带宽保证，如语音通信、视频通信等。在办公自动化网络上要提供语音、视频的传输数据。根据数据重要级别进行分类：重要、尽力和不必尽力。根据需要重要的流量可以进一步分成若干子类流量整形，将突发流量进行整形，使其平缓输出。

网络系统应设置流量限制，对于由于病毒等其他非正常使用原因引起的网络流量剧增，限制在一个小范围的区域内，不会对整个网络造成影响。中心组网拓扑如图 10-53 所示。

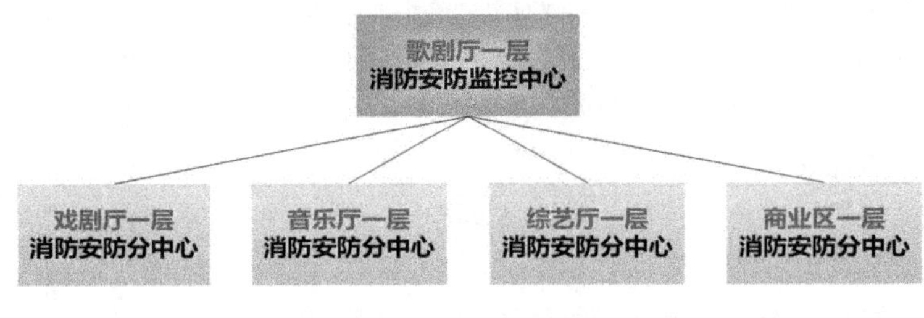

图 10-53　中心组网拓扑图

核心交换机设在歌剧厅安防控制室内，其中戏剧厅、音乐厅、综艺厅为三层构架，商业区和歌剧厅为两层构架。核心层到汇聚层为万兆链路，汇聚层到接入层为百兆链路，各汇聚交换机分别设在各自的安防控制室内。

10.13.3　安防集成管理平台

安防集成管理平台是整个安防系统的集成平台，是门禁系统、入侵报警系统、视频监控系统、电子巡更系统等安防系统的联动控制枢纽，也是与其他信息弱电系统，如信息集成系统、安检信息管理系统、智能楼宇管理系统、火灾自动报警系统等的接口平台。（图 10-54）

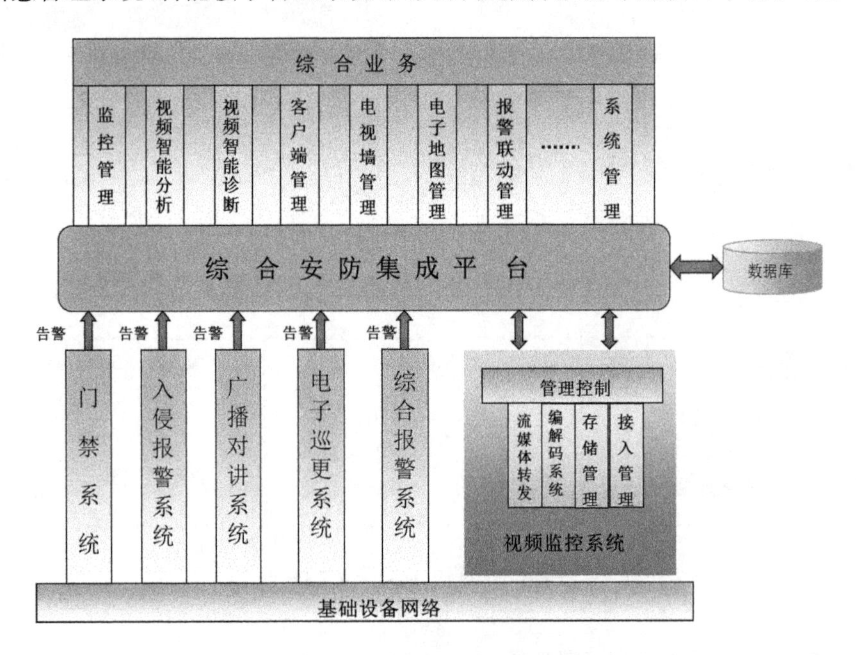

图 10-54　综合安防集成平台系统图

通过安防集成平台，使这些子系统（如门禁系统、入侵报警系统、视频监控系统、电子巡更系统）互联互通，有效地整合所有技术资源与手段，形成功能完整、性能可靠的安防集成平台，满足大剧院安全运营管理的要求。

安防集成平台基于 SOA 架构设计，可实现多个系统的集成与融合应用，可通过开放式 API 接口协议接入第三方系统或向第三方系统提供 API 接口协议，可实现对集成的各个子系统进行数据采集、联动处理和综合监视管理，是整个安防系统的核心和集成平台。

安防集成系统通过接入设备，实现了各子系统之间的“对话”，各子系统可以互相联动和协调，解决全局事件之间的响应。系统实现安防集成以后，原本各自独立的子系统在集成平台的角度来看，就如同一个系统一样，无论信息点和受控点是否在一个子系统内，都可以通过编程，建立子系统间联动关系。这种跨系统的控制流程，大大提高了江苏大剧院管理中心的自动化水平。

跨系统联动，实现全局事件的管理和工作流程自动化是系统集成的重要特点，也是最直接服务于用户的功能。通过系统联动、程序响应的方式，来实现大剧院内部安防系统的自动化控制，节省能源消耗和人员成本。采用安防集成管理平台，各系统间的联动方式几乎是任意的，联动方式可以编程实现，能够根据用户的需求设定不同的联动预案。

1. 平台的逻辑架构

综合安防集成平台秉持网络化、集成化、智能化的理念，采用先进的软硬件开发技术，解决了安防系统中各子系统联网、集中管理、信息共享、互联互通、多业务融合的问题。

除了完成视频监控系统的各种系统功能外，综合安防集成平台还集成了入侵报警、停车场、门禁、在线巡更、消防报警等子系统。作为一个系统集成管理平台，不仅是对各个子系统简单的功能叠加，而且还能对各子系统功能进行补充和扩展。将各个子系统通过各种联动及其他相关联系，整合成一个有机的，功能强大的统一系统集成平台。

图 10-55 平台逻辑控制系统图，子系统层，主要是由要综合进来的各个子系统构成，包括视频监控系统、门禁系统、紧急报警系统、周界报警系统、广播对讲系统等组成。

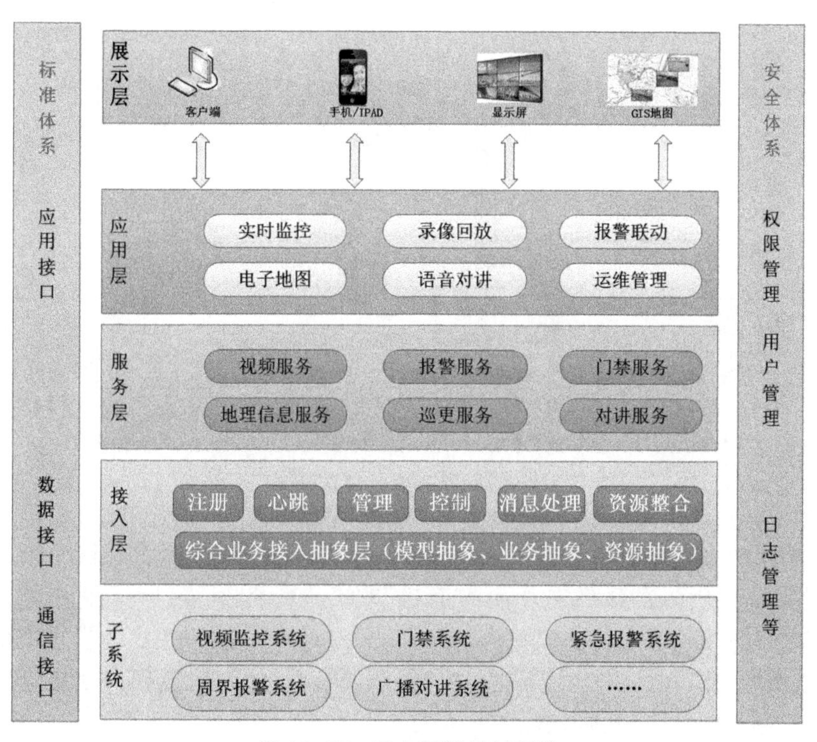

图 10-55　平台逻辑控制系统

接入层：本层主要完成各个子系统的接入功能，其基础由综合业务接入抽象层构成，完成各个接入子系统接入功能的抽象，对上层应用提供统一的数据功能结构。

服务层:本层中包含视频服务、报警服务、门禁服务、地理信息服务、巡更服务、对讲服务等,为上层应用提供服务支撑。

应用层:本层包含实时监控、录像回放、报警联动、电子地图、语音对讲、运维管理等应用,实现各系统数据的统一管理,各自系统互相辅助分析,联动运作。

用户展示层:平台提供多种展示方式,包括平台客户端软件、LED 大屏、移动终端软件、GIS 地图显示等。

2. 平台物理拓扑

综合安防集成平台主要由安防接入系统与平台软件两部分构成(图 10-56)。

接入系统:采用模块化设计、集群服务器架构,可接入视频、门禁、消防、对讲、广播、红外对射、雷达等各个安防子系统。

平台软件:由数据库单元、Web 单元、应用单元等构成。根据系统规模大小,部署一台或多台物理服务器用于部署软件模块。

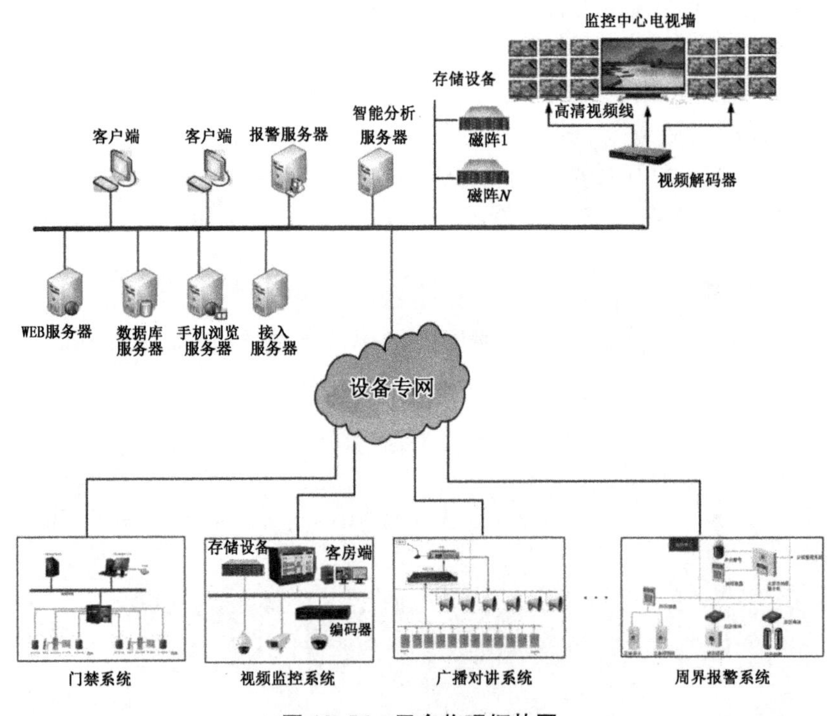

图 10-56　平台物理拓扑图

综合安防集成平台集成视频监控系统、门禁系统、广播系统、照明管理系统、消防系统、停车场管理系统等子系统,最终成为一个“有机”的统一系统,其接口界面标准化、规范化,完成各子系统的信息交换和通信协议转换,实现五个方面的功能集成:所有子系统信息的集成和综合管理,对所有子系统的集中监视和控制,全局事件的管理,流程自动化管理。最终实现集中监视控制与综合管理的功能。

3. 平台组成

1) 中心管理模块

中心管理平台采用泰豪 iEV9000(图 10-57),该模块承担了整个系统的核心组件,提供统一的认证、授权、管理服务。作为认证模块，支持 AAA 的集成；作为管理模块，对系统内的用户、角色、权限、视频监控设备、报警设备、各种服务进行集中配置管理；作为应用模块，提供各类视频监控业务。模块还提供完善的日志管理和审计功能。中心管理模块还集成有客户端接入网关、NTP 全网校时等模块。

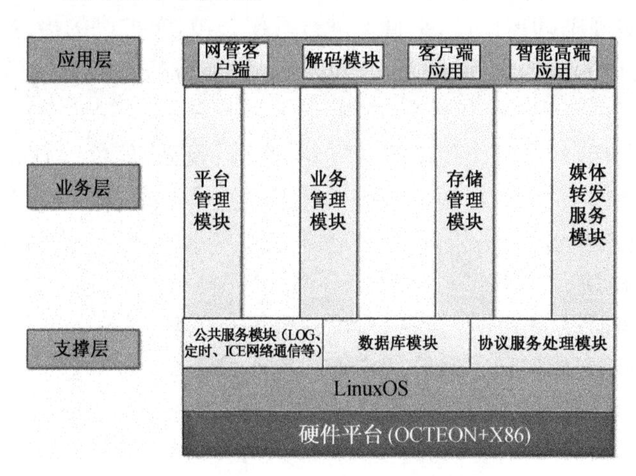

图 10-57 iEV9000 平台构架

2）WEB 服务模块

采用先进的 Intel 信息服务（Internet Information Services，IIS）构建 WEB 模块，为系统管理、流媒体、报警转发、集中存储检索等所有应用服务提供统一 WEB 访问配置界面，为前端监控设备提供统一远程监视查询 WEB 访问界面。

由 Web 服务器发布各种动态 Web 网页和各种实时信息，用户通过浏览器可以监控设备运行、察看动态视频、管理各安防系统等。

3）报警管理模块

报警系统主要实现视频监控智能分析报警、紧急按钮报警、门禁报警、巡更报警、设备报警等各类报警的发出、传输、接收、处理、控制等。综合安防智能管理平台对报警进行集中管理及报警联动配置，实现报警与视频监控、门禁、对讲系统的有机联动。报警时能够通过电子地图切换显示报警信息及关联部位的视频监控图像并能自动集中录像，能够按照报警事件对视频信息进行检索。

4）流媒体转发和管理模块

支持实时视频数据的转发及分发；支持存储数据的回放点播（VOD）；支持 Qos 管理，对带宽进行合理使用；根据指令将来自 SIP 设备、网关、存储介质或其他媒体服务器等设备的媒体流转发到 SIP 客户端、存储设备、电视墙等需求者。

5）存储模块

综合集成管理平台通过集中存储方式，实现报警数据、设备状态等数据集中存储，支持外部数据导入，支持灵活的备份策略，确保报警数据、日志可查。

6）查询回放模块

可以实现对录像资料的查询及录像回放操作。支持录像计划配置，手动录像，报警录像等不同录像类型；查询录像时，所查询的录像会以时间轴方式显示，通过点击时间轴上某个时刻方式，即可进行相应时刻的录像回放；支持快进、慢放、单帧进、单帧退等多种控制录像播放的功能。

7）智能分析

iEV9000智能视频综合管理平台支持视频的实时智能规则分析，可预先设置好预警联动规则。当发生相应规则的事件后，平台上进行操作布控，布控好的摄像机将会同时打开监控图像，形成对案发地的监控封锁，同时实时报警。智能分析功能包括：智能诊断和智能行为分析。

智能诊断分析包括：对视频图像出现的雪花、滚屏、模糊、偏色、画面冻结、增益失衡、视频信号丢失等常见摄像头故障、视频信号干扰等视频质量下降进行准确分析、判断和报警。

智能行为分析包括：物品丢失检测、物品遗留检测、绊线检测、入侵检测、车牌识别等功能。

8）电视墙管理模块

电视墙管理模块通过管理解码设备，对电视墙进行关联、管理。

该模块支持解码卡、解码器、模拟/数字矩阵控制输出；支持键盘、3D摇杆控制；支持高清解码输出；支持录像文件回放上墙；支持报警联动上墙；支持上墙图像预览，支持画面分割、画面拼接等功能。

9）客户端接入模块

(1) C/S客户端

C/S客户端主要用于实时视频监控，监控工作站内置C/S客户端程序，通过中心管理认证可访问前端监控视频，实现监控点的轮循预览、语音对讲、报警处理、历史录像搜索回放、电子地图等功能，支持解码卡、解码器等设备大屏输出控制。

(2) B/S客户端

B/S客户端通过WEB浏览器对系统进行管理、信息发布、维护统计、实时监控和录像检索回放，采用WEB2.0技术，操作更顺畅、画面刷新速度更快，主要作为执法部门及管理维护人员的监控管理方式。

(3) 手机客户端

通过手机客户端方式登录移动视频管理单元，在手机终端或手机上进行视频图像资源的浏览；支持在手机客户端上进行实时视频预览、云台控制、图片抓拍和录像存储等功能，支持主流的移动终端高版本操作系统，如iOS7、Android4.2等操作系统。

10）平台级联模块

平台级联模块主要完成上下级平台之间或不同平台间的级联通信，信令转发和分发。采用当前标准的多媒体会话协议SIP进行通信，平台级联模块充当SIP代理的角色。所有来自其他平台的SIP信令请求首先都经过本平台级联模块，然后转发到平台其他软件模块进行处理。

11）GIS地理信息模块

地理信息系统(Geographic Information System，简称GIS)是一种能把图形管理系统和数据管理系统有机地结合起来，对各种空间信息进行收集、存储、分析和可视化表达的信息处理与管理系统。

综合安防集成管理平台中，大部分对象或设备与空间位置、空间分布有关，如抓拍摄像头、控制器、门禁、无线寻呼对讲、事件分布信息、移动终端、各类统计分布信息等。GIS将基础地图和各类专业专题符号信息进行地理叠加、分层管理最终成为支持信息建设的底层基础支持平台。

12）安防接入模块

支持通过开放式 API 接口协议接入第三方系统或向第三方系统提供 API 接口协议。可实现各子系统的接入(如门禁系统、入侵报警系统、视频监控系统、电子巡更系统)。通过建立起一套统一的消息体系，在各个子系统的联动响应建立起一座互联互通的桥梁。

13）数据库模块

数据库服务器，存放系统配置，记录各种事件，并提供统计报表。数据查询、报表、备份、安全、维护等功能均由数据库系统提供友好支持。

10.13.4　视频综合管理平台堆叠和级联

1. 平台堆叠

已部署单平台系统的用户，可通过多台 iEV9000 智能视频监控综合管理平台的堆叠(图 10-58)，实现系统媒体转、分发及存储能力的扩展。堆叠系统的录像可在多个平台上进行分布式处理，以满足大容量录像与存储需求。

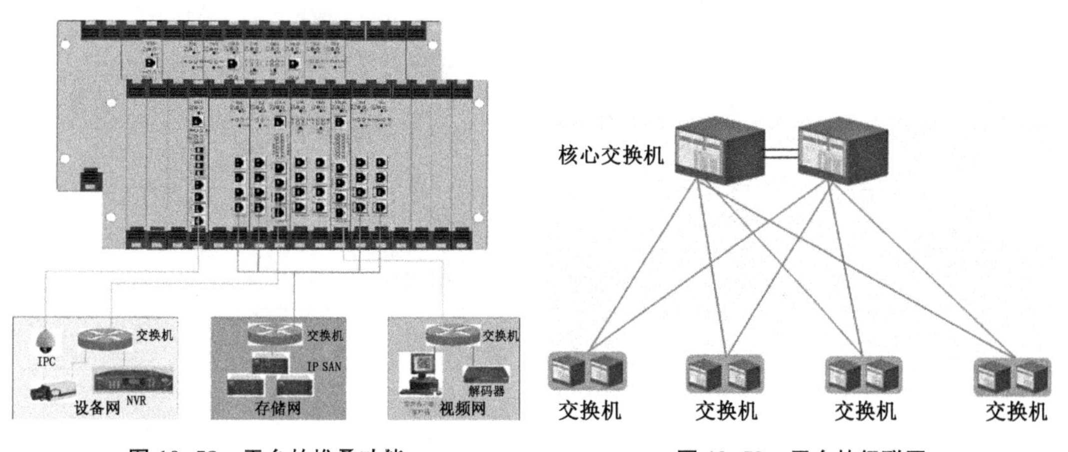

图 10-58　平台的堆叠功能　　图 10-59　平台的级联图

对用户而言，堆叠后的系统在业务操作和系统管理方面与单台系统一样。堆叠后的从属设备只提供媒体转、分发和存储资源的功能。

2. 平台级联

iEV9000 智能视频监控综合管理平台支持多级级联功能(图 10-59)，每一级平台既可以作为上级平台实现对下级平台及其入网监控前端设备的集中管理，又可以作为下级平台接受上级平台的集中管理。

级联环境中的每一个平台均具备独立运行能力，对于本地业务可以独立受理，不依赖于任何其他平台。

10.13.5　视频监控管理

1. 实时监控浏览

支持在计算机、监视器、电视墙等显示终端上进行远程实时视频的浏览。支持 IE 或专用客户端软件浏览，专用客户端软件支持新版本提示及在线升级。

- 支持的图像分辨率:CIF、4CIF、D1、720P、1 080P 等多种分辨率;
- 支持一机两屏显示;
- 图像帧率:最高 PAL 制式 25 fps;
- 码流均值:2~10 Mbps;
- 在任意监控席位可调看任意监控点图像;
- 监控席位调看图像可以单画面/4 画面/9 画面/16 画面/32 画面进行;
- 监控席位调看图像可以轮巡显示;
- 系统支持一个用户浏览多个监控点和多个客户浏览一个监控点的模式;
- 支持多码流自适应功能,可根据带宽及 CPU 占用率自动选择码流解码显示,用户多的时候调用低码流,用户少的时候调用高码流;
- 支持多镜头拼接:在广场、园区道路、入口等区域设置有多台摄像机,通过自动视频跟踪;(要求前端视频在同一水平线上且相邻的视频有不少于 5%的图像重叠区域)。

2. 实时视频控制

在视频浏览窗口下方为视频浏览工具栏,可以实现对实时视频的抓拍、手动录像、设置播放窗口、翻页、运行信息查看等功能。

表 10-3 视频浏览工具栏按钮具体功能列表

按钮图标	按钮提示	功能说明
	播放信息	查看选定视频的播放信息,如帧率、码率及编码状态等
	画面抓拍	抓取选定画面的快照
	录像	对选定画面进行手动录像
	数字缩放	对选定画面进行框选放大操作
	刷新当前窗口	对当前窗口进行刷新
	关闭当前窗口	关闭当前正在播放的视频
	全屏	全屏显示实时视频
	设置播放窗口	设置播放的画面数,如同时显示 1/4/6/8/9 画面
	从当前点位播放	多画面情况下,若手动播放某画面,其他画面从该画面的下一个画面依次显示。
	上一页	当前实时视频向上翻页
	下一页	当前实时视频向下翻页
	刷新所有窗口	对当前所有播放窗口进行刷新
	关闭所有窗口	关闭所有正在播放的窗口

3. 回放功能

(1) 系统支持根据点位、时间信息自动查找该时间段内的录像,若该时间内有录像,系

统将以时间轴的方式显示出来。(图 10-60)

图 10-60　录像时间轴图示

(2) 单画面、4 画面、单进、单退、快进(1/2/4/8/16/32/64 倍数)、慢速播放(最低 1/8)、倒放、剪辑、抓帧、下载等。

图 10-61　录像回放工具栏

(3) 支持预览画面即时回放(即,在预览画面时,发现有异常行为,值班人员可以立即回放刚才发生的情景录像),同时支持立即回放/同步回放和时间切片。(图 10-61)

(4) 支持单路多时段回放。(图 10-62)

图 10-62　单路多时段回放图

(5) 支持多路同时段回放。(图 10-63)

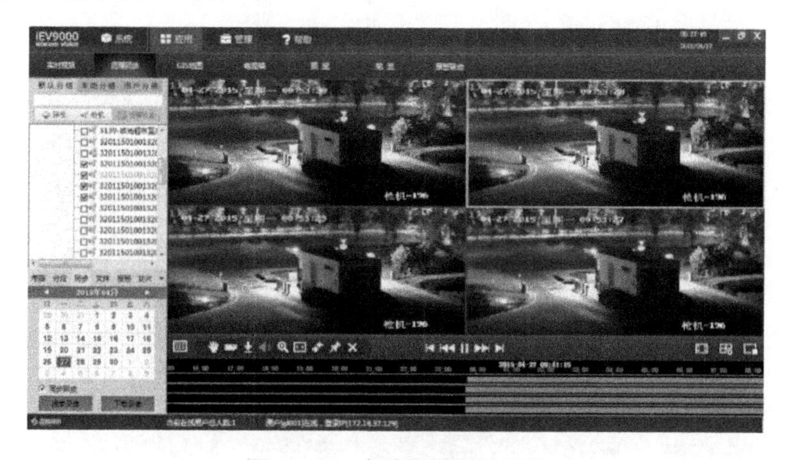

图 10-63　多路同时段回放图

(6) 支持报警录像回放。(图 10-64)

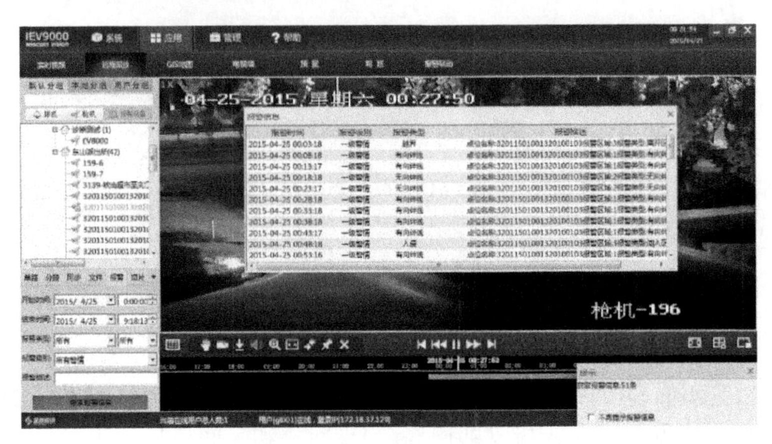

图 10-64　报警录像回放图

4. 分组轮巡

(1) 分组定义:由管理员在系统初始化时,对组进行自定义:管理员可以针对前端的设备厂家与型号、类型(DVR、IP 摄像机等)、组织机构、应用场所、管理部门等进行分组设置。

(2) 轮巡:系统按照设定好的规则,在指定的操作终端上进行自动的监控图像显示。根据业务需要,可以分为组内轮巡、分组轮巡以及组合轮巡等。

➢ 组内轮巡:在指定的组别内,以固定的画面(1/4/9)轮巡;

➢ 分组轮巡:在选定的多个组别中,以固定的画面(1/4/9)轮巡,组内摄像头不多(一般 3~4 个,最多不超过 9 个),组别数量比较多的情形;

➢ 组合轮巡:在选定的多个组别中,并且每个组内的摄像机数量超过 9 个,以固定的画面(1/4/9),按照给定的时间,不同的策略(组内轮巡优先、组间轮巡优先;显示画面固定、显示画面随实际画面变化)进行轮巡显示。应用场合:组内摄像头很多,组别数量比较多的情形。

轮巡效果图展示,如图 10-65 所示。

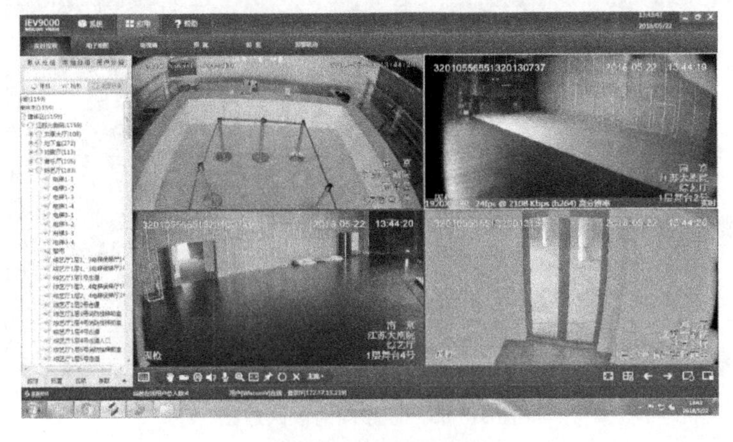

图 10-65　轮巡效果图展示

5. 紧急预案

可快速设置紧急视频预案并实现快捷调用，预案内容包括画面分割，每个画面对应通道、画面状态；可设置视频跟踪预案，在不同的时间自动控制快球转换到需要重点监控的部位。支持电视墙预案和PC屏幕预案。

6. 抓拍功能

操作者在实时监看视频图像，或者在回放视频录像时，发现可疑行为、重要线索、违章车辆等情况，可以选择单张抓拍或者连续抓拍，选择连续抓拍后可以选择按帧抓拍或按时间抓拍。选择按时间抓拍后可以选择抓拍间隔，范围是200 ms～3 s。选择连续抓拍后可以选择连续抓拍张数3～5张。

抓图保存及查看：在抓图预览界面可以选中某张图片进行复制，然后可在文档或者右键中进行粘贴；抓拍后提示抓图结果以及提供快捷查看。

图像抓录：操作者针对特定视频图像，进行临时抓录。

7. 流媒体管理

1）流媒体负载均衡和 $N+1$ 备份

流媒体转发单元一般使用 $N+1$ 备份，当一台流媒体设备故障时，该流媒体单元上的传输任务会分配到其他流媒体单元上。

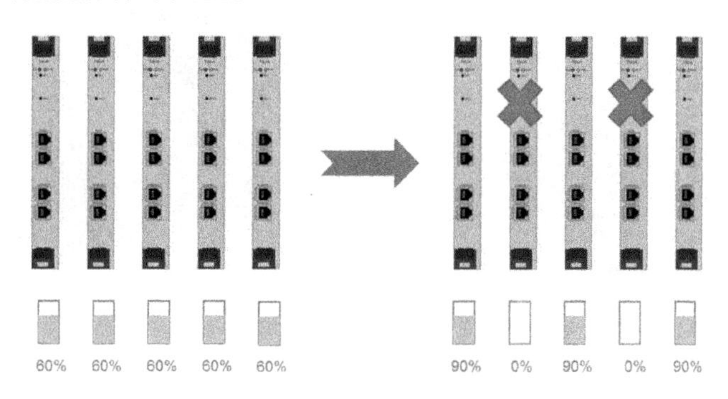

图 10-66　流媒体负载均衡和 $N+1$ 备份

2）支持跨网段传输

当客户端和设备在不同的网段时，平台支持多网段，从而使得不同网段客户端能访问到设备，从而正常取得数据流。

3）支持大容量存储设备转发存储

通过流媒体转发单元将前端DVR，DVS、IPCamera、下一级的流媒体单元等视频源转发存储到大容量存储设备中。

10.13.6　视频图像应用

1. 智能诊断

视频质量诊断系统是一种智能化视频故障分析与预警系统，对视频图像出现的雪花、滚屏、模糊、偏色、画面冻结、增益失衡、云台失控、视频信号丢失等常见摄像头故障、视频信号干扰、视频质量下降进行准确分析、判断和报警。系统按照诊断预案自动对摄像头进行检测，并记录所有的检测结果。

视频诊断结果见图10-67～图10-69。

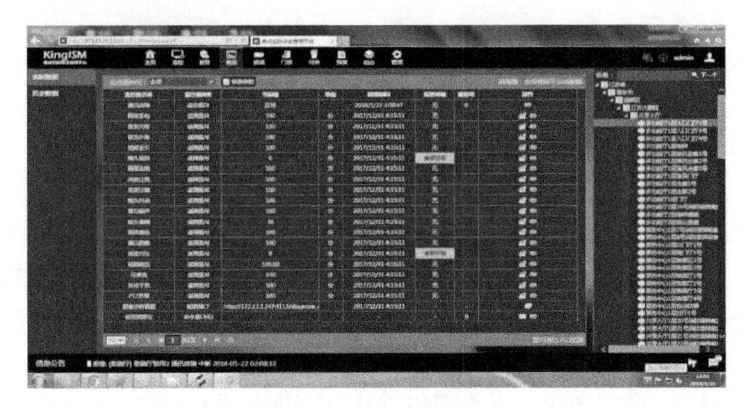

图 10-67　视频诊断结果表

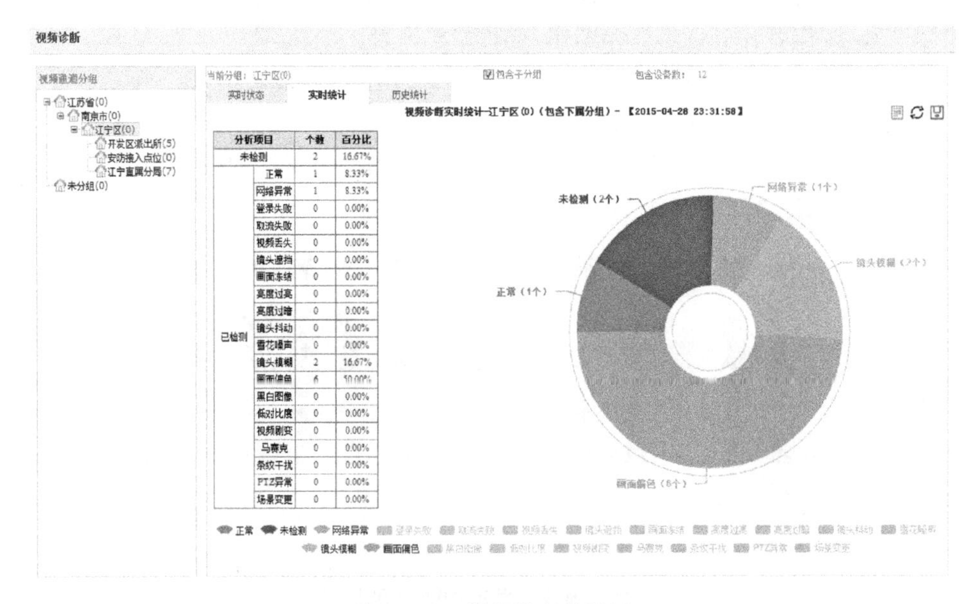

分析项目		个数	百分比
未检测		2	16.67%
已检测	正常	1	8.33%
	网络异常	1	8.33%
	登录失败	0	0.00%
	取流失败	0	0.00%
	视频丢失	0	0.00%
	镜头遮挡	0	0.00%
	画面冻结	0	0.00%
	亮度过高	0	0.00%
	亮度过暗	0	0.00%
	镜头抖动	0	0.00%
	雪花噪声	0	0.00%
	镜头模糊	2	16.67%
	画面偏色	6	50.00%
	黑白图像	0	0.00%
	低对比度	0	0.00%
	视频剧变	0	0.00%
	马赛克	0	0.00%
	条纹干扰	0	0.00%
	PTZ异常	0	0.00%
	场景变更	0	0.00%

图 10-68　视频诊断结果图

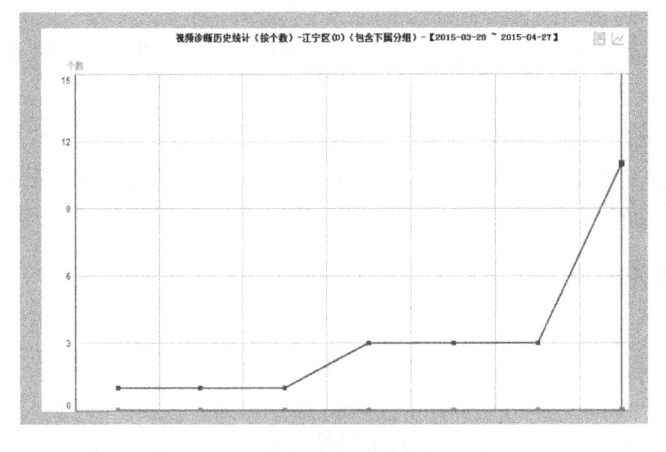

图 10-69　视频诊断历史数据折线图

2. 视频丢失检测

接收不到前端视频信号时，会补一张人工假图并给予告警。（图 10-70）

图 10-70　视频丢失检测

3. 噪声检测

对图像起干扰作用的亮度分布称为图像噪声，图像噪声对图像内容的干扰极大，是评价图像质量的一个重要指标。系统能够准确识别各种程度的噪声，并对噪声严重的予以报警。图像噪声大多由线路干扰引起，噪声图像的一个显著特点就是像素灰度跳动较大。（图 10-71）

图 10-71　噪声检测

4. 雪花检测

叠加在图像上的彩色条纹状干扰称为雪花。雪花大多由线路干扰引起，雪花图像的特点是图像充满上下滚动的条纹。（图 10-72）

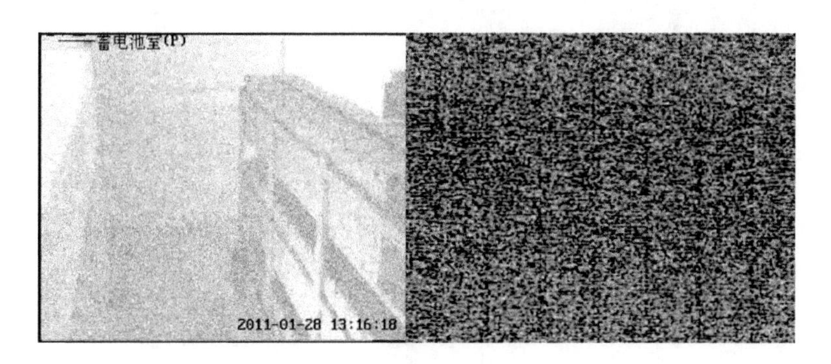

图 10-72　雪花检测

5. 清晰度检测

清晰度低主要由于镜头过脏或者 AF 失效导致。(图 10-73)

自动检测视频中由于聚焦不当、镜头损坏或异物遮蔽引起的视野主体部分的图像模糊;自动检测镜头对准无意义物体的情况。该功能对实时视频的画面清晰程度和信息含量做出评价(如偶然异物遮挡、被人为地蒙蔽等),从而及时发现故障。“骤变”作为此功能在周界防范技术领域的应用延伸,目前已普遍得到人们的认可。

图 10-73　清晰度检测

图 10-74　亮度异常检测

6. 亮度异常检测

亮度异常主要由于线路干扰或者 AE 失效导致,反映在图像为图像严重偏亮或者偏暗。

自动检测视频中由于摄像头故障、增益控制紊乱、照明条件异常或人为恶意遮挡等原因引起的画面过暗、过亮或黑屏现象。该功能将对视频的明暗程度进行诊断,由于在不同时段可改变诊断计划和监测阈值,亮度异常检测在昼夜都能发挥作用,见图 10-74。

7. 过度饱和检测

如果摄像头增益控制失败,或者由于强光造成图像饱和度过高,系统自动报警。(图 10-75)

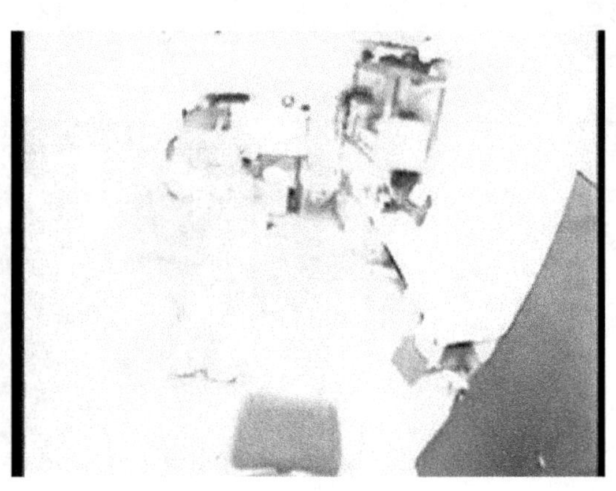

图 10-75　过度饱和检测

8. 遮挡检测

遮挡主要由于镜头过脏或者人为恶意破坏所致，是一种比较严重的视频缺陷。摄像头长期在室外工作，灰尘遮挡；人为恶意遮挡或图像被替换，可以发出报警。(图 10-76)

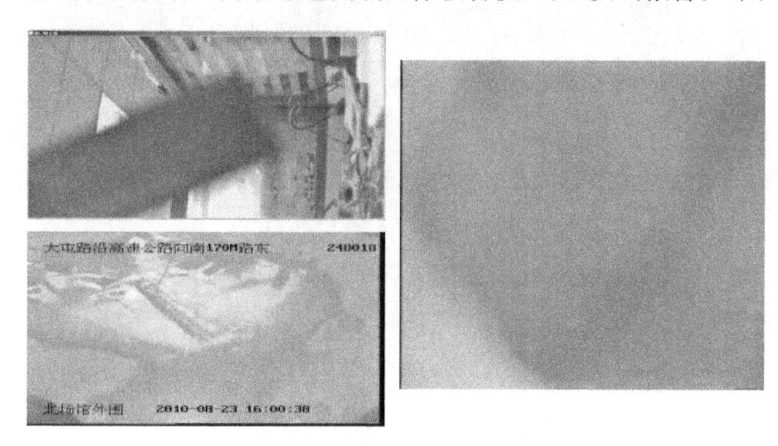

图 10-76　遮挡检测

9. 非正常抖动检测

非正常抖动主要由于支架松动导致，表现到图像上为视频画面来回抖动，也是一种比较严重的视频缺陷。摄像头长期在室外工作，固定支架松动；图像受到严重干扰，画面抖动。(图 10-77)

图 10-77　非正常抖动检测

10. PTZ(云台)失效检测

PTZ 失效表现为云台不可控。自动检测前端云台和镜头是否能够按用户指令正确运动，例如，左转失灵、上下倒序等。该功能能够自动对 PTZ 的各指令进行测试，使管理人员准确及时地把握系统内 PTZ 的运行情况。不过，此功能需要系统拥有控制前端 PTZ 的权限。

11. 镜头移位

由于清洁镜头或者人为破坏的原因，使摄像头的取景范围偏离了预先设置的场景，系统自动报警。

10.13.7　视频智能分析

通过集成智能行为分析系统，实现统一界面登入，统一平台管理。通过设置智能行为分析规则，一旦有行为触发即产生报警，可大大减轻公安干警视频巡逻过程中的劳动强度。

视频智能分析主界面如图 10-78。

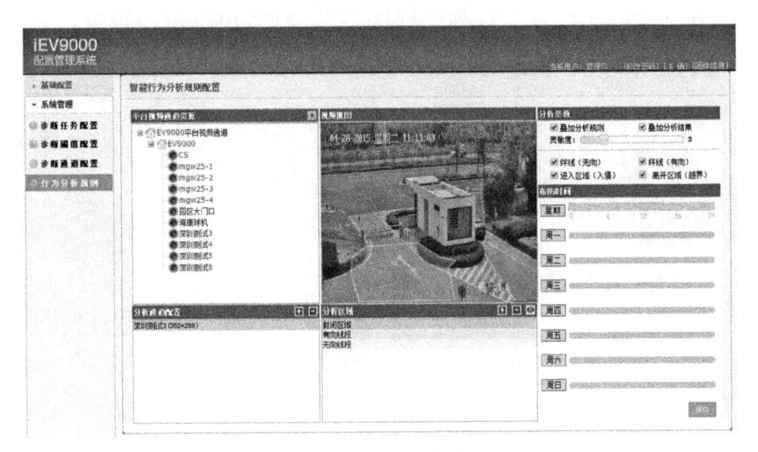

图 10-78　视频智能分析主界面

1. 人流量密度检测

人流量密度检测是预估区域内的人流密度，与事先设定的密度数值进行对比，一旦超过这个数值，系统即给出报警提示。同时支持实时显示当前人流密度，提供给现场安保人员。（图 10-79）

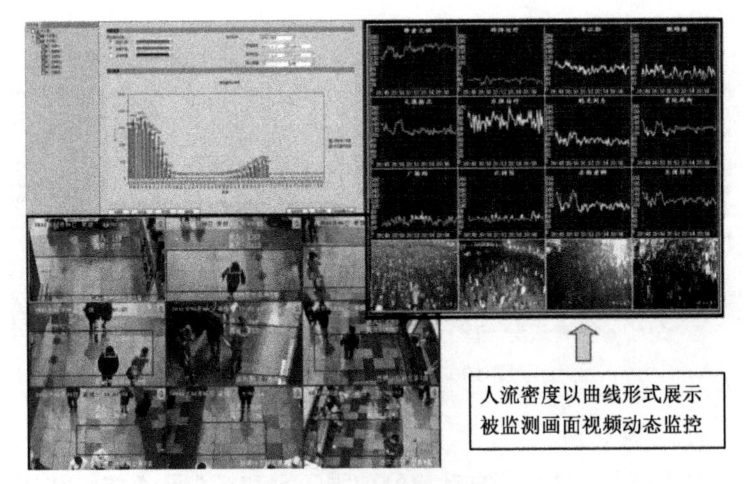

图 10-79　人流密度检测

2. 车牌识别

以计算机视觉处理、数字图像处理、模式识别等技术为基础支持对摄像机所拍摄的车辆图像或者视频图像进行处理分析，得到每辆车的车牌号码。（图 10-80）

3. 图像增强

针对部分清晰度不高的视频或者雨天、雾天的视频，为使视频查看过程中，细节特征更清晰，系统支持视频图像增强功能，可选择突出或抑制图像中的部分特征，通过低照度增强、去噪、去模糊、去雾等功能，使图像与视觉响应特性相匹配，增强主观效果，使得画面更加的易于观看。（图 10-81）

图 10-80　车牌识别检测

图 10-81　图像增强

4. 视频浓缩

这是对视频内容的一个简单概括，以自动或半自动的方式，先通过运动目标分析，提取运动目标，然后对各个目标的运动轨迹进行分析，将不同的目标拼接到一个共同的背景场景中，并将它们以某种方式进行组合。（图 10-82）

图 10-82　视频浓缩

5. 跨线检测

跨线检测可以自动检测运动目标穿越警戒线的行为，支持单向或双向的跨越检测，可以用于越界检测、逆向行驶等场合。（图10-83）

图 10-83　跨线检测

对指定的场景设置一条虚拟警戒线，报警规则根据实际的需求可以设置为单线检测或双线检测，可任意设置警戒线的位置、长度和禁止穿越方向。当出现目标按预设方向穿越警戒线时，即自动产生报警信息，并能预测入侵者运动方向，提醒安保人员注意。

10.13.8　多镜头拼接

在广场、园区道路、入口等区域设置有多台摄像机，通过视频拼接功能可将多路小视野视频拼成一路大视野视频，将一路广阔、完整的视频画面呈现给用户，带来更好观看体验的同时，也便于对整个监控区域进行监控、跟踪、视频分析。(图 10-84)

图 10-84　多镜头拼接效果图

10.13.9　枪球智能跟踪系统

枪球联动系统(图 10-85)又称(全景高点智能监控系统)，该系统采用全景摄像机与跟踪抓拍摄像机联动方式，在实现宏观大场景监看的同时，对监控范围内多个目标进行持续跟踪和细节信息捕捉，并能够抓拍、保存特征图片，使其能够做到既“看的全，看得见”又能“看得清”；系统的特点是能够跟踪并记录目标的运动轨迹，并能对其回放；同时可以对越过警戒区的物体进行实时报警。系统特有的跟踪算法能够有效解决该运动目标部分遮挡、完全遮挡及目标交错时跟踪目标丢失的问题，增强了系统的稳定性与准确性。

图 10-85　枪球联动系统

系统采用领先的复杂环境运动物体检测技术和多目标跟踪技术，可以实现跟踪锁定快速移动的多个目标，同时拍摄锁定的跟踪目标，光学放大画面。

系统由全景监控枪机、跟踪球机两部分组成，实现枪球联动的跟踪，可同时呈现全景和跟踪特写的图像视频，同时可对运动物体进行自动抓拍。

系统可支持多个智能枪和多个智能球的组合进行智能跟踪。

支持 200 万像素、1 080 P 高清监控图像，视频帧率可达到 25 fps。

智能枪机全景画面支持对移动目标和当前跟踪目标进行框选提示。

智能球机跟踪画面支持快速定位移动目标，并且持续地将移动目标准确保持在画面中央，对于不同大小的目标支持自动调节画面放大倍数。运动物体慢速或快速均能及时跟踪拍摄，且目标始终平滑的被锁定在画面正中。同时，智能球机对被跟踪的目标进行抓拍。跟踪球机支持自动守望功能，当无移动目标一段时间后球机可自动转到预置位，时间可设。

支持远距离监控目标，监控最远距离最低不小于 120 m。

系统可同时跟踪全景画面中的多个目标，跟踪最大数量不少于 60 个。

系统可设自动/半自动/手动三种跟踪模式。在自动模式，系统自动对移动目标定位跟踪，并在多个目标间切换，切换时间可设置。半自动模式下，鼠标单点某一目标，则系统自动对该目标持续跟踪。手动模式下，可手动控制球机采用点击居中框选缩放的功能快速定位移动目标，球机不再自动跟踪。

系统支持三级区域告警级别设置。支持在各种告警级别下绘制告警区域和全区域警戒。可设置屏蔽区域。

系统支持告警字幕设置。

支持完整的 TCP/IP 协议簇、DHCP、RTSP、NAT 穿越等丰富的网络功能。

可接入平台，由平台统一管理。支持图像上电视墙(全景和跟踪)，录像存储、远程参数设置。

10.13.10 手机客户端

用户手持终端或手机，可通过 3G/WiFi 方式访问手机应用单元。通过客户端方式登录移动视频管理单元，在手机终端或手机上进行视频图像资源的浏览；同时，手机亦可发送前端实时视频、图片或录像文件等给中心移动监控单元，中心用户可通过视频的浏览了解现场情况，做出部署。

(1) 移动手机客户端结构图(图 10-86)

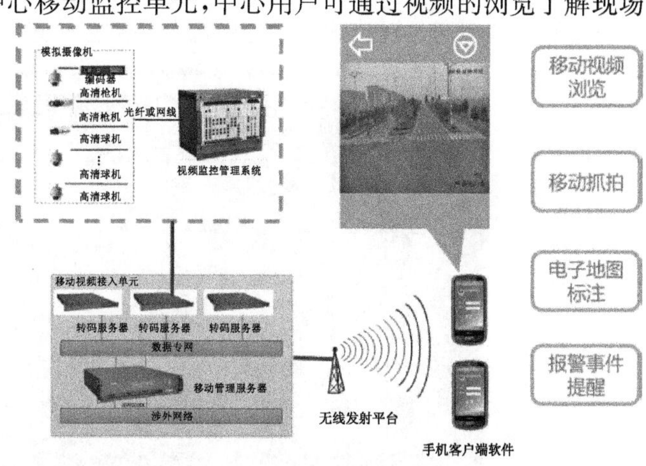

图 10-86 移动手机客户端结构图

(2) 移动视频浏览

负责配置所辖智能转码单元，通过 RTP 和 RTSP 等协议实现与 3G 网络媒体层的互通。

(3) 移动视频云台控制

支持含云台的移动视频进行云台控制。

(4) 移动抓拍

支持移动终端对实时视频进

行抓拍，同时可支持对现场情况抓拍。

(5) 客户端支持

支持主流的移动终端高版本操作系统，如 iOS、Android 等系统。

10.13.11 电视墙管理

➢ 将网络视频信号解码输出到电视墙显示，支持标清、高清视频图像解码和矩阵切换。

➢ 提供界面模拟并控制电视墙，和电视墙上的大屏一一对应，可以让电视墙上的大屏显示任意画面。

➢ 支持轮循单画面、多画面模式解码输出上墙功能。

➢ 多镜头视频拼接：支持将多镜头拼接画面投放到电视墙。

10.13.12 电子地图管理

1. 多层多级地图系统

集成平台提供了多级电子地图导航模式，以图形化的形式，动态地表现出各个系统的不同设备的运行情况当前状态，并且支持地图逐级访问。平台实现了以矢量化电子地图 GIS 和栅格(位图)、三维地图相结合，实现多层和多级的地图链接关系，支持 N 级电子地图，采用多层(例如道路、河流、绿地等图层)矢量电子地图(GIS)和栅格结合的方式，能非常方便以影像图、三维图、栅格图、矢量图的叠加方式实现系统的综合管理功能，可以精确定位到某个大厅现场，同时支持 JPG、BMP 等不同格式平面地图方式。

2. 设备可视化

经过授权的用户应能够在电子地图上对各种设备(摄像机、门禁主机、报警主机、报警探头、报警输出点、门禁控制器)进行操作控制，用户点击地图中的某个设备后，报警联动模块根据数据库中设备编码信息，可以直接找到关联的设备实现设备手动控制。

以电子地图作为安防集成平台的主管理入口，可以让管理者或值班人员简便快捷地看到大剧院内的区域或对象，无需记忆摄像机的编号、门禁终端等系统的编号，相对传统繁琐的查看方式，大大节省时间，提高工作效率。

3. 电子地图实时视频浏览

系统提供电子地图功能，GIS 地图可平滑缩放、平移，任意控制层显示，在电子地图上支持视频监控图层通过框选的方式选中部分视频点位进行实时视频播放。

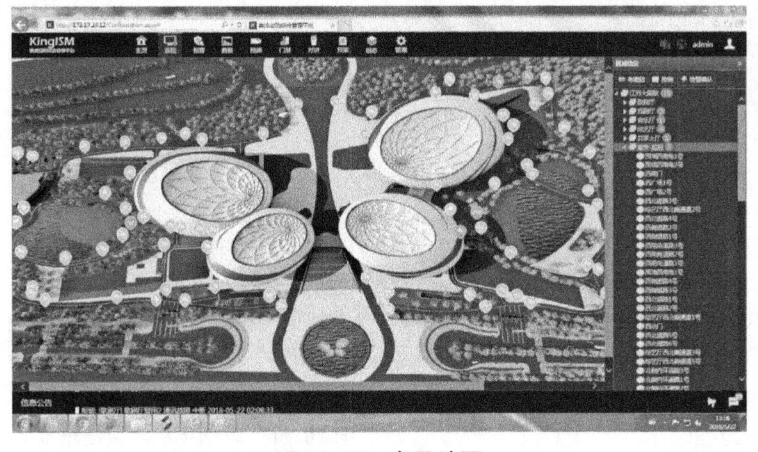

图 10-87 电子地图

视频浏览示意图，如图 10-88 所示。

图 10-88　视频浏览示意图

4. 电子地图录像回放

在电子地图上支持根据点位、时间的录像回放，同时支持根据报警信息的录像回放。可以快速准确地查找需要的录像文件。

5. 电子地图报警显示

发生报警时可实时显示报警位置（闪烁），自动切换到相关报警设备图层，将报警对象居中显示，精确定位报警位置。

10.13.13　报警管理

1. 报警预案管理

支持预案编程，当收到设备报警信息、设备事件信息、设备报警解除信息、时间点触发信息、手工触发信息时，可以根据收到的信息和可以进行的操作，配合各种逻辑判断，执行相关的应急预案。

2. 报警联动

报警联动是指将视频监控智能分析报警、周界报警、紧急按钮报警、门禁报警、电网报警、巡更报警、无线定位报警、区域管理报警、安检报警等各种具备报警输出功能的设备或系统接入平台，实现与其他集成子系统实时联动。

报警联动控制主要是在报警联动模块中操作，这是平台核心功能，它最重要的功能是集成并互联各个前端设备，所有前端设备之间的跨设备联动，集成管理平台是指挥的角色，当发生报警时，由它指挥前端设备来完成处警联动过程，集成管理平台在各个前端设备的响应之间建立起一座互联互通的桥梁。各个前端设备按照统一的标准接口与平台进行信息交换和信令控制。

当发生报警时，指挥中心可以：

① 触发监控现场警铃，警示现场人员（在监控现场配置警铃）；

② 自动把报警现场图像上传到监控中心大屏或电脑上；

③ 自动对报警现场进行录像存储；

④ 在操作员电脑上发出报警提示，同时发出报警声音；

⑤ 支持图像切换、录像等联动操作；

⑥ 支持电子地图报警定位；

⑦ 支持报警短信通知；

⑧ 支持报警时自动弹出紧急预案；

⑨ 摄像头预置位回调:摄像机自动转动到特定位置,获取现场图像。

报警联动示意图,如图 10-89 所示。

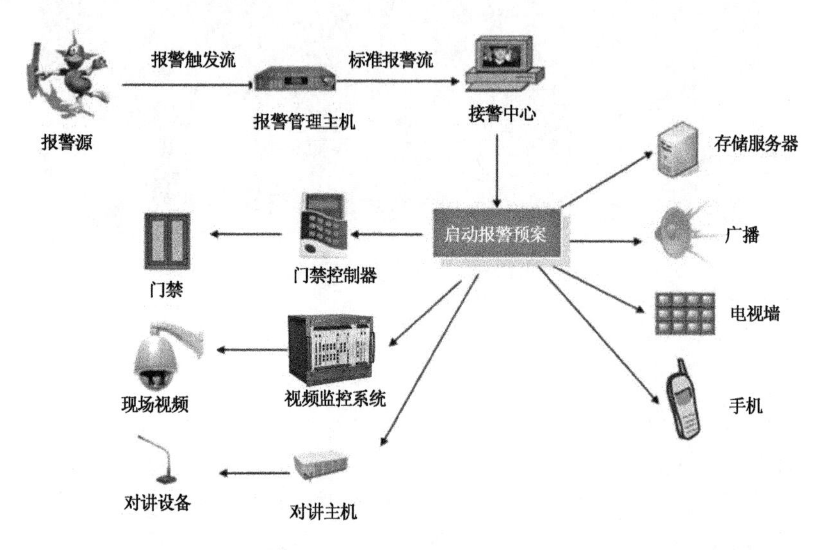

图 10-89　报警联动示意图

3. 报警管理

报警信息按照一般、重要和紧急、非常紧急程度进行分级,针对每一级采用不同示警方式和预警处理预案,当同时出现报警信息时,保证高级别的报警信息被优先处理。

监控中心可以对前端接入的报警设备进行布撤防,并对布撤防时间进行设定。

报警发生后自动记录日志(报警的时间、地点、报警类型、处理情况等),报警日志与报警录像自动关联,点击日志记录能回放当时图像。

报警信息转发。监控中心在预定的时间内仍未对接到的报警信息做出及时处理时(预定时间可手动调整),报警信息自动转发至特定职能分控。

10.14 门禁管理系统

江苏大剧院经常举办各种大型演出活动,内部工作人员、后勤人员、专业演员、群众演员、特邀嘉宾、领导、一般观众等共同构成了一个纷繁复杂的人员群体,这个庞大的群体又在一个极其复杂的区域空间内流动。针对这种复杂的情况,系统设计须考虑:

(1) 对各个功能区之间及功能区内部重要房间设置网络门禁管理,以防止非授权人员的随意流动;

(2) 在排练厅、化妆间等公共使用的功能用房设置专门的区域门禁进行集中式管理;

(3) 门禁系统必须与入侵报警、视频监控等其他安防子系统互为联动;

(4) 门禁系统与车库管理、电梯控制、巡更管理、考勤管理、图书借阅管理、内部消费管理等子系统构成"一线、一卡、一库"的一卡通系统。

江苏大剧院门禁系统按其设备构成元素可分为门禁服务器、门禁工作站、多路集中控制器、前端控制设备及系统管理软件等几部分。

就其前端设备的管理功能而言,大致可分为:单向刷卡门禁管理、双向刷卡门禁管理、刷卡加密码门禁管理、电梯门禁管理、消防通道门禁管理、紧急逃生门禁管理、区域门禁管理、报警及监控联动管理等。

10.14.1 前端设置

1. 功能区

功能区包括各个剧场的化妆区、观众区、录音棚区、排练厅区、职工餐厅区、仓库区、集装箱储存区、音像制作区、办公室区、艺术资料区、练琴房区等。在每个独立的功能区域内设置区域门控装置,由该区域指定的管理人员集中控制该区域所有门的开启和关闭;管理人员必须是持有有效卡的内部工作人员,才能进行相应权限的操作。区域门控制器具有独立及联网运行能力,既能在现场独立操作,也能与大剧院整个门禁管理系统联机设置和操作,且联机控制具有优先权。

功能区周边门的控制,主要安装于通道出入口,用于功能区之间的划分。

2. 非功能区

非功能区包括设备用房、乐器存储室、灯具存储室、强弱电间(仅在内设有机柜的强弱电间)、VIP 演员专用电梯、紧急疏散通道、消防通道、办公区的出入口通道等。其重要的通行门、主要出入口通道、VIP 演员专用电梯出入等采用双向读卡方式,进行严格的监测和控制管理;其中一些通道或房间的门的读卡器同时兼作考勤、巡更作用。

安全疏散通道和消防通道的门只作电动锁控制。

VIP 演员专用电梯控制系统。

10.14.2 系统功能与结构

1. 主要功能

1) 人员注册发卡

发卡、授权、挂失、注册来访卡、黑名单等管理。

2) 实时监测设备状态

自动检测通信信道、控制器、读卡器等设备工作状态及故障情况,且在门禁工作站软件界面上具有声光报警,可在画面上弹出报警界面,提醒值班人员。

3) 自动恢复

当供电电源中断恢复供应后,所有设备及时自动根据设定程序重新启动;通信信道故障时,数据暂存本地,一旦通信信道恢复正常,可以自动传输未传数据。

4) 区域授权设定

对已注册的卡片通过软件设定其活动区域,即持卡人可以或不可以通过哪些门或通道;若将不同的区域划分级别,可通过设定卡的级别来控制持卡人的进入区域权限。

5) 记录存储

系统将自动存储所有的修改操作,存储按照管理需求所设置的时间段内的操作日志、通行记录等。通行记录内容包括:时间、区域、人员卡号、进入方式等。系统可最大管理1 770 000张用户卡,并可根据需要扩充。记录存储时间没有限制。

6) 入侵检测报警

有非法入侵及撬门情况发生时,控制器会将报警信息传送到门禁工作站,提示有关值班人员;当门开启后长时间未正常关闭时,门禁工作站也会提示报警。这些报警检测可以通过软件进行设防/撤防。

7) 中心控制开锁

在必要时,通过操作门禁工作站的鼠标,遥控开启指定的门锁。

8) 电子地图显示

系统软件可以通过多级的动态电子地图以 4 W 格式(When(何时)、Where(何地)、Who(什么人)、What(做什么))实时显示系统内设备状态、门的开/关状态、人员进出等各种情况。

9) 信息查询及报表打印

系统将异常事件信息记录在门禁服务器的数据库中,管理人员可从历史记录中检查并定期打印自动分类报表。

10) 与电视监控、火灾自动报警子系统联动控制

系统具有多种接口手段,硬件开关量连接、RS232、Ethernet、ODB、TCP/IP、Winsock等。一般主要描述两种信号流:报警信号流和控制信号流,它们构成了安防系统内部的联动控制信号流。

2. 系统构架(图 10-90)

从发卡管理系统获取并存储 IC 卡,向门禁管理系统下载相关一卡通资料与授权。

注意:服务器无权修改所传输与存储的所有信息内容。

(1) 系统网络要求

门禁服务器通过 10/100 M 网络端口直接接入核心交换机,允许办公桌面视频终端、物业管理电脑终端、防火墙等设备登录门禁服务器,读取但不得修改服务器内容。

(2) 门禁系统集成管理软件

全中文、多进程、多用户的动态画面的显示、操作、组态界面。

设置登录密码与权限,配置系统组态、测试、维护功能,提供系统显示、操作、报警界面,通过电子地图来显示、浏览、巡检智能卡发放资料、智能卡使用情况、系统设备运行情况,可自动锁定报警设备、类型与地址。

自动收集、归类、存储、打印各系统提供的智能卡发放资料、智能卡使用情况、系统设备运行情况,向机房综合显示系统提交各项显示信息、电子地图、电子报表,管理网络打印机,自动生成工作日志。

协助系统联动操作管理,接收各个系统提交的联动申请,确定优先级别,建立联动控制机制,发出联动指令。

(3) 门禁服务器

用途:设置于智能化控制中心,可对门禁信息(包括智能卡使用信息、系统设备运行参数)进行实时记录与存储,允许指定的终端登录本服务器。

(4) IC 卡

用途:作为员工工作证卡、车库临时停车卡,卡上需印刷工牌、照片、姓名等信息。

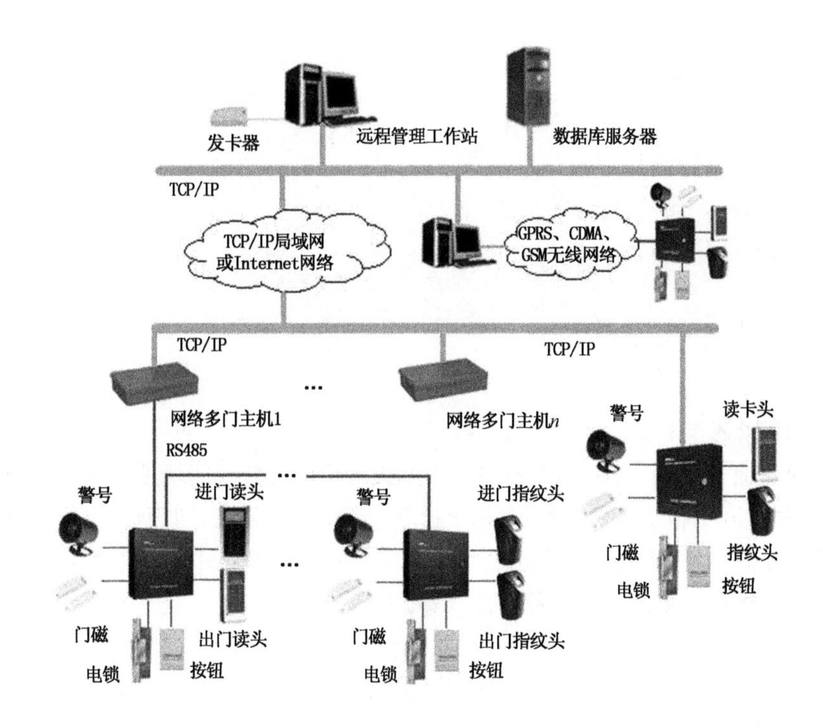

图 10-90　门禁系统构架图

技术：基于 IC 技术的非接触式卡片，能够全天候使用，具有双备份功能，读卡距离可达到 8 cm。

10.14.3　发卡管理子系统

发卡管理子系统是门禁系统的成员之一，主要进行系统内人员的身份管理，并管理和监控智能 IC 卡的使用，对智能卡权限进行控制和更改，确保卡片及系统的安全性和实施监控功能。智能卡系统应当支持数据导入/导出功能，以便于录入数据和修改数据。

本系统要求具有标准、方便的软硬件平台接口，能够实现与其他系统的集成和联动。可以采用可视化图形界面及开发应用运行平台，便于操作和二次开发。

系统组成包括：发行器、发卡管理中心管理软件、服务器、交换机、打印机等。

10.14.4　门禁管理子系统

系统设置一台管理主机，放置在歌剧厅监控中心；在管理主机上安装门禁管理软件，负责对整个门禁系统的维护管理；门禁控制器为系统的核心部件，负责整个系统输入、输出信息的处理和储存、控制等，为方便现场施工和日常维护，门禁控制器通过局域网连接到交换机，经过网络连接到监控中心门禁管理主机。实时监控和脱机运行双模式运行。

功能要求：

- 灵活丰富的多时段管理；
- 多级操作员管理权限和界面锁定功能；
- 非法闯入报警、门长时间未关闭报警、非法卡刷卡报警、胁迫报警；
- 强制关门功能；

- 紧急开门功能；
- 在线巡逻签到管理功能；
- 双门互锁功能；
- 反潜回、防尾随设计；
- 多卡开门；
- 里外校验开门模式。

10.15 综艺厅会议系统

10.15.1 系统概述

江苏大剧院综艺厅是为江苏省举行省两会以及省重大会议的场所。为满足会议系统的使用要求，共配置通道报道、数字表决、电子投票票箱、数字会议、同声传译等 12 个相关子系统。会议系统在全面性、实用性、稳定性上符合最高标准，具备科技前瞻性，现代化等特征，符合长时间稳定使用的要求，满足实用、稳定的工作要求。

1. 会议室布局(大、小会议场所共 28 间)

在江苏大剧院综艺厅会议系统建设中共包含大小会议场所共 28 间，主要如下：

(1) 综艺厅(1 间)：可容纳 2 700 人，综艺厅是省委、省政府召开重要会议的场所以及省两会的主会场。

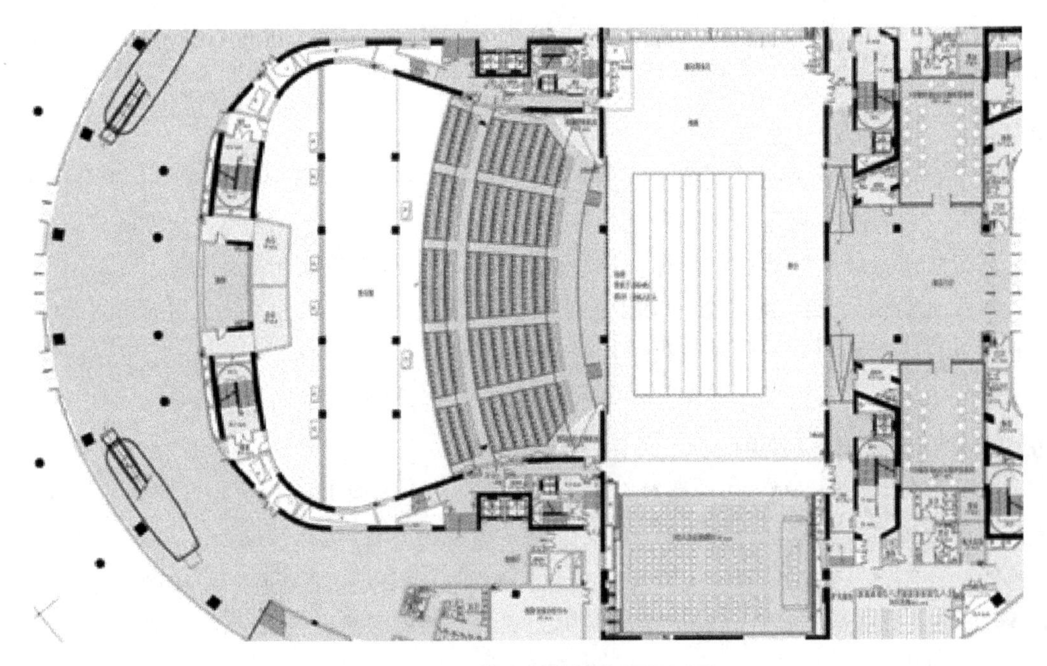

图 10-91 江苏大剧院综艺厅平面图

(2) 主席团会议室(1 间)：主席团会议室位于综艺厅上场口侧的左舞台，当召开“两会”时，临时搭建成一个有 200 座的主席团会议室，用于主席团会议表决和投票。

图 10-92　江苏大剧院综艺厅
江苏省“两会”实况

图 10-93　江苏大剧院主席团会议室
江苏省“两会”实况

(3) 小综艺厅——国际报告厅(1 间)：小综艺厅可容纳 711 人，小综艺厅用于召开各种报告会议，可进行同传、远程会议。

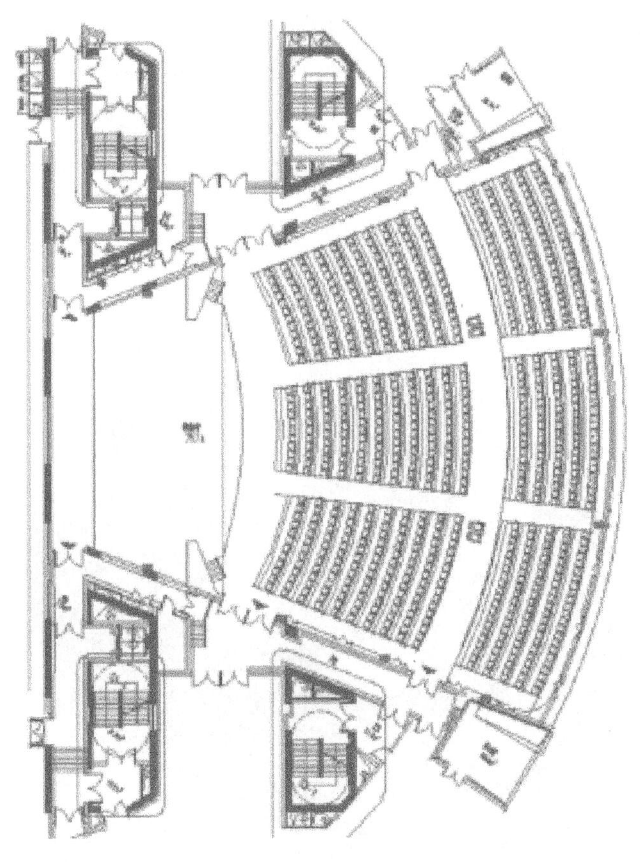

图 10-94　小综艺厅——国际报告厅平面图

(4) 分组会议室(16 间)：满足各种不同的会议讨论模式。

图 10-95　小综艺厅——国际报告厅

(5) 贵宾接待室(4 间):包含综艺厅 3F 贵宾接待室 1 间,歌剧厅、戏剧厅、音乐厅 1F 贵宾接待室各 1 间(共 4 间),用于各厅的贵宾接待。

(6) 秘书休息室及 20 人会议室(共 4 间):4F 秘书休息室,20 人会议室(共 4 间),主要功能是秘书休息和小型会议。

(7) 3F 10 人活动室(共 1 间):主要用作于召开小型会议。

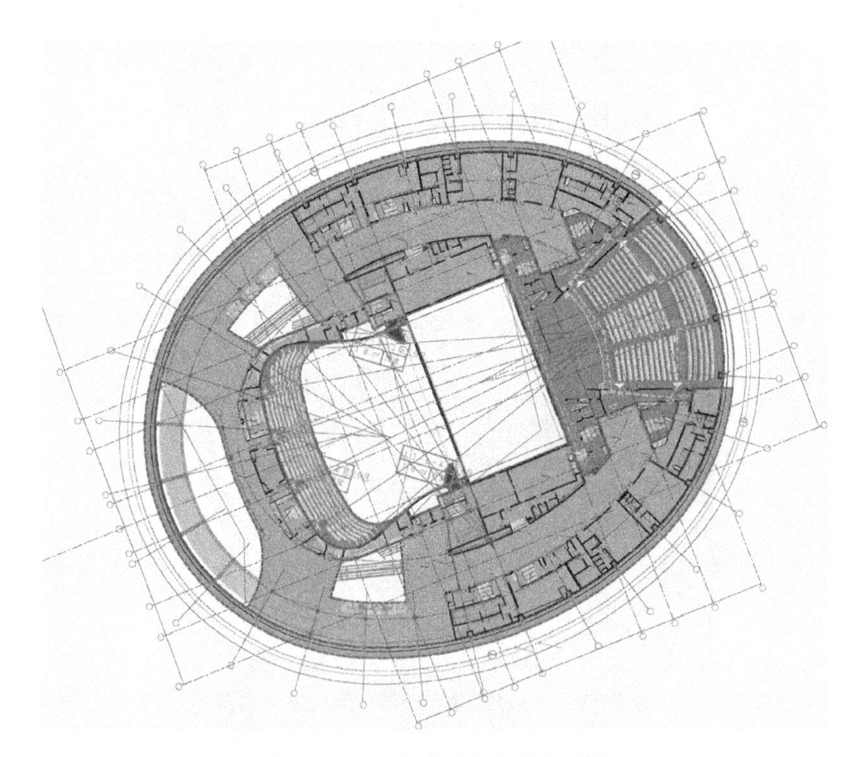

图 10-96　三层分组会议室平面图

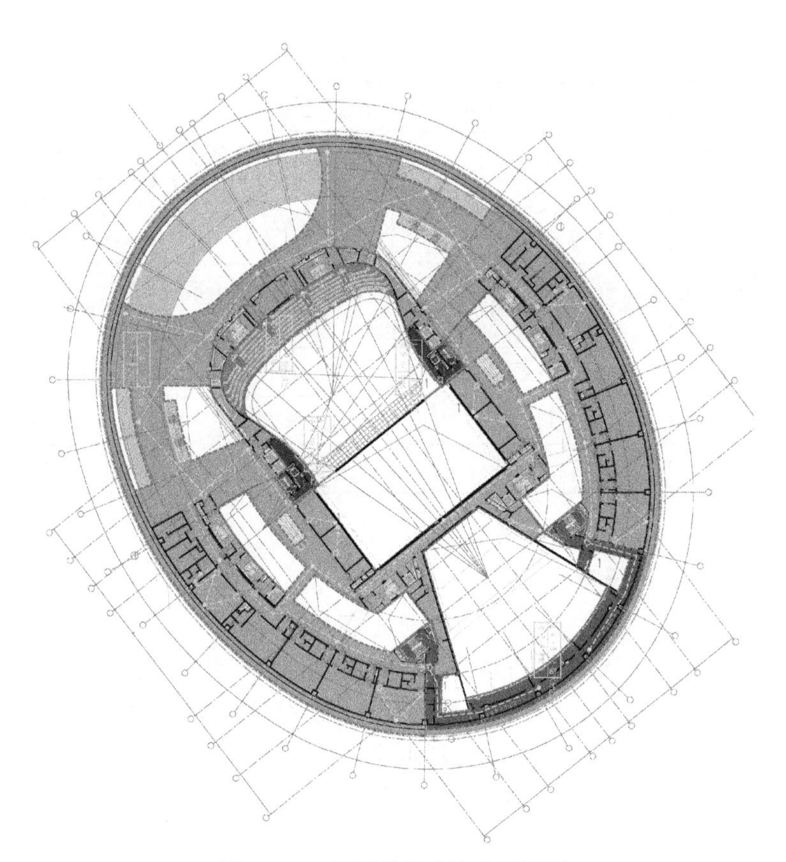

图 10-97　四层分组会议室平面图

2. 会议室系统设备配置

表 10-4　会议系统设备配置

综艺厅	主席团会议室	小综艺厅 1 间
1. 数字表决系统(有线)	1. 数字表决系统(无线)	1. 会议摄像及显示系统(采集舞台监督及监控视频信号)
2. 通道式报道系统	2. 数字会议发言系统	2. 同声传译系统(与综艺厅共用同声传译室)
3. 电子票箱系统	3. 会议摄像及显示系统	3. 信号管理传输系统
4. 会议摄像及显示系统(采集舞台监督及监控视频信号)	4. 扩声系统	4. 远程视频会议系统
5. 同声传译系统(预设同传辐射板,共用小综艺厅同声传译室)	5. 信号管理传输系统	5. 会议录播系统
6. 信号管理传输系统	6. 会议录播系统	6. 集中控制
7. 远程视频会议系统	7. 集中控制	
8. 无纸化会议系统	8. 表决控制管理	
9. 会议录播系统		
10. 会议信息发布		
11. 集中控制		
12. 表决控制管理		

表 10-5　专用会议室设备配置

分组会议室 16 间	贵宾接待室 4 间	秘书会议室 4 间	10 人活动室 1 间
1. 数字会议发言系统	1. 扩声系统	1. 数字会议发言系统	1. 扩声系统
2. 扩声系统	2. 会议摄像及显示系统（84 英寸液晶）	2. 扩声系统	2. 会议摄像及显示系统（65 英寸液晶）
3. 会议摄像及显示系统（投影）	3. 信号管理传输系统	3. 会议摄像及显示系统（65 英寸液晶）	3. 信号管理传输系统
4. 信号管理传输系统	4. 会议录播系统	4. 信号管理传输系统	4. 会议录播系统
5. 会议录播系统	5. 集中控制	5. 会议录播系统	5. 集中控制
6. 集中控制		6. 集中控制	

10.15.2　两会会议系统设计

1. 通道报到系统

针对通道报到系统，配置 10 套报到机，分布在主会场的出入口。其中，前厅入口处设 8 台，VIP 主席台区设 2 台，并设置相应的控制系统，报到机通过专用连接盒引线至机房主机。

1）快速签到，实时显示，允许多人同时通过

◆　报到机外置 LCD 显示屏，显示报到人员的信息，如头像、姓名、职务、座位信息等；

◆　代表证和报到 IC 卡合二为一，方便代表使用；

◆　参会人员只需走过会议签到通道，系统就会快速识别验证参会人员信息，并能同时区别出席、列席、特邀、旁听等类型的签到卡；

◆　对冻结、挂失或非法的签到卡给出语音提示和声光报警，提高会议的安全性；

◆　配合显示终端，实现通行人员信息的实时显示。

图 10-98　通道报到系统

2）支持手工签到，集成手持查验设备

参会人员到会时，如果忘记带卡、卡损坏等特殊情况下，可由会议工作人员核实参会人员信息，在系统内进行手工签到，确保会议入场的正常通行。

3）实时的统计和记录人员的进出信息

4）具有断网后继续报到功能，数据不会丢失

采用智能签到系统，通过 RFID 无线射频识别技术，实现远距离读卡签到。会议出席证内嵌 RFID 卡，双证合一，会前制作完毕并发给会议代表。会议代表入场时，将出席证佩戴在胸前，正常步入会场即完成签到工作。同时，与会代表的照片、团组及座位信息显示在签到机屏幕上。多个会场入口，签到数据实时汇总，并在会场大屏幕动态显示签到情况。对未带证件的代表，也可实现手工补签到。签到结束后，迅速形成报表送有关领导。

会议签到系统采用远距离会议 RFID 卡签到系统，系统由会议签到机（含签到主机及门禁天线），非接触式 RFID 卡发卡器、非接触式 RFID 卡、会议签到管理软件（包括服务器端模块和客户端模块）、电脑及双屏显卡组成。

主要功能：

✧　为会议提供可靠、高效、便捷的会议报到解决方案；会议的组织者应能够非常方便地实时统计出席大会的人员情况，包括应到会议人数、实到人数及与会代表的座位位置。

✧　系统应具有基于计算机和最新 RFID 卡技术而开发的管理系统；系统须具有对与会人员的进出授权、记录、查询及统计等多种功能，在进入会场的同时完成报到工作；为会议提供方便快捷、安全可靠、功能多样的智能化管理手段。

✧　采用远距离非接触式 RFID 卡报到系统，读卡器有效感应距离宜为 1.2 m，读写应快捷、方便且无方向性；系统应采用数码技术，密钥算法，授权发行；由会务管理中心统一进行 RFID 卡的发卡、取消、挂失、授权等操作。IC 卡宜进行加密保护。

✧　报到机应配置 LCD 显示屏，显示报到人员的信息，如头像、姓名、职务、座位信息等。

✧　系统应能根据用户要求，设置报到开始/结束时间及具有进行手动补签到的功能；系统可自行生成各种报表，并提供友好、人性化的全中文视窗界面，支持打印功能。

✧　能生成多种符合大会要求的报到状态显示图。会议代表席位分布图宜根据代表报到情况实时改变席位颜色；会议已报到人数、会议应到、出席和缺席人数，可动态更新；报到状态显示图可根据需要由显示系统切换显示。

✧　签到信息分为签到台信息、操作员信息、会场内大屏幕信息、主席位显示信息等。

✧　代表（委员）签到时，应自动开启其席位的表决器，未签到的代表（委员）其席位的表决器应不能使用。

✧　应具备中途退场统计功能。

✧　各签到机应采用以太网连接方式，应保证跟其他网络系统设备进行连接和扩展的安全性。

✧　当某个签到机发生故障时，不应影响系统其他设备的正常使用。若网络出现故障，应保证数据能即时备份，网络故障恢复后应能自动上传数据。

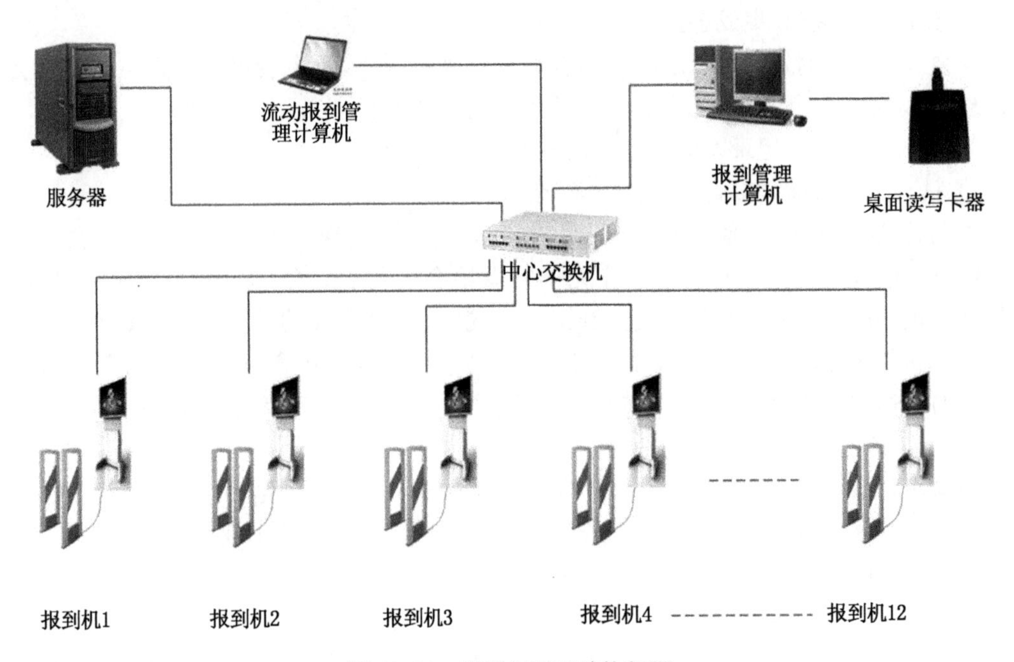

图 10-99　通道报到系统构架图

2. 表决系统

(1) 配置主席台上 200 席、场下 944 席，共计 1 144 个三键式表决器，三键分别是赞成键、反对键、弃权键，主席台采用嵌入式有线表决器，观众席采用嵌入式有线表决器；要求配备独立专用的安装保护装置，使用时开启，不使用时关闭保护表决器。

(2) 配套表决管理软件专门对表决系统进行控制，实现了表决系统的所有功能的控制、输出等。

- 可以控制表决的开始、暂停、结束，并统计和显示表决数据；
- 可设置以公开/秘密方式进行表决；
- 可设置以第一次按键/最后一次按键有效方式进行表决；
- 可设置不同的就座方式，如指定座位就座或自由就座；
- 可设置选择不同的表决参考人数进行表决等；
- 可以和视频系统联动，显示会议信息等；
- 可以自由选择显示议案并显示；
- 表决时可同时存储表决数据入数据库和本地计算机，数据双备份；
- 可以打印表决结果等；
- 系统保密性高，并符合表决会议的使用习惯。

3. 电子票箱系统

以电子智能投票箱(图 10-100)为选票收集分析设备，在选票投入时，通过电子票箱内部的高速图像扫描设备获取选票的影像信息，并根据影像信息分析阅读选票上的内容。将影像信息和识别结果发送给所在投票站的终端电脑，然后终端电脑通过网络传输到选举委员会的总服务器，完成选票的汇总分析。

电子智能投票箱为选票收集分析设备，在选票投入时，通过电子票箱内部的高速图像扫描设备获取选票的影像信息，并根据影像信息分析阅读选票上的内容。将影像信息和识别结果发送给所在投票站的终端电脑，然后终端电脑通过网络传输到选举委员会的总服务器，完成选票的汇总分析。

（1）高效率：投票结束，即有结果，可以大大缩短人工计票与唱票时需要的大量时间和人力。

（2）准确性：计票准确性为 100%，可以克服人工清点时可能会出现的误差。

（3）公正性：选举过程自动产生电子档案，选举结束后该电子档案可提供给选举委员会对候选人的得票情况进行查看与核实，以便消除对选举的疑问或争议。

（4）选举结束自动生成选举数据库供核查，可随时查询候选人的各种得票数（包括同意票、反对票、弃权票、无效票）和相对应的所有电子选票，每张电子选票可定位到具体候选人的位置。

（5）系统可对非正常的误判废选票（如选票印刷缺失造成）进行校正，确保计算万无一失。

（6）自动生成选票清点报告、选举结果报告、当选结果报告，报告按候选人的得票多少及姓氏笔画自动排序显示和打印。

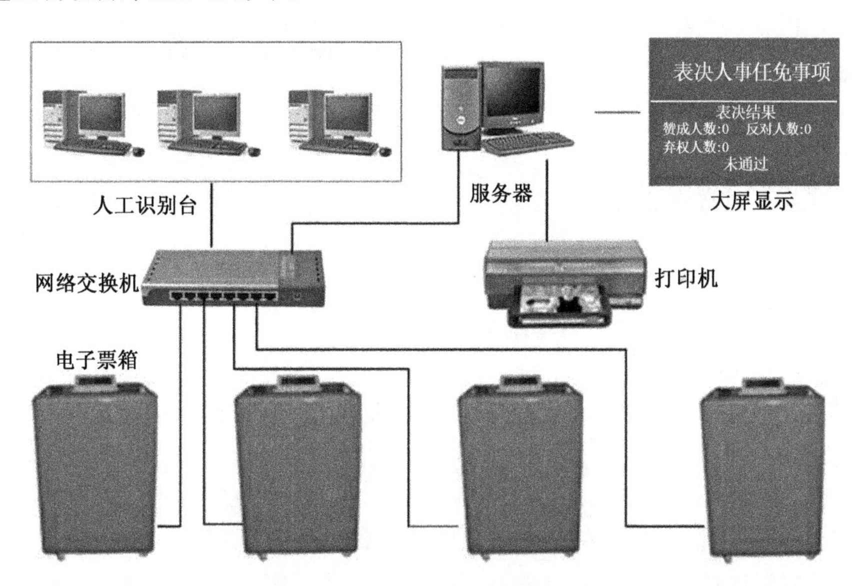

图 10-100　电子票箱系统构架图

配置区域：主席台区设置 1 台，观众席前排区域设置 3 台，观众席中间区域设置 5 台，2 台备用。各电子票箱均配置专用的接口信息盒，便于引线至机房主机。

- 电子票箱采用前台工作方式，在代表投票过程中实时处理和统计投票结果；
- 支持等额、差额选举、等额差额混合型选举；
- 选举系统支持多种选票，可同时识别处理 16 种选票；
- 支持普通纸选票，纸厚在 180 g/m^2～250 g/m^2；
- 支持 240 个候选人的选票；
- 选票投票无方向性，支持双面同时识别；
- 可设计多种格式的选票，修改调整方便；

- 可直接生产用于印刷的图像文件；
- 票箱系统稳定、可靠，不卡票，识别率高，具有自动校验功能；
- 票箱进票装置采用了防双张技术，一次无法投入多张选票；
- 支持另选他人、废票的人工处理；
- 票箱采用数字图像处理技术进行选票的识别进一步提高了识别率；
- 系统采用分布式处理方式，各处理系统通过网络交换数据，并在本地保留数据，网络断开后再连上不影响数据的丢失，保证数据传送的可靠性和容错性；
- 具有自检、校正、监控功能，可对非正常的误判废选票进行校正。

4. 表决控制机房系统设计

主要是控制表决进程，显示议题议案。分别配有表决控制显示器、大屏监看显示器、主席屏监看显示器、表决数据服务器显示器、视频服务器显示器、场内监视器，主要功能如下：

(1) 会前准备模块

可完成设备参数定制、设备状态查询、席位布局的绘制、大屏显示定制、代表数据库、会议定义、与会人员定义及其座席分配等功能。

(2) 设备状态查询功能

实时查询设备的工作状态，及时发现系统中工作状态不正常的表决器设备。

(3) 席位布局绘制功能

能用不同图标以直观的方式画出会场各种设备位置并加以控制和查询状态。

(4) 大屏显示定制功能

软件提供会议过程中涉及的所有的动态数据，用户可以根据自己的需求定制大屏所要显示的内容。

(5) 会议控制模块

可完成会议发言控制及摄像自动跟踪等功能。

(6) 表决控制功能

支持一次按键有效和最后一次按键有效两种方式。支持限时表决功能，时间到系统自动终止表决。

(7) 会后整理模块

可完成会议数据保存整理、结果查询及自定义报表打印等功能。

(8) 会议数据保存功能

能保存每次会议的所有数据，包括议题、出勤、表决等资料。数据能按会议名称查询。

(9) 能导入/导出。

(10) 结果查询及自定义报表打印功能

能实现会后数据的报表打印，可以直接打印出席代表名单、缺席代表名单、议题表决结果等信息。管理员对各报表能进行自定义。同时也可以将各报表导出到 Excel 表中。

5. 视频摄像跟踪系统

摄像自动跟踪系统由摄像机(含镜头)、摄像机云台、解码器、支架、视频切换器、视频分配器、控制主机、控制软件(可选)、控制键盘(可选)等组成。其中摄像机的分辨率不应低于 720P。

当发言代表打开话筒时，摄像机可自动对准发言人进行摄像，并将摄像画面传送到任意

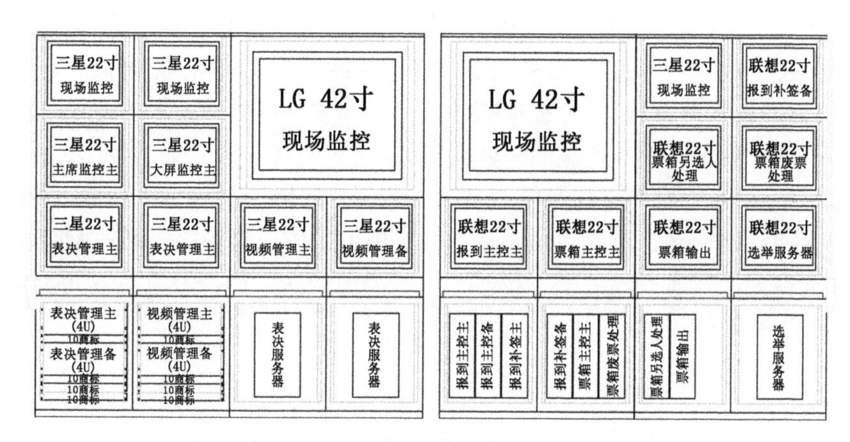

图 10-101 表决控制机房大屏显示功能示意图

指定设备显示(如投影、等离子液晶电视、视频会议),同时也可手动控制,监视全场,控制灵活。并可实现多台摄像机之间及摄像机与视频信号之间的快速切换。连接录像机便可以对整个会议过程进行录像。

✧ 跟踪摄像机应具有预置位功能,预置位数量应大于发言者数量。

✧ 摄像机镜头应根据摄像机监视区域大小设计使用定焦镜头或变焦镜头。

✧ 跟踪摄像机镜头应采用变焦镜头,应能摄取所有需要跟踪画面。

✧ 当发言者开启话筒时,会议摄像的跟踪摄像机应自动跟踪发言者,并自动对焦放大,联动视频显示设备,显示发言者图像。

✧ 会议摄像系统应可实现多台摄像机之间及视频信号之间的快速切换。

✧ 会议摄像系统使用视频控制软件可以对摄像机与会议单元之间的对应关系进行设置。

✧ 系统应具有断电自动记忆功能,使用前通过电脑对会议单元进行预置位设置,使用过程脱离电脑同样可以实现自动跟踪。

✧ 摄像跟踪系统宜具有画面冻结功能,可以将一些无意义的画面不做显示,例如摄像机高速转动过程中的画面。

✧ 摄像系统应具有屏幕字符显示(OSD)功能,可以在预置位显示对应代表姓名等信息。

10.15.3 音视频采集编辑系统

综合厅的所有会议室用一套网络音视频采集编辑系统,统一对各会议室的音视频进行高清录播。

所有会议、庆典活动的音视频信号可随时传输至会议中心机房,进行同步录音、录像、制作 CD、VCD 的功能,并可编辑、存储、备份和回放;同时可预存大量历史数据,供随时调用。

1. 系统要求

本系统以会务录播主机为中心,建立一套完整的从会议录制预约、信号采集、信号传输、信号切换、信号控制、信号录制、信号发布、可视信号管理系统。

录播系统可以把现场摄录的视频、音频、电子设备的图像信号进行整合同步录制生成标准化的流媒体文件，视频格式不低于 720 P，用于对外直播、存储、后期编辑、点播。

会议录制及播放系统采用分布式网络架构，将各会议现场的视频信号、音频信号和 VGA 信号进行同步整合录制，并生成标准化的流媒体文件（如 WMV 格式文件），可用来同步实时直播、存储、后期编辑和存储的一体化设备，通过网络录播服务器，可方便未与会用户即时了解会议情况，扩大视频会议范围和规模。也提供跨网段会议点播功能，便于用户日后查看会议内容和培训资料。另外会议下载功能也可方便用户将会议下载后归类保存。

整套系统以会议录播主机为中心，基于 IP 网络与各功能模块建立连接通信，实现控制信号和数据的传输控制，系统实现会议预约、会议录制、会议媒体发布平台且操作简便的会议录播系统。

2. 主要功能

(1) 会议预订可以通过 WEB 浏览器登录后直接进行网上预订。

(2) 在会议预订时，预订人员可通过查询会议室及其设备的状态、会议通知、预定情况等相关信息浏览会议室的预定情况。

(3) 有自动审批功能，以先到先得原则进行审批，系统能检测到会议室的预订情况，自动批转该申请。

(4) 为了处理重要会议情况，系统具有手动审批功能；会议预订过程中，系统管理员能够进行人工干预，例如会议室预留、人工审批、强制取消预订等。

(5) 会议审批通过后，预订人员可以在网上选择发布会议预订信息：会议名称、会议地点、会议时间、会议通知等；并可以预先上传会议内容供参会人员提前下载观看。

(6) 同步录制视频、音频和计算机动态屏幕内容，即可将会议现场的图像、声音和所讲解的报告、讲稿 PPT 等计算机屏幕上所显示的内容同步录制到一个文件中。

(7) 支持多路可视信号（AV、VGA、DVI 等）及声音的任意组合录制，如 AV×1＋VGA×1、AV×2＋VGA×1、AV×1＋VGA×2 等模式，最多支持 16 路可视信号及声音的任意组合录制，可满足超大型会场多画面录播等更多应用的需求。

(8) 可通过单播或组播方式将会议现场的视频、音频、计算机动态屏幕在网络上进行实时直播，用户可通过 IE 浏览器或解码器登录服务器实时接收直播的视频、音频和计算机动态屏幕内容。系统独家支持组播代理功能，无须更改网络设备设置即可实现跨网段的组播。系统独家支持文件组播功能，可将录制好的文件在网络上再次进行组播。

(9) 系统内置 VOD 点播功能，用户可通过 IE 浏览器或解码器两种方式点播。点播时可观看到的内容包括视频、音频和计算机屏幕内容。支持多级点播用户权限控制。

(10) 独家支持“边录边点”功能，在会议录制尚未结束的时候即可点播文件，并可前后拖动进度，方便用户随时点播文件而无需再等到会议结束。

(11) 会议室录播 CM 系列采用 ASF 标准流媒体格式存储，也可将文件上传到第三方标准的 VOD 点播系统发布。

(12) 系统在实时直播时支持客户端间的文字交互功能，用户在观看直播的同时可以与主讲人及其他观看直播的用户进行文字交流，文字交互功能的引入可以更好地满足远程教学、培训、讲座中交流互动的需要。

(13) 支持多级用户权限及用户组功能，用户可灵活进行权限分配。

(14) 支持在线用户管理功能，可进行在线用户统计、点名及挂断等操作，方便用户对远

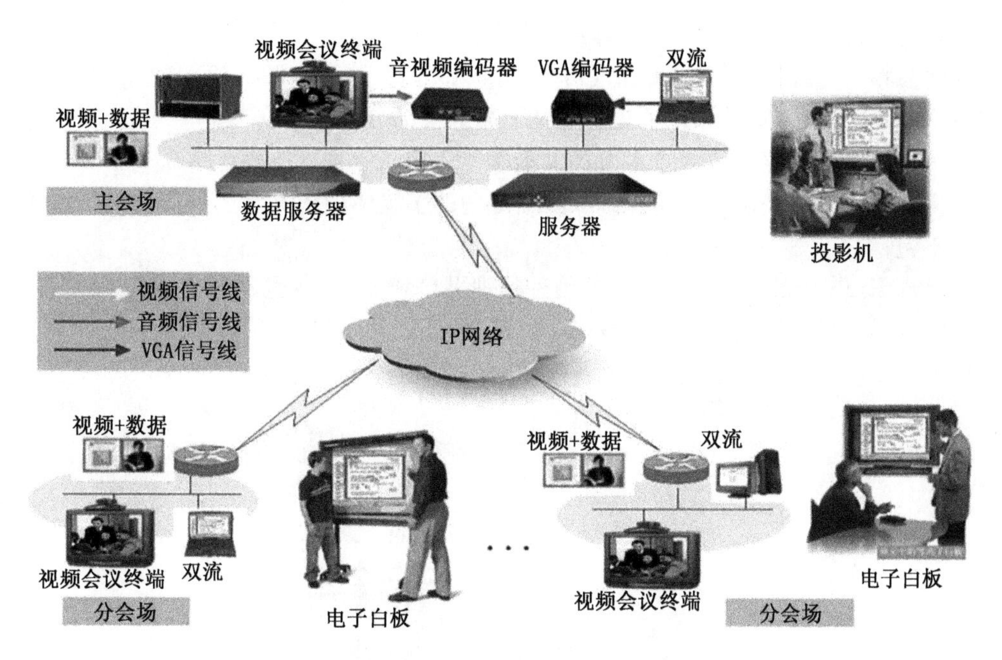

图 10-102　音视频采集编辑系统构架示意图

程培训过程的管理。

(15) 系统控制台软件可对录制好的文件进行管理,可进行更名、删除、下载、归档等操作;系统内置 FTP Server 功能,用户可通过 FTP 客户端进行远程文件下载,下载后可将录制文件刻成光盘以便保存。

10.15.4　远程视频会议系统

在会议中心节点配置 1 套视频会议 MCU、1 套高清视频会议终端,并通过本地的局域网连接到 MCU。(图 10-103)

视频会议系统由 MCU、视频会议终端、摄像机等组成。

远程视频会议系统包含一个视频会议主会场、多个分会场(至少包括江苏省管辖范围内的地级市);向上能与中央各部委相连,各会场分别与本中心有 2M 的 SDH 专线线路,另有公网 VPN 线路作为备份(带宽不等)。MCU(视频会议多点控制单元)放置于多功能会议厅中心机房内,各会场终端通过专线网络接入位于运行中心的 MCU,实现远程视频会议的需求。

高清视频会议终端为分体式设计,通过 RJ-45 以太网口连接到中心的 IP 网络上。

高清视频终端采用专用操作系统和专业芯片,支持 DVI、HDMI、YPbPr 等高清接口,符合 H. 320、H. 323 和 SIP 标准,H. 320、H. 323 和 SIP 的最高传输速率为 6 Mbps;支持顶级的 22 kHz 的 G. 719(即 POLYCOM SIREN 22)高清立体声音频技术。具备中文界面,中文遥控器,中文 WEB 界面,支持远程会议画面的监控功能。HDX 系列高清视频终端专为大型会议室设计,具备丰富的音视频接口和控制接口,可以方便地与各类辅助设备结合,可以支持 2 路的高清显示设备和 2 路高清摄像头、1 路笔记本高清输入,满足远程视频系统的各种需求。

高清视频终端应能提供极高的清晰度,使用户可以随意、自然地进行视频交流。通过高清视频终端内置的多方会议和内容共享功能,远程工作团队的成员就可以通过这种先进的远程呈现解决方案来快速方便地完成项目协作。

高清视频——提供1 920×1 080(1 080P30/fps)或1 280×720(720P60/fps)的高清视频分辨率,即使在低带宽的条件下也能达到极高的视频分辨率;

高清音频——环绕立体声技术可提供难以置信的高保真立体声音频;

高清内容共享——高清分辨率确保清晰简便的多媒体内容共享——从视频到幻灯片演示无所不包;

H. 264 High Profile——最前沿的硬件处理平台和算法,高达50%以上宽带节省;

丢包纠错——网络出现丢包突发时,会议语音和画面还可以平稳运行;

People on Content——超级双流更生动的内容体验。

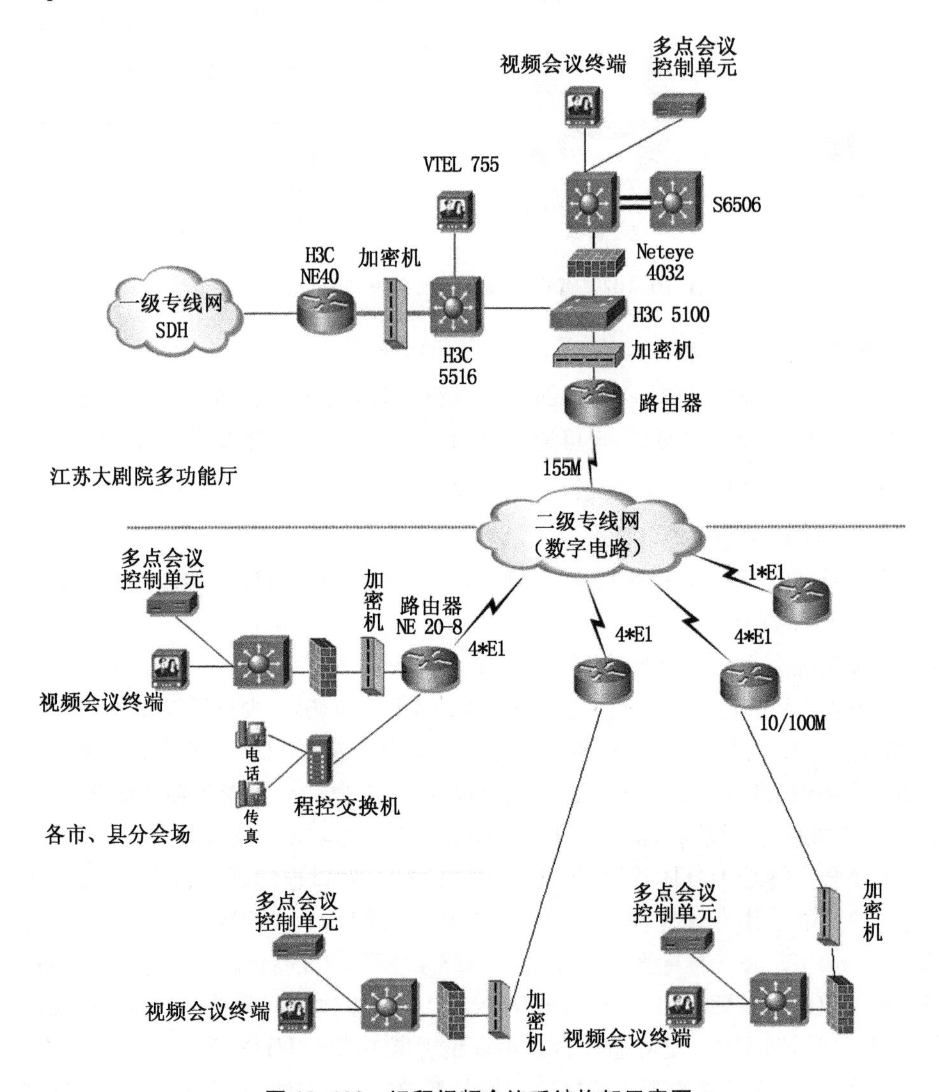

图 10-103 远程视频会议系统构架示意图

10.15.5 无纸化会议系统

无纸化会议系统是无纸化会议交互系统中的一部分,其中组成包括平板电脑(或者PC电脑)、路由(支持企业无线路由)、服务器(或普通PC机)三大部分,可以按实际需要安装。

其会议中使用的文件全是采用电子档，开会过程中每个座席均配有平板电脑，与会者可以在平板电脑上查看会议的相关信息，例如会议简介，会议议题，参会人员等，也可以查看会议相关的文稿（主要是PPT，Excel，Word，PDF等办公文档），当需要使用某个文档演讲时，可以发起同屏，让每个座席都能同时看到你对该文档的操作。

1. 配置要求

为节约环保，举行绿色会议，建设一套可流动使用的无纸化会议系统，实现会议文件发布及阅读、批注修改、图像、会议控制、会议互动等无纸化会议系统功能，采用PAD作为无纸化移动终端和覆盖各会场的无线（WiFi、AP、3G、4G）网络，每个代表均配置一台PAD平板电脑，可以在各个会场中流动使用，真正实现无纸的“两会”。根据需要，配置相关无线通信设备以及管理软件等，无线网络已由其他工程完成对综艺厅、小综艺厅、各分组会议室的无线网络全覆盖。

2. 系统功能

无纸化会议系统是基于客户-服务器模式，系统软件和数据集中存放于服务器中，软件的安装与升级在服务器上进行，不影响用户的使用，用户只需使用触摸屏就能完成所有对应的功能。所有的工作基于人机界面，安装、使用、培训、维护、升级十分简单。无纸化会议系统的设计基础是设计人员对政府“两会”、政府机关、企业会议室流程的深刻理解，它综合考虑了对政府“两会”在会议室文件分配与共享的需求，并能结合客户实际情况，配置强大灵活的无纸化会议系统。

无纸化会议系统集成有电子白板、手写批注、同步文稿演示、文稿导读、共享到投影仪等高级会议功能，充分满足政府“两会”的各项需求。

提高团队效率，可确保随时随地处理重要文件，发放与管理各类文档，随时监控与会人员所分配的文件，随时随地与与会人员交流，迅速查找文件资料、共享公用资料。

节约开支，本文件管理系统无需在客户端安装复杂的客户端程序，低维护成本，与会人员使用触摸屏即可在桌面环境下办公，符合当前无纸化会议室的趋势，简单易用，节约培训费。

具体的权限分配、多层的安全控制机制确保用户只能使用赋予了授权的资源。可以对不同权限的用户、工作请求，提供了任务具体到每个与会人员的机制，与会人员可以看到属于自己权限的文件及共享文件。

本系统省去了传统会议文件的打印、复印、装订等许多中间环节，对文件的安全也做到了最大的保护。

集中管理，终端自动注册。每一个触控多媒体会议终端都在系统管理服务器端注册终端名称、席位信息等内容，系统管理人员能够通过网络远程管理会议室的所有无纸化终端的设备开关、系统启停、会议资料分发、会议排期等。

支持多格式会议资料的导入与查阅，服务器可下发会议资料，终端也可以主动下载。

存储加密：文件采用加密存储，防止文件扩散，全面保证数据的安全性和可靠性。

数据保密：通过动态加密技术，实现对所有电脑数据强制透明加密，有效防止内部员工通过任意方式将数据泄密。

一次会议通常有很多材料需发给参会人，采用信息化管理，将材料上传到服务器上供参会人下载即可。材料由机关工作人员上传，上传时须指明会议、类型、名称、密级、起草人等属性。参会人登录进入系统后，首先可看到自己应当参加的会议，点击会议后可看到会议的详细信息，包括待下载的会议材料，点击下载后，系统将记录下载时间等信息，如果未下载，系统将在待办任务里给出提示。

对于各项议题文件实行严格权限管理，与会人员如果不涉及某个议题文件，会议终端自动屏蔽该议题文件或不能查看/下载本议题。会议资料：可查看所有的文稿内容，包括会议报告、会议资料、讲稿文件等。可以设置严格的文件分级权限，如分级查看文件，文件分级导出权限等。

3. 文件分发系统

支持文件分发权限设定；对于各项议题文件实行严格权限管理，与会人员如果不涉及某个议题文件，会议终端自动屏蔽该议题文件在本终端上显示，根据会议的要求，会议结束后，相关的内容有的被自动删除，有的则保留。

会议资料：可查看所有的文稿内容，包括会议报告、会议资料、讲稿文件、视频等。可设置会议文件分级查看权限。

➢ 会议议程：可查看详细的会议日程安排。

➢ 其他事项：提供全面的会议用餐、住宿安排信息等。

➢ 会议中的所有不设密文件(会议信息、用写批注)可在每个终端导出；可以导出会议便签记录文件。

➢ 可以设置严格的文件分级权限，如分级查看文件，文件分级导出权限等。

4. 批注系统

➢ 支持批注功能，对可操作文件进行批注、修改、保存。

➢ 让每位与会者像在纸质文件上批注，修改一样的手写会议体验，在任何状态下一键启动，随时使用。

➢ 每台会议终端，可根据自己权限对相应文件进行手写批注、修改、签字等。

➢ 支持常用的办公软件，视频播放软件。

➢ 修改后的文件可以进行保存、存档、打印。

5. 自动显示功能

➢ 当主席发言时，各与会代表的 PAD 自动显示相关的发言页面，并同步自动翻页；

➢ 当代表人员发言时，其他与会代表的 PAD 自动跳到发言人的讲稿，并同步自动翻页。

6. 会议交流

具备茶、水、纸笔、话筒、服务人员等呼叫，支持自定义呼叫内容。预设多种呼叫项目内容，一键完成，快速方便。

➢ 可自定义呼叫内容，满足不同参会人员需求，签到状态统计、查询，统计结果可直接导出为 Excel 文件；

➢ 支持一对一、一对多模式会议终端短信发送方式，会议交流更便捷；

➢ 支持对会议控制人员短信互发，提醒会议管理人员，让会议变得轻松可控；

➢ 会议控制人员可以向个别与会者提供最新的实时消息；

➢ 会议控制人员可以向全部与会者广播消息。

7. 无纸化互联互通智慧会议系统形成实现体系

系统采用多平台数字处理及转化技术，全面提升会议高清视频、图片的处理及转化能力，为实现无纸化会议智慧一体化体验时代提供技术保障。对包括手机、会议系统终端、服务器均可采用超压缩转换渲染数字技术，达到窄带高清传输、高清无延迟显示、设备互联互通更为便捷的特征。

8. 支持电脑全键盘输入、鼠标功能操作等多重界面控制输入模式

会议终端产品不仅仅是支持电容式全触控输入方式，还独具匠心地兼容有线和无线双重模式的电脑全键盘输入模式、鼠标功能操作模式。

9. 全部支持高清流媒体播放(标准硬解码 1080 P)及视频会议

高清流媒体播放支持技术、可无缝集成 IP 摄像头接口、支持标准 IPv4/ IPv6 协议、支持多种视频文件格式、本地 U 盘视频文件及服务器文件点播；内置高清摄像头，支持视频会议，可进行签到图像采集、视频记名投票等会议视频处理功能。

10. 支持连接多种会议设备，数据处理安全性高

会议屏幕镜像移置系统以及数据转换流装置，可以快速实现会议场区多种设备互联互通，系统兼容性强、窄带传输速度快、各种使用终端无缝对接的特征。采用遵从 XML 数据通用格式，在多种系统平台中运用自如；使用独特的 MFJ 数字处理格式，系统加密程度高，并可根据客户需求将会议系统文件进行再加密处理，最大限度避免因系统泄密带来的损失。

11. 标准配置有线/无线网络组网方式，安装操作异常便捷

适合多种场合需求，系统连接清晰简单，全部通过有线或者无线网线任意实现。有线联网方式采用千兆骨干网＋百兆分支网配置方式，支持超大规模并发，同时可以通过交换机进行扩展部署，支持树状拓扑组网。无线组网方式采用无线通信基站作为无线接入点，可以直接应用于临时场所及不适合布线的会场，极大提升了系统的复用。

12. 支持后台集控，远程登录管理，后台软件支持无人值守模式

后台对于日常的维护、编辑、设置等工作，可以一次性完成更新。系统在初始安装时已经根据每个终端特征码进行了位置排序，无需进行模拟排位和手动重新调节，方便用户的操作。后台及终端均提供了常用的管理操作，例如显示屏的亮度调节，显示内容快速切换以及电量管理等后台软件启动后，可以完全智能接收、分析、仲裁所有的服务请求，并作出相应执行，后台软件可以接收多类数据，并根据终端请求将这些数据自动投影到投影仪或大屏幕。

13. 同步演示功能

每个会议终端均可实现单独与投影仪无线高速高清转换，实现同步演示。所有会议功能通过一套完整的通信协议实现，所有数据流及控制信号都走同一条网线，用同一套通信协议，无需 VGA，AV HDMI，RS485 等各种复杂布线，系统拓扑极大简化。

14. 多重供电方式可任意组合，系统续航可靠有保证。

10.15.6　会务综合管理平台

综艺厅二层会务管理室设置一套会务综合管理系统，主要用于控制报到系统，表决系统，视频显示与信号分配系统协调工作，满足各类会议的要求，控制报到系统的正常进行和报到数据的显示；控制表决系统的使用及显示表决结果；控制各显示屏幕显示会议进行中的各类文字及图像信息。提供与机关信息化平台的接口，可以实现在办公室运用控制软件对综艺厅内的各会议议程的录入与修改，设置 2 台机架式会议管理计算机，配置为 1 主 1 备，采用热备份方式工作配置，每台计算机四分屏输出显卡，负责管理会议表决和组织显示画面，主、备会议管理计算机各 1 路 VGA 信号到矩阵。

会议管理软件设计应满足当前国内政务会议流程和需求，按照软件的设计思想，在软件设计的过程中确保软件的操作流程符合国内政务会议管理要求，会议准备的过程和步骤在软件体系结构中得到完美的体现。

整个会务管理系统整体实现系统的签到管理、代表信息管理、系统检测、电子表决管理、公共信息显示、设备管理模块、代表数据库管理模块、议题议案管理模块、与会人员管理功能模块、议程管理、发言文稿提示、会议进程控制、查询打印功能、设备状态查询功能等各项功能要求，并可以对会议的全过程实行全面的控制和管理。还可实现会议系统中多台计算机之间的互动(预留接口)，即当有发言人或其他与会人员的笔记本计算机接入系统后，可以通过控制软件在需要的时候，将该计算机的屏幕图像送至会场的任一屏幕或连接的计算机上。这些模块要求能涵盖目前综艺厅会议控制的各项要求。

会议主控软件平台、视频显示软件平台、会务管理软件平台都采用双备份机制，当主运行软件(安装在主计算机)发生故障时备份软件(安装在备计算机)可以马上接管，确保系统正常运行。

➢ 整个系统平台采用全中文化的图形用户界面，简单易懂，人机界面友好。

➢ 主、备会议管理计算机通过 TCP/IP 协议与会议控制主机联系。

➢ 软件支持 4 屏输出显示。

➢ 系统界面设计直观、清晰、操作简便，系统配置管理、维护操作灵活易用。

➢ 软件系统支持双机热备份功能，在会议任意进程中(特别是表决时)，若主控设备出现异常状况，备用设备可以进行热切换，会议恢复正常时间不超过 5 s，不会造成数据丢失，保障正常的会议进程不间断。

➢ 软件系统采用模块化设计，界面友好，可提供多语言版本。

1. 软件结构

(1) 会务管理软件从整体上应具备以下特点：

① 符合会议的程序要求。

② 服务器、网络连接出现故障恢复后，要求数据不能丢失。

③ 软件系统模块化。

④ 能有效防止人为的误操作，或出现误操作时，能及时提示并采取补救措施。

⑤ 系统具有自动检测功能，可随时检测系统各种设备的工作状况，有故障的设备直接显示在席位图上，并提供相关的提示和警告。

(2) 会议控制软件结构图(图 10-104)

会议管理软件设计满足当前国内政务会议流程和需求，按照模块化软件的设计思想，在软件设计的过程中确保软件的操作流程符合国内政务会议管理要求，会议准备的过程和步骤在软件体系结构中得到完美的体现。会议管理软件具体设计分为以下几个功能模块：

➢ 会务集中管理平台(常规模块)；

➢ 摄像跟踪模块和发言管理模块；

➢ 集控控制管理模块；

➢ 设备状态查询模块；

➢ 文稿提示模块；

➢ 视频管理模块；

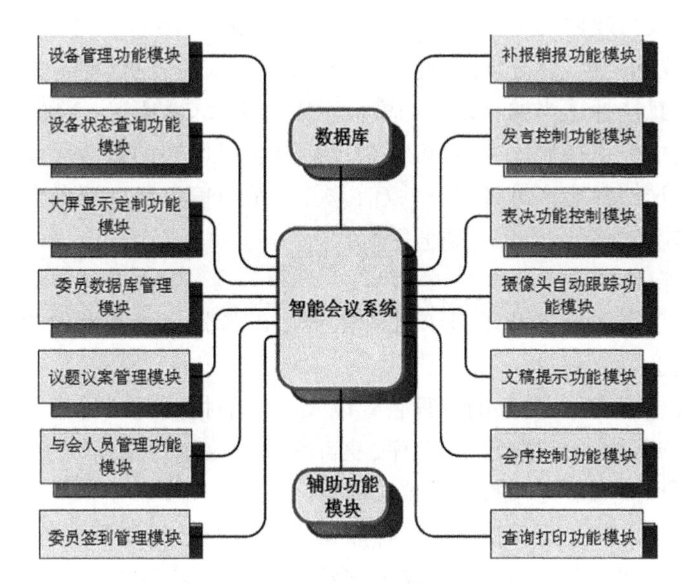

图 10-104 会务管理系统构架示意图

➢ 录播管理模块。

整个会议管理系统通过以上几个子系统来整体实现系统的代表信息管理、系统检测、电子表决管理、发言管理(和主机配合设置)、公共信息显示、议程管理、发言文稿提示和会议进程控制等各项功能要求,并可以对会议的全过程实行全面的控制和管理。

整个系统平台采用全中文化的图形用户界面,简单易懂,并可根据会议流程以及管理方式的变化适应性地调整界面和进程控制方法,无需对系统的硬件进行调整,具备很好的灵活性和扩展性。

2. 各模块功能

(1) 系统的检测与初始化

① 系统操作人员可随时通过系统控制台对席位设备进行在线逐项故障检测,检测结果可直观地在主控台显示器席位图中显示。

② 系统操作人员能在会前将会议有关信息编辑输入主机。

③ 系统自检功能:为方便使用与维护,系统提供了自检功能,可深入检查、监测系统的运行情况。

(2) 会议人员信息管理

① 系统对席位图(含座席分配)、主持词、发言稿、大屏图形文字有全屏编辑功能。

② 代表、委员基本信息管理:卡号、姓名、性别、代表团(界别)、民族、座席号、照片等。

③ 功能包括:录入、查询修改、座席安排、打印输出。

④ 增加、删除、修改人员,以及人员查询与列表输出,人员是有角色区别,不同角色的人员的权限不同,能够进行的操作是不一样的。所以人员管理作为一个大的模块,其职能不仅仅在于管理人员,还管理了与人员相关的一系列功能,例如:操作管理、角色管理、部门管理、职务管理、角色操作关联、人员角色关联等。(本模块应该可以从人大、政协的数据库中导入至本系统,以便于会议时各人员的权限、角色定位)

(3) 会议通知管理

召开会议是人大与政协的主要工作之一，工作人员进入系统的“会议管理”，增加一个会议，此时应选择会议的类型、召开地点、起止日期、参加会议的人员(通常指定角色即可)等，系统会根据上述信息选择适当的会议通知模板生成会议通知初稿，一般而言，这条记录需要有相应的处长或秘书长审核后才生效，审核时包括对会议通知的修改和认定。生效后系统自动将会议通知发送给参会人员，例如用微信、短信、站内信息等。应参会人员收到通知后应及时回复，如不能按时参会应履行请假手续。

(4) 会议议程管理模块

要求对会议的议题和议程管理，会议工作人员可以事先在局域网内的任何一个终端向会务管理系统提交会议议程。

用户可以定义会议名称、会议的日程名称以及会议的报到方式等参数。用户还可以录入每个会议日程所要讨论的议题议案、会序、发言稿以及议题议案所要求的发言表决模式。要求能实现两会议程 Word 文件的直接导入功能。

会议控制软件要求能让会议执行主席按照预先设定的会议议程控制会议的进度，会议议程由大会秘书会前在议程管理模块中输入，会议开始后，会议执行主席面前的屏幕会自动将本次会议议程显示出来，由会议主席点击相关议程标题启动相应设备，实现会议功能。会议过程中的一些动态数据，如：报到结果、表决结果和申请发言人名单等，可以自动在会序中显示出来。

会议过程中，机房管理人员同时可以在机房中通过网络同步控制会议流程，保证会议的万无一失。

(5) 报到管理模块

与会议签到系统相对接，实现如下功能需求：

➢ 实现人员信息管理、刷卡报到、数据验证、多卡认证、数据查询、报到结果报表输出等功能；

➢ 可进行报到卡的发卡、取消、挂失、授权等操作；

➢ 系统可以自行生成各种报表，并提供友好、人性化的全中文视窗界面，支持打印功能；

➢ 可以和内部局域网相连，代表数据可下载和上传，并提供和其他系统的数据接口；

➢ 支持单张发卡模式和批量发卡模式；

➢ 支持一个代表对应多张出席证，可为特定代表设定多卡对应模式；

➢ 可生成报到结果等文本，并可将文本按照代表团或者界别分别统计应到人数、出席、缺席和请假人数，自动计算出席率等；

➢ 软件支持多线程，当网络断联的瞬间可不间断刷卡，具备网络自动恢复功能，恢复后数据可自动上传到服务器；

➢ 具备很好的扩展性，可依据网络规模灵活配置组合扩展出多种使用功能；

➢ 软件具备外部数据接口，可导入外部数据。

(6) 表决管理模块

与会议表决系统相对接，实现如下功能需求：

➢ 控制表决系统实现表决控制管理功能，可与视频管理软件、报到管理软件联机操作；

➢ 可选择第一次按键有效或最后一次按键有效的表决形式；

➢ 可选择记名投票或不记名投票；

➢ 表决结果可在数秒内显示出来；

➢ 可产生直观清晰的表决结果显示画面；

➢ 表决控制系统支持多窗口运行，在会议进行期间可以对议案、议程和其他与会议相关的内容进行现场修改；

➢ 可根据现场情况编辑座席图；

➢ 设置发言时间，并能到时提示；

➢ 倒计时功能，可用于发言提示或者表决提示；

➢ 通过本软件可控制开始/结束表决；

➢ 表决单元可自动打开/关闭。

（7）视频管理模块

针对会议室功能，对大屏显示内容、显示风格的要求，把屏幕显示的定制权限交给用户，由用户自由定制屏幕的显示风格。在该功能模块中，模块要能提供会议过程中涉及的所有动态数据，用户可以根据自己的风格定制屏幕所要显示的内容。在大屏上可以显示以下内容：

➢ 显示会议过程中所涉及的数据；

➢ 可以显示报到结果、当前报道人的照片；

➢ 显示议题议案、显示发言人的姓名和发言倒计时；

➢ 显示表决的最终结果或动态结果。

（8）发言管理模块

对硬件设备支持的各种发言方式进行管理，同时也支持对发言人的话筒进行人工控制。

要求采用图文显示方式，通过直观的界面可以对会场内的所有话筒进行控制。要求显示当前发言人和申请发言人名单，也可以在代表的席位上以不同的图标显示发言人的状态。

要求根据会议需要，可以对当前发言人进行发言限时管理，关闭发言人的话筒或打开申请发言人的话筒。在限时方式下，当发言人的发言时间到时可以给出声音提示。

配合发言自动跟踪模块，可以在会议中实时将发言人图像显示到大屏幕上。

① 系统进入发言状态，委员可通过自己席位上的相关按键申请发言或撤销发言，与之对应的指示灯闪亮或熄灭。

② 主席台显示器上最多可同时显示先后按发言键的 8 位申请发言人姓名，经由主持人同意后，由申请发言者自行按话筒开关键打开话筒并在大屏幕上实时显示发言人员姓名，发言完毕，由发言者按话筒开关键，关闭话筒。

③ 发言控制模式应有三种模式：一是中心控制即由操作人员根据会前预定的议程安排，先行设定发言顺序；二是指定控制，系统显示申请发言人名单，由主席指定发言人；三是自由发言，即申请发言人可根据需要同时打开 4 支话筒，进行自由发言。

④ 会议主席席位发言有优先权，设有优先键，能切断其他人员发言。

⑤ 发言时间有倒计时时钟显示和声音提示功能。

⑥ 软件设置地址功能：所有席位设备用软件设置地址，无需改变席位地址开关，这样席位设备安装时不用对号入座。

⑦ 排队功能：允许 2 个人同时发言，第三个处于申请状态，当发言人关掉讨论机时，系统自动开启处于第一申请位置的话筒。

⑧ 通过会议控制软件，可以管理会议话筒，当打开话筒时，话筒光环指示灯点亮以告之

发言人。

(9) 摄像跟踪模块和发言管理模块

要求支持各种带有控制协议的摄像机的自动跟踪定位功能,同时软件模块要求留有扩展接口,便于扩展。

本模块要求对当前发言人进行自动跟踪定位,在示意图的参数中设置每个席次的对应摄像机跟踪定位位置信息。

模块要求可以由操作人员强制性地将摄像机跟踪到某个席位上,并在对应的示意图上以图标表明摄像机的跟踪状态。

(10) 录播管理模块

在某些情况下,会议过程需要被记录下来。可记录的信息包括会议现场各个角度的摄像画面、现场麦克风获取的声音、会议过程中用于展示的视音频信号、远程会议或电话会议的视音频信号,甚至包括会议中的展示的文档和媒体数据作为该会议的数据一同保存起来供以后查询。

(11) 集控管理模块

集中控制管理模块可对实行了集中控制的会议室进行管理,管理整个会议系统的相关设备的开关及信号切换,如:投影机、摄像机、升降屏显示系统、扩声系统、灯光系统、幕布系统、监视屏、多媒体录播模块等。

(12) 设备状态查询模块

设备状态查询模块实现对会场中所有受控区域中的设备运行情况的查询,让用户了解设备的工作状态,及时发现有问题的设备。一旦有设备发生故障或发生程序宕机现象,程序就会发出警报,提醒机房工作人员及时处理故障。

该模块可以让用户实时查询设备的工作状态,及时发现系统中工作状态不正常的设备。该模块以直观的方式在席次图上反映出有故障的设备,便于用户对有问题的设备及时进行更换。

(13) 文稿发言提示模块

文稿提示模块是专为与会人员做报告或发言时对讲稿进行提示的专用系统。模块要求文稿滚动控制、智能断句颜色提示,发言文稿提示。适用于通常的大会发言,也可用于多位播音员合作播出同一篇发言稿。

文稿提示模块要求既可以运行在单屏计算机上,也可以将文稿提示系统运行在双屏显示的计算机上,操作界面和显示界面分别显示在两个显示屏上,发言人只需根据显示界面的提示发言即可,无需任何操作,所有的控制由专门的操作员在后台完成。模块要求能够在发言人屏幕上自动显示发言稿件,且能根据演讲速度进行调整。

系统功能要求:

➢ 导入已编辑好的 Microsoft Word 文档(*.doc 或 *.rtf 格式)。

➢ 发言屏字体滚动显示流畅,不抖动。

➢ 操作屏可直观体现稿件的进度情况,并具有各种控制选项。

➢ 系统可以对稿件的滚动速度、字幕整体位置(左右、上下)、屏幕的行数、每行的字数、字体的大小、未发言字体颜色、已发言字体颜色、已发言文字停留在屏幕的行号(第几行)、屏幕背景色等参数进行设置(系统运行前和运行过程中均可设置)。

➢ 系统可以在稿件中对某段文字(比如演讲时需要加重语气的地方)进行字体和颜色的特殊设置,以便使用时以醒目的字体和颜色显示,有利于演讲人控制节奏。

➢ 系统可接收 TXT、Word、WPS 等格式的文档,自动生成导读文稿。

➢ 系统运行前可以选择多个发言稿件,系统运行时可以不退出系统进行发言稿件转换,稿件转换时要求方便、快速,操作简单。

10.16　智能照明控制系统

大剧院智能照明系统主要功能是营造一个安全舒适的视觉环境,充分展示江苏大剧院建筑形象,并且有效地节约能源,降低运行费用,是照明控制系统的主要设计目标。

照明控制系统是一个开放的系统,通过专用接口软件,可方便地与其他系统连接,如楼宇自控系统、门禁系统、保安监控系统、消防系统等,并且可以记录上述系统的信息如故障状况或历史档案、统计报表等。

智能照明系统架构如图 10-105 所示。

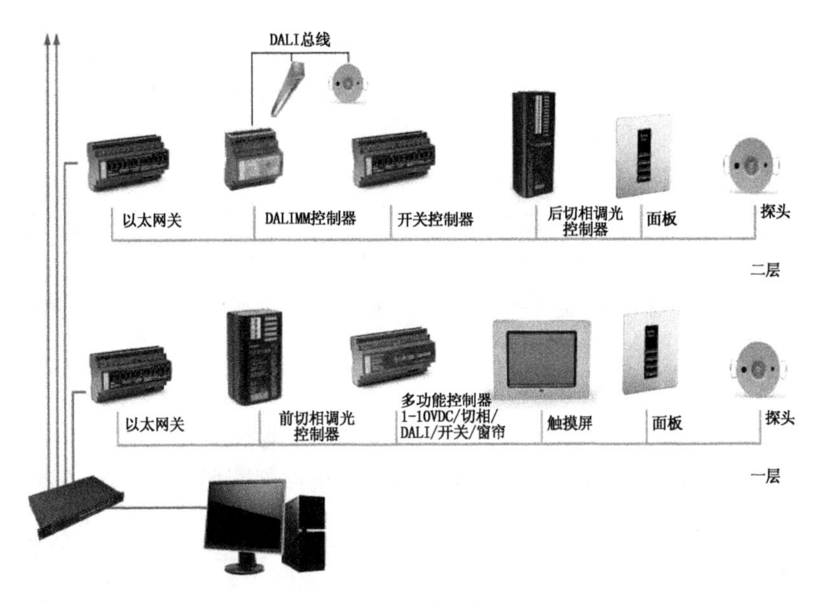

图 10-105　智能照明系统构架图

本工程采用智能照明控制系统主要针对公共走道、电梯厅、共享空间、室外景观照明等公共场所的控制,可实现控制中心软件控制、调光控制、现场手动控制、回路隔灯控制、时钟定时控制等功能。室内智能照明还需提供调光功能和针对应急照明提供消防应急启动功能,以达到节能、有效地延长灯具的寿命、美化照明环境和方便管理维护的作用。

10.16.1　功能

1. 室外智能照明控制

室外景观、园林照明、道路照明和泛光照明,根据时间自动运行,实现多种灯光控制模式:

(1) 模式:每个区域内的灯具根据使用时刻的不同,设置多种亮灯模式,主要有平时模式、周末模式、节日模式、重大活动模式;

(2) 场景:每种模式内,可根据时间段变换不同的场景,如黄昏、晚间、深夜等。

2. 室内智能照明控制

(1) 主要区域包括共享大厅、各观众厅、排练厅、化妆间、会议室、售票厅等。

图 10-106 共享大厅灯光效果图

图 10-107 综艺厅观众厅灯光效果图

(2) 各区域演出时,值班人员远程控制打开灯光欢迎场景,演出时开启演出模式,演出结束后开启节电节能模式。

(3) 利用现场控制面板,夜间保安巡逻时,可以手动打开巡查楼层的照明,方便实用。

共享大厅根据实际使用需求,远程开启欢迎模式、演出模式、节能模式。强电间内配置智能面板,维修、维护人员可现场控制。

在各剧院声光控制室里安装 1 台触摸面板,使得工作人员在控制室就能够对剧场整个环境灯光系统进行管理和操作。利用场景的概念设计控制模式,避免误操作,工作人员只需轻按单个按键即可将所有灯光回路按序调节至需要的亮度。可以预先设置多种控制模式,如:入场出场模式、演出模式、清扫模式、节能模式、闭场模式等。配置 DMX 网关与舞台操作台进行对接,操作台可直接控制剧场内照明的开启状态,调节亮度或开启、关闭。

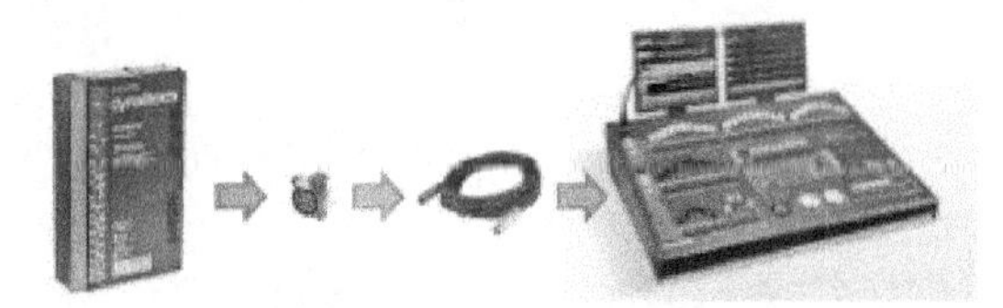

图 10-108 观众厅控制示意图

① 排练厅

在排练厅的入口处安装智能控制面板,可以预先设置多种控制模式,如排练模式、休息模式、清扫模式、节能模式、离开模式等。

图 10-109 排练大厅灯光效果图

图 10-110 化妆间灯光效果图

② 化妆间

在化妆间的入口处安装智能控制面板，可以预先设置多种控制模式，如化妆模式、休息模式、清扫模式、节能模式、离开模式等。

图 10-111　综艺厅会议讨论室灯光效果图

图 10-112　大剧院售票大厅灯光效果图

会议室安装智能照明控制面板，预先设置多种控制场景，如会议模式、节能模式、投影模式、离开模式等。通过 232 网关与会议系统联动，会议系统可直接调用灯光场景。

③ 售票厅

在售票服务台内安装智能照明控制面板，可预先设置多种控制场景，如售票模式、节能模式、清扫模式、离开模式等。

10.16.2　消防联动

每个应急照明配电箱中的开关模块自带一个干触点接口，能够接受消防信号和应急信号，需要的时候可强制打开所有应急照明。

图 10-113　消防联动控制示意图

10.16.3　集中控制

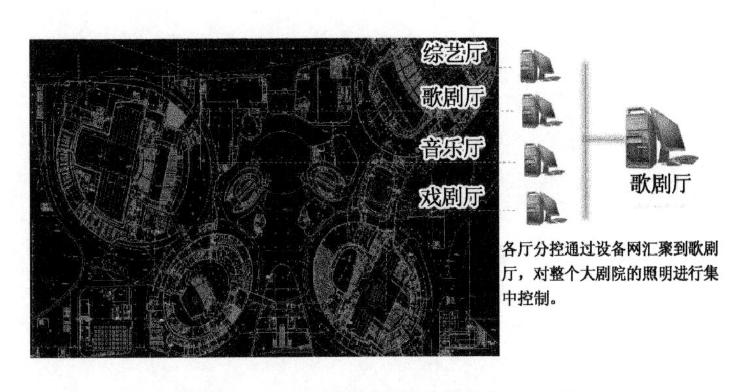

图 10-114　智能照明集中控制示意图

在各厅消防控制室设置中控电脑对本厅进行照明控制,并检查现场的灯光状态。各厅分控通过设备网汇聚到歌剧厅,可以对整个大剧院的照明进行集中控制。

参考文献

[1] 谢咏冰,张飞碧,池文忠,等. 数字扩声工程设计与应用[M]. 北京:机械工业出版社, 2017.

[2] 谢咏冰,罗蒙,吴保骏. 舞台灯光工程设计与应用[M]. 北京:机械工业出版社,2014.

[3] 段慧文,郑辉,魏发孔,等. 舞台机械工程与舞台机械设计[M]. 北京:中国戏剧出版社,2013.

[4] 陈宏庆,张飞碧,袁得,等. 智能弱电工程设计与应用[M]. 北京:机械工业出版社,2013.

[5] 张晓勇,黄海,张世武,等. 艺术殿堂　匠心营造——大型剧院工程综合施工技术[M]. 北京:中国建筑工业出版社,2018.

[6] 中华人民共和国住房和城乡建设部. 剧场建筑设计规范(JGJ 57—2016)[S]. 北京:中国建筑工业出版社,2016.

[7] 中华人民共和国建设部. 剧场、电影院和多用途厅堂建筑声学设计规范(GB/T 50356—2005)[S]. 北京:中国计划出版社,2005.

[8] 吴硕贤. 建筑声学设计原理[M]. 北京:中国建筑工业出版社,2000.

[9] 宋效曾. 多功能剧场早期反射声的合理安排[J]. 演艺设备与科技,2005(2):19-21.

[10] 王季卿. 声场扩散与厅堂音质[J]. 声学学报,2001,26(5):417-419.

[11] 章奎生. 声学与建筑[J]. 声学技术,2002,21(Z1):80-83.

[12] 张秀欣,张坤书,田中敏. 声学建筑声音动听的关键——混响时间的控制[J]. 商场现代化,2005(2):171-172.

作者简介

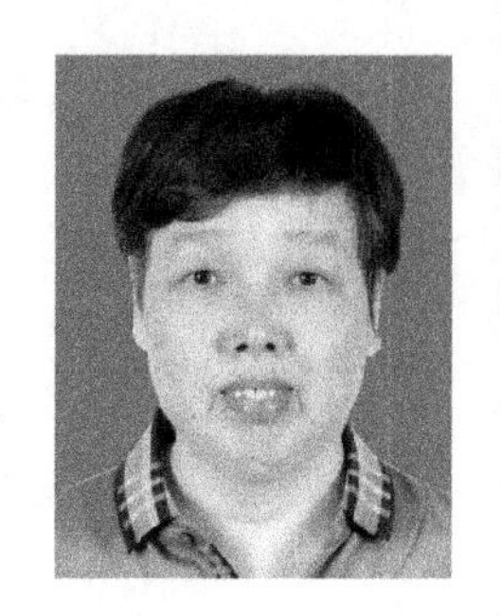

蔡建清:研究员级高级工程师,江苏大剧院工程建设指挥部副总工程师,负责江苏大剧院舞台机械、舞台音响、舞台灯光、智能化的设计与施工技术管理工作。

主持南京奥体中心、南京图书馆新馆、南京博物院、东郊国宾馆、南京国际会展中心等几十个项目的设计、规划、咨询与建设工作,涉及体育中心、机场、政府行政中心、会议中心、博物院(馆)、医院、酒店、图书馆、大剧院、国际会展中心、隧道和城市智能交通系统、智慧城市等工程建设领域。

为中国演艺设备技术协会专家委员会专家、江苏省舞台美术学会专家、中国建筑业协会智能建筑分会专家工作委员会专家、中国勘察设计协会工程智能设计分会江苏专家、中国安装协会智电消分会专家委员会专家、南京安全技术防范行业协会专家委员会专家、江苏省智慧城市和智能建筑专家委员会专家、江苏省土木建筑学会智能建筑与智慧城市专业委员会专家、江苏省照明学会专家工作委员会专家、江苏省自动化学会智慧城市·建筑智能化专业委员会专家。

帅仁俊:现就职于南京工业大学计算机科学与技术学院,任数字城市与智能建筑设计研究所所长。为中国勘察设计协会工程智能设计分会江苏专家委员会副主任委员、中国自动化学会智能建筑与楼宇自动化专业委员会专家组专家、中国建筑业协会智能建筑分会专家、江苏省公安厅与南京市公安局公共安全技术防范专家委员、江苏省土木建筑学会智能建筑与智慧城市专业委员会副主任委员、江苏省土木建筑学会建筑电气专业委员会委员、南京卫生信息学会卫生信息技术与应用专业委员会副主任委员、南京照明学会委员、住房和城乡建设部《智能建筑》期刊编委。参加《煤炭安全生产智能监控系统设计规范》GB51024—2014、《煤炭矿井通信设计规范》GB51213—2017的编写。审编《智能化数字电视台系统工程》《剧场舞台及广播电视演播厅工程》。

主持南京国际金融中心智能化系统(获优质工程奖)、原南京军区总医院信息化系统等60多个项目的设计、规划、咨询与建设工作。